中国石油石化行业人工智能大模型技术交流大会论文集

中国石油学会油气数字化智能化专业委员会　编

U0264280

中国石化出版社
·北京·

图书在版编目（CIP）数据

中国石油石化行业人工智能大模型技术交流大会论文集 / 中国石油学会油气数字化智能化专业委员会编. 北京 ：中国石化出版社，2024. 12. -- ISBN 978-7 -5114-7765-1

Ⅰ. F426.22-53

中国国家版本馆CIP数据核字第2024XX7305号

中国石化出版社出版发行

地址：北京市东城区安定门外大街58号
邮编：100011 电话：（010）57512500
发行部电话：（010）57512575
http：//www.sinopec-press.com
E-mail：press@sinopec.com
宝蕾元仁浩（天津）印刷有限公司印刷
全国各地新华书店经销

*

880毫米×1230毫米 16开本 42.25印张 1256千字
2024年12月第1版 2024年12月第1次印刷
定价：498.00元

《中国石油石化行业人工智能大模型技术交流大会论文集》

编 委 会

前　言

党和国家高度重视数字经济发展和数字化转型工作，习近平总书记指出，要不断做强做优做大我国数字经济。国务院发布"十四五"数字经济发展规划，明确提出加快能源领域数字化转型，提升能源体系智能化水平。石油石化行业深入学习贯彻习近平总书记关于推进数字经济、新型工业化和新质生产力的重要指示精神，加快数字化转型、智能化发展。中国石油、中国石化、中国海油、国家管网等能源央企的数字化转型和智能化发展步伐明显加快，持续为企业全面深化改革和高质量发展赋能增智。同时，人工智能进入技术演进的加速期，正在迈向大模型时代。人工智能技术及其应用不断取得新突破。2023年起，基于大语言模型的生成式人工智能快速成为主赛道；2024年的诺贝尔物理学奖和化学奖，分别授予人工智能相关专家在人工智能基础研究和应用所做出的开创性成果，极大地吸引了世界范围内社会各界对人工智能的关注。

石油石化作为保障国家能源安全和社会经济发展的重要支柱产业，正在面临碳中和约束下能源转型挑战，数字化智能化为石油石化高质量绿色低碳发展提供重大机遇。过去几年里，面对以人工智能为代表的新一代数字化智能化技术的快速迭代发展，中国石油学会积极鼓励和引领石油石化领域人工智能落地应用场景的探索与实践，多次举办专题会议和科普活动，专家人才队伍规模不断扩大，技术应用研究不断深入。国家层面及能源头部企业，更是在油气大模型应用等人工智能领域加快布局一系列重大科技任务。为全面助力人工智能技术在石油石化领域落地、形成智能化发展新局面，加快培育新质生产力，中国石油学会油气数字化智能化专业委员会、中国石油天然气集团有限公司数字和信息化管理部、中国石油化工集团有限公司信息和数字化管理部、中国海洋石油集团有限公司科技与信息化部、国家石油天然气管网集团有限公司数字化部、中国中化控股有限责任公司数字化部定于2024年12月3日－5日在北京市召开"中国石油石化行业人工智能大模型技术交流大会"。

本次大会得到中国石油、中国石化、中国海油、国家管网等单位的大力支持，各相关企事业单位、科研院校积极参与，踊跃投稿。大会共征集学术论文203篇，经专家评审，112篇被择优收录于论文集之中，内容涉及油气领域人工智能应用场景关键核心技术，特别是大语言模型技术、多模态应用等方面，整体上反映了国内油气行业人工智能应用的基本态势，具有一定的参考价值和借鉴意义。

由于时间仓促，水平有限，书中难免有不足之处，敬请读者批评指正。

本书编委会

2024年12月

目　录

第二篇 大模型篇

第一篇　人工智能篇

石油石化行业人工智能人才测评系统应用

韩佼男 王春秀 武敬闯 陈粲文 崔军保

（昆仑数智科技有限责任公司）

摘 要 本研究目的旨在探讨人工智能人才测评系统在石油石化行业的应用现状、存在问题及改善对策，以期为提升该行业的人才选拔效率、优化人才配置、增强组织竞争力和推动行业创新发展提供理论支持和实践指导。

本文分析了人工智能人才测评系统在石油石化行业应用的重要意义，包括提高招聘效率、优化人才配置、提升组织竞争力和推动行业创新发展等方面。其次，深入剖析了当前应用过程中存在的问题，如技术不够成熟、行业定制化需求复杂、数据安全隐患和缺乏专业人才等。针对这些问题，本文提出了加强技术研发与创新、深入行业需求实现个性化定制、提升数据管理能力、培养专业测评人才等改善对策。

通过分析和研究，本文揭示了人工智能人才测评系统在石油石化行业应用的广阔前景和潜在价值。同时，也指出了当前应用过程中存在的技术、需求、数据和人才等方面的瓶颈和挑战。提出的改善对策为解决这些问题提供了可行的路径和方法。

人工智能人才测评系统在石油石化行业的应用具有重要的战略意义，对于提升行业的人才管理水平和竞争力具有关键作用。然而，要充分发挥其潜力，还需在技术研发、行业需求理解、数据管理和人才培养等方面持续努力。本文提出的改善对策为石油石化行业企业提供了有益的参考和借鉴，有助于推动人工智能人才测评系统在该行业的深入应用和持续发展。未来，随着技术的不断进步和应用的不断深化，人工智能人才测评系统有望在石油石化行业发挥更加重要的作用，为行业的转型升级和高质量发展提供有力支撑。

关键词 人工智能；人才测评系统；石油石化行业应用

随着人工智能技术的快速发展，其在各个领域的应用也日益广泛。在石油石化行业中，人工智能人才测评系统作为一种新兴的人才选拔和培养方式，正逐渐受到企业的关注和重视。人工智能人才测评系统通过运用先进的人工智能算法和模型，对人才进行全面、客观、科学的评估，为企业提供了更加精准的人才选拔和培养依据。尽管人工智能人才测评系统在石油石化行业的应用前景广阔，但在实际应用过程中仍面临诸多挑战和问题。技术成熟度不足、行业定制化需求复杂、数据安全隐患以及专业人才匮乏等问题限制了人工智能人才测评系统在石油石化行业的深入应用。本文旨在针对这些问题进行深入探讨和分析，并提出相应的改善对策。

1 人工智能人才测评系统在石油石化行业应用的重要意义

1.1 提高招聘效率

在石油石化行业的招聘过程中，企业往往需要处理大量的简历。传统的简历筛选方式耗时耗力，且容易出现疏漏。而人工智能人才测评系统可以通过自然语言处理和机器学习技术，自动筛选和分析简历中的关键信息，如教育背景、工作经验、技能特长等，快速识别出符合企业需求的候选人。这不仅大大减轻了HR的工作负担，还提高了筛选的准确性和效率。

人工智能人才测评系统可以通过对候选人的简历、作品集、面试表现等多维度数据进行深度分析，智能评估其专业能力、沟通能力、团队协作能力等。这种智能化的评估方式比传统的面试和笔试更加客观、全面，能更准确地识别出优秀人才。系统可以根据企业的特定需求，定制评估模型和指标，使评估结果更加符合企业的实际需求。

人工智能人才测评系统能自动化筛选简历和智能化评估候选人能力，因此可以大大缩短招聘周期。企业可以更快地找到合适的人才，减少因岗位空缺而造成的损失。候选人可以更快地了解企业的招聘进度和结果，提高招聘体验。

1.2 优化人才配置

人工智能人才测评系统可以根据企业的岗位需求和候选人的能力特点，进行精准匹配。系统可以通过分析岗位说明书和候选人的简历、作品集等数据，找出最符合岗位要求的候选人。这种精准匹配的方式可以减少招聘过程中的信息不对称问题，提高招聘质量。

人工智能人才测评系统不仅可以评估候选人当前的能力水平，还可以通过数据分析和预测模型，挖掘出候选人的潜在能力和发展潜力。这对于企业来说是一种宝贵的人才资源。通过挖掘潜在人才，企业可以建立更加完善的人才储备库，为未来的发展提供有力的人才保障。

人工智能人才测评系统可以应用于企业内部的人才管理和流动。通过对员工的能力、绩效、发展潜力等进行全面评估，人工智能人才测评系统可以帮助企业识别出有发展潜力的人才，并为他们提供更有针对性的培训和发展机会。人工智能人才测评系统可以为企业内部岗位调整和晋升提供客观、公正的依据，促进企业内部的人才流动和职业发展。

1.3 提升组织竞争力

人工智能人才测评系统有助于企业精准识别和选拔优秀人才。通过运用大数据和机器学习技术，人工智能人才测评系统能全面、客观地评估候选人的能力、性格、潜力等多方面因素，从而帮助企业快速找到最符合岗位需求的人才。这不仅能提高招聘效率，降低招聘成本，还能确保企业获得高质量的人才资源，为企业的长期发展奠定坚实基础。

人工智能人才测评系统有助于优化企业人才结构。人工智能人才测评系统可以根据企业的业务需求和战略发展方向，为企业的人才配置和岗位调整提供科学依据。这有助于企业优化人才结构，提升整体绩效水平，从而增强企业的市场竞争力。

人工智能人才测评系统有助于提升企业的组织氛围和文化。通过公正、客观的人才评估，人工智能人才测评系统能减少人为因素的干扰，确保企业内部的公平性和公正性。这有助于激发员工的工作积极性和创造力，增强员工的归属感和忠诚度，进而提升企业的凝聚力和向心力。一个积极向上、团结协作的组织氛围和文化，对于提升企业的组织竞争力具有至关重要的作用。

1.4 推动行业创新发展

人工智能人才测评系统有助于推动行业人才结构的优化和升级。通过精准评估人才的能力和潜力，人工智能人才测评系统能帮助企业发现和培养具备创新精神和创新能力的人才。这些人才将成为推动行业创新发展的重要力量，为行业的转型升级提供有力支持。

人工智能人才测评系统有助于促进石油石化行业与其他领域的跨界融合。随着数字化转型的深入，石油石化行业正逐渐与互联网、大数据、人工智能等领域进行深度融合。人工智能人才测评系统作为一种跨领域的技术应用，有助于加强石油石化行业与其他领域的交流与合作，推动行业创新资源的共享和优化配置。

人工智能人才测评系统能推动石油石化行业管理模式的创新。传统的人才管理方式往往依赖于经验和主观判断，难以适应快速变化的市场环境。人工智能人才测评系统则能通过数据分析和智能决策，为企业提供更加科学、客观的人才管理方案。这有助于打破传统管理模式的束缚，推动石油石化行业管理模式的创新与发展。

2 人工智能人才测评系统在石油石化行业应用存在的问题

2.1 技术不够成熟

数据质量是影响人工智能人才测评系统准确性的关键因素。在石油石化行业，业务比较复杂。人工智能人才测评系统难以从数据中提取有效信息，从而影响人才测评的准确性。

缺乏针对石油石化行业特点的人工智能算法和模型。不同的石油石化行业岗位对人才的要求各不相同，需要选择适合的算法和参数进行建模。目前，缺乏针对石油石化行业特点的人工智能算法和模型，导致人才测评的准确性和效率受到限制。

人工智能人才测评系统还要处理大量的文本和图像数据，如简历、作品集等。当前的人工智能技术在文本和图像识别方面还存在一定的局限性，难以完全准确地提取和理解其中的信息。这也影响了人工智能人才测评系统在石油石化行业的应用效果。

2.2 行业定制化需求复杂

石油石化行业的岗位种类繁多，不同岗位对人才的要求差异显著。人工智能人才测评系统要能根据不同岗位的特点和要求进行定制化开发，以满足企业的实际需求。由于技术限制和成本考虑，目前市面上的人工智能人才测评系统往往只能提供通用的测评功能和模型，难以满足石油石化行业的定制化需求。

石油石化行业的工作环境和工作内容具有特殊性。例如，油气勘探和开发往往需要在偏远地区或恶劣环境下进行，这要求人才具备较强的适应能力和团队合作精神。石油石化行业的工作内容也涉及众多的安全规定和操作规范，需要人才具备高度的安全意识和责任心。目前的人工智能人才测评系统在评估这些特殊能力和素质方面存在不足，难以准确反映人才的真实情况。

石油石化行业的人才市场具有一定的特殊性。由于行业的专业性和特殊性，石油石化行业的人才市场相对较为封闭和有限。这使人工智能人才测评系统在获取和匹配人才方面面临一定的挑战。石油石化行业的人才流动也具有一定的规律性和周期性，这要求人工智能人才测评系统能根据市场变化进行动态调整和优化。目前的人工智能人才测评系统往往缺乏这种动态调整的能力，难以适应石油石化行业人才市场的变化。

2.3 存在数据安全隐患

人工智能人才测评系统通常要收集大量的个人敏感信息，包括教育背景、工作经历、专业技能等。这些信息如果被不法分子获取，可能会导致个人隐私泄露，甚至被用于身份盗窃、诈骗等非法活动。由于石油石化行业的特殊性，涉及的技术秘密和商业机密也可能存在于这些个人信息中，一旦被泄露，将对企业的核心竞争力造成严重威胁。

人工智能人才测评系统在处理数据时，往往需要进行大量的计算和存储。在这个过程中，如果系统存在安全漏洞或防护措施不到位，就可能导致数据被非法访问或篡改。这不仅会影响人才测评的准确性，还可能给企业带来法律风险和声誉损失。

随着云计算、大数据等技术的广泛应用，人工智能人才测评系统往往需要与其他系统进行数据交换和共享。如果数据传输和共享过程中没有采取足够的安全措施，就可能导致数据在传输过程中被截获或篡改，从而引发数据安全问题。

2.4 缺乏专业人才

人工智能人才测评系统要既懂人工智能技术、心理学知识，又懂石油石化行业知识的复合型人才。目前市场上这类人才相对稀缺，导致企业在应用人工智能人才测评系统时难以找到合适的人才来支持系统的开发和运营。这种人才短缺的情况限制了人工智能人才测评系统在石油石化行业的深入应用和发展。

人工智能人才测评系统的维护和优化需要专业的技术支持。随着技术的不断发展和市场的不断变化，人工智能人才测评系统需要不断地进行更新和升级，以适应新的需求和挑战。由于缺乏专业人才，企业在系统维护和优化方面往往面临困难，难以保证系统的稳定性和性能。

人工智能人才测评系统要专业的数据分析师和解读师来解读和使用测评结果。这些人员要具备深厚的统计学、心理学和石油石化行业知识，能准确理解测评结果的含义和价值，并将其应用于实际的人才选拔和培养中。目前市场上这类专业人才相对匮乏，导致企业在使用人工智能人才测评系统结果时难以充分发挥其潜力。

3 人工智能人才测评系统在石油石化行业应用的改善对策

3.1 加强技术研发与创新

加大对人工智能算法的研发力度。针对石油石化行业的特点和需求，研发出更加精确、高效的算法模型。这需要深入研究石油石化行业的业务逻辑和人才特点，将先进的机器学习、深度学习等技术应用于人才测评中，以提高测评的准确性和可靠性。

提升数据质量。数据是人工智能人才测评系统的基础，其质量直接影响到测评结果的准确性。因此，要建立完善的数据采集、清洗、标注等流程，确保数据的真实性、完整性和有效性。加强数据的动态更新和维护，以适应石油石化行业的变化和发展。

积极探索人工智能技术与石油石化行业其他技术的融合创新。例如，可以将人工智能技术与大数据分析、云计算等技术相结合，形成一套综合性的人才测评解决方案。这不仅可以提高人才测评的效率和准确性，还能为油气企业提供更多有价值的人才信息和建议。

3.2 深入行业需求，实现个性化定制

对石油石化行业的各个岗位进行深入研究，了解每个岗位的职责、要求以及发展路径。通过对不同岗位的特点进行分析，我们可以为人工智

能人才测评系统提供更为精准的岗位模型，从而确保系统在人才筛选和评估时的准确性。

与石油石化行业的企业和人才进行深入交流，了解他们对人才测评的需求和期望。通过收集和分析这些反馈信息，可以不断优化人工智能人才测评系统的功能和性能，使其更加符合行业的实际需求。

关注石油石化行业的发展趋势和变化。随着技术的不断进步和市场的不断变化，石油石化行业对人才的需求也在发生变化。因此，要定期更新人工智能人才测评系统的数据和模型，确保系统能紧跟行业的发展步伐，为企业提供最新、最准确的人才评估结果。

引入用户自定义功能。允许企业根据自身的需求和特点，对人工智能人才测评系统进行定制化的配置和调整。这样不仅可以提高系统的灵活性和适用性，还能更好地满足企业的个性化需求。

3.3　提升数据管理能力，确保数据安全

加强对数据的收集、存储和处理过程的监控和管理。这包括制定严格的数据收集标准，确保只收集与人才测评相关的必要信息；建立安全的数据存储环境，采用加密技术保护数据的机密性；在数据处理过程中，采取必要的安全措施，防止数据泄露或被非法访问。

建立完善的数据访问权限管理制度。通过设定不同级别的数据访问权限，确保只有经过授权的人员才能访问相关数据。建立数据使用审批流程，对数据的使用进行严格的监管和审批，防止数据被滥用或误用。

加强数据备份和恢复能力。通过定期备份数据，确保在数据丢失或损坏的情况下能迅速恢复。建立应急响应机制，对数据安全事件进行及时响应和处理，减少数据泄露等安全事件对企业造成的损失。

培养数据安全意识。通过组织培训、制定安全规范等方式，提高员工对数据安全的认识和重视程度，形成全员参与数据安全保护的良好氛围。

3.4　培养专业测评人才

石油石化行业企业可以与高校、科研机构等建立合作关系，共同推动人才培养工作。通过开设相关课程、提供实习机会、设立奖学金等方式，吸引更多优秀人才投身人工智能与石油石化行业相结合的领域。企业内部也可以开展定期的培训和交流活动，提升员工在人工智能技术和石油石化行业知识方面的专业素养。

提高测评人员的职业素养和沟通能力。通过制定服务标准和流程、开展服务意识和沟通技巧的培训等方式，提升测评人员在与客户沟通、解决问题等方面的能力。建立客户反馈机制，及时收集和处理客户的意见和建议，不断完善和提升服务水平。

加强人才队伍的梯队建设和人才激励机制。通过制定合理的晋升渠道和薪酬体系，激发员工的工作积极性和创造力。建立人才储备库，为企业的长远发展提供有力的人才保障。

4　结论

尽管人工智能技术为人才测评带来了诸多便利，但技术成熟度、行业定制化需求、数据安全和专业人才等方面的挑战仍不容忽视。为应对这些挑战，本文提出了针对性的改善对策，包括：加强人工智能技术研发与创新、深入行业需求实现个性化定制、提升数据管理能力、培养专业测评人才。这些对策的实施将有助于推动人工智能人才测评系统在石油石化行业的深入应用，为行业发展注入新的活力。

参 考 文 献

[1] 武思捷.初探人才测评技术在无线电管理领域的应用[J].中国集体经济，2022，（16）：58-60.

[2] 林洁蓝.人才测评在校园招聘中的应用—以B公司为例[J].老字号品牌营销，2022，（09）：139-142.

[3] 梁爽.人才测评技术在企业校园招聘中的应用研究[J].企业改革与管理，2023，（08）：75-77.

[4] 虞卿.人才测评在企业人力资源管理中的应用[J].商场现代化，2023，（07）：77-80.

[5] 邓晓春.人才测评在事业单位人力资源管理中的应用[J].支点，2023，（02）：147-149.

人工智能在石化行业工程类采购领域的研究与应用

刘若雷　赵文锐　栗泽阳　冯　妍　段碧清　任天鹏　杜锁丞　刘　琳　曹嘉怡　张嘉勖　索　超

（中化环境控股有限公司）

摘　要　本文以2024年政府工作报告中提出的深化大数据、人工智能研发利用要求为背景，探讨人工智能在石化行业工程类采购领域的研究与应用。文章首先分析了石化行业工程类采购工作所面临的问题，诸如法律法规与专业标准的复杂性、采购需求的定制性与多样性，以及供应链管理的风险性等方面。在技术思路部分，本文详细阐述了如何运用自然语言处理、知识图谱、大数据管理等技术构建智能问答系统，以应对采购过程中的信息检索、经验数据生成和业务数据构建等挑战。文中进一步阐释了智能问答系统的技术实现路径，包括技术路线、应用架构及功能优势。在应用效果部分，本文通过实际案例的分析，展示了智能问答系统在采购通用类别、流程合规性、品类管理以及统计查询等方面的显著成效，证实了它在提高采购效率、降低采购成本和优化采购决策中的作用。文章在结论部分总结了人工智能技术在石化行业工程类采购领域的应用潜力，并指出随着技术的不断进步和深化应用，人工智能有望成为推动行业创新与发展的关键动力。本研究为石化行业工程类采购领域的人工智能应用提供了新的视角和参考，对于推动行业的智能化、高效化发展具有重大的理论与实践价值。

1　引言

在2024年政府工作报告中特别提出了深化大数据、人工智能等研发利用，开展"人工智能+"行动，旨在打造具有国际竞争力的数字产业集群，突出AI在国家发展战略中的核心地位。国务院国资委召开专题推进会要求各级企业要加快发展新一代人工智能，实现AI技术与传统产业的深度融合。与此同时，国家通过制定相关政策与规划，加大投资力度，激励企业创新等措施推动人工智能的发展。因此，人工智能如何与产业应用相结合，将成为企业产业发展和创新实践过程中一个至关重要的议题。

在众多行业中，人工智能不仅是推动产业升级，增强竞争力的核心要素，更是促进产业智能化，高效化发展的关键力量。本文着重深入剖析人工智能在石化行业工程类采购领域的研究与应用，研究其如何优化采购流程，降低采购成本，提升采购决策的科学性和准确性，为行业的发展注入新的动力。本文将通过对人工智能大模型的深入分析，揭示人工智能在工程类采购领域的广泛应用前景，并为今后的研究和实践提供新的思路与参考。

2　技术思路和研究方法

随着我国经济的稳步增长和工业化的不断深入，作为国民经济重要的支柱产业的石油化工行业发展势头尤为明显。在整个化工行业的产业链中，工程项目采购扮演着关键角色，不仅影响项目的进度、成本和质量，而且也影响着项目能否如期交付。另外，工程项目往往涉及多个专业领域，采购流程复杂，对采购人员及供应链管理提出了很高的要求。

2.1　从数字化视角分析石化行业工程类采购工作中的一些问题

2.1.1　法律法规、专业标准的复杂性

在采购过程中，我们必须要面对众多的法律法规以及与之相联系的质量标准，其复杂性与重要性不容忽视。在整个工程采购过程中不仅要符合国家、地方、行业的相关法律法规和专业标准，还要满足项目的项目类型、资金来源、采购方式、设计、施工、验收等方面的相关规章与标准，内容极其繁杂。这不仅需要投入大量的时间来完成相关准备工作，对采购人的专业要求也非常高。

从数字化角度来分析，这个问题主要体现在两个方面：一方面，这些法律法规以及相关标准

文件分布在不同领域和行业里，同时每个文件涉及的范围也非常广，需要从采购过程的每个环节去精准的构建相关知识图谱，这个构建过程需要大量的法律法规、专业标准文件支撑，其构建难度及所需处理的数据量也相当大；另一方面，目前采购过程中所需的法律法规和专业标准信息，很大程度上依赖于相关采购人员的专业知识与经验进行检索定位，检索的过程也需要去各个文件以及相关系统内去查询，耗时耗力。

2.1.2　采购需求的定制性与多样性

在日常的工程项目采购工作中，需求的定制性与多样性是经常遇到的问题，大大增加了采购工作的难度以及人员要求，主要体现在产品、技术的定制性、需求类型和需求功能的多样性这几方面。从数字化视角来看，这个问题的核心还是在如何解决"定制性"和"多样性"这两个方面上，在"定制性"上，需要从定制的内容里面去寻找规律、总结规律，在找到规律后还要把规律性的内容在进行"标准化"，在通过模块化的分解，让采购需求变的更简单、清晰。在"多样性"上，需要对采购需求里面的需采购的货物、工程、服务的属性、参数、要求等指标进行结构化分级分类，同时构建相关知识图谱与经验库，可以在编写采购需求时根据采购内容快速分解并生成相关信息。

2.1.3　供应链风险性

工程类项目采购环节对供应链的依赖程度是非常大的。每一个项目采购活动都涉及众多的供应商和复杂的供应链体系。供应链管理是项目全过程的必要环节，因此对供应链风险的控制是项目顺利进行和成本控制的重要保证。从数字化视角来看，无论是供应商选择风险、供应商信用风险还是供应链波动风险，从根源来说其核心的难点主要在于：

（1）涉及风险的数据（供应商信用、供应商履约情况、原材料价格、汇率、政策等）的实时性监测；

（2）各环节涉及风险项的价格库、关系库、策略库、质量标准库的构建。

如果可以解决这些问题，就可以在采购关键环节快速识别风险，同时也会根据风险内容迅速给出风险处理建议。

2.2　人工智能与采购领域的结合与应用

依托于自然语言处理、知识图谱、自然语言

生成等前沿技术再结合大量的数据训练可以构建一套基于工程类采购领域的智能问答系统，系统主要能解决以下几个主要问题：

（1）数据的精准检索：可以通过对法律法规、管理制度、专业标准、技术参数、采购流程、供应链等信息进行知识图谱的构建，再结合人工智能自然语言处理能力，能让采购人员快速精准的检索到查询的信息；

（2）经验数据的智能生成：通过各领域知识图谱的构建，历史数据的训练，再结合人工智能模型对于自然语言的处理能力，可以对检索信息进行关联性的智能生成，大大的缓解了编写采购需求的时候，所面临的定制性以及多样性的问题；

（3）业务数据的全量构建：工程类采购执行过程中所需的数据非常多和繁杂，且分部在不同的系统和文件中，在经过初步清洗后，可以通过大数据管理系统对这些数据和文件进行结构处理并形成先关的知识图谱、经验库、关系库等

2.3　技术实现路径

智能问答系统与工程类采购领域的融合是行业和技术的一次创新，通过自然语言处理技术和知识图谱支持，为采购人员提供高效、精准的业务辅助，如图1所示。该模块能够理解用户的询问意图，快速搜索行业标准、法律政策、公司制度、历史采购数据等信息库，自动回答采购相关问题，如采购策略推荐、业务流程指导、法律法规制度支持和供应商风险查询等。智能问答系统通过与知识库的深度集成，能够在复杂的业务情境下提供可靠的决策支持。

2.3.1　技术路线

智能问答系统结合多项前沿的自然语言处理技术，以知识图谱，语义增强模块为基础进行准确的语义理解和信息提取。关键技术包括：

（1）自然语言处理技术

文本解析系统利用基于BERT架构的中等规模语言模型。模型经过特定领域的大规模语料预训练，具备强大的文本理解能力和语义解析能力，支持长距离依赖的识别，并通过命名实体识别（NER）准确定位文本中的公司，产品，金额等实体信息。

（2）Retriever-Augmenter-Generator框架

首先，在知识库中使用高维向量表示，进行

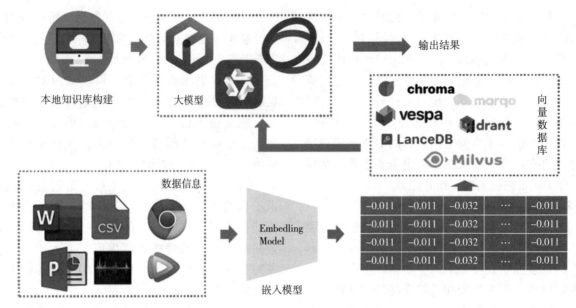

图1　智能问答架构

语义检索，保证查询结果的准确性；其次，利用依存句法和知识图谱技术进一步增强语义解析。而对于复杂的问题，RAG框架可以基于上下文智能排序结果并给出较合适的答案。

（3）提示词工程

通过提示词工程微调模型，来优化系统在采购领域的表现，使得系统更好的适应采购，业务分析，法律解读等特定场景。系统会基于一定的提示词进行语义引导，提高对采购术语和业务需求的理解。

（4）AI Agent对话工作流

系统基于AI Agent多智能体架构，为智能问答系统提供动态的语义解析与协作能力。各智能体分别执行问题分类，供应商评估，技术需求生成等，高效的通信与协作机制保证复杂采购情境下的精准响应。

2.3.2　应用架构

智能问答系统的应用架构基于模块化设计，使智能问答系统可扩展和易维护，主要包括：

（1）知识库管理层

包括但不限于行业标准库、法律政策库、公司制度库和历史采购数据库等。各知识库统一的版本管理和数据清洗策略，确保所有数据的准确性和实时性。同时，各库向量化存储，支持高效检索。

（2）语义解析与信息检索层

负责把用户输入转换成语义向量，并通过RAG模型搜寻相关知识，结合依存句法和知识图谱进行

增强。进一步通过上下文感知的Reranking策略优化检索结果的排序，提升答案的精准度。

（3）回答生成层

结合知识库中的信息和用户的特定需求生成回答。系统首先确定用户的提问类型：策略推荐、流程指导、法规支持、寻源建议等，然后根据提示词工程对回答内容进行调整，保证输出内容符合业务逻辑，精准、易理解。

（4）对话数据管理层

存储用户在系统中所有的交互信息，以备后期对话分析和系统优化使用。通过对用户输入的模式分析，不断提升系统的响应准确度和用户体验感。

2.3.3　功能优势

（1）精准信息检索

系统通过引入RAG框架和向量化存储，可以迅速地在庞大的知识库中找到用户需求的核心信息，大大提高答案的精确性。系统还可通过语义增强和上下文感知，智能调整答案的呈现方式。

（2）行业适应性

系统基于Agent架构的分类能力，智能识别用户问题并分类，进一步匹配相应采购行业知识库。提示词优化使得系统可以在专业领域内做出更加切合实际的解答，无需建立特定的预训练模型，进一步增强了系统对采购场景的适应性。

（3）模块化与可扩展性

应用架构基于模块化设计，支持多层级的知

识库管理与扩展，能够随着业务发展灵活增加新知识库或者业务场景，确保智能问答系统在企业采购领域的长远应用价值。

3 应用效果

3.1 采购通用类

涉及采购方式选择、流程介绍、基本政策与操作流程的常见问题解答，帮助用户快速掌握采购知识，如图2所示。

3.2 流程合规类

包括采购流程合规性、审批标准、合规风险控制等问题解答，确保各环节符合企业与法律要求。

3.3 品类管理类

涉及品类定义、细分策略、品类优先级及相关采购策略的解答，提升品类管理的精细度与效率，如图3所示。

图2 采购通用类图

图3 品类管理类

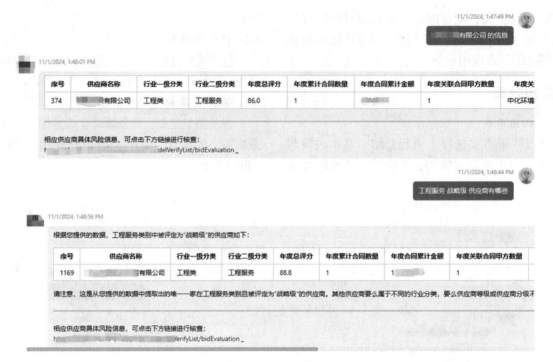

图4　统计查询类

3.4　统计查询类

包括采购数据查询、供应商表现、预算执行情况及其它统计数据的查询服务，方便用户实时获取关键数据，如图4所示。

4　结论

随着人工智能技术发展的日益成熟，为了进一步提高生产力，各行各业都开始在尝试把业务场景与人工智能进行融合，本文深入分析了人工智能在石化行业工程类采购领域的研究与应用，通过构建智能问答系统，并运用自然语言处理、知识图谱、大数据管理等先进技术，成功实现了采购相关信息的精确检索、经验数据的智能生成以及业务数据的全面构建。智能问答系统采用模块化设计，展现了卓越的行业适应性和扩展能力。实际应用成效表明，智能问答系统在工程类采购的常规信息查询、统计分析查询、供应链信息查询等方面均取得了显著成效，显著提升了石化行业工程类采购的效率，降低了采购成本，并为采购决策提供了科学、精确的依据。人工智能技术在石化行业工程类采购领域的应用具有巨大的潜力，为行业的进步注入了新的活力。展望未来，随着技术的不断发展与深入应用，人工智能在石化行业工程类采购领域的运用将更加成熟，极有可能成为推动行业创新和发展的关键动力。

基于VR的LNG泄漏情景构建和应急培训系统建设

张　列[1]　林龙彬[1]　王建国[2]

（1.国家管网集团（福建）应急维修有限责任公司；2.国家管网集团闽投（福建）天然气有限责任公司）

摘　要　文章针对化工行业应急培训实际情景不易实现、培训交互性、沉浸性不足的问题，以3DMax构建的LNG接收站虚拟场景和设备模型为基础，使用unity引擎开发关于LNG泄漏情况下的VR应急培训系统。系统选取LNG站场的高压泵区域、卸料船码头、槽车装车区码头等重要区域建立LNG泄漏应急演练场景。并设置相应的演练流程和交互机制。在演练的过程中引入了LNG泄漏扩散模型，模拟各区域在不同环境条件（风速、风向、温度、湿度、管道泄露孔径等）、不同泄漏位置等多因素影响下的LNG泄漏、扩散以及后续可能产生的燃烧爆炸等特性，以获取尽可能接近真实的应急培训演练过程环境的特性和三维视景。

关键词　虚拟场景；应急培训；泄漏扩散模型

随着我国对环境保护的重视，LNG（液化天燃气）等清洁能源及其配套产业在能源市场的占比越来越重。沿海主要省份均建立起各自配套的LNG接收站及输送管道。LNG接收站是LNG产业的关键一环，承担着LNG储存及输送的任务，因此接收站的安全生产、事故应急历来受到重视。为了保障LNG接收站发生生产安全事故时能快速解决事故，恢复安全运行，各接收站均定时对其事故应急救援处置队伍展开培训。培训涉及的LNG生产现场事故培训场景不易实现，因此以往的培训形式大多采用视频、图片、技能教学，应急流程纸面推演等。近年来，对着VR技术的发展，越来越多的学者、工程师将其引入应急培训系统中。刘敦文等采用3D max和unity建立多模块VR应急培训。胡铁力等引入5G提高VR系统实时传输数据。以上学者等仅是基于静态虚拟固定场景（如固定的建筑物、生产设备和环境）的研究，并无涉及场景内事故灾害随时间的变化。潘卫军等人在建立VR模型的基础上引入火焰外观观测模型预测运动趋势，但仅仅是根据外观建立预测模型，对于环境温度、风速、风向等影响因素并无提及。基于上述问题，文章以LNG接收站LNG泄漏为蓝本建设应急演练培训系统。系统的场景建设除了LNG接收站的建筑物、设备等，还根据LNG受接收站现场的风速、风向、温度、湿度、管道泄漏半径等因素的影响下随时间扩散的泄漏模型。引入扩散模型能充分模拟实际事故现场，为应急培训成果提供有效性、可靠性。

1　应急培训演练系统总体架构

LNG三维虚拟现实应急培训演练系统主要由硬件系统和软件系统组成。系统根据某大型LNG接收站，建立其几何建模，并进行场景渲染，将几何模型转换成物理模型。文中选取高压泵、卸料区码头、槽车装车区等三个虚拟场景中建立相应的应急演练培训案例。同时利用可视化软件将采用CFD（计算流体动力学）模拟的LNG泄漏结果导入虚拟场景中呈现出来，最大限度的模拟真实场景。系统通过硬件设施、上述软件场景程序以及其相互数据交换通道，开发一套三维虚拟现实仿真系统，实现LNG泄漏事故应急处置培训。如图1所示。

1.1　应急培训演练系统硬件系统架构

LNG三维虚拟现实应急培训演练系统硬件架构主要包括视觉通道、听觉通道、人机交互和信号监控反馈通道。其中视觉通道中包括对LNG接收站周边环境生成高端图形计算机、CFD仿真以及将画面投影出来的投影仪和展现画面的投影幕。听觉通道主要就是立体声响系统。人机交互包括人机交互装置，如VR眼镜、手柄等。以及相关人机交互数据传递的信号监控反馈通道。如图2所示。

1.2　应急培训演练系统软件系统架构

软件模块主要包括设备模型管理模块、仿真控制系统模块、虚拟现实模块、数据接收模块、知识描述模块和数据库等。培训人员和教练员通

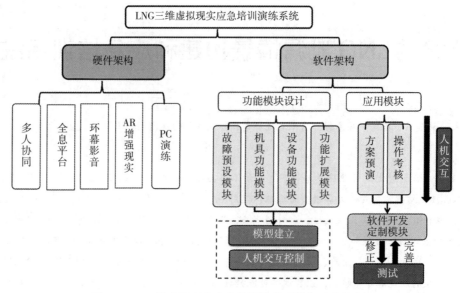

图1　LNG三维虚拟现实应急培训演练系统的总体架构

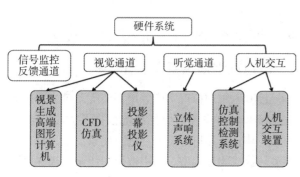

图2　LNG三维仿真系统硬件架构

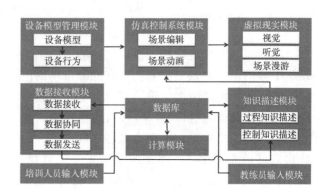

图3　LNG三维仿真系统软件架构图

过输入模块，选择已经建立好的培训场景数据库，数据库接收模块在对数据进行接收，数据协同后，对数据发送到知识描述模块。仿真控制系统模块共同接收到设备模型管理模块和知识描述模块后信号后，对场景动画进行选择和编辑，最终在虚拟现实模块将画面和声音展现出来。如图3所示。

1.3　应急培训演练系统系统集成

LNG三维虚拟现实应急培训演练系统的实现需要软件系统和硬件系统相配合。当教练员在教练台发出指令时，操作员在操作台进行相关操作，通过手柄等输入设备将输入信号传输至硬件系统平台下的仿真服务器，由仿真模型渲染与动力解算器、模型视景生成器进行数据分析与处理，形成三维视景驱动的图像。再通过立体声响系统中的音频矩阵切换器和视频矩阵切换器进行音视频调控，由管控系统传输至投影仪，通过双通道主动立体投影仪将虚拟场景呈现在柱幕上，使得LNG三维虚拟现实应急培训演练系统具有强烈的立体感、真实感和身临其境的沉浸感。如图4所示。

2　演练案例的主要内容

应急培训演练系统根据某天然气有限责任公司现场进行全场景的建模，选定场景模型内的码头、槽车、高压泵区域进行应景培训演练及多人协同演练。

2.1　码头区的应急培训演练

码头区应急培训系统演练以LNG船卸料过程中卸料臂双球阀发生泄漏为主体进行演练。演练过程主要在数值模拟算法预测LNG泄漏扩散半径的指导下制定合理的应急疏散范围，同时还涉及条件允许下的双球阀LNG泄漏处理。

2.2　槽车区的应急培训演练

槽车区应急培训系统演练以LNG槽车过程中泄漏为主体进行演练。过程主要涉及冰霜去除，拆除螺栓更换垫片等。

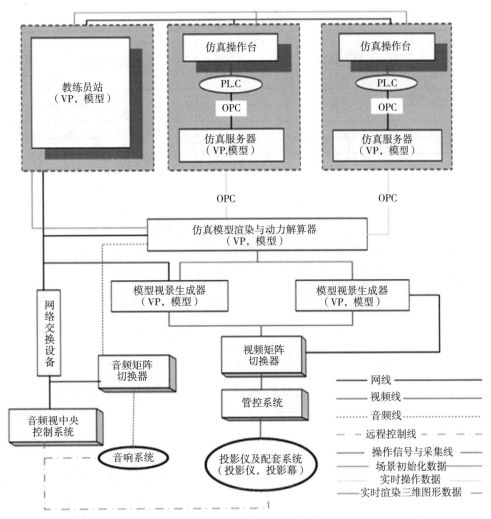

图 4　LNG 三维仿真系统集成

2.3　高压泵区的应急培训演练

高压泵区应急培训系统演练以高压泵区管道法兰泄漏为主体进行演练。过程主要涉及拆除保温层、冰霜去除，应急处置方法库的使用、包覆装置的安装、试压等。

3　LNG 泄漏扩散数值模拟

传统的应急培训演练系统中，通常采用理想动画制作植入的方式来呈现事故过程；为更加真实地呈现不同环境泄漏事故的动态演变过程，本项目对低温天然气泄漏过程进行了三维建模、数理建模及模拟结果虚拟可视化的研究，充分模拟了高压泵区、槽车区、码头等区域等关键设备在不同环境条件（风速、风向、温度、湿度等）、不同泄漏位置等多因素影响下的 LNG 泄漏、扩散以及后续可能产生的燃烧爆炸等特性，以获取尽可能接近真实的应急培训演练过程环境的特性和三维视景，以及人员在相应事故环境下采取相关措

施的可行性。技术路线及相关内容如图 5 所示

考虑到 LNG 接收站通常事故发生条件，制定了模拟重点关注的参数，包括，管道压力、泄漏口直径、风速、环境温度和扩散时间，具体参数如表 1 所示

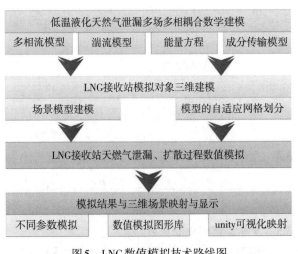

图 5　LNG 数值模拟技术路线图

表1 关键参数

参数 / 采样值	压力/MPa	泄漏孔径/直径mm	风速/(m/s)	环境温度/℃	扩散时间/min
	0.5	0.5	0.3	-30	30
	1	1	1.6	-20	60
	1.5	1.5	3.4	-10	90
	2	2	5.5	0	120
	2.5	2.5	8	10	
	3	3	10.8	20	
	3.5	3.5	13.9	30	
	4	4	17.2	35	
	4.5	4.5	20.8	40	
	5	5	24.5		
	5.5	5.5			
	6	6			
	6.5	6.5			
	7	7			
	7.5	7.5			
	8	8			
		8.5			
		9			
		9.5			
		10			

3.1 多相流体数值模拟数学模型

$$\nabla \vec{V} = 0$$

$$\rho \frac{D\vec{V}}{Dt} = \mu \nabla^2 \vec{V} - \nabla p + \rho \vec{G}$$

$$\frac{D\rho}{Dt} + \rho \nabla \vec{V} = 0$$

$$\rho \frac{D\vec{V}}{Dt} = \mu \nabla^2 \vec{V} - \nabla p + \rho \vec{G}$$

3.2 温度场数学模型

$$C_p \rho \left(\frac{\partial T}{\partial t} + u \frac{\partial w}{\partial x} + v \frac{\partial T}{\partial y} + w \frac{\partial T}{\partial z} \right) = -\lambda \left(\frac{\partial^2 T}{\partial x^2} + \frac{\partial^2 T}{\partial y^2} + \frac{\partial^2 T}{\partial z^2} \right) + Q$$

3.3 气-液相变数学模型

$$\frac{\partial (\rho \omega)}{\partial t} + \frac{\partial}{\partial x_j}(\rho u_j \omega) = \frac{\partial}{\partial x_j}\left(\rho D_t \frac{\partial \omega}{\partial x_j} \right)$$

3.4 气体扩散数学模型

$$C(x,y,z) = \frac{Q_m}{2\pi \mu \sigma_y \sigma_z} \exp(-\frac{y^2}{2\sigma_y^2})\{\exp[-\frac{(z-H)^2}{2\sigma_z^2}] + \exp[-\frac{(z+H)^2}{2\sigma_z^2}]\}$$

3.5 多参数模拟组合结果

模拟结果与三维场景映射与显示，如图6所示。

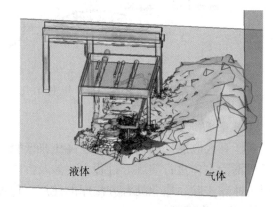

图6 数值模拟结果模型重构

以高压泵站气体泄漏虚拟场景显示为例，结合unity的显示功能和虚拟场景的特点，将数值模拟结果离散数据进行模型重构如图7所示。将重构的模型导入到unity中进行显示。

图7 数值模拟结果在unity中的显示

对导入的重构模型进行渲染，实现气体扩散的真实体验，如图8所示。

泄露的气体扩散区域

图8　模拟结果模渲染后

4　结论与展望

4.1　结论

文章中论述的项目首先建立 LNG 接收站精确三维场景，在接收站三维场景的基础上构建三个 LNG 泄漏场景应急培训演练。通过 VR 技术、计算设备、交互操作头盔和手柄实现 LNG 三维虚拟现实应急演练及培训。

项目在应急演练培训流程中创新性的加入 LNG 泄漏随时间扩散的模型，提高了演练的真实性。

4.2　展望

项目是基于 VR 眼镜、计算设备和操作手柄实现的，笔者认为未来接入其他辅助设备（如：原地行走滚动设备、类人手抓取传感设备等）提高应急演练系统的扩展性，适用性。

参 考 文 献

［1］刘敦文，贾昊燃，蔚英骅等.基于虚拟现实技术的隧道火灾应急培训系统构建和研究［J］.中国安全生产科学技术，2019.15（2）：131–137.

［2］胡铁力，覃登.5G下 VR 技术在安全生产应急救援培训体系中的运用探讨［J］.电子信息，2022（6）：74–76.

［3］潘卫军，徐海瑶，朱新平.基于 V R 技术的机场应急救援虚拟演练平台［J］.中国安全生产科学技术，2020，16（2）：136–14.

［4］吴燃.基于海洋平台火灾爆炸 VR 场景的应急疏散策略研究［D］.中国石油大学（华东），2023.

［5］黄仁东，吴同刚.非煤矿山虚拟现实安全培训系统的研究与构建［J］.中国安全生产科学技术，2017，13（8）：36–41.

［6］赵春霞，张艳，战守义.基于粒子系统方法的三维火焰模拟［J］.计算机工程与应用，2004（28）：73–75.

LNG接收站智能巡检系统建设

朱　虹　柳　超　李东旭

（国家管网集团大连液化天然有限公司）

摘　要　智能巡检通过物联网、大数据、云计算、移动应用等手段，将生产运营工作推向智能化时代，以科技引领高质量发展，利用防爆移动终端、智能安全帽等智能感知设备，在场站无线网络全覆盖的基础上，建设智能巡检项目，包括PC端和移动APP终端，实现接收站工艺巡检、设备巡检和安全巡检等多专业巡检相融合。

关键字　液化天然气；数字化转型；移动；巡检

1　系统概述

巡检系统作为保障生产稳定运行、工艺安全可靠、设备健康运行、安全风险受控的管理手段，LNG接收站迫切需要创新巡检技术方法，研究开发基于风险信息和巡检标准，融合运用智能防爆移动巡检终端、设备测温测振传感器等先进技术和设备的一体化智能巡检系统，将生产巡检、工艺巡检、设备巡检、安全巡检、仪表巡检、电气巡检等不同专业的巡检业务工作集成到统一的平台上，各专业均可利用系统和防爆移动终端开展系统化、标准化、移动化和智能化的巡检，最大限度地减轻基层员工劳动强度，降低巡检人员安全风险，最大限度的提升和改进巡检有效性，实现LNG接收站各专业巡检的管理目的，实现LNG接收站生产运行安全、稳定、可靠，设备安、稳、长、满、优运行，安全风险持续受控，确保企业健康和可持续发展。

2　总体设计

智能巡检系统借鉴基于面向服务架构（SOA）的微服务架构思想和方法，以及虚拟化云平台技术进行建设。尽可能使应用功能模块化，做到高内聚、松耦合，系统构架层次化；降低信息数据、业务应用、用户交互资源间的耦合度，成为松耦合的层面，打破以前业务应用系统铁板一块的设计模式，使得任何资源的变化（数据、处理逻辑、展示）不会影响到系统中其它模块，从而使应用功能能够灵活地被组合和封装，摆脱面向技术的解决方案的束缚，轻松应对业务服务的变化、发展需要。

2.1　总体框架

总体架构主要包括基础设备层、数据集成层、服务层、应用层、展示层和用户层6层架构，如图1所示：

各层内容如下：

（1）基础设备层：主要包括部署在DMZ区的服务器、智能手持\穿戴设备，以及后期扩展的智能检测设备等；

（2）数据集成层：主要包括设备管理系统、DCS、视频监控系统等；

（3）服务层：提供统一标准化的应用开发环境、运行环境和数据环境，提供统一的应用治理框架，支撑系统开发、集成、业务数据汇聚与存储管理，实现公共系统服务及业务服务的标准化封装，提供基础、数据、业务应用服务；

（4）应用层：包括以巡检管理、实时监控、历史查询、基础数据管理和系统管理六大模块为核心构建；

（5）展示层：分别设计PC端和移动端的UI展示；

（6）用户层：系统为公司领导、运行管理人员、巡检人员和系统管理员设计了4个用户角色。

2.2　数据架构

系统数据架构按着"采""传""存""管""用"五层来划分阶段，具体如图2所示：

（1）数据采集层：数据采集来源包括智能防爆移动巡检终端、视频监控、DCS、生产管理系统、智能化平台、ERP等；

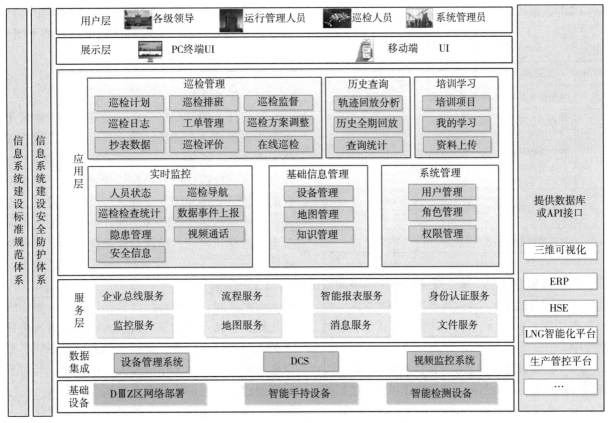

图1   总体框架图

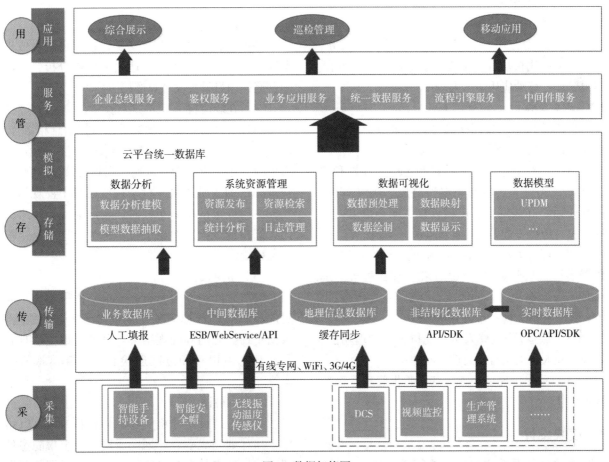

图2   数据架构图

（2）数据传输层（表1）：

表1　数据传输表

序号	数据源	数据分类	传输方式	备注
1	基层操作应用	基层业务数据	人工填报	
2	巡检系统定位	地理基础数据	缓存同步	
3	智能防爆移动巡检终端	专业应用数据	ESB/WebService/API…	
4	工业控制系统	实时生产数据	OPC/APISDK…	
5	视频监控系统	视频流媒体数据	APISDK	

（3）数据存储层：建立业务数据库、中间数据库（实时数据库）、地理基础信息等数据库，根据数据所属范畴，将其分门别类的存储在上述数据库中。

（4）数据管理：根据业务流程和业务活动，以智能巡检系统应用为目标，建立数据模型，包括数据分析、系统资源管理、数据可视化、数据模型。

（5）服务基于服务总线（ESB），包括数据服务、地理数据服务、文档资料服务、移动服务、集成数据接口等。

（6）数据应用：数据应用基于模型和服务，搭建各类应用模块或子系统，主要包括综合展示、巡检管理、移动应用等三大应用。

2.3　业务架构

智能巡检系统按照接收站巡检业务流程进行功能设计，功能流程图如图3所示：

（1）运行管理人员：直接制定巡检计划和巡检排班，支持人员状态、巡检监控、实时对讲、视频通话、在线巡检、巡检评价、安全信息、巡检日志、历史查询等功能；

（2）巡检人员：支持巡检导航、巡检点签到、数据上报、数据对比、隐患上报、隐患处理、巡检完成等巡检功能，同时支持培训学习、资料上传、实时对讲、视频通话等功能；

（3）保运/维抢修人员：支持工单管理功能，处理巡检人员无法自行处理的问题；

（4）系统管理员：支持基础数据管理、系统管理功能。

3　模块设计

巡检管理系统主要由巡检管理、实时监控、设备管理、工单管理、历史查询管理、培训学习、基础信息管理、系统管理等模块组成，如下图4所示：

3.1　巡检管理

（1）任务设置

巡检任务的基础巡检单位是巡检点，由若干个巡检点组成一个巡检线路，再由若干个巡检线路组成一个任务。

系统支持巡检任务的在线规划与主要巡检内容的标注，支持地图上直接进行巡检点设置，直观、准确展示巡检线路和巡检任务，并为巡检人员清晰的标识出巡检路线与巡查重点，提高巡查质量。

（2）巡检计划

按照区间预设巡检路线，制定工作计划。统筹规划接收站运行人员、值班人员、保运人员等各类人员的巡检任务，包括全部人员对不同类型设施的不同周期和工作内容的工作计划。针对不同岗位建立不同巡检任务及路线，值班人员按照预制方案进行巡检，强化值班工作效果。保运人员及安保人员按照相关专业制定专业巡检路线及方案。

（3）巡检排班

根据巡检计划及人员安排，系统自动生成近七天或一个月的排班表，通过大数据分析，智能完善巡检项目设置及重点巡检工作。

（4）在线巡检

通过对DCS数据、现场视频监控信息相结合，巡检工作由线下巡检逐渐提升到线上巡检的阶段。巡检项与相对应的DCS数据、视频监控设备绑定，实现在线的实时巡检，对于在线巡检中发现的问题，进行线下的确认与处置，在线巡检为将来的无人巡检或少人巡检做了技术铺垫，这也是巡检系统智能化的一方面体现。

（5）巡检日志

按照时间、巡检人员、上报事件种类的不同对巡检日志进行查询统计，查询历史巡检轨迹。根据事件、时间和处理结果等分类可以生成日志和文档，可以打印月度巡检日志、年度巡检日志等。

（6）巡检评价

系统支持设定巡检工作的评价标准和KPI指标，如计划完成率、计划完成质量、上报隐患处理时间、抄表数据准确度等，系统将根据这些设

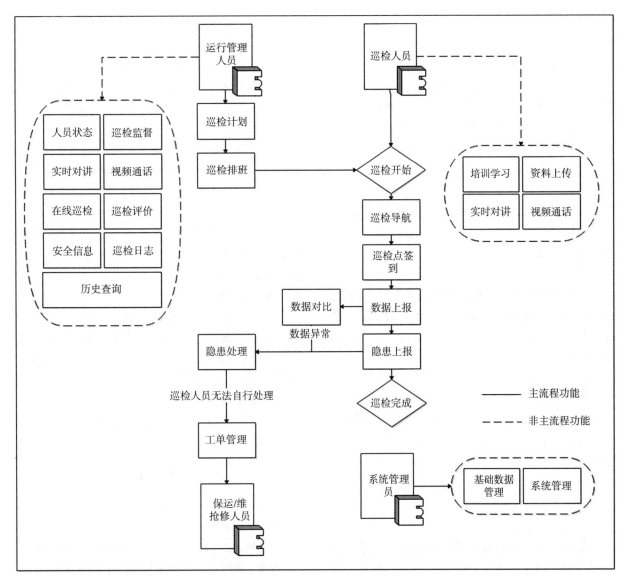

图3 业务架构图

图4 智能巡检系统

定对每一次巡检计划的执行情况进行量化评价，为管理人员减轻繁重的机械性工作。

3.2 实时监控

（1）人员状态

实时显示巡检人员定位、任务执行、故障/隐患处理情况信息，实时监测巡检人员的生命体征。

（2）巡检导航

系统可查看当前巡检人员巡检路线，确认工作人员是否在规定路线上进行作业，并支持查看指定时间的历史巡检信息。

（3）事件上报

系统可显示通过移动设备上传的抄表数据以

及故障/隐患信息，支持文本、图片、视频、语音等形式。

（4）隐患管理

巡检人员上报的故障需要保运或维抢修人员处理，则可通过系统自动生成带有时间标签、巡检人员标签、上报具体描述内容和现场照片的派工单，详见"工单管理"模块。

（5）视频通话

巡检人员与管理人员之间可以通过手持设备进行视频通话，视频内容可以储存在巡检系统中以备后期查询。

3.3　设备管理

（1）场站设备

场站设备管理模块可以查看设备的详细信息，和实时状态；支持用户对场站设备进行添加、修改、删除及查看操作，实现对设备的实时更新与日常维护。

（2）移动设备

移动设备管理模块对所有移动设备，包括智能终端、智能安全帽和无线振动温度传感器等设备的设备信息、使用状态、使用人员等进行管理与维护，方便管理人员查询设备的使用情况与状态

3.4　工单管理

（1）故障处理

巡检人员上报的故障需要保运或维抢修人员处理，则可通过系统自动生成带有时间标签、巡检人员标签、上报具体描述内容和现场照片的派工单，在保运人员完成维修任务后，将维修过程和记录填写到工单中，工单将自动保存。

（2）隐患上报

隐患上报是巡检人员发现设备隐患后，上报系统；当该隐患转换成故障工单后，对应的隐患上报信息也会有相应记录，从而形成闭环管理。

3.5　培训学习

（1）资料上传

具有资料上传权限的用户可在此将有经验的巡检人员总结的经验和专业指导文件上传至系统，

支持文件、视频等多种格式上传。

（2）知识学习

巡检知识学习模块展示所有培训项目资料，用户可在此界面进行培训项目选学，通过文档、视频等方式学习，从而快速提高专业能力。

（3）在线答题

系统支持标准题库建设，可以录入相关的专业试题，根据考试需求，进行选题自动形成试卷，相关考核人员登录系统，在规定时间内在线答题，提交后系统自动打分，完成考核。

在线答题可以实现新员工对巡检相关知识和技能进行在线考核和评价，从而快速掌握操作要点和专业技术能力。

3.6　统计分析

利用智能报表工具，针对巡检任务的执行轨迹、完成时间、巡检安全、隐患上报、故障上报等信息，进行统计分析，完善任务设置，优化上报流程，提高巡检效能。

3.7　系统管理

系统管理分为用户管理、角色管理、权限管理以及操作日志。

参 考 文 献

[1] 黄益华，邓书蕾．智能巡检系统[J]．重庆电力高等专科学校学报，2000（03）

[2] 洪延风，楼晓岩，赵军，等．智能巡检系统网络版的开发与应用[J]．华北电力技术，2001（12）

[3] 新会供电局应用线路智能巡检系统[J]．电力信息化，2005（10）

[4] 三和公司智能巡检系统在四川省推广应用[J]．四川电力技术，2000（01）

[5] 智能巡检系统保稳定运行[J]．软件世界．2006年10期

[6] 车婷玉，董立文．基于解决方案的智能巡检系统研究[J]．科技创新导报，2009（14）

[7] 李孟兴，潘长义．以智能巡检系统管控设备安全运行[J]．农村电气化，2011（09）

LNG接收站特殊作业安全管理创新应用探索

王 堃 吕志军 唐清琼

（国家管网集团深圳天然气有限公司）

摘 要 针对LNG接收站检维修作业风险高、安全监管难和监管人员不足的痛点，结合5G专网技术、AI技术、数据集成技术、云平台技术，通过数字化手段实现风险作业过程全线上审批、全过程监管、全态势感知，全流程智能管控，提升作业现场本质安全水平。

关键词 安全管理；作业许可（PTW）；检维修；数字化；智能化

一座LNG接收站每年高风险作业达800余项，作业管控存在极大的风险，传统的人力手段，无法做到毫无疏漏，无法保障作业现场本质安全。安全生产一票否决，特殊作业安全是关键环节。一张动火票8个问题，给各家企业敲响了警钟。加快推进数字化转型是"十四五"时期建设网络强国、数字中国的重要战略任务。通过建设泛在智联的数字、智能基础设施，借助关键环节全过程监控、全方位监管、全态势感知，实现核心业务数字化，提升特殊作业安全管控水平，确保生产安全稳定是核心需求。

1 安全生产业务痛点及解决思路

1.1 业务痛点

1.1.1 风险作业过程现场缺乏有效监管

当前接收站、场站人力不充足，对所有的作业现场无法都做到实时准确地获取现场实际情况，远程交流手段不足，且信息传递不全面。尤其对于作业现场的突发或异常状况，无法及时获取现场的实时准确信息，响应周期长不利于问题的快速解决。

1.1.2 许可证审批耗时长，效率低

风险作业许可证申请流程当前全线下纸质化处理，许可证填写审批流程耗时较长，审批流程通常耗时2~3h。

1.1.3 流程进展无法实时可视

维检修流程涉及计划制定，方案制定、JSA分析、安全技术交底等多个环节，当前所有环节均是线下管理。无法实时体现接收站整体计划情况，不便于整体维检修工作效率。

1.1.4 具体措施制定依靠经验

当前在进行详细的作业风险识别。安全措施制定时不同员工制定的具体措施可能存在差异。人为自选动作较多，导致有时风险识别不完全，安全措施不到位，存在作业安全隐患。

1.1.5 作业记录易遗失

风险作业的各类档案当前均为线下存档，导致存档分散，不利于作业过程回溯查询，且难以形成知识经验库。

1.2 解决思路

针对以上痛点，通过IT系统规范作业人员的标准动作，提升了本质安全水平和工作效率。将5G专网技术、AI技术、数据集成技术、云平台技术等新一代信息技术在危险化学品领域与安全管理深度融合，推进危险化学品安全治理体系和治理能力现代化。

2 安全作业管理平台介绍

2.1 整体架构

安全作业管理平台整体架构包含数据采集层、数据传输层、数据存储及处理、软件和算法、应用界面，见图1。应用界面提供PC端、APP手机客户端、IOC大屏等，供用户访问和使用安全作业管理平台，包含维检修数字化指引、作业许可证审批管理、风险作业过程现场监管等应用。

2.2 系统功能概述

安全作业管理平台包括四个方面系统功能：维检修数字化指引、作业许可证电子化管理、风险作业过程现场监管、三维可视化展示。通过这四个系统功能，实现作业管理的标准化程序化，现场监管

的智能化开放化和专家经验可沉淀可积累,见图2。

2.2.1　检维修数字化指引

通过维检修流程数字化,提升维检修流程的

处理效率与许可证的填写及审批效率。功能模块包括计划制定、方案管理、JSA风险分析、安全技术交底、能量隔离、气体检测、许可证管理、计

图1　平台整体架构

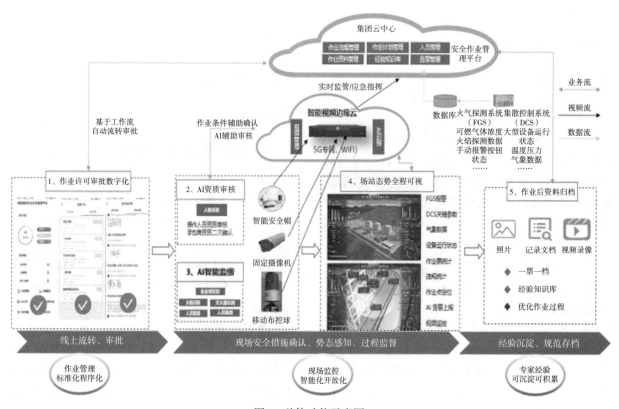

图2　总体功能示意图

划关闭。见图3。

2.2.2　作业许可电子化管理

（1）通过作业过程电子化，实现线上作业许可线上流转，作业的整个流程和进度实时可视、可管、可控。许可证及方案提交后，审批人会收到消息提醒，能第一时间进行审批，保证作业流程快速流转。避免了纸质票四处找人签字，来回奔波，提升作业许可的填写及审批效率。

（2）作业规则智能管控，将规范标准及安全管理规定等对于作业的要求。信息化、规则化后融入作业前中后流程，实现作业规则、流程和风险管理标准化流程智能管控，确保作业安全、合规进行。

（3）沉淀经验知识库。基于历史作业信息沉淀经验，利用AI算法、大数据分析等技术手段，以经验赋能作业管理，以作业丰富经验沉淀，形成持续学习、持续发展的经验知识库。

（4）系统通过IT手段全过程进行记录，作业即记录，无法篡改，便于回溯。

（5）生产数据实时共享，作业即记录。平台将作业相关资料打包存档，包括计划、方案、JSA、技术交底、许可、现场影像资料等。方便查询、统计分析，避免了资料缺失，保证了资料的完整性。

2.2.3　作业过程现场监管

（1）风险作业风险实时监控：可通过移动设备的视频输入，如移动布控球、智能安全帽、智能防爆终端等，同时可复用LNG场站现有的固定摄像设备，如防爆枪机、非防爆固定摄像头等，完成视频、图片影像文件的采集，实现风险作业的各关键节点影像资料的留底存档及风险作业现场实时监控全过程覆盖。

（2）作业现场AI智能辅助检测监督：借助现场的固定摄像头或者移动录像设备，获取现场的实时视频信息，结合后台服务的AI智能识别能力，实现风险作业前人员资质二次校验，风险作业中合规性智能识别及异常类智能识别的功能，同时对异常情况可生成告警信息并及时通知相关人员。

（3）远程语音实时对讲：结合AI智能识别的功能，对于风险作业的异常情况，及时上报。远程监督人员通过后端服务的语音对讲能力，及作业现场摄像设备的音频外放功能，实现前后方的语音视频通话功能，通过实时语音视频功能完成对现场的纠正指导操作，见图4。

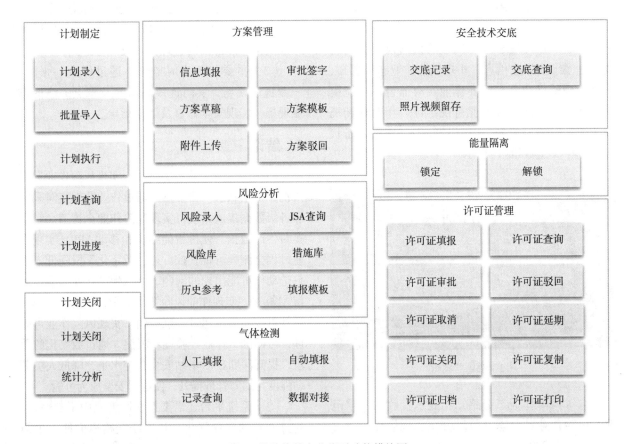

图3　维检修数字化指引功能模块图

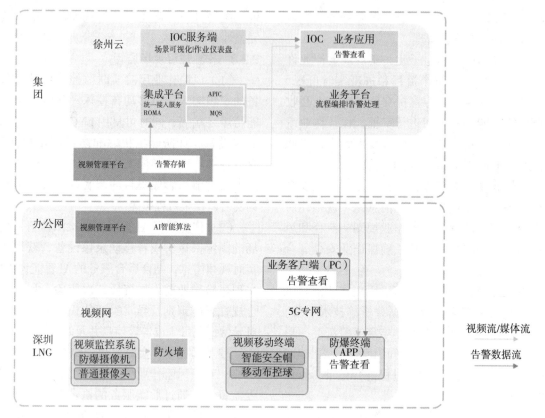

图4 数据流示意图

2.2.4 三维可视化展示

通过整合流程数据、视频数据、AI告警数据、作业位置、DCS/SIS/FDS/GDS的仪器仪表及阀门状态等多维度作业信息，实现风险作业态势感知、安全管理辅助决策与重要作业实时监督。功能模块包括：作业统计、作业合规统计、作业现场视频、作业现场AI告警、GIS引擎、DCS终端设备状态。领导驾驶舱如图5所示。

图5 领导驾驶舱

（1）风险作业态势感知：展示接收站所辖范围的风险作业的状态、位置分布和现场环境、设备、人员安全状况；

（2）安全管理辅助决策：统计分析安全风险多发的作业类型、作业区域、作业时间，辅助领导及安全管理部门的管理投入及风险预判；

（3）重要作业实时监督：通过作业一张图，一键直达现场，实时连线高风险及重点关注的作业现场，实现安全监督及工作指导。

3 结论

（1）通过安全管理一张屏，实现风险作业远程可视，安全状态一目了然。通过作业数据实时采集和各级数据集成共享，实现风险作业全覆盖。结合实时生产数据、便携智能终端和移动APP，实现作业过程全流程可视管控。通过数字化手段降低人为自选动作可能出现的问题，降低生产作业风险。加持AI算法，实现作业风险智能识别，辅助风险作业可管可控能力。通过一票一档，实现风险作业可管理、可回溯，作业经验逐步沉淀。通过数字化的手段，提升深圳LNG场站安全管控水平，降低人员劳动强度，助力管理提升，使远程安全成为可能。

（2）系统平台还需要在实际使用中不断完善，通过不断的迭代优化，让系统变得更方便，更简单，让员工更愿意去使用。

参 考 文 献

［1］别中正. 石油化工检维修作业管理要点探讨［J］. 商，2012（23）：220

［2］李远舟. 石油化工企业作业许可信息化建设探讨［J］. 安徽化工，2022，48（02）：14–16.

［3］刘冲. 基于风险控制的作业许可管理系统开发与应用［J］. 云南化工，2018，45（02）：226–229.

［4］王永奎. 石油化工企业安全管理平台的搭建［J］. 科技创新与应用，2017（16）：167.

［5］陈士达. 基于人脸识别的石化施工作业许可管理系统研究［J］. 华中科技大学，2022（05）.

［6］徐平. AI智能感知云平台在现场安全监管中的运用［J］. 化工安全与环境. 2022，35（09）：15–18.

LNG接收站关键设备检维修技术数字化探索

黄祥耀　张　列

（国家管网集团（福建）应急维修有限责任公司）

摘　要　LNG接收站关键设备包括卸料臂、BOG压缩机、低温泵、汽化器等设备，该类设备多为国外进口，维修技术多受制于国外厂商，国内人员未能够系统化掌握该类设备维修技术。为打破技术封锁及壁垒，实现系统掌握该类设备维修技术，论文从信息化智能化方面进行思考探索，提出了LNG接收站关键设备维修技术信息化智能化系统构建设想及实施策略。本文主要从关键设备维修技术特点及现状、信息化智能化系统构建设想、实施策略等方面进行详细论述，为LNG产业维修板块信息化智能化发展提供思考借鉴。

关键词　LNG接收站；关键设备；信息化；智能化

1　关键设备检维修特点与现状

1.1　关键设备检维修特点

LNG接收站关键设备使用环境为零下160℃的低温、易燃环境，多为国外进口，设备材质特殊及加工工艺精细，外国厂商对国内使用及维修单位技术保密，关键设备在调试、使用、维护过程中产生的问题需需寻求外国厂商协助支持，但从时间进度及经济方面考虑，请求外国厂家技术支持都存在较大制约。因此，我方人员系统掌握关键设备检维修技术则至关重要，而关键设备检维修技术信息化智能化工作则是重中之重。

1.2　设备检维修技术支持与服务现状

目前，关键设备检维修及运行出现故障时，通常采用电话支持、现场支持或联合设备厂商来解决相应的问题。然而，由于设备工艺与结构复杂，并且现场作业环境和故障常常是高度不确定性的，所以采用电话或视频进行远程支援的方式，难以提供全面和即时的信息来保障设备故障的安全排除；同时，若联合设备厂商进行现场技术支持，则存在双方人员调度的时间与经济成本大、故障处理滞后以及因前期调度时间长导致故障扩大化的问题。

1.3　设备检维修技术培训现状

针对设备技术要求较高的关键设备技术培训，一般根据需要跟踪设备厂商检维修过程或者到国外厂家考察学习。这种培训机制受制于设备技术封锁、技术资料不全面、观察手段有限、培养周期长、技术人员流动等问题，造成入职员工在上岗前可能未获得充分学习时间来理解设备结构和原理，进而未能掌握更扎实的操作技能。因此对于设备技术知其然不知其所以然，不能对宝贵的检维修技术数据进行汇总、整理及优化，也无法留存下来供后来者使用。形成关键技术掌握在少数人手里的局面，一旦有人员流动或其他不确定性因素，极容易造成惨重的损失。

1.4　设备检维修过程信息化程度低

当前多数LNG关键设备的日常维护及检维修过程是公司自身技术人员在负责，由于数字化技术认识的不足，每次检维修留存下来有限的检维修数据资料，即便是有限的资料也包含了文档、图纸、图片、视频等文件，十分庞大冗余。数据没有明确分类，检索难度大，因此对于检维修的技术培训以及下次检维修指导作用甚微。另外，设备及备件虽然有仓储信息，但是却没有检维修的相关数据信息记录，而且作业人员无法直接查询相关数据，导致备件调用困难，也无法做到设备存储及运行状况心中有数。

综上所述，受制于种种原因，LNG关键设备信息化智能化建设举步维艰，究其根源，设备安全生产及检维修技术数字化、信息化严重不足是主要问题，因此，有必要建立一个完善的信息化平台。

2　信息化智能化系统构想

2.1　系统总体框架构想（图1）

a. 系统采用B/S与C/S混合架构，后台数据库使用主流数据库系统（MySQL），具备兼容性与开放性，对各子系统进行标准化的统一管理，内建安全策略可以实现信息安全控制，保障服务的访

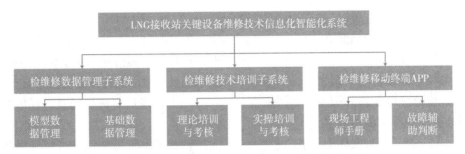

图1　LNG接收站关键设备维修技术信化智能化系统

问安全与运行质量；

b. 该系统采用主流数据库系统，具有足够的容量与处理能力；

c. 移动终端APP可以实现全部前台业务功能，包括前台业务功能及后台数据管理功能，数据录入以PC端为主。两种模式查询和浏览的信息来自唯一数据源，可实现数据同步共享。

2.2　关键设备检维修数据管理子系统构想

该子系统包含模型数据管理、基础数据管理两个功能模块。旨在以三维模型为检索及分类引导，实现对检维修技术数据的科学化、信息化、智能化管理。

2.2.1　模型数据管理

a. 系统建立关键设备三维模型数据库，物理关键设备实现数字化信息化，三维模型可实现自由查看，关键设备结构精细化呈现；

b. 建立完备的模型检索机制，对关键设备组件、部件、零件、配件等进行科学分类，根据设备实际装配关系建立以模型为基础的检索树，实现三维模型与检维修信息、技术资料、备件信息、仓储信息等相关设备技术信息一一对应信息化呈现的智能化检索、统计、分析研究的功能，为大

数据标准化基础工作打下坚实基础，如图2所示。

2.2.2　基础数据管理

基础数据有设备数据、施工数据、备件数据、检维修数据等。利用设备完整性管理理念进行构架，建立设备基础数据库，将设备历史施工、维修的内容、过程和图片等电子记录存档，实现基础数据的规范化、科学化、智能化管理。

a. 建立关键设备基础数据库，数据库具备良好的扩展性；

b. 依托模型检索机制，对关键设备基础数据资料进行科学分类，并建立与模型检索树之间的逻辑关系；

c. 系统对检维修数据进行科学化管理，具备备件数据管理、检维修数据管理功能。备件数据管理可实现与企业ERP仓储（库存）模块进行数据交互，实现备件功能位置、规格、材料等特性可视化，便捷查询确定备件库存、物料编码、仓储位置等信息；检维修数据管理按照关键设备检维修的时间轴对整个检维修过程中的文字、图片、视频进行记录和管理。

2.3　关键设备检维修技术培训子系统构想

该子系统旨在实现关键设备检维修技术信息

图2　模型图

化、智能化的培训与考核，系统具备理论培训与考核、实操培训与考核两大功能模块。

2.3.1　理论培训与考核

a. 对于设备检维修过程中的国家标准、企业标准、作业流程规范、设备检修记录等以图文方式呈现，课件形式主要为演示文档（格式包含PPT、pdf、word、excel等类型文件）；对于设备的机械装配、运行机理和作业规程以实际录制视频或者制作三维视频的形式呈现；

b. 学员可以通过设备名称、部件名称等关键字检索所需要的学习内容，可以添加课程至我的学习课程，记录学习进度，对所学课程可进行下载；

c. 考试题库管理能够自动生成专题考试或综合理论考试试卷，题目类型包含选择、填空、判断、问答等四种类型；

d. 个人中心能够对用户的学习行为（系统登录、文章阅读、视频观看、学习时长等）进行数据分析评价，能够生成考试考核报告，报告内容包含错题信息及相关分析、总体评价等。

2.3.2　实操培训与考核

通过建立基于虚拟现实的LNG接收站关键设备大修虚拟场景的VR系统，受训人员能够在虚拟场景中体验关键设备大修过程的每一个环节，了解大修过程每一处细节的技术要点、工器具使用、安全要求等；同时，通过多点虚拟显示跟踪系统和交互设备，实现在虚拟场景中多角色的协同关键设备大修演练和考核。

a. LNG接收站关键设备大修虚拟场景构建。通过三维模型的贴图、渲染和布置等，在虚拟设备（如HTC VIVE、Oculus等），获得接近LNG接收站关键设备大修的真实环境的体验。

b. 多角色协同演练与考核。根据关键设备大修标准规范内容和角色分配，在LNG接收站关键设备大修虚拟场景中，实现各个角色在关键设备大修中的工序衔接、检修工艺处理、安全质量把控等方面协同演练。

例如：卸料臂大修实操演练与考核设想

卸料臂大修实操主要包含中转码头组装、LNG码头吊装、厂房解体检修三部分内容。

（1）构建中转码头虚拟场景，在虚拟场景中进行新臂卸车、新臂组装、新臂装船、旧臂卸船、旧臂解体以及旧臂装车，要求场景中可以进行标准流程的交互操作；

（2）构建LNG码头虚拟场景，在虚拟场景中完成旧卸料臂工艺液压电仪隔离、旧卸料臂翻转、旧卸料臂脚手架搭建以及旧臂及附属设施的吊离，要求场景中可以进行标准流程的交互操作。

（3）构建厂房虚拟场景，在虚拟场景中完成卸料臂整体及各液压缸、双球阀组件、旋转接头、支撑轴承等部件拆卸组装，要求场景中可以进行标准流程的交互操作。

2.4　关键设备检维修移动终端APP构想

2.4.1　现场工程师手册

a. 移动端现场工程师手册囊括关键设备检维修数据管理子系统、关键设备检维修技术培训子系统（理论培训与考核部分）的全部功能，将关键设备检维修技术大数据科学化处理，实现技术信息化、云端化、智能化，为现场工程师的关键设备检维修提供高效精准的信息服务。

b. 具备实时记录、上传现场检维修所有相关关键数据（如配合间隙、加工尺寸、安装工艺控制等）及关键工艺工序实施图片等，总部专家可实时监督审核并批示下一步工作，实现远程质量把控，并最终自动形成现场检修记录且自动录入检维修数据平台中的功能。

2.4.2　故障辅助诊断

a. 建立设备故障数据库，针对作业过程中出现的设备故障、异常、检维修零件的划伤、腐蚀等数据进行实时记录；

b. 基于关键设备故障历史数据的深度学习及当前现场故障数据进行辅助判断，并根据标准作业流程进行故障应急处置指导，帮助现场作业人员快速做出应急处理。

3　实施策略

首先，在实施关键设备维修技术信息化智能化计划前，应在关键设备检维修技术标准化工作的广度及深度上下功夫，在较完善的关键设备检维修技术标准化工作的基础进行信息化智能化工作才有实际意义和坚实的基础，不至于推到重来，徒添反复工作。

其次，关键设备检维修技术信息化智能化工作涉及专业面广，前期调研规划应做到多专业人员进行研讨，形成较完善的综合信息化智能化工作计划方案。

再次，关键设备三维模型建立应做到精准建模、百分之百建模，特别是在机械结构展示、虚拟环境协同演练与考核中应使用高精度模型，这样对设备结构细节、技术要点、检修工艺处理等方面的培训与考核才有实际意义。

最后，在关键设备维修技术信息化智能化工作实施过程中，对数据库及VR虚拟现实等技术的应用应具有前瞻性，如考虑技术的更新迭代及自身现实需求、未来规划，后期维护更新的经济性等。

4　结束语

面对信息革命及未来人工智能的到来，传统行业唯有自我革命才有新生，在革新的路上LNG接收站关键设备检维修技术信息化智能化工作任重而道远。本文从行业自身出发结合现有信息革命成果，思考探索LNG接收站关键设备维修技术信息化智能化道路，希望能够为新技术在传统行业的应用及LNG接收站关键设备检维修技术信息化智能化发展提供思考借鉴。

参 考 文 献

［1］顾安忠．液化天然气技术手册［M］．北京．机械工业出版社，2010．

［2］吴正兴，魏光华，胡锦武．卸料臂维修［M］．北京．石油工业出版社，2018．

［3］苏海，杨跃奎．快速原型制造中的反求工程．昆明理工大修学报，2001（4）

［4］D. Y. Chang and Y. M. Chang, "A Freeform Surface Modeling System Based on Laser Scan Data for Reverse Engineering", International Journal of Advanced Manufacturing Technology, 2002（22）

［5］车磊，吴金强，晁永生等．逆向工程技术应用研究［J］．机械制造与自动化，2008，37（3）：34-36．

［6］CHANG C C, CHIANG H W. Three dimensional image reconstruction s of complex object s by an abrasive computed tomography apparatus［J］. International Journal of Advanced Manufacturing Technology, 2003, 22（9/10）：708-712．

［7］袁静．面向设备故障诊断的数据挖掘关键技术研究与实现［D］.西安电子科技大学2012

［8］李婷婷，代健民，潘洪志．虚拟仿真实验教学的探究与创新人才的培养［J］.中国继续医学教育.2019（08）

［9］韩璐．"互联网+"背景下虚拟仿真实验在物理实验教学中的应用和发展［J］.吉林省教育学院学报.2018（12）

［10］Ilona J. M. de Rooij, Ingrid G. L. van de Port, Johanna M. A. Visser-Meily et al. Virtual reality gait training versus non-virtual reality gait training for improving participation in subacute stroke survivors. study protocol of the ViRTAS randomized controlled trial［J］., 2019, 20（1）.

智能视频巡检在LNG接收站中的应用研究

刘思勤[1]　付嘉俊[2]

（1. 国家管网集团海南天然气有限公司；2. 安徽省川佰科技科技有限公司）

摘　要　现阶段LNG接收站的安全管理手段，主要依赖人工巡检与监控技术相结合的方式，其中人工巡检仍然是最主要的巡检方式。但随着巡检要求的提升和巡检技术的进步，减少人工巡检频次、提高巡检效率成为该领域较为迫切的需求。本文针对LNG接收站实际巡检业务，应用三维场景建模、视频融合和算法识别等技术。通过对现有巡检方法的分析，提出了一种基于智能视频巡检的LNG接收站巡检方案。

关键词　智能视频巡检；LNG接收站；三维场景建模；视频融合；算法识别

我国液化天然气（LNG）的发展前景持续向好，随着接收站数量的不断增加和规模的不断扩大，其自动化、智能化水平的要求也在提高。而对于建设期较早的接收站来说，大部分设备的运行状况还需人工巡检进行观测、记录，为了确保接收站平稳、安全运行。此研究针对接收站重点防控区域的管理需求，充分利用厂区原有加新增摄像机，融入视频智能识别技术，实现重点监控区域摄像机画面融合、多源数据的信息融合，达到视频智能巡检的效果。从而提高管理人员工作效率，强有力支撑接收站各项业务和管理需求。

LNG接收站的总体工艺包括LNG装卸船、LNG储存、LNG增压气化外输、LNG装车、BOG处理及火炬系统。本文针对LNG接收站的储罐区、装车区应用智能视频巡检技术进行研究，旨在提出一种基于智能视频巡检技术的LNG接收站巡检方案，以提高巡检效率、降低运行风险和维护成本。

1　现阶段巡检痛点问题

1.1　巡检环境差

LNG接收站多沿海分布，巡检环境条件恶劣，巡检质量难以保证。人员长期面临高温、低温、高风、高处作业等恶劣的环境难题，从而大大降低了巡检的质量。

1.2　巡检强度高

LNG接收站根据重点区域的划分多为2h一次、1h一次进行日常巡检，全厂上百个关键巡检点。人工巡检工作强度大，巡检项目多，容易产生疏漏，影响巡检数据的准确性。

1.3　人员风险

人工巡检不可避免的需要人员前往现场进行设备的检查、记录，因此会增加人员暴露在危险场所的频次。如储罐作为重大危险源，现行巡检方式为每1h进行一次人工巡检，在未安装电梯的情况下，人员仅靠爬梯的方式上罐巡检，不能为巡检人员提供充足的安全保障。

2　应用技术综述

为解决以上业务痛点问题，智能视频巡检结合了物联网、UE场景技术、视频融合、AI视频识别等多种先进技术，应用于接收站储罐区，槽车区两个较为关键的区域。

2.1　物联网技术

利用物联网技术，实现站内实时监控区域实时监控、跨镜头追踪，利用摄像头对目标设备进行实时监控和记录，调用摄像头播放实时监控画面。

2.2　UE场景技术

通过UE场景技术，结合站里的三维实景倾斜模型，结合重点建筑精细化建模，构建园区底图数据。在平台中实现拖动、飞行、定位、放大、缩小等功能。

2.3　视频融合技术

视频融合技术在平台中展现接收站重点防控区域所有的监控视频画面，形成真正意义上重点防控区域四维视频融合监控体系。通过对视频资源建设和优化，将离散的具有不同视角的传统监控视频与监控场景的三维模型进行视频融合，形成场景内不同视频画面之间的空间关联，实现四维视频融合的一体化监控体系，支持在单一画面中对整体区域的全局立体监控、分画面中监控细节展示、用户可自定义的视频自动巡逻监控和智能分析等功能。通过这种虚实融合技术，可以达到在接收站重点防控区域内实时融合不同位置的动态视频到一个虚拟三维现实环境，达到全景一体化，一目了然。

2.4 AI视频算法识别技术

对厂区人的不安全行为、物的不安全状态进行实时检测，出现安全隐患及时进行报警弹窗提醒，对厂区设备（如仪表、阀门）的状态进行实时监测，出现异常情况进行及时报警。有效地解决了现场监控"不离人"的尴尬境况。

2.5 数据采集与处理

对接站内 DCS 系统、激光云台系统等，实时获取表计度读数、环境参数等数据，将识别感知信息作为系统数据分析的基础数据，与视频识别数据进行融合处理，实现设备状态判别、生产环境监控、报告自动生成等核心功能。

3 应用成效

为解决巡检岗位的工作难题，结合站上使用的《LNG 接收站巡回检查标准化手册》进行设计，以储罐、槽车为试点，通过上述技术支持，初步取得以下成效。

3.1 可视化程度提升

3.1.1 四维全景融合一张图

建立可视化平台，总览全局。目前仅对储罐区、槽车区进行可视化展示，采用超现实三维技术，达到 LNG 接收站的现场实况直观可视，如图 1 所示为槽车装车区的可视化展示。

图1　槽车装车区全景融合图

3.1.2 实时画面跨镜头追踪

人员在三维场景中点击一个坐标位置，可根据点位和球机位置自动测算附近摄像头并调用该

实时监控画面，节省人员反复确认现场位置调取监控的时间，提高工作效率，如图 2 所示为跨镜头追踪大门车辆出入实时监控画面。

图2　北大门跨镜头追踪画面

3.1.3 多点视频挂屏显示

根据调取需求，将多个关键位置视频画面进行固定展示，实时同步，强化接收站可视化功能（图3）。

图3　视频挂屏展示

3.2 智能化水平提升

3.2.1 视频融合自动巡检

根据配置的巡检路线、巡检频次，定时或手动触发在场站各区域自动巡检。巡检根据配置进行漫游，所至区域加载此处融合实时视频（图4）。

图4　储罐底视频融合巡检

后台搭载各类智能识别算法，对仪表、阀门等设备进行状态识别检测，并将结果进行同步展示，实现重点区域设备的智能视频巡检（图5）。

图5　储罐顶仪表智能识别检测

3.2.2　智能识别人员行为

厂区摄像机除了对设备的自动视频巡检外，常态化对人员的不安全行为进行识别监测，发现人员PPE穿戴不整齐、吸烟、离岗、睡岗等问题及时进行报警信息弹窗提醒，并对报警画面进行记录、报警类型合并同类项统计，报警信息可追溯（图6）。对人员的不安全行为进行约束，增强人员安全意识。

安全服监测　　　　　安全帽检测

睡岗检测　　　　　离岗检测

图6　智能算法识别

3.3　人工巡检强度降低

储罐区、槽车区作为重点管控区域，目前基本可实现人工巡检频次的缩减。储罐区实现罐顶仪表、阀门等关键设备的智能视频巡检，罐体液位、温度等监测仪器设备数据的自动采集、分析；槽车区装车状态的实时监控，装车撬压力、温度实时显示，装车流程智能化识别、可视化展示

（图7）。缩短人员暴露在危险场所的时长，为人员安全提供保障。

图7　槽车装车实时监控

4　结论

本次的应用研究表明，智能视频巡检技术对于提高LNG接收站巡检的效率和准确性有较为显著的成效，能够有效解决传统人工巡检中的一些问题，如耗时、易出错等。且现阶段的技术较为成熟，针对大多数接收站实用性和可行性较高，能有效的提高巡检效率，降低人力成本，增强设备运行的安全性。但不同的接收站依旧存在差异，方案的适用性和可实施性需进行综合性评估。

参 考 文 献

［1］郭红振，秦赛雷，周怀发. LNG接收站巡检设计与优化［J］. 科技与创新，2022，（6）：55–56，60.

［2］董红军，马云宾. 输油气站场智能巡检系统设计与实现［J］. 油气储运，2020，39（5）：570–575.

［3］王巨洪，张世斌，王新，等. 中俄东线智能管道数据可视化探索与实践［J］. 油气储运，2020，39（2）：169–175.

［4］张晓瑞，张洪磊（新地能源工程技术有限公司）. LNG接收站的数字化管理研究［J］. 商品与质量，2021，（42）：73–74.

［5］周守为，朱军龙，单彤文等. 中国天然气及LNG产业的发展现状及展望［J］. 中国海上油气，2022，34（1）：1–8.

［6］完颜泽，张虎俊，王朗. 全球LNG贸易网络特征及中国LNG进口现状分析［J］. 中国矿业，2022，31（7）：1–13.

［7］张月平. 浅述我国LNG接收站建设［J］. 河南化工，2018，35（2）：9–13.

[8] 房卓，张民辉，沈忧等. 环渤海地区LNG码头布局关键问题和选址研究 [J]. 水运工程，2022，（2）：46-50，57.

[9] 柴少强，王雪，朱星昊. 基于三维全景视频融合技术的全时空监控方法关键技术探讨 [J]. 科技创新与应用，2022，第12卷（12）：19-23.

HPPP原级标准装置体积管内活塞摩擦力分析

付顺康[1]　刘博韬[1]　侯　阳[1]　杨　阔[1]　王柯栩[1]　彭　娇[1]　陈曦宇[1]　万志雄[1]　王敏安[1]　高经华[2]

（1.国家石油天然气管网集团有限公司西气东输分公司；2.国家石油天然气管网集团有限公司油气调控中心）

摘　要　武汉分站采用的HPPP原级标准装置中，活塞在标准体积管内受到压差作用做匀速直线运动，通过测量运动时间可复现天然气体积流量。然而，活塞运动过程中由于摩擦阻力的存在会逐渐磨损，随着使用时间的延长密封效果会逐渐减弱。目前活塞更换、维保上大多凭借经验进行，对体积管与活塞的动态密封上没有可靠的测试装置和方法。因此，有必要对活塞受到的摩擦力进行测量和计算，为配件的更换和维护提供指导。本文分析了活塞的结构，对活塞进行了受力分析，从而提供了一种较为简单的摩擦力计算方法，并采用两种驱动活塞运动的工况对计算结果进行了验证，验证结果表明计算误差在 -0.2% 以内，结果较为可信，为活塞的实际使用及配件维保提供了重要参考。

关键词　原级标准装置；活塞；摩擦力；多元线性回归

国家石油天然气大流量计量站武汉分站的HPPP（High pressure piston prover）法原级标准装置采用容积法原理，是通过活塞在标准体积管内匀速运动，将一定体积的天然气从体积管内推出，同时测量活塞运动时间，直接复现天然气体积流量。通过天然气物性参数转换可间接复现天然气质量流量。

HPPP原级标准装置以高压体积管为主标准器，配套有拉线位移传感器、内径标准器、通用频率计数器、差压变送器、压力变送器、温度变送器、气相色谱分析仪等辅助测量设备，配套的检定控制系统可实现测量过程的精确控制和测量数据的高精度采集。高压体积管内部活塞用于测量流入体积管内的气体体积流量，活塞在体积管内分为加速、匀速、减速三个直线运动过程，测量体积流量的核心过程为中间段匀速直线运动过程。然而，活塞测量由于摩擦力的存在会影响其性能，密封圈、垫片等动态密封效果受到影响，从而影响其实际测量效果。然而，目前活塞摩擦力的研究多针对内燃机、活塞发动机等，对高压体积管内部的活塞摩擦力尚未有明确可靠的计算和测试方法，对于活塞及配套密封件的更换维护大多情况下依靠经验进行。本文针对武汉分站HPPP原级标准装置的高压体积管内部活塞进行了受力分析，并提供了一种较为简单的摩擦力计算方法，为活塞的实际使用及配件维保提供了一定的参考。

1　活塞结构

武汉分站的HPPP原级标准装置其高压体积管内部的活塞材质为AlMgSi0.5，其它管道和部件如阀门由碳钢制成。体积管全长6m，测量段长度为3m，测量段处配备有三组位置感应器。测量时，活塞首先进行加速，至测量段时开始进行匀速直线运动，先后经过三组位置感应器，其经过的时间被记录，随后从测量段末端逐渐减速至体积管末端，活塞运动时推动的天然气体积被计算，从而得到体积流量。可见，活塞的运动过程为测量的核心过程，因此，有必要对活塞的运动情况及摩擦力大小进行研究。HPPP原级标准装置体积管内部活塞结构如图1所示，其核心为裙部部分，呈两凸台圆柱形，两侧分别采用密封圈、垫片、滑环做动态密封。

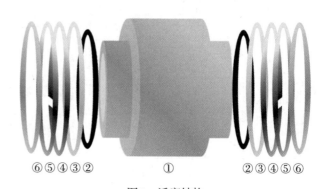

图1　活塞结构

①活塞核心裙部部分　②O形密封圈　③异形垫圈
④滑环支架　⑤滑环　⑥盖环

由于体积流量的测量过程核心在于测量段的运动过程，故仅对活塞在气体前后的压差推动下做匀速直线运动的过程进行分析。依照活塞结构，分别考虑其各部分摩擦力分析。为简化计算，将活塞整体视作圆柱体，其受力情况如图2所示。当活塞开始测量过程进行匀速直线运动时，其受到的合力为0，即天然气推动作用受到的推力 $F\Delta P$ 与受到的总摩擦阻力 F_f 相等。依照活塞结构，将摩擦阻力 F_f 划分为活塞滑环处受到的摩擦力 F_{f1}、活塞裙部受到的摩擦力 F_{f2} 以及异形垫圈受到的摩擦阻力 F_{f3}，则总摩擦阻力采用式（1）计算：

$$F_f = F_{f1} + F_{f2} + F_{f3} \qquad (1)$$

式中：

F_f：活塞受到的摩擦力，N；

F_{f1}：活塞滑环处受到的摩擦力，N；

F_{f2}：活塞裙部受到的摩擦力，N；

F_{f3}：异形垫圈处受到的摩擦力，N；

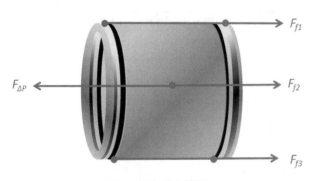

图2　活塞受力情况

由受力情况可知，活塞整体受到的总摩擦阻力只需分别求出 F_{f1}、F_{f2}、F_{f3} 即可。因此，接下来分别对各摩擦分力进行计算。

2　各部分摩擦力计算

2.1　活塞滑环处流动气体摩擦力

由于只计算活塞匀速运动期间的受力，其止点附近位置不做为研究过程的分析对象，故其匀速运动期间可考虑为流体动压润滑状态。其中，滑环处流动气体摩擦力 F_{f1} 与管内气体的动力黏度 η、活塞测量时的移动速度 v、作用在推动活塞运动的压差 ΔP 和环的接触面积 A_1 相关，可用下式（2）表述：

$$F_{f1} = f(v, \eta, \Delta P, A_1) \qquad (2)$$

本活塞不存在油环，活塞滑环处流动气体摩擦力采用下式（3）计算：

$$F_{f1} = k_1 \left(v\eta\Delta P L_1 \right)^{0.5} D_1 n = k_1 N_1 \qquad (3)$$

式中，

v：活塞运动速度，m/s；

η：天然气的动力黏度，Pa·s；

ΔP：驱动活塞运动的体积管前后压差，Pa；

A_1：环的侧面积，m²；

L_1：环宽度，m；

D_1：环直径，m；

n：环数；

N_1：法向载荷，N；

k_1：环与管壁之间的摩擦阻力分量系数。

2.2　活塞裙部摩擦力

活塞裙部为整个活塞运动的核心部件，其摩擦力与活塞环处摩擦力分析类似，运动过程中同样处于流动润滑状态，法向载荷 N_2 与前后压差及活塞运动速度成正比，活塞裙部摩擦力采用下式（4）计算：

$$F_{f2} = k_2 \frac{v\eta}{h} \Delta P A_2 = \frac{\delta k_2 v\eta\Delta P D_2 L_2}{h} = k_2 N_2 \qquad (4)$$

式中：

k_2：活塞裙部与管壁之间的摩擦阻力分量系数；

N_2：法向载荷，N；

A_2：活塞裙部侧面积，m²；

D_2：活塞直径，m；

L_2：活塞轴向长度，m；

h：润滑膜厚度，m。

2.3　异形垫圈的摩擦阻力

活塞运动过程中，O形圈与异形垫圈组合形成同心圆环，最外层的异形垫圈起到动态密封作用，其原理是发生弹性变形后在密封接触面上产生造成大于被密封介质的内压。异形垫圈作为密封组件其类似于O形圈密封，受到的摩擦阻力通常采用实验确定，因为这涉及到许多针对于密封结构的经验因素，包括密封材质、表面光洁度、使用过程中的压力温度变化等多种原因影响。此外，除运动过程中与壁面的摩擦造成的阻力外，异形垫圈还受到由于压缩变形导致形状恢复的趋势出现的摩擦。本文采用式（5）~（8）对异形垫圈的摩擦力进行计算：

（1）异形垫圈预压缩导致的初始摩擦力

$$e = \frac{W - H}{W} \qquad (5)$$

$$F_{\mathrm{e}} = \frac{0.2\delta^2 eEDd}{1-\mu^2} \qquad (6)$$

式中：

e：预压缩率，%；

H：沟槽深度，mm；

E：密封圈弹性模量，Pa；

D：密封圈外径，m；

d：密封圈截面直径，m；

μ：密封圈泊松比；

（2）活塞在ΔP的压差下运动过程中异形垫圈受到的摩擦力

$$F_{\mathrm{p}} = \frac{k_3\pi\mu(1+\mu)\Delta PDd}{1-\mu^2} \qquad (7)$$

式中：

k_3：异形垫圈与管壁之间的摩擦阻力分量系数。

将式（6）、（7）相加，得到异形垫圈受到的摩擦阻力如式（8）所示：

$$F_{f3} = \frac{k_3\pi^2 Dd}{1-\mu^2}\left[0.2eE + \frac{1}{\pi}\mu(1+\mu)\Delta P\right] = k_3 N_3 \qquad (8)$$

式中：

N_3：法向载荷，N；

2.4　总摩擦力

综上分析可知，活塞受到的总摩擦力可表示为摩擦分力之和，将（3）、（4）、（8）式代入（1）式，即可求出活塞整体受到的摩擦阻力，如式（9）所示：

$$F_f = F_{f1} + F_{f2} + F_{f3} = k_1 N_1 + k_2 N_2 + k_3 N_3 \qquad (9)$$

经上述分析可知，F_f可表征为摩擦阻力分量系数与各法向载荷的乘积，摩擦阻力分量系数k_i（$i=1$，2，3）均为一次项常系数，故可采用多元线性回归分析的方法求解。

3　结果验证及分析

采用天然气推动活塞过程中得到的实验数据，用Origin进行多元线性回归分析并拟合曲线，求出各摩擦阻力分量系数后进行结果验证。为更好地验证计算方式的准确性，分别采用伺服电机驱动活塞及天然气驱动活塞运动的两种驱动方式，测量活塞在不同运动速度下的摩擦力及本文提供的计算方式的准确性。

3.1　采用伺服电机驱动活塞运动

采用伺服电机驱动活塞运动时，伺服电机固

定安装在滑台上，其驱动端沿体积管轴向延伸与传动件连接，并与控制器通讯连接。伺服电机在给定转速下旋转，通过传动器带动传动件及活塞水平一端，从而实现活塞的自由移动。采用伺服电机作为动力源驱动活塞时，其活塞运动过程中前后压差可采用如下经验公式（10）计算：

$$\Delta P = -1.165 + 0.0541I - 0.00335v \qquad (10)$$

式中：

I：伺服电机转动时的电流，mA；

实验过程中，通过调整伺服电机的转速从而改变电流值，确保活塞运动速度恒定为20mm/s及30mm/s，采用式（10）计算实际测量得到的电机驱动力，与本文提供的摩擦力计算方法得到的结果进行对比，其相对误差均在−0.2%以内，对比结果如图3、图4所示。结果表明，采用本文提供的计算方法计算伺服电机驱动活塞运动时的摩擦力值结果较为可靠。

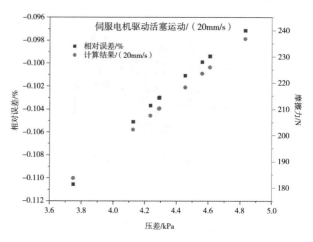

图3　伺服电机驱动活塞速度为20mm/s时计算得到的摩擦力与相对误差

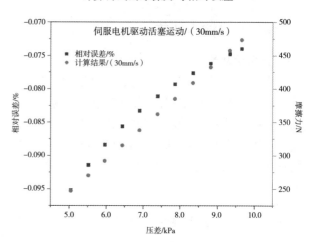

图4　伺服电机驱动活塞速度为30mm/s时计算得到的摩擦力与相对误差

3.2 天然气推动活塞运动

采用天然气推动活塞运动时，体积管前后的压差可直接通过测量系统得到。选取活塞运动速度恒定为0.21、1.41及2.39m/s时的实验数据进行结果验证，对比结果如图5~图7所示。其相对误差远小于伺服电机驱动时的相对误差，这是因为采用多元线性回归的方法拟合计算参数时，其采用的数据为天然气推动活塞运动下的工况得到的原始数据。验证结果表明，采用本文提供的计算方法计算天然气驱动活塞运动时的摩擦力值结果较为可靠。

根据图3~图7的结果表明，活塞运动过程中受到的摩擦力随压差的增加而增加，与实际情况相符。此外，计算得到的相对误差也随着压差的增加而增大，但值均较小，计算结果较为理想。

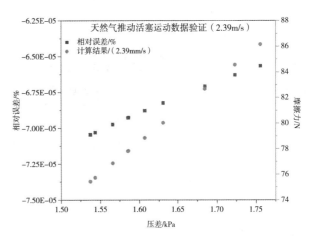

图7　天然气驱动活塞速度为2.39m/s时
计算得到的摩擦力与相对误差

4　结论

（1）本文提供了一种计算活塞摩擦力的方法，通过分析武汉分站原级标准装置体积管配套活塞的机械结构，将活塞运动过程中受到的摩擦力进行划分，将活塞运动受到的总摩擦力转化各部分结构受到的摩擦分力之和，并采用多元线性回归的方式进行了求解和拟合。

（2）分别采用伺服电机驱动和天然气驱动活塞两种条件下得到的数据对本文提供的摩擦力计算方式的实验结果进行了验证，计算结果的相对误差小于-0.2%，表明了计算方式的可靠性。

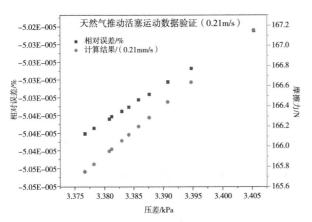

图5　天然气驱动活塞速度为0.21m/s时
计算得到的摩擦力与相对误差

参　考　文　献

［1］张启，毛军红，谢友柏. IMEP法测量内燃机活塞组摩擦力的分析计算方法［N］.内燃机学报，2007（025）006.

［2］刘星辰.燃烧运行状态下柴油机活塞—缸套组件间摩擦力的测量研究［D］.山西：太原理工大学，2020.

［3］李哲.缸套活塞组摩擦力的测量和计算［N］.上海船舶运输科学研究所学报，1988（2）.

［4］林桐藩，冯巩兴.气缸-活塞组瞬态摩擦力的分布与计算［N］.车辆与动力技术，1990（4）.

［5］Rezeka, S Henein, N. A New Approach to Evaluate Instantaneous Friction and Its Components in Internal Combustion Engines［J］.Sae Technical Paper, 1984.

［6］徐辅仁.对O形密封圈引起的摩擦力的计算［N］.石油机械，1989（1）.：

［7］刘博韬，侯阳，杨阔等.一种体积管摩擦力测量装置及方法［P］.中国，CN202310373653.3，2023.08.08.

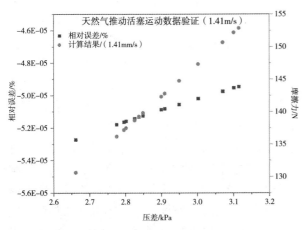

图6　天然气驱动活塞速度为1.41m/s时
计算得到的摩擦力与相对误差

基于大数据模型的生产异常可视化系统
在炼化企业中的应用实践

黄耿滔　丛树辉　李金才　张海峰　杨麟民

（中国石油哈尔滨石化公司）

摘　要　近期，国内发生的10起较大事故中，其中5起是因"油气泄漏"引发的，占总数的50%，暴露出企业在生产异常管理上仍存在风险意识弱化、安全生产理念观念依然薄弱、专业技术基础仍不牢靠、体系管理要求执行不到位以及纪律建设任重道远等问题。哈尔滨石化公司聚焦"异常"管理，坚守"四条红线"，坚持"四全"原则，落实"四查"要求，依托现代科技手段和智能化设备，以"大风险"为基础，做好生产异常可视化管理全局性架构设计；以"智能化"为抓手，推进生产异常可视化平台建设；以"大平稳"为目标，消除生产异常潜在性安全隐患；建立工艺报警管理、工艺技术分析、智能巡检等操作管控系统，通过在线监测、故障预警、智能诊断分析和维护执行等设备维护闭环管理，消除人工短板，实现实时优化、先进控制，实现生产异常显现化管理、重点监控闭环化管理，提升了异常快速处置能力，着力防范化解重大安全风险，推动隐患治理从应急处置向风险管控转变。

关键词　大数据；生产异常；可视化；炼化企业；应用

1　引言

党的十八大以来，以习近平同志为核心的党中央高度重视安全生产，始终把人民生命安全放在首位。习近平总书记对安全生产工作作出近百次重要指示批示，就安全发展理念、责任体系建设、改革发展、依法治安、科技创新、源头治理、应急救援、责任追究、队伍建设等作出重要论述。深入贯彻习近平生态文明思想和习近平总书记关于安全生产的重要论述，锚定"两个本质、四个一流"高质量发展目标，哈尔滨石化公司深刻认识到，没有绿色低碳发展，没有本质安全、本质环保，哈石化就没有生存发展的空间和条件。哈尔滨石化公司聚焦"异常"管理，坚守"四条红线"，坚持"四全"原则，落实"四查"要求，依托现代科技手段和智能化设备，建立工艺报警管理、工艺技术分析、智能巡检等操作管控系统，通过在线监测、故障预警、智能诊断分析和维护执行等设备维护闭环管理，消除人工短板，实现实时优化、先进控制，全力推进两个本质建设迈上新台阶，为高质量发展保驾护航。

2　技术思路和研究方法

2.1　以"大风险"为基础，做好生产异常可视化管理全局性架构设计

2.1.1　抓好工艺报警、工艺联锁管理

立足平稳率，设置578项工艺指标，明确控制范围和波动范围；在工艺报警方面，引入21套生产装置及消防水系统总计10455个工艺点位，根据报警层级管理划分为公司级报警和车间级报警。立足工艺联锁，科学评估安全生产重要程度，将工艺联锁分为三级，实行分级管理；严格工艺联锁投用、切除管理，工艺联锁临时摘除（或投用）必须填写申请单，说明原因、措施，对工艺条件及存在的风险进行全面分析整改及制定应急方案，属地车间、仪电车间、生产技术处等有关部门审核签字，公司主管领导批准执行。立足岗位巡检，编制《巡检作业指导书》，优化各条巡检路线，完善巡检任务清单，重点针对边缘岗位巡检做出调整，做到"全天候、全方位、无死角、全覆盖"巡检；引进智能巡检系统，集现场定位、设备测温、机泵测振、自动传输等智能化于一体，实现了巡检数据实

时上传、设备故障分析，巡检到位率统计，巡检内容统计分析等功能，大幅度提升巡检效果。

2.1.2　抓好设备报警、设备维修管理

多专业联动防范动设备、静设备和腐蚀三大泄漏，落实板块"实现零泄漏，创建零泄漏装置"要求，严格"设备完好率"核算标准，抓好"两个重点"，将高压电机温度、仪表运行状态、机组机泵在线监测、腐蚀防护监控等纳入设备报警平台，从设计源头消减联锁设置等安全风险，打造零泄漏单元、装置和车间。抓好设备联锁，采用全流程优化控制技术对各生产装置进行控制优化、整定PID参数；优化装置控制方案，对设计不合理的仪表控制方案进行修订，修改仪表组态回路115个、报警回路3271个；对DCS操作站报警信息进行了优化，包括分区、分级、分颜色、分声音等管理，根据ISA18.2与EEMUA 191国际标准规范对仪表划分为三级，一级报警为紧急报警（带联锁及安全的工艺参数），二级报警为重要报警（有平稳率及工艺指标的工艺参数），三级报警为一般报警，对不同类型、不同等级的报警显示不同颜色，区分不同报警声音。

2.1.3　抓好泄漏报警、过程监督管理

将VOCs在线监测数据、LDAR检测异常与GDS报警纳入泄漏报警管理范畴，强化异味点源清单化管控、网格化管理，落实风险管控措施，有效遏制事故发生，保证安全环保生产。全面推进固定式气体报警器项目实施，更换无声光报警器344台、新增报警器122台，铺设光纤、电缆逾90公里，实现了现场报警器投用率100%、完好率100%；统一报警设定值，梳理各类报警器报警限值，结合危险介质类别、密度、爆炸浓度、最高容许浓度、直接致害浓度确定固定式气体报警器一、二级报警设定值。专业职能部门管理人员每日通过异常报警管理系统查看全公司报警情况，跟踪异常报警，对属地单位进行提示；每两周在公司工作例会上对全公司的报警情况进行讲评提示；每月对全公司报警情况进行统计、分析和风险提示；属地单位从工艺、设备和管理等方面溯源产生报警的原因，制定相应的管控措施，以实现降低报警次数的目的。

2.2　以"智能化"为抓手，推进生产异常可视化平台建设

2.2.1　紧扣"数字化"

着眼于建设智能化炼厂，哈尔滨石化公司全面推进跨部门、跨业务数据集成，全面整合资源，建立异常管控信息平台，实现公司级报警统计、分析、分级推送、处置、跟踪、考核的闭环管理机制；通过采集装置DCS、SIS、GDS等操作和报警数据，规范报警管理及变更，实现对报警事件的在线分析，对无效报警、僵尸报警、反复报警等进行自动处理，提升报警预警的精确响应与处理能力。做到"两个全覆盖"，准确掌握生产"画像"，充分利用互联网信息技术推动生产管理向智慧办公模式进化转变。

2.2.2　紧扣"集成化"

异常报警管理平台是哈石化各专业、各系统的异常报警管理的仪表盘、驾驶舱。页面甄别不同源头数据，按照专业划分总计结果输出"可燃""工艺""设备""环保""质量"报警次数；同时对重点关注的公司级报警、高高报警等重要程度高的报警统计结果突出显示，页面中所有结果数据均具备链接功能，可直接点击至详情页面，实现报警数据适时跟踪。

2.2.3　紧扣"精细化"

按照集团公司的总体部署，哈尔滨石化公司坚持信息化建设"统筹推进、融合发展，集成共享、协同智能"的工作方针，围绕"平台+数据+应用"模式，持续完善优化生产营运平台，加强5G、大数据、区块链等新技术应用研究，不断丰富"工业互联网+危化安全生产"场景应用，建成综合报警平台二期，开展生产装置平稳控制与优化、高清视频智能隐患监测、A级振动机泵达标及状态监测项目可行性研究，推进数智化转型落地见效。

2.3　以"大平稳"为目标，消除生产异常潜在性安全隐患

2.3.1　狠抓工作流程建立，提高异常管理效率

当DCS（PLC）系统出现报警信号时，岗位操作员查看相关画面进行确认和判断（PLC现场检查确认），并初步判断原因，采取相应措施进行处置。如报警原因判断不明或通过操作调整不能及时消除报警，岗位操作员报告当班值班长或主管技术人员（夜间和节假日期间汇报值班人员，当班值班长或主管技术人员根据实际情况处理报告车间副主任），共同判断原因并采取措施解决。当班班长负责组织在本班次内完成工艺、设备报警原因分析，装置长或技术管理人员24小时内对报警原因分析进行确认审核。报警原因经仪表人员

判断为仪表故障，岗位操作员设置此报警抑制，待修复后解除抑制；岗位操作员和仪表人员有异议的报警点位，由属地设备管理人员与仪表管理人员共同确认报警原因后，填写报警原因分析。

2.3.2　抓两级责任明确，提高异常管理效能

哈尔滨石化公司采用"总体制度＋专业归口"的方式，理清管理体系脉络，对工艺报警、设备报警、可燃有毒气体检测报警等三大类报警进行专业化归口管理，构建了两级三类四层次责任体系，明确了各个责任部门的管理职责、管理范围、工作流程，建立分级管理制度，规范处置程序，推动哈石化报警管理体系建设。

哈尔滨石化公司立足实际，以问题为导向，通过修订公司《异常报警管理办法》，完善工艺异常问题管理内容、规范处置流程等方式，使生产线异常问题得到及时、快速处理，确保生产线安全平稳运行。在异常管理中，按照异常问题描述不清楚不放过、原因分析不准确不放过、采取措施不到位不放过、责任人未处理不放过的"四不放过"原则，从"人机料法环"五个方面进行分析，例如针对工艺异常问题，组织开展异常报警参数梳理工作，全面总结归纳报警点的工艺异常参数，根据报警频次、类型，深刻剖析其存在的根本原因，并有针对性地制定改善措施，减少异常问题的发生，提高工艺稳定性。专业部门对经

常性、重复性出现的报警信息组织统计分析、提出改进措施并督促整改落实。

3　应用效果

通过生产异常管理，进一步提升了全员对异常报警管理的关注度和敏感度，提高了专业技术人员对于危险介质泄漏风险管控的风险意识和异常状态的分析、处理能力，从源头解决了工艺、设备指标偏离，并通过异常报警数据的积累，总结、研判安全生产风险，制定、落实风险消减措施，封堵安全环保管理漏洞，丰富完善了生产现场的处置措施和管理制度，全面消除延迟修复泄漏点，实现LDAR管控效果的提升，动静密封点泄漏率明显下降。坚持数字化转型、智能化发展工作，通过开展异常报警信息平台建设，完善了基础设施和网络安全体系建设，实现数字化转型、智能化发展，提升了企业经营管理决策数字化能力。

4　结论

安全生产事关人民福祉，事关经济社会发展大局。生产异常管理的理念与智能化系统投用，提高了炼化企业生产异常管理的高效率与准确性，提升了企业管理能力与治理水平，为建设"两个本质、四个一流"为内涵的现代化城市精品炼化企业提供了高质量发展根基。

石油石化数据治理体系建设研究

秦四滨 李金才 张振秀 张海峰 杨麟民

（中国石油哈尔滨石化公司）

摘　要　随着信息技术的飞速发展和企业信息化建设的不断深入，数据已成为石油石化企业的重要资产和关键生产要素。数据治理体系建设对于提升数据质量、挖掘数据价值、优化业务流程、保障数据安全等方面具有重要意义。在石油石化领域，数据治理不仅关乎运营效率，更影响企业的市场竞争力与可持续发展能力，数据治理已成为企业转型升级和高质量发展的重要支撑。石油石化数据治理体系涵盖数据管理策略、组织架构、技术平台及业务流程等多个关键要素。数据管理策略明确数据标准、质量控制和安全管理等要求；组织架构确保数据治理工作的组织保障和决策效率；技术平台为数据采集、存储、处理、分析和应用提供技术支持；业务流程及规范则确保数据在各个环节中的高效流转和合规操作，在建设路径上，石油石化企业应遵循规划、建设、运营和持续改进的四个阶段，逐步构建起完善的数据治理体系。展望未来，随着大数据、人工智能等技术的不断发展，石油石化数据治理将面临更多挑战与机遇。本文围绕石油石化数据治理体系的建设展开研究，分析了数据治理体系建设的背景、目标、关键要素和实施路径。通过本文的研究，可以为石油石化企业数据治理体系的建设提供参考和借鉴。

关键词　石油石化；数据治理；数据管理体系；数据质量；数据安全

石油石化行业作为国家经济的重要支柱产业，在数据管理和应用方面面临着巨大挑战。随着信息技术的不断发展和企业信息化建设的推进，数据已成为石油石化企业的重要资产和关键生产要素。然而，由于历史原因和技术条件的制约，石油石化企业在数据管理方面存在诸多问题，如数据孤岛、数据质量不高、数据安全风险大等。因此，加强数据治理体系建设，提升数据管理和应用能力，已成为石油石化企业转型升级和高质量发展的重要任务。

1　数据治理体系建设的背景和意义

1.1　数据治理体系建设的背景

数据孤岛现象严重，石油石化企业业务流程复杂，涉及多个部门和多个系统，各部门和系统之间的数据共享和交换存在障碍，导致数据孤岛现象严重。这不仅影响了数据的准确性和完整性，还限制了数据的跨部门和跨系统应用；数据质量不高，由于缺乏有效的数据管理机制和统一的数据标准，石油石化企业在数据采集、存储、处理和分析等方面存在诸多问题，如数据重复、数据错误、数据不一致等。这些问题导致数据质量不高，影响了数据的应用效果；数据安全风险大，石油石化企业涉及的数据种类繁多、数量巨大，

数据安全风险也随之增加。由于数据安全管理措施不完善，存在数据泄露、数据丢失等风险，给企业的运营和声誉带来严重影响。

1.2　数据治理体系建设的意义

提升数据质量，通过数据治理体系建设，可以建立统一的数据标准和规范，确保数据的准确性、完整性和一致性，提升数据质量；挖掘数据价值，数据治理体系建设可以推动数据的全面挖掘和分析，发现数据内在的关联和价值，为企业的决策分析和业务发展提供有力支持；优化业务流程，数据治理体系建设可以优化数据采集、传输、处理和应用的各个环节，提高数据流程的效率和稳定性，优化业务流程；保障数据安全，通过数据治理体系建设，可以建立完善的数据安全管理机制，保护企业数据的安全性和可用性，防止数据泄露和丢失。

2　数据治理体系建设的目标和关键要素

2.1　数据治理体系建设的目标

实现数据资产化管理，将数据视为企业的战略资源，通过数据治理体系建设，实现数据的资产化管理，提升数据的应用价值和经济效益；提升数据质量，建立统一的数据标准和规范，确保数据的准确性、完整性和一致性，提升数据质量，

为企业的决策分析和业务发展提供可靠的数据支持；保障数据安全，建立完善的数据安全管理机制，保护企业数据的安全性和可用性，防止数据泄露和丢失，保障企业的运营和声誉；推动数字化转型，通过数据治理体系建设，推动企业的数字化转型，提升企业的信息化和智能化水平，增强企业的竞争力和创新能力。

2.2　数据治理体系建设的关键要素

数据管理策略，数据管理策略是数据治理体系建设的核心和基础。它规定了数据管理的目标、原则、方法和流程，为数据治理体系建设提供了指导和保障；组织架构，组织架构是数据治理体系建设的组织和保障。它明确了数据治理的责任主体和职责分工，确保数据治理工作的顺利开展和有效实施；技术平台，技术平台是数据治理体系建设的技术支撑和保障。它提供了数据采集、存储、处理和分析等方面的技术支持，确保数据治理工作的有效实施和数据的全面应用；业务流程及规范，业务流程及规范是数据治理体系建设的重要组成部分。它规定了数据采集、存储、处理和分析等方面的业务流程和规范要求，确保数据治理工作的规范化和标准化。

3　数据治理体系建设的实施路径

3.1　规划阶段

在规划阶段，需要制定数据治理体系的总体规划和目标，明确建设路径和目标，确定相应的组织架构和人员配备。同时，还需要进行需求分析和风险评估，为数据治理体系建设的后续工作提供指导和依据。

3.2　建设阶段

在建设阶段，需要根据规划确定的路线图，分阶段进行数据治理体系的建设。具体包括以下方面：数据治理，建立数据治理委员会和数据治理专家团队，明确数据治理的职责和分工。制定数据治理的相关制度和规范，为数据治理工作的开展提供指导和保障；数据架构，

建立统一的数据架构和数据模型，为数据的采集、存储、处理和分析提供统一的标准和规范。同时，还需要进行数据资产的盘点和分类，为数据治理体系的建设提供基础；数据采集与清洗，建立数据采集和清洗的机制，确保数据的准确性和完整性。同时，还需要进行数据质量的监控和评估，及时发现和解决数据质量问题；数据分析

与应用，建立数据分析平台和应用系统，实现数据的全面挖掘和分析。通过数据分析，发现数据内在的关联和价值，为企业的决策分析和业务发展提供有力支持；数据安全与隐私保护，建立完善的数据安全管理机制，保护企业数据的安全性和可用性。同时，还需要进行数据隐私保护的设计和实施，确保数据的合法合规使用。

3.3　运营阶段

在建设完成后，需要进行数据治理体系的运营和维护。具体包括以下方面：数据的日常管理，建立数据的日常管理机制，确保数据的及时采集、存储、处理和分析。同时，还需要进行数据质量的日常监控和评估，及时发现和解决数据质量问题；数据的监控和维护，建立数据的监控和维护机制，确保数据的稳定性和可用性。通过数据监控，及时发现和解决数据异常和数据故障，保障数据的正常运行；数据的优化和升级，根据实际需求和新技术的发展，不断优化和升级数据治理体系。通过优化和升级，提升数据治理体系的性能和效果，为企业的发展提供有力支持。

3.4　持续改进阶段

在数据治理体系的运营和维护过程中，需要定期进行评估和改进。具体包括以下方面：评估数据治理体系的运作情况，定期对数据治理体系的运作情况进行评估和分析，发现存在的问题和不足；优化数据治理体系，根据评估结果和实际需求，优化数据治理体系。通过优化，提升数据治理体系的性能和效果，为企业的发展提供更好的支持；完善数据治理体系，随着企业的发展和新技术的不断涌现，需要不断完善数据治理体系。通过完善，提升数据治理体系的适应性和创新能力，为企业的未来发展提供有力保障。

4　数据治理的未来趋势

4.1　智能化与自动化

随着人工智能和机器学习技术的发展，数据治理将越来越智能化和自动化。例如，利用机器学习技术可以自动识别数据质量问题，提高数据治理的效率和准确性。

4.2　数据治理平台化

数据治理平台将成为未来数据治理的重要工具。这些平台将提供一站式的数据治理服务，包括数据采集、存储、处理、分析和应用等功能，降低数据治理的难度和成本。

4.3　数据治理与业务融合

未来，数据治理将更加紧密地与业务融合。通过数据治理，企业可以更好地理解业务需求，优化业务流程，提高业务效率。同时，数据治理也可以为企业提供更加精准的业务洞察和决策支持。

4.4　数据治理生态化

随着产业链上下游企业的数据共享和合作，数据治理将逐渐形成一个生态。在这个生态中，各方将共同推动数据治理的发展和创新，实现数据的互联互通和共享应用。

5　结论

数据治理是实现石油石化企业数据共享应用的必要前提，也是推动企业智能化、智慧化发展的基础工程。通过构建数据治理体系，制定数据治理相关管理规定和执行细则，建立数据治理组织和技术平台等措施，可以有效解决石油石化企业在数据管理方面存在的问题，提高数据的质量和可用性，为企业的决策和管理提供有力的支持。

参考文献

［1］段效亮. 企业数据治理那些事. 机械工业出版社，2020.5.

［2］用友平台与数据智能团队. 一本书讲透数据治理：战略、方法、工具与实践. 机械工业出版社，2021.12.

抽油机井功图灰度法智能诊断和计量方法研究与应用

张海浪　罗大用　胡　斌　贾文婷

（中国石油青海油田公司）

摘　要　本文针对抽油井功图诊断使用灰度法对功图进行灰度化处理，与样本库的所存储的权重值进行比较，初步评价了计算机灰度法对功图诊断的敏感性。对几类灰度关联度的应用范围进行分析，并通过分析结果，确定了功图诊断采用的诊断方法，结合计算机自动化处理需要，消除灰度法诊断在功图诊断方面存在的缺陷。关注功图的形状和图形的相近性，通过修正，从根本上消除了常规方式不能有效映的油井的实际状态，如功图发生断脱、数据错误时造成的诊断结果误差，并通过对传统的功图灰度诊断方法的不断对比修正，有效发掘适用于功图诊断的计算机编程方法，并应用于功图自动化诊断批处理。在此诊断的基础上，通过多种计量方法的对比，消除不同因素影响，进行井下泵功图计算方法优化，最终形成于适合油田的分油藏、分工况功图有效冲程计量技术，并通过程序优化，应用于生产实际，达到功图快速诊断和产量计量。

关键词　灰度法，敏感性，功图，有效冲程，诊断和计量

1　灰度概念

灰度直方图即灰度值的函数，描述的是图像中具有该灰度值的像素的个数，横坐标表示像素的灰度级别，纵坐标表示该灰度出现的频率（像素的个数）。应用灰度法进行功图诊断必须对功图进行预处理，以满足灰度处理的要求，从而满足计算机处理的要求。

1.1　灰关联分析故障诊断方法的思想

分别用属于正常和故障状态的样本序列作为参考序列，通过对序列之间态势发展变化的相似或相异程度来衡量状态样本序列间的接近程度，对系统运行状态的动态过程做出量化分析，进而对系统的运行状态做出诊断。灰关联分析的技术内涵是首先获取序列间的差异信息，建立差异信息空间；其次建立和计算差异信息的关联度；最后建立因素间的序列关系并进行分析。

1.2　几类灰关联度

A型关联度：设标准参考序列和待检比较序列为：$x_i = \{x_i(1), x_i(2), \cdots x_i(N)\}$（$i = 1,2,\cdots L$），$x_j = \{x_j(1), x_j(2), \cdots x_j(N)\}$（$j = 1,2,\cdots M$），则和在第k特征处的关联系数如式（4）：

$$\varepsilon_{ij}(k) = \frac{\min_i \min_k \Delta_{ij}(k) + \rho \max_i \max_k \Delta_{ij}(k)}{\Delta_{ij}(k) + \rho \max_i \max_k \Delta_{ij}(k)} \quad (1)$$

式中：

$\Delta_{ij}(k) = |x_i(k) - x_j(k)|$：为第k处$x_i$和$x_j$的绝对差；

ρ：为分辨系数，取值范围为$0 \leqslant \rho \leqslant 1$一般取为0.5；

$\min_i \min_k \Delta_{ij}(k)$：为两极最小差；

$\max_i \max_k \Delta_{ij}(k)$：为两极最大差，即两特征向量各对应元素绝对差中的最大值和最小值，L、M、N分别为标准参考序列个数（$L \geqslant 2$）、待检比较序列个数（$M \geqslant 1$）和特征向量个数（$N \geqslant 3$）。

则A级关联度为：

$$r_{Aij} = \frac{1}{N} \sum_{k=1}^{N} \varepsilon_{ij}(k) \quad (2)$$

式中：

r_{Aij}为特征向量F_0与F_i的A型关联度且$r_{Aij} \in [0,1]$。

B型关联度：

$$r_{Bij} = \frac{1}{1 + \frac{1}{N} d_{ij}^{(0)} + 1 + \frac{1}{N} d_{ij}^{(1)} + 1 + \frac{1}{N} d_{ij}^{(2)}} \quad (3)$$

式中：

r_{Bij}为特征向量F_0与F_i的B型关联度且$r_{Bij} \in [0,1]$，$d_{ij}^{(0)}$，$d_{ij}^{(1)}$，$d_{ij}^{(2)}$分别是零阶、一阶、二阶差商，即位移差、速度差、加速度差。$d_{ij}^{(0)}$反映了事物之间发展过程的相近性，$d_{ij}^{(1)}$，$d_{ij}^{(2)}$反映了事物发展过程的相似性（故根据示功图诊断的具体情况分析，可去掉一阶和二阶差商简化计算故不做讨论）$d_{ij}^{(0)}$计算公式如下：

$$d_{ij}^{(0)} = \sum_{k=1}^{N} |x_i(k) - x_j(k)| \quad (4)$$

ABO型关联度：

由于事物发展过程存在相似性和相近性两个方面，因此兼顾两者所提出了一种灰关联度的方法，即ABO型关联度。

$$r_{ABO} = ar_{Aij} + br_{Bij} \qquad （5）$$

式中：

r_{ABO} 为特征向量 F_0 与 F_i 的ABO型关联度且 $r_{Bij} \in$ [0,1]，

a，b 均为权系数，且 $a+b=1$。

1.3 确定参考序列和比较序列

反映系统行为特征的数据序列，称为参考序列。影响系统行为的因素组成的数据序列，称为比较序列。参考抽油机近一段运行期间内的数据，由测得的示功图，经过预处理，形成灰度矩阵，最后得到以灰度矩阵的6个灰度统计向量的参考序列即参考典型故障示功图统计特征为：$F_i = \{f_{i1}, f_{i2}, f_{i3}, f_{i4}, f_{i5}, f_{i6}\}$（$i = 1, 2, N$）比较序列即待检故障示功图统计特征 $F_0 = \{f_{i1}, f_{02}, f_{03}, f_{04}, f_{05}, f_{06}\}$。

2 功图灰度处理方法

2.1 形成灰度矩阵

首先建立一个 2×1 的矩阵，矩阵大小为 $M \times N$ 则参与油井工况分类判别计算的特征量比的公式为：

$$R = \frac{6}{M \times N} \qquad （6）$$

式中：

R：特征量比；

M、N：为矩阵大小

为符合实际中常见功图的显示，实际中我们用的矩阵大小为 64×32，如果计算机运行速度足够强大，也可以相应增加矩阵大小，如 128×64 或者更大。

首先将示功图置于一个标准 2×1 矩形内，以载荷和位移的最大值最小值为边界，然后将其分成网格，网格数为 M（64）$\times N$（32），灰度矩阵完全是以示功图的图形形状为基础形成的，为方便编程处理，首先根据网格的规模数将网眼初始化为"64"或者更大，并令示功图的点在网眼内的赋"1"。检查矩阵中的功图是否封闭，如果存在断点，在相邻两点中插"1"补齐使其封闭，如果不封闭就进行填充将出现预想不到的误差或错误。剩下的网眼值为"64"的网格则按照等高线原则赋值，以"1"为边界，边界内部每远离边界一

一格其灰度值增加一级，边界外部每远离边界一格其灰度值减少一级，直至最后网格填充完毕，赋值结束，如图1所示。

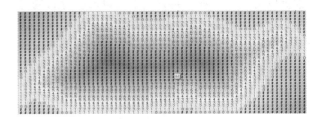

图1　网格图

2.2 灰度矩阵统计特征

对示功图进行量的描述是图像灰度统计的过程，灰度矩阵反映了图像灰度分布情况，依示功图进行处理所得到的灰度矩阵，取灰度矩阵的6个统计特征：灰度均值、灰度方差、灰度偏度、灰度峰度、灰度能量、灰度嫡，作为灰度直方图的表征。设示功图灰度矩阵为 $G(M, N)$，矩阵中的元素 $G(m, n)$（$1 \leqslant m \leqslant M$，$1 \leqslant n \leqslant N$）表示示功图矩阵对应的灰度值，某一灰度级 r 的元素个数为 $b(r)$，则灰度级 r 的概率为：

$$p(r) = \frac{b(r)}{M \times N} \qquad （7）$$

于是灰度矩阵 $G(M, N)$ 的6个统计特征值为灰度均值表征了灰度矩阵中灰度的平均分配情况，是对各级灰度值平均情况的度量。计算公式为（8）所示.

$$\bar{g} = \sum_{r=1}^{R} r \cdot p(r) \qquad （8）$$

灰度方差是指实际灰度值与期望灰度值之差平方的平均值，就是和中心偏离的程度，用来衡量整体灰度值的波动大小。计算公式如式（4）所示。

$$\sigma^2 = \sum_{r=1}^{R} (r - \bar{g})^2 \cdot p(r) \qquad （9）$$

灰度偏度是描述灰度取值分布对称性的统计量，用来反映灰度概率分布偏态方向和程度，它配合灰度均值、灰度方差从另一角度描述灰度分配的性质、特点。计算公式如式（1-5）所示。

$$S = \frac{1}{\sigma^3} \sum_{r=1}^{R} (r - \bar{g})^3 \cdot p(r) \qquad （10）$$

灰度峰度是描述灰度所有取值分布形态陡缓

程度的统计量，用来反映灰度分布曲线顶端尖峭或扁平程度，实验研究表明，偶阶中心矩的大小与图形分布的峰度有关。其中的二阶中心矩就是数据的方差，它在一定程度上可以反映分布的峰度，但有时方差相同的数据却有不同的峰度，因此就利用四阶中心矩来反映分布的尖峭程度。计算公式如式（6）所示。

$$K = \frac{1}{\sigma^4} \sum_{r=1}^{R} (r - \bar{g})^4 \cdot p(r) \qquad (11)$$

灰度能量表征了图像灰度分布的均匀性的度量，是灰度级概率的平方和，反映了图像灰度分布均匀程度和纹理粗细度。计算公式如式（7）所示。

$$E = \sum_{r=1}^{R} [p(r)]^2 \qquad (12)$$

灰度嫡表征了图像所具有的灰度信息量的度量，当矩阵中所有元素有最大的随机性、空间共生矩阵中所有值几乎相等时，共生矩阵中元素分散分布时，嫡较大。它表示了图像中灰度的非均匀程度或复杂程度。计算公式如式（13）所示。

$$T = \sum_{r=1}^{R} [1 - p(r)] \cdot lg[1 - p(r)] \qquad (13)$$

式中：

r 为灰度级，

$b(r)$ 为每个灰度级 r 的元素个数，

$p(r)$ 为概率。

令 $f_1 = \bar{g}$，$f_2 = \sigma^2$，$f_3 = S$，$f_4 = K$，$f_5 = E$，$f_6 = T$ 则 $\{f_1, f_2, f_3, f_4, f_5, f_6\}$ 构成分类统计特征向量 F

2.3　无量纲处理

由于系统中各因素的物理意义不同，导致数据的量纲也不一定相同，不便于比较，或在比较时难以得到正确的结论。因此在进行灰色关联度分析时，一般都要进行无量纲化的数据处理。

为保证建立模型的质量和系统分析的正确性，对前面计算得出的灰度矩阵统计向量进行预处理，使其消除量纲和具有可比性。

设有序列 $x = (x(1), x(2), \cdots, x(N))$ 当 $y(k) = f(x(k)) = (x(k) - minx(k))/(max(k) - minx(k))$，$max(k) - minx(k) \neq 0$ 时，称 f 是区间值化变换。

2.4　计算关联度

根据公式13中ABO型关联度的计算公式，将待检故障特征向量跟故障库中的所有参考标准故

障特征向量的关联度分别计算出来得到关联度序列如式所示。

$$R = [r_1, r_2, r_3, \cdots r_N] \qquad (14)$$

式中：R 为关联度序列，r_1，r_2，r_3，$\cdots r_N$ 分别为待检故障模式的特征向量与第1，2，3$\cdots N$ 中参考标准故障模式的特征向量之间的关联度。

待测示功图曲线与特征库中的示功图曲线之间的关联程度，主要是用关联度的大小次序描述，而不仅仅是关联度的大小。在各关联度计算出来以后，将待测故障特征向量与 N 个标准参考特征向量的关联度值从大到小排序，就可以得到不同的故障模式对待测故障影响的重要程度。根据关联度的性质，当待检模式的特征向量与某一标准参考故障的特征向量关联度最大时，则可以认为该待检模式属于相应的标准模式，从而达到对故障模式的正确分类识别。

待测示功图曲线与特征库中的示功图曲线之间的关联程度，主要是用关联度的大小次序描述，而不仅仅是关联度的大小。在各关联度计算出来以后，将待测故障特征向量与 N 个标准参考特征向量的关联度值从大到小排序，就可以得到不同的故障模式对待测故障影响的重要程度。根据关联度的性质，当待检模式的特征向量与某一标准参考故障的特征向量关联度最大时，则可以认为该待检模式属于相应的标准模式，从而达到对故障模式的正确分类识别。

3　灰度诊断法的缺陷及优化

3.1　方法缺陷

在灰度计算过程中，由于在功图处理过程中只关注了功图的形状及相近性的判断，此方法没有考虑在油田实际中功图的形状受下泵深度和液体载荷大小（泵径和管柱储存）的影响，在功图处理过程中的归一化导致大量功图特征被掩盖，以上方法仅关注功图的形状和相近性，导致以上方法无法对断脱和凡尔失灵进行有效甄别，一些论文提出可以将地面功图转换为泵功图或者对灰度诊断方法进行详细分区，即将功图划分为四个区域进行特征对比，这种方法也只是加强了对是否产生漏失等进行判断，无法涉及到泵深和液体载荷方面。那么，如何才能实现对功图的准确判断，通过对灰度法进行了深入研究，根据油田实际，对上述方法进行修正，改变其灰度特征值的数量。

抽油机井功图灰度法智能诊断和计量方法研究与应用

3.2　诊断优化

改变单一性的功图处理方法，将单一的功图形状和相近性判断改变为功图形状、相近性及其与功图定位相结合，并且将ABO关联度比较转换相对简单A型关联度比较，形成相对独立的功图诊断方法，提高了功图诊断的准确性和有效性。通过对归一化处理和非归一化处理功图的特征比较，将特征值由6个扩充为12个，可有效的对仅比较功图的相近性和形状性判断转化为可有效判断断脱、漏失的的灰度诊断方法，并使之易于进行计算机处理，从而形成更加有效的功图诊断方法和兼具学习功能的神经网络复合诊断方法，如图2、图3、表1所示。

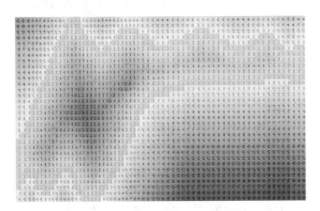

图2　归一化处理填充后的功图图表

图3　未归一化填充后的功图

表1　特征值表

值1	值2	值3	值4	值5	值6	值7	值8	值9	值10	值11	值12
0.0000	1	0.0132	0.0862	0.0272	0.0178	0	1	0.0825	0.1174	0.0890	0.0827
0.1625	1	0.0159	0.1058	0.0178	0.0000	0	1	0.0923	0.1208	0.0967	0.0902
0.1819	1	0.0354	0.1617	0.0279	0.0000	0	1	0.0521	0.1182	0.0657	0.0545

A型关联度反映了所研究的两工况示功图形状的差别，即两示功图间的相似性，它只与两示功图的几何形状有关，与它们的空间位置无关。而BO型关联度则反映了两者间的距离，即两示功图间的相近性，不反映它们的形状变异。

在故障诊断中，反映各状态模式的特征参数同时具有随机性和模糊性，既可造成"相似性"的形状变异，又能导致"相近性"的距离差别，因而两者在ABO关联度中具有同样重要的地位，

为了尽可能精确地描述两工况间的关联程度，将其权系数确定为$a=b=0.5$。

并且在关联度计算过程中，仅对图2进行了ABO关联度计算，而图3仅应用BO型关联度两者间的距离，即两示功图间的相近性，不反映它们的形状变异，这样可效避免上述的缺陷存在。如图4所示，可以对两幅图进行切割，用以上方法进行计算，生成更多地特征值，增强图型细节对比，进一步提高精度。

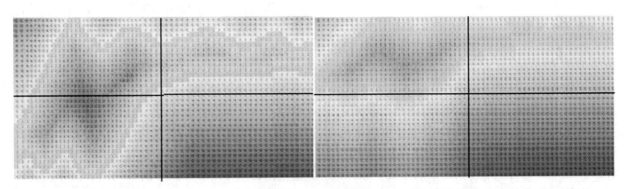

图4　多区域切割方式

4 计量方法研究

抽油机井功图计量技术是采油工程技术、通信技术和计算机技术相结合的系统技术，具有油井自动监测和控制、实时数据采集、油井工况诊断、油井液量、系统效率计算、电量计量、井场图像实时监控等功能。该技术是单井远程自动监测系统与专门的油井计量分析软件结合，构成了油井远程监控、液量自动计量及分析诊断系统，替代或简化计量流程（地面流程简化优化），实现了油田生产与管理工作中的单井信息化、数字化建设，节能降耗三大工作主题，降低了产能建设投入和运行成本。

从简单定性到到完全定量，功图计量发展经历了三个阶段，主要包含面积法、有效冲程法、功图诊断计量法三个阶段。基于第三代以诊断为基础的液量综合计量技术，组织技术人员开展了诊断技术、计量技术研究，自主开发分析软件，主要由油井计量分析、光杆示功图数据、油井数据、分析结果数据几个模块组成，可完成地面光杆示功图转换成井下泵口示功图的计算；示功图的识别、图形和数据的展示；各种数据的查询、修改；油井产量的计算；最终结果的输出；调用实时采集示功图数据，实现对管理油井任意时段示功图进行分析、油井工况诊断及产液量计算等综合分析功能，并进行了以下改进。

（1）调整数学模型，采用"灰度法"和几何特征法相结合的方式进行诊断，提高了诊断准确性。

（2）按照不同油田、不同工况确定选用不同的数学模型，采用不同的方法进行有效冲程计算，提高计量精度。

（3）编制灰度法诊断、泵功图、有效冲程计算和杆柱应力分析、泵效分析等模块，优化计算过程，提高了计算处理速度。

4.1 井下泵功图

井下泵功图是根据实测光杆载荷和位移利用数学方法借助于计算机来求得各级抽油杆柱截面和泵上的载荷及位移，从而绘出井下泵功图，并根据它们来判断和分析全套抽油设备的工作状况。

抽油机井计量求产技术的原理是依据游梁机-深井泵工作状态与油井产液量变化关系，即把有杆泵抽油系统视为一个复杂的振动系统，该系统在一定的边界条件和一定的初始条件（如周期条件）下，对外部激励（地面功图）产生响应（泵功图）。然后对此泵功图进行分析，确定泵的有效冲程、泵漏失、充满程度、气影响等，计算井下泵排量进而求出地面折算有效排量。

4.1.1 井下泵功图求解理论

把抽油杆柱作为一根井下动态的传导线。其下端的泵作为发送器，上端的动力仪作为接收器。井下泵的工作状况以应力波的形式沿抽油杆柱以声波速度传递到地面。把地面记录的资料经过数学处理，就可定量地推断泵的工作情况。应力波在抽油杆柱中的传播过程可用带阻尼的波动方程来描述：

根据地面示功图计算井下示功图时，必须首先确定阻尼系数。抽油杆柱系统的阻尼力包括黏滞阻尼力和非黏滞阻尼力。黏滞阻尼力有抽油杆、接箍与液体之间的黏滞摩擦力，泵阀和阀座内孔的流体压力损失等。非黏滞阻尼力包括杆柱及接箍与油管之间的非黏滞性摩擦力；光杆与盘根之间的摩擦力；泵柱塞与泵筒之间的摩擦损失等。可用等值阻尼来代替真实阻尼。代替的条件是以系统中消除等值阻尼力时，每一个循环中的能量与消除真实阻尼时相同。从而可以推导出阻尼系数公式。可用抽油杆柱在一个循环中由黏滞阻尼引起的摩擦功来确定的阻尼系数，计算阻尼系数过程中仅有 A.M. 皮尔维尔江的阻尼力公式推导出的阻尼系数方法是可行的，其比较简单，计算速度快。

其它方法存在问题：

①需要反复计算泵功图，导致大量迭代，并且在迭代过程中阻尼系数可能不收敛，无法结束运算。

②需要的输入参数无法获得或者不精确，影响计算。

4.1.2 井下泵功图求解方法优化

泵功图求解公式是基于获得准确的输入参数的纯理论公式，但在实际生产中，如黏度、杆柱组合、含水率、液体载荷等数据往往是不准确的，求解出的泵功图往往出现过阻尼、欠阻尼及泵功图严重扭曲变形的现象，通过计算方法修正，消除参数不准确造成的这些现象呢，采用迭代次数控制方法、泵深控制方法、功图形状控制方法控制泵功图求解过程，在泵功图求取过程中仅需要预设所需参数的初始值（初始值为不超出合理取值范围即可），获得需要的泵功图，该方法实现了无须输入黏度、杆柱组合等数据，即可直接由地面功图获得泵功图，由泵功图与地面功图反向计算各级杆功图，得到各级杆柱应力，使用应力、有效冲程、泵功率等，如图5所示。

技术关键点：

①迭代次数控制。

②过阻尼、欠阻尼控制，即泵功图质量控制。

③输入参数控制。

④阻尼系数控制方法。

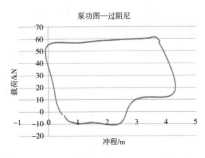
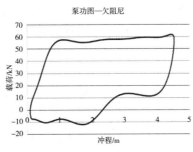
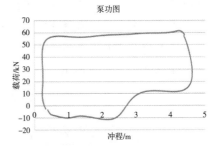

图5   过阻尼、欠阻尼、正常泵功图

4.2   有效冲程计算

采用斜率法，在功图的下部分寻找拐点，即斜率最大的点和斜率最小的点，两个点的位移差，即有效冲程，根据下冲程泵功图斜率，结合功图判断通过制定的相关标准，确定泵有效冲程，即可以计算所需要的各项参数，如图6所示。

如图7所示 S_1 为地面冲程；S_2 为目前冲程；S_3 为目前上有效冲程；S_4 为有效冲程，根据这4个值可以计算出：S_1-S_2 即冲程损失，S_2-S_4 即供液不足，S_3-S_4 即漏失。

上述方法也可以直接对地面功图做计算，并得出地面功图的两个冲程。还可以根据上冲程起始点 r_1，和其根据上面方法得到的点 r_2，下冲程的两点 p_1 和 p_2，计算泵功图的两个冲程。只适用于正常功图和漏失功图。在计算中应考虑泵挂深度与漏失量之间的关系，提高计算精度。

5   抽油机井诊断求产软件及模型修正

根据诊断、泵功图和有效冲程计算模型，使用 Visual Basic 语言编写诊断计量软件，软件连接 ORACLE 数据库，通过后台处理程序以及数据库存储过程和函数实现抽油机井实时采集的处理，进行单井计量、效率分析，泵效分析、杆柱受力分析数据处理，并按照不同油田、不同工况选用不同的数学模型，提高求产精度，满足计量要求，由于抽油井数据处理过程中数据量大，并且功图诊断、泵功图计算过程复杂，需要调用特征数据

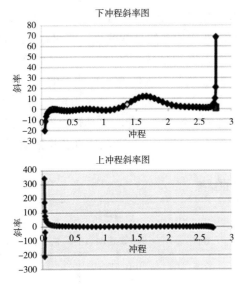

图6   上下冲程斜率图

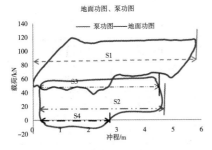
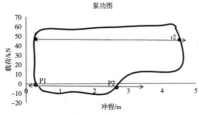
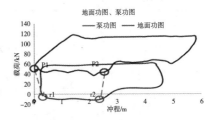

图4.3   冲程损失计算方法示意图

库，单机的数据处理能力和速度有限，因此数据处理分为多段进行，即一部分数据处理通过数据库存储过程，一部分通过外部程序处理，程序运行采用多线程，较好的解决数据量大造成的数据处理拥塞现象，通过程序检测处理程序运行情况，每扫描1000次即对程序进行重新关闭和启动，避免程序"死锁"，日处理数据15万条以上。单井产液量对比1337井次，单井相对误差14.91%；总液量相对误差4.12%，如图8、表2所示。

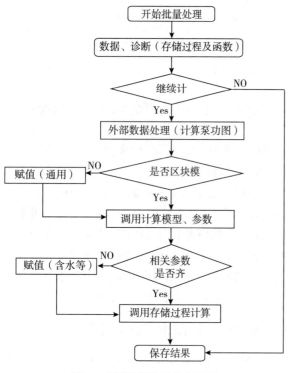

图8　功图诊断计量处理流程

6　结论

通过对特征值数量和特征值计算方法的修正，将特征值由6组增加到12组，再通过功图划分成四个区域，将特征数据扩充到48组，在与形成的特征库数据进行比对过程中，有效克服了单一特征对比的缺陷，避免了单一特征对比造成功图诊断对断脱及双凡尔失灵由于与正常功图近似造成的特征值相近而误判现象的发生，并且该方法具有神经网络诊断的学习功能，形成了适应油田功图诊断的灰度法数学模型和计算机编程方法，提高了诊断精度，在油田的实际应用中诊断准确率达到98%以上。通过对计量方法不断的改进，优化泵功图算法，消除过阻尼和欠阻尼影响，通过傅立叶解法公式修正，采用相应的控制技术，取消了粘度、管杆柱数据、含水的数据的使用，将计算过程转化纯粹的数学运算，提高了泵功图计算精度。最终形成了适合于油田的分油藏分工况有效冲程计算方法，并通过不断的数学模型修正，使单井计量相对误差控制在15%以内，总液量误差控制在5%以内，满足油田计量要求。

自动化诊断计量实现了油井生产状况即时监测、及时获取油井的异常信息，查明并排除故障，异常情况及时得到核实和处理，生产时率得到上升。单井液量的在线计量，采油工的工作由"量油、测气、清蜡、扫地"改变为现在的"监控、分析、巡检、维护"。劳动工具轻便省力，劳动用时明显缩短。采油工由每天对油水井繁琐资料求

表2　抽油机井数学模型修正结果

油田	模型调整前			模型调整后		
	井次	单井误差/%	总液量误差/%	井次	单井误差/%	总液量误差/%
尕斯				216	16.51	4.11
砂西				83	13.96	3.4
油砂山				270	38.41	2.78
跃进	19	54.84	1.1	246	14.64	1.68
昆北				144	12.24	1.29
乌南	19	181.78	85.4	117	12.94	8.66
花土沟				226	16.71	4.55
红柳泉				35	15.65	6.45
合计	38	118.31	43.25	1337	14.91	4.12

取，转变为专注于对油水井诊断、分析、处理工作，一方面提升了采油工的技能，使一线操作工从事技术管理工作。

参 考 文 献

［1］潘峥嵘，滕尚伟，尹晓霈等.基于GPRS的油田抽油机远程在线监控系统的设计与实现［J］.化工自动化及仪表.2008（01）；

［2］吴强，廖勇.一种新型转矩检测技术及其在抽油机示功图中的应用［J］.电机与控制应用.2010（03）；

［3］田海峰，赵建平，董艳锋.基于ARM的油井示功图测试系统的设计与实现［J］.电子技术.2008（11）；

［4］梁华，李训铭.基于物理意义的示功图凡尔开闭点精确提取［J］.石油勘探与开发.2011（01）；

［5］朱云龙.双驴头抽油机悬点位移的求解方法［J］.科技创新导报.2010（09）；

［6］依维恩，Matt Gibbs，Dan Wahlin著，杜静 译.ASP.NET 3.5 AJAX高级编程，2010-01-01；

［7］卡尔德诺等著.罗江华等译，ASP.NET AJAX服务器控件高级编程（NET3.5版），2009-09-01；

［8］Bill Evjen, Scott Hanselman, Devin Rader et al. ASP.NET 3.5 SP1高级编程（6），2010-01-01；

大数据驱动下的勘探开发数据链路优化与应用研究

任燕红

（中国石油青海油田公司）

摘　要　本文主要研究基于大数据技术的勘探开发专业数据链路优化，并应用于实际案例中。首先，建立了一个数据共享平台，用于收集、存储和共享数据。该平台的架构和功能被详细介绍，包括数据的采集、清洗、存储和分析等功能。然后，探讨了人工智能技术在数据链路优化中的应用，包括机器学习和深度学习等技术的具体应用。最后，分析了数据链路优化中的安全问题，并提出相应的安全保障措施，旨在为勘探开发专业的数据链路优化提供了重要的理论和实践指导。

关键词　大数据技术；勘探开发；数据链路；优化；实践应用

随着信息技术的快速发展和互联网的普及，大数据技术在各个领域得到了广泛应用。在勘探开发领域，大数据技术的应用也日益重要。勘探开发是指通过对地下资源进行勘探和开发，以满足人类社会对能源、矿产等资源的需求。勘探开发过程中产生的大量数据，如地质、地球物理、测井、钻井和生产数据等，具有海量、多维、异构等特点，传统数据处理方法难以充分挖掘其潜在价值。因此，如何有效利用大数据技术优化勘探开发数据链路，成为当前研究的热点之一。数据链路的优化是提高勘探开发效率和准确性的关键。数据链路是指勘探开发过程中涉及的各个环节之间的数据传输和交流。这些环节包括数据采集、数据传输、数据处理和数据分析等。优化数据链路可以提高数据的传输速度、减少数据丢失和损坏的可能性，从而提高勘探开发的效率和准确性。

1　数据共享平台的建立

1.1　数据共享平台的定义和作用

数据共享平台是指基于大数据技术，为不同组织或个体提供数据共享和交换的平台。其作用是促进数据资源的共享和流通，提高数据的利用效率，推动数据驱动的决策和创新。

1.2　数据共享平台的架构和功能

数据共享平台的架构包括数据采集、数据存储、数据处理和数据交换四个主要组成部分。其中，数据采集模块负责从各种数据源中获取数据；数据存储模块用于存储和管理大量的数据；数据处理模块通过数据清洗、数据挖掘等技术对数据进行处理和分析；数据交换模块实现数据的共享和交换。数据共享平台的功能包括数据集成、数据共享、数据安全和数据服务等。数据集成功能可以将来自不同数据源的数据进行整合和统一；数据共享功能可以实现数据的共享和交换；数据安全功能可以保护数据的安全性和隐私性；数据服务功能可以提供数据查询、分析和可视化等服务。

1.3　数据共享平台的实施步骤和关键技术

数据共享平台的实施步骤包括需求分析、系统设计、系统开发和系统测试等。在需求分析阶段，需要明确数据共享的目标和需求；在系统设计阶段，需要设计平台的架构和功能；在系统开发阶段，需要进行平台的开发和实现；在系统测试阶段，需要对平台进行测试和验证。关键技术包括数据采集技术、数据存储技术、数据处理技术和数据交换技术等。数据采集技术可以通过爬虫、API接口等方式获取数据；数据存储技术可以使用分布式存储系统如Hadoop、HBase等进行数据的存储和管理；数据处理技术可以使用数据清洗、数据挖掘、机器学习等方法对数据进行处理和分析；数据交换技术可以使用Web服务、消息队列等方式实现数据的共享和交换。

2　人工智能技术在数据链路优化中的应用

2.1　人工智能技术的概述和发展趋势

人工智能技术是一种模拟人类智能的技术，包括机器学习、深度学习、自然语言处理等。随着大数据技术的发展，人工智能技术在各个领域得到广泛应用，并且呈现出快速发展的趋势。

2.2　人工智能技术在数据链路优化中的应用场景

（1）数据预处理：通过机器学习算法对原始数据进行清洗、去噪和归一化处理，提高数据质量和准确性。（2）数据挖掘：利用机器学习和深度学习算法，从海量数据中发现隐藏的模式和规律，帮助优化数据链路的设计和运行。（3）预测和优化：通过机器学习和深度学习算法，对历史数据进行分析和建模，预测未来的数据链路需求和性能，并提供优化建议。（4）异常检测和故障诊断：利用机器学习和深度学习算法，对数据链路中的异常行为进行检测和诊断，及时发现和解决问题，提高数据链路的稳定性和可靠性。

2.3　机器学习和深度学习在数据链路优化中的具体应用

（1）路由优化：通过机器学习算法，根据历史数据和网络拓扑信息，预测不同路由方案的性能，并选择最优的路由方案，提高数据链路的传输效率。（2）带宽分配：利用机器学习算法，根据历史数据和网络负载情况，预测不同带宽分配方案的性能，并动态调整带宽分配，提高数据链路的利用率。（3）故障诊断：通过深度学习算法，对数据链路中的异常行为进行学习和建模，实现故障的自动诊断和定位，提高故障处理的效率和准确性。

3　数据链路优化中的安全保障

3.1　数据链路优化中的安全问题分析

在基于大数据技术的勘探开发专业数据链路优化研究与应用中，数据链路的安全问题是一个重要的考虑因素。通过对数据链路的安全问题进行分析，可以识别潜在的威胁和漏洞，从而采取相应的安全保障措施。

3.2　安全保障措施的选择和实施

为了保障数据链路的安全性，需要选择和实施一系列的安全保障措施。这些措施可以包括身份验证、访问控制、数据加密、防火墙等。通过选择合适的安全保障措施，并在数据链路中实施它们，可以有效地提高数据链路的安全性。

3.3　数据传输的安全性和保密性的保障方法

为了保障数据传输的安全性和保密性，可以采取一些保障方法。其中包括使用加密算法对数据进行加密，使用数字签名对数据进行认证，使用虚拟专用网络（VPN）建立安全的通信通道等。

这些方法可以确保数据在传输过程中不被篡改或泄露，从而保障数据传输的安全性和保密性。

4　案例分析

某油田计划引入大数据技术优化勘探开发专业的数据链路。目标是提高数据的采集、处理和分析效率，提升勘探开发工作的效果和效率。解决方案包括：引入传感器和物联网技术实现实时数据采集和传输；建立数据采集平台统一管理和监控设备；建立数据处理平台实现快速处理和存储；使用分布式计算和存储技术提高处理效率和容量；引入机器学习和人工智能技术实现智能分析和预测；建立数据分析平台提供可视化和分析工具；提供决策支持和优化建议。数据表格示如表1所示：

表1　数据分析表

数据类型	数据源	数据量	采集频率	处理时间	分析结果
温度	传感器	1000个	实时	1秒	正常
压力	传感器	1000个	实时	1秒	正常
流量	传感器	1000个	实时	1秒	正常
油井产量	自建系统	100个	每小时	1小时	正常
油田地质	统建系统	100个	每天	1天	正常

通过以上优化措施，勘探开发专业的数据链路得到了优化和改善。数据的采集、处理和分析工作变得更加高效和准确，为勘探开发工作提供了可靠的数据支持和决策依据。

5　结束语

综上所述，通过建立数据共享平台，不同部门、企业之间可以实现数据共享和交流，提高数据利用率和效率。数据共享平台的架构和功能包括数据存储、管理、分析和可视化等方面，满足不同用户需求。实施数据共享平台时需考虑数据安全和隐私保护，掌握关键技术如数据清洗、挖掘和可视化等。

参 考 文 献

［1］徐敏，洪德华，王鹏等. 基于数据中台的数据全链路监控研究与应用［J］. 现代计算机，2021，4.

［2］谢菁，梁仲峰. 基于大数据交互的全链路数据多维分析技术研究［J］. 电子设计工程，2020，5.

多源数据录井智能综合导向技术与应用

宋明会[1,2]　田士伟[1,2]　郑丽君[1,2]　张　硕[1,2]　刘中华[1,2]　高　炎[1,2]

（1. 中国石油天然气集团有限公司录井技术研发中心；2. 中国石油长城钻探工程有限公司录井公司）

摘　要　传统水平井实施过程中钻井、随钻定向、录井等多专业数据共享程度低、协作能力差，不能完全满足复杂条件下水平井施工需求，导致水平井储层钻遇率低、钻井周期长。为此，构建了由"地质导向＋随钻定向＋钻井风险评价＋录井技术＋远程信息化"组成的地质工程一体化录井综合导向模式，以导向为核心，地质与工程换位思考、综合分析，开发了智能分析模型，提升了分析决策能力，开发了地质工程一体化录井远程导向平台，促进不同地点、不同时间、不同专业人员间"信息共享，智能分析，协同决策"。水平井施工过程中，应用该综合导向模式，促进了井下随钻数据与录井数据的综合应用与分析能力，以提高储层钻遇率为原则，同时兼顾工程轨迹可行性、安全性，有效降低了水平井施工风险，同时实现地质和工程双目标，为提高水平井钻井时效和开发效果提供了有力技术保障，为钻井技术在复杂水平井中的应用提供了技术参考。

关键词　地质工程一体化；地质导向；智能分析；水平井；钻井时效；开发效果

当前水平井已成为页岩油气、致密油气等非常规油气藏开发的重要手段，对提高储层钻遇率、安全快速钻井提出了更高要求。由于现场没有将随钻定向、录井、钻井、定向井等数据进行统一采集、存储和共享，受现场施工的钻井、随钻定向、录井等多专业间数据孤立、分析局限、沟通脱节等因素影响，往往地质目的和工程目的不能同时兼顾，导致水平井储层钻遇率低、钻井周期长、井筒事故多，影响了水平井实施效果。

为此，提出了"地质储层钻遇率最大化、工程风险最小化、钻井时效最优化、支持决策最快化"为目标的工程地质一体化录井综合导向模式，改变了传统地质导向、随钻测量、钻井定向各自单独工作的模式，以数据统一采集与共用、智能判层、随钻分析与成果共享为基础，建立多专业一体化应用及远程支持系统，建立了地质与工程协作工作与远程决策的地质工程一体化导向新模式，解决了复杂水平井储层钻遇率低、钻井周期长、井筒事故多等技术难题。开发了钻井现场多专业静态、动态数据采集技术，建立多专业数据的统一采集和共享机制，打破了现场数据"孤岛"，实现井下随钻数据和录井数据归一化处理与综合应用，提高数据应用能力。研发了智能分析模型，建立了井下随钻数据和录井数据智能判层模型，促进井下随钻数据和录井数据的智能化应用，为随钻导向提供智能分析。开发前后方一体化的远程导向系统，通过基地与现场数据实时镜像技术实现前后方一体化作业，将专家资源辐射到作业现场，现场与基地的地质与工程人员协同分析与共同决策，提高了远程支持的作用，突出了多数据共享与综合分析，地质与工程各项专业紧密结合、协作分析，实现轨迹实施过程中地质和工程目标的双优化，对当前钻探行业作业模式与复杂水平井实施方面具有推动作用，为钻井技术在复杂水平井中的应用提供了技术参考。

1　多源数据一体化综合导向模式

根据复杂油气藏地质条件导致坍塌与卡钻等事故多、优势储层钻遇率低、钻井施工慢等难点，以地质为基础，结合工程施工需求，构建了由"地质导向＋随钻定向＋钻井风险评价＋录井技术＋远程信息化"组成的地质工程一体化录井综合导向模式（图1）。该模式以"录井技术应用"为基础，充分发挥录井现场第一手资料价值与地质方面的分析能力，以信息技术为载体，加强现场各专业数据的共享及现场与基地的沟通协作能力，提高服务质量与生产效率。钻井风险评价技术从井壁、井筒、钻柱等方面开展工程风险实时评估与预判，保障施工安全；随钻定向技术通过获取的定向数据，确定最佳工具面、优化轨迹，确保高效钻井；地质导向技术

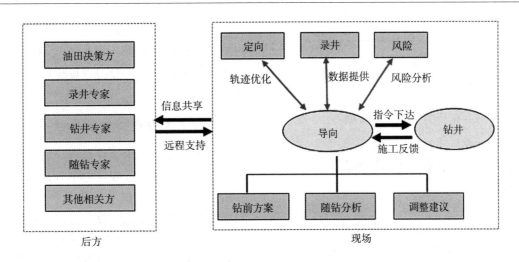

图1　地质工程一体化录井综合导向工作程流程模式

通过钻前地质建模、随钻动态分析与模型调整，引领钻头在目标层中钻进。

　　形成了"定向服从导向，录井服务导向"的工作流程，突出导向技术协作核心、信息传达枢纽、一体化施工的作用。钻前导向建模过程中，利用录井、测井、地震、地质等资料开展目标层分析，建立地质导向模型并分析各层位和钻井阶段潜在的工程风险，在此基础上优化钻井轨迹。钻井过程中，以信息化手段为纽带实现专业数据共享与协作，在静态地质研究基础上，结合动态多专业数据快速分析构造变化、及时调整导向模型、优化钻井轨迹、更新区域地质认识，引领钻井工程在目标层中钻进，形成区域与单井双向结合的闭环式技术体系，提高优势储层钻遇率和确保高效钻井。通过以"导向"为核心的工作流程，在保障优势储层钻遇率的同时兼顾了工程实施的快速、安全和高效，确保"地质甜点"和"工程甜点"目标的双实现。

2　智能导向判层模型

　　在钻井过程中，随钻数据和录井数据能反应出地层的变化并能进行连续的分析和判断，特别是元素含量与组成、气测响应、随钻伽玛变化等与地层相关性较强。利用人工智能算法领域的支持向量机算法对建立气测录井、元素录井、随钻伽马等数据与地层岩性标签的算法模型，在水平井钻井过程中实现了以气测录井、元素录井数据为主、随钻伽马等数据为辅的判识模型，实现了岩性和地层的实时智能判识，并且建立了逐渐成长的样本数据库，随着数据的完善和补充，岩性的准确度也会随之增加，并集成了数据滤波、合格性检验的辅助方法，实现人工与智能化相结合的判识方法，利用智能模型分析获取的实时数据从而智能分析出当前所钻地层，提升了录井数据随钻数据智能应用程度，有效提升了水平段目标层的钻遇率（图2）。

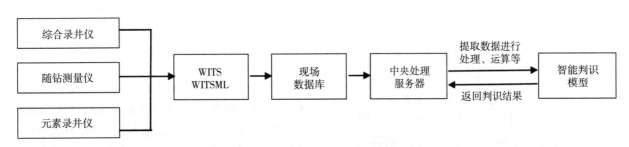

图2　智能地层判识模型数据流图

2.1　数据实时标准化

　　为避免输入参数不同的量纲等因素带来的不利影响，要对原始数据进行一定处理。为了使预测模型具有更快的训练速度及更好的性能，采用线性归一化的方法对数据进行处理，使得数据在（0，1）之间。其具体计算方法如下：

$$\overline{X_i} = \frac{X_i - X_{\min}}{X_{\max} - X_{\min}} \qquad (1)$$

X_i——实时元素数据；

$\overline{X_i}$——归一化后的实时元素数据；

$X_{\min}$——元素样本数据中的最小值；

$X_{\max}$——元素样本数据中的最大值。

2.2 移动平滑滤波算法

设一个窗口内的一组录测井数据为的取值为个连续的整数值，其中2m+1为窗口大小。窗口根据实时数据的刷新不断向前移动。

则当前实时数据

$$x_{m+1} = \frac{1}{2m+1} \sum_{i=-m+1}^{m+1} x_i \qquad (2)$$

以此类推，下一个实时录测井数据

$$x_{m+2} = \frac{1}{2m+1} \sum_{i=-m+2}^{m+2} x_i \qquad (3)$$

其中：

m为窗口大小；

x_i为当前瞬时出入口流量；

x_{m+1}为当前出入口流量滤波后的结果；

2.3 判识模型

采用支持向量机作为智能判识模型，其原理是在录测井数据样本分布中找到一个超平面作为分类的界限，使得在分类数据上分类误差尽可能的小。样本中距离超平面最近的一些点就叫做支持向量。在空间中，超平面是控件的子空间，它的维度要比它所在的空间上小一个维度，具体原理不做介绍。模型的求解即为分类函数的求解。

$$f(x) = \omega^T \phi(x) + b = \sum_{i=1}^{n} \alpha_i y_i \phi(x_i)^T \phi(x) + b = \sum_{i=1}^{n} \alpha_i y_i k(x, x_i) + b \qquad (4)$$

$Y(m, n)$、$X(m, n)$均为矩阵，X表示m个统计样本，每个统计样本有n个属性，$x(m, n)$表示测试数据。b为常量，表示分类函数的偏移量。$K(x, xi)$为核函数。核函数的主要作用为将低维空间的特征向量映射到高维空间，使得映射后的特征线性可分的可能性更大。

高斯核函数：

$$k(x_i, x_j) = \exp\left(-\frac{\|x_i - x_j\|^2}{2\sigma^2}\right) \qquad (5)$$

应用上述介绍的理论方法，将每个区开对应的录测井数据作为输入因素（X_1–X_n）。输出项Y为地层种类标签（Y_1–Y_4），这里以地层分类名称建立输出项。

3 一体化远程支持导向平台

地质工程一体化录井综合导向工作模式以地质工程一体化录井远程导向平台为工具开展技术分析与决策指挥，该平台是一个集视频、通讯、数据采集、数据传输、数据管理、数据应用、数据分析、数据共享为一体的协同工作与决策平台，主要包括数据服务层和数据应用层，实现了井场与基地之间信息资源的互联互通，对井筒海量数据进行统一管理与共享，实现多专业信息搜索、分析应用和远程支持（图3）。

3.1 平台数据管理层

数据管理层包括数据采集和数据存储两个系统。数据采集系统由静态数据采集模块和动态数据采集模块组成。在静态数据采集方面，开发了多专业静态数据采集一体化录入模块，包括钻井、钻井液、录井、随钻定向等专业数据，实现了一站式部署、一体化录入和井场数据统一管理等功能，避免重复工作，确保井场数据库的数据唯一性；在动态数据采集方面，开发了数据汇集器，通过解析不同仪器操作系统，实现对多种综合录井仪、随钻仪的数据实时汇集，能够将不同标准接口的数据以毫秒级的速率汇集到公共数据区，并进行数据项及数据单位的归一化处理，为实时决策分析提供数据。数据存储方面，以WITS和WITSML传输标准中描述的数据项建立的核心数据存储模型，模型涵盖了钻井、录井、随钻定向、钻井液等专业所涉及的所有数据项。采用数据映射技术将现场数据1∶1映射到后方基地，实现前后方数据实时共享与互动，为远程决策提供数据支撑。

3.2 平台数据应用层

地质工程一体化录井综合导向模式平台的数据应用层包括基础应用和专业应用两部分，其中核心的专业应用功能主要包括协同应用功能模块和远程决策支持功能模块，可实现随钻地质分析、工程评价、轨迹控制、方案优化等功能，使管理者、专家和技术人员之间的交流更直观、高效，并可实时远程指导现场作业，提高了井场作业管理效率和作业质量。实现了前后方一体化、甲乙

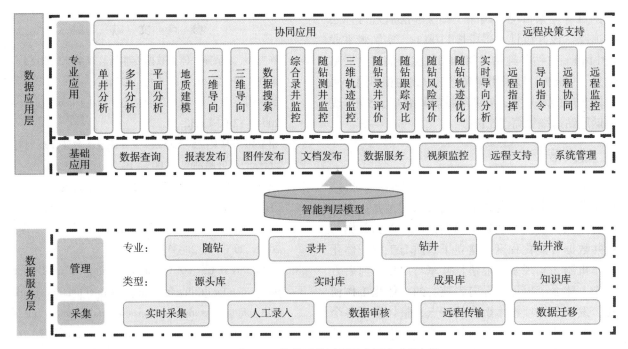

图3　地质工程一体化录井远程导向平台功能架构

方一体化，推进了决策进度和效率，达到高效科学决策的目的。

协同应用功能模块主要是专业应用分析模块，包括二维导向、三维导向、单井分析、多井分析等多个分模块，可实现地质建模、随钻录井评价、随钻跟踪对比、实时导向分析、随钻风险评价、随钻轨迹优化等功能，为录井、定向、风险管控、导向等作业提供专业的地质、工程分析工具，通过数据与成果共享搭建起多专业一体化、地质工程一体化分析的桥梁，提高了现场实时分析、决策的能力。

远程决策支持功能模块主要包括远程监控、远程协同、远程指挥、导向指令等功能模块，通过实时传输建立现场与基地完全相同的镜像数据库，实现数据、成果双向共享与互动，实现前后方一体化作业。基地通过一体化应用平台的视频、图、表、数据远程感知现场工作状态，运用地质、工程应用软件，分析、预测、处理现场异常情况，进行远程指挥与指令下达，提高了决策和管理效率。

4　应用实例分析

地质工程一体化录井智能综合导向模式已在辽河、长庆、川渝页岩气等油气区进行应用，在提高钻井速度和储层钻遇率等方面发挥了重要作用，为水平井高产奠定了基础。其中，在川渝页岩气地区，解决了地层倾角变化大、优势储层薄、微构造发育、井壁失稳等影响钻井施工和目标层钻遇率的难题，实现精准地质导向新突破。与常规施工方式对比，机械钻速平均提高了20%，有效储层钻遇率平均提高了5%，成为确保川渝页岩气水井高效钻进和开发效果关键技术之一。

以川渝页岩气田YS137H1-1井应用为例，该井是一口浅层页岩气水平井，水平段目标层为龙一$_1^1$小层+龙一$_1^{2-1}$单层，优势储层厚度3.5m左右。钻前建模分析发现，该井地质构造方面可能存在断层，将影响目标层的追踪，并导致优势储层钻遇率降低；钻井工程方面，该井627～1308m井段在30°～60°的造斜段存在井眼垮塌、沉砂的风险。针对上述难题，在之后的钻进过程中，开展摩阻扭矩监测、水力学随钻监测、岩屑返出量监测等工程分析，结合岩屑的岩性、掉块等地质分析，通过优化机械钻速确保及时排除井筒环空岩屑，控制环空岩屑浓度小于7%，确保钻进过程无阻卡复杂情况发生。钻至井深1818.00m、2310.00m和2370.00m时，通过录井元素数据分析判断钻遇断层，并计算出断距分别约为10.00m、5.00m、2.00m，地质导向师、随钻定向工程师与钻井工程师通过地质工程一体化录井综合导向平台进行成果共享与分析，地质导向师根据储层变化确定轨迹控制目标，随钻工程师考虑不同轨迹调整策略下的轨迹控制方案，降低高摩阻高扭矩、钻压传递困难等复杂情况，确保了钻穿断层后对目标层的追踪。该井设计水平段长 1100 m，实钻水平段长 1140 m，钻井纯钻时间 14 d，优势储层钻遇率达到了 94.6%，较采用常规施工方式的相邻同等水平段长度的水平井，钻井纯钻时间缩短了 5 d，优势储层钻遇率提高了 5.1%。

6　结束语

　　地质工程一体化录井智能综合导向模式以信息化技术为依托，促进了随钻数据与录井数据的综合应用，通过智能判层模型提升了随钻数据与录井数据智能化程度。建立了地质与工程一体化协作机制，实现多专业信息共享与协作、前后方协作，建立了以地质导向为核心的一体化工作模式，发挥了多项技术融合的特点，整体考虑各个环节的地质与工程影响因素，确保水平井储层钻遇率和安全高效钻井，为地质导向的发展和复杂水平井的顺利实施提供技术支持，为钻井技术在复杂水平井中的应用提供了借鉴。本文只对与随钻地质有关的数据开发了智能模型，在与钻井参数优化算法相结合及智能模型开发方面还未开展深入的研究，这也是未来技术攻关方向，从而促进地质与工程一体化全面智能化发展。

参　考　文　献

［1］陈志伟. 定录导一体人数据传输与监控系统建设［J］. 录井工程，2020，31（1）：102-107.

［2］葛永刚，杨文飞. 井场综合信息平台［J］. 录井工程，2004，12（1）：52-54.

［3］相金元，何太洪，王卓超. 录井信息平台建设规划与设计［J］. 吐哈油气，2005，10（3）：284-286.

［4］张卫，郑春山，张新华. 国外录井技术新进展及发展方向［J］. 录井工程，2012，23（1）：1-4，24.

［5］张硕. 井筒风险评价技术研究与应用［J］. 录井工程，2019，30（2）：28-33.

［6］A J Z，B H L，A Z C. The technology of intelligent recognition for drilling formation based on neural network with conjugate gradient optimization and remote wireless transmission［J］. Computer Communications，2020，156：35-45. DOI：10.1016/j.comcom.2020.03.033.

［7］S. Ali，A. Ashraf，S.B. Qaisar，M.K. Afridi，H. Saeed，S. Rashid，Simplimote：A wireless sensor network monitoring platform for oil and gas pipelines，IEEE Syst. J. 99（2016）1-12.

［8］Lv，Zhihan，B. Hu，H. Lv，Infrastructure monitoring and operation for smart cities based on IoT system，IEEE Trans. Ind. Inf.（2019）1.

固井智能化实验室管理平台的建设与应用

吕海丹　魏继军　马志贺　李连江　孙宝玉　李　进　于　佳　金晓红

（中国石油集团长城钻探工程有限公司）

摘　要　随着钻探行业自动化、信息化、智能化发展的不断深入，智能化实验室管理系统的建设工作也迫在眉睫。固井智能化实验室管理平台作为固井行业第一个专业化实验管理系统，主要包括数据库模块、质量检验模块、生产与服务保障模块、样品管理模块、项目管理模块、物联网模块、统计中心、门户管理和系统管理等。平台以"安全性、高效性、合规性、可视性"为主要建设原则，结合固井专业实验室的实际需求和工作特点，对现有业务流程进行全面的梳理、优化和整合，精简实验室管理流程，保障数据流转的统一性、及时性，实现数据全面共享，提高分析数据的准确性、可靠性，降低出错率。固井智能化实验室管理系统的成功应用为钻完井行业数智化发展提供了新思路、新方法。

主题词　固井智能化实验室管理平台，数据流转与分析，信息共享、功能模块

1　引言

随着行业的自动化、信息化、智能化发展，企业数字化转型的大力推进，在钻完井领域，自动化钻机、自动化水泥车、远程专家决策支持中心等具里程碑意义的重大技术装备的出现，标志着钻探行业已进入自动化钻井完善阶段，自动化钻井已成为当今钻探的核心技术和核心竞争力。随着人工智能不断深入研究，在大数据、云计算、物联网、人工智能等新一代信息技术的推动下，逐渐向智能钻探方向迈进。

当下各钻探行业的专业化公司，都在大力发展信息化、自动化和智能化，带来的效果也是十分显著，比如办公去纸化、管理标准化、业务流程化、操作无人化、监督实时化、决策智能化……，这些都体现在市场份额的占领上更具竞争力、在降本增效上更凸显效果、在企业管理上更高效便捷。固井实验室作为钻完井行业的技术核心部门，其信息化建设工作迫在眉睫。

长城钻探固井公司实验室包括生产化验室、油井水泥及外加剂质检中心、水泥外加剂研究室、水泥外加剂加工车间，主要承担口井化验、油井水泥及外加剂质量检测、科技研发、投标认证、水泥仓储、干灰混拌、液体混配、产品生产等工作。

建立固井智能化实验室管理平台，将领导层面、业务管理层面和录入层面所关注的数据节点用信息化的手段紧紧连接在一起，形成实验室管理一体化，有利于优化简化业务流程，统一数据来源，实现业务标准实时自动同步、业务流程实时自动传送、业务数据实时自动上传，使信息传递效率大大提升，内部协同有效增进。

2　技术思路和研究方法

2.1　固井智能化实验室管理平台构建思路

固井智能化实验室管理平台以"安全性、高效性、合规性、可视性"为主要建设技术标准。

2.1.1　安全性

平台涵盖了固井智能化实验室的所有信息，同时存储有大量实验数据，安全性至关重要。安全性必须保证实验室数据的访问安全和存储安全，系统为不同岗位的人员设置了不同的权限，不同权限的人可实现不同的操作。系统数据的访问必须经过严密的身份验证和访问控制，系统数据可自动备份，一旦数据出现问题，可以快速、有效地进行恢复。

2.1.2　高效性

平台涉及人员、仪器设备、标准方法、物资材料、客户信息、数据管理等，包括质量检验、固井外加剂生产、口井服务保障、样品管理、项目管理等26个管理流程，需要对现有业务流程进行全面的梳理、优化和整合，精简实验室管理流程，将实验室的数据通过智能化手段进行管理，系统数据可自动流转，提高工作效率。

2.1.3　合规性

平台以实验室检验检测质量管理体系为基础，遵循CNAS-CL01《检测和校准实验室能力认可准则》（ISO/IEC 17025：2017）、CNAS-CL01-A002《检测和校准实验室能力认可准则在化学检测领域的应用说明》、CANS-CL01-G001《CANS-CL01〈检测和校准实验室能力认可准则〉应用要求》、CANS-GL034《石油石化检测领域实验室认可技术指南》等实验室认证认可准则，能够满足实验室规范运作的需要。

2.1.4　可视性

平台通过数据分析自动生成图形表格报表，实现实验数据、人员信息、设备状态、流程节点、项目进程等方面的专题统计分析，数据一目了然，辅助管理层决策。

2.2　固井智能化实验室管理平台研究方法

2.2.1　固井智能化实验室管理平台的系统架构

固井智能化实验室管理平台的搭建以BPM为核心底层，Java为主开发语言，建立五大标准库，通过核心逻辑算法支撑九大核心模块，实现实验室数据查询、数据调取、统计分析，实验室流程规范化管理等功能，这样的设计能有效保证系统未来良好的可维护性及可扩展性。固井智能化实验室管理平台总架构设计如图1所示。

在开发和设计方面，平台采用分层结构，将展示层、应用层、业务层和数据层分离，实现系统内部松耦合，以灵活、快速地响应业务变化对系统的需求，使系统更加稳定和易于维护。固井智能化实验室管理平台分层架构设计如图2所示。

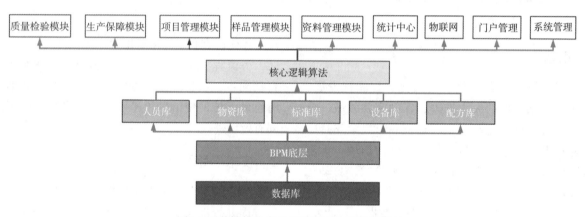

图1　固井智能化实验室管理平台总架构设计

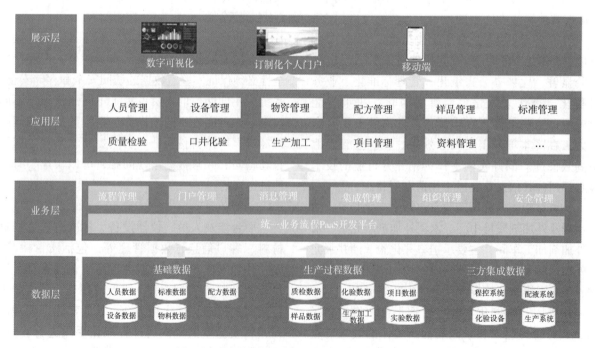

图2　固井智能化实验室管理平台分层架构设计

2.2.2　固井智能化实验室管理平台的功能模块

固井智能化实验室管理平台主要包括数据库、质量检验模块、生产保障模块、项目管理模块、样品管理模块、物联网模块、统计中心、资料管理模块、门户管理和系统管理等功能模块。以下介绍平台部分功能模块。

（1）数据库

数据库模块主要包括人员库、物资库、标准库、设备库、配方库等子模块。

①人员库。包括员工基本信息、岗位、学历职称、证件信息等。具有信息录入、岗位权限分配、数据查询等便捷操作，同时增加证件到期提醒功能，提升管理效率。

②设备库。主要分为基础库和管理库。基础库包括设备基本信息、配件信息，具有信息录入、业务层调取、数据查询等功能。管理库主要包括设备及配件的检定记录、维护保养记录、使用记录、校准记录等，配套到期检定、保养提醒等功能，避免了仪器设备出现超出校验、保养周期的

情况，保证了检测数据的可靠性。

③物资库。包括水泥、成品外加剂、原材料等物资的基本信息、生产厂家、检验项目、执行标准等，具有信息录入、业务层调取、数据查询等功能。

④标准库。包括行标、国标、企业标准等各级标准的基本信息、文本文件等，具有信息录入、业务层调取、数据查询等功能。

⑤配方库。主要是成品灰配方，具有信息录入、业务层调取、数据查询等功能。

（2）质量检验模块

根据检验样品来源分类，质量检验模块分为外购物资质检模块、自产品质检模块、第三方委托质检模块等三个子模块，其中外购物资和第三方委托质检流程如图3所示，自产品质检流程如图4所示。

平台从质检任务委托、任务分配、数据采集及结果录入、数据审核、报告编制与审核等五个环节完整管理整个检验流程。同时形成质检工作台帐，根据质检样品类型和流程节点形成报表，

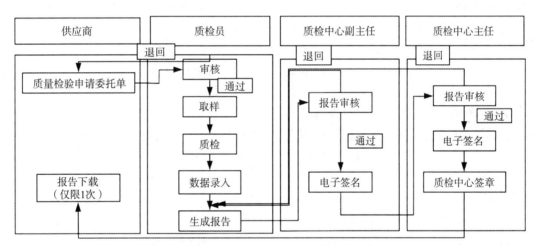

图3　外购物资、第三方委托质检流程

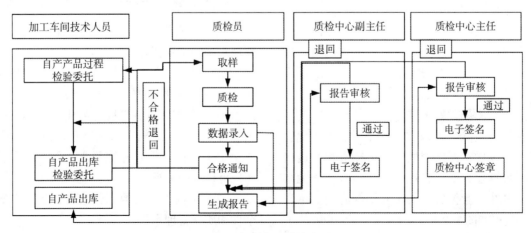

图4　自产产品质检流程

清晰掌握各类质检样品所处状态,支持自定义条件搜索。

①质检任务委托

支持对质检的样品基础信息的调取。包括质检样品的名称、型号、生产厂家、检验项目、执行标准,避免重复输入,降低人工出错率,提高工作效率。

支持对质检样品基本信息的录入,包括样品编号(作为唯一身份证,用于质量追溯)、样品数量、样品生产日期/批号等,并支持上传相关附件。

支持供应商PC端/移动端登录,生产厂家门户只显示自己的产品,提高工作效率。

②任务分配

支持对质检任务委托信息的审核通过、回退功能。

根据质检工作实际情况,采用公共帐号接受任务分配,每条质检数据选择质检人,确保责任落实到人。

③数据采集及结果录入

数据包括检验配方数据、检验结果数据、检验设备及使用时间数据、检验人等数据。

检验配方数据采用人工输入方法。检验结果数据包括人工输入及仪器设备的自动采集,同时平台调用物资库检验项目与标准值,自动自动判定是否合格。检验设备由设备库调取信息,使用时间采用人工录入,设备库自动记录设备使用记录和使用总时间。

④数据审核

检测人员完成录入原始数据后,由技术负责人对结果进行审核,填写审核结论。如果不符合检验要求,将由技术负责人提出重检。

⑤报告编制与审核

检测项目全部完成后,平台按照报告模板自动生成检测报告,并严格实行三级审核机制,报告编制、报告审核、报告批准分权限管理。报告批准后检测人员无权修改报告内容。

(3)生产保障模块

以生产为主线,涉及项目部、生产实验室、加工车间,包括水泥检测通知、小样实验、过程检验、配灰管理、配液管理、大样实验、化验结果审核、口井化验报告、装车通知等流程。生产保障模块流程如图5所示。

生产保障模块功能:

①支持基础数据录入功能

支持各流程过程中,基础数据的录入,包括水泥检测通知中口井基本数据、检测要求;小样实验、过程检验、大样实验中配方信息、设备使用时长、实验人等信息。

②支持已有数据的调取功能

支持各流程过程中,已有数据或五大基础数据库已维护过的信息的调取功能。包括配方库、设备库、人员库信息。

③数据采集及结果录入

支持仪器设备数据的自动采集、曲线远程监控,支持实验数据人工录入。

④线上审批、电子报告编制与审核

设计模式与质量检验相同。水泥检验通知、混灰通知、配液通知、装车通知均实现线上管理。口井化验报告采用标准的模板,自动调取过程数据一键生成报告,按照审批流程电子签章。

⑤检验项目算法

实验原始记录中水泥浆密度、造浆率、流变、失水、抗压强度、膨胀率、机械性能等26种检验项目,采用公式自动计算检验结果,并形成实验曲线,降低人工出错率。

⑥根据门户自动显示列表,设置不同流程节点,清晰了解工作进程,降低沟通成本。

⑦支持项目部技术人员、实验室主任、研究所所长PC端/移动端登录,工作任务处理。

(4)统计中心模块

包括质量检验数据统计、口井生产检验数据统计、人工工作量统计、生产日志展示等功能。调取生产过程数据形成统计表,并支持自定义生成并导出数据统计表。

3 固井智能化实验室管理平台的实施效果

固井智能化实验室管理平台有效提升实验室管理水平,主要实施效果有以下几方面:

(1)建立了实验室检验检测质量管理体系为规范的实验室管理平台,覆盖了"人、机、料、法、环"等各个环节,优化简化了管理流程;数据的可追溯性强、资源管理规范、体系管理完善、原始记录、报告符合标准要求,保证了实验室按照规范体系的运行。

(2)实现了检测数据信息化,提高了数据安全性和质量管理水平。

(3)平台记录了每个过程数据的原始信息,

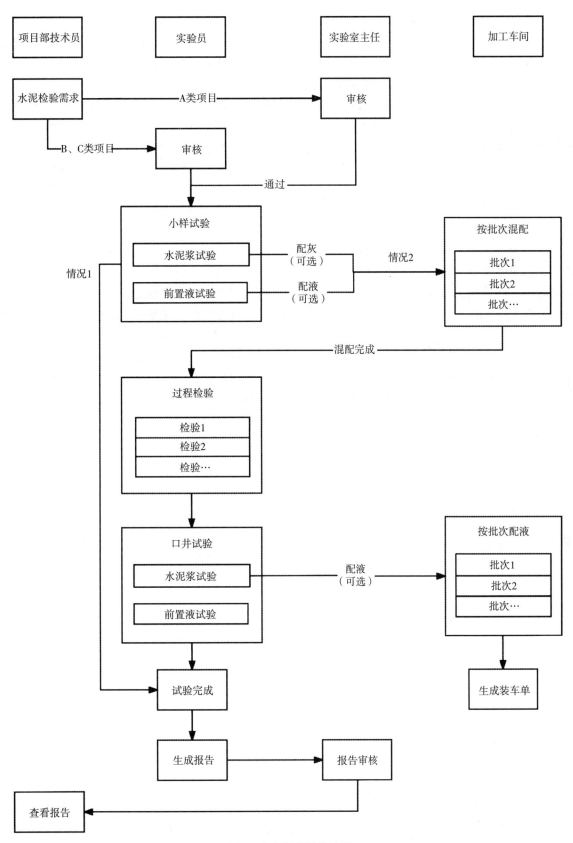

图5　生产保障模块流程

包括数据生成、修改、审核等每一步过程。确保了数据的可靠性，杜绝了人为捏造及修改数据的可能性，保证了检测工作质量。

（4）实现仪器设备全生命周期动态管理。

智能化管理替代了以前的人工管理模式，具有"精细化"、"高效化"和"效益化"的特点，提高了人员的工作效率，同时提高了设备利用率，实现了设备全生命周期动态管理，进而提高了企业的市场竞争力。

（5）构建了互联网工作平台，达到资源共享，无纸化、降本增效效果显著。通过平台推广，有效减少人员之间的沟通成本、时间成本，促进人员之间的相互沟通和信息共享，提高了日常工作效率。

4　结论

随着钻完井行业的自动化、信息化、智能化发展的不断深入，实验室的信息化建设已经成为行业发展不可缺少的一部分。固井智能化实验室管理平台的成功应用将为钻完井行业数智化建设提供新思路、新方法。

参考文献

［1］张怀文，靳建洲，杨晨等 . 基于 AnyCem 系统的自动固井作业装备研发［J］. 2022 年固井技术研讨论会论文集，2022，719–727.

［2］刘世彬，吴朗，黄伟等 . 固井无线监测与智能决策系统研究与应用［J］. 2022 年固井技术研讨论会论文集，2022，728–735.

［3］郑双进，刘会斌，李延伟等 . 固井施工参数实时监测系统研制与应用［J］. 2022 年固井技术研讨论会论文集，2022，809–817.

［4］魏继军，王国涛，李连江等。固井实验室信息管理系统的搭建初探［J］. 2022 年固井技术研讨论会论文集，2022，753–758.

［5］孙茹，郭凡，冯倩等 . 符合 CNAS 标准 LIMS 在大型能源化工实验室的实施与应用［J］. 化工管理，2021，9（25）：77–78.

［6］李东阳，冯少广，潘腾等 . 基于"互联网＋"的实验室智能信息管理系统的开发与应用［J］. 化学工程与装备，2020，8（8）：205–207.

［7］王雁冰，张奎，孙丽敏等 . 天然气实验室信息管理系统的开发与应用［J］. 化学分析计量，2022，2（7）：26–30.

基于改进型U-Net网络的初至拾取技术研究与应用

许银坡 侯玉鑫 王乃建 潘英杰 侯喜长 白志宏 任 光 郭晓玲

（中国石油东方地球物理公司）

摘 要 随着高密度高效采集技术在勘探复杂区域的广泛应用，地震数据的采集炮道密度显著提升，产生了大量低信噪比的海量数据。传统的初至波自动拾取方法由于抗噪声能力弱、异常初至识别精度低以及修正质量差等问题，往往需要大量的人工交互进行修正，且这种交互的精度和效率难以保证，无法满足后续高精度建模和资料实时处理的需求。因此，本研究旨在通过引入深度学习技术，将传统初至波拾取技术与人工智能技术深度融合，针对传统方法存在的局限性，从初至时窗设计、初至波检测、异常初至判别及修正等方面进行了创新，提高了低信噪比海量数据中初至波拾取的精度与效率。具体步骤如下：首先，采用分区域时窗设计技术，将初至波限制在局部范围内，并进行线性动校正处理后，裁剪地震数据以满足网络输入要求；其次，对抽取的种子炮进行精细拾取，作为数据标签输入至改进的U-Net网络模型进行训练，通过对比模型残差指标，选择验证效果最佳的网络模型，并对全区数据进行初至预测；然后，利用CNN网络模型对预测初至结果进行识别，别除异常初至；最后，对于被别除的异常初至，采用对抗神经网络和蚁群算法进行修正，确保其准确归位。在实际地震数据的应用测试中，新方法与传统方法进行了对比，本研究提出的基于深度学习的自动拾取技术能够稳定地预测出高精度的初至波，展现出强大的抗噪声能力和处理低信噪比数据的能力，拾取精度达到95%以上，效率提升了20倍以上。新方法成功解决了海量低信噪比数据的初至拾取难题，在精度、效率和稳定性方面均优于传统方法，满足了近地表建模和静校正量计算的精度需求。

关键词 深度学习；初至时窗设计；初至检测；异常初至判别；异常初至修正

1 引言

初至拾取在构建精细近地表速度模型、计算静校正量、估算地层各向异性参数以及反演地层吸收衰减参数等环节中扮演着至关重要的角色，是影响地震资料成像质量的关键因素之一。随着我国勘探开发的不断深入，面临的地表条件日益复杂，勘探目标也越来越聚焦于复杂构造、复杂储层和非常规油气等领域。在实际的地震勘探过程中，由于地质岩性的复杂性和空间上的巨大变化，导致初至波场呈现出混乱无序的状态，所获取的初至数据往往具有低信噪比、波幅波动剧烈和低可识别度等特点。这种状况使得高效且精确地拾取初至波变得极为困难。

现有的初至波自动拾取方法主要可以分为三类：第一类是基于瞬时特征的拾取方法，如能量比值法等。这类方法通过分析地震信号中初至波前后的能量变化来识别初至波的位置。尽管这类方法计算速度较快，但在低信噪比数据中，由于噪声的干扰，往往会误判为后续波，导致拾取结

果不准确；第二类是整体特征的拾取方法，比如相关法、线性最小平方预测法等，这些方法通过计算相邻道之间初至波形的相似度来进行识别。然而，在复杂地质条件下，不同炮检距的初至波形差异较大，需要频繁手动干预和修正，从而降低了拾取的精度和效率；第三类方法是基于智能算法的拾取方法，例如神经网络技术等。这类方法能够自动学习数据中的复杂模式，具有较强的适应性。但在数据差异较大时，模型的泛化能力较差。此外，由于早期神经网络模型较为简单，通常只有少数几层，难以构建深层网络，导致拾取初至波的效果仍然无法满足实际生产的需求。总的来说，目前的初至波自动拾取方法对于高信噪比资料，拾取结果较理想，但是在信噪比较低的情况下，需要大量的手工交互进行修改，无法满足高精度的速度建模和资料实时处理的需求。

近年来，随着人工智能技术的迅猛发展和计算机性能的不断提升，基于深度学习的初至波自动拾取方法逐渐成为研究的热点，无论是无监督、半监督，还是监督学习技术，均被广泛用于初至

波拾取的研究中。然而，在低信噪比环境下，初至波信号往往被噪声掩盖，特征提取变得尤为困难，识别过程异常复杂，严重影响了拾取结果的准确性和稳定性。

基于此，本文针对低信噪比初至波的特征，以Jonathan等提出的U-Net网络模型为核心，创新性地提出了一种基于深度学习的初至波自动拾取方法。该方法包括以下几个关键技术：分区域设计初至时窗，将初至波限制在局部范围内，对时窗内数据进行裁切、变换、整理；利用改进型U-Net网络进行深度网络模型的训练和预测，得到初步预测结果；针对预测结果中离群点、异常值，融合常规方法和CNN网络对其进行识别和剔除；最后对剔除的异常初至利用对抗神经网络和蚁群算法，对异常初至进行修正。通过上述技术的研发，实现了对低信噪比海量数据的初至波自动拾取，具有较高的拾取精度和效率，满足了实际生产需求。

2　技术方法

基于深度学习的初至波拾取技术深度融合了地球物理学理论与人工智能技术，通过利用具有不同特征的地震数据对深度神经网络进行迭代训练与优化，并结合多种算法的优化组合，实现了对初至波的智能预测。该技术有效克服了传统方法在低信噪比情况下抗噪能力差的不足，显著提升了初至波拾取的准确性和效率。其核心技术方法涵盖以下四个主要方面。

2.1　分区域时窗设计技术

目前常见的时窗定义方法主要依赖于初至波的速度来进行拾取。然而，对于复杂区域的地震资料，特别是在山地等地形中，为了提高拾取精度，通常需要通过人工交互选择大量的种子炮，手动拾取初至波速度，以便将初至波限定在较小的区域，这样的工作量非常庞大。此外，某些方法通过在炮集上分象限来定义时窗，但这种设置无法同时适应近、中、远炮检距的初至波，导致难以将初至波准确限制在局部范围内。基于此，本文研究并提出一种分区域时窗设计技术：首先建立空间直角坐标系，以激发点为原点，接收线方向为横轴，垂直接收线方向为纵轴；然后，将空间坐标系按照 $\theta = \dfrac{360^0}{2^n}$ 的间隔进行区域划分，将每个炮的接收点分配到对应的区域内。在每个区域内，根据炮检距从小到大的顺序进行重新排序，并依据该区域炮检距和初至时间设计时窗；最后通过空间插值方法，确定每个炮的时窗范围，将设计的时窗应用到炮集数据每一道上。该方法能够更加精确地聚焦初至波的范围，为高精度的初至波拾取提供坚实的基础，如图1所示。

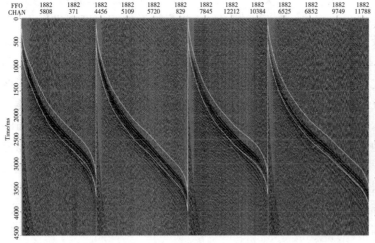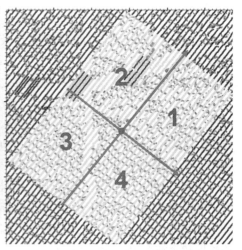

图1　分区域时窗设计

2.2　基于改进型Unet网络的初至拾取技术

深度网络模型采用U-Net架构作为核心，并针对复杂的地震数据处理需求进行了全面优化。首先，对模型的数据输入接口进行了改进，使其能够处理高维大数据，显著提高了在低信噪比初至数据上的训练精度。此外，在激活函数之前添加了批量归一化层，有效增强了数据在网络中的稳定性与一致性。为了加快网络训练的收敛速度并提高其精度，集成了Dropout机制。在初至波检测方面，模型采用二分类交叉熵目标函数，进一步优化了训练效率和初至波拾取的准确性。

此外，每个卷积块后均集成了卷积块注意力模块（CBAM），该模块结合了通道注意力和空间注意力机制，使网络能够更精确地处理低信噪比的地震数据，有效识别和提取初至波的关键特征。通道注意力通过最大池化和平均池化提取每个通道的全局特征，并通过共享的多层感知器（MLP）增强对重要通道的响应。同时，空间注意力模块

结合最大池化和平均池化的结果，并通过卷积操作进一步提取和强调关键空间区域的特征，极大地增强了模型对低信噪比地震数据中初至波的识别能力，提升了拾取算法的适应性和准确率。

改进后的 U-Net 网络主要有三大优点：① 使用需要标记的样本数量很少；② 网络模型的训练效率高；③ 网络模型具有较强的泛化能力，如图2所示

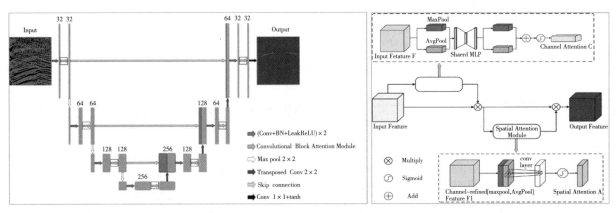

图2　改进型 U-Net 深度网络模型

在实际初至预测过程中，采用二分类交叉熵目标函数进行初至波的检测和判别，为了提高训练速度和二分类检测精度，结合 Adam 优化算法，提出了对学习率改进的方法，式（1）是预测位置和期望位置的吻合率，吻合率越高，T 越大，式（2）为改进的学习率公式：

$$T = \frac{\sum_{i=1}^{m} \sum_{k=1}^{p} a_{i,k}}{\sum_{i=1}^{m} \sum_{k=1}^{p} y_{i,k}} \quad 其中\ y_{i,k}=1 \qquad （1）$$

$$\eta = \begin{cases} \beta & (0 \le T < 0.6) \\ \dfrac{\beta}{1+T} & (0.6 \le T) \end{cases} \qquad （2）$$

在训练前期，为了加快训练效率，给定一个大的学习率，随着训练次数的增多，预测初至位置与实际位置吻合率增高，即 T 不断增加，如果 T 大于给定的阈值，则逐渐减小学习率，提高学习速度和模型精度，进而提高二分类的精度。

2.3　异常初至评价技术

为了精确识别和剔除初步拾取初至波的异常点，我们采用了经过优化的 Faster R-CNN 模型来进行精确评估，如图3所示。该模型针对地震数据的复杂性进行了特定的改进，包括调整网络结构、选择最佳的滑动窗口大小，并精细调整网络参数，以最大化其特征提取能力。Faster R-CNN 利用这

些特征学习并识别初至波的正常与异常模式，通过对比标准特征与实际检测到的特征差异，准确区分异常初至波。

具体操作过程中，Faster R-CNN 模型首先通过多个卷积层、ReLU 激活层和池化层处理输入的地震数据。这些层的协同作用能够有效从复杂的地震信号中提取关键的初至特征。提取出的特征随后由区域提案网络（RPN）进一步处理，生成针对潜在异常初至波的多个对象提案。这些提案通过 ROI Align 技术进行精确调整，确保从原始特征图中正确提取特征，提高了定位精度。经过 ROI Align 调整的特征被送入后续的网络层，其中包括两个全连接层和 ReLU 层，最终通过一个 Softmax 分类层对初至波进行细致的识别和分类。从而使得模型能够准确识别并剔除异常的初至点。改进后的 Faster R-CNN 模型在处理强噪声干扰下的地震数据时，能够显著提高异常初至点的识别精度。

同时，提出了从"单道→排列→单炮→多炮"多角度对初至波质量评价体系。通过波形面积法对单道初至质量评价，排列组合法和排序法对单个排列相邻道初至质量评价，正态分布法对同一炮初至质量评价，矢量法对相邻炮的初至质量评价。两种异常初至识别方法的协同作用，使得异常初至识别率达到95%以上，基本无需人工干预。

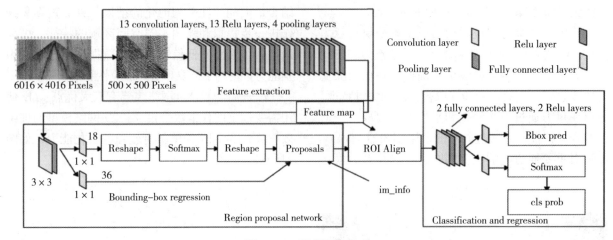

图3　CNN深度网络模型

2.4　异常初至修正技术

针对被剔除的异常初至，为了使其能够重新归位和修正，进一步提高初至拾取精度和拾取率，本文研究了基于对抗神经网络异常初至修正算法，如图4所示。该算法结合了生成器和PatchGAN判别器，其中生成器负责重构被剔除的异常初至，判别器则评估重构初至的准确性。在对抗训练过程中，生成器不断优化以产生越来越接近真实数据的初至，判别器精确区分真实与生成的初至。当判别器无法区分生成的初至波与实际观测到的初至波时，则输出被认为准确的初至。通过该技术，能够显著提高初至波的拾取精度和拾取率，大幅减少人工交互修正的工作量。

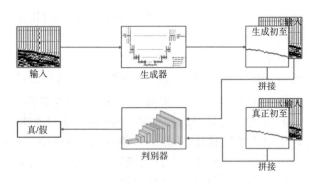

图4　对抗神经网络模型异常初至修正

同时提出了基于蚁群算法的异常初至修正技术，利用蚁群算法来确定最优修正路径，在局部范围内对异常初至修正。该技术在复杂的地震数据中，尤其是在初至层位断续的情况下，能够确保修正的初至属于同一层位。该技术主要依据波峰（或波谷）点幅值、陡度、子波波形等信息选择相邻道初至波的位置，以便选择相邻道初至点的位置。构造的评价函数如下式：

$$E\left(I_0, I(w,s), P_0, P(w,s)\right) = \log_2\left(1 + \frac{I_0 P_0}{P_0|I(w,s) - I_0| + I_0|P(w,s) - P_0|}\right)$$

（3）

式中 I_0 表示所在道附近已追踪初至的子波波峰（谷）点的振幅的均值，P_0 分别相应的已追踪初至子波的正（负）波形所包括的采样点数的均值，$I(w,s)$ 表示所在道的相邻的下一道在给定的陡度和时窗范围内某个子波波峰（或波谷）点的振幅，$P(w,s)$ 表示相应的陡度 s 和时窗 w 范围内子波的正（负）波形包括的采样点数，s 表示在 I_0 附近已追踪初至的陡度。

3　应用效果

为了验证新方法的实用性，采用实际三维地震数据进行应用测试。地震数据来源于鄂尔多斯盆地某工区，共计82400炮。该工区地形西高东低，沟壑纵横，表层黄土巨厚，松散黄土层纵向速度和横向厚度变化剧烈，厚度从5m到550m不等。这种复杂多变的地表条件以及快速变化的低速层导致了相邻地震道之间的初至时间差异较大、连续性较差，并且使得地震同相轴出现明显扭曲现象。此外，整个区域内干扰源众多，对初至波的影响范围广泛（图5）。因此，所收集到的初至资料整体上信噪比较低，受到严重干扰，尤其是微弱的初至信号难以被准确识别和提取。

为了提高处理效率和精度，将工区的数据集按照每2万炮为单位进行了分割，每个子集抽取80炮作为标签炮。对这些标签炮的初至波进行了精细拾取，并将这些数据输入到网络模型中进行训练，共进行了326次迭代训练。训练的目标误差与实际学习结果之间的差距仅为5.54e-6，整个训练过程耗时249分钟。最终得到的拾取效果如图6和图7所示。

图5 工区典型地貌和干扰源

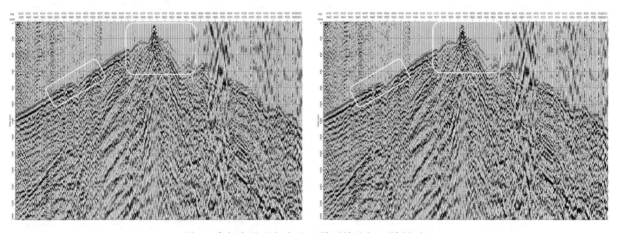

图6 常规方法和新方法近排列拾取初至效果对比

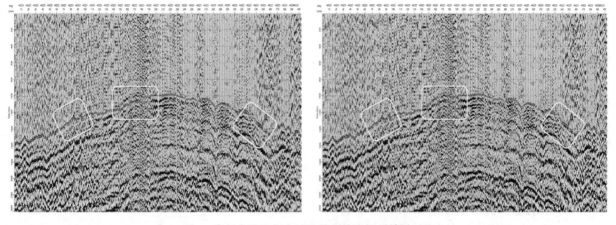

图7 常规方法和新方法远排列拾取初至效果对比

从图中可以看出，使用传统方法时，整体上存在较大的误差，表现为拾取层位不连续、出现异常初至点较多等问题，总体拾取精度为76%。相比之下，采用本研究所提出的方法后，在抗干扰能力方面表现出色，尤其是在近炮点处能够准确地拾取出初至波；同时，在排列较为密集的情况下也能保持层位一致性，对于异常初至的识别及修正更加精准有效。即使在远排列受到较强干扰的情况下，依然可以正确捕捉到初至信息而不会出现明显的误判，使得整体拾取精度提升至95%以上。这表明新方法在复杂地质条件下具有更好的适应性和可靠性。

将常规方法与本方法拾取的初至分别用于计算静校正量，并通过叠加剖面进行对比（图8和图9）。从图中可以看出，由于常规方法的拾取精度较低，导致速度建模及静校正量的计算不够准确，进而使得叠加剖面中出现了明显的长波长静校正问题，反射波同相轴出现错断现象，这对后续的地质构造解释造成了严重影响。而采用本研究所提出的方法后，基于更高精度的初至信息计算出的静校正量，其对应的叠加剖面在浅层、中层以及深层的同相轴均更加连续且一致，波阻界面清晰可辨，能够更准确地反映出地下真实的地质结构形态，显著提高了地震成像的质量。这表明新方法不仅改善了数据处理过程中的关键技术环节，也为后续的地质分析提供了更为可靠的基础资料。

4　结论与认识

本文针对低信噪比海量地震数据，研发了一套综合解决方案，包括初至时窗设计、改进型U-Net网络初至检测以及异常初至判别与修正等关键技术。该方案具备以下特点：

（1）分区域初至波时窗空间插值技术：通过考虑不同方位和偏移距下的初至波传播特性，能够快速准确地确定初至窗口范围，为后续精确拾取提供了坚实基础。

（2）融合注意力机制的U-Net神经网络模型：结合了先进的深度学习技术，特别是引入了注意力机制来增强特征提取能力，使得即使在信噪比较低的情况下也能高效准确地识别出初至信号。此外，还采用了优化的学习率策略，进一步提升了模型训练效率及其二分类检测性能，从而提高了预测初至时间点的准确性。

（3）集成传统算法与深度学习的异常初至处

理框架：通过对常规方法及现代机器学习手段的有效整合，实现了高达95%以上的异常初至识别率，基本无需人工干预。

（4）基于对抗神经网络与蚁群算法的自动化修正机制：利用这两种强大的优化工具对可能存在的小范围层位偏差或串扰现象进行智能调整，确保最终结果既符合地质逻辑又保持高度一致性，同时大幅降低了操作复杂度并提升了整体修正质量。

基于上述技术创新形成的智能初至拾取软件已在鄂尔多斯、塔里木、准噶尔、松辽、柴达木、四川等多个盆地300余个项目中得到成功应用，不仅将拾取准确率提升至95%以上，而且相比传统流程而言，工作效率提高了至少25倍，显著缩短了数据处理周期。这标志着我们在处理复杂条件下大规模地震资料方面取得了重要突破，为相关领域提供了强有力的支持工具。

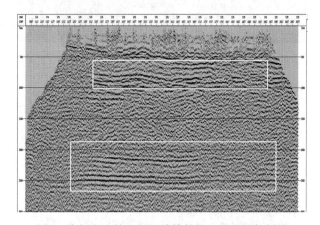

图8　常规方法拾取初至计算静校正量的叠加剖面

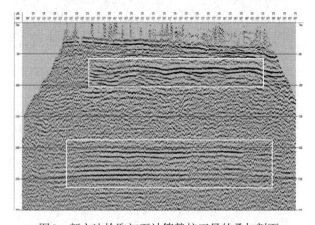

图9　新方法拾取初至计算静校正量的叠加剖面

参 考 文 献

[1] Coppens, F., 1985. First arrivals picking on common-offset trace collections for automatic estimation of static corrections,

Geophysical Prospecting, 33（8）：1212–1231.

［2］Xu Yinpo，Yin Cheng，Zou Xuefeng et.al，2020. A high accurate automated first-break picking method for seismic records from high-density acquisition in areas with a complex surface［J］. Geophysical Prospecting, 68（4）：1228–1252.

［3］Murat，M.，and Rudman，A.，1992. Automated first arrival picking：A neural network approach. Geophysical Prospecting，40（6）：587–604.

［4］Jonathan，L.，Evan，S. and Trevor，D.，2015. Fully Convolutional Networks for Semantic Segmentation. IEEE（CVPR）.

基于神经网络的页岩气井产量预测方法

张廷帅　范青云　张　爽

（中国石油集团长城钻探工程有限公司）

摘　要　页岩气井产量预测是页岩气藏规模化效益化开发的前提，关系着投资规划、方案调整部署、生产管理、基建计划等各个环节。现有的产能预测主要分为两个阶段，一是页岩气井投产一段时间后，可以通过建立单井解析或数值模型，经过生产数据历史拟合，从而准确预测产能；二是在压裂后尚未投产，或投产时间很短，不满足上述预测产能的方法，此阶段大多利用经验法或回归法预测产能。误差较大，个别井预测误差甚至超过50%，不能满足工程预测精度。因此，本文通过优选长城威远区块二百余口井的生产资料，通过皮尔逊相关性分析、SPSS神经网络模块等方法手段，建立威远区块页岩气单井产量模型，实现投产初期首年产量预测，并且误差小于6%，满足工程测算需求。

关键词　页岩气；相关性分析；神经网络；产能评价

页岩气产能评价是页岩气藏开发的基础，关系着投资规划、开发方案、井位部署、生产制度制定和调节，贯穿气田开发始终。尤其页岩气井本身独特的纳米孔隙结构，在经过水力压裂、变压力变产量的生产模式，其渗流机理比常规气井更为复杂，往往在生产很长一段时间后，气井进入拟稳态流阶段，才能相对准确预测页岩气井可采储量。因此，气井首年平均日产通常被用作为评价气井产能的重要指标，一方面气井首年平均日产与气井最终可采储量存在明显的线性正相关关系，同时气井生产一年也可以反映储层改造效果对气井稳产能力的影响。而对于一些未能生产一年的井，或在投产初期需要评价气井产能时，则可应用本文提出的产能预测方法。

1　技术思路与研究方法

（1）产量相关性分析

页岩气的产出经历了钻井、压裂、压裂液返排、放喷求产等多个环节，产量受多因素共同控制，从四川威远区块筛选出200余口样本井，开展皮尔逊相关性分析。因为样本数据大于30，可以省略正态验证，直接进行皮尔逊相关性分析。从皮尔逊相关性分析结果来看（表1），首年平均日产与测试产量、总含气量、孔隙度、箱体钻遇率、箱体中下钻遇率、箱体厚度、气藏中深、原始地层压力系数、改造长度、总液量、总砂量、加砂强度之间相关性r值均大于0，P值均小于0.05，表面首年

平均日产与上述各参数呈显著正相关；首年平均日产与合压长度r值为-0.143小于0，P值为0.038<0.05，表明首年平均日产与合压长度呈显著负相关。从皮尔逊线性相关性分析结果来看，与首年平均日产呈显著正相关的各个因素之间，可能存在复杂的相关性，部分参数之间是互相影响的，例如测试产量与总含气量、孔隙度等参数也呈显著相关。因此，需要对这些与首年平均日产显著相关的参数做进一步分析，挖掘数据之间内在联系。

（2）神经网络模型训练

产量相关性分析确定的与首年平均日产呈显著正相关参数为12项，参数多，需要进一步探索参数重要性，因此，开展神经网络中径向基函数分析，挖掘数据内在隐藏联系，具体步骤如下：

步骤1：确定协变量、因变量等神经网络信息

选择与产量呈正相关的12个参数，作为神经网络学习的协变量，首年平均日产作为因变量。

步骤2：设置训练模型

以四川威远区块210口样本井作为基础数据，设置以70%样本井作为模型训练井，30%口井作为测试井。

步骤3：神经网络体系结构设置

包括设置隐藏层激活函数，选择正态化径向基函数，隐藏单元之间的重叠选择自动计算允许的重叠量。

步骤4：输出设置

选择输出结果描述、预测–实测图、残差–预

表 1　皮尔逊相关性分析结果

变量	统计量	首年平均日产	测试产量	脆性矿物含量	总含气量	孔隙度	泥质含量	TOC	闷井时间	箱体钻遇率	箱体中下钻箱体厚度	气藏中深	地层压力系数	改造长度	总液量	总砂量	粉砂占比	加砂强度	用液强度	合压长度
首年平均日产	Pearson 相关性	1	.799**		.414**	.291**		.053	-.06	.258**	.295**	.340**	.208**	.362**	.274**	.319**	.055	.178**		-.143*
	显著性（双侧）		0		0	0		.447	.39	0	0	0	0	0	0	0	.428	0		.038
	N	210	210		210	210		210	210	210	210	210	210	210	210	210	210	210		210
测试产量	Pearson 相关性	.799**	1		.299**	.381**		.108	-.140*	.337**	.369**	.386**	.214**	.334**	.323**	.254**	.035	.124	.073	.075
	显著性（双侧）	0			0	0		.119	.042	0	0	0	0	0	0	0	.612	.073	.294	.281
	N	210	210		210	210		210	210	210	210	210	210	210	210	210	210	210	210	210
脆性矿物含量	Pearson 相关性			1	.195**	-.342**	-.886**	.710**			.154*			-.008						
	显著性（双侧）				.005	0	0	0			.025			.911						
	N			210	210	210	210	210			210			210						
总含气量	Pearson 相关性	.414**	.299**	.195**	1	.425**	-.109	.017	.196**	.146*	.507**	.279**	.074	.316**	.158*	.403**	.152*	.304**		
	显著性（双侧）	0	0	.005		0	.116	.809	.004	.034	0	0	.289	0	.022	0	.028	0		
	N	210	210	210	210	210	210	210	210	210	210	210	210	210	210	210	210	210		
孔隙度	Pearson 相关性	.291**	.381**	-.342**	.425**	1	.324**	-.229**		.251**	.545**	.772**	.683**	.230**		.321**	.209**	.250**	-.374**	.108
	显著性（双侧）	0	0	0	0		0	.001		0	0	0	0	.001		0	.002	0	0	.117
	N	210	210	210	210	210	210	210		210	210	210	210	210		210	210	210	210	210
泥质含量	Pearson 相关性			-.886**	-.109	.324**	1	-.549**		-.197**	.496**	.623**	.743**	-.011		.136*	.01	.150*	-.146*	-.161**
	显著性（双侧）			0	.116	0		0		.004	0	0	0	.874		.049	.891	.028	.035	.019
	N			210	210	210	210	210		210	210	210	210	210		210	210	210	210	210
TOC	Pearson 相关性	.053	.108	.710**	.017	-.229**	-.549**	1	-.114	.703**	-.410**	-.467**	-.634**			-.457**		-.542**		.190**
	显著性（双侧）	.447	.119	0	.809	.001	0		.1	0	0	0	0			0		0		.006
	N	210	210	210	210	210	210	210	210	210	210	210	210			210		210		210
闷井时间	Pearson 相关性	-.06	-.140*		.196**			-.114	1	-.386**	.184**	.033	.048	-.202**		-.056	-.058		.007	-.099
	显著性（双侧）	.39	.042		.004			.1		0	.008	.635	.491	.003		.419	.405		.916	.151
	N	210	210		210			210	210	210	210	210	210	210		210	210		210	210
箱体钻遇率	Pearson 相关性	.258**	.337**		.146*	.251**	-.197**	.703**	-.386**	1	.224**	.307**	.264**	.219**	.073	.224**	.197**	.223**	-.292**	-.005
	显著性（双侧）	0	0		.034	0	.004	0	0		.001	0	0	.001	.292	.001	.004	.001	0	.94
	N	210	210		210	210	210	210	210	210	210	210	210	210	210	210	210	210	210	210
箱体中下钻箱体厚度	Pearson 相关性	.295**	.369**	.154*	.507**	.545**	.496**	-.410**	.184**	.224**	1	.307**	.228**	.224**	.128	.397**	.406**	.391**	-.313**	.099
	显著性（双侧）	0	0	.025	0	0	0	0	.008	.001		0	.001	.001	.065	0	0	0	0	.152
	N	210	210	210	210	210	210	210	210	210	210	210	210	210	210	210	210	210	210	210
气藏中深	Pearson 相关性	.340**	.386**		.279**	.772**	.623**	-.467**	.033	.307**	.307**	1	.913**	.170*	.066	.392**	.280**	.429**	-.292**	-.055
	显著性（双侧）	0	0		0	0	0	0	.635	0	0		0	.014	.097	0	0	0	0	.43
	N	210	210		210	210	210	210	210	210	210	210	210	210	210	210	210	210	210	210
地层压力系数	Pearson 相关性	.208**	.214**		.074	.683**	.743**	-.634**	.048	.264**	.228**	.913**	1	.170*	.066	.453**	.375**	.465**	-.354**	-.099
	显著性（双侧）	0	0		.289	0	0	0	.491	0	.001	0		.014	.267	0	0	0	0	.151
	N	210	210		210	210	210	210	210	210	210	210	210	210	210	210	210	210	210	210
改造长度	Pearson 相关性	.362**	.334**	-.008	.316**	.230**	-.011		-.202**	.219**	.128	.170*	.170*	1	.119	.151**	.191**	.181**	-.056	.026
	显著性（双侧）	0	0	.911	0	.001	.874		.003	.001	.065	.014	.085		.085	.028	.005	.008	.418	.713
	N	210	210	210	210	210	210		210	210	210	210	210	210	210	210	210	210	210	210
总液量	Pearson 相关性	.274**	.323**		.158*	.250**	-.146*	-.542**		.073	.128	.066	.066	.119	1	.533**	.406**	.429**	.573**	.013
	显著性（双侧）	0	0		.022	0	.035	0		.292	.065	.097	.066	.085		0	0	0	0	.855
	N	210	210		210	210	210	210		210	210	210	210	210	210	210	210	210	210	210
总砂量	Pearson 相关性	.319**	.254**		.403**	.321**	.136*	-.457**	-.056	.224**	.397**	.392**	.453**	.151**	.533**	1	.565**	.817**	.007	-.099
	显著性（双侧）	0	0		0	0	.049	0	.419	.001	0	0	0	.028	0		0	0	.916	.151
	N	210	210		210	210	210	210	210	210	210	210	210	210	210	210	210	210	210	210
粉砂占比	Pearson 相关性	.055	.035		.152*	.209**	.01		-.058	.197**	.406**	.280**	.375**	.191**	.406**	.565**	1	.629**	-.136*	.026
	显著性（双侧）	.428	.612		.028	.002	.891		.405	.004	0	0	0	.005	0	0		0	.048	.713
	N	210	210		210	210	210		210	210	210	210	210	210	210	210	210	210	210	210
加砂强度	Pearson 相关性	.178**	.124		.304**	.250**	.150*	-.542**		.223**	.391**	.429**	.465**	.181**	.429**	.817**	.629**	1	.046	-.171*
	显著性（双侧）	0	.073		0	0	.035	0		.001	0	0	0	.008	0	0	0		.51	.013
	N	210	210		210	210	210	210		210	210	210	210	210	210	210	210	210	210	210
用液强度	Pearson 相关性		.073			-.374**	-.146*		.007	-.292**	-.313**	-.292**	-.354**	-.056	.573**	.007	-.136*	.046	1	-.073
	显著性（双侧）		.294			0	.035		.916	0	0	0	0	.418	0	.916	.048	.51		.291
	N		210			210	210		210	210	210	210	210	210	210	210	210	210	210	210
合压长度	Pearson 相关性	-.143*	.075			.108	-.161**	.190**	-.099	-.005	.099	-.055	-.099	.026	.013	-.099	.026	-.171*	-.073	1
	显著性（双侧）	.038	.281			.117	.019	.006	.151	.94	.152	.43	.151	.713	.855	.151	.713	.013	.291	
	N	210	210			210	210	210	210	210	210	210	210	210	210	210	210	210	210	210

测图以及自变量重要性分析。

（3）结果分析

模型训练结果显示，本次训练210口样本井全部有效，选择68.6%的样本井作为机器学习训练数据，即144口井作为训练井，31.4%的样本井，即66口井作为测试井。

输入层为12项，包含步骤二中确定的与首年平均日产呈显著正相关的参数，径向基函数确定10个隐藏层函数，首年平均日产作为输出层（表2）。此过程，将输入层到隐藏层函数，建立非线性关系，映射到高纬度空间，进行曲线拟合，再将隐藏层函数以线性组合方式到输出层（图1），

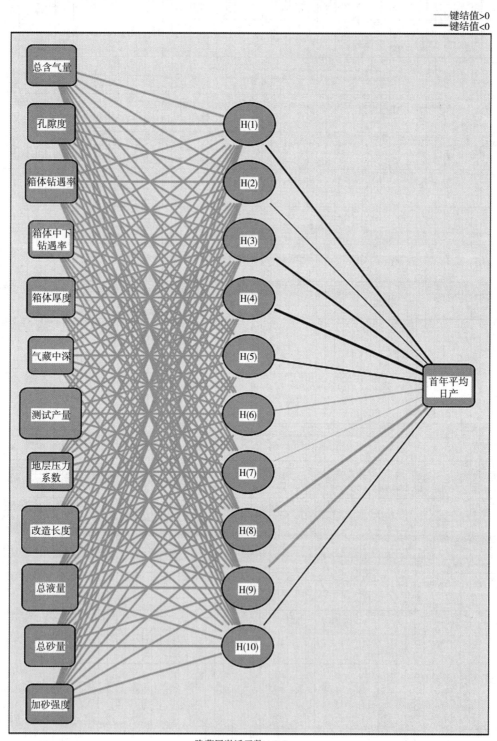

隐藏层激活函数：Softmax
输出层激活函数：恒等

图1　隐藏层激活函数图

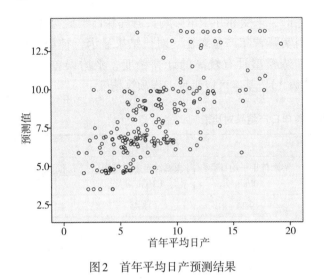

图2 首年平均日产预测结果

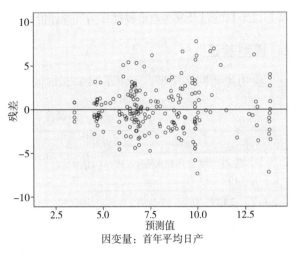

因变量：首年平均日产

图3 首年平均日产预测残差

表2 各协变量与隐藏函数、隐藏函数与因变量之间参数估计

		参数估计										
		已预测										
预测值		隐藏层a										输出层
		H(1)	H(2)	H(3)	H(4)	H(5)	H(6)	H(7)	H(8)	H(9)	H(10)	首年平均日产
输入层	总含气量	-0.639	-0.498	-0.981	0.52	0.478	1.726	-0.059	1.403	0.175	-0.755	
	孔隙度	-2.167	-0.913	0.096	-0.094	0.073	1.072	0.473	0.562	-0.239	0.589	
	箱体钻遇率	-0.706	-0.008	-0.198	-4.043	0.253	0.356	0.369	0.267	0.187	0.335	
	箱体中下钻	-0.598	-0.208	-2.242	-2.438	0.475	0.576	0.6	0.431	0.152	0.367	
	箱体厚度	-2.008	-0.614	0.514	0.044	0.574	1.068	1.092	0.528	-0.026	-0.628	
	气藏中深	-1.771	-0.921	0.754	-0.78	-0.008	1.002	1.116	0.348	-0.392	0.036	
	测试产量	-0.905	-0.416	-0.863	-1.451	-0.745	0.139	0.274	1.874	0.692	0.037	
	地层压力系	-1.762	-0.806	1.23	-0.493	0.155	0.685	1.33	-0.349	-0.683	0.114	
	改造长度	0.168	-0.224	-0.626	-1.018	-2.506	0.993	0.147	0.982	0.132	-0.07	
	总液量	1.166	-0.081	-0.911	-1.004	-2.135	0.386	-0.217	1.297	0.215	-0.132	
	总砂量	0.288	-0.613	-0.911	-1.181	-0.994	1.614	0.996	0.283	-0.382	-0.517	
	加砂强度	0.348	-0.691	-0.849	-1.056	0.652	1.236	1.346	-0.262	-0.571	-0.652	
隐藏单位宽度		1.119	0.902	0.64	0.888	1.102	1.014	0.566	0.988	0.684	0.765	
隐藏层	H(1)											-0.884
	H(2)											-0.288
	H(3)											-0.928
	H(4)											-1.209
	H(5)											-0.573
	H(6)											0.497
	H(7)											0.155
	H(8)											1.55
	H(9)											1.315
	H(10)											-0.43

a. 显示每个隐藏单位的中心矢量。

各变量之间参数如表2所示。从首年平均日产预测结果（图2）来看，首年平均日产斜率呈线性关系，而且残差值主要集中在0附近，表面训练模型精度较高，计算得出的与产量呈正相关参数结果可靠。

从标准化重要性分析结果来看（图4），按照重要性排序依次为：测试产量、改造长度、总液量、箱体钻遇率、总砂量、总含气量、箱体厚度、孔隙度、加砂强度、地层压力系数、气藏中深、箱体中下钻遇率。对于威远区块页岩气井，可以参考选取

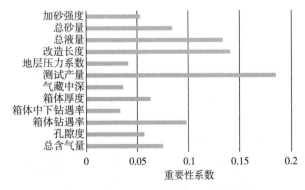

图4 各协变量之间对首年平均日产重要性结果

以上12个自变量及其各自重要性作为气井评价标准。

2　模型验证

应用神经网络模型，预测了11口长时间正常生产、未受邻井压窜影响页岩气井首年平均日产，与实际首年产量对比。对比结果显示，神经网络训练模型具有较高的计算精度，平均误差5.3%（表2），基本可以满足工程预算精度。

表2　预测首年日产与实际首年日产结果对比表

井号	重要因素				对比指标		
	测试产量/ （$10^4m^3/d$）	压裂水平段长度/ m	总液量/ %	加砂强度/ （t/m）	实际首年平均日产/ （$10^4m^3/d$）	预测首年平均日产/ （$10^4m^3/d$）	误差/%
X-1	28.77	1565	1887.52	1.35	19.24	18.45	4.11%
X-2	20.00	1669	1814.46	1.28	13.82	12.9	6.66%
X-3	6.40	1446	1803.35	1.20	4.31	4.65	7.89%
X-4	9.52	1300.3	1842.97	1.37	5.6	5.36	4.29%
X-5	20.75	1370.7	1876.05	1.61	9.01	9.58	6.33%
X-6	15.98	1194.8	1812.68	1.63	8	7.54	5.75%
X-7	28.93	1055.11	1852.07	1.59	12.1	12.6	4.13%
X-8	16.34	1466.9	1854.99	1.30	8.79	9.2	4.66%
X-9	25.59	1523	1855.64	1.18	12.37	11.94	3.48%
X-10	8.62	1257	2298.66	0.97	3.71	3.46	6.74%
X-11	20.58	1246	1967.04	1.44	8.04	8.41	4.60%
平均	18.3	1372.2	1896.9	1.4	9.5	9.5	5.3%

3　结论

（1）通过皮尔逊相关性分析方法，定量评价与页岩气产量呈显著正相关的12个因素，通过神经网络训练模型，实现气井投产初期产能预测，并且与实际产量数据对比，11口页岩气井平均误差5.3%，满足工程测算需求。

（2）通过神经网络训练模型，不仅实现气井投产初期产能预测，并且对12个与产量呈正相关的因素重要性进行排序，为气井评价提供依据。

参 考 文 献

［1］陈更生，吴建发，刘勇，等.川南地区百亿立方米页岩气产能建设地质工程一体化关键技术［J］.天然气工业，2021，41（1）：72-81.

［2］刘乃震，王国勇.四川盆地威远区块页岩气甜点厘定与精准导向钻井［J］.石油勘探与开发，2016，43（6）：978-985.

［3］李建秋，曹建红，段永刚，等.页岩气井渗流机理及产能递减分析［J］.天然气勘探与开发，2011，34（2）：34-37.

［4］张荻萩，李治平，苏皓.页岩气产量递减规律研究［J］.岩性油气藏，2015，27（6）：138-144.

录井随钻智能解释评价模式探索

杜　鹏[1,2,3]　田伟志[1,2]　张　硕[1,2]　倪有利[1,2]　宋明会[1,2]　周长民[1,2]　徐　哲[1,2]　陈　曦[1,2]
吴杨杨[1,2]　李　晗[1,2]　王　皓[1,2]　陶　冶[1,2]

（1. 中国石油天然气集团有限公司录井技术研发中心；2. 中国石油集团长城钻探工程有限公司录井公司；
3. 中国石油大学（北京）地球科学学院）

摘　要　随着油气藏日益复杂，储层及流体性质识别愈加困难，给油气发现与评价、经济产能评估、开发方案制定带了更大挑战，同时高效勘探开发中过程决策尤为重要，对随钻解释的实时性与准确性提出更高的要求。目前录井分析手段不断丰富，在非常规复杂油气层识别与评价上展现出明显优势，也积累了大量的数据资料，但解释评价还停留在定性与人工解释层面。为了更好地发挥录井技术随钻解释优势，开展录井随钻智能解释评价模式探索，包括：①数据深度处理——研发数据自动审核与处理、录井全数据深度校正、气测数据多因素综合校正、随钻矿物精细反演等4项技术，有效挖掘原始数据的有效信息；②数据挖掘——研发灰色关联敏感参数优选、解释方法快速建立等2项技术，从零散、无序、大量的数据中挖掘关键性数据并建立配套解释方法；③自动解释逻辑——结合区块井数密度、试油成果数量以及录井技术参数特征，建立循环式决策树作为核心算法，实现了油气层的随钻自动解释；④智能匹配模型——为实现公式、方法、模型的智能选配，攻关建立了多标签智能匹配方法，通过多类型标签标记，实现在随钻过程中各类解释方法的智能匹配，打通解释评价流程，实现随钻智能解释。通过以上技术的攻关，实现了复杂油气层随钻、完井及试油后全流程的智能解释，提高油气层快速、准确、综合评价能力，能够更好的支撑非常规复杂油气藏勘探开发。

关键词　全流程；录井随钻；智能解释评价；数据深度处理；数据挖掘；自动解释；智能匹配

随着勘探开发不断深入，油气藏越来越复杂，致密油气、页岩油气、煤层气等逐渐成为增储上产的主力。勘探对象的复杂化给油气发现与评价、经济产能评估、开发方案制定等一系列工作带来了更大挑战。为了提升对复杂油气层随钻、完井及试油后全流程的解释评价能力，提高复杂油气层认识与评价准确性，行业内多年来持续不断地开展测、录井各项资料的应用与挖掘。尤其录井技术经过多年的发展，分析手段越来越丰富，且多基于随钻第一手资料，能够有效弥补测井资料在油气地球化学参数以及实时性上的不足。

录井技术在应用过程中积累了丰富录井大数据，参数量大、数据类型复杂，但目前国内同行业内录井解释方法仍停留在以定性、半定量解释为核心的简单规律总结，整个解释流程严重依赖于人工操作与个人技术水平，缺少先进的数学算法，各项录井技术的数据和资料未能综合利用，资源整合利用效率低，技术间集成性差。同时，录井行业不具备复杂建模的能力，同时大量数据处于"闲置"状态，隐藏的地质意义未得到充分挖掘。此外，在录井资料的整合、应用、挖掘以及数学方法的应用上行业还存在很多不足，无法匹配石油与天然气行业的高速发展，已成为限制行业发展的短板。

本文基于对录井技术数据的创新性应用，攻关形成数据深度处理与数据挖掘技术，将录井综合解释的水平由定性、人工提升到定量、数模层次，同时基于录井解释特点，优化决策树模型，建立不同地区的自动解释逻辑，进一步引入标签匹配算法，实现数据的自动处理、自动判识、自动解释，提升录井全流程解释评价的准确率和效率，能够及时为现场各类决策提供依据，满足国内外油气田高效勘探开发的需求。

1　数据深度处理

1.1　数据自动审核与处理技术

录井数据具有唯一性和不可逆性，且录井过程中受工程、人为等因素影响，因此原始数据存在一些错误点，为了减少其对解释的干扰，提高解释准确性，需要及时对其进行识别与修正。建立数据判别模型，自动识别无效和错误数据。同时基于人工清洗、规则自动清洗、箱线图法去野值、西格玛去野值、多种数据滤波等方法，对数据进行校正处理。

以气测录井为例，根据气测录井 FLAIR 公式：质量控制比 $R_Q = T_g/T_g'$，$T_g = C_1+C_2+C_3+C_4+C_5$，$T_g' = C1+2C2+3C3+4C4+5C5$，$C1$ 为甲烷，$C2$ 为乙烷，$C3$ 为丙烷，$C4$ 为丁烷，$C5$ 为戊烷，R_Q 在 0.8 ~ 2.0 之间的气测数据能够真实反映地层流体性质。通过 FLAIR 质量曲线控制模板将现场采集的气测数据计算出 R_Q，在 R_Q 判别规则下，自动清洗出不符合要求的数据。

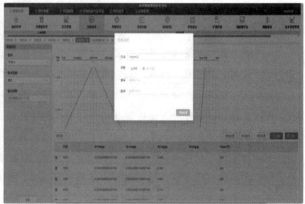

图 1 数据审核与清洗

1.2 录井全数据深度校正技术

由于钻井钻柱与测井电缆的伸缩系数不同，纵向上录井数据与测井曲线存在深度误差，而后期测试、射孔等工艺都是以测井深度为标准深度，我们解释评价结论最终也需要按电测深度归位，目前均是仅对录井岩性与解释结论进行人工归位，解释效率低，同时录井剖面上对应的各类随钻数据都难以归位，造成录井岩性、解释结论与录井随钻数据之间存在深度误差，且录井岩性归位过程中只考虑了测井数据，未考虑到实物数据，而录井数据深度不匹配直接影响到解释的准确性与精度，也不利于解释方法的持续完善。

通过结合测录井资料，应用最小二乘法、计算机回溯算法、匹配与充填算法、线性分配算法等数学算法，开展储层与非储层的划分逻辑、岩性归位算法、随钻数据归位算法等研究，建立了基于测录井资料的录井全数据深度校正方法，将录井的岩性数据、随钻数据（气测数据、地化数据等）按测井深度进行归位，真正意义上实现了岩性与随钻数据的自动归位，为后续自动解释奠定基础，如图2所示。

1.3 气测数据多因素综合校正技术

在油气田勘探开发过程中，气测数据是发现和正确评价油气显示的最直观的现场资料之一，在油气层综合评价、试油试采方案制定以及油气

田储量提升等方面起到了重要作用。但是，由于气测数据会受到多种因素的影响，导致不能准确反映地下油气信息，单井纵向、邻井间横向可对比性差，对储层流体性质、含油气丰度的准确评价造成较大影响。

气测数据的影响因素多种多样，普遍认为主要影响因素包括钻头直径、钻时、钻井液排量、钻井液粘度以及井筒压差，其中任何一种影响因素发生改变，均会对气测数据带来不同程度的影响，导致气测数据的绝对数值差异较大，纵横向类比性变差，对储层流体性质、含油气丰度的准确评价造成较大影响。因此，根据各影响因素对气测数据造成影响的原理，结合实验分析与数据拟合建模，建立了包含5种主要影响因素校正系数的综合校正模型，对气测数据进行校正处理，消除钻井液密度、钻速以及钻头直径等因素对气测值的影响，提高气测参数的可对比性，如图3所示。

1.4 随钻矿物精细反演技术

岩石由矿物组成，不同岩石具有不同矿物组合，通过获得矿物含量及分布特征，就能判断岩石类型，而矿物则有元素组成，不同矿物则具有不同元素组合。目前矿物的分析多为实验室分析，实现不了随钻获取，而元素录井技术则能够随钻获得34种岩石元素含量，如果能够建立元素与矿物之间的

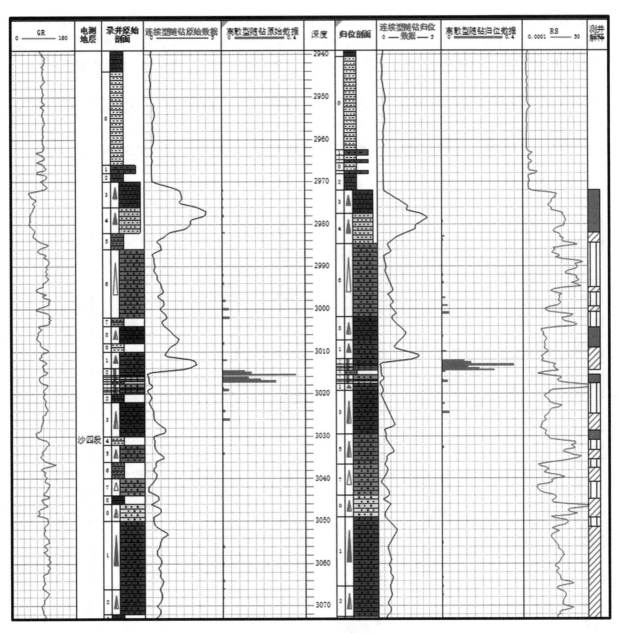

图2　录井全数据深度校正

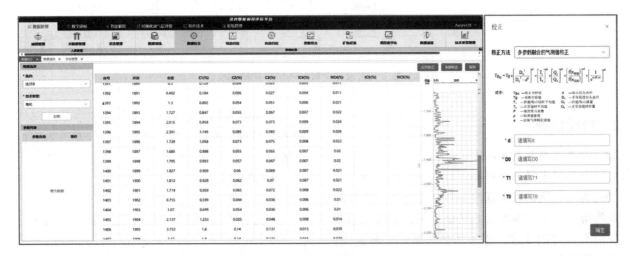

图3　气测数据多因素综合校正

反演模型，就能随钻获得岩石矿物，进而精细识别岩性。基于最小二乘原理，结合区域矿物特征，确定最优的矿物化学式，优选出反演路径，建立区域

内矿物的高精度反演模型，随钻精细识别岩性。经验证，如图4所示，相比较于测井拟合矿物，元素反演矿物与实验室分析矿物的匹配性更高。

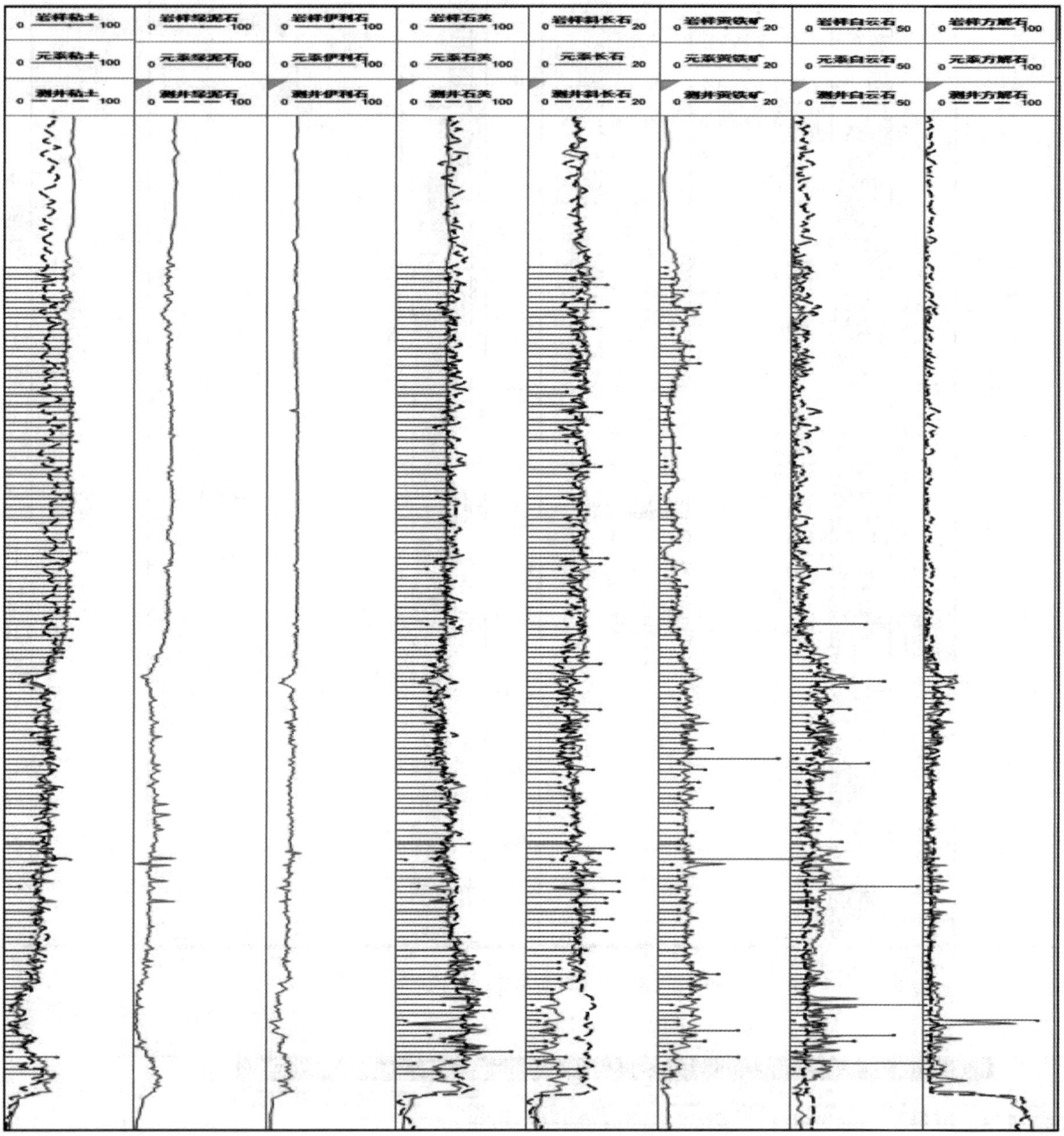

图4 基于元素录井资料的随钻矿物精细反演

2 数据挖掘

2.1 灰色关联敏感参数优选技术

充分考虑录井资料的定性为主、样本量不稳定的特性，优选灰关联度分析法作为敏感参数筛选的策略，其只对发展趋势做分析，对样本量多少没有过多的要求，也不需要典型的分布规律，且计算量比较小，其结果与定性分析结果更加吻合。利用灰关联度分析法，寻找录井参数（对比序列）与目标参数（参考序列）的关系，为解释方法的建立筛选敏感参数。

①确定分析数列

参考数列 $Y = \{Y(k) | k = 1, 2, \cdots\cdots, n\}$；

对比数列 $X_i = \{X_i(k) | k = 1, 2, \cdots\cdots, n\}$，$i = 1, 2, \cdots\cdots, m$。

$Y(k)$ 表示参考序列第 k 个参数所对应的值，

X_i 表示第 i 个对比序列 i，$X_i(k)$ 表示 i 对比序列第 k 个参数所对应的值。

②变量的无量纲化

$$X_i(k) = \frac{X_i(k)}{\frac{1}{n}\sum_{j=1}^{n} X_i(j)}$$

X_i 表示第 i 个对比序列，$X_i(k)$ 表示 i 对比序列第 k 个参数所对应的值，$X_i(j)$ 表示 i 对比序列的平均值。

③计算关联系数

$$\xi_i(k) = \frac{\min_i \min_k |y(k) - X_i(k)| + \rho \max_i \max_k |y(k) - X_i(k)|}{|y(k) - X_i(k)| + \rho \max_i \max_k |y(k) - X_i(k)|}$$

$\xi_i(k)$ 表示第 i 个对比系列第 k 个参数所对应

的关联系数，$X_i(k)$ 表示 i 对比序列第 k 个参数所对应无量纲化后的值，$y(k)$ 表示参考序列第 k 个参数所对应无量纲化后的值，ρ 为分辨系数。

④计算关联度

$$r_i = \frac{1}{n}\sum_{k=1}^{n} \xi_i(k)$$

$$k = 1, 2, \cdots\cdots, n$$

r_i 表示第 i 个对比系列与参考序列之间的关联度，$\xi_i(k)$ 表示第 i 个对比系列第 k 个参数所对应的关联系数。

如表2-1，通过灰关联度值计算，确定出与目标参数（即想要求得的参数、特征、性质）关联度较高的录井参数。

表2-1　某地区某层组轻烃录井参数与含油性灰关联度计算表

对比序列	关联度	对比序列	关联度	对比序列	关联度
Dw	0.8197	（BZ+TOL）/（22DMC5+33DMC5）	0.6547	22DMC4	0.6176
出峰数	0.7890	TOL	0.6464	33DMC5	0.6070
$\sum C_{1-5}/\sum C$	0.6795	甲基环烷指数	0.6452	22DMC5	0.5977
TOL/MCYC6	0.6683	BZ/CYC6	0.6315	轻烃丰度	0.5861
$C_1/\sum C$	0.6622	BZ	0.6332	22DMC6	0.5780

2.2　基于敏感参数的解释方法快速建立技术

根据区域特征选择灰关联度值较高（一般选取大于0.75）的录井参数作为建模参数，如表1，则选择参数 Dw 与出峰数，建立对应的解释标准（表2）、解释图版（图5）等。

如敏感参数数量较多，达到要求的参数有多少则选择多少，建立对应的三维乃至多维解释标准与图版；如原始敏感参数数量少于等于1个，则根据需求优选灰色关联度略差的参数，应用理论推导、相关模式分析等方法，进行循环降维处理，形

成新的参数，计算其灰色关联度，直至达到建模要求，如表1中参数Dw，即由（BZ、TOL、22DMC5、23DMC5、24DMC5、33DMC5）等6个参数组合而成。

3　自动解释逻辑

录井数据普遍具有实时性好的特点，是钻井施工过程决策关键性资料，录井随钻解释在支撑高效勘探开发方面意义重大。同时，钻井工程工艺的快速发展致使钻井速度不断提升，对录井随钻解释的及时性与准确性提出更高的要求，目前

表2　某地区某层组储层解释标准

储层	出峰数/个	Dw
油层	＞50	＞3
油水同层	＞50	＜3
差油层	＞35	＞3
含油水层	＜50	＜3
水层、干层	＜20	—

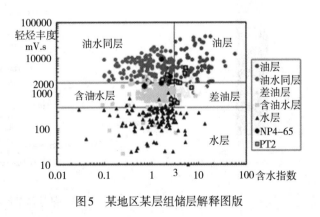

图5　某地区某层组储层解释图版

基于专家人工解释的录井随钻解释模式适用性变差，自动解释成为必然。

为实现录井资料的随钻自动解释，需要根据目标区域地质特征，结合早期试油成果，分地区、分层组建立自动解释逻辑，需要引入分类算法。如表

2，通过研究对比机器学习中常见的七种分类算法，充分考虑到区块井数密度及已试油成果数量存在一定上限，录井资料样本集数量受限，且各项录井技术参数具有一定的地质意义及重要性差异，优选决策树作为自动解释逻辑的算法模型（图6）。同时，

表2　六种分类算法优劣势对比

储层	优点	缺点
Decision Trees	计算复杂度不高，输出结果易于理解，对中间值的缺失不敏感，可以处理不相关特征数据	需要一定的特征重要性来决定检测顺序，当数据量过大时可能会产生过度匹配问题
K-Nearest neighbors Algorithms	精度高、对异常值不敏感、无数据输入假定	计算复杂度高、空间复杂度高
Naive Bayesian	在数据较少的情况下依然有效，可以处理多类别问题	对于输入数据的准备方式较为敏感
Logistic	计算代价不高，易于理解和实现	容易欠拟合，分类精度可能不高
Support Vector Machine	计算代价不高，易于理解和实现	容易欠拟合，分类精度可能不高
随机森林	几乎无需输入准备、可实现隐式特征选择、训练速度非常快、其他模型很难超越	需要的数据量大、难以进行解释
神经网络	神经网络具有较强的非线，性拟合能力，可以处理复杂的模式识别和预测问题	训练过程较为复杂，需要大量的计算资源和时间，且预测准确性与样本数量呈正比，一般需要大规模的数据集

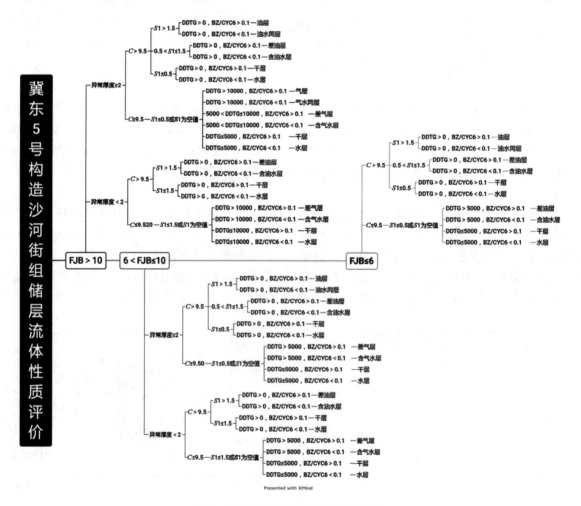

图6　某地区某层组决策树解释模型

进一步考虑录井解释过程中同一参数重复性判别应用的普遍情况，将决策树模型进行延申，形成循环式决策模式，如图6所示，某地区某层组决策树解释模型中，全烃值这一参数既在前节点作为判断条件，也在后续分支节点上作为判断条件，有效提高了解释的准确性。

4 智能匹配模型

通过开展数据处理、参数挖掘、方法建立、自动解释逻辑等攻关及配套软件功能的开发，打通了随钻解释过程全部节点，但要实现随钻智能解释，关键在于智能选择合适的公式、方法、模型。为解决这一难题，攻关建立了多标签智能匹配方法，在所有公式、方法、模型建立时进行多类型标签标记，在随钻智能解释时会将目标井特征与标签特征进行自动匹配，实现智能解释。

（1）根据区域、地质等特征建立体系化标签库，包含油田、区块、层位以及页岩油、煤层气等标签，同时为保证模型管理与智能匹配的灵活性或拓展性，增加自定义标签方法。

（2）在创建公式、方法、模型时，根据其适用的油田、区块、层位或者油气藏类型等信息标记对应的标签，并与自定义标签整合后形成多标签复合标记。

（3）当随钻智能解释过程中需要调取公式、方法、模型时，首先根据系统化标签库中的标签获取所有可选择标签组合。如只匹配到一个标签库组合，则自动触发随钻解释并显示解释结果。如存在多个可匹配的标签库组合，则根据自定义标签进行二次匹配乃至多次匹配，根据最终匹配结果建立自动解释流程进行随钻解释。

5 结论

随着全球致密油气、页岩油气、煤层气等非常规油气藏成为主要勘探开发目标，对试油选层以及钻井全过程方案及时调整提出了更高要求，而由于油气藏日益复杂，油气及时发现、储层以及流体性质随钻评价难度不断加大。录井技术经过多年的发展，分析手段越来越丰富，凭借直接分析实物样品中的信息，在非常规油气勘探开发中发挥出越来越重要的作用，通过开展录井随钻智能解释评价模式探索，能够更好的发挥录井技术优势，持续推动录井解释向定量化、自动化、智能化发展。

（1）数据深度处理能够有效挖掘原始数据的有效信息，通过建立数据自动审核与处理技术，能够自动清洗、校正无效和错误数据，提高原始数据准确性；通过结合测录井资料，应用多种数学算法，建立录井全数据深度校正技术，为自动解释奠定基础；攻关研发了气测数据多因素综合校正技术，有效排除钻头直径、钻时等5种工程因素的影响，提高气测数据可对比性；通过开展区域最优矿物化学式研究，建立区域矿物高精度反演模型，实现随钻岩性精细识别。

（2）基于录井数据特点，优选灰关联度分析法作为敏感参数筛选策略，能够从零散、无序、大量的数据中发现出关键性数据，同时将与目标参数相关性较高的录井参数作为建模敏感参数，结合数据循环降维方法，建立二维乃至多维解释标准与图版，形成了基于录井的解释方法快速建立技术，发掘录井数据背后的意义，更加充分录井技术优势。

（3）为了充分发挥录井实时性优势，为钻井过程决策提供及时、准确的技术支撑，本文开展了自动解释逻辑攻关，结合区块井密度、试油成果数量以及录井技术参数特征，优选出决策树作为核心算法，并基于录井解释特点，形成了循环式决策模式，实现了区域井油气层的自动解释。

（4）通过开展多标签智能匹配方法研究，将体系化标签与自定义标签相结合，根据目标井的区域、地质等特征，智能循环式匹配标签组合，为各个节点选择合适的公式、方法、模型，打通解释评价流程，最终实现随钻智能解释。

参 考 文 献

[1] Caineng Zou, Guosheng Zhang, Zhi Yang, et al. Geological concepts, characteristics, resource potential and key techniques of unconventional hydrocarbon: on unconventional petroleum geology [J].Petroleum Exploration and Development, 2013, 40 (4): 385-399.

[2] Renfang Pan, Xiaosong Huang. Shale gas and its exploration prospects in China [J].China Petroleum Exploration, 2009, 14 (3): 1-6.

[3] Jianyi Hu, Shubao Xu, et al.Untectonic hydrocarbon reservoir [M].Beijing: Petroleum Industry Press, 1986.

[4] Deshi Guan, Jiayu Niu, Lina Guo, et al.Unconventional petroleum geology in China [M].Beijing: Petroleum Industry Press, 1996.

[5] Liping Zhang, Renfang Pan. Major accumulation factors and storage reconstruction of shale gas reservoir [J]. China Petroleum Exploration, 2009, 14（3）: 20–23.

[6] Wenrui Hu, Guangming Zhai, Jingming Li. Potential and development of unconventional hydrocarbon resources in China [J].Engineering Sciences, 2010, 12（5）: 25–29.

[7] Wenrui Hu. Development and potential of unconventional oil and gas resources in China national petroleum corporation [J].Natural Gas Industry, 2008, 28（7）: 5–7.

[8] Wanjin Zhao, Hailiang Li, Wuyang Yang. Statusand Evolution of Geophysical Exploration Technology for Unconventional Oil and Gas in China [J].China Petroleum Exploration, 2012, 17（4）: 36–40.

[9] Jia Chengzao, Zheng Min, Zhang Yongfeng.Unconventional hydrocarbon resources in China and the prospect of exploration and development [J].Petroleum Exploration and Development, 2012, 39（2）: 129–136.

[10] Zhao Wenzhi, Hu Suyun, Li Jianzhong, et al.Changes and Enlightenment of Onshore Oil/Gas Exploration Domain in China—Experience and Perception in the past decade [J].China Petroleum Exploration, 2013, 18（4）: 1–10.

[11] Du Jinhu, He Haiqing, Yang Tao, et al.Progress in China's tight oil exploration and challenges [J].China Petroleum Exploration, 2014, 19（1）: 1–9.

[12] He Haiqing, Li Jianzhong.PetroChina's oil and gas exploration results, new geological theories and technological achievements since 11th Five-Year Plan period [J].China Petroleum Exploration, 2014, 19（6）: 1–13.

[13] Xu Fengyin, Yun Jian, Meng Fuyin.Low carbon economy booms natural gas and CBM industry [J].China Petroleum Exploration, 2011, 16（2）: 6–11.

[14] Fan Wenke, Zhang Fudong, Wang Zongli, et al.New progress in natural gas exploration during "11th Five-Year Plan" period and analysis on PetroChina's new domains of large gas field exploration in future [J]. China Petroleum Exploration, 2012, 17（1）: 8–13.

[15] Chang Yan, Liu Renhe, Bai Wenhua, et al.Geologic characteristic and regular pattern of Triassic oil shale south of Ordos Basin [J].China Petroleum Exploration, 2012, 17（2）: 74–78.

[16] Li Mingzhai, Liao Qianyu, Ding Rong, et al. Application of analogy technology to CBM reserves evaluation [J].China Petroleum Exploration, 2012, 17（1）: 74–78.

[17] Liang Feng, Liu Renhe, Bai Wenhua, et al. Distribution study and resources calculation of oil shale in Mujianggou area, Ordos Basin [J].China Petroleum Exploration, 2011, 16（1）: 32–34.

[18] Chen Guihua, Zhu Yanhe, Xu Qiang. Four characteristics of shale gas play and enlightenment to shale gas exploration in Lower Yangtze area [J].China Petroleum Exploration, 2012, 17（5）: 63–70.

[19] Chen Xiaozhi, Chen Guihua, Xiao Gang, et al. Geological evaluation prediction of favorable exploration zones of TMS shale oil in North America [J].China Petroleum Exploration, 2014, 19（2）: 77–84.

[20] Huang Rui, Zhang Xinhua, Qin Liming.Method for evaluation of shale mineral components and brittleness on basis of element content [J].China Petroleum Exploration, 2014, 19（2）: 85–90.

[21] Zhao Jiyong, Liu Zhenwang, Xie Qichao, et al. Micropore throat structural classification of Chang 7 tight oil reservoir of Jiyuan oilfield in Ordos Basin [J].China Petroleum Exploration, 2014, 19（5）: 73–80.

[22] Wang Liang, Chen Yunyan, Liu Yuxia.Shale porous structural characteristics of Longmaxi Formation in Pengshui area of southeast Sichuan Basin [J].China Petroleum Exploration, 2014, 19（5）: 80–88.

[23] Bai Bin, Zhu Rukai, Wu Songtao, et al.New micro-throat structural characterization techniques for unconventional tight hydrocarbon reservoir [J].China Petroleum Exploration, 2014, 19（3）: 78–86.

[24] Zhou Caineng, Zhu Rukai, Wu Songtao, et al.Types, characteristics, genesis and prospects of conventional and unconventional hydrocarbon accumulations: taking tight oil and tight gas in China as an instance [J].Acta Petrolei Sinica, 2012, 33（2）: 173–187.

[25] Song Yan, Jiang Lin, Ma Xingzhi.Formation and distribution characteristics of unconventional oil and gas reservoirs [J].Journal of Palaeogeography（Chinese Edition）, 2013, 15（5）: 605–614..

[26] Zhou Caineng, Zhang Guosheng, Yang Zhi, et al. Geological concepts, characteristics, resource potential and key techniques of unconventional hydrocarbon: On unconventional petroleum geology [J].Petroleum Exploration and Development, 2013, 40（4）: 385–

399+454.

［27］Zhou Caineng, Tao Shizhen, Bai Bin, et al.Differences and Relations between Unconventional and Conventional Oil and Gas［J］.China Petroleum Exploration, 2015, 20（1）: 1–16.

［28］Zhou Caineng, Tao Shizhen, Yang Zhi, et al.New Advance in Unconventional Petroleum Exploration and Research in China［J］.Bulletin of Mineralogy, Petrology and Geochemistry, 2012, 31（4）: 312–322.

［29］Li Guoxin, Zhu Rukai.Progress, challenges and key issues of unconventional oil and gas development of CNPC［J］.China Petroleum Exploration, 2020, 25（2）: 1–13.

［30］蔡宇明.地质录井导向技术在非常规水平井高效施工中的应用［J］.西部探矿工程, 2023, 35（07）: 44–46+49.

［31］李榕, 米磊, 吴广平.伽马能谱录井技术在页岩气水平井导向中的应用——以贵州岑巩区块页岩气井TX1-1井为例［J］.内蒙古石油化工, 2021, 47（08）: 62–65.

［32］侯力虎, 徐声驰, 刘志等.基于录井资料的页岩油随钻储集层评价技术［J］.录井工程, 2021, 32（02）: 45–49.

［33］唐正东, 王柯, 唐巧舜等.一种致密气储层随钻录井解释评价新方法［J］.天然气工业, 2022, 42（12）: 81.

［34］齐金龙.随钻测录井参数在水平井地质导向中的应用探讨［J］.信息系统工程, 2020,（09）: 136–137.

［35］方锡贤.页岩油气勘探中的录井技术选择［J］,当代石油石化, 2011, 19（12）: 12–16+49.

［36］石青林.录井装备技术现状及发展探讨［J］.中国石油和化工标准与质量, 2019, 39（06）: 187–188.

［37］王志战.国内非常规油气录井技术进展及发展趋势［J］.石油钻探技术, 2017, 45（06）: 1–7.

［38］王志战.非常规油气层录井综合解释的思路与方法［J］.录井工程, 2018, 29（02）: 1–4+107.

［39］孙龙祥, 韩宏伟, 冯德永等.基于人工智能的测井地层划分方法研究现状与展望［J］.油气地质与采收率, 2023, 30（03）: 49–58.

［40］熊文君, 肖立志, 袁江如等.基于深度强化学习的测井曲线自动深度校正方法［J］.石油勘探与开发, 2024, 51（03）: 553–564.

［41］张晋言.泥页岩岩相测井识别及评价方法［J］.石油天然气学报（江汉石油学院学报）.2013, 35（4）.

［42］郑新卫, 刘喆, 卿华等.气测录井影响因素及校正［J］.录井工程, 2012, 23（03）: 20–24.

［43］莫雪.气测录井影响因素分析及对策［J］.化学工程与装备, 2022（01）: 117–118.

［44］王海花, 梅建峰.红河油田气测录井影响因素分析及对策［J］.山西科技, 2013, 28（02）: 93–95.

［45］牛强, 曾溅辉, 王鑫等.X射线元素录井技术在胜利油区泥页岩脆性评价中的应用［J］,油气地质与采收率, 2014, 21（01）: 24–27+112..

［46］任昱霏, 闫建平, 王敏等.复杂碎屑岩粒度测井反演方法及在岩性精细识别中的应用［J/OL］.古地理学报, 1–16.

［47］石玉江, 陈锋, 张志江等.测井生产智能支持系统开发及应用［J］.石油科技论坛, 2023, 42（06）: 1–8.

［48］韩宏伟, 王继晨, 康宇等.测井智能处理与解释方法现状与展望［J］.三峡大学学报（自然科学版）, 2022, 44（06）: 1–14.

［49］李宁, 刘英明, 王才志等.大庆油田CIFLog测井数智云平台建设应用实践［J］.大庆石油地质与开发, 2024, 43（03）: 17–25.

［50］赵晓云, 宋红伟, 王明星等.基于人工智能算法的水平井气水两相生产测井流型识别方法研究［J］.当代化工研究, 2023,（08）: 173–175.

［51］张国印, 林承焰, 王志章等.知识与数据融合驱动的油气藏智能表征及研究进展［J］.地球物理学进展, 2024, 39（01）: 119–140.

［52］高泽林, 王佳琦, 张启子.智能化测井解释软件平台的基础架构研究［J/OL］.石油钻探技术, 1–11.

［53］李阳, 廉培庆, 薛兆杰等.大数据及人工智能在油气田开发中的应用现状及展望［J］.中国石油大学学报（自然科学版）, 2020, 44（04）: 1–11.

［54］魏炜, 饶海涛, 石元会等.关键技术创新发展对非常规能源产业发展的影响［J］.非常规油气, 2017, 4（05）: 103–108.

一键固井智能化建设研究与应用

李 进

（中国石油集团长城钻探工程有限公司）

摘 要 随着油气勘探开发向"深、非、海、底、老"方向发展，固井工程面临施工精度高、施工压力高、作业风险大以及劳动强度大等问题。因此，采用自动化和智能化技术手段实现传统固井作业及工具设备的远程智能操控的需求日趋显现。基于传统固井方式，将固井工艺流程划分为动化井口装置、自动化泵注装置、自动化供水供灰装置以及一键固井智能平台四个建设方向，旨在通过多装置联合自动化作业以及参数信息化和数据共享，实现固井工艺精度控制、提高劳动效率、减少安全风险等目的，并推动固井工程的智能化、信息化发展。

关键词 固井；一键固井智能平台；自动化；智能化

1 引言

随着石油勘探技术的快速发展，勘探开发由浅层向深层、特深层，常规向页岩油气、致密气、煤层气等非常规油气，中高渗整装向低渗透低品位，滩浅海向深水发展，开发对象复杂化，工程老难题更加尖锐，井深更深、水平段更长、地质条件日益苛刻、服役环境日益恶劣、工程技术难度日益加剧，给固井工程带来更大挑战，对固井质量提出更高要求。发展自动化、智能化固井作业工艺及装备，成为提高固井质量、提升劳动效率、减少高压与粉尘污染风险的有效措施。

近年来，国内自动化装备与软件发展迅速。笔者基于现场实际生产工况，基于自动化技术、数字化技术以及移动互联网技术，开发了"一键固井控平台"，并将动化井口装置、自动化泵注装置、自动化供水供灰装置进行数字化设计。固井作业中所有信息和参数可以实时采集、监测和统计，通过移动互联网技术将前线信息传回一键固井控平台，初步实现了专家系统对施工工况的诊断和控制。

2 一键固井控制平台

一键固井控制平台作为整个自动化作业的控制中枢，具备数据实时采集、统计分析、工况判断以及参数调整等功能。结构设计上主要由固井施工设计、设备运行、作业监控、数据管理等模块构成。其中，数据管理模块是自固井作业的核心，利用现在物联网和移动互联技术，将固井作业中所有信息和参数进行收集、管理。通过数据分析，评估设备运行状况、施工质量与井下潜在风险，并自动调节施工参数，形成闭环自动智能控制。

一键固井控制平台工作界面如图1所示，重点侧重全流程的自动化、智能化控制。将固井设计输入平台以后，进行"一键启动"即可完成全流程的固井施工作业。从管线试压－泵注前置液－泵注中间浆－泵注尾浆－清洗管线－压胶塞－顶替全过程，水泥车泵注装置、灰罐装置、供水装置、井口装置全部设备，均严格按照固井设计自动执行，直至碰压或作业结束。水泥浆密度、泵注排量、施工压力以及参数稳定性等反应作业质量的参数进行实时记录，与设计参数进行实时比对。井下条件、设备精度等复杂情况造成的参数波动，实现智能化调整，确保固井质量。

3 自动化固井装置研制

一键固井作业装备由动化井口装置、自动化泵注装置、自动化供水供灰装置三部分组成。

3.1 自动化井口装置

自动化井口装置主要包括：水泥头主体、平衡管汇、控制器。平衡管汇包括清洗管汇、注水泥浆管汇、替浆管汇、压塞管汇，以及相关的旋塞阀门组。汇旋塞阀组设置电动执行机构，通过电动执行机构控制相应阀门的通断，电动执行机构与控制器连接，控制器与一键固井平台连接。

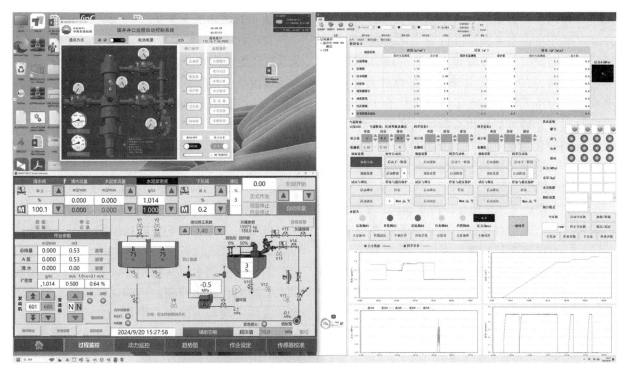

图1   一键固井控制平台

该装置重点结构设计如下：

（1）本体采用胶塞筒结构，在水泥头内部形成双通道结构，取消了外部管汇结构，简化了自动化控制单元。采用一体化加工，压力测试105MPa，保障了较高的耐磨性和安全性。档销装置采用双螺纹设计，胶塞释放时间小于20s，提升了施工连续性。

（2）执行器进行动力和传速比设计，保证有效扭矩的同时，执行时间控制在20s以内。终端控制器同时搭载ZigBee和433M无线两种通讯方式，即实现了较快传输速度、自组网功能强大的内部通讯，又确保了长距离抗遮挡的外部通讯。

图2   自动化井口装置设计与室内试验

3.2　自动化泵注装置

对固井水泥车（撬）进行自动化、数字化改造。采用电控气、电控液等方式，实现对各阀门的远程控制目的；在固井车上增加位置传感器、温度及压力传感器，实现了各类参数的实时动态监控及预警；通过更新PLC程序，实现了动力系统的自动控制运行；通过增加智能物联网模块，实现了作业数据及视频的远程实时传输，便于开展专家的远程技术支持。

数字化改造方面主要在保持发动机、变速箱、柱塞泵、离心泵、计量罐、混浆罐等部件功能的基础上，对电气系统、液压系统、操控系统、气路系统、润滑系统、管汇系统等进行重新设计与自动化实现。针对不同的水泥车操作系统研发相关联的物联网终端配置方案，在实现通过PLC采集模块获取数据后通过物联网和移动网络实现与一键固井平台的数据传输，如图3所示。

3.3　自动化供水供灰装置

自动化供灰装置主要由自动化立式灰罐及自动化空气压缩机构成，通过革新立式灰罐结构，加装称重模块及工业控制模块，实现与自动化空气压缩机的联机控制。灰罐的开关阀设计为电子远控，增加压力传感器用于调节罐内压力，增加控制箱采集灰罐重量、压力、蝶阀开度信号。空压机配置灰罐气动蝶阀控制气瓶，增加干燥器、减压阀、给油器及泄放球阀等，并通过控制箱实现与立式灰罐的数据传输，实现持续稳定的水泥供应。

自动化供水装置主要通过监测水泥车水柜液位，使用PLC进行数据处理和决策，通过网络发送控制指令控制水泵、阀门等设备的运行，实现供水系统的自动化控制。自动化供灰装、自动供水装置均实现与一键固井平台、自动泵注装置之间的实时数据双向传输，实现工况的闭环控制，如图4所示。

图3　自动化泵注装置

图4　自动化供灰装置

4　一键固井现场应用

一键固井于2024年在长城钻探进行现场推广作业，在辽河油田、大庆油田等多个区块推广应用智能固井作业，现场使用达数百余次，固井现场施工施工参数符合率达100%，固井质量合格率达100%。

相较传统施工方式，一键固井技术实现了施工前的精准模拟以及施工中的自动控制，同时借助无线通信技术，能将现场作业信息同步传输至EISC，便于后方专家团队远程实时指导前线施工，使得单井设计更科学合理、施工参数更精准平稳、工序衔接更紧密可靠、工艺流程更清晰明确，如图5所示。

图5　一键固井施工情况

5月23日在辽河油田铁17-7-011油层实施一键固井作业，全流程设备自动化控制，施工参数智能化调节，施工正常，固井质量优质。一键固井作业设计参数，如表1所示。

表1　铁17-7-011井一键固井施工参数设计

作业流程	固井液类型	施工密度/（g/cm³）	施工排量/（m³/min）	总量/m³
试压	25MPa			
泵注前置液	冲洗型隔离液	1.10	1.50~1.70	10.0
泵注领浆	高强低密度	1.50	1.50~1.70	51.0
泵注中间浆	低失水防窜	1.85	1.50~1.70	10.0
泵注尾浆	低失水防窜	1.90	1.50~1.70	8.0
顶替	钻井液	1.15	1.40~0.7	25.8

5　结语

（1）一键固井研究与现场成功应用，标志着传统固井行业向自动化、智能化固井的发展。新的固井工艺使得固井作业精度大幅提升，是确保和提升固井质量的有效手段。自动化技术的实施使原本15人的固井队伍缩减为5~6人，设备的精准运作减少磨损与故障的发生，给企业带来显著的效益。现场无人化的操作，杜绝了人员暴漏在高压、粉尘环境下的场景，提升了本质安全。

（2）以"一键固井控制平台"为代表的控制软件，是固井行业智能化发展的核心。软件系统必须做到对所有自动化装置的实时数据采集、统计和分析，同时建立并不断完善基于固井工程的控制模型，实现专家诊断和控制，逐步提升固井作业的智能化水平。

（3）随着物联网、移动网络的发展，结合钻井工程领域EISC的建设，远程控制的智能化一键固井值得研究与进一步探索。

参考文献

［1］张怀文，袁卓等.自动化固井作业装备研制与应用［J］.2022年油田勘探与开发国际会议论文集，2022.

［2］戴文潮，胡亮等.固井井口装置智能化技术探索［J］.石油机械，2022，50（01）：48-53.

［3］李侃.试论钻井技术及固井技术的发展［J］.科技创新与应用，2021，（04）：170-172.

［4］丁士东，陶谦，马兰荣.中国石化固井技术进展及发展方向［J］.石油钻探技术，2019，47（03）：41-49.

［5］陈春霞，孙祥娥.国内固井混浆装备的密度控制技术仿真与分析［J］.石油机械，2021，49（09）：48-54.

［6］马太清，杨晖，刘有平等.2300型电驱固井车研发设计［J］.机械研究与应用，2021，34（05）：151-155.

［7］惠坤亮，阎永宏，张宏桥等.远程控制顶部驱动水泥头技术现状分析［J］.石油机械，2014，4（05）：49-51.

［8］耿莉，李勇.工程技术研究院自动化固井国际领先［N/OL］.中国石油网，2021：02（18）.

［9］江乐，李勇，林志辉，等.固井实时远程自动监控系统研究［C］//中国石油学会.2018年固井技术研讨会.北京：石油工业出版社，2018：564-572.

［10］毛雨亭，吴雯.500kV变电站220kV母线单套失灵保护改造分析［J］.电气开关，2020，59

油气勘探多光谱多维地物智能解译技术

吕嘉玲　王　岩　许银坡　邹　煜　姜　通

（中国石油集团东方地球物理勘探有限责任公司）

摘　要　随着油气勘探开发的不断深入，准确、高效的地物信息变得尤为重要。传统的人工标定障碍物的方式暴露了很多局限性，如人员素质不统一造成标定结果质量参差不齐，效率低等。目前国内外地震采集项目对开展复杂区的地物智能解译技术需求迫切。现有的地物识别技术泛化性差、可迁移性低，普遍存在误识、漏识等问题。本文提出了一种融合了全色图、光谱数据和高程数据的油气勘探多光谱多维地物智能解译技术，该技术首先对全色、多光谱和高光谱遥感数据进行预处理，包括辐射定标、几何校正、数据融合、影像镶嵌和影像增强等，为后续分析提供高质量数据。并基于改进的MECA-Net网络，融合RGB图像和光谱特征，实现建筑物、道路、水体等障碍物的分类提取。MECA-Net网络引入多尺度特征编码模块和长距离上下文感知模块，有效提升了细窄地物的提取精度，例如道路和河流。此外，该技术还采用混合调制匹配滤波方法，结合矿物分层识别谱系思想，实现矿物种类识别和丰度提取，例如碳酸盐矿物和粘土矿物。该技术已在多个探区进行试验验证，成功提取了多种地物，准确率超过85%。试验结果表明，该技术能够有效识别和分类地表有形物和岩性，为油气勘探开发提供精准的决策依据。

地震勘探是油气资源勘探的重要手段，而地表信息是地震采集施工预案的基础。地表信息包括道路、水体、人工建筑、岩性等，这些信息的准确获取对地震采集作业的设计、实施和优化至关重要。传统的地表信息获取主要依靠人工调查和野外测量，效率低下、成本高昂，且难以获取大范围、高精度的数据。因此，发展基于遥感技术的地表信息智能提取方法，对于提高地震采集作业效率、降低成本具有重要意义。

近年来，遥感技术在地球观测、资源调查、环境监测等领域发挥着重要作用。随着遥感传感器技术的进步，高空间分辨率、高光谱遥感数据逐渐普及，为地表信息提取提供了更为丰富的数据源。目前，市面上主要的提取方法一般是依据遥感影像中的色彩、纹理等地物信息进行建筑物信息提取，包括：基于边缘分割的建筑物提取方法、基于区域分割的建筑物提取方法、基于纹理分割的建筑物提取方法以及基于传统机器学习的建筑物提取方法等。然而，复杂地表环境下，地物种类繁多、地物特征相似，仅仅通过色彩、纹理特征难以准确进行地物的识别和分类，导致遥感数据的应用受到限制。

因此，本研究旨在研究基于多光谱多维度的地表有形物识别技术，以高空间分辨率、高/多光谱卫星遥感数据为基础，研究地物光谱识别机理，并融合光谱特征进行地表覆盖（包含道路、水体、人工建筑）和岩性分类，提高地物识别的准确率。通过开发智能解译软件，实现复杂地区的地表覆盖物和岩性特性的准确、快速的识别，为地震采集施工预案提供准确的基础数据，从而提高地震采集作业效率，降低成本。

1　技术思路和研究方法

1.1　多源遥感数据预处理

基于全色遥感数据、多光谱遥感数据、高光谱遥感数据，分别开展预处理技术研究。其中，高光谱遥感预处理除了与多光谱数据辐射定标、几何校正之外，还包含残余误差处理，即辐射误差校正和光学畸变校正。将以上遥感数据进行基础的预处理之后，进行了数据融合、影像镶嵌及影像增强。具体工作内容如图1所示：

其中，数据融合是指将来自多源的图像集融合成单个图像，这一过程旨在通过有效合并不同图像中的互补、冗余或独特信息，生成一个既包括所有关键细节又具有增强特性的综合图像。本研究在融合高光谱图像（HSI）、多光谱图像（MSI）和全色图像（PAN）时采用HyperNet网络，通过该网络的多个模块及处理机制，实现了三种

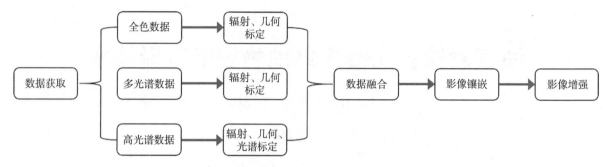

图1　多源遥感数据预处理技术研究内容框架

图像的有效融合，提升了HSI的空间分辨率。以下是HyperNet实现图像融合的主要步骤：

（1）特征提取模块

HyperNet使用MAE（Masked AutoEncoder）块作为特征提取模块，分别对PAN和MSI进行特征提取。MAE块可以看作是用于提取高频特征的高通滤波器，有效地提取了图像中的空间细节信息。其中，为了提高特征提取能力并保留频谱信息，MAE块中嵌入了通道和空间注意力单元。这些注意力单元能够增强特征在频谱和空间维度上的表示能力，从而提升特征提取的效率和精度。并且，HyperNet采用级联和多尺度卷积技术，从不同尺度上提取MSI和PAN的特征，有效地保留了空间细节信息。

（2）特征插入模块

提取出的MSI和PAN特征通过DDI（Dense-Detail-Insertion）模块注入到HSI中。DDI模块包含空间和频谱特征流，并基于密集连接层评估注入关系，确保了特征的有效传播和融合。DDI模块中的密集连接层能够有效地利用先前的特征，并通过单向特征传播将提取的特征注入到HSI中。

（3）图像重建模块

重建模块使用Re-block生成最终的融合HSI。Re-block通过反卷积操作将特征图转换为融合图像，从而实现了HSI空间分辨率的提升。

HyperNet使用一个结合了多尺度结构相似性指数和L1范数的高效损失函数，驱动网络生成在频谱和空间质量之间取得良好平衡的高质量融合HSI。

1.2　融合多源数据的地物提取

本研究提出了一种基于改进MECA-Net地物提取模型，总体结构如下图所示，它主要由编码器、解码器和跳跃连接三个模块组成。该模型以LinkNet34为基础，其编码器部分使用预训练的ResNet34网络，能够有效提取图像特征。为了更好地处理不同大小的地物，本研究在跳跃连接模块中加入了MFEM，该模块能够在不同的网络阶段提取多尺度特征，并将其传递给解码器模块。解码器模块则负责将特征图上采样到原始图像尺寸，并通过LCAM模块进行特征融合，LCAM的输入是解码器模块的输出特征与对应跳跃连接特征的结合，如图2所示。

1.2.1　多尺度特征编码模块

在处理复杂工区时，细窄地物的识别一直是一个难点。例如乡间小路、细窄河流等。为了解决这一问题，本研究提出了多尺度特征编码模块MFEM。MFEM的核心思想是利用、和三种不同尺寸的卷积核来提取不同尺度的特征，并将这些特征进行融合，从而生成一个包含多尺度信息的特征表示。这种方式能够更好地捕捉地物的细节信息，并使其更具鲁棒性。本研究将MFEM模块嵌入到网络的跳跃连接部分，这样可以在不同的网络层级中提取和融合多尺度特征，然后将这些特征传递给解码器模块。解码器模块利用这些多尺度特征进行上采样，从而更好地识别不同尺寸的地物，如图3所示。

假设多尺度特征编码模块的输入特征为x，输出特征为y。多尺度特征编码模块共有3个分支，输入特征x以x_1、x_2和x_3的形式分别输入到三个分支。在三个分支中，输入特征首先分别通过1×1、3×3和5×5的卷积层来提取不同尺度的特征。用F_1、F_2和F_3表示这三个卷积操作，在每个卷积层后面添加了BN层和ReLU激活函数。为了实现不同尺度特征的有效聚合，前一分支的输出特征与当前分支的特征进行融合，融合后的特征通过一个卷积操作进行特征优化。三个分支的输出特征分别用y_1、y_2和y_3表示，将各分支输出特征级联后通过1×1卷积层进行维度约减，最后以残差连接的方式与输入特征x相加得到该模块的输出特征y。多尺度特征编码模块可以用如下的公式来描述：

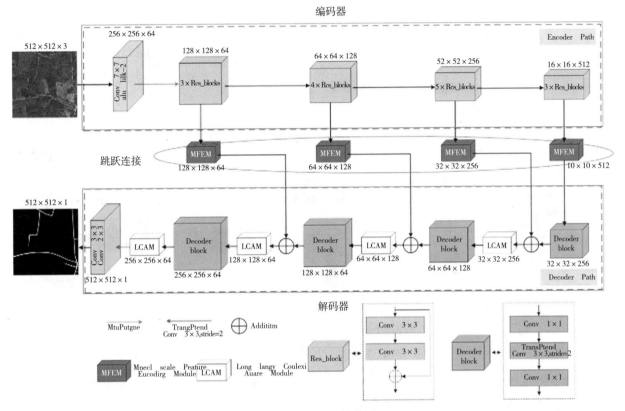

图2 MECA-Net结构图

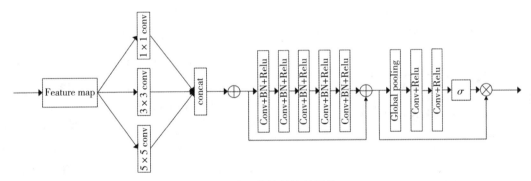

图3 多尺度特征编码模块

$$\boldsymbol{x}_i = \boldsymbol{x}, i = 1,2,3$$

$$\boldsymbol{y}_i = \begin{cases} F_i(\boldsymbol{x}_i), i = 1 \\ F_i(F_i(\boldsymbol{x}_i) + \boldsymbol{y}_{i-1}), i = 2,3 \end{cases}$$

$$\boldsymbol{y} = W_{1\times1}(\text{CONCAT}(\boldsymbol{y}_1, \boldsymbol{y}_2, \boldsymbol{y}_3)) + \boldsymbol{x}$$

其中，$W_{1\times1}$表示1×1卷积，CONCAT表示级联操作。

1.2.2 长距离上下文感知模块

为了确保遥感图像中地表物体拓扑结构的连贯性与完整性，本研究致力于获取图像中的长距离上下文信息。针对这一目标，本研究提出了长距离上下文感知模块（Long-range Context Aware Module，LCAM）。如图4所示，该模块通过将通道注意力模块（CAM）与条带池化模块（SPM）

并行结合，旨在从通道和空间两个维度上捕捉远距离的上下文信息。

（1）通道注意力模块

在特征提取任务中，不同特征通道间的相互作用至关重要，但传统的狭窄地物提取技术常常未能充分考虑这些通道间的相互关系。针对这一问题，本研究采用通道注意力模块（CAM）来建立特征通道间的长距离依赖，从而在通道层面捕获远距离上下文信息。输入到CAM的特征，同时也是LCAM的输入，记作$\boldsymbol{x} \in R^{H\times W\times C}$，而其输出特征记作$\boldsymbol{y}^{cam} \in R^{H\times W\times C}$。输入特征经过全局平均池化（Global Average Pooling，GAP）和全局最大池化（Global Max Pooling，GMP）处理

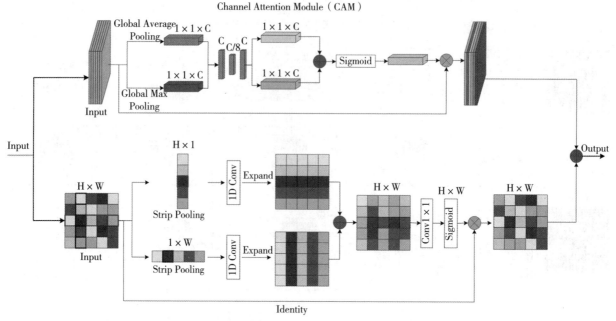

图4　长距离上下文感知模块结构

后，得到$1 \times 1 \times C$维度的特征。这些特征随后被送入两个级联的1×1卷积层。通过将这两个卷积层的输出相加，并经过Sigmoid激活函数处理，最终与原始输入特征x相乘，得到CAM的输出特征$\boldsymbol{y^{cam}}$。CAM的计算过程如下：

$$\boldsymbol{y}_{gap} = W_{1\times1}^2 \left(W_{1\times1}^1 (\text{GAP}(\boldsymbol{x})) \right)$$

$$\boldsymbol{y}_{gmp} = W_{1\times1}^2 \left(W_{1\times1}^1 (\text{GMP}(\boldsymbol{x})) \right)$$

$$\boldsymbol{y^{cam}} = \sigma(\boldsymbol{y}_{gap} + \boldsymbol{y}_{gmp}) \otimes \boldsymbol{x}$$

其中，$W_{1\times1}^1$表示第一个1×1卷积层，用于将通道数C降低至C/8，$W_{1\times1}^2$表示第二个卷积层，用于将特征通道数恢复至C，σ表示Sigmoid函数，$\otimes$表示element-wise multiplication。

（2）条带池化模块

在本研究中，通过SPM在空间域内捕获长距离上下文信息。该模块通过水平和垂直条带池化操作，从两个不同角度提取远距离上下文。以输入特征$\boldsymbol{x} \in R^{H \times W}$为例（注：通道维度在此简化未示），特征$x$被送入两个平行的路径。在这两条路径中，首先执行的是水平和垂直的条带池化。水平条带池化的输出为$\boldsymbol{y^h} \in R^{H \times 1}$，计算流程如下所示：

$$y_i^h = \frac{1}{W} \sum_{j=0}^{W-1} x_{ij}, \qquad i = 0,1,...,H-1$$

垂直条带池化的输出为$\boldsymbol{y^v} \in R^{1 \times W}$，其计算过程如下：

$$y_j^v = \frac{1}{H} \sum_{i=0}^{H-1} x_{ij}, \qquad j = 0,1,...,W-1$$

在完成水平与垂直条带池化步骤之后，紧接着进行的是尺寸为3的一维卷积处理。通过扩展操作将一维卷积的输出扩展为$H \times W$尺寸的特征，分别记作$\boldsymbol{y_E^h} \in R^{H \times W}$和$\boldsymbol{y_E^v} \in R^{H \times W}$。接着，将两条路径扩展后的特征进行合并，经过$1 \times 1$卷积层和Sigmoid激活函数的处理，并与原始输入特征相乘，最终得到条带池化模块的输出特征$\boldsymbol{y^{spm}} \in R^{H \times W}$，

$$\boldsymbol{y^{spm}} = \sigma \left(W_{1\times1} (\boldsymbol{y_E^h} + \boldsymbol{y_E^v}) \right) \otimes \boldsymbol{x}$$

其中，σ表示Sigmoid函数，$W_{1\times1}$表示1×1卷积，$\otimes$表示element-wise multiplication。

CAM和SPM的输出特征相加后，得到LCAM的输出特征$\boldsymbol{y^{out}}$。

$$\boldsymbol{y^{out}} = \boldsymbol{y^{cam}} + \boldsymbol{y^{spm}}$$

1.2.3　实验设置

训练集、验证集和测试集的图像均融合了RGB图像和光谱特征，形成了包含四个波段的图像。为了提升数据集的多样性，对训练数据进行了数据增强处理，包括随机水平镜像、随机垂直镜像和随机

旋转180度，每种操作的执行概率均为0.5。

实验中使用了SGD作为优化器，并设置了以下参数：初始学习率为0.01，学习率下降策略为多项式衰减（poly），动量（momentum）参数设置为0.9，权重衰减（weight decay）参数设置为5e-4。训练过程共进行了200个epoch，每个epoch的训练批次大小为8。

1.2.4　损失函数

地物提取实验所用的损失函数为BCE+DICE，其计算过程如下：

二元交叉熵（Binary Cross Entropy，BCE）损失函数计算图像中每个像素的损失，然后计算平均值。BCE损失函数的计算公式如下：

$$L_{BCE} = -\frac{1}{N}\sum_{i=1}^{N}[g_i \times \log(p_i) + (1-g_i) \times \log(1-p_i)]$$

其中，N表示输出特征图的像素个数，g_i和p_i分别表示第i个像素的标签值和预测值。

Dice损失函数的计算公式如下：

$$L_{Dice} = 1 - \frac{2|G \cap P|}{|G| + |P|}$$

其中，G和P分别表示标签和预测结果，$|G|$和$|P|$分别表示其元素个数，$|G \cap P|$表示交集的个数。

模型最终的损失函数如下：

$$L_{total} = L_{BCE} + L_{Dice}$$

1.2.5　细窄地物提取结果分析

细窄地物提取精度结果如表1所示。仅利用RGB三波段彩色数据集进行训练与测试时，SegNet的精度为83.74%，UNet的精度为84.4%，DeepLabv3+的精度为84.8%，LinkNet的精度为84.96%，MECA-Net的精度为85.12%。当在RGB数据的基础上，融入地物光谱特征后，MECA-Net的精度为87.22%，进一步提高了细窄地物提取的精度。

表1　细窄地物提取结果对比

方法	F1/%
RGB+SegNet	83.74
RGB+UNet	84.4
RGB+DeepLabv3+	84.8
RGB+LinkNet	84.96
RGB+MECA-Net	85.12
RGB+HSI+MECA-Net	87.22

1.3　高光谱矿物填图

1.3.1　工作流程

本研究以庆阳地区高光谱数据作为信息来源，首先通过最小噪声分离变换（MNF）来识别影像数据的内在维度，并去除数据中的噪声成分；接着，计算像素纯净指数（PPI）以筛选出"纯净"的像素；这些像素随后被送入N维可视化工具中，以提取端元光谱。通过光谱库进行光谱分析来识别端元。最终，应用混合调制匹配滤波（MTMF）技术进行矿物分布制图，流程图如图5所示。将所得矿物分布图与庆阳市地质调查局的资料进行对比，发现两者高度吻合，这证实了本方法的准确性。

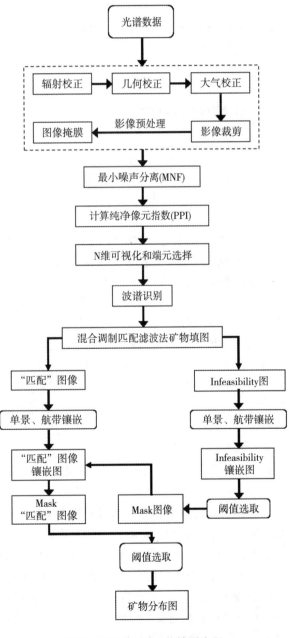

图5　高光谱遥感矿物填图流程

（1）最小噪声分离MNF

最小噪声分离（Minimum Noise Fraction）是用于判断遥感数据所包含的波段数，即内在维数，并分离数据中的噪声，起到减维和去噪的目的，从而降低计算量。具体方法为首先对高光谱数据进行噪声估计，计算噪声的协方差矩阵C_N。之后对C_N进行对角化为D_N，得到变换矩阵P，

$$D_N = U^T C_N U$$
$$P = U D_N^{-1/2}$$

再对噪声数据进行标准主成分变换。影像X的协方差矩阵为C_D，变换后的矩阵为

$$C_{D-adj} = P^T C_D P$$

将C_{D-adj}对角化为D_{D-adj}，其中V为特征向量组成的正交矩阵。

$$D_{D-adj} = V^T C_{D-adj} V$$

再计算MNF变换矩阵为：

$$T_{MNF} = PV$$

最终利用T_{MNF}乘原始数据，得到MNF变换影像数据，完成MNF变换。

（2）计算纯净像元指数PPI

完成MNF变换后，本项目通过计算PPI指数进行端元提取。PPI指数的计算方法为将像元光谱矢量反复投影到不同随机方向的"轴"上，统计各像元投影到各个轴两端或接近于两端（由设定的阈值控制）的次数作为对像元纯度的度量，称为像元纯度指数。次数越多，即"纯像元"的可能性越大。理论上阈值一般选择为数据噪声的2~3倍。实际计算时，可根据PPI迭代曲线形状进行调整。阈值选取合理时，PPI迭代曲线随迭代次数的增加，纯像元数急剧增加后并逐渐趋于平稳。阈值设置较小时，迭代收敛速度很慢；阈值设置较大时候，迭代曲线急剧上升，并很快达到饱和。

（3）端元波谱识别

完成端元提取后，需要通过光谱匹配对端元光谱进行识别。常用于矿物识别的光谱匹配方法有距离法（欧式、马氏距离）、光谱角（SA）、光谱信息散度（SID）、匹配滤波（MF）、混合调制匹配滤波（MTMF）、光谱特征拟合（SFF）等方法。根据光谱角的定义，像元光谱$\overrightarrow{x_t(\lambda)}$与目标光谱$\overrightarrow{x_t(\lambda)}$间的光谱角的定义为：

$$SA = arccos \frac{\overrightarrow{x_t(\lambda)} \cdot \overrightarrow{x_t(\lambda)}}{\left|\overrightarrow{x_t(\lambda)}\right| \left|\overrightarrow{x_t(\lambda)}\right|}$$

光谱角的阈值通过外景实验确定。

光谱信息散度的定义为：

$$SID(x_i, x_t) = \sum_k a(\lambda_k) \, lg\left(\frac{a(\lambda_k)}{b(\lambda_k)}\right) + \sum_k b(\lambda_k) \, lg\left(\frac{b(\lambda_k)}{a(\lambda_k)}\right)$$

其中$a(\lambda_k)$和$b(\lambda_k)$分别为第k个波段的归一化光谱有：

$$a(\lambda_k) = \frac{x_i(\lambda_k)}{\sum_k x_i(\lambda_k)}$$

$$b(\lambda_k) = \frac{x_t(\lambda_k)}{\sum_k x_t(\lambda_k)}$$

距离法、光谱角、光谱信息散度利用全光谱段数据进行相似性计算，容易受地形、背景等外界干扰，且无法突出光谱吸收谷谱形在相似性计算中重要性。混合调制匹配滤波是常用的、效果较好的方法，更适用于本研究的矿物识别。

（4）混合调制匹配滤波法

混合调制匹配滤波方法（MTMF）结合了混合调制技术与匹配滤波技术，形成了一种先进的信号处理方法，该方法将一流的信号处理技术与线性混合理论相融合。它兼具匹配滤波无需额外背景端元光谱的优势，以及混合调制技术中端元含量为正值且总和为1的约束。混合调制技术采用线性光谱混合理论，以限制混合结果的可行性，并降低虚假信号的发生几率。MTMF的处理结果产出两幅图像：一幅是MF得分图像（匹配滤波图像），这是一幅灰度图像，像素值介于0到1.0之间，用于评估参考光谱曲线的相对匹配度（1.0表示完全匹配）；另一幅是可行性图像，其中较高的数值表示目标地物与复合背景的混合不可信。当匹配滤波得分较高且可行性得分较低时，可实现最佳目标匹配。

基于矿物分层识别谱系方法是将每种矿物看作是彼此孤立互不联系的个体，在识别中，对光谱参量的运用都一视同仁，而不论其对矿物识别的敏感性和在不同条件下的稳定性。为此，根据对矿物光谱规律的认识和光谱参量敏感性与稳定性的分析，提出建立矿物识别分层谱系的思路。

根据谱带的精确位置、谱带形状、伴随谱带以及微弱谱带等精细特征和变异特征，结合其它

光谱特征（如光谱强度、光谱总体特征等），并应用混合光谱分解方法，细分具体矿物或矿物变种。至此，建立了具有树状结构的矿物的识别谱系。根据该谱系，可完成矿物种类识别。阈值设定需依据一定的地质先验知识，设定的合适的阈值，尽可能避免出现多提、漏提。

1.3.2　矿物提取结果

利用本方法对2023年4月15日的高分五号卫星高光谱数据进行矿物分类，分类精度为88.0%。试验区内地表黄壤和植被覆盖严重，地表主要为稀疏分布的碳酸盐矿物、黏土类矿物，反演结果如图6所示。

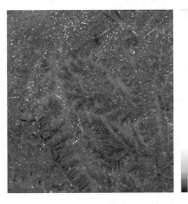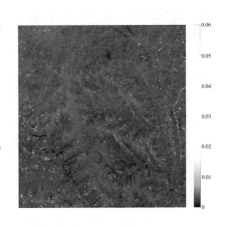

图6　庆阳地区岩性分类结果

a）庆阳地区高分五号图像；b）碳酸盐矿物丰度分布；c）黏土矿物丰度分布

2　结果和效果

本项目在6个试验区开展了试验验证，分别是演武南、耿湾、银洞子、四川区块1（南充市）、四川区块2（自贡市）和庆阳地区，各地区覆盖面积、使用数据以及方法模型情况如表2所示。

表2　试验区信息

试验区	覆盖面积/ km^2	数据	方法模型
演武南	923.27	多光谱	融合空－谱特征的建筑物提取方法融合空－谱特征的道路提取方法
耿湾	701.19	多光谱	融合空－谱特征的建筑物提取方法融合空－谱特征的道路提取方法
银洞子	602.08	多光谱	融合空－谱特征的建筑物提取方法 融合空－谱特征的道路提取方法
四川区块1	599.21	多光谱	融合空－谱特征的建筑物提取方法 融合空－谱特征的道路提取方法
四川区块2	2826.88	多光谱	融合空－谱特征的建筑物提取方法 融合空－谱特征的道路提取方法
庆阳	5195.45	高光谱	基于高光谱数据的岩性分类方法

以耿湾地区为例，本技术的提取地物结果如图7所示：

耿湾地区共提取到6011个建筑物。

图7　耿湾地区建筑物提取结果

耿湾地区提取道路面积为8.79km^2，如图8所示。

图8　耿湾地区道路提取结果

3　结论

本研究针对油气勘探开发中地表信息获取的

难题，提出了一种多光谱多维度地物智能解译技术。该技术通过融合光谱特征和改进神经网络模型，实现了对道路、水体、人工建筑等地表覆盖物以及岩性的自动、快速提取，有效提高了地物识别的准确率，并降低了人工标定障碍物的成本。实验结果表明，该技术可满足不同探区、不同地质条件的障碍物准确标定需求，为地震采集施工预案提供可靠的数据支持，从而提高地震采集作业效率，降低成本。此外，该技术还可应用于土地资源调查、环境监测、灾害评估等领域，具有广阔的应用前景。未来研究将着重于探索更先进的神经网络模型、更高效的多源遥感数据融合方法，并将该技术与其他地球物理勘探技术相结合，实现更全面的油气资源勘探。

参考文献

［1］郭国璐，范玉刚，冯晓苏. 融合空谱特征的MR-KRVFL高光谱地物识别模型研究［J］. 化工自动化及仪表，2024，51（02）：284-293.DOI：10.20030/j.cnki.1000-3932.202402018.

［2］徐达，潘军，蒋立军等. 基于高光谱数据的典型地物分类识别方法研究［J］. 激光与光电子学进展，2023，60（15）：396-410.

［3］王雪丹. 基于卫星高光谱遥感图像的大气校正与地物识别应用［D］.西安理工大学，2024.

［4］黄焱. 属性驱动的上下文感知推荐关键技术研究［D］. 北京邮电大学，2021.

［5］江开发，赵不钒，陈西江. 增强多尺度邻域语义信息编码的点云语义分割网络［J/OL］. 计算机应用，1-12［2024-11-14］.

［6］王嘉彤，黄新彭，林兴斌等. 基于多尺度特征提取的编码预处理算法［J］. 工业控制计算机，2024，37（02）：101-103.

［7］逢天洋，李永贵，牛英滔等. 基于匹配滤波的高效干扰感知方法［J］. 无线电通信技术，2018，44（05）：483-486.

［8］Kubo T, Gonnokami H, Hede H N A, et al.Combining vegetation index with mineral identification for detection of high-geothermal-potential zones using hyperspectral satellite data［J］.Geothermics, 2025, 125103194-103194.

［9］Tomás L, Rafael C, Pedro R, et al.Multimodal approach to mineral identification: merging Laser-induced breakdown spectroscopy with Hyperspectral imaging［J］.Journal of Physics: Conference Series, 2022, 2407（1）：

［10］季文，李宝，李金旺. 基于高光谱矿物填图技术的金属矿产勘探研究［J］. 中国金属通报，2023，（10）：95-97.

［11］秦昊洋，李士杰，李志忠等. 基于高光谱数据的东天山—北山成矿带矿物填图及地质应用［J］. 卫星应用，2024，（03）：27-34.

［12］李文超，李慧敏，罗闰豪等. 基于Hyperion数据的普朗铜矿矿物信息提取分析［J］. 软件导刊，2024，23（01）：197-203.

油田分析化验数据共享应用平台的设计与开发

赖永倩[1]　陈瑾妍[1,2]

（1.中国石油青海油田公司；2.青海省高原咸化湖盆油气地质重点实验室）

摘　要　随着油田产量逐渐上升，分析化验的数据也越来越多。目前在油田中存在分析化验数据库不完善、统计分析较少、展示手段较少等问题，导致科研人员整理数据耗时久，成图繁琐，工作效率低。建立油田分析化验成果数据共享应用平台系统，能有效提高工作人员对分析化验数据的统计以及数据治理的便捷性，能更好地为科研生产提供有效可靠的数据。该系统是以Windows环境下运行的Oracle数据库管理系统为开发平台，整体使用.net framework框架的C#.Net技术开发，实现了客户端自动更新技术，保证用户在登陆后实时更新最新的井组数据信息，且覆盖了分析化验成果数据治理及深化应用勘探开发全业务流程的数据成图技术，方便科研人员快速对比分析。该数据共享应用平台可在线调取数据库数据，根据内置算法公式快速生成所需图形，更加方便的分析数据变化关系，使软件操作人员工作更轻松。建立该应用平台后，解决了分析化验数据治、采、存、管、用的一系列问题，为勘探开发科研人员提供一个实验室数据分析及评价平台，解决了科研人员急需解决的整理、核对、规范数据、绘图等费时费力的难题。经实践证明，本系统可有效解决油田分析化验数据、基础数据、研究成果的共享需求，提高工作效率，推动研究质量和科研管理水平，确保实现高质高效勘探开发。

关键词　油田分析化验系统；油田开发；分析化验技术

1　引言

在石油开采、勘探和钻取等工作中，科研人员需要使用极高精度的分析化验数据以保证各项工作的顺利进行，因此分析化验数据在油田的勘探开发过程中起着举足轻重的作用。油田分析化验是石油化工企业中非常重要的环节，通过对油田样品的采集、处理、化验分析，可以了解油田的储层物性、流体性质、油田生产动态等，为油田的勘探、开发、生产和管理提供科学依据。

在油田数据治理过程中，集团统建系统虽已覆盖大部分勘探、开发作业数据的管理及应用，但对油田分析化验数据方面缺乏基础应用，导致数据整理耗时长、成图繁琐、工作效率低。随着时间的推移，实验室数据量尤其图像数据急剧增长，迫切需要挖掘利用，以免造成实验室信息资源极大的浪费。其次，日常工作中关于对实验室数据与地质信息的综合应用评价图的绘制，耗费研究人员的大部分精力，严重制约了课题的深入研究和成果水平的进一步提高。针对此现状，建立了适合本油田分析化验数据完善、治理应用的数据管理系统平台，有效解决油田分析化验数据、基础数据、研究成果的共享需求，提高工作效率，推动研究质量和科研管理水平，确保实现高质高效勘探开发。

2　分析化验专业数据共享应用平台的系统实现

2.1　整体架构

油田分析化验涉及到多个环节，包括样品的采集、处理、化验分析等，同时也涉及到多个学科领域，需要将各种学科领域的知识和技术进行综合运用，实现多学科交叉融合。因此，在设计分析化验系统时可能会涉及到图像高效处理机制以及分析化验数据与单井联合成图的结合分析成图等图像处理技术。分析化验成果数据管理及深化应用系统基于多年积累的专业图形库和数据处理应用框架的基础，针对核心的图形算法、图形渲染和智能化处理部分将使用在运算和渲染方面极具优势的C++语言。对于通信模块、系统接口、集成模块等轻便的模块使用.net framework框架的C#.Net技术开发。结合两种语言各自的优势，有效融合可以最大程度的提升系统的性能和扩展能力。系统的总体架构如图1所示，按垂直方向划分为业务应用层、应用支撑层、数据服务层、数据层四层架构。

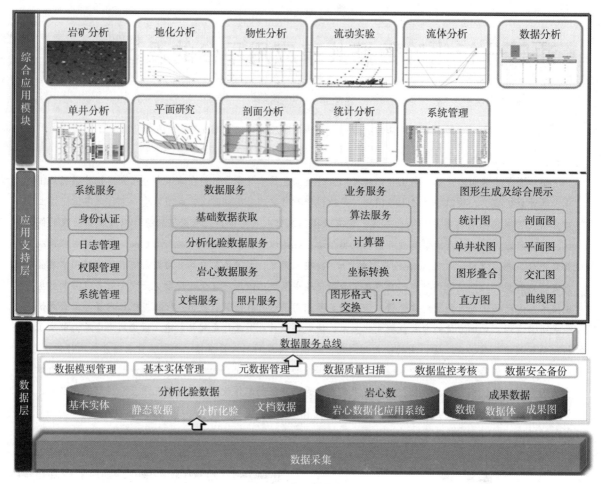

图1　系统总体架构

2.2　功能架构

按照油田的现有业务需求，将整个分析化验系统划分为10个子模块，整体的功能架构图如图2所示。整个系统的设计遵循以应用为向导，统一性为原则的标准，采用"边建边用、滚动开发"模式，实现"完成一个功能，上线一个功能，完善一个功能"的方式，建设青海油田使用用户问题、符合油田用户使用习惯的实用性系统。

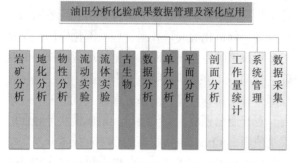

图2　分析化验成果数据治理及深化应用系统功能架构

2.3　开发环境

在进行油田分析化验系统开发过程中，对业务需求进行了充分调研分析。为了便于后续使用人员的实际应用的便捷性，整体的开发环境使用受支持的Windows Server操作系统，数据库使用Oracle 11g R2 64位，与集团数据库类型保证一致，便于后续的数据同步。Oracle数据库是一种完备的关系型数据库管理系统，具有可移植性好、使用方便、功能强大的特点，确保数据保留的持续性、数据的共享性以及性能的稳定性。

2.4　系统功能实现

本系统具备的主要功能包含以下几点：第一，保证数据正常归档入库。根据科研人员的需求建立标准化的实验信息数据导入接口，保证分析化验数据规范化采集正常化入库，同时实现研究成果数据在线标准化归档。第二，完成分析化验数据校验与数据迁移。建立的油田分析化验数据治理系统中，实现了对分析化验数据、样品信息数据的增、删、改、查功能，并确保数据安全，实现了分析化验数据标准化传递与共享。第三，具有良好的可伸缩性和可扩展性。本系统为了方便后期在功能和接口上的扩展，实现分析化验数据正常化采集和数据同步功能，建立与集团统一系统相同的数据库结构表，实现了分析化验数据的实时同步，提高了分析化验数据的时效性，方便后期的数据治理工作。第四，提高科研人员工作效率。本系统涵盖了数据查询、统计以及油田勘探、开发过程中一些可视化成图的需求，大大提高了科研人员工作的效率，满足研究人员的一些工作需求。

3　分析化验专业数据共享应用系统的技术创新

该油田分析化验系统开发了10个子模块，包括岩矿分析、地化分析、物性分析、流动实验、流体分析、古生物、数据分析、实验室统计、深化研究、系统管理，实现了分析化验数据单井研究、多井对比、多类型实验综合对比，单井展示、平面展示、剖面展示，由点–线–面进行全方位地质研究，可以更好的展示不同维度的数据情况，将分析化验数据直观的用图形展示，并且依据规范形成图版，解决了数据与数据之间隐藏或者混乱的逻辑关系，使用户对数据的了解更深入，更容易发现问题，从而做出正确的决策。

该分析化验数据共享平台的技术特色主要包含以下几点：第一，该应用系统平台以业务应用矛盾问题为导向，结合IT信息技术联合攻关开发，进一步提高了地质研究与分析化验数据的专业融合能力，为今后油田各专业数据建设起到了良好示范效果。第二，该系统建设的功能模块，简单易用，可视化方面不仅提升了研究效果，也更加符合油田用户应用需求和习惯，促进了科研生产良性互动，加快科研成果转化。第三，该系统平台统一了油田分析化验数据管控，根据分析化验数据标准建立了一个工作平台，实现了分析化验数据快速生成、实时共享、高效利用，改变了原

有工作模式，大幅提升了科研生产技术人员工作效率，推进了油田科研生产管理数字化转型升级。

4　结论

综上所述，本分析化验专业数据共享应用平台在现有油田数据的基础上更加完善了数据类型，完成了各种指标查询统计功能，增加了多项查询、编辑、成果图存储等功能，实现了岩矿、地化、物性、流体、流动实验、古生物70余个评价图版的数据成果化查询与分析系统。其次，该系统提供了表查询、分析指标综合查询、评价图版查询、图像查询四种查询方式进行可视化查询。同时，本系统也以多种方式提供查询结果，包括分析数据表、样品区块井属关系、专项评价表、指标频率分布图、分析指标分布图、综合评价图版、评价结果频率图等，极大满足了实验中心研究人员的实验室数据分析的需求。所以，本系统值得后续在油田进行全面应用和推广，不仅能够提高油田化验分析工作质量和数据精度，而且能满足油田勘探开发的工作需求，可大大提高科研人员的工作效率。

参　考　文　献

[1] 刘冉. 油田分析化验系统的应用及技术发展 [J]. 化学工程与装备，2023，（08）：224-225+223.

[2] 张弘扬. 油田分析化验系统的应用及技术发展 [J]. 化工管理，2021，（14）：65-66.

[3] 吴昊，杨亚仿，谭荣丽. 基于C#.net的网页内容获取及应用研究 [J]. 信息与电脑，2022（22）：53-56.

[4] 赵卫芳. 分析化验数据管理系统的完善分析——以新疆油田公司数据公司为例 [J]. 信息系统工程，2021，（07）：51-53.

[5] 乔梦月. 探析Oracle数据库应用系统的性能优化 [J]. 电脑编程技巧与维护，2021，（08）：90-92.

智能综合录井仪技术研究

关　松[1,2]

（1. 中国石油天然气集团有限公司录井技术研发中心；2. 中国石油长城钻探工程有限公司录井公司）

摘　要　本文聚焦智能综合录井仪，旨在深入研究智能综合录井仪的相关技术及应用。文中以解决钻井勘探现场实际问题及提升录井服务质量为基础，详细探讨了智能综合录井仪的工作原理、设计方案、结构组成及具备高度集成化和智能化的技术特点以及在现场实际应用中所发挥的重要作用和意义。该智能综合录井仪集成了多井并行采集、智能高频物联网传感、设备远程监测与控制、多种类气体采集分析、全井智能解释评价等多项先进录井技术，不仅配备了智能传感器、红外光谱流体分析仪、分布式前置数据采集与分析系统、防爆供电系统等多种先进装备，同时开发了包括工程应用分析、多井智能预警、风险实时评估、随钻地质导向在线智能解释及专家智能决策6大拥有多种地质、工程的专业应用软件，为钻井勘探提供全面的监测和诊断，实现工程风险智能预警，极大提高了工程风险预警及时性和准确性。通过对地面与地下工程参数的分析，及时发现潜在的各类工程与地质问题，为优快钻井作业提供决策支持。此外，文中对国内外综合录井仪现状进行了详细分析，详细阐述了该套智能综合录井仪在提高综合录井工作效率、降低生产成本等方面的优势和作用。最后，对智能综合录井仪未来发展趋势进行了展望，指出随着技术的不断进步，该仪器将在油气勘探领域发挥更加重要的作用。

关键词　多井并行；智能高频物联网传感技术；综合录井；远程监控；红外光谱；智能解释

综合录井作业是石油钻井工程中的重要环节，涉及对钻井过程中各种参数和数据的实时监测、记录与分析。随着钻井作业研究目标、生产条件、市场环境的不断变化，对录井技术服务能力和作业模式提出了新的要求与挑战，亟需发展新一代综合录井技术，以提升在勘探开发中发挥的重要作用。国外以Schlumberger公司的geoNEXT、Advanced Logging System（ALS），Geolog公司的GEOLOG等为首的综合录井仪在行业领域处于国际领先地位，具有数据采集模块体积小、扩展空间大、采集频率高，录井软件工程应用广、多专业数据实时互通等特点。国内主要有EXPLORER、GW-MLE、雪狼、DML、SK-CMS几个综合录井仪品牌，相比国外工作性能单一，工程应用软件不够成熟，存在着明显差距，现还处于起步阶段。本文通过分析智能综合录井仪技术及其组成，从现场作业模式、传感器数据采集、岩屑采集、解释评价等方面对智能综合录井仪发展进行梳理，研究总结多井并行、高频数据处理、智能解释评价、资料自动处理和智能推送等最新研究成果，为国内智能录井技术及相关装备的发展提供一些新的思路。

1　技术思路和研究方法

录井行业从1939年首台气测仪诞生起，经历了气测仪、脱联机综合录井仪、快速综合录井仪及智能综合录井仪四代产品，设备功能不断丰富，以数据自动采集、设备自动控制及应用智能分析为未来发展趋势。国内录井公司相继开展了智能综合录井技术研究，其主要代表为"PaceMaker智能综合录井仪"，该设备是以高频智能物联网传感器及分布式前置数据采集系统为核心，搭建井场多专业私有云服务，部署一站式井场数据采集应用平台，打造多专业一体化井场信息决策系统，形成井场数据汇集中心、共享中心和决策中心，赋予综合录井全新功能，实现录井硬件远程控制化、实时监控区域化、数据分析智能化、多方作业协同化。

1.1　多井并行数据采集技术

采用微服务及数据缓存等技术，创建多井管理引擎，将传感器数据采集以及参数计算和入库等按井隔离，参数采集、计算、入库及后台算法采用微服务技术，通过算法平行扩展实现多井并行高频数据采集，开发了B/S版"一机多井"数据采集系统，可多源数据汇集、设备远程监控、指令远程下发及多井并行采集；利用消息队列、并行计算等先进技术，开发了高频数据下的多井并行专业应用软件，实现分布式数据采集及远程录井作业，实现了跨井场采集、跨区域作业，最多单套智能综合录井仪可同时进行8口井录井作业，满足工厂化钻井、中心化录井和远程录井作业需求。

1.2　智能高频物联网传感技术

智能高频物联网传感器是一种集成了传感器、微处理器、通信模块等多种功能的智能专用设备。采用三层网络结构，包括感知层、网络层、应用层。主要功能是实现数据管控以及智能化分析、录井信息自动采集分析等。通过三层网络结构来实现物联化智能化录井解决方案的创设，能够实时以150Hz的高频，采集录井过程中的关键参数，并将其转换为可处理数据。这种高频数据采集能力使得传感器能够捕捉到更多的细节信息，提高数据的准确性和可靠性。高频参数对于评估钻井状态、预测地层变化以及确保钻井安全至关重要。通过数据分析和机器学习技术，智能高频物联网传感器还可以辅助进行设备故障诊断，提高故障处理效率和准确性。同时，智能高频物联网传感器还可以通过对实时数据的分析，使现场工程师更加了解钻井过程中的各种参数变化，从而优化机械比能、钻井参数等，以提高钻井效率和降低钻井成本。为钻井作业提供智能化的辅助指导建议，帮助工程师制定更加科学、合理的钻井方案，如图1所示。

1.3　设备远程控制技术

设备远程控制技术采用了高速、稳定的无线传输方式，是一种可同时对多种录井设备（电动脱气器、自动捞砂机、光谱以、空调等）进行远程无线电源控制、功耗监测的专用设备。同时该设备具备对烟雾、差压、可燃气体等模拟量信号采集、输出和远程无线传输功能，还具备现场RS485信号的转换和远程无线传输功能，可使录井现场各种设备的控制、功耗监测以及模拟信号传输变得更规范化、安全化、专业化。该设备汇集录井现场多种设备的信号采集、传输、处理、监控功能，极大的满足了录井现场一机多用、一机多控的需求；实现了实时、同步监控多种设备的技术创新，开创了智能化录井的先河，如图2所示。

1.4　红外光谱流体检测技术

红外光谱流体检测技术原理是基朗伯－比尔（Lambert-Beer）定律：光被透明介质吸收的比例与入射光的强度无关；在光程上每等厚层介质吸收相同比例的光。它是光吸收的基本定律，适用于所有的电磁辐射和所有的吸光物质，光被吸收的量正比于光程中产生吸收的分子数目。该项技术可满足不同油气藏录井需求，其采用近井口红外光谱分析系统，极大缩短了气管线延迟时间，并去除了空压机、氢气发生器等气体分析附属设备。可在10秒内分析C1-C815种气体组分，满足薄层、裂缝型、油气水关系复杂等不同油气藏的气体检测需求，是非常规油气藏薄储层流体快速发现与识别的利器，如图3所示。

1.5　智能解释评价技术

利用多元回归、主成分分析等数学算法，攻克气测环境校正、产能预测等难题；通过开展数据深度处理、多维度数学建模、智能解释逻辑等

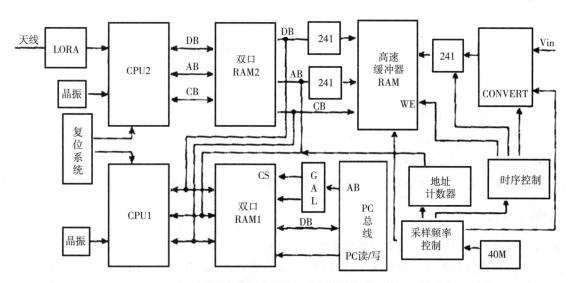

图1　智能高频物联网传感器数据处理流程

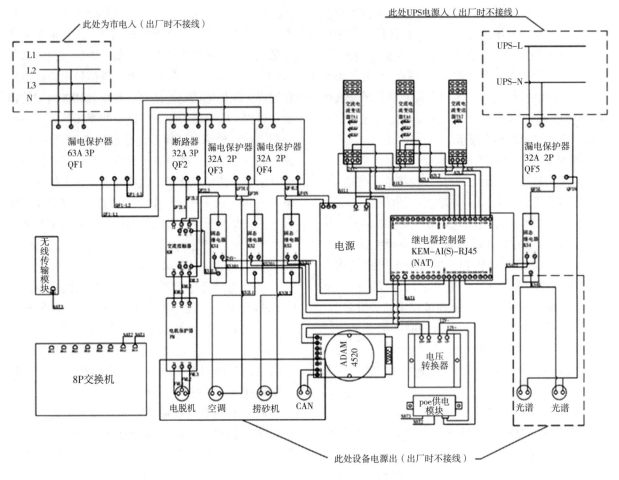

远程信号控制箱接线图

图2 远程信号控制装置线路图

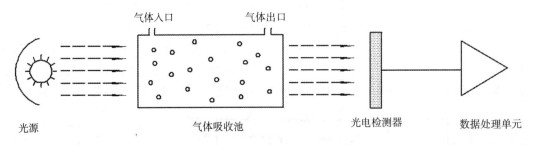

光源　　　　　　气体吸收池　　　　　　光电检测器　　　　数据处理单元

图3 红外光谱测量原理图

技术攻关，搭建集工程应用分析、多井智能预警、风险实时评估、随钻地质导向、在线智能解释、专家智能决策六大功能模块为一体的解释评价系统；完成了数据处理、数学建模、可视化油气层评价等部分功能开发，实现随钻智能自动解释。

2 结果与效果

通过多项技术应用研发了首套智能综合录井仪，主要由分布式前置数据采集系统、井场信息中心及多井并行数据采集与智能应用系统组成。

2.1 分布式前置数据采集系统

分布式前置数据采集系统采用正压防爆结构，应用智能高频物联网传感技术、信号远程控制技术和红外光谱流体检测技术，将传统综合录井仪信号采集与气体分析部分从仪器房内转移至井口，内部安装红外光谱气体分析仪、远程控制箱、CAN总线/无线采集模块、数据采集存储服务器、无线传输模块等，实现录井工程与气体参数的近井口采集和设备的远程监控。分布式前置数据采集系统不仅突破了井场化的无线物联与智能控制技术难点，为实现平台一体化作业模式奠定了基础，更有效解决了行业内气体分析周期长，检测结果滞后等多项共性难题，精准检测薄层与超薄层油气藏，如图4所示。

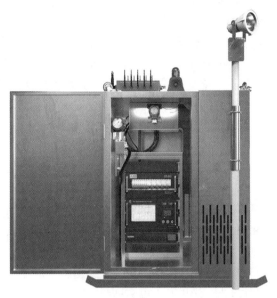

图4   分布式前置数据采集系统布局

2.2 井场信息中心

井场信息中心主要分为两大功能区，分别是数据共享中心和多专业协作中心。数据共享中心主要负责井场内数据的采集、处理、存储及传输等工作，向各个用户提供定制化需求数据，打造录井私有云平台，建立井场多专业数据共享与管理中心，为钻井、录井、定向及钻井液等专业协同办公提供井场私有云服务，实现多专业数据深度共享与应用。多专业协作中心分别为钻井工程师、钻井液工程师、定向工程师、导向工程师以及地质工程师等人员提供专用工位，并向各方提供定制化的服务，具备智能解释评价、实时风险评估、多井对比分析、井眼清洁、定导一体化平台、专家智能支持决策等功能，供各专业人员联合办公和决策分析，重新定义综合录井仪在井场的功能，如图5所示。

图5   井场信息中心内部布局

2.3 多井并行数据采集与智能应用系统

该套系统应用多井并行数据采集技术与智能解释评价技术，采用边缘计算架构，将任务分到若干个软件模块上完成。每个软件模块负责一个功能内聚的任务。不同软件模块之间通过预先定义好的API接口进行交互。设备服务负责采集数据及控制设备功能；核心服务负责本地存储分析和转发数据，以及控制命令下发；应用服务负责上传数据到云端或第三方信息系统，以及接收控制命令转发给核心服务；算法服务负责所有算法以及日志记录、任务调度、数据清理、规则引擎和告警通知；安全服务、管理服务这两个软件模块虽然不直接处理边缘计算的功能性业务，但是对于边缘计算的安全性和易用性来说很重要。不同服务之间主要采用RESTful API接口进行交互。为了提高性能，通过消息总线交换数据，如图6所示。

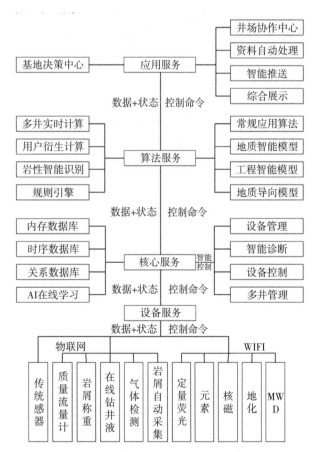

图6   多井并行数据采集及智能应用系统架构

多井并行采集需要支持多井传感器同时传输，实现一个统一的服务层接收不同传感器客户端的数据，数据通过校验之后，写入到对应井的CDA当中。本次架构中，在核心层采用redis分库设计，设计不同redis数据库，用于保存不同井对应的

CDA，每口井的CDA对应一个redis的数据库，传感器数据实时更新到CDA当中。同时，计算采用微服务架构，每个CDA对应一个微服务，微服务主要负责参数的计算以及将计算结果回写到对应的CDA当中。CDA始终保持最新的参数值。入库使用时序数据库，该数据库压缩比高，读写性能好，更适合时间序列传感器数据的读写。在新一代智能录井仪系统中，将每个操作都定义为一种消息，支持消息的分发与订阅，实现软件的解耦。消息不但支持本地分发，还支持远程发送，基地端也可以接收到井场的消息，并且进行储存展示，使井场与基地的完全数据镜像。基地的信息中心也可以给井场发送消息指令，井场接收到指令后，采取对应的操作，实现远程支持与决策。开发B/S版架构，采用消息并发技术，攻克多源采集、多井并行、远程镜像等技术瓶颈，实现分布式数据采集及远程录井作业。多井并行数据采集与智能应用系统极大提高了录井设备的利用率和人员的劳动效率，有效降低了作业生产成本。

3　结论

当今全球企业正朝着信息化、智能化方向快速发展，石油录井行业紧跟时代步伐，着力提升综合录井技术。智能综合录井仪弥补了传统录井技术在数据采集、智能分析、作业模式及业务协同等方面的技术短板，重新定义了综合录井仪在钻井现场的作用，打造了井场数据共享中心、多专业协同与决策中心、EISC现场作业执行中心，实现了"工程智能预警、随钻智能解释、井场多专业协作、一机多井作业"等四大功能，提高了综合录井的技术含量，实现了作业模式的变革，推动了录井专业向采集自动化、分析智能化、服务一体化方向进程、赋予了综合录井全新理念，对录井行业发展具有重要的现实意义。

参 考 文 献

[1] 曾志.基于B/S架构Web远程控制的研究及实现[J].计算机应用与软件，2005.（11）70-74

[2] 张毅.物联网传感模块的通信接口研究与应用实现[J].电子技术应用，2013.39（2）70-73

[3] 郑杰.物联网传感网络路由改进设计算法研究[J].科技通报，2017.33（3）92-94

[4] 李丽萍.远程计算机电源控制系统的设计及实现[J].中国高新技术企业，2014.（4）

[5] 刘辉.红外光谱基本原理[J].国防工业，2017.11（2）35-37

[6] 陈海龙.激光光谱原理与技术基础[J].化学工业出版社，2016.10（3）124-127

基于大模型技术的油气管网行业应用研究与展望

苑浩鹏　贾韶辉　王玉霞　张新建　张　珂

（国家石油天然气管网集团有限公司科学技术研究总院分公司）

摘　要　随着油气管道里程建设的快速增加，逐渐形成"五纵五横"的干线管网格局，不仅对油气管网的生产与安全提出了更高的要求，同时也增加了对人工智能技术的需求。传统人工智能方法在处理一些复杂场景时存在一定的局限性，因此需要研究适应于新型油气管网的人工智能技术。作为引领新一轮人工智能技术的核心动力，大模型具有多任务学习、多模态融合的能力，已成为科技创新和产业转型升级的关键力量，提供了众多新的解决方案和思路，在油气管网领域具有广泛的应用前景。为加快大模型在油气管网行业实际应用与实施落地，本文首先深入分析了大模型技术的演进历程，对当前大模型技术演化过程进行了系统梳理。其次，重点围绕大模型在煤矿、电力、钢铁、油气等垂直领域的成功应用案例现状进行梳理总结，明确了大模型技术在促进工业智能化、提升油气等领域的生产效率与安全管理水平等方面的突出作用，不仅展示了大模型技术在解决复杂工业问题上的潜力，也为油气管网行业的可持续发展提供了新的思路和技术支持。最后，结合大模型在垂直领域的成功实施案例，针对大模型在油气管网领域设备智能运维、智能调度、智能问答及智能决策等关键应用场景提出了具体的发展建议，为增强油气管道的运营效率与安全性提供了技术保障，同时对智慧管网建设的全面推进具有不可忽视的实用价值。

关键字　油气管网；大模型；智慧管网；人工智能；垂直领域

1　引言

近年来，我国长距离输油输气管道的整体规模逐渐扩充，累计长度已经达到18万公里，位居世界第三，油气管网是国家能源安全的生命线，是连接油气生产、加工、储运、销售等环节的重要纽带，其稳定性和可靠性直接关系到国家能源安全和经济发展，重要性不言而喻。管道运输作为世界五大运输方式之一，也是油气最主要的运输方式，涉及到众多能源输送关键基础设施，需要大量的人力、物力等定期监测、维护和管理以确保其安全运行和高效运转，随着行业数字化转型的深入和数字技术的不断发展，AI（Artificial Intelligence，AI）逐渐成为了智慧管网发展进程中的重要抓手，为油气管网的安全高效运营带来新的机遇。传统人工智能技术在油气管网领域中的广泛应用，切实地改变了油气管道工人在恶劣环境下繁杂的生产工作，但随着油气管网规模的不断扩大和复杂性的增加，对人工智能技术的需求和期望也在不断提高。如今，大模型技术正处在系统创新、深度融合以及智能引领的重大变革期，大模型技术与油气管网的融合必将带动传统行业生产能力和管理效率的指数级增长，从而进一步加快实现油气管网的智能输送，提质增效，实现油气管网行业智能化转型升级的目标。

人工智能技术的发展经历了多个阶段的迭代升级，早期从符号主义到后来的行为主义，研究专家逐渐从不同的方向角度探索人工智能技术的特性。随着计算机科学的不断发展，硬件算力性能也取得了较大的提升，为人工智能的发展带来全新的机遇挑战。伴随着ChatGPT的出现，以大语言模型为代表的人工智能技术引发了社会广泛的关注，使人工智能发展迎来了新一轮的变革浪潮。大语言模型是基于Transformer架构构建的预训练语言模型，大语言模型参数量为亿级、百亿和千亿甚至更高级别，如GPT-1拥有15亿参数量，GPT-3参数量达到1750亿，这些模型不仅需要在大规模数据上进行与训练，还需要指令微调以及人类反馈的强化学习两大技术，最常见的大语言模型包括：GPT-4、LLaMA、LLaMA-2、文心一言、通义千问等。

大模型在大数据和大算力的加持下，具备强大的自然语言和复杂任务处理能力，以GPT为代表的大模型在各行各业都发挥着重要的作用，逐渐成为人工智能领域关键基础设施。在大语言模型的基础上也衍生出基于图像的视觉大模型以及基于图像、语音、文本等多模态数据的多模态大模型。油气管网是一个庞大且复杂的系统，涉及到大量的管道、设备和设施，需确保其安全高效运行，大模型技术的迅速发展也给油气管网领域带来新的机遇，提升油气管网的运营能力和管理能力。

2 大模型在垂直领域的应用现状（技术思路和研究方法）

大模型技术以其强大的数据处理与智能分析能力，正逐步渗透到社会经济的各个角落，推动不同行业实现智能化升级与转型。"大模型+传媒"可以实现高效撰写稿件，丰富报道角度与深度，成本更低廉；"大模型+影视"可以激发创作灵感，挖掘创意点，拓宽创作思路，提升作品的艺术品质和技术质量；"大模型+营销"可以打造虚拟客服，提升用户体验；"大模型+娱乐"可以智能分析用户喜好，激发用户体验热情，增加互动的趣味性和娱乐性；"大模型+军事"可以增强军事情报和决策能力，提升整体作战效能；"大模型+教育"可以量身定制个性化教育，提升学生学习效率与兴趣；"大模型+医疗"可以智能分析医疗影像数据，提供精准诊断与治疗决策。大模型技术

的进步为人类社会提供了强有力的推动，促进了数字世界与现实世界的深度融合，使得这种共生关系更加便捷和高效，如图1所示。

2.1 煤矿行业

针对单场景小模型方案的问题，山东能源集团推出矿山大模型解决方案，采用"1+4+N"总体架构，以分层解耦架构为特点，结合数据安全和隐私保护技术，利用无监督或自监督学习方法，从行业数据中提取知识，以满足煤炭行业不同业务场景的智能化需求。

煤炭生产过程中的井下作业是煤炭开采中最具挑战性和危险性的环节，尤其是采掘施工作业。传统的防冲卸压施工监管方式，采用井下录制视频、井上对视频逐个进行人工核验。同时，人工鉴别视频，不仅审核工作量大，效率低，还会导致漏检或误检。针对防冲卸压场景，提出了一种基于矿山大模型和矿企应用协同、云边协同的智能化解决方案。矿山大模型在防冲卸压场景实践中，实现显著的效果。它减少了审核工作量，降低了约80%的人工审核工作量。实现了从隔天核验变为退杆结束后实时出结果，打钻深度不足时系统会发送告警，井上冲击地压监控中心可以实时查看井下工程作业情况。

2.2 电力行业

在能源电力领域的数字化转型浪潮中，国家

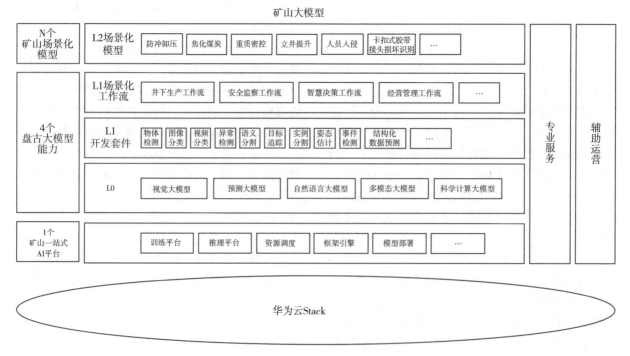

图1 矿山大模型总体架构

电网与百度强强联合，共同研发了面向电力行业的"国网-百度·文心"大模型。该模型充分利用了双方的数据资源优势，从海量数据中提炼出电力行业的核心价值信息，并融合了国网多年电力业务实践中积累的丰富样本数据与独特专业知识。在模型训练过程中，双方结合先进的预训练算法与深厚的电力领域业务理解，精心设计了针对电力领域实体识别与文档分类等任务的预训练策略，使文心大模型能够深入领悟电力行业的专业精髓，显著提升在国网实际场景中的应用效能。

"国网-百度·文心"大模型作为电力行业自然语言处理领域的一次重大突破，已经在电网设备运维、ICT客户服务等多个业务场景中展开了试点应用，结果显示，相较于传统的小规模模型技术，"国网-百度·文心"大模型在电力专业术语分词任务上展现出卓越性能，F1评分提升显著，达到了92%，较之前提高了9%。同时，在电力营销敏感实体识别任务中，该模型同样表现出色，F1评分高达95%，实现了13%的显著提升。这些结果证明了"国网-百度·文心"大模型在处理电力行业特定任务时的有效性和优越性，如图2所示。

2.3　钢铁行业

钢铁行业是中国国民经济的重要基础产业，为国家建设提供了重要原材料保障，有力支撑了中国工业化、现代化进程。华菱湘钢部署的智慧焦化配煤系统，依托盘古大模型深度挖掘原料煤之间的配伍性和特征相关性，将配煤大数据与机理结合，并融入专家经验，结合业界先进配煤理论科学配煤。借助天筹求解器提升决策优化能力，输出一个配比仅需要约30秒，同时通过优化配比，

平均每吨配合煤成本可降低5元/吨，在大幅降低生产成本外极大降低能耗，实现降本增效目的。

2.4　油气行业

在油气行业，实现了胜小利油气大模型，主要的应用场景有高效交互、知识沉淀和工作助手三个方面。在高效交互方面，在传统图形界面交互越来越复杂的情况下，每天需要花费大量的时间用于查询系统数据，还存在着复杂专业软件操作门槛高，不容易使用的弊端，在这种情况下，胜小利油气大模型提供了一种非常高效的交互方式，节省大量操作时间，节约企业运营成本，还能帮助用户越过复杂专业软件的高门槛，直接与胜小利油气大模型进行交互得到自己所需的数据。

油气大模型人工智能能够与用户进行智能交互，大模型收到用户请求后作为智脑进行处理，如果遇见了自身无法解决的问题，会调用智能工具箱中的模型、数据、应用、组件等得到结果，对所有结果进行整理后返回给用户。未来将会打造油气人工智能应用服务体系，从勘探处理解释、油田开发生产、油藏经营等多方面完善服务体系。胜利油田作为AI研发测试资源区与中石化总部人工智能计算服务资源中心实现云边协同油气人工智能计算体系。

3　油气管网行业大模型应用展望（结果和效果）

3.1　实时检测管道设备的全生命周期智能运维

油气管网是国家能源安全的生命线，其系统规模庞大，赋存环境复杂，介质高压易爆，安全运行面临诸多威胁。许多油气管线已运行多年，

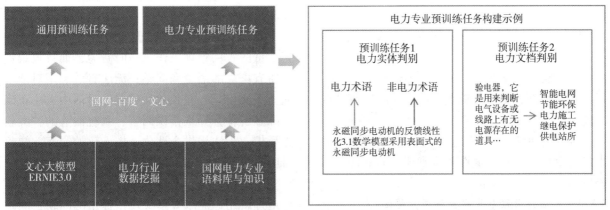

图2　国网-百度·文心大模型

随着时间的推移，原本位于偏远地区的管道现已处于居民区、教育机构、医疗机构以及工业设施等建筑群之中。这些管线穿越了人口稠密区域，面临着安全防护距离不足的问题。同时，城市市政管网与地下油气管道的交错布局，加之频繁的第三方施工活动对管道造成的占压，对油气管线的安全运营构成了严峻挑战，进而影响到国家能源系统的整体安全性与稳定性。统计表明，中国50%以上的油气管道故障来自第三方入侵，包括意外机械施工、人工挖掘、打孔盗油等，单纯依靠人工巡检显然难以为继，运维压力不断增加，亟需结合人工智能技术缓解设备运维的压力。油气管网设备运维的效果，直接影响着油气传输的效率和安全。

基于大模型的设备智能运维技术可以助力预测管道设备维护需求、提高设备运行效率、降低设备故障率。这种技术能够显著增强设备管理的智能化和自动化水平，进一步提高整体运营效率和可靠性。

目前管道实时风险监控和风险预测是两个关键的领域，它们通常依赖于多种类型的传感器和参数。这些传感器和参数帮助识别可能导致管道故障的早期迹象，如泄露、破裂、腐蚀等。比如压力传感器、温度传感器、声波传感器、光纤传感器（全路径）和腐蚀传感器等，监测压力、温度、腐蚀率等参数。

利用传感器和视觉大模型通过"云边端"的架构模式对地下管道本体等设备进行实时监控运维，对管道等设备的腐蚀、破坏等风险及时发现并反馈，实现对管道设备的智能运维。具体场景如下：

（1）边缘设备部署：在管道系统的关键节点部署带有摄像头和其他传感器的边缘设备。这些设备可以实时捕获视觉和其他类型的数据。

（2）视觉大模型优化：将视觉大模型化以适应边缘设备的处理能力。

（3）实时数据处理：在边缘设备上运行模型，以实时分析图像数据，识别泄漏、裂纹、腐蚀或其他异常。

（4）本地决策：使边缘设备能够在本地做出快速反应和决策，如在检测到泄漏时立即发出警报。

3.2 智能能源管理及管网系统调度优化

石油管道作为主要的能源密集型行业之一，

应尽快推进智能化转型，将减少能耗损失与碳排放作为战略重点。然而，净零排放不可能是偶然或一蹴而就的。石油在未来很长一段时间内仍是能源利用的主体，传统石油工业的转型对节能减排具有重要意义。

大模型可以通过实时监控和数据分析，对管网系统进行智能调度，为系统运行线提供智能优化建议，提高可再生能源的利用率。例如，谷歌的DeepMind已经成功应用于英国的风力发电场，通过精确预测风力发电量，提高了风电的整体利用效率。而在油气管网领域上，可以通过实时监控运行线的能耗、物料消耗等数据，利用大模型实现运行过程的自动调整，降低能源消耗和碳排放。也可以基于预测结果，建立大规模的碳减排模型，结合管网系统的运行数据和碳排放数据，可以评估不同的碳减排策略对管网系统的影响，并制定最优的碳排放策略，合理规划能源供应，调整管网运行参数，通过调整生产计划、设备升级等方式实现能源消耗的精细化管控，降低能源成本。

3.3 智能问答

油气管网是连接油气生产、加工、储运、销售等环节的重要纽带，是国家能源战略的重要组成部分。随着人工智能技术的不断演进，大语言模型的出现为油气管网领域带来了全新的智能化解决方案技术。在油气管网领域，大语言模型可以应用于智能问答系统中，为工程师、操作人员和管理人员提供快速准确的问题解答和决策支持。

问答系统和专家系统存在着一些不足之处，在处理复杂语境时，传统问答系统和专家系统通常基于规则和模板，对复杂语境和自然语言理解有限，往往无法很好地处理语言的多义性、歧义性和语境依赖性；传统问答和专家系统通常需要人工制定规则和构建知识库，这个过程中需要进行大量的查阅整理工作，费时费力，而且很难覆盖所有可能的语境和问题；无法有效利用对话中的上下文信息，在长对话或多轮对话中无法正确跟踪和解释，导致错误回答，系统回答的答案较为死板，无法提供个性化、拟人化的交互，缺乏对用户情感和语气的识别能力等。

通过结合大模型技术构建智能问答系统，更好地理解用户需求并解决用户提出的问题，满足用户日益增长的个性化需求，提高用户使用体验和满意度。大模型技术在智能问答方面具有更强大的性能，能够更好地理解和生成自然语言，同时具备更强的语义理解能力和泛化能力，快速适应不同领域和语境的需求，还能够更好地理解和利用对话中的上下文信息，在多轮对话中保持一致性，更准确地回答基于先前内容的问题。此外，大模型技术能够识别和理解用户的情感，提供更加拟人化的回应，还能够基于用户的个人信息、历史交互和偏好，提供更个性化的回答，增强用户体验。综合来看，结合大模型技术能够很好地完成油气管网领域的智能问答需求。

3.4 油气管网智能决策

现实油气管网中存在复杂繁多的风险事件，目前的已有算法多数算法是具有行业特色的长尾算法，存在训练素材少、训练周期长、推广范围窄等现实问题，同时，油气管网数据存在冗余严重、一致性差、共享度低、维护难度大等特点，传统的数据分析方法以及基于人工经验的决策已难以满足智能决策的需求，随着现代生产管理与信息化的深度融合，在理论和应用方面还有许多需要继续探索和完善。

针对目前智能决策在油气管道方面存在的问题，可以将油气管道与基于大模型的智能决策融合起来。基于大模型的智能决策，为油气管网的管理、运营和安全带来了新的可能性，智能决策有望在油气管网运营中发挥更重要的作用。大模型可以实现对设计、运行、维护时产生的数据图表，各种报告等多维数据的提取、处理等操作，随着数据采集技术和传感器技术的进步和实时数据的不断积累和模型的持续学习，大模型可以更加精确地预测管道的维护需求和故障风险，实现更准确的安全风险评估和预测性安全管理，这将有助于提前识别潜在的安全隐患，采取有效的预防措施，最大程度地降低事故发生的概率，实现管道风险预测、故障智能诊断、设备远程控制等功能，以实现决策的自动化和智能化，提高工作的效率和水平，帮助建立更准确、精细化的维护计划，以更好地保障油气管网的安全、稳定、高效运行。

同时，大模型能向大数据的智能提取和实时更新方向发展，实时监测管道状态，结合大数据分析，实时监测、数据分析、预测建议等将更加精准、迅速，实现数据全面统一、系统融合互联、运行智能高效，为运营者提供更准确、实用的决策建议，这将帮助优化管道流量、预防性维护以及动态管控，提高管道系统的效率，更加高效地利用资源，减少能源浪费，促进能源的可持续利用。

4　结论

近年来，人工智能技术已经跃升到一个崭新的纪元-大模型时代，这一飞跃，大模型将会成为新一轮新质生产力变革的核心力量。在国内"百模大战"的同时，虽然"大模型+行业"的技术路线还未成熟，实际落地面临重重障碍与挑战，但其发展具有巨大的潜力，油气管网行业要牢牢把握大模型技术机遇，深刻理解油气管网大模型的独特性和复杂性，但是要保持谨慎态度，始终以油气管网业务为主导，稳步实施油气管网行业大模型的建设与应用。

参　考　文　献

［1］邸春雨，李明晖.浅析提升油气管道本质安全管理水平的若干措施［J］.石化技术，2024，31（07）：338-340.

［2］陈朋超，马云宾，张斌等.现代管道运输系统构建与发展［J］.前瞻科技，2024，3（02）：8-18.

［3］乔士航，朱梦茹.中国油气智慧管网的现状与发展［J］.化工管理，2024，（05）：18-21.

［4］罗锦钏，孙玉龙，钱增志等.人工智能大模型综述及展望［J］.无线电工程，2023，53（11）：2461-2472.

［5］张宇，王玉梁.大模型在知识管理中的应用与挑战［J］.知识管理论坛，2024，9（03）：227-236.DOI：10.13266/j.issn.2095-5472.2024.017.

［6］张钦彤，王昱超，王鹤羲等.大语言模型微调技术的研究综述［J/OL］.计算机工程与应用，1-22［2024-07-29］.

［7］Radford A，Narasimhan K，Salimans T，et al. Improving language understanding by generative pre-training［EB/OL］.（2018-06-11）.

［8］Brown T，Mann B，Ryder N，et al. Language models are few-shot learners［C］//Proceedings of the 33th International Conference on Neural Information Processing Systems（NeurIPS）.Cambridge：MIT Press，2020：1877-1901.

［9］OpenAI. GPT-4 Technical Report［J］. arXiv：2303.08774，2023.

［10］Han K，Wang Y，Chen H，et al. A survey on vision

transformer［J］.IEEE Transactions on Pattern Analysis and Machine Intelligence, 2022, 45（1）: 87–110.

［11］Touvron, Hugo, et al. Llama 2: Open foundation and fine–tuned chat models［J］. arXiv: 2307.09288, 2023.

［12］刘安平, 金昕, 胡国强. 人工智能大模型综述及金融应用展望［J］. 人工智能, 2023, （02）: 29–40.

［13］刘合, 任义丽, 李欣等. 油气行业人工智能大模型应用研究现状及展望［J/OL］. 石油勘探与开发, 1–14［2024–07–29］.

［14］蔡睿, 葛军, 孙哲等. AI预训练大模型发展综述［J/OL］. 小型微型计算机系统, 1–12［2024–07–29］.

［15］熊华平, 赵春宇, 刘万伟. 油气大模型发展方向及实施关键路径［J］. 大庆石油地质与开发, 2024, 43（03）: 214–224.

［16］AI大模型首次在矿山领域商用［J］. 黄金科学技术, 2023, 31（04）: 579.

［17］邵文. AI落地关键是解决技术与应用场景间鸿沟［J］. 服务外包, 2022, （08）: 46–48.

［18］孟姣燕, 何展. 树立全球钢铁行业数智化转型新标杆［N］. 湖南日报, 2024–04–29（003）.

［19］刘小溪. 胜利版"ChatGPT"来了［EB/OL］. 中国石化新闻网, 2023–12–20.

"仪表云"智能管理平台建设

——石化行业仪表智能管理平台应用场景浅见

雷少华　于忠健

（中国石油宁夏石化公司）

摘　要　当今世界正经历新一轮科技革命和产业变革，我国"十四五"规划明确提出"加快数字化发展，建设数字中国"的战略目标。中国石油积极响应，通过数字化转型，以"数字中国石油"为目标，持续推进新型数字化能力建设。

近十年来随着科技发展，石油化工企业的自动化程度日渐提高，自动化控制系统和智能仪表被广泛应用于石化企业的方方面面，构筑了高效有序的现代化生产监控网络，是石化企业安全环保生产的"神经中枢系统"。智能仪表设备和各类自动控制系统如何在"数字中国石油"建设中发挥作用，是必须要深入探索的一件事情。

目前，石化企业中多由仪表专业人员负责管理和维护各类与生产和安全相关的控制系统。仪表维护人员业务素质水平，直接影响石油化工"神经中枢系统"能否正常运行，更关系到整个生产装置能否安全生产。然而，由于历史原因和社会环境的变化，石化企业内部仪表专业的从业人员流失和断层现象日趋严重。显然，在石化行业的自动化智能化不断提高的前提下，高水平从业人员的减少势必造成人均仪表维护量和维护难度的大幅提升。

为缓解并最终解决上述人员和设备的矛盾，本论文提出了一种将智能工厂大数据技术应用于仪表维护人员的基础工作的场景和解决方案。将所有仪表设备的信息和其安装使用环境信息采集到数据库之中，结合智能仪表在线监控系统，对现场固有的风险和作业中可能遇到的风险给予预警，使人员提前熟悉设备和现场信息，了解作业风险，做到未卜先知、有的放矢，以此提高员工的工作效率和正确率，降低误操作风险。另外，随着大数据平台的逐步使用，平台可以自动记录更多的故障处理记录和维护记录，对记录的数据进行分析和统计，可得到检修维护工作中出现的薄弱环节，帮助仪表管理部门更精确、更高效的对现场仪表进行管理，达到预防性维护、精准采购备件等目的。在大面积和长期使用后，还可以得到更有价值的仪表失效数据库，为国内化工装置的安全评价工作，提供符合中国国情的数据。

关键词　石化企业、安全环保生产、智能仪表、大数据、失效数据库。

1　引言：当前背景和需要解决的问题

1.1　研究背景

石油化工行业做为国家发展不可或缺的一个行业，不能因为环保、安全要求严格了，就畏手畏脚、不再发展。所以如何做到安全、环保和企业效益做到相互协调、相互统一，是当前企业共同面临的一道难题，从化工自控从业者的角度来看，作为连续生产的企业，只有在保证安全、环保的大前提下，只有规模化、长周期稳定生产，才是保证企业正常生产和正常盈利的关键，毕竟安全设施和环保设备的投入对企业来说是巨大的，这会占用相当多的资金，在此情况下，唯有少停工或者不停工才能减少企业的损失，为企业带来效益。影响化工企业连续正常生产的因素，主要包括：市场波动、政策调整、外部电网、动设备故障、静设备故障、仪表故障、控制系统故障、人为操作失误、其他突发情况等。其中动设备、静设备、仪表设备、控制设备、人为操作失误均属于化工企业内部管理、维护的范畴，为化工企业自身可控因素，所以如果在维护手段到位、管理措施合理，应该可以将企业自身因素原因引起的非正常停产、安全事故事件或环保事故事件降低到最低。

做为化工自动化生产控制系统管理、维护的关键组成部分，仪表人员也逐渐出现人员结构断层、数量逐年减少的趋势，但是DCS、SIS、ITCC等自控系统或安全系统在石化行业的普及率越来约高，需要维护的自控设备也越来越多；可以发现在设备逐年递增的情况下，仪表人员数量却逐年降低，人均仪表维护量也在逐年上升，如此形成一种设备和人的矛盾；那么，在管理日趋严格的情况下，如何缓解或解决上述矛盾？如果能将大数据技术应用到仪表人员的工作上，通过信息技术提高人员工作效率和工作质量，则可从一定程度上缓解人员与设备的矛盾；伴随着大数据平台的逐步使用，大数据统计出的数据可帮助仪表管理部门更精确、更高效的对现场仪表进行管理。真正将信息化和工业化结合起来，让两化融合方案在石油化工行业生根发芽，通过信息化技术，提高维护、管理、操作水平及作业效率，将化工企业自身原因引起的各类非正常停车和各类事故事件将到最低。主要体现在以下方面：

（1）构建信息化自控设备平台；

（2）实现维护、操作作业的电子化辅助，提高效率和正确率；

（3）通过大数据、大模型统计分析所有的操作、维护等记录，实现预防性、预知性维护和精准化采购等业务；

（4）构建化工行业自身的故障、事故数据库，将其转化为数字化资产，为今后相关石油化工项目中的HAZOP分析和SIL等级评估提供更符合中国国情的可靠数据。

1.2 企业仪表管理和维护现状

1.2.1 国产化大化肥装置简介

宁夏石化45/80大型国产化肥项目，是集团公司"大型氮肥国产化成套技术开发"的重大科技项目，是国内首家采用自主知识产权、独立设计和建设的大型氮肥厂，达到国内外先进水平。主要设备国产化率达94%以上。本项目的建设对促进集团公司下游业务的延伸发展，加速西北地区天然气资源的利用和开发，促进大型化肥装置关键设备国产化，促进当地经济发展和社会发展具有里程碑意义。该项目最大的意义就是实现了大型化肥项目建设的国产化，为中国大型化肥项目国产化积累经验。

1.2.2 控制系统及自控设备情况简介

由于是新建装置，其自动化程度较该石化公司原有80年代进口的化肥装置有极大提升，其中全厂DCS系统一套、ITCC机组控制系统5套、SIS系统1套，BMS（燃烧管理控制系统）系统1套，具体配置容量见表1：

全装置仪表设备台件数近3000台，各类仪表设备动静密封点21374个；详见表2：

表1 国产化肥装置各类控制系统容量表

控制系统	品牌	AI点/个	AO点/个	DI点/个	DO点/个	合计点数/个
全厂DCS（含GDS）	和利时	2040	612	760	608	4020
全厂SIS	施耐德	160	0	224	320	704
空压机ITCC	施耐德	96	16	64	32	208
氨压机TICC	施耐德	64	16	64	32	176
CO_2压缩机ITCC	施耐德	96	48	64	32	240
天然气压机ITCC	施耐德	64	16	32	32	144
合成气压机ITCC	施耐德	128	32	64	64	288
开工锅炉BMS	西门子	80	24	136	96	336
合计点数/个		2728	764	1408	1216	6116

注：AI（Analog Input）模拟量输入。AO（Analog Output）模拟量输出。DI（Digital Input）数字量、开关量输入。DO（Digital Output）开关变量、布尔量、数字量输出。

表2 仪表数据表

仪表类型	调节阀（开关阀）	流量仪表	温度仪表	压力仪表	液（料）位仪表	分析仪表	气体检测仪表	机械量仪表
数量/台	625	240	882	592	223	68	70	183

1.2.3　仪表日常工作及工作环境简介

1.2.3.1　仪表专业日常作业、管理制度和操作规程分类

目前仪表维护工作的常规工作内容：日常巡检、仪表防暑、仪表防冻保温、仪表设备漏点消除、仪表阀门异常动作检查及维护、现场仪表检测设备误指示或失灵处理、现场仪表设备的低标准处理、DCS/SIS/ITCC/GDS等各类控制系统的日常维护和管理、配合工艺对装置进行停工检修、配合工艺对相关设备进行停工检修、装置的各类改造或者技改项目、配合工艺分析各类事故事件，并对其进行整改。

仪在专业管理上涉及到的日常管理制度见表3：

表3　管理制度表

序号	制度名称	序号	制度名称
1	仪器仪表及自动控制管理规定	14	班组备表备件、标准仪器保管规定
2	仪表联锁系统管理规定	15	仪表防冻保温管理规定
3	仪表技术管理规定	16	仪表风管理规定
4	仪表设备管理规定	17	控制系统管理规定
5	仪表检修管理规定	18	仪表机柜间及工程师站管理规定
6	仪表专业竣工装置验收管理规定	19	机组控制系统管理规定
7	仪表与其它专业的业务划分管理规定	20	仪表"四率"管理规定
8	仪表巡回检查管理规定	21	可燃（有毒）性气体检测报警器安全管理规定
9	仪表维护保养管理规定	22	中控室控制系统管理规定
10	仪表强制保养规定	23	工业闭路电视监控系统管理规定
11	车间仪表的备品、配件管理	24	火灾报警系统管理规定
12	放射性仪表管理规定	25	通信网络系统管理规定
13	仪表库房管理规定	26	在线分析仪表管理规定

仪表专业在石化企业日常的作业有：常规维护及维修作业、联锁解除或联锁投用操作、计量校验作业、防冻保温作业、防暑作业、联锁校验、控制回路校验、执行机构测试等；其中这些作业往往要和上述的八大危险特殊作业交叉进行，例如在处理某调节阀门故障时，可能该调节阀的安装位置处于高空、在处理时可能还会用电，这就涉及到高空作业和临时用电作业；又比如要处理地井里的超声波流量仪表，这就涉及到受限空间作业或吊装作业。

可见，仪表工的工作看似类型狭窄，但实际是一个涉及到几乎所有作业类型的复杂型工种。

仪表人员在进行工作时还要针对不同的设备或仪表准备不同的作业工具，常见的作业工具有：万用表、各类螺丝刀、各类扳手、HART手操器、过程校验仪、防爆工具等。一般作业时，仪表人员会根据不同的仪表设备和故障现象，采用不同的工具。

根据不同的设备，仪表人员要选用该设备对应的操作规程，日常作业涉及到的规程见表4：

表4　仪表规程表

序号	开关类仪表	序号	检测类仪表
1	压力开关维护检修规程	10	钢带液位计维护检修规程
2	差压开关维护检修规程	11	同位素液位计维护检修规程
3	流量开关维护检修规程	12	电容（导钠）式液位计维护检修规程
4	电接点压力表维护检修规程	13	浮筒或液位变送维护检修规程
5	温度开关维护检修规程		流量类仪表
6	浮球（筒）式液位开关维护检修规程	14	容积式流量计维护检修规程
	检测类仪表	15	旋涡（涡街）流量计维护检修规程
7	节流装置维护检修规程	16	电磁流量计维护检修规程
8	热电偶维护检修规程	17	转子流量计维护检修规程
9	热电阻维护检修规程	18	质量流量计维护检修规程

续表

序号	流量类仪表	序号	分析类仪表
19	电动变送类仪表	45	红外线气体分析器维护检修通用规程
20	压力变送器维护检修规程	46	硅分析器维护检修通用规程
21	差压变送器维护检修规程	47	工业电导仪维护检修通用规程
22	法兰或液位变送器维护检修规程	48	工业酸度计维护检修通用规程
	辅助类仪表	49	可燃、有毒气体检测报警器维护检修通用规程
23	定值器与过滤减压阀维护检修规程	50	在线烟气仪表维护检修规程
24	电磁阀维护检修规程	51	硫磺比值分析仪表维护检修规程
25	气动阀门定位器维护检修规程		控制系统
26	气动继动器维护检修规程	52	DCS控制系统维护检修规程
27	智能定位器维护检修规程	53	PLC系统维护检修规程
28	智能阀位传感器维护检修规程	54	SIS系统维护检修规程
29	机械位置开关维护检修规程	55	ITCC系统维护检修规程
30	感应式位置开关维护检修规程	56	GDS系统维护检修规程
	执行器类仪表	57	FAS系统维护检修规程
31	气动薄膜调节阀维护检修规程	58	BMS系统维护检修规程
32	气动蝶阀维护检修规程		其他仪表
33	电动执行机构维护检修规程	59	雷达式液位计维护检修规程
34	气缸式球阀维护检修规程	60	超声波液位计维护检修规程
35	气缸式切断阀维护检修规程	61	质量流量计维护检修规程
	机械量仪表	62	超声波流量计维护检修规程
36	振动探头维护检修规程维护检修规程	63	EJA智能变送器维护检修规程
37	位移探头维护检修规程	64	3051型智能变送器维护检修规程
38	机组状态监测仪维护检修规程	65	电子秤维护及校验规程
39	智能转速表维护检修规程	66	色谱仪维护检修规程
	分析类仪表	67	DDG—5203电导率分析仪维护检修规程
40	取样装置维护检修通用规程	68	氧分析器维护检修规程
41	COD分析仪表维护检修规程	69	火焰检测器维护检修规程
42	热导式气体分析仪器维护检修通用规程	70	光纤熔接和测试规程
43	热磁式氧分析仪器维护检修规程	71	二次电流显示仪表维护校验规程
44	氧化锆分析器维护检修通用规程		

一般仪表人员的专业性工作由一般来源以下情况：①自主巡检时发现的问题；②工艺生产人员在操作时发现的问题；③装置或设备临时停工引起的抢修；④计划内的装置停工检修；⑤各类型技改项目或新建项目。

根据目前的管理要求，在通常情况下，一个经验丰富的仪表工一般会遵守以下作业流程：（1）和提出问题的人员确认仪表设备的位号和故障现象；（2）判定该仪表是否带有自动控制，如果带有自动控制则需将该控制回路从自动控制状态改为手动控制，避免在进行作业时发生自控回路失控的现象；如果故障仪表是调节阀等执行机构，还需要工艺将工艺流程改为副线，将调节阀切出进行检查；（3）判定该仪表是否参与联锁保护，如果参与联锁保护，则需要在SIS系统中，将该联锁回路进行切除或强制，避免在检查仪表时发生误联锁造成误停工；（4）办理作业票、如果有联锁，办理联锁解除票；（5）到现场进行风险确认，进行工作安全分析JSA（JobSafetyAnalysis），一般需要确认的内容有，是否为高空作业、是否需要动火、是否带有机械伤害、作业现场环境是否会气体中毒、是否发生着火爆炸、介质是否高温高压、介质是否有毒、是否为受限空间作业等等；（6）根据JSA的分析结果，准备相关的防护工具和作业工具；（7）到达现场，按照该设备的操作规程进行相关作业；（8）作业过程中进行相关的安全监护；（9）作业完成后恢复相关操作，关闭相关票证。（10）票证整理，上交纸质版票证进程留底；同时对票证拍照，上传至设备管理平台，留存电子版。

1.2.3.2　日常作业环境

石油化工装置常见的有毒有害物质和易燃易爆物质见表5：

表5　有毒有害物质和易燃易爆物质表

毒性气体	一氧化碳	二氧化硫	氨	环氧乙烷	氯化氢	溴甲烷	氯	硫化氢		二氧化氮	氰化氢
易燃易爆品	柴油	丙烯	乙烯	乙炔	苯	汽油	煤油	硫化氢	石油醚	液化气	一氧化碳

炼化装置根据不同工艺生产阶段的化学、物理反应的不同，其操作压力从 –1MPa 到 40MPa 不等、操作温度从 –200℃ 到 1500℃ 不等。对于装置中存在的各类型有毒有害物质，以及各种危险环境中的作业，均要准备不同的防护措施。

1.2.4　仪表维护人员机构

车间为该化肥配置的仪表运行和维护人员 19 人，其中男性：14 名，女性 5 名；年龄分布为：60后6人、70后5人、80后5人、90后3人；年龄跨度近30年；学历分布为：技校6人、大专7人、本科6人；具体比例见图1：

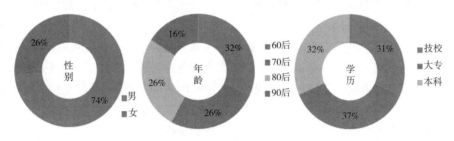

图1　仪表维护人员比例图

同样类型的装置，例如该公司另一套进口化肥装置，在正常生产阶段其仪表维护和运行人员多达60人，是现有装置的3倍；反之，可以看到国产化肥装置人员的人均仪表台件数是进口化肥装置人均台件数的3倍。

1.2.5　目前仪表专业基础工作中的一些现状和问题

（1）车间各类设备的基础资料、变更文件、各类检维修记录及票证多以纸质版资料存档，实用性差，例如设备技术档案或者各类票证的管理等。而且根据相关管理规定、大检修记录要留存2年，作业票证要留存1年，随着工作的进行，逐渐积累下大量的纸质资料，但如若从中查找某一项作业记录，务必会耗费相当的人力和时间，从侧面造成管理成本上升。

（2）虽然有一部分设备台帐、设备资料、设计资料等实现了数字化或电子化，但均以单本的形式存在，并没有将其有效的整合或者关联起来，而且有少许电子资料还存在一定的错误或者缺失，出现部分技术档案的脱节，缺失。当需要该方面的资料时，无法有效的获得，也加大了仪表维护管理工作的难度。

（3）每年为迎接各类检查，车间要耗费大量人力和时间收集、整理各类资料和票证，但仍然会出现一些纰漏，例如作业票证不能按要求填写，频繁出现填写错误或者漏填等现象；仪表设备台帐信息不全面，缺少内容或其他类似的问题，致使检查的结果总是低于期望值。

（4）近年公司通过技改或者产品升级而新建的装置逐年增加，需要维护的设备也逐年增多，但车间人员没有及时进行补充，并且伴有人员断层现象，人员结构成两极分化，年龄偏大的员工虽然工作经验丰富、处理问题的能力强，但体力和精力呈明显的下降趋势；年轻员工虽然体力和精力旺盛，但工作经验不够丰富、处理问题的能力较弱，总体来看车间日常维护力量和技术力量较前几年显得有些捉襟见肘；部分员工在面对平时接触较少的设备时，没有信心动手操作或进行维护检修，即便勉强进行操作，也极可能因为误操作造成不必要的事故事件发生，为生产的安全平稳带来人的不稳定因素。

（5）由于员工数量逐年减少而设备逐年增多，面对公司的一些管理要求，在班组人手紧张或现场作业任务较多时，不能做到按时、按质、按量完成，例如检修项目结束后，班组人员要将票证等检修证据进行拍照，然后才能上传检维修记录、录入设备故障模块信息等，这在无形中就增加了工作量，且人员不能将所有信息都进行录入，总有遗漏掉的信息，最终使管理的目的打了折扣。

（6）最近几年，由于装置增多，自动化程度提高，现场的仪表设备越来越多，再加上人员主观能动性有所下降，不能主动熟悉和掌握现场的具体情况，维护人员对装置现象的熟悉程度较以往明显下降。举例说明：在以往，如果现场仪表出现故障，工艺人员通知仪表人员能凭借自己的现场的熟悉程度，很快到达作业现象进行问题处理，但是最近几年，大多数仪表人员在处理问题时，很难快速准确的到达仪表设备现场，特别是遇到类似高层装置时，往往要逐层查找仪表，非常浪费时间，且极容易耽误故障处理的最好时机，严重时问题尚未解决，生产已经发生波动甚至事故。这说明在化工企业，快速抵达现场进行检维修和急救医生快速到达病患家里是一样重要。

（7）仪表人员在现场作业时，还经常会碰到以下情况：需要对仪表进行深入检查时，发现没有携带专用的工具，需要再次回去拿工具或用对讲机联系其他人员将工具送到现场；需要打开某一设备的外壳时，发现所携带的工具中没有带设备对应的工具，需要再次回去拿工具或用对讲机联系其他人员将工具送到现场；到达现场后，发现该设备在高空之中，需要系挂安全带或使用登高架，需要联系人员送来安全带或本人回去拿；诸如此类的情景，在实际工作中经常遇见，这种现象不仅仅是导致工作效率低下，更是会对生产带来不利因素。

另外，在仪表人员把工具都携带齐全的情况之下，还会出现一种多发的情况，遇到的问题不会解决，常规的操作规程上也无法满足，这时又需要回到办公室和同事相互商议或咨询厂家等，导致仪表故障无法及时解决，给生产带来不利影响。

（8）采购备件的目的是为了在仪表设备发生故障或需要进行维修保养时有可用零配件，以保证生产装置的安全长周期稳定运行。备件的机会成本就是在备件购买后的使用可能性和及时性，如果备件购进后长期不能被使用，就会造成浪费，提高备件的机会成本。目前车间检维修备件提报的准确性还有提高的空间，但由于缺少相应的数据支持，车间在上报备件时，一般根据经验来采购备件，或者当现场设备实际出现故障后，才采购备件，这就造成了机会成本的上升。

综上，如果将上述基础性的资料、日常维护工作、日常管理等工作相结合，将其通过信息化手段有机的衔接起来，实现大数据，通过大数据分析可以较大程度的缓解或解决上述情况，简化车间的基础性工作，让员工将更多的精力投入到生产现场，让工作更加贴近现场。

2　技术思路和研究方法

通过国产大化肥装置深入调研、研究，根据仪表自控专业对炼化类装置的建设、开工、保运、维护、管理、停工检修等各环节、各层级的实际经验和切身感触，对当前化工行业，乃至整个流程工业中自控仪表专业存在的各种实际情况进行分析，结合现在企业的各类管理实际及国家相关管理机构的强制性要求，响应国家"数字中国"战略，"数字中国石油'建设，探索在信息化、大数据、智能化越来越普及的今天，如何利用数字化技术提升自控仪表行业的管理效率和安全水平，构建更符合仪表专业使用的"仪表云"数字平台，基本思路内容如下：

（1）当前石化企业中各类控制系统和仪表的使用情况；

（2）分析现今石化企业仪表专业在管理和维护上存在的问题；

（3）自控仪表专业在化工行业安全、稳定生产方面扮演的角色；

（4）提出构建自控仪表大数据平台或云平台；

（5）大数据平台的应用和意义。

当前，各类型的工厂数字化平台很多，但绝大部分偏重于生产、经营、管理，很少有人关注对实现自动化的设备的数字化管理。例如，近几年很流行的装置三维可视化技术，它仅仅实现了现行大型设备、阀门、管线的三维化，也许是因为自控设备过于繁多、且体积很小，所以没有把自控设备的三维形象融入其中，好比画了一个人，只将人的骨架进行了描绘，而感知和控制人行为的五官、神经却未进行描绘。长久的忽略造成了自控设备的管理维护水平跟不上自控设备和数字化技术的发展水平，就好像无人汽车很好，先进，但对其后期维护保养却很传统，使用和维护水平之间脱节。

作为一个专业性较强，以电仪设备维护和检修为主要业务的基层部门，在自动化程度大幅提高的当下，我们需要建立一个更有针对性，更加适用于基层人员使用的"专业平台"，来提高基层员工的工作效率，减少人为误操作的概率。结合现在化工企业的各类管理实际及国家相关管理机构的强制性要求，响应国家"数字中国"战略，"数字中国石油'建设，探索在信息化、大数据、智能化越来越普及的今天，如何利用数字化技术提升自控仪表行业的管理效率和安全水平，基本思路内容如下：

（1）当前石化企业中各类控制系统和仪表的使用情况；

（2）分析现今石化企业仪表专业在管理和维护上存在的问题；

（3）自控仪表专业在化工行业安全、稳定生产方面扮演的角色；

（4）提出构建自控仪表大数据平台或云平台；

（5）大数据平台的应用和意义。

2.1 主要创新点、关键环节

将仪表相关的设备、资料等信息要变化为大数据，它的目标是为实现仪表设备的安全生命周期管理、提高维护效率、实现设备性能跟踪、提高设备利用率。要解决以下问题：

①缺乏设备资产运行数据，目前管理数据不能有效体现设备运行性能；

②缺乏设备维护过程的历史详细记录，造成停车50%左右设备故障都在以前发生过，历史详细信息缺乏，影响企业的预防性维护能力；

③缺乏设备健康与可靠性全面监控、分析，限制了设备信息共享与可靠性管理的业务合作；

④设备运行与维护计划与执行情况的不一致以及结果反馈不及时，导致设备运行维护不能实现闭环优化。

⑤数字化资产的支撑。数字化资产需要各种装置和设备数字化的支撑，涉及到装置、动设备、静设备、电气仪表和备品备件方面的详细内容。

上述的大数据和信息化要实现，可以分两部分，一部分是资料收集整理；另一部分是云端平台的搭建；重点在于基础资料和基础数据的收集，要保证基础资料的完整性和准确性；云端平台的搭建可以联合专业软件设计人员，按照我们的要求进行设计和实现。可先选择一套规模较小的装置进行试验，测试可行性，如果可行，则进行推广；即便不可行，也可以通过这个项目得到现场的详细基础资料，并不会对人力、财力、时间等造成浪费。

大数据平台需要分三部分进行：①基础硬件平台，以太网、计算机、手持终端等；②基础软件平台，WINDOWS操作系统、安卓系统、MS SQL Server等；③应用软件平台 Visual C 等，上位画面制作平台等。

大数据平台需要收集的信息主要有以下五个方面：

（1）硬件设备方面，含仪表设备硬件和控制系统硬件方面的信息，具体内容如下：

①设备原始信息：设备类型、型号、设计资料、设备使用说明书、设备安装图纸等；

②设备维护资料：设备操作卡、设备检维修规程、设备维护手册、ERP物资编码（采购用）、各类设备的行业标准和规范；

③设备JSA信息：按照设备类型和检维修内容编制的通用JSA内容；

④设备安装情况：具体安装位置（方便人员快速达到作业现车，节约整个处理时间）、安装高度（主要用于辨识高空作业）、周围危险介质（主要收集周围的有毒有害气体、可燃气体和放射性物质）、设备有无副线或手轮（用于提示检修时应该采取什么措施，通常在有副线的情况下，可以将阀门切到较为安全的状态进行检修）、引压线根部阀的安装位置（方便检查变送器和引压线不在一处的仪表）、仪表接线箱的编号，及箱体内部线缆的标记号（在对控制回路接线进行检查时，可以做到快速准确。）

⑤设备在控制系统中的情况：主要判断仪表是否为联锁回路或控制回路其中联锁回路主要统计联锁分级和联锁类型、控制回路（单独显示回路、简单控制回路、串级控制回路、复杂控制回路等）

⑥控制系统内部的设备信息：按设备的位号进行统计，将该仪表回路涉及到的端子、继电器、安全栅、隔离栅、卡件及通道、控制器等整条回路上所有的信息逐一进行统计；机柜接线图纸、相关配件、系统维护规程、操作说明等。

收集A部分内容的主要目的是，将一个仪表回路，从现场仪表的安装位置到控制系统上的具体通道，一连串的设备，全回路的进行汇总，这样只要知道设备的位号，就能得到该设备所有相关的信息，如此在进行设备检维修作业时便可以为员工提供全套的设备资料、作业风险、风险应多措施、作业方法，提供检维修效率。

（2）各类作业票证的电子化，检维修作业票证、高空作业票、临时动火票、临时用电票、动土票、有限空间作业票、联锁票证、停送电票、电气作业操作卡等。电子化之后，要将票证的填写具体化、步骤化，只有填写了相关内容，才能往下走，直至全部填写完成后，会自动生成一张电子版票证，将其打印后即可在现场使用。当作业完成后，必须将电子化票证进行关闭，否则会在电子平台上一直出现提示和报警，保证作业票证被关闭。关闭票证前必须要填写故障类型、处理方法、更换的备件等内容，为今后预防性维护等工作提供大数据参数，待票证关闭之后，大数据平台会自动上传电子票证，在云端进行留存。

票证的电子化有以下优势：①避免最纸张的浪费，不用提前印制很多空白票证；②使保证作业人员完全填写完票证上要求的内容，对作业中的风险可以充分的认识，保证作业的安全性；③避免了票证内容的漏填、误填，减少各类安全检查时出现的票证漏填、未关闭等错误，减少低级错误；④省去了现有的纸质票证在关闭之后，拍照上传到设备管理平台的手续。同时省去了纸质作业票证的留存。⑤电子化票证的云端留存，更有利于对设备故障信息的统计，在长时间的使用大数据平台之后，可以统计出各个仪表的故障次数、可得到哪类故障发生的次数最多、哪种备件更换的最多，这样为今后的检维修、备件采购提供更精确的依据，也为员工提供了更多的故障处理方法，对发生过的故障可以更快的处理。

（3）通过A部分的基础资料进行整合，就可以得到全部仪表设备的固定资产台账，一旦在检修时有设备进行更换和报废，则可以通过B部分的票证电子化进行识别，同时在固定资产台账中进行自动更新，并在该位号上进行标注，避免每年的年度固定资产排查时耗费大量的人力物力。

（4）备件库存部分：将备件的库存情况也存入云端，在需要更换备件时可以直接查询，并通过大数据平台直接向库管人员下达出库指令，由库管员提前将备件准备好，同时可对库存数据进行自动更新，这个功能长期使用之后，可以得到备件的使用率，为今后的备件采购提供精确数据。

同时将各个分装置的仪表库房进行数据整合，统一使用，提高备件使用效率，盘活库存，节约备件上花费的资金。

（E）大数据平台的现场应用功能：①在现场设备上张贴二维码，使用防爆手机，通过扫描二维码可以从大数据平台上获取该设备的所有信息，方便在现场得到设备的检维修方法和潜在的危险。②PC客户端或WEB网页形式的使用界面，通过PC和WEB，输入设备的位号即可得到设备的各

类信息。③在大数据平台上填写电子票证。④查询设备大数据信息，了解设备检修次数、故障次数等类型，得到设备相关信息，为工作计划提供可靠数据，例如某设备的在某一年的检修处理大多数都为仪表解冻工作，则反映出该仪表的防冻保温工作比较薄弱，在今后的工作之中应该以保温工作为主。⑤通过备件和固定资产部分的使用，可以查询备件的多寡和消耗频率，为备件的储备提供可靠数据，节约采购经费。

以下仪表大数据平台的功能结构图，见图2

2.2 大数据基础信息收集

（1）基础资料方面，主要的关注的内容有如下：

利用已有的项目完工资料、设备资料、网络资料、人工抄录等方式将现场仪表设备的信息逐渐收集齐全，将其转化为标准模板的电子版信息，按仪表设备的类型进行区分和编号，编号以设备位号为主要依据，以型号为辅；

由于仪表工作通常要对某个控制回路上的测量仪表、执行机构、接线、安全栅、卡件通道等进行排查，以便找到问题的真正源头，因此对每一个控制回路或显示回头所涉及到的仪表设备信息都要进行收集：从机柜内的回路通道号到卡件、安全栅、端子、继电器、现场接线箱、现场设备型号，现场设备附件型号（有附件的设备，以阀门类居多），将上述各个节点的信息收集后，将其信息进行串联组合；同时为该回路上涉及到的设备附上维护手册、检维修规程、操作卡等内容，使其更具有可操作性。实现用一个位号可以查询到所有资料的目的。

（2）对仪表设备在现场的实际安装情况，也要进行抄录，主要关注的项目有：

①仪表设备的具体安装位置，将仪表安装位置所在层数、所在层数的方位、所附着的某一条管线或某一台设备均要进行收集，将其进行整合后得到该仪表的具体安装位置，例如输入某一设备位号后，我们可以得知该设备安装在7层平台的最东侧，C3001出口管线上。同时在7层平台的入口悬挂7层平台的仪表位号，这样可以更加快速的提高员工找到该仪表的时间，为故障的解决或隐患的消除挤出宝贵的时间。

②仪表设备安装的高度，当员工查询到某个仪表时，会看到其安装高度，用以提示如果维护该仪表，可能要进行高处作业，进而可以直接在公司设备管理平台上提报"搭架子"等日检修计划，减少了一次到现场的次数，也节约了时间和精力。

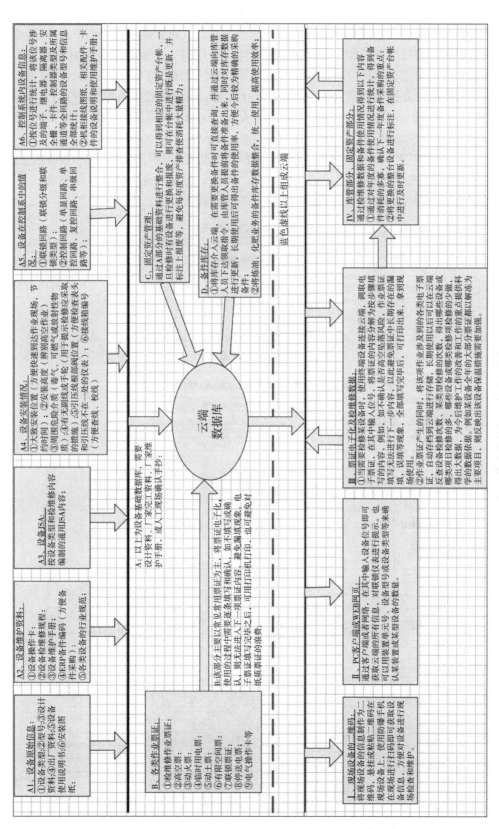

图2 仪表大数据平台功能结构图

③仪表设备内部介质及安装位置周围的介质，例如当员工查询到某个仪表位号时，会提示周围是否有存在有害气体，假设周围有硫化氢或者氢气，则提示员工要采取防中毒或者防爆措施，这样可使员工在去现场之前就准备好相应的保护设备，避免到现场才发现问题，然后会班组准备保护用具的现象；若现场的介质已经泄漏弥撒到空气中，那么该提示更能保护员工的生命安全。

④仪表设备引压管线根部阀位置，因为很多变送器的根部阀和表头距离很远，查找根部阀比较麻烦，且容易因为管线较多或管线被包保温而发生混淆、无法辨识，如果能对根部阀的安装位置进行提示，则可以较快的找到根部阀，提高排查问题的速度；同时在根部阀上悬挂指示牌，注明其对应的变送器位号，可进一步减少找表耗费的时间。

（3）设备数据收集，包括设备BOM，设计资料、完工资料、产品说明、使用手册、检维修规程、方案等一律进行打包收集。同时将仪表设备台帐与上述第1、2项所收集的内容进行结合，让台帐更加充实；同时将仪表联锁台帐中的联锁信息也补充到对应的设备位号中；将该设备对应的ERP备件编码等信息也填入其中，最终得到该设备的全方位信息。

以下是我们设计的信息采集表，主要有表6、表7、表8所示：

表6　接线箱信息采集表

接线箱信息采集表					
序号	所属区域	层级	方位	接线箱号	接线箱内仪表位号

表7　测量仪表信息采集表

控制阀信息收集表（附件应注明型号和品牌）			
所属区域		所属区域	
单元号		单元号	
位号		位号	
层级		层级	
方位及安装地点		方位及安装地点	
周围是否有有毒有害物质（以固定式检测仪表的安装为主要依据）注明有毒介质类型		周围是否有有毒有害物质（以固定式检测仪表的安装为主要依据）注明有毒介质类型	
控制阀名称		控制阀名称	
控制系统		控制系统	
测量介质		测量介质	
作用形式		作用形式	
是否能就地手动	有、无	是否能就地手动	有、无
品牌		品牌	
定位器（型号、品牌）		定位器（型号、品牌）	
减压阀		减压阀	
电磁阀		电磁阀	
行程开关（开关量）		行程开关（开关量）	
保位阀		保位阀	
阀位反馈（模拟量）		阀位反馈（模拟量）	
控制回路		控制回路	
出厂编号		出厂编号	
高度		高度	
有无副线	有、无	有无副线	有、无
阀体保温	有、无	阀体保温	有、无
规格型号：		规格型号：	

表8 所属区域信息记录表

测量仪表信息采集表					
序号	1	2	3	4	5
位号					
所属区域					
层级					
方位					
周围是否有有毒有害物质（以固定式检测仪表的安装为主要依据）注明有毒介质类型					
名称描述					
品牌					
规格型号					
测量范围					
差压					
出厂编号					
附件类型及型号					
取压位置					
测量介质					
距地面高度					
高空作业	是、否	是、否	是、否	是、否	是、否
有无放射性	有、无	有、无	有、无	有、无	有、无
控制系统					
所属回路					
报警值H					
报警值L					
联锁值HH					
联锁值LL					
备注					

以下是将上述信息整合以后的仪表全面信息台帐（部分显示）：

（4）在得到全方位的信息之后，将其制作成数据库应用平台，再实现各种情形的查询方式，比如按位号查询，按仪表类型查询，按联锁类型查询等等；当员工需要去处理或者维护一台仪表，而又对该设备不太熟悉的情况下，可以从数据库调取其想了解的内容，比如：该设备的具体安装位置，尤其是在框架平台上的仪表，不用逐层查找，可直接到达设备安装的位置进行作业；如果安装在高处，则大数据会提示要提前准备好高空安全带，避免到达现场后才发现需要高空作业，为维护工作节约时间；有无联锁，如有联锁则提示作业人员要提前办理联锁票证；而该仪表设备

所属区域	单元号	位号	层级	方位	仪表名称	控制系统	参数描述	取压点位置	安装位置	测量介质	测量差压	测量量程	报警值H	报警值L	联锁值HH	联锁值LL	作用形式
反再框架	2208	2208-FT3071	1	框架地面西南	智能差压变送器	DCS	E-302壳程出口流量	在自E-302来凝结水管线上		凝结水		0-10kPa	0-250kg/h				
反再框架	2208	2208-FT1009	1		智能差压变送器	DCS	P-103出口至C-102管线流量	自D-103来的管线上		轻石脑油		0-10kPa	0-8000kg/h				
反再框架	2208	2208-FT2004	1		智能差压变送器	DCS	D-211出口管流量	D-212出口管线上		重整生成油		0-40kPa	0-100000kg/h				

的维护方法、故障处理方法、检修规程等也可以提前进行了解和掌握，为维护或检修该仪表提前做好相应准备，使维护或检修工作有的放矢。

（5）为每台设备制作特有的二维码标志，每一个二维码对应其全方位的设备信息，在现场的设备上进行悬挂或粘贴，员工使用防爆手机进行扫码，得到该设备的相关内容，达到方便维护的目的。

（6）为避免纸质的作业票证出现漏填、误填等低级错误，将票证办理改为电子办理，内容转化为步骤确认形式，票证上的所有内容必须逐步确认，方可继续填写，待全部填写完成后，票证也办理完成，这样就避免了漏填、误填，当确认打印票证后，票证电子版也自动上传到云端进行保存；这样既避免了票证的浪费也保证了其完整性。同时要将设备信息和电子票证结合起来，当输入仪表位号时，该仪表是否涉及高处作业、射线作业等都会自动填写出来，同时会自动弹出高处作业等相关电子票证，由员工一并办理。最终一旦要查询某个设备的检修情况，只要输入该设备位号，则该设备的全部检维修票证和检修内容等均能查询出来。

这样做的优势，除了可以避免票证错误以及自动上传检修记录，更重要的是可以通过大数据统计每台设备每年检修的次数和检修的项目，最终可以根据大数据分析这台设备的运行情况和日常维护中的不足，例如，如果某台设备在一年以内产生的作业票都以防冻工作的票证居多，那就反映出该设备的保温措施需要加强，为今后的技改或者维护指明方向。

对于需要定期标定的设备，其标定票证也可以电子化，并上传云端，这样就可以随时了解所有设备的标定日期和标定情况，避免漏检发生。

（7）备件的机会成本控制，最主要是做好采购前的调查工作，确保备件与设备型号相匹配。备件的使用机会成本可通过信息化控制，长期使用该平台后以后可以根据检修的大数据得到备件的更换和使用情况，进而能分析出那类型的备件用的较为频繁，哪类用的较少，为今后备件的储备和采购提供相应的数据支持，使备件采购更为精确。

要将大数据中的设备信息和固定资产、备件库存等衔接起来，不必在人为的每年定期对规定资产或者库存物资进行盘点，通过前期的大数据

整理，我们可以利用大的设备台帐得到相应的固定资产台帐，加上电子作业票证的辅助作用，当设备进行更换或更新时，原有的设备会自动提示报废，并在台帐中进行留底和更新。将库存接入大数据，在需要更换备件时可直接对库存进行查询，并通过云端向库管员下达领取指令，由库管人员提前将备件准备好，同时对新的库存数据进行更新，长期使用以后可以得出备件的使用周期、使用数量、使用频率等，为今后精确采购备件提供数据支持。

（8）收集历年发生的各类事故事件，将其按设备位号、事故类型、事故原因等进行区别，也传到云端，通过大数据的分析，可以得出事故事件的详细数据，让事故事件真正变成财富，对其进行经验总结，找到今后工作的重点，避免或减少同类型事件的发生。

综上，对"仪表云"平台的结构及基础的数据收集进行了描述，"仪表云"要使用出良好的效果，必须保证数据的真实性和可靠性，这就要求现场人员对收集表格进行全面的执行。

3 预期效果

3.1 在化工安全领域的价值

国家安全管理局116号文件指出从2020年1月1日起，其他新建化工装置和危险化学品储存设施的安全仪表系统应执行相关的功能安全标准，设计符合要求的安全仪表系统。

根据这个要求，在进行前期设计时就要对所有的联锁回路进行相关的SIL评级，但是目前国内并没有符合要求的设备故障数据库，这就导致在安全按评价时要购买国外的数据库，由于使用环境、设备标准、维护方法、品牌差异、品牌使用广度等方面存在的差异，国外的数据不太符合中国的国情。因此我国现在急需建立符合中国国情的仪表设备故障数据库，为今后的安全评级工作提供详实、准确的数据。这就要求"仪表云"平台要尽可能的推广使用，当仪表大数据平台在广大企业进行大面积和长期的使用后，可以得到各品牌、各类型、各型号的仪表故障情况，而这些故障统计会变成一个非常有价值的数据资产：设备失效数据库。

3.2 大数据平台应用的预期效果

假设一个常见的场景对"仪表云"进行举例说明：A岗位的甲员工因为请假，由B岗位的乙员

工顶岗，但是乙比较年轻，对 A 岗位的仪表设备并不熟悉，当晚 FT3201A/B/C 三台流量仪表指示不一致，工艺要求进行检查，此时乙打开大数据平台，在上面搜寻 FT3201A/B/C，平台显示该表如下信息：仪表设备型号为 EJA110A、变送器表头安装在尿素装置框架 9 层、根部阀在 6 层平台东侧、该表带有联锁，会导致装置停车、该表周围有合成氨气体（佩戴防毒面罩）、差压变送器备件库存信息、差压变送器维护手册等，于是乙就按照提示的内容，在作业前办理联锁解除票，解除联锁，准备好防毒面罩、然后办理电子票证，一步一步填写确认，填写完成后生成终版票证，于是乙先到 6 层检查根部阀是否正常，再到 9 层对仪表进行检查，排除故障后，回来在电子票证中填写处理大致经过，点击关闭票证之后，该项作业产生的所有票证均自动上传到云端，成为新的数据。

如图 3 所示为我们搭建的云平台雏形，已经在现场进行了初步的测试应用。

图3　仪表大数据云平台雏形图

4　结论

通过对国产大化肥装置仪表专业管理维护的现状分析，在人员经验不足、人员数量减少、安全环保生产要求越来越严格、企业管理越来越正规化的今天，只有通过信息化手段进行协助，根据实际的作业要求和管理制度，对现场仪表和控制系统仪表信息的收集进行设计使"仪表云"平台应用场景，力求达到"傻瓜式"应用，保证装置安稳长满优运行。

2022 年 4 月，国家工信部、发改委、科技部、生态环境部、应急管理部、国家能源局六部委联合发布了《关于"十四五"推动石化化工行业高质量发展的指导意见》。在主要目标中提到要"数智化转型，石化、煤化工等重点领域企业主要生产装置自控率达到 95% 以上，建成 30 个左右智能制造示范工厂、50 家左右智慧化工示范园区。"中国石油集团公司作为一家大型集团公司，自控技术已经被广泛应用到旗下各生产分公司，若能将该方案应用到各家地区分公司，则收集和统计出的大数据更有行业意义，可以为集团公司在建设"数字中国石油"提供强有力支撑，为集团公司在自控领域的精益化管理、开元节流、降本增效提供更有力、更科学的依据。

参考文献

［1］D.Chen，S.Heyer，S.Ibbostson，Direct digital manufacturing；definition，evolution，and sustainability implications，Journal of Cleaner Production，2015（107）：614–626

［2］孙秋娟. 计量管理智能化畅想. 电子测试，2019，01：53-55

［3］L.zhang，Y. luo，F. Tao，Cloud manufacturing：a new manufacturing paradigm，Enterprise Information Systems，2014（8）：166-188

［4］天工. 中国石油首套国产化大化肥项目在宁夏奠基. 天然气工业，2011，07：66

［5］Wolfang Wahlster. Industry 4.0：From the internet of things to smart factories. 2012，5

［6］M.E.Merchant，Manufacturing in the 21stcentury，Journal of Materials Processing Technology，1994（44）143-151

基于神经网络模型的压裂砂堵智能预警方法

王小玮　蒋振新　吴丽蓉　柯迪丽娅·帕力哈提　钟尹明

（中国石油新疆油田公司）

摘　要　随着大数据和人工智能技术的快速发展及其在油气领域的广泛应用，国内各大油气田、油服公司纷纷探索数字化转型、智能化发展业务，压裂工程作为非常规油气资源效益开发的重要技术，现场施工数字化智能化监测与远程决策将成为下一代压裂工程迭代升级的关键技术。压裂施工过程中，砂堵复杂是影响施工质量、效果和压裂效率的重要因素，不仅会增加作业成本，严重时可能会导致压裂失败。传统的压裂砂堵监测方法主要依靠技术人员通过施工压力的变化趋势来预判砂堵，监测效率低，准确性不足。为对施工过程中压裂砂堵进行提前预警，降低砂堵复杂风险，提高压裂施工质量和效果，本文通过大量现场砂堵曲线特征分析，建立了基于井筒净压力－时间双对数曲线斜率的砂堵复杂判断准则，提出了采取长短期记忆神经网络LSTM模型实现施工压力智能预测，结合实时的施工数据和井底净压力计算方法，实现砂堵提前预警。基于大数据分析和人工智能模型的压裂砂堵智能预警方法研究，开发了压裂远程监测和辅助决策系统平台，实现了压裂施工远程监测和和砂堵风险智能预警等功能。研究结果表明，对比现场判断，该方法可提前1-3分钟进行砂堵预警，预警准确率达77.2%，有效降低现场砂堵风险和作业成本，提高压裂施工效率5%，取得了较好的现场应用效果，对提高压裂施工成功率和开展压裂数字化转型具有重要借鉴意义。

关键词　人工智能；砂堵预警；神经网络；施工压力预测；压裂监测；压裂数字化

近年来，随着油田开发的不断深入，以页岩油气为代表的非常规油气资源的开发越来越重要，大规模体积压裂井比例持续增加，在非常规油气藏开发过程中，储层物性逐年变差，施工难度逐年增加，压裂砂堵经常发生，严重影响施工质量、效果和压裂效率，增加作业成本。传统的砂堵风险监测主要依靠技术人员通过施工压力的变化趋势来预判砂堵，这种方式取决于技术人员的施工经验丰富程度，无法实现科学有效提前预警。随着大数据和人工智能技术的快速发展及其在油气领域的广泛应用，研究如何利用大数据分析和人工智能模型，结合现场复杂曲线特征，建立复杂预警模型和施工风险知识库，来实现压裂过程中砂堵提前预警，对提高压裂施工质量和实现油气藏的高效开发具有重要意义。

1　压裂砂堵智能预警技术进展

近年来，以神经网络为代表的人工智能技术逐步应用在施工过程工况智能诊断与风险预警。主要利用地面或井下实时监测数据，结合专家经验标签形成训练数据集，通过建立循环神经网络和分类算法诊断各类复杂工况和预警潜在施工风险，尤其在压裂砂堵智能预警研究方面，国内外研究人员取得了一系列成果。

2017年，方博涛建立了压裂砂堵风险预警BP神经网络模型，选取12个特征参数作为神经网络输入参数，对比Nolte-Smith图版砂堵判识方法，可实现提前1.5min砂堵预警。2019年，ChengGuozhu等人应用深度学习网络，基于Niobraara-DJ盆地的压裂数据建立了4种砂堵预测模型，采用CNN-LSTM网络与物理经验方法加权结合建立了砂堵预警集成模型；2020年，Sun等通过搭建卷积神经网络和长短记忆神经网络融合动静态数据特征，采用反斜率法判别砂堵特征数据，实现了砂堵实时诊断。Y.Yu等人利用Niobrara-DJ盆地的压裂数据，针对非砂堵/砂堵2种情况训练了2个高斯隐马尔科夫模型，并用砂堵前500s的压力数据进行训练，整体预警准确率为81%；Hu等提出了泵压超前预测和砂堵风险超前预警的方法思路，通过建立整合滑动平均自回归模型和经验规则约束，实现了砂堵风险提前37s预警。2021年，Hou等提出了砂堵概率表征参数，建立了基于循环神经网络的砂堵概率预测模型，实现压裂过程中砂堵风险概率的实时评估。LiuLiwang等人利用局部加权线性回归方法，建立了施工压力预测模型，并结合粒子滤波算法和自回归移动平均模型对模型参数进行了优化，提出了一套基于规则的精细压裂砂堵预警方案，可提前37s发出预警信号。整体上看，目前砂堵智能预警研究仍处于起步阶段，均基于纯数据驱动方法，对训练数据集敏感、泛化能力较差，亟需数据与机理联合驱动。

2　压裂砂堵地质工程因素分析

压裂施工过程中，由于缝内的支撑剂过早沉降，或在较窄的裂缝处发生桥堵形成堵塞，使施工压力急剧上升导致超压停泵，这类造成压裂中止的现象称为砂堵。引起砂堵复杂的因素有很多，主要有地质条件、材料性能、施工参数三个因素，如图1所示。

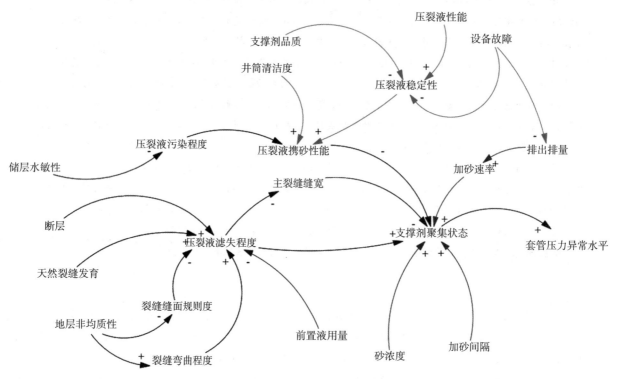

图1　砂堵影响因素系统因果关系

2.1　地质因素

①断层。如果储层存在断层，当压裂井离断层较近时，压裂形成的主裂缝易延伸至断层，压裂液在流经此处时便会发生大量滤失，形成砂堵事故；

②地层非均质性。砂体的非均质性会限制裂缝的发展，难以形成主裂缝，极易发生砂堵；

③天然裂缝发育。天然裂缝发育加大了压裂液的滤失，液体效率降低，主裂缝缝宽会变小，高砂比的混砂液堵在主裂缝外产生聚集，增加了砂堵发生的可能性。

2.2　材料性能

①压裂液滤失。加砂过程中若压裂液发生大量滤失，裂缝端部发生脱砂，引发砂堵；

②压裂液黏度变低。压裂液黏度和携砂能力成正相关，黏度越小，压裂液携砂性能越弱，支撑剂越容易沉降而引发砂堵；

③支撑剂品质。施工时，如果选用的支撑剂颗粒过大或杂志较多，则支撑剂进入人工裂缝困难，因而容易造成砂堵。

2.3　施工参数

①施工砂比控制不好，砂比提高过快或最高砂浓度较大等均会导致砂堵复杂；

②前置液量不足。施工时，前置液量过少会使造缝不充分，从而增大后期加砂的难度，增加砂堵发生的可能性；

③射孔不完善。射孔时没有射穿套管或孔眼直径、穿深不够，支撑剂在高砂比时易被夹住，无法进入主裂缝而堆积导致砂堵。

由砂堵影响因素关系可知，施工压力与砂堵复杂程度直接相关，而支撑剂的聚集状态决定了施工压力的异常水平。加砂过程中，支撑剂在裂缝内的聚集量随时间累积，地质工程多个因素共同作用决定了单位时间内流向裂缝深处的支撑剂体积。裂缝的宽度会影响支撑剂进入裂缝，过窄的缝宽会增加摩阻同时使支撑剂在裂缝处发生堆积形成"架桥"进而引发砂堵，从而造成施工压力升高。

3　压裂施工曲线特征分析

压裂过程中，由于井口施工压力会受到沿程摩阻和静液柱压力的影响，不能真实反映地层裂缝中压力的变化情况，因此需要计算裂缝中的净压力，根据净压力的变化来预测砂堵风险和裂缝的延伸。

将井底净压力与时间的关系做成双对数曲线图，即压力－时间曲线在双对数图下呈直线关系，而直线的斜率则反映了裂缝的不同延伸情况。通过众多压裂施工压力曲线的分析，总结归纳出压裂施工曲线的5种类型，如图2所示。

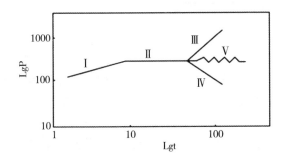

图2　压力－时间双对数曲线

第Ⅰ段：斜率为正，绝对值较小的阶段（缓慢上升阶段），线段Ⅰ是裂缝正常延伸的施工曲线，由于储层上下应力的限制，缝高延伸受限，施工压力将持续缓慢增加，裂缝在缝长方向延伸。

第Ⅱ段：斜率为0或近似为0的阶段（水平阶段）。此阶段表示缝高延伸到上下遮挡层内，或是地层内滤失量与注入量持平，它表明裂缝的增长速度将降低，在实时分析压力曲线状态时，应特别关注0斜率段曲线，因为随后可能出现砂堵。

第Ⅲ段：斜率为正，且绝对值较大的阶段（加速上升段），也就是压力的增量比例于注入液体体积的增量，此阶段表示裂缝端部延伸受阻，缝内压力迅速升高；若斜率大于1且持续增加，则表示裂缝内可能发生砂堵。

第Ⅳ段：斜率为负的阶段（下降段）。表示裂缝穿过应力遮挡层，缝高不稳定增长，直到延伸至高应力层或加入支撑剂后压力曲线才有所变缓，或者是裂缝延伸沟通了地层天然裂缝，滤失量增大，此种情况可能会造成砂堵。

第Ⅴ段：斜率为波浪型的阶段（波动段）。地层严重非均质性会造成压力曲线上下波动的情况。压力曲线的上下波动，也是裂缝正常延伸的一种情况。

4　井底净压力计算方法

根据井底净压力－时间的双对数曲线来判断地下裂缝的延伸状态，首先需通过地面施工压力计算出井底净压力。井底净压力是指裂缝流体中超过使裂缝保持张开压力的那部分压力，它是压裂液中使裂缝形成并产生裂缝宽度的能量，净压力大小决定了裂缝延伸的几何形态（缝长、缝高、缝宽），如图3所示，目前常采用井底压力与闭合

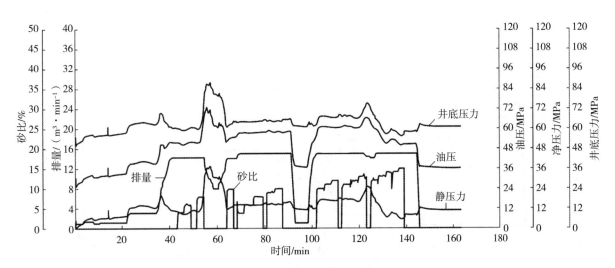

图3　井底压力和净压力曲线

压力之差来计算井底净压力。

首先需得到井底压力与裂缝闭合压力。采用井下仪器可较精确地测量井底压力，但由于目前压裂施工现场条件的限制，很少有压裂井直接下入井下仪器测量井底压力，因此只能利用井口施工压力间接地计算井底压力。

井底压力：井底压力为施工压力、静液柱压力与摩阻的差值。即：

$$p_d = p_b + p_h - \Delta p_{hf} \qquad (1)$$

$$p_h = 9.8\rho h \times 10^{-6} \qquad (2)$$

$$\rho = \frac{\rho_l + \rho_t \times sb}{1 + \dfrac{\rho_t \times sb}{\rho_s}} \times 1000 \qquad (3)$$

$$\Delta p_{hf} = 1.3866 \times 10^6 \times D - 4.8 \times Q \times 1.8 \times L \qquad (4)$$

式中：p_d 表示井底压力，MPa；p_b 表示施工压力，MPa；p_h 表示静液柱压力，MPa；Δp_{hf} 表示井筒摩阻，MPa；ρ 表示混合液密度，kg·m^{-3}；ρ_l 表示压裂液密度，kg·m^{-3}；ρ_t 表示支撑剂体积密度，kg·m^{-3}；ρ_s 表示支撑剂视密度，kg·m^{-3}；sb 表示施工砂比；h 表示压裂段垂直深度，m；D 表示压裂管柱内径，mm；Q 表示施工排量，m^3·min^{-1}；L 表示压裂管柱长度，m。

闭合压力：裂缝闭合压力可通过岩石力学软件导入测井数据计算得出最小水平主应力，二者在数值上相等，也可通过现场压降实验分析得出。

净压力：井底净压力等于井底压力除去孔眼摩阻、近井弯曲摩阻和裂缝闭合压力，即：

$$p = p_d - \Delta p_{pref} - p_c \qquad (5)$$

$$\Delta p_{pref} = \frac{2.2326 \times 10^{-4} \times \rho \times Q^2}{C^2 \times N^2 \times D_{pref}^4 \times 10^6} \qquad (6)$$

式中：p 表示井底净压力，MPa；Δp_{pref} 表示孔眼摩阻，MPa；p_c 表示闭合应力，MPa；C 表示孔眼流量系数，无因次，一般取 0.6~0.9；N 表示孔眼数量，无因次；D_{pref} 表示孔眼直径，m。

在求出井底净压力之后，就可以求取井底净压力和时间的双对数曲线斜率，井底净压力与时间关系为：

$$P_N(t) \propto t^e \qquad (7)$$

式中：t 为时间，s；e 为净压力–时间双对数曲线的斜率计算值。

5　砂堵预警模型研究

通过上述分析，压裂施工过程中要实现砂堵提前预警，需先预测施工压力变化趋势，如图4所示，再通过预测施工压力计算出井底净压力，建立井底净压力和时间的双对数曲线，结合5种施工曲线特征，对曲线斜率变化进行分析，从而实现砂堵提前预警。所以，施工压力预测的准确性是砂堵预警成功的关键。

5.1　基于LSTM模型的施工压力智能预测

随着大数据和人工智能技术的发展，利用机

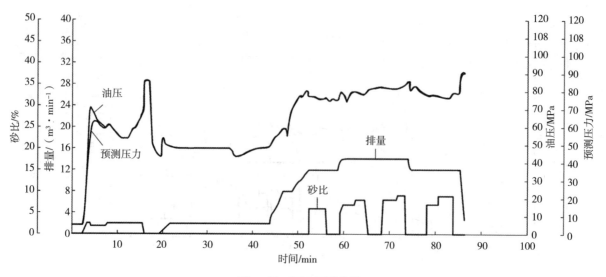

图4　施工压力预测曲线

器学习的方法来预测未来的施工压力是一种可靠的做法。

长短期记忆神经网络（Long Short-term Memory，LSTM）是由循环神经网络（Recurrent Neural Network，RNN）发展而得到的一种特殊的神经网络。循环神经网络作为具有反馈机制时序概念的深度学习模型，广泛应用于时间序列预测。通过实时采集的现场数据分析、预判施工压力的变化趋势来实现对压裂砂堵事故预测的必要途径，因此压裂砂堵风险预警是典型的时间序列预测问题。因砂堵事故发生在极短时间内，故对预测算法实时性要求较高，因此选择LSTM算法来预测施工压力，LSTM模型运行过程如图5所示。

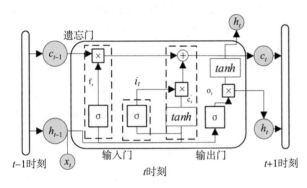

图5　长短期记忆神经网络LSTM模型结构

图中，$tanh$为双曲正切激活函数；c_t为单元状态变量，O_t为输出门，σ表示激活函数，h_t为隐藏状态变量。

遗忘门：

$$f_t = \sigma(W_f[x_t,\ h_{t-1}] + b_f) \qquad (8)$$

然后，我们计算出潜在更新向量：

$$\tilde{C}_t = \tanh(W_{\tilde{c}}[x_t,\ h_{t-1}] + b_{\tilde{c}}) \qquad (9)$$

输入门：

$$i_t = \sigma(W_i[x_t,\ h_{t-1}] + b_i) \qquad (10)$$

因此单元状态变量c_t更新为：

$$c_t = f_t \odot C_{t-1} + i_t \odot \tilde{C}_t \qquad (11)$$

根据单元状态变量c_t确定输出门O_t，然后形成更新的隐藏状态变量h_t

$$O_t = \sigma(W_o[x_t,\ h_{t-1}] + b_o) \qquad (12)$$

$$h_t = \tanh(c_t) \odot O_t \qquad (13)$$

模型采用均方根误差（Root Mean Squared Error，RMSE）来评估模型，RMSE计算公式表示为：

$$RMSE = \sqrt{\frac{1}{n}\sum_{i=1}^{n}(y_i - \hat{y_i})^2} \qquad (14)$$

其中y_i为t_i时刻的实际施工压力，$\hat{y_i}$为该时刻的施工压力预测值，当RMSE即训练损失降至稳定且最小时，得到最终的施工压力预测值。

5.2　LSTM预测模型实施步骤

（1）选定试验数据。选取加砂开始后10分钟内的数据作为训练数据集，后200秒的数据区段作为测试数据集，依次类推滚动训练测试。

（2）模型训练。将步骤1划分的数据集输入模型，训练模型。

（3）预测与模型评估。根据上述理论介绍与试验准备，为模拟现场实际施工情景，LSTM预测模型的输入样本数据的滞后时间步为4min，滚动预测后200秒的数据。

在施工压力预测过程中，需采用排量、施工压力、液量、砂浓度和砂量等五个参数进行模型训练。

5.3　模型预测验证

选取现场一口砂堵复杂井进行模型验证，采取砂堵前10分钟的施工排量、施工压力、液量、砂浓度和砂量五个参数输入模型训练，向后预测200秒的施工压力，测试完后将预测施工压力和实际压力进行均方根误差RMSE对比分析。通过计算，LSTM模型预测结果与实际压力的RMSE为0.964，如图6所示，模型准确预测出了施工压力的变化趋势，且与实际施工压力非常接近，证实了模型的准确性。

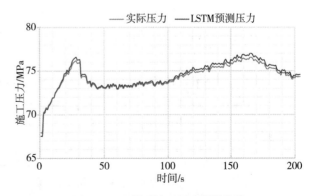

图6　LSTM模型施工压力预测曲线

按照上述方法，选取154组历史数据对LSTM模型进行施工压力预测测试，154组测试数据平均均方根误差为1.019MPa，如表1所示，模型预测效果较好。

表1 预测施工压力均方根误差RMSE评价结果

测试数据	RMSE
测试集1	1.045
测试集2	1.117
测试集3	0.875
测试集4	0.971
测试集5	1.121
测试集6	1.053
测试集7	0.954
测试集8	0.891
测试集9	1.108
测试集10	1.006
……	……
平均值	1.019

5.4 砂堵预警判断准则

运用大数据分析方法对历史砂堵曲线进行井底净压力双对数曲线斜率特征分析，如图7所示，确定砂堵时净压力曲线斜率K值变化区间，建立砂堵判断模型，在压裂过程中，利用实时的施工数据和LSTM施工压力预测模型以及净压力计算方法，实时分析预测施工净压力–时间双对数曲线斜率K值变化情况，实现砂堵提前预警。

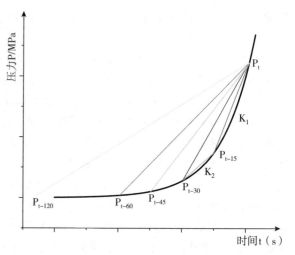

图7 预测井底净压力–时间双对数曲线斜率分析模型

其中，K为某一时刻预测井底净压力–时间双对数曲线斜率；P为某一时刻预测井底净压力。

6 现场应用

基于以上LSTM施工压力预测模型和井底净压力–时间双对数曲线斜率来判断压裂砂堵理论研究，结合压裂施工实时数据，采用微服务化技术，借助前端可视化、云化部署等信息化手段，开发压裂远程监测和辅助决策系统平台，形成压裂远程实时监测及风险预警理论与技术，系统开发技术路线如图8所示。

系统具备施工数据＋视频监测、作业风险预警、参数回溯分析三大功能，实现了压裂井施工曲线、数据、视频远程实时监测和砂堵风险智能预警功能，有效监测现场施工质量，降低施工复杂，确保现场施工安全高效运行。

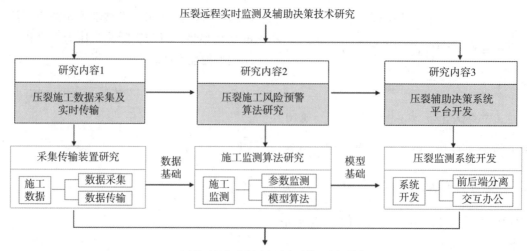

图8 压裂远程实时监测与辅助决策系统开发技术路线

在HW1井第10段压裂过程中，系统在施工165分56秒时发出了砂堵预警，施工压

力从52MPa上升到55.2MPa，如图9所示，此时施工曲线正处于第Ⅲ阶段，井底净压力上升了3.2MPa，井底净压力-时间双对数曲线斜率为1.15，且持续增加，压裂监测人员通过分析砂堵预警信息，远程指挥现场施工人员采取立即停砂、井筒扫液的措施，待压力平稳后再启动加砂程序，

最终顺利完成该级施工，避免砂堵复杂发生。

截止目前，系统已累计监测水平井压裂303口5764级，复杂预警773次，其中砂堵风险预警180次，经现场施工数据核实，系统可实现提前1-3分钟进行砂堵预警，现场实际因

砂堵风险停砂观察139次（发生砂堵27次），系统误报41次，砂堵预警准确率达77.2%，助力压裂施工效率提升5%。

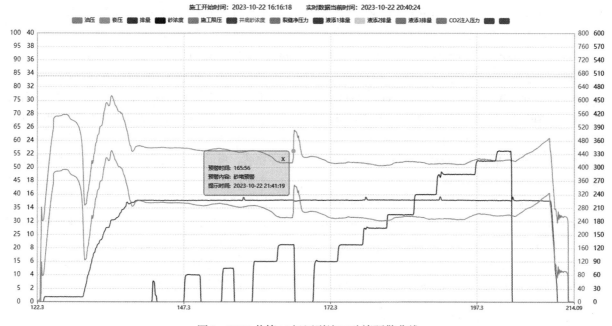

图9　HW1井第10级压裂施工砂堵预警曲线

7　结论与建议

（1）本文充分调研了国内外目前压裂砂堵智能预警技术进展，总结了现场常见的引起压

裂砂堵地质工程因素，分析了压裂施工曲线5种典型特征，为压裂砂堵智能预警方法建立奠定了良好的理论基础。

（2）采取长短期记忆神经网络LSTM模型，结合现场施工数据，滚动预测未来200秒的

施工压力，经现场154组施工数据测试，平均均方根误差为1.019MPa，模型预测效果较好。

（3）通过历史砂堵曲线井底净压力-时间双对数曲线斜率特征分析，建立了砂堵复杂判断

准则。在压裂过程中，利用实时的施工数据和预测的施工压力，计算出井底净压力，实时分析净压力-时间双对数曲线斜率K值变化情况，结合砂堵判断准则，实现砂堵提前预警。

（4）基于压裂砂堵复杂智能预警方法，开发

了压裂远程监测和辅助决策系统平台，实现

了压裂井施工曲线、数据、视频远程实时监测和和砂堵风险智能预警等功能。系统应用后，累计监测水平井压裂303口5764级，砂堵风险预警180次，较现场可提前1~3分钟进行预警，预警准确率达77.2%，有效降低现场砂堵风险和作业成本，提高压裂施工效率5%。

参考文献

［1］蒋廷学，周珺，廖璐璐. 国内外智能压裂技术现状及发展趋势［J］. 石油钻探技术，2022，50（3）：1-9.

［2］刘凯新，郑伟杰，戴丽娅等. X井区低成本体积压裂技术探索及实践［J］. 新疆石油天然气，2022，18（1）：80-85.

［3］王欣，才博，李帅等. 中国石油油气藏储层改造技术历程与展望［J］. 石油钻采工艺，2023，45（1）：67-75.

［4］李阳，廉培庆，薛兆杰等. 大数据及人工智能在油气

田开发中的应用现状及展望［J］.中国石油大学学报（自然科学版），2020，44（4）：1-11.

［5］张世昆，陈作.人工智能在压裂技术中的应用现状及前景展望［J］.石油钻探技术，2023，51（1）：69-77.

［6］盛茂，李根生，田守嶒等.人工智能在油气压裂增产中的研究现状与展望［J］.钻采工艺，2022，45（4）：1-8.

［7］方博涛.压裂实时动态预警系统研究与设计［D］.成都：西南石油大学，2015.

［8］Cheng Guozhu，Cheng Rui，Zhang Sulu，et al. Risk evaluation method for highway roadside accidents［J］. Advances in Mechanical Engineering，2019，11（1）：1-12.

［9］Sun J J，Battula A，Hruby B，et al. Application of both phy0sic-based and data-driven techniques for real-time screen-out prediction with high frequency data［C］// SPE/AAPG/SEG Unconventional Resources Technology Conference，July 20-22，2020.

［10］Yu Y，Misra S，Oghenekaro O，et al. Pseudosonic log generation with machine learning：a tutorial for the 2020 SPWLA PDDA SIG ML contest［J］. SPWLA Today，2020，2：97–101.

［11］Hu Jinqiu，Khan F，Zhang Laibin，et al. Data-driven early warning model for screenout scenarios in shale gas fracturing operation［J］.Computers&Chemical Engineer-ing，2020，143：107116.

［12］Hou Lei，Cheng Yiyan，Elsworth D，et al. Prediction of the continuous probability of sand screenout based on a deep learning worlkflow［J］.SPE Journal，2022，27（3）：1520-1530.

［13］Liu Liwang，Li Haibo，Li Xiaofeng，et al. Underlying mechanisms of crack initiation for granitic rocks containing a single pre-existing flaw：insights from digital image correlation（DIC）analysis［J］. Rock Mechanics and Rock Engineering，2021，54（2）：857-873.

［14］张尚尚.基于集成学习框架的页岩气压裂砂堵预警模型研究［D］.北京：中国石油大学（北京），2021.

［15］袁彬，赵明泽，孟思炜等.水平井压裂多类型复杂事件智能识别与预警方法［J］.石油勘探与开发，2023，50（06）：1298-1306.

［16］刘合，张广明，张劲等.油井水力压裂摩阻计算和井口压力预测［J］.岩石力学与工程学报，2010（S1）：2833-2839.

［17］肖中海，刘巨生，陈义国.压裂施工曲线特征分析及应用［J］.石油地质与工程，2008（9）：99-102.

［18］李颖川.采油工程［M］.北京：石油工业出版社，2009：201-256.

［19］王正茂，李治平，雷婉等.水力裂缝模型及计算机自动识别技术［J］.石油钻采工艺，2003，04：45-49.

［20］徐鹏，项远铠，刘蕊宁等.停泵压降法评价水平井暂堵压裂效果［J］.新疆石油天然气，2022，18（4）：79-83.

［21］代海洋.压裂砂堵实时监测与预警系统研究与应用［D］.成都：西南石油大学，2017.

［22］梁海波，方博涛，邓臻.压裂施工远程监测与预警系统设计［J］.自动化仪表，2016，37（2）：57-60.

［23］刘泽宇.页岩气压裂过程井下异常工况预测预警研究［D］.北京：中国石油大学（北京），2022.

［24］Yuxing Ben，Michael Perrotte，Mohammadmehdi Ezzatabadipour et al.Real-Time Hydraulic Fracturing Pressure Prediction with Machine Learning［J］.SPE-199699-MS，2020.

［25］魏立尧，李义常.面向数字经济Web3.0的油气供应链系统设计方法与实现［J］.新疆石油天然气，2023，19（2）：82-87.

［26］梅舜豪.压裂工程智能预警模块建设与应用［J］.石油化工自动化，2024，60（3）：15-18.

AI大模型技术赋能钻井工程领域的初步探析

苏兴华　　苏秋宁

（中国石油川庆钻探工程有限公司）

摘　要　在能源需求不断增长和油气资源减少的背景下，钻井工程急需提升效率、加强安全、实现智能化管理和控制成本。AI大模型技术凭借其卓越的数据整合与分析能力，为钻井工程带来了创新的机遇。本文探讨了其在该领域的应用，旨在推动行业发展。

文章概述了人工智能技术，包括机器学习、深度学习和AI大模型。机器学习通过自动学习规律和模式，提高钻井效率和安全性。深度学习利用深度神经网络处理非线性数据，精准预测和优化钻井过程。AI大模型以其大规模、高性能和通用性，深入分析海量数据，为钻井决策提供支撑，与钻井工程的发展需求高度契合。

文章分析了钻井工程的需求，AI大模型通过深度学习优化钻井参数，提高效率；实时监测预警风险，构建安全体系；优化设计提高设备利用率，降低成本；精确控制井眼轨迹和科学提升固井质量，确保工程质量安全。

文章介绍了AI大模型的技术路径，包括数据收集预处理、模型训练优化和实时预测决策支持。注重数据整合清洗，优化深度学习算法，聚焦参数轨迹监测和风险识别。

文章描述了AI大模型在钻井设计优化、井眼轨迹优化、钻井参数优化、故障预测预防、固井质量控制、钻井液智能配浆、生产组织优化和培训沉浸式体验等场景的应用潜力。AI大模型技术将成为推动钻井工程向智能化、高效化、安全化转型的核心动力，为钻井行业发展带来新希望和机遇。

关键词　AI大模型；钻井工程；数据处理；应用场景；技术路径

1　引言

在当今时代，能源需求的不断增长，油气资源的日益减少，钻井工程正面临前所未有的挑战。首要任务是提升钻井效率，以迅速应对能源需求的激增；考虑到钻井作业固有的高风险性，确保人员和资产的安全变得尤为关键；实现智能化管理，以灵活应对日趋复杂化的工程环境变得十分急迫；控制成本更是钻井工程中不容忽视的终极命题。

为了应对这些挑战，业界与学界正携手合作，积极探寻并应用新技术以突破当前的困境。在这一进程中，人工智能技术的迅猛发展，尤其是AI大模型在数据处理和学习能力上的惊人进步，为钻井工程带来了革命性的机遇。AI大模型凭借其卓越的数据整合与分析能力，能够高效地处理钻井作业中产生的海量多维度数据，涵盖地质结构、钻井参数、设备运行等多个方面。通过深度学习，这些数据被赋予了新的价值，不仅优化了钻井工艺、提升了预防潜在风险的能力，还使得钻井决策变得更加安全、精确和科学。在作业安全风险防控方面，AI大模型展现了其卓越的潜力，能够提前识别并预警潜在的安全隐患，有效降低了事故发生的概率。在智能化管理方面，AI大模型通过自主学习和持续优化，实现了对钻井流程的精确控制，从而提高了作业效率和工程质量，同时显著降低了运营成本，为钻井工程的可持续发展奠定了坚实的基础。

目前，AI大模型与钻井工程的结合已然取得了显著的成效。在国际上，众多石油公司已经将AI技术应用于钻井实践，通过深度数据分析优化钻井参数、提升钻井速度、降低作业成本。例如沙特阿美公司利用AI大模型实现了钻井过程的零故障运行，为行业树立了新标杆。在国内，科研机构和石油企业也在积极构建深度学习模型，实现了对钻井过程的实时监测和预警，为钻井工程的安全高效运行提供了坚实的保障。例如大港油田采用的AI"导航"钻井轨迹智能辅助设计软件，取得了较好的效果。然而，AI大模型在钻井工程中的应用仍处于起步阶段，许多未知领域仍待我们去探索，全面的系统布局和规模化的落地应用仍待我们进一步推进。

2　人工智能技术概览

2.1　机器学习

机器学习是一门科学，它赋予计算机无需明确编程即可从数据中自动学习规律和模式的能力。计算机能够执行预测、分类和聚类等任务，展现出强大的自主学习能力，以适应各种复杂环境。在构建人工智能大模型时，机器学习算法扮演着核心角色，通过精确调整模型参数和提升模型性能，实现对钻井过程的精确控制。

机器学习的特点显著。首先，它具有强烈的数据驱动特性，依赖大量数据来训练模型，数据的质量和数量直接影响模型的性能。其次，它具备泛化能力，能够根据数据规律对新数据进行准确的预测和分类。最后，它的可解释性相对较好，一些算法能够通过特征重要性等方式解释决策过程，便于人们理解和改进。

常见的机器学习算法有决策树、支持向量机、随机森林、梯度提升机等监督学习算法，聚类算法、主成分分析等无监督学习算法，以及自训练算法、半监督支持向量机等半监督学习算法。

机器学习的应用领域极为广泛。在金融领域，它可以用于信用评估、风险预测和股票市场分析；在医疗领域，它有助于疾病诊断、医学影像分析和药物研发；在市场营销方面，它可以进行客户分类、精准营销和销售预测；在图像识别领域，它涵盖物体识别、图像分类和人脸识别；在自然语言处理方面，它包括文本分类、情感分析和机器翻译。机器学习在多个关键领域推动着各行业的发展和进步。

在钻井工程中，机器学习算法有着众多重要应用。例如，支持向量机可以对钻井数据进行分类，识别异常情况并进行地质识别，为钻井决策提供有力支持。决策树算法用于回归预测关键参数和异常检测。随机森林算法可用于特征选择、分类预测和异常检测。聚类算法可以进行聚类分析，发现潜在规律和关联。神经网络算法可以对钻井过程进行建模和预测。这些机器学习算法在钻井工程中的应用，有助于提高钻井效率和安全性，为钻井决策提供更准确、全面的信息支持。

2.2　深度学习

深度学习是机器学习的一个重要分支，它基于深度神经网络进行学习，能够自动从数据中学习复杂的特征表示，在人工智能领域占据着举足轻重的地位。作为人工智能大模型的核心技术，深度学习通过构建复杂的神经网络结构模拟人类大脑的学习过程，从海量数据中提取有价值的特征信息。

深度学习具有强大的表示能力，能够学习数据中的高级特征，在图像识别、语音处理和自然语言理解等复杂任务中表现出色。它能够实现端到端学习，无需繁琐的手动特征工程。然而，它的训练计算量大，需要大量的计算资源和时间。

常见的深度学习算法有卷积神经网络（CNN）、循环神经网络（RNN）、长短期记忆网络（LSTM）、生成对抗网络（GAN）、深度信念网络（DBN）和Transformer架构等。

深度学习的应用领域同样广泛。在计算机视觉领域，它可以用于图像分类、目标检测和图像分割；在语音处理方面，它涵盖语音识别、语音合成和语音增强；在自然语言处理领域，它包括机器翻译、文本生成和问答系统；在自动驾驶中，它助力环境感知、路径规划和决策控制，广泛推动科技进步和创新。

深度学习技术在处理钻井工程的多维度、非线性数据方面具有显著优势，能够学习地质信息、钻井参数、设备状态等数据的内在规律和特征，实现对钻井过程的精准预测和优化，例如，通过实时分析钻井参数预测钻头磨损情况；在风险评估和预警方面，可以准确识别复杂地质情况和异常，为钻井决策提供信息支持；还能通过学习历史钻井数据预测未来可能出现的问题和挑战，提前制定应对措施，降低钻井风险，提高工程安全性。

2.3　大模型

大模型通常是具有大量参数和复杂结构的深度学习模型。作为人工智能领域的前沿技术，AI大模型通过深度学习等先进算法精心构建大规模神经网络模型。经过大规模数据训练，它能够获取丰富的知识和模式，为解决复杂问题开辟新途径。机器学习算法可以在AI大模型的某些环节发挥辅助作用。

大模型的规模极为巨大，参数数量可达数十亿甚至数千亿，这要求强大的计算资源和大规模数据进行训练。它具有高性能，在自然语言处理、计算机视觉等众多任务中表现惊人，可以生成高质量的文本和图像等内容。它具有很强的通用性，能够适应不同任务和领域，通过微调可以迅速应用于新任务。AI 大模型不仅容纳海量参数和计算单元，在处理复杂任务时展现卓越性能，而且计算能力强大，借助高性能计算资源能以惊人效率进行数据分析和预测，泛化性能优异，在新场景下仍能保持出色的预测精度和稳定性。

大模型的应用领域极其广泛。在自然语言处理方面，它可以用于对话系统、文本生成和知识问答；在内容创作领域，它能进行文章写作、诗歌创作以及绘画生成；在智能客服领域，它可以快速准确回答用户问题，提供个性化服务；在科学研究中，它可以辅助科学家进行数据分析和模型预测等工作。大模型的广泛应用有力推动各个领域的快速发展和创新。

大模型技术与钻井工程具有天然的契合性。钻井工程会产生海量数据，AI 大模型凭借强大的数据处理能力，能够深入分析这些数据，提取有价值的关键信息，为钻井决策提供可靠的数据支撑。其自学习能力可以使它灵活适应多变的钻井环境和工况，提升钻井作业的效率与安全性。而且，大模型的精准预测能力有助于实现对钻井过程的精准控制，降低能源消耗和成本支出，在钻井工程领域具有巨大的应用潜力。

3　钻井工程领域需求分析

3.1　提升钻井效率

传统钻井方法依赖工程师的个人经验，这种方法主观且效率低下。数据处理的迟滞、信息孤岛现象的普遍存在以及先进技术应用的不足，不仅影响了钻井进度，还增加了成本。

人工智能大模型的应用变得至关重要。AI 大模型能够迅速分析大量数据，确定最优参数，实时监控钻井过程，及时识别并处理异常情况，确保作业的连续性和提高钻井效率。

3.2　安全风险防控

在钻井工程中，安全风险防控至关重要。钻井过程中可能存在的安全隐患，如井喷、爆炸和坍塌等，可能导致人员伤亡、设备损失和环境破坏。特别是在偏远地区，一旦发生安全事故，后果将更加严重。

AI 大模型通过实时监测关键钻井参数，及时发现潜在的安全风险，并发出预警。通过分析历史数据，揭示风险模式，AI 大模型帮助工程师预测未来可能出现的安全风险，提前采取预防措施，降低事故发生的可能性。

3.3　保障钻井质量

井眼轨迹的精确性和固井质量的稳定性是衡量钻井工程质量的关键指标，直接影响油气井的生产效果。井眼轨迹的偏差可能导致油气井产量下降，甚至无法开采油气资源。固井质量不合格可能引发油气泄漏、井壁坍塌等安全事故，给企业带来巨大的经济损失和安全风险。

AI 大模型实时监测钻井参数和地质条件，精确控制井眼轨迹，确保油气井的顺利钻进。通过分析历史固井数据和地质条件，AI 大模型能够优化固井材料和工艺，提高固井质量的稳定性，从而提升油气井的工程质量和生产效率。

3.4　控制钻井成本

钻井成本可能因设计不合理、生产组织低效和设备使用不当等因素而居高不下。不合理的设计可能导致井位选择不当、井型设计不合理、钻井参数选择不当等问题，增加钻井成本。低效的生产组织，如缺乏有效的协调和计划，会导致等停和组停，增加成本并影响钻井进度。设备的闲置或低效使用也会增加成本，影响企业的经济效益。

通过优化钻井设计，选择合适的井位和井型，减少钻井难度和成本。大数据分析可以预测地质风险，优化钻井路径，减少非生产时间，显著提高钻井效率。预测分析和实时监控有助于优化设备使用计划，减少设备闲置时间，提高设备利用率。提前预警设备维护需求，进行设备维修和保养，减少设备故障和停机时间，有效降低运营成本。建立完善的生产组织流程和控制体系，优化供应链管理，提高生产组织效率，进一步降低成本，提升企业的经济效益。

4　钻井工程领域的 AI 技术分析

4.1　数据处理技术

4.1.1　多源数据整合

钻井工程涉及设备运行、地质结构和环境监测等多源数据。整合这些数据对于构建全面的钻井视图、支持数据分析和模型训练至关重要。在整合过程中，确保数据的一致性、完整性和准确性是满足分析和训练需求的关键。在数据收集时，应从钻井设备、传感器和监控系统等渠道获取实时参数，如钻进速度、扭矩和压力。同时，还需收集地质数据（地层结构、岩性）和环境数据（温度、湿度），以满足钻井工程的实际需求。

4.1.2　数据清洗与预处理

由于原始数据常常含有噪声和异常值，所以数据清洗和预处理就变得极为关键。这一过程包括去除噪声、填补缺失值、进行异常值检测与处理等步骤，以确保数据的质量与可靠性。特征工程和特征选择也是数据预处理的重要组成部分，它们通过提取并构建更具代表性的特征，来增强模型的学习能力。预处理的目的在于消除数据中的噪声和异常值，对缺失数据进行填补或处理，并将数据转换为适合模型训练的格式。例如，可以采用滤波算法对噪声数据进行平滑处理，利用插值方法估算缺失值，或者通过特征缩放等技术调整数据的尺度。

4.1.3　实时数据分析

钻井过程中所产生的数据具有实时性特点，这对数据分析提出了高效率的要求。实时数据分析的挑战在于如何在数据流持续涌入的情况下迅速做出响应。解决方案可能包括运用流处理技术、优化算法以减少计算延迟，以及采用高效的数据存储和查询技术，从而实现对钻井过程中潜在风险和问题的及时识别。在数据收集与预处理的过程中，还需要高度注重数据的安全性和隐私保护。特别是在涉及敏感信息或商业机密的情况下，应采取相应的加密和脱敏措施，以确保数据的安全传输和存储。

4.2　模型训练与优化

4.2.1　深度学习算法的选择与优化

深度学习算法在钻井工程中的关键应用，如参数优化、故障检测和预测维护，强调了选择合适算法和网络结构的重要性。这可能包括卷积神经网络（CNN）、循环神经网络（RNN）和长短期记忆网络（LSTM）等结构的选择与设计。超参数调整，如网格搜索或贝叶斯优化，对于模型性能至关重要。

在模型训练与优化中，深度学习技术通过构建深层神经网络来学习复杂的非线性关系，实现对钻井数据的精确拟合。这一过程是模型性能提升的核心，确保了AI大模型在钻井工程中的有效应用。

4.2.2　模型验证与测试

为确保模型具备良好的泛化能力和实用性，模型验证和测试是不可或缺的步骤。这通常涉及将数据集划分为训练集、验证集和测试集。验证集用于模型选择和超参数调整，而测试集则用于最终评估模型的性能。这种方法有助于避免过拟合问题，确保模型在未知数据上的表现良好。除了优化算法和调整学习率之外，模型验证与测试同样不可或缺。通过划分独立的验证集和测试集，能够对模型的泛化能力进行客观评估。

4.3　实时预测与决策支持技术

4.3.1　快速响应

在钻井过程中，对潜在风险和问题的及时识别至关重要。这就要求实时预测技术能够快速响应，及时提供决策支持。例如，通过实时监测钻井参数的变化，预测可能出现的设备故障或井下复杂情况，从而能够立即采取预防措施。AI大模型可应用于钻井参数的实时监测和预测，通过对钻井液的密度、粘度、失水量等性能参数进行监测，AI大模型能够预测钻井液的性能变化趋势，及时发现潜在的钻井液污染或性能下降等异常情况。

4.3.2　智能化决策支持

智能化决策支持系统能够对多种解决方案进行评估与推荐。这不仅包括对当前情况的分析，还涵盖对未来可能发展的预测。通过分析不同决策方案的潜在后果，系统能够为工程师提供最佳的决策建议，从而提高钻井效率和安全性。AI大模型还能应用于钻井轨迹的实时监测与预测。在钻井过程中，井眼轨迹受多种因素影响，如地层性质、钻头磨损、钻井参数等。通过实时监测这些数据，并结合AI大模型的预测能力，工程师可以及时调整钻井参数，优化钻井轨迹，从而提升钻井效率与质量。AI大模型还可为钻井工程师提供决策支持，通过分析历史数据与当前情况，为工程师提供多种可能的解决方案，并评估每种方案的优劣与可行性，有助于工程师在有限时间内做出更为明智、科学的决策，降低决策失误的风险。

5　AI大模型在钻井工程中的应用场景

借助AI大模型，通过不同的数据收集、模型算法实现各应用场景的业务优化与提升，赋能钻井工程提质量、增效率和降成本。如表1所示列出了钻井设计、井眼轨迹、钻井参数、钻井故障、固井质量、井控助手、钻井液、生产组织和培训体验等九大类，共十四个典型应用场景。

表 1　钻井工程 AI 大模型应用场景

类别	应用场景	采集数据	模型算法	场景描述
钻井设计	井位选择与井型设计	地质数据（如地层结构、岩石物性、油气分布等）；靶点数据；地质工程约束	深度学习算法，AI大模型	借助 AI 大模型，提高井位选择的准确性和科学性，从而增加油气发现的概率；通过优化井型设计，使其更好地适应复杂的地质条件，进而提高钻井效率，降低成本，并延长井的生命周期。
	钻井液设计与优化	地质数据、钻井参数，以及邻井历史数据	机器学习算法，AI大模型	借鉴邻井数据，借助 AI 大模型优化钻井液设计，以便更好地适应各种不同的地质条件和钻井工艺，有效提高钻井效率、减少井下复杂、降低成本，并且减少对环境的影响。
钻井井眼轨迹	轨迹预测与分析	历史钻井数据（包括不同地质条件下的钻头、钻具组合、钻进速度、钻井参数、钻井液性能、井眼轨迹等）；实时钻井数据	深度学习算法（如卷积神经网络（CNN）、循环神经网络（RNN）等），AI大模型	在钻井过程中，通过实时采集的参数输入模型，预测井眼轨迹的变化趋势，提前预知轨迹走向，提高钻井准确性和效率，减少风险。
	轨迹实时控制与优化	实钻数据（井眼轨迹、钻井参数、钻井液性能以及地层信息等）；设计井眼轨迹数据	深度学习算法，AI大模型	在钻井过程中，对采集数据进行快速分析处理，将实钻井眼轨迹与设计轨迹对比，计算最优参数调整方案，一旦发现井眼轨迹偏离预期，立即调整钻井方位、转速等参数，实现对钻井轨迹的实时控制和优化。
钻井参数	钻参实时监测与调整	钻井参数（钻压、转速、排量等）、钻井液性能参数数据	AI大模型	对实时数据进行持续分析，根据预先设定的规则和算法，当参数出现异常变化时自动调整相应参数，确保钻井参数始终处于最优状态，提高钻井效率，减少钻头磨损和设备故障风险。
	钻参离线分析与优化	实钻钻井参数数据	机器学习算法（随机森林、梯度提升机（GBM）等），AI大模型	在钻井作业结束或者暂停之际，以区块历史最佳实践为参照，总结经验、剖析教训，将优秀的施工经验和心得进行固化沉淀；分析原因、查找不足，为下一次钻井作业提供优化建议。
钻井故障	钻井故障实时预警	实时钻井参数数据、设备运行状态数据以及地质数据等	机器学习算法（支持向量机（SVM）、集成学习等），AI大模型	在故障发生前，模型能够及时向工作人员发出预警，促使其迅速采取预防措施，有效避免故障进一步恶化，减少设备损坏的可能性，降低停工时间，从而减少维修成本和生产损失，提高钻井作业的安全性。
	钻井故障诊断与处理	当出现故障预警后，收集历史故障数据、邻井数据和当前井实时参数数据	深度学习算法，AI大模型	当出现钻井故障时，AI 大模型根据诊断结果给出针对性的处理建议，钻井技术人员快速明确应对方向，迅速采取正确的措施进行故障处理。有效缩短故障处理时间，提高处理的准确性和效率，降低二次事故发生的概率，减少损失。
固井质量	固井材料优选	区块、地层条件和历史固井数据	深度学习算法，AI大模型	在提升井的密封性和稳定性，有效防止油气泄漏和地层水窜流，以及成本优先的前提下，通过 AI 大模型，使固井材料选择更具科学性和合理性。
	固井工艺优化	固井过程中的关键参数数据，如注水泥速度、压力、顶替效率等；采集实时固井监测数据	深度学习算法，AI大模型	固井过程数据采集、监测、分析和优化，助力固井提质、提效和降本。
井控	井控助手	井控细则、井控标准、井控数据	AI大模型	为技术人员提供井控问答机器人体验、知识检索、井控计算等功能。
钻井液	钻井液智能配浆	关键地质信息（地层结构、岩石特性等）；钻井液性能参数（括密度、粘度和酸碱度等）；钻井液材料的物理化学属性	机器学习算法（支持向量机、神经网络等），模拟蚁群算法等优化技术，机器人控制算法，AI大模型	在钻井项目启动阶段，智能配浆系统能够迅速提供初步的钻井液配方；在钻井过程中，系统通过实时监测和智能调整钻井液性能，确保其持续符合作业标准；自动化的机器人精确取料、配料和搅拌等操作。

续表

类别	应用场景	采集数据	模型算法	场景描述
生产组织	生产组织优化	物资（种类、数量、库存水平、采购周期和供应商详情）、车辆（型号、运行状况、位置和任务调度）和事件（突发事件、异常和设备故障等事件）信息	工作流管理算法，资源分配算法，协同优化算法，机器学习算法，深度学习算法，AI大模型	钻井队发起流程->生产办公室审核和确认->业务部门执行->质量、安全等直线部门跟踪监控->钻井队关闭流程。
培训	培训沉浸式体验	各类传感器、监控系统以及操作日志	虚拟现实技术，深度学习算法，AI大模型	为钻井工程师打造一个高度仿真的模拟训练环境。模拟诸如井喷、设备故障等各种复杂工况，在安全的环境中工程师经过沉浸式体验，提高自身应急能力与操作技能。

6 结语

在全球化背景下，面对能源需求持续增长与钻井工程复杂性加剧的双重挑战，通过剖析AI大模型的技术优势、实际应用及其带来的变革，我们对其在推动钻井行业转型中的巨大潜力有了更加清晰的认识。

从国家战略层面来看：我国将能源安全和科技创新列为战略重点，AI大模型在钻井行业的应用成为两大战略的关键交汇点，为其在钻井领域应用提供政策基础，促进相关产业协同发展，助力国家经济社会可持续发展。

从技术创新层面来看：技术快速发展重塑钻井工程，人工智能技术进步推动AI大模型迈向更高级智能化和效能化。它能精准应对钻井复杂环境，提高作业精度和效率。与物联网等技术深度融合，构建智能生态系统，推动钻井工程全链条精细化管理和优化。

AI大模型在钻井领域的落地应用，不仅是技术革新的一座高峰，更是石油企业转型升级的强大引擎。展望未来，在国家政策的指导和支持下，AI大模型有望成为促进钻井工程向数字化和智能化转型的关键工具，引领整个行业迈向一个更加智能化、高效化、安全化的新时代。未来研究应聚焦于AI大模型技术与其他学科的深度融合与创新，实现计算机科学、地质学、工程学等多学科知识的交叉互融，深入挖掘AI大模型在钻录测试一体化领域的应用潜力，从而推动钻井技术的全面革新和持续进步，开启智慧钻井的新篇章。

参 考 文 献

［1］李铂鑫．面向私有问答系统的检索增强式大模型稳定输出方法［J/OL］．计算机科学与探索，2024.10（20）：1-11.

［2］黄施洋，奚雪峰，崔志明．大模型时代下的汉语自然语言处理研究与探索［J/OL］．计算机工程与应用，2024.10（20）：1-19.

［3］顾东晓，黄智勇，朱凯旋，等．医疗健康大模型知识体系构建、服务应用与风险协同治理［J/OL］．情报科学，2024.10（20）：1-29.

［4］孟令辉．基于机器学习的钻井参数优化方法研究［D］．中国石油大学（北京），2022.

［5］潘焕泉，刘剑桥，龚斌等．油藏动态分析场景大模型构建与初步应用［J］．石油勘探与开发，2024，51（05）：1175-1182.

［6］陈宏志，林秀峰．一种辅助决策智能体及与生成式AI的联合应用［J/OL］．计算机技术与发展，2024，10（19）：1-8.

［7］万康，马志超，郭青松等．人工智能技术在石油钻井工程事故预警中的应用［J］．录井工程，2022，33（02）：24-29.

［8］王敏生，光新军，耿黎东．人工智能在钻井工程中的应用现状与发展建议［J］．石油钻采工艺，2021，43（04）：420-427.

［9］杨云，朱家元，张恒喜．基于新型机器学习的电子装备系统智能故障诊断研究［J］．计算机工程与应用，2003，（22）：210-211+232.

［10］魏盈盈．人工智能在钻井工程中的应用［J］．中国石油和化工标准与质量，2022，42（23）：127-129.

［11］梅舜豪．基于人工智能的钻井工程异常预警系统研究及应用［J］．石油化工自动化，2023，59（04）：59-63.

［12］杜松涛，杨晓峰，刘克强．人工智能技术在钻井工程的应用与发展［J］．石油化工应用，2024，43

（06）：1-5+10.

［13］付丹，潘正军. 深度学习模型在多源异构大数据特征学习中的应用研究［J］. 电脑知识与技术：学术版，2019（1）.

［14］赵鸿，高比布. 探究 AI 大模型：现状、挑战与未来

［J］. 电信快报，2023，（07）：6-11.

［15］陈宏志，宫本儒，王笑妍，等. 预训练大模型在油气领域的价值场景、挑战及未来方向［J］. 现代信息科技，2024，8（13）：129-135.

人工智能大模型在石油工程建设领域的应用

武治岐 艾 强

（中国石油新疆油田公司）

摘 要 本研究探讨了人工智能大模型技术在石油工程建设中的应用，目的是通过先进的数据分析和算法优化方法提升石油工程的效率与安全性。研究首先介绍了大模型的基本原理和技术背景，重点讨论其在处理复杂工程数据、优化项目流程和提高风险评估精度方面的潜在优势。为了验证其有效性，研究结合多种大模型算法和实际石油工程数据进行深入分析，通过特征提取、模式识别等技术手段，展示了大模型如何显著提升石油工程中的数据处理能力和决策效率。实验结果表明，人工智能大模型能够有效提升工程数据处理的精度，缩短决策时间，并显著减少工程中的潜在风险，特别是在复杂、多变的环境下表现出较强的适应性。此外，研究还通过对比不同人工智能算法的应用效果，分析了其在实际工程中的优缺点，并指出了现阶段的技术局限性。特别是在算法优化、数据获取及模型训练方面，未来仍有较大的改进空间。最后，本研究表明，人工智能大模型技术在石油工程建设中的应用不仅能够显著提升工程效率和安全性，还为未来石油工程的智能化和自动化发展提供了强有力的技术支撑。研究结果对推动石油工程领域的技术革新具有重要意义，尤其是为工程管理者和技术专家提供了切实可行的理论依据和实践指导，为未来大规模应用奠定了坚实基础。

关键字 石油工程；人工职能；模型训练；长短期记忆网络；高斯过程回归

1 引言

1.1 研究背景

随着全球经济的快速增长和工业化的深入发展，对石油资源的需求持续增加，尤其是在能源密集型的行业中。石油作为全球主要的能源供应来源，其勘探、开采和处理过程的效率直接影响到能源成本和供应稳定性。然而，传统的石油工程技术面临着资源枯竭、开采成本增加以及环境保护等多重挑战。这些挑战迫使石油行业寻求新技术来提高资源开采的效率和降低环境影响，尤其是在开采难度大、环境敏感的地区。人工智能大模型技术作为一种新兴的解决方案，提供了通过数据驱动的方式优化石油工程过程的可能性。

1.2 研究目的

本研究的主要目的是通过应用人工智能大模型技术，解决石油工程中存在的关键技术难题，特别是在提升勘探精度和优化生产过程中的实际应用。本论述旨在开发一套实时分析和处理复杂石油数据的智能系统，具备自动识别地质特征，预测油田性能，并为钻探与生产决策提供科学支持的能力。此外，研究将评估这些大模型在实际石油生产环境中的适应性和可靠性，探讨如何协助石油企业降低开采成本，提高资源回收率，减少对环境的负面影响。最终，本研究还将考察大模型技术在安全管理和应急响应中的效果，目标是为石油行业提供一个全面的风险管理和事故预防方案，以确保操作的安全和生产的连续性。

2 技术思路和研究方法

2.1 技术框架

2.1.1 人工智能大模型的核心技术

人工智能大模型的核心技术基于深度学习框架，涵盖了几个关键领域，包括但不限于神经网络架构、大规模数据处理能力、以及高效的算法优化技术。首先，神经网络架构如Transformer，在处理序列数据中表现出卓越的性能，尤其适用于解析和预测复杂的地质和地球物理数据。

此外，大模型技术的实现离不开高效的数据处理系统。这包括使用分布式计算环境来处理和分析大规模数据集，能够加速模型训练过程并提高模型的泛化能力。例如，使用GPU集群进行并行处理，大幅度缩短了模型训练的时间，同时保持了模型处理复杂数据的能力。

2.1.2　技术架构的适应性分析

人工智能大模型的技术架构设计必须考虑到其在石油工程领域的特定应用需求，确保架构的适应性和可扩展性。首先，模型架构需支持高效的数据整合能力，因石油工程涉及的数据类型多样，包括地质数据、地球物理数据及实时监控数据等。有效的数据整合不仅提高了模型的训练效率，也保证了数据分析的全面性和准确性。

其次，考虑到石油工程环境的复杂性，大模型架构需要具备高度的灵活性，这意味着模型应能适应各种操作条件和环境变化，如温度、压力变化等极端条件的数据处理。此外，架构必须支持快速部署与调整，以应对石油勘探和生产过程中可能遇到的突发情况。

2.2　研究方法

2.2.1　模型选择与优化策略

在石油工程的人工智能应用中，模型选择和优化策略是核心步骤，旨在确保模型能够准确预测和有效处理工程数据。首先，选择合适的模型基础是关键，常用模型长短期记忆网络（LSTM），因其能处理时序数据和提取空间特征而被广泛应用，模型结构定义如下。

$$i_t = \sigma(W_{xi}x_t + W_{hi}h_{t-1} + b_i)$$
$$f_t = \sigma(W_{xf}x_t + W_{hf}h_{t-1} + b_f)$$
$$o_t = \sigma(W_{xo}x_t + W_{ho}h_{t-1} + b_o) \quad (1)$$
$$c_t = f_t \Theta c_{t-1} + i_t \Theta \tanh(W_{xc}x_t + W_{hc}h_{t-1} + b_c)$$
$$h_t = o_t \Theta \tanh(c_t)$$

其中，i_t，f_t，o_t分别是输入门、遗忘门、输出门的激活向量，c_t是细胞状态，h_t是输出向量，W和b是模型参数。

以一次钻探活动为例，关注主要变量包括钻井深度、钻速以及周围岩层的硬度指数。通过LSTM模型，利用历史数据来预测钻进速度和即将到达的地质条件。

（1）数据预处理

首先，研究从历史钻探活动中收集数据，包括时间序列数据如每小时的钻进速度、岩层硬度和钻井深度。这些数据经过标准化处理后，作为模型的输入。

（2）LSTM网络应用

使用LSTM网络处理序列数据，网络通过学习数据中的时间依赖关系，来预测下一阶段的钻进条件。例如，当模型通过公式中的遗忘门f_t和输入门i_t处理数据时，能够识别出数据中的关键变化点，如岩层硬度突然增加，从而预测钻进速度可能会因此减慢。

（3）操作决策支持

模型的输出h_t用于实时决策支持，指导钻探团队调整钻速或准备适当的钻头更换，以适应即将到来的更硬的岩层。这种预测使得钻探作业更加高效，同时减少了因突然岩层变化导致的设备损耗。

通过以上步骤，LSTM模型不仅提高了钻探效率，而且增加了作业的安全性，减少了成本。这种基于数学模型的应用实例清晰地展示了大模型在石油工程中的实用性和效果。

2.2.2　数据采集与处理流程

（1）数据采集

本研究集中于从实际钻探操作中收集关键参数，包括钻井深度、压力、温度和流量。这些数据通过钻场的传感器系统实时采集并记录。

（2）数据预处理

收集到的数据首先进行清洗，剔除异常值，例如检测并处理那些超出设备测量范围的数据点。接下来，对数据进行标准化处理，以满足高斯过程回归（GPR）模型的输入要求。

GPR模型是一种非常适合处理带有预测不确定性的回归问题的强大工具。模型的数学表达式如下：

$$y(x) = N(\mu(x), \sigma^2(x)) \quad (2)$$

其中，有$y(x)$是地点x的预测输出，$\mu(x)$和$\sigma^2(x)$分别是该点的预测均值和方差。

考虑到实际操作中钻井深度对安全和效率的重要性，本研究特别关注通过GPR模型预测钻井深度的实例。针对地点A的数据，假设之前的钻探已经收集到一系列的深度和相关参数，如表1所示。

表1　参数示例

时间戳	钻井深度/m	压力/bar	温度/℃	流量/（m³/h）
1	320	150	35	12
2	325	152	36	12.5

通过训练GPR模型，使用这些数据点作为输入，模型学习钻井深度与其他参数之间的关系。在未来的钻探过程中，当输入新的压力、温度和

流量数据时，GPR模型能够预测出接下来可能达到的钻井深度，同时提供预测的置信区间。

例如，如果在相同的地质条件下，预测模型表明钻井深度即将达到500m，但预测的方差较大，这可能表明存在不确定的地质变化或设备性能问题。这时，工程团队可以根据这一预测调整钻进速度，或采取其他预防措施以确保操作的安全性。

此外，这种预测模型还可以帮助钻探团队优化钻井计划和资源分配，如根据预测结果提前准备必要的钻探设备和人员。通过这种方式，GPR模型不仅提升了钻探的精确性，也增强了整个操作的适应性和灵活性，从而大幅提高了作业的经济效益和安全标准。

3　结果和效果

3.1　实验设计与执行

3.1.1　实验设置的详细描述

本研究的实验设置旨在验证人工智能大模型技术在石油工程数据分析中的应用效果，特别是针对实际工程项目中的数据处理和预测能力。实验采用的高性能计算服务器配置了先进的GPU集群，以支持大规模并行数据处理。使用的传感器阵列实时监测了钻井深度、压力、温度和流量等多维度参数，确保数据的实时性和精确性。

实验分为几个阶段，每个阶段都设定了具体的测试目标和预期结果。初步阶段使用高斯过程回归（GPR）模型（2），来预测温度和压力的变化。此模型优化了传统预测方法的准确性，特别是在非线性和不稳定数据环境下的表现。进阶阶段，利用长短期记忆网络（LSTM）（1）进行时序数据的深度学习，分析钻井过程中的复杂动态关系。

3.1.2　数据集的构建与验证

数据集的构建基于实际石油工程项目收集的原始数据。通过数据预处理，包括清洗、归一化和特征工程，构建了适用于深度学习模型的数据集。数据验证环节采用了交叉验证的方法，确保了数据集的代表性和模型评估的公正性。

模型的训练和测试在严格控制的实验环境下进行，以确保结果的可重复性和可靠性。实验过程中，特别关注模型在不同工程参数下的表现，如不同的钻井深度和压力水平。这些实验不仅测试了模型的预测精度，也评估了其在实际工程应用中的实用性和效率。

3.2.1　模型应用的定量结果

在本研究中，利用长短期记忆网络（LSTM）和高斯过程回归（GPR）模型对石油工程中的钻探数据进行分析，展示了这些模型在特定环境下的应用效果。结果如表2所示，这些模型在处理高度复杂和不确定性的数据时具有显著的预测优势。

表2　实验数据

模型类型	预测指标	实测值	预测值	误差
LSTM	钻井深度/m	320	318	2
LSTM	压力/bar	150	148	2
LSTM	温度/℃	35	34	1
LSTM	流量/（m³/h）	12	11.8	0.2
GPR	钻井深度/m	325	326	1
GPR	压力/bar	152	151	1
GPR	温度/℃	36	36.5	0.5
GPR	流量/（m³/h）	12.5	12.4	0.1

LSTM模型因其能够处理时间序列数据中的长期依赖关系，在预测钻探过程中突然发生的参数变化如压力和流量时表现出高度准确性。此模型特别适用于那些地层变化复杂，信息量大的钻探环境，能够有效预测和调整钻井策略以适应不断变化的地质条件。

另一方面，GPR模型在估计和插值地质参数的连续变化上展现了优越的性能。该模型尤其适用于地质条件相对稳定但参数间存在细微变化的环境，如温度和压力的细微调整预测。GPR模型的优势在于能提供预测的不确定性评估，这对于风险管理和避免高成本的钻探错误至关重要。

3.2.2　应用效果的定性评价

人工智能大模型在石油工程中的应用显著提升了操作的预见性和反应速度。特别是在高风险的钻探操作中，模型能够实时预测并警示潜在的地质或机械风险，从而允许工程师提前采取预防措施或调整策略，显著减少事故发生率。此外，这些模型通过精确的数据分析，优化了资源的分配和利用，减少了不必要的成本开销，增强了项目的经济效益。从长远看，这不仅提升了项目的经济回报，也促进了可持续发展实践的采纳。通过详实的案例分析，可以观察到模型在实际操作中对工程进度和安全标准的直接影响，证实了其在提升工程效率和风险管理中的关键作用。这种深度集成的技术应用正在重新定义石油行业的生产和管理方式，推动行业向更高效、智能化的未来迈进。

结语：本研究深入探讨了人工智能大模型技术在石油工程中的应用，展示了其在提升数据处理精度、优化操作流程以及提高风险预测能力方面的突出表现。通过大模型技术的应用，石油企业能够更高效地管理和利用复杂的地质、压力、温度及流量数据，提升决策的准确性和及时性，降低生产中的潜在风险。该技术的实现为石油工程的智能化管理提供了创新解决方案，不仅优化了资源分配，还减少了不必要的开支，增强了整体的经济效益。未来的研究方向应包括进一步优化大模型的泛化能力，确保其在更广泛的地质条件和复杂操作环境下的适应性。通过不断提升模型的稳定性和适应性，人工智能大模型将在石油工程的各个环节中发挥更加重要的作用，推动行业的技术革新与可持续发展。

参 考 文 献

［1］杜松涛，杨晓峰，刘克强.人工智能技术在钻井工程的应用与发展［J］.石油化工应用，2024，43（06）：1–5+10.

［2］刘合，任义丽，李欣等.油气行业人工智能大模型应用研究现状及展望［J］.石油勘探与开发，2024，51（04）：910–923.

［3］刘合，李欣，窦宏恩等.油气行业人工智能学科建设研究与思考［J/OL］.石油科技论坛，2024，09（26），1–12.

［4］陈伟光，周彬，潘艳明.5G+AI技术在石化安全作业领域的应用［J］.石化技术，2024，31（02）：139–142.

［5］刘伟，闫娜.人工智能在石油工程领域应用及影响［J］.石油科技论坛，2018，37（04）：32–40.

基于Neo4j与知识图谱的石油知识库构建

芦志伟　李建民　任　新　陈　昂　张毅辉　温文权　肉仙古丽

（中国石油新疆油田公司）

摘　要　本文重点探讨如何利用Neo4j图数据库构建知识图谱，并探讨其在智能体中的应用。通过OCR技术进行初步的信息提取，我们重点关注知识图谱的构建、维护及其在自动化信息处理中的作用。

关键词　neo4j；数据库；知识图谱；model

1　引言

1.1　油田企业构建知识库面临的问题

油田企业在管理庞大的数据资源时，面临将非结构化数据转化为结构化数据的技术挑战。特别是在数据向量化、语义关联等关键技术的应用上，尚存在不成熟之处，这无疑增加了构建知识图谱的复杂性。目前，对于大规模数据集的高效处理和知识提取仍然是一个能力瓶颈。探索如何在油田生产、科研及管理活动中有效运用问答系统，并充分利用知识图谱的潜能，以提升知识的利用效率，已经成为一个迫切需要解决的问题，如图1所示。

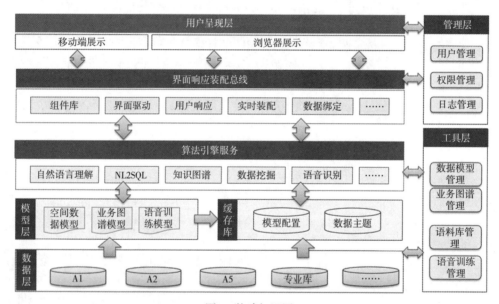

图1　构建知识图

1.2　知识图谱在构建中的作用

知识图谱通过图结构模拟现实世界的复杂关系，实体被抽象为节点，关系通过边连接，形成了一个庞大而复杂的网络。每个实体可以拥有多个属性，提供了丰富的语义描述。这种表示方式不仅使机器能够更容易地理解和处理知识，也为人类提供了一种直观的知识探索工具。知识图谱在信息检索、推荐系统、自然语言处理等领域发挥着至关重要的作用。Neo4j作为领先的图数据库，其在知识图谱构建中的应用日益广泛。

在此基础上，我们可以进一步构建一个从识别到问答的智能体。这个智能体利用知识图谱的丰富语义和图数据库的高效查询能力，能够实现对用户查询的精准理解和快速响应。这样的智能体不仅提高了信息检索的效率，还增强了用户体验，为智能问答、智能助手等应用场景提供了强大的技术支持。

2　知识图谱及Neo4j简介

2.1　知识图谱概念

知识图谱，作为一种革命性的知识表示方法，其核心在于利用图结构来模拟现实世界中的复杂关系。在这个结构中，实体被抽象为节点，而实体间的关系则通过边来连接，形成了一个庞大而复杂的网络。这种表示方式不仅使得机器能够更容易地理解和处理知识，而且也为人类提供了一种直观的知识探

索工具。在知识图谱中，每个实体都可以拥有多个属性，这些属性为实体提供了丰富的语义描述，使得实体不再孤立，而是成为了具有多维特征的活跃元素。因此，知识图谱在信息检索、推荐系统、自然语言处理等领域发挥着至关重要的作用，如图2所示。

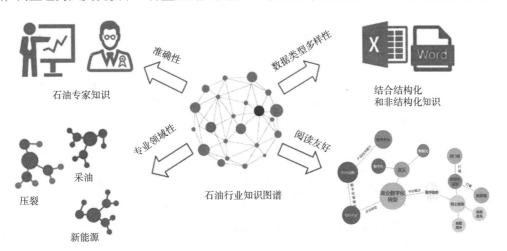

图2　石油行业知识图谱

2.2　Neo4j 简介

Neo4j 作为图数据库领域的领军者，以其独特的图数据模型和卓越的性能，成为了构建知识图谱的首选技术。其高性能体现在其对复杂图算法的支持和对大规模数据集的处理能力上。不同于传统的关系型数据库，Neo4j 的存储结构天然适合于表示实体和实体间的多对多关系，这使得它在处理高度互联的数据时显得尤为高效。Neo4j 的 Cypher 查询语言，以其简洁而强大的特性，让用户能够轻松地进行图数据的查询和操作。此外，Neo4j 的 ACID 事务保证了数据操作的可靠性和一致性，而其可扩展性则为处理不断增长的数据提供了可能。

功能特点	描述
复杂关系建模	石油行业的数据涉及多种实体（设备、地质层、油井等）及其复杂关系，Neo4j 以图的形式自然建模，使数据结构更灵活直观。
快速关系查询	研究人员可快速查询设备维护记录或油田与其他地质特征的关系，使用 Cypher 查询语言一键获取油井关联数据。
实时数据分析	Neo4j 的高性能支持在钻井或勘探过程中实时查询和分析数据，如快速查找最优钻井方案。
图算法应用	利用图算法进行预测和优化，如社交网络分析评估钻井方案效果，最短路径算法优化运输路线。
数据可视化	Neo4j 的图形可视化功能帮助理解复杂数据关系，通过图形化展示发现研究方向的关联。

续表

功能特点	描述
知识推理与发现	结合机器学习和知识图谱，Neo4j 在大规模数据中帮助企业发现新知识，如识别潜在油田或预测设备故障。

3　基于 Neo4j 的知识图谱构建

3.1　知识库基础收集如表1所示

表1　知识库基础收集表

项目	内容	技术支持
确定知识领域	企业产品知识库主要涉及产品基本信息、技术参数、应用场景等。	人工收集，人工制定
数据源选择	收集企业内部的产品手册、技术文档、专利文献等。	人工收集，ocr，文本转换工具等
数据预处理	对收集到的数据进行清洗、去重和格式化处理。	大语言模型接口，python
实体识别与关系抽取	利用自然语言处理技术，提取产品名称、技术参数、应用场景等实体，以及实体之间的关系。	GRaprag 等
构建 NEO4j 图模型	将提取的实体和关系导入 NEO4j 数据库，构建产品知识库的图模型。	Neo4j，python 等
知识库优化与维护	对知识库进行性能优化，如索引设置、查询优化等，并定期更新数据，确保知识库的准确性。	人工校验，大模型，场景测评等

在知识图谱构建过程中，尽管OCR技术极大地促进了文本信息采集的效率，但其在本地化实施及随后的分词辨识与自然语言处理方面仍面临挑战，从而提升了知识库建设的难度。例如，复杂环境中的视觉干扰、对手写体的精确解读以及对多种语言的兼容性都考验着数据处理的前期准备能力。实际工作中，除了要净化从OCR获取的数据流以排除杂音和非相关信息外，还需应对如排版混乱、图形元素（如图章和水印）等带来的困扰，这些都可能迫使工作人员手动参与校正过程，如图3所示。

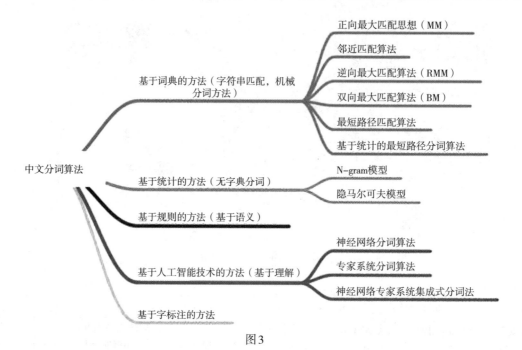

图3

分词辨识是构建知识库的核心环节之一，它面临着跨语言和文化差异导致的词汇界定难题，特别是对新出现的或特定领域的术语进行有效识别。当前市场上较为知名的中文分词工具有jieba、HanLP和NLTK等，然而由于中文缺乏像英文那样的明确单词界限标识，加之词语的多重意义和上下文依赖性，使得分词算法必须具备高度智能化水平。特别是在那些专业性较强且充满专业术语的领域中，这一任务的完成更是依赖于丰富的专业知识储备和对算法参数的精心调整。

3.2 实体识别与关系抽取的构建过程

实体识别与关系抽取是构建知识图谱的核心环节。在这一阶段，利用先进的自然语言处理技术，如命名实体识别，从文本中准确地识别出关键实体。在原始数据的基础上，首先进行结构化数据的提取、半结构化数据的转换以及非结构化数据的预处理。这一步是为了确保所有类型的数据都能被系统有效地理解和处理。接下来，对数据进行整合，包括实体抽取、关系抽取、属性抽取等步骤，以便于后续的知识表示工作。

初步知识表示阶段主要涉及实体消歧、共指消解和实体对齐等技术，目的是消除同名异义现象，统一不同来源的信息，为建立准确的知识图谱奠定基础。标准知识表示则是将初步知识表示的结果转化为一种通用的格式，便于知识的存储和应用，如图4所示。

在整个过程中，知识推理和质量评估起到了关键作用。知识推理能够发现隐含的关系和信息，而质量评估则保证了知识图谱的准确性。最后，通过对已有知识的模型构建和数据模型的修订，形成了一个完整且不断更新的知识图谱。Neo4j在这里作为一款高性能的图形数据库，提供了强大的支持。它不仅能够高效地存储和管理大规模的知识图谱数据，还能够快速地进行查询和分析，使得知识图谱的应用更加灵活和便捷。

3.3 搭建知识库中的费曼双向学习框架

费曼双向学习框架是一种有效的学习方法，它强调通过教授他人来加深自己的理解。在知识库的搭建过程中，我们可以借鉴这种思路，让用户在贡献知识的同时，也能从其他用户的贡献中学习到新的东西。具体来说，可以通过以下两种方式实现：

用户贡献机制：允许用户提交问题、答案或文章，这些问题和答案会经过审核后加入知识库。这样，用户就可以在分享自己的专业知识的同时，

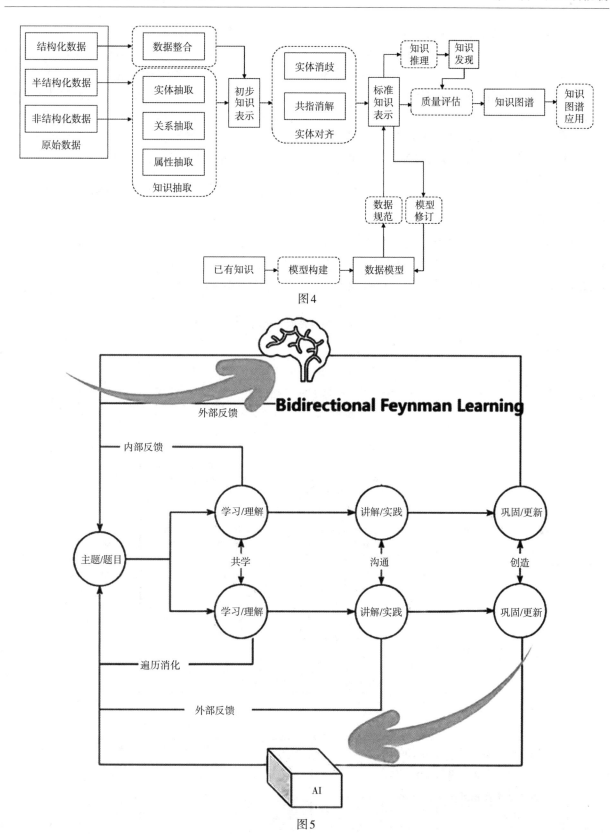

图 4

图 5

也从他人的贡献中受益。

互动交流平台：提供一个论坛或评论区，让用户就某个话题进行深入讨论。这种方式可以促进思想的碰撞和知识的传播，使知识库更加丰富和多维，如图 5 所示。

在搭建费曼学习框架中，主题 / 项目是学习的核心，通过"学习 / 理解"环节，学生可以深入掌握相关知识点。在这个过程中，Neo4j 可以帮助我们建立知识之间的关联，形成一张清晰的知识网络。例如，在学习计算机科学时，我们可以将各种编程语言、算法和数据结构等概念作为节点，它们之间的关系作为边，形成一个丰富的知识图谱。

接下来，"讲解/实践"环节要求学生将所学知识传授给他人或应用到实际项目中。此时，Neo4j的优势再次凸显——它可以轻松地查询和分析知识图谱中的信息，帮助学生更好地理解和运用知识。此外，通过不断迭代的学习过程，学生可以将新获得的知识反馈到知识图谱中，使其不断完善和更新。

3.4　多样性问答类别：

问答类别可分为单文档QA、多文档QA以及无法回答的问题。在这些类别中，单文档QA包括事实性、总结和多跳推理，而多文档QA涉及信息整合、数值比较和时间顺序。此外，还存在一类无法回答的问题，这类问题考验系统对于信息缺失的处理能力。这种多样化的问答类别设计，不仅丰富了问答系统的应用场景，也为评估模型的性能提供了全面的视角。因此，在研究问答系统时，考虑这些多样性因素对于提升系统的准确性和用户体验具有重要意义，如表2所示。

4　本地模型训练以及Neo4j数据库搭建：

4.1　数据准备：

收集石油科研领域的公开数据集文档作为测试样本，包括18个ppt，8个word，3个pdf，1个知识类答题excel，如图6所示。

表2　多样性问答类别

Question Type	Definition
Single-document QA	
Factual	Questions targeting specific details within a reference (e.g., a company's profit in a report, a verdict in a legal case, or symptoms in a medical record) to test RAG's retrieval accuracy.
Summarization	Questions that require comprehensive answers, covering all relevant information, to mainly evaluate the recall rate of RAG retrieval.
Multi-hop Reasoning	Questions that involve logical relationships among events and details within a document, forming a reasoning chain, to assess RAG's logical reasoning ability.
Multi-document QA	
Information Integration	Questions that need information from two documents combined, typically containing distinct information fragments, to test cross-document retrieval accuracy.
Numerical Comparison	Questions requiring RAG to find and compare data fragments to draw conclusions, focusing on the model's summarizing ability.
Temporal Sequence	Questions requiring RAG to determine the chronological order of events from information fragments, testing the model's temporal reasoning skills.
Unanswerable Questions	
Unanswerable	Questions arising from potential information loss during the schema-to-article generation, where no corresponding information fragment exists or the information is insufficient for an answer.

RAG question types and their definitions

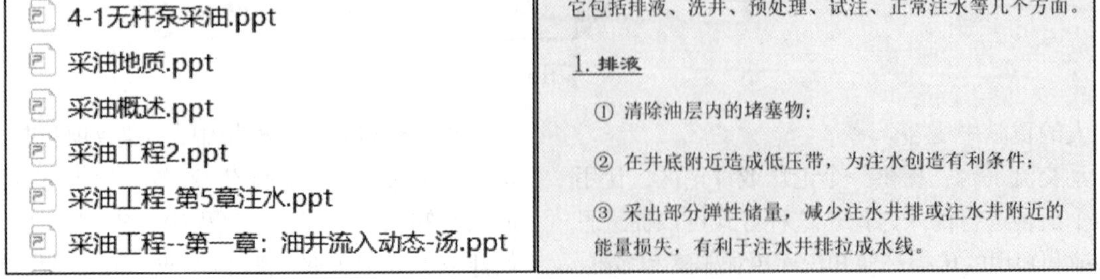

图6　选择公开数据集

4.2　数据预处理： 目前仅对文库进行处理，对收集到的数据进行一次清洗、纠正，去重、格式统一等预处理操作，由本地 72b 模型完成，如图 7 所示。

题目：胶结类型中的基底胶结是指胶结物含量高，岩石颗粒之间的接触情况是怎样的？　答案：全部接触
题目：胶结的类型分为几种？　答案：3 种
题目：胶结类型是指胶结物在哪种砂岩中的分布状况以及与碎屑颗粒的接触关系？　答案：细粒
题目：储层定向分布及内部各种属性都在极不均匀地变化，这种变化称为储层的什么性？　答案：非均质
题目：碎屑岩储层的非均质性分成几类？　答案：4 类
题目：储集层的非均质性将如何影响到储层中油、气、水的分布规律和油田开发效果的好坏？　答案：直接
题目：基底胶结的孔隙度是怎样的？　答案：很低
题目：有几种胶结类型中，基底胶结的孔隙度是怎样的？　答案：最低
题目：基底胶结的渗透率是怎样的？　答案：很低
题目：胶结物充填于颗粒之间的孔隙中，颗粒呈什么接触，这种胶结称为孔隙胶结？　答案：点状
题目：胶结物充填于颗粒之间的孔隙中，颗粒呈支架状，这种胶结称为什么胶结？　答案：支架
题目：在几种胶结类型中，孔隙度仅次于接触胶结的是哪种胶结？　答案：支架
题目：在几种胶结类型中，接触胶结的孔隙度是怎样的？　答案：最高
题目：在几种胶结类型中，接触胶结的孔隙度与孔隙胶结相比是怎样的？　答案：大于
题目：接触胶结是指胶结物含量怎样，分布于颗粒相互接触的地方，颗粒呈点状或线状接触的胶结？　答案：很少

图 7

4.3　使用 OpenAIEmbeddingsLLM 继承了 BaseLLM 类，用于执行嵌入操作。使用了 ollama.embeddings 函数调用预训练好的大型语言模型进行嵌入计算。

```
llm:
  api_key: ${GRAPHRAG_API_KEY}
  type: openai_chat # or azure_openai_chat
  model: qwen2:7b
  model_supports_json: true # recommended if this is availab
  max_tokens: 4000
  request_timeout: 180.0
  api_base: http://        :11434/v1

parallelization:
  stagger: 0.3
async_mode: threaded
embeddings:
  async_mode: threaded
  llm:
    api_key: ${GRAPHRAG_API_KEY}
    type: openai_embedding # or azure_openai_embedding
    model: quentinz/bge-large-zh-v1.5:latest
    api_base: http://10.71.216.85:11434/api
chunks:
  size: 800
  overlap: 100
  group_by_columns: [id]
```

a

```
class OpenAIEmbeddingsLLM(BaseLLM[EmbeddingInput, EmbeddingOutput]):
    _client: OpenAIClientTypes
    _configuration: OpenAIConfiguration

    def __init__(self, client: OpenAIClientTypes, configuration: Open
        self._client = client
        self._configuration = configuration

    async def _execute_llm(
        self, input: EmbeddingInput, **kwargs: Unpack[LLMInput]
    ) -> EmbeddingOutput | None:
        args = {
            "model": self._configuration.model,
            **(kwargs.get("model_parameters") or {}),
        }
        print(args)
        embedding_list = []
        for inp in input:
            embedding = ollama.embeddings(model="quentinz/bge-large-z
            embedding_list.append(embedding["embedding"])
        return embedding_list
```

b

```
create_final_documents
                         id                              text_unit_ids                      raw_con
              title
0  cd02696815818d155d9c668359030d88  [d0e91fc6a6125a9a28117cfec6a2db4c, ca6b5e5201d...  幻灯片 1:\n第三章
有杆泵采油\n有杆泵抽油装置由抽油机、抽油杆、抽油泵（三抽设备）组成...        3.1-有杆泵采油装置.txt
1  4b605a13cede74dd710a51658bc4eb72  [26d66c08702f24e17e8fa7258dab94af, 2f419b3a102...  幻灯片 1:\n第四章 无杆泵采油\nRodless Bottom
4-1无杆泵采油.txt
2  ade53ed60379a96478f7f6f0b1638a72  [6a9a1da046b56da6d5dbe70510c25e3c, d0042fecf05...  jsjshiyong.txt
采油工艺研究院计算机使用管理办法\n设备与网络管理\n1. 禁止使用USB无线网卡或手机共享网...
3  0c616bfa096095bb3985e3e3b2b27415  [b0ac5d9a343ee5b9cc93635e9e522370, 7d734eea149...  幻灯片 1:\n采 油 地 质\n主讲人：张永吉\n人
源
采油地质.txt
4  225bd03fb14cacee73733358970ba2e8  [f53d409baae5915a2a801aaeefa9013a, 414698722dd...  幻灯片
1:\n第一章\n油井流入动态\n与井筒多相流动计算\n主要内容是什么？\n油井流入...  采油工程—第一章：油井流入动态-汤.txt
5  4e740860a310bf16ffc9b2e8e2c54adc  [06ddd601847b27cb5d5bc46482fc7cec, 7af0e5db4b4...  幻灯片 1:\n第五章 注 水\n(1) 水源、水质及注
采油工程-第5章注水.txt
6  cc1555900c595a212336e9166107a287  [7712e8bb5da7a960f33e1629ecf5284c, b5cffd8ce70...  幻灯片 1:\n第二节 气液两相管流基本概念及基本
多相垂直管流物性变化规律\n...      采油工程各项指标的分析.txt
7  8faf2de535e3b65437b6082bf8d07f5c  [25f0a6f6857c7424b1825f69792532e2, 6e720b9abf8...  幻灯片 1:\n主讲：刘 野 \n工程技术大队三采室
\n采油工程技术管理...        采油工程各项指标的分析.txt
```

c

图 8

4.4 问答测试：

本次问题为："中文介绍有杆泵的特点"，本地模型70亿参数回答，回答效果虽然较简略，但是无劣质或不相关答案，如图9所示。

```
python -m graphrag.query --root ./ragtest --method local "中文介绍有杆泵的特点"
SUCCESS: Local Search Response: 有杆泵，也称为抽油机或活塞泵，在石油和天然气开采中广泛应用。以下是其主要特点的中文介绍：

### 1. **高效能**
   - **数据支持**：[Data: Applications (2), Performance (3)]。
   - **解释**：有杆泵设计用于从地下油井提取液体，通过活塞在管柱内的上下运动来实现。这种机械结构能够提供高效率的抽汲能力。

### 2. **适应性强**
   - **数据支持**：[Data: Industries (4), Environment (5)]。
   - **解释**：有杆泵适用于多种石油和天然气开采环境，包括深井、浅井、高含水层等。其设计能够适应不同的地质条件和流体性质。

### 3. **维护便捷**
   - **数据支持**：[Data: Maintenance (6), Components (7)]。
   - **解释**：有杆泵的结构相对简单，主要由电机、传动系统、活塞和管柱组成。这种设计使得日常维护和故障排查较为容易。

### 4. **成本效益**
   - **数据支持**：[Data: Cost Analysis (8), Efficiency vs. Cost (9)]。
   - **解释**：虽然初期安装成本可能较高，但有杆泵在长期运行中的高效率和稳定性能使其成为经济上具有竞争力的选择。

### 5. **可定制性**
   - **数据支持**：[Data: Customization Options (10), Adaptability (11)]。
   - **解释**：根据不同的应用需求，有杆泵可以进行多种定制，包括调整活塞尺寸、改变电机功率等，以优化其性能和适应特定的开采

### 6. **环境影响**
   - **数据支持**：[Data: Environmental Impact (12), Regulations Compliance (13)]。
   - **解释**：有杆泵在使用过程中会产生噪音和振动，并可能对周围环境造成一定影响。现代技术通过改进设计来减少这些影响，同时

### 7. **安全操作**
   - **数据支持**：[Data: Safety Protocols (14), Risk Management (15)]。
   - **解释**：有杆泵的操作需要严格遵守安全规程和标准。这包括定期检查、使用适当的防护设备以及培训操作人员等措施。
```

图9

Industries（4）：表示在数据分析或图表中引用了四个与行业相关的数据集或数据来源。这些数据集可能涵盖了不同行业的特征、趋势或统计信息。

Efficiency vs. Cost（9）：九个数据集与效率和成本之间的关系进行分析。此类分析通常探讨在不同成本水平下的效率表现，帮助组织了解成本投入与产出之间的关系。

4.5 3D可视化知识向量结构图

GraphRag知识图谱向量结构可视化能够对用户描述知识库的结构，如图10所示说明了本次测试样本中知识的内在联系和语义网络，让用户对所构建的内容有直观的理解。

图中，节点代表不同的知识实体，如油田勘探、开发、生产等关键概念，而边则表示实体之

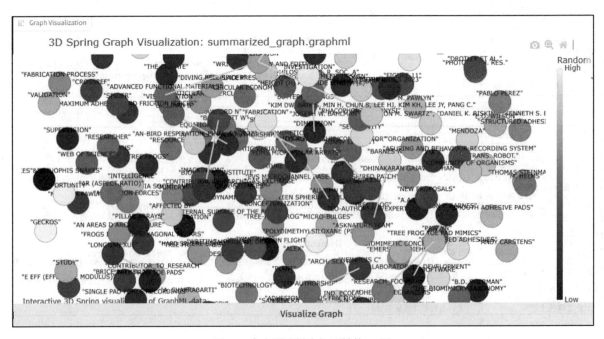

图10　本次测试样本知识结构3d图

间的关联关系。这些关系的权重通过边的粗细来表示，权重越大，表明实体之间的联系越紧密。

知识实体的聚类性：图中节点呈现出明显的聚类现象，表明油田知识体系中的实体可以根据其属性和关系被划分为不同的类别，如"FABRICATION PROCESS"（制造过程）和"ADVANCED FUNCTIONAL MATERIALS"（先进功能材料）等。

语义关系的明确性：通过边的颜色和方向，图谱清晰地展示了实体之间的语义关系，如指导关系、从属关系等，这有助于理解实体间的相互作用和影响。图谱中的节点和边形成了层次分明的结构，从宏观的概念到微观的细节，展现了知识的层次性和复杂性。

4.6　与用户的应用软件结合进行运用

采油工艺研究院针对于知识图谱的RAG开发了油研之翼1.0客户端，能够用流式响应回答用户的各种问题，同时集成了十余个小功能，能够完成甘特图的绘制等功能，同时开发RAG用户纠错，对知识库的录入，数据回答的质量进行监督和回馈，以供训练，目前知识增长速度为200余条每天，经过人员部分矫正，正确率能够达到90%以上，如图11所示。

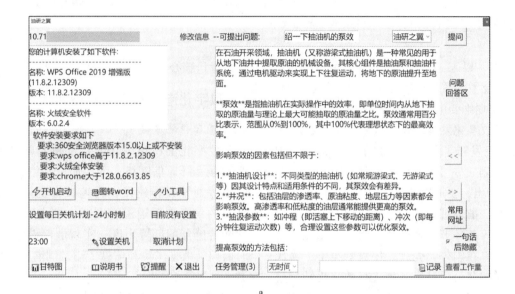

a

b

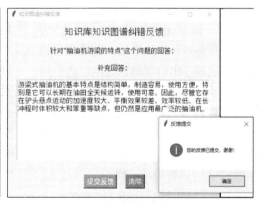

c

图8

5　结论

本文详细介绍了基于Neo4j的知识图谱构建流程，并探讨了其在智能体中的应用价值。通过OCR技术提取的信息为知识图谱提供了基础数据，而Neo4j图数据库则为知识图谱的存储和查询提供了强大的支持。未来的研究将进一步探索知识图谱在智能体中的深度应用，以提高智能体的智能化水平和决策能力。

基于智能工厂的数字化港口建设实践与展望

孙玉光　　陈运庆

（广东石化有限责任公司）

摘　要　随着社会对石油产品的高质量、高产量需求和数字化科技的快速发展，炼化企业产品物流压力也在不断增加，港口作为国家对外开放的重要窗口和物流枢纽，是经济发展的重要支撑，因此迫切需要建设数字化、高效、智能的港口以提高炼化企业进出厂业务的管理，尤其是通过先进的信息化手段，如实时数据共享、泊位智能建议等，缓解企业生产压力，提高现场作业效率，为港口码头注入前所未有的智慧管理。

关键词　数字化港口；泊位智能建议；装船效率

"十三五"以来，我国高度重视数字经济的发展，先后出台了一系列政策文件推进数字化转型。"十四五"规划纲要中专门提出要打造数字经济新优势，加快数字化发展，建设数字中国。2022年1月，国务院发布了我国首部数字经济领域的国家级专项规划——《"十四五"数字经济发展规划》，特别指出，要加快推进能源领域基础设施的数字化改造，推动智慧能源建设应用，促进能源生产、运输等各环节的智能化升级，推动能源行业低碳转型。在国外，壳牌、埃克森美孚、陶氏化学等国际知名公司已经开始进行数字化转型建设的试点，利用云计算、物联网、人工智能等数字化技术进行全产业链业务转型。

随着全球经济一体化进程的加快，港口作为国家对外开放的重要窗口和物流枢纽，其地位日益凸显。在我国，大量的进出口货物通过港口进行运输，使得港口成为了国民经济发展的关键节点。然而，传统港口运营管理方式存在效率低、能耗高、人工成本高等问题，已经无法满足现代物流的高速发展需求，数字化智慧化应用深度和广度有待拓展和提升。为了提高港口运营效率，降低运营成本，数字化、智能化成为了港口转型升级的重要方向。

近年来，国家大力推进智能制造和工业互联网发展，为港口数字化转型提供了有力支撑，数字化技术在港口起重领域的应用，智能工厂的成功实践为港口数字化转型提供了有益借鉴。智能工厂通过集成先进的信息技术、自动化技术、物联网技术等，实现生产过程的智能化，提高生产效率。数字化港口建设旨在借鉴智能工厂的成功经验，实现港口运营管理过程的数字化、智能化，提升港口核心竞争力。

1　数字化港口数字化转型实践

1.1　基础设施建设

数字化港口建设首先要重视基础设施建设。要加强光纤通信网络、无线通信网络、卫星通信网络等通信设施建设，为港口智能化提供稳定、高速的信息传输通道。同时，加大物联网设备、智能传感器的部署力度，实现港口设施设备的实时监控、数据采集和信息传输，例港口气象数据，激光测量靠泊数据等。

1.2　信息化系统建设

信息化系统是数字化港口的核心。应开发适应港口业务需求的智能化信息系统，实现港口生产、调度、安全、环保等各业务领域的信息化管理。通过引入大数据、云计算等技术，实现各类数据的实时分析与处理，为决策者提供有力支持，通过信息化手段，实现实时、全面的信息采集和分析，提高管理效率。

1.3　智能化技术与应用

在港口生产过程中，应充分利用智能化技术，提高生产效率。例如：利用自动化设备实现油品化工品装卸、运输的自动化；利用人工智能技术优化调度算法，实现船舶、油品的智能调度；利用无人机、机器人等实现巡检、救援等任务的智能化。通过引入大数据、物联网和人工智能等技术，实现对港口物流信息的实时监控和智能分析。

1.4　创新销售模式

数字化港口建设要重视销售模式的创新与连接。通过与销售企业搭建资源共享平台，实现船运业务链上下游企业的信息互联互通，降低运营成本。同时，积极开展港航物流、金融服务等业务，拓展港口业务范围，提高港口的额外盈利能力，实现港口供应链的所有资源和各活动参与方之间的无缝连接和协调。

2　应用案例

选取中国石化广东省粤东某化炼化一体化项目为例，主要管理该炼化企业产品出厂和原料入厂船运业务，以数据集成、船舶作业管理为核心措施的集成系统，实现炼化企业港务业务管理流程化、智能化。

2.1　总体设计

系统采用Java语言，利用微服务架构，基于VUE的Web端打造的支持分布式事务平台，保障业务高性能、高并发、高可用。通过云平台部署的DCE对服务状态进行监控管理，具体平台框架具体如图1所示：

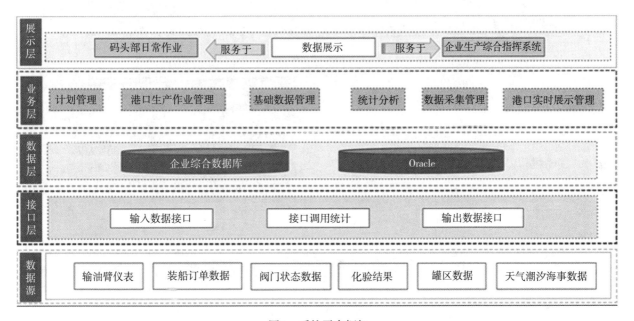

图1　系统平台框架

2.2　业务功能

对港口码头的基础设施、船舶基础信息、产品装卸实时状态以及对码头各项生产作业进行信息化管理，进行全作业链条管控，集成销售公司物流系统订单数据、MES系统的实时数据、激光靠泊系统气象数据，方便各单位使用，从而加强港口管理业务。包括船舶计划管理、作业计划管理、各作业环节管理、泊位排队、计量管理、实时展示、综合分析统计等功能，具体功能如下：

（1）对港口码头的基础设施、船舶基础信息、计划信息、包括计划进港时间、船代及装运量、品种等，可实时查看计划执行情况、完成泊位分配进行管理。

（2）产品装卸实时状态、装卸作业以及对码头各项生产作业进行信息化管理，装卸进度、各环节作业时间等作业执行情况，进行全作业链条

管控。

（3）数据集成管理，包括销售公司订单接口、实时数据接口、码头气象数据接口，展示天气、潮汐、风速及浪高等实时信息，实现数据共享，消除信息孤岛。

（4）支持多种计量方式，包括船检、罐检、流量计、水尺等不同的计量方式，对不同计量方式进行平偏差比较，保证计量数据准确性。

（5）以平面图的方式实时展示码头各泊位情况，有无船舶作业，作业状态信息、装卸进度，船舶进出港等，简明直观。

（6）根据不同业务分类对船舶作业进行综合统计分析，作业效率分析、泊位利用率分析、作业记录台账汇总等，节省人力，提供工作效率。

（7）发布通用接口为其他平台提供可用数据，实时准确、可用性高，打通数据壁垒，为企业数据孪生打好基础，如图2所示。

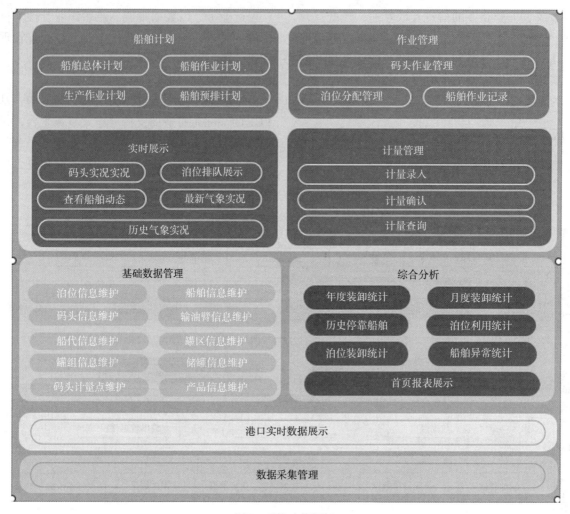

图2 系统功能框架

2.3 应用效果

（1）破解"信息孤岛"，打造现代化"一站式"港务管理信息服务体系。通过生产调度、储运、码头、销售公司、船舶等信息融合及协同作业，打造集计划、调度、作业、计量等功能为一体的港务管理信息平台，打通数据孤岛，集成销售公司计划数据，上百个业务字段，按品类支持不同计量方式，将销售公司船舶提货单作为整个业务的起点，贯穿整个业务流程，有效提高码头服务效率，如图3、图4所示。

（2）打造"智慧航运"，实现码头业务智能化管理。通过对泊位、船舶装载量及作业计划的计算分析，实现码头泊位智能化分配，同时与激光靠泊系统紧密结合，在移动端可实时获取码头气象数据，为引航员指导船舶靠泊提供及时有效数据。实现了气象监控点的数据集成，可以有效的帮助引航员对船舶方向、水域流速等信息进行综合判断，最大程度保证油轮以安全的姿态进行靠泊，同时通过对实际业务的梳理，提炼出不同装卸业务线、关键作业环节，规范了作业流程，实现码头作业全流程管控。

（3）拓展集成应用，建设基础数据平台，全面优化提升生产作业水平。深化与实时数据集成应用，展示流量计及监测数据信息，与炼化企业生产指挥系统可视化联动，完成码头作业的实时展示，同时实现船舶动态、作业记录、装卸统计等功能应用，集成多台质量流量计实时数据，完成船舶作业管理，实现系统功能多元化，信息的全面化。

3 总结与展望

数字化港口建设是未来港口发展的重要趋势，通过数字化转型，可以实现港口物流信息化、智能化、高效化，提高港口运营效率和服务质量。数字化港口建设需要依托信息技术手段，通过建立智能工厂数字化港口平台，实现炼厂船运业务

图3

图4

图4

高效、有序、安全的执行。

　　未来，数字化港口建设还将面临一些挑战，例如信息安全、数据共享、标准化等。数字化港口建设需要加强信息安全保障，建立完善的数据共享机制，推动标准化建设，实现数字化港口建设的可持续发展。整合各方的资源和信息，提高协同效率和管理水平。同时，也需要制定更加严格的安全管理制度和规范，保障信息的隐私和安全。

　　展望未来，随着5G、6G等通信技术的普及，以及人工智能、区块链等新兴技术的不断成熟，数字化港口建设将迎来更大的发展空间，新的创新技术如5G通信、边缘计算、区块链等将逐渐应用到智慧港口的建设中，智能工厂理念将进一步深化，港口将实现更加智能、高效、可持续的运营模式。数字化港口不仅是港口自身的需求，更是全球供应链优化的关键一环，将为炼厂实现贸易化发展注入新的活力。

参 考 文 献

［1］陈曦，郭凯，李迪等.智慧港口5G网络关键技术研究.通信技术，2020，55（09）：1-6.

［2］刘强，陈刚，张金辉等.基于5G的港口智能调度系统设计与实现.通信技术，2019，24（08）：1-5.

缝洞型漏层的可固化堵漏浆体系

张景泉　张兴国

（西南石油大学）

摘　要　针对碳酸盐岩缝洞型地层漏失严重的问题，本文提出了一种可固化堵漏浆，即将固化剂与钻井液在碱性激活剂作用下发生水化反应并形成具有一定强度的可承压堵漏浆，并研制了一套高温高压大孔缝堵漏模拟装置来评价可固化堵漏浆的封堵承压能力。实验研究表明：通过调节可固化堵漏浆中激活剂的加量可实现对堵漏浆稠化时间的控制，固化后的堵漏浆随着固化剂含量的增加与粒径的降低其抗压强度呈线性增加，在模拟堵漏仪中对可固化堵漏浆进行封堵承压能力测试，实验得出可固化堵漏浆可实现承压堵漏13 MPa，封堵承压能力强，且可固化堵漏浆因其本身由钻井液组成而不易受到井下钻井液污染，堵漏效果显著。对裂缝性地层钻井液漏失和堵漏等问题的解决有着指导意义。

关键词　缝洞型漏失；可固化堵漏浆；抗压强度；稠化时间；模拟承压堵漏

　　井漏是钻完井过程中工作液大量漏入地层的现象，不仅消耗大量钻井液，延长钻完井时间，严重时还可能引发井塌、井喷、卡钻等复杂情况，甚至导致井眼报废，造成重大工程事故；其中缝洞型恶性漏失更是现场钻井施工过程中遇到的最难攻克的卡脖子难题。在国内油田开发过程中各大油田均出现了不同程度的漏失，例如塔河地区由于碳酸盐岩缝洞型地层导致在钻井过程中漏失严重，裂缝宽度可达厘米级；长庆油田刘家沟组由于地层岩石破碎程度高、裂缝发育完全导致钻井过程中井漏损失严。

　　对于缝洞型恶性漏失难题，国内外专家学者在堵漏浆以及堵漏方法方面做了大量工作；Amanullah利用加入椰枣核等刚性堵漏材料研发了一系列桥接颗粒状堵漏材料，可针对缝宽2 mm缝洞进行有效封堵，封堵承压能力达8 MPa以上；白杨等人利用高分子凝胶材料的合成研发出一种成本低、吸水保水性能好、强度高的吸水树脂堵漏剂PQ，在20~40目的砂床中可形成承压0.7 MPa的封堵带；聂勋勇等人研发了一种具有强内聚力、高黏度的非交联型特种凝胶堵漏材料（ZND-2），该堵漏材料能够形成隔断地层内部流体与井筒流体的凝胶段塞以完成堵漏。结合上述国内外学者在井漏方面提出堵漏方法及堵漏浆，在针对缝洞型漏失地层时主要存在堵漏浆在地层中难以驻留、面对堵漏浆在遇到钻井液容易污染等问题。

　　针对上述问题，本文提出了一种具有浆体性能稳定、稠化时间可调、抗污染以及承压能力好等良好性能的可固化堵漏浆体系，固化剂通过碱性金属盐类激活剂激活后与钻井液进行复配，形成了一种能够抗钻井液污染、驻留能力强的可固化堵漏浆。通过堵漏浆的抗压强度、稠化性能对浆体中固化剂颗粒粒径与含量以及碱金属激活剂的种类进行优选。并研制了一套高温高压可固化堵漏模拟装置对可固化堵漏浆的承压堵漏能力进行测试，发现可固化堵漏浆可在6 mm的缝洞中承压16 MPa以上，将堵漏浆与其他颗粒状纤维类物理堵漏材料进行复配，可在7 MPa下封堵模拟缝洞型漏层。

1　实验介绍

1.1　*体系材料与实验仪器*

　　可固化堵漏浆体系，其基本组分为：长庆油田现场钻井液、固化剂、碱金属激活剂A（JH-A）、碱金属激活剂B（JH-B）、碱金属激活剂C（JH-C）；体系中现场钻井液是密度为1.10 g/cm3的水基钻井液，固化剂为四川源圣德新材料有限公司市售，JH-A、JH-B与JH-C均为成都市科隆化学品有限公司市售产品。主要实验仪器有中国沈阳航空工业学院应用技术研所研制的OWC-9360型恒速搅拌器、ZNN-D6B型六速旋转粘度计、OWC-9380型高温高压稠化仪、DZKW-4型电子恒温水浴锅以及实验室自研高温高压堵漏仪等。根据上述堵漏浆组分初步提出一种可固化堵漏浆体系，如表1所示：

表1　堵漏浆基本配方

1	钻井液/mL	固化剂（V600）g	JH–A/g	JH–B/g	密度/（g/m³）
1#	500	200	2	1	1.32

1.2　实验方法

1.2.1　可固化堵漏浆流变性能研究

堵漏浆的流变性是表征堵漏浆流动能力的关键性能；具有较好流变性的堵漏浆在堵漏施工过程中具有好的可泵送性能。本文中通过对比堵漏浆室温下的流变性的变化来表现出固化剂和激活剂加量对堵漏浆体系性能的影响。

1.2.2　可固化堵漏浆固化后抗压强度评价

为进一步构建高强度的堵漏浆体系，分别调整体系中固化剂的种类和含量，对不同组分下堵漏浆在90℃、40 MPa条件下养护24h后各项力学性能进行评价。将固化后的堵漏浆用抗压强度测试仪检测其固化后的力学性能，从而通过对堵漏浆体系中固化剂加量的调节和对不同粒径固化剂的选取，优化

堵漏浆配方，提高固化后堵漏浆的抗压强度。

1.2.3　可固化堵漏浆固化后封堵能力评价

为更准确的评估堵漏浆的封堵承压能力，采用实验室自研的高温高压缝洞型模拟堵漏实验装置，如图1所示来评价堵漏浆的封堵承压能力；将直径为12mm的玻璃球放入模拟堵漏装置的内筒中可以形成众多的缝洞，用来模拟最大尺寸为6mm的缝洞型漏失地层。由堵漏装置示意图，如图1b所示可以看出，本研究装置采用了有深度的三维缝洞来模拟地层缝洞漏失，使堵漏浆的封堵承压能力测试更符合实际漏层情况。

具体实验步骤如下：①将配好的可固化堵漏浆体倒入模拟缝洞模块中，然后将其放入90℃的水浴锅中养护24h待其固化；②将固化后的堵漏浆封堵带放入高温高压釜体中并将其密封好，将釜体内剩余空间注满水；③连接上相应的压力管线并按照规定的压力梯度逐级加压。④在压力传感器中读出相应时刻的压力示数，直至堵漏浆封堵带压漏为止，此时的压力值即为堵漏浆的最高承压值。

（a）堵漏实验装置实物图

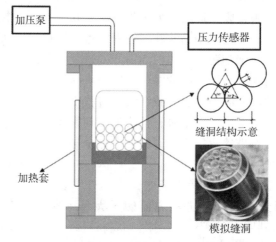

（b）堵漏实验装置模拟图

图1　堵漏实验装置实物及模拟图

2　结果与讨论

2.1　可固化堵漏浆固化剂粒径优选

本文从堵漏浆体系的流变性和抗压强度两方面入手来评价固化剂的粒径和加量对堵漏浆基本性能的影响。首先，在1#基浆的基础上分别采用V600固化剂与V1000两种不同粒径和不同加量的固化剂组成的堵漏浆对其进行抗压强度测试，并研究相同粒径下不同含量固化剂的堵漏浆流变性变化。将1#堵漏浆体系中固化剂分别采用粒径为

V600、V1000的两种固化剂，并将加量按照固化剂加量的20%、30%、40%、50%来分别测试堵漏浆的抗压强度和浆体流变性。

如图2（a）所示，在堵漏浆体系中，两种固化剂加量的堵漏浆固化后的抗压强度随着固化剂的加量都呈线性正相关性，最大抗压强度分别可达到4.24 MPa和5.60 MPa；在固化剂加量相同的情况下，含V1000固化剂的堵漏浆抗压强度明显大于V600固化剂堵漏浆，主要原因是固化剂粒径越小，则其比表面积越大、活性越高，因此堵漏浆

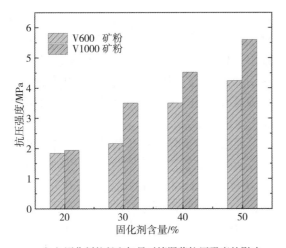

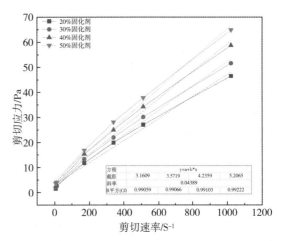

（a）固化剂粒径和加量对堵漏浆抗压强度的影响　　　　（b）固化剂加量对堵漏浆流变性的影响

图2　固化剂的粒径和加量对堵漏浆抗压强度和流变性的影响

的抗压强度越高。

对相同粒径下不同固化剂加量的堵漏浆流变性进行研究，如图2（b）所示，流变性拟合曲线可知随着固化剂加量的增加堵漏浆的剪切应力逐步上升，浆体性能稳定，基本符合现场施工要求。

通过上述对堵漏浆固化剂在加量和粒径方面的实验优选可得到优选后的2#堵漏浆配方如表2所示。

表2　经过优化后的2#堵漏浆

组分	钻井液/mL	固化剂（V1000）g	JH-A/g	JH-B/g	密度/（g/m³）
2#	500	250	2	1	1.38

2.2　可固化堵漏浆碱性激活剂优选

激活剂作为激活固化剂活性的主要化学外加剂，其主要作用是溶解和破坏固化剂玻璃体，使得固化剂更好的发生水化反应，是影响堵漏浆抗压强度和稠化时间的重要因素。前期通过大量实验，初步筛选出了JH-A、JH-B和JH-C三种碱性激活剂作为研究该固化剂活性的激活剂。

优选如图3中a图所示为添加了JH-A和JH-B激活剂的堵漏浆固化体，从图中能够明显的看出固化体表面产生了明显的微裂纹，经过对其反应机理分析得，这是因为固化剂在强碱性激活剂JH-A的激活作用下水化反应产生了氢氧化钙等物质，生成的氢氧化钙等物质容易膨胀，因此会产生微裂纹；为解决此问题本文引入了JH-C激活剂与JH-A进行复配，复配后堵漏浆固化体如图3中b图所示情况有了明显的改善。

如表3所示，在2#堵漏浆的基础上分别复配了含有两种不同激活剂的堵漏浆并进行稠化实验。研究发现，堵漏浆稠化时间随着激活剂加量的增加而缩短，这是因为激活剂加速激发了堵漏浆中固化剂的活性从而起到了促凝效果，使浆体快速固化。如图4所示，相比较两种不同激活剂在相同加量下的堵漏浆稠化曲线，含有JH-B激活剂的堵漏浆稠化曲线明显出现异常，含有JH-C激活剂的堵漏浆稠化曲线走势平稳，产生这种现象的主要原因也是由于JH-B激活剂的不稳定影响到浆体的不稳定。

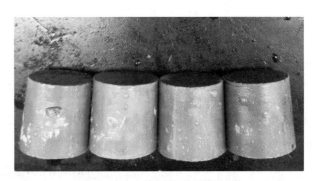

（a）含有JH-A激活剂的堵漏浆固化体　　　　（b）含有JH-C激活剂的堵漏浆固化体

图3　不同种类激活剂含量下的堵漏浆在90℃45Mpa形成的固化体

表3　复配碱性激活剂的种类和加量

基础加量	JH-B/g	JH-C/g	稠化时间/min	24h抗压强度/MPa
500ml钻井液+250g固化剂+2g JH-A	0	0	330	1.58
	1	0	253	2.14
	2	0	238	3.05
	0	0	330	3.27
	0	1	262	4.24
	0	2	225	4.41

如图5所示分别为含有固化剂含量的0%、0.4%、0.8%三种不同加量JH-C激活剂堵漏浆形成的堵漏浆流变性能曲线，图中显示了不同体系

宾汉模型的流变拟合程度及回归系数。由图可知，对于激活剂不同加量的三种堵漏浆，其流变曲线基本一致，属于非牛顿流体的假塑性流体，处于剪切变稀状态；其浆体的流变性基本保持一致，且满足井下施工要求；说明其激活剂对堵漏浆的流变性影响不大。

如表4所示经过优化后的3#堵漏浆可知，相比较两种激活剂组成下堵漏浆固化体的抗压强度，JH-C激活剂对固化剂的激活效果优于JH-B激活剂，抗压强度最高可达4.41MPa。通过上述对堵漏浆激活剂优选进行抗压强度、稠化性能和流变性等实验结果的综合分析可得，JH-C激活剂各方面综合性能优于JH-B激活剂，得到优选后的3#堵漏浆

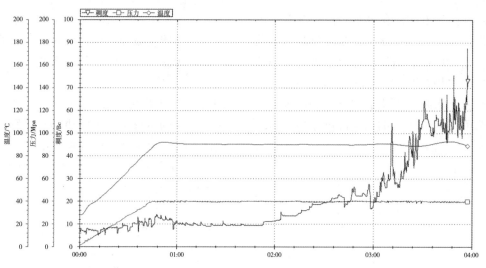

（a）含有JH-B激活剂堵漏浆稠化曲线

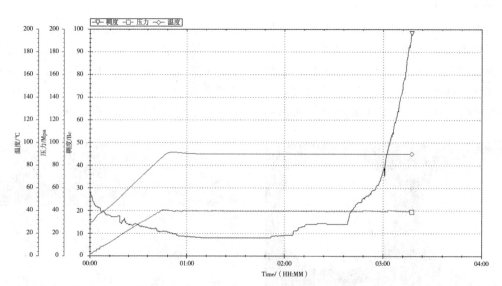

（b）含有JH-C激活剂堵漏浆稠化曲线

图4　相同加量下不同种类的激活剂稠化曲线

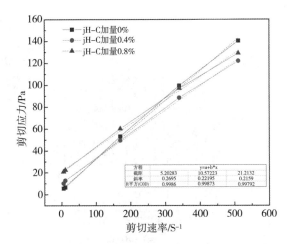

图5　堵漏浆流变性线性拟合曲线

表4　经过优化后的3#堵漏浆

组分	钻井液/mL	固化剂（V600）g	JH-A/g	JH-C/g	密度/（g/m³）
3#	500	250	2	2	1.38

2.3　可固化堵漏浆封堵承压能力测试

堵漏浆在进入缝洞型漏层后，经过堆积、充填与固化后形成漏失封堵层，从而达到封堵漏层的目的。在地层流体等高压环境中，堵漏浆在拥有好的堵漏效果的同时，为确保后期油井堵漏效果，还应该考虑固化后封堵层的封堵承压能力，避免因为高应力差产生的裂缝闭合压力对封堵层产生严重破坏，造成后期漏层二次漏失。

在现阶段的钻井过程中，在钻遇裂缝或溶洞型漏层时，钻井现场常采用水泥或水泥混合其他堵漏材料来进行堵漏作业。本文将可固化堵漏浆与水泥堵漏浆的封堵承压能力相比较，评价可固化堵漏浆的封堵承压能力。将两种堵漏浆依次倒入图1b所示的堵漏仪承压容器中，形成堵漏浆封堵带；88堵漏仪内压力从零以每5min增加1MPa呈阶梯式上升，测试出两种堵漏浆的最大封堵承压值，用来判断堵漏浆的封堵承压能力。

如图6所示为可固化堵漏浆与常规水泥堵漏浆的封堵能力曲线，从图中可看出常规水泥堵漏浆在承受16MPa压力是仍能保持有效封堵，而3#可固化堵漏浆最高可承受13MPa的压力；虽然可固化堵漏浆并不能达到水泥堵漏浆的承压堵漏能力，但在地下漏层中可固化堵漏浆的承压堵漏能力完全可以满足大孔缝漏层的堵漏施工要求。承压后的堵漏浆封堵带如图8所示，3#可固化堵漏浆承压13MPa左右后封堵带底部已经产生了局部损坏，

而常规水泥堵漏浆在承压16MPa的压力后依然没有任何的变化。尽管常规水泥堵漏浆的封堵承压能力强于可固化堵漏浆，但在注水泥堵漏施工过程中，由于水泥浆与钻井液密度相差较大的各种原因，导致水泥堵漏浆容易遭受污染，更容易形成混浆，严重影响水泥胶结质量，难以有效封堵漏层，因此水泥堵漏浆在实际堵漏施工中并不能有好的堵漏效果。可固化堵漏浆因体系本身由钻井液构成，可以避免堵漏浆被污染这一问题，从而提高堵漏效率。

2.4　可固化堵漏浆复配其他堵漏材料的堵漏效果

在上述优选的3#可固化堵漏浆中加入颗粒状纤维类堵漏材料MF，如图8a所示为使用的模拟孔缝性漏层缝板；在堵漏浆中分别加入不同含量的MF堵漏材料，根据下图所示加入5%MF的堵漏浆就可实现7MPa压力下封堵1.2mm的漏层封板。通过比较图中不同加量下堵漏浆状态可知随着堵漏浆中MF堵漏材料加量的增加，堵漏效果愈发显著，加入20%MF堵漏材料的堵漏浆已可以在7MPa的漏失压力下对漏失的孔缝性漏层实现完全封堵。

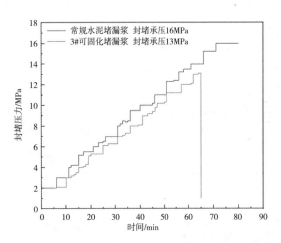

图6　两种堵漏浆封堵承压能力曲线

由上述实验可知，当可固化堵漏浆与其他物理性堵漏材料复配使用时，物理性堵漏材料提供了有效的桥接作用，增加了可固化堵漏浆的驻留能力，提高了可固化堵漏浆的驻留封堵成功率，可固化堵漏浆得以实现有效封堵。

3　结论

（1）对可固化堵漏浆体系内固化剂的粒径大小及其加量、优选碱性激活剂等进行了大量实验，基于对可固化堵漏浆中固化剂激活剂的加量对堵漏浆体系稠化时间的影响研究可得，增加堵漏浆

（a）3#可固化堵漏浆封堵带 （b）常规水泥堵漏浆封堵带

图7 各堵漏浆承压能力测试后封堵带实物图

（a）模拟孔缝性漏层缝板实物图 （b）含量为5%MF的堵漏浆在7MPa下封堵情况

（c）含量为10%MF的堵漏浆在7MPa下封堵情况 （d）含量为20%MF的堵漏浆在7MPa下封堵情况

图8 压力为7MPa条件下不同MF加量下各堵漏浆封堵情况

体系中激活剂的加量可有效缩短浆体的稠化时间，使得堵漏浆能够解决不同深度漏层的漏失问题；随着固化剂粒径的减小和含量的增加抗压强度呈现线性增加。

（2）利用自研的高温高压堵漏仪对可固化堵漏浆和常规水泥堵漏浆进行封堵承压能力测试，通过测试得出可固化堵漏浆不仅封堵承压能力满足堵漏施工要求，且相较于常规水泥堵漏浆更不容易被污染，可形成高质量封堵带，堵漏可靠性更好。

（3）通过将可固化堵漏浆与其他物理性堵漏材料相复配，使得可固化堵漏浆驻留能力更强，封堵效果更好。

参 考 文 献

［1］李家学，黄进军，罗平亚等. 裂缝地层随钻刚性颗粒封堵机理与估算模型［J］. 石油学报，2011，32（3）：5.

［2］孙金声，白英睿，程荣超等. 裂缝性恶性井漏地层堵漏技术研究进展与展望［J］. 石油勘探与开发，2021，48（3）：630–638

［3］Kang Y，Xu C，You L，et al.Temporary sealing technology to control formation damage induced by drill–in fluid loss in fractured tight gas reservoir – ScienceDirect［J］.Journal of Natural Gas Science and Engineering，2014，20：67–73..

［4］王书琪，唐继平，张斌等. 塔里木山前构造带高密度钻井液堵漏技术［J］. 钻井液与完井液，2006，23（1）：1001–5620.

［5］孙金声，赵震，白英睿等. 智能自愈合凝胶研究进展及在钻井液领域的应用前景［J］. 石油学报，2020.DOI：10.7623/syxb202012023.

［6］AMANULLAH M. Characteristics，behavior and performance of arc plug: A date seed–based sized particulate LCM［R］. SPE 182840–MS 2016.

［7］王平全，白杨，苗娟等. 钻井过程中吸水树脂型堵漏剂的研制与性能评价［J］. 钻采工艺，2013，36（1）：76–80.

［8］徐生江，鲁铁梅，戎克生等. 准噶尔盆地车排子火山岩地层防漏堵漏技术［J］. 油田化学，2022，39（2）：6.

［9］聂勋勇，王平全，罗平亚. 用于钻井堵漏的特种凝胶屈服应力研究［J］. 天然气工业，2010，30（3）：80–82.

［10］刘璐，李明，郭小阳. 一种新型低密度矿渣固井液［J］. 钻井液与完井液，2016，33（6）：1001–5620.

［11］杨智光，崔海清，肖志兴等. 深井高温条件下油井水泥强度变化规律研究［J］. 石油学报，2008，29（3）：435–437.

［12］杨远光，陈大钧. 高温水热条件下水泥石强度衰退研究［J］. 石油钻采工艺，1992，14（5）：33–39.

［13］Al–Ghazal M A，Al–Driweesh S M，Al–Sagr A M. First Successful Deployment of a Cost–effecti Chemical Plug to Stimulate Selectively Using in Saudi Arabia – A Case History［J］.The Saudi Aramco journal of technology，2012（Summer）.

［14］曾光，高德伟，曾家新等. 抗返吐堵漏剂的研制及现场应用［J］. 油田化学，2023，40（1）：26–31.

［15］Jia H，Chen H .The Potential of Using Cr3+/Salt–Tolerant Polymer Gel for Well Workover in Low–Temperature Reservoir: Laboratory Investigation and Pilot Test［J］. Spe Production & Operations，2018.

［16］Sun，Feifei，Dong，et al.Nanosilica–induced high mechanical strength of nanocomposite hydrogel for killing fluids［J］.Journal of Colloid and Interface Science，2015.DOI：10.1016/j.jcis.2015.07.006.

［17］Vasquez J，Santin Y .Organically Crosslinked Polymer Sealant for Near–Wellbore Applications and Casing Integrity Issues: Successful Wellbore Interventions［C］// Spe North Africa Technical Conference & Exhibition.0［2023–12–22］.

［18］郭建春，詹立，路千里等. 暂堵颗粒在水力裂缝中的封堵行为特征［J］. 石油勘探与开发，2023，50（2）：7.

［19］雷少飞，孙金声，白英睿等. 裂缝封堵层形成机理及堵漏颗粒优选规则［J］. 石油勘探与开发，2022，49（3）：597–604.

［20］Feng W，Yang C，Zhou F .Experimental study on surface morphology and relevant plugging behavior within acid–etched and unetched fractures［J］.Journal of Natural Gas Science and Engineering，2021，88（3）：103847.

基于物理模型和实钻数据融合的钻井卡钻
风险预警方法研究与试验

于志强[1]　王建龙[1]　于　琛[1]　卢宝斌[1]　张菲菲[2]　王　茜[2]

（1. 中国石油渤海钻探工程有限公司；2. 长江大学石油工程学院）

摘　要　水平井钻井过程中，尤其是上提钻具作业过程中，发生卡钻风险高，通过人工的经验难以提前识别卡钻风险。针对该问题，建立了基于大钩载荷、扭矩参数变化趋势的钻井卡钻预警方法，建立了卡钻预警模型，提出了权重和阈值确定方法。为了提高预测精度，钻井参数预警模型中考虑了岩屑床对管柱力学和水力学的影响。利用川渝页岩气2口卡钻井的实钻数据进行了回顾性反演，结果显示该方法均提前识别了卡钻风险。该技术能实时准确识别单项参数的变化，并实时预警卡钻风险，帮助钻井工程师及早发现问题，为现场施工提供可视化的辅助决策，减少卡钻事故的发生。

关键词　大钩载荷；扭矩；循环压耗；卡钻预警；水平井

钻井是石油勘探开发的关键技术。目前，随着油气田开发难度加大，水平井部署的数量越来越多，井眼的深度也随之增加、水平段长度从1000~1500m迈向2000~2500m，甚至突破5000m，钻井工程面临一些新的挑战，如投资高、风险高、工作量大、环节多、钻井事故复杂多样、突发发生等。一些大型石油公司已经开展了与智能钻井技术相关的研究，以解决这些问题。哈里伯顿等公司建立了远程钻井中心，专注于支持集成化、智能化、数字化的钻井平台。该平台的应用可以加强钻井作业现场与保障部门的配合，提高储层检出率、目标层钻井遭遇率、钻井速度、钻井效率、井筒安全控制能力。中国石油天然气集团公司（CNPC）建立了工程信息智能中心（EISC），并开发了EISS系统，该系统的应用不仅提高了钻井管理水平和钻井效率，而且降低了钻井事故的发生概率。目前，国内外应用最为广泛、效果最好的是钻井卡钻风险预警领域。

尽管在钻井卡钻预警研究方面取得了一些进展，但仍然存在改进空间。例如，机器学习方法训练模型需要大量历史数据，而且模型的泛化能力有限，钻井条件和地质条件的复杂性限制了其大规模应用；另外，预测指标和监测技术往往难以综合考虑多种因素的影响，并对它们之间的相互作用进行准确建模。因此，本文结合大钩载荷和扭矩的变化，提出了综合考虑多参数的卡钻风险预测方法，适用于起下钻、钻进、离底空转等工况，并给出了每种参数的权重值计算方法。

1　卡钻风险预警模型进展

钻井卡钻是一个复杂的多因素问题，受到多种因素的影响，包括地层特性、工程设计、钻井参数、钻井液性质等，这些因素共同作用，导致卡钻发生前会有一些参数的异常变动显现，可以通过一定的形式监测。随着传感器技术和数据采集系统的进步，钻井作业中的数据获取能力不断增强，现场拥有大量的实时数据和监测信息，但是缺乏有效的预警卡钻手段，准确地预测钻井卡钻的发生依旧十分具有挑战。在钻井卡钻预警研究方面，一些方法和技术已经被应用和探索，如表1所示。其中，机器学习和人工智能技术在钻井卡钻预警中发挥了重要作用。通过分析历史钻井数据和卡钻事件的模式，利用机器学习算法可以建立预测模型，帮助工程师在实时钻井作业中进行卡钻风险的预警。另外，一些基于物理模型的预测指标和监测技术也被引入到钻井卡钻预警中。例如，通过监测实测与预测值的偏差信号、变化率信号及变化趋势等，可以提供与卡钻相关的信息，从而实现预警功能。

在预警模型建立的基础上，国外三大油服巨头均开发了大数据智能平台，贝克休斯的Predix平台、斯伦贝谢的DELFI平台、哈里伯顿Voice of the Oilfield平台，都实现了数据的高效共享。在大

表1　人工智能在卡钻预警中进展统计表

年代	研究方法	技术优势	卡钻类型
1985	多元变量统计分析	首次进行智能预测卡钻	机械、压差卡钻
1994	多元变量统计分析模型	预测或检测卡钻，并识别卡钻发生的原因	压差卡钻
2006	人工神经网络	适用于水基和油基钻井液，可以将误差近似到±5%	压差卡钻
2007	神经网络双模型	误差可以接近1%左右，并且可以预测卡钻发生概率	压差卡钻
2009	模糊神经网络	可以提供最优参数避免卡钻发生	压差卡钻
2010	人工神经网络	定义新的无量纲参数，减少参数数量	压差、机械卡钻
2012	神经网络+支持向量机	机器学习可以以合理的精度预测卡钻	压差、机械卡钻
2013	支持向量机模型	结合混合最小二乘支持向量回归和耦合模拟退火（CSA）优化技术（LSSVM–CSA），用于SVR超参数的有效调整	压差、机械卡钻
2016	实时建模的自动分析及实时数据分析	可适用于任何井型及任何作业工况	压差、机械卡钻
2022	递归神经网络（RNN）+随机森林分类器	随时学习，不需要人工干预；根据钻井作业的变化进行升级和自我修正	压差、机械卡钻

数据平台的基础上完成远程钻井作业支持。具有代表性的软件有K&M公司EPDOS系统，斯伦贝谢DrillingOffice系统，哈利伯顿Landmark软件系统，均集钻井工程设计、分析和实时监测于一体。在国内得到较好应用的是EPDOS系统，功能齐全，分别在新疆、长宁和西南进行了规模应用，取得了很好的提速提效效果。

2　钻井参数预测模型

钻井过程中，岩屑床的存在会导致摩阻、扭矩的增加。因此，为了提高钻井参数的预测精度，建立了动态岩屑床高度预测模型，以及考虑岩屑床的摩阻、扭矩计算模型。实际计算过程中，将整个井筒离散成多个井段，实时计算井筒中岩屑分布情况，再将岩屑的分布预测结果作为输入带入摩阻扭矩模型，计算出每个离散点的附加力，最后得出大钩载荷和扭矩计算值。

2.1　动态岩屑床高度预测模型

采用瞬态岩屑运移模型对岩屑沿井眼轨迹分布进行一维数值模拟，将岩屑运移过程中在时间域上进行离散化，通过实时计算每个离散单元的岩屑堆积量和环空压力梯度实现动态岩屑床高度实时预测，如图1、图2所示。

2.2　钻具受力预测模型

随着井筒中岩屑床的堆积，钻柱扭矩和起下钻时的大钩载荷增加明显。为便于实时计算，在实际应用中，在传统的软杆模型中加入来自岩屑床的附加力，通过使用一个附加力来表示岩屑床和钻杆之间的复杂相互作用：起下钻时，附加力施加在钻杆

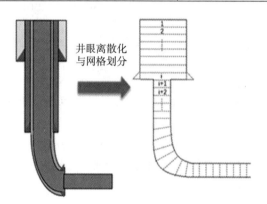

井眼离散化与网格划分

图1　井眼网格划分

轴向，表示岩屑床对钻杆轴向作用力的影响；钻杆旋转时，附加力与钻杆壁曲面相切，方向与旋转方向相反。通过对钻杆单元体进行受力分析，建立旋转钻杆的力和力矩平衡方程，方程如下：

$$\frac{dF_t}{ds} + w_p\cos\varphi t_z = 0 \tag{1}$$

$$F_t k + w_p n_z + w_c\cos\theta + \mu w_c\sin\theta + F_c\cos\theta + \mu F_c\sin\theta = 0 \tag{2}$$

$$w_p b_z - w_c\sin\theta + \mu w_c\sin\theta - F_c\cos\theta + \mu F_c\sin\theta = 0 \tag{3}$$

$$\frac{dM_t}{ds} - \mu(w_c + F_c)r_p = 0 \tag{4}$$

$$M_t\kappa = 0 \tag{5}$$

式中，F_t为轴向力，N；w_p为钻杆单位重量，N；w_c为接触力，N；t_z、n_z和b_z分别是z方向上单位切向、法向和副法向向量；θ为沿$\hat{n}$-$\hat{b}$平面法线与接触力间的夹角，°；F_c是岩屑床施加的附加

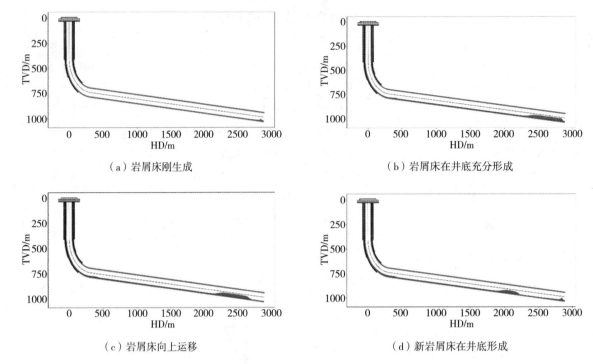

（a）岩屑床刚生成　　　　　　　　　　（b）岩屑床在井底充分形成

（c）岩屑床向上运移　　　　　　　　　　（d）新岩屑床在井底形成

图2　岩屑在一个周期内的动态生成、堆积、运移过程

力，N；φ 为井斜角，°；μ 为摩擦系数，无量纲；r_p 为钻杆半径，m；M_t 为钻杆旋转所需的轴向扭矩，N·m；ds 为钻杆单元的长度，m；κ 为曲率，m^{-1}。

当钻具轴向运动时，附加力为轴向力，可表示为：

$$F_c = f_{axi}w_c \tag{6}$$

当钻具旋转时，附加力为扭矩，可表示为：

$$T_c = f_{cir}w_c r_p \tag{7}$$

其中，f_{axi} 是轴向摩擦系数，无量纲；f_{cir} 是周向摩擦系数，无量纲；w_c 为接触力，N；r_p 为钻具半径，m。考虑岩屑影响的摩阻扭矩模型，除了每个单元体的附加摩擦力需要基于局部岩屑床的高度来计算之外，用于解改进摩阻扭矩模型的算法与解标准摩阻扭矩模型的算法相似。

对于轴向的摩擦系数，可用如下经验公式表示：

$$f_{axi} = A + Bn \tag{8}$$

其中，A 和 B 是由实验数据回归得到的经验系数，无量纲。

$$n = \frac{h_{bed}}{D_w} \tag{9}$$

其中，n 为无量纲岩屑床高度；h_{bed} 为岩屑床高度，m；D_w 为横截面直径，m。

对于周向摩阻系数，其表达式为：

$$f_{cir} = f_{clean} + f_{clean} \times f_{CR} \tag{10}$$

$$f_{CR} = \alpha n^{\beta} \tag{11}$$

其中，f_{clean} 为无岩屑条件下的摩阻系数，无量纲；α 和 β 由实验数据回归得到的经验系数，无量纲。

3　卡钻风险预警模型

钻井事故复杂的发生往往可能存在多种关键参数变化特征，如钻进过程中扭矩、循环压耗可能会突变增加，起钻过程中大钩载荷会突变增加，下钻过程中大钩载荷会突变减小。这些施工参数的变化，可能是很长时间内细微变化累加至某一个值后发生卡钻，也有可能是短时间内跃升值某一值后发生卡钻。因此，结合钻具受力、压力平衡及物料守恒原理，考虑不同工况下大钩载荷、扭矩、循环压耗等参数卡前后变化情况，构建基于不同工况的卡钻风险预警决策矩阵，利用各项参数的偏差程度乘以对应权重来综合预警卡钻事故。

3.1　模型建立

以实钻与模型预测的大钩载荷、扭矩数据为基础，监测相对偏差大小，实时转化为卡钻风险系数。大钩载荷、扭矩相对偏差值计算公式如下：

$$R_{Fm} = \frac{F_r - F_n}{F_n} \tag{12}$$

$$R_{Tm} = \frac{T_r - T_n}{T_n} \qquad (13)$$

式中：F_n 为大钩载荷预测值，kN；F_r 为大钩载荷测量值，kN；R_{Fm} 为大钩载荷实测值和预测值之间的相对偏差，无量纲；T_n 为扭矩预测值，kN·m；T_r 为离底自由旋转扭矩的测量值，kN·m；R_{Tm} 为扭矩实测值和预测值之间的相对偏差，无量纲。

卡钻风险指数计算模型为：

$$P_R = \omega_a \frac{e^{\lambda_1 R_{Fm}}}{1 + e^{\lambda_1 \alpha R_{Fm}}} + \omega_b \frac{e^{\lambda_2 R_{Tm}}}{1 + e^{\lambda_2 \alpha R_{Tm}}} \qquad (14)$$

式中，P_R 为卡钻风险指数，无量纲；ω_a、ω_b 为权重系数，无量纲，$\omega_a + \omega_b = 1$；R_{Fm}、R_{Tm} 分别为大钩载荷、扭矩偏离度，无量纲，具体按照式（1）计算；λ_1、λ_2 为无量纲参数。

3.2 权重及阈值计算方法

（1）样本案例的收集

收集目标区域内，钻进、起下钻、离底空转工况下发生卡钻的案例，将案例分成2部分，其中80%数据用于权重值优化和阈值确定，20%数据用于验证结果。每个案例需要收集卡钻前5h时间内的大钩载荷、扭矩等实测被动参数，以及井眼轨迹、钻具组合、钻井液性能、钻压、转速、排量等实测主动参数。

（2）权重计算方法

一般权重的变化取决于区块地层特性、钻具组合、钻井液参数、施工参数等，常见的等比例决策普适性不高，需要结合卡钻事故井数据估计最优权重矩阵。对于各项参数偏差的权重采用集合卡尔曼滤波（ENKF），具体的确定流程如下：①设置初始权重值，根据每项参数权重相差不大为原则；②迭代调整权值，根据反馈的卡钻事故识别情况为依据相应的增大或减小权值；③权重不再变化或达到最大迭代次数，是则输出权值矩阵，否则回到第二步继续迭代达到条件为止。

（3）阈值计算方法

阈值是实现卡钻分级预警的关键，结合事故风险发生概率和分级预警阈值，利用实时监测时间序列的录井数据科学合理的预测卡钻事故等级是采取不同应对措施的重要依据。为有效预测卡钻风险，可引入准确率、误报率及漏报率对卡钻风险系数进行评价，确定阈值。当系统预警且事故发生，成为正确预警；当系统预警但事故未发生为误报；当系统不预警事故发生为漏报。将所有事故井信息采用调整好权重的模型重新计算分析，得到卡钻风险值；设置风险阈值，分别计算事故预警的准确率、误报率和漏报率，保证尽可能高的准确率，低的误报率和漏报率，作为报警风险阈值；以不发生事故的最大风险阈值为警告风险阈值。

3.3 预警流程

卡钻风险预警流程分为4个步骤，具体如下：（1）根据大钩高度、转速、扭矩、钻压、排量、钻时等参数的变化，实时判断当前工况，启动相应的计算模型，自动计算大钩载荷、扭矩预测值。（2）与录井实时数据连通，实时读取大钩载荷、扭矩测量值。（3）计算每个点的单项参数的偏离

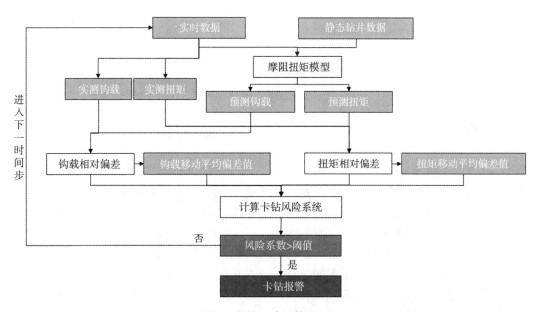

图3　卡钻风险预警流程图

度，并根据工况，计算出当前工况下的综合卡钻风险系数。（4）计算出来的综合卡钻风险系数与设定的警告、报警阈值比较，当计算值小于警告值时，则井下安全；当计算值介于警告和报警阈值之间时，则井下卡钻风险相对较高，需要时刻关注参数的变化，以防卡钻；当计算值超过报警阈值时，井下卡钻风险较高，必须根据工况采取相应的措施，待计算值小于报警值时再恢复当前工况作业，如图3所示。

4　实钻案例分析

将本文预警方法编程实现自动计算并预警后，利用川渝页岩气水平井卡钻的15口样本案例，反演出权重和阈值。设定综合卡钻风险系数在0.3以内为无风险区，在［0.3，0.5］范围为警告风险区，超过0.5后为报警风险区。然后，利用两口卡钻井的实钻数据进行了验证测试，结果表明该方法能有效快速识别出卡钻风险。其中N209H58-A井较实际卡钻提前5min预警卡钻风险；Z205H54-B井较实际卡钻提前50min预警卡钻风险。

（1）典型案例1-N209H58-A

该井水平段215.9mm井眼，7：50倒划眼至3047.84m发生卡钻。监测数据显示，在发生卡钻前，综合卡钻风险系数基本在0.3以内。7：45卡钻综合卡钻风险系数由0.25快速跃升值0.6发生卡钻。分析钻井参数变化表明，卡钻前5min，预测和实测的大钩载荷及扭矩值出现偏离，偏离度逐步扩大，卡钻发生时大钩载荷和扭矩均发生了明显的跃进式增加，循环压耗未发生明显改变，如图4所示。验证结果表明，本文建立的预警方法能提前5min预警本井卡钻风险。

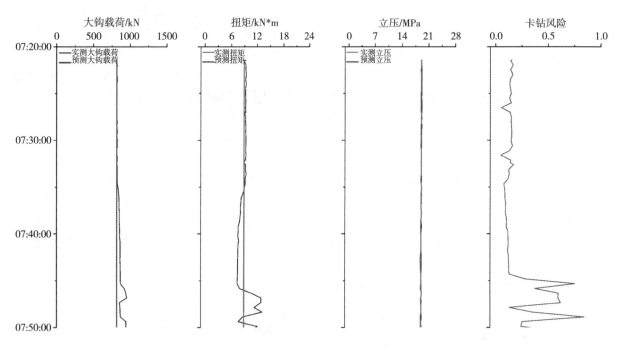

图4　N209H58-A井回顾性监测结果

（2）典型案例2-Z205H54-B

该井311.2mm井眼，01：45钻进至2974.24m时顶驱憋停、上提钻具未能提活，发生卡钻。监测结果显示，00：50钻进至2967.74m时，卡钻风险系数由无风险区的0.25以内增加至0.4，钻进至2974.25m时综合卡钻风险系数增加至0.5发生卡钻。分析钻井参数表明，钻进至2968m后，实测扭矩较预测扭矩偏离值突然增加，立压无明显变化，如图5所示。验证结果表明，本文建立的预警方法能提前6.5m、55min预警卡钻风险。

5　结论与建议

1）研究了一种基于多参数变化的钻井卡钻预警方法。该方法计算模型中考虑了岩屑床的存在对管柱力学和水力学的影响，利用大钩载荷、扭矩参数的变化情况计算出综合卡钻风险系数，实现了对钻进、起下钻、划眼、离底空转等4种工况的卡钻风险实时动态预警。

2）成功实现卡钻风险实预警的关键在于准确确定每项参数的权重值及报警的阈值，这就需要

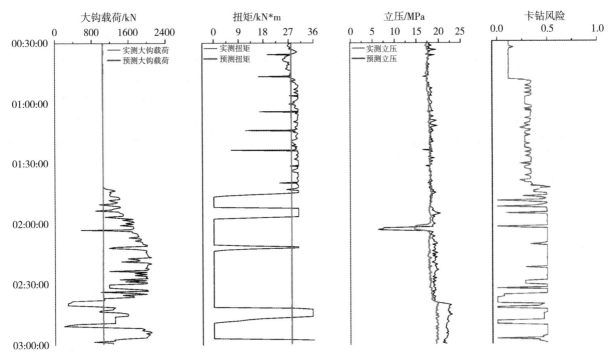

图5　Z205H54-B井回顾性监测结果

大量统计目标区域的卡钻数据，反演出适合区域的权重值和阈值。

3）利用2口卡钻井的实钻数据进行了回顾性反演，发生卡钻前，大钩载荷、扭矩会出现不同程度的偏离或阶跃式变化，表明本文建立的预警方法能有效及时的预警卡钻风险。

参 考 文 献

［1］胡德高，黄文君，石小磊等.页岩气水平钻井延伸极限预测与参数优化［J］.科学技术与工程，2021，21（17）：7053-7058.

［2］孙欢，朱明明，张勤等.长庆油田致密气水平井超长水平段安全钻井完井技术［J］.石油钻探技术，2022，50（05）：14-19.

［3］Muqeem, M.A., Weekse, A.E., and Al-Hajji, 2012. Stuck Pipe Best Practices–A Challenging Approach to reducing StuckPipe Cost Presented at the SPE Saudi Arabia Section Technical Symposium and Exhibition, Saudi Arabia, 8–11 April.SPE-160845-MS.

［4］Abd Elsalam R., ElNady, Y., Elfakharany, T., Dahab, A.. Systemic Approach to Minimize Stuck Pipe Incidents in Oil Wells. J. Al-Azhar Univ. Eng. Sect. 11, 255–264, 2018.

［5］Elmousalami, H.H., & Elaskary, M.（2020）. Drilling stuck pipe classification and mitigation in the Gulf of Suez oil fieldsusing artificial intelligence Journal of Petroleum Exploration and Production Technology, 10（5），2055-2068.

［6］Hempkins, W. B., Kingsborough, et al. 1987. Multivariate Statistical Analysis of Stuck Drillpipe Situations. SPE J.2（3）：237-244. SPE-14181-PA.

［7］汪洋.卡钻风险预警与识别方法研究［D］.西南石油大学，2015.

［8］苏晓眉，张涛，李玉飞等.基于K-Means聚类算法的沉砂卡钻预测方法研究［J］.钻采工艺，2021，44（03）：5-9.

［9］Paulinus Abhyudaya Bimastianto, Shreepad Purushottam Khambete, et al. Application of Artificial Intelligence and Machine Learning to Detect Drilling Anomalies Leading to Stuck Pipe Incidents［C］. Paper presented at the Abu Dhabi International Petroleum Exhibition & Conference, November 15–18, 2021.

［10］李紫璇，张菲菲，祝钰明等.钻井模型与机器学习耦合的实时卡钻预警技术［J］.石油机械，2022，50（04）：15-21+93.

［11］Salminen K., Cheatham C., Smith M., et al. Stuck-pipe prediction by use of automated real-time modeling and data analysis SPE Drill. Complet., 32（03）（2017），pp.184-193

［12］王茜，张菲菲，李紫璇等.基于钻井模型与人工智

能相耦合的实时智能钻井监测技术［J］. 石油钻采工艺，2020，42（01）：6-15.

［13］Zhang F，Filippov A，Miska S，et al. Hole Cleaning and ECD Management for Drilling Ultra-Long-Reach Laterals［C］// Spe Middle East Oil & Gas Show & Conference. 2017.

［14］王茜，张菲菲，李兴宝等. 瞬态通用固液两相流模型及其在动态井眼清洁模拟中的应用［J］. 应用力学学报，2021，38（03）：1044-1053.

［15］Xianzhi Song，et al. Experimental Study on the Sliding Friction for Coiled Tubing and High-Pressure Hose in a Cuttings Bed During Microhole-Horizontal-Well Drilling［J］. Journal of Petroleum Science and Engineering.

［16］Feifei Zhang，et al. Real Time Stuck Pipe Prediction By Using A Combination Of Physics-based Model And Data Analytics Approach［C］. The Abu Dhabi International Petroleum Exhibition & Conference.

基于油井供排协调的智能采油技术研究及应用实践

王康任

（中国石化胜利油田分公司）

摘　要　本文介绍了一种基于油井供排协调的智能采油技术研究思路，并对其应用实践过程进行总结。该智能采油成果包含边缘计算控制终端和智能调参控制算法两个部分：边缘计算控制终端由主控制电路和外围辅助电路组成，集成了高性能MCU、RS485、DI、DO、异步收发等模块；智能调参控制算法主要包括产量计算、工况诊断、动液面计算、杆柱应力分析、动态调参设计、间开优化设计、优化效果分析等一系列配套技术。本论文研究成果的应用，能够显著地提升油井数字化管理水平，为智能油田建设夯实基础。

关键词　边缘计算；供排协调；控制终端；智能调参算法；综合节能

1　技术背景

1.1　油井供排协调

由于受流体物性、油藏动态时变性、注水变化等因素影响，油井井筒的液量会发生变化，而抽油系统物理特性一旦确定就基本保持不变，其抽汲工作参数不能自动地随井筒液量的变化而及时调整，难以从根本上解决油井供排协调问题。长期以来，为了使排液量与油井产能相匹配，技术人员需要反复分析油井状况，做出调参决策。

1.2　传统油井调参模式

传统的油井调参模式（表1）存在三个问题：一是注采生产的优化调整主要依赖于人工分析，前线职工的工作量较大；二是数据收集、问题发现、参数调整的周期长，时效性较差；三是人工调整参数的精度低、频率慢，难以适应精细化注采生产的需要。将数智化技术融入注采优化的业务场景，我们能够完成油井冲次、间开计划、能耗电费的智能调优，实现单井生产最优化、用电最节省、效益最大化的目标。

表1　油井调参模式对比表

阶段	信息化建设前	信息化建设后	智能调优
周期	每月	每天	实时
功图获取方式	人工测试	信息化采集	信息化采集
液面获取方式	人工测试	在线动液面、模型计算	在线动液面、模型计算
调参方式	技术员分析工况，制定调参方案	技术员分析工况，制定调参方案	推送调参方案及预计实施效果
执行方式	现场采用更换皮带轮、换电机等方式实施	人工远程操作变频调参	油井智能自动调优

2　边缘计算控制终端

2.1　设计思路

边缘计算控制终端的设计思路是：改进RTU硬件，并将计算过程下沉到生产现场，充分利用边缘计算的低延迟、高速率和高可靠性的优势，实现油井数据采集与远程控制。

2.2　相关模块

在设计油井智能调参控制终端时，集成了主控制电路和外围辅助电路（图1）。主控制电路内嵌了高性能MCU、DI、DO、模拟输出、模拟输入、RTC、温度传感器、电源以及ZIGBEE无线通信等模块，外围辅助电路的控制主板上配备了异步收发模块。

2.3　保护措施

边缘计算控制终端作为数据采集、指令传输和智能调参算法运行的平台，在设计和制造过程中，为确保其可靠性和安全性，在硬件层面上采取了抗干扰和安全防护措施（图2），所有IO接口均采用电源隔离和信号隔离技术。DI接口使用光

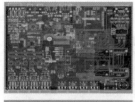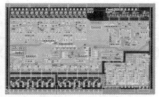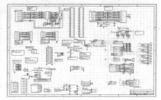

图1　主控PCB板设计图

耦隔离，DO接口采用磁隔离，网口和RS485接口具备共模干扰抑制和过流、防雷击保护功能。外接电源部分，使用了双向TVS进行过压保护，并在变频器底层接口处，添加了硬件驱动限制，防止因跳频或错误指令导致的超范围问题。

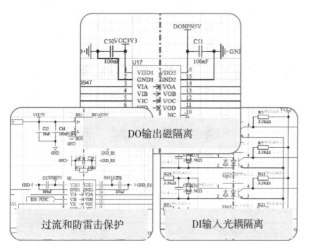

图2　接口抗干扰及安全防护

2.4　硬件性能

充分考虑了智能油田建设的功能拓展需求，其CPU为4核1.5GHz；内存RAM为4GB、本地存储为16GB，整体硬件性能是油田现有RTU的30倍。

3　基于油井供排协调的智能调参控制方法

3.1　基于地面示功图的油井产量计算

通过定量计算分析地面示功图，我们可以得到单井地面产液量和动液面数值，利用这些数据对油井的生产状态进行技术评估，进而判断油井当前的生产工况。具体分析步骤如下：

首先，从控制终端采集油井示功图的实时数据，这些数据包括与每个冲程周期相对应的位移

点和载荷点。将这些实时数据转换成一系列（x，y）散点的二维数组。接着，应用3点曲率法公式，对二维数组中的每个点进行循环计算，求得曲率值，形成一个一维数组。

例如，可以采用以下方法：首先计算由3点确定的三角形的三边长度，然后利用余弦定理求出一个角的大小。设这个角为∠A，其对边长度为a，则该圆弧的曲率半径为0.5a/cosA，曲率值即为曲率半径的倒数。

然后，计算一维数组中每个点的绝对值，并根据预设的点位，找出每个预设点位附近点集的最大值。在这些点集中，一维数组的最大值即代表理论上的泵开启点和关闭点。

假设我们有200个数据点，预设点位的索引可以是15、100、185、199。预设点集的范围可以是前后各10个点，即5~25，90~110，175~195，189~9。在这些点集中找到一维数组的最大值，即可确定理论上的泵开启点和关闭点。得到这四个理论点后，可以根据人工经验对这些点进行修正。

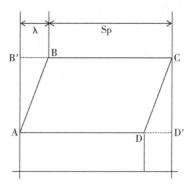

图3　理论泵开启点和关闭点

如图3所示中标记的ABCD四点展示了理论上泵的开启点和关闭点，而人工修正后的泵开启点和关闭点可以参考图3中标记的B'、D'点。基于这些数据，我们可以进一步计算当前地面示功图的有效冲程和悬点载荷差的数值，再结合泵理论排量和抽油机悬点受力分析公式，我们能够计算出单井地面产液量和动液面数值。

具体过程可以描述为以下部分：根据得到的泵开启点和关闭点，分别计算顶部两个有效冲程BC和底部有效冲程AD，选取其中较短的有效冲程，结合泵理论排量公式得到地面产液量。泵理论排量公式为：0.25×1440×3.14×泵径^2×冲程×冲次。

然后，根据泵开启点和关闭点，计算左下角A点与右上角C点的载荷差，记为F。结合悬点静载荷公式，我们可以计算出动液面。动液面的计算公式为：载荷差/混合液密度/泵径截面积+套压/混合液密度/泵径截面积。

重要的是，上述定量分析地面示功图的过程，不仅用于计算当前地面示功图的有效冲程和悬点载荷差的数值，还用于计算单井地面产液量和动液面数值，为后续的地面示功图工况诊断和油井生产状态分析提供了数据基础。

3.2 基于人工智能的油井工况诊断

3.2.1 优选具有代表性的数据指标

在识别油井生产参数变化规律方面，针对PCS数据库中的61种油井实时生产数据开展了数据发散性、相关性分析：利用皮尔逊相关系数法（图4），发现冲次、最大载荷、最小载荷、功率因数、有功功率、无功功率、含水、动液面、上行平均功率、下行平均功率、光杆功率、功图面积、水功率、理论排量、总泵效、充满系数等16项指标与其他指标间的相关性均不超过95%，认为其无法被其他指标代替，需要在工况诊断中保留。而

冲程、上行最大电流、下行最大电流、泵冲程等4项指标间存在强相互关系（关联度>95%），保留冲程、上行最大电流2项指标。最终筛选出20项具有代表性的时序数据作为训练和诊断的指标。

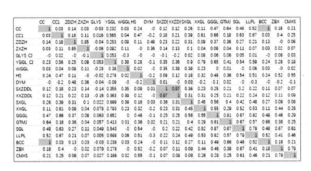

图4　30min级油井指标相关性分析

3.2.2 技术路线

针对油井工况诊断的问题特点，系统分析了各种学习算法的适用性，选取卷积神经网络技术路线完成对工况样本库的学习，并通过反复优化进一步提高了算法性能。对地面示功图的工况诊断过程可以简要描述为以下部分（图5）：

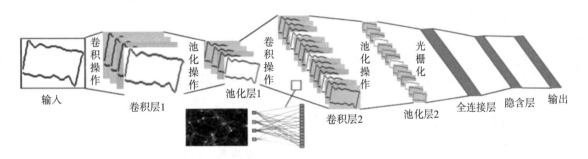

图5　输出过程简图

3.2.3 图形识别

首先，将通过专家经验总结出的示功图工况图形模型输入Tensorflow机器学习库进行预训练，建立工况识别模型库。然后，利用预训练的工况图形识别模型，结合控制终端采集的油井实时数据，通过Tensorflow机器学习算法包，对油井当前的生产工况进行识别。

为了便于技术人员理解，下面提供了一个地面示功图工况诊断过程的示例。首先，收集边缘计算控制终端采集的油井实时数据，该油井实时数据中包括单个冲程周期内一一对应的位移点、载荷点数据。在数据清洗后，将对应数据转换成一系列（x, y）的二维散点数组。

接下来，定义一个m行n列的矩阵，将上述二维数组的（x, y）散点归一化后绘制在此$m \times n$的矩阵中，将每个散点对应到矩阵中的某一个点上；然后将该矩阵转换成一张图片，此图片上有数据点的地方填充黑色，无数据点的地方填充白色，从而形成一个灰度矩阵。

把预训练的工况图形识别模型导入Tensorflow机器学习算法包（拼装一个CNN卷积神经网络），并将灰度矩阵（图形）送入Tensorflow机器学习算法包形成的CNN卷积神经网络中进行图形识别分类，获取识别分类序号。

最后，将分类序号与预训练的工况图形识别模型中的工况类型名称进行匹配，得到油井当前

生产工况对应的工况类型名称。此时，结合人工经验对工况类型进行复查后，输出最终的工况类型名称结果。

　　通过上述诊断地面示功图工况的步骤，能够对油井当前生产工况进行识别，具体可以识别出供液不足、气体影响、泵漏失、卡泵、断脱、抽喷、正常等多种工况类型（图6），为下一步进行油井生产状态分析及智能调参优化提供数据基础。

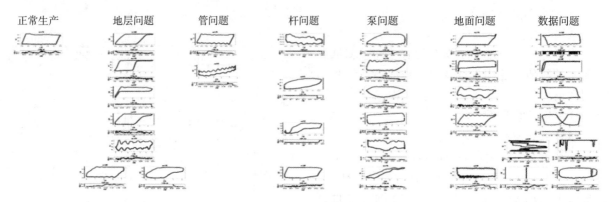

图6　智能诊断工况类型图

3.2.4　数值分析

　　油井生产数据包括泵径、泵深、杆柱组合、井身轨迹、冲程、冲次、油压、套压等参数，以及定量分析地面示功图得到的单井地面产液量与动液面数值。对其中的零值和空值进行判断后，分别计算井筒内各点的温度值、压力值、油井流入流出动态曲线，从而输出包括温度场、压力场、采液指数、最大产量在内的技术指标。

　　可以用油田上常用的地温梯度公式计算井筒内各点的温度值，用BeggsBrill多相管流公式计算井筒内各点的压力值，用Petrobras产能预测公式计算油井流入流出动态曲线。

　　根据抽油机井悬点载荷相关公式，结合油井生产数据中的动静态数据及压力结果，输出杆柱自重、杆柱浮重、摩擦载荷、惯性载荷等参数；结合杆柱直径及应力参数，输出各级杆柱载荷、应力、应力范围比等技术指标。

　　根据上述输出结果，考虑漏失、冲程损失、液体收缩、充满程度对泵效的影响，分析得到抽油机井泵效构成，输出泵效、泵出入口压力等技术指标和系统效率、井下效率、地面效率、输入功率、有效功率、光杆功率等能耗指标。

　　通过上述对油井生产状态进行分析的过程，可以得到油井生产状态（特别是油井的供液能力及抽油泵当前的工作状态）、油井产能预测曲线（流入流出动态曲线）、工况校核结果（泵效构成、杆柱应力状态、能耗指标等）。将这些信息综合考虑，再结合调参范围限制、单井单策、避峰降费、间开计划等不同的判断和控制逻辑，能够实现极

限供液、分时电价、动态调参、间开优化等四种智能调优模式（图7）。

3.2.5　四种智能调优模式

　　极限供液模式：在既定的参数范围内，通过提升冲次来实现轻微供液不足的稳定状态，以追求更高的产液量。分时电价模式：在供液相对充足的情况下，参考供电所的分时电价政策，在用电高峰时段降低冲次，在用电低谷时段提升冲次，并确保全天的总产液量不变。动态调参模式：实时监控功图和生产参数，提供基于当前状况的调参建议及预期效果，人工选定方案后即可下发执行。间开优化模式：能够监测动液面数据的变化，推送间开方案。

4　应用实践效果

　　根据实际的油井生产需求情况，目前已在现场实践了极限供液、避峰降费、动态调参三种生产模式的智能调优，下面以极限供液、避峰降费模式的应用为例。

4.1　极限沉没度优化

　　实施井一选用了极限沉没度优化模式（图8）：9月21日，边缘计算控制终端将功图、动液面与其他生产参数结合分析，诊断该井为供液不足状态，并自动降低冲次；9月26日，控制终端诊断该井为供液充足状态，自动还原冲次。10月19日，控制终端判断该井仍有上调参数的潜力，并自动提高冲次。在实施极限沉没度优化模式后，该井始终维持在略微供液不足的状态下生产，产液量增加，泵效提升。

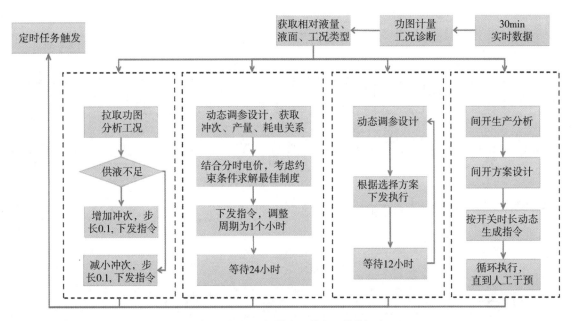

图7　四种智能调优模式及其主要控制逻辑图

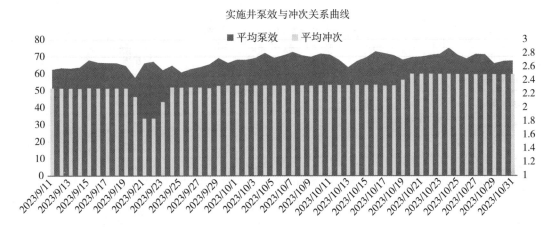

图8　实施井一的智能调参过程图

4.2　分时电价优化

实施井二选用了分时电价优化模式：设定冲次调整范围在1.0至1.4次之间。在确保产液量保持稳定的基础上，控制终端根据供电所公布的分时电价自动调节冲次。在用电高峰时段适当减少冲次，在用电低谷时段适当提高冲次（图9）。

实施井二采用分时电价模式进行优化后，油井产量保持平稳，平均吨液耗电由6.6°下降至5.8°（参见表2）。

5　结论与认识

（1）基于油井供排协调的智能油井调参技术可以较好地适应变化的油井生产动态，对于供液相对充足且存在波动的油井，极限供液模式表现优异；对于供液完全充足的油井或经过多轮次智能调参优化的油井，避峰降费模式更加适宜；对于供液状态在一个阶段内相对稳定的油井，动态调参模式能很好地预测生产潜力，适应性地优化油井当前状态。

（2）针对某些图像相似、训练不足导致的误判情况，先用模型初步判断，再结合油田工况参数预警标准进行集成判断，实现数据和机理融合驱动，能够很大程度上弥补因基础样本不平衡所导致的准确性问题。

（3）将信息化和智能化技术与生产现场相结合，可以显著提升油井的精细化管理水平，实现节能提效。智能调参采油技术在现场的应用已取得了积极的成效，对于智能油田实现柔性生产具有重要的参考价值。

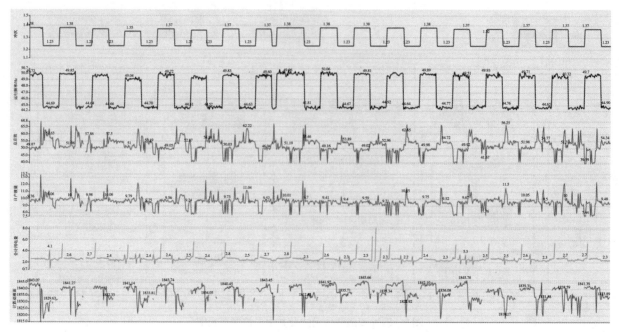

图9　实施井二的智能调参过程图

表2　实施井二的智能调参效果表

时间	电量	产量	平均冲次	吨液耗电
调整前	80	12.2	1.25	6.55
2023-12-8	78	12.7	1.33	6.20
2023-12-9	70	12.2	1.27	5.76
2023-12-10	71	12.1	1.26	5.88
2023-12-11	72	12.2	1.27	5.96
2023-12-12	71	12.1	1.26	5.90
2023-12-13	69	12.1	1.26	5.79

参 考 文 献

［1］张琪.采油工程原理及设计［M］，石油大学出版社，2006.

［2］王秀芝.降低功图法计产误差的方法［J］.油气田地面工程，2012.

［3］冯钢，刘天宇，辛宏等.“云-边-端”协同的智能采油生产物联网系统研究［J］.物联网技术，2023.

［4］李旭.数字化智能采油技术在低产低效井的应用［J］.石油石化节能，2022.

［5］韩国庆，吴晓东，张庆生等.示功图识别技术在有杆泵工况诊断中的应用［J］.石油钻采工艺，2003.

数字化转型下的油藏管理创新实践与效益提升

周　刚

（中国石化胜利油田分公司）

摘　要　围绕油藏经营管理目标，建设了指标巡检、配产配效、动态分析、措施管理等APP，主要实现了指标异常预警、注采调配智能化、配产方案自动推荐、多维度产量跟踪预警、动态分析场景化等功能，形成了油藏开发"发现问题－分析问题－解决问题－跟踪调整的"闭环管理。一是，实现油气藏指标智能监控，提升超前预警、超前分析、超前决策的能力，通过节省作业井次，均衡注采，降递减，实现开发效益提升；二是创新措施管理新方式，实现低效措施井变为高效措施井，无效措施井变为有效措施井，提升措施有效率，增加SEC储量，实现开发效益提升；三是年度产量配产多方案优化，产量跟踪分析到天，实现产量自动预警，产量、工作量合理匹配，自动优化，助力油藏开发价值最大化；四是应用数模成果，融合专家经验建立注采调配优化模型，精准效益配注到井层，自动推出调配方案；通过可视化图件对调配方案进行合理性和可行性分析，优化调配方案，实现低成本的控水稳油；五是油藏动态分析贯穿于油藏开发生产的全过程，针对岗位工作内容提供高效分析工具，变革了管理方式，提升了工作效率，改善了油藏开发效果。效益体现在开发指标自然递减和含水上升率的改善上。

关键词　智能油藏管理；油藏开发智能监控；开发效益提升；智能配产配效；油藏动态分析；智能注采调配；油藏经营管理

随着油藏开发规模不断扩大，面临开发异常发现不及时，一体化分析手段缺乏，专家经验传承慢，油藏模型应用不足，油藏与经营信息化管理缺失等问题。

通过对国内外石油公司的调研，各大油田在不同业务方面开展了智能化、协同一体化建设和探索，结合目前油田现状，数字化转型下的油藏管理创新主要聚焦于以下几点：

（1）注重开发预警，建立预警预测模型，及时发现问题或超前发现问题；

（2）注重一体化分析手段，将分散应用集成管理；

（3）注重模型应用，结合油藏专家经验，构建诊断模型实现智能诊断、智能决策；

（4）注重数据资产，融合全域资源，助力油田数字化转型。

总体上，以胜利油田"十四五"信息规划为指导，按照"数据＋平台＋应用"模式和"统筹规划、融合发展、集成共享、协同智能"的工作方针，通过云计算、大数据、人工智能等信息技术的融合应用，打造一套规范化、系统化、可视化、一体化的油田智能管理平台，实现以全面感知、

协同协作、持续优化、科学决策为特征的智能油田建设，高效助力油田数字化转型。

以油藏井筒地面一体化模型为中心，深度挖掘数据资源，依托油气藏工程算法、大数据理论及专家经验，在可视化油藏基础上，建立油藏健康巡检预警机制，打造地上地下一体化动态分析，借助专家经验、经典案例等推送异常原因，实现油气藏由事后分析到提前预警、事前找人的转变，由主观制定措施、逐级申报向依托虚拟化、可视化工作环境的多专业精准分析、研究、决策转变，实现油藏精细开发，如图1所示。

1　主要做法

1.1　融合全域数据资源，深度挖掘开发潜力

以统一的数据资源中心为基础，以业务场景融合为纽带，以单井、井组、单元、单位为核心，深度挖掘油气开发领域全域资源，集成地质、工程、开发、监测等数据，搭建一体化、可视化的数据展示体系，同时支持按照不同管理需要自定义报表、按照不同主题灵活配置主题数据功能，实现数据灵活定制、快捷调用、高效共享，实现数据所需及所得，为智能油田建设提供高质量数据支撑，如图2所示。

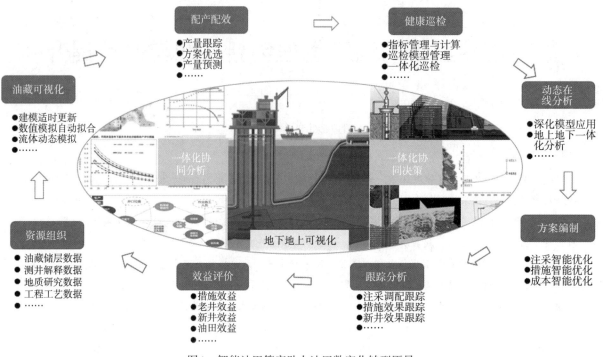

图1　智能油田管家助力油田数字化转型愿景

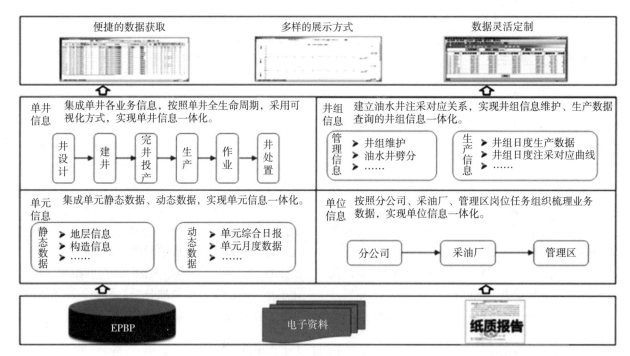

图2　资源融合

1.1.1 单井信息集成

以单井生命周期为主线，围绕勘探开发核心业务，将单井的各类信息集成在一起并以可视化的方式提供一体化查询功能为主要目标，并为业务人员提供基于信息的定制功能，数据服务和统计分析功能，为勘探开发各阶段的生产科研及管理人员提供符合其各岗位业务需求的个性化查询服务。

①单井百科：以图形、数据等可视化方式集成展示单井重点综合信息，包括单井简介、单井生命历程时间轴、钻井简况、生产简况、动态监测、作业简史、分析化验等重点综合信息，辅助开发人员快速掌握目前状况以及整个生命阶段历程。

②建井过程：集成钻井、录井、测井、试油气数据，辅助业务人员了解单井建井过程以及钻

遇储层情况。

③生产动态：围绕单井开发生产阶段，以图形、数据、文档形式集成展示单井各个阶段生产情况，并通过数据统计以及对比分析功能，实现对生产日报、生产月报汇总统计以及生产趋势对比分析，辅助业务人员掌握单井各个阶段累产情况以及阶段动态分析，确保高效、稳定生产。

④动态监测：集成展示示功图、产出剖面、吸入剖面及工程测井，辅助技术人员单井工况、井况诊断、注入产出状况及潜力分析。

⑤分析化验：集成展示单井自投产以来油、气、水分析情况，为技术人员提供第一手资料，进行油田开发分析与调整。

⑥作业简史：集成展示单井自投产以来所有作业施工情况，辅助技术人员措施分析、措施效果评价。

1.1.2 井组、单元、单位资料管理

融合静态、生产、经营等数据，地质研究、开发方案等成果报告，构建以井组、单元、单位为核心的数据融合支撑体系。

①井组信息集成。根据井组管理分析需求，建立油水井注采对应关系，实现井组的统一管理，采出注入动态、测试成果、注采调整等数据集成和多样化展示，辅助井组动态分析、优化决策。

②单元信息集成。围绕油气田开发生产的核心业务，结合油田开发单元管理需要，集成单元静态信息、生产数据、开发指标、研究成果等资料，提供单元综合管理指标、注采对应率计算、单元储量计算等基础数据，统一主要指标的算法和展示，满足地质研究人员和开发管理人员的应用需求，提高油田开发单元信息的采集和应用水平。

③单位信息：以单元信息为基础，汇总展示单位基本信息、单位综合日报、单位日度开发曲线、单位月度开发曲线、油井措施效果统计、水井措施效果统计、新井投产情况、老井递减规律、开发调整效果。辅助管理层及决策层把握整体开发形势。

1.2 深入推进业财融合，优化配产配效方案

传统高油价下的产量规划模式是以开发规律为主，考虑油田开发工作部署，新井投入、措施潜力，综合确定产量规模，按生产能力配产，未与开发成本紧密关联，未实现产量与成本合理匹配；同时未及时自动跟踪预警产量完成情况，仅根据产量运行情况配套实施相应的调整工作量，未能实现产量与效益的最佳匹配。

在保证规模产量的前提下，为实现以最小的投入获得最大的经济效益的目标，地质、工艺、地面、财务一体化优化，业财深度融合，构建了以效定产的配产模式。根据年度产量效益目标及开发形势，提供多套新井、措施、老井产量、成本组合方案，基于产量和效益的测算模型，快速测算每套方案的效益状况，业务专家在线进行方案优选，实现产量、工作量、价值量的合理匹配，同时以最优方案制定的计划为指导线动态跟踪分构成完成情况，实时预测全年产量，持续对产量、成本及时进行优化调整，确保全年产量平稳运行和效益目标的实现，如图3~图6所示。

（1）产量与效益预测

基于数据准备成果，利用产量、效益预测模型，实现产量和效益快速测算。

（2）方案优选

建立多套方案，测算产量和效益情况，依据

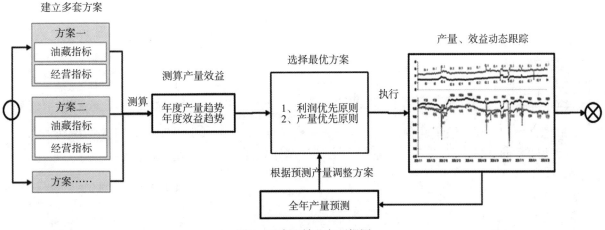

图3　配产配效业务逻辑图

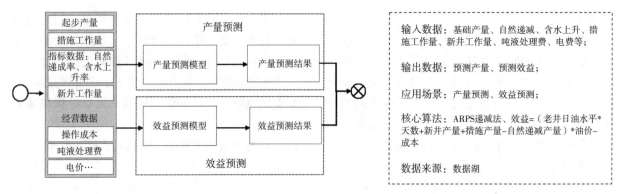

图4　产量效益测算

年度产量效益目标及政策，选出最优方案，实现产量、工作量、成本、效益的合理匹配。

（3）产量及效益跟踪

从井口、盘库两套指标趋势和计划与完成指标趋势等2个维度跟踪预警分析，及时发现异常，精准落实到管理区、区块、单井，制定针对性措施，实现产量平稳运行。

1.3　打造一体化巡检体系，全面感知油藏异常

油田开发技术人员在日常工作中面临大量的开发数据，传统的方式主要依靠生产现场识别、手工定期对比指标变化或开发趋势，根据专家经验人工对问题作出判断，被动发现问题，存在生产中异常问题识别滞后的问题，不能及时制定对策措施，保障开发生产平稳有序运行。

为超前发现生产运行异常，实现超前分析、超前决策，建立了油藏井筒地面一体化健康巡检智能监控模式。按照不同管理层级和专业岗位业务流程和工作需要，利用矿场经验法及油藏工程算法，采用组合、趋势预警方式监控生产变化，实现地上地下异常波动联动预警。充分利用开发生产动、静态数据，融合专家业务知识库，分析油藏井筒地面异常因素关联关系，构建指标联动分析、大数据神经网络、AI智能分析等模型，通过对巡检对象、巡检周期、指标报警规则、适用人员

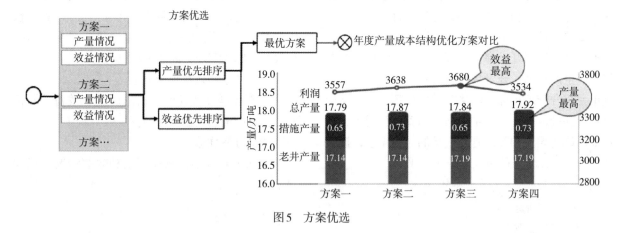

图5　方案优选

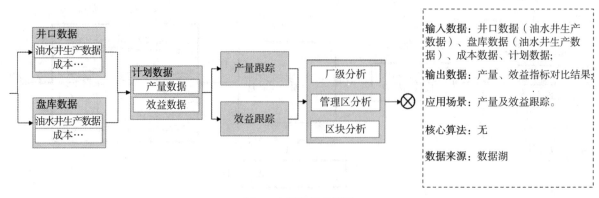

图6　产量及效益跟踪

进行自由组合，形成巡检方案，满足业务人员对巡检指标规则的灵活多样配置，基于不同巡检方案的规则设计，通过处理引擎和消息中心，实现异常指标的及时推送实时提醒，确保业务人员第一时间收到异常消息。通过一体化健康巡检，实现单井、井组、单元的异常主动发现与智能推送，实现了异常由被动人工识别到系统主动发现的转变，实现由人找事到事找人的转变，为油藏异常预警提供了全新工具，提高了问题发现的及时性，提高了油藏动态分析的及时性，如图7所示。

（1）指标管理

创建业务对象作为指标载体，对巡检指标进行指标类型、时间、统计口径维度的灵活配置，目前根据海洋各业务科室需要共提出42项指标，11项巡检维度，如图8所示。

（2）巡检方案

基于指标管理，通过对巡检对象、巡检周期、指标报警规则、适用人员进行自由组合，形成巡检方案，满足业务人员对巡检指标规则的灵活多样配置，如图9所示。

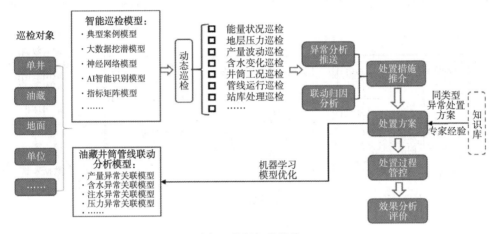

图7   指标智能巡检

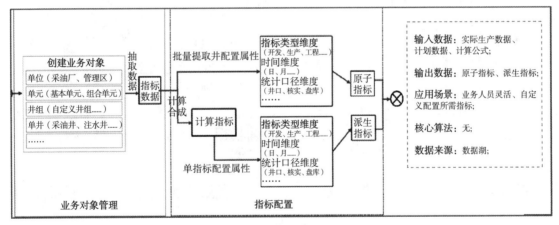

图8   指标管理

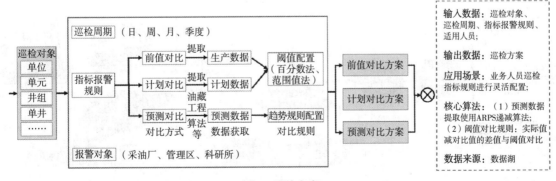

图9   巡检方案

（3）巡检结果

基于不同巡检方案的规则设计，通过处理引擎和消息中心，实现异常指标的及时推送和多样化展示，如图10所示。

1.4 构建协同优化平台，全方位支撑油藏智能决策

1.4.1 动静结合数图联动，打造立体动态分析体系

集成油气藏工程算法，解析并深化应用模型成果，引进专家经验、决策树等方法，并采取灵活配置、自定义主题方式，建立可视化、流程化、智能化的油藏动态分析体系，辅助业务人员快速

剖析开发矛盾，高效制定挖潜措施，如图11所示。

（1）深化模型应用成果

将专业软件输出的模型成果与生产动态数据有机结合，通过对地质模型、数值模型成果，进行多维度可视化展示，辅助业务人员在可视化场景下进行开发动态分析、异常诊断及开发研究和决策。

针对专业软件模型数据量大、专业文件格式复杂等特点，在技术层面上采用了专业模型数据解析、模型拆分、数据切片、金子塔索引、断点续传及客户端模型缓存等技术，实现了地质模型的高效展示、实时更新，对解析后的地质模型能

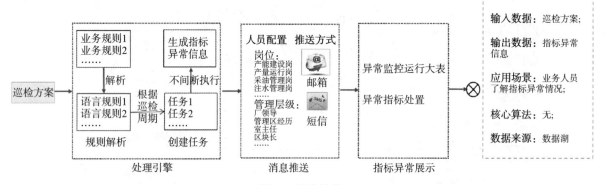

图10 巡检结果

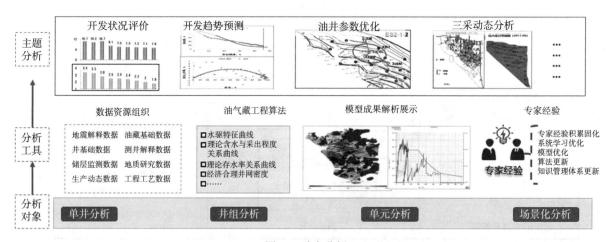

图11 动态分析

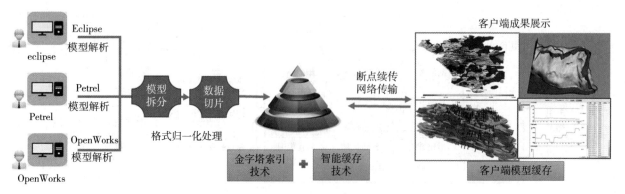

图12 专业软件数据准备与模型可视化展示

够多维度、多功能的展示储层内部发育情况、构造特点、储层走向，能够对不同时间节点的流体动态参数进行对比展示等，更好的指导油藏动态分析、开发生产。

（2）强化图件动态管理

基于小层平面图等静态图件，打通数据通道，通过格式解析、数据加载、算法处理等步骤，实现开采现状图、含水等值图、注采连通图等动态图件的在线成图、自动更新，并以时间滑块形式，展示不同时间节点储层动静态演变历程，支撑油藏分层系、数据联动、动静融合的动态分析，实现油藏精细开发，如图13所示。

（3）融合油藏工程算法，传承专家经验

将不同类型油藏、不同开发阶段等各个业务环节的指标计算方法、规律标准、经验公式等专家经验知识化、信息化，实现油藏动态管理全过程的模式匹配、自动计算、快速优化，如图14所示。

（4）打造地上、地下一体化动态分析

依据动态分析行业标准，结合油藏成果图件，围绕动态分析业务场景，采取动静融合、数图联

动方式，打造地上、地下油藏、地面、工艺一体化、多因素、联合交互动态分析体系，辅助业务人员快速剖析开发矛盾，高效制定挖潜措施，实现油气藏、单井效益开发，如图15所示。

1.4.2 深化模型成果应用，高效推进油藏均衡驱替

目前油田已经进入特高含水开发阶段，三大矛盾进一步凸显，以液定注的传统调配模式存在着重单井轻整体、出现问题事后调配、调配定性不定量、调整有效率低等问题，尤其是对于多层合采、多向受效的油藏，依靠常规油藏工程分析手段难以快速、有效识别主要来水方向和层位，不能准确及时定量采取注采调配措施，实现油藏均衡驱替，影响了油藏潜力的进一步发挥，制约了开发效果的改善与开发效益的提升。

为实现"让每一方水都高效"的目标，按照多产油、少产水的原则，研发智能优化算法，利用传统油藏工程的分析方法，建立调配、调参、措施作业等专家经验模型；引入"注采层井组"概念，形成了基于数模的定量效益配注方法，把注水效益单元落实到每一个"层井组"，充分发

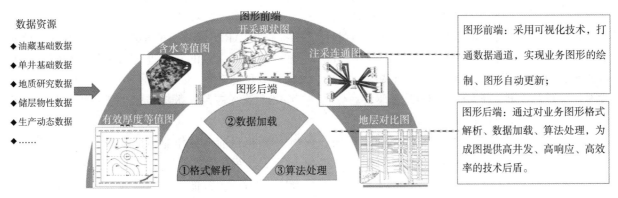

图13 自动成图原理

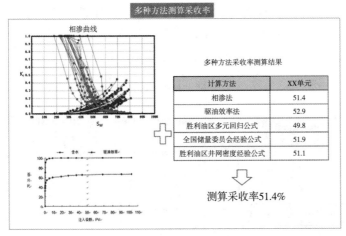
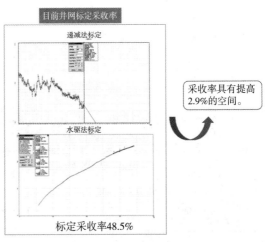

图14 油藏工程算法

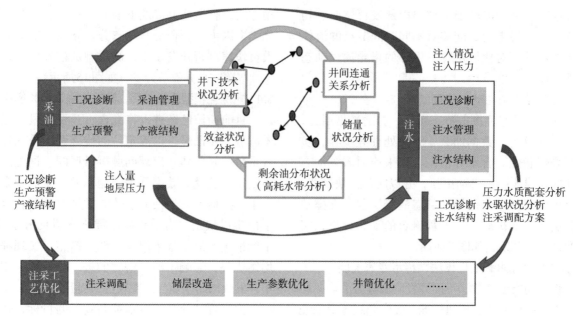

图15　油藏工艺一体化分析

挥模型效能，应用流线法数模成果，融合专家经验建立注采调配优化模型，精准效益配注到井层，自动推出调配方案；借助可视化图件对调配方案进行合理性和可行性分析，一键推送定量效益调配方案，实现了油藏平面和层间精准、及时、高效、智能注采调配，同时对调配效果进行跟踪评价，利用ARPS递减模型和差值法，计算注采调配增油量，对无效的井组进行二次分析调配，不断改善井组开发效果，确保油藏实现均衡驱替。

（1）注采调配基础管理

基于井位、分层等数据，利用可视化手段，实现以水井为中心的注采井组建立及连通关系管理，如图16所示。

（2）注采比计算

基于油水井物性、生产、监测等数据，建立算法模型，自动计算井及层的实际注采比；同时利用数模成果自动计算井及层合理注采比，如图17所示。

（3）注采调配分析

基于含水、动态监测等数据，形成可视化的含油饱和度等图件，人机交互对注采比的合理性和可行性进行分析，确定注采调配方案，如图18所示。

（4）调配效果跟踪评价

利用ARPS递减模型和差值法，计算注采调配增油量，对无效的井组进行二次分析调配，来改善井组开发效果，如图19所示。

1.4.3　深入应用大数据技术，智能优化开发调整措施

根据目前油藏作业历史数据，按照"相互独立、完全穷尽"的原则，从业务分析、影响因子、案例分析三个方面，挖掘、分析、构建和显示它们之间的关联关系并形成知识图谱，如图20所示。

（1）措施时机诊断

模型对采油井油量变化自动预警，剖析液量、含水趋势变化情况，对沉没度、泵效、回压、电

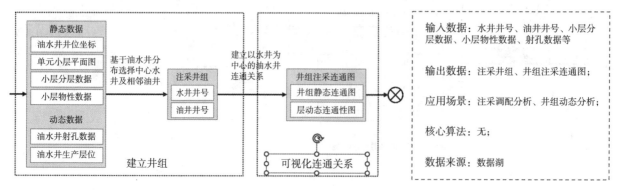

图16　注采调配基础原理

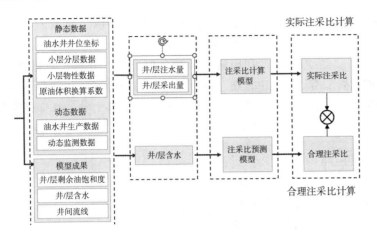

图17   注采比计算

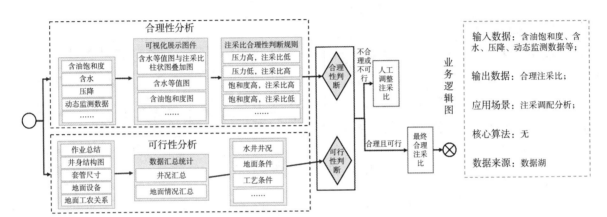

图18   注采调配分析

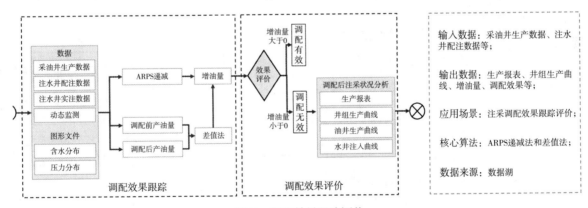

图19   调配效果跟踪评价

图20   调配分析过程

流等指标及示功图变化分析，基于经济效益测算，判断是否进行措施作业，如图21所示。

（2）措施模型测算

模型通过分析剩余油饱和度基础数据，初步锁定多个潜力层，综合生产动态数据、储量数据、动态监测数据判断井区采出程度，最终推选潜力层，优选补孔改层措施并实现产量预测，如图22所示。

（3）措施模型优化

利用融合后的数据资源，分析大数据算法，构建客观、量化的措施时机诊断与优选模型，通过模型训练优化，自动挖潜潜力井，推送调配措施，如图23所示。

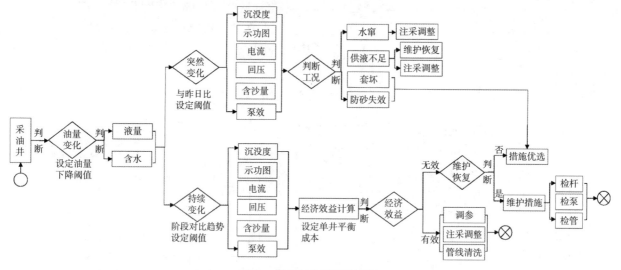

图21　措施时机诊断流程图

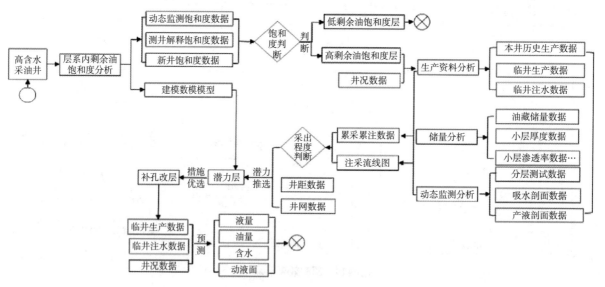

图22　措施模型测算

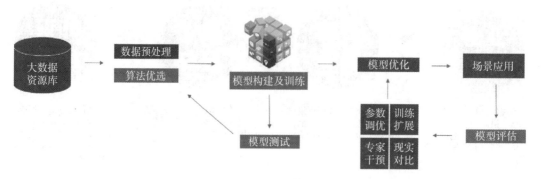

图23　措施模型优化

1.5　关键技术

1.5.1　基于B/S架构的地质图件绘制技术

（1）文件高效稳定可信传输技术

前端WebUploader结合后端文件微服务实现文件图件的高效稳定可信上传技术，通过分片与并发结合，将文件分割成多块，并发上传，极大地提高图件的上传速度和传输稳定；通过MD5多重校验、断点续传、错误自动重传三重保障，保证图件100%正确。

（2）图件数据安全加密处理技术

上传后图形原始文件通过图件解析成Web呈现所需数据，采用Crypto加密库进行AES-256进行加密处理，从而保证图件数据在介质存储、网络传输的数据安全性。

（3）Web呈现高效渲染处理技术

对于复杂的重复图元，采用Canvas离屏渲染技术进行缓存处理，从而避免重复调用canvas底层API导致绘图性能降低的问题，实现Web呈现的高效渲染，如图24所示。

1.5.2　基于大数据的诊断模型技术

利用大数据技术进行数据预处理、算法优选、模型构建及训练、模型优化。

（1）数据预处理

数据预处理是数据规范化的过程。主要通过数据清洗提高数据应用质量，通过特征工程，抽取有价值的特征值，在不丢失信息的同时，提高模型的运行效率，如图25所示。

（2）算法优化

目前大数据算法和工具繁多，根据井下作业数据维度高（风险因素多）、因素关联关系复杂的特点，采用算法理论分析初选，结合算法试验样例推导来筛选最优算法，如图26所示。

（3）模型构建及训练

措施时机优选和诊断所使用的数据特点是维度高（干扰因素多）、量级大、关联关系复杂，根据各算法特点进行初选并开展研究测试，根据测试结果进行算法优选和评估，得到多种算法作为作业风险评估主要算法，如图27所示。

（4）模型优化

针对训练模型预测结果，采用专家评估方式进行验证，将验证结果反馈给训练模型，通过模型的自我学习实现迭代优化，如图28所示。

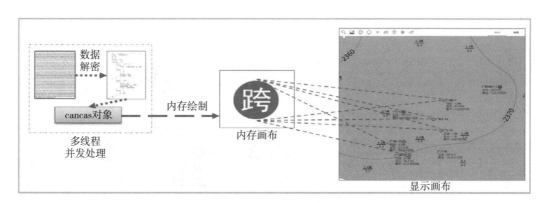

图24　井符号的canvas离屏渲染技术

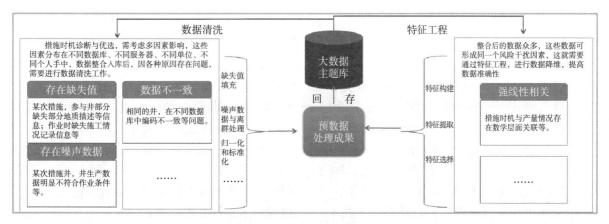

图25　数据预处理

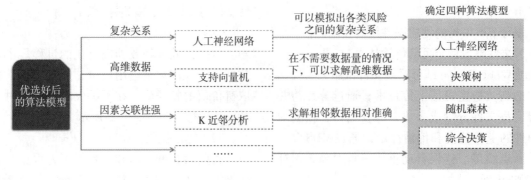

图26　算法优化原理

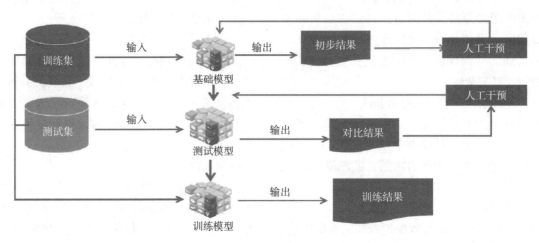

图27　模型训练

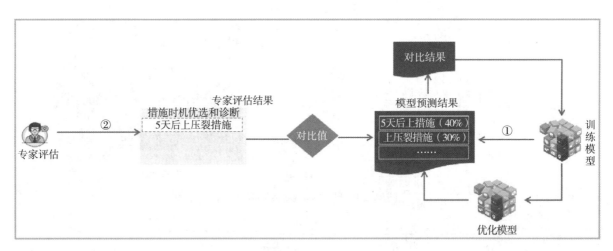

图28　模型优化

1.5.3　基于B/S架构的油藏模型轻量化处理技术

油藏数模模型的网格数据文件通常包含数十万个网格以及上百万个点，全部构造模型渲染会极大的影响运行效率。根据建模、数模在不同场景的应用特点，对模型进行三角网简化、外壳提取、移除重复点、分层化处理、模型合并、子对象拆分和操作子对象等各种自动轻量化技术，解决模型在web端显示、分析应用等方面性能瓶颈

问题，从而提高模型渲染运行效率，如图29所示。

1.5.4　基于油藏知识库应用的自然语言解析技术

以油藏业务逻辑、对象关联关系为依据，基于数据资源和油藏知识成果，建立油田开发领域知识图谱，打通数据和工程师关联通道，实现知识的迭代更新。利用第三方自然语言识别和语音播报技术，智能提取知识内容，形成油藏知识问答体系，如图30所示。

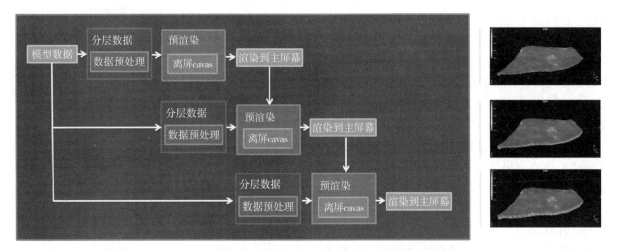

图29　模型网格分层渲染处理示意图

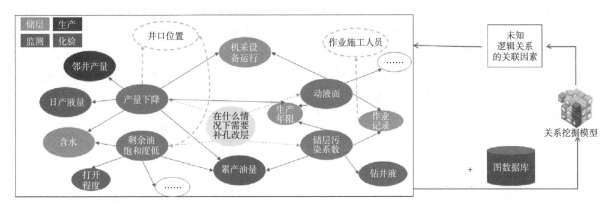

图30　油藏知识图谱

2　实施效果

2.1　应用效果

目前项目进行了全面应用，各级管理人员、技术人员基于统一的智能油藏管家平台开展工作，实现了问题闭环管理，由被动的管理油藏向主动的经营油藏转变，大幅提升了工作效率和质量。

指标智能巡检提升了超前预警、超前分析、超前决策的能力，实现油气藏指标智能监控。变革了单元生产管理方式，及时发现异常，及时调整、通过节省作业井次，均衡注采，降递减，实现开发效益提升。公司日常生产中存在大量的开发指标、生产指标，指标的健康是公司保障产量任务的关键。以前需要大量业务人员每天花1～2个小时去翻看各种数据，分析是否存在问题。应用指标智能巡检后，智能机器人代替人工，进行无人值守，不间断的寻找问题，利用消息中心的各种通讯载体（短信、语音电话、石化通等），第一时间将异常信息分发到不同岗位、不同层级上，

每年可节省业务人员1个月的时间，问题发现的及时率由50%提高到95%。

公司综合业务人员以前需要一个月时间进行年度配产，预算全年产量数据，应用配产配效后，利用算法模型，反复调参优化，一周内即可完成年度配产功能，并自动生成全年产量计划数据，可以进行在线进行日度数据跟踪，自动推送预警信息，大大提高工作效率和准确性。

年度配产配效多方案优化，产量跟踪分析运行到天，实现产量自动预警，产量、工作量、成本、效益合理匹配，自动优化，助力油藏开发价值最大化。通过对产量跟踪预测，提出挖潜和控递减重点方向，实现产量运行科学平稳。配产配效兼顾当前与长远，开展水井长效投入、油井作业、新井投产等工作量部署安排，智能优选最佳配产方案；产量趋势预警跟踪分析到天，明确产量变化责任单位、区块及产量变化原因；实时进行全年产量预测预警，及时调整下步工作安排及产量运行计划，确保年度效益产量任务完成。目

前已全面应用于2023-2024年配产及跟踪优化。在年度配产工作中，通过调整产量结构，加大水井长效投入，自然递减率减缓1.5%，年度老井产量多增加0.62万吨，多创效658万元；在产量跟踪预警过程中，第一时间落实变化原因，开展流线调整等措施，自然递减率得到有效控制。

动态分析贯穿于油藏开发生产的全过程，针对岗位工作内容提供高效分析工具，变革了管理方式，提升了工作效率，改善了油藏开发效果。效益体现在开发指标自然递减和含水上升率的改善上。针对水驱、化学驱等不同油藏类型建立的动态分析平台，集成了单井全生命周期资料及井组、单元动静态资料，可以快速找到、生成、分析所需的报表、曲线、图件并依靠后台智能机器人辅助分析问题，挖潜措施。该平台建成后，打破了传统的人工分析手段，借助平台提供的智能化图件分析工具和优化算法，能够快速找到油藏矛盾、辅助优化制定油水井联动的综合调整方案，分析准确性由70%提高到85%。

创新措施管理新方式，实现低效措施井变为高效措施井，无效措施井变为有效措施井，措施有效率提高到75%以上。通过措施效益增加SEC储量，实现开发效益提升。措施摸排是区块长每个月都要进行的工作，每次分析几十口井的措施潜力，应用油藏管家提供的功能后，根据措施潜力算法模型，一键推送潜力井，并结合措施影响因素智能排序，利用大数据算法，自动找出井对应的措施，每个月可节省区块长5天的时间。

2.2 效益分析

公司年递减率下降1.5%，含水上升率下降0.1%，注采调控、措施作业增油2万吨。压减无效液量4.7万吨，如图31所示。

图31　油气产量总效益

经济效益①=0.65×分成系数（0.42）×提高原油产量×（原油不含税单位价格–原油单位成本）–项目支出

年经济效益①=0.65×0.42×2.62万吨（自然递减下降增油0.62万吨+措施增油2万吨）×（4460元/吨–571元/吨）–100万元=2631.6万元

经济效益②=压减无效液量×吨液处理费（15元/吨）

年经济效益②=4.7万吨×15元/吨=70.5万元

总经济效益=2631.6万元+70.5万元=2702.1万元

参 考 文 献

[1] 徐慧. 油藏管理实时优化 [J]. 国外油田工程，2010，26（8）：18-19.

[2] 金佩强，高运来，李维安. 水驱油藏管理方法 [J]. 国外油田工程，2006，22（9）：18-19.

[3] 陈欢庆. 中国石油精细油藏描述技术新进展与展望 [J]. 世界石油工业，2024，31（3）：17-25.

[4] 陈欢庆，吴洪彪，邹存友，等. 油田开发中精细油藏描述成果科学管理平台创新与实践 [J]. 中国科技成果，2024，25（9）：8-10.

基于深度学习的断层识别研究

李 蕊 李 昂 张丽艳 张宝玉 查宏坤

（中国石油大学（北京）克拉玛依校区）

摘 要 断层在油气勘探和矿产资源开发中起着重要作用。断层常常形成油气藏的封闭结构，或者作为油气流动的通道。通过断层解释，勘探人员可以识别潜在的油气藏和矿藏，评估资源的开采潜力。传统的断层解释依赖人工标注，效率低、主观性强，难以处理复杂数据，且对大规模数据集的自动化识别能力不足。本文提出了一种基于U-net和ResNet的断层识别方法，通过其独特的编码器–解码器以及与残差块（ResNetBlock）结构，能够有效地捕捉地震数据中的多尺度和多层次特征，进而进行高效的断层识别。U-Net架构的核心优势在于其跳跃连接（skip connections），它能够在编码器和解码器之间传递低层次的空间特征，从而确保模型在解码过程中不会丢失细节信息。该网络采用端到端的训练方式，通过对地震数据进行训练，模型能够自动提取断层特征，避免了传统方法中手动设置参数的繁琐过程。与传统的断层识别方法相比，U-Net在处理复杂的地震数据时，提供更为精确的断层位置和轮廓。实验结果表明，该U-Net模型能够准确识别地震数据中的断层，并且其识别的断层具有良好的垂直连续性和清晰的轮廓。相比于传统的相干算法，该U-Net模型在断层细节的识别上更加细致和全面，显著提高了地震数据断层识别的效率和准确性。

关键字 断层识别；深度学习；U-net网络；地震数据；ResNetBlock

1 引言

断层是地震反射层面中反射波的不连续性，常常是油气藏形成和分布的关键因素之一。在油气勘探过程中，断层不仅能够帮助地质学家准确识别地下岩层的结构，还能为油气的积聚和运移提供重要线索。通过有效的断层识别，可以推测油气的分布情况。断层往往是油气藏的储存空间，也可能成为油气的封闭结构或通道，影响油气的迁移和聚集。因此，准确的断层检测能够帮助勘探人员判断油气藏的位置、规模以及可开采性，从而提高勘探的效率和准确性，减少勘探过程中的风险和成本。传统的地震反射属性方法往往难以在复杂的地质环境中高效、精确地检测断层。

在第65届SEG会议上地震相干体技术作为断层识别的方法首次出现，通过识别出不连续的数据，从而推断出地质数据中断层可能存在的区域，但是难以避免噪声的干扰。第二代相干体算法D2通过协方差矩阵计算地震道相似性，提升信噪比和稳定性。第三代相干体算法通过特征值分析得到相干属性，适用于不同断层无参数调整。相干算法会被噪声和底层残余响应影响。Randen等人提出利用蚁群算法寻找最优路径的方法识别断层，当信息素浓度越大时，路径是断层的可能性越大。Dorn和James结合地质先验知识，利用数字信号处理技术实现了断层自动识别（AFE）技术，在不连续的大断层的识别上取得了良好的效果。2006年，F.Admasu等提出了主轮廓线技术，通过结合人工与自动解释，实现了断层的半自动追踪，该方法首先进行断层高亮处理，然后使用模型追踪。2009年，赵伟将蚂蚁算法应用于三维地震数据体中的断层识别。K. M. Tingdahl和M. de Rooij采用人工神经网络（ANN）实现了断层的不完全自动识别，通过组合地震数据的各种属性，训练MLP来进行断层识别。

虽然现有的断层识别方法具有一定的智能化和自动化，但它们过于依赖前期选择的属性和计算方式，且未充分考虑属性间的关系和原始数据的具体意义。此外，这些方法并非端到端的训练网络，因此引入图像分割技术与深度学习结合进行断层识别具有潜力。随着人工智能、深度学习和计算机视觉的快速发展，地球物理数据的综合应用和解释达到了新的技术高度。深度学习具备处理大数据和高计算能力，能够挖掘数据中的隐藏特征，这与地震数据解释的需求高度契合。深度学习可以实现端到端的自动识别，且具备更高的智能化水平。因此，深度学习已成为断层识别的主流方法。

深度学习在计算机视觉等交叉领域取得了显著成功，并被广泛应用于各个行业。断层数据的识别和图像分割类似。2018年，H.B. Di等将MLP和CNN应用于同一断层，进行了对比分析，进一步证明了深度学习方法CNN在断层识别中的优势。同年，2018年，X. M. Wu等利用CNN进行断层识别。2019年，X. M. Wu等人引入了3D U-Net网络用于断层解释领域，并提出了faulteg3D网络模型。通过学习理论断层数据样本，他们实现了实际工区的断层识别。但是大多数卷积神经网络结构，包括U-Net，在下采样过程中不可避免地会丢失断层信息，这在一定程度上会影响最终的断层识别准确性。

为提高地震数据断层识别的准确性和处理效率，本文将U-Net架构与深度残差网络（ResNet）相结合，设计了一种基于深度学习的断层识别网络。U-Net架构在提取和检测数据特征方面表现出色，能够高效地进行图像分割，特别适合处理地震数据中的断层信息。而ResNet结构通过引入残差连接，解决了训练深层网络时的梯度消失问题，从而加速了深层网络的训练过程，提升了网络的识别能力和准确性。将这两种网络架构的优势结合，能够在提升训练效率的同时，提高断层识别的精度。

2 技术思路与研究方法

2.1 ResNet基本结构

ResNet对更深网络的训练有着良好的效果，He等提出了ResNet（残差网络）神经网络模型，通过引入"残差连接"（skip connections）来解决深层网络训练中的梯度消失问题。ResNet的核心思想是将网络分成多个"残差块"，每个残差块包含两个或三个卷积层，并直接添加输入到输出的"短连接"。

这种结构的设计初衷是利用"恒等映射"让网络更容易学习输入和输出之间的变化，而不必强制每一层学习完整的特征表示。残差块的数学原理如下：

$$y = \mathcal{F}\left(x, \{W_i\}\right) + x \tag{1}$$

假设残差块的输入为x，经过若干卷积层的非线性变换后，输出为$\mathcal{F}\left(x, \{W_i\}\right)$，其中$\mathcal{F}$表示网络中的卷积、激活等操作组成的非线性变换函数，激活函数使用的是整流线性单元函数ReLU，$\{W_i\}$为卷积核参数集合。x是输入通过恒等映射直接加到输出中的部分，称为"跳跃连接"或"直连"，如图1所示。

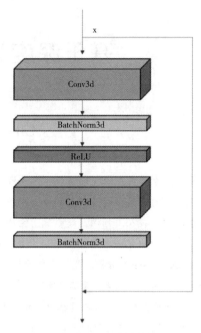

图1　残差块网络结构图

X为输入地震数据，Conv3d是卷积层，BatchNorm3d是批归一化，ReLU是激活函数

2.2 U-Net与残差块相结合

U-Net架构最初应用于生物医学图像的图像分割。其典型的"U"字形架构由对称的编码器和解码器组成，用于从输入图像中生成像素级别的分割图。编码器部分通过多层卷积和池化操作，逐步提取图像的高级特征，同时降低空间分辨率。解码器通过上采样操作逐步恢复图像的空间分辨率。解码器中的每一层包含一个上采样操作，将图像尺寸还原至更高分辨率。在每一个上采样的步骤中，解码器还会通过"跳跃连接"将编码器相对应层的特征图直接拼接到解码器中，从而融合了编码器中的高分辨率特征。这种跳跃连接保证了解码器可以利用编码器的特征来精确定位分割区域的边界，使U-Net在生成精细的分割结果时特别有效。

通过将ResNet和U-Net结合，模型在深层次上仍能保持梯度稳定，实现更深的网络层次，从而捕获丰富的全局和局部信息。ResNet负责捕获图像中的深层特征，并提供稳健的特征提取能力，而U-Net则进一步对这些特征进行分割处理，通过跳跃连接融合多尺度特征，确保分割结果具有高分辨率的细节和精确的边界

2.3 网络设计

每个ResNetBlock由两层3×3的卷积层、批归一化层（Batch Normalization）和ReLU激活函数构成。每个卷积层的作用是从输入数据中提取局

部特征，同时通过批归一化层提升训练的稳定性并加速收敛，残差连接在每个ResNetBlock中起到了关键作用，它允许输入直接跳过卷积层的操作，直接与输出相加，从而解决了深层网络中可能出现的梯度消失和梯度爆炸问题，促进了网络训练的稳定性和效率。

网络的编码器分为四个主要阶段：两个3×3的卷积层构成一个卷积块。第一阶段，输入的图像经第一个卷积块过后，通过一个2×2的最大池化层进行下采样，减少了空间分辨率。第二阶段，经过池化后的特征图通过第二层卷积块进一步处理，并通过池化再次下采样，进一步抽象特征。第三阶段，再次通过卷积块和池化层继续处理。最后，第四阶段通过更深的ResNetBlock进一步提取图像中的高阶特征。

通过反卷积层进行上采样。反卷积层的作用是将低分辨率的特征图逐步恢复成原始输入图像的空间尺寸。通过跳跃连接将编码器阶段的特征图与解码器的上采样结果拼接。具体来说：这些上采样和跳跃连接的组合允许网络在恢复图像的空间分辨率的同时，保持图像的细节信息，从而提高分割任务中的精度。

Unet编码器的表达式如下：

$$\text{enc}_i(x) = \text{ReLU}\Big(\text{BN}\big(\text{Conv3d}\big(\text{MaxPool3d}\big(\text{enc}_{i-1}(x)\big), C_i\big)\big)\Big) \tag{2}$$

代表第层的输出，作为输入传递到当前层。接着，对该输入进行3D最大池化操作，将特征图的尺寸减半。通过Conv3d对池化后的特征图进行3D卷积，生成通道数为的输出特征图，这里的是第层卷积的输出通道数。BN（批量归一化）对卷积结果进行标准化，目的是加速训练并稳定网络的训练过程。ReLU激活函数应用于批量归一化后

的结果，引入非线性，最终得到当前层的输出。

残差块的应用，可以表示为：

$$ResNetBlock(x) = \text{ReLU}\Big(x + \text{BN}\big(\text{Conv3d}\big(\text{ReLU}\big(\text{BN}\big(\text{Conv3d}(x)\big)\big)\big)\big)\Big) \tag{3}$$

ResNetBlock是残差块。首先，输入经过卷积操作，使用提取特征，并通过批量归一化BN对卷积结果进行标准化，然后应用ReLU激活函数进行非线性转换。接下来，卷积结果再次经过批量归一化，并且再应用一次ReLU激活函数。将原始输入与卷积结果相加，形成残差连接。最后，经过ReLU激活函数得到最终的输出。

对于每个解码块，假设是上采样操作，解码器的操作可由下面的表达式确定：

$$\text{dec}_i(x) = \text{ReLU}\Big(\text{BN}\big(\text{Conv3d}\big(\text{Concatenate}\big(u_i\big(\text{dec}_{i+1}(x)\big), \text{enc}_{4-i}(x)\big), C_{dec_i}\big)\big)\Big) \tag{4}$$

是来自解码器第层的输出，即通过上采样操作得到的特征图。代表上采样操作，用来将特征图尺寸放大。是来自编码器第层的输出，表示在U-Net网络中，第层解码器将接收来自相应编码器层的特征图，通过跳跃连接与解码器的特征图合并。表示将解码器的输出和对应编码器的输出沿着通道维度进行拼接。拼接后，结果是一个包含来自两个来源（解码器和编码器）的特征图的张量。表示对拼接后的特征图进行3D卷积操作，生成具有个通道的输出特征图，其中是第层解码器的输出通道数。接下来，通过BN进行批量归一化，对卷积后的输出进行标准化，以保持稳定的训练过程并加速收敛。

最后，ReLU是应用于归一化后的卷积结果的激活函数，提供非线性转换，从而使网络能够学习更复杂的特征。最后一层是一个1×1的卷积层。1×1卷积层的作用是将解码器最后输出的16通道特征图映射到所需的输出通道数，如图2所示。

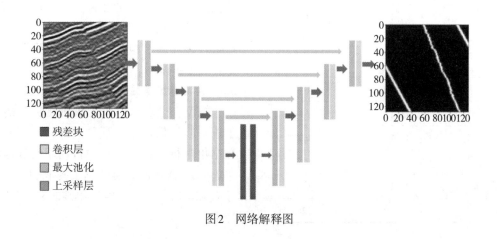

图2 网络解释图

3　模型方法与效果

3.1　模型方法

本文采用了WU等开源的合成地震数据集，该数据集包含220个三维地震数据和对应的标签集，每个数据体的尺寸为［128，128，128］。该数据集包含了许多符合实际地质条件的特殊构造和反射特征，例如高倾角、小断距断层及伴随褶皱发育的逆断层等，增强了数据的真实性和多样性。数据集中的断层构造具有类似走滑断层的特征，能够有效覆盖实际断层解释中的复杂情况，适用于走滑断层识别任务的训练。

在训练过程中，网络的目标是最小化损失函数，以优化模型的预测能力。本文使用了二元交叉熵损失函数（Binary Cross-Entropy Loss）来衡量预测输出与真实标签之间的差距。数学表达式如下：

$$\mathcal{L}\left(\hat{Y}, Y\right) = -\frac{1}{N}\sum_{i=1}^{N}\left[Y_i\log\left(\hat{Y}_i\right)+\left(1-Y_i\right)\log\left(1-\hat{Y}_i\right)\right]\quad(5)$$

其中：是网络的输出。是真实标签。二元交叉熵损失函数在图像分割领域具有良好的应用性，因为它能够直接优化像素级别的二分类任务。通过计算每个像素的预测概率与真实标签之间的对数误差，BCE损失函数能够有效地指导网络进行精确的像素级分类。其对小区域错误的高惩罚机制，有助于提升模型对边界和细节的分割能力，能有效提高分割精度。

模型每一层的卷积核的大小及通道数如表1所示：

表1　卷积层的参数设置

网络层	生成器（卷积核，步长，填充）	输出形状
enc1_1	（3，1，1）	16
enc1_2	（3，1，1）	16
enc2_1	（3，1，1）	32
enc2_2	（3，1，1）	32
enc3_1	（3，1，1）	64
enc3_2	（3，1，1）	64
enc4_1	（3，1，1）	128
enc4_2	（3，1，1）	128
res1_1	（3，1，1）	128
res1_2	（3，1，1）	128

续表

网络层	生成器（卷积核，步长，填充）	输出形状
res2_1	（3，1，1）	128
res2_2	（3，1，1）	128
upconv3	（2，2，0）	64
dec3_1	（3，1，1）	64
dec3_2	（3，1，1）	64
upconv2	（2，2，0）	32
dec2_1	（3，1，1）	32
dec2_2	（3，1，1）	32
upconv1	（2，2，0）	16
dec1_1	（3，1，1）	16
dec1_2	（3，1，1）	16
out_conv	（1，1，0）	1

名称dec和enc以及out_conv是卷积层，名称为res的是残差块，名称为upconv的是3D转置卷积。Adam优化器结合动量和自适应学习率，能够加速收敛、提高训练稳定性，适应性强。因此本文使用了学习率为0.0001的Adam优化器。

3.2　验证集预测结果

针对现有深度学习方法未考虑地震数据多种属性的问题，提出了一种结合ResNet和U-Net优势的三维断层识别方法。本研究将计算机视觉中的图像融合思想应用于地质勘探，通过密集连接方式融合地震数据的多个属性进行学习，从而获得更精确的预测结果（图3、图4、图5）。图3、图4和图5展示了在验证集上对三种不同方向数据的预测结果。从图中可以看出，尽管这些数据未用于模型的训练，模型依然能够有效地预测断层的位置和轮廓，且预测结果与真实标签高度一致，充分验证了模型的良好泛化能力。同时，对于一些低序级小断层也能精准识别，证明了其在处理地震数据中微弱、复杂信号时的可靠性和高效性。

3.3　真实数据集应用效果

模型在合成数据集上展示了良好的效果，为了进一步评估模型的预测效果，本研究对真实的数据集进行了预测，本项目使用的数据集是从荷兰近海F3区块的地震数据中提取的子集，包含尺寸为128（垂直）×384（测线）×512（横跨）的样本。

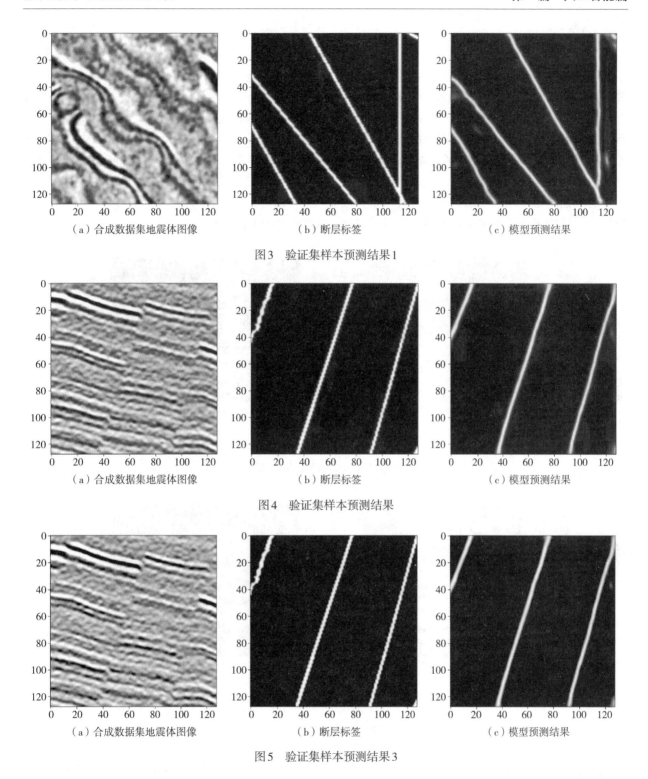

（a）合成数据集地震体图像　　　（b）断层标签　　　（c）模型预测结果

图3　验证集样本预测结果1

（a）合成数据集地震体图像　　　（b）断层标签　　　（c）模型预测结果

图4　验证集样本预测结果

（a）合成数据集地震体图像　　　（b）断层标签　　　（c）模型预测结果

图5　验证集样本预测结果3

对于数据在平面图上的预测效果（图6），从右图（b）中可以观察到，模型准确识别并清晰地呈现了地震数据中的三个主要走向的断层特征。图中的断层主要展示了三个不同方向的走向，包括中部的近东西向断层、北西向断层以及北北东方向的断层。模型成功地捕捉到了这些断层的空间分布和几何形态。模型在识别中部近东西向的断层时，能够清楚地分辨其走向并准确反映出断

层的形态变化，同时在多个断层的重叠区，模型仍能精确地提取出断层特征，为进一步的地质勘探和断层分析提供了重要支持。在北西向断层的识别上，模型能够稳定地提取到断层的延伸方向，以及信号模糊的区域也较好地表示出断层与周围地层的关系。对于北北东方向的断层，模型同样能够有效地提取出该方向上断层的特征，确保其走向和空间分布得以准确表示。这表明，模型不

仅具有良好的空间分辨率，还能在多种地质结构条件下保持较高的识别精度。

对于数据在剖面图上的预测效果（图7），从右图（b）中可以观察到，模型成功识别出了多条近南北方向的断层，并将它们清晰地呈现出来。断层的位置在图像中以一系列明显的直线或曲线形式展现，所有这些断层均沿着近南北方向延伸，显示出地震数据中的多条走向一致的断层。尽管这些断层在图像中相对较细且分布较为紧密，模型依然能够精确地提取出每条断层的信号，并保

证了它们的垂直连续性。

地震数据中的断层通常表现为信号的不连续性，尤其是在复杂的地质环境中，断层的走向和几何形态可能会受到多种因素的影响。传统的断层识别方法往往难以在复杂背景下准确提取多个走向的断层特征，容易受到噪声干扰或信号模糊影响。而本文所提出的模型通过结合U-Net的分割能力和ResNet的深层特征提取机制，有效克服了这些挑战，能够从低信噪比和复杂背景中精准识别出多个走向的断层。

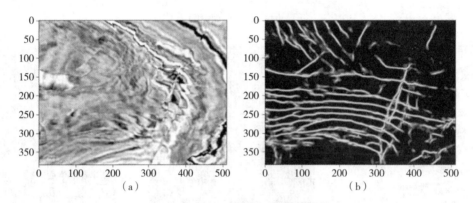

图6　荷兰近海F3区块的平面图预测结果

（a）合成数据集地震体图像（b）断层标签

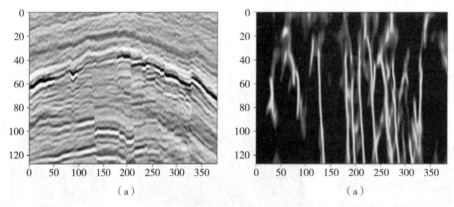

图7　荷兰近海F3区块的剖面图预测结果

（a）合成数据集地震体图像（b）断层标签

4　结论

（1）本文提出了一种结合U-Net与ResNet优势的二维地震断层识别方法，利用深度学习技术显著提升了地震数据中的断层识别精度与效率。

（2）实验结果验证了该方法在合成数据集和测试数据集上的强大能力，模型能够精准识别低序级小断层，并且展现出较强的抗噪声能力和高泛化能力。

（3）在实际数据集的测试中，也展现了本文提出的方法的有效性，无论从平面还是剖面，断裂都得到较为清晰的刻画。

参考文献

［1］陆基孟. 地震勘探原理［M］. 山东：石油大学出版社，1993.

［2］Bahorich M，Farmer S. 3-D seismic discontinuity for faults and stratigraphic features：The coherence cube［J］.

The Leading Edge，1995，14（10）：1053–1058.

［3］Marfurt K J，Kirlin R L，Farmer S L，et al. 3–D seis–mic attributes using a semblance–based coherency al–gorithm［J］. Geophysics，1998，63（4）：1150–1165.

［4］T. Randen，S. I. Pedersen，L. Sonnel and. Automatic extraction of fault surfaces from three–dimensional seismic data［M］. SEG Technical Program Expanded Abstracts 2001. Society of Exploration Geophysicists，2001：551–554.

［5］G. Dorn，H. James. Automatic fault extraction of faults and a salt body in a 3D survey from the Eugene Island area，Gulf of Mexico［C］//AAPG International Conference and Exhibition，Paris，2005，823–828.

［6］F. Admasu，S. Back，K. Toennies. Auto tracking of fault on 3D seismic data［J］.GEOPHYSICS，2006，71（6）：A49–A53.

［7］赵伟. 基于蚁群算法的三维地震断层识别方法研究［D］.南京：南京理工大学，2009，20–30.

［8］K. M. Tingdahl，M. De. Rooij. Semi–automatic detection of faults in 3D seismic data［J］. Geophysical prospecting，2005，53（4）：533–542.

［9］H. B Di，Z. Wang，and G. AlRegib. Why using CNN for seismic interpretation?An investigation［J］. Georgia Institute of Technology. 2018，156–163.

［10］X. M. Wu，Y. Z. Shi，S. Fomel，and L. M. Liang. Convolutional neural networks for fault interpretation in seismic images［C］. SEG Technical Program Expanded Abstracts 2018，1946–1950.

［11］X. Wu，L. Liang，Y. Shi，et al. FaultSeg3D：Using synthetic data sets to train an end–to–end convolutional neural network for 3D seismic fault segmentation［J］. Geophysics，2019，84（3）：IM35–IM45.

［12］李海山，陈德武，吴杰等. 叠前随机噪声深度残差网络压制方法［J］. 石油地球物理勘探，2020，55（3）：493–503.

［13］He K M，Zhang X，Ren S，et al. Identity mappings in deep residual networks C. European Conference on Computer Vision，2016，630–645.

［14］Nair V，Hinton G E. Rectified linear units improve restricted Boltzmann machines［C］.International Conference on Machine Learning，2010，807–814.

［15］Ronneberger O，Fischer P，Brox T. U–Net：convolutional networks for biomedical image segmentation［C］.Medical Image Computing and Computer–assisted Intervention MICCAI 2015，Springer，2015，234–241.

基于深度学习的地震波阻抗反演方法

张煜豪 李 昂 张丽艳 杜守颖

（中国石油大学（北京）克拉玛依校区）

摘 要 深度学习在地震波阻抗反演领域的应用能够弥补传统线性方法精度依赖模型初始条件的不足，并实现复杂非线性特征的提取和反演。为探究不同实验条件下神经网络结构的反演效果，采用卷积神经网络（CNN）、全卷积神经网络（FCN）和时序卷积网络（TCN）三种深度学习架构，实验对10Hz、20Hz和30Hz频段的地震数据进行了波阻抗反演，系统比较了线性归一化与标准差归一化在不同频带下的效果。实验结果表明，线性归一化在各频段下的拟合精度均优于标准差归一化，其验证集均方误差（MSE）低于标准差归一化约5%~10%，皮尔逊相关系数（PCC）与决定系数（R^2）分别提高约3%和4%。在10Hz和20Hz低频段中，噪声导致的过拟合现象较为明显，而采用Savitzky-Golay滤波进行去噪处理有效改善了精度，降低至0.024，提升约3.5%和4.2%。在30Hz高频段下，反演效果最佳，三种模型的平均为0.021，受噪声干扰较小，且均表现出稳定的收敛特性。模型性能方面，CNN在层间边界的分辨率上表现突出，但细节捕捉能力相对较弱；FCN分辨率略低，但在地质特征的形状还原和细节表达上更接近真实阻抗剖面；TCN则在抗噪能力和平滑性上表现优越，能够在噪声环境中保持较高的稳定性。研究结果为深度学习模型在地震波阻抗反演中的应用提供了科学的模型选择与优化依据，可为油藏开发的地质分析与预测提供参考。

关键词 深度学习；地震波阻抗反演；卷积神经网络；全卷积神经网络；时域卷积神经网络；数据归一化

1 引言

地震波阻抗反演是储层预测与地质表征中的关键技术，通过地震数据推断地下岩层的物理属性（如孔隙度、密度和流体饱和度），对油气勘探和开发具有重要的指导意义。传统的地震波阻抗反演方法包括测井约束宽带波阻抗反演和线性反演，这些方法在大规模厚层储层中表现良好，但在精细刻画薄层砂体结构时存在诸多不足。尤其是在复杂地质结构或噪声干扰较强的数据下，传统方法难以兼顾反演精度和稳定性，难以满足现代油藏开发的高标准需求。为此，开发能够适应复杂环境、提高反演精度的智能化方法成为研究重点。

近年来，智能化方法的应用为地震波阻抗反演提供了全新思路。Gunter Roth等在1994年率先将神经网络应用于地球物理反演，开启了人工智能与地球物理学结合的新方向。然而，由于反演问题的高度非线性和不确定性，传统人工神经网络在网络深度有限的情况下难以满足复杂地质条件下的高精度需求。深度学习模型通过构建深层网络结构，能够有效捕捉地震数据与地质特征之间的非线性关系，并减少人为干预，从而提升反演精度和效率。

在地震数据处理中，卷积神经网络（Convolutional Neural Network，CNN）因其在局部特征提取方面的优异表现，已被广泛应用于地震相识别和断层检测等任务。此外，全卷积神经网络（Fully Convolutional Network，FCN）、时域卷积神经网络（Temporal Convolutional Network，TCN）等新型深度学习架构也被引入地震波阻抗反演中，与生成对抗网络（GAN）和深度学习辅助的全波形反演（FWI）等方法结合应用，取得了显著效果，拓展了智能地震反演的应用范围。这些深度学习方法的成功应用，不仅显著提高了反演精度，还减少了对初始地质模型的依赖，进一步拓展了智能地震反演的应用范围。

本研究利用CNN、FCN和TCN三种深度学习模型，进行地震波阻抗反演的对比实验，探讨它们在不同频率地震数据下的适应性和反演精度差异。同时，本文还系统分析了不同数据归一化方法（线性函数归一化与标准差归一化）及

Savitzky-Golay 滤波技术在不同频率条件下的去噪前后反演效果，以期为地震数据的深度学习反演选优提供参考，从而提升深度学习方法在实际油藏开发中的应用准确性。

2　技术思路与研究方法

2.1　网络结构介绍

2.1.1　CNN

CNN 是一种广泛应用于图像处理和计算机视觉的深度学习架构，其基本结构包括卷积层、池化层和全连接层。卷积层利用卷积核（filter）在输入数据上滑动提取局部特征，权值共享机制显著降低了模型参数的数量，使得计算更加高效。池化层（Pooling Layer）则通过最大池化（Max Pooling）或平均池化（Average Pooling）对卷积层提取的特征进行降维处理，这一操作不仅保留了关键特征，还增强了模型的抗噪能力。经过多轮卷积和池化操作后，特征数据会输入到全连接层（Fully Connected Layer），用于最终的分类或回归任务。

基于 CNN 的地震波阻抗反演主要有以下几个方面的优势：①CNN 能够有效捕捉地震数据中的局部特征，如反射波的边缘信息，适合用于地下结构细节的识别；②由于卷积操作具有良好的抗噪特性，CNN 在噪声较多的地震数据处理场景中能够保持稳定的表现；③CNN 还具有较高的计算效率，适合于大规模地震数据的处理。

2.1.2　FCN

FCN 是在 CNN 的基础上发展而来，专为逐像素分类任务设计的深度网络结框架。与传统 CNN 不同，FCN 将全连接层替换为卷积层和反卷积层，使得网络可以接受任意尺寸的输入数据。通过去掉全连接层，FCN 可以直接输出与输入尺寸相同的预测结果。此外，为了增强细节信息的保留，FCN 引入了跳跃连接（Skip Connections），该结构可以将浅层和深层特征进行融合，以确保输出结果的精细度和空间一致性。

在地震波阻抗反演中，FCN 的优势如下：①FCN 的逐像素预测能力使其特别适合描述薄层砂体等精细结构，能够有效提高地层结构的分辨率；②FCN 可以处理不同尺寸的地震数据输入，具备较高的适应性，这使其在多尺度地震数据分析和地层结构的精细描述方面展现出强大的应用潜力；③跳跃连接层的引入确保了反演模型输出

结果的精确与稳定。

2.1.3　TCN

TCN 是一种专为时序数据设计的卷积网络结构，结合了因果卷积（Causal Convolution）和膨胀卷积（Dilated Convolution）技术。因果卷积确保当前输出仅依赖于当前及之前的输入数据，避免未来数据对当前预测的影响，确保时序信息的一致性。膨胀卷积通过增加卷积核的膨胀因子，在不增加计算量的情况下扩大了感受野，从而捕捉更长的时序依赖关系，这使得 TCN 适用于需要长时间依赖的时序建模任务。

使用 TCN 进行地震波阻抗反演具有显著的时序建模优势：①TCN 通过因果卷积保持了地震数据的时间一致性，确保每个地震道的波阻抗预测不会受到未来数据的干扰，这使得反演结果更加平滑且稳定；②TCN 的膨胀卷积结构能够在纵向地震数据中捕捉长时序依赖性特征，从而更好地刻画纵向地质属性的变化；③TCN 适用于处理长时序地震信号，特别是在地层纵向属性变化较为显著的场景下，能够提供精确的时序预测；④相比传统序列反演网络模型，TCN 中因果卷积的引入使得地震道之间的关联性得以良好保留，从而增强了地震数据与波阻抗数据之间的映射持久性。TCN 在保持数据关系的同时，所需的内存更少，且具有更加稳定的梯度同时具有更加灵活的感受野。

2.1.4　网络结构对比

综上所述，CNN、FCN 和 TCN 均基于卷积操作进行地震数据特征的提取。CNN 擅长局部特征提取，适合高噪声数据；FCN 支持逐像素预测，可以自适应地震材料的尺寸，且能生成高分辨率的阻抗剖面；TCN 则通过因果卷积保持长时依赖关系，具备自适应体系结构，能更好的保持地震道之间的关系。各模型在地震波阻抗反演中各具优势，为不同数据特性的反演需求提供了多样化的选择。

因此，在本研究的实验设计中，通过对这三种网络结构在不同频率地震数据下的对比分析，可以相对全面地评估深度学习方法在地震波阻抗反演任务中的适应性与精度表现。通过揭示各模型在不同条件下的优缺点，本文期望为地震数据的深度学习反演方法提供优化依据，为实现更加精准、可靠的地质分析奠定基础。

2.2　研究方法

2.2.1　数据源描述

本研究选用不同频率的正演地震剖面数据（10Hz、20Hz和30Hz）作为实验数据源，以评估CNN、FCN、TCN三种不同神经网络模型在多频带地震信号下的波阻抗反演性能。正演数据如图1（a，b，c）所示，均由砂岩和泥岩构成的典型地质模型生成，其中，泥岩速度为2800m/s，两层

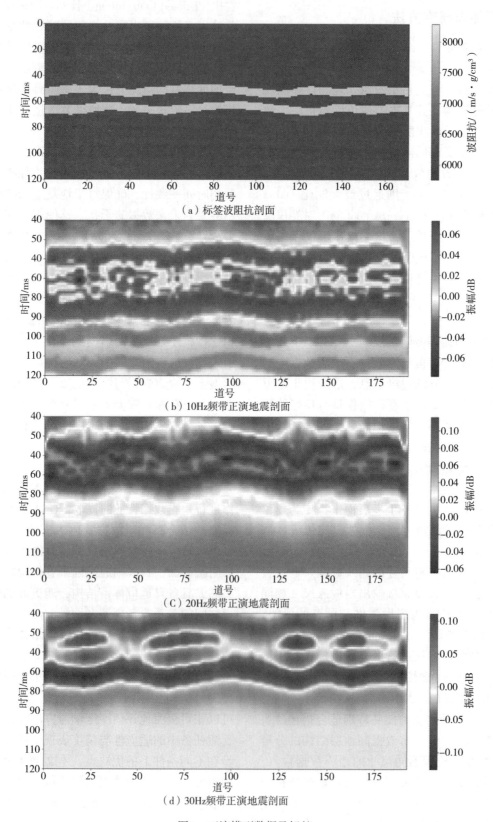

（a）标签波阻抗剖面

（b）10Hz频带正演地震剖面

（C）20Hz频带正演地震剖面

（d）30Hz频带正演地震剖面

图1　正演模型数据及标签

砂岩速度均为3200m/s。每组数据包含191道地震剖面记录，每道记录由121个采样点组成，采样间隔为1ms。对应的波阻抗剖面（图1d）作为标签数据，为模型提供监督信号。

由于正演数据量有限，选取每组正演数据的前168道，按照1:1:2的比例将数据集划分为训练集、验证集和测试集，分别包含随机选取的42道、42道和84道地震剖面记录。训练集用于模型的参数优化过程，直接参与网络权重的更新，以最小化损失函数，帮助模型捕捉地震数据与波阻抗之间的复杂关系；验证集则用于调整模型的超参数配置，并用于检测模型的过拟合或欠拟合情况，从而初步评估其泛化能力；测试集完全独立于训练过程，仅在最终评估阶段使用，用于全面评估模型在未见数据上的预测效果，以测试其在实际应用中的泛化性能。

2.2.2　数据预处理

Savitzky-Golay滤波器是一种基于局部多项式拟合实现数据平滑的数字滤波技术，广泛应用于信号处理、光谱分析以及地震数据去噪等领域。其主要优势在于能够在去除高频噪声的同时，较好程度地保持信号的局部特征与细节，使其适合于地震波阻抗反演中对地层反射特征进行精细刻画。其核心原理在于通过最小二乘拟合来逼近信号的局部特征。这一过程不仅实现了去噪，还保留了信号的形态特征，从而为后续的分析提供可靠的数据基础。数学描述如下：

$$y_i = \sum_{j=-m}^{m} c_j \cdot x_{i+j} \qquad (1)$$

其中，y_i 为滤波后的信号值，x_{i+j} 为窗口内的原始数据点，c_j 为多项式拟合的系数，窗口大小为 $2m+1$。

Savitzky-Golay滤波广泛应用于光谱分析、地震数据处理以及生物信号处理中。特别是在地震数据处理中，它可以平滑剖面数据中的随机噪声，同时保留信号中的尖锐特征。实验采用Savitzky-Golay滤波对10Hz和20Hz的地震剖面数据进行平滑处理，以减少低频带高频噪声的干扰，以便于深度学习模型捕捉信号的关键特征，如图2所示平滑去噪的效果。

为确保不同特征的数据范围一致性，实验分别采用了线性函数归一化（Min-Max Normalization）和标准差归一化（Z-Score Normalization）对原始数据进行归一化处理，并对比了两种方法在反演模型

性能上的差异。线性函数归一化通过将数据线性映射到特定区间（如［0，1］），减少了各特征间的量级差异，适用于数据分布集中且无显著离群值的场景，其公式为：

$$X_{norm} = \frac{X - X_{min}}{X_{max} - X_{min}} \qquad (2)$$

其中，X_{min} 和 X_{max} 分别表示原始数据集的最小值和最大值，为原始数据。

而标准差归一化则基于均值和标准差，将数据标准化为均值为0、标准差为1的分布形式，有利于处理具有离群值的数据，公式如下：

$$X_{norm} = \frac{X - \mu}{\sigma} \qquad (3)$$

其中，μ 和 σ 分别为原始数据集的均值和标准差，X 为原始数据。

2.2.3　评价指标

为定量评估深度学习模型的反演性能，本文引入均方误差（Mean Squared Error，MSE）、皮尔逊相关系数（Pearson Correlation Coefficient，PCC）和拟合系数（Coefficient of Determination，R^2）三种常用的评价指标。

$$MSE = \frac{1}{n} \sum_{i=1}^{n} (y_i - \hat{y}_i)^2 \qquad (4)$$

$$PCC = \frac{1}{n} \frac{1}{\sigma_y \sigma_{\hat{y}}} \sum_{i=1}^{n} (y - \mu_y)(\hat{y} - \mu_{\hat{y}}) \qquad (5)$$

$$R^2 = 1 - \frac{\sum_{i=1}^{n}(y_i - \hat{y}_i)^2}{\sum_{i=1}^{n}(y_i - \mu_y)^2} \qquad (6)$$

式中，y_i 表示地震波阻抗样本的真实值，$\hat{y}_i$ 表示地震波阻抗样本的预测值，μ 与 σ 分别表示样本均值和标准差。

用于衡量训练过程中模型预测值与真实值之间的平均偏差，值越小，表示模型在训练数据上的拟合精度越高；用于评估预测值与真实值之间的线性相关性，用于衡量模型对数据的解释能力，与值越高，表示模型的预测值与真实值在趋势上更一致，拟合效果更高。

3　结果和效果

3.1　不同频带与归一化方法对模型性能影响

为评估不同归一化方法在反演效果中的表现，在10Hz、20Hz频带下，分别使用线性函数归一化和标准差归一化对CNN、FCN、TCN三种模型进行

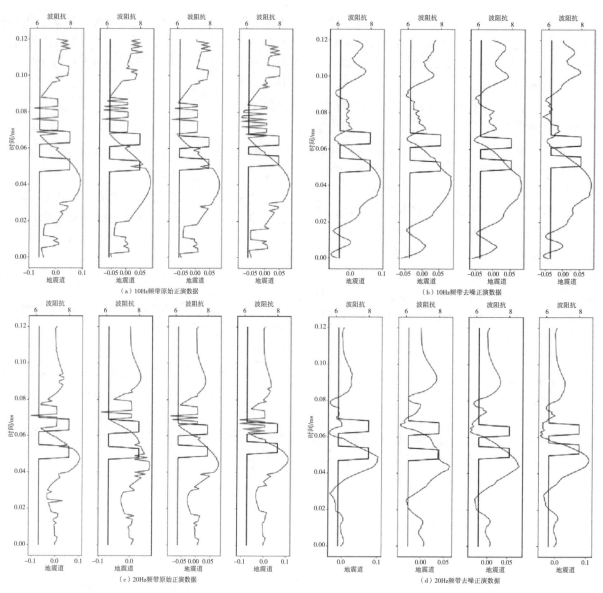

图2　低频带去噪前后的训练样本

训练，并通过MSE损失函数分析过拟合情况，同时通过PCC和R²指标评估模型的精度。实验得到的定量评价指标如表1、表2、表3所示。

　　实验结果表明，在30Hz频带下，模型在训练集和验证集上的均方误差（MSE）显著低于10Hz和20Hz频带，这表明在未受到高频噪声的干扰的30Hz频率地震数据训练下，模型拟合效果更优。相较而言，10Hz和20Hz频率下，由于地震数据噪声较多，均表现出一定程度的过拟合倾向。然而，通过采用线性函数归一化，可以在10Hz和20Hz条件下有效抑制过拟合现象，使验证集上的MSE损失低于标准差归一化，同时提升模拟拟合的精度，反演表现更为稳定。因此，本文后续实验中统一采用线性函数归一化处理，以确保结果的可比性和数据一致性。

表1　基于CNN的地震波阻抗反演方法在不同频率和归一化方法下的定量评价指标

正演数据频率/Hz	归一化方法	PCC/%	R²/%	训练损失（MSE）	验证损失（MSE）
10	线性函数归一化	84.57	69.34	0.004040	0.027729
10	标准差归一化	80.93	57.09	0.142923	0.421069
20	线性函数归一化	86.38	74.57	0.007258	0.022995
20	标准差归一化	85.25	64.28	0.129014	0.250562
30	线性函数归一化	87.91	72.89	0.011010	0.024517
30	标准差归一化	86.84	66.87	0.173854	0.325093

表2　基于FCN的地震波阻抗反演方法在不同频率和归一化方法下的定量评价指标

正演数据频率/Hz	归一化方法	PCC/%	R^2/%	训练损失（MSE）	验证损失（MSE）
10	线性函数归一化	79.47	62.89	0.021953	0.033143
10	标准差归一化	76.23	55.86	0.167957	0.433129
20	线性函数归一化	81.73	65.60	0.016839	0.031115
20	标准差归一化	78.14	59.89	0.132196	0.399577
30	线性函数归一化	89.45	79.46	0.018102	0.018572
30	标准差归一化	86.44	73.06	0.185154	0.262317

表3　基于TCN的地震波阻抗反演方法在不同频率和归一化方法下的定量评价指标

正演数据频率/Hz	归一化方法	PCC/%	R^2/%	训练损失（MSE）	验证损失（MSE）
10	线性函数归一化	82.65	66.36	0.011902	0.030666
10	标准差归一化	77.85	56.74	0.070255	0.424488
20	线性函数归一化	85.04	72.23	0.015476	0.025113
20	标准差归一化	83.24	66.69	0.074555	0.326904
30	线性函数归一化	88.05	77.22	0.011690	0.020604
30	标准差归一化	87.42	76.24	0.101199	0.233180

3.2 数据去噪效果对反演精度的提升

在归一化处理的基础上，为进一步提升模型对10Hz和20Hz频带数据的拟合能力，本文对低频数据进行了去噪处理，以减轻高频噪声对模型稳定性的负面影响。CNN、FCN、TCN在不同频带下去噪前后的波阻抗预测剖面如图3、图4、图5显示。

直观对比显示，去噪后的波阻抗剖面具有更高的平滑性和层间清晰度，表现出较强的去噪效果和信号还原能力。去噪后剖面的噪声显著减少，地层边界更加清晰，模型预测的波阻抗分布与真实波阻抗剖面更为接近。通过表4、表5、表6中各项定量评价指标的计算，进一步验证了采取去噪处理对反演精度的提升作用：去噪后和显著提高，验证集损失显著降低，表明去噪处理有效提升了模型对真实地震信号的还原能力，一定程度上降低了过拟合现象，即数据去噪在低频带下能够有效增强模型的泛化性能和预测精度，从而提高波阻抗反演的可靠性.

表4　基于CNN的地震波阻抗反演方法在低频带（10Hz与20Hz）下去噪前后效果的定量评价指标

正演数据频率/Hz	去噪状态	PCC/%	R^2/%	训练损失（MSE）	验证损失（MSE）
10	去噪前	84.57	69.34	0.004040	0.027729
10	去噪后	85.76	72.98	0.021628	0.024434
20	去噪前	86.38	74.57	0.007258	0.022995
20	去噪后	87.18	75.64	0.010768	0.022033

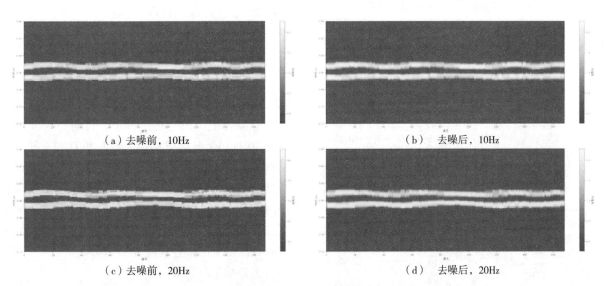

（a）去噪前，10Hz　　　　　　　　（b）去噪后，10Hz

（c）去噪前，20Hz　　　　　　　　（d）去噪后，20Hz

图3　去噪前后低频带下基于CNN的地震波阻抗反演效果对比

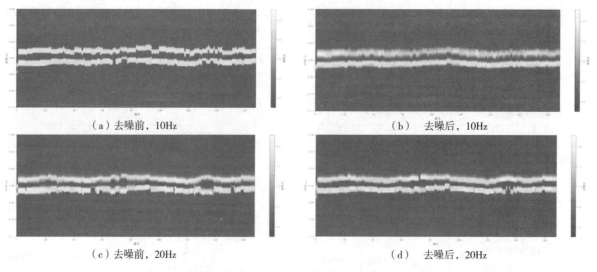

（a）去噪前，10Hz　　　　　　　　　　　　　　　（b）　去噪后，10Hz

（c）去噪前，20Hz　　　　　　　　　　　　　　　（d）　去噪后，20Hz

图4　去噪前后低频带下基于FCN的地震波阻抗反演效果对比

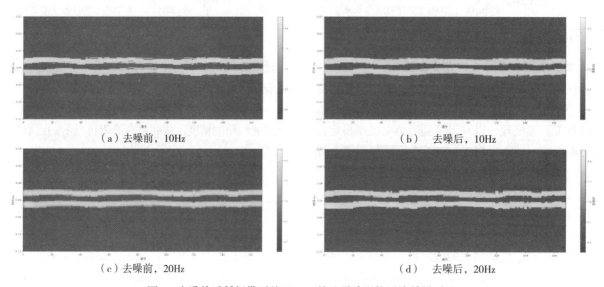

（a）去噪前，10Hz　　　　　　　　　　　　　　　（b）　去噪后，10Hz

（c）去噪前，20Hz　　　　　　　　　　　　　　　（d）　去噪后，20Hz

图5　去噪前后低频带下基于TCN的地震波阻抗反演效果对比

表5　基于FCN的地震波阻抗反演方法在低频带（10Hz
与20Hz）下去噪前后效果的定量评价指标

正演数据频率/Hz	去噪状态	PCC/%	R^2/%	训练损失（MSE）	验证损失（MSE）
10	去噪前	79.47	62.89	0.021953	0.033143
10	去噪后	81.95	67.15	0.027063	0.029709
20	去噪前	81.73	65.60	0.016839	0.031115
20	去噪后	85.73	73.48	0.020865	0.023984

表6　基于TCN的地震波阻抗反演方法在低频带（10Hz
与20Hz）下去噪前后效果的定量评价指标

正演数据频率/Hz	去噪状态	PCC/%	R^2/%	训练损失（MSE）	验证损失（MSE）
10	去噪前	82.65	66.36	0.011902	0.030666
10	去噪后	84.21	69.15	0.010153	0.027904

续表

正演数据频率/Hz	去噪状态	PCC/%	R^2/%	训练损失（MSE）	验证损失（MSE）
20	去噪前	85.04	72.23	0.015476	0.025113
20	去噪后	86.89	75.00	0.009679	0.017615

3.3　不同模型结构在高精度反演下的性能对比

实验在最优归一化条件下，针对拟合效果最好的30Hz频带分别对CNN、FCN和TCN三种网络结构进行了性能对比分析，以考察不同模型在高精度反演中的表现。如图6所示为不同网络结构的波阻抗预测剖面，通过随机抽取的四道测试集数据进行波阻抗反演，不同网络结构的预测波阻抗与标签波阻抗的拟合程度如图7所示。

实验结果分析如下：

CNN在较厚地层的层间分辨率方面表现良好，

能够清晰识别主要的地层界面。然而，在较薄层的特征捕捉上有所欠缺，表现出对噪声的较高敏感性，尤其在低频带下更容易受到高频噪声的干扰，从而导致反演结果中层界模糊化；

FCN的分辨率相对较低，但其在特征捕捉的精确性方面表现优异。反演剖面在整体形状和主要地层结构上更为贴近标签剖面，尤其在细节特征的还原上表现出色。因此，FCN模型在复杂地层结构的捕捉与还原上具有明显优势，适合用于需要较高特征保留的地层反演任务；

TCN模型在层间平滑性和抗噪能力上表现最为突出，得益于其在长时间序列特征提取上的优势。TCN模型的反演剖面具有较高的分辨率，并能保持平滑的层间过渡，尤其在高噪声环境下具备较强的鲁棒性。然而，TCN在细节特征的精细还原上略逊于FCN，在部分细薄层结构上对真实剖面的拟合稍显不足。

综上，三种模型各具优势：CNN模型在厚层结构的边界分辨率上表现出色；FCN模型在细节捕捉和整体结构的准确还原方面具有较高优势；TCN模型则在高分辨率和抗噪能力上表现最为稳定，适合在噪声较强的环境中实现平滑且连续的反演结果。因而在实际应用中，可根据地层结构的复杂性和噪声特征选择最为适合的模型，以满足不同的波阻抗反演需求。

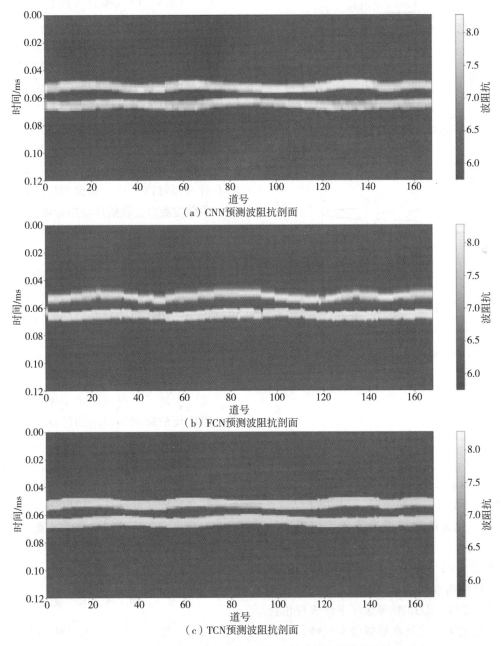

（a）CNN预测波阻抗剖面

（b）FCN预测波阻抗剖面

（c）TCN预测波阻抗剖面

图6   30Hz下基于三种不同深度学习方法的地震波阻抗反演效果对比

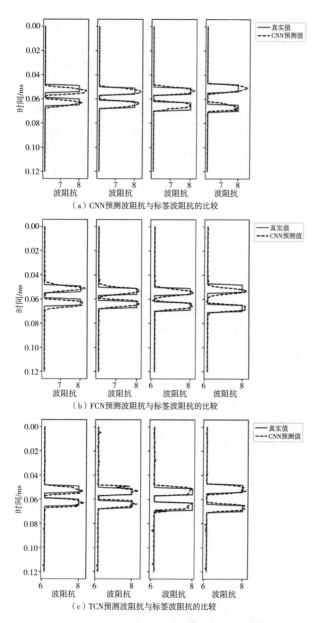

（a）CNN预测波阻抗与标签波阻抗的比较

（b）FCN预测波阻抗与标签波阻抗的比较

（c）TCN预测波阻抗与标签波阻抗的比较

图7　30Hz下三种神经网络预测波阻抗与标签波阻抗的比较

4　结论

本研究通过系统对比分析CNN、FCN和TCN三种深度学习模型在不同频率地震数据下的波阻抗反演性能，探讨了各模型在反演精度、抗噪能力以及地层特征捕捉方面的表现，得出以下结论：

（1）归一化方法对模型训练和反演精度的影响

研究表明，归一化方法的选择对模型的训练收敛性与反演精度产生重要影响。线性归一化方法在10Hz、20Hz及30Hz等频率下均表现出更优的模型拟合效果，尤其在低频段，线性归一化有效降低了均方误差（MSE）并提升了相关系数

（PCC）和决定系数（R²），相较于标准差归一化效果更佳。这一结果表明，合理选择归一化方法对于稳定模型训练、提升反演精度具有重要意义。

（2）去噪处理对模型过拟合问题的改善

在10Hz和20Hz频带下，原始地震数据中的噪声干扰导致模型出现过拟合现象。通过应用Savitzky-Golay滤波技术，验证集上的反演精度得到显著提升，显著降低，和值均有所提高。去噪处理有效削弱了高频噪声的负面影响，提升了模型的泛化性能，使反演结果更加平滑、稳定。因此，数据去噪是提升低频带反演精度的重要手段之一。

（3）CNN、FCN和TCN模型在反演特性上的差异

CNN模型在厚层地层结构的边界分辨率方面表现较优，但对较细微层结构的捕捉能力有限，且对高频噪声较为敏感；FCN模型尽管分辨率相对较低，但其在地层特征捕捉的准确性方面表现突出，反演剖面与标签波阻抗剖面更为接近，适合应用于结构复杂的地层环境；TCN模型则在层间过渡的平滑性和抗噪能力上具备显著优势，能够有效抑制噪声干扰，确保层界的连续性和平滑性，适合在噪声较强的环境中使用，。

（4）最佳模型选择与应用建议

综合实验结论，在实际应用时应根据地层结构的复杂性、反演的精度要求及噪声特征选择合适的模型。对于较厚地层的边界分辨任务，CNN模型更为适用；对于复杂地层的特征捕捉和细节还原，FCN模型表现优异；而在噪声环境较强的条件下，TCN模型凭借其出色的平滑性和抗噪性能，是较为理想的选择。

综上所述，本研究展示了深度学习模型在地震波阻抗反演领域的应用的可行性，为不同模型的选择和优化提供了科学依据。未来的研究可以进一步探讨多模型集成策略，融合不同模型的优势，以实现更高精度和鲁棒性的波阻抗反演。此外，结合地质先验信息和深度学习算法，探索地质结构与模型参数的联动关系，或将进一步提升反演的地质解释能力，进一步为实际勘探和开发提供更加可靠的技术支持。

参　考　文　献

［1］李庆忠. 论地震约束反演的策略［J］. 石油地球物理勘探，1998，（04）：423-438+572.

［2］王西文，石兰亭，雍学善，等. 地震波阻抗反演方法研究［J］. 岩性油气藏，2007，（03）：80-88+100.

［3］何火华，李少华，杜家元等. 利用地质统计学反演进行薄砂体储层预测［J］. 物探与化探，2011，35（06）：804-808.

［4］赵庆国，赵华，朱应科. 测井约束地震反演技术在河4井复杂断块区的应用研究［J］. 石油地球物理勘探，2004，（06）：706-710+625-626+751.

［5］撒利明，杨午阳，姚逢昌等. 地震反演技术回顾与展望［J］. 石油地球物理勘探，2015，50（01）：184-202+20.

［6］Gunter R6th, Albert inversion of Tarantola. Neural seismic data［J］. John networks and Wiley&Sons，Ltd，1994，99（B4）：6753.

［7］LeCun, Y., Bengio, Y., & Hinton, G. "Deep learning." Nature, 2015, 521（7553）：436-444.

［8］王树华，于会臻，谭绍泉. 基于深度卷积神经网络的地震相识别技术研究［J］. 物探化探计算技术，2020，42（04）：475-480.

［9］王子健，伍新明，杜玉山等. 基于深度学习的地震断层检测与断面组合［J］. 油气地质与采收率，2022，29（01）：69-79.

［10］王竞仪，王治国，陈宇民等. 深度人工神经网络在地震反演中的应用进展［J］. 地球物理学进展，2023，38（01）：298-320.

［11］王泽峰，许辉群，杨梦琼等. 应用时域卷积神经网络的地震波阻抗反演方法［J］. 石油地球物理勘探，2022，57（02）：279-286+296+242.

［12］WU B Y, MENG D L, ZHAO H X. Semi-supervised learning for seismic impedance inversion u sing generative adversarial networks［J］. Remote Sensing, 2021, 13（5）：909.

［13］余玉威. 基于深度学习和波场重构的高分辨率多尺度全波形反演与偏移成像研究［D］. 中国科学技术大学，2023.

［14］张洋. 基于稀疏表示理论的地震数据去噪方法研究［D］. 合肥工业大学，2016.

［15］Schafer, R. W. "What is a Savitzky-Golay filter?" IEEE Signal Processing Magazine, 2011, 28（4）：111-117.

［16］王炳章. 地震岩石物理学及其应用研究［D］. 四川：成都理工大学，2008.

高温固井水泥力学性能的机器学习预测方法

李 妍 白 珍 马宏鹏 郭 婷 李秋宇

（中国石油大学（北京）石油工程学院）

摘 要 基于数据驱动的机器学习为高效、绿色设计高温下固井水泥浆体系提供了新途径。收集高温、超高温下固井水泥石性能的试验数据，采用标准差法、分位差法、Pearson相关系数分析等数据预处理方法，处理重复值、缺失值和异常值，构建了包括固井水泥配比条件、力学性能、微纳观特性的数据库。通过输入和输出变量之间的相关性分析，明确了 Ca/Si、Al/Si 等对强度等性能的影响，对优化配方有很好的借鉴意义。采用 XGB（极端梯度提升）、HGBR（基于直方图的梯度提升回归算法）、CB（针对类别型特征优化的梯度提升决策树算法）、ANN（人工神经网络）、TPE-XGB（通过树结构parzen估计器调优的极端梯度提升模型）五种机器学习算法，进行各温度下固井水泥抗压强度预测。采用四个性能指标（R^2、MAE、MSE、RMSE）评估五种模型的精度和泛化能力。结果表明 TPE-XGB 精度最好，测试集 R^2 达到 0.84，比其它算法更接近1，MAE 比其它算法分别改进7.35%、15.61%、2.45%、26.66%。因此 TPE-XGB 混合模型可有效预测常温、高温、超高温水泥性能，并给出最优配方方案。对 TPE-XGB 进行 Shapley 加性解释分析表明 Ca/Si、Al/Si 对固井水泥强度具有重要影响可成为主要调控因素。

关键词 机器学习；预测优化；固井水泥；超高温；力学性能

1 引言

万米深井超高温下固井水泥强度严重衰退，其力学特性优化设计成为保障井筒完整性、提高固井质量的关键。传统的水泥浆设计方法主要依赖于实验设计和经验公式，存在耗时、成本高的问题，且难以全面考虑多种影响因素之间的复杂相互作用。随着机器学习技术的迅速发展，数据驱动的建模方法为水泥性能的预测优化提供了新思路。Abdellatief 等使用机器学习模型预测超高性能地质聚合物混凝土的抗压强度，认为 XGB 模型预测效果最佳。Khessaimi 等通过多种机器学习模型预测石灰石煅烧粘土水泥的抗压强度，得出 XGBoost 是最佳预测模型，并揭示 Al/Si 比对抗压强度的显著影响。Zhang 等对磷酸镁水泥抗压强度进行预测，发现基于粒子群优化算法的反向传播人工神经网络模型（ANN）的预测精度最高。Asteris 等对水泥基砂浆的抗压强度进行了预测。通过性能评估指标比较不同模型的预测能力，发现 AdaBoost 和随机森林模型表现最佳。Huang 等预测碳纳米管增强水泥复合材料的抗压强度和抗弯强度，发现支持向量机、ANN 在小数据集上表现更好。Luo 等预测硅酸镁水合物水泥抗压强度，并通过 Shapley 方法进行敏感性分析，发

现梯度提升回归（HGBR）和 XGB 模型更精确，且 XGB 模型在泛化能力上表现出色。Li 等预测了水泥浆体、砂浆和混凝土的抗压强度，结果发现 XGB 表现最优。裴国华等提出了基于 GM-RBF 神经网络组合模型的水泥强度预测方法，预测精度更高。

本研究旨在构建适用于高温、超高温固井水泥抗压强度大的预测模型。首先收集大量固井水泥实验数据，包括 Ca/Si/Al 比、养护时间、温度和抗压强度等关键参数，建立综合数据库并进行数据预处理。采用 XGB、HGBR、梯度提升决策树算法（CB）、ANN、（TPE-XGB）构建固井水泥抗压强度预测模型。使用决定系数（R^2）、绝对均值（MAE）、均方误差（MSE）和均方根（RMSE）评估模型精度，以确定最佳预测模型。最后对最优模型使用 Shapley 加性解释（SHAP）方法分析温度、化学成分与养护时间等特征变量对水泥性能的影响机制。本研究为优化高温、超高温固井水泥配方提供理论依据和数据支持。

2 技术思路和研究方法

2.1 数据库收集

固井水泥力学性能受到多种内部和外部因素影响，内部因素包括水泥等级、化学组成（如 Ca/

Si/Al比值）、水灰比、矿物掺料（如加砂量），外部因素如养护龄期、温度等条件。因此，考虑水泥等级、w/c比、Ca/Si/Al比、加砂量、养护试件与养护温度等影响因素，构建用于机器学习模型的数据集。从现有文献来源收集了共484组数据，训练集占总数据集的80%，测试集占20%。将水泥等级、w/c、Ca/Si、Al/Si、加砂量、常规养护温度、常规

温度下养护时间、高温养护温度、高温养护时间9个参数视为输入特征。抗压强度是要预测的目标输出。数据集中输入和输出统计如表1所示。

2.2　数据统计分析方法

如图1所示为各输入变量与输出抗压强度的边际直方图，显示了各输入数据的分布特点及其与抗压强度的关系。总体上数据分布范围较广，涵

表1　数据集的统计信息

特征	单位	类别	最小值	最大值	平均值	中位数	标准差	缺失
水泥等级	MPa	输入	32.5	52.5	41.12	42.5	6.99	6
w/c	—	输入	0.2	1.0	0.57	0.47	0.23	22
Ca/Si	—	输入	0.145	3.921	2.13	2.284	1.09	—
Al/Si	—	输入	0.016	3.114	0.35	0.33	0.29	—
加砂量	%	输入	2.56	3.0	2.90	3.0	0.19	432
常规温度	℃	输入	20.0	800.0	62.87	23.0	77.62	—
常规温度养护时间	天	输入	1.0	300	40.76	28.0	49.53	—
高温温度	℃	输入	25.0	1050.0	425.75	400.0	258.17	331
高温温度养护时间	h	输入	1	216	11.02	2	41.86	331
抗压强度	MPa	输出	0.14	97.48	36.17	36.74	22.22	—

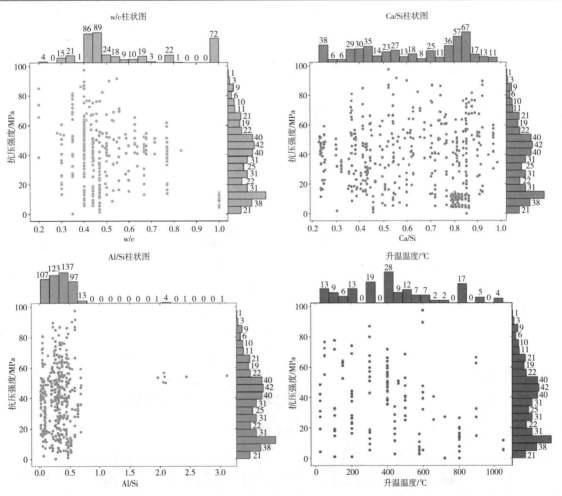

图1　边际直方图

盖了较大范围的配比、养护温度等条件。w/c的范围为0.2~1.0，主要大于0.4。Ca/Si的分布涵盖了0.145~4.0的广泛范围，主要集中在2.5~3.5之间。Al/Si主要集中在0~0.7之间。升温温度（℃）分布涵盖25~1050℃。在这些输入数据下，抗压强度值主要集中在10到55MPa之间。

采用箱线图统计分析数据，如图2所示，可以直观地识别数据的分布情况和潜在的异常值，其中红线对应各特征数据的中位数。图（a）显示52.5、42.5、G等级的水泥抗压强度箱体较大，数据点范围大，其中52.5等级的水泥抗压强度值跨

度范围最大。图（b）中Ca/Si箱体较大，即上、下四分位间距较大，分布范围较大。w/c与Al/Si的分布相对集中，箱体较小，表明这些特征的数据离散程度较低。且Al/Si存在位于箱线图上下须之外的数据点，即异常值。加砂量特征存在大量缺失值，故数据比较单一，主要集中在3%处，致中位数线与箱体的上下边界线重合。图（c）中初始温度、初始时间与升温时间三个特征变量存在明显的离群点。其中初始温度、初始时间两个特征变量呈现出明显的偏态分布。

Pearson相关系数广泛用于评估参数指标之间

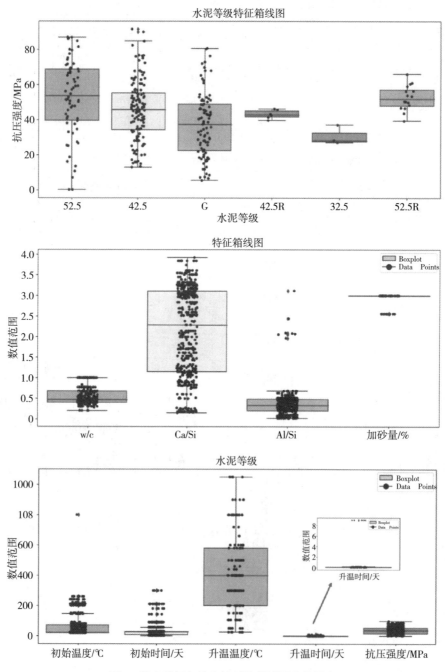

图2 输入特征与输出特征的箱线图和数据点

的线性相关性，如图 3 所示。接近 1 或 −1 的值表示变量之间的相关关系更强，图中各输入变量之间的线性相关系数较小，相关系数均 ≤ 0.4，说明输入特征之间多重共线性并不显著，不会降低预测模型的稳定性。抗压强度与输入特征的线性相关关系从大到小排列为：水泥等级 >w/c> 初始时间 > 加砂量 > 升温温度 = 升温时间 > 初始温度 >Ca/Si>Al/Si。输入变量与输出变量之间的相关值均不为 0，说明所选输入变量均对输出变量有一定的线性影响，相关系数较低均 <0.5，也说明输入变量与输出变量之间还存在非线性关系，即水泥的抗压强度是一个多元非线性函数。

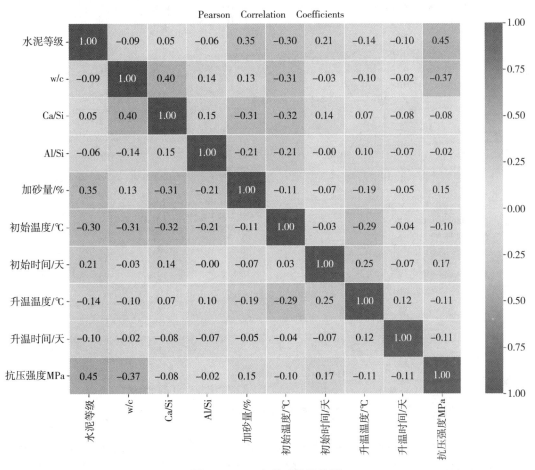

图 3　Pearson 相关系数及热图

2.3　机器学习模型评估方法

K–Fold 交叉验证作为一种统计技术，被用于评估或估计机器学习模型的性能。本文采用 10–fold 交叉验证程序，评估 XGB、HGBR、CB、ANN、TPE–XGB 五种模型的准确性和适用性。模型性能评估指标 R^2、MAE、MSE 和 RMSE 具体为：

$$R^2 = 1 - \frac{\sum_{i=1}^{N} \left(y_i - y_i' \right)^2}{\sum_{i=1}^{N} \left(y_i - \overline{y} \right)^2} \qquad (1)$$

$$MAE = \frac{1}{N} \sum_{i=1}^{N} \left| y_i - y_i' \right| \qquad (2)$$

$$MSE = \frac{1}{N} \sum_{i=1}^{N} \left(y_i - y_i' \right)^2 \qquad (3)$$

$$RMSE = \sqrt{\frac{1}{N} \sum_{i=1}^{N} \left(y_i - y_i' \right)^2} \qquad (4)$$

3　结果和效果

3.1　模型性能评估

分别对训练集和测试集计算 R^2、MSE、MAE、RMSE，分析模型预测性能的准确度和适用性，并用雷达图显示（图 4）。模型的泛化能力越强，R^2 值越接近外边缘 1，MAE、MSE、RMSE 值越接近中心。ANN 模型在训练集和测试集中都无法达到超过 0.9 的 R^2 值，比其他算法精度差。此外，在 MSE、MAE 和 RMSE 方面的表现也相对较差。相比之下，HGBR 模型在训练集中 R^2 提高到 0.91，与 ANN 相比

MSE、MAE、RMSE分别下降了51.32%、38.24%、30.23%，但在测试集上改进的效果并不显著。相较HGBR模型，XGB模型在训练集与测试集上的改进效果更优，R^2值更大，MSE、MAE、RMSE都有所降低。与另四个模型相比，混合XGB模型（TPE-XGB）表现出最优的性能。在训练集中，混合XGB模型的R^2值超过了0.998，MSE、MAE、RMSE评价指标均优于其他算法。虽CB模型的R^2高于TPE-XGB模型，但CB模型在测试集中的表现略逊于TPE-XGB模型。因此TPE-XGB模型是最优的。

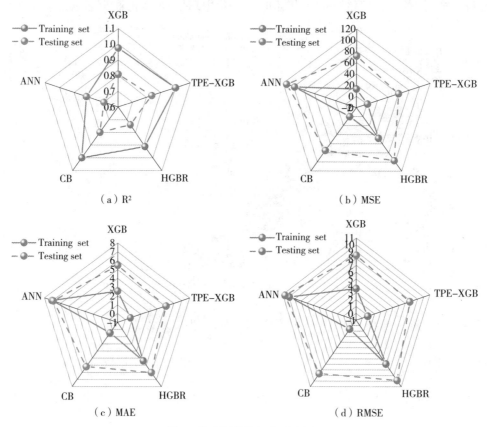

图4　模型评估指标的雷达图

如图5所示散点图展示了各种机器学习模型的实际值与预测值之间的相关性。图5显示，HGBR与ANN模型在预测时表现出显著的离散性，训练集预测误差超过20%。XGB训练集预测误差在20%内，但测试集误差大。CB模型在训练集上效果更好，但对测试集预测偏差较大。相比之下，混合机器学习模型TPE-XGB表现出更高的预测准确性并产生更小的误差，训练集预测误差在10%以内，表明TPE-XGB在泛化性能上优于其他机器学习模型。

3.2　SHAP分析

SHAP分析是一种解释机器学习模型输出的方法，它为复杂的机器学习模型提供了一种全局和局部解释，适用于理解和解释模型预测结果的重要性和影响力。如图6所示了特征变量的平均SHAP值，反映了它们对预测结果的贡献。在TPE-XGB模型中，识别到水泥等级、w/c与常规温度下的养护时间为最关键的影响水泥力学性能的变量，它们的平均SHAP值分别为11.6、5.6和4.78。在固井水泥的化学成分中Al/Si和Ca/Si也显著影响固井水泥的力学性能，它们的平均SHAP值分别为2.88和2.6。而常规温度与高温下的养护时间等外部因素影响则较小。此外加砂量特征影响最小，可能是由于特征数据不充足，模型并未捕捉到该特征与输出变量的关系。总体上，通过调控水泥等级、w/c、Al/Si和Ca/Si这些重要参数，将有可能明显提升水泥性能。

4　结论

本研究建立了包含484个水泥样本的数据集，数据预处理后剩余317组有效数据。构建5种机器学习模型预测固井水泥强度，并评估模型的精度和泛化能力。使用SHAP方法分析每个输入变量的影响。主要结论如下：

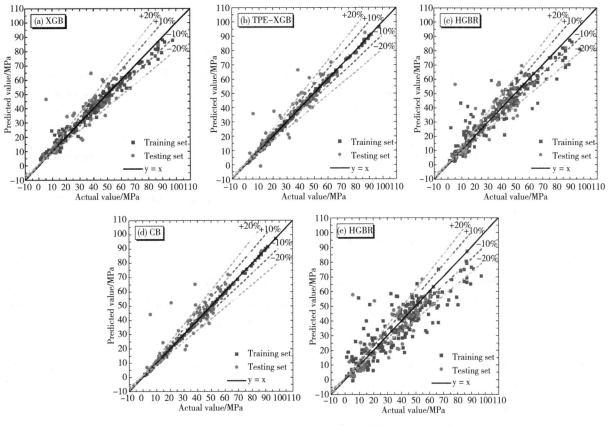

图5　实际值与预测值之间的相关性

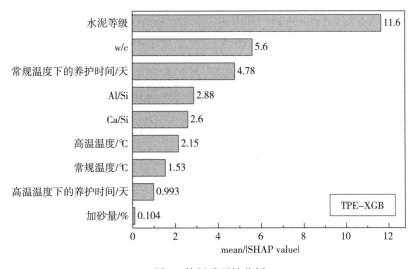

图6　特征重要性分析

（1）通过数据统计分析，采用边际直方图明晰每个变量的分布形态，采用箱线图方法剔除异常数据，提取有效数据，提高预测准确性。通过输入和输出变量之间的相关性分析，明确了Ca/Si、Al/Si等对强度等性能的影响，对优化配方有很好的借鉴意义。

（2）采用了XGB、TPE-XGB、HGBR、CB、ANN机器学习算法预测各种温度下固井水泥性能，

通过R^2、MSE、MAE、RMSE指标分析认为TPE-XGB模型精度最高，测试集R^2比其它算法更接近1，MAE比其它算法分别改进7.35%、15.61%、2.45%、26.66%，RMSE分别改进8.42%、21.42%、10.51%、27.20%。因此TPE-XGB混合模型可有效预测常温、高温、超高温固井水泥强度，并能够提供最优配方方案。

参 考 文 献

［1］Abdellatief M，Hassan Y M，Elnabwy M T，et al. Investigation of machine learning models in predicting compressive strength for ultra-high-performance geopolymer concrete：A comparative study［J］. Construction and Building Materials，2024，436：136884.

［2］El Khessaimi Y，El Hafiane Y，Smith A，et al. Machine learning-based prediction of compressive strength for limestone calcined clay cements［J］. Journal of Building Engineering，2023，76：107062.

［3］Zhang J，Li T，Yao Y，et al. Optimization of mix proportion and strength prediction of magnesium phosphate cement-based composites based on machine learning［J］. Construction and Building Materials，2024，411：134738.

［4］Asteris，Panagiotis G.，Mohammadreza Koopialipoor，Danial Jahed Armaghani，Evgenios A. Kotsonis and Paulo B. Lourenço. Prediction of cement-based mortars compressive strength using machine learning techniques. Neural Computing and Applications 33（2021）：13089-13121.

［5］Huang J S，Liew J X，Liew K M. Data-driven machine learning approach for exploring and assessing mechanical properties of carbon nanotube-reinforced cement composites［J］. Composite Structures，2021，267：113917.

［6］Luo X，Li Y，Lin H，et al. Research on predicting compressive strength of magnesium silicate hydrate cement based on machine learning［J］. Construction and Building Materials，2023，406：133412.

［7］Yue Li，Hongwen Li，Caiyun jin et al. The study of effect of carbon nanotubes on the compressive strength of cement-based materials based on machine learning，Construction and Building Materials，2022，358：129435.

［8］裴国华，申屠南瑛，施正伦. 基于GM-RBF神经网络组合模型的水泥强度预测方法［J］. 科技导报，2014，32（03）：56-61.

［9］Qianglong Yao，Yiliang Tu，Jiahui Yang et al. Hybrid XGB model for predicting unconfined compressive strength of solid waste-cement-stabilized cohesive soil，Construction and Building Materials，2024，449：138242.

［10］Jeonghyun Kim，Donwoo Lee，Andrzej Ubysz. Comparative analysis of cement grade and cement strength as input features for machine learning-based concrete strength prediction，Case Studies in Construction Materials，2024，21：e03557.

基于深度学习的页岩地层多矿物含量预测

李 昂 李 杰 张丽艳 张宝玉 查宏坤

［中国石油大学（北京）克拉玛依校区］

摘 要 在测井资料解释和录井工作中，矿物含量测井评价能为油气储层的岩相划分、开采施工方案制定提供重要的参考资料。在页岩油的勘探开发工作不断推进的过程中，提高矿物组分含量参数的预测精度显得尤为重要。针对复杂岩性体的矿物含量问题，录井中目前采用荧光光谱仪录井法、测井中目前以元素俘获谱测井法为主。这两种方法的共性均以地层主要造岩元素为直接检验结果，有着成本高昂等缺点。在人工智能技术日益进步的时代背景下，本研究运用深度学习技术，通过分析传统的测井曲线数据，对地层中矿物成分的含量进行准确的预测。首先，基于矿物含量与深度、井径、自然伽马、自然电位、补偿中子、岩性密度、横波时差、声波时差、深侧向电阻率、浅向电阻率这十个特征值的交汇图、pearson 热力图、以及 P 值进行分析，选取深度、自然伽马、自然电位、补偿中子、岩性密度、横波时差以及声波时差测井参数作为输入 V，地层测井获得的矿物组分含量作为输出。随后，搭建 CNN–LSTM 模型和 CNN–LSTM–Bagging 进行训练。通过预测曲线以及拟合优度（R^2）和均方根误差（R_{MSE}）的评估，结合卷积神经网络（CNN）和长短期记忆网络（LSTM）的深度学习模型——CNN–LSTM 模型的表现最优，为了进一步提高预测精度，对 CNN–LSTM 进行网格搜索，进行超参数调优；最后，对 CNN–LSTM 进一步改进——加入 Bagging 集成算法。结果显示，黏土含量在 CNN–LSTM–Bagging 的模型上拟合优度（R^2）达 0.8174；石英含量在 CNN–LSTM–Bagging 模型上拟合优度（R^2）0.7697，斜长石含量在 CNN–LSTM–Bagging 模型上拟合优度（R^2）0.7520。通过处理实际测井资料，证实了深度学习技术在多矿物模型预测中的可行性。这种技术的应用解决了传统矿物含量测量方法成本高昂等问题，展现了深度学习在矿物预测领域的巨大潜力。

关键词 深度学习；多矿物模型；集成算法；网格搜索

1 引言

岩石矿物组分的含量是油气勘探与开发领域中的关键性指标和评价参数。该参数在地质学研究中扮演着至关重要的角色，它不仅对地层岩性的准确划分具有指导意义，而且在预测油田分布和进行沉积环境研究方面发挥着不可或缺的作用。目前，国内外页岩矿物成分含量计算一般采用"三孔隙度"测井、自然伽马能谱测井等资料来计算页岩的矿物组分，但这两种方法存在着预测精度偏低且预测矿物组分种类有限的问题。除此之外，岩石矿物组分含量同样能够在实验室，借助 X 射线衍射（XRD）矿物分析技术进行检测，并可以通过 X 射线荧光（XRF）元素分析所测量的元素含量进行转换而获取。此外，诸如岩石热解分析、扫描电镜/能量散射光谱、铸体薄片等方式也可以进行组分含量的辅助评价。虽然上述实验虽然较

常规方法精度有所提升，但使这些实验往往成本高昂且耗时较长，加之取心样本的数量受到严格限制，因此，这些方法通常仅能对地层中的少数几个离散深度点进行评估。

地球物理测井作为油气勘探开发领域的一项关键探测技术，能够实现对井下地层岩石物理性质的连续记录，特别是通过元素测井方法可以精准且直接地评估地层矿物组分含量。其能够精确地测定地层中主要元素的含量，并据此通过转换计算出矿物组分的含量。然而，地层元素测井技术的成本相对较高，这一因素限制了其应用范围，通常仅在处理一些具有特殊困难或具有重要性的井中才会采用该测井方法。尽管常规测井曲线无法直接得到矿物组分含量，但是仍包含了大量与矿物组分呈弱相关的声学、电学等岩石物理信息。这些信息与矿物之间的关联性通常可以通过多矿物响应方程来进行数学表征。再通过联合多种测

井方法所构建的响应方程组进行求解，可以精确地得出不同矿物组分的具体含量。在实际应用过程中，构建的方程往往是超定或欠定的，并且其中包含了一些非线性方程。这对优化求解流程中的数值稳定性与精确性构成了严峻挑战。此外，该方程组通常含有众多需人为设定的参数，这对处理人员提出了极高的经验要求。因此，借助大数据与深度学习技术，开发一种能够利用常规测井曲线预测矿物含量的模型，旨在兼顾评价准确性及应用广泛性，从而显著减少处理人员在地层矿物组分含量评价中的参数设置工作，这对于实际生产应用具有积极的推动作用。

2 技术思路与研究方法

2.1 区域地质概况

选取松辽盆地某页岩油井上白垩纪青山口组二三段下部地层作为研究案例。根据研究区矿物组分含量统计（如图 1 所示），研究区的矿物含量以黏土矿物、斜长石和石英为主，还伴随着少量的方解石、铁白云石和黄铁矿存在，研究地层矿物组分总体较为复杂。

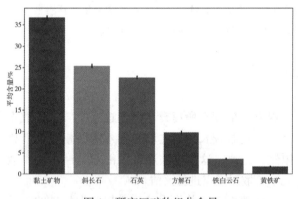

图 1 研究区矿物组分含量

2.2 模型训练

2.2.1 选取特征值

本研究选取了青山口组二三段的地层常规测井数据以及基于地层元素测井资料解析得到的多矿物组分含量数据，作为实验分析的基础数据。研究常规测井曲线与黏土矿物、斜长石和石英含量的 Pearson 相关性（如图 2 所示），选取常规测井曲线中深度、自然伽马、自然电位、补偿中子、岩性密度、横波时差与声波时差参数作为特征值，用于深度学习模型训练。

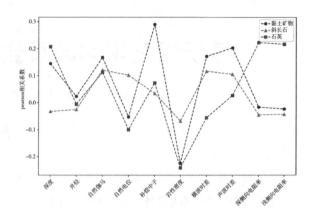

图 2 矿物组分与常规曲线的相关系数

2.2.2 数据标准化

通过岩屑剖面、岩心剖面分析，选取 1202 个样本，对数据的特征值进行标准化。数据标准化是多特征值输出处理领域广泛采用的一种技术手段，旨在消除不同特征的单位和数量级上的差异，从而便于对具有不同单位或量级的指标进行有效的比较与加权处理。鉴于卷积神经网络的输入数据融合多种测井方法所得测量结果，而这些测量结果的单位和数量级差异显著，故需实施数据标准化处理。本研究选用 Z-score 标准化方法，该方法能将数据集从其原始分布转换为以 0 为均值、1 为标准差的标准正态分布。Z-score 标准化的具体公式表述如下：

$$X_{i,j}^{Nor} = \frac{X_{i,j}^{Ori} - \mu_i}{\sigma_i} \tag{1}$$

式中，$x_{i,j}^{Nor}$ 为第 j 个样本用于卷积神经网络输入中的第 i 个元素的标准化结果，x_i^{Ori} 为第 j 个样本中第 i 个元素原始数据，μ_i 和 σ_i 分别为第 i 个元素对应的均值和标准差，其计算公式分别如下：

$$\mu_i = \frac{1}{n}\sum_{j=1}^{n} X_{i,j}^{Ori} \tag{2}$$

$$\mu_i = \frac{1}{n}\sum_{j=1}^{n} X_{i,j}^{Ori} \tag{3}$$

式中，n 为数据集中的样本总体数量。随后，将七个特征值统一进行 Z-score 标准化。

为了综合评价模型对测井数据集的预测性能，本文选用拟合优度（R^2）和均方根误差（R_{MSE}）作为预测效果评价的标准，其计算公式分别如下：

$$R^2 = \frac{\sum_{i=1}^{N}(x_i - \bar{x})(y_i - y)}{\sqrt{\sum_{i=1}^{N}(x_i - \bar{x})^2}\sqrt{\sum_{i=1}^{N}(y_i - y)^2}} \tag{4}$$

$$R^2 = \frac{\sum_{i=1}^{N}(x_i - \bar{x})(y_i - \bar{y})}{\sqrt{\sum_{i=1}^{N}(x_i - \bar{x})^2}\sqrt{\sum_{i=1}^{N}(y_i - \bar{y})^2}} \tag{5}$$

式中：N 为序列长度；x_i 为预测值；$\bar{x}$ 为 x_i 的平均值；y_i 为真实值；$\bar{y}$ 为 y_i 的平均值；Y_i 为预测值，

$\hat{Y}_i$ 为实际值。R^2 值越大，表示模型对测井曲线的预测精度越高；R_{MSE} 的值越小，表示模型对测井曲线的预测越精度越高。

2.2.3　模型训练

经过 CNN-LSTM 模型以及 CNN-LSTM-Bagging 模型的横向比较，发现黏土矿物、石英与斜长石含量均在 CNN-LSTM-Bagging 模型下表现最优。

2.2.3.1　CNN 算法分析：

卷积神经网络（CNN）主要由卷积层、池化层和全连接层组成，可以提取多维时间序列数据的空间结构关系。利用一维卷积神经网络对数据进行卷积，可以获得数据的特征，加快训练速度，提高泛化性能。卷积运算结果见等式（6）：

$$M_j = f\left(\sum M_{j-1} \otimes W_j + b_j\right) \qquad (6)$$

式中，M_j 为 j 层的输入特征量；$f(x)$ 为激活函数；$\otimes$ 表示卷积运算；W_j 为 j 层卷积核的权值；b_j 为偏置项。

2.2.3.2　LSTM 算法分析

相较于循环神经网络（RNN），长短期记忆网络（LSTM）通过增加细胞状态并引入"门"的内部调控机制，实现对信息流的精细调整，从而有效缓解 RNN 网络中常见的梯度爆炸与梯度消失问题。如图 3 所示长短期记忆网络的具体结构。

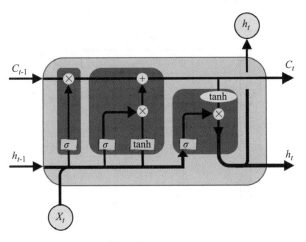

图 3　LSTM 结构图

LSTM 网络由三个门控组成：遗忘门（Forget Gate）、输入门（Input Gate）和输出门（Output Gate）。每个时间步 t 的 LSTM 单元包含以下计算步骤：

$$f_t = \sigma\left(W_f \cdot [h_{t-1}, x_t] + b_f\right) \qquad (7)$$

$$i_t = \sigma\left(W_i \cdot [h_{t-1}, x_t] + b_i\right) \qquad (8)$$

$$\overline{c}_t = \tanh\left(W_c \cdot [h_{t-1}, x_t] + b_c\right) \qquad (9)$$

$$c_t = f_t \cdot c_{t-1} + i_t \cdot \overline{c}_t \qquad (10)$$

$$o_t = \sigma\left(W_o \cdot [h_{t-1}, x_t] + b_o\right) \qquad (11)$$

$$h_t = o_t \cdot \tanh(c_t) \qquad (12)$$

式中，f_t 为遗忘门输出，输入门输出；$\overline{c}_t$ 为临时状态量；c_t 为更新状态量；o_t 为输出门的输出；h_t 为隐藏层输出；σ 为 sigmoid 激活函数，值范围为（0，1），当值更接近 1 时，可保留的信息越多；W 是每个"门"的网络训练权值；b 是每个"门"的网络训练偏差项；h_{t-1} 是最后一个时刻的输出；h_{t-1} 是最后一个时刻的输出；x_t 表示当前时间的序列输入。

图 3 展示了长短期记忆网络结构。C_{t-1} 为最后一次状态量；C_t 为更新状态量；$\otimes$ 为向量乘法；$\oplus$ 为向量的和；i 为输入门；f 为遗忘门；o 为输出门；$tanh$ 为双曲线函数，值范围为（0，1）；h_t 为隐层输出；W 为每个门的网络训练权重；h_{t-1} 为最后时刻的输出；x_t 表示当前时间的序列输入。

2.2.3.3　CNN-LSTM 网络模型的纵向比较

CNN-LSTM 网络模型架构主要由输入层、CNN 网络层、LSTM 网络层及输出层构成。其中，输入层负责接纳长度相同的原始特征向量集，而输出层则负责输出最终的预测结果。CNN 网络层负责对输入数据进行特征筛选，从而生成一个与时间序列相关的特征集。随后，LSTM 网络层对这些来自 CNN 网络层的特征序列进行学习并作出预测。具体而言，CNN 网络层包含两个卷积层及一个池化层：首个卷积层配置尺寸为 4×4 的卷积核，输入通道数为 1，输出通道数为 128，移动步长为 2；第二个卷积层则配置尺寸为 4×4 的卷积核，输入通道数为 128，输出通道数为 256，移动步长为 1，两层均使用 ReLU 函数作为激活函数，旨在通过卷积操作减少模型参数数量，促进信息在不同通道间的交互与整合，同时利用 ReLU 函数的非线性特性增强模型的稀疏性，避免梯度消失问题。池化层的大小设置为 2，步长亦为 2，其主要功能是防止模型在训练过程中出现过拟合现象。至于 LSTM 网络层，则涵盖 LSTM 单元、全连接层及隐藏层，其中 LSTM 单元的输入维度设定为 256。

为了获得训练良好的 CNN-LSTM 模型，需要找到超参数的最优值，即隐藏层（hidden_size）、神经网络层数（num_layers）、学习率（learning_rate）以及训练轮数（num_epochs）的最佳组合。本研究采用网格搜索的方法，在减少几个参数之间相互作用的基础上，为各超参数设定一系列的值，并观察隐藏层（128，200，256）、神经网络层数（2，3，4，5，6）、学习率（0.0005，0.0001，

0.00005，0.00001）、训练轮数（150，300，500）在 CNN-LSTM 网络下的表现，最终，在 R_{MSE} 和 R^2 的标准评估下，从均值和极值分别确定表现最佳的

组合。

通过对不同超参数的网格进行实验，根据实验结果绘制相对应的箱型图如图4和图5所示。

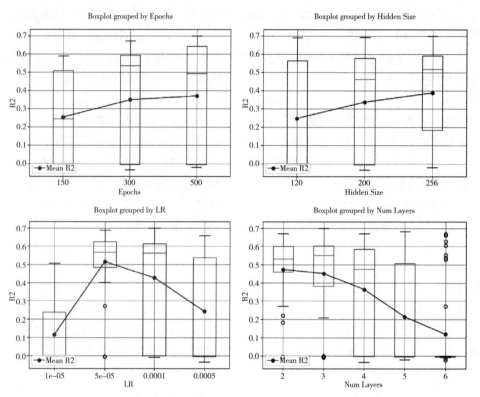

图4　根据测试评估中的拟合优度调整超参数

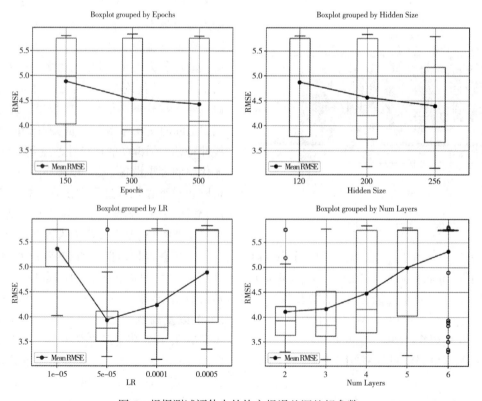

图5　根据测试评估中的均方根误差调整超参数

箱型图显示该回归任务的参数选择在均方根误差（R_{MSE}）和拟合优度上（R^2）的表现。在图5、图6中，可以得到在各个参数在R_{MSE}和R^2上的最优表现，即为R_{MSE}最小和R^2最大时，得到的组合列于表1中。

表1 黏土含量预测在极值情况下的超参数组合

参数	描述	值
num_layers	神经网络层数	3
hidden_dim	隐藏层	256
num_epochs	训练轮次	500
learning_rate	学习率	0.0001

在考虑极值的情况下，模型有可能发挥的并不稳定，依据均值的R_{MSE}和R^2的最优表现，确定第二种组合，如表2所示。

表2 黏土含量预测在均值情况下的超参数组合

参数	描述	值
num_layers	神经网络层数	2
hidden_dim	隐藏层	256
num_epochs	训练轮次	500
learning_rate	学习率	0.00005

在这两种超参数的组合下，本文分别进行模型的训练，来对黏土含量进行预测，并且加入改进后的Bagging集成算法。Bagging算法是应用最为广泛的集成学习算法之一，其基本思想是将多个不同的弱学习器按照一定的规则组成强学习器，以提高模型的准确性。其特点是可并行计算，降低弱学习算法的不稳定性，从而改善整个模型的泛化能力。

如图6所示为改进过后的Bagging方法的框架示意图，图中给出Bagging方法的形象表达：首先对训练集随机抽样，形成多个存在数据特征差异的训练子集；然后基于五个CNN_LSTM模型进行训练；最后对各个模型的预测结果进行综合，得到最终的综合预测结果。

改进过后的Bagging方法具有以下优势：

（1）该方法有助于降低模型的方差。通过利用不同的子样本分别训练同一强模型，并将这些模型进行整合，可以有效地减少模型方差，进而缓解过拟合现象。

（2）并行计算的引入显著提升了效率。在Bagging算法中，每个基础模型均可实现并行训练与预测，从而赋予该算法较高的计算效能。

（3）该方法对异常值展现出良好的鲁棒性。通过采用随机抽样的方式生成多组数据集，该方法能够有效地应对并处理极端值问题。

对于斜长石和石英，同样地，进行基于均值和极值的均方根误差（R_{MSE}）和拟合优度（R^2）的表现分析，得到两组超参数组合。见表3、表4和表5、表6。在这两组参数下，分别对CNN–LSTM与CNN–LSTM–Bagging进行训练。

表3 石英组分预测在R_{MSE}与R^2极值表现上的超参数组合

参数	描述	值
num_layers	神经网络层数	4
hidden_dim	隐藏层	200
num_epochs	训练轮次	300
learning_rate	学习率	0.0001

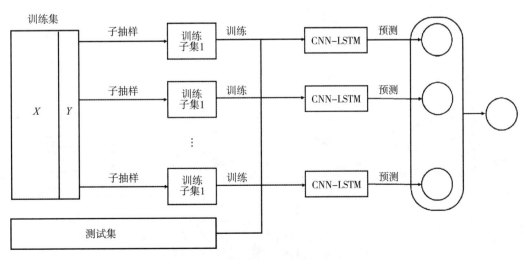

图6 CNN–LATM–Bagging模型结构图

表4 石英组分预测在 R_{MSE} 与 R^2 均值表现上的超参数组合

参数	描述	值
num_layers	神经网络层数	3
hidden_dim	隐藏层	200
num_epochs	训练轮次	300
learning_rate	学习率	0.0001

表6 斜长石组分在 R_{MSE} 与 R^2 均值表现上的超参数组合

参数	描述	值
num_layers	神经网络层数	2
hidden_dim	隐藏层	200
num_epochs	训练轮次	300
learning_rate	学习率	0.0001

表5 斜长石组分在 R_{MSE} 与 R^2 极值表现上的超参数组合

参数	描述	值
num_layers	神经网络层数	5
hidden_dim	隐藏层	200
num_epochs	训练轮次	300
learning_rate	学习率	0.0001

3 结果和效果

为了评估卷积神经网络模型的性能，将已完成训练的模型应用于测试数据集以进行预测分析。如图7、图8及图9所示分别展示三种矿物组分在两种超参数配置下，CNN-LSTM 与 CNN-LSTM-Bagging 模型预测的矿物组分含量与样本实际矿物组分含量之间的性能对比图示。

图7为黏土矿物的性能对比图，黑色曲线为黏土含量的实际值，红、绿、黄和紫分别为 CNN-LSTM 的第一种组合、CNN-LSTM 的第二种组合、CNN-LSTM-Bagging 的第一种组合、CNN-LSTM-Bagging 的第二种组合。根据红框所示的数据，可

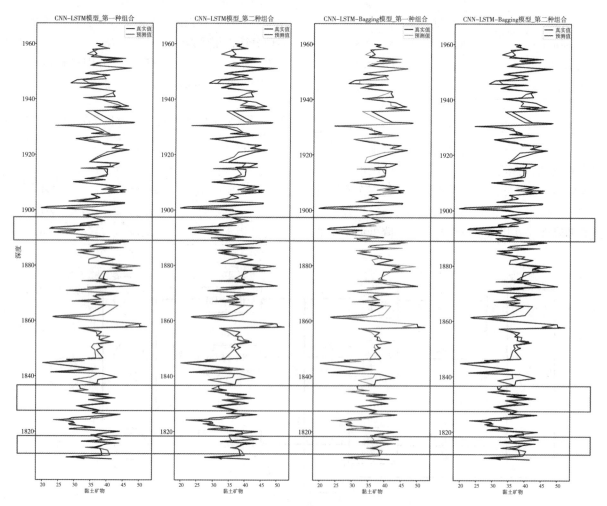

图7 黏土矿物预测在不同模型下的效果对比图

以观察到 CNN-LSTM-Bagging 的第一种组合在预测黏土矿物含量时，其预测值与实际值之间的偏差较小，显示出较高的预测精度。通过拟合优度（R^2）和均方根误差（R_{MSE}）的计算（表7），进一步证实 CNN-LSTM-Bagging 的第一种组合在黏土矿物含量预测方面的优势。这些指标表明，该组合在预测准确性和拟合优度上均表现突出，从而验证其在相关预测任务中的优越性。

表 7　黏土矿物模型的预测精度评价参数

模型	拟合优度（R^2）	均方根误差（R_{MSE}）
CNN-LSTM 第一种组合	0.7773	2.9334
CNN-LSTM 第二种组合	0.7365	3.1909
CNN-LSTM-Bagging 第一种组合	0.8174	2.6563
CNN-LSTM-Bagging 第二种组合	0.7811	2.9083

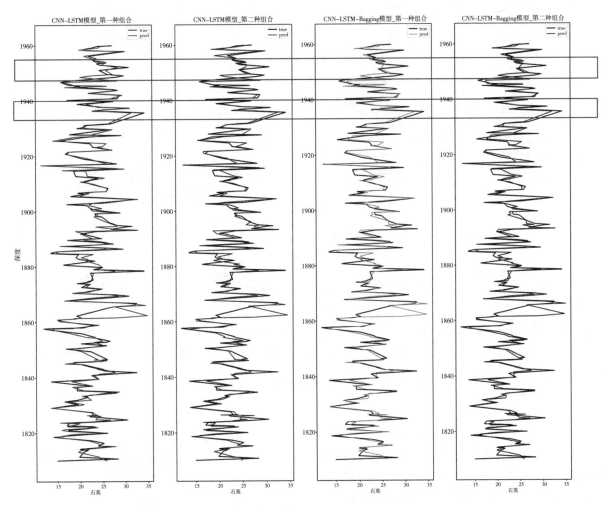

图 8　石英预测在不同模型下的效果对比图

见上方图 8 为石英含量的性能对比图，黑色曲线为石英的实际值，红、绿、黄和紫分别为 CNN-LSTM 的第一种组合、CNN-LSTM 的第二种组合、CNN-LSTM-Bagging 的第一种组合、CNN-LSTM-Bagging 的第二种组合。根据红框所示的数据，可以观察到 CNN-LSTM-Bagging 的第一种组合在预测石英含量时，其预测值与实际值之间的偏差较小，显示出较高的预测精度。通过拟合优度（R^2）和均方根误差（R_{MSE}）的计算（表8），进一步证实

表 8　石英模型的预测精度评价参数

模型	拟合优度（R^2）	均方根误差（R_{MSE}）
CNN-LSTM 第一种组合	0.7383	2.7641
CNN-LSTM 第二种组合	0.7504	2.7173
CNN-LSTM-Bagging 第一种组合	0.7697	2.6413
CNN-LSTM-Bagging 第二种组合	0.7699	2.6414

CNN–LSTM–Bagging 的第一种组合在石英含量预测方面的优势。这些指标表明，该组合在预测准确性和拟合优度上均表现突出，从而验证其在相关预测任务中的优越性。

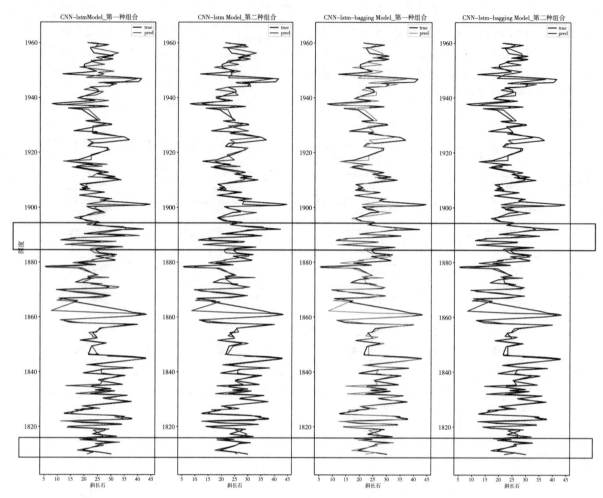

图 9　斜长石预测在不同模型下的效果对比图

见上方图 9 为斜长石含量的性能对比图，黑色曲线为斜长石的实际值，红、绿、黄和紫分别为 CNN–LSTM 的第一种组合、CNN–LSTM 的第二种组合、CNN–LSTM–Bagging 的第一种组合、CNN–LSTM–Bagging 的第二种组合。根据红框所示的数据，可以观察到 CNN–LSTM–Bagging 的第一种组合在预测斜长石含量时，其预测值与实际值之间的偏差较小，显示出较高的预测精度。通过拟合优度（R^2）和均方根误差（R_{MSE}）的计算（表 9），进一步证实 CNN–LSTM–Bagging 的第一种组合在斜长石含量预测方面的优势。这些指标表明，该组合在预测准确性和拟合优度上均表现突出，从而验证其在相关任务中的优越性。

表 9　斜长石模型的预测精度评价参数

模型	拟合优度（R^2）	均方根误差（R_{MSE}）
CNN–LSTM 第一种组合	0.7174	4.3241
CNN–LSTM 第二种组合	0.7388	3.2570
CNN–LSTM–Bagging 第一种组合	0.7442	2.3421
CNN–LSTM–Bagging 第二种组合	0.7520	2.4339

4　结论

（1）本研究构建一个融合两层一维卷积核及池化层的卷积神经网络与 LSTM 网络层的组合模型。该模型能够直接接收由深度、自然伽马、自然电位、补偿中子、岩性密度、横波时差以及声波时差测井曲线构成的一维张量作为输入，进而对矿物模型进行预测。

（2）所构建的 CNN-LSTM 网络模型中，CNN 网络层能够高效地提取数据的关键特征，有效削弱由冗余参数引入的干扰。而 LSTM 网络层则擅长记忆并预测监测点的历史信息。这一组合模型通过整合两者的优势，弥补单一 LSTM 预测模型往往仅涵盖数据部分信息的局限，进而实现预测精度的显著提升。

（3）本研究采用 Bagging 集成算法对 CNN-LSTM 模型进行性能增强，具体通过并行训练五个 CNN-LSTM 模型来进行预测。在这一模型框架下，相较于单一的 CNN-LSTM 模型，矿物含量的预测精度得到显著提升。

参 考 文 献

[1] 黄秋静，孙建孟，王海青. 元素录井确定矿物含量多种方法对比研究［J］. 测井技术，2019，43（05）：445-451.

[2] 史鹏宇，王春燕，闫伟林，等. 用元素测井资料计算变质岩矿物含量方法［J］. 测井技术，2019，43（06）：597-600.

[3] 吴晓光，缪祥禧，王志文等. 自然伽马能谱测井在四川盆地矿产资源勘探中的应用［J］. 特种油气藏，2021，28（05）：45-52.

[4] 马树明，李秀彬，李怀军等. X射线衍射矿物分析技术在准噶尔盆地火成岩识别中的应用［J］. 录井工程，2020，31（04）：16-21.

[5] 袁静，李迎春，谭桂丽等. X射线荧光光谱在地质分析中的若干难点及应用现状［J/OL］. 岩矿测试，2024，10（25）：1-13.

[6] ZhaoP，CaiJ，HuangZ，etal. Estimating permeability of shale-gas reservoirs from porosity and rock compositions ［J］. Geophysics，2018，83（5）：MR283-MR294.

[7] 孙建孟，姜东，尹璐. 地层元素测井确定矿物含量的新方法［J］. 天然气工业，2014，34（02）：42-47.

[8] 朱振宇，刘洪，李幼铭. ΔlogR 技术在烃源岩识别中的应用与分析［J］. 地球物理学进展，2003，（04）：647-649.

[9] 肖亮，毛志强，孙中春等. 最优化方法在复杂岩性储集层测井评价中的应用［J］. 断块油气田，2011，18（03）：342-345.

[10] Yan D，Dan L，Qingrong H，et al. Radar Target Detection Algorithm Using Convolutional Neural Network to Process Graphically Expressed Range Time Series Signals［J］. Sensors，2022，22（18）：6868-6868.

[11] Bergstra J，Bengio Y. Random Search for Hyper-Parameter Optimization.［J］. Journal of Machine Learning Research，2012，13281-305.

[12] 祁炜雯，张俊，吴洋等. 基于改进 BP-Bagging 算法的光伏电站故障诊断方法［J］. 浙江电力，2024，43（03）：65-74.

基于 Net 技术的工艺技术管理系统设计与实现

吴俊江

（中国石油乌鲁木齐石化公司）

摘　要　工艺技术管理系统包括文档和操作变动俩大模块，针对具体业务场景进行了优化，以提高公司工艺技术管理和协作效率。为公司管理提供方便的数据分析、方便公司实行财务影响分析和风险防范。该系统采用了 Microsoft. Net 平台、SQLserver 数据库以及 C# 语言，使用前后端分离的架构，并结合工作流引擎和灵活化配置等技术，实现了该系统表单审批流程，有效避免了信息孤岛和文档管理繁琐等传统处理方式的弊端，有力推动了公司的数字化转型进程。

关键词　工艺技术；Microsoft. Net；SQLserver；前后端分离；数字化转型；C#

1　项目背景

随着信息化技术的快速发展，很多企业在其生产流程中对工艺技术及参数的管理日益依赖信息化管理系统。尤其在很多涉及复杂的生产流程和严格的质量标准的企业，需要高效的工艺技术管理来确保生产过程的稳定性和产品的安全性。通过工艺技术管理系统，企业可以试试监控生产过程中的关键参数，即使发现和解决问题，从而保障生产的顺利进行。然而，在实际运行中，现有的管理模式让技术人员在处理大量数据上花费了太多时间，这不仅导致他们难以深入研究生产工艺技术，也制约了企业生产效率和安全性的提升。同时在系统运行过程中，工艺技术数据资源的集中、共享、利用、统一管理存在着一定的不足，产生了"信息孤岛"现象。因此，需要一种更加高效、灵活、可扩展的技术平台来支持工艺技术管理系统的设计和实现。为了满足现有的管理模式，解决目前存在的问题，利用信息技术开发一套基于 Net 技术的工艺技术管理系统，结合国内外同业先进的工艺技术管理方法和模式，并根据企业的实际情况进行本土化，使技术人员能够从繁琐的数据处理工作中解放出来，有更多的精力去研究生产工艺技术。同时工艺技术管理系统还可以帮助公司实现工艺技术的持续改进和创新。通过工艺数据的分析和挖掘，企业可以深入了解生产过程中的瓶颈和潜在问题，为工艺技术的优化和创新提供有力支持，使企业在工艺技术管理这一方面跨上一个新的台阶。

2　需求分析

工艺技术管理系统是确保系统设计和实现能够满足企业实际需求和期望的关键步骤。以下是对工艺管理系统进行需求分析时需要考虑的几个方面：

2.1　工艺技术管理系统流程审批

工艺技术管理系统流程是该系统的关键环节，涉及到多个部门和人员。支持工艺技术管理在线审批流程，包括一个节点多人审批、多级审批、条件审批等；提供实时审批进度记录，审批人员能够实时了解审批进度和结果，确保工艺技术管理审批的及时性和准确性；实现审批流程的自定义配置，满足不同业务场景的审批需求。

2.2　工艺技术管理系统表单

工艺技术管理系统的表单总共分为俩大模块，分别是文档和操作变动。操作变动里有十个表单和十个流程，分别是操作变动、电气联锁投切申请票、电气联锁参数变更申请票、报警投切申请票、报警逻辑变更申请票、联锁报警工作票、环保装置与设施投停申请票、微小变更申请审批表、技术改造类工艺与设备变更审批表、非技术改造类工艺与设备变更审批表；每个表单绑定相对应的流程。

2.3　提高生产效率

在工艺技术管理系统的申请过程中，每一个环节都经过精心设计和严格把控，旨在实现成本的显著降低，进而对生产过程进行全面优化，大幅提升生产效率。从初期的需求调研、系统规划，到中期的开发实施、功能测试，直至后期的上线运行、持续优化，每一步都融入了成本控制的理念，通过流程简化、资源合理配置以及自动化技术的运用，有效减少了不必要的开支，替代了旧的工艺技术管理系统，提升了整体运营的经济性。

2.4 降低生产成本

通过精心优化生产计划和调度流程，公司能够显著减少资源浪费和库存积压现象，进而大幅度降低生产成本。同时，通过灵活的调度策略，确保生产活动能够按照计划有序进行，避免了因生产过剩或不足而导致的资源浪费和库存积压，这种精细化管理不仅提升了生产资源的利用效率，还减少了因库存管理和处理而产生的额外费用，为公司带来了显著的经济效益。

2.5 规范管理

系统能够全面规范公司的工艺技术管理表单流程，这一功能对于提升管理效率、降低出错率具有至关重要的作用。通过预设标准化的表单模板和流程路径，系统确保了每一项工艺技术活动都能够按照既定的规则和要求进行，有效避免了因人为因素导致的操作失误和流程混乱。这种规范化的管理不仅提升了工作效率，还显著降低了因错误操作而引发的质量问题和成本浪费，帮助企业深入挖掘工艺技术的潜力，持续优化生产流程，实现精细化管理。

2.6 决策支持

工艺技术管理系统可以为企业的决策层提供数据支持，帮助他们做出更明智的决策。对于石油、石化等特定行业的企业来说，工艺技术管理系统还具有以下特殊作用：操作变动、采集、处理、存储装置开停工方案、生产装置达标、生产工艺、临时标准等信息，为企业决策层提供生产工艺数据支持。通过对产品的产量、质量、能耗、物耗、加工损失、环保、设备完好率等指标的对照管理，及时发现技术方案和设备的问题和隐患，进行相应整改或生产方案调整，保证装置在优化状态下运行。

综上所述，工艺技术管理系统是提升企业生产效率、降低生产成本、实现审批流程、规范管理和决策支持的关键工具，对于公司的发展具有重要意义。

3 系统设计与实现

本系统架构巧妙地融合了B/S（Browser/Server，浏览器/服务器）架构与基于.Net技术的MVC

（Model-View-Controller，模型-视图-控制器）设计模式，精心构建了一个清晰、高效的三层架构体系，具体包括表现层（也称为用户界面层）、业务逻辑层以及数据库访问层（或称为数据持久层）。在这一架构中，用户仅需通过HSE基层战队平台即可轻松访问系统，与表现层进行直观、友好的交互，无论是输入数据还是发起请求操作，都能得到即时响应。表现层负责将用户的请求以标准化的格式传递给业务逻辑层，后者则扮演着"大脑"的角色，对请求进行深度处理和逻辑解析。一旦业务逻辑层完成请求的处理，它会将请求转发给数据库访问层，由后者执行与数据库的交互操作，如数据的查询、流程的查询、编辑、删除等，并将执行结果返回给业务逻辑层。最终，业务逻辑层会将处理后的结果再次传递给表现层，由表现层以直观、易于理解的方式呈现给用户，从而形成一个完整、流畅的用户交互体验。这种架构模式不仅提升了系统的可扩展性、可维护性和安全性，还为用户提供了更加高效、便捷的使用体验。

3.1 NetMVC技术架构

由于本系统是基于B/S（Browser/Server，浏览器/服务器）架构模式构建的，因此，采用经典的MVC（Model-View-Controller，模型-视图-控制器）设计模式成为了最佳选择。在MVC模式中，M代表业务模型（Model），它负责处理应用程序中的业务逻辑和数据；V代表用户界面（View），它负责展示数据和接收用户输入；C则是控制器（Controller），它作为M和V之间的桥梁，负责接收用户的输入并调用模型和视图去完成用户的需求。使用MVC模式的主要目的是将业务模型（M）和用户界面（V）的实现代码进行分离，从而使得同一个程序能够灵活地采用不同的表现形式来适应不同的用户需求或场景。

在MVC模式中，View的定义相对清晰，它直接对应于用户界面，负责将模型中的数据以用户易于理解的方式展示出来。而该模式的核心价值在于将业务逻辑（M）与用户界面（V）进行分离，这种分离不仅提升了系统的可维护性，还使得同一个程序能够轻松采用不同的表现形式来适应不同的应用场景，从而极大地增强了系统的灵活性和可扩展性。

具体到本工艺技术管理系统，它采用了.Net MVC技术架构，这是一个由微软官方提供的、以MVC模

式为基础的 .NET Web 应用程序（Web Application）框架。该框架不仅完美契合了 MVC 的设计理念，还提供了丰富的功能和工具，使得开发者能够更加方便地构建出高性能、易维护的 Web 应用程序。通过 .Net MVC 技术架构，本系统实现了前端用户界面与后端数据存储的完全分离，这种分离不仅简化了系统的开发流程，还使得代码维护、模块化开发变得更加便利，从而极大地提升了系统的开发效率和可维护性。

3.2　SQLserver 数据库

在当今信息化快速发展的时代，数据库的种类繁多，各具特色，以满足不同领域和场景下的数据存储与管理需求。针对本系统而言，鉴于其信息数据之间存在着复杂而紧密的关联关系，我们选择采用关系型数据库 SQL Server 作为数据存储与管理的基础平台。

SQL Server 凭借其卓越的安全性、高度的易用性以及出色的可伸缩性，在分布式组织环境中展现出了非凡的适应能力。它不仅能够有效地保护数据的完整性和安全性，防止未经授权的访问和篡改，还提供了丰富的管理工具和功能，使得数据库的日常管理和维护变得异常简便。此外，SQL Server 的可伸缩性设计使得它能够轻松应对不同规模的数据存储需求，无论是小型企业的基础应用，还是大型企业的复杂业务场景，都能得到良好的支持。

作为一个完备的数据库和数据分析包，SQL Server 为快速开发新一代企业级商业应用程序提供了强有力的支持。它不仅能够满足企业对数据存储、查询、处理和分析的基本需求，还通过提供一系列高级功能，如数据挖掘、报表服务、集成服务等，帮助企业深入挖掘数据价值，提升业务决策效率，从而为企业赢得核心竞争优势。

SQL Server 还是一个具备完全 Web 支持的数据库产品。它内置了对可扩展标记语言（XML）的核心支持，使得企业能够轻松地在 Web 应用中集成和处理 XML 数据。此外，SQL Server 还提供了在 Internet 上和防火墙外进行查询的能力，进一步拓宽了数据应用的边界，为企业实现全球化、实时化的数据共享和协作提供了可能。

综上所述，SQL Server 凭借其出色的安全性、易用性、可伸缩性以及全面的 Web 支持能力，成为了本系统数据存储与管理的理想选择。它将为快速开发高性能、高可靠性的企业级商业应用程

序提供坚实的支撑，助力企业在激烈的市场竞争中脱颖而出。

3.3　JavaScript

JavaScript（简称"JS"）以其独特的魅力成为了编程语言中的佼佼者，作为一种具有函数优先特性的轻量级、解释型或即时编译型的编程语言，JavaScript 最初是作为开发 Web 页面的脚本语言而广为人知。然而，随着时间的推移和技术的不断进步，JavaScript 的应用范围已经远远超出了 Web 浏览器的范畴，被广泛应用于各种非浏览器环境中，如服务器端编程、移动应用开发等。

JavaScript 是一种基于原型编程、多范式的动态脚本语言，其强大的灵活性和适应性使得它能够支持多种编程范式，包括面向对象、命令式、声明式以及函数式编程范式。这种多元化的编程范式支持，不仅为开发者提供了丰富的编程选择，还极大地提升了代码的可读性和可维护性。

在本系统的讨论上，我们结合了 B/S（Browser/Server，浏览器 / 服务器）架构与 MVC（Model-View-Controller，模型 – 视图 – 控制器）设计模式，实现了高效、稳定、可扩展且安全的工艺技术管理功能。在这一架构中，用户通过 Web 浏览器即可轻松访问系统，与表现层进行直观、友好的交互。同时，MVC 设计模式的采用，使得系统的业务逻辑与用户界面实现了完美的分离，进一步提升了系统的灵活性和可维护性。

具体来说，本系统通过表现层接收用户的输入和请求，然后将其传递给业务逻辑层进行处理。业务逻辑层根据预设的业务规则和逻辑判断，对请求进行深度解析和处理，并将处理结果传递给数据库访问层。数据库访问层则负责执行与数据库的交互操作，如数据的查询、更新等，并将执行结果返回给业务逻辑层。最终，业务逻辑层将处理后的结果再次传递给表现层，由表现层以直观、易于理解的方式呈现给用户。

在这一过程中，我们充分利用了 JavaScript 的灵活性和动态性，实现了用户界面的动态渲染和交互效果的提升。同时，通过严格的安全措施和权限控制，确保了用户数据的安全存储和传输。

综上所述，本系统通过 B/S 架构与 MVC 设计模式的结合，以及 JavaScript 等先进技术的应用，实现了高效、稳定、可扩展且安全的工艺技术管理功能，为用户提供了更加便捷、智能的使用体验。

4　总结

工艺技术管理系统的设计总结主要涉及对系统设计目标、主要功能、特点、以及预期效益的概述。以下是一个简要的总结：

（1）设计目标

工艺技术管理系统的设计旨在实现以下目标，提升生产效率，通过集成和优化工艺流程，降低生产过程中的浪费，替代旧的工艺技术管理系统，提高生产效率。保障产品质量，实时监控生产过程中的关键参数，确保产品质量符合标准。降低生产成本，优化工艺参数，减少材料浪费，提高管理效率，实现公司操作变动和文档数据的集中管理、查询和分析，提高管理效率。

（2）主要功能

工艺技术管理系统的主要功能包括，工艺数据管理，支持操作变动和文档数据的录入、查询、修改、删除、查看、打印等基本操作，用户从表单中选择的每个节点的审核人，流程每个节点能一一对应到审核人，确保数据的准确性和完整性。工艺技术管理过程中，及时发现异常情况并进行处理。工艺优化，基于历史数据和实时数据，提供工艺优化的建议或方案，以提高生产效率和产品质量。报表和统计，生成各种报表和统计数据，清晰的展示表单及审核信息，为企业决策提供支持。

（3）系统特点

工艺技术管理系统具有以下特点，综合性，集成制造过程中的各个环节，实现全过程的流程和管理。实时性，通过报表、表单等形式展示生产数据和工艺流程，方便用户理解和分析。

（4）预期效益

工艺技术管理系统的应用将为企业带来以下预期效益，提高生产效率，通过优化工艺流程和实时监控生产数据，降低生产过程中的浪费，提高生产效率。保障产品质量，实时监控生产过程中的关键参数，确保产品质量符合标准，减少次品和废品。降低生产成本，优化工艺参数和减少材料浪费，降低生产成本。提高管理效率，实现工艺数据的集中管理和快速查询，提高管理效率，降低管理成本。

总之，工艺技术管理系统的设计旨在提升企业的生产效率、保障产品质量、降低生产成本和提高管理效率。通过集成和优化工艺流程、实时监控生产数据和提供工艺优化的建议或方案，该系统将为公司带来显著的效益。

参 考 文 献

［1］尚振威.邯宝炼钢厂工艺技术文件管理系统的开发［J］.现代信息科技，2021，5（09）：138-140+144.

［2］王晨曦.面向石化企业的工艺技术管理系统的设计与实现［D］.哈尔滨工业大学，2019.

［3］郭海军.炼化企业工艺技术管理系统设计［J］.中国管理信息化，2018，21（19）：49-50.

［4］高红云，邵明，屈盛官等.使用MSSQLSERVER、PB开发信息系统的实例分析——大型机加企业工艺技术网络信息管理系统的设计与实现［J］.内蒙古大学学报（自然科学版），2006，（03）：322-325.

［5］范洪芹，李巍.工艺技术管理系统的建设［J］.炼油与化工，2004，（04）：45-47.

人工智能在炼油化工领域的应用与探索

加依达尔·努尔旦阿里

（中国石油乌鲁木齐石化公司）

摘　要　随着人工智能技术的飞速发展，大模型（Large Language Models，LLMs）已成为推动通用人工智能发展的核心引擎。这些模型以其巨大的参数量和深度网络结构，在自然语言处理、机器翻译、问答等多个领域展现出卓越的性能。本文综述了以 ChatGPT 为代表的生成式大模型技术的研究现状和发展趋势，从大模型基座、大模型人类偏好对齐、大模型推理与评价、多模态大模型、大模型安全可控五个方面探讨了当前大模型研究的现状和挑战，并结合我国人工智能研究特点，简要分析了大模型未来的重点发展方向。本文旨在为我国石油石化领域人工智能大模型技术的发展提供参考和启示。

关键词　人工智能；石油石化行业；大模型

1　引言

在人工智能领域，大模型技术正逐渐成为推动行业发展的重要力量。这些模型以其庞大的参数量和复杂的网络结构，能够处理和理解大量的数据，从而在各种复杂任务中展现出惊人的能力。特别是在石油石化行业，大模型技术的应用前景广阔，包括但不限于地质勘探、生产优化、设备维护、供应链管理等多个方面。本文旨在探讨大模型技术在石油石化领域的应用现状、挑战以及未来的发展方向。

2　技术思路和研究方法

大模型技术的研究主要围绕以下几个方面展开：

大模型基座：研究如何构建高效、准确的大模型基座，以支持各种下游任务。这包括模型架构的设计、训练数据的选择和预处理、以及模型训练和优化策略的研究。

大模型人类偏好对齐：研究如何使大模型的行为更加符合人类的价值观和偏好，包括有监督微调和人类反馈的强化学习算法。

大模型推理与评价：研究如何提高大模型的推理效率和生成质量，包括模型框架和运算的优化、模型压缩技术、以及评价方法的改进。

多模态大模型：研究如何整合多种类型的数据（如文本、图像、音频等），提升机器理解和生成复杂内容的能力。

大模型安全可控：研究如何在保证大模型性能的同时，确保其安全性和可控性，包括数据审查方法、后门检测方法、以及生成内容的安全性评估。

3　结果和效果

当前，大模型技术在石油石化领域的应用已经取得了一定的成果。例如，通过大模型技术，可以更准确地进行地质勘探数据分析，提高油气藏的发现率；在生产优化方面，大模型可以帮助预测油井的生产表现，优化生产策略；在设备维护方面，大模型可以分析设备运行数据，预测潜在的故障和维护需求；在供应链管理方面，大模型可以预测市场需求，优化库存和物流策略。

然而，大模型技术在实际应用中仍面临一些挑战，如模型的可解释性、与现实世界的交互性、安全性和可控性等问题。此外，大模型的训练和推理需要大量的计算资源，这对于资源有限的石油石化企业来说是一个挑战。

4　结论

大模型技术在石油石化领域的应用前景广阔，但仍需克服一系列技术和资源上的挑战。未来的研究应重点关注以下几个方向：

（1）模型优化：继续研究和开发更高效、更准确的大模型基座，以支持更复杂的下游任务。

（2）人类偏好对齐：研究如何使大模型更好地理解和适应人类的意愿和偏好，提高模型的可靠性和可用性。

推理效率和生成质量：研究如何提高大模型的推理效率和生成质量，以满足实际应用的需求。

（3）多模态能力：研究如何整合多模态数据，提升机器对复杂内容的理解和生成能力。

（4）安全性和可控性：研究如何在保证大模型性能的同时，确保其安全性和可控性，避免潜在的风险和问题。

通过这些研究，我们可以期待大模型技术在石油石化领域的应用将更加广泛和深入，为行业的数字化转型和智能化升级提供强有力的支持。

参　考　文　献

［1］林伯韬，郭建成.人工智能在石油工业中的应用现状探讨［J］.石油科学通报，2019，04：403-413.

［2］屈万忠，戴启栋，刘新全等.人工智能技术在石油工业领域的最新应用［J］.国外油田工程，2005，21（11）：24-26.

［3］李怀科，鄢捷年，耿铁.人工神经网络在石油工业中的应用及未来发展趋势探讨［J］.石油工业计算机应用，2010（02）：35-38.

［4］刘伟，闫娜.人工智能在石油工业领域应用及影响.石油科技论坛，2018，4：32-40.

［5］英国一石油公司投资人工智能推动未来数字化战略［DB/OL］.

［6］王宏琳.通向智能勘探与生产之路［J］.石油工业计算机应用，2016，24（4）：7-20，24.

石油石化行业人工智能大模型的应用与发展

杜祎晨

（中国石油乌鲁木齐石化公司）

摘　要　随着人工智能技术的飞速发展，大模型在石油石化行业中的应用日益广泛。本论文旨在探讨石油石化行业人工智能大模型的技术现状、应用场景、面临的挑战以及未来发展趋势。通过对国内外相关研究和实践案例的分析，阐述了人工智能大模型在石油勘探、开发、生产、炼化等环节的应用价值。采用文献研究、案例分析和实地调研等方法，深入研究了大模型的技术思路和研究方法。结果表明，人工智能大模型能够显著提高石油石化行业的生产效率、降低成本、优化决策，具有广阔的应用前景。然而，大模型在数据质量、模型可解释性、安全与隐私等方面仍面临诸多挑战。未来，需要进一步加强技术创新、完善数据治理、提高人才素质，以推动石油石化行业人工智能大模型的持续发展。

关键词　人工智能；石油石化行业；大模型

1　引言

1.1　研究背景

石油石化行业作为国民经济的重要支柱产业，面临着日益复杂的市场环境和技术挑战。随着全球能源需求的不断增长和环保要求的日益严格，石油石化企业需要不断提高生产效率、降低成本、优化决策，以实现可持续发展。人工智能技术的快速发展为石油石化行业带来了新的机遇和挑战。大模型作为人工智能技术的重要发展方向，具有强大的语言理解、生成和推理能力，能够处理大规模的数据和复杂的任务，为石油石化行业的智能化转型提供了有力支撑。

1.2　研究目的

本论文的研究目的是深入探讨石油石化行业人工智能大模型的技术现状、应用场景、面临的挑战以及未来发展趋势，为石油石化企业的智能化转型提供理论指导和实践参考。具体目标包括：

（1）分析人工智能大模型在石油石化行业的应用价值和潜力。

（2）研究大模型的技术思路和研究方法，为石油石化企业的应用提供技术支持。

（3）探讨大模型在石油石化行业应用中面临的挑战，并提出相应的解决方案。

（4）展望石油石化行业人工智能大模型的未来发展趋势，为企业的战略规划提供参考。

2　技术思路和研究方法

2.1　技术思路

2.1.1　数据收集与预处理

石油石化行业拥有大量的结构化和非结构化数据，包括地质数据、生产数据、设备运行数据、市场数据等。首先，需要对这些数据进行收集和整理，建立统一的数据仓库。然后，采用数据清洗、去噪、归一化等方法对数据进行预处理，提高数据质量。

2.1.2　模型构建与训练

基于深度学习技术，构建适合石油石化行业的人工智能大模型。可以采用 Transformer 架构等先进的神经网络模型，结合大规模的语料库进行训练。在训练过程中，需要不断调整模型的参数和超参数，以提高模型的性能和泛化能力。

2.1.3　模型评估与优化

采用多种评估指标对训练好的模型进行评估，如准确率、召回率、F1 值等。根据评估结果，对模型进行优化和改进，提高模型的性能和稳定性。

2.1.4　模型部署与应用

将优化后的模型部署到实际生产环境中，实现对石油石化行业的智能化应用。可以采用云计算、边缘计算等技术，实现模型的高效部署和运行。

2.2　研究方法

2.2.1　文献研究

通过查阅国内外相关文献，了解人工智能大

模型的技术发展现状和应用趋势。对石油石化行业的相关研究和实践案例进行分析，总结经验教训，为本文的研究提供理论支持。

2.2.2　案例分析

选取国内外石油石化企业中人工智能大模型的成功应用案例，深入分析其技术思路、研究方法和应用效果。通过案例分析，总结出可借鉴的经验和做法，为其他企业的应用提供参考。

2.2.3　实地调研

对国内部分石油石化企业进行实地调研，了解企业在人工智能大模型应用方面的实际情况和需求。通过与企业技术人员和管理人员的交流，收集第一手资料，为本文的研究提供实践依据。

2.2.4　实验验证

在实验室环境下，对构建的人工智能大模型进行实验验证。通过对比不同模型的性能和效果，验证本文提出的技术思路和研究方法的有效性和可行性。

3　结果和效果

3.1　在石油勘探中的应用

3.1.1　地质数据分析与预测

人工智能大模型可以对地质数据进行深入分析，提取有用的信息和特征。通过对地震数据、测井数据等的处理和分析，实现对地下地质结构的准确预测，提高勘探成功率。斯伦贝谢（Schlumberger）作为全球知名的油田技术服务公司，斯伦贝谢一直致力于利用先进的技术进行地质勘探。他们积极采用人工智能大模型对各种地质数据进行分析。例如，在一些复杂的油气勘探项目中，通过对大量地震数据和测井数据的处理，斯伦贝谢的技术团队利用人工智能算法准确地识别出潜在的油气储层位置和地质结构特征。这不仅提高了勘探的准确性，还大大缩短了勘探周期，降低了勘探成本。。

3.1.2　油藏模拟与优化

利用大模型对油藏进行模拟和优化，预测油藏的产能和开发效果。通过优化钻井位置、生产参数等，提高油藏的采收率，降低开发成本。中国海洋石油总公司（中国海油）推出了"海能"（HI-ENERGY）人工智能模型。此模型聚焦于智能油气田建设，涵盖海上油田稳产增产、安全钻井以及设备维护等关键场景。借助注采联动模型，依托二十余年积累的海量数据，该模型达成了地

下油藏、井筒与地面的全方位联动。它不但促使传统经验决策向数据驱动模式转变，还构建起自动化的管理闭环，包括注采异常智能诊断、方案自动生成以及指令远程调控，提升了油田管理的智能化程度。

3.1.3　生产过程优化

通过对生产过程中的各种参数进行实时监测和分析，实现对生产过程的优化。可以调整生产工艺、优化生产计划，提高生产效率和产品质量。

3.2　在石油炼化中的应用

3.2.1　工艺优化

人工智能大模型可以对炼化过程中的各种工艺参数进行优化，提高产品质量和收率。可以通过对反应温度、压力、流量等参数的优化，实现节能减排，降低生产成本。中国石油化工股份有限公司大连炼化分公司运用人工智能技术研发炼油工艺优化控制系统。此系统可对炼油工艺参数进行实时监测，依据参数变化自动调整炼油工艺条件，进而提升炼油工艺的效率与经济效益。美国埃克森美孚公司借助人工智能技术开发炼油工艺故障诊断系统。该系统能够实时监测炼油工艺数据，依据数据变化诊断出炼油工艺故障，有效避免故障发生，减少炼油企业的损失。壳牌石油公司采用人工智能技术开发炼油工艺智能控制系统。该系统可实现炼油工艺的智能化控制，提高炼油工艺的效率和经济效益，降低炼油企业成本。

3.2.2　质量检测与控制

利用大模型对产品质量进行实时检测和控制，确保产品质量符合标准。可以通过对产品成分、性能等指标的分析，及时调整生产工艺，提高产品质量稳定性。

4　结论

4.1　研究成果总结

本论文通过对石油石化行业人工智能大模型的技术现状、应用场景、面临的挑战以及未来发展趋势的研究，取得了以下主要成果：

（1）深入分析了人工智能大模型在石油石化行业的应用价值和潜力，为企业的智能化转型提供了理论支持。

（2）提出了人工智能大模型在石油石化行业的技术思路和研究方法，为企业的应用提供了技术指导。

（3）通过案例分析和实验验证，证明了人工

智能大模型在石油石化行业的应用效果显著，能够提高生产效率、降低成本、优化决策。

（4）探讨了人工智能大模型在石油石化行业应用中面临的挑战，并提出了相应的解决方案，为企业的应用提供了参考。

4.2　对未来研究的展望

4.2.1　加强技术创新

未来，需要进一步加强人工智能大模型的技术创新，提高模型的性能和泛化能力。可以探索新的神经网络架构、优化算法和训练方法，提高模型的训练效率和准确性。

4.2.2　完善数据治理

数据是人工智能大模型的基础，需要进一步完善石油石化行业的数据治理体系，提高数据质量和可用性。可以建立统一的数据标准和数据管理平台，加强数据的采集、存储、处理和共享。

4.2.3　提高人才素质

人工智能大模型的应用需要具备跨学科知识和技能的人才，需要加强人才培养和引进，提高人才素质。可以通过开展培训、合作研究等方式，培养一批既懂石油石化行业又懂人工智能技术的专业人才。

4.2.4　加强安全与隐私保护

人工智能大模型涉及大量的企业数据和用户信息，需要加强安全与隐私保护。可以采用加密技术、访问控制等手段，确保数据的安全和隐私。

参 考 文 献

［1］李玲．AI 赋能石油和化工行业高质量发展［N］．中国能源报，2024–06–03（016）．

［2］刘合，李欣，窦宏恩，等．油气行业人工智能学科建设研究与思考［J/OL］．石油科技论坛，2024，10（18）：1–12．

［3］渠沛然．油气行业"智改数转"仍在路上［N］．中国能源报，2024，04（29）：011．

［4］宫彦双，吴超，安超等．智能化技术在石油化工行业的应用现状与前景分析［J］．智能建筑与智慧城市，2023，（03）：166–168．

石油石化行业人工智能应用的挑战与机遇分析

马家骏

（中国石油乌鲁木齐石化公司）

摘　要　随着科技的飞速发展，石油石化人工智能（AI）在石油石化行业的应用日益广泛，为行业带来了前所未有的机遇与挑战。本文旨在探讨石油石化行业在应用人工智能过程中面临的痛点与需求，分析人工智能技术在提高生产效率、优化生产流程、保障生产安全等方面的作用，并提出相应的解决策略与未来发展方向。

关键词　石油石化行业；人工智能；痛点；需求分析；智能化转型；数据安全

石油石化行业作为国家经济的支柱产业，其发展水平直接影响到国家能源安全和经济发展。随着全球能源结构的转型和市场竞争的加剧，石油石化行业正面临前所未有的挑战。在此背景下，人工智能技术的引入为行业带来了新的机遇，但也暴露出诸多痛点与需求。本文将从这些方面展开详细论述。

1　人工智能在石油石化行业的应用

在人工智能不断发展的前提下，石油石化行业的智能化是必然的趋势，有许多的企业已经开始了多智能化的探究，并有许多不错的成果，为整个行业提供了非常好的案例。为后续的人工智能发展奠定了坚实的基础。

1.1　智能化生产监控

通过引入 AI 技术，实现生产过程的实时数据监测与自动分析。AI 系统能够自动识别生产过程中的异常情况，及时发出预警信号，为决策者提供准确的数据支持。例如，长庆油田通过应用物联网、大数据、云计算、人工智能等新技术，构建了大科研、大运营、大监督三大支撑体系，实现了场站无人值守、油气井智能生产等目标。

1.2　预测性维护

AI 技术可以对设备进行实时监控和数据分析，提前预测可能出现的问题，从而制定及时的维护计划。这不仅可以减少非计划停机时间，降低维护成本，还可以提高设备的可靠性和使用寿命。例如，通过 AI 算法对设备进行状态监测与故障预测，可以及时发现并处理潜在问题，避免设备故障对生产造成影响。

1.3　智能化巡检机器人

针对石油石化行业特殊的作业环境，研发智能化巡检机器人。这些机器人能够 24 小时全天候巡检，替代人工完成危险、重复性的工作。例如，七腾科技的石油化工防爆智能巡检机器人能够通过搭载的红外液位算法、异常检测算法等功能，对油田、化工厂的设备、仪器仪表进行精确检测，提高巡检效率与安全性。

2　石油石化行业人工智能的不足

人工智能在石油石化方面的作用是非常大的，同时随着人工智能技术的深入应用人工智能也会给企业带来一些新的挑战和问题。

2.1　数据整合与利用难题

石油石化行业具有海量、多源、异构的数据特点，但"数据大"并不等于"大数据"。由于数据标准不统一、数据孤岛现象严重，导致数据整合与利用难度大，难以充分发挥数据的价值。

2.2　人工智能技术与传统行业融合不足

当前，人工智能技术在石油石化行业的应用仍处于初级阶段，人工智能理论技术与传统行业的深度融合存在瓶颈。如何根据行业特点，定制化开发适合的人工智能解决方案，是亟待解决的问题。

2.3　安全与隐私保护问题

随着人工智能技术的广泛应用，数据安全和隐私保护问题日益凸显。石油石化行业涉及大量敏感数据，如何确保数据在采集、传输、存储、处理过程中的安全性，成为行业关注的焦点。

2.4 智能化人才短缺

人工智能技术的快速发展对人才提出了更高要求。然而，目前石油石化行业普遍面临智能化人才短缺的问题，难以满足行业智能化转型的需求。

3 石油石化行业人工智能的需求分析

3.1 高效的数据整合与利用

石油石化行业需要建立完善的数据管理体系，打破数据孤岛，实现数据的互联互通。通过引入大数据、云计算等先进技术，提高数据整合与利用的效率，为智能化决策提供有力支持。

3.2 定制化的人工智能解决方案

针对石油石化行业的特殊需求，开发定制化的人工智能解决方案。通过深度学习、机器学习等算法，对生产过程中的数据进行深度挖掘与分析，提高生产效率、优化生产流程、降低能耗与排放。

3.3 强大的安全保障措施

建立健全的数据安全管理制度，采用先进的加密技术、访问控制技术等手段，确保数据在采集、传输、存储、处理过程中的安全性。同时，加强隐私保护意识，确保用户隐私不被泄露。

3.4 智能化人才培养与引进

加大智能化人才的培养与引进力度，建立完善的人才培养体系。通过校企合作、产学研结合等方式，培养具有创新精神和实践能力的智能化人才。同时，积极引进国内外优秀智能化人才，为行业智能化转型提供人才保障。

4 未来发展方向与建议

4.1 加强技术创新与研发

持续加强人工智能技术的创新与研发力度，推动人工智能技术与石油石化行业的深度融合。通过引入新技术、新方法，不断提升智能化水平，为行业发展提供有力支撑。

4.2 推动标准化建设

加强行业标准化建设，推动数据标准、技术标准的统一与互认。通过制定和完善相关标准，打破数据孤岛现象，促进数据资源的共享与利用。

4.3 加强人才培养与引进

加大智能化人才的培养与引进力度，建立完善的人才培养体系。通过校企合作、产学研结合等方式，培养具有创新精神和实践能力的

5 石油石化行业智能化应用的总结

总体而言，人工智能在石油石化行业的作用是非常大的。通过数据分析和对数据的预测、智能化生产、管理方面的应用，能够显著的提升石油石化行业的竞争力，推动行业的绿色发展，并培养出人工智能技术背景的专业人才。结合石油石化的智能化需求，面对当前所遇到的困难与挑战，我们需要从人才培养、技术创新、数据安全、绿色发展以及政策引导等多个方面入手，综合施策，共同推动石油石化行业的智能化转型和可持续发展。

6 石油石化行业智能化转型的具体案例分析

6.1 长庆油田智能化转型案例

长庆油田作为中国最大的油气田之一，其在智能化转型方面的实践具有代表性。长庆油田通过引入物联网、大数据、云计算和人工智能等新技术，构建了科研、运营、监督三大支撑体系，实现了场站无人值守、油气井智能生产等目标。这些技术的应用不仅提高了生产效率，还降低了运营成本，提升了安全管理水平。

6.2 七腾科技智能巡检机器人应用案例

七腾科技开发的石油化工防爆智能巡检机器人，能够在危险环境中替代人工进行巡检。该机器人通过搭载的红外液位算法、异常检测算法等功能，对油田、化工厂的设备、仪器仪表进行精确检测，提高了巡检效率与安全性。这一应用案例展示了人工智能技术在特殊作业环境中的巨大潜力。

7 结论

人工智能技术在石油石化行业的应用前景广阔，能够显著提升行业的生产效率、优化生产流程、保障生产安全。然而，智能化转型过程中也面临着诸多挑战，包括技术挑战、管理挑战、人才挑战和安全与隐私挑战。为应对这些挑战，需要企业、政府和社会各方共同努力，加强技术研发与创新，推动标准化建设，加大人才培养与引进力度，建立健全的数据安全管理制度。只有这样，才能推动石油石化行业的智能化转型和可持续发展。

参 考 文 献

［1］李瓒 . 智能化石油化工机械的现状和发展方向研究
　　［J］. 中小企业管理与科技（上旬刊），2020，（08）：
　　187-188.

［2］《中国化工报·智能制造》周刊：报道了长庆油田和
　　新疆油田等企业在智能化转型方面的实践经验和成果。

［3］七腾科技公司官网：介绍了其智能巡检机器人等产
　　品在石油石化行业的应用情况和效果。

［4］赵宇飞，刘洋 . 人工智能在石油石化行业的应用研究
　　［J］. 石油与天然气化工，2021，50（3）：1-6.

［5］张宏伟，刘建华 . 石油石化行业智能化转型路径研究
　　［J］. 石油科技论坛，2022，41（1）：45-50.

［6］王晓东，李强 . 人工智能技术在石油石化行业的应用
　　与挑战［J］. 石油化工自动化，2023，59（2）：1-6.

［7］陈立群，刘洋 . 石油石化行业智能化转型中的数据安
　　全与隐私保护［J］. 信息安全研究，2024，10（1）：
　　45-50.

［8］高翔，刘建华 . 石油石化行业智能化人才培养与引进
　　策略研究［J］. 石油教育，2023，39（4）：35-40.

石油行业人工智能标准体系研究

高允升[1]　贾文清[2]　刁海燕[2]　韩永强[2]

（1. 中国石油天然气集团有限公司数字和信息化管理部；2. 中国石油勘探开发研究院）

摘　要　加快推动人工智能发展，是深入学习贯彻习近平总书记关于发展人工智能的重要指示精神、积极推动"人工智能+"行动走深走实的重要举措，是培育新质生产力、提高核心竞争力、推进高质量发展的必然要求。本文以综合标准化的视角和方法，介绍了工信部等四部门构建的人工智能标准体系，人工智能标准化技术组织以及现行国际、国家、行业、团体标准的应用领域，并探讨了人工智能技术在石油行业中的应用和标准设计。

关键词　人工智能；石油行业；标准体系；大模型

1　国家人工智能产业综合标准化体系

近年来，中国人工智能产业在技术创新、产品创造和行业应用等方面实现快速发展，形成庞大市场规模。尤其是 2023 年伴随以大模型为代表的新技术加速迭代，人工智能产业呈现出创新技术群体突破、行业应用融合发展、国际合作深度协同等新特点，亟须完善人工智能产业标准体系。2020 年国家 5 部门已经印发了《国家新一代人工智能标准体系建设指南》，之后几年也陆续发布了人工智能标准体系白皮书。2024 年 1 月，工信部发布了《国家人工智能产业综合标准化体系建设指南》（征求意见稿）。

2024 年 6 月 5 日，为深入贯彻落实党中央、国务院关于加快发展人工智能的部署要求，贯彻落实《国家标准化发展纲要》《全球人工智能治理倡议》，进一步加强人工智能标准化工作系统谋划，加快构建满足人工智能产业高质量发展和"人工智能+"高水平赋能需求的标准体系，夯实标准对推动技术进步、促进企业发展、引领产业升级、保障产业安全的支撑作用，更好推进人工智能赋能新型工业化，工业和信息化部、中央网信办、国家发展改革委、国家标准委等四部门联合印发《国家人工智能产业综合标准化体系建设指南（2024 版）》（工信部联科〔2024〕113 号）。《指南》的发布将推动我国人工智能标准体系加快形成，为我国人工智能产业高质量发展提供保障和支持。《指南》中指出到 2026 年，标准与产业科技创新的联动水平持续提升，新制定国家标准和

行业标准 50 项以上，引领人工智能产业高质量发展的标准体系加快形成。开展标准宣贯和实施推广的企业超过 1000 家，标准服务企业创新发展的成效更加凸显。参与制定国际标准 20 项以上，促进人工智能产业全球化发展。

我国人工智能标准体系结构包括基础共性、基础支撑、关键技术、智能产品与服务、赋能新型工业化、行业应用、安全治理等 7 个部分。人工智能标准体系结构见图 1。其中，基础共性标准是人工智能的基础性、框架性、总体性标准。基础支撑标准主要规范数据、算力、算法等技术要求，为人工智能产业发展夯实技术底座。关键技术标准主要规范人工智能文本、语音、图像，以及人机混合增强智能、智能体、跨媒体智能、具身智能等的技术要求，推动人工智能技术创新和应用。智能产品与服务标准主要规范由人工智能技术形成的智能产品和服务模式。赋能新型工业化标准主要规范人工智能技术赋能制造业全流程智能化以及重点行业智能升级的技术要求。行业应用标准主要规范人工智能赋能各行业的技术要求，为人工智能赋能行业应用，推动产业智能化发展提供技术保障。安全治理标准主要规范人工智能安全、治理等要求，为人工智能产业发展提供安全保障。

我们认为我国人工智能标准体系可以保证人工智能技术与我国各产业科技融合创新应用，避免人工智能标准的缺失，不协调，不一致的问题，有力促进大语言模型、视觉识别、多媒体自动生成、智能机器人等人工智能技术快速在互联网、

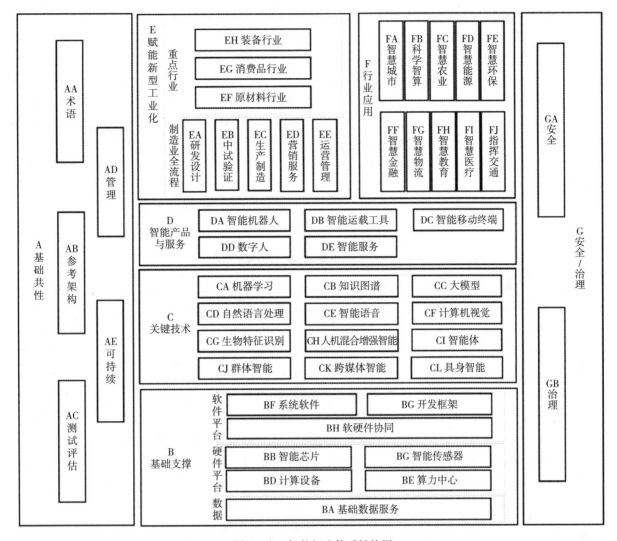

图 1　人工智能标准体系结构图

汽车、医药、石化行业等有效落地实施，大力促进工业、农业和第三产业的飞跃发展。

2　人工智能标准化管理组织

2.1　国际标准化管理组织

目前，国际上与人工智能相关的标准化工作组织主要有 ISO/IEC JTC 1/SC 42，是主要负责研究制定人工智能（AI）国际标准的标准化组织。主要承担 ISO/IEC JTC 1（国际标准化组织 / 国际电工委员会　第一联合技术委员会：负责信息技术领域国际标准化工作，工作范围主要包括系统和工具的设计与开发，涉及信息采集、表示、处理、传送、交换、显示、管理、组织、存储和检索等内容）大部分的人工智能标准化项目，指导开发人工智能应用程序，工作范围包括人工智能基础、数据、可信、用例、算法、治理等方面的国际标准化研究。秘书处由美国国家标

准协会（ANSI）承担。下设 WG 1（基础标准）、WG 2（数据）、WG 3（可信）、WG 4（用例与应用）、WG 5（人工智能计算方法和系统特征）5个工作组。

2.2　国内标准化管理组织

全国信息技术标准化技术委员会（SAC/TC 28）是在国家标准化管理委员会（SAC）的领导下，负责全国信息采集、表示、处理、传输、交换、表述、管理、组织、存储和检索的系统和工具的规范、设计和研制等专业领域标准化工作。由工业和信息化部进行业务指导。2020 年 3 月 18日，国家标准化管理委员会批复在全国信息技术标准化技术委员会下成立全国信标委人工智能分技术分标委（SAC/TC 28/SC 42），主要负责人工智能基础、技术、风险管理、可信赖、治理、产品及应用等人工智能领域国家标准制修订工作，同时对口国际标准化组织 ISO/IEC JTC 1/SC 42。秘书

处由中国电子技术标准化研究院承担，下设 8 个工作 / 研究组，包括基础工作组、芯片与系统研究组、模型与算法研究组、产品与服务研究组、可信赖研究组、计算机视觉工作组、知识图谱工作组、自动驾驶研究组。

同时，与信息安全相关的人工智能类国家标准有一部分还归口在全国网络安全标准化技术委员会（SAC/TC 260），秘书处由中国电子技术标准化研究院承担。

3 人工智能标准化工作现状

3.1 国际标准现状

截止目前，ISO/ IEC JTC 1 /SC 42 已发布人工智能类国际标准 28 项、在研标准 29 项，见表 1 和表 2。其中已发布标准主要在 2020 年之后，侧重于人工智能管理、应用、风险控制及性能评估等。本文给出这些标准列表，以期能够帮助石油行业人工智能应用服务的研发人员参考选用，不断提高石油行业智能化发展的水平。

表 1　已发布的 28 项人工智能国际标准

序号	标准号	标准名称	分类
1	ISO/IEC TS 4213：2022	信息技术 人工智能 机器学习分类性能评估	基础共性
2	ISO/IEC 5338：2023	信息技术 人工智能 人工智能系统生命周期过程	基础共性
3	ISO/IEC 5339：2024	信息技术 人工智能 人工智能应用指引	基础共性
4	ISO/IEC 5392：2024	信息技术 人工智能 知识工程的参考体系结构	基础共性
5	ISO/IEC 20546：2019	信息技术 大数据 概述和词汇	基础共性
6	ISO/IEC TR 20547-1：2020	信息技术 大数据参考体系结构 第 1 部分：框架和应用程序	基础共性
7	ISO/IEC TR 20547-2：2018	信息技术 大数据参考体系结构 第 2 部分：用例和派生需求	基础共性
8	ISO/IEC 20547-3：2020	信息技术 大数据参考体系结构 第 3 部分：参考体系结构	基础共性
9	ISO/IEC 20547-4：2020	信息技术 大数据参考体系结构 第 4 部分：安全和隐私	基础共性
10	ISO/IEC TR 20547-5：2018	信息技术 大数据参考体系结构 第 5 部分：标准路线图	基础共性
11	ISO/IEC 22989：2022	人工智能概念和术语	基础共性
12	ISO/IEC 23053：2022	运用机器学习的人工智能系统框架	基础共性
13	ISO/IEC TR 24030：2024	《信息技术 人工智能 用例》	基础共性
14	ISO/IEC TS 25058：2024	系统和软件工程 系统和软件质量要求与评估（SQuaRE）人工智能（AI）系统质量评估指南	基础共性
15	ISO/IEC 25059：2023	软件工程系统和软件质量要求与评估（SQuaRE）人工智能系统的质量模型	基础共性
16	ISO/IEC 42001：2023	《人工智能管理体系》	基础共性
17	ISO/IEC 8183：2023	信息技术 人工智能 数据生命周期框架	基础支撑
18	ISO/IEC 24668：2022	《信息技术 人工智能 大数据分析过程管理框架》	基础支撑
19	ISO/IEC TR 24372：2021	《信息技术 人工智能 人工智能系统计算方法概述》	关键技术
20	ISO/IEC TR 5469：2024	信息技术 人工智能 功能安全与人工智能系统	安全治理
21	ISO/IEC TS 8200：2024	信息技术 人工智能 自动化人工智能系统的可控性	安全治理
22	ISO/IEC 23894：2023	信息技术 人工智能 风险管理	安全治理
23	ISO/IEC TR 24027：2021	信息技术 人工智能 人工智能系统和人工智能辅助决策的偏见	安全治理
24	ISO/IEC TR 24028：2020	信息技术 人工智能 人工智能的可信度概述	安全治理
25	ISO/IEC TR 24029-1：2021	《信息技术 人工智能 评估神经网络的鲁棒性 第 1 部分：概述》	安全治理
26	ISO/IEC 24029-2：2023	《信息技术 人工智能 评估神经网络的鲁棒性 第 2 部分：使用形式方法的方法论》	安全治理
27	ISO/IEC TR 24368：2022	《信息技术 人工智能 伦理和社会关注概述》	安全治理
28	ISO/IEC 38507：2022	《信息技术 IT 治理 组织使用人工智能的治理影响》	安全治理

表2　在研的29项人工智能国际标准

序号	标准号	标准名称	分类
1	ISO/IEC DIS 12792	信息技术 人工智能 人工智能系统的透明度分类	基础共性
2	ISO/IEC AWI TS 17847	信息技术 人工智能 人工智能系统的验证和验证分析	基础共性
3	ISO/IEC CD TR 20226	信息技术 人工智能 人工智能系统的环境可持续性方面	基础共性
4	ISO/IEC AWI TS 22440-1	人工智能 功能安全和人工智能系统 第1部分：要求	基础共性
5	ISO/IEC AWI TS 22440-2	人工智能 功能安全和人工智能系统 第2部分：指南	基础共性
6	ISO/IEC AWI TS 22440-3	人工智能 功能安全和人工智能系统 第3部分：应用示例	基础共性
7	ISO/IEC AWI TS 29119-11	软件和系统工程软件测试 第11部分：人工智能系统的测试	基础共性
8	ISO/IEC AWI 42102	信息技术 人工智能 人工智能系统方法和能力的分类	基础共性
9	ISO/IEC AWI TR 42106	信息技术 人工智能 人工智能系统质量特征差异化对标综述	基础共性
10	ISO/IEC FDIS 5259-1	信息技术 人工智能 分析和机器学习的数据质量 第1部分：概述、术语与示例	基础支撑
11	ISO/IEC FDIS 5259-2	信息技术 人工智能 分析和机器学习的数据质量 第2部分：数据质量测量	基础支撑
12	ISO/IEC FDIS 5259-3	信息技术 人工智能 分析和机器学习的数据质量 第3部分：数据质量管理要求和指引	基础支撑
13	ISO/IEC FDIS 5259-4	信息技术 人工智能 分析和机器学习的数据质量 第4部分：数据质量过程框架	基础支撑
14	ISO/IEC DIS 5259-5	人工智能 用于分析和机器学习的数据质量（ML）第5部分：数据质量治理框架	基础支撑
15	ISO/IEC CD TR 5259-6	人工智能用于分析和机器学习（ML）自的数据质量 第6部分：数据质量的可视化框架	基础支撑
16	ISO/IEC AWI TR 42103	信息技术 人工智能 人工智能系统背景下的合成数据综述	基础支撑
17	ISO/IEC AWI TR 23281	人工智能 与自然语言处理相关的人工智能任务和功能概述	关键技术
18	ISO/IEC AWI 23282	人工智能 精确自然语言处理系统的评估方法	关键技术
19	ISO/IEC AWI TS 42112	信息技术 人工智能 机器学习模型训练效率优化指南	关键技术
20	ISO/IEC AWI TR 18988	人工智能 人工智能技术在健康信息学中的应用	行业应用
21	ISO/IEC AWI TR 42109	信息技术 人工智能 人机团队的使用案例	行业应用
22	ISO/IEC AWI TS 5471	信息技术 人工智能 人工智能系统质量评价指南	安全治理
23	ISO/IEC CD TS 6254	信息技术 人工智能 机器学习模型和人工智能系统的可解释性目标和方法	安全治理
24	ISO/IEC CD TR 21221	信息技术 人工智能 有益的人工智能系统	安全治理
25	ISO/IEC AWI 24029-3	人工智能（AI）神经网络鲁棒性的评估 第3部分：统计方法的使用方法	安全治理
26	ISO/IEC AWI 24970	人工智能 人工智能系统日志	安全治理
27	ISO/IEC DIS 42005	信息技术 人工智能 人工智能系统影响评估	安全治理
28	ISO/IEC DIS 42006	信息技术 人工智能 对提供人工智能管理系统审计和认证机构的要求	安全治理
29	ISO/IEC AWI 42105	信息技术 人工智能 人工智能系统的人类监督指南	安全治理

注：国际标准制修订一般有9个步骤：

提案（NP）、已批准的工作项目（AWI）、预工作项目（PWI）、工作草案（WD）、委员会草案（CD）、国际标准草案（DIS）、委员会投票草案（CDV）、国际标准最终草案（FDIS）、国际标准正式发行版（IS）。

3.2 国家标准现状

目前，我国已经发布了一系列与人工智能相关的国家标准，这些标准涵盖了基础共性、基础支撑、关键技术、行业应用和安全治理等多个方面。然而，与人工智能技术的快速发展相比，现有的标准数量可能还不够，且覆盖领域尚需进一步扩展，以应对日益复杂的人工智能应用场景。经过查阅大量资料后，整理出人工智能相关的国家标准共有35项，已发布10项，编制中25项，见表3和表4。其中，基础共性类标准11项、基础支撑类标准7项、关键技术类标准11项、行业应用类标准1项，安全治理类标准5项。虽然我国在人工智能标准领域已经取得了一定的成果，但仍然存在一些问题和挑战。和国际市场一样，国内人工智能技术领先的企业也将更多的精力放在了人工智能的产品研究和应用落地，如自然语言大模型和自动驾驶，致力于用事实标准来占领市场，取得行业制高点，同时我们也欣喜的发现还有部分公司将人工智能的算法和源代码进行开源发展，这些都将进一步推动人工智能技术的持续进步和应用。同时为了推动人工智能技术的良性发展，也需要各行业进一步加强标准的研究、制定和实施监督，并积极推进标准国际化工作。

表 3　已发布的 10 项人工智能国家标准

序号	标准号	标准名称	分类
1	GB/T 5271.28—2001	信息技术 词汇 第 28 部分：人工智能 基本概念与专家系统	基础共性
2	GB/T 5271.29—2006	信息技术 词汇 第 29 部分：人工智能 语音识别与合成	基础共性
3	GB/T 5271.31—2006	信息技术 词汇 第 31 部分：人工智能 机器学习	基础共性
4	GB/T 5271.34—2006	信息技术 词汇 第 34 部分：人工智能 神经网络	基础共性
5	GB/T 40691—2021	人工智能 情感计算用户界面 模型	基础共性
6	GB/T 41867—2022	信息技术 人工智能 术语	基础共性
7	GB/T 42018—2022	信息技术 人工智能 平台计算资源规范	基础支撑
8	GB/T 42131—2022	人工智能 知识图谱技术框架	关键技术
9	GB/T 42755—2023	人工智能 面向机器学习的数据标注规程	关键技术
10	GB/Z 42759—2023	智慧城市 人工智能技术应用场景分类指南	行业应用

表 4　编制中的 25 项人工智能国家标准

序号	标准名称	立项年份	分类
1	人工智能 管理体系	2022	基础共性
2	人工智能 服务能力成熟度评估	2022	基础共性
3	人工智能 预训练模型 第 1 部分：通用要求	2023	基础共性
4	人工智能 预训练模型 第 2 部分：评测指标与方法	2023	基础共性
5	人工智能 预训练模型 第 3 部分：服务能力成熟度评估	2023	基础共性
6	人工智能 服务器系统性能测试规范	2022	基础支撑
7	人工智能 深度学习框架多硬件平台适配技术规范	2022	基础支撑
8	人工智能 计算设备调度与协同 第 1 部分：虚拟化与调度	2022	基础支撑
9	人工智能 计算设备调度与协同 第 2 部分：分布式计算框架	2022	基础支撑
10	人工智能 计算中心 计算能力评估	2023	基础支撑
11	人工智能 深度学习框架功能要求	2024	基础支撑
12	人工智能 音视频及图像分析算法接口	2021	关键技术
13	人工智能 深度学习算法评估	2022	关键技术
14	人工智能 异构人工智能加速器统一接口	2022	关键技术
15	人工智能 知识图谱 知识交换协议	2023	关键技术
16	人工智能 算子接口 第 1 部分：基础数学类	2023	关键技术
17	人工智能 算子接口 第 2 部分：神经网络类	2023	关键技术
18	人工智能 联邦学习技术规范	2023	关键技术
19	人工智能 多算法管理技术要求	2023	关键技术
20	人工智能 深度学习编译器接口	2023	关键技术
21	人工智能 风险管理能力评估	2023	安全治理
22	信息安全技术 人工智能计算平台安全框架	2023	安全治理

续表

序号	标准名称	立项年份	分类
23	人工智能 可信赖 第1部分：通则	2024	安全治理
24	网络安全技术 生成式人工智能服务安全基本要求	2024	安全治理
25	网络安全技术 人工智能生成合成内容标识方法	2024	安全治理

3.3　行业标准现状

目前，人工智能领域的行业标准数量正在持续增长，涵盖了智能制造、智慧城市、智慧金融和智能医疗等多个行业。这些标准旨在规范人工智能技术在各个行业的应用，确保技术的安全性、可靠性和有效性。截止目前，本文用人工智能作为关键字从73个行业8万多项标准中检索到相关的行业标准有16项，都为近5年制定和发布的标准，见表5。其中，通信行业（YD）7项、医药行业（YY）6项、金融行业（JR）2项、电子行业（SJ）1项，涉及芯片、知识图谱、数据、测试评价、能力要求等关键技术。随着人工智能技术的广泛应用，跨行业、跨专业、跨领域的标准化工作将变得更加重要，通过制定统一的标准和规范，可以促进人工智能技术在不同行业之间的应用和落地，推动人工智能技术的全面发展和融合。

表5　已发布的16项人工智能行业标准

序号	标准号	标准名称	分类
1	YD/T 3944—2021	人工智能芯片基准测试评估方法	基础共性
2	YD/T 4392.1—2023	人工智能开发平台通用能力要求 第1部分：功能要求	基础共性
3	SJ/T 11805—2022	人工智能从业人员能力要求	基础共性
4	YD/T 4070—2022	基于人工智能的接入网运维和业务智能化 场景与需求	基础支撑
5	YD/T 4044—2022	基于人工智能的知识图谱构建技术要求	关键技术
6	YD/T 4043—2022	基于人工智能的多中心医疗数据协同分析平台参考架构	行业应用
7	YD/T 4316—2023	面向智慧城市应用的人工智能服务能力开放技术要求	行业应用
8	YD/T 4679—2024	基于人工智能的诈骗电话号码识别技术要求	行业应用
9	YY/T 1833.1—2022	人工智能医疗器械 质量要求和评价 第1部分：术语	行业应用
10	YY/T 1833.2—2022	人工智能医疗器械 质量要求和评价 第2部分：数据集通用要求	行业应用
11	YY/T 1833.3—2022	人工智能医疗器械 质量要求和评价 第3部分：数据标注通用要求	行业应用
12	YY/T 1833.4—2023	人工智能医疗器械 质量要求和评价 第4部分：可追溯性	行业应用
13	YY/T 1858—2022	人工智能医疗器械 肺部影像辅助分析软件 算法性能测试方法	行业应用
14	YY/T 1907—2023	人工智能医疗器械 冠状动脉CT影像处理软件 算法性能测试方法	行业应用
15	JR/T 0221—2021	人工智能算法金融应用评价规范	行业应用
16	JRT 0287—2023	人工智能算法金融应用信息披露指南	行业应用

3.4　团体标准现状

截止2024年6月底，全国团体标准信息平台已注册9079家社会团体，公布83013项团体标准。在全国团体标准信息平台上发布的信息技术团体标准就达到6148项，本文跟踪了2023年到目前发布的2000多项团体信息标准，发现和人工智能相关的有上百项之多，涉及各行各业和各种关键技术，当前团体标准的质量良莠不齐，要找出水平较高的人工智能团体标准比较困难。经过持续跟踪和研究，本文将目光聚焦到实力比较强的中国电子工业标准化技术协会（CESA）和中国通信标准化协会（CCSA）发布的团体标准，这2个团体从2018年就开始研究发布人工智能类信息标准，对人工智能类标准的研究中比较权威深入，本文从600多项团体标准中筛选出可供借鉴的35项团体标准，见表6。

表6　已发布的35项人工智能团体标准

序号	标准号	标准名称	分类
1	T/CESA 1268—2023	信息技术 算力服务 能力成熟度评估模型	基础支撑
2	T/CESA 1250—2023	人工智能 智能服务 智能微服务平台技术要求	基础支撑
3	T/CESA 1246—2022	人工智能 计算机视觉训练用云侧 深度学习芯片技术规范	基础支撑
4	T/CCSA 464—2023	高性能计算系统性能评价规范	基础支撑
5	T/CCSA 463—2023	智能计算中心总体技术要求	基础支撑
6	T/CCSA 460—2023	数据中心智能建造能力成熟度评估技术要求	基础支撑
7	T/CESA 1297—2023	人工智能 计算机视觉系统可信赖技术规范	关键技术
8	T/CESA 1227—2022	人工智能 基于深度学习的计算机视觉算法接口技术要求	关键技术
9	T/CESA 1199—2022	人工智能 智能字符识别技术规范	关键技术
10	T/CESA 1198—2022	人工智能 视频图像审核系统技术规范	关键技术
11	T/CESA 1197—2022	人工智能 深度合成图像系统技术规范	关键技术
12	T/CESA 1034—2019	信息技术 人工智能 小样本机器学习样本量和算法要求	关键技术
13	T/CESA 1035—2019	信息技术 人工智能 音视频及图片分析算法接口	关键技术
14	T/CESA 1036—2019	信息技术 人工智能 机器学习模型及系统的质量要素和测试方法	关键技术
15	T/CESA 1037—2019	信息技术 人工智能 面向机器学习的系统框架和功能要求	关键技术
16	T/CESA 1038—2019	信息技术 人工智能 智能助理智能能力等级评估	关键技术
17	T/CESA 1039—2019	信息技术 人工智能 机器翻译智能能力等级评估	关键技术
18	T/CESA 1040—2019	信息技术 人工智能 面向机器学习的数据标注规程	关键技术
19	T/CESA 1041—2019	信息技术 人工智能 服务能力成熟度评价参考模型	关键技术
20	T/CESA 1026—2018	人工智能 深度学习算法评估规范	关键技术
21	T/CESA 1240.1—2023	人工智能 自动配送车自动驾驶系统 仿真测试场景定义和要求 第1部分：城市道路	行业应用
22	T/CESA 1240.2—2023	人工智能 自动配送车自动驾驶系统 仿真测试场景定义和要求 第2部分：封闭园区	行业应用
23	T/CESA 1298—2023	面向输电线路的工业AI视觉在线检测系统技术规范	行业应用
24	T/CESA 1149—2021	人工智能芯片应用 面向病理图像分析辅助诊断系统的技术要求	行业应用
25	T/CESA 1138—2021	智慧家庭评价指标体系	行业应用
26	T/CESA 1135—2021	智慧社区智能化水平评价方法	行业应用
27	T/CESA 1109—2020	智能医疗影像辅助诊断系统技术要求和测试评价方法	行业应用
28	T/CCSA 438—2023	新型智慧城市评价指标应用系统的技术要求	行业应用
29	T/CCSA 425—2023	电力行业机器人流程自动化（RPA）实施要求	行业应用
30	T/CCSA 351—2022	面向互联网的医疗人工智能辅助决策 基于眼底彩照的青光眼辅助筛查系统技术要求	行业应用
31	T/CCSA 223—2018	智能电视总体技术要求	行业应用
32	T/CCSA 208—2018	智慧城市ICT架构与参考模型	行业应用
33	T/CCSA 454—2023	人脸识别系统通用可信能力要求	安全治理
34	T/CESA 1193—2022	信息技术 人工智能 风险管理能力评估	安全治理
35	T/CESA 1304.1—2023	人工智能 可信赖规范 第1部分：通则	安全治理

4　人工智能技术赋能石油行业生产经营全过程

4.1　岩心图像智能分析。油气勘探方面，中

国石油勘探开发研究院以SAM为基础模型，在薄片、扫描电镜、CT等标注过的岩石图像上进行微调，研发岩石图像实例分割大模型，支撑了薄片智能鉴定、扫描电镜孔缝分析等工作。还在

LLaMA 的基础上微调构建电成像测井图像智能修复模型，在空白条带占比大的情况下，修复效果明显优于传统修复算法。

4.2 大语言模型应用。中国石化的胜小利大模型是一款在油气产业领域具有显著影响力的自然语言处理模型，被誉为"胜利版 ChatGPT"。目前，胜小利大模型的参数量已达 930 亿，每周接受 2000 条数据投喂，以保证模型的准确性和生成效果。该模型旨在通过人工智能技术，加快油气产业与人工智能技术的融合发展，推动油气产业的数字化、智能化转型。胜小利大模型具有 20 多项技能，包括油气专业知识查询、图件查询、生产信息查询、工作进度查询、生产异常分析、公文辅助写作等。该模型能够显著减少员工在查数据、查资料、查系统等方面的繁琐工作，提高工作效率。

中国石油勘探开发研究院的 PetroAI 是一款 AI 大语言模型，拥有能源行业丰富的知识语料，支持 700 亿参数量，学习了超过 26 万份石油科技文献、10 余万个勘探开发知识图谱三元组，是一个懂油气专业的大语言模型。通过使用知识图谱、检索增强、文档对话等技术，PetroAI 可以帮助科研人员完成跨语言科研文献理解、业务报告提纲和内容生成、代码辅助生成等工作，极大地提高知识获取和利用效率。通过提示学习等功能，PetroAI 还能充当业务助手，帮助科研人员完成特定的研究工作。结合油气勘探开发业务实际需求，PetroAI 将进一步提升业务数据智能分析和专业工具使用能力。

目前，三油一网都在和国内人工智能技术领先的 IT 企业准备开展合作或洽谈合作，如中国移动、华为、科大讯飞、百度、阿里等，我们相信石油行业的海量物探、井、炼化、储运、销售等数据和业务应用场景，结合中国移动等企业的强大算力和 IT 企业的成熟大模型算法，如盘古大模型、讯飞星火大模型、文心一言、通义千问等，一定会对石油行业生态产生颠覆性成果。人工智能在石油行业应用过程当中，各家企业应发挥各自优势，强强联合、优势互补，聚焦石油行业特色，找准人工智能发展的切入点、突破口，细化目标路径，齐心协力打造具有能源化工行业特征，体现大模型的技术特点，加快生产经营全过程创新链升级，共促人工智能产业又好又快发展。本文经过调查研究，给出了人工智能在石油行业可能的应用落地场景，见表 7。

表 7   人工智能在石油行业的应用场景

人工智能技术	石油行业技术	应用场景
智能图像识别技术	岩心图像分析	岩石薄片鉴定、扫描电镜孔缝识别、CT 图像识别
	地震图像分析	地震属性图像分析、地震反演、断层与层位解释
	成像测井解释	图像修复与解释、测井油气层识别
大模型和数据预测技术	地球物理研究	岩性解释、地层对比、地震相识别
	油气藏地质模型构建	三维地质建模
	油藏开发方案调整优化	生产历史数据拟合、油藏开发方案调整优化、关键特征参数抽取分析、井网优化部署
	产量 / 产能预测	产量 / 产能预测、产量异常预警、剩余油预测
	油气集输	地面注水优化控制、地面举升控制、抽油机井工况诊断、管线泄漏检测预警

5   人工智能标准发展的思考

加快推动人工智能发展，是深入学习贯彻习近平总书记关于发展人工智能的重要指示精神、积极推动"人工智能 +"行动走深走实的重要举措，是培育新质生产力、提高核心竞争力、推进高质量发展的必然要求。当前人工智能发展已迈向全新时代，加速在石油行业落地应用十分重要、十分紧迫。人工智能技术应用主要是围绕"数据 + 算法 + 算力 + 应用"，在这些方面都应配套研制相应的标准，来规范人工智能技术的落地和发展。

当前，国际标准主要围绕人工智能基础、数据、算法、应用、可信、治理及性能评估等方面开展标准化研究，国家标准涵盖了基础共性、基础支撑、关键技术、行业应用和安全治理等多个方面。企业在制定人工智能标准时，一是应关注人工智能技术的最新发展，将最新的科研成果和创新技术纳入标准中，确保标准的先进性，对核心算法和模型进行优化，结合企业的实际情况，制定具有企业特色的算法、应用和测试规范，确保算法的高效性和准确性，确保应用的可实施性，同时更应确保相关的业务人员参与到对人工智能算法和应用的评估测试，得到业务人员的认可。二是企业在制定标准时，应将重点放在测试评估、算力支持、基础数据服务、业务应用等方面，对于上述重点领域之外的其他方面，企业在制定标准时可以优先考虑直接引用国际、国家或行业标准。这样做不仅可以节省制定成本，提高制定效率，还能确保所制定的标准与国家人工智能标准体系协调一致，促进人工智能产业标准化、规范

化发展。三是由于国际标准、国家标准、行业标准和团体标准大部分都是在 2020 年后发布，随着技术的不断进步和市场的不断变化，企业还应保持对国际、国内标准体系的持续跟踪与评估，及时制定和不断完善标准，以适应新的发展。

参 考 文 献

［1］《国家人工智能产业综合标准化体系建设指南（2024版）》（工信部联科〔2024〕113 号).2024, 6（5）.

［2］中共中央 国务院印发《国家标准化发展纲要》［Z］.国务院公报.2021 年第 30 号.

［3］李春田.标准化概论（第六版）［M］.中国人民大学出版社.2014.

［4］全国标准信息公开服务平台.

石油化工研发中数据治理—数据价值链闭环管理体系构建

张撼潮

（中国石油石油化工研究院）

摘　要　随着全球石油石化行业加速迈向数字化转型，数据已逐渐成为企业的核心资产和战略资源。为了应对数据治理中的挑战，提升数据管理效率和业务创新能力，本文提出了"数据价值链闭环管理体系"设计方案。该体系从石油石化企业的实际需求出发，结合行业最新的数字化研发实践，构建了涵盖数据收集、数据实验和数据商业化三个核心模块的完整框架。通过标准化、集成化、自动化和安全性的设计原则，实现了数据从采集到价值转化的端到端闭环管理。

关键词　石油石化企业；数据治理；数据价值链；数字化转型；数据商业化；闭环管理体系

1　前言

1.1　研究背景

石油石化行业是全球最重要的基础产业之一，涉及上游的勘探和生产、中游的运输与存储、以及下游的炼化与销售。长期以来，该行业依赖于传统的机械设备、复杂的生产工艺和庞大的供应链系统。然而，随着市场环境和技术发展的变化，石油石化行业正面临前所未有的挑战，包括市场需求波动、成本压力增加、环保法规趋严等问题。在这样的背景下，数字化转型成为提升企业竞争力、优化资源配置和实现可持续发展的关键战略选择。

在数字化转型过程中，数据已成为企业的重要战略资产。无论是自动化控制、智能预测，还是优化生产流程，所有这些数字化应用都依赖于高质量的数据。然而，石油石化行业中存在数据来源多样、格式不一致、质量参差不齐等问题，如果没有有效的数据治理，这些数据难以发挥其应有的价值。因此，数据治理在企业转型过程中显得尤为重要。

1.2　研究目的

本文的主要研究目标是设计和提出"数据价值链闭环管理体系"，为石油石化企业提供一个综合性的数据治理框架，具体目标包括：

（1）构建"数据价值链闭环管理体系"的概念与框架：

本研究将首先定义"数据价值链闭环管理体系"的概念，并构建其整体框架。该体系包括三个核心模块：数据收集、数据实验和数据商业化。通过这三个模块的有机结合，形成一个从数据获取到价值转化的闭环流程，覆盖石油石化企业的各个业务环节。

数据收集模块：关注数据的标准化采集和集成，确保数据来源的多样性和数据质量。

数据实验模块：通过分析、建模和验证，探索数据中潜在的业务洞察，为企业决策提供支持。

数据商业化模块：将实验结果和数据分析成果转化为实际的商业应用，提升企业的市场竞争力和创新能力。

（2）设计闭环管理体系的实施路径与核心流程

为了确保"数据价值链闭环管理体系"的可操作性和落地性，本文将详细设计该体系的实施路径，包括从体系规划、工具选型、系统集成到流程优化的全流程指导。并提出一系列具体的实施方案和技术选型建议，以支持企业高效推进体系建设。

1.3　研究意义

数据治理是指对企业数据进行系统管理和控制的过程，旨在确保数据的质量、完整性、安全性和可用性。对于石油石化企业而言，数据治理不仅是技术层面的管理，更是支撑业务战略决策的重要工具。通过有效的数据治理，企业能够实现以下几个目标：首先，数据治理能够提升数据质量和一致性，为智能化应用提供坚实的数据基础。其次，数据治理能够促进数据的共享和协作，打破信息孤岛。传统的石油石化企业往往存在部门壁垒，各部门各自管理自己的数据，难以实现数据的共享和流通。数据治理通过建立统一的数据平台和共享机制，使得各部门能够高效访问和利用企业的核心数据资源，从而支持跨部门协同和创新。

2　数据治理在企业的现状和问题

2.1　数据治理现状

数据治理的核心目的是确保企业内外部数据的质量、可用性、安全性和一致性，为业务决策和流程优化提供有力支持。为了实现这一目标，许多领先企业已开始实施系统化的数据治理策略，并建立相应的框架，以应对不断增长的数据量和数据复杂性。

2.1.1　行业现行的数据治理策略

集中式数据治理策略：在集中式数据治理策略的体系，制定企业级的数据标准、数据政策和管理流程由统一的管理部门负责。集中式策略强调数据的集中化管理，确保各部门的数据能够遵循统一的标准和规范，进而保持并提升企业的数据治理能力。

分布式数据治理策略：分布式策略更偏向于于大型跨国石油石化企业。由于这类企业业务范围广泛，各部门的业务线和管理需求的不同是主要特征。基于分布式策略，管理部门允许各业务部门根据自身需求制定本地化的数据管理政策。然而各部门仍需要按照企业的核心数据治理框架开展数据治理工作，确保全局一致性。

混合式数据治理策略：基于前两种模式的优缺点，混合式策略结合了集中式和分布式策略的优势。企业设立一个中央数据治理团队，负责制定整体框架和标准，同时授权各业务部门根据具体需求进行灵活调整，从而达到平衡业务成本和数据一致性的目的。

2.1.2　行业常见的数据治理框架

DAM（Data Asset Management）框架：DAM框架强调数据作为企业重要资产的管理，通过元数据管理、主数据管理、数据质量管理等模块，帮助企业识别、分类和评估数据资产，实现高效的数据利用。

DGI（Data Governance Institute）框架：DGI框架侧重于数据治理的流程和政策制定，包括数据治理组织架构、角色与职责定义、数据管理流程和合规性检查等。该框架帮助企业建立系统化的数据治理体系，确保数据治理策略的有效执行。

CDMC（Cloud Data Management Capabilities）框架：随着云计算技术的普及，CDMC框架被越来越多的企业采用。该框架涵盖数据存储、访问控制、数据隐私保护等方面，特别适用于在云环境中进行数据治理和管理。

2.2　数据治理面临的挑战

尽管石油石化企业已开始采用各种数据治理策略和框架，但在实施过程中仍面临诸多挑战，这些挑战限制了数据治理的效果和效率。以下是企业在数据治理过程中遇到的主要问题：

2.2.1　数据孤岛现象及其影响

数据孤岛是指企业内部不同部或系统之间的数据无法互通和共享，形成了独立的数据存储和管理单元。石油石化企业由于其复杂的业务结构和多样的IT系统，尤其容易出现数据孤岛现象。各部门使用不同的数据管理系统，导致数据格式不一致，难以实现跨系统的数据集成。传统企业通常以业务部门为中心进行数据管理，部门之间缺乏统一的数据共享机制。安全与合规性考量使得一些敏感数据受到严格的访问限制，进一步加剧了数据孤岛问题。

2.1.2　数据标准化和数据质量管理的困难

石油石化企业在数据治理过程中，经常面临数据标准化和数据质量管理的挑战。这些问题源于数据来源的多样性、业务流程的复杂性和缺乏统一的数据标准。企业的不同业务部门（如勘探、生产、销售）使用的系统各不相同，产生的数据格式和结构存在显著差异。缺乏统一的数据标准和规范，导致数据集成过程中需要大量的数据清洗和转换工作，增加了数据治理的难度。

数据质量问题包括数据的准确性、完整性、一致性、及时性等方面。石油石化企业的数据量庞大，且实时性要求高，一旦数据质量出现问题，可能导致严重的生产故障或决策失误。

缺乏有效的数据质量监控工具和流程，使得企业难以及时发现和纠正数据错误。

3　数据价值链闭环管理体系的框架设计

3.1　体系总体架构

"数据价值链闭环管理体系"是专门为石油石化企业设计的一套综合性数据治理框架，旨在从根本上解决数据治理过程中的核心问题，实现从数据收集、分析到价值转化的完整闭环管理。该体系的设计思路基于石油石化行业的业务特点和数据需求，结合了先进的数字化技术，构建出一个集标准化、集成化、自动化和安全性为一体的系统框架：

（1）端到端的数据管理闭环：该体系覆盖了数据从采集到分析、再到商业化应用的全生命周期管理，形成了一个完整的数据价值链闭环。通过这种端到端的闭环设计，确保了数据的高效流通和利用。

（2）模块化结构设计：体系分为三个核心模块，即数据收集、数据实验和数据商业化，每个模块分别对应不同的业务需求和功能。模块化的设计使得体系具备高度的灵活性，企业可以根据实际需求对各模块进行调整和优化。

3.2　框架设计原则

3.2.1　标准化

确保数据格式一致性。制定企业级的数据标准和规范，涵盖数据格式、数据命名规则、元数据管理等内容。建立数据字典和数据目录，确保所有数据字段和指标的定义统一，并对数据质量进行持续监控和改进。

3.2.2　集成化

实现数据流通和系统互联。构建企业级数据中台，作为数据的统一集成和管理平台，支持跨部门的数据访问和分析。

3.2.3　自动化

提升数据处理效率。应用机器学习算法和自动化分析工具，实现数据的快速清洗和智能分析，提高分析结果的准确性和效率。

3.2.4　安全性

加强数据保护与合规管理。建立严格的数据访问控制和权限管理机制，确保敏感数据仅在授权范围内使用。

3.3　各模块功能解析

（1）数据收集：需求分析、数据采集与集成、数据标准化。

（2）数据实验：数据探索、建模验证、结果反馈。

（3）数据商业化：产品化设计、内部应用、市场推广与反馈优化。

4　数据收集模块的详细设计

4.1　数据需求分析与来源识别

4.1.1　内部数据来源

中石油大集中 ERP 系统：该系统包含生产计划、库存管理、财务报表等多种模块。中石油大集中 ERP 的数据基于流程跟踪和事务处理制度，帮助企业了解生产过程中的物料消耗、设备状态、成本构成等信息，是企业运营数据的重要来源。

ELN 系统（Electronic Lab Notebook）：ELN 系统用于记录实验室的实验设计、实验数据和结果。系统通过自动采集和手动输入的方式储存实验室的实时实验记录。

实验室自动化系统（LIMS）：实验室自动化系统通过自动化设备（如机器人、自动取样器等）进行样品制备、测试和分析。该系统可以实时记录实验过程中的数据，包括测试结果、设备状态、样品位置等，是实验室高效运作的重要支持。

4.1.2　外部数据来源

市场数据：石油石化行业的市场数据包括油价、需求变化、竞争对手分析等信息。其他来源来源包括行业报告、市场调研、金融机构数据等。这类数据能够帮助企业进行市场分析和销售预测。

专利数据：专利数据包含全球范围内的技术创新和专利申请情况，是企业进行技术创新和竞争分析的重要参考。企业可以通过专利数据库或者昆仑大模型进行数据采集。

4.2　自动化数据采集与标准化

随着数据量和数据复杂度的增加，传统的人工数据收集方法难以满足实时性和准确性的要求。通过引入自动化工具和标准化流程，能够显著提升数据收集效率，保证数据的质量和一致性。数据标准化过程中需要对数据进行清洗，包括去除重复数据、处理缺失值和异常值等操作。数据转换步骤根据预设标准对数据进行格式转换，如单位转换和时间格式调整，确保所有数据符合企业的标准要求。

4.3　数据存储与集成方案

数据湖：数据湖用于存储大规模的原始数据，支持结构化、半结构化和非结构化数据的存储。数据湖采用分布式存储架构，能够灵活扩展存储容量。对于实时采集的传感器数据和 IoT 数据，数据湖能够提供高效的存储和访问支持。

数据仓库：数据仓库用于存储经过清洗和标准化的结构化数据，支持复杂的分析和查询。数据仓库采用列式存储方式，能够显著提升数据分析的性能。ERP 系统、ELN 系统等内部数据经过 ETL 处理后，通常存储在数据仓库中，以支持业务分析和报表生成，如图 1 所示。

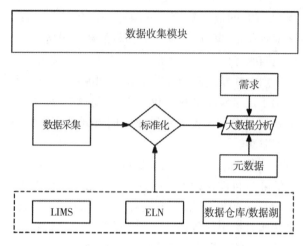

图1　数据收集模块设计总体流程概念图

5　数据实验模块的详细设计

5.1　数据分析与探索

5.1.1　可视化工具在数据探索中的应用

数据可视化的作用：

数据可视化能够将复杂的数据转化为直观的图表和图形，帮助分析人员快速理解数据的结构、趋势和分布情况。常用的可视化工具包括Tableau、Power BI、Matplotlib、Plotly等。

可视化分析方法：

时序分析：对时间序列数据（如传感器数据、生产数据）进行可视化，识别出长期趋势、周期性变化和异常点。

分布分析：通过直方图、密度图等方法，分析数据的分布特性，识别出可能的偏态、峰态和离群点。

关联分析：使用散点图、热力图等工具，分析不同变量之间的相关性，为建模提供重要参考。

5.1.2　统计分析与异常检测方法

描述性统计分析：计算数据的均值、中位数、标准差等基本统计指标，了解数据的集中趋势和离散程度。

假设检验：通过t检验、ANOVA等统计检验方法，验证不同数据组之间是否存在显著差异。

异常检测方法：使用基于统计的方法（如Z-score、IQR法）检测异常值。这些方法通过分析数据分布特性，识别出明显偏离常规范围的异常点。应用机器学习的异常检测算法（如Isolation Forest、LOF算法）进行更复杂的异常识别，特别适用于处理高维数据和非线性数据。

5.2　数据建模与验证

5.2.1　机器学习与人工智能模型的设计与应用

根据数据特点和业务需求选择合适的机器学习模型。

回归模型：用于预测连续型变量，如生产量预测、能耗预测等。常用模型有线性回归、Lasso回归等。

分类模型：用于分类任务，如设备故障检测、客户行为分类。常用模型有决策树、随机森林、支持向量机（SVM）等。

聚类模型：用于客户分群、模式识别等任务。常用模型有K-means聚类、DBSCAN聚类等。

深度学习模型：对于复杂的高维数据（如图像数据、传感器数据），可采用卷积神经网络（CNN）、长短期记忆网络（LSTM）等深度学习模型进行建模。

模型训练与应用：使用历史数据对模型进行训练，并通过交叉验证方法（如K折交叉验证）评估模型的性能。应用训练好的模型对新数据进行预测和分析，并根据预测结果进行业务决策支持。

5.2.2　模型验证与优化方法

模型验证方法：交叉验证：通过划分数据集为训练集和验证集，进行多次模型训练和验证，评估模型的稳定性和泛化能力。

评价指标：根据不同的模型任务选择合适的评价指标，如均方误差（MSE）、准确率、F1分数、ROC曲线等，综合评估模型的性能。

模型优化方法：超参数调优：使用网格搜索（Grid Search）、随机搜索（Random Search）或贝叶斯优化（Bayesian Optimization）等方法，寻找最佳的模型超参数组合，提升模型性能。

特征工程：通过选择重要特征、创建新特征或使用主成分分析（PCA）等降维方法，提升模型的解释性和预测能力。

集成学习：应用集成学习方法（如Bagging、Boosting、Stacking），结合多个模型的优点，提高模型的预测精度和鲁棒性。

5.3　实验记录与同步机制

电子实验记录系统（ELN）用于记录实验设计、数据处理过程、模型构建过程、实验结果等信息。系统应支持文本、表格、图像等多种格式的记录，方便实验人员记录和分享实验过程。

ELN系统将与数据中台、分析平台无缝集成，实现数据和实验记录的自动同步。实验记录一旦保存，可以通过版本控制系统追踪记录的变化，确保数据和实验过程的完整性和一致性，如图2所示。

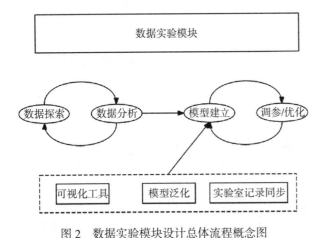

图2　数据实验模块设计总体流程概念图

6　数据商业化模块的详细设计

6.1　数据产品化设计

6.1.1　内部数据服务

生产优化服务：基于生产过程中的实时数据和历史数据，设计生产优化服务，利用机器学习模型和优化算法，帮助企业自动调整生产参数，提升生产效率和产品质量。例如，在炼化过程中，利用AI模型优化关键工艺参数（如温度、压力、流速），实现高效的生产流程控制。

预测性维护服务：预测性维护服务通过实时监控设备状态数据（如振动、温度、压力），结合AI算法预测设备故障时间。通过提前安排维护和修理，企业可以避免非计划停机，减少设备维护成本和生产损失。该服务集成了传感器数据和设备历史记录，提供实时预测和告警功能。

6.1.2　外部数据产品

智能优化系统：智能优化系统面向客户和合作伙伴，提供基于AI和大数据分析的优化解决方案。该系统结合客户的生产数据和市场数据，为用户提供定制化的生产流程优化方案和市场策略支持。

市场分析工具：市场分析工具利用企业的市场数据和外部行业数据，结合数据仓库和机器学习模型，实现实时市场需求预测、竞争对手分析和定价策略优化。

6.2　商业化应用与市场推广

6.2.1　内部业务应用场景

生产流程优化：在企业生产中，数据产品可以用于优化生产流程，提高资源利用效率并降低无效资源调动。

供应链管理：在供应链管理中，数据分析可以帮助园区企业进行库存优化、物流调度和需求预测。通过集成内部ERP系统和外部市场数据，企业预测性调整库存水平，避免库存过剩或短缺，完成物资和人流的全流程高效管理。

6.2.2　对外市场推广策略与合作模式

市场推广策略：企业可以通过线上和线下多种渠道进行数据产品的推广。例如，利用社交媒体、行业网站、线上研讨会等数字渠道，向潜在客户展示数据产品的优势和应用场景；同时，在行业展会、技术交流会等线下活动中进行产品演示和客户互动。

数据共享合作：与行业合作伙伴（如供应商、研究机构）建立数据共享平台，共同开发和推广数据产品，实现互利共赢。

6.3　数据商业化效益评估与反馈优化

6.3.1　商业化效益分析

商业化效益分析的核心在于评估数据产品对企业内部成本节约和收益提升的实际效果。例如，通过实施预测性维护服务，企业可以减少非计划停机时间，降低设备维护成本；通过生产流程优化服务，企业可以提高生产效率，减少能耗和浪费。对于外部数据产品，通过分析客户使用数据产品后的经营业绩变化，评估产品对客户的价值贡献和市场竞争力。例如，使用市场分析工具的客户可能在定价策略上获得更高的市场份额，从而提升销售收入。

6.3.2　客户反馈收集与产品迭代优化

企业应建立客户反馈收集机制，通过问卷调查、客户访谈、线上评论等方式收集客户对数据产品的使用体验、功能需求和改进建议。利用客户关系管理（CRM）系统，可以跟踪和记录客户反馈，进行系统化分析。

根据客户反馈和效益评估结果，定期进行产品迭代和优化。产品迭代应聚焦于改进用户体验、增加功能模块、提升预测准确性等方面，如图3所示。

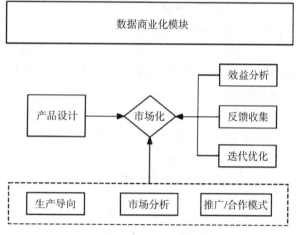

图3　数据商业化模块设计总体流程概念图

7　结论和未来展望

7.1　数据治理体系的持续优化策略

尽管数据价值链闭环管理体系能够显著提升石油石化企业的数据管理和利用效率，但随着技术的进步和行业环境的变化，体系仍需不断调整和优化。以下是未来持续优化的关键策略：

7.1.1　利用实时数据分析和自动化工具提升治理效率

实时数据分析：随着物联网和边缘计算技术的发展，实时数据分析将成为数据治理体系的重要组成部分。通过引入流处理引擎（如Apache Kafka、Apache Flink），企业可以实时处理来自传感器、设备和生产系统的数据，实现快速响应和决策。实时数据分析能够帮助企业及时发现生产中的异常情况，优化设备维护和生产流程，提升整体运营效率。

自动化工具的应用：自动化工例如ETL自动化、机器学习算法能够显著降低人工干预时间和成本，提高自动化数据处理的效率和准确性。在AIGC的不断发展中，本系统可以将大模型和自适应算法纳入自动化流程，包括异常检测、数据质量监控和模型更新等环节，做到降本增效，为企业带来更高的业务价值。

7.1.2　加强与行业标准的对接与融合

行业标准的制定与采纳：数据标准化是数据治理的基础。为了对接未来更多的技术需求和数据流量，数据标准和规范将是体系建立的关键基石。

跨企业和跨行业的数据合作：随着数据共享和大数据平台趋势的兴起，石油石化企业应积极响应行业联盟和数据共享项目，努力与上下游配套企业建立数据共享和数据联动平台。这种合作

能够帮助企业获取更多的数据来源，提升数据分析的深度和广度，并加速创新和市场响应速度。

7.2　对石油石化企业的长期战略影响

"数据价值链闭环管理体系"的成功实施将对石油石化企业的长期发展产生深远的影响，主要体现在以下两个方面：

7.2.1　支持企业实现数字化转型与创新发展

加速数字化转型进程：数据治理体系的建立为企业提供了系统化的数据管理框架，帮助企业打破数据孤岛，提升数据质量和共享效率。这一体系不仅支持现有业务流程的优化，还为新业务模式和新技术的引入奠定了数据基础。在数字化转型过程中，企业将更加依赖于数据驱动的决策和运营模式。通过构建"数据价值链闭环管理体系"，企业能够充分利用大数据、人工智能和物联网等技术，实现智能化生产、智能化决策和智能化服务，提升企业的整体运营效率和创新能力。

推动技术创新与研发突破：数据实验模块中的建模与验证环节，为企业的研发部门提供了强大的数据分析支持。通过深入的数据探索和机器学习建模，企业能够更快速地发现新材料、新工艺和新市场机会，推动技术创新和产品升级。预测性维护、智能优化系统等内部数据服务的开发与应用，将帮助企业减少非计划停机时间，延长设备使用寿命，提高资源利用效率，从而提升企业的生产力和盈利能力。

7.2.2　提升企业在全球市场中的竞争力

增强市场响应速度与客户满意度：通过数据商业化模块的实施，企业能够快速响应市场变化和客户需求。智能优化系统、市场分析工具等数据产品，不仅能够为客户提供定制化的解决方案，还能够帮助客户优化生产和经营决策，提升客户满意度和忠诚度。企业通过将内部数据服务产品化、市场化，拓展了新的业务增长点，提升了在全球市场中的竞争力和品牌影响力。

打造数据驱动的竞争优势：在未来的全球石油石化市场中，数据驱动的竞争优势将越来越明显。拥有系统化数据治理体系的企业，能够比竞争对手更快速地识别市场趋势、优化生产流程、降低成本，提升企业的盈利能力和市场地位。数据治理体系不仅帮助企业提升内部管理效率，还为外部市场竞争提供了强大的数据支持和决策依据，帮助企业在激烈的市场竞争中保持领先地位。

参 考 文 献

[1] Xu Y, Xing M, Chen M. C et al.（2022, November）. Petrochemical industry digital transformation from the perspective of big data: A survey. In 2022 International Conference on Frontiers of Communications, Information System and Data Science（CISDS）（pp. 14–20）. IEEE.

[2] 李江浩 .（2024）. 炼化企业"信息孤岛"成因及对策研究 . 中国战略新兴产业（09）, 42–44.

[3] 张智玮, 贺宗江 .（2022）. 炼化企业数字化转型工作的思考 . 石油化工管理干部学院学报（04）, 45–49.

AI 技术在中浅层煤层气田探索与应用实践

李 啡 赵宝山 王映杰 唐 宇 许江波 夏 飞

（中石油煤层气有限责任公司）

摘 要 本文通过研究数据模型、图像分析、虚拟增强等技术与中浅层煤层气田生产系统相互应用与实践，论述了 AI 技术在中浅层煤层气田的实际应用与取得的效果。以鄂东煤层气田保德区块为例，该气田经过前期信息化建设，实现了主要生产工艺环节数据的采集与网络通讯，建立了良好的数据采集与控制基础，为后续煤层气田的智能化建设提供了有力保障。随着生产精益化管理、智能化管控要求的提高，对于工况智能诊断、设备状态监测、智能查违章等方面提出了更高的要求。主要目的是将人工智能 4 个要素算法、算力、数据及应用场景与煤层气田深度应用，将保德区块从"感知智能"提升为"认知智能"，通过分析区块自动化现状、三项存在问题及满足生产过程智能控制与诊断，设备运行智能监测与分析及场站违章智能识别与管控等三项需求，结合 AI 技术在油气行业相关实践及成功案例的学习，通过文献调查，制定了以神经网络模拟为基础，建立抽油机工况诊断模型，以多源数据融合为指导，搭建压缩机智能监测系统，以 AI+AR 互补为抓手，实现集气站违章智能识别等三项技术措施，实现工况诊断由"感知判断"到"认知判断"转变，压缩机故障由"事后发现"到"事前预警"转变，集气站查违章由"被动检查"到"主动管控"转变等三项转变，全面提升了保德区块智能化程度，推动保德区块煤层气田由数字化向数智化转变。

关键词 保德区块；AI+AR；神经网络；工况诊断；数据融合；数智化

1 引言

1.1 研究背景

保德煤层气田经过前期信息化建设，实现了主要生产工艺环节数据的采集与网络通讯，建立了良好的数据采集与控制基础，为后续煤层气田的智能化建设提供了有力保障。随着生产精益化管理、智能化管控要求的提高，对于工况智能诊断、设备状态监测、智能查违章等方面提出了更高的要求。本文通过研究数据模型、图像分析技术与保德区块煤层气生产系统相互应用与实践，论述了 AI 技术在煤层气田的实际应用与取得的效果。

1.1.1 数字化现状

一个平台：现场使用集团公司统建油气生产物联网（A11）系统，可实现生产数据实时查看，各类生产报表、排采曲线自动生成，异常报警，远程控制等功能。逐步构建"集中监控、故障巡检"运行模式。

两个基础：数据采集基础，实现自动化建设全覆盖，三项电参、套压、日产气、示功图等关键参数采集，重点井实现井下压力采集，数据整体上线率达到 100%；数据传输基础，架设光缆237 公里，传输宽带 1000M。数据传输方式以光缆为主，占比 97%，网桥（保 10-28 井区）为辅。

1.1.2 问题分析

问题 1：抽油机运行诊断智能化程度需进一步提升。保德区块共 223 座井场，已全部实现日产气、套压及示功图等关键参数采集，对于抽油机工况自动诊断，智能分析识别还不完善。

问题 2：压缩机问题智能化排查程度还需进一步提升。共 5 座集气站，其中 2 座集气站已实现无人值守、2 座集气站已完成改造，1 座正在改造，还未正在实现集气站管理"无人值守"化，对于集气站关键设备压缩机状态智能监测还不完善。

问题 3：无人值守场站违章智能识别程度还需进一步提升。集气站工艺流程复杂、设备种类多、施工频繁，部分业务人员在安全管理水平上都还存在"差不多"思想，一定程度上降低了对安全的重视程度，容易造成工作疏忽，导致生产安全事故事件的发生，需通过智能识别技术进一步提升违章防范能力。

1.1.3 研究目标

利用 AI 技术应用，将人工智能 4 个要素算法、算力、数据及应用场景与煤层气田深度应用，从"感知智能"提升为"认知智能"，实现煤层气田生产过程动态监测、智能分析、处理和决策，以满足生产过程智能控制与诊断的需要，设备运行智能监测与分析的需要及场站违章智能识别与管控的需要等3个"需要"为前提，推进保德区块 AI 技术深化应用。

2　技术思路与研究方法

围绕梳理的抽油机工况运行诊断、压缩机诊断及集气站违章智能识别等三方面薄弱点，结合 AI 技术在油气行业相关实践及成功案例的学习，通过文献调查，拟从以下三方面技术思路入手，从"感知智能"提升为"认知智能"，实现煤层气田生产过程动态监测、智能分析、处理和决策。

措施一：以神经网络模拟为基础，建立抽油机工况诊断模型

措施二：以多源数据融合为指导，搭建压缩机智能监测系统

措施三：以 AI+AR 互补为抓手，实现集气站违章智能识别

2.1　以神经网络模拟为基础，建立抽油机工况诊断模型

目前保德区块生产井 938 口，有杆泵排水占比达 99%，为保德区块煤层气井主要排水方式。抽油泵作为煤层气井排水采气井下主要设备，在抽油机的带动作用下，可以将井内地层水举升至地面，其主要由五部分组成：泵筒、衬套、柱塞、游动凡尔和固定凡尔，因为抽油泵安装在井下，井下周围的环境复杂，而抽油泵的情况将直接关系到煤层气井的产量。

2.1.1　基于神经网络的智能诊断研究

通过学习国内外许多专家学者在使用神经网络解决抽油井泵示功图的故障识别方面做的大量研究，借助人工神经网络方法强有力的学习和并行处理能力，明确了煤层气井功图智能诊断的实施思路，建立诊断模型。

（1）推算泵功图

结合杆柱组合、抽油机基础信息，应用描述抽油杆柱动态变化的带阻尼的波动方程，以悬点示功图数据为边界条件，经过编程计算，消除抽油杆柱的变形、杆柱的粘滞力、振动和惯性等影响，模拟出形状简单而又能真实反映泵工作状况的泵功图。

$$\frac{\partial^2 u(x,t)}{\partial t^2} = c^2 \frac{\partial^2 u(x,t)}{\partial x^2} - v \frac{\partial u(x,t)}{\partial t} \quad (1)$$

$u(x,t)$ ——t 时刻光杆 x 截面的位移；

c ——等效阻尼系数；　v ——抽油杆的平均速度。

该方程通过傅里叶级数展开，以地面示功图为边界条件，明确6种典型工况的示功图，如图1所示。

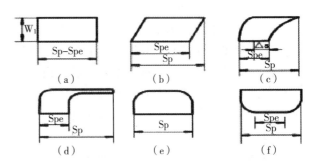

（a）正常示功图　（b）油管未锚定　（c）气体影响
（d）供液不足　　（e）排出部分漏失 （f）吸入部分漏失

图 1

（2）无量纲转换

在基于泵功图形状特征的识别中，泵功图的形状和轮廓是相关的要素，而液载的实际值（泵功图的轴）和柱塞的行程（泵功图的 z 轴）对模式识别是无关的要素。由于不同油井的示功图数据精度及量纲可能有差异，在进行训练前，对泵功图进行无量纲预处理，采用归一化方法，将原始示功图规范为统一的形式，避开量纲和坐标尺度的影响。

$$x^{'} = (x - x_{\min}) / (x_{\max} - x_{\min})$$
$$y^{'} = (y - y_{\min}) / (y_{\max} - y_{\min})$$

（x 为位移，y 为载荷，x' 和 y' 分别为位移与载荷归一化后的数据）

（3）灰度统计

灰度矩阵：对泵功图进行无量纲预处理，提取泵功图形状特征识别中功图形状和轮廓 2 个关键要素，如图 2 所示。

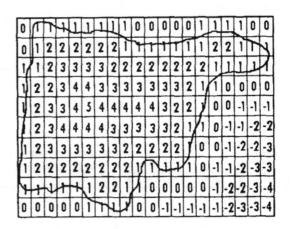

图 1

（网格图说明：将标准化的泵功图放 10×20 的网格中，网眼初始化为"0"，将泵功图边界穿越的网眼灰度均赋"1"按等高线的方式对网眼赋值，在边界内部每远离边界一格其灰度值增加一级；在边界外部每远离边界一格其灰度值减少一级）

灰度统计：泵功图灰度的统计特征包括灰度的均值、方差、偏度、峰度、能量、熵等。

（4）神经网络训练

神经网络构建：构建三层 BP 网络，并采用带有学习率和动量因子的改进 BP 算法对其进行训练。网络的输入层节点对应于泵功图特征值，输出层节点对应于识别的泵功图故障种类，隐含层节点通过试凑和经验进行选取。隐层选用 Purelin 激活函数，输出层选用 Sigmoid 激活函数。根据各个故障的典型特征，建立其训练模式样本，对于

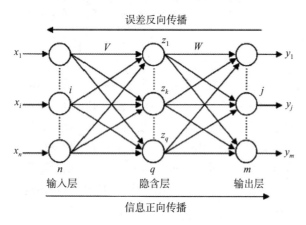

图 3　3 层 BP 网络结构图

特定的输入、输出模式中相应故障节点期望输出值为 1，其余为 0。

神经网路训练：通过学习训练，网络获得了诊断有杆抽油系统泵功图的故障知识，这些知识是以分布在网络内部的连接权值和阈值隐性表达。当学习收敛后，冻结神经网络的权值和阈值，使训练好的神经网络处于回想状态，对于一个给定的输入，经网络映射作用，便产生一个相应的输出。

（5）组织实施

完成 699 台一体式在线功图仪的安装，RTU 程序更新、功图数据库建立及接入等工作，实现区块机采井功图采集全覆盖；完成 50 口井功图量液和功图诊断测试，测试数据 10000+ 组，可实现正常、气体影响、供液不足、断脱、固定阀漏失、游动阀漏失、上碰泵、下碰泵、油管漏失等共 9 种工况诊断。

（6）建立诊断模型

基于工况特征提取与智能识别技术，通过卷积、池化等图像特征提取方法，（图 4）对原始图像或特征映射层进行局部特征提取，将数据输入神经网络进行模型的迭代训练，通过控制神经网络的超参数选择效果最优的模型作为最终的示功图分类器。工况诊断准确率在 90% 以上。

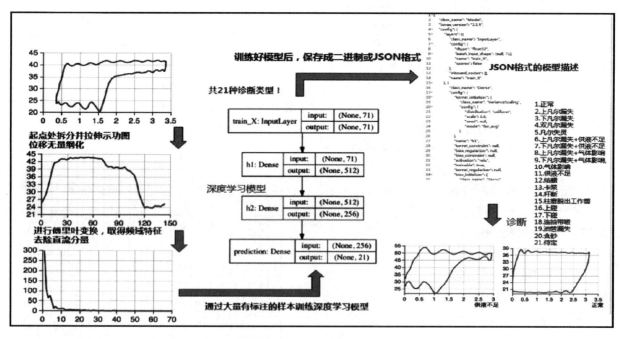

图 4　诊断模型训练

2.2　以多源数据融合为指导，搭建压缩机智能监测系统

2.2.1　往复压缩机故障分析

往复式压缩机机械类故障种类多，按照监测

状态参数可分为热力性能故障和机械性能故障（表 1），某些故障征兆会同时反映在热力参数和动力参数的变化上。对往复式压缩机进行两大类参数的监测，可被诊断出典型机组故障，实现压缩机

表 1　往复式压缩机机械类故障分类统计表

序号	故障种类	故障外在表现	监测控制参数	监测对象
1	热力性故障	排气量、进排气压力、温度的变化以及油路、水路流量以及温度的变化	进、排气温度、气缸压力，润滑油温度、压力等	气阀、填料函、活塞环、轴承
2	机械性能故障	往复式压缩机机械性能参数的变化，如由于零部件磨损断裂而引起的冲击和振动	振动	压缩缸、曲轴箱、主电机

预知状态维修，保证生产的安全进行。

2.2.2　往复压缩机硬件采集需求分析

（1）根据往复压缩机故障机理研究（典型故障的温度、压力、振动特征等）和以往监测诊断经验，结合管理区压缩机故障统计情况，为压缩机制定多源传感器布局方案。主要监测参数有气缸压力、活塞杆位移、缸体及曲轴箱振动、键相传感器、电机震动等，同时引入机组工艺量参数，进行多参数融合分析（表 2）。

表 2　可监测故障类别统计表

序号	测点类别	可监测故障类别（人工分析）
1	动态压力	进气阀泄漏、排气阀泄漏、活塞环泄漏、填料泄漏等
2	十字头振动	连杆小头瓦磨损、十字头销断裂、连杆螺栓断裂、撞缸、气阀阀片断裂等
3	活塞杆沉降	拉缸、活塞组件严重磨损、活塞杆紧固元件松动、活塞杆断裂等
4	曲轴箱振动	撞缸、活塞杆断裂、连杆螺栓断裂等
5	键相	压缩机监测测点信号二冲程整周期触发采集

（2）为了提高诊断专家系统的诊断准确性、适用性、可维护性，以往复式压缩机在线监测诊断系统为基础，将十字头冲击、曲轴箱振动、活塞杆位移、气阀温度、键相等多源信号进行融合，建立复合诊断逻辑框架。（图 5）

提取的特征与压缩机智能诊断模型结合对比分析，得到智能诊断结果；与现场检维修的结果进行验证，可完成智能诊断模型的加强与修正，提高智能诊断模型准确性（图 6）。

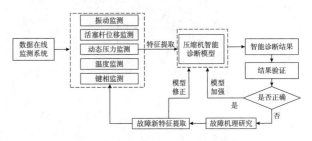

图 6　往复压缩机智能状态监测诊断逻辑图

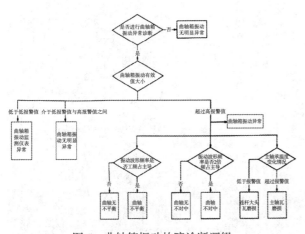

图 5　曲轴箱振动故障诊断逻辑

2.2.3　系统智能诊断功能需求分析

（1）通过数据在线监测系统采集各个测点信号；通过信号处理、信息融合、特征提取等，将

（2）系统智能诊断功能通过基于规则推理诊断、基于大数据学习及大量案例相似度智能诊断实现故障结论推送；在过往大量故障案例数据基础上，提取故障特征，形成故障模式库，相似度最高的为故障智能诊断结论，结论支持专家级用户确认（图 7）。

2.2.4　系统搭建与应用

故障分析软件分析图谱功能主要有：机组概

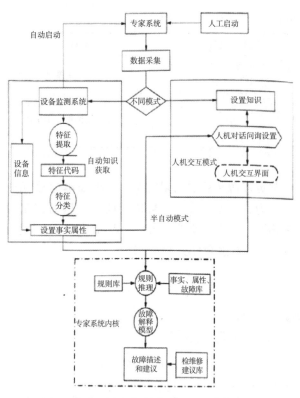

图 7　往复压缩机智能状态监测诊断架构图

貌图、运行状态图、历史比较图、单值棒图、活塞缸沉降 / 偏摆监测、振动监测、多参数分析、综合检测、其他参数趋势图、活塞杆轨迹图、示功图、活塞杆载荷监测、故障报告与报表（图 8）。

根据常见压缩机故障情况，绘制压缩机故障图谱，高效分析压缩机存在故障问题原因，提高压缩机故障分析准确性。成功自动诊断多个故障，2023 年预判性发现故障 7 次，验证了智能状态监测系统的可行性（图 9）。

2.3　以 AI+AR 互补为抓手，实现集气站违章智能识别

2.3.1　集气站管理安全问题分析

安全监管方面，管理区每日现场施工点多面广，专职安全监督人员或业务管理人员主要对高风险作业、关键环节进行监督，无法对每一项作业都进行全过程监督检查，而部分没被监督检查到的现场人员便出现侥幸心理，放松了规定动作的执行力度。

由于安全监管专业性、系统性培训覆盖面不广，部分业务管理人员、属地人员以及现场施工人员在安全管理水平、安全生产技术上的掌握与应用都还存在"差不多"思想，一定程度上降低了对安全的重视程度，容易造成工作疏忽，导致生产安全事故事件的发生。

设备安全方面，由于集气站工艺流程复杂、设备种类多、施工频繁，且巡检人员距保 4 集气站较远，单程行驶时间约半小时，加上现场巡检人员水平参差不齐的因素，容易出现设备故障处

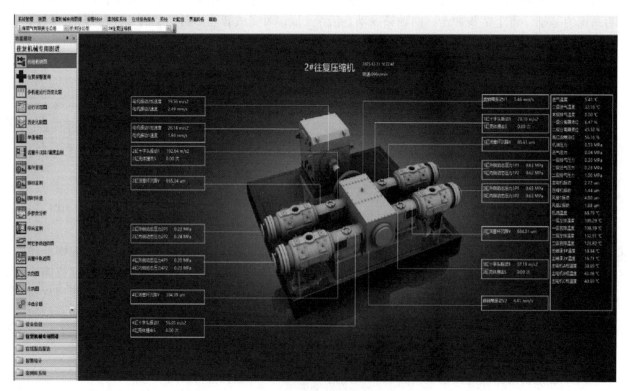

图 8　压缩机组概貌图

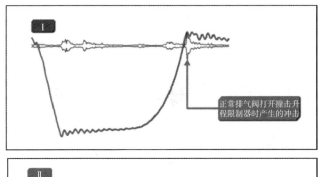
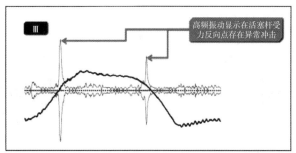
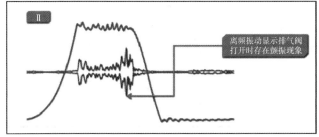
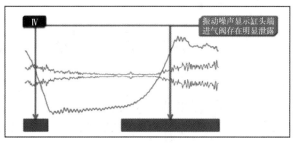

图 9   压缩机组冲击及振动图谱示例

理不及时，降低设备可靠性，甚至出现设备安全隐患。

针对无人值守场站，在保 4 集气站建设一套集 AI 视频分析技术、AR 增强现实技术和人脸识别技术于一体的系统，推动人防向技防转变，实现违章行为智能识别，规范现场巡检操作行为，缩短设备故障处理时间，确保场站运行平稳、施工安全。

2.3.2   AI 视频分析技术

完成 12 类 35 路违章行为识别算法部署，并有效投入使用，主要分为 3 种识别类算法及 9 种直接判断类算法。

（1）甲醇加注合规检测算法

根据甲醇加注安全操作规程（图 10），重点对车辆就位、静电释放、加注管连接和防毒面具穿戴等四个关键环节进行视频分析和工序验证，在加注完成后出具验证报告，确保甲醇加注作业合规。

（2）挖掘机作业半径范围人员入侵算法

系统以常见的履带式反铲挖掘机为主体识别目标，自动识别挖掘机的工作装置、回转装置和行走装置等机械特征，若满足挖掘机识别特征，则以挖掘机为中心点，自动设定距离中心点半径 5 米范围为危险区域，对于入侵危险区域的人员进行抓拍存档并告警（图 11）。

（3）静电释放球检测算法

采用反向报警识别机制，即识别保 4 集气站大门入口区域中如果人员正确触摸静电释放球行为，

图 10   甲醇加注安全操作流程

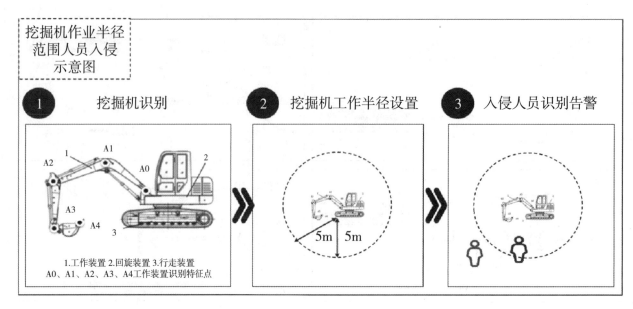

图 11　挖掘半径示意图

发现触摸静电释放球动静后立即抓拍存档，如果没有被抓拍的人员这视为没有触摸静电球（图12）。

（4）直接判定类算法

发现后立即抓拍存档并告警①人员摔倒算法，②起重机吊臂下方人员入侵算法，③监护人员标识检测算法④安全警戒带检测算法；⑤安全带穿戴检测算法，⑥乙炔瓶直立检测算法⑦环境物品起火冒烟检测算法，⑧人员违规接打电话算法，⑨人员安全帽算法。（图13）

2.3.3　AR增强现实技术

AR增强现实技术在本项目上，主要应用于现场巡检和远程协作：场站巡检人员是否根据巡检路线、巡检内容进行巡检；现场突发故障时，可远程指导解决故障。

（1）网络拓扑

保4集气站的AR设备终端通过4G路由器与SaaS平台进行数据交互，其它用户端通过公网与SaaS平台连接。

（2）电子化标准巡检

根据《保4集气站班组HSE日巡回检查记录表》和巡检路线图，编制完成保4集气站标准巡检工作流（图14），采用设备逐台扫码和巡检内容逐项确认的方式，指导现场人员精准巡检，最终生成电子巡检记录表。

（3）远程协作

搭建AR远程协作系统，通过手机端、PC端、AR眼镜端随时一键呼叫专家，专家可结合AR第一视角画面分享功能，通过音视频通讯、动静态标注、共享白板功能进行远程协助，实现5人多地共享工作空间，为专家远程会诊打下基础（图15）。

2.3.4　人脸识别技术

（1）系统构成

保4集气站智能人脸识别门禁系统由人脸识

图 12　静电释放示意图

图 13　现场抓拍示意图

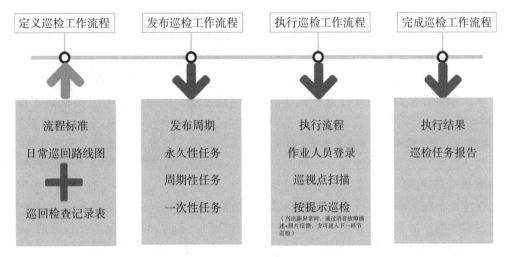

图 14　保 4 集气站检查流程

图 15　AR 远程协作系统流程

别智能摄像机、小智通行管理边缘服务器、迎宾视频盒子、安防监视器和交换机共同组成的一套智能无感门禁通行系统。

（2）系统应用

完成 97 人的人脸图片采集和证件信息录入，对于进入集气站人员的身份及所持证件进行确认，验证身份是否是工作人员及工作人员所持证件是否过期。如果是白名单用户直接"刷脸"验证通过，如果认证失败，系统将实时图片抓拍及告警弹窗，实现现场门禁管理由人防向技防的转变，规范出入人员身份，避免因盗窃、误入产生的间接经济风险。

3　结果和效果

3.1　工况诊断由"感知判断"到"认知判断"转变

通过功图采集模块的安装及智能功图分析模型的部署，实现井下工况实时监测，可第一时间发现井下异常，判断井下工况，并组织异常处置，提升了生产组织效率，弥补了井下工况实时判断的盲区。抽油机井示功图安装率 100%；功图诊断准确率达到 90% 以上；排采工操作工时下降 15% 以上；已累计识别井不出液、漏失、卡泵、上碰泵等井下异常 107 口。

经济效益：结合功图采集及功图诊断投用，劳动工时测算可降低操作人员约 12 人，预计节约人工费用 200 余万元；功能应用进一步提高巡检人员工作效率，排采外包费用逐年降低，累计节约费用约 800 余万元。

3.2 压缩机故障由"事后发现"到"事前预警"转变

利用振动、温度、压力等多源信号实现往复机械典型故障预警与诊断，解决了人工诊断的及时性及准确性难题，随着各种工况、正常及异常数据的不断积累学习，故障智能诊断模型进一步修正和完善，智能诊断准确性进一步提升。

典型故障案例一

2023 年 4 月 21 日发现压缩机电机端非驱动测振动加速度值出现明显升高趋势，加速度从 18m/s^2 左右上涨到 490m/s^2，且存在频繁跳变，未跳变时最大也达 200m/s^2 左右，对比工艺量数据，电机振动趋势上涨与机组负荷无明显关联，判断故障出现在电机端。机组随后进行检维修，发现电机盘车卡阻严重，拆检后发现非驱动端内盖于主轴抱死，轴承磨损严重，避免了设备主轴承报废，节约设备维修费用约 50 万元。

典型故障案例二

2023 年 11 月 26 日压缩机和电机整体振动突然出现大幅上涨后停机，采用系统诊断软件对比分析，所有测点中 2 缸十字头振动加速度涨幅最大，振动由正常时的 100m/s^2 上涨到 800m/s^2 左右，到停机时瞬间达到最大 1579m/s^2。综合数据分析判断，机组压缩机 2 缸出现撞缸故障，引起撞缸原因不限于缸内进异物、活塞及其组件损坏、活塞杆与十字头连接螺帽松动等情况。设备检修完成后，再次采用诊断系统对运行情况进行监测，各项参数趋势变化正常。本次检修作业效率提高 50% 左右，避免了设备较长时间处于故障状态。

经济效益：2023 年预判性发现保 2 集气站往复压缩机故障 7 次，节约维保费用近百万元，维修费用节约 40%，验证了智能状态监测系统的重要性。随着监测系统进一步完善，预计维修费用节约 70% 以上。

3.3 集气站查违章由"被动检查"到"主动管控"转变

一是运用 AI 视频分析技术，完成 12 类 35路违章行为识别算法部署，全年弹出告警提示近 1700 条，有效促使人盯人、人力监控转变为 AI 视频分析监控。

二是运用 AR 增强现实技术，通过搭建智能巡检系统，规划定义电子巡检路线和巡检内容，生成电子巡检记录表 50 余份；通过搭建 AR 远程协作系统，实现专家远程以第一视角对现场作出准确判断，提出解决措施，缩短故障处理时间。

三是运用人脸识别技术，完成 97 人人脸图片采集和证件信息录入，实现进站人员身份、证件有效期的实时甄别，全年有效识别并报警"陌生人"500 余人次、证件过期 200 余人次，有效规范出入人员身份和证件管理。

4　结论

（1）保德区块立足需求导向和价值导向，经过工况诊断模型、设备在线监测及 AR 智能查违章三项技术应用，全面提升了保德区块智能化程度，推动保德区块煤层气田由数字化向数智化转变。

（2）保德区块数智化程度逐步完善，需强化在智能化管理和平台应用等方面智能化场景应用，进一步结合 AI 技术，挖掘数字建设成果，以实现建设价值最大化。

参 考 文 献

[1] 徐文伟，肖立志，刘合. 我国企业人工智能应用现状与挑战 [J]. 中国工程科学，2022，24（6）：173–183.

[2] 刘沛津，程铭. 基于联合调度的抽油机群控系统能耗特征分析 [J]. 计算机仿真，2021，38（01）：56–60.

[3] 卢秋羽. 基于数据挖掘的油田机采系统效率评价与预测研究 [D]. 东北石油大学，2022.

[4] 渠沛然. 油气行业如何用好人工智能"利器"？ [N]. 中国能源报，2023，04（03）：11.

[5] 胡全伟. 能耗节点分析在抽油机井节能降耗中的应用 [J]. 石油石化节能，2017，7（9）：12–15.

[6] 李晶，刘莉莉. 数据中心自动化运维的建设方法思考 [J]. 电子世界，2021（20）：208–209.

[7] 张海军. 关于抽油机井泵效几大影响因素及对策的探讨 [J]. 化工管理，2020（18）：213–214.

大数据、云计算及中台技术在能源企业门户项目模板化的设计应用

万晓楠[1]　董光顺[1]　孙　健[2]

（1. 中国石油抚顺石化公司；2. 中国石油勘探开发研究院）

摘　要　在能源企业数字化转型、信息化补强工程背景下，结合能源企业信息门户新模板研发课题要求，采用大数据、云计算及中台技术，优化技术路线，行业互补，打通最后一公里，形成新型模板方案，该模板全套技术高度实现国产化，具备人机融合生产环境、网络化项目建设、数字化运维等优势，适用范围广，模板化方案可高效赋能项目建设与运营全生命周期应用，对能源企业数字化转型领域的新、改、扩信息化、数字化、智慧化项目补强短板、深化应用有一定效果价值。

关键词　大数据；云计算；中台；模板化应用

碳达峰碳中和的实现是一场深刻且广泛的社会系统变革。是加速生态文明与经济社会发展、绿色转型、促进人与自然和谐共生的战略举措。国家能源局要求能源央企积极主动开展系统性工作，践行落实有关部门要求，本文涉及研究对象即建立在该企业以及相关行业类型项目的实际业务基础上，通过对规划、设计、实施、测试项目建设全周期和运营期部分成果、亮点的设计与应用，得出本文研究结论。

1　能源企业数字化转型要求

1.1　环境驱动

在这股数字经济的东风下，某能源企业主要领导强调：要突出守正创新，扎实推进信息化补强工程，加快建设，要发挥行业引领作用，深化数字技术与业务发展融合创新，全面落实国家数据安全与数字治理体系建设相关工作要求，逐步构建行业先进的智慧生态系统。下一步将继续加强数字化信息化人才队伍建设，为优秀信息化人才广泛提供参与油气、炼化、营销等主营业务交流舞台，充分发挥数字化对企业管理的推进效能，为数字化转型、智能化发展发挥更大作用，做出更大贡献。

当今社会发展趋势下，数字化技术应用拓宽，以大数据、云计算、人工智能为代表的新一代数字技术不断优化，以数字化智能化技术助力油气绿色低碳开发利用。加快数字化智能化炼厂升级建设，提高炼化能效水平。

2　能源企业门户项目概况

2.1　项目背景

内部门户（以下简称内部门户）建设项目于2001年正式启动，经过系统平台搭建、试点推进和全面推广三个阶段，建成为第一个统建项目。内部门户在2012年进行过平台产品升级，但一直未对平台整体框架进行提升，存在着架构老旧与扩展能力较差的问题，在新技术应用与可持续性方面受到严重的限制，不能及时响应集团公司"推动先进技术在各业务领域广泛应用"的号召，且不能满足各个企事业单位对门户应用各自扩展的需要。

强化企业整体绩效；加快信息化集成建设，优化搭建服务平台，提高共享资源效率；建设利用互联网平台，提高市场竞争力；做好大数据技术深化应用，压实责任、融合业务；加强信息安全建设，切实提高自主可控能力。

2.2　业务需求

结合现有内部门户的应用情况与现存问题，并融合业务发展规划，采用了信息技术手段来辅助决策，充分发挥门户信息集散地的作用，在充分了解业务意见后，将各方的提升需求进行汇总和梳理，形成了内部门户在大数据、云计算和中

台方面相关业务需求。

2.2.1　大数据需求

具备 PC 端门户、移动门户、微视频等资源管理的功能；实现 PC 端门户、移动门户及外部媒体的多渠道发布，具备权威信息发布的多种新媒体技术深度融合的一体化管理能力；通过智能搜索、聚合及推送、大数据分析技术对融媒体资源池内容进行管理和应用；支持树状和网状结构的新闻信息上报下推全流程管理和多媒体文件的上传、展示及下载。

2.2.2　云计算需求

增强搜索功能，实现由人找信息扩展到信息找人、信息找信息的多种推送方式；根据门户标准接口及门户应用定制工具可快速的完成门户应用扩展，应用类信息管理。通过门户标准化接口，实现直播、其他媒体的数据在门户的发布和门户信息在移动端的展示。

2.2.3　中台运营管理需求

多站点统一管理，完成门户网站网状化建设，实现快速建站、平台资产管理、单点登录、流程及权限控制，完成一体化运营平台的建设，提供粘性、互动、使用等各类统计分析和报表，为媒体传播能力和运营服务能力和网站普查评估提供有价值的分析数据。

2.3　项目目标

本项目的建设目标是：加快构建合而为一融为一体的融媒体格局；建设共享平台总体部署，运用大数据、中台和东部西部的异地双环云计算等技术，打造多层级、多终端、一体化的内部门户系统；全面提升平台服务能力与组织企业宣传能力、安全管控能力，更好地服务于总体发展战略。

构建 PC 门户、移动门户 APP 等多端一体化的内部门户系统平台，提供安全有效的全平台用户统一管理能力，并提供统一数据接口标准规范，建立平台服务架构供内外部相关轻应用开发。在资源层面、平台和服务层面满足以下需求：资源层面支持虚拟机部署／支持容器方式部署；利用虚拟机镜像或者容器打包技术实现快速部署和扩容；支持物理负载均衡设备和软件负载均衡设备；基础软件（数据库、中间件等）提供集群管理能力，并实现高可用；提供平台内应用、组件等的资源计量和资源配额能力，并开放接口。平台和服务层面符合流行的平台服务架构思想，基础平台具备集约化、容器化部署和迭代开发的能力；应用平台的核心能力和具体业务的实现需要组件化或服务化，各组件间实现松耦合微服务架构，并可以开放服务供第三方使用；运营平台为覆盖整体项目的一体化管理及共享服务体系，标准化的服务接口方便第三方系统和数据的输入／输出。服务和应用配置集中管控。同时需要满足网络需求、性能需求、输入输出、安全保密、接口需求等方面。

2.4　PC 端与移动端实施需求计划

PC 门户功能遵循《设计规范》基本原则，依托成熟的信息技术，统一建设各企事业单位门户，向企业员工提供访问各类办公系统及获取各种信息的服务；提供安全有效的管控手段，正确把握舆论导向，支持多样的员工互动模式；实现用户习惯分析、访问者 IP 分析、以及访问分区分析等，可查看用户来源、喜好、统计用户权限，根据用户需求进行信息推送和个人订阅。

移动门户功能汇聚企业媒体信息，展示类型多样，模板丰富，可定制；具备多渠道呈现能力；支持信息协同联动；传播效果可视化分析。项目计划分批次执行，整体实施工期为 16 个月。

3　中台逻辑及大数据、云计算设计

3.1　中台总体架构

平台总体架构分为前端服务、后台管理、平台服务和基础架构。前端服务主要是指信息发布和服务平台，包括 PC 内部门户和移动门户。后台管理支持对前端服务的管理，实现数据体系化、管理一体化及安全内容管控。平台服务主要实现应用基础服务，支撑前端和后台的应用，基础架构基于云计算资源等实现。

3.1.1　中台应用架构

在统一的系统管理体系和安全体系下，数据层为业务功能提供平台系统的数据服务；平台服务将微服务和后台服务集成为一体，一方面灵活有效的进行横向动态负载伸缩，以在业务高峰期响应大数据量、大处理量的要求，与此同时为中台服务提供业务支撑，实现业务对象和场景管理；应用层一方面继承、完善原 1.0 系统功能（主要是 PC 门户），同时在 2.0 中拓展新功能，为内容管理人员和站群管理人员提供一体化管理平台；用户层向移动端进行扩展，支持外部用户通过移动门户访问被授权的内容，同时优化和拓展对认证用户的功能。

3.1.2 中台受限架构

内部门户 1.0 平台是基于 SharePoint 2010 基础产品进行搭建，所有的内容发布、权限管理都是基于 SharePoint 产品默认产品功能进行操作的，用户身份是通过微软活动目录（Active Directory，简称 AD）进行管理。内部门户 2.0 平台是基于 SharePoint 2019 基础产品进行搭建，同时建设了融媒体管理和运营管理 2 个后台管理平台，用户身份由 AD 变更为统一认证系统（简称 IAM）。同时，门户平台拓展了信息发布渠道，增加了移动门户 APP。

因此门户 2.0 的用户访问受到 SharePoint 2019 产品限制 PC 门户基于 SharePoint 2019（简称 SP19）基础产品搭建，受到 Sharepoint 2019 的限制，请参见：在 SharePoint Server 2016 和 2019 中规划浏览器支持。门户上内容分为 2 类：信息发布类（门户首页、新闻、静态信息等）和协作类（文档、列表、站点等）。考虑到中国石油各级企事业单位实际终端情况，延续 1.0 平台上内容平顺迁移，信息发布类的内容支持 IE8；需要使用 IE9（内容管理用户需要使用 IE11）以上版本的浏览器。

3.2 大数据架构设计

内部门户平台 2.0 主要数据生产来源包括外部数据采集、媒体数据填报、素材管理和系统集成输入的数据。后台业务数据分为运营数据和内容数据，处理加工生成统计数据和业务元数据，同时平台功能维护管理基础数据。中台服务数据来源于后台业务数据，将平台级别元数据和系统构架级别数据，抽取加工后加载在中台服务数据中。PC 门户和移动门户各自有自身的数据后台，通过功能维护管理，同时通过中台服务接口，或者直接建立与后台业务数据的链接，保持业务数据即时的访问和更新操作。

包括数据结构设计和处理逻辑设计，其中，用户设置机构标签数据，在机构管理中设置机构标签，利用标签数据可以设置导航，或者在通讯录中应用标签数据。

3.3 云计算架构设计

PC 门户基于产品技术路线，利用既有的 Server API、Client OM 技术，同时也使用最新的客户端技术 SPFx 进行拓展；后台管理采用了 VUE 前端框架，结合 HTML5 技术提升用户体验，与技术发展趋势保持同步；平台服务利用最新组件构建后台能力，通过中台服务暴露服务 API，满足内部跨服务器场的应用，并支持与外部系统集成需求。

3.3.1 处理逻辑设计

当用户在组织机构管理模块设置组织机构数据后，可以建立内部门户网站与组织机构的关联关系。如果该组织机构节点，或者该节点的子节点上存在单位设置，则该组织机构节点不能被删除。

3.3.2 权限设计

组织机构数据管理权限由各级企事业单位的机构管理员进行维护（增、删、改、合并、移动）。二级单位组织机构由上级单位进行维护（增、删、改）。本层级和上级单位由对组织机构有浏览权限。

3.3.3 机构标签管理

该功能为实现组织机构数据的标签管理，提供标签数据的新增、修改、查询和删除。用户进入机构标签管理一览画面后，点击新建，或者选中一条数据，会从画面右侧划出详细信息画面。

4 模板化设计

4.1 模板化布局设计

内部门户 2.0 平台 UI 分为前端应用（PC 门户和移动门户）、后台管理和平台服务。由于面向用户群不同，考虑功能使用效果，以及未来技术发展趋势，采用不同的 UI 布局设计基准。

4.2 前端应用设计

基于集团用户客户端实际情况，与既有门户网站保持一致，PC 门户新闻信息采用定宽布局，文档及协作类 UI 使用响应性布局；移动门户采用混合模式，用软件提供方便的数据源信息整理、发布的功能、信息相关 UI 支持响应式布局。

4.3 后台管理及平台服务

运营管理和融媒体管理，主要是面向管理角色用户，用户范围有限，且客户端环境可以考虑统一升级，采用统一的响应式布局界面架构和风格。

4.4 模板功能架构

内部门户 2.0 平台 UI 分为前端应用、后台管理和平台服务三个层级提供应用服务功能。前端服务分为 PC 门户和移动门户；后台管理功能涵盖运营管理以及融媒体管理；平台服务分为中台服务、资源管理、搜索服务、数据服务和监控服务。

5 模板化应用亮点

5.1 基础情况

功能架构主要包括门户展示、门户运营、门

户内容管理、融媒体管理、门户管理、基础服务、移动门户7个一级模块，38个功能模块，新增功能及服务约占66%，提升功能及服务约占34%。总体架构由三个层次组成，分别是基础、展现层、以及决策层构成。基础层采用双活部署模式，为系统提供稳定保障；管理层集采集、生产、分发、运营为一体化管理，实现资源统一管理和共享；展现层通过信息搜索、智能推荐等基础服务，实现门户站群、移动门户多端展示。

5.2　前期问题模板化前后对比

5.2.1　信息报送与信息展示脱离需手工处理

针对之前内部门户1.0系统信息报送与信息展示脱离，需要人工手工处理的痛点，平台实现统一管控信息发布，内容融合，多渠道发布管理。实现信息多终端、多站点发布功能；实现信息内容在网状结构站群间上传下达的推送功能。信息采集、搜索服务、统计分析等基础服务更是为提升企业的宣传能力打下了扎实的业务支撑。

5.2.2　数据、权限、内容相对独立

针对之前内部门户1.0系统虽然实现了统一建设，但仍未实现平台站群的整体管理、统筹管控，数据、权限、内容相对独立的痛点，内部门户2.0平台实现平台化架构，通过融媒体管理平台管理使门户站群、移动门户站群实现平台一体化管理，建立内部门户平台数据体系，同时提高了内部Web服务器的安全，用户只能通过反向代理服务器访问内部的网站，实现了对数据、权限、内容统一管理，通过门户、APP与及媒体平台间的信息数据的共享和融合，以及新技术的应用使传统门户赋予了新的能力。

5.2.3　安全管控能力不足

针对之前内部门户1.0系统在安全管控能力是在符合等保二级的标准下部署主动防护安全加固措施；在内容安全管控上前置预警能力方面较弱。的痛点，内部门户2.0平台在数据中心级的安全管控能力是由集团公司数据中心云安全项目提供的的安全防护及安全加固方案，已达到了等保三级的要求；2.0平台在内部门户内容管控上采取安全预警前置功能，通过为内容安全不断完善词库，提供完善词分级和检查基准数据管理等功能，上述措施保证平台在内容安全管控具备先进的技术手段。

5.3　应用亮点

5.3.1　提升内部门户用户体验

（1）通过智能搜索与推送实现信息智能标签化。

（2）改变人找信息的模式，旧的站群构建管理模式被提升到信息找人、信息找信息的模式

（3）增强内部门户用户体验，提升门户展示效果，创造宣传价值和更大的效果

5.3.2　促进媒体资讯融合

（1）构建渠道应用矩阵管理集中模式，提供技术支撑和管控通道

（2）建设覆盖融媒体，构建信息管理机制，形成企业级信息集散地。

（3）支持多样深度融合，为融媒体信息采集创造必要条件和后面的扩展空间。

5.3.3　提升站群管控水平

（1）促进统一的站群管理构建后台系统，一体化管理站点与栏目

（2）基于移动与PC多渠道、机构树，建立全局化组织发布信息的渠道

（3）流程化、规范化建设和管理，标准化站点支持门户栏目，提升运维工作效能

5.3.4　加强业务分析能力

（1）达到全方位的资讯媒体内容管控精细化

（2）实现对管理发布全局化渠道

（3）统计和实现采集、分析业务数据

（4）可视化智能化数据分析

（5）加强数据挖掘和分析能力

（6）为企宣策略决策提供支持

6　结束语

信息门户是网络环境下不断膨胀的信息资源和用户网络信息发布得不到满足的矛盾产物，大部分国有企业在信息基础设施建设方面缺乏能够支撑现有业务与数据流程优化、核心能力分析设计与研发、数据挖掘与数据资源运营等一体化、系统化的解决方案，对于企业具有一定集成性，已有的可以在一定程度上实现集成无缝，集成的企业构建了高效管理信息EIP中台。在推动协同创新。建设一批能源数字化智能化研发创新平台，围绕能源数字化智能化技术创新重点方向开展系统性研究，加快关键核心技术前沿和技术攻关，制造企业在推进数字化转型过程中应加强数字化转型的评估诊断，以周期性开展评估诊断为工作抓手，逐步将产学研推进深度的融合，经过多年发展，初步构建了业务覆盖广专业程度高服务质量优发展能力强的产融结合业务格局构建开放共享的创新生态圈，加速科技研发与科技成果应用

的双向迭代的环境下，数字化项目迎来大好发展机遇，采用大数据、云计算及中台技术，企业私有云是为企业单独使用而构建的，一般部署在企业自建的数据中心，其核心属性是专有资源，通过优化路线，行业互补，打通最后一公里，形成新型模板方案，该套能源企业门户项目模板化的设计应用模板全套技术方案高度实现国产化，具备人机融合生产环境、网络化项目建设、数字化运维等优势，适用范围广，具有一定先进意义和工业化推广价值。

参 考 文 献

［1］饶刚.探索信创产业发展示范的信息技术应用创新产业平台［J］.浙江经济，2021（11）36-37.

［2］顾颖，阮添舜，安立仁.中国实践导向的产业数字化转型与创业新机遇分析［J］.产业创新研究，2023（14）4-6.

［3］万晓楠.APS信息系统在芳烃抽提装置测算优化中的应用.当代化工2010（05）541-545.

［4］万晓楠.抚顺石化MES生产统计报表系统设计与开发.当代化工.2010（05）468-473.

［5］万晓楠.基于SPS、WSS的石化企业信息门户升级改造.当代化工.2011（09）910-915.

［6］齐艳平.推进我国国有企业数字化转型基础设施一体化平台架构设计.2023（16）177-183.

［7］万伦.制造业数字化转型评价指标体系构建与应用研究.2020（13）142-148.

［8］郝广民.中国石油产融结合向纵深发展的实践与思考.2023（01）31-36.

［9］周磊，新华三.企业私有云服务成本分析与计量计费.2022（10）52-53.

［10］郭名芳.Nginx反向代理在计量网站系统中的应用研究.2022（4）48-50.

河南油田浅薄层普通稠油油藏高轮次吞吐后复合热流体大幅度提高采收率技术研究与应用

王　泊　胡德高　王良军　李德儒　李长宏　黄青松　甘红军　陈　玲

（中国石化河南油田分公司）

摘　要　河南油田采油二厂稠油油藏主要以热采和水驱为主，进入到开发后期生产效果逐步下降，急需引进新的颠覆性技术来实现产量的再一次增长。复合热流体技术不仅提高稠油采收率，与常规蒸汽吞吐及其他采油措施相比，具有波及范围广、采油速度快、增产效果显著等点，且开采过程无排放，面临当前的双碳目标，在石油开采领域中的降低碳排放意义重大。本文研究了普通稠油油藏高轮次吞吐后复合热流体吞吐大幅度采收率技术及工艺技术优化，确定了复合热流体吞吐油藏适宜条件、选井标准、注采参数优化，形成了两种油藏类型提效开发技术系列，2022 年截止目前已在泌浅 10 等五个区块总体实施 180 井次，阶段产油 1.92 万吨，阶段增油8188 吨，阶段提高采收率 0.49%，预计周期结束吨油操作成本由 4195 元下降到 2178 元，效果效益非常显著。

关键词　稠油油藏；高轮次吞吐；复合热流体；燃料预热；优化空燃比；提高采收率

河南油田采油二厂于 1987 年开始初建产能，经过 36 年的发展，形成了具备国内领先的稠油开发技术，主要包括薄层特超稠油蒸汽吞吐经济开发技术、强边水小断块稠油油藏有效开发技术、化学辅助蒸汽吞吐技术、断块油藏小规模化学驱技术等。其稠油开采先后经过了六个开发阶段，2006 年以来连续十年稳产在 60 万吨以上，2012年达到最高 67.7 万吨，然后开始逐年递减，2022年只有 39 万吨，急需引进新的颠覆性技术来实现产量的再一次增长。

复合热流体技术原理是采用含有水蒸汽、氮气和二氧化碳的高温高压气液两相流体，通过高温降黏、稀释降黏、弹性驱、重力驱和泡沫驱等作用，不仅提高稠油采收率，与常规蒸汽吞吐及其他采油措施相比，具有波及范围广、采油速度快、增产效果显著等点，且开采过程无排放，面临当前的双碳目标，在石油开采领域中的降低碳排放意义重大，符合国家和自治区的相关政策。自八十年代开始，该技术在辽河、大庆、新疆、中海油等油田进行了矿场试验应用并取得了一定的效果。然而，多年的摸索试验阶段，并未能使该技术在稠油开采中大面积推广应用，究其根本原因是工艺技术存在缺陷导致系统燃烧不稳定造成注气管网腐蚀。

1　复合热流体技术的先进性

技术具备如图 1 所示的热降黏、溶解降黏、弹性驱、重力驱、泡沫驱和两相流调剖等六大作用机理，可明显提高采收率。

（1）热降黏是因为稠油黏度具有较明显的温度敏感性，粘度比和采油指数和均随着温度增大而线性增大。

（2）溶解降黏是基于 N_2、CO_2 在原油中的溶解度符合亨利定律。CO_2 在原油中具有较强的溶解能力，对原油的降黏率最高可达 96%。

（3）弹性驱是在给定多介质热流体注入方案下，多介质热流体具有明显的弹性增压作用，气腔内平均压力可达 0.2～2.0MPa，增压贡献大小顺序为：N_2＞蒸汽＞CO_2。在油井降压开采过程中迅速膨胀，可为油井生产提供了驱油动力。

（4）重力驱是多介质流体基于油气水重力分异，进入原有蒸汽驱阶段形成的主生产通道中。对于，重力驱是多介质热流体对渗透率高、黏度低的油藏剩余油的有效驱替方式之一。

（5）泡沫驱是多介质热流体在注气管道沿线形成泡沫流，形成"泡沫油"。

（6）两相流调剖是指多介质流体在进入地层后，穿过储层孔隙过程中还将进一步泡沫化，增加了其泡沫作用效果。具体过程如下：高速流动的复合热流体在储层孔隙的喉道细段主要表现为平流，而在喉道复合热流体流出方向末端由于喉道截面积的急剧扩大（＞5倍），流速急剧降低，从而形成扰流（紊流）。而扰流使空隙中的液体（油、水）离散后与多介质热流体中的气体部分混合，或使油水之间扰动形成较小的液滴互相混合，从而形成乳化，形成"泡沫油"（见图1）。

不同热驱技术的最高采油指数和平均采油指数如图2所示。由图可知，多介质热流体（N_2+CO_2+

蒸汽，240℃）的平均采油指数为104.5mL/（MPa·min），蒸汽采（240℃）的66.7mL/（MPa·min）高61%。对比其他数据可知，注入复合热流体的效果要明显优于N_2、CO_2、蒸汽三者单注或双组合注，采油速度可达蒸汽吞吐平均采油速度的2~5倍。除此之外，多介质热驱能够充分利用燃料高温燃烧后产生的所有组分，全组分全流量的注入地下，最大限度上降低了碳排放。且地面设施布局简单，和蒸汽吞吐相比具有明显的成本优势。

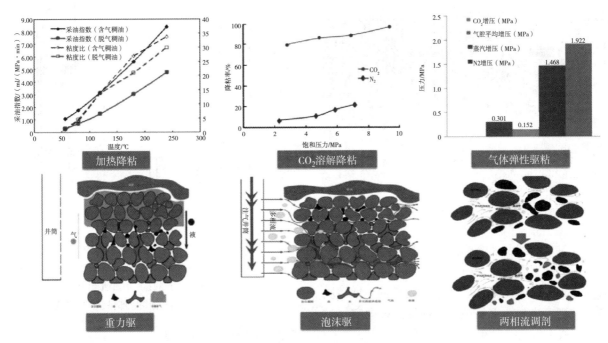

图1 复合热流体六大提高采收率基本机理

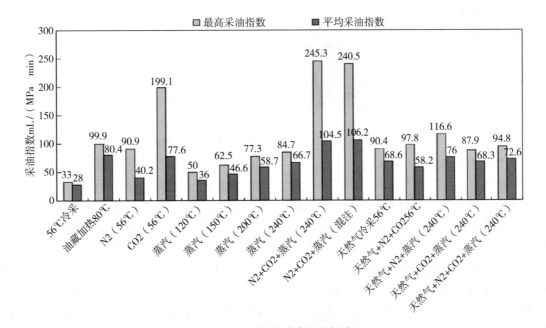

图2 注入不同介质采油速度对比

2　复合热流体技术存在的问题及改进

2.1　装置存在问题

2.1.1　原油燃烧工艺不成熟。

主要体现在两个方面，①是原油中胶质、沥青质等重质组分燃烧不完全，易产生积碳和冷凝水发黑情况，进而引起油藏的污染和油路通道的堵塞；②是因原油质量不稳定及空燃比自动调节系统算法问题导致空气过量系数波动幅度大，如图3所示，在0.92到0.98之间波动。

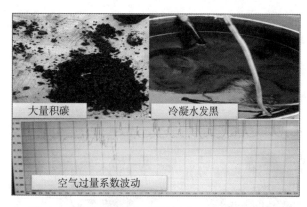

图3　运行后水套实物及燃烧原油时时空燃比记录

2.1.2　注气管线及油管易发生腐蚀现象

引进装置在新疆油田作业过程中发生了油管腐蚀事故（如图4所示）。经腐蚀物件的腐蚀性质检测发现，主要为氧腐蚀，即燃烧过程中空气过量，导致工作气中含氧从而发生腐蚀。

图4　油管腐蚀

2.2　装置工艺技术的改进

2.2.1　燃料前燃料的预热

燃料（原油）及含有少量重质组份，存在黏度较大而流动性差的现象。直接进入燃烧器，无法发生良好雾化，高效燃烧。因此，分别在原油箱底部和燃烧器前端增加两级加热装置，以降低原油黏度。一级加热装置位于原油箱底部，为简单的电阻丝加热，二级加热装置，如图5所示，位于抽油管后端的管路。其中一级加热装置有三

个加热器，工作电压380V，单个功率为10kW。二级加热装置工作电压380V，功率为9kW。二级加热装置由磁翻板液位计、放空管、保温组件、防爆加热管和盘管等构成。一级加热装置可使原油温度达到60℃，二级加热装置使原油温度达到80℃。材质及详细设计图纸见9节生产工艺部分。

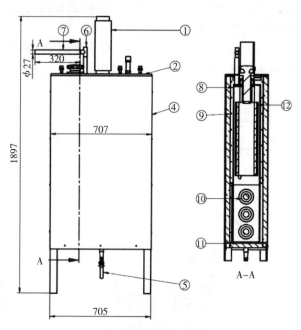

图5　二级加热装置结构图

1. 磁翻板液位计；2. 油箱顶部外壳；3. 油箱正面外壳；4. 油箱支架；5. 放空管；6. 三通，7. 球阀；8. 加热油箱内胆；9. 保温组件；10. 防爆加热管；11. 油箱底部保温；12. 盘管

2.2.2　优化空燃比算法

原算法存在一定缺陷，其根据泵效计算。即设理论泵效为xkg/h，利用变频器的线性原理把理论泵效分为50份，每Hz一份，也就是每1Hz的排量为x/50kg/h，再利用空气燃烧比算法来计算相应频率来供应燃料。但实际泵效大部分时间小于理论泵效。所以，该算法使得燃烧非常不稳定。改进后的空燃比自动调节是通过PID控制油泵变频器进而控制流量实现。具体如下：首先PLC读取原油流量和空气流量检测传感器的数据，然后PID根据空气流量的波动，计算恒定的空燃比下对应的原油流量、油泵转速、变频器工作频率。油泵变频器依据此对油泵进行调速，实现原油流量的控制，达到燃烧参数自动调节的目的。空燃比依据燃烧系数9.8~16.2的不同燃油标号的标准，由科里奥利质量流量计得到燃烧空气质量，除以燃烧系数，加入空燃比系数0.8~1.2。通过如式（1）所示的PID计算公式进而得出所需油泵转速以及

变频器工作频率，其中 P、I、D 三个参数由实验自整定获得。

$$y = K_p \left[(b \times w - x) + \frac{1}{T_I \times s} + \frac{T_I \times s}{a \times T_I \times s + 1}(c \times w - x) \right]$$

（1）

式（1）中，y 为 PID 算法的输出值，为油泵频率；Kp 为比例增益，即自整定参数；s 为拉普拉斯算子；b 为比例作用权重，即自整定参数；w 为设定油流量，x 为实际油流量；TI 为积分作用时间，TD 为微分作用时间，均为自整定参数；a 为微分延迟系数（微分延迟 $TI=a \times TD$）；c 为微分作用权重，为自整定参数；经大量实验自整定发现，P 为 9.08865，I 为 0.88766，D：不适用。通过上述优化，燃烧器可稳定工作。

2.2.3　燃烧尾气的自动高精度检测

增加了包含 O_2 浓度检测和 CO 浓度的在线检测装置，腐蚀主要由 O_2 导致。CO 检测目的有两点，1 是判断原油是否过量的，2 是可佐证 O_2 测试结果。选择的 O2 检测量程为 0~20000ppm，精度为 100ppm，CO 检测量程为 0~30000ppm，精度

为 100ppm。检测器实物见图 6，（a）为 O2 检测器，（b）为 CO 检测器。

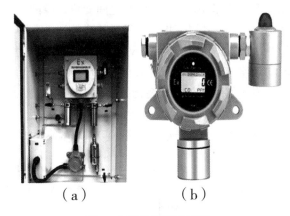

（a）　　　　　（b）

图 6　气体检测器实物图

2.2.4　改进后系统运行情况

选取 72 小时内生产记录进行稳定性分析。各原料流量和空气过量数见图 7，发生器出口温度和压力变化见图 8，工作气中 CO 和 O_2 浓度变化见图 9。空气过量系数为实际空燃比和理论空燃比

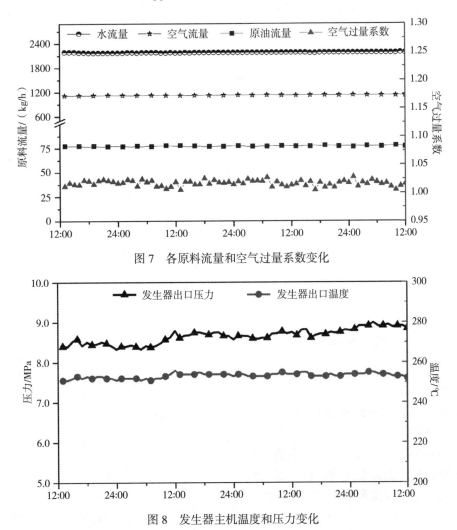

图 7　各原料流量和空气过量系数变化

图 8　发生器主机温度和压力变化

（按柴油计，14.3）的比值。

由图 8 可知，水流量在 2100~2200kg/h 之间变化，空气流量 1050~1150kg/h 之间变化，原油流量在 75~80kg/h 之间变化，空气过量系数波动范围为 1.00~1.03 之间波动，与图 3 所示的 0.90~0.98 之间波动相比，波动幅度已经降低 70%。

发生器喷嘴处温度变化范围为 250~255℃，压力为 7.4~7.8MPa，说明发生器内工况较为稳定。由图 9 可知，工作气中 O_2 浓度为 100ppm，即说

明工作气中 O_2 浓度在 200~700ppm 范围内波动，CO 浓度在 6000~8000ppm 之间。这证明，原油燃烧充分，未产生余氧，且燃烧效率较高，装置运行稳定。

进一步借助于脉动场理论，定量计算了这段时间内各关键控制参数的脉动情况，如图 10 所示。由图 10 可知，空气排量、原油流量、水流量、发生器出口温度和压力、空气过量系数等关键参数的相对变化均 ≤ 2.0%。这表明装置运行是稳定的。

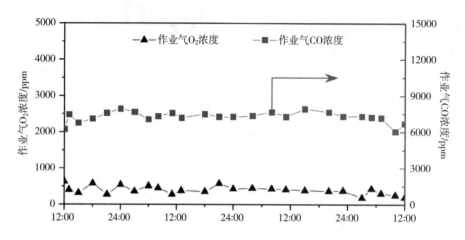

图 9 工作气中 O_2 和 CO 的浓度变化

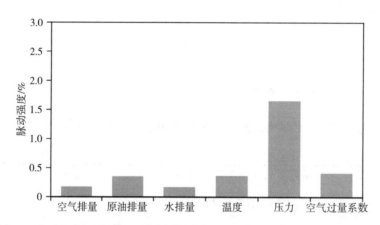

图 10 工作气中 O_2 和 CO 的浓度变化

3 复合热流体大幅度提高采收率技术

3.1 基础研究

3.1.1 技术机理深入认识

复合热流体主要技术机理是通过加热降黏、溶解降黏、气体增能等扩大波及范围，提高驱油效率（图 11）。通过物模研究深化了复合热流体核心机理：二氧化碳溶于稠油形成泡沫油，氮气则以段塞或聚集体形态维持油藏压力、增大驱替压差促进泡沫油流动（图 12）。

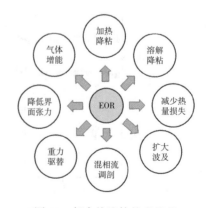

图 11 复合热流体技术机理

图 12 　泡沫油赋存状态

3.1.2 技术优势

（1）大幅提高采收率：与常规蒸汽吞吐相比，动用半径扩大 5.7 米，采收率提高 15% 以上。

（2）注入成本低：常规锅炉 1 吨燃料油可产生蒸汽 14 吨；复合热流体设备 1 吨燃料油可产生蒸汽 16.5 吨、二氧化碳 1595 标方、氮气 8583 标方，等值于 87 吨蒸汽。

（3）热效率高：通过燃料和空气密闭燃烧，将软水直接汽化产生蒸汽，热效率 97.5%，较普通锅炉提高 14.5%。

（4）工艺简单：该技术装备高度集成，整体占地小，采用撬装化，移动便捷。

（5）零碳排放：将所有燃烧产物均注入油层，实现了注入过程零碳排放。

3.1.3 实施背景

采油二厂稠油热采地质储量 5761 万吨，其中普通稠油油藏地质储量 2223 万吨。按油藏分类，薄互层普通稠油油藏地质储量 1373 万吨，强边水普通稠油油藏地质储量 850 万吨。

薄互层普通稠油油藏实施背景：平均单井吞吐周期 18.8，采出程度 25.7%，地层压力保持水平 40%，加热半径和动用半径难以进一步扩大（图13），日产油水平低于 0.5 吨，开发效果效益差，利用复合热流体增能扩波及、成本低的优势提效降本。

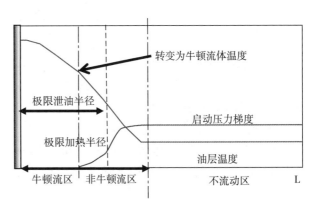

图 13 　稠油吞吐加热半径与泄油半径关系

强边水普通稠油油藏实施背景：平均单井吞吐轮次 17.3，边水侵入加剧，多轮次实施氮气辅助抑水，注入参数持续加大，效果逐轮变差（图14），成本急剧增加（图15），利用复合热流体大剂量、低成本抑水的优势降本提效。

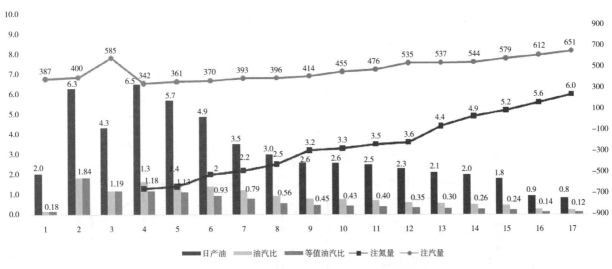

图 14 　边水油藏氮气辅助吞吐井生产特征曲线

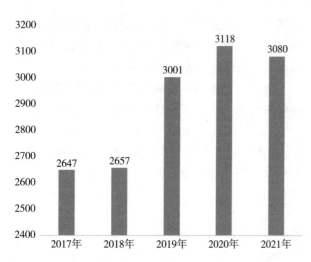

图 15　新庄油田分年度吨油操作成本（元／吨）

表 1　复合热流体油藏适宜条件

序号	参数	复合热流体筛选标准	
		薄互层油藏	强边水油藏
1	埋深（m）	＜ 2060	＜ 2400
2	黏度（mPa·s）	＜ 6200	＜ 8400
3	渗透率（10⁻³μm²）	560～5360	700～4650
4	净毛比	0.35～0.85	0.3～0.94
5	有效厚度（m）	＞ 4.24m	＞3.18m
6	与边水距离（m）	—	大于 40

3.1.4　油藏适应性研究

利用数值模拟的方法，研究了埋深、粘度、渗透率等参数对复合热流体开发效果的影响（图 16），确定了薄互层及边水油藏的适宜条件（表 1）。

利用数值模拟的方法，研究了不同注入量、注入速度、气水比等参数与周期产油量的关系（图 17），确定了薄互层及边水油藏参数设计标准（表 2）。

3.1.5　提高采收率研究

开展复合热流体驱油性能实验研究，测定了不同温度条件、不同流体组合的驱油效率。

（1）普通稠油驱替试验：分别选择 60、150、200、250、300℃，测定复合流体的驱油效率（图 18），复合热流体比高温水驱提高驱油效率 12.7～

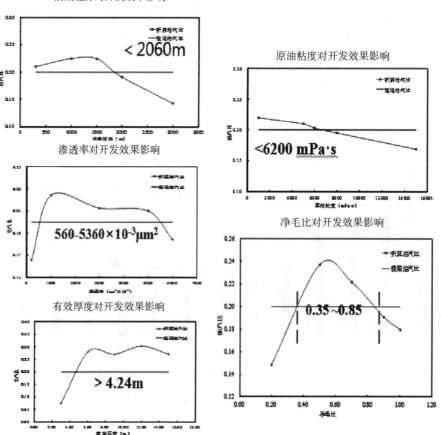

图 16　各参数对复合热流体效果的影响

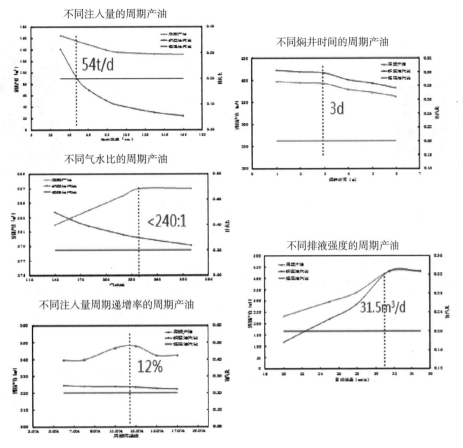

图17　不同注入参数与周期产油量的关系

表2　复合热流体注采参数设计标准

序号	参数		参数优化设计	
			薄互层油藏	强边水油藏
1	注入量 （t/m）	有效厚度 5m	54	56
		有效厚度 9m	47	40
		有效厚度 12m	44	33
2	注入速度（t/d）		28	50
3	气水比		< 240∶1	> 300∶1
4	焖井时间（d）		3	3
5	排液强度（m³/d·m）		3.5	3.5
6	注入量周期递增率（%）		12	13

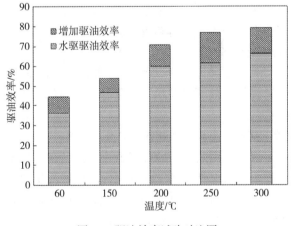

图18　驱油效率试验对比图

15.3 个百分点，提高采收率 10.1~12.2 个百分点。

（2）蒸汽 – 气体 – 化学剂多元复合热流体体系提高采收率物模实验（图19）：多元气 + 降粘剂较蒸汽吞吐提高驱油效率 21.36 个百分点，提高采收率 14.95 个百分点。

（3）根据物模实验，利用数值模拟方法，建立了三种复合热流体吞吐技术标准（表3）：

3.1.6　形成技术规范

复合热流体采油技术经过科研、高校、生产三方多次联合攻关，加强机理研究、明确油藏适宜条件、分类细化选井标准、优化注入方式和参数，形成了机理、油藏条件、选井标准、注入参数优化设计方面技术规范，现场实施取得多方面显著效果。

一是浅薄层普通稠油油藏，针对不同采出状况形成了四种复合抑窜、溶解降粘、膨胀增能扩波及提效开发技术，即高采出多向复杂汽窜低压区域凝胶强化泡沫辅助复合热流体吞吐技术，低

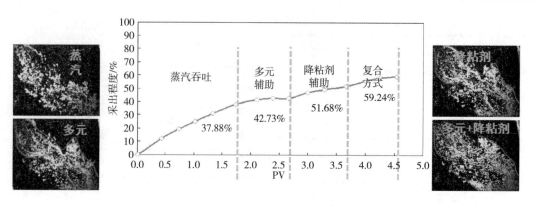

图 19　采出程度—PV 关系曲线

表 3　复合热流体技术标准

吞吐方式	原油粘度（mpa·s）	油层厚度（米）	渗透率（mD）	气水比	焖井时间（天）	注空气量（标方/米）	注汽量（吨）	备注
复合热流体单井吞吐	<2000	>3	>300	100-400	7	12000-15000		注入过程调控对策：前期采取小气量大水量，后期根据气窜情况逐步调大气量，适度降低水量。注气总量可根据注入压力变化及气窜情况灵活调整在气窜不厉害的情况下，尽可能能注够气，期间发生气窜井要配合关井，气窜不厉害的产油井正常开井生产。
复合热流体辅助蒸汽吞吐	2000-8000	>3	>300	300-400	>7	12000-15000	100-300	
复合热流体面积注气	<8000	>3	>300	100-400	同注同焖时间大于7天	12000-15000		

采出区域蒸汽辅助（前置、混注、后置）复合热流体吞吐技术，复合热流体变干度吞吐技术，复合热流体抑水技术。

　　二是强边水小断块普通稠油油藏复合抑水、溶解降粘提效开发技术，即复合热流体抑水吞吐技术。

3.2　规模应用效果及持续推广应用前景

　　规模应用效果：2022 年截止目前已在泌浅 10 等五个区块总体实施 180 井次，阶段产油 1.92 万吨，阶段增油 8188 吨，阶段提高采收率 0.49%，预计周期结束吨油操作成本由 4195 元下降到 2178 元，效果效益非常显著。

　　持续推广应用前景：下步持续推广至新浅 45、泌浅 57、南三块等 5 个区块的普通稠油及特稠油油藏，覆盖储量 181.2 万吨，预计实施 130 井次，增油量 1.0 万吨，吨油操作成本 1998 元，减少蒸汽量 5.76 万吨，投入产出比 1：2.2。

3.3　取得认识

　　取得认识：复合热流体采油技术对高周期吞吐后普通稠油油藏大幅度提高采收率、降本开发具有较好的适应性，中深层强边水油藏增油降本

效果好于浅薄互层油藏，复合热流体采油技术能够大幅降低开发成本，吨油运行成本控制在 1000 元以内，确定了普通稠油复合热流体吞吐注入参数设计标准。

参 考 文 献

［1］张丁涌．稠油蒸汽吞吐逐级深部封窜及乳化降黏复合技术［J］．石油钻采工艺，2017，（3）：382-387.

［2］屈亚光，安桂荣，丁祖鹏等．平面非均质性对稠油油藏蒸汽驱开发效果的影响［J］．西安石油大学学报（自然科学版），2014，（4）：55-59.

［3］陈欢庆，王珏，衣丽萍等．稠油热采储层非均质性及其对开发的影响——以辽河西部凹陷某试验区于楼油层为例［J］．地质科学，2017，（3）：998-1009.

［4］周风山，吴瑾光．稠油化学降粘技术研究进展［J］．油田化学，2001，25（3）：268-271.

［5］王一平．氮气辅助蒸汽驱强化传热机理及成因探讨［J］．特种油气藏，2018，25（2）：134-137.

［6］薛婷，檀朝东，孙永涛．复合热流体注入井筒的热力计算［J］．石油钻井工艺，2012，34（5）：61-64.

机采井智能分析软件在塔里木油田的研究应用

郭　达[1]　何剑锋[1]　曾　努[1]　周怀光[1]　孙艺真[2]　严华荣[1]　张　超[1]　周占宗[2]

（1. 中国石油塔里木油田公司；2. 中国石油勘探开发研究院）

摘　要　本文介绍了一款功能全面的数据驱动机采井智能化分析软件（PetroPE）。该系统可连续采集油井运行状态信息，进行大数据分析，评价油井生产效果，开展智能优化决策。该系统与A2/A5/A11等统建系统无缝对接，具备电子巡井、工况诊断、优化设计、数字计量、远程管控、统计分析等功能。通过与油井物联采集设备和数据库连接，实时采集生产过程的状态数据，实现电子巡井，将现场数字化抽油机井的线上实时巡井比例由72%提升至94%。通过泵功图转换、有效冲程分工况识别、漏失量和系统误差大数据校准、功图连续计产等方法，使抽油机井平均计产准确度达85%以上。引入分阶段轻量化卷积神经网络方法进行工况诊断，既减少模型占用内存、缩短计算时间。也解决了数据占比不均衡造成的诊断模型误判率，可准确诊断出正常、杆断、泵漏、气影响等12种工况。对比2.6万井次的诊断结果，诊断准确率在95%以上。应用残差－长短期记忆神经网络模型，同时考虑电泵井的电流的周期性时序特征、电流波动绝对位置和相对位置的特征等，实现电潜泵故障的诊断，可准确诊断出正常、欠载保护失灵、过载停机、含气、泵抽空、欠载停机等11种工况。对比1.2万井次的诊断结果，诊断准确率在91%以上。通过在塔里木油田现场应用，实现了"高效采集－数驱计算－智能优化"机采井生产智能分析与管理，为无人值守生产模式奠定坚实基础；形成了丰富的数据资源、专业方法和计算模型，可满足塔里木油田现场80%以上的机采井生产自主管理，为油田精细管理、提质增效提供有效辅助。

关键词　机采井；智能化；优化设计；诊断决策；数据驱动

近年来，随着油田数字化的建设，已建成大量数字化油气井，推动了油田企业生产效率提高、安全风险降低、人力资源节约。然而，油气水井量大面广，生产成本高、能耗巨大的问题仍然存在：当前采油气井人工举升年耗电110亿度以上，占总采油成本的40%以上。油井实时最优运行和智能生产管控是稳产增产、节能降耗和数字化转型升级的发展目标，是数智化转型升级的主阵地。因此本文介绍一套功能全面的、符合国内油气井开采现状的、能够充分利用中石油数字信息平台的油井优化决策软件（PetroPE），并应用于塔里木油田生产中。

1　软件系统整体功能

软件功能全面、界面友好、能适应国内油田绝大多数机采井。机采井智能分析系统如图1、表1所示，主要基于物联网、大数据、云计算等信息

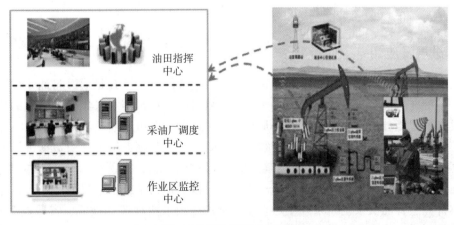

图1　生产井智能分析系统

表 1　生产井智能分析系统主要功能

软件	序号	功能模块	功能介绍
生产井智能分析系统	1	电子巡井	实现实时采集的电参、油压、套压、功图等在线查看
	2	生产预警	实现产量、液面、含水率、电参/示功图等生产参数自动分析异常提示
	3	工况诊断	实现井下杆断、漏失、气体影响等12种工况
	4	能耗分析	实现系统效率、耗电量、吨液耗电等指标计算
	5	优化设计	实现调冲程冲次、间抽制度优化参数计算
	6	数字计量	实现数字求产量、求动液面

技术，在基础分析计算模块的基础上实现作业区、采油厂、油田公司多级数智化管控，具备电子巡井、生产预警、工况诊断、能耗分析、优化设计、数字计量、远程管控、统计分析等功能。作业区监控中心实现电子巡井替代人工巡井、数字计量替代计量间计量、远程调参替代人工调参，减轻一线劳动；采油厂调度中心实现在线设计替代人工设计、批量诊断替代单井分析、自动智能分析替代人工报表统计，促进技术及管理人员工作效率提升；油田公司指挥中心实现自动统计汇总替代人工逐级上报、实时掌握生产经营及指标完成情况、重点井和重大工程进度过程，促进生产效率与管理水平提升。

2　软件系统整体结构

软件系统功能模块多，内容丰富。从软件开发角度，将系统分为接入层、平台层和应用层如图 2 所示。接入层负责完成元数据、报表数据、实序数据的探查、采集、清洗、入库、分发。平台层提供服务管理、模型管理、应用调度能力，向外提供微服务。应用层基于平台层提供的平台支撑，微服务实现业务应用场景。

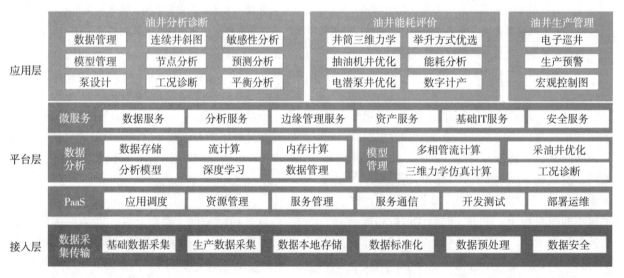

图 2　应用架构

3　软件技术进展及应用

近年来，随着数字化和智能化技术在油田的应用和发展，生产井智能分析管控技术取得了长足的进步。机采井智能分析软件（PetroPE）形成了智能电子巡井、图像识别工况诊断、生产智能调优、高精度数字计量、电潜泵工况诊断等软件功能。通过在塔里木油田现场应用，实现了"高效采集 – 数驱计算 – 智能决策"机采井生产自主管理分析，为开创无人值守生产模式奠定坚实基础；为油田精细管理、提质增效提供有效辅助。

3.1　智能电子巡井

智能电子巡井是通过与油井物联采集设备和数据库连接，实时采集生产过程的状态数据，来进行智能分析。通过油井物联采集设备和 A11 中生产过程数据，结合历史数据进行阈值报警，指标对比分析，工况故障告警，并提供集中监控、快速处置的系统用户界面。电子巡井对于抽油机井提供了两种巡井模式，参数巡井和功图巡井，参数巡井（图 3）通过对实时物联数据的变化进行

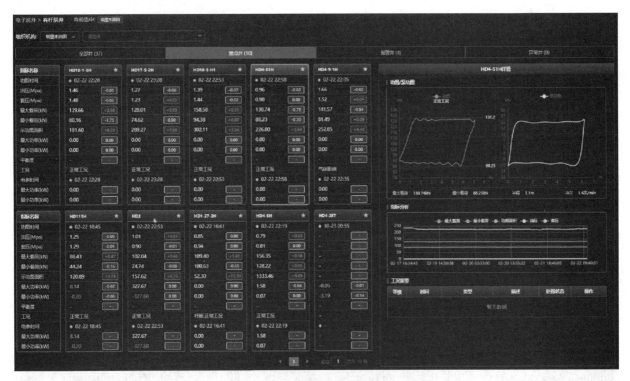

图3　参数电子巡井巡井

监测进行巡井，功图巡井（图4）通过平铺各井的功图和各井工况进行巡井。并可通过增加重点井，集中监控关注重点油井的生产数据、阈值报警及工况诊断结果。

通过该功能的应用，实现了塔里木油田哈得采油气管理区抽油机井的数字化实时巡井，并将数字化抽油机井的线上实时巡井比例由72%提升至94%。

3.2　抽油机井高精度数字计产

引入大数据分析技术解决功图计产中柱塞有效冲程和漏失量这两个关键技术难题。在泵功图计算方面，采用沿井轨迹的三维力学模型进行计算；有效冲程识别使用基于工况分类的识别模型，对不同工况进行识别和判断。漏失量和系统误差校准采用基于时序的单井智能校正模型进行修正；时效性方面，根据每张功图自动进行连续计产，有效提高了功图计产的精度、实时性和精确性。对比分析塔里木油田哈得采油气管理区抽油机井4013井次的计产结果和量油数据，平均计产准确

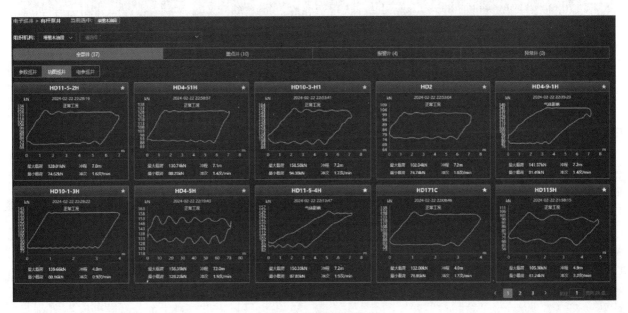

图4　功图电子巡井

度在 85% 以上。

系统提供了两种数字计产方式：①功图计产（图 5）：通过采集地面功图，计算产液量，并结合含水统计产油量。②电参计产（图 6）：通过电功率转换为地面功图，计算产液量，并结合含水统计产油量。

3.3　图像识别工况诊断

示功图是诊断抽油机举升系统工作状况的重要依据，引入分阶段轻量化卷积神经网络方法解决快速精准诊断难题。卷积神经网络（CNN）是一种以卷积为主要操作结构的前馈神经网络，卷积层的局部感知操作和权值共享操作可以减少模

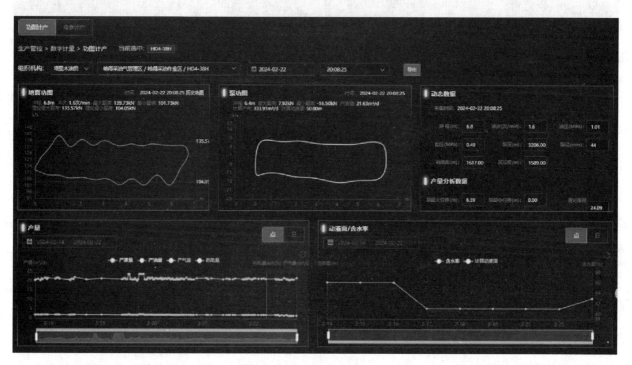

图 5　抽油机井功图计产

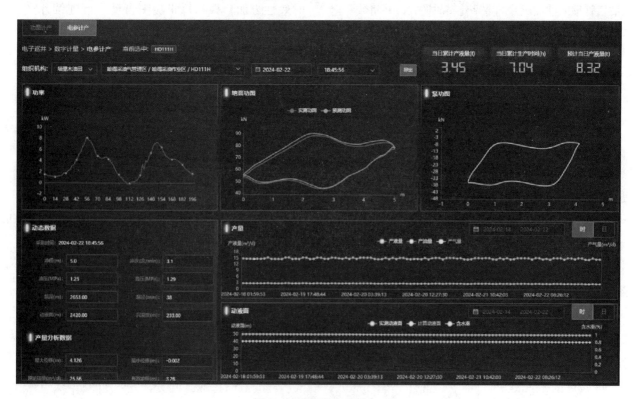

图 6　抽油机井电参计产

型参数、降低模型复杂度。池化层可以降低特征图尺寸，减弱模型的过拟合程度，增强模型泛化能力。采用轻量化卷积神经网络模型 MobileNet，进一步减少模型占用内存、缩短计算时间。同时，为了减轻数据占比不均衡造成的影响，降低模型的误判率，采用分阶段识别方法进行工况诊断，第一阶段基于示功图判断抽油机井工况是否正常；

第二阶段，针对异常工况，进一步判断异常工况类别。并且，以塔里木油田的工况诊断样本进行标定训练后，形成工况诊断功能，如图 7 所示，可准确诊断出正常、杆断、泵漏、气影响等 12 种工况诊断。对比塔里木油田哈得采油气管理区抽油机井 2.6 万井次的诊断结果，诊断准确率在 95%以上。

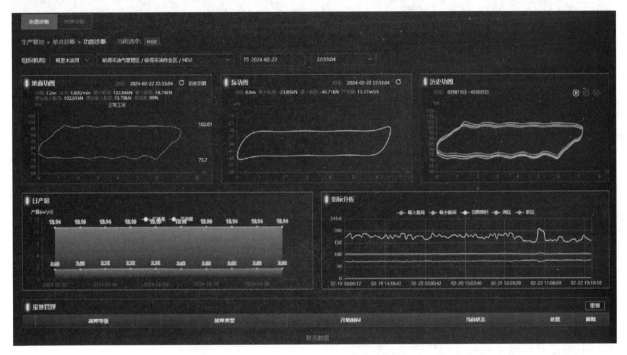

图 7　抽油机井工况诊断

3.4　电潜泵工况诊断

电流卡片是诊断电潜泵工作状况的重要依据，应用残差－长短期记忆神经网络模型，同时考虑电泵井的电流的周期性时序特征、电流波动绝对位置和相对位置的特征等，实现电潜泵故障的诊断。LSTM 对绝对位置上的信息较为敏感，识别相对位置上的信息能力不足；ResNet 对相对位置上的信息较为敏感，识别绝对位置上的信息能力不足。综合 LSTM 和 ResNet 网络模型的优点，建立 ResNet–LSTM 联合模型，将 ResNet 和 LSTM 的输出通过全连接层进行连接。以塔里木油田的电流卡片样本进行标定训练后，形成电潜泵工况诊断功能，如图 8 所示，可准确诊断正常、欠载保护失灵、过载停机、含气、泵抽空、欠载停机等 11 种工况。对比塔里木油田哈得采油气管理区电潜泵井 1.2 万井次的诊断结果，诊断准确率在 91%以上。

4　结论

本文介绍了一款功能全面的数据驱动机采井智能化分析软件（PetroPE），在塔里木油田现场生产中进行了实验应用，取得较好应用效果。

（1）对接塔里木油田的油井物联采集设备和数据库，实时采集机采井生产过程的状态数据，实现电子巡井，将现场数字化抽油机井的线上实时巡井比例由 72% 提升至 94%。

（2）通过泵功图转换、有效冲程分工况识别、漏失量和系统误差大数据校准、功图连续计产等方法，实现数字计产，对比分析抽油机井 4013 井次的计产结果和量油数据，平均计产准确度在 85% 以上。。

（3）采用分阶段轻量化卷积神经网络方法进行抽油机井工况诊断，减少了内存消耗、提高了计算速度。提升了诊断准确率，可准确诊断出正

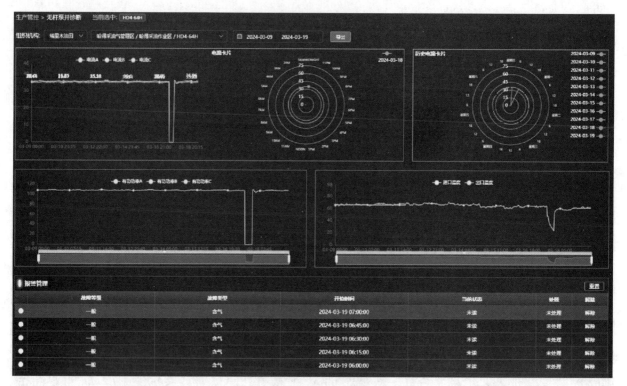

图 8　电潜泵井工况诊断

常、杆断、泵漏、气影响等 12 种工况。对比塔里木油田 2.6 万井次的诊断结果，诊断准确率在 95% 以上。

（4）应用残差–长短期记忆神经网络模型，分析电潜泵井的电流周期性时序特征、电流波动绝对位置和相对位置特征等，实现电潜泵故障诊断，可诊断出正常、欠载保护失灵、过载停机、含气、泵抽空、欠载停机等 11 种工况。对比塔里木油田 1.2 万井次的诊断结果，诊断准确率在 91% 以上。

（5）通过在塔里木油田现场应用，实现了"高效采集–数驱计算–智能优化"机采井生产智能分析与管理，为无人值守生产模式奠定坚实基础；形成了丰富的数据资源、专业方法和计算模型，可满足塔里木油田现场 80% 以上的机采井生产自主管理，为油田精细管理、提质增效提供有效辅助。未来，该软件有望进一步发展，为我国油气井开采领域的稳产增产、节能降耗和数字化转型升级提供更好的技术支持和解决方案。

参 考 文 献

［1］张建军，师俊峰，赵瑞东. 油气井生产系统优化设计与诊断决策软件（PetroPE）V1.0［J］. 石油科技论坛，2013，32（05）：55–57+60+68.

［2］吴晓东，张建军，韩国庆等. 油气井生产系统优化设计与诊断决策软件［J］. 西安石油大学学报（自然科学版），2015，30（01）：105–110+10.

［3］赵瑞东，师俊峰，吴晓东，等. 基于 Web 的采油采气工程优化设计与决策支持系统研究与应用［C］// 中国石油学会. 中国石油学会，2016.

基于 GIS 的零代码配置及可视化展示技术
在油田的研究与应用

杜永红　古丽娜扎尔·阿力木　陈　鑫　彭　轼　康宇航

（中国石油塔里木油田公司）

摘　要　随着油田信息化的深入发展，GIS 技术逐渐在油田的各个业务领域发挥核心作用。目前油田任何 GIS 应用场景的搭建，都得由专业 GIS 人员编码实现，而 GIS 的 API 语法复杂，专业壁垒高，无法面向最终用户快速实现场景可视化应用，无法形成业务领域间合力，影响企业的生产效率和发展动力。通过零代码配置及可视化展示系统可以快速搭建 GIS 场景应用，同时支持多源数据接入及组合展示，可满足用户个性化定制 GIS 应用的需求，达到 GIS 快速展示、业务需求用户自定义及减少 GIS 开发工作量的目的。

关键词　GIS 应用；零代码配置；多源数据；可视化组件；个性化定制

　　GIS（地理信息系统）是一种将地理空间数据与非空间数据相结合，进行存储、管理、分析和展示的信息技术体系。它利用计算机软硬件技术，对地球表面空间数据进行收集、储存、处理、分析和展示，以支持决策制定和问题解决。

　　随着油田信息化的发展，GIS 为油田地质勘探、开发生产、工程技术、储运销售、新能源等专业业务领域的平台建设和功能应用提供了重要技术支撑。但是，油田 GIS 应用目前存在 GIS 技术要求高，研发水平低，无法面向最终用户快速实现场景可视化应用的问题。

　　基于此，我们在统一的 GIS 组件基础上，通过组件化方式搭建了高效、可靠的零代码配置及可视化系统。该系统提供了丰富的可配置选项和组件，非开发用户可以根据业务需求自由选择和组合功能模块，实现个性化 GIS 业务场景定制，同时，用户可以随时进行修改和调整，灵活应对变化的需求，极大提高了业务响应速度及工作效率。另外，面向 GIS 对象对接油田数据银行专业数据接口，方便专业数据在 GIS 数据的快速对接及展示，降低了用户使用 GIS 的门槛，从而提升基于 GIS 的业务应用水平，实现快速构建油田 GIS 应用的目标。

1　油田 GIS 应用的现状和挑战

1.1　数据融合的问题

　　经过多年的开发建设，各个业务领域积累了大量的数据，然而，这些数据在格式、存储和标准化方面存在诸多问题。不同业务领域内部的数据往往采用不同的格式和结构，导致数据的融合变得困难。这些数据往往存储在不同的系统或数据库中，分散在多个地方，使得数据的获取和整合变得复杂且耗时。更为复杂的是，这些数据之间缺乏统一的标准和映射机制，因此很难实现数据间的无缝对接和交流。特别是在油田领域，由于涉及到多个专题，如地质、地理信息、采收等，每个专题的数据都有其特定的格式和要求。这导致了多源异构的数据无法直接进行映射和共享，从而限制了对数据的综合分析和利用。此外，由于缺乏统一的数据验收标准，不同业务领域可能对数据的质量和准确性有不同的要求，进一步加大了数据融合的难度。

1.2　可视化组件的缺陷

　　油田领域的数据可视化在提供决策支持和业务分析方面具有重要作用。然而，当前存在的问题是缺乏统一的设计和开发标准，这影响了油田数据的可视化共享能力和业务支撑。可视化组件的支持不足，直接影响了数据的分析和决策。目前，油田领域内存在着各种不同的数据可视化工具和组件，它们可能由不同的开发团队设计和开发，导致在外观、功能和交互性方面存在差异。这使得不同的可视化组件难以无缝地集成，也使得用户在不同组件之间切换时需要重新适应界面和交互方式。缺乏统一的设计标准还可能导致界面混乱、视觉风格不一致，影响用户体验。此外，由于缺乏统一的开发标准，可视化组件的质量和功能各异。一些组件可能缺乏关键的功能，或者在数据处理和展示方面存在漏洞，影响了业务的准确性和决策的可靠性。同时，不同的组件可能对数据的支持程度不同，导致某些数据类型难以被有效地可视化。

1.3 可视化集成和全面展示的短板

目前在油田领域，基于空间对象的纵向和横向关联可视化呈现仍然是一个未被充分实现的挑战。可视化集成方面存在不足，缺乏将基础地理和专业空间数据、三维模型数据、二次组态、视频等不同数据类型进行有效集成的应用。尽管油田业务涉及多种数据类型，但这些数据往往难以在同一界面中进行联合展示，使得相关数据的交叉分析和综合理解变得困难。尤其在基于空间对象的研究、生产、运营数据的纵向（从宏观到微观）和横向（跨业务部门和岗位）关联方面，仍然缺乏有效的可视化呈现方式。全面展示方面也存在不足。当前缺乏针对油田全业务场景配套的统一可视化展示平台。现有的展示方式单一且固定，无法将多源数据融合呈现，从而形成数据合力。这对于研究、生产、经营管理、生产指挥和领导决策等各个层面的需求，都造成了全面展示的不足。

2 GIS 零代码配置及可视化展示系统的实践

2.1 零代码配置系统的设计

零代码配置系统的设计旨在为用户提供一种简便的方式来管理场景和权限等功能模块，从而实现数据的挂接和展示。该系统允许用户在无需编写代码的情况下，通过直观的界面操作来完成复杂的任务。场景管理模块允许用户创建、编辑和管理不同的工作场景，将相关的数据源、可视化组件和交互元素进行组合，以满足特定的业务需求。权限管理模块则使用户能够定义不同用户角色的权限范围，确保数据的安全性和隐私性。用户只需进行简单的配置，即可将数据源与展示界面进行挂接，实现数据的可视化展示，无需涉及复杂的编程过程。这种设计使得系统的使用变得更加灵活和易于上手，为用户提供了高度定制化的体验，从而提高了工作效率并降低了操作复杂性。

2.2 业务场景试点应用

零代码配置系统在三个主要业务场景中展现出了巨大的应用潜力和优势。在地面工程领域，系统能够整合地质数据、工程模型和监控信息，实现实时的工程进度监测和风险预警，从而提升工程管理的精度和效率。在油气运销方面，系统能够集成产量数据、市场需求和供应链信息，帮助优化运输计划和资源分配，实现油气产品的高效交付。在信息通讯领域，系统整合了网络运行数据、用户反馈和服务质量指标，支持智能化的网络监控和故障排除，提升通讯服务的稳定性和用户满意度。这些试点应用展示了零代码配置系统的灵活性和适用性，为不同领域的业务提供了创新的解决方案。

2.3 多源数据的融合和映射配置

以油田业务可视化为核心，系统成功实现了多源数据的空间化融合和映射配置。通过技术手段，将来自不同来源和格式的数据进行整合，形成统一的数据体系。此外，系统还实现了数据的分层分级治理，使得数据能够按照不同层次进行管理和访问。最重要的是，系统统一了展示演示风格，确保了数据在界面上的一致性和可理解性，使用户能够轻松地进行数据的分析和决策。这些功能的实现为油田业务提供了强大的支持，使数据变成有用的洞察力和价值。

3 应用效果

基于 GIS 技术，我们研制了一套零代码配置及可视化展示系统，在油田应用效果良好。系统主要包括配置模块的场景信息配置、GIS 工具配置、功能组件配置、事件配置等，以及可视化展示模块的菜单栏、侧边栏内容框、工具栏、弹窗、树状列表等功能，如图 1 所示。

3.1 降低 GIS 使用门槛

传统的 GIS 平台通常需要专业的编程和地理信息系统知识，对于非专业人员来说学习起来较为困难。而零代码配置平台通过简化配置和界面操作，使得不懂编程的用户也能轻松地创建和配置 GIS 应用。这样可以降低使用门槛，使更多的人能够使用 GIS 技术，推动技术的普及和应用。

3.2 支持快速开发

传统的 GIS 应用开发需要耗费大量的时间和人力资源。而零代码配置平台通过提供可视化的界面和预置的模块，可以快速搭建和配置 GIS 应

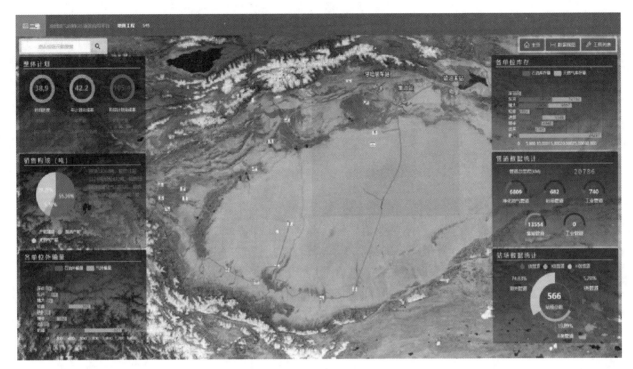

图 1　零代码配置及可视化展示系统

用，减少开发周期。开发人员可以直接通过拖拽、配置等方式完成应用的设计和功能扩展，大大提高了开发效率。

3.3　支持自定义功能

零代码配置平台通常提供了丰富的功能组件和模板，用户可以根据自己的需求选择和组合这些组件，实现定制化的应用功能。这种灵活性可以满足不同行业、不同应用场景的需求，使得技术更加贴近实际应用。

3.4　支持可视化展示

零代码配置平台通常支持数据的可视化展示，将地理信息以图表、地图等形式进行展示，便于用户直观地理解和分析数据。这种可视化的展示方式可以帮助用户更好地发现数据之间的关联和规律，从而支持更好的决策和分析。

3.5　支持集成数据

零代码配置平台通常支持与各种数据源的集成，包括地理信息数据、传感器数据、第三方数据等。通过整合这些数据源，用户可以更全面、综合地了解和分析地理空间信息，从而支持更全面的决策和分析。

4　GIS 零代码平台的未来展望

4.1　组件化和标准化

为进一步提升系统性能，我们将深化 GIS 组件的标准化和组件化设计。通过制定更严格的组件开发标准，确保组件在不同场景下的通用性和稳定性。同时，拓展配置选项，使用户能够更自由地定制组件行为和外观。这种优化将为用户提供更丰富、灵活的配置选择，增强系统的可扩展性和适用性，从而更好地满足多样化的业务需求。

4.2　拓展业务领域和应用场景

我们计划通过充分利用云计算和大数据技术，为 GIS 零代码平台带来更强大、高效和稳定的服务。采用云原生架构，我们将能够实现动态的资源分配和自动化扩展，以应对不断增长的数据和用户需求，确保平台的高可用性和弹性。同时，借助大数据技术，我们将增强数据的处理和分析能力，使平台能够更迅速地处理大规模数据，提供更快速、准确的洞察和决策支持。这种技术的融合将使用户能够更好地应对业务挑战，实现更高效的业务运营和决策制定。我们致力于为用户提供卓越的体验，让 GIS 零代码平台成为业务创新和成功的有力驱动。

4.3　云原生和大数据支撑

我们计划通过充分利用云计算和大数据技术，为 GIS 零代码平台提供更强大、高效和稳定的服务。采用云原生架构，平台将能够实现自动化扩展和负载均衡，以应对不断增长的数据和用户需求，确保服务的高可用性和弹性。同时，借助大数据技术，我们将加强数据的处理和分析能力，使平台能够更迅速地处理海量数据，提供更快速、准确的洞察和决策支持。这些技术的融合将为用户带来更优质的体验，使他们能够更好地应对复杂的业务挑战，实现更高效的业务运营和决策。

5　结束语

GIS 技术在油田业务中具有巨大的应用潜力，而零代码平台为快速构建和优化应用提供了有效的途径，通过整合地理数据、提供可视化展示、支持决策制定和优化资源配置，帮助企业更好地理解和管理油田业务，提高生产效率、辅助决策，促进油田主营业务的持续健康发展。未来，结合更加先进的技术和标准，零代码平台将为油田信息化带来更大的价值。

参 考 文 献

[1] 赵阳.GIS 技术在油田数据可视化中的应用研究［J］.地球信息科学学报，2019，21（1）：78-85.

[2] 王明，刘鑫.基于云计算的 GIS 平台设计与应用［J］.计算机应用与软件，2020，37（3）：100-105.

[3] 张涛，陈华.大数据技术在油气运销中的应用研究［J］.油气储运，2018，37（8）：928-934.

[4] 熊瑛，尤斐.信息可视化与视觉设计.艺术与设计（理论），2012，2（5）：40-42.

[5] 张玥.面向 GIS 大屏的图形界面及信息设计策略［硕士学位论文］.上海：华东师范大学，2019.

[6] 任晨宇，臧永立，刘珍珍.基于 Cesium 引擎铁路信号运维平台的可视化研究.铁道标准设计，2021，65（7）：172-178.

[7] 袁凌，刘建成，潘磊等.基于 Cesium 和谷歌影像的风电场地形三维可视化.地理空间信息，2020，18（12）：1-4.

基于机器学习的油田生产设备健康状态监测与故障诊断

段德祥[1]　李宪政[1]　蔡波[1]　闻斌[1]　朱伟[2]　王文明[3]

[1.中国石油尼日尔公司；2.北京兴油工程项目管理有限公司；3.中国石油大学（北京）]

摘要 本文旨在探讨基于机器学习的油田生产设备健康状态监测与故障诊断技术在油气行业数字化转型中的应用。研究背景聚焦于信息技术的快速发展，特别是数字化和智能化转型对能源行业的影响。研究目标是通过数字化转型提升勘探开发、工程建设、生产运行、经营决策和QHSE管理水平。研究方法包括数字化转型规划、数字孪生平台研发、设备健康状态监测和故障诊断算法开发，以及受限网络带宽条件下数据传输优化算法。研究结果表明，该技术已在中国石油尼日尔油田和中国石化胜利油田得到应用，显著提升了油田工作模式和管理方式，降低了人工成本和设备维护费用，提高了生产运营效率，实现了油田核心资产的全生命周期管理。尼日尔油田预计在二十年内可实现降低人工成本21%、降低设备设施维护费14.5%，产量损失减少1.22%。胜利油田应用后，降低了劳动强度和用工量，降低了人工成本和设备设施维护费，提高了生产运行质量，避免了生产异常和事故发生。结论指出，通过探索引入通用GPT大模型，建立基于机器学习和深度学习的故障诊断模型，准确地识别和分类不同类型的故障并进行预警。本项目提出的基于机器学习的油田生产设备健康状态监测与故障诊断，保障了油田生产设备的稳定运行，实现电潜泵、压缩机等设备设施的智能诊断、系统研判及故障处理，有效提高设备设施管理水平，预防生产事故，降低设备设施维护成本。

关键词 机器学习；设备健康状态监测；故障诊断；数字化转型；油气行业；元宇宙；数字孪生

1 研究背景

随着信息技术的发展，我们进入了数字化和智能化转型深入发展的时期，特别是在能源行业，如石油和天然气领域。企业正积极采纳高新技术，如物联网（IoT）、大数据分析、人工智能（AI）、云计算等，来驱动生产运营的优化、决策效率的提升，以及推动环境可持续性实践的进步。这不仅体现在日常运营的精细化管理上，还包括整个产业链的重塑，从上游的勘探开发到下游的客户服务，乃至供应链管理的每个环节都在经历着数字化改革。

全球范围内，对于环境保护和气候变化的关注也在不断上升，促使能源企业加速向清洁能源和低碳技术转型。与此同时，国际政治经济环境的变化，包括贸易关系、地缘政治紧张局势、以及全球能源需求的波动，都对油气行业提出了新的挑战和机遇。在这个背景下，国际大型油气公司正通过数字化油田和智能化油田的建设，来增强自身的竞争力、灵活性和适应性，以应对市场变化和未来能源趋势。

国内已有多家工程公司和数智公司，推出智慧油气田解决方案，助力国外油气田高效开发和运营：

（1）壳牌的"SmartFields"将信息系统与钻井、地震和油气藏监控技术集成，形成"智能井"、"先进协作环境"、"整体油藏管理"。

（2）沙特阿美的数字孪生方案涵盖从EPC到油田运营，全过程多维度集成数据达到8D，并将静态数据、动态数据与多个功能软件进行一体化集成，以数据资产化驱动全面转型。

（3）BP的"e-Field"是技术和业务流程的集合，应用智能化的生产管理与决策支持系统，分析实时数据，控制开发生产环境，实现实时动态优化和辅助决策。

（4）阿布扎比国家石油公司基于数字化交付，将自控系统与多个系统集成，实现油藏、井、处理设施的一体化的资产运营模式。

（5）昆仑数智科技有限责任公司的"RF-SCADA"智慧油田系统，围绕油气生产，油气储运等领域，创建新型一体化管理模式。

（6）CPECC北京设计分公司研发出"IntField"

智能油气田解决方案，基于自控通信设施，集成信息、工程和管理技术实现智能化运营。

2 研究目标

面临上述技术难题，油田企业亟需通过数字化转型，全面提升勘探开发、工程建设、生产运行、经营决策、QHSE 等方面的管理水平。

2.1 *勘探开发*

建设统一的数字化协同平台，完成勘探与开发数据采集贯通，利用大模型的数据处理能力，整合油气行业数据，建立企业数据资产库，实现横纵向数据协同、数据资源共享，完善基础数据治理，实现数据的标准化和统一管理，提高数据治理能力；

利用高级分析和模拟技术，数字孪生模型可以辅助地质建模和油藏模拟，帮助地质学家更准确地理解地下油藏结构，预测油气分布，提高勘探成功率和开发方案的经济性。

2.2 *工程建设*

应用数字化交付平台，实现工程设计成果的数字化管理，在三维虚拟工厂中，通过二三维联动实现设计审核、施工指导、人员培训，提升设计质量和工程建设效率，为可视化运营管理提供支撑；

开发工程项目管理系统，实现工程设计、采购、施工、进度、质量、HSSE、合同、文档等管理应用，为建设期的数据采集提供可靠支撑，可以一键生成项目竣工资料。

2.3 *生产运行*

完善"井－站－厂－公司"网络和通信基础设施，实现多种通讯工具（手机／无线对讲／IP 电话／电脑）通信保障基础；物联网 100% 覆盖，实现对多源数据的采集和分析；

通过自控系统集成改造，实现区域 SCADA、CCTV 对所属区域范围内油田设施统一监控；生产负荷自动调整，实现 PID 控制器整定与优化，工艺装置运行更稳定，实现节能降耗；关键机泵设备部署边缘计算控制器，实现设备健康状态监测和故障预测诊断，预测性维护减少设备非计划停机；通过数字孪生平台，接入 SCADA、CCTV 实时物联网数据，按需运维工单自动推送，实现生产设施的三维可视化运维管理；实现生产计划与报表自动生成。

2.4 *经营决策*

虚拟办公环境中，支持协同办公（OA 流程、

视频会议、即时通讯），通过三维数字人提升了办公体验；构建智慧采办应用，实现业务程序和模版标准化、文档自动创建，实现涵盖采购、库房、物流到合同管理、付款管理等全业务流程无纸化，实现业务的线上化合规运行；

采集涵盖产、运、炼、销一体化的数据，打通项目之间、部门之间的数据孤岛，实现全业务链条的数据共享；通过大模型的机器学习能力，对油气勘探开发、工程建设、生产运行等环节的数据进行分析，提供公司级、部门级的管理驾驶舱和看板，通过可穿透可视化为工具，实现决策辅助支持。

2.5 QHSE

通过模拟不同的生产场景和应急情况，在虚拟环境中测试各种假设条件下的 QHSE 策略，优化作业流程，减少对人员和环境的潜在危害，同时提升生产效率；数字孪生平台能够实时收集并分析油气生产设备的运行数据，及时发现异常情况，提前预警潜在的安全隐患或环境风险，比如泄漏、压力异常等，使企业能迅速响应，避免事故发生；

创建逼真的虚拟环境用于员工培训，比如针对紧急情况的应对训练，提高员工的安全意识和应急处理能力，而不影响实际生产运行。

技术思路和研究方法

3 研究内容

3.1 *研究数字化转型规划*

按照集团公司数字化转型总体目标和中油国际"4+1"规划的顶层设计，结合尼日尔公司现状，进行整体蓝图的设计。在整体蓝图设计的基础上，开展应用场景规划。

3.2 *研发数字孪生平台*

采用集成应用与创新开发相结合的方式，利用大模型的图像和视频处理能力，研发数字孪生平台，实现以工厂对象为核心的覆盖工程建设、生产运行和经营管理的数字化平台，构建油田数字化的技术支撑。

数据中台：多源数据汇入，数据治理，统一数据标准口径。

技术中台：基于 Docker+Kubernetes PaaS 基础架构，融合数字孪生、智能物联、人工智能、GIS、流程引擎等技术组件。

业务中台：将油田业务应用核心功能进行抽象和重新设计，沉淀为可复用的服务模块，包括用户管理、审批流程等应用服务。

3.3　研发设备健康状态监测和故障诊断算法

利用大模型的模式识别能力，研发油田生产设备健康状态监测和故障诊断算法。通过分析设备的运行数据，实现对设备健康状态的实时监控和故障预警，提高设备的运维效率。

（1）探索高保真设备建模技术

将压缩机数字孪生系统整橇三维模型分为橇座、压缩机主机、换热器、洗涤罐等主要设备进行模块化建模，充分利用已有的 PDMS 三维模型，导出为 .stp 格式后导入 Solidworks 进行二次整合建模；整合完毕的整橇模型保存为 .fbx 格式后导入 Unity 引擎中优化调整后进行实时显示。

（2）构建多虚拟传感器仿真系统

通过西门子 PLC+WinCC，搭建多虚拟传感器仿真系统，对压缩机 LCP 盘数据实时显示软件虚拟调试。应用虚拟调试的方法，在 SiemensPortalWinCC 的 PLC 控制程序中，虚拟改变对应传感器的值，验证 Unity 界面中显示的实时性。后运用 KEPseverEX 虚拟数据生成模块，结合 Modbus 表，建立全 LCP 盘数据虚拟连接，对系统稳定性，数据传输响应速度进行测试。

（3）基于 SVDD 的设备健康状态评价算法

利用变分模态分解提取振动数据的变分模态分量，构建基于模态分量排列熵的高维多域特征集，以描述设备健康状态。通过设备运行健康样本特征向量构建支持向量数据描述（SVDD）的超球体模型，并引入粒子群算法对模型参数进行优化实现最优超球体模型。通过计算设备不同健康状态的数据到超球体球心的距离，参考隶属度函数进行公式拟合，实现设备健康状态的定量评价。

3.4　受限网络带宽条件下数据传输优化算法

集成应用带宽自适应调度、客户端缓存与融合技术，将改进的前向纠错编码（FEC）与自动重传请求（ARQ）算法、基于主成分分析 PCA 的降维算法、"主角光环"的主动采样和分层自适应编码技术、传输协议等进行无缝集成，应用于经营办公数字孪生应用场景中，实现在受限网络带宽环境下复杂三维模型顺畅交互，提升交互体验感。

4　研究方法

4.1　基于"元宇宙"油田全生命周期管理平台（图1）

尼日尔公司围绕"业务重构、管理变革、技术赋能"三大主线，按照"智能化生产、共享化研究、标准化应用"核心要求，建成了基于元宇宙技术的油气田生产经营孪生平台。该平台以数字孪生为核心，构建了生产和办公设施的虚拟现实环境，集成了工程设计、采购、施工、试运和投产等工程建设期间的静态数据与生产物联网、销售采办、综合办公等生产经营期间的动态数据，打造了业务应用一体化协同能力、从建设到交付的数据管理能力、可视化运营管控能力、项目实施全过程管理能力、采办业务管理与决策能力，为建设"全面感知、自动操控、趋势预测、智能优化、协同运营"智慧油气田提供了借鉴。

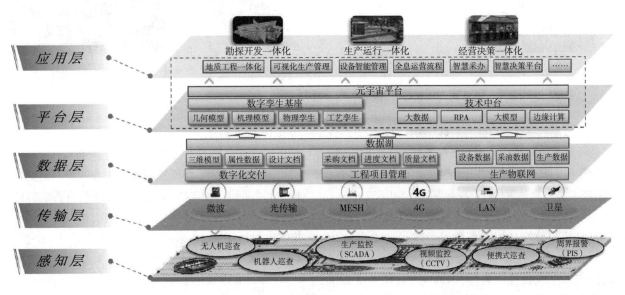

图1

4.2 基于"元宇宙"设备设施智能巡检、诊断、研判技术

设备智能管理方面，采用高保真建模和多工况仿真技术，实现往复式压缩机建模和仿真；健康状态检测：结合大模型的机器学习技术，开发基于SVDD（支持向量数据描述）的设备健康状态评价算法，实现对设备状态的实时监控和故障预警；故障诊断模型：利用大模型的图像识别和模式识别能力，能够准确地识别和分类不同类型的故障并进行预警，其故障识别准确率可达到95%，预警准确率可达到90%。

（1）研发了一套基于形性映射可视技术的数字化智能监控系统（图2）

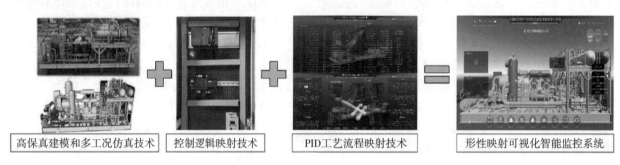

高保真建模和多工况仿真技术　　控制逻辑映射技术　　PID工艺流程映射技术　　形性映射可视化智能监控系统

图2

针对目前融合机理模型的压缩机监控预警技术不成熟，系统采用高保真建模和多工况仿真技术对真实的往复式压缩机进行建模。收集相关数据，如传感器数据、工艺参数、运行状态等，模型根据这些数据对设备的运行状态进行模拟，从而得出真实设备的数字化表示，其精度可达到90%。

在上述基础上，系统利用控制逻辑映射技术，持续采集设备的实时数据，并对其进行高低频处理和分析以提取出关键的特征信息，包括温度、压力、流量等传感器数据，以及设备的运行参数和性能指标，其逼真度可达到90%。

利用PID工艺流程映射技术，将处理后的数据以动态的图表、图形化的工艺流程图、实时的动画模拟等形式呈现出来，其异常情况响应速率可提高约30%。

4.3 开发了一种基于数据分析的多虚拟传感器数据演算方法（图3）

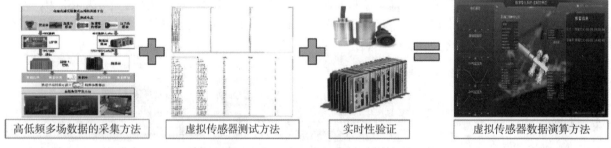

高低频多场数据的采集方法　　虚拟传感器测试方法　　实时性验证　　虚拟传感器数据演算方法

图3

形成高低频多场数据的采集方法，以各传感器所需采样频率分别拟定高频和低频数据采集传输方案，减少数据的冗余，提升数据传输的实时性及稳定性，其中，低频数据达到秒级，高频数据达到1.652kHz。

使用虚拟PLC，模拟压缩机运行状态，通过WinCC模拟改变压缩机各阶段参数，验证了TCP/IP通讯的可靠性及及时性，后运用KEPServerEX虚拟数据生成模块，结合Modbus表，建立全LCP盘数据虚拟连接，模拟压缩机运作，形成了一套

虚拟传感器测试方法，检验了系统的稳定性与数据传输的实时性，其逼真检测程度达到95%。

通过实际传感器模拟压缩机工作数据、监测数据，对数据采集传输方案及虚拟传感器进行实时性验证，经过测试实时性明显，压缩机状态信息预测准确度可达到90%，能够有效减少传感器布点位数。

4.3 开发了一种基于数据分析的多虚拟传感器数据演算方法（图4）

利用健康状态识别SVDD算法，对设备的健

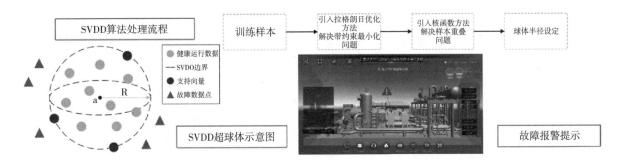

图 4

康状态进行监测和评估，如监测温度、压力、振动等运行参数和性能指标。通过建立好的数据集，使 SVDD 对设备健康运行数据进行训练和学习，降低不均衡数据中样本重叠的风险，其精度可高达 95%。

将接收到的数据组成工况数据库，经过预处理提取出与故障相关的特征信息，包括数据的统计量、频谱特征、时域特征等。根据机器学习算法选择出最具有代表性和区分性的特征，建立基于机器学习和深度学习的故障诊断模型，利用已标记的历史数据对模型进行训练，使模型能够从数据中学习出各种故障模式的特征，能够准确地识别和分类不同类型的故障并进行预警，其故障识别准确率可达到 95%，预警准确率可达到 90%。

4.4 基于"主角光环"的自适应降维数据传输技术

（1）针对数字孪生技术的特定需求，设计定制化的 ARQ 和 FEC 策略

不同于通用的数据传输场景，数字孪生技术对数据实时性、一致性和同步性有更高的要求。因此，可以根据数字孪生的数据特征和应用需求，开发针对性的 ARQ 和 FEC 策略，如设计面向数字孪生的错误控制机制、重传触发算法等，以更好地适应数字孪生场景下的数据传输挑战。

引入机器学习技术，实现智能化的传输策略调整。传统的 ARQ 和 FEC 方法通常采用预设的阈值和规则进行重传和纠错，难以动态适应复杂多变的网络环境。为了提高创新点的技术含量，引入机器学习算法，通过实时学习网络状态和数据传输质量，自主调整编码冗余度、重传触发门限等参数，实现智能化、自适应的传输策略优化。这种基于机器学习的方法可以更好地适应数字孪生应用中的网络动态变化，提供更稳定可靠的数据传输服务。

开发面向数字孪生的多级质量保证机制。在数字孪生应用中，不同类型的数据对传输质量的要求差异较大。关键数据如控制指令、状态信息等对可靠性和实时性要求极高，而非关键数据如环境背景、辅助信息等则相对次要。为了提高创新点的实用性，可以开发多级质量保证机制，针对不同级别的数据采用差异化的传输策略。对于关键数据，采用更高的编码冗余度和更严格的重传策略，确保传输的可靠性；对于非关键数据，采用较低的冗余度和更宽松的重传策略，减少传输开销。通过多级质量保证，可以在保障关键数据传输质量的同时，提高整体的传输效率。

设计面向数字孪生的传输性能评估和优化框架。为了验证创新点的有效性和优越性，需要建立科学合理的性能评估体系。可以针对数字孪生应用的特点，设计专门的传输性能指标和评估方法，如数据同步延迟、一致性误差、实时性保障等。同时，还可以开发配套的性能优化框架，通过理论分析、仿真验证和实验测试，对不同的传输策略进行评估和改进，不断提升创新点的技术成熟度和实用价值。

（2）基于主成分分析（PCA）的数字孪生体骨骼动画数据降维传输技术

该技术针对数字孪生体骨骼动画数据的高维特性，进行 PCA 降维处理，减少数据传输量；根据网络带宽和数据重要性动态调整降维目标维度，实现自适应降维策略；将 PCA 降维算法与数据编码、传输协议无缝集成，实现端到端系统设计。这一创新点通过数据降维和自适应传输策略，有效提高了数据传输效率，减轻了网络负担。

在数字孪生技术的应用中，尤其是在处理骨骼动画数据这类高维信息时，数据传输量的管理成为一个挑战。为了优化这一过程，本项目开发了一项基于主成分分析（PCA）的数字孪生体骨骼动画数据降维传输技术。这项技术通过精确的数据处理方法，显著提高了数据传输的效率，同时减轻了网络负担。

首先，项目利用 PCA 进行降维处理，这是一种统计技术，能够从多维数据中提取最重要的特征，从而减少数据的维度而不丢失关键信息。在数字孪生体骨骼动画中，这意味着能够有效地压缩原始数据量，减少在传输过程中需要处理的数据量。这不仅加快了数据传输速度，也降低了因数据量大导致的延迟和带宽占用问题。

最后，将 PCA 降维算法与数据编码及传输协议的无缝集成，实现了从数据收集到处理、再到传输的端到端系统设计。这种集成不仅简化了技术的应用流程，也提高了整个系统的协同性和效率。端到端的设计意味着从数据源头到最终的数据接收，每一步都经过优化，确保数据处理和传输过程中的每个环节都能高效运行。

这不仅提升了数字孪生体骨骼动画数据的处理和传输效率，还确保了在网络条件复杂多变的环境下，关键数据能够准确且迅速的传输。这对于需要实时或近实时响应的应用场景，如远程医疗操作、实时动画渲染等，具有重要意义。此外，这些技术的应用还可推广到其他需要高效数据处理和传输的领域，进一步拓宽了其市场应用的广度和深度。

（3）基于主动采样的"主角光环"模型自适应传输技术

该技术对用户关注的核心内容进行高精度、高保真度的采样，称为"主角光环"采样；对非关键区域采用低采样精度和保真度的表示，简化周边场景；按优先级编码和传输不同层级的数据，实现分层自适应编码；根据网络带宽状况动态调整数据的编码比特率和传输策略，实现带宽自适应调度。这一创新点通过自适应采样和分层编码传输，确保了用户关注内容的高质量传输，同时降低了非关键数据的传输成本，提高了传输效率。

"主角光环"采样技术的核心在于对用户关注的核心内容进行高精度、高保真度的采样。这意味着系统能够识别并优先处理最重要的数据，确保这些数据在传输过程中保持高质量的表现。例如，在进行数字孪生会议时，关键的视觉信息如演讲者声音及动作的主要视觉部分会被以最高保真度传输，确保接收端能够获得最准确的信息。

与此同时，对于非核心或用户不太关注的内容，本技术采用低采样精度和保真度的处理方式。这种差异化的数据处理策略显著减小了非关键内容的数据量，从而降低了整体的网络负担和传输成本。例如，虚拟的会议室桌椅、墙上挂件等。在监控一个虚拟会议室场景时，机器操作的主要区域将接受高精度采样，而背景区域如仓库的远处则可以以较低的详细度进行传输。

此外，本项目还实现了按优先级编码和传输不同层级的数据，这种分层自适应编码策略进一步优化了数据流的管理。通过这种方式，可以确保在任何给定的网络条件下，最重要的信息始终能够优先传输，同时根据网络带宽的实时变化调整其他数据的传输策略。这种动态调整功能特别适用于网络状况不稳定的环境，如移动通信或偏远地区的网络连接，有效保证了数据传输的连续性和效率。

5　结果和效果

本项目研究成果已应用于中国石油尼日尔油田、中国石化胜利油田等。在油田地面工程建设期间，建成了基于元宇宙技术的油气田生产经营孪生平台。该平台以数字孪生为核心，构建了生产和办公设施的虚拟现实环境，集成了工程设计、采购、施工、试运和投产等工程建设期间的静态数据与生产物联网、销售采办、综合办公等生产经营期间的动态数据，打造了业务应用一体化协同能力、从建设到交付的数据管理能力、可视化运营管控能力、项目实施全过程管理能力、采办业务管理与决策能力，为建设"全面感知、自动操控、趋势预测、智能优化、协同运营"智慧油气田提供了借鉴。

平台及应用的实施，促进油田工作模式由"劳动密集、驻点值守、定时巡检"向"少人或无人值守、集中监控、按需巡检"转变，管理方式由"人工判断 + 经验分析"向"自动预警 + 智能分析"转变，异常处理模式由"实时报警、事后处置"向"事前预警、事中控制"转变，提升了公司数据治理能力、优化经营管理流程、提高生产运营效率，实现了油田核心资产的全生命周期管理。

其中，尼日尔油田预计开发合同期内（二十年）公司可实现降低人工成本 21%、降低设备设施维护费 14.5%，产量损失减少 1.22%。

胜利油田实施数字孪生建设项目后，促进一线岗位多人值守转变为远程监控、无人值守，降低了劳动强度和一线用工量，降低用工量 40%。加强设备运行的监管力度，保障了设备稳定运行，降低维修频率。生产运行质量提高，生产指标参数稳定，大幅降低生产异常情况和事故发生率。

5.1　工程建设应用

数字化交付。将油田建设过程中产生的模型、PID、文档、属性等数据，利用数字化交付进行辅助支撑，形成统一、高效的数据资产。

工程项目管理。依托数字化交付，采用数字孪生技术，构建直观展示工程建设情况、管控施工进度、调整动态资源、合理安排工期的智能管理系统，实现工程项目全生命周期管理。

5.2　生产运行应用

站场的无人 / 少人值守、可视化单井管理、可视化场站管理。以物联网系统（SCADA/DCS/PLC/RTU、FGS/SIS、FAS、CCTV 等）为基础，以光传输及油田局域网为传输通道，实现对井场、混输泵站、计量站现场无人化管理，联合站、脱水站、接转站的少人值守；通过 SCADA、VFM 系统数据接入，与数字孪生基座结合，实现单井、场站的可视化管理。

在可视化设备智能运维方面，利用人工智能技术，实现关键设备健康状态诊断，提升智能化水平。探索建立基于 GIS 的三维管道线路管理。

5.3　经营决策应用

构建协同办公、智慧采办应用，研究智慧决策平台，分别开发面向管理层、业务层级的管理驾驶舱和看板。

6　结论

本项目通过探索引入通用 GPT 大模型，建立基于机器学习和深度学习的故障诊断模型，实现准确地识别和分类不同类型的故障并进行预警，提高故障识别准确率和预警准确率。

汇聚"行业公开数据、厂家设计和制造数据"与油田"生产运行数据"，建立企业数据资产。探索引入油气行业大模型，通过专有数据再训练（微调），实现大模型技术在核心资产的运维应用，进一步提升勘探开发、生产运行水平（图 5）。

本项目提出的基于机器学习的油田生产设备健康状态监测与故障诊断，通过构建数字孪生体高维动画数据自适应降维算法、改进的前向纠错编码（FEC）与自动重传请求（ARQ）算法、基于主动采样的"主角光环"模型自适应传输算法，保障了油田生产设备的稳定运行。构建算法模型，实现电潜泵、压缩机等设备设施的智能诊断、系统研判及故障处理，有效提高设备设施管理水平，预防生产事故，降低设备设施维护成本。

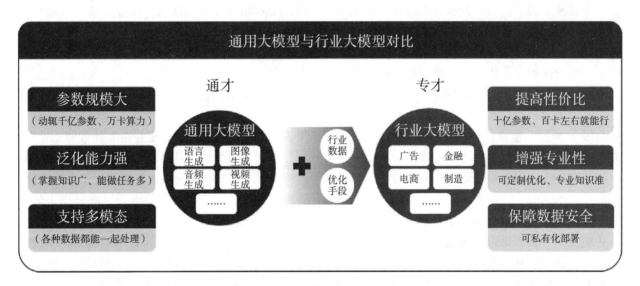

图 5

塔里木油田石油钻井复杂事故智能报警模型研究与应用

古丽娜扎尔·阿力木　钟泽义　袁　静　刘　凤

（中国石油塔里木油田公司）

摘　要　塔里木油田作为我国陆上第三大油气田和西气东输主力气源地，承担着保障国家能源安全的重要使命。随着近些年勘探开发逐步迈向超深领域，超深、高温、高压、高含硫的"一超三高"世界级难题使塔里木的勘探开发需要面对更大的风险和挑战。为转变风险管控模式，使钻井现场作业风险由被动事后处理转变为主动早期预警，塔里木油田完善提升视频监控、作业监测、异常报警等基础应用，研究引起故障复杂的原因，开展工程预警算法和模型研究。通过数据清洗，数据标签，数据特征提取等功能，在海量的实时数据基础上，利用大数据技术建立复杂事故预测模型，并通过人工智能让计算机推演大量案例，学习专家经验，形成一套与生产情况高度吻合的识别模型，实现了井漏、溢流、阻卡的自动报警。

关键词　井漏；溢流；人工智能；自动报警

塔里木油田作为我国陆上第三大油气田和西气东输主力气源地，承担着保障国家能源安全的重要使命。塔里木油田勘探开发面临自然环境恶劣、地质条件复杂、社会依托条件差、点多线长面广等挑战。随着近些年勘探开发逐步迈向超深领域，钻探的超深井数量占中国石油的90%，找到的超深层储量占全国四分之三，超深、高温、高压、高含硫的"一超三高"世界级难题使塔里木的勘探开发面临更大的风险和挑战。

塔里木"一超三高"的现状导致钻井过程中极易发生井漏、溢流、阻卡等安全事故。井漏、溢流、阻卡是钻井过程中常见的事故复杂，此类事故危害巨大，导致现场堵漏工程难度大、成功率低、成本高等，各生产单位一直采取各种措施力求避免此类问题。从溢流到井涌，只有一两分钟甚至几十秒，如果预测延迟或关井缓慢，溢流就可能会演变成强烈井涌甚至井喷，造成不可估量的损失。如何在第一时间发现溢流迹象，及时采取控制措施，争取宝贵的黄金时间就显得极其重要。

随着人工智能技术的快速跨越式发展，将人工智能技术应用于石油钻井工程，可以有效提高石油勘探开发现场的智能化水平，降低建设成本的支出和劳动强度，提高施工作业的安全性。基于此，塔里木油田分析了石油钻井施工作业工程事故的常见类型，探讨目前主流的石油钻井工程预警技术，实时优化钻完井方案，及时调整技术措施，研制出一套能实现复杂事故自动预警的系统，实现钻完井远程协调、联合诊断，为钻井生产安全高效提供数字化"助力"。

1　原理

本系统用于钻完井异常情况的发现汇报、情况核实、专家会诊、方案决策、过程跟踪及总结报告等作业过程，及时发现并精准处置施工异常，有效控制钻完井施工风险。实现了钻井现场井漏、溢流、阻卡等复杂情况由人工监测逐步向远程化、智能化预警转变，预防事故复杂，降低作业分风险、提高作业效率。

该系统数据吞吐量大，在中石油EISC应用，多线程并发计算400余口井，每天处理数据约3千4百万条。数据模型与业务机理模型深度融合，报警结果与井下异常符合性好。使用BS架构，全程可以无需专业技术操作和干预而实现全自动报警。

采用趋势分析，模拟专家的眼和脑，通过机器学习（XGBoost梯度森林算法）融合业务逻辑，对经过由业务专家挑选的正负样本进行学习，自动提炼图像特征进行训练。当模型在训练样本和测试样本中的准确度都有良好表现时，即完成模型训练，最后把模型应用到实际生产中，用程序化、自动化的工作代替重复的、复杂的人力劳动。为减少井漏误报，经过机器学习预测出来报警后，进一步严格判定缓慢渗漏的条件，实时跟踪出入口流量差值变化趋势，量化消除了泵排量不稳定带来的误报。为减少溢流误报，溢流停泵回看模型引入大钩高度参数，避免活动钻具导致出口流量的变化带来的误报。

2　研究方案

2.1　机理参数特征

分析井漏、溢流、阻卡钻录井参数变化特征（表1、表2、表3），挑选井漏、溢流和阻卡特征典型的数据曲线（经过钻井日志记录验证），打时间戳，形成井漏、溢流和阻卡正样本，指导机器学习使用。井漏和溢流特征典型数据曲线如下图所示（图1、图2）。

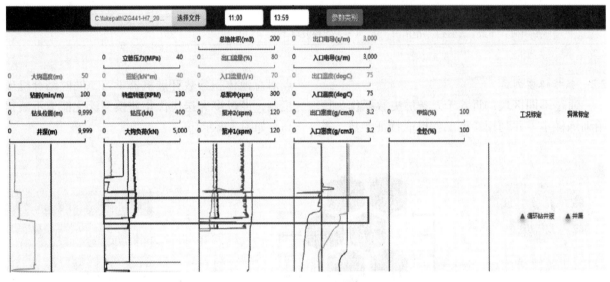

图1　井漏特征典型数据曲线

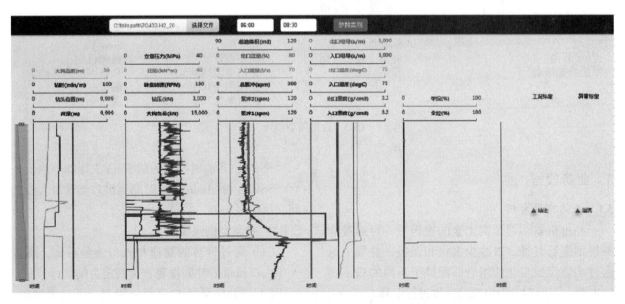

图2　溢流特征典型数据曲线

表1　井漏钻录井参数变化特征

参数 异常	监测工况	大钩负荷	大钩高度	立压	扭矩	泵冲速	钻时	排量 （入口流量）	出口流量	总池体积	气测
井漏	钻进和循环	增大		下降 （井漏严重）		不变或微增	减小	不变或微增	减小	减小	下降（漏速较大）

表 2　溢流钻录井参数变化特征

参数 异常	监测工况	大钩负荷	大钩高度	立压	扭矩	泵冲速	钻时	排量（入口流量）	出口流量	总池体积	气测
溢流	钻进和循环	缓慢增大（溢流较重）		先增（絮凝）后降		不变或微增	减小	不变或微增	增大	增大	增大

表 3　阻卡钻录井参数变化特征

参数 异常	监测工况	大钩负荷	大钩高度	立压	扭矩	泵冲速	钻时	排量（入口流量）	出口流量	总池体积	气测
阻卡	上提和下放钻具时	增大（上提）下放（减小）	限定在一定范围内	增大	增大/大幅波动				减小		

2.2　数据模型创建

通过不同区块的近 6 千万条历史数据作为原始训练样本，并利用特征工程提取特征参数，重点对总池体积参数开展机器学习，同时结合机理机制，经过多次迭代优化使模型泛化能力不断提高，如图 3 所示。

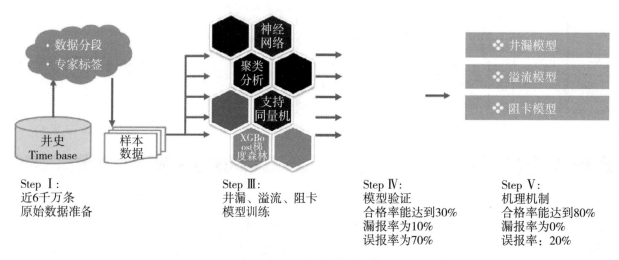

Step Ⅰ：
近6千万条
原始数据准备

Step Ⅲ：
井漏、溢流、阻卡
模型训练

Step Ⅳ：
模型验证
合格率能达到30%
漏报率为10%
误报率为70%

Step Ⅴ：
机理机制
合格率能达到80%
漏报率为0%
误报率：20%

图 3　数据模型创建

3　业务模型

3.1　井漏逻辑分析

经过机器学习预测出来的报警后，再通过业务规则进行过滤，以减少漏报和误报，井漏失返通过响应参数变化的组合匹配赋予不同的概率实施报警。下面对文中出现的参数进行解释。

Pu1：当前时间段的前 3min 总泵冲速的平均值；

Pu2：前 3min 结束时刻到出口流量最大值之间总泵冲速的平均值；

Fo1：当前时间段的前 3min 出口流量平均值；

Fo2：前 3min 结束时刻到出口流量最大值之间出口流量的平均值；

SSP1：当前时间段的前 3min 立压的平均值；

SSP2：前 3min 结束时刻到出口流量最大值之间立压的平均值。

3.1.1　井漏型倒浆模型

（1）通过计算的漏速与入口流量对比，漏速大于入口流量的井漏报警直接判定为倒浆；

（2）当 0.6 × 入口流量 < 漏速 < 入口流量时，立压基本没有下降时（泵冲稳定前提）判断为倒浆。

3.1.2　开泵或增加泵冲速后的过滤模型

（1）由停泵转为开泵 4 分钟内的井漏报警为开泵告警，即 Pu1 > 1 or Pu2 > 1 or Pu3 > 1 持续 4 分钟；

（2）持续开泵过程中，Δ Pu 总 > 15 时产生的井漏报警，实施过滤。

3.1.3　井漏失返判断模型

井漏失返通过响应参数变化的组合匹配赋予不同的概率实施报警。

（1）循环状态：泵冲速≥1，立压≥1MPa

（2）泵冲稳定：5分钟内数据，平均值：$-3 \leqslant \Delta Pu1 \leqslant 3$，且近1分钟内总泵冲速平均数≥10

（3）立压下降：近1分钟内立压平均数减去前2分钟内立压平均数≤-0.8MP

（4）出口流量下降：近1分钟内出口流量平均数减去前4分钟内出口流量平均数≤-5%

（5）出口密度下降：近1分钟出口密度平均数减去前1分钟内出口密度平均数≤-0.2

（6）总池体积下降：近1分钟的总池体积减去前4分钟内总池体积≤-0.45方

同时满足1、2、3、5项，发生概率60%，同时满足1、2、5、6项，发生概率70%，同时满足1、2、3、4、5项，发生概率80%，同时满足1、2、3、4、5、6项，发生概率90%。添加限定条件：5分钟内，任意一个泵冲速的极值差＜3。

3.2　溢流逻辑分析

3.2.1　溢流型倒浆模型

（1）数据模型判断出溢流后，泵冲稳定前提下，较大溢流，立压基本没有下降，判定为倒浆；即溢流速度v＞20方/小时，$\Delta SPP ＞ -0.2MPa$，判定倒浆；

（2）较大溢流，出口流量质量检验合格后，出口流量基本没有增大，判断为倒浆；即溢流速度v＞20方/小时，$\Delta Fl ＜ 0.25\%$，判定倒浆。

3.2.2　停泵或减小泵冲速后过滤溢流报警

由开泵转为停泵4分钟内的溢流报警为停泵告警。

（1）由开泵转为停泵10分钟内的溢流报警为停泵告警，即不满足Pu1＞1 or Pu2＞1 or Pu3＞1；

（2）持续开泵过程中，对ΔPu总＜-15时产生的溢流报警，实施过滤。

3.2.3　停泵回看模型

为杜绝由开泵转停泵时可能发生的溢流漏报，设计停泵回看模型。停泵回看出口流量参数，杜绝溢流漏报。程序由开泵状态转为停泵状态那一刻进行判断，回看停泵时刻向前15min是否持续保持开泵状态，如果是并且满足此公式：Pu2-Pu1≤5且Fo2-Fo1≥7.5%，即为溢流报警。

3.3　阻卡逻辑分析

阻卡报警目前主要通过业务逻辑模型实时判断，报警准确性的关键点在于实时标准悬重的计算，如图4所示。

（1）钻进结束时计算当前钻具标准悬重。井深-钻头位置＜30m时，由钻进转为其他工况时，获取钻进结束前2小时数据，筛选其中处于钻进工况，且井深（H-0.5）~H的所有大钩负荷和钻压，标准悬重F0=avg（钻压+大钩负荷）。

（2）起下钻时计算上一立柱标准悬重。井深-钻头位置≥30m时，下放钻具或上提钻具时，记录上一柱钻具大钩高度在5m到25m之间所对应的大钩负荷平均值。

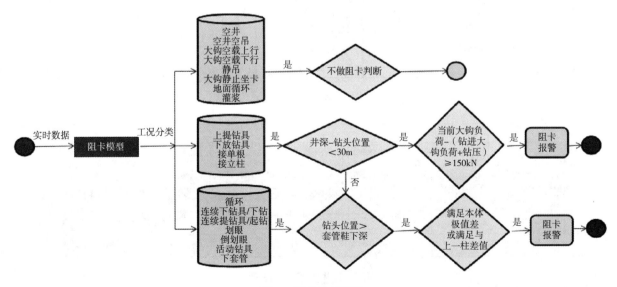

图4　阻卡业务逻辑

4　实例应用

塔里木油田复杂工况智能报警系统采用出口流量、入口流量、池体积、泵冲速、立压、出口密度等参数，覆盖钻进、循环、划眼、倒划眼、坐卡（钻进）等工况，实现溢流、井漏、阻卡报警，应用效果良好。2021年工程异常正确报警435起，避免事故复杂12起，有效率达到100%；2022年工程异常正确报警694起，避免事故复杂27起，有效率达到100%；2023年工程异常正确报警4448起，避免事故复杂119起，有效率达到100%。

（1）A井是塔里木油田重点勘探开发区块井，2023年3月20日，智能报警系统溢流预警成功，报警早且溢流监测全面。当日2:33顶驱划眼至井深2238.55m，录井联机员发现池体积上涨1.2m³，出口流量由20.7上涨至29.7%，气测值全烃由2.70%上涨至45%，甲烷由2.05%上涨至40.92%，立即汇报当班司钻，司钻立即上提钻具，钻具上行时在井段2238~2225.33m发生不同程度阻卡，2:38司钻缓慢上提钻具至井深2223m（钻杆旋塞提出钻台面），发出长鸣笛关井信号，2:41关井成功；关井期间监测气测值全烃由45%上升至49.82%。2:43关井两分钟后套压由0上升至4.5MPa。其中，A井综合曲线如图5所示。

（2）2022年12月12日，智能报警系统成功对B井进行井漏预警。经分析，钻具放空微元分析捕捉到的高孔隙地层深度明显早于钻井现场的直观分析，钻井现场仅对长井段的放空有所发现，模型的预警优势显著，如图6、图7所示。

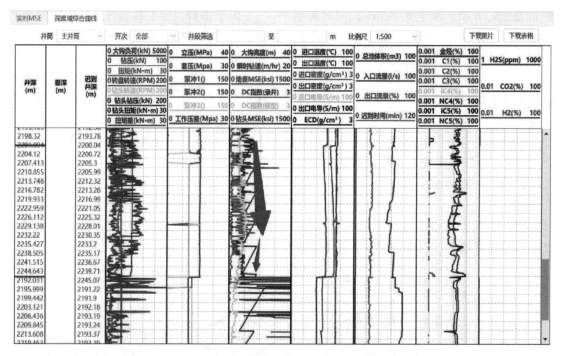

图5　A井综合曲线

预警类型	预警时间	井深	钻头位置	异常描述
井漏	2022-12-12 04:51:07	8189.99	8189.99	进程0 WEBHTL110021572:满深702 预警时间:2022-12-12 04:50:51,井深8189.99m,钻头位置8189.99m,提示井漏风险。
井漏	2022-12-12 01:30:14	8180.57	8180.57	进程0 WEBHTL110021572:满深702 预警时间:2022-12-12 01:29:51,井深8180.57m,钻头位置8180.57m,提示井漏风险。
井漏	2022-12-11 18:50:04	8163.46	8163.46	进程0 WEBHTL110021572:满深702 预警时间:2022-12-11 18:49:51,井深8163.46m,钻头位置8163.46m,提示井漏风险。
井漏	2022-12-11 14:33:18	8149.01	8137.8	于2022-12-11 14:31:39停泵,于2022-12-11 14:33:16疑似发生井漏,停泵吐出速率:-0.9m³/s,停泵吐出量:-0.546m³。报警依据:rate,基准吐出量-0.546,吐出速率29.589。
井漏	2022-12-11 09:32:12	8126.99	8126.99	进程0 WEBHTL110021572:满深702 预警时间:2022-12-11 09:31:51,井深8126.99m,钻头位置8126.99m,提示井漏风险。

图6　B井预警详情描述

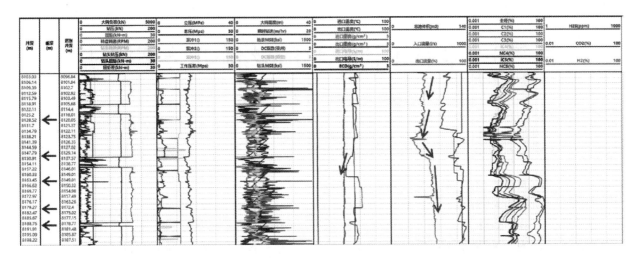

图 7　B 井钻井曲线

5　结束语

　　塔里木油田应用大数据、人工智能技术，实现随钻跟踪分析快速发现工程异常问题，提高异常报警、工程预警的准确率与及时性。复杂故障由被动处理转变为主动早期预警。石油钻井复杂事故智能报警系统降低故障复杂程度，提高异常处置的针对性与科学性、远程技术支持辅助决策的时效性和科学性，为业务管理、决策支持提供井筒和数据分析的可视化展示，具有较高的适用性和推广价值。

参 考 文 献

[1] 刘伟，雷万能.井漏的成因及处理 [J].中国西部科技，2008，7（8）：41-42.

[2] 岳炜杰，孙伟峰，戴永寿等."三高"油气井溢流监测方法研究 [J].石油钻采工艺，2013，35（4）：58-64.

[3] 李金洪.深度学习之 TensorFlow 工程化项目实战 [M].北京：电子工业出版社，2019.

[4] 张健.石油钻井工程事故的预警技术探析 [J].石油石化物资采购.2021，018.

[5] 李庆霖.钻井平台石油开采事故诱因评估及建议 [J].中国石油和化工标准与质量，2019（18）：155-156.

[6] 王巧鹏.石油钻井工程事故的预警技术研究 [J].化工管理，2018（17）：230.

[7] 刘熙光.浅析钻井井控技术措施的优化 [J].中国石油和化工标准与质量，2019，39（01）：212-213.

[8] 侯艳伟，李新.工程录井预警系统在钻井现场的应用效果及发展方向 [J].石油仪器，2013，27（3）：16-19.

油气田工程技术领域通讯网络解决方案探讨

张少飞　王金山　余忠凯　吴金峰　马国梁　郭水亮

（中国石油塔里木油田公司）

摘　要　随着数字化转型、智能化发展工作的大力推进，塔里木油田工程技术领域钻试修井场数字化、智能化、标准化实施愈加迫切。为保障钻试修现场各类视频及生产数据高效回传，针对目前"无线网桥＋卫星"为主的工程技术通讯传输网络存在的带宽有限、覆盖范围有限、灵活调整能力有限、稳定性不足等问题，油田通过不断对工程技术子网建设、接入、应用方案的思考和实践探索，通过对传输资源的整合、传输方式的探索及改变、传输链路的优化以及环网保护的建设等方式方法，最终实现油气田工程技术领域各类数据稳定高效回传、风险管控及时预警处置，达到了预期目标。

主要采用的方式有：（1）探索野战光缆敷设；（2）充分利用油田已建骨干光传输网络；（3）建设接入层光纤传输环网；（4）优化网桥中心站位置等。从传输速度、稳定性、覆盖范围以及接入灵活性等多个方面同时提升工程技术子网接入传输能力。

工程技术子网初步建成后，为工程技术领域提供了高效的办公网络环境，为今后偏远井场通讯网络建设提供了思路和方法，具有很强的针对性和拓展性。为偏远地区数智化建设及发展提供了可行性极强的思路，也为后续油田发展提供了成功经验。工程技术子网的不断完善，也为油田 DROC 更好发挥其作用定位提供了更多可能，目前已实现多路高清监控视频实时回传，视频会议也可正常开展，极大提高了工作效率。

关键词　数智化；工程技术；通讯网络

随着新一代信息技术与能源产业深度融合，塔里木油田工程技术领域钻试修井场作业智能化需求逐渐提高，应用数字化技术和手段推动工程技术领域生产数据及视频监控高效稳定回传，实现全天候、全方位、全过程、无死角监督监管，逐渐成为油田工程技术领域精益化管理的重要手段。

由于工程技术领域钻试修井场位置偏远，公网覆盖不足，同时视频、数据传输实效性要求较高，为保证钻试修井场生产数据及视频传输高效稳定，同时保障网络业务安全可靠，油田通过建设独立的工程技术子网已经势在必行。

1　油田工程技术领域通讯网络现状

随着塔里木油田对于工程技术领域安全生产的要求不断升高以及 DROC 中心对于钻井数据监控和视频、会议等业务的使用需求不断提升，建立一套稳定高效的通讯网络变得更加迫切。2022 年以前，钻完井现场各类应用回传至油田基地主要采用"无线网桥＋卫星"的无线通讯手段，以

"通"为主；2022 年起，油田着力探索更经济、更高效、更稳定的传输方式，同时考虑试油、修井现场的快速高效接入，使工程技术领域通讯网络更加稳定健壮，从而支撑油田工程技术领域的发展需求。由于工程技术领域通讯网络业务主要承载在办公网上，同时避免其频繁变动带来的影响，因此考虑划定安全全域，作为办公网的子网，下文以"工程技术子网"命名此网络。根据工程技术子网的使用范围，建设和应用时应着重解决以下问题：

1.1　传输带宽有限

目前，单个井场的主要业务有：（1）6 路高清视频监控，占用带宽约 25M；（2）现场各类生产监控数据，占用带宽约 2M；（4）视频会议偶发接入，占用带宽约 10M；（4）办公电脑、电话等日常使用，占用带宽约 10M。可以看出，单个井场带宽使用最高时可达约 50M，卫星传输远远无法满足其使用需求（油田租赁卫星频宽为 19MHz，带宽约 16Mbps），另外，无线网桥也可能因为中心站回传带宽不足导致无法很好支撑井

场业务需求。

1.2 覆盖范围有限

目前，工程技术子网的覆盖主要依托无线网桥，由于网桥中心站数量有限，只能通过不断调整中心站位置从而满足覆盖需求，中心站拆装频繁致使部署周期较长，同时上下铁塔也带来了较大的安全风险。另外，网桥中心站回传库尔勒基地的链路大多采用租用运营商链路的方式，从经济成本上考虑，也不支持大范围覆盖。

1.3 灵活调整能力有限

目前，塔里木油田钻井周期约 200 天 ~300 天，但试油、修井周期仅有 30 天 ‑90 天，部分井场可短至 10 天左右。2023 年 6 月，油田下发相关通知，要求试油、修井现场数据也须全部接入 DROC 中心，这就使得工程技术子网必须具备快速接入和灵活调整的能力，否则将因部署及拆除的速度缓慢导致耽误现场作业。

1.4 稳定性不足

目前，工程技术子网全链路的稳定性均有所欠缺，例如链路冗余保护建立的不够，交换机等重要传输设备及电源等配套设备工作环境较差，从井场至油田基地任意一个节点出现问题均会造成传输中断，运维抢修人员疲于奔命，故障恢复时间较长，如图 1 所示。

2 工程技术子网建设方案

针对上述 4 点问题，油田提出了具体的建设

方案，由于油田探区范围较大，因而采取区域试点、逐步推广的方式不断完善。

2.1 提升整体传输带宽

2.1.1 野战光缆的试点及推广——解决"最后一公里"

2022 年至 2023 年，油田提出两项重要举措提升钻完井现场"最后一公里"传输带宽：（1）在沙漠腹地积极探索野战光缆的使用；（2）在钻完井现场将卫星使用占比降至 0，只采用光缆或网桥进行覆盖。2022 年，油田首次在富满油田满深 5 线及富源 3 线试点敷设野战光缆约 130km，先后覆盖钻完井 50 余口。该井次由于光缆到井，传输带宽得到了极大提升，各类应用效果显著提高，如图 2 所示。

2.1.2 OTN 光传输系统进一步使用——解决骨干传输

2023 年，油田为提高工程技术子网整体带宽，在 OTN 光传输系统内规划 1 个 GE 通道单独传输工程技术子网，传输带宽可达 1G，远远超过租用运营商的传输带宽（50M~200M），大大提升了工程技术子网的骨干传输能力。目前已开通油田库尔勒基地至九个采油气管理区十余条工程技术子网专线，随着后续在富满油田 OTN 的继续建设，还将继续开通新的专线，以满足油田后续发展的使用，如图 3 所示。

2.1.3 运营商链路替换为油田自有链路

2023 年，随着 OTN 网络工程技术子网专线的

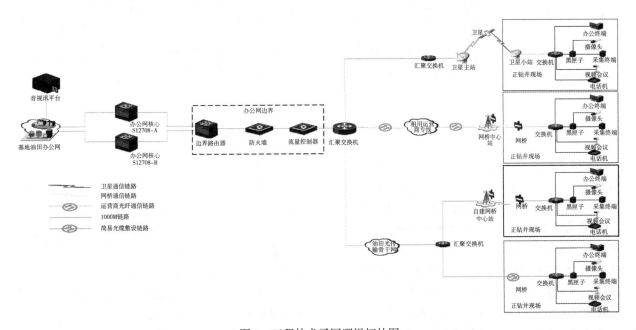

图 1   工程技术子网逻辑拓扑图

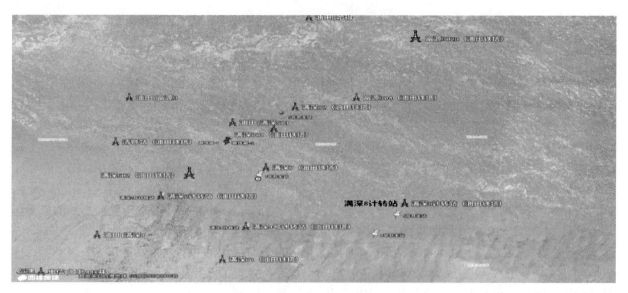

图 2 野战光缆敷设局部示意图

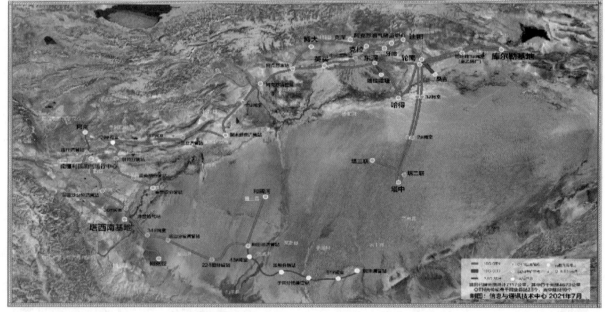

图 3 骨干光传输拓扑图

开通，部分运营商专线可替换为油田自有链路从而提升整体传输效率。迪那、克拉、察尔其 18 连等 3 处网桥中心站回传链路替换为油田自有链路，下辖的 30 多口井也相应提升了传输带宽，如图 4 所示。

2.2 扩大覆盖范围，同时提升接入灵活性

由于试油、修井等短周期作业的接入要求，工程技术子网不能再仅限于延伸到大型场站，必须进一步延伸至中小型场站，如转油站、集气站、变电站等，生产井需要进行修井作业时可就近接入中小型站场，以达到快速部署的目的。

2.2.1 光纤网络延伸至中小型场站——新区不断完善

由于新区光缆覆盖所有单井，工程技术子网的覆盖可接入完全可以利用已建光缆。

2024 年拟在富满区域建设接入点 10 处，包括：跃满西变、跃满变、富源变、果勒西变、深地变、满深 5 变，以及哈一联、富源 302、满深 72、满深 7。覆盖富源、满深、哈得、跃满、果勒、玉科等区域所有单井，如图 5 所示。

2024 年拟在博大区域建设接入点 10 处，包括：

博探1井、察尔其18连网桥中心站通过光缆接入油田工程技术子网示意图

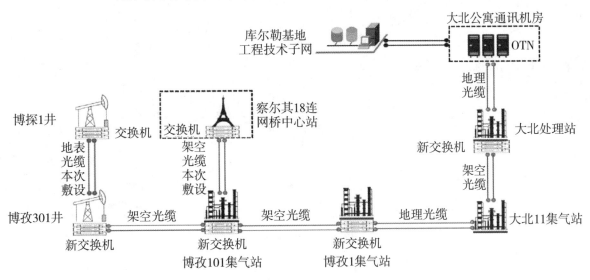

图 4　察尔其 18 连网桥回传链路替换示意图

图 5　富满区域工程技术子网建设示意图

博孜 301 集气站、博孜 17 集气站、博孜 18、博孜 101 清管站、博孜 1 集气站、大北 11 集气站、大北 101 集气站、大北 201 集气站、大北 3 集气站、克深 5 集气站，覆盖博大所有单井。

　　通过在两大主力建产区的建设，进一步加强了工程技术子网，为修井提供了便利的接入条件，同时也可作为钻完井现场接入的资源，为后续的野战光缆的敷设提供了支点。

2.2.2　网桥中心站覆盖进一步完善——老区稳中有进

　　由于老区大量单井没有直达的光缆资源，考虑在中小型站场建设光纤网络，通过网桥中心站覆盖所辖全部单井。需要接入时，可在单井部署网桥远端站，接入就近中心站，从而实现快速部署，如图 6 所示。

2.3　多层次建设光纤环网，提升整体稳定性

　　工程技术子网划分为骨干层、汇聚层和接入层。骨干层由油田基地至采油气管理区，汇聚层是采油气管理区工程技术子网，主要负责覆盖，接入层则是单井至汇聚层。下面分别从骨干、汇聚和接入三层对链路的稳定性进行阐述。

图6　网桥覆盖示意图

2.3.1　骨干光传输环网建设和业务冗余配置

目前 OTN 环网已经实现了油田北部区域环网建设，所有 OTN 链路均配置冗余保护链路，确保在光缆中断的情况下备用链路启用，以保障工程技术子网的稳定性。

2.3.2　汇聚层工程技术子网环网建设

以上述富满和博大为例，各接入点之间建立形成汇聚层的环网，配置业务冗余路由，实现区域内的多链路保护。

2.3.3　接入层重点井多链路冗余建设

由上文可知，建设完成后，从单井到油田基地的全链路仅剩"最后一公里"无保护，链路的稳定性和通畅率得到了大幅提升，确保了异常情况下影响面降到最小。若个别单井的重要性较高，需要全链路均有保护路由，如深地塔科 1 井，这时可依托运营商链路资源，开通单井至油田基地专线，进行升级保障。

3　下步工作思考

3.1　统筹考虑，优化通讯资源布局

统筹油田范围内各类资源，结合勘探及钻井布局，适度考虑未来发展方向，提出最优的解决方案。在满足所有生产井全覆盖的同时，更要考虑经济性，以最小的成本解决主要问题。

3.2　持续不强其它区域工程技术子网

通过试点建设，总结成熟经验，逐步在油田全探区建设工程技术子网，尽量采用"环型＋链型（星型）"结构，形成标准化的通讯网络架构，从而使后期各钻试修井场均可就近快速接入。

3.3　建立健全工程技术子网接入／拆除运维机制

通过不断实践，探索形成工程技术子网接入／拆除运维机制，使工程技术子网能更好发挥灵活接入／拆除的优势，确保"井队到、网络到"，强化工程技术领域的数智化支撑。

4　结语

通过塔里木油田近几年数智化转型，工程技术领域通讯网络配套建设目前已具备一定规模，已经能够支撑钻完井现场的数智化应用需求。但是，对于试油、修井现场的支撑仍然具有一定的滞后性和不稳定因素。未来，油田将重点考虑工程技术子网的科学合理延伸，提高稳定性，提升灵活性，进一步为油田生产提供强有力的支撑。

油气田生产大数据分析及信息精准推送研究

惠延安 付 江 窦晓超 刘君晨 邝飞鹏 朱昌军

（中国石油塔里木油田公司）

摘 要 油气田开发生产中，单井、集输、处理等各环节每天产生压力、温度、灌液面、流量、油气产量等大量数据信息，某一时刻的数据信息集，应该客观反映了油气生产场所的某种状态。依据大数据分析方法，利用油气田开发生产现场监控收录的信息，结合数字井史、A2、测井等相关数据库，对油井套压变化、油嘴异常及生产异常情况进行统计分析，研究形成一套现场油气开发生产数据分析预判模型。并根据油气田开发生产决策者、管理者、技术支撑者、现场操作者的岗位需求，建立了信息精准推送方法。实现现场数据实时分析及信息的快速精准推送，助推了现场油气开发生产中异常信息及设备隐患的快速处理，有效支撑油气田开发、综合治理、降低能耗等工作顺利开展。

关键词 油气田开发生产；现场监控信息；分析预判模型；信息精准推送；异常信息处理

随着石油勘探开发工作的不断深入，油田数据呈爆炸式增长，包括地质、测井、物探、开发等各个环节中积累的数据，尤其近些年数字油田建设的快速发展，将石油信息化带到了"大数据"时代。基于数据采集自动化的全面推广，油气田生产数据采集频率可以从每天达到每小时、每分钟、甚至几秒，单井、集输、处理等各环节产生压力、温度、油嘴开度、灌液面、流量、油气产量等大量数据信息。

实践证明，油气生产现场可利用的数据信息量越多，数据分析得出的结论就越准确，现场对油气田安全生产的掌控能力就越大。掌握并利用好油气开发大数据，是油气田效益开发的重要手段。目前，油气田开发生产自动化采集的数据信息，在油气田生产状况监测及管理工作中，基本实现了数据录取及异常报警信息的获得，并将生产信息、异常信息通过电话或微信钉钉群发布，以供决策者、管理者、技术支撑者及现场操作者使用。这种将某一信息体不加分析分类就直接推送的方式，常常会出现决策者、管理者、技术支撑者及现场操作者无法精确理解现场到底需要决策什么？协调什么？技术支撑什么？现场操作什么？从而影响到异常信息、预警信息的处理时效，同时现场还比较缺失对油气生产数据信息及其它相关数据库信息的综合利用及异常问题的提前预判。

针对油气生产现场大数据应用诸多问题，以塔里木某AAA凝析气田开发为例开展油气田生产大数据分析及信息精准推送研究，旨在建立一些关键异常问题的预判模型及信息精准推送实例，为油气田高效开发、综合治理、降低能耗提供一些技术支撑。

1 AA 凝析气田开发概况

该气田开发层系为古近系储层，储层平均孔隙度 3～9%、渗透率 0.1～1.1×10⁻³μm²，属于低孔、低渗和特低渗储层，裂缝发育，非均质性强。气藏天然气探明地质储量达千亿多方、凝析油地质储量达千万多吨，地层压力 106MPa、压力系数 2.1-2.3、地层温度 132℃，属异常高压、低凝析油含量块状边底水凝析气藏。该气田开发总井数三十多口，年产气量近四十亿方、产油量三十多万吨，生产中积累了大量数据信息。

2 AA 凝析气田油气生产现场大数据分析应用及信息精准推送

2.1 单井套压异常判断及信息精准推送

2.1.1 预判模型建立

气田单井套压异常情况，在国际上油气田生产中是一种普遍现象，当套压超过一定范围，将危机气井安全生产，降低采收率，影响后续施工作业，甚至导致整口井报废。所以需要对单井套压异常情况提前做出预判，才能防止事故事件的发生。

引起单井套压异常的原因通常有热效应引起的环空压力异常、人为施加压力引起的环空压力异常、持续压力源引起的套管环空压力异常等。

据此可设计套压异常预判模型（图1）。

2.1.2 应用实例

AA凝析气田AA-1井油套压、油温变化曲线（图2），从图2中红色圈处可以看出，油压由32.69MPa升高至53.32MPa，随后A套压由32.72MPa随油压升高至53.91MPa，与油压曲线变化基本一致。根据图1套压异常预判模型（a），说明生产管柱

某处有刺漏，导致油套连通，生产管柱内的流体刺漏到A套环空，引起A套环空流体压力、温度升高。由于A环空流体热效应又引起B、C套压的升高（图2黑色圈内曲线），B套压升至29MPa后趋于稳定，但C套压升高至21.6MPa后还持续升高，C环空压力安全极限上限值为21MPa，因此C套压值会造成套管损坏。

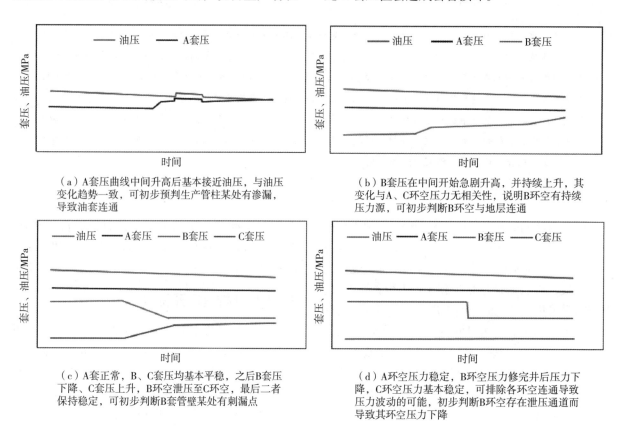

（a）A套压曲线中间升高后基本接近油压，与油压变化趋势一致，可初步预判生产管柱某处有渗漏，导致油套连通

（b）B套压在中间开始急剧升高，并持续上升，其变化与A、C环空压力无相关性，说明B环空有持续压力源，可初步判断B环空与地层连通

（c）A套正常，B、C套压均基本平稳，之后B套压下降、C套压上升，B环空泄压至C环空，最后二者保持稳定，可初步判断B套管壁某处有刺漏点

（d）A环空压力稳定，B环空压力修完井后压力下降，C环空压力基本稳定，可排除各环空连通导致压力波动的可能，初步判断B环空存在泄压通道而导致其环空压力下降

图1　套压异常预判模型

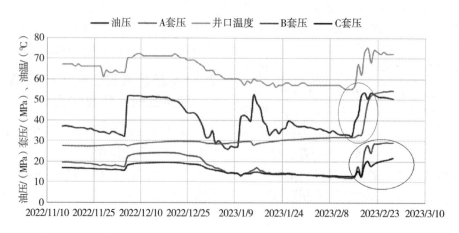

图2　AA-1井油压、油温、套压变化曲线

2.1.3 信息推送

刘道华等曾提出了科普资源精准推送的具体实施路径或方法，夏帅等设计了一个能够给科技

工作者精准推送学术报告信息的系统。两种推送方式都是信息服务型推送，而提高现场问题解决效率的信息精准推送方式研究却少有资料描述，

信息推送目的不同。

为解决 AA-1 井因生产管柱刺漏引起 A 环空压力和温度升高及 C 套压异常问题，需尽快将异常信息进行分类并精准推送决策者、管理者、技术支撑者及现场操作者。现场采气工程师首先需将 C 套压异常信息推送气田管理决策者，告知该井 C 套压 21.6MPa 已超过其安全极限上限值 21MPa。气田管理决策者根据生产井油套管柱完整性要求，做出 C 套需泄压的决策；将 C 套压异常信息推送生产管理者，告知该井 C 套环空泄放需协调的相关事宜；将此 C 套压异常信息推送技术支撑者，告知该井套压异常需要泄放环空液。技术支撑者对该井 C 套压异常情况进行评估并编制套压异常处理方案；将此信息推送现场操作者，

告知现场操作者需要准备现场使用工具及材料。现场操作者根据套压异常处理方案组织套管环空液泄放工作。大数据分析及现场需求信息的快速推送，两个小时完成了套压异常快速处理。

2.2 单井采气树油嘴异常预判及信息精准推送

2.2.1 预判模型建立

为保障油气井正常平稳生产，依据该凝析气田生产大数据进行分析，可以发现生产井油嘴异常情况及发生原因，为采取相应措施提供依据。根据以往经验，油嘴一旦出现故障，一般都会在油嘴前后流体的压力、温度上有所体现，通过对油气生产现场压力、油温信息的分析，即可判断一、二级油嘴运行及故障情况。预判模型如下（图 3）。

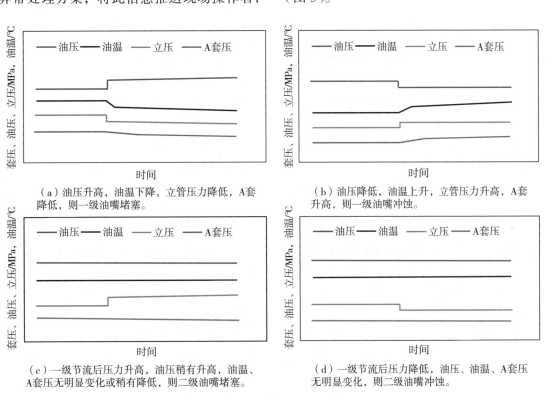

（a）油压升高，油温下降，立管压力降低，A 套压降低，则一级油嘴堵塞。

（b）油压降低，油温上升，立管压力升高，A 套压升高，则一级油嘴冲蚀。

（c）一级节流后压力升高，油压稍有升高，油温、A 套压无明显变化或稍有降低，则二级油嘴堵塞。

（d）一级节流后压力降低，油压、油温、A 套压无明显变化，则二级油嘴冲蚀。

图 3　油嘴故障与预判模型

2.2.2 应用实例

AA 凝析气田 AA-2 井 2023 年 6 月 3 日至 6 月 28 日的一段生产曲线（图 4），红色圈内油压、立压升高，油温逐渐降低，A 套压逐渐下降。根据油嘴故障预判模型（c）判断，该井二级油嘴堵塞。

2.2.3 信息推送

根据 AA-2 井现场分析得出的异常结论，采气工程师将该井二级油嘴堵塞信息推送气田管理决策者，告知拆捡油嘴需 3 个小时。气田管理决策者根据该井拆捡油嘴时间，确定调整其它井工

作制度以补充该井拆捡油嘴时所欠产量；采气工程师将该井二级油嘴堵塞信息推送技术支撑者，告知该井需拆检油嘴。技术支撑者根据该井拆捡油嘴时间下达关井通知及其它井调产通知；采气工程师将该井二级油嘴堵塞信息推送生产管理者，告知拆捡油嘴需申请一辆随车吊配合现场施工。生产管理者根据现场拆检油嘴进度安排随车吊配合现场施工；采气工程师将该井二级油嘴堵塞信息推送现场操作者，告知准备油嘴拆捡工具及材料。现场操作者根据技术支撑者下达的通知单要

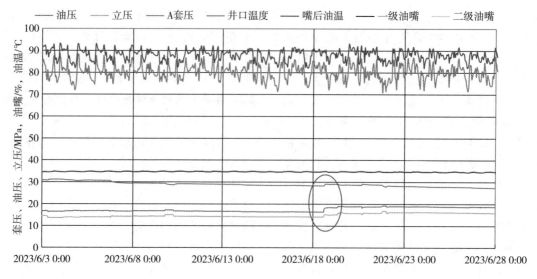

图 4　AA-2 井油压、油温、套压、油嘴数据曲线

求组织现场检修。通过大数据分析及现场需求信息的快速推送，四个小时内实现了油嘴堵塞异常的快速处理。

2.3　单井生产异常预判及信息精准推送

2.3.1　预判模型建立

AA 凝析气田开发概况中已经介绍过该气田产层属于低孔、低渗和特低渗储层，裂缝发育，非均质性强，储层水敏中等偏强，该气藏主要采取衰竭式开采。

吕金龙等曾在《致密砂岩孔隙中气水分布规律可视化实验》一文中提到，由于储层毛细管力和惯性力的影响，在凝析气藏开发过程中一旦形成水侵，水驱气的驱替速度大小不论怎么改变，都会造成部分气体储量损失，进而导致气井产气量降低。所以现场单井生产压差过大，必然引起边底水水浸，从而影响到低孔低渗储气层的供气能力。利用现场丰富的单井油套压、油温、油嘴开度等参数信息进行产层供油气能力及出水迹象提前预判，对提高凝析气藏的油气采收率至关重要。

已经形成水浸的产层，会造成产层供油气能力不足，主要表现在油压会逐渐降低并有较大周期性的波动。产层出水、或水浸接近井筒的预判，也可以从油温、嘴后油温、油压的变化曲线上做出初步判断。这里引入热力学中的一个重要物理量"焓"，"焓"是一个体系在恒压下的内能和对外界所做的功的总和，用 H 表示，即 $H=U+PV$（U 是系统的内能，P 是系统的压强，V 是系统的体积）。根据此公式，产层若有少量的水产出，假设

水经采气树油嘴节流前后 H 无变化，V 一定，节流后水压会降低，则水的内能增加，因而节流后水温就会升高。当油嘴开度一定，若发现嘴后温度曲线逐渐接近井口油温曲线、甚至大于井口油温时，利用现场采集的单井油套压等参数信息，结合产层物性及敏感性资料，可以预判产层出水、或水浸接近井筒。根据以上理论建立预判模型（图 5），基本可以实现产层供油气能力及出水迹象的提前预判。

2.3.2　应用实例

AA 凝析气田 AA-3 井、AA-4 现场油压、油温、油嘴数据曲线（图 6、图 7），2023 年 3 月 15 日，AA-3 井井口采气树嘴后温度接近井口油温（图 6 红色圈内）；2023 年 3 月 9 日，AA-4 井井口采气树嘴后温度也接近井口油温，同时油压也稍有下降（图 7 红色圈内）。根据图 5 预判模型（a），说明两口井产层水浸即将接近井筒，地面已有少量水产出。

2.3.3　信息推送

根据两口井生产异常分析结论，采气工程师将预判结论推送气田管理决策者，告知该井可能发生水浸现象。决策者根据产量任务计划及邻近情况，作出该井需调产以减缓水浸推进速度的决策；采气工程师将预判结论推送技术支撑者，告知需进行地面计量及调产经济评价。技术支撑者根据地面计量结果及单井采收率经济评价结论，下达油嘴工作制度调整通知；采气工程师将预判结论推送生产管理者，告知该单井因产生水浸现象需要改变油嘴工作制度进行调

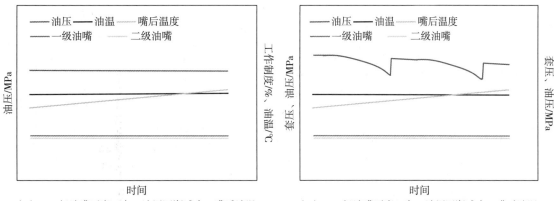

（a）一二级油嘴开度一定，油压逐渐减小，嘴后油温逐渐接近甚至超过油温（排除储层、井筒、油嘴等影响因素），初步预判地层水接近井筒、甚至已出水。

（b）一二级油嘴开度一定，油压逐渐减小，嘴后油温逐渐接近甚至超过油温（排除储层、井筒、油嘴等影响因素），初步预判地层供油气能力不足、甚至已出水。

图 5   单井生产异常预判模型

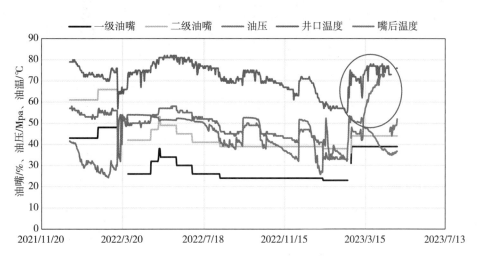

图 6   AA-3 井现场生产数据曲线

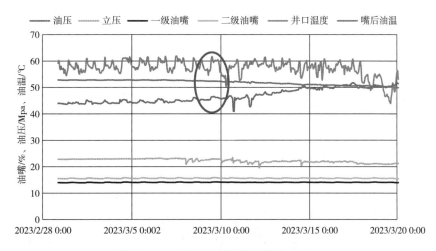

图 7   AA-4 井现场生产数据曲线

产。生产管理者根据气田整体生产及该单井具体问题，及时协调相关事宜；采气工程师将预判结论推送现场操作者，告知做好油嘴调整或更换准备。现场操作者根据技术支撑者下达的通知内容

及时进行油嘴调整或更换。通过大数据分析及现场需求信息的快速推送，实现了单井工作制度的快速调整，确保了该井持续稳产及控制区域油气采收率的提高。

3　结论

（1）通过 AAA 凝析气田开发大数据分析应用，建立了单井套压异常、生产油嘴异常、生产异常预判模型，方便了现场采气工程师及主控室监屏人员对单井生产异常的准确预判。

（2）应用实例中的信息推送方法，可以指导现场采气工程师及主控室监屏人员进行异常信息的精准传送，实现现场异常问题的快速解决。

（3）通过油气生产大数据分析应用及所建立的现场异常情况预判模型，为油气田现场管理者提供了一种新的异常快速判断方法，而现场异常情况比较复杂，所建预判模板还需持续补充完善。

参 考 文 献

［1］檀朝东，李鑫，耿玉广等 . 采油工程大数据挖掘系统在华北油田的应用［J］. 中国石油和化工，2015.05：48-52.

［2］杨涛利，谭建华，唐洪军等 . 超高压气井套压异常分析［J］. 化学工程与装备，2015.03：119-121.

［3］刘道华，宋玉婷，王景慧等 . 基于大数据应用的科普资源精准推送和实施路径研究［J］. 福建电脑，2018.11：29-30.

［4］夏帅，胡越，许剑东等 . 基于组合文本分类策略的学术报告精准推送［J］. 合肥工业大学学报，2019，42（1）：35-39.

［5］吕金龙，卢祥国，王威等 . 致密砂岩孔隙中气水分布规律可视化实验［J］. 特种油气藏，2019，26（4）136-141.

人工智能大模型技术在海外油田项目的应用及实践

李晓雄　马学甲　何　霄　彭双磊　姜　龙

（中国石油尼日尔公司）

摘　要　针对中国石油尼日尔公司在发展过程中遇到的工作效率需要进一步提高、资源国当地化诉求不断提升、地缘政治风险造成安保压力高企、公司内部信息孤岛导致沟通效率不高等一系列挑战。公司按照广泛调研－结合实际－优选方案的方法提出解决方案，以"对标一流、紧跟前沿"为工作目标，利用将近一年时间与33家前沿科技公司、解决方案提供商进行了多次沟通交流，同时结合公司多个部门（如安保部、开发部、生产部、炼厂、财务部、计划部、人事部等）的实际业务，经过长期大量的调研及讨论、对比，最终优选出了"利用数字员工智能机器人、商业智能、数据挖掘、大模型等最前沿技术，以低代码开发的方式，通过流程智能解决痛点和矛盾，全面助力公司高质量发展"的方案，搭建"数字互联智慧决策平台"。尼日尔公司"数字互联智慧决策平台"结合最前沿的流程挖掘、商业智能、RPA、OCR识别、机器学习、RPA机器人、低代码开发、AIGC、大模型等人工智能技术，通过工业互联、打造统一数据底座、覆盖数据全生命周期、一体化治理数据体系、发力数据智能，通过少量代码和"拖拉拽"的方式，快速构建以"数字互联智慧决策平台"为核心、联通各"孤岛"数据、幻化出无穷个智慧分析数据模型的X+1+X的生态系统，形成"以数连接、由数驱动、用数重塑"的新型数字化价值观。最终实现公司各项业务全面无纸化、各项流程处理全面线上化、信息传输全面自动化、各项信息跟进全面实时化、各项目管理和预警全面关联化、公司管理全面智能化的目标。

关键词　人工智能；大模型；数字机器人；商业智能

1　引言

在全球数字化转型的浪潮中，使用AI技术、数据自动采集技术、自然语言处理和商业智能等技术手段结合业务流程可以提高生产效率、优化运营、降低成本、加强安全控制等。

数字化智能化技术可以用于石油勘探和开采过程中的自动化流程控制，包括数据采集、数据处理、设备控制等方面。通过数字化智能化技术，石油公司可以更快速、精确地收集和处理数据，并对数据进行自动化分析和决策，从而提高生产效率和降低成本。

壳牌、埃克森美孚、BP等石油公司均有各自的人工智能技术，利用机器和AI处理重复性的低价值的业务，解放员工去专注于高价值工作，从而实现降本增效。其中壳牌公司将其推出的Shibumi业务管理方法与AI技术、数据自动采集技术、商业智能等技术有机结合，实现了组织效率的优化、信息共享、推动管理创新和持续改进，对石油公司提高工作效率具有较大借鉴意义。

中国石油尼日尔公司位于非洲中西部内陆国尼日尔，所在国是世界上最不发达国家之一，经济条件极差、安全形势严峻、基础设施落后、教育水平低下，导致当地员工能力不足、技能缺乏，加之资源国当地化诉求不断提高，对于企业的高效运营提出了严峻的挑战。

在不断发展过程中，中国石油尼日尔公司遇到了工作效率需要进一步提高、资源国当地化诉求不断提升、地缘政治风险造成安保压力高企、公司内部信息孤岛导致沟通效率不高等一系列挑战。

（1）资源国当地化诉求不断提升与尼日尔当地员工工作能力尚存不足之间的矛盾。资源国要求项目公司提高本地化率，一般岗位不再允许招聘国际员工。然而，尼日尔当地员工普遍存在语言能力、解决问题能力、管理能力方面的不足，公司整体管理水平的提升受到限制。

（2）公司内部信息量大与信息传输方式、展示方式单一之间的矛盾。项目公司日常运转过程中各个部门均需要获取海量数据，例如：安保部需要每天了解整体人员情况、有无突发事件等；管道部需要实时了解管道关键指标状态；地面部需要实时跟进工程施工状态；销售采办部需要每天了解国际油价以及货物物流状态；生产部需要每天关注井口产量、罐容变化、管道输量以及开井数量等关键数据。以上信息均通过日报的 excel 传统方式处理和传送，除了耗费人力制作相关报表以外，也难以进行直观展示，对于决策和整体控制难以起到有力支持。

（3）报表种类众多与公司国际雇员人员不足的矛盾。项目公司的日常运转中，需要向资源国各政府部门、上级公司报送各类报告和统计报表，当地员工无法准确完成此项工作，从而占用国际雇员大量时间，难以将主要精力放在更有价值的工作上。

（4）部门协作沟通多与信息孤岛之间的矛盾。公司作为一个整体，日常配合沟通必不可少。目前公司各个部门均有自己的信息系统：财务的 SUN 系统以及 ERP 系统，销售采办部的 TOPIS 系统，办公协同 TRP 系统等。目前各个系统之间无法实现信息交互，直接导致了数据的重复录入、业务链条难以整体反映经营管理和生产运行的整体情况等一系列问题，数据冗余和沟通成本急剧上升。

2 尼日尔油田人工智能大模型实施策略与路径

面对矛盾和痛点，尼日尔公司以问题为导向，开展了大量调查研究，按照广泛调研 – 结合实际 – 优选方案的方法提出解决方案。

尼日尔公司长期调研了三十余家主流 AI 科技公司。在了解前沿科技和学习先进经验的基础上，相关部门（安保部、开发部、生产部、炼厂等）相互交流，逐步梳理业务流程，开展数据治理及流程优化，最终确定了"利用人工智能等最前沿技术，打通系统和数据孤岛，解决痛点和矛盾，全面助力公司高质量发展"的方案，搭建"智慧无处不在"平台。其实施路径如下：

（1）以点带面：从采办业务入手。重新梳理销售采购管理流程，升级公司采购管理系统，实现采办程序全面无纸化、各项流程处理全面线上化、信息传输全面自动化、各项信息跟进全面实时化、各项目管理和预警全面关联化、库房管理全面智能化的目标。

（2）逐步拓展：生产、管道、安保等多场景应用。根据销售采办业务的成功经验，将前沿技术拓展到销售管理、仓储管理、产输管理、炼销一体、工程控制、安保指挥、报告管理、决策支持等共计十四个方面。形成了智慧采办驾驶舱、智慧销售驾驶舱、智慧仓储管理驾驶舱、产输一体智慧管理平台、炼销一体智慧管理平台、智慧工程控制平台、智慧安保指挥系统、智慧报告系统等，全面提高公司数据传输、数据展示、数据分析和流程自动化处理水平。

（3）融会贯通：实现各个系统和平台交互。做到各个部门信息联动，进一步降低沟通成本、提高数据整体性和全面性，直观反映公司整体经营情况，为高层决策提供支持和保障。

3 尼日尔油田人工智能大模型建设成果

3.1 智慧采办驾驶舱

尼日尔公司采用商业智能工具对接项目公司采办管理系统，自动进行数据整理和分析，将历年的合同额、节资率、采购模式、年度合同数量、主要供应商、原产地等庞大的信息整合进智慧采办驾驶舱（图1）。其主要特点如下：

（1）自动化数据处理和分析，提高数据质量和可靠性。智慧采办驾驶舱实现对多种数据源的自动化整合，自动清理、去重、校验数据，避免了人工处理中的错误和重复。同时，智慧采办驾驶舱具有高效的数据分析能力，可以对数据进行多维度、多角度的分析和挖掘，从而更好地理解和把握采办管理的数据背后的业务逻辑和规律，提高决策的科学性和准确性。

（2）智慧采办驾驶舱的数据可视化功能可以帮助公司更好地了解采办数据，掌握采购过程中的风险和机会，及时预警和调整采办策略，优化采购流程，提高采办效率和成本控制水平。例如，可以通过采办驾驶舱的可视化图表查看历年采购金额的变化趋势，分析采购费用占比，找出成本控制的潜在风险和节约机会；还可以查看主要供应商的采购情况，分析采购质量和成本，优化供应链管理。

（3）除了数据可视化，智慧采办驾驶舱还具有交互性和实时性。通过简单的操作，用户可以根据不同的维度和指标，实时查询、过滤和排序采办数据，快速获得所需信息。

（4）同时，智慧采办驾驶舱具有很强的数据

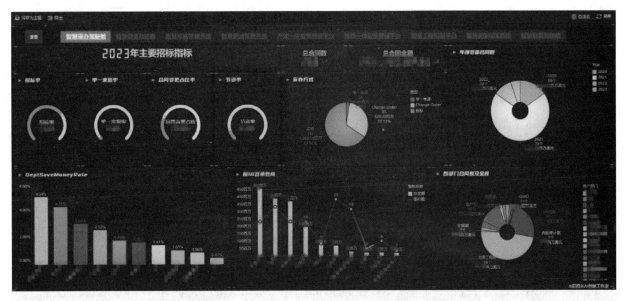

图 1　智慧采办驾驶舱主界面

关联性，在对某一个图表进行交互操作时，其他图表中与该数据点或范围相关的数据会被自动突出显示，帮助用户更加直观地理解数据之间的关联关系、发现数据背后的业务规律和趋势、提高决策的科学性和准确性。例如，当用户想要了解2022 年合同签署的具体情况时，只需点击左侧中间图表的 2022，所有图表将会只展示 2022 年相关联的数据（图 2）。

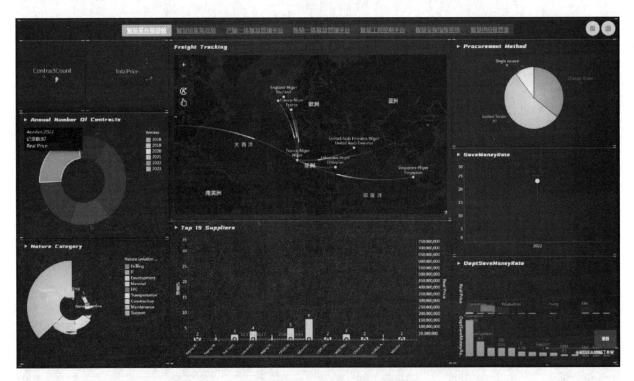

图 2　智慧采办驾驶舱数据关联

（5）智慧采办驾驶舱还可以结合人工智能和机器学习技术，进一步提高采办效率和成本控制水平。

3.2　智慧销售驾驶舱

智慧销售驾驶舱概念的提出，是由于中国石油尼日尔公司在销售工作方面没有完善的销售系统，现有的销售数据管理模式一直沿用的是通过销售人员在 Excel 表中手动录入的方式，将各年度销售数据分别记录。为解决以上问题，尼日尔公司提出了智慧销售驾驶舱概念。

智慧销售驾驶舱除了具有智慧采办驾驶舱的特点外，还预留了通过 AI 技术录入及 Chat GPT 查询各大油种实时价格的数据接口，为后续该系统实现完全人工智能奠定了基础（图 3）。

3.3　智慧仓储驾驶舱

智能库房管理通过运用二维码识别技术、移动终端、移动应用程序和云端数据存储，实现对物品的自动追踪和管理，从而提高库房管理的效率和准确性（图 4）。其特点如下：

（1）一码到底。在用户部门提交采购需求时，采办人员会为用户部门申请采购的每项物资分配一个 14 位的物资编码，此码将作为每项物资全生命周期管理的唯一"身份证明"，实现对所采购物资从物资申请－采购－供货商发货－物流运输－库房查验收货－物资发出至用户部门整个流程中的实时跟踪定位并方便在库房验收入库和出库的过程中更方便地拉取数据，减少了过去物资信息人工手动录入所产生的错误和提高了工作效率。

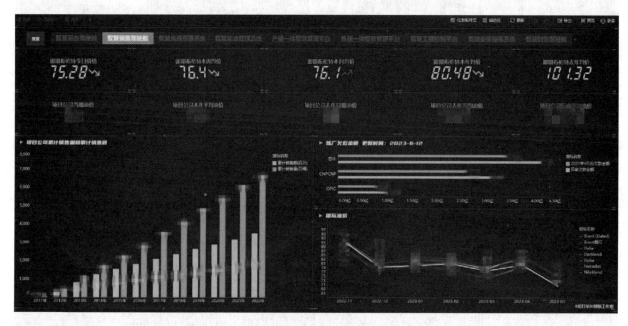

图 3　智慧销售驾驶舱主界面

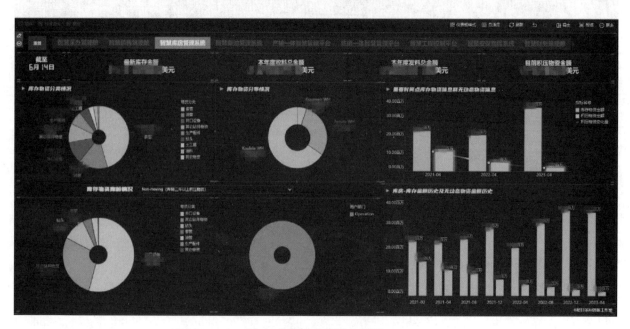

图 4　智慧仓储管理主界面

（2）智能跟单。供货商在物资发出后将相关物流文件上传到智能物流输送系统中，通过 AI 技术可以自动抓取发票箱单中价格、装箱重量、体积尺寸等必要信息并推到物流跟踪管理展示界面上；同时，AI 技术可以根据所抓取的提单号登陆船公司网页追踪船舶动态，获取诸如集装箱数量、集装箱尺寸、集装箱号、集装箱密封号等集装箱详细信息和发船时间、发运港、到港信息、预计到港地点、预计到港时间的船运信息等信息，并由 AI 技术将上述信息维护到物流系统中。使用传统跟单方式，每票物资的查询及信息维护至少耗时半个小时以上，而 AI 技术完成上述操作仅需几秒钟，并且可以 7X24 小时全天候值守。

（3）一键入库。货物发运后，AI 技术通过邮件获取单据信息，并将该批次实际发运物资信息维护到物流系统中，清关流程结束后，AI 技术会将实际完成清关的物资数据推送到送给库房数据平台。物资到达现场库房后，库房人员直接打印推送数据进行验货，验货无误后，点击"全部接受"后，实现"一键入库"。

（4）流程智能。在库房管理中，通过使用数据仓库和数据挖掘技术分析库房数据，比如库存量、出入库记录等，找出库房管理中的瓶颈和改进方案，并对未来进行预测，更好的贴合企业实际生产需要。

（5）中心库房。通过数据挖掘，发现了原来库房分散管理模式的弊端，依靠对库房组织机构的调整，新设立中心库房统筹资源调配（图 5），让各个库房原本相对固定的人力物力流动起来，使更多的资源集中到有需求的部门和岗位上提供服务，加快了整体库房的物资流转速度，提高了

交付工作的效率，缩短了用户部门的等待时间并且降低了项目公司的用人成本。同时，中心库房也简化了整体库房的管理，由中心库房作为统一的库房出口，库存数据统计更加准确清晰，节省了与其他用户部门对接的时间。

3.4　智慧财务驾驶舱

智慧财务驾驶舱的主要受众是尼日尔公司的中高层管理人员，不仅提供了智能化的信息搜索功能，通过直观的图表展示形式，大大降低了信息处理的复杂性，同时也辅助高层管理人员对公司的财务状况进行更有效的诊断和解决问题的决策（图 6）。

（1）基础财务数据可视化：该功能集成了公司的核心财务数据，包括销售收入、成本支出、税前利润、净利润等，所有这些数据都在一个统一的平台上以图形和表格形式进行展示，直观地呈现出公司的经营状况。

（2）考核指标财务数据可视化：驾驶舱通过图形的方式，清晰地展示了公司的各项关键考核指标，如净利润、净现金流、经济增加值（EVA）、单桶完全成本、单桶付现成本以及单桶操作费等，为优化决策提供了重要依据。

（3）关键财务数据趋势分析：在追踪关键财务数据实时状况的同时，进行趋势分析，包括收入、成本、利润的趋势分析，以及成本总额趋势和单位成本趋势等，提高决策的前瞻性和科学性。

智慧财务驾驶舱集成了公司的核心财务数据和关键考核指标，通过数据可视化和趋势分析，使决策者能够更快、更全面、更深入地理解公司的财务状况。

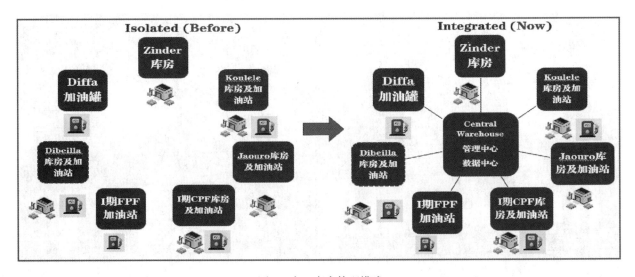

图 5　中心库房管理模式

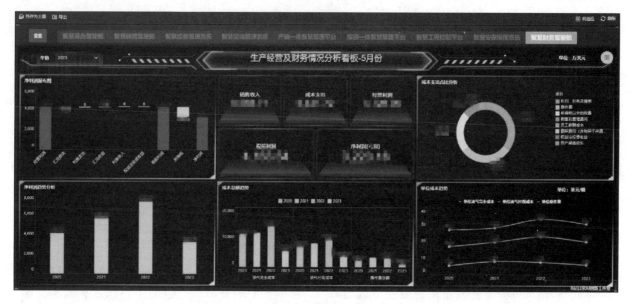

图6 智慧财务驾驶舱

3.5 智慧计划驾驶舱

尼日尔公司 AI 创新工作室借鉴先进的管理理论和最新的信息技术，构建"智慧计划驾驶舱"。该驾驶舱包含"科目年度预算计划"、"费用科目计划完成情况"、"部门完成情况 Top10"、"总体预算完成情况"、"OPEX"和"CAPEX"六大模块（图7）。

（1）科目年度预算计划：该模块整合并系统性地展示了各科目的预算计划，全面展示了年度预算的分布与组成。

（2）费用科目计划完成情况：该模块通过实时监控各费用科目预算执行情况，实现了财务管理从静态到动态的转变。

（3）部门完成情况 Top10：该模块采用排名和比较的方式，迅速识别出表现优异的部门，从

而更好地推广和应用最佳实践。

（4）总体预算完成情况：通过该模块，管理层可以从宏观层面掌握公司的整体财务状况，为公司的战略决策提供有力的信息支持。

（5）OPEX（运营支出）：该模块提供了详细的运营成本数据和趋势分析，使得管理层能对公司的运营效率和成本控制情况有更清晰的认识，从而做出更有针对性的决策。

（6）CAPEX（资本支出）：改模块关注的是公司的长期投资情况，包括资产购置、升级改造等方面的支出。

智慧计划驾驶舱的实施，提供了直观的数据可视化界面，增强了预算信息的透明度，有助于降低决策偏差，提升决策效率与质量。同时，管

图7 智慧计划驾驶舱

理层能够准确把握预算执行情况与财务状况走势，从而做出更有针对性的决策。

3.6 智慧人事驾驶舱

随着中石油尼日尔公司的发展和员工当地化的持续推进，人力资源数据逐渐变得庞杂、复杂，对尼日尔公司的人力资源管理工作提出了严峻挑战，智慧人事驾驶舱的使用可以更好地整合、分析和利用这些数据，帮助企业管理者快速、准确、直观地掌握企业人力资源管理状况，支持企业决策的制定和推进，提高人力资源管理的效率和质量（图8）。

（1）基础数据可视化：该功能集成了公司的核心人力资源数据，包括工作时间、员工数量、学历情况、年龄情况、在岗情况等，所有这些数据都在一个统一的平台上以图形和表格形式进行展示，帮助管理者深入理解公司的人力资源构成。

（2）强大的数据整合能力。智慧人事驾驶舱可以整合各类人力资源数据和第三方数据，如员工档案、薪资福利、培训考核等，以及市场、经济、政策等多种外部数据，为企业提供全面、精准的数据支持。

（3）决策支持功能。智慧人事驾驶舱可以为企业管理者提供多维度、多角度的数据分析和预测建议，支持企业决策的制定和推进，提高人力资源管理的效率和质量。例如可以通过分析员工流失率、人力资源投入产出比等数据，评估人才风险和管理风险，制定风险应对策略和预防措施。

总之，智慧人事驾驶舱的投入对于尼日尔公司提高人力资源管理的效率和质量，实现更好的商业价值和社会价值提供了积极帮助（图9）。

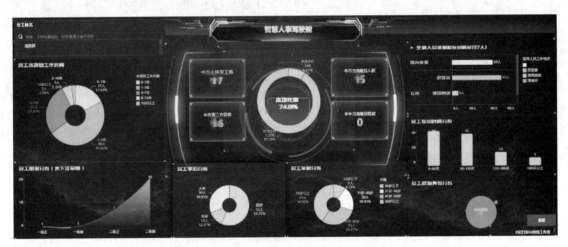

图8 智慧人事驾驶舱

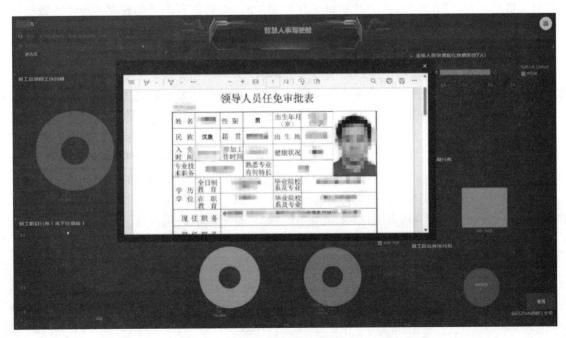

图9 人员简历看板

3.7　产输一体智慧管理平台

产输一体智慧管理平台对生产、输送、仓储、质量等方面的数据进行智能分析，提升数据的准确性和完整性。

平台实时监测和分析生产过程中的数据，最后通过数据可视化技术直观展示生产部年月日不同时间维度的产油量，生产部当天的开井数以及井口类型和占比。

同时通过将计划日产纯油量（橙色线）、年内余量日均值（青色线）作为日产量警戒线和年度计划警戒线，最终决策者只需关注日产纯油量（粉色线）、输送量STB（黄色线）、井口产量（蓝色线）是否一直处在两条警戒线上方即可（图10）。

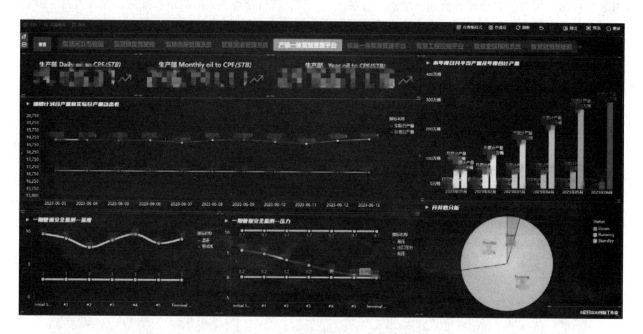

图 10　产输一体智慧管理平台主界面

产输一体智慧管理平台还对于管道部不同时间维度的输送量做了数据图形化智能解析并用仪表盘的形式进行展现，同时对管道的温差和压力进行实时监控。

（1）温差监测

对首站到末站各站点的土壤温度和终端站点的温度进行智能计算和处理最终生成各站点温度波动曲线。如果此曲线波动低于3摄氏度（粉红色）的警戒线，平台可以提示异常站点迅速做出判断以及第一时间进行处理。

（2）压力监测

设置标准压力阈值（0.2~9.7），如果管道各站点温度在此区间波动则说明各站点压力运行正常。但上图末站数据0.2说明压力已经很低，如果此数据出现在首站或中间站，则必将出现原油由于压力不足无法输送的风险，平台可以提示异常站点迅速做出判断以及第一时间进行处理。

（3）数据联动

如点击末站6号站压力值，显示0.2，同时，关温差数据显示为11.7，均为6号站数据。

产输一体智慧管理平台是一个高效、智能、安全、可靠的石油产输管理手段，可以提供全面的管理服务，优化生产过程，降低生产成本，实现全面智慧化管理（图11）。

3.8　炼销一体智慧管理平台

炼销一体智慧管理平台通过整合公司内部数据、运用大数据分析、人工智能等技术手段，实现数据的智能化管理，实时监测和分析生产过程中的数据，最后通过数据可视化技术可以实时、直观地看到炼厂的关键数据。其主要特点如下：

（1）对炼厂生产数据进行实时监测和分析，如：每天原油的输入量、常压下原油日产量、以及炼厂成品柴油、汽油和液化气的日月年净产量、出厂量和增长趋势。能够实现实时发现生产过程中的问题并及时调整；

（2）实时跟踪关键指标，炼量：实时跟进生产情况；销量：实时跟进收入情况；库存：动态通知上游项目输量和产量；汽柴油销量比：看市场

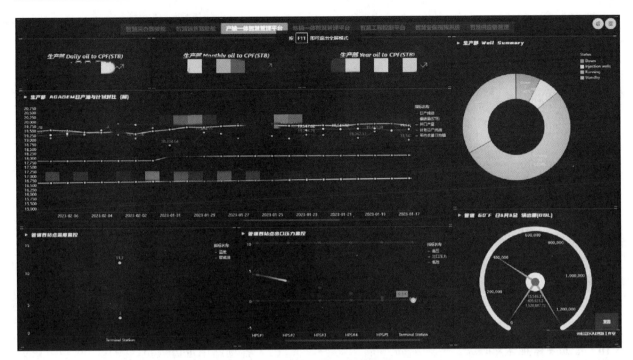

图 11　实时显示压力和温差

需求变化，动态调整装置。助力公司运营和决策。

（3）对市场变化的实时监测和分析，及时调整生产计划，提高市场反应速度，增强企业的市场竞争力（图 12）。

3.9　智慧工程控制平台

在智慧工程控制平台中，集成了在执行的所有地面工程项目合同信息，包括合同金额，付款进度，工程进度，时间进度等。管理人员可以看到所有工程的总合同金额以及总的已付款金额、各项目

合同在总项目中的合同额占比、各项目的付款进度百分比、各项目的工程进度及时间进度百分比。尤其是出现剩余合同金额不足以涵盖未完成工作量、合同剩余有效期不足以涵盖未完成工作量的施工需求，需要及时履行变更报批的相关程序时。智慧工程控制平台提供了将合同有效期、合同额、合同付款进度、工程实际进度四个维度的管理需求融为一体、相互关联、相处支持、相互印证的动态、实时管理，大大提高管理效率（图 13）。

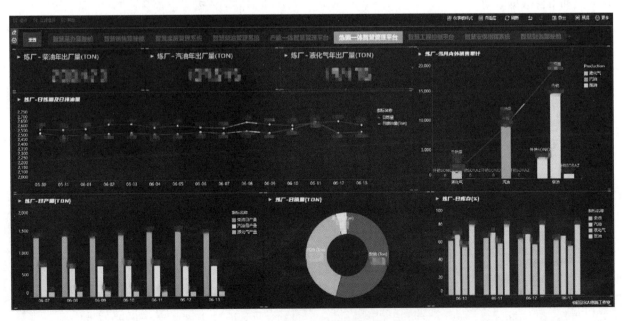

图 12　炼销一体智慧管理平台

图 13　智慧工程控制平台

3.10　智慧安保指挥系统

尼日尔是撒哈拉以南、非洲最贫困的国家之一，安全形势严峻。尽管中国石油尼日尔公司采取了诸多安保防范措施，但是管理手段相对单一、决策机制相对滞后的传统问题一直存在，信息来源的可靠性以及信息的维护缺乏技术手段。

为解决以上问题，中石油尼日尔公司开发了智慧安保指挥系统。智慧安保指挥系统是一种基于大数据、云计算、人工智能等新技术的创新型安保管理系统（图14），其主要特点如下：

（1）社会安全事件实时统计：利用人工智能技术，实时抓取尼日尔境内的社会安全事件，实现地点和事件数据联动。

（2）各场站中尼方人员、安保、车辆信息集成：采用人工智能技术和 GIS 自定义图层技术把各油田区的位置信息，写到自定义私有化的地图组件当中，既保证了数据的私有化和安全性，又可以一目了然的在地图上看到分布在尼日尔各大区油田位置和作业人员信息。

（3）挖掘数据的价值：如果各场站中尼方人员、安保、车辆信息通过 excel 表格呈现，则所有的数据均为孤立的数字，通过流程挖掘、对数据进行二次数据、重新进行归集之后，可以非常直观了解人员、安保、车辆的配置饱和度情况，为安保管理人员对各站点的排兵布阵、调兵遣将进行决策提供了依据。

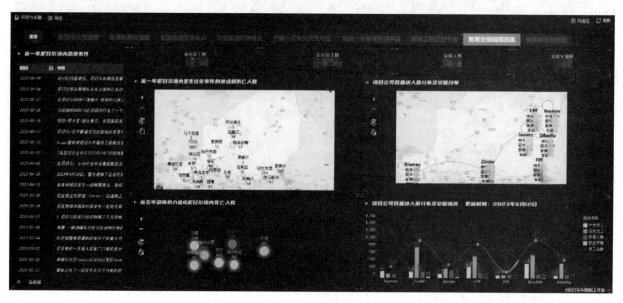

图 14　智慧安保指挥系统

3.11 智慧健康驾驶舱

尼日尔公司通过 AI 创新工作室独立自主创新，开发出了智慧健康管理系统，该系统可以全方位监测项目员工的健康状况。该系统利用了深度学习和推荐算法模型，通过分析员工的健康数据、就诊记录、体检结果等信息，可以精准地判断其个体健康状况。

深度学习技术可以帮助系统从海量数据中学习并提取特征，从而更准确地评估员工的健康状况。而推荐算法模型则可以根据员工的健康情况，为其提供个性化的健康建议和预防措施，帮助员工更好地管理自己的健康。

通过智慧健康管理系统，尼日尔公司可以实时监测员工的健康状况，及时发现健康问题并采取措施，保障员工的健康和安全。同时，该系统还可以为公司提供全面的健康数据分析，为公司的健康管理和预防保健提供数据支持和决策参考（图 15）。

此外，尼日尔公司结合了 RPA 技术，建立了员工的电子病历，实现了对员工健康状况的全面监控。这样一来，公司可以随时了解员工的健康情况，及时发现异常情况并采取措施。同时，系统还建立了健康风险的预测模型，可以事先预警未来可能发生的健康问题，帮助公司更好地制定预防措施，保障员工的健康（图 16）。

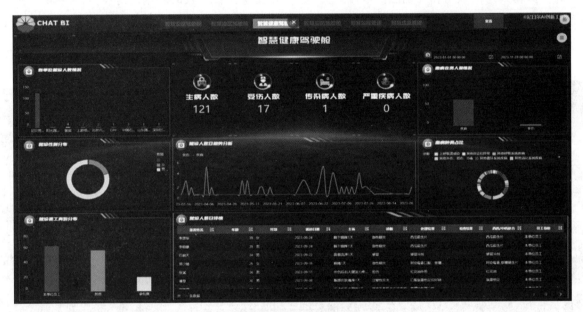

图 15 智慧健康驾驶舱

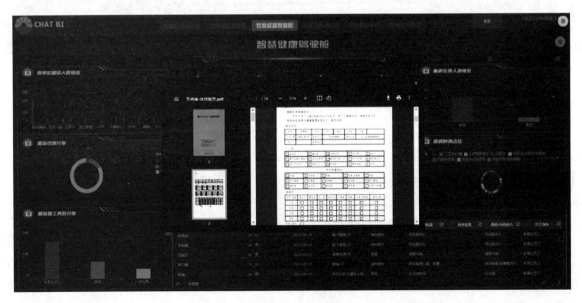

图 16 员工电子病历

3.12　智慧合同管理系统

传统审计在处理大量数据时存在一系列挑战，中国石油尼日尔公司 AI 创新工作室创新性地提出一种数字化解决方案，加强数据和分析模型共享共用，即将中国石油海外审计中心成熟的审计模型同尼日尔公司的数字化管理手段相结合，利用 RPA（Robotic Process Automation）、BI（Business Intelligence）和 Elasticsearch 的数字化技术，将审计业务模型高度融合，加大数据综合利用力度，提高运用信息化技术查核、评价判断、宏观分析的能力，多方面提升审计模型的功能和效益。

首先，通过自动化技术和数据分析工具，大大提高了数据处理的效率和准确性。审计人员不再需要花费大量时间来手动整理数据，而是可以通过自动化的方式实现数据清洗和整合，节省了

大量的时间和精力。

其次，通过数据可视化和统计分析，实现了对采办业务的全面监控和分析，加强了数据资源的分析利用。审计人员可以通过图表、报表等形式直观地了解采办业务的情况，及时发现异常和问题，为项目公司的管理决策提供重要参考。

此外，通过实现审计成果的转化与共享，打破了部门之间的信息壁垒，促进了信息的共享和交流，提高了审计工作的效率和质量。

模型主界面可利用数据及画像的形式直接显示采办招投标工作的各类关键信息并实现各面板间数据的切片关联，具有数据价值更高，数据展示更加全面、及时和精准等特点。同时，该模型形成了无纸化的电子数据，存储形式方便，共享能力强（图17）。

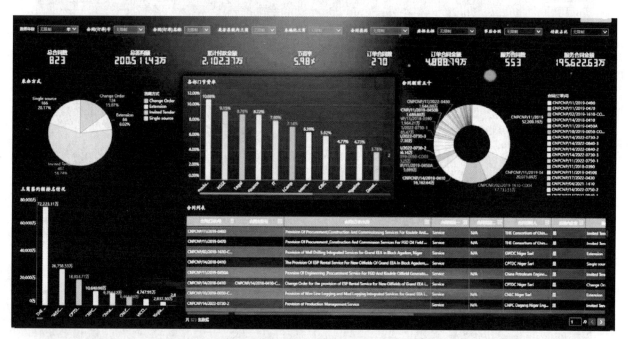

图 17　智慧合同管理系统

3.13　智慧报告系统

中国石油尼日尔公司日常运行过程中需要生成各种报告，用以应对当地政府的要求和审计、向上级单位报告经营情况和关键指标同时给公司各种决策提供数据支持。公司日常运行中各项报告和报表超过 50 个，报告和报表的制作耗费大量人力和时间，各个部门信息的不通畅也造成了大量沟通成本。基于以上痛点，尼日尔公司结合数字员工机器人、商业智能等前沿技术，研发智慧报告系统，提高实时性、解放生产力的同时实现

了各部门信息共享。智慧报告系统实施主要方式（图18）：

3.14　人工智能大模型交互

（1）底层数据

尼日尔公司拥有自主研发的智慧系统（Memax），目前已囊括采办、销售、库房、人事、预算等多项业务的日常工作，通过 Memax 系统进行的日常工作所产生的大量数据均保存在系统的后台服务器中，形成数据湖，为人工智能数字人交互训练提供了数据支持。

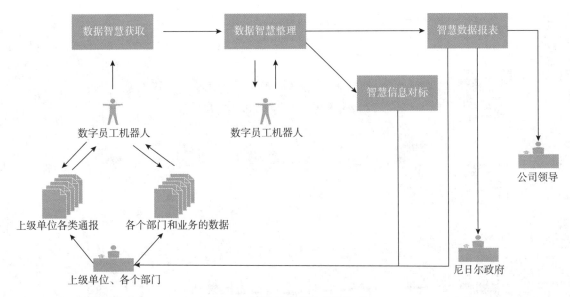

图 18　智慧报告系统实施方式

（2）交互功能

通过大模型技术对人工智能数字人进行训练，数字人可以精确回答数据湖中已有的数据，对数据进行整合并回答较为宏观的问题，根据已有数据进行相关排序，对数据进行分析并列举异常数据产生的原因。

①数据查询

数字人可以实时查找数据湖中已有的数据，在用户提问时，可以迅速给出具体数据，大大减少用户查找时间。如，当提问"目前公司有多少个博士"时，数字人可以迅速查找数据湖并给出答案"公司目前有 12 个博士"（图 19）。

②数据汇总

数字人可以对现有数据进行整合及汇总，从而回答用户提出的较为宏观或较为概括性的问题。如，当提问"今年采办主要指标完成情况"时，数字人可以通过对数据湖中采办相关指标如总合同数、总合同额、采购合同数、采购合同额、服务合同数、服务合同额等数据进行汇总并给出答案"今年总合同数 ***，总合同额 ****** 美元，其中服采购合同数 **，采购合同金额 ****** 美元，服务合同数 ***，服务合同金额 ****** 美元"。同时，会选取智慧采办驾驶舱的数据显示在屏幕上，更便于用户直观获取数据信息（图 20）。

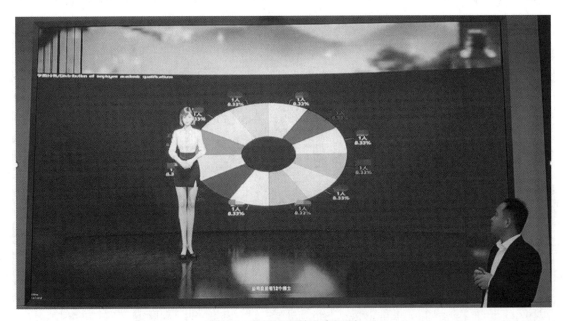

图 19　数字人回答人事问题

图 20 数字人回答采办问题

③数据对比与比较

数字人可以对现有数据进行对比与比较，将同类型数据进行整合后，可以对数据按照从大到小、从高到底等规则进行排序。如，当提问"目前公司排名前十的供应商有哪些"时，数字人可以快速在数据湖中对所有供应商所签订的合同金额进行加总，并按照合同金额从高到低进行排序并给出答案"本年度签约额排名前十的供应商有：****、****、***、****、****等"，并在采办智慧驾驶舱中对前十供应商进行排序并将排序后的结果显示在大屏幕上，帮助用户更直观了解（图 21）。

④数据自动分析

数字人可以对现有数据进行自动分析，可以以现有数据为基础，结合项目各项数据情况，对某一异常数据提出可能得原因分析。如，当提问"** 部门未完成预算的原因是什么"时，数字人可以快速查找数据湖，结合相关部门合同签订情况、合同完成情况、合同付款情况等，总结并分析未完成预算的原因并给出答案"** 部门的 ** 合同为年度总价合同，未到结算环节"，并在智慧计划管理驾驶舱中对 ** 部门的预算完成情况进行筛选并显示在大屏幕上，帮助用户更直观了解（图 22）。

图 21 数字人回答供应商相关问题

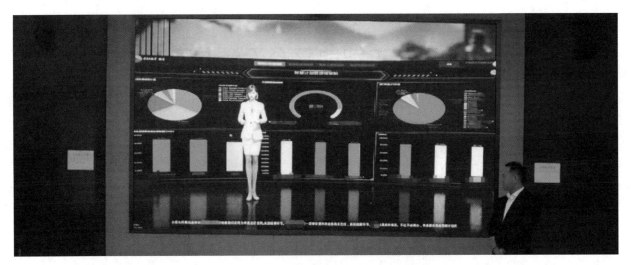

图 22　数字人回答计划相关问题

4　尼日尔油田人工智能大模型建设成效

通过十四个智慧系统和平台的逐步落地和实施，中国石油尼日尔公司整体生产效率得到极大提高、各项成本进一步得到下降、信息传递速度明显加强，为公司高质量发展和数字化转型提供巨大助力。

4.1　人力成本显著降低

目前部署 AI 技术，每天约承担 15 个当地员工和 14 个国际员工的制作报表和对外报告的工作量。

4.2　生产效率大幅提高

数据的即时传输和系统的智能处理，大幅缩短了数据转化为对决策和预警有价值信息的时间，提高公司整体生产效率。公司各个生产流程和业务流程均有 75%–95% 的效率提高，极大促进了公司的整体运行效率。

4.3　解决数据孤岛问题

中国石油尼日尔公司之前各个系统没有沟通，造成数据重复录入、数据难以反映整个业务链条、耗费大量精力进行数据核对等一系列问题，之前各个部门之间数据的沟通主要依靠人力进行，再将核对后的数据录入到各自的系统中。项目组通过 AI 技术，实现各个数据共享，解决了数据反复录入、沟通成本高企、业务展现片面等一系列问题。

5　结论与认识

中国石油尼日尔项目智慧平台的使用提高了数据传输率，加速了各类生产、商务、计划预警系统的反应速度，能够做到"防患于外然"，在风险事件、事故出现苗头时可以提醒管理人员及时采取措施，将事故阻止在摇篮中。

与此同时，尼日尔是社会安全极高风险国家，信息的即时传输和分析能够帮助公司调整安保方案的同时在社会风险事件发生的第一时间迅速做出反应，切实保障广大员工的生命安全。

中国石油海外各个项目公司合规化经营程度高，组织机构、经营模式、作业程序、管理方式高度类似，中国石油尼日尔公司智慧平台项目的成功落地为中国石油海外事业的"数字化转型"提供了宝贵经验，能够在各个项目复制推广。

综上所述，十四个智慧系统和平台的逐步落地和实施，给公司带来了良好的管理效益和经济效益。与传统"数字化转型"开发周期长、成本巨大、落地交叉相比，在轻量级的系统上利用 AI 技术，为海外智慧油田管理提供了尼日尔方案。

参 考 文 献

[1] 付锁堂，石玉江，丑世龙等.长庆油田数字化转型智能化发展成效与认识 [J].石油科技论坛，2020，39（5）：9-15.

[2] 田源，黄振.智能化加速全球石油石化行业转型 [J].中国石化，2018（6）：18-20.

[3] 林道远，袁满，程建国等.从企业架构到智慧油田的理论与实践 [M].北京：石油工业出版社，2017.

[4] 王同良.油气行业数字化转型实践与思考 [J].石油科技论坛，2020，39（1）：29-33.

[5] 陆峰.企业数字化转型的八个关键点 [N].学习时报，2020-04-03（8）.

油气田人工智能平台设计与研究

姜 敏 徐 震 李 娜 任 丽

（中国石油冀东油田公司）

摘 要 在人工智能技术飞速发展的今天，构建功能强大、应用广泛的人工智能平台已成为推动行业革新的重要手段。本研究针对当前智能化浪潮中平台建设的迫切需求，结合大规模数据处理和计算力挑战，提出了一种具有创新性的人工智能平台设计方案。核心技术涵盖机器学习、深度学习、自然语言处理、计算机视觉和强化学习，专注于打造可靠性高、可维护性强、操作简便的平台架构，从模块化、服务导向的架构出发，实现了数据预处理、模型训练、模型推理及 API 和 SDK 等开发工具的集成，为用户提供高效、稳定、易用的人工智能服务。

关键词 人工智能；数据预处理技术；模型推理；模型训练与调优

1 引言

近年来，人工智能（AI）技术迅速发展，已在各个领域展现出广泛的应用潜力。在政策引领下，企业与研究机构积极投入资源，推动人工智能解决方案的开发与实施，中石油昆仑数智公司也在积极探索平台建设和应用落地，但在平台建设、数据共享和智能应用的深度融合上仍面临诸多挑战。

当前的工作主要集中在优化人工智能平台的结构与功能，尤其是在数据处理和智能感知方面。人工智能在特定行业的应用，如配电网故障诊断，虽已取得初步成效，但仍需进一步探索其深度学习等技术在复杂场景中的应用效果。

本研究主要目标在于为人工智能平台的构建提供一个完整的框架，强调结构性、灵活性与可扩展性的设计。为此，本文从多个角度进行深入探讨。首先，分析了当前人工智能技术的基础，包括机器学习、深度学习、自然语言处理等技术的概述与应用场景。其次，针对不同类型的人工智能平台的构建给出了详细的步骤与建议，涉及到数据管理、算法选择、系统架构和用户交互等多个方面。同时，针对这些平台在各个领域中的实际应用，探讨其价值与影响力。通过案例分析，展示了人工智能平台在医疗、金融、教育、制造业等行业中的成功应用案例，探讨了其在实践中的优势与存在的挑战。本文以"构建智能、透明、高效的人工智能平台"为核心理念，提出了一系列针对性技术研究方案，力求为平台建设提供参考和启示，从而推动油气田业务向智能化、数字化转型。

2 技术思路和研究方法

2.1 关键技术概述

人工智能的关键技术主要包括机器学习、深度学习、自然语言处理和计算机视觉等。机器学习作为人工智能的基础技术，采用算法使计算机能够从数据中学习并进行预测。主要算法包括支持向量机（SVM）、随机森林、决策树等。支持向量机特别适合于高维数据分类，能够有效提高分类准确率，参数如核函数类型、惩罚参数 C 对模型性能影响显著。

深度学习是机器学习的一个重要分支，利用多层神经网络提取数据特征。常见的网络结构包括卷积神经网络（CNN）和循环神经网络（RNN）。CNN 在图像处理领域表现优异，能够通过卷积层和池化层提取局部特征，参数如卷积核大小、步长、池化方式等直接影响到模型的表现。RNN 则用于处理序列数据，如文本和时间序列，其关键技术是长短期记忆网络（LSTM），能够有效解决梯度消失问题，增强长期依赖性。

自然语言处理（NLP）涉及机器理解和生成语言的能力，核心技术包括词嵌入、循环神经网络和变压器模型。Word2Vec 和 GloVe 是常用的词嵌入技术，通过将词语映射为固定维度的向量，捕捉其语义关系。自 2017 年提出的变压器架构，利用自注意机制，极大提升了语言模型的性能，GPT、BERT 等模型依此架构衍生，具有强大的文本生成及理解能力。

　　计算机视觉技术用于分析和理解图像与视频，关键技术有图像分类、目标检测、图像分割等。YOLO（You Only Look Once）是一种高效的实时目标检测算法，通过全卷积网络实现目标定位与分类，其速度与准确率在众多模型中具备竞争力。对于图像分割，U-Net 网络结构因其优秀的分割精度而广泛应用于医学图像处理。

　　这些关键技术相互交织，形成了人工智能的技术体系，推动了智能检索、生成式文档、图像识别等领域的快速发展，各项技术的进步也在不断提升人工智能平台的应用能力与效果，促进业务的创新与变革。

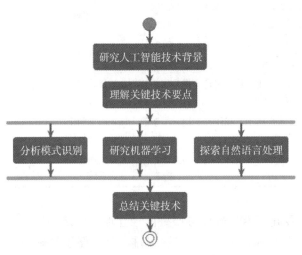

图 1　人工智能关键技术流程图

2.2　平台架构与技术挑战

　　人工智能平台的架构通常由数据层、计算层和应用层构成。数据层负责数据采集、存储与管理，常用的技术包括 Hadoop、Spark 和 NoSQL 数据库。数据采集工具如 Apache Kafka 支持高吞吐量实时数据流处理，数据存储则可以通过 HDFS、Cassandra 等实现分布式存储，以应对海量数据的挑战。计算层集成了机器学习框架与深度学习工具，TensorFlow 和 PyTorch 是当前主流框架，能够快速进行模型构建与训练，尤其在 GPU 加速下显著提升效率。

　　在模型训练时，超参数的选择至关重要，Batch Size 通常设定在 32 至 256 之间，学习率建议在 0.001 到 0.0001 范围内。对于特定任务，模型优化技术如 Dropout 和 Batch Normalization 能够

有效提升模型的泛化能力。应用层则直接与终端用户连接，为其提供智能化的服务，采用 RESTful APIs 以确保与前端的高效互动。

　　平台建设面临多个技术挑战，其中数据隐私和安全性尤为重要。应对措施包括数据加密、隐私保护算法如差分隐私，以及访问控制机制。模型的可解释性问题同样不容忽视，多采用 LIME 和 SHAP 等可解释性工具揭示模型决策过程，为业务决策提供透明度。

　　资源管理与调度也是一大挑战，尤其在 GPU 和 TPU 等硬件资源分配时，Kubernetes 被广泛应用，能够动态地调度计算资源及管理容器化环境，提高资源的利用效率。横向扩展架构的设计是提升平台处理能力的关键，采用微服务架构使得各功能模块可以独立扩展，从而有效应对瞬息万变的业务需求。

　　跨平台的兼容性与集成问题亟需解决，尤其是 AI 模型需嵌入现有企业系统中，API 与 SDK 接口的设计必须简洁高效，确保不同平台间的无缝访问与数据交互。此外，模型部署后的持续监控和性能优化也不可或缺，通过 MLops（机器学习运维）工具实现自动化监控和模型迭代，确保业务结合的灵活性和技术的前瞻性，如图 2、表 1 所示。

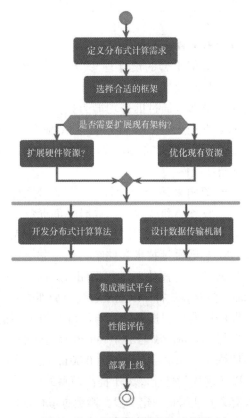

图 2　分布式计算系统架构流程图

表 1 技术挑战与对应解决方案表

技术挑战	解决方案	技术指标	解决方案描述	预期效果	实装案例	难度评级
实时数据处理性能	分布式计算框架	延迟 < 10ms	基于 Apache Spark 的高性能大数据实时处理平台	增加数据吞吐量 4 倍	大型电商实时推荐系统	高
多模态信息融合	深度学习算法	准确率 > 95%	使用融合卷积神经网络（CNN）与循环神经网络（RNN）的策略	提高识别率 3 成	机器人交互识别系统	中
复杂场景下的图像识别	计算机视觉改进	召回率 > 90%	引入注意力机制与图像分割技术	准确识别复杂场景	无人驾驶汽车环境感知	高
语言理解能力	自然语言处理（NLP）	精度 > 93%	结合 BERT 模型和多任务学习提升语言理解深度	提升对话系统智能	智能客服	中
强化学习稳定性	多智能体系统	稳定性指标 > 98%	采用前沿多智能体与分布式学习技术	提升学习效率	自适应流量控制管理系统	高
数据安全与隐私保护	加密技术	安全系数 > 99%	利用同态加密和差分隐私保护用户数据	强化数据安全	在线健康咨询平台	中
知识推理与图谱构建	知识图谱技术	覆盖率 > 80%	结合本体论构建和自动化知识抽取技术	完善知识体系	法律咨询智能系统	高
大规模并发请求处理	微服务架构	吞吐量 > 10k/s	使用 Kubernetes 容器化技术支持灵活的微服务伸缩	提高并发处理能力	云游戏平台	中
自然交互体验	智能感知技术	用户满意度 > 95%	融合多感知通道和情感分析来优化交互体验	增强用户互动	虚拟教育助手	中
机器学习模型的可解释性	可解释 AI 框架	解释准确率 > 90%	开发透明的模型可视化工具，明确模型决策逻辑	提升用户信任度	金融风控审核系统	高
多任务学习的模型泛化能力	元学习技术	泛化误差 < 5%	采用少量样本实现快速学习和任务迁移	提升模型适应性	知识驱动的个性化推荐系统	中
异构数据源整合	数据融合技术	完整性指标 > 85%	开发统一数据处理平台，整合异构数据源	一致化数据管理	城市交通管理系统	中

2.3 平台设计理念与架构

人工智能平台的设计理念应着眼于模块化、可扩展性与高效性。模块化设计使得系统能够快速迭代与更新，通过拆分功能为独立模块，支持不同团队并行开发，降低了相互依赖的复杂性。各模块间采用 RESTful API 进行交互，确保通信的灵活性与适应性。

平台架构采用分层设计，主要分为数据层、算法层、服务层和展示层。数据层负责数据的采集、存储与管理，使用分布式数据库如 Apache Cassandra 与数据湖技术存储结构化与非结构化数据。数据清洗与预处理过程运用 Apache Spark 与 Pandas，提取有效特征以用于后续模型训练。

算法层聚焦于机器学习与深度学习模型的构建。选择 TensorFlow 与 PyTorch 作为主要的框架，模型训练参数如学习率设置为 0.001，批量大小为 32，以实现更优性能。为了提高模型的泛化能力，加入交叉验证与正则化手段，避免过拟合现象。

在服务层，采用微服务架构，使用 Docker 容器化部署，确保各服务间独立性与灵活拓展。引入 Kubernetes 作为容器编排工具，便于管理与调度。在具体功能实现中，模型推理服务通过 gRPC 进行高效调用，响应时间控制在 100 毫秒以内，确保系统实时性。

展示层专注于用户接口与数据可视化，采用 React 与 D3.js 实现动态界面交互与数据展示，确保用户体验友好。数据静态资源通过 CDN 加速，提高加载速率，保证用户能够快速访问数据与分析结果。

安全性与数据隐私同样不可忽视，平台设计中采用 OAuth 2.0 进行认证与授权，确保用户数据安全，所有数据传输采用 HTTPS 加密。同时，符合 GDPR 与 CCPA 等数据保护法规，通过数据匿名化与加密存储方式，降低数据泄露风险。

构建高效、灵活、安全的人工智能平台需要综合考虑技术选型、架构设计、数据流程与安全策略等多个方面，以满足油气田业务在智能化转型过程中的多样化需求，如图 3 所示。

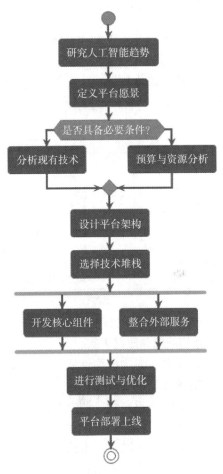

图 3　人工智能平台架构设计流程图

2.4 核心功能与实现技术

人工智能平台的核心功能主要包括数据处理、模型训练、推理服务、用户交互与系统监控。数据处理模块采用 ETL（提取、转换、加载）技术，支持大数据源接入，完成数据清洗、特征提取与标准化，确保数据质量。参数设置如数据清洗比例控制在 95% 以上，有效减少噪音数据影响。模型训练基础层采用 TensorFlow 与 PyTorch 两大框架，结合 K 折交叉验证，优化超参数，通过 Grid Search 与 Random Search 方法调整学习率、批次大小及正则化参数，以提高模型泛化能力和准确率，通常目标精度设定在 85% 以上。

推理服务采用 RESTful API 架构，便于与外部系统的高效交互，支持并发请求数达到 1000，确保实时推理响应时间低于 200 毫秒。使用模型压缩与量化技术优化模型体积，降低内存占用，提升运行效率，常见的量化方法如 FP16 和 INT8，普遍提升运行效率 30%-50%。用户交互模块包括可视化界面与语音交互，前端采用 React 框架，后台利用 Flask 或 FastAPI 快速构建 API 服务，交互

设计致力于提升用户体验，交互响应时间控制在 100 毫秒以内。

系统监控功能基于 Prometheus 与 Grafana，进行资源使用率监测与预警，提供实时分析面板，及时修复故障，保障平台稳定性。同时整合日志管理，通过 ELK（Elasticsearch，Logstash，Kibana）栈记录系统与用户日志，进行实时分析，确保可追溯性与数据安全。安全性设计采用 OAuth 2.0 协议进行用户身份验证，确保数据访问的安全性与合规性。平台在性能测试中，目标是处理能力达到每秒数千条请求，具备良好的扩展性，能够满足不断增长的业务需求。通过容器化部署，如 Docker 与 Kubernetes，提升系统的弹性与可管理性，确保平台能够自动适应负载变化，如图 4 所示。

```python
from sklearn.model_selection import GridSearchCV
from sklearn.metrics import accuracy_score

def train_and_tune_model(X_train, y_train, model, param_grid, cv):
    """
    训练和调整机器学习模型的参数。
    参数:
    - X_train: 输入特征数据集
    - y_train: 对应的标签
    - model: 使用的机器学习模型实例
    - param_grid: 参数网格, 用于调优
    - cv: 交叉验证的折数

    返回:
    - best_estimator: 调优后的最优模型
    - best_accuracy: 该模型的最佳准确度评分
    """
    grid_search = GridSearchCV(estimator=model,
                               param_grid=param_grid,
                               scoring='accuracy',
                               cv=cv)
    grid_search.fit(X_train, y_train)
    best_estimator = grid_search.best_estimator_

    # 在训练集上评估模型性能
    y_pred = best_estimator.predict(X_train)
    best_accuracy = accuracy_score(y_train, y_pred)

    return best_estimator, best_accuracy

# 例如:
# 调用示例, 这些变量需要事先定义
# best_model, best_acc = train_and_tune_model(X_train, y_train, model, param_grid, 5)
# print("最优参数模型 : ", best_model)
# print("模型准确度 : ", best_acc)
```

图 4　模型训练与调优代码示例

3 结果和效果

3.1 行业应用案例研究

在视频处理方面，人工智能平台的应用逐渐成为提升人员穿戴规范与故障诊断的关键。通过深度学习算法，特别是卷积神经网络（CNN），实现了影像识别的准确率提升，对火灾、工装穿戴发现准确率提高至 90% 以上。例如，使用 ResNet 模型对人员穿戴进行分析，准确率 98%，极大减少安全隐患。

在智能问答方面，人工智能通过自然语言处理（NLP）技术，优化了用户服务。人机对话系统利用大模型进行数据处理和用户需求识别，实现了 80%

的咨询自动化，服务响应时间缩短至 5 秒以内。

生产方面，人工智能通过物联网（IoT）技术和大数据分析，大幅提高生产流程效率与设备维护的科学性。通过引入预测性维护系统，监测设备运行数据，在故障发生前发出预警，相比传统

模式故障率降低 30%。

以上案例展示了人工智能技术在不同场景中的实际应用，标志着智能化转型的潜力与前景。通过不断迭代与技术创新，人工智能将继续推动油气行业的变革与发展，如表 2 所示。

表 2 常见场景应用案例

场景	核心技术	效果指标	参数配置	成功案例分析
生成式文档	图像识别、自然语言处理	学习效率提升 30%	算法模型：深度学习 CNN，数据量：1TB	文档自动生成，显著提高工作效率
智能问答	语言识别	用户满意度提升 40%	服务器响应时间：100ms，语音识别率：98%	提高用户处理问题效率
安防	视频分析、模式识别	检测准确度提高 90%	摄像头分辨率：4K，数据分析速度：实时	结合先进图像处理技术，提供高效率安全监控解决方案

3.2 效果评估与问题分析

在人工智能平台的建设与应用过程中，效果评估是确保系统符合业务需求和技术标准的重要环节。通过建立定量和定性的评估指标体系，以关键绩效指标（KPI）为核心，对模型的准确率、召回率和 F1 值进行评估。例如，在图像识别应用中，准确率达到 90% 以上的模型可视为合格；智能问答系统则需关注用户满意度，通常要求超过 85%。同时，运行效率也是评估的重要维度，响应时间应控制在 300 毫秒以内，以保证用户体验。

在数据质量方面，建立数据预处理和清洗的标准尤为关键。采用数据去重、缺失值填补以及异常值检测等方法，确保输入数据的准确性和完整性。针对客户反馈和流失率等指标，利用数据

挖掘技术和统计分析方法，进行深入的原因分析，以发现潜在的问题和改进方案。

问题分析主要围绕模型性能不佳、数据不足以及用户接受度等方面展开。针对模型性能，需定期进行模型评估与更新，调整算法参数，并应用集成学习等技术来增强模型的泛化能力。同时，数据不足可通过数据增强技术或合成数据生成方法来解决，例如利用生成对抗网络（GAN）来扩充训练集。用户接受度的提升则可通过交互设计优化和不断迭代产品功能来实现，用户的反馈收集机制也要保持高效，如表 3 所示。

$$准确率 = \frac{正确预测的数量}{总预测的数量} \qquad (1)$$

表 3 问题分析与发展瓶颈表

应用领域	技术挑战	当前效果	问题分析	发展瓶颈	改进方向
生成式文档	语言识别的准确性	92.5%	语境理解不足，无法准确识别口语化、方言化的表达	自然语言处理（NLP）算法的改进	引入深度学习技术提升语义理解能力
智能问答	交互式语言识别能力	90%	对非标准语音的识别存在误差，无法完全理解复杂指令	深度学习模型的训练数据不足	扩充多场景训练集，提高模型的泛化能力
安防	视频监控的数据分析速度	15 帧 / 秒	监控画面多，单一算法难以覆盖各种情境需求	视频分析算法的适应性和多样性	运用人工智能算法动态适配监控场景的特殊需求

4 结论

展望未来，人工智能技术将持续演化，尤其是在强化学习和深度学习方面，其将极大提升模型的自学能力与泛化能力。依托高效的平台架构，将能够支撑多种智能应用场景的挖掘和分析，实

现更为精准的预测分析和资源配置能力。

同时，建立跨学科团队，鼓励专业背景与计算机科学、数据科学的融合，培养复合型人才，以支持人工智能平台的持续创新与发展。油气田将能够在智能化转型中实现更大价值，实现更高的经济效益与社会效益。

参 考 文 献

［1］沈晨，柏宏权 . 中小学人工智能课程学习平台建设现状与优化策略［J］. 电化教育研究，2021

［2］Y Wang，Y Zhou，H Ji，et al. Construction and application of artificial intelligence crowdsourcing map based on multi-track GPS data［D］., 2024

［3］谢佳蔚 . 数字赋能基层治理的问题及对策研究［J］., 2023

［4］R Tang. Improved Dynamic PPI Network Construction and Application of Data Mining in Computer Artificial Intelligence Systems［D］. Scientific Programming，2022

［5］周健，严沈 . 大数据，人工智能，信息平台建设与公共安全维护研究——以苏州新冠肺炎疫情防控的信息化应用为对象［J］. 苏州党校，2020

［6］毕道坤 . J公司建设工程工地智慧管理平台项目商业计划书［J］., 2020

［7］L Liu，Z Hu. Big Data Analysis Technology for Artificial Intelligence Decision-Making Platform Construction and Application［D］. Mobile Information Systems，2022

［8］李鸣 . 以技术创新赋能互联网电视高质量发展——未来电视人工智能平台建设实践与应用分析［J］. 广播电视信息，2022

［9］王恒斌 . AI时代的职业教育的思考与担当——大庆职业学院参加人工智能产教融合平台建设研讨会［J］. 化工职业技术教育，2019

［10］李诗韵 . 人工智能对区域产业结构的影响研究［J］., 2020

［11］吴耀康 . 狱警管理系统的设计与实现［J］., 2019

工艺数字孪生技术在炼化企业的应用

刘 韬 杨 兴 张家华 林威斌

（大连西太平洋石油化工有限公司）

摘 要 （1）目的：炼化企业在实现数智化转型升级的过程中，仍面临着诸多瓶颈和挑战。受技术手段所限，建立实时反映装置生产工况的数学模型已成为炼化行业所面临的一个关键痛点。亟需针对炼化行业这一特定领域的复杂性，发展更为精细化与智能化的建模技术，以实现对生产工况的及时、准确捕捉与分析，从而提升炼化过程的整体效率和安全性。

（2）方法：工艺数字孪生技术将物理化学机理嵌入到数据驱动模型中形成"机理＋数据"双驱动模式，有望能够突破炼化企业智能化转型的瓶颈。工艺数字孪生技术路线主要分为学习、分析、决策和执行等4个步骤，首先基于"机理＋数据"双驱动模式实现物理逻辑重建，接着通过涵盖装置所有优化变量的全系统优化模型，生成可行性更高的实时优化决策，最终指示控制系统完成闭环执行。

（3）结果：基于实时闭环工艺数字孪生技术的智能常减压（i-CDU）和智能连续重整（i-CCR）产品能够为经营、计划、管理、操作提供决策依据，实现常减压与连续重整生产业务的一体化管控。目前，智能常减压技术已成功在国内某炼化企业实现闭环运行，年直接经济效益超过2500万元。尽管智能连续重整技术尚未正式投入使用，但其模型的准确性已得到有效验证。

（4）结论：工艺数字孪生技术为炼化企业升级转型提供了更多可能性。这一技术不仅确保了装置的安全与平稳运行，还显著提升了高价值产品的收率，降低了能耗，在保障经济效益前提下，实现了绿色减碳生产。

关键词 炼化企业；智能化；工艺数字孪生；闭环运行

1 引言

在当前的经济环境下，信息化及其新技术对传统产业，尤其是炼化产业的影响日益显著。云计算、物联网、大数据、虚拟现实、数字孪生以及人工智能等新兴信息化技术显著促进全球经济的增长，预计到2025年，这些技术可能创造出高达14万亿至33万亿美元的经济价值。自2011年德国在汉诺威工业博览会上提出"工业4.0"概念以来，德国将制造业强国的发展政策上升为国家战略，从而引领了离散工业领域的智能制造与智能工厂的广泛关注。智能工业管理4.0的理念虽然尚不成熟，但它的目标是趋向高度集成的数字化智能工厂。具体来说，这一理念主张在横向供应链上实现集成，协调供应链计划、生产管理系统（MES）及相关业务流程，并在纵向生产链上实现企业资源计划系统（ERP）与分散控制系统（DCS）之间的无缝连接，从而形成一个完整而高效的数字化智能工厂自动化链。这意味着，在这一体系下，工厂的运营将不再是各自为政，而是各个环节和系统之间高度协同、实时互联。随着"工业4.0"、"中国制造2025"等国家战略的引导，以及"智能制造装备专项"等计划的推动，国内石油化工企业提出"智能炼化"的概念。智能炼化是随着信息技术的迅猛发展而逐渐形成的一种新型生产模式，旨在通过先进的信息技术与传统炼化工艺的深度融合，实现更高效、更灵活和更智能的炼化生产。

1.1 炼化企业智能化升级的必要性

目前，国内炼化产业的信息化水平仍较为滞后，基本局限于20世纪90年代初期提出并推广的"底层控制系统—中间制造执行系统—顶层经营决策系统"三层架构模式。这种模式在一定程度上为企业的数字化管理提供了基础框架，但在当今快速变化和竞争加剧的市场环境下，已显得越来越不适应。"资源、能源、环境与安全"对炼化企业的约束与制约深刻反映了国内炼油业所面临的多重问题与挑战。这些约束的根本原因之一在于工业化与信息化之间的融合程度不足，这导致了炼化企业在应对如资源短缺、能源消耗过高、环境污染及安全隐患等尤为紧迫的问题时，缺乏有效的解决方案。为了应对这些约束，炼化企业的智能化转型升级成为迫在眉睫的任务。

1.2　炼化企业智能化转型的瓶颈

然而，炼化企业智能化转型仍面临着诸多瓶颈和挑战。炼化行业生产工况变化频繁、原料成分复杂，工艺过程包含多个层次的物理变化和化学反应，这使得对其进行准确量化和描述变得非常困难。同时，由于不同装置和设备的内部结构存在显著差异，各项性能指标在使用周期内呈现出非线性下降的趋势，这进一步增加了实时监测与标定的挑战。在此背景下，工艺配方和操作参数又受到原料属性与设备性能等众多因素的影响，形成了复杂的相互依赖关系。受技术手段所限，建立实时反映装置生产工况的数学模型已成为炼化行业所面临的一个关键痛点。这一问题不仅涉及精确的数学建模和数据分析能力，也涵盖了对化学反应热力学及动力学等多个学科知识的综合应用。此外，炼化工艺流程较长，装置模型规模较大且多为非线性方程，导致实时优化时模型的收敛性差和求解速度慢；模型对不同工况的模拟需要用户根据经验调整，因此无法做到实时模拟和快速预测生产结果，影响使用效果。因此，亟需针对炼化行业这一特定领域的复杂性，发展更为精细化与智能化

的建模技术，以实现对生产工况的及时、准确捕捉与分析，从而提升炼化过程的整体效率和安全性。

1.3　炼化企业智能化转型的瓶颈

在机器学习和物理化学机理模型的双重驱动下，数字孪生系统在当前时代展现出更为强大的生命力和应用潜力，有望能够突破炼化企业智能化转型的瓶颈。数字孪生技术是一种新兴的技术理念，旨在通过创建物理实体的虚拟模型（即"数字孪生"），来实时监控、分析和优化这些实体的性能和行为。数字孪生技术通过将物理世界与虚拟模型相结合，使得对系统的理解、操作和优化不仅限于静态的设计和建造阶段，而是延伸到整个生命周期，包括制造、操作、维护和退役等环节。其中，工艺数字孪生技术则是把目光聚焦到工艺生产流程上，将工艺流程、装置和设备等实体数字化和虚拟化。简单来说，工艺数字孪生技术以物理化学机理为基，以机器学习数据驱动为翼，将物理化学机理嵌入到数据驱动模型中形成"机理＋数据"双驱动模式，能够充分发挥两者的优势如图1所示。机理模型通常具有较强的可解释性和泛化能力，能够有效捕捉物理规律；而数据驱动模型则具备灵活性和学习能力，能够处理复杂的非线性关系和高维数据。通过融合两者，研究人员可以获得更为准确和可靠的预测效果。

数字虚拟模型的构建是数字孪生系统技术的

图1　数字孪生技术原理简图

核心内容，其目的是创建反映物理实体状态的准确虚拟模型，以实现对物理世界的实时监控和优化决策。与传统基于物理化学机理的模型相比，工艺数字孪生技术在炼化企业的应用具有以下几点优势：（1）全息数字镜像洞察实时工况。利用人工智能技术，建立由数百万模型参数和数百个神经网络群组成的工艺数字孪生 AI 模型，实时感知数千个运行参数，包括进料性质、反应器出口的产品性质、催化剂性能、换热器性能、加热炉负荷、热量平衡、与分馏塔相关的塔板水力学、温度、压力和产品组成分布等；（2）反馈学习不断完善自身。数字孪生系统的一个重要特征是能够利用来自物理实体的反馈数据进行自我学习和完善。传统的机理模型通常对外部数据反应迟钝，不能灵活适应新情况，而工艺数字孪生系统初步形成"参数自校正—数据自增强—模型自学习"的数据和模型协同演化体系，通过物理逻辑重建模块形成的实时工况数据样本流经过自动化处理程序，进入部署在企业现场的数据增强服务器进行筛选增强，最终汇入装置自身的工况大数据库中；（3）全流程在线通盘优化。通盘优化考虑现场实际可行性约束，权衡能耗与反应、分离性能、长周期运行与当前效益，突破传统人工调优思路，以小时级执行频率，对装置全流程数十个可调操作参数协同优化。此外，通过分析不同的经营目标、价格体系、原料组成、工艺参数和产品指标对产品收率的影响，为科学决策提供数据支撑。

2 技术思路与研究方法

工艺数字孪生技术核心模型主要包括物理逻辑重建，智慧决策中心和智能执行系统，分为四个步骤：学习、分析、决策和执行，如图 2 所示。工艺数字孪生技术以现场数百个可测量工艺参数

为基础，对不可测量的各类重要生产参数进行实时、精准地计算还原，并基于"机理＋数据"双驱动模式实现物理逻辑重建。接着通过涵盖装置所有优化变量的全系统优化模型，生成可行性更高的实时优化决策，指示控制系统完成闭环执行，充分释放装置生产潜能。其技术路线如图 3 所示。

2.1 基于人工智能的物理逻辑重建

恰当的建模与模型训练是实现 AI 炼化数字孪生实时关联、影响、改变现实世界的基础。目前，工艺数字孪生技术主要采用人工智能（Artificial Intelligence，AI）技术对装置进行建模，以人工神经元网络模型为核心（Artificial Neural Network，简称 ANN），多模型集群集成（包含机器学习、经验模型、平衡模型、EO 模型等子模型）。核心模型深度神经网络的本质是复杂函数拟合，模拟数据间任何一种非线性关联，可同时确保装置运行工况分析的准确性，优化方案的全局性和操作调节的及时性，而模型训练过程可类比为模型对工艺过程的"学习与分析"，分为两大阶段：（1）输入输出的确定，（2）模型预测精度提升。

2.1.1 工艺智控数据处理

首先，对工艺流程的各类参数进行数据采集。一个运行周期内，通常可提取数千个历史稳态工况，通过聚类分析将相似工况归为几大典型类别，为建模人员提供深层信息。此外，根据装置调研，增设采集数据点，并对接实时数据、LIMS 和 MES 数据，为后续处理和模型计算提供基础。其次，对海量数据进行初步筛选，通过"数据筛板"对错误、缺失、异常和冗余数据进行清洗，并利用学习的稳态模型进行判断和分析，提取有用信息。

2.1.2 工艺全景数据挖掘

基于神经网络的优势，可以对数据进行深入挖掘。结合时间序列特性，综合运用统计模型、

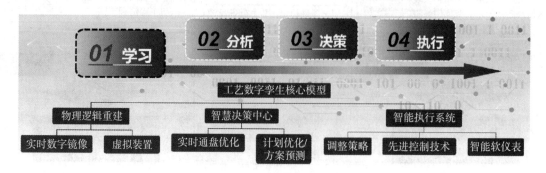

图 2 工艺数字孪生技术核心模型

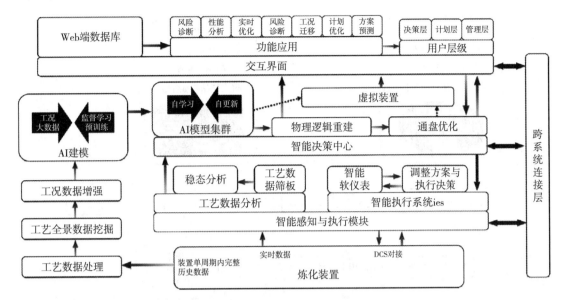

图3　工艺数字孪生技术路线

机器学习（如分类和聚类算法）、专家经验和可视化技术，分析仪表性能、主要设备性能及局部到全局性能的变化趋势，实现工况聚类分析、操作变化统计、产品分布统计和装置性能分析。同时挖掘异常判断的规则和参数，识别装置瓶颈，为改造提供依据。

2.1.3　工况数据增强

通过模型分析和数据处理，实现"数据增强"。由于现场数据受限于较小的操作变化和不均衡分布，大量工况样本缺失或质量不高，因此需要增强数据。将样本区域从历史操作扩展到所有可能的操作区域，确保模型覆盖最优操作区域。

2.1.4　建立装置数理混合驱动模型集群

采用机器自学习与经验机理混合算法，建立以神经网络为主体的模型集群。收集可行样本后，利用机器学习技术模拟装置。ANN模型模拟人脑神经元结构，通过多层连接计算复杂输入信息。建模阶段首先通过主成分分析确定输入输出，深度学习训练和现场测试确保神经网络准确预测输出。为提升模型预测精度，改善样本分布，确保样本密度均匀，降低误差。ANN模型通过大量样本数据学习输入与输出的关系，掌握背景过程中的复杂参数关系。当工况变化时，随着新数据输入，ANN模型可自我校正并逐步调整参数，改善模拟精度。

2.1.5　物理逻辑重建模型集成

为实现实时模拟与优化，构建基于物理逻辑重建的AI集群模型，形成"虚拟装置"，实时还原生产过程，并适应多工况变化。重建以AI模型为基础，使用处理后的稳态数据作为输入，采用数学规划方法建模。使用商业数学规划求解器CONOPT4校正历史或实时工况数据，以满足物料平衡、能量平衡、相平衡及热量传递设备性能等约束，真实还原工况。模型结果可量化稳态运行期间的非直接可测参数，恢复现场不可测量数据。

2.2　基于通盘优化的智慧决策

以物理逻辑重建的结果为基础，考虑现场实际可行性约束，综合装置长周期运行需求，针对现场数十个可调变量，采用可控的优化策略，以提高装置经济效益为目标，利用数学规划算法，优化求解得到操作条件变化的方向和大小，从而为iES智能执行提供控制目标。其模型规模和物理逻辑重建类似，求解速度在3分钟以内，优化执行频率控制在0.5~1小时（如图4所示）。

复杂系统优化一直是数学上的优化难题，通盘优化技术基于广义简约梯度（Generalized Reduced Gradient，GRG）算法，在每一步操作变量调整时都综合评估所有可调变量的变化对系统所有潜在瓶颈的影响，确保优化方案的可行性。现场工艺装置通常非常复杂，反应器、分馏塔、换热器的操作相互关联，相互影响，牵一发而动全身。常规调优思路通常一次仅考虑单个操作变量产生的影响，加上装置内在运行状态缺少直观的仪表测量，很难考虑多个操作变量同时调整对整个装置各个方面造成的影响。与常规调优思路不同，通盘优化技术综合考虑数十个现场操作变量的变化

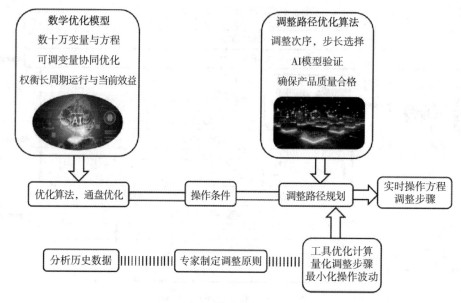

图 4　通盘优化方案

对优化目标和复杂现场约束的影响，在可控的优化策略下产生优化方向和幅度。同时，通盘优化需施加约束条件，如与物理逻辑重建一致的约束、物理逻辑重建过程中回归的设备系数和模型参数、优化策略中所确定的可调自变量的调整方向和幅度、产品指标约束范围、模型精度所引起的冗余量、模型系数、辅助变量等，以提高通盘优化结果的质量。最终，通过通盘优化可实现模型对覆盖装置全周期工况变化的掌控，满足多目标综合优化要求，具有可行性保障，实现系统安全策略。

决策方案测算利用与现场生产一致的工艺数字孪生装置模型，分析不同的经营目标、价格体系、原料组成、工艺参数和产品指标对产品收率的影响，为科学决策提供数据支撑。例如，可根据市场价格等因素选择更优的重整原料和操作条件组合，进行加工方案对比测算；根据当前装置性能条件，制定精准的月、周排产调度计划，提升管理层对未来的预判力、实际生产的应变力与灵敏度。实现装置经营目标与生产操作目标的统一。

2.3　IES 智能执行系统

IES 智能执行控制系统以通盘优化后的操作方案为控制目标，以动态过程控制为基础，根据预先确定的执行步骤、调整步长以及等待时间自动将新操作参数匹配写入多个多变量模型预测控制器，并根据装置反馈结果动态调整下一步方向及步长，最小化操作波动并确保调整过程中产品质量合格。系统所涉及到的软仪表同样来自工艺数字孪生模型，满足动态过程控制的需求。

首先，智能执行系统针对不同的新操作工况定义不同的调整策略，对整个调整路径进行设计，并通过虚拟装置验证过程中间结果，为最小化操作波动、确保调整过程中产品质量合格，调整次序及步长的选择非常重要。接着，智能执行系统融合先进控制技术将优化目标分步骤转化为控制指令下发到各控制器，在控制过程中保障方案执行到位，CV、MV 值分批逐渐接近目标值。最后，在方案下发给控制器后，智能软仪表通过虚拟装置每 5~10min 的操作参数变化预测产品性质变化，供操作人员参考，动态判断在调整过程中是否有产品质量超出上下限范围的风险，从而实现控制系统的闭环执行。

3　结果和效果

基于实时闭环工艺数字孪生（TiCLod，Time-integrated Closed-Loop Digital Twin）的智能常减压（i-CDU）和智能连续重整（i-CCR）技术能够为经营、计划、管理、操作提供决策依据，实现常减压与连续重整生产业务的一体化管控。

3.1　智能常减压

目前，智能常减压 i-CDU 技术在山东某炼厂正式投入闭环运行。i-CDU 服务于装置"安、稳、长、满、优"运行目标，提升装置运行水平，直接经济效益超过 2500 万元 / 年，并在生产安全、节能减碳、经营计划等多方面满足企业需求，实现了数字孪生在炼化行业的落地应用，带来可观的经济效益和社会效益。主要应用效果包括以下几个方面：

（1）全息数字镜像洞察实时工况：装置稳态运行期间，i-CDU 每 30min 一次实时标定当前工况，输出 1200+ 工况参数对现场仪表读数进行系统校正，还原现场 600-800 个不可测量数据。其中涵盖了常压塔过汽化率、减压塔喷淋密度、关键塔板的气、液相负荷、中段取热比例、产品性质及重叠度等重要信息如图 5 所示。

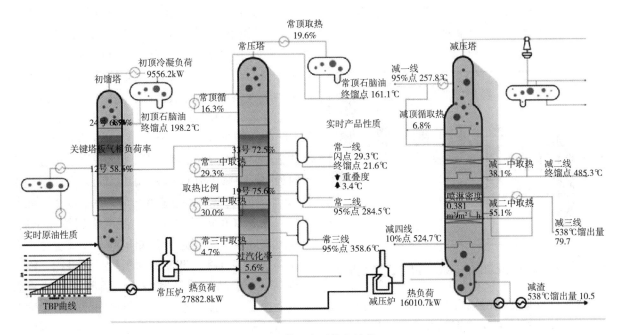

图 5　装置实时数字镜像

（2）装置运行更加平稳、人员操作更加便捷、生产过程更加安全：基于工艺数字孪生对装置全系统的物理逻辑重建，能够实现关键产品性质长期精准的实时预测，真实反映众多不确定条件下（如原料性质波动因素），多个操作参数和产品质量之间的非线性关联关系。常减压工艺数字孪生为原油切换/计划工况提供操作参数预设，缩短调优时间，降低生产波动。如图 6 所示，在 i-CDU 系统上线前，原油高、低硫切换过程中，初顶冷回流流量和初顶温度人工调整到位时间平均在 3.5 小时以上，期间存在因原油性质变化导致的回流量和温度调节关系的不同而产生反复调整的状况；系统上线后，在高、低硫原油加工工况变化时，操作人员根据调度指令录入原油切换时间和原油结构、初顶产品质量指标、塔顶温度和冷回流流量的范围，系统自动按优化策略完成闭环调整。塔顶冷回流流量和顶温调整到位时间约为 1.5 小时，参数变化更加平稳。

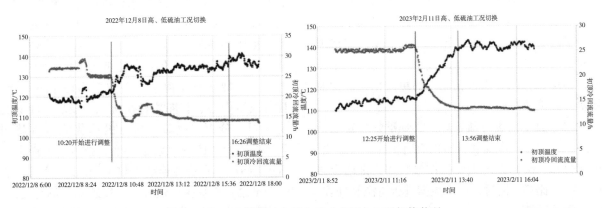

图 6　i-CDU 上线前（左图）后（右图）工况切换状况

（3）灵活把握市场价格变化，实现装置适需分离：在 i-CDU 系统上线运行 7 个月期间，常顶和初顶产品价格较低，其他侧线产品价格较高，因此 i-CDU 将两顶终馏点降低，常一线终馏点、常二线和常三线 95% 回收温度均提高，如图 7 所示，以增加高价值产品产量。产品质量变化符合价格驱动走势，从而实现盈利。

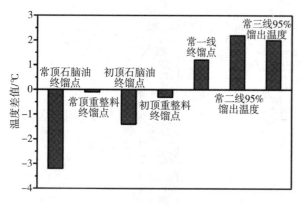

图 7　i-CDU 通盘优化前后各侧线产品质量平均值变化

（4）在保障经济效益前提下，实现绿色减碳生产：智能常减压系统依据侧线产品、燃料气和蒸汽的能源介质消耗对比价格体系，利用工艺数字孪生模型，实时监控原油性质的 TBP 蒸馏曲线变化及侧线产品性质变化，依据原油轻重的变化，在满足分馏塔过汽化率要求的前提下，通盘优化调整加热炉出口温度和汽提蒸汽流量。系统上线后，加工每吨原油蒸汽消耗量降低 0.5 千克 / 吨原油，燃料气消耗量降低 0.4 千克 / 吨原油。在同比效益增加 11.74 元 / 吨的基础上，装置综合能耗降低 0.32 千克标油 / 吨原油，按 7 个月原油加工量合算，共减少二氧化碳排放 2700 吨。

3.2　智能连续重整

目前，智能连续重整 i-CCR 技术尚未在国内炼厂正式投入使用。该技术综合运用机器学习方法为重整装置反应与分离系统搭建模型，形成能够对装置工艺流程进行全局模拟与优化的基础模型，为优化控制提供数据驱动的决策依据。主要技术方案包括：

（1）数据采集与预处理：收集重整装置的运行数据，包括反应温度、催化剂循环量、氢烃比、产物分布、分离系统重要操作参数如关键塔板温度、回流比等。同时，针对数据进行清洗和处理，确保数据质量。

（2）特征工程：提取与反应和分离过程相关的关键特征，如温度、压力、流量等，将它们转化为适合模型的输入特征，提高模型精度。

（3）模型选择与构建：基于机器学习方法分别构建反应与分离系统的模型。可选用的模型包括传统的多变量回归模型（如线性回归、PLS）和更为先进的非线性模型（如神经网络、支持向量机等），使用混合模型以覆盖不同过程的特点。

（4）模型集成与优化：将反应和分离子系统模型整合为全局模型，采用集成学习技术（如集成神经网络或混合优化算法）优化模型性能，使之能够适应全流程的复杂非线性关系。

（5）模型验证与调整：通过历史数据和实际操作数据验证模型的精度，识别模型偏差，并在必要时通过反馈修正模型参数，确保其在不同工况当中（如加工负荷调整）的适应性与可靠性，如图 8 所示。

在 i-CCR 产品的人工神经网络训练完毕后，应用实际生产数据进行预测检验。以某炼化企业连续重整装置标定期间的原料数据为基础，输入至 i-CCR 产品的神经网络中，预测了连续重整主要产品——脱戊烷油的产物分布、馏出温度及产品性质。从图 8 可以看出，神经网络预测的结果与实际数据总体上较为接近，这进一步验证了 i-CCR 产品模型的准确性。

4　结论

人工智能技术作为引发第四次工业革命的关键动力，已成为推动全球工业从 3.0 阶段向 4.0 阶段转变的核心技术。在当今信息经济时代，炼化企业智能化升级已成为必然趋势。然而，人工智能在石化行业的落地应用需克服一系列具体挑战，如何建立既能准确描述实际生产的运行与变化、又能使收敛率和计算速度的数智模型是解决问题的关键。工艺数字孪生技术以物理化学机理为基，以机器学习数据驱动为翼，将物理化学机理嵌入到数据驱动模型中形成"机理 + 数据"双驱动模式，有望能够突破炼化企业智能化转型的瓶颈。

工艺数字孪生模型主要包括物理逻辑重建、智慧决策中心、智能执行系统三个模块，能够实现学习、分析、决策、执行的炼化流程智慧闭环。基于实时闭环工艺数字孪生技术的智能常减压（i-CDU）和智能连续重整（i-CCR）产品，能够精准描绘现场生产过程，深度感知设备的变化，实现闭环操作的优化。这一技术不仅确保了装置的安全与平稳运行，还显著提升了高价值产品的

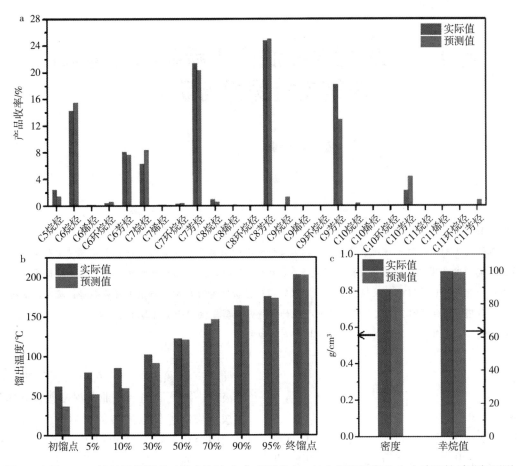

图 8   应用 i-CCR 神经网络模型对脱戊烷油（a）产品分布，（b）馏出温度和（c）产品性质进行预测

收率，降低了能耗，在保障经济效益前提下，实现了绿色减碳生产。

参 考 文 献

［1］麦肯锡全球研究所 . 12 项颠覆性技术引领全球经济变革［EB/OL］. 2013，11（05）.

［2］吴青 . 新态势下的炼化企业数字化转型——从数字炼化走向智慧炼化［J］. 化工进展，2018，37（6）：2140-2146.

［3］马冬泉，徐德生，李海燕等 . 炼化企业中数字化工厂的建设与应用［J］. 中国管理信息化，2015，18（19）：86-88.

［4］刘黎黎，付国亮，韩璐璐 . 数字炼厂技术应用研究与探讨［J］. 中国管理信息化，2014，17（20）：36-38.

［5］覃伟中 . 积极推进智能制造是传统石化企业提质增效转型升级的有效途径［J］. 当代石油石化，2016，24（6）：1-4.

［6］高俊莲，张博，张国生等 . 数字经济时代我国能源模型的创新发展研究［J］. 中国科学院院刊，2024，39（8）：1336-1347.

［7］李进峰 . 浅析人工神经网络在石化企业中的应用及发展趋势［J］. 石油化工设计，2020，37（2）：53-58.

［8］李硕，刘天源，黄锋等 . 工业互联网中数字孪生系统的机理＋数据融合建模方法［J］. 信息通信技术与政策，2022，10：52-61

［9］F. Tao, J. Cheng, Q. Qi, et al. Digital twin-driven product design, manufacturing and service with big date［J］. The International Journal of Advanced Manufacturing Technology, 2018, 94（9-12）：3563-3576.

基于人工智能对石油行业新能源业务项目
决策支持探索与研究

安　然　段金奎　姜　淇　杜　旻

（中国石油长庆油田公司）

摘　要　随着全球能源转型和气候变化的双重背景下，石油行业正面临从传统能源向新能源转型重大挑战。人工智能（AI）作为一种强大的工具，能够提供精准的数据分析和决策支持。本文探讨了人工智能在石油行业新能源业务项目中的应用，重点研究了 AI 如何辅助决策、优化资源配置、提升投资回报率，并为石油公司在新能源领域的战略决策提供支持和建议。通过分析现有应用案例与未来发展趋势，提出石油行业在新能源业务项目中的策略，本文旨在为石油行业的新能源转型提供理论支持与指导。

关键词　人工智能；数据分析；决策支持；新能源业务

1　引言

1.1　背景与意义

2020 年 9 月 22 日，习近平总书记在第七十五届联合国大会作出"中国力争在 2030 年实现碳达峰，2060 年实现碳中和"的郑重承诺！二十大报告指出，要加快发展方式绿色转型，推动能源清洁低碳高效利用，发展绿色低碳产业，形成绿色低碳的生产方式和生活方式。

2023 年 2 月国家能源局出台《加快油气勘探开发与新能源融合发展行动方案（2023–2025年）》。方案提出要加强油气勘探开发与新能源融合发展，大力推进新能源和低碳负碳产业发展，加大清洁能源开发利用和生产用能替代，增加油气商品供应，持续提升油气净贡献率和综合能源供应保障能力。

中石油部署"加快油气勘探开发与新能源融合发展"要求，明确"清洁替代、战略接替、绿色转型"三步走的总体部署，统筹油气供应安全和绿色低碳发展，坚持油气与新能源协同融合发展，加速推进以"六大基地、五大工程"为核心的绿色产业布局，开展"油气与新能源融合高质量发展关键建设"重大科技攻关，向"油、气、热、电、氢"综合性能源公司转型发展。

长庆油田将新能源业务作为三大主业之一，按照"134"方略，"十四五"末，油田清洁能源利用率将达到 25% 以上。紧紧围绕"双碳"目标，

按照"三个融入"和"六个引领"的发展思路，积极推进新能源与油气业务深度融合高质量发展，加快建设绿色低碳发展的世界一流大油气田，助力油田公司当好能源保供的"顶梁柱"、绿色发展的"动力源"，实现"大、强、壮、美、长"新发展蓝图。人工智能的快速发展为能源行业带来了新的机遇，通过智能分析、预测和优化，AI 有望显著提升石油公司在新能源业务中的决策效率与精准度。

1.2　研究目标

本文旨在探讨人工智能如何在石油行业新能源业务项目中提供决策支持，能够帮助企业在资源评估、项目选址、投资决策等方面做出更科学的决策，从而优化新能源业务的实施效果和经济效益。具体包括：

（1）AI 在新能源项目选址与投资评估中的应用

（2）AI 在资源管理与优化中的作用

（3）AI 在风险预测与管理中的贡献

2　人工智能技术概述

2.1　人工智能的基本概念

人工智能指的是计算机系统通过模拟人类智能进行学习、推理和自我改进的能力。常见的 AI 技术包括机器学习、深度学习、自然语言处理和数据挖掘等。AI 能够处理和分析大量数据，支持复杂的决策过程。

2.2　人工智能的主要领域

（1）机器学习：机器学习是 AI 的一个子领域，专注于让计算机系统通过数据和经验自动改进其性能，而无需明确编程。机器学习算法根据输入数据进行训练，从中发现模式和规律，并利用这些规律对新数据进行预测或分类。

（2）自然语言处理：自然语言处理是使计算机能够理解、生成和操作人类语言的技术。它涉及文本分析、语言生成、语义理解等任务。例如，聊天机器人和翻译系统都依赖于自然语言处理技术。

（3）计算机视觉：计算机视觉使计算机能够"看"并理解图像或视频中的内容。它包括图像识别、目标检测和图像分割等技术，使计算机能够从视觉数据中提取有用的信息。

（4）机器人学：机器人学涉及设计和操作能够执行任务的机器人系统。机器人可以是工业机器人，也可以是服务机器人，其智能体系统需要感知环境、做出决策并执行物理动作。

2.3　AI 技术在石油能源领域的应用

AI 在石油能源领域的应用包括勘探开采、生产与运营、环境保护和安全与风险管理等。AI 技术在石油能源领域的应用有助于提高效率、降低成本、优化资源管理、增强安全性，并支持环境保护和市场决策。通过利用 AI 的先进算法和数据分析能力，石油企业能够在复杂和动态的环境中做出更精准的决策，推动行业的智能化和可持续发展。随着技术的发展，AI 的应用范围不断扩大，为新能源业务提供了丰富的支持手段。

2.3.1　勘探与开采

（1）地质数据分析：AI 可以分析地质数据、地震数据和遥感图像，帮助识别潜在的石油和天然气储藏地。深度学习模型可以从复杂的地质数据中提取特征，提高资源发现的准确性。

（2）钻井优化：通过实时监测钻井数据和应用机器学习算法，AI 可以优化钻井参数（如钻井速度、压力控制等），减少钻井时间和成本，提高钻井成功率。

（3）储层建模：AI 可以集成和分析多种数据（如地质、地球物理和测井数据），生成更精确的储层模型。这有助于提高资源评估的准确性和生产预测。

2.3.2　生产与运营

（1）生产优化：AI 可以分析生产数据（如流量、压力、温度等），优化生产过程。例如，通过预测性维护模型预测设备故障，减少停机时间，提高生产效率。

（2）油田监控：AI 系统可以实时监控油田的运行状态，检测异常情况并自动调整操作参数，以保持生产的稳定性和安全性。

（3）智能设备管理：AI 可以管理和优化智能设备（如泵、压缩机、阀门等）的运行，通过预测性维护和自动化控制减少故障和维护成本。

2.3.3　环境保护

（1）泄漏检测：AI 可以通过分析传感器数据和卫星图像实时监测石油泄漏。通过模式识别和异常检测算法，AI 能够及时发现和响应泄漏事件，减少环境影响。

（2）环境影响评估：AI 可以分析环境数据和模拟模型，评估石油开采和生产对环境的影响，帮助企业制定减排和环保措施。

2.3.4　安全与风险管理

（1）安全监控：AI 可以分析来自各种传感器和监控系统的数据，实时检测潜在的安全隐患（如设备故障、危险气体泄漏），提高工作环境的安全性。

（2）风险评估：AI 可以通过分析历史事故数据、操作数据和环境数据，评估各种风险（如地震、火灾等），帮助制定预防措施和应急响应计划。

3　AI 在新能源项目决策中的应用

3.1　项目选址与投资评估

AI 可以通过对地理信息系统（GIS）数据、气象数据和市场需求数据进行分析，帮助公司选择最优的新能源项目位置。例如，深度学习算法可以分析太阳辐射、风速数据、风力发电机的布置和太阳能电池板的安装角度等。AI 可以选择最优方案以提高能源采集效率。

AI 可以构建投资回报模型，通过分析历史数据、市场趋势和项目成本，预测新能源项目的经济回报。机器学习算法能够识别影响投资回报的关键因素，并提供精确的财务预测。

AI 可以分析项目成本结构，并通过优化算法寻找降低成本的方法。包括材料采购、设备选型和施工工艺的优化，从而减少整体项目成本。

AI 可以预测市场需求和能源价格的变化，优化生产计划和价格策略，以最大化项目的经济收益。例如，通过预测模型调整电力销售策略，提高销售收入。

3.2 资源管理与优化

AI 能够通过预测分析和优化算法，实现对新能源资源的高效管理。机器学习模型可以根据历史数据和实时数据预测发电量、储能需求以及电网负荷，从而优化资源配置和调度。

AI 可以优化新能源项目的供应链管理，包括材料采购、设备供应和物流安排。通过分析供应商数据、市场价格和交货时间，AI 可以制定最优的采购和配送策略，确保资源的及时供应。

使用机器学习算法分析气象数据、历史气象记录和实时传感器数据，AI 可以准确预测风速、太阳辐射等关键资源指标，从而评估新能源资源的潜力。例如，深度学习模型能够处理大量复杂的气象数据，预测风力发电和光伏发电的可能性。

AI 通过分析设备的运行数据和历史故障记录，预测设备的维护需求和故障风险。预测性维护能够提前识别潜在问题，安排及时的维护工作，减少设备停机时间和维修成本。

3.3 风险预测与管理

风险预测是新能源项目决策的重要组成部分。AI 技术可以通过大数据分析和模型预测识别潜在风险，如市场波动、技术故障或政策变动，帮助企业制定应对策略和优化风险管理措施。

4 案例分析

4.1 案例一：AI 在光伏发电及地热利用中的应用

中国石油某油田分公司利用 AI 技术分析识别最佳的太阳能、太阳辐射和太阳能电池板的安装角度、对光伏发电系统进行实时监控和故障预测、数据分析优化地热资源的勘探和开采，提升预测精度和资源利用效率等，通过机器学习算法分析光伏板的发电数据，地热效率，及时发现并处理系统故障，推广智能间开，两端脱水，加大优化简化，提高了发电效率和经济效益。截至 2024 年 6 月底，在油气当量同比上升 5% 的情况下，建成投运光伏 26.05 万千瓦，发电能力 3.68 亿度；试验地热站点 4 座，年可节气 88 万方、燃油 510 吨；完成首座"光热 + 热泵"100% 全替代示范站，年可节气 42.4 万方。能耗总量和强度分别下降 4.5%、6.5%，年可节约标煤 32 万吨，CO_2 减排能力 57 万吨，同比提升 5.7%。

4.2 案例二：AI 在 CO_2 封存项目中的应用

中国石油某油田分公司利用 AI 技术学习和深度学习算法分析地质数据（如地震数据、地质

图谱）以识别合适的封存地点、通过建模和模拟，AI 可以预测 CO_2 在封存过程中的行为，帮助优化封存方案、可以处理来自传感器的数据，实时监测 CO_2 的注入、储存和流动情况和可以通过分析监测数据识别潜在的泄漏问题，并提供早期预警等。人工智能在二氧化碳封存领域的应用有助于提高封存过程的精确度、安全性和效率，推动全球减排目标的实现。在 300 万吨 / 年 CCUS 示范项目中，实施 50 注 112 采，年注碳 19 万吨，年增油 8450 吨，气田老井 CO_2 埋存率为 50%~60%，页岩油低压储层埋存效率达到 75%。

5 未来发展趋势

5.1 AI 技术在决策支持应用的演进

未来 AI 技术将进一步发展，深度学习和增强学习的应用将使能源项目决策更加智能化和自动化。AI 技术将更好地与物联网）和区块链技术结合，推动新能源领域的数字化转型。

（1）数据处理能力提升：从早期的数据分析工具到如今的深度学习和自然语言处理，AI 的处理能力不断增强，能够分析更大规模和更复杂的数据集，提供更精准的决策支持。

（2）实时分析和反馈：AI 的实时数据分析和反馈功能使决策者能够在迅速变化的环境中做出及时反应。例如，通过实时监测和预测模型，AI 可以快速识别问题并提出解决方案。

（3）增强预测能力：现代 AI 技术通过预测模型和机器学习算法，能够对未来趋势和潜在问题做出更准确的预测，帮助决策者制定更有效的策略。

（4）智能推荐系统：AI 系统能够根据历史数据和用户行为提供个性化的建议，优化决策过程。例如，推荐系统可以在电商和内容平台中根据用户喜好做出精准推荐。

（5）自动化决策：AI 能够在某些情况下自动做出决策，减少人为干预。这包括优化算法在资源分配、供应链管理等领域的应用，提高效率和一致性。

（6）可解释性与透明性：随着 AI 技术的发展，解释性 AI（Explainable AI）也在不断进步，使得决策过程更加透明，帮助决策者理解 AI 系统的建议和预测。

这些演进使 AI 在决策支持中的角色越来越重要，从辅助决策到自动决策，提升了决策的效率和质量。

5.2　持续优化与创新

石油公司在新能源业务中应不断探索 AI 技术的创新应用，结合行业需求和技术发展，不断优化决策支持系统，以适应快速变化的市场环境和技术挑战。

（1）资源勘探与开发：AI 可以分析地质数据，优化勘探过程，识别潜在的新能源资源，如地热、风能和太阳能。机器学习算法提高了资源评估的准确性，缩短了开发周期。

（2）智能运营管理：通过实时数据分析和预测，AI 可以优化新能源设施的运营管理，提升效率。例如，AI 可以调整风力涡轮机的角度以最大化能量收集，或优化太阳能面板的配置。

（3）维护与故障预测：AI 的预测性维护技术可以提前识别设备故障或性能下降，从而减少停机时间和维修成本。通过分析设备传感器数据，AI 能够预测设备的维护需求。

（4）能源优化与调度：AI 可以优化能源生产与消费的调度，平衡供需，降低运营成本。例如，智能电网利用 AI 技术调节电力分配，支持新能源的高效利用。

（5）环境监测与管理：AI 可以帮助监测和管理新能源项目对环境的影响，包括排放监控和生态保护。通过分析环境数据，AI 可以预测并减少潜在的环境影响。

（6）市场分析与战略规划：AI 技术在市场趋势分析和战略规划中提供支持，帮助企业了解市场需求变化，制定更精准的市场策略。

这些创新使石油行业能够更高效地转型为新能源业务，同时推动了整个能源领域的技术进步和可持续发展。

6　结论

人工智能在石油行业新能源业务项目中的应用展现了其强大的决策支持能力。通过智能分析和预测，AI 能够帮助企业优化资源配置、显著提升了决策支持的准确性、速度和效率，提升投资回报率，并有效管理风险。随着技术的不断进步，AI 将在能源行业的转型过程中发挥越来越重要的作用。未来，石油公司应积极探索和应用 AI 技术，帮助企业在新能源项目的决策中做出更明智、更科学的选择，从而推动项目的成功实施，以实现可持续发展和业务转型目标。

参 考 文 献

［1］李明，张鹏.人工智能在能源领域的应用研究综述.石油勘探与开发，39（3），325–334.

［2］王强，陈晓东.基于机器学习的新能源资源预测与优化.计算机工程与应用，57（12），45–52.

［3］刘洋，张伟.人工智能在石油行业的应用现状与发展趋势.石油科技论坛，41（2），72–79.

［4］周杰，赵亮.人工智能在油气勘探开发中的应用.中国石油大学学报（自然科学版），44（5），114–123.

［5］陈彬，王磊.AI 技术在新能源项目投资评估中的应用研究.电力系统自动化，46（8），150–158.

［6］张晓华，王华.人工智能辅助下的新能源项目选址与资源优化.环境保护，49（6），88–95.

如何推动"数字化转型、智能化发展"为加快建设世界一流海洋石油工程企业赋能

卢 山 齐赋宁 王西录

（中国石油集团海洋工程有限公司）

摘 要 面对全球能源需求持续增长和石油资源逐渐减少环境下，石油能源企业面临巨大的机遇和调整，随着国家和行业数智化技术不断涌现和成熟，石油行业如何借助数字化转型实现提升效率，保持行业竞争优势，已成为必修课和必答题。本文从数字化转型、智能化发展提升石油企业高质量发展角度，结合海洋石油工程企业信息化建设的实际情况，通过对企业现有的信息化系统数据治理和互通、多系统整合，注重数智化顶层构架设计，搭建数智化综合服务管理平台，推动数字孪生等技术研究与应用，提供了贴合实际、具有可操作性的技术解决方案，为加快建设世界一流海洋石油企业赋能，从而形成石油企业在行业内新型竞争优势，铺就企业高质量发展的新赛道。

关键词 数字化转型；智能化发展；顶层设计；数据互通；系统整合；数字孪生

1 石油企业数字化转型的背景

按照习近平总书记建设海洋强国、加快国内油气资源勘探开发重要指示精神，大力推进海洋油气勘探开发进程，对海洋油气勘探开发装备的需求更为迫切；同时面对全球能源需求持续增长和石油资源逐渐减少的新环境和新形势之下，石油能源企业面临着巨大的机遇与挑战。目前，在国家大力推进"数字中国"建设的政策下，凭借数智化技术不断涌现和拓展，海洋钻井行业数字化、智能化基础日渐夯实，技术应用不断深入。为了在这场充满竞争和变革的时代中提升效率、不落他人后，"如何通过数字化转型、智能化发展为加快建设世界一流企业赋能"成为我们不得不深思并付诸于行动的课题。

而对于海洋工程技术服务企业而言，数字化转型、智能化发展已不是一道"选择题"，而是一门关乎生存和长远发展的"必修课"。我们作为石油企业，坚持科技创新，近几年加速自动化、数字化和智能化应用，致力于构建"智慧钻井"企业数字化、智能化管控体系，初步建立了装备预防维护（PMS）、智能点检系统、顶驱在线监测、钻具全生命周期管理、数据智能化检索、物资信息管理、HSE监督检查（笃行）、平台远程视频监控、培训考核与能力评价等多个信息化系统，对

于助推公司数智化赋能，提升管理水平取得了较好的效果。数智化创新推动企业发展。

2 石油企业数字化转型需解决的问题及推进技术方案应用探讨

随着公司各单位信息化和数字化系统不断建立并投入使用，形成了技术与保障、人力与培训、运行与支持、安全与监督、装备与物资五大板块、10多个信息化系统，但这些系统还是根据各分管业务独立开发的，各系统间未进行有效整合。系统和系统之间的数据还未集成，存在数据孤岛效应，通过文件导入导出，效率较低，容易造成数据丢失或失真，系统间业务流转存在断点，缺乏关联业务链的处置分析，易造成数据信息无法有效使用的局面。"无数据不智能"，进行企业多系统融合、构建互联共享的大数据网络是实现数字化转型、智能化发展的必经之路，要通过数字化转型解决方案，进一步提升企业效率，发挥数据统计分析价值。

2.1 做好数智化顶层设计，统筹规划，推进数字化转型构架建设。一张蓝图干到底

为更好进行数字化转型，实现智慧企业建设，首要的就是要对数字化转型总体规划，扎实开展好数字化转型智慧企业顶层设计，否则很容易出现建设思路和步骤不明确，数字化建设成本增高，

应用系统重复建设，相互孤立，以及智能化程度不够等问题。所以在面临数字化转型的中需要解决的问题时，要从企业进行全面梳理，对企业信息化的现状进行全面分析和评估，并结合企业发展战略规划，制定切实可行的智慧企业数字化转型的构架建设，按照一张蓝图干到底，稳步推进数字化智慧企业建设。

下面以我们企业数字化转型为例，经过对企业全面梳理，开展了顶层构架设计、信息系统整合、数字感知能力建设、数字化管理新模式、远程支持与诊断模型建设、数字化场景应用和数字化文化建设等七大方面的数字化转型推进总体规划。并结合公司已成型和正在酝酿准备实施的信息化进程，开展企业级数字化顶层设计，形成五大板块数字化建设构架，为公司数字化转型打下坚实基础。

数字化转型战略是企业战略的转型，数智化转型不仅是数字化技术的应用，而是通过数字化实现管理上的全面提升，业务的全面重塑。经过多次召开专题会进行深入研讨、全面分析，制定了公司数智化综合平台（Drilling-THOSE）建设战略，通过5大板块数字化顶层设计构架来实现，这5大板块分别为：

T：Technologies&Supporting 技术与保障系统，主要模块有：钻具全生命周期管理、数据智能化检索、钻井数据分析等。

H：Human resource&Training 人力与培训系统，主要模块有：培训考核与能力评价、员工请假审批、员工考勤、职责履职清单等。

O：Operating&Management 生产与运行系统，主要模块有：人员动态跟踪、承包商资质审查与考核管理、公务车辆派单管理、拖航管理、生产运行（生产物资、船舶）管理等。

S：Safety&Supervising 安全与监督系统，主要模块有：HSE 监督检查系统、问题闭环、环保管理、BSOC 卡，AI 智能反违章、作业许可在线审批、HSE 报表、重要事项督办等。

E：Equipment&Supplies 装备与物资系统，主要模块有：推行设备完整性体系及信息化平台，整合 PMS、物资信息管理、物资扫码信息系统、平台远程视频监控、智能点检系统、设备在线监测、办公用品线上申报审批等。财务和经营的统计及考核诉求，如图1所示。

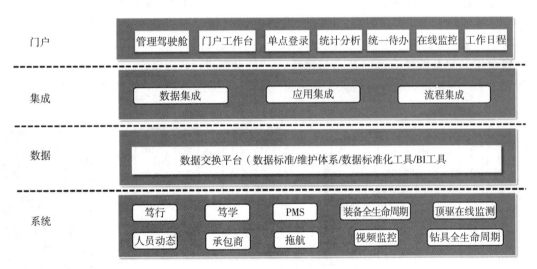

图1　数字化转型技术构架设计方案

总体架构主要分四层，分别是基础系统层、数据交换层以、集成层、智慧门户层。其中，基础平台分两部分，一部分是已建系统，另一部分是规划的新建应用。已建应用通过应用集成平台与采用微服务架构、中台模式建设的新建应用进行集成，新建的智慧应用和现有系统通过应用集成平台进行集成，智慧门户层包含了统一应用门户、数字化运营平台和各类智慧化业务应用，可实现多终端、多屏幕的统一接入。按"搭平台、立标准、治数据、推应用、建队伍、构体系"的步骤进行基础设施技术架构和上层应用的建设。在该技术平台之上建立统一的数据标准、技术标准和应用开发标准。以物联网和大数据平台为基础，完成对经营管理和生产数据的采集分析和计算，实现数据的充分共享，构建各类管理信息系统和智慧化、智能化应用。

我们开展数字化转型是对整个企业业务、组织、流程等全方位数字化创新性变革，是在企业已实现的多个板块、10多个信息化管理的基础上，重新进行的全面梳理，是企业级别的数字化转型顶层设计，从目前公司流程信息化现状向业务数据化的全面转型，是构建数据采集、传输、储存和反馈的智能化闭环管理，是打通企业不同信息系统的数据壁垒，实现数据整合和共享。数据化转型将助推公司实现经营全过程可度量、可追溯、可预测，达到优化资源配置、提升效率效益，从而形成公司在行业内新型竞争优势，铺就公司高质量发展的新赛道。

2.2 按照制定的数字化顶层设计构架，推动实现技术、运行、装备、物资、人力、安全等板块多信息系统融合，构建企业数据联通共享的数智化综合平台

"无数据不智能"，在原有信息化建设的基础上，进行企业级多系统融合、构建互联共享的大数据网络是实现数字化转型、智能化发展的必经之路。为构建企业大数据网的互联互通，依据公司制定的数字化转型总体规划和数智化顶层设计构架，结合企业各层级、各专业特点，全面分析企业各个信息系统使用现状和业务需求情况，采用统一标准、专业主导；统一建设、分级设计原则，进行多个信息化系统整合，以技术与保障、人力与培训、生产与运行、装备与物资、安全与

监督等5个板块进行融合展示、协同分析，搭建一套数据联通共享数智化综合平台。

跨专业数据共享，消除了数据孤岛，形成数据集成管理，实现企业生产运行、工程技术、装备物资、安全管理、人事培训及后勤保障等数据的互融互通、交互共享。通过系统整合、数据共享，建立企业数据共享新模式，使得业务衔接更加紧密高效，业务数据流转更加智能便捷，数据统计价值得到充分体现。通过多信息系统的有效整合形成统一的企业数字化智能综合平台，实现业务全过程数字化，打通数字化建设最后一公里，彻底解决以前在推进无纸化办公的难点和痛点问题，为构建人员考勤自动生成、员工证件闭环管理、承包商流程化管理以及数字化全生命周期管理等数字化管理新模式，提供必要条件。

通过系统整合、数据共享，也为企业基层作业平台现场运行动态全过程监控提供强有力的支撑数据，实现数据驱动精准作业效果。通过对比同区域不同平台装备配置的不同情况，动态跟踪钻井参数变化，开展装备性能实时数据分析，优化算法形成数字化考核机制，实现钻井全过程"边钻边算"，为企业实现基层平台考核随时提供统计数据支撑，从而实现以数字化手段把握工作进展，提升重点工作效率，同时对基层管理关键环节重点数据进行收集提炼，为促进企业发展提供决策依据，实现精准管控，提升经济效益，如图2所示。

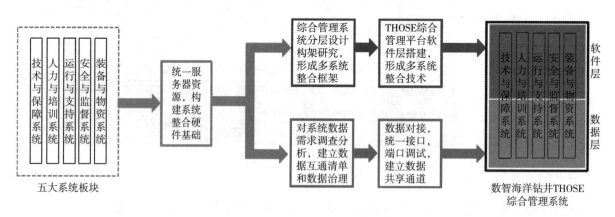

图2 数智综合管理平台多系统整合及数据互通实现路线图

各信息系统数据集成一个数据平台，实现数据共享，解决不同报表同一数据源一次性录入问题和实现数据共享，切实提高基层单位工作效率，减少基层人员工作负担；整合现有已建成的各类系统，搭建同一的数智综合管理平台，实现

同一界面登录，简化操作，可搭建企业级云平台，部分业务方便采用手机APP执行。通过企业多个信息系统融合，构建数据联通共享的数智化综合平台，最终形成"自动化采集、数据库支撑、智能化诊断、预防性控制、科学性决策"智能支

持平台。

2.3 注重提升业务流程协同效率，加快基层单位数字化全面感知能力建设，为实现企业数据化转型提供重要支撑

智能化实现是建立在数字化建设基础上的，建设企业级别的强大全面的数据采集和智能化录入能力是实现数据化转型的重要基础。在推进企业信息化过程中，注重提升业务流程的协同效率，针对业务流转环节还存在增加工作量的情况，在培训管理系统中人员持证信息的录入需要手动扫描，每项输入上传。在数字化推动过程中，我们通过智能识别、自动录入功能模块的技术引入，来减轻因数字化带来工作量增加和重复，大大减少了员工实际工作量。要公司数据化的全面转型，必须要将提升业务流程数据录入效率作为数字化转型一项重点工作来抓。数据化转型要本着不增加员工现有工作量前提下，坚持做到数据系统中能点选，不手动输入；能自动化录入，不点选的原则，让数据化转型真正实现提升员工工作效率的目的。

同时在企业加强基层单位数据感知能力建设，在基层平台中智能巡检系统设备数据采集试点的基础上，总结运行中优缺点，制定实施方案，逐步扩大基层平台装备、物资、钻井、安全及其他数据采集的深度和广度，采用多传感技术，利用一体化采集器等智能采集手段，实现基层单位数据采集从部分到全面、从单一到多元，初步建立基层钻井作业现场的全面数据感知能力，监测基层平台运行各项数据和状态，通过物联网将数据接入分公司数智化综合平台，实现数据无缝链接。

同时利用智能巡检系统中能与PMS系统进行数据交互的手持终端"按时定点"进行电子巡检，构建起班前和班后、设备、安全巡检"三位一体"的基层平台现场巡检数字化感知能力。通过标准化巡检岗位、巡检点二维码，清晰展示巡检项目、内容，有效避免漏检，巡检检查的问题与销项使用手持机拍照上传，直观了解问题内容与整改描述，不仅提升现场生产班组管理水平，同时将设备巡检数据在设备完整性系统和安全监督系统中实现共享，问题项自动归入闭环跟踪管理，便于后续及时跟踪处理。

通过建立基层平台的数字化全面感知能力并打通企业业务科室与基层单位间基础数据通道和共享数据方式，构建公司数字化转型的数据基础和通道，为后期利用数据做好各种统计分析的应用提供可能，也对现有工作模式和业务流程进行各种探索和优化提供有力的数据参考。

2.4 建立企业各部门与基层单位衔接业务数字化全面转型，加快数字化全生命周期管理和业务流转建设，实现公司数字化标准管理新模式

要实现数据化的真正转型，企业运营管理要从过去的流程驱动转变为数据驱动。数字化转型要通过机制优化来激活数字化转型的活力，在实际推动过程中，要依据企业数字化转型的发展需求，调整优化组织机构，优化业务管控模式，进一步提升数智化技术应用。比如项目运行成本统计、装备合同核算等业务数据共享和其他业务数据统计工作，我们打通相关系统的数据通道，实现数据互通；通过人员动态管理系统和人力与培训系统业务数据有效衔接，实现员工考勤自动统计汇总及分发员工功能，个人消息端推送提醒，既实现考勤公示和又最大限度保护了员工个人隐私，同时还解决基层各环节重复统计问题；通过人员证件和取验证培训与人员动态管理业务有效衔接，实现人员证件到期前提醒，结合人员动态管理，抓取人员休班情况，智能化向员工推送培训确认通知，并可实现一键智能培训报名功能等。通过类似问题有针对性创建数据功能模块，推进业务流程优化衔接和数据化流转，衔接传统管理模式下的业务断点，促进源头端业务协同和数据共享，着力解决公司业务数据流转中其他类似的重复工作和重复统计难题。

构建起数字化全生命周期管理方式，对接企业各维度管理环节编制装备管理体系，融合设备预防性维护（PMS）系统、智能巡检、在线监测系统资源，构建规范、标准、高效的装备完整性管理系统数字化转型。系统梳理从装备选型、建档、运转、维护保养、检测、修理、更新、改造直至报废的装备全生命周期重点管理环节标准化；针对钻具全生命周期管理中的运行情况，优化管理环节，结合日费井报告进一步充实和完善各环节数据维护，提升钻具全生命周期数据有效性和精准度。通过企业数字化全生命周期的跟踪管理，各级部门可多维度灵活查询现场装备配置、使用状态及其在使用单位装备的运转、维护、保养、送修、报料、故障、隐患治理等进度和统计记录，实现主要业务环节流程留痕，"一

查到底"的便捷查询功能，满足管理和专业技术人员对现场装备"第一手资料"实时掌握的要求。

要实现数据化真正转型，企业创新数字化管理模式必不可少，要实行管理制度化、制度流程化、流程表单化、表单信息化。通过在数智化综合平台搭建过程中建立标准化现场填报资料、标准化现场操作、标准化巡检线路、标准化线上业务流程，优化作业现场管理，明确各级管理界面，使系统数据信息来源可溯、透明管理，实现管理业务处置流程化、生产组织透明化、考核精准化，从而实现管理线上全业务链管控和无纸化填报。

2.5 推进企业级远程专家技术支持系统和基于人工智能的装备故障诊断模型建设，通过数字化、智能化技术为基层现场生产保驾护航

利用企业构建的数智化综合平台，构建企业级别的远程专家技术支持系统，借助人员动态系统数据共享将相关人员情况（包括在岗、休假、班组等工作状态和联系方式等）自动推送至系统平台，方便上下级沟通联系。通过装备数据及监控信息共享，实现基层单位数字化全面感知能力建设，装备运行状态和操作执行等情况一目了然，利用远程专家技术支持系统，形成现场工程师与后台专家交互的工作模式，措施指令下达、调整更加准确，远程支持直面现场，关键指令直达现场，应急处置科学快捷，前后端互动及时高效。

互联网、大数据、人工智能和实体企业的深度融合，可以加快数字化转型，从而打造智慧企业。建立分公司级别基于人工智能的关键装备故障信息库建设和故障树建模，数据量越大，数据质量越好，人工智能所达到的水平就越高。基层平台在日常设备维护中持续填报装备维保修工单，记录故障现象，故障部位、故障性质、故障停机时间、处理过程及故障原因等数据信息。人工智能核心就是构建让机器学会模仿人的思维的算法，要通过智能诊断算法模型来模拟人脑，不断对基层大量装备维修工单相关内容进行统计分析和智能化学习，不断丰富和完善故障库数据库，达到越学越智能，越用诊断越精准的目的。通过数据化处理分析，突出装备风险识别和风险评估，降低装备运行风险，指导现场维护人员操作，提升故障处理效率。

2.6 构建以数据分析模型的多种应用场景，为企业生产提供智能化的大数据指导，提升工作效率，发挥数据统计智能分析价值

构建企业大数据能力，挖掘大数据应用场景是企业未来价值体现，与转型相关、与发展相关。充分挖掘技术档案数据利用价值，装备数据的信息化处理，实现静态数据动态管理。建立动态跟踪模块掌握生产装备实时情况，对配置的装备时效进行自动跟踪实现装备动态管理，通过对装备经济技术指标和主要专业装备结构分析，定量评价管理成效，科学指导装备技术提升、结构优化。

通过数字化各类装备相关记录，建立完善装备技术档案。通过数据网建立装备信息卡应用场景，可查询该装备自运行以来发生的所有动作事件（包括修理、保养、故障、调拨等），减少了现场操作人员的盲目性。数据自动按需提取整合，现场产生的填报数据和自动采集数据均流入"数据湖"中，装备管理人员可以根据不同维度、不同需求设置各种报表、资料、专项检查内容，系统自动提取数据，审核后一键发送，减少了现场重复数据填报，快捷高效。

搭建故障发生周期分析模块，通过追踪生产日报中装备维修事件及现场处理时间，统计分析重点生产装备故障发生频次，提高装备可靠性；完成修理实效分析模块建设，以装备维修流程数据为基础，构建开发维修时效分析模块，掌握装备维修保障情况，提升装备使用效能。

实现视频监控系统不安全动作 AI 智能分析模块，建立基层平台不安全行为档案，分析基层平台不安全行为类别和频次，结合安全监督系统安全积分，构建安全预警分析系统，为安全生产保驾护航；建立天气预警智能提醒场景应用，结合平台重大作业，钻井工况、设备状况等共享数据，综合给出分析报告，做出天气风险提示，给出相关操作建议，科学指导作业，规避相关风险。

特殊场景定制化应用，将视频监控技术与特殊传感器结合，实现对计量罐液位、返出槽流量和振动筛岩屑块情况，进行数据分析，给出报警信息，为钻井生产给出更及时准确的提醒；监测重点工况智能预警应用场景，对起下钻、钻进、循环等工况下风险点采用音频、图像告知岗位操作人员，提供科学指导和辅助决策支持，进行智能预警，有效防范各种风险，助力工程故障复杂大大降低。

3　加强企业数字文化建设，注重数字化人才培养，持续不断优化，形成更加有效的数字化管理机制

企业数字文化建设是数字化转型成功与否的关键因素之一，实际上，数字化系统构建还算好实现，但是在整个企业范围内转变思想和渗透数字文化却有一定难度。数字化转型，不仅仅在于接受新技术、开发新系统，企业更需要的是发现业务实践和需求的变化，转变处于流程底层员工的企业数字文化。

要不断培养全员数字化转型文化理念，通过培训数字文化、变革文化、和创新文化，激发员工个体活力，营造好数字化转型智能化发展的环境，构建积极拥抱数智化，形成数字化转型的动力源泉，支撑企业数字化转型、智能化发展。要通过企业数字文化培育创造转型氛围，开展数字化宣传培训，拓展数字化创新思维，养成数字化习惯，通过数据改变传统管理思路模式，用数据说话，用数据管理，用数据决策。培育从企业决策层、管理层、到执行层的数字创新文化。

数字化人才转型也是企业数字化转型成功与否的另一关键因素，随着数字化转型的加速和复杂化加深，企业在数字化决策、运营以及技术支持等方面面临巨大挑战，企业要根据实际情况，提前谋划，科学合理制定"选""留""育""聘"全周期数字化人才保障机制，打造适用数字化转型的战略管理，业务和技术等人才队伍，从而实现智慧协同、赋能企业，为企业数字化转型和智能化发展提供重要保障。

4　数字化转型、智能化发展为企业赋能的结论及建议

本文从石油企业数字化转型的背景和现状出发，以石油企业为例，结合信息化建设的实际情况，从数字化转型中面临的问题，以顶层构架设计、数据互通共享、系统整合、集中综合管理平台建设具体应用提供了石油企业数据化转型技术方案，并从如何优化业务流程协同和流转、提升基层数字感知能力建设、加快数字化全生命周期管理、推进装备故障诊断模型和远程专家支持系统建设、探索以数据模型的多应用场景落地，加强企业文化建设和数字化人才培养，形成更加有效的数字化管理机制等方面进行了深入探讨，为

石油企业数据化转型、智能化发展提供一定参考依据，促进企业提升效率和智能化大数据指导，发挥数据的统计价值，据驱动企业运行与决策的科学性，构建智慧企业，打造核心竞争力。

在数字化转型、智能化发展的推动中，还需要注意数据管理遵循"循序渐进、不断完善"的原则，充分考虑企业现状，结合现实情况制定并应用数据标准，加强数据深度利用、精细化管理、数据优化治理等方面，以期达到实际效果。数据的爆炸式增长以及价值的扩大化，将对企业未来的发展产生深远的影响，数据将成为企业的核心资产。如何应对大数据，同时确保数据的安全，挖掘大数据的价值，让大数据为企业的发展保驾护航，将是未来数智化技术发展道路上关注的重点。还加强安全监控和响应机制，搭建企业的安全防护架构，快速提升整体安全水位，加强信息安全管理，落实信息安全责任制，加强先进技术应用，提高信息安全可控能力，避免信息安全事件的发生。

参　考　文　献

［1］王薇.数字经济背景下中国式工业现代化的转型［J］.西安财经大学学报，2023（02）.

［2］康俊.数字经济赋能企业成本管控的影响机制与实现路径研究［J］.当代经济管理，2023（02）.

［3］李慧泉，简兆权.数字经济发展对技术企业的资源配置效应研究［J］.科学学研究，2022（08）.

［4］祁怀锦，曹修琴，刘艳霞.数字经济对公司治理的影响［J］.改革，2020（04）.

［5］吕铁.传统产业数字化转型的趋向与路径［J］.人民论坛·学术前沿，2019（18）.

［6］张萌，厉飞芹.传统制造企业的数字化转型模式与路径研究［J］.商展经济，2021（22）.

［7］翁士增，朱利新，翁梓瑜.传统产业数字化转型实现高质量发展的问题、路径与对策［J］.科技和产业，2022（12）.

［8］赖红清.先进装备制造业数字化管理平台的设计与实现——以佛山为例［J］.商业经济，2022（01）.

［9］石宗辉，石雅静.制造业产业链数字化升级的阻碍因素及赋能机制［J］.齐齐哈尔大学学报（哲学社会科学版），2021（11）.

［10］周安，邓辉.企业如何推进数字化转型工作［J］.企业改革与管理，2021（15）.

［11］李建军，于志恒.数字经济时代制造业转型升级方

法探究［J］.现代商业，2021（22）.

［12］郭懿进，方晓淳，冯静滢等.中小企业数字化创新对高质量发展的影响因素［J］.价值工程，2020（27）.

［13］李辉，梁丹丹.企业数字化转型的机制、路径与对策［J］.贵州社会科学，2020（10）.

［14］胡煜，罗欣伟.军工央企的数字化转型研究［J］.中国电子科学研究院学报，2020（02）.

［15］杨祎.我国数字经济治理面临的挑战以及应对之策［J］.科技经济市场，2021（01）.

［16］郑季良，谷隆迪.装备制造业数字化转型、服务化水平与企业效益［J］.科技和产业，2021（05）.

［17］李文，刘思慧，梅蕾.数字赋能和商业模式创新如何协同推进数字化转型［J］.科技管理研究，2022（23）.

［18］金华旺，张桂新.工业企业数智化转型关键问题及推进路径研究［J］.信息系统工程，2022（10）.

［19］陈剑，刘运辉.数智化使能运营管理变革：从供应链到供应链生态系统［J］.管理世界，2021（11）.

［20］陈剑，黄朔，刘运辉.从赋能到使能——数字化环境下的企业运营管理［J］.管理世界，2020（02）.

［21］毛光烈.做好工业企业数字化转型三篇文章［J］.中国工业和信息化，2019（12）.

［22］李君，邱君降，成雨.工业企业数字化转型过程中的业务综合集成现状及发展对策［J］.中国科技论坛，2019.

［23］李碧浩，樊重俊，张红柳.工业企业流通环节数字化转型问题研究［J］.物流工程与管理，2022.

［24］徐语聪.紧抓数字科技浪潮 提速工业企业数字化转型［J］.数据，2021.

［25］李君彦.在危机中育先机 于变局中开新局 中废通：全链路数字化转型之路［J］.数字经济，2021.

［26］杨厚满，胡进伟.基于数据驱动的工业企业数字化转型［J］.工业控制计算机，2023.

石化企业生产图像识别语义分割应用研究

宁　健

（大连西太平洋石油化工有限公司）

摘　要　计算机视觉是指应用图像人工智能算法对目标进行识别、跟踪和测量等的机器视觉，并进一步做图形处理，使计算机图像处理成为更适合判断分析的图像。语义分割是计算机视觉识别图像的重要任务，旨在将图像中的每个像素分配给特定的类别，从而实现图像中每个像素的精细分类。这一过程不仅要求模型能够识别图像中的不同物体，还要能够区分这些物体之间的边界，从而生成与输入图像分辨率相同的分割图。语义分割模型通常采用卷积神经网络，特别是全卷积网络和编码器－解码器结构。

未来通过图像智能识别中的语义分割技术，可以建立图像智能识别大模型，推动人工智能技术在石化行业智能巡检、智能诊断、智能优化等应用场景不断拓展，提高了企业的生产运行管理效率，同时降低企业生产成本和安全风险。通过人工智能技术特别是图像识别，结合图像识别和数据分析算法，能够及时发现潜在安全隐患，包括维护和使用寿命预测、安全和合规监控、风险评估等。通过深度学习模型对图像进行处理和分析，可以自动执行人工任务，加速流程，并减少人为错误。趋势表明，图像识别技术在石化行业的应用正在不断深化，为行业的智能化、高效化发展提供有力支持。

关键词　语义分割；图像识别；计算机视觉

当前石化企业在生产流程、技术水平及面临的主要问题等方面均呈现出复杂多变的态势，企业面临生产过程的复杂性、高风险性及环保压力，企业需要不断创新和提升自身实力以应对设备故障预测、生产参数优化、安全监控等挑战。人工智能和大模型应用正逐步应用在石化工业，基于图像识别的人工智能拓展应用技术已取得了较大程度进步，石油石化企业生产力快速提升，智能化生产初现端倪。

目前图像智能识别技术的快速发展为石油石化企业生产故障和安全风险识别和预防性维护维修规划带来了新的契机，但海量影像数据的分析也面临着诸多挑战。传统的人工分析方法耗时费力，难以满足企业生产需求。近年来，以深度学习为代表的图像语义分割算法取得了长足进步，为实现企业生产图像的精准高效识别提供了新思路。

1　图像语义分割算法及生产图像智能识别中的需求与挑战

图像语义分割是计算机视觉的核心能力要求，可将图像精确划分成多个有意义的部分，并对每个像素进行细致分类。相比于简单的图像分类和目标检测，语义分割提供了更详尽的图像解析。

随着深度学习的进步以及硬件支持的增强，这一领域的算法有了显著跃升。卷积神经网络甚至全卷积网络通过改造层结构实现了直接从像素层面预测类别，神经网络借助图像池大数据捕捉多尺度特征以提升准确性。此外，一系列创新网络架构和优化方案推动了语义分割技术的不断提升。在应用深度学习和计算机视觉结合方面，空洞卷积和条件随机场既扩大了有效视野范围，又降低了模型复杂度。卷积网络（GCN）利用图卷积捕获远距离像素间的关系，强化了连续图像信息的利用。目前图像语义的分割凭借其卓越的学习和表达能力，在企业生产图像智能识别分析领域展现出巨大潜力，有助于突破传统手段限制，实现更智能、更精确的故障诊断与前瞻性生产设备运行保障。

企业生产图像智能识别是计算机诗视觉辅助生产运行和设备故障诊断的重要组成部分，旨在从大量企业生产影像中自动找寻并分析故障和非正产运行特征，以辅助各级管理人员做出决策。面对长周期运行设备和低频次巡检带来的企业生产压力，亟需高效准确的影像分析工具，以提升运行效率。

然而企业生产影像识别面临诸多挑战。其一，企业生产影像普遍存在图像同质化高、对比度弱、故障微小等特点，要求识别算法必须具备强大的特征提取能力和抗噪性。以炼化企业生产装置为例，复杂的钢组织结构、低对比度、动静设备形态各异、关联设备边界等问题，对分割精度提出了极高要求。其二，不同的成像设备和扫描参数导致的图像差异加大了算法的通用性难题。此外，训练样本不足和高昂的标注成本也是该领域亟待解决的问题。因此尽管企业生产图像识别需求迫切，但要切实满足企业生产应用的实际需要，还需结合图像特性，对现有的分割算法进行深度改进和定制优化。

2　图像语义分割算法在石化企业生产图像智能识别中的应用

2.1　预处理与特征提取

图像数据预处理是采用数据清洗、数据压缩等方式提高数据质量的方法。企业生产图像智能识的首要步骤是对原始图像进行预处理，以去除图像噪点，校正偏差，提高信噪比，为后续特征提取奠定基础。常用的预处理方法包括中值滤波、直方图均衡化、偏置场校正等。

以修正 T1 加权 MRI 图像的非均匀性为例，N3（Non-parametric；Non-uniform；Intensity Normalization）算法通过估计偏置场分布，对图像进行逐点强度归一化，可有效提高组织对比度。在此基础上，语义分割算法需进一步提取能够表征企业生产图像内容的特征。传统方法主要依赖手工设计的低级特征，如形状、纹理、灰度等。而深度学习通过卷积神经网络自动学习层次化的高级特征表示。以 VGGNet 为例，它使用小尺寸卷积核（3x3）和池化层（2x2）的串联，在增加网络深度的同时，减小了参数量，实现了对尺度和旋转不变性的自动编码。

同时，石化企业生产图像的三维性质也对特征提取提出了新的要求。例如在炼化装置 - 原料管线图像分割中，需要考虑连续切片间的空间关联。一种解决方案是将 2D 卷积扩展为 3D 卷积，直接在体数据上提取特征；另一种策略是采用 2D+3D 的混合框架，先在二维切片上提取特征，再通过 RNN 等方法建模切片间的序列依赖。总之，企业生产图像的预处理和特征提取需充分考虑其成像原理和数据特点，进行有针对性的图像语义分割算法设计，才能为后续的精细化分割提供

支撑。

2.2　像素级分类

像素级分类是语义分割的核心任务，即为图像的每个像素点分配语义标签。传统的分类方法主要基于随机森林、支持矢量机等机器学习模型，将像素的局部特征作为输入进行决策。而深度学习则通过端到端的卷积神经网络实现特征提取和分类的一体化。

早期的全卷积神经网络将深度卷积神经网络的全连接层替换为卷积层，使网络能够接受任意尺寸的输入，并通过反卷积对特征图进行上采样，最终得到与原图大小相同的分割结果。但全卷积神经网络的上采样过程较为简单，对细节信息的保留不够，影响了分割精度。为此，深度学习模型 U-Net 引入了编码器 - 解码器结构，在下采样路径提取多尺度特征，再通过跳跃连接将其与上采样路径的特征图逐层拼接，实现了不同分辨率编码的融合，大大提升了分割效果。此外，为进一步提高分割精度，一些改进方法被相继提出。如 DeepLab v3+ 在编码器部分采用了空洞空间金字塔池化，通过多个不同膨胀率的空洞卷积并行提取多尺度上下文信息，而在解码器部分则融合了低层特征，对物体边界进行了优化。

2.3　精确分割与边界定位

尽管像素级分类已经能够实现语义的粗略分割，但对于石化企业生产图像中的细微结构和复杂连接，还需进一步提高分割的精确性和边界定位的准确性。一种常用的策略是引入注意力机制，通过学习像素间的长程依赖，自适应地调整特征图的权重，突出目标区域的显著性。如 AG-Net 在编码器部分嵌入了注意力门，用于增强相似图谱区域的特征响应，在解码器部分则通过多尺度融合模块对分割边界进行优化，最终在长输管线表面腐蚀图像分割任务上实现了 98.2% 的 Dice 系数和 0.9mm 的平均表面距离。另一种思路是结合形状先验知识，对分割结果施加形变约束。例如，在罐区图像分割中，由于罐体顶部的形状呈近似圆状，传统的逐像素分类很难保证罐体与罐体周围硬化地面的分割结果的形状一致性。基于统计形状模型的方法通过主成分分析（PCA），从训练样本中提取形状变化的主模式，再用其约束分割结果的形状分布。研究表明，该方法在保证分割精度（Dice 系数 95.6%）的同时，显著提高了分割轮廓的平滑性和紧致性。值得一提的是，石化

企业生产图像中还存在大量的小样本，难分割对象，如复杂装置区域小型阀门、消防栓等。对此，少样本学习的思想被引入语义分割领域。FSS-1000 在支持集上学习了一个原型表示法，再将它与查询集的特征图进行逐像素匹配，从而实现了仅用少量样本就对新的对象类别进行分割。

2.4　后处理与评估

尽管深度学习模型已经能够实现端到端的语义分割，但其输出结果仍然存在一些不连续、破碎的区域，需要进行后处理，以提高分割的完整性和鲁棒性。一种常见的做法是采用条件随机场对分割结果进行平滑和优化。例如桥架线缆槽盒盖板缺失图像识别过程通过建模像素间的关联性，鼓励语义标签在空间上保持一致，从而有效去除孤立的小区域。如深度卷积网络系列模型在分割网络之后级联一个全连接的桥架线缆槽盒模型，通过最大后验概率推断获得最优的分割结果。另一种策略是将分割结果投影到先验知识构建的石化企业设备设施模型上，以保证分割结构的合理性。例如，在炼化装置图像分割中，可以将分割结果与标准装置设计图进行配准，利用图谱中不同区域的位置和形状信息，对分割结果进行约束和修正。

在后处理的基础上，还需对分割结果进行定量评估，以全面衡量算法的性能。除了常用的 Dice 相似系数外，还引入了 Hausdorff 距离（HD）、体积相似度等指标。值得注意的是，在模型对比时，还需进行统计学检验，以验证性能差异的显著性。常用的方法包括配对 T 检验、Wilcoxon 秩和检验等。例如，有研究采用 Wilcoxon 秩和检验，比较了 U-Net 和 SegNet 在劳动保护用品佩戴图像识别分割任务上的性能，发现二者对于 Dice 系数上的差异具有统计学意义。

3　结论

图像语义分割技术在石化企业生产图像识别中展现出巨大的应用潜力，有望推动图像识别向智能化、精准化的方向发展。未来，随着深度学习算法的不断创新和石化企业大数据的持续积累，语义分割有望在更多临床场景中得到应用，为生产运行诊断、设备预防性维修提供更加客观量化的依据。同时，语义分割技术与石化生产的深度融合也将是一个重要的发展方向。人工智能技术在石化企业中必将展现巨大的发展趋势，应用多模态预训练大模型、具身智能等新技术，通过引入设备结构、运行特征等先验信息，进一步提高分割的准确性和可解释性，为打造可信赖的智能生产辅助系统奠定基础。

基于深度学习的烟火检测方法研究

周新龙

［蓝海新材料（通州湾）有限责任公司］

摘　要　烟火检测是保障公共安全和减少火灾损失的重要技术手段，其快速准确的检测能力对减少人员伤亡和财产损失具有重要意义。然而，传统火警系统和相关管理方式在发现和处置火灾时常存在延迟问题，难以及时应对突发火情。为此，通过深度学习技术实现对烟火的自动化检测，具有重要的研究价值和实际应用前景。本文基于深度学习方法，研究了快速便捷的烟火检测技术，旨在实现火焰位置、相关环境特征及火势大小的精准识别。具体研究内容如下：

（1）数据集收集与扩充：收集并整理了与烟火相关的数据集，并通过水平翻转和垂直翻转等数据增强技术扩充了训练数据的多样性和数量。这一步显著提升了模型的泛化能力和鲁棒性。

（2）模型设计与优化：对 YOLOv5 网络模型进行了迭代训练和参数优化，以提升烟火检测的精度和效率。基于对网络架构的深入研究，针对火焰检测的特点进行了改进，这是本课题的关键研究内容之一。

（3）检测系统开发：在完成模型训练的基础上，开发了烟火检测测试软件。该软件能够读取监控图片和视频，实时展示烟火检测的结果，并提供检测结果的可视化界面，便于分析与优化。

（4）实际场景应用：将改进后的检测算法集成至实习公司 5G 视频云平台，进行了实际场景的应用验证。结果表明，该算法在实际环境中的检测效果优异，具备较高的实用性和可靠性。

本课题实现了烟火检测算法的优化与应用，并成功完成了从理论研究到实际部署的全流程开发，为火灾预警和公共安全管理提供了有效的技术支持。

关键词　烟火检测；深度学习；YOLOv5 算法

1　绪论

1.1　课题背景和意义

随着我国经济的快速发展和城市化进程的加速，人们的生活环境与生产活动日益密集化，各类安全隐患也日益突出。火灾作为一种常见的突发性灾害，不仅威胁着人们的生命财产安全，还可能对社会稳定和经济发展造成严重影响。近年来，火灾事故频发，尤其是在工业区、居民区以及森林等高风险场景中，由于火源未能被及时发现和控制，常导致重大损失甚至灾难性后果。

例如，2021 年 3 月，中国某化工厂发生大规模火灾，由于发现延误和扑救困难，火势迅速蔓延，造成多名工人伤亡。2019 年 8 月，亚马逊森林的火情持续数月，导致生态系统遭到严重破坏并引发全球关注。无论是在城市还是自然环境中，火灾的发生总是伴随着突发性、不确定性和不可控性，这使得第一时间发现火情显得尤为重要。

传统的火灾监测主要依赖于人工巡逻、火灾报警器或烟感器等手段，但这些方式往往存在反应滞后、覆盖范围有限或依赖人力的弊端。随着计算机视觉和深度学习技术的快速发展，通过图像监控实现火情的智能化检测成为可能。通过智能识别技术，可以在火灾初期及时发现火源，减少响应时间，并在火势蔓延前采取措施，从而显著降低火灾带来的损失和风险。

烟火检测的意义：

提升火灾应对效率：烟火检测技术能够快速定位火灾发生的位置、规模和类型，为消防人员提供实时、精准的信息支持，从而缩短响应时间，减少因火灾蔓延带来的损失。

拓展监控系统应用场景：在现有监控网络基础上集成烟火检测功能，不仅可以实现对火灾的全天候实时监测，还能有效节省额外的硬件部署成本，提升现有监控设备的价值。

适应多样化场景需求：火灾可能发生在多种

复杂环境中，例如居民区、工业厂房、公共交通设施等。烟火检测系统能够适应不同场景，提供统一的火情预警解决方案。

近年来，深度学习技术在目标检测领域取得了显著进展，其在图像识别中的高效表现为火情的智能化检测提供了技术保障。通过构建基于深度学习的烟火检测算法，能够利用监控视频和图像数据，自动识别火源及烟雾特征，实时监测火情动态。

本文基于深度学习技术，设计并实现了一种快速高效的烟火检测方法。该方法通过实时监控和图像分析，自动识别明火及相关烟雾特征，实现对火灾的早期预警和精准定位。研究成果为火灾监测和应急管理提供了有力支持，具有重要的理论价值和实际意义。

1.2 国内外研究现状

1.2.1 基于传统特征的烟火检测方法

传统的烟火检测方法主要依赖于计算机视觉技术，通过人工设计的特征对目标进行识别和检测。这些方法通常使用如颜色、纹理、形状等特征来表示烟火，并基于这些特征进行目标分类或分割。尽管这些方法已有较长的发展历史，并在一定程度上取得了成功，但随着深度学习技术的迅猛发展，传统方法逐渐被深度学习方法取代。然而，在某些特定场景下，如计算资源有限或数据样本不足时，传统方法仍然具有研究价值和应用前景，特别是在对实时性和计算效率要求较高的工厂场景中。

在工厂烟火检测的传统方法中，颜色特征是最常用的特征之一。由于烟火通常具有鲜艳的颜色（如红色、橙色、黄色等），基于颜色的分割技术成为早期烟火检测方法的主要选择。例如，利用颜色特征图进行图像信息表示，并通过聚类或分类算法分割颜色区域，从而检测烟火。这些方法曾在许多场景中表现良好，尤其是工厂内存在明火风险的区域。

除了颜色特征外，纹理特征也是工厂烟火检测中的常用手段。纹理特征可以有效区分烟雾与背景物体的差异。例如，一些基于纹理的检测方法使用描述符如局部二值模式（LBP）或方向梯度直方图（HOG）来捕捉烟火特有的纹理模式，并结合分类算法进行检测。

形状特征也是工厂烟火检测中的一个重要研究方向。通过分析烟火的形状和轮廓，传统方法

可以利用边缘直方图（EDH）或轮廓曲率（CC）等描述符对目标进行检测。这些方法尤其适用于检测烟火轮廓较为清晰的场景，例如工厂设备旁发生的火苗或火焰形态的动态变化。

虽然传统特征方法在烟火检测中已逐步被深度学习技术取代，但它们仍有一定的优势：例如，计算效率高、模型参数少、实现简单等。在某些特殊场景下，特别是计算资源受限、工厂生产环境复杂或数据样本稀缺的情况下，传统方法依然具有重要的应用前景。

在工厂场景中，烟火检测的实时性和准确性对安全生产具有重要意义。传统方法虽存在一定局限性，但结合现代计算机视觉工具或与深度学习技术融合，仍能在工业领域中发挥积极作用。

1.2.2 基于深度学习的道路烟火检测

近年来，基于深度学习的烟火检测算法逐渐受到了广泛关注。本文将综述近年来在这一领域内的相关研究，重点介绍了使用深度学习进行烟火检测。

基于深度学习的烟火检测算法通常分为两个阶段：目标检测和烟火分类。在目标检测阶段，算法需要从视频中识别出烟火目标。在烟火分类阶段，算法需要对检测到的目标进行分类，以确定它是否为烟火。目前，深度学习算法在目标检测方面已经得到了广泛应用。其中，基于卷积神经网络（CNN）的算法是最为常见的一种方法。例如，一些研究使用了 Faster R-CNN、YOLO 和 SSD 等流行的目标检测算法来进行烟火检测。这些算法通常使用了预训练的 CNN 模型，例如 VGG 和 ResNet，以提高检测准确性。在烟火分类方面，一些研究采用了传统的图像分类算法，例如有人通过识别火灾的沿河和其中烟雾的流动趋势识别火焰；有人采用图像的堆叠技术检测烟火。近年来，越来越多的研究开始使用深度学习算法进行烟火分类。

除了目标检测和烟火分类，一些研究还提出了其他创新的方法来改善烟火检测的性能。例如，由国内某高校团队提出的在 YOLO 模型基础上，对激活函数和随时函数进行改进的新型 YOLOX 模型，将其以结合数据增强的算法和交叉验证的训练方法来满足小火苗，小目标的目标检测和烟火分类问题。又例如将 YOLOv5 部署在嵌入式系统上或者通过无人机扫描进行森林野火检测。另

外，一些研究探索了使用遥感数据和 3D 深度学习方法来进行烟火检测。其次，数据增强是一项主要改进。通过对训练图像进行随机转换，可以创建比单独使用训练图像发现更多对象和像素变化的图像。此外，还引入了马赛克增强，其中将四张图像随机更改并组合成一张图像，以增加数据集的多样性。最后，YOLOv5 采用 PyTorch 而不是 Darknet，PyTorch 是一个广泛使用的机器学习库，支持 GPU 加速、更快的训练和其他支持代码，这提高了 YOLOv5 的效率和准确性。对广泛使用的机器学习算法进行性能测试时，通常基于 COCO 数据集进行测试。COCO 是一个庞大的通用数据集，包含超过 150 万张带注释的图像，包括动物、船只和人等。COCO 数据集被用于比较不同机器学习算法在多种情况下的检测精度，这非常重要，因为不同的机器学习算法可能存在很大差异。同时还有人通过机器学习算法建立了一个大规模的特征数据集，解决了现有检测算法在大中型缺陷目标不敏感、在细小的缺陷的检测上发挥乏力等问题。 总体而言，基于深度学习的烟火检测算法在准确性和效率方面都表现出色。然而，仍然存在一些挑战，例如在复杂场景下的检测效果可能会下降。

1.3　本文研究内容和组织结构

本文旨在研究实现烟火自动检测的方法。该方法以深度学习为基础，对图像进行检测，并将检测结果可视化到原图中，实现了快速便捷的烟火自动化检测。通过本方法，能够解决传统火灾处理过程中因发现和处置延迟带来的问题。本文首先收集和整理了与烟火相关的数据集，并进行了数据预处理及数据扩充，从而提高模型的训练效果。随后，在实验的基础上完成了模型训练，开发了一款烟火检测测试软件，该软件可以读取监控图片和视频影像，并实时展示检测结果。最后，将模型集成至实际应用场景中进行测试，验证了算法的有效性和实用性。

本文主要由五个部分组成，组织结构如下：

第一章绪论主要刻画了烟火检测的研究背景和实际意义，包括火灾对公共安全的影响以及烟火检测的国内外研究现状。同时描述了研究的目的、相关问题以及全文的组织结构。

第二章目标检测理论本章介绍了目标检测的相关理论。重点讨论了卷积神经网络的构造与作用，以及基于深度学习的目标检测算法，特别是 YOLO 系列算法的技术细节和优势。

第三章基于 YOLOv5 的烟火检测详细描述了数据集的来源及预处理方法，以及数据增强技术的具体应用。同时，设计了一个基于 YOLOv5 算法的烟火检测模型，并对模型的改进部分进行了说明。

第四章实验与结果分析介绍了实验环境、硬件配置以及数据集的描述，并详细说明了实验流程及参数设置。同时，对实验结果进行了全面分析，包括检测结果的可视化、评价指标的计算及性能对比等。

第五章结论与展望对本文的研究工作进行了总结，分析了研究成果的局限性与存在的问题，并对未来的研究方向提出了建议。

2　目标检测的相关理论

2.1　卷积神经网络

卷积神经网络（Convolutional Neural Network，CNN）是一种特殊的人工神经网络（Artificial Neural Network，ANN），它在人工神经网络的基础上进行了改进和优化，主要针对图像、语音、视频等高维数据的处理和分析。与传统的人工神经网络不同，卷积神经网络引入卷积层、池化层、全连接层等特殊层结构和算法，有效提取图像等比较高层的特征，实现目标的精准识别和分类。因此，为了理解卷积神经网络，我们必须首先了解人工神经网络。

人工神经网络（Artificial Neural Network，ANN）是一种模仿生物神经学的计算模型，用于机器学习和人工智能等领域。它由多个神经元（Neuron）组成，每个神经元接收多个输入信号，通过加权和和激活函数的处理，输出一个信号，并将该信号传递给下一层神经元。

人工神经网络通常由输入层、隐藏层和输出层组成。输入层接收外界的输入信号，隐藏层对输入信号进行处理和转换，输出层对隐藏层的输出信号进行处理，最终输出预测结果。在许多情况下，深度神经网络（Deep Neural Network，DNN）可以通过增加隐藏层数量来提高神经网络的性能。

人工神经网络有广泛的应用，包括图像识别、语音识别、自然语言处理、推荐系统、机器翻译、目标检测等。它的主要优点包括：可以自动学习和发现数据中的规律和模式，不需要手动设计特征。可以处理大量的输入数据和复杂的非线性关系。可以进行并行计算，适用于大规模数据和高维数据的处理。可以通过反向传播算法进行训练，使得模型的预测结果更加准确。可以通过增加神经元和隐藏层等方式来提高模型的精度和性能。

2.2 卷积神经网络的基本结构

传统的人工神经网络（ANN）由于层数的限制，往往无法很好地进行非线性拟合。然而，卷积神经网络（CNN）则没有此类限制，其网络结构的深度和复杂度更高，更接近于人脑神经网络的工作方式。

卷积神经网络的基本组成包括卷积层、池化层、全连接层和激活函数等。其中，卷积层是 CNN 的核心组件之一，它可以对输入数据进行卷积运算，从输入数据中提取特征。池化层是 CNN 的另一个重要组件，它可以对卷积层的输出进行下采样或压缩。池化层一般分为最大池化和平均池化两种类型，根据具体情况进行选择和调整。全连接层是 CNN 的最后一层，它将卷积层和池化层的展成一维的量，并将其连接到全连接神经网络以执行分类和回归等任务。这些组件的相互作用和调整可以有效提高 CNN 的性能，为图像识别、目标检测等任务提供强大的支持。激活函数（Activation function）则是 CNN 中非常重要的组件之一，它通常被应用于卷积层、全连接层等模块中，用于增强模型的非线性拟合能力。所有的卷积神经网络结构大体相似，其结构如图 1 所示。

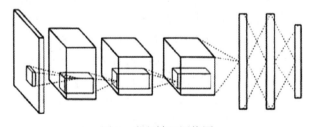

图 1　卷积神经网络图

2.2.1　卷积层

CNN 的核心是卷积层，而卷积层的真正核心则是卷积运算（Convolution），它使用一组能够迭代学习的滤波器对输入数据进行卷积操作，从而得到输入数据中的特征。卷积运算示意图如图 2。

卷积运算的流程如下：

（1）对输入的数据和滤波器同步卷积，就能得到一个二维的特征图（Feature Map）。在卷积里，

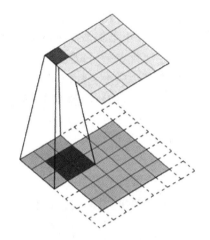

图 2　卷积运算示意图

滤波器通常是一个小的二维矩阵，它可以在输入数据的不同位置进行滑动，并与对应的输入数据进行乘积和加和运算，从而得到该位置上的响应值。

（2）不修改特征图，而是传递给下一层来处理。

在卷积神经网络中，通常会将多个卷积层和池化层有层次的摆放在一起，从而形成一个深度神经网络。卷积运算在每一层都可以有效地提取出输入数据的特征信息，而池化运算则可以对特征图进行下采样或压缩。

卷积层的工作有很多创新点和基于神经学的特点，这介绍一个很重要的特点：局部连接。

局部连接的思想是卷积层的滤波器在卷积运算时只与输入数据的局部区域进行卷积，而不是与整个输入数据进行卷积。这种局部连接的机制使得卷积层的感受野较小，能够提取输入数据中的局部特征。例如，对于一个 3×3 的滤波器，在输入数据的左上角进行卷积时，它只与输入数据的左上角的 3×3 区域进行卷积，得到一个特征图中的一个元素。在向右移动一个像素时，滤波器只与输入数据的左上角的 3×3 区域进行卷积，得到特征图中的下一个元素。这种局部连接的方式使得卷积层可以高效地提取输入数据中的局部特征，减少模型的参数量和计算量。

2.2.2　池化层

池化层是对卷积层的输出进行下采样或压缩，以减少模型的参数量和计算量。池化层通常分为最大池化和平均池化两种。

最大池化是选择池化窗口（Pooling Window）的最大值来作为输出，平均池化则取池化窗口中

的平均值作为输出。池化窗口的大小和步长等参数可以根据具体任务和数据情况进行调整和优化。

池化层的主要优点是可以减少模型的参数量和计算量，从而使得模型更加轻量化和高效。此外，池化层可以在一定程度上减少输入数据的噪声和变化，提高模型的鲁棒性和泛化能力。池化操作示意图如图 3。

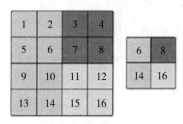

（a）最大池化

（b）平均池化

图 3　池化操作示意图

2.2.3　全连接层

全连接层（Fully Connected Layers，FC）通常位于 CNN 网络的末尾，用于将高层特征映射为相应的输出值，同时将这些输出值导入到分类器。全连接层的参数量通常非常大，是模型中参数数量最多的部分之一。因为每个神经元都与上一层所有神经元有连接，全连接层中的每个神经元都有自己的，需要通过算法来优化。全连接层是 CNN 结构中最常见的一种层，其具体结构如图 4 所示。

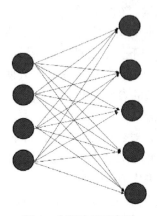

图 4　全连接层示意图

2.3　基于深度学习的目标检测算法

目标检测是计算机视觉领域的一种相关图像处理技术，旨在理解图像和视频，并提供有意义的信息。它通常用于在图像或视频中检测出人们感兴趣的目标对象（如鲜花或猫），并确定它们在图像中的位置。因此，目标检测可以被看作是一种多任务学习，其中包括分类和定位两个主要任务。

目标检测的第一步是提取特征向量来表示图像位置。第二步是使用分类算法对之前提取的区域进行分类。在深度学习变得流行之前，尺度不变特征变换（SIFT）被广泛应用于目标检测，它可以提取一系列特征，并与存储在数据库中的特征进行比对，找出相似的特征，从而实现检测图片的目的。

2.3.1　两阶段目标检测方法

两阶段（two-stage）检测方法基本上是以池化层为界，将检测过程分为两个阶段。如图 5 所示，该方法首先生成候选区域，然后对这些区域进行分类，具有高精度的优点，但由于需要进行多次计算和训练，所以时间和代价相对较高。

图 5　两阶段目标检测示例图

下面介绍两阶段目标检测的典型算法：

（1）R-CNN 算法

R-CNN（Region-CNN）是一种早期的目标检测算法，于 2014 年首次被提出，为目标检测领域带来了重要的突破。R-CNN 结合了经典的 AlexNet 模型和选择性搜索（Selective Search）算法，采用了三步式的方法完成目标检测任务：首先生成区域建议（Region Proposals），然后使用卷积神经网络提取每个建议区域的深层特征，最后通过分类器（如 SVM 或回归器）对目标进行分类与边界框回归（CATREG）。

①相较于传统的目标检测方法（如基于手工特征的滑动窗口检测方法），R-CNN 在性能上有了显著提升，特别是在复杂场景中的物体检测精度上。然而，R-CNN 存在一些明显的局限性：

②非端到端的训练方式：R-CNN 的训练过程需要分阶段完成，首先是生成区域建议，其次是特征提取，最后进行分类和回归。这种分步训练

方式增加了模型实现的复杂性，同时也限制了整体优化的能力。与之相比，YOLOv5 采用端到端训练方式，通过单一网络完成目标检测任务，简化了训练过程并提高了效率。

③高计算开销：R-CNN 对每个候选区域都要经过 CNN 特征提取，这会导致大量重复计算，尤其是在候选区域数量较多时。相比之下，YOLOv5 是一种单阶段检测器，在图像的一次前向传播中同时完成特征提取和目标检测，避免了冗余计算，大幅提高了推理速度。

④实时性不足：由于 R-CNN 的三步式检测流程，其推理过程时间消耗较大，不适合实时应用场景。而 YOLOv5 以速度见长，能够在大多数硬件平台上实现实时检测，因此在对时效性要求较高的任务中具有明显优势，例如监控系统中的烟火检测。

⑤适应性差：R-CNN 对特定场景的适应能力较弱，尤其是当目标变化较大或检测任务复杂时，性能可能会下降。而 YOLOv5 引入了诸如多尺度检测、焦点损失（Focal Loss）等机制，能够更好地适应复杂背景和多目标检测任务，这使其在诸如工厂烟火检测等实际场景中更具优势。

尽管 R-CNN 为目标检测领域奠定了基础，但其设计理念与实现方式较为繁琐，在面对实际应用需求时显得力不从心。随着目标检测技术的快速发展，YOLOv5 等单阶段检测器在速度、精度、适用性等方面均已超越 R-CNN。这种进步不仅推动了深度学习目标检测技术的演化，也为复杂场景下的实际应用提供了更高效的解决方案。。

（2）SPPNet 算法

SPP-Net 是指空间金字塔池化网络（Spatial Pyramid Pooling Network），它是针对 R-CNN 中需要将图片处理为固定大小的问题提出的一种解决方案。由于除了全连接层之外的其他层对图像大小并没有要求，因此可以在全连接层之前添加一个池化层对输入进行处理，并通过参数控制输出来固定最终的特征维度。这样，即使特征图的大小不同，最终得到的特征仍然可以具有相同的维度。相比之下，YOLOv5 采用单阶段架构，结合高效的特征提取网络（如 CSPNet）和优化的多尺度检测机制，实现了端到端训练和实时推理，在速度、精度和实际应用适配性上全面超越了 SPP-Net，更适用于监控、烟火检测等动态场景。

2.3.2　单阶段目标检测算法——YOLO 算法

为了解决 two-stage 检测耗时过长的问题，需

要解决其中对区域候选过程速度过慢的问题。因此，出现了相对应的 one-stage 检测方法，它取消了对区域进行候选，仍然具备两阶段检测的所有功能，可以检测物体的位置、进行分类并提供相应的概率值，从而大大缩短了检测所需的时间。

YOLO 是一种基于单阶段目标检测方法的深度学习算法。相对于传统的两阶段目标检测方法，YOLO 算法具有以下几个优势：

（1）速度较快：这是因为 YOLO 算法采用了全卷积神经网络结构，可以对整张图像进行一次前向传播计算，从而避免了多次图像分割和检测的过程。这样的具有快速检测特性的算法可以满足烟火检测所需要的快速响应，实时反馈的要求。

（2）精度较高：它采用了多尺度特征融合和多层次预测的方法，可以有效地提高目标检测的精度和准确性。

（3）对小目标检测效果好：相对于传统的两阶段目标检测方法，YOLO 算法在小目标检测方面表现更好。这样也契合我们这次课题需要的对小型明火的检测。

2.4　本章小结

本章首先介绍了卷积神经网络的组成部分，包括卷积层、池化层和全连接层等基本组成部分，详细阐述了 CNN 的基本原理和应用。CNN 作为深度学习领域最具代表性的模型之一，在图像分类、目标检测等领域得到了广泛应用。

紧接着，介绍了二阶段目标检测算法和一阶段目标检测算法，对两者进行对比。通过对比可得，前者需要先使用候选框来框住对象，再通过后续的分类器和回归器对候选框筛选修正；后者则直接对输入图像操作，进行分类回归，产生结果。显然后者有较高的检测效率。

YOLO 算法是一种优秀的单目标检测算法，继承了单目标检测的优势。

3　基于 YOLOv5 的烟火检测

3.1　实验整体流程

实验整体流程图如图 6 所示，分为训练部分和测试部分。

在训练部分，首先对数据集进行预处理，将图像和对应的标签文件分类成训练集、测试集和验证集，放到 fire_dataset 文件夹内。接着输入到 YOLOv5 模型中，设定训练周期，当训练完成时停止训练，得到训练好的模型。

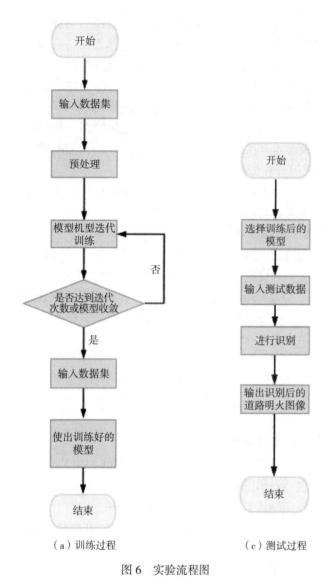

（a）训练过程　　　（c）测试过程

图6 实验流程图

在测试部分，加载训练好的模型，输入测试图片和监控视频进行图像识别，将结果与真实标签进行对比，并采用一定的指标进行评价。最后将训练好的模型上线公司的云平台。

3.2 数据集介绍

3.2.1 实验数据

本文实验采用的数据集为本人通过对多个网络上的公开数据集采集和有目的地选择获得，主要来源为公开的数据集、通过互联网爬虫工具获取的相关烟火数据等。数据集共包括2676张照片，其中2000张为负样本，即不包含火焰的图像；600张为正样本，即在生活中产生火灾的图像。照片分辨率为96DPI，影像的大小没有超过256×128。这些都与视频监控的数值相似，这样有利于训练出来后的模型的应用。

本实验采用的公开数据集为UA-DETRAC数据集和土耳其比尔肯大学公开火焰数据集。如图7所示展示了训练用的数据集照片示例。

UA-DETRAC数据集是一个广泛使用于目标检测和跟踪研究的视频数据集，由香港中文大学的计算机科学与工程学系开发。该数据集包含了多个路口和高速公路的行驶场景，包括昼夜不同时间、不同天气等多种情况下的视频序列。UA-DETRAC数据集包含了超过100个视频序列，总计超过140,000帧图像，其中包含了超过140,000个车辆实例。每个视频序列的分辨率为960×540或1080×1920，在这个数据集中可以选择大量没

（a）数据集的负样本

（b）数据集的正样本

图7 训练用的数据集图片举例

有火焰的数据，用来做数据集的负样本。

土耳其比尔肯大学公开火焰数据集（Bilkent University Open Flame Dataset）是一个公开的用于火焰检测和识别的数据集，由土耳其比尔肯大学计算机工程系开发。该数据集包含了多种不同类型的火焰图像，包括室内和室外场景、不同光照条件下的火焰、不同角度和距离下的火焰等。本实验仅需要在工厂，车辆等类型上的火焰图像，所以本人有目的性的选择该公开数据集中在生活中发生的火灾场景，用来做数据集的正样本。

数据集中每个个体的映像文件都会有对应的标签。标签将影像分为两类，有火焰和无火焰，分别用 0 和 1 进行标注。

3.2.2 数据预处理和数据标注

在确认了模型使用的数据后，为了使模型的训练更加有效和更加具有针对性，将明火的图像分别建立为三个数据集，分别命名为 train、test、val。其中 train 为训练集，包含了整个数据集 60%

的图像；test 为测试集，val 为验证集，两者都包含了数据集的 20%。

在收集车祸火灾图片之后，还需要对图像上的目标物体进行人工的框选标注，以进行后续的训练实验

完成图像标注后，需要手动使用可视化图像目标标注软件对目标物体进行标注。常用的软件有 Labelme 和 LabelImg，它们可以生成包含标签数据的文件。本文采用了 LabelImg 软件，该软件开源且安装方便。只需将存放图像的文件夹加载到软件中，然后右键选择"Create RectBox"，即可对目标物体进行标注，并将标注结果保存为 txt 文件。

如图 8 所示为一个数据的原照片和自动生成的标签示意图。标签文件中记载了目标的类别、中心点坐标和宽高信息，如果图片中有两个明火则分两行表示，如图 "0" 标示明火，后两个坐标表示目标的中心点坐标，后两个参数标示对象的长度和宽度，这样就能表示一个确定的对象。

图 8   数据图片和对应的标签示意图

由于数据集来源不一，对于来自网上零散的数据集，不同的数据来源寻找的数据所配套的标签格式不同。为了能够更好的利用现有的数据集，我统一了标签格式，并且将部分没有自带标签的图片自行设置上标签。

3.2.3 数据增强

数据增强是通过对原始数据进行变换和扭曲来生成新的训练样本的一种预处理技术。这种技术可以扩大训练数据集的规模，提高模型的泛化能力和鲁棒性。数据增强是一种常用的方法，通常包括一些常见的变换和扭曲。

由于目的在于提升用于训练的正样本图像的可靠性和权重，这里采用旋转的方法对数据集中的正样本图像进行图像增强。原图和旋转后的图像如图 9 所示。

图 9   原图像和旋转后的图像示意图

3.3　网络模块

3.3.1　YOLOv5 网络模型

目前 YOLOv5 官方给出的目标检测模型一共有 4 个版本，本节以最基础的 YOLOv5s 为例进行说明，其他三种版本的结构原理与之类似，就是网络的深度和宽度有所不同。同时，考虑到现有的研究条件和目标检测任务的实际工程需求，本文将专注于轻量级的 YOLOv5s 模型的进一步改进和提升。

YOLOv5 算法是一种基于深度学习的目标检测算法，具有高效、准确、易用等优点，在目标检测领域得到了广泛应用。本文针对烟火检测中存在的问题和挑战，对 YOLOv5 算法进行了改进和优化，并在大量实验的基础上得到了良好的检测效果。

然后，将 20×20 的特征图经过两次上采样（采样率为 2）、40×40 的特征图经过一次上采样（采样率为 2）与 80×80 的特征图进行特征融合（Neck），从而得到用于检测火焰的特征图。这个过程是为了将不同尺寸的特征图进行融合，并提高火焰检测的准确性。

最后，利用检测头（Prediction）对大中小三种大小的明火进行预测。这个过程是为了将前面提取到的特征图转化为火焰的位置和类别概率信息，从而最终得出明火的检测结果。通过这种方式，YOLOv5 可以有效地检测明火，同时保持较高的检测精度和检测速度。

在 YOLO 系列神经网络的核心思想基础上，对 YOLOv5 进行了许多改动。主要改动包括：预处理用了 Mosaic 方式的数据增强和自适应的图像大小缩放。主干网络（Backbone）采用了 CSP 结构、空间金字塔池化（Spatial Pyramid Pooling–SPP）以及颈部网络采用了 Path Aggregation Network（PAN）。CSP 结构可以提高网络的效率和准确性，SPP 可以处理不同尺度的特征信息，PAN 可以将不同层级的特征进行聚合。头部网络（Head）则采用了 GIoU_Loss 损失函数。GIoU_Loss 是一种新型的目标检测损失函数，可以同时考虑目标框的位置、尺寸和形状，从而进一步提高目标检测的准确性。YOLOv5 网络结构如图 10 所示。

3.3.2　输入模块

（1）Mosaic 方式的数据增强

在 YOLOv5 的模型训练阶段，其原理参考了

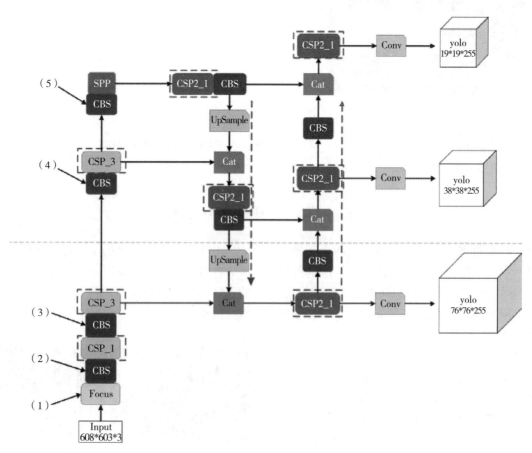

图 10　YOLOv5 网络结构示意图

2019 年提出的 CutMix 数据增强方法，但是做了一些小的改进。Mosaic 方式是基于图像拼接的数据增强方式，可以将多张不同的图像随机拼接成一张大图像；而 CutMix 方式是基于图像混合的数据增强方式，可以将两张不同的图像随机混合成一张新的图像。该方法的优点在于能够增加检测集的样本数，并通过随机裁剪等方式扩展了检测目标和背景数据集，提高了网络的稳定性。Mosaic 方式可以通过随机拼接多张图像，增加训练数据的多样性和复杂度，从而提高目标检测模型的鲁棒性和泛化能力。而 CutMix 方式可以将两张不同的图像进行混合，从而生成一个新的图像，可以增加数据集的多样性和复杂度，同时减少模型对噪声和干扰的敏感性，提高目标检测模型的泛化能力。但是，对于数据集中包含许多小目标的情况，Mosaic 可能会使小目标变得更小，从而降低模型的泛化能力。

（2）自适应的图像大小缩放

在实际应用中，不同设备采集的图像长宽比差异很大，因此需要对这些图像进行缩放和填充，使其达到网络输入的大小，例如 640×640 和 416×416 等。由于填充的 a 像素值越多，存在的信息冗余就越多，从而影响网络的推理速度。为了解决这个问题，可以计算收缩比、计算收缩后图片的长宽、计算需要填充的像素，最后 resize 图片并填充像素。通过这些步骤，可以使图像高度上两端的黑边变少，从而减少冗余信息，并进一步提升目标检测速度。

3.3.3　利用锚点机制预测明火位置

在 YOLOv5 中，首先采用了 Focus 模块，将输入特征图进行通道切分和空间切分，从而降低计算量和参数量。CSP 模块接在 Focus 模块后面，用于提取深层特征。SPP 模块在 CSP 模块之后接入，用于处理不同尺度的特征信息。PAN 模块接在 SPP 模块之后，用于将不同层级的特征进行聚合。PAN 模块将输入特征图分成两部分，一部分进行卷积操作，另一部分直接跳过卷积操作。然后，PAN 模块将卷积结果进行上采样，并与跳过卷积的结果进行拼接和残差连接，从而实现不同层级特征的聚合。

由上述介绍推断可以得到，输入的明火影像在经过后续的特征融合提取操作后会得到三个不同倍数的特征图。其中每个特征图锚框的计算表达式如式（1）所示。

$$Confidence = Pr(Object) \times IOU_{pred}^{truth} \quad （1）$$

式中，$Confidence$ 为锚框置信度；$Pr（Object）$ 表示目标的中心点是否落在了该网格里，若已经落在了网格内则取 1，否则取 0；IOU_{pred}^{truth} 表示所选中的两个框之间的交集面积比上两个框之间的并集面积。

这些通道会被送入卷积层、全连接层和目标检测层等模块中，用于预测生活中的不同尺寸的目标。通过这些通道，模型可以学习到目标的位置、大小、类别以及置信度等信息。在 YOLOv5 中，锚框的尺寸是通过在公开数据集上应用 k-means 聚类算法得到的，然后将这些尺寸作为先验锚框尺寸进行预测。这种方法可以帮助模型更好地适应不同尺寸的目标，提高目标检测的精度和效率。同时，通过多尺度的特征图和不同大小的锚框，YOLOv5 可以有效地检测不同尺寸的目标，从而提高模型的实用性。

3.3.4　多尺度网络预测不同大小的明火

输入的火灾场景影像经过特征提取、特征融合网络后会得到不同倍数的下采样特征图，这些特征图可以用来检测不同大小的目标。

为了进一步提高检测精度，该模型采用了金字塔网络（Feature Pyramid Networks，FPN）和路径聚合网络（Path Aggregation Network，PAN）相结合的机制。FPN 层可以将顶层丰富的语义特征传递到底层，以提高模型对目标的理解和分类能力；而 PAN 层可以将底层的精确定位信息传递到顶层，以提高模型对目标位置的精确度。FPN 和 PAN 结构的具体实现如图 11 所示。

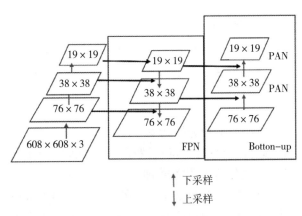

↑ 下采样

↓ 上采样

图 11　FPN+PAN 结构

3.3.5　损失函数和训练迭代方法

在 YOLOv5 算法里，头部网络是最终检测和输出部分，将骨干模块提取的特征经过颈部网络的压缩和融合，进行分类做出预测。

在这部分中使用了梯度下降的方法来更新网络中的权重和偏置参数，使得 LOSS 函数的值越来越小。在每次迭代中，可以根据 LOSS 函数的梯度方向来更新每个参数的值，以使得预测框和真实框之间的差异不断减小。

预测框的位置损失函数采用了 GIoU_Loss，它是在 IoU_Loss 损失函数的基础上进行改进得到的，可以解决预测框与目标框重叠但位置不同的问题。GIoU_Loss 的计算公式如式（2）：

$$GIoU\_Loss = 1 - \frac{IoU - |Ac - U|}{Ac} \quad （2）$$

其中，IoU 表示交并比，Ac 表示两个框最小闭包的区域面积，U 表示两个框的并集面积。GIoU_Loss 的值越小，表示预测框和目标框的位置越接近，损失函数越小。

3.4 评价指标

PR 曲线（Precision-Recall Curve）是用于评估分类模型性能的一种常用方法。PR 曲线以精度（Precision）为纵轴，召回率（Recall）为横轴，通过在不同召回率和精度值之间绘制曲线来衡量模型的预测性能。

在二元分类问题中，模型的预测结果可以根据真正的正确与否和检测的正确与否两两组合分为四种。分别命名为真正例、假反例、假正例和真反例。

召回率（Recall）是指模型正确预测的正样本数占所有正样本数的比例。精度（Precision）是指模型正确预测的正样本数占所有预测的正样本数

的比例。召回率和精度的计算公式如式（3）和式（4）。其中，TP、FN、FP 和 TN 分别表示真正例、假反例、假正例和真反例的数量。

$$Recall = \frac{TP}{TP + FN} \quad （3）$$

$$Precision = \frac{TP}{TP + FP} \quad （4）$$

3.5 本章小结

本章节主要介绍了实验的整体流程、数据集的建造方法和数据来源，以及建成的数据集的各类图片详细信息和比例。同时，本章介绍了数据预处理和数据增强的方法，这些方法可以提高数据的质量和数量，为后续的实验提供更好的数据基础。

接着，介绍了实验的网络模块，其中包括基本的 YOLOv5 网络模型。YOLOv5 是目前较为流行的目标检测算法之一，具有较高的检测精度和较快的检测速度。最后，介绍了实验的 PR 曲线评价指标，PR 曲线是评价目标检测算法性能的重要指标之一，可以直观反映出模型的精度和召回率。本章对 PR 曲线的评价方法进行了详细介绍，包括精度、召回率、F1 值等指标。这些指标可以帮助读者更全面地了解目标检测算法的性能和优劣，为后续的实验提供评价标准和参考。

4 实验结果与分析

4.1 实验具体环境

本文模型训练及验证实验通过租借 autodl gpu 平台进行，包含一张 RTX A5000 显卡，具体环境如图 12 所示。

GPU数量(卡): 1 / 8	CPU: 14 核/GPU, Xeon(R) Gold 6330	内存: 30 GB/GPU
显存: 24 GB	系统盘: 25 GB 数据盘: 免费 50 GB, 可扩容 2576 GB	支持最高CUDA版本: 11.6
浮点算力: 单精 27.77 TFLOPS / 半精 117 Tensor TFLOPS		

图 12 服务器环境

模型训练和分析结束后，本人将该项目投入到试运行平台中进行项目融合。5G 视频云平台 - 安全管理包含了设备管理、AI 分析、图像管理、云资源管理等多个方面，旨在通过 5G+ 摄像头或互联网专线 + 固定摄像头，实时采集实时影像数据并进行实时病害分析，自动识别路面常见病害，生成病害检测报告。

目前 5G 视频云平台 - 安全管理平台已经完成基

本开发，该项目通过互联网专线 + 固定摄像头，实时采集实时影像数据并进行实时病害分析，自动识别火灾和烟雾的常见病害例如工厂火灾、道路火灾。

本课题旨在实现多场景联动智能侦测（AI 分析 - 事件分析）功能的火灾异常检测。

4.2 参数设置

4.2.1 网络参数设置

训练网络用于检测明火，在 YOLO 网络中类

别名称表中只保留 fire、nofire 两个标签，并改动配置文件 nc：2。其中网络的深度和宽度在代码中的设置如图 13 所示。

```
# number of classes
nc: 2

#class names
names:
  0: fire
  1: nofire

#depth and width
depth_multiple: 0.67
width_multiple: 0.75
```

图 13　网络的深度和宽度

其中 depth_multiple 代表网络的深度，用于控制模块的数量，模块的数量非 1 时，模块的数量为 number × depth；width_multiple 代表网络的宽度，用来控制卷积核的数量，卷积核数量为数量 × width。

本实验中锚定框在已预设图像大小为 640×640 下的尺寸，且锚定框在大特征图上检测小目标，在小特征图上检测大目标。每个特征图有三种尺寸的锚定框具体在代码中设置如图 14 所示。

```
anchors:
  - [10,13, 16,30, 33,23]  # P3/8
  - [30,61, 62,45, 59,119]  # P4/16
  - [116,90, 156,198, 373,326]  # P5/32
```

图 14　锚定框尺寸

4.2.2　超参数设置

批量大小（batch size）是指每次训练时输入的样本数。在这里，批量大小为 4，即每次输入 4 个样本进行训练；

epoch 是指训练过程中数据集的遍历次数。在这里，epoch 设置为 3000，即数据集会被遍历 3000 次；

初始学习率是指模型在训练开始时使用的学习率。在这里，初始学习率为 0.001；

衰减系数是指每次迭代后学习率的衰减比例，用于控制学习率的下降速度。在这里，衰减系数为 0.0005；

Focal Loss 函数中的 α 和 γ 是指用于调整损失函数权重的超参数。在这里，α 设置为 0.25，γ 设置为 2；

4.3　结果与分析

载入训练好模型的参数，投入试运行平台中测试系统环境为 python，主要使用了 pyqt5 库进行界面的实现，系统功能为检测图片上面工厂中是否有明火，和明火的位置，调用训练好的模型对影响进行识别，并展示原图和识别结果。界面分为两部分，分别用来进行图像测试和视频测试。

完整的一个操作流程如下。首先是生成界面时候要选定已经训练好的模型，并且设备选择电脑自带的 gpu 即可，代码如图 15。设定好后运行界面生成脚本。

生成后的页面如图 16 所示。之后选择要检测的文件类型是图片或者视频，点击上传图片 / 视频会弹出文件窗口，然后选取文件夹中的图片 / 视频，文件格式应为 jpg/mp4 格式，选取文件后界面

```
self.model = self.model_load(weights="runs/train/exp5/weights/best.pt",
                    device=self.device)  # todo 指明模型加载的位置的设备
```

图 15　设置界面所连接的模型和设备

图 16　图像识别界面图

会显示文件的内容。

　　完成后点击开始检测按钮，系统将开始进行明火的识别，由于是在本地 gpu 机器上运行的神经网络模型所以速度较慢。

　　运行完成后结果会自动显示在原图片右侧，上面有检测生成的框选中明火。这样利于和原图像进行比对。

　　如图 17 所示为测试案例系列有烟火的图像实验结果，图 a 至图 d 分别为四组原始图像和检测实验结果。可以看到，尽管是面对浓烟、树荫、沙土的干扰，还是在工厂、隧道、城市交通、高速公路多种应用场景下，该模型都有一个好的识别效果。

（a）实例1

（b）实例2

（c）实例3

（d）实例4

（e）实例5

（f）实例6

图17 有烟火图片识别实例

如图18所示则是测试案例中没有烟火的图像的实验结果，对应结构与上图一致。

训练出的模型还可以实现视频内的明火检测识别，操作方式与图片的识别类似，这里不再过多赘述。这里我使用了收集到的监控片段，其中出现了一辆发生火灾的货车。通过导入界面和进行检测，模型成功识别出了明火。如图19为视频的关键帧截图。

（a）左为路上的车辆示例图，右为实验结果图

（b）实例2

图18 无烟火图片识别实例

图 19　视频识别实例

为了更加直观地验证模型的有效性，本文使用数据集进行训练和评估。在火焰数据集上的训练中，经过 150 次训练后，YOLOv5 模型的各项指标已经趋于稳定。因此，为了进一步提高模型的性能并验证其有效性，本实验将训练次数增加至 220 次。最终，将根据相关指标对训练后的模型进行展示和评估。YOLOv5 在各个场景的火焰数据集

上的训练指标如图 20 所示。

在此基础上，引入了 PR 曲线来对模型的验证，根据预测结果和真实标签，计算不同阈值下的精度和召回率。将不同阈值下计算出的召回率和精度值作为点，以召回率为 x 轴，以精度为 y 轴，绘制 PR 曲线，如图 21 所示。根据图判断 PR 曲线的形状和位置，非常靠近左上角，模型的性能较好。而根据实际应用场景对模型的需求，需要尽可能提高模型的召回率，以"宁错出警，不慢出警"的理念来对每一个可能的检测出来的明火进行反应，则需要适当的选择更低的阈值，来保留更多的预测效果。

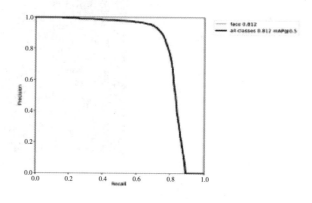

图 21　模型的 PR 曲线

4.4　本章小结

本章主要介绍了实验数据集、实验环境、参数设置、实验标准等，对第三章设计的 YOLOv5

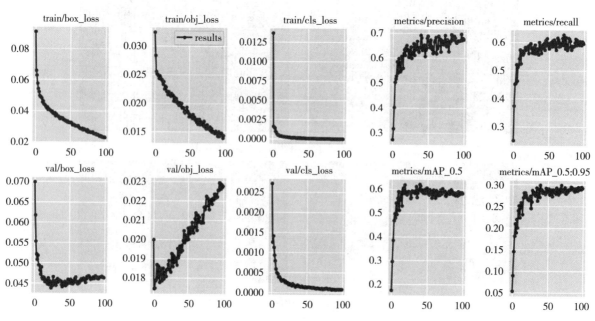

图 20　YOLOv5s 在数据集上的训练结果

算法进行实际操作。在保证检测效率的基础上，实现了实验结果的可视化。算法的mAP值达到了0.812。用数据证实了该算法模型可用于明火检测领域。同时，选取了部分验证集中的正样本和负样本对模型进行验证，最终计算并且显示了模型的平均精度图表和PR曲线图。

5　总结与展望

5.1　工作总结

随着深度学习技术的不断进步，越来越多的研究者将其应用于图像识别领域的任务，如人脸检测和医学诊断等，以为相关领域提供辅助支持并推动更大的发展。本文基于深度学习方法，针对烟火的快速自动化检测展开研究，旨在解决传统火灾与爆炸事故中因发现和处置延误导致的问题。主要工作包括以下几个方面：

数据集收集与预处理：收集并整理了与烟雾和火焰相关的数据集，并对数据进行了预处理。数据集包含了无明火的正常行驶视频以及火焰场景的图像，这些图像反映了生活中可能出现的险情。

模型设计与实现：设计并实现了一种基于YOLOv5算法的烟火检测模型。该模型利用了YOLOv5的主干网络和检测头结构，并针对烟火检测的需求对网络结构的参数进行了适当调整，以提升模型的适应性和性能。

模型训练与评估：对模型进行了全面的训练和优化，并在测试集上进行了性能评估。实验结果表明，该模型在烟火检测任务中取得了良好的性能表现，具备较高的准确性和鲁棒性。

应用与实践：将设计的模型应用于实际场景，并集成到云平台上进行部署。该系统能够实时监测生活中各类场景中的火灾、烟花等明火现象，并实现自动识别与报警功能，为生活安全提供了技术支持。

5.2　未来工作展望

本文中，作者基于YOLOv5模型，设计了一种基于YOLOv5的烟火检测方法。该方法结合了YOLOv5的优势，通过对训练数据进行增强和优化，提高了模型的检测精度和效率。在实验中，该方法取得了较好的检测结果。

然而，在未来的工作中，我们仍然可以继续深入研究和改进该方法，以进一步提高其性能和应用范围。以下是未来的工作展望：

（1）改进训练数据集：在本文中，作者使用了一个经过手工标注的数据集进行训练。然而，该数据集的规模较小，可能存在一定的局限性。未来的工作可以考虑使用更大规模、更丰富的数据集进行训练，以提高模型的泛化能力和检测精度。

（2）优化网络结构：虽然YOLOv5模型已经在检测精度和计算效率方面取得了较好的成果，但是仍然有一些改进的空间。未来的工作可以探索更加高效的网络结构，以进一步提高检测效率和精度。

（3）多任务学习：除了烟火检测外，生活中各个场景中还可能存在其他的目标，如车辆、行人等。未来的工作可以考虑将烟火检测与其他目标的检测任务结合起来，进行多任务学习。这样可以提高模型的应用范围，同时也可以进一步优化模型的学习效果。

（4）目标跟踪：在实际应用中，目标可能会出现遮挡、运动模糊等情况，这会影响模型的检测效果。未来的工作可以考虑将目标跟踪技术与烟火检测相结合，提高模型的鲁棒性和稳定性。

（5）硬件加速：虽然YOLOv5已经相对较快了，但在某些应用场景下，仍需要进一步提高检测速度。未来的工作可以考虑使用硬件加速技术，如GPU、FPGA等，以提高模型的计算速度和效率。

（6）应用拓展：本文中的方法主要针对烟火检测，但在实际应用中，烟火检测还涉及到其他场景，如公园、广场等。未来的工作可以考虑将该方法扩展到其他场景，以扩大应用范围。

（7）数据隐私和安全：在实际应用中，数据隐私和安全是一个重要的问题。未来的工作可以考虑使用隐私保护技术，如差分隐私、同态加密等，以保护用户数据的隐私和安全。

总之，基于YOLOv5的烟火检测方法在未来仍然有很多的研究和改进空间。我们相信，在未来的工作中，可以不断探索创新方法，进一步提高模型的性能和应用范围，以满足实际应用的需求。

参 考 文 献

［1］Zhang Y，Huang Q，Tian Y. A color-based approach to firework detection in videos［C］. In Computer Vision and Pattern Recognition，IEEE Conference on（1-8）.

［2］Zou W，Li Z，Huang Q. A firework detection method based on color and texture features［C］. In Image and Signal Processing（CISP），2011 4th International Congress on（2140-2144）. IEEE.

［3］Zhang J，Zhang D. Firework detection based on shape feature and SVM［C］. In Multimedia and Signal Processing（ICMSP），2017 International Conference on（44-48）. IEEE.

［4］Tang L，Wen J，and Yang Y. Firework detection based on improved LBP feature and SVM［J］. Neural Computing and Applications，32（14）：10355-10364.

［5］Peng Y，Wang Z，and Zhu Q. Smoke and fire detection based on color and texture features with multi-scale fusion［J］. Journal of Real-Time Image Processing，2020，15（2），221-233.

［6］韩美林，张文文. 基于视频图像的多特征融合的森林烟火检测系统研究［J］. 无线互联科技，2021，18（17）：67-68.

［7］严成，何宁，庞维庆等. 基于视觉传感的地面烟火监测系统设计［J］. 广西大学学报：自然科学版，2019，44（5）：1290-1295.

［8］赵辉，赵尧，金林林等. 基于YOLOX的小目标烟火检测技术研究与实现［J］. 图学学报，2022，43（5）：783-790.

［9］J. Johnston，K. Zeng，N. Wu. An Evaluation and Embedded Hardware Implementation of YOLO for Real-Time Wildfire Detection［C］. 2022 IEEE World AI IoT Congress，Seattle，WA，USA，2022，138-144.

［10］Z Jiao. A Deep Learning Based Forest Fire Detection Approach Using UAV and YOLOv3［C］. 2019 1st International Conference on Industrial Artificial Intelligence（IAI），Shenyang，China，2019，1-5.

［11］A. Bochkovskiy，C. Wang，H. Liao. YOLOv4：Optimal Speed and Accuracy of Object Detection［A］. arXiv：2004，10934，2020.

［12］PyTorch. PyTorch［Z］. Available：pytorch. org，［Accessed：2023. 5. 20］.

［13］COCO. Common Objects in Context［Z］. Available：cocodataset. org/#home.［Accessed：2023. 5. 20］.

［14］Z Zheng，J Zhao，Y. Li. Research on Detecting Bearing-Cover Defects Based on Improved YOLOv3［J］. IEEE Access，9，10304-10315.

［15］Lowe，D，G. JACKSON M E. The future of resource sharing［M］. New York：The Haworth Press，1995.

［16］Krizhevsky A，Sutskever I，Hinton G. E. ImageNet classification with deep convolutional neural networks［C］. In Advances in neural information processing systems，1097-1105.

［17］He K，Zhang X，Ren S，Sun J. Spatial pyramid pooling in deep convolutional networks for visual recognition［C］. European Conference on Computer Vision（ECCV），2014，346-361.

［18］Wen L，Bian X，Li Z，Hu Q. Traffic flow prediction with big data：a deep learning approach［J］. IEEE Transactions on Intelligent Transportation Systems，2014，16（2）：865-873.

［19］Öztürk H，Çelik T. Open Fire Dataset from Bilecik Şeyh Edebali University Machine Learning Research Group［A］. arXiv：2005，05173.

［20］Bochkovskiy A，Wang C. Y，Liao，H. Y. YOLOv4：Optimal Speed and Accuracy of Object Detection［A］. arXiv：2004，10934.

［21］CSDN. YOLOv5网络结构示意图［Z］. Available：blog. csdn. net/YMilton，［Accessed：2023. 5. 21］.

［22］Maas A L，Hannun，A. Y，Ng A. Rectifier nonlinearities improve neural network acoustic models［C］. In Proc，ICML（Vol. 30，No. 1）.

［23］Bochkovskiy A，Wang C. Y，Liao H. Y. M. YOLOv4：Optimal Speed and Accuracy of Object Detection［A］. arXiv：2004，10934.

基于 ChatGPT 技术的电气智能问答系统开发

王　辉　王群峰　孟　东　戴晓功

（中国石油兰州石化公司）

摘　要　在科技迅猛发展的当下，传统行业对于兼具创新思维、复合能力与应用技能的人才需求愈发急切。本文以人工智能技术驱动的自然语言处理利器 ChatGPT 为基础展开二次开发，致力于提升石化公司电气行业管理技术人员的专业技术能力与管理水准，为电气领域从业人员打造更为优质的学习与进步平台。文章深入细致地阐述了 ChatGPT 的基本概述、在电力行业中的潜在应用场景，同时涵盖了基于 ChatGPT 的电气问答系统的开发流程。

关键词　人工智能；电气；智能问答

1　ChatGPT 概述

ChatGPT 是 OpenAI 公司开发的人工智能聊天机器人程序，是基于大型预训练语言模型（LLM）产生的一种生成式人工智能语言模型。它通过基于人类反馈的强化学习（RLHF）进行微调，具备流畅的对话功能，能准确理解用户意图并完成自然语言理解与生成任务，如问答、分类、摘要和创作等，甚至能生成逻辑自洽的文章和报告。

2　ChatGPT 在电力行业中的潜在应用场景

2.1　用于电力科研计算

电力系统中有众多开源软件，但由于电气行业从业人员软件工程专业知识相对薄弱，导致开发的软件包质量参差不齐。目前，自然语言处理在电力行业的应用较少。尽管 ChatGPT 不能直接用于电力系统的工业生产或科研，但可在科学计算领域作为有益补充。例如，可利用 ChatGPT 基于 Python 编写潮流计算小程序的具体步骤如图 1 所示：

```python
import numpy as np

def calculate_power_mismatch(bus_data, Y_bus, V):
    P_mismatch = np.zeros(len(bus_data))
    Q_mismatch = np.zeros(len(bus_data))
    for i in range(len(bus_data)):
        P_calc = V[i] * np.sum(np.abs(V) * (Y_bus[i, :] * np.conj(V)))
        Q_calc = V[i] * np.sum(np.abs(V) * (Y_bus[i, :] * np.conj(V) * np.angle(V)))
        P_mismatch[i] = bus_data[i]['P'] - P_calc
        Q_mismatch[i] = bus_data[i]['Q'] - Q_calc
    return P_mismatch, Q_mismatch
```

图 1

通过这样的方式，可提高电力科研中计算的效率和准确性。

2.2　阅读专业文献

ChatGPT 在帮助专业人员阅读外语文献方面具有优势。借助 github 上的开源应用，ChatGPT 可以对论文进行翻译并自动生成摘要。例如，对于一篇英文论文，ChatGPT 能够准确理解其内容，并生成清晰简洁的中文摘要，帮助读者快速了解论文的核心观点。同时，它还能对论文中的语法错误进行检查和修正，提高论文的质量。

2.3　构建智能问答系统

ChatGPT 在人机交互测试中展现出强大的自然语言理解能力。我们可以利用其丰富的知识储备构建电力知识图谱，并开发电力智能问答系统。

具体来说，通过对 ChatGPT 进行训练，使其能够理解电气领域的专业术语和概念，从而准确回答用户的问题。

3 基于 ChatGPT 的电气问答系统开发

3.1 开发平台选择

Linux 作为一款完全免费的操作系统，具有诸多优势，使其成为开发电气问答系统的理想选择。

3.1.1 免费开源

Linux 的源代码完全免费开放，为开发者提供了极大的便利。电气行业的开发者可以根据实际需求对操作系统进行定制化开发，无需担心版权问题。

3.1.2 模块化程度高

Linux 的内核设计十分精巧。模块化的设计使得用户可以根据具体的应用场景，灵活地在内核中插入或移走模块，从而实现高度的剪裁定制。例如，在电气问答系统中，可以根据系统的负载和性能要求，调整内存管理模块的参数，以优化系统的运行效率。

3.1.3 广泛的硬件支持

Linux 对主流硬件的支持非常出色，几乎能运行在所有流行的处理器上。这对于电气问答系统来说至关重要，因为电气系统中可能涉及到各种不同类型的硬件设备，需要操作系统能够稳定地与之兼容。

3.1.4 安全稳定

Linux 采取了多种安全技术措施，如读写权限控制、带保护的子系统、审计跟踪、核心授权等，为系统提供了可靠的安全保障。

基于以上优点，选择 Linux 系统作为开发平台，能够为电气问答系统的开发提供坚实的基础。

3.2 核心依赖安装

后端源码作为系统核心负责与 ChatGPT 模型交互，将用户问题转换为模型可理解输入并反馈模型回答。安装 OpenAI 和 Gradio 库是与 ChatGPT 模型交互的关键，在终端下用 Pip 安装 OpenAI 库时需确保网络连接稳定以顺利下载库文件，同时注意库的版本兼容性，避免因版本不匹配引发问题。

3.3 功能配置

功能配置是系统开发中的关键环节，需要从后台访问服务器中相关配置文件，并进行仔细的编写。在配置文件中，需要根据实际需求准确设置各项参数，以确保系统能够正常运行并满足用户的需求。

3.4 构建智能问答系统

构建智能问答系统需以下步骤：首先进行数据收集与预处理，收集电气领域诸如设备说明书、技术文档、故障案例和维护手册等数据并转换为适合模型输入的格式；接着选择适合电气智能问答系统的模型，用预处理后的数据训练，可采用分布式训练技术提高效率；然后构建电力知识图谱，融合知识图谱与训练好的模型，使其更好理解和回答电气问题；再使用验证集评估训练好的模型并优化，如调整结构、增加数据等以提高准确性和泛化能力；最后将优化后的模型部署到实际应用环境与电气系统集成。该系统能为电气从业人员提供准确、快速的问答服务，提高工作效率和质量。

3.5 功能测试

3.5.1 服务器后台测试

在服务器后台对软件功能进行全面测试，包括对提问信息的检测和自动回复功能。测试过程中，要模拟各种不同的提问场景，涵盖电气领域的常见问题和复杂问题，确保系统能够准确理解用户的意图并给出正确的回答，如图 2 所示。

3.5.2 手机端测试

通过手机进行测试，验证系统在移动设备上的兼容性和响应能力。确保系统能够正确识别手机端的输入，并及时、准确地回答问题。

在功能测试过程中，要密切关注系统的性能表现，如响应速度、准确性等。对于发现的问题，要及时进行调试和优化，以提高系统的稳定性和可靠性。

通过以上步骤的开发，能够构建出一个功能强大、稳定可靠的基于 ChatGPT 的电气问答系统，为电气从业人员提供高效的知识支持和问题解决方案。

4 结论

随着传统行业对创新型、复合型、应用型人才的需求愈发强烈，电气行业从业人员在工作中对程序编写等计算机领域技能的掌握已不能满足实际要求，而计算机行业人员由于对电气相关知识体系的欠缺，在程序编写过程中也存在诸多困难。本项目通过对人工智能技术驱动的自然语言处理工具 ChatGPT 进行二次开发，有效地提升了

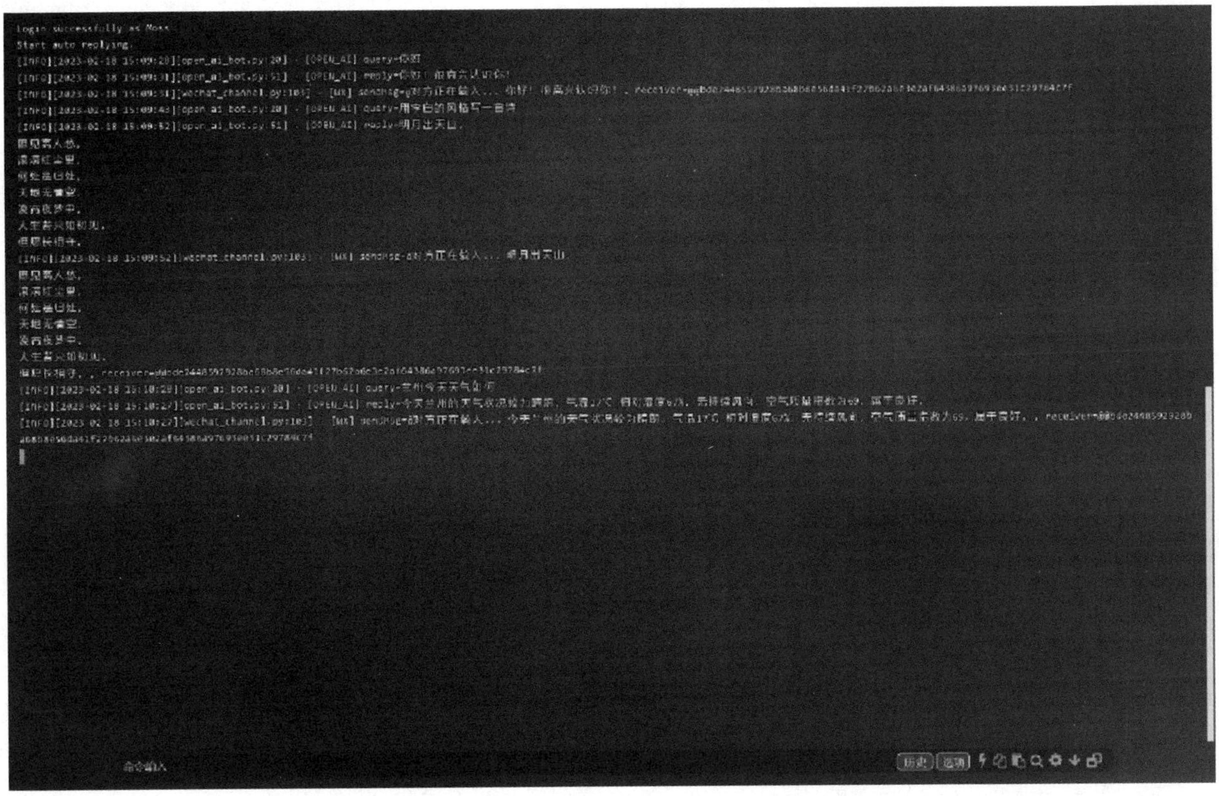

图 2

石化公司电气行业管理技术人员的技术能力和管理水平，为电气从业人员提供了更好的学习进步平台。通过构建基于 ChatGPT 的电气智能问答系统，电气从业人员可以更加便捷地获取电气知识，解决工作中遇到的问题。例如，在电力系统运行和维护过程中，遇到复杂的故障或异常情况时，从业人员可以通过与智能问答系统的交互，快速获取相关的诊断和解决建议，提高工作效率和准确性。此外，该系统还可以为电气行业的创新发展提供支持。编程知识与电气知识的结合，使得开发新的电气应用和系统变得更加容易。例如，利用 Python 等编程语言，结合电气原理和算法，可以开发出智能电网监控系统、电力设备故障预测模型等，推动电气行业向智能化、自动化方向发展。

同时，需要注意的是，在使用人工智能技术的过程中，要确保数据的准确性和安全性，避免因数据错误或泄露给电气系统带来潜在的风险。尽管人工智能技术在电气问答系统中表现出强大的能力，但它不能完全取代人类的专业知识和经验。电气从业人员应不断提升自己的专业素养，深入理解电气原理、设备运行等知识，积累丰富的实践经验。在实际工作中，与人工智能技术相互配合，充分发挥各自的优势。人工智能技术可以快速提供大量的信息和参考意见，而人类专业知识和经验则可以对这些信息进行判断、分析和决策，确保电气系统的安全、稳定和高效运行。只有两者紧密结合，才能共同推动电气行业的发展，实现智能化、自动化的目标。

未来，随着人工智能技术的不断发展和完善，基于 ChatGPT 的电气智能问答系统将不断升级和优化，为电气行业提供更加智能、高效的服务。我们应积极拥抱这一技术变革，充分发挥其优势，为实现电气行业的可持续发展贡献力量。

参 考 文 献

[1] 周娜，何铮，何为民 . ChatGPT 是人工智能的新进展 [J]. 单片机与嵌入式系统应用，2023（04）.

[2] 王沛楠 . 人工智能写作与算法素养教育的兴起——以 ChatGPT 为例 [J]. 青年记者，2023（05）.

[3] 翟振明，彭晓芸 . "强人工智能" 将如何改变世界——人工智能的技术飞跃与应用伦理前瞻 . 人民论坛·学术前沿，2016.

石油石化人工智能平台建设与应用研究

顾　峰

（中国石油西北化工销售公司）

摘　要　随着全球能源需求的不断增长以及环保要求的日益严格，石油石化行业面临前所未有的转型压力，迫切需要推动生产与管理方式的数字化与智能化。人工智能（AI）技术作为推动行业数字化转型的核心驱动力，在石油石化行业的多个环节，包括油气勘探、生产、炼化、销售及绿色低碳转型等领域展现出巨大潜力。人工智能平台，作为一个集数据处理与智能决策支持于一体的技术系统，已在石油石化行业受到了广泛关注，并在提高生产效率、优化资源配置、降低成本以及推动绿色低碳转型等方面取得了显著成效。全球范围内，众多石油石化企业正积极构建并部署人工智能平台，旨在借助数字化与智能化手段提升行业竞争力。然而，鉴于石油石化行业生产过程的高度复杂性和技术要求的高标准，人工智能平台的建设与应用仍面临诸多挑战，如数据质量与整合问题、数据安全与隐私保护、技术成本与技术壁垒、人才短缺以及技术迭代等。因此，如何高效建设与应用符合石油石化行业需求的人工智能平台，推动行业的数字化转型和智能化升级，成为当前亟待解决的关键问题。为应对上述挑战，石油石化行业亟需在统一数据标准、技术融合、人才培养等方面采取切实有效的措施。本文通过分析人工智能平台在石油石化行业中的建设与应用现状，探讨其面临的主要挑战与解决方案，并展望人工智能平台在行业智能化转型中的未来发展前景，以期为石油石化行业的数字化和智能化进程提供参考和助力。

关键词　人工智能；石油石化；平台建设与应用；数字化转型；技术挑战；绿色低碳转型

随着全球能源需求的持续增长与环境保护要求的日益严格，石油石化行业正面临着前所未有的挑战。该行业不仅需要提高生产效率和降低运营成本，还需要加速绿色低碳转型，以应对全球气候变化和环境污染的严峻问题。在这一背景下，人工智能（AI）技术的应用为石油石化行业提供了新的发展机遇。AI技术作为行业数字化转型的核心驱动力，其在石油石化行业中的应用已经逐渐渗透到勘探、生产、炼化、供应链管理等各个环节。通过大数据分析、机器学习、深度学习等先进技术手段，AI技术不仅能够有效推动生产过程的自动化、精确化和智能化，极大地提高行业的生产效率、决策精度与安全性，而且，还在推动石油化工行业的绿色发展、低碳转型方面发挥了关键作用，为行业带来了颠覆性变革。

特别是近年来，人工智能平台作为连接数据、算法和应用的核心技术架构，得到了石油石化行业的广泛关注。AI平台不仅能够有效集成来自不同领域的多维度数源，还能提供高效的数据分析与智能决策支持，提高行业的生产效率、决策精准度和风险防控能力。全球范围内，许多石油石化企业已经开始投入巨资，建设和应用AI平台，以提升自身在行业中的竞争力。然而，尽管石油石化行业AI平台的建设和应用已经展示出了强大的潜力并取得了一定的成效，但是由于石油石化行业生产过程的复杂性和技术要求的高标准，石油石化行业AI平台的建设与应用面临数据质量与整合问题、数据安全与隐私保护、技术成本与技术壁垒、人才短缺以及技术迭代与持续更新等诸多挑战。因此，如何高效建设符合石油化工行业需求的AI平台，推动平台的广泛应用，加速行业的数字化转型和智能化升级，成为当前亟待解决的核心问题。

本文旨在探讨石油石化行业AI平台建设与应用的现状、面临的挑战以及未来的发展前景。首先，本文将回顾石油石化行业AI平台的建设与应用现状，分析其在油气勘探开发、炼油化工、油气销售、石油工程建设、石油工程技术服务与绿色低碳转型等领域的应用实践与技术进展，并涵盖具体的实践案例。接着，探讨石油石化行业AI平台建设与应用过程中面临的主要挑战，并提出相应的解决思路。然后，结合当前全球绿色低碳转型的趋势，展望 AI 平台在在推动石油石化行业智能化升级、绿色转型、产业链协同等方面的潜力与前景。最后，本文将总结研究成果，提出石油石化行业未来在 AI 平台建设和应用方面的战略建议，以期为石油石化行业的智能化进程提供参考和助力。

1　石油石化行业人工智能平台建设与应用现状

随着数字化转型的浪潮席卷全球，人工智能已成为推动石油石化行业创新发展的核心技术。AI 在提升生产效率、优化资源配置和增强决策支持等方面展现出巨大潜力，并已广泛应用于勘探、生产、炼化及销售等多个领域。石油石化行业在 AI 平台的建设与应用方面取得了显著进展，通过 AI 平台的建设与应用，行业不仅提升了运营效率，还在能源利用、环境保护和安全管理等方面取得了重要突破，助力行业实现数字化、智能化、绿色化的多重目标。

1.1　石油石化人工智能平台建设进展

近年来，石油石化行业在 AI 平台建设上取得了显著进展，推动了行业向智能化、自动化和可持续发展的转型。这些进展主要体现在以下几个方面。

1.1.1　数据基础设施的建设

石油石化企业正在积极构建基于物联网（IoT）和智能传感器的完善数据采集系统。通过这些系统，企业能够实时监控生产设备、环境条件和油气储量等多个维度的数据，并将其传输至中央数据平台。这些数据不仅为后续的分析与决策提供支持，还帮助企业实现更精确的生产和运营优化。

1.1.2　智能算法的应用与优化

随着深度学习和机器学习技术的不断进步，AI 平台能够从海量数据中提取有价值的信息，进行预测性分析和决策支持。例如，通过对历史数据的训练，AI 平台可以实现设备故障预测、生产调度优化等功能，从而提升生产效率和安全性。

1.1.3　云计算与大数据技术的整合

AI 平台借助云计算和大数据技术实现数据的集中存储与高效处理。云计算提供了强大的计算能力，支持 AI 平台对海量异构数据的处理和分析。此外，云平台还为石油石化企业提供了弹性计算和存储资源，减少了 IT 基础设施投资的成本，并提高了平台的可扩展性。

1.1.4　安全性与可持续性的重视

安全性是 AI 平台建设的重要考量。企业通过数据加密、身份认证和访问控制等手段，确保数据的安全性与隐私保护。同时，AI 技术助力企业实现绿色转型，实时监控能源消耗和环境排放，优化生产流程，减少碳足迹，实现更高效的资源利用和环境保护。

1.1.5　平台功能的拓展

AI 平台的应用已经扩展到多个领域，尤其在勘探、生产、运营和环保管理等方面表现突出。通过集成地质、地震、测井等多源数据，AI 平台不仅提高了勘探的成功率，还能优化生产过程，提升设备维护的智能化水平。此外，平台还在安全监控和环保监测中发挥着重要作用，确保了生产的安全性和环保性。

1.1.6　平台建设的合作与共享

石油石化企业与科研机构、高校等开展深度产学研用合作，通过共享数据资源和共同研发算法，推动 AI 技术的创新与升级。同时，企业还积极建立跨企业、跨行业的合作机制，促进数据和经验的共享，为行业智能化转型提供支撑。

总体而言，石油石化行业在 AI 平台建设中已取得显著进展，并通过技术创新推动了行业智能化转型。随着技术不断升级和应用场景的进一步拓展，未来 AI 平台将在提升生产效率、安全管理、环保监控等方面发挥更加重要的作用。通过产学研用深度融合以及跨企业、跨行业的合作，AI 平台的建设与应用将在石油石化行业中发挥更大作用，助力行业的智能化转型和可持续发展。

1.2　石油石化人工智能平台的应用领域

随着 AI 技术的快速发展，石油石化行业在多个关键领域实现了 AI 平台的广泛应用。人工智能不仅优化了生产流程，提高了资源利用效率，还在降低成本、提升运营效率、推动绿色低碳转型等方面发挥了重要作用。以下概述了人工智能在石油石化行业中的各项关键应用。

1.2.1　人工智能在油气勘探开发领域的应用

在油气勘探与开发领域，人工智能凭借大数据分析、机器学习与深度学习技术，显著提升了勘探的精确度和效率。传统勘探多依赖于地质学家的经验判断，而人工智能则通过实时解析海量地质、地球物理及化学数据，能更精确地预测油气资源的分布与勘探路径。

该领域的人工智能应用主要体现在两大方面：

一是通过分析历史勘探数据，揭示油气藏形成的规律，为未来的勘探活动提供决策依据；二是深度学习技术被广泛应用于地震数据的处理与解析，提高了油气资源的预测精度，减少了人工干预与误差。

1.2.2　人工智能在炼油化工领域的应用

在炼油与化工领域，人工智能主要应用于流程优化、设备监控与故障预测。炼油工艺复杂且需高度精确的控制，AI技术通过实时数据监控与自动化调整，助力提升生产效率、产品质量及能效。

具体应用涵盖：通过实时监控炼油设备，人工智能能够预判设备故障，减少生产中断；通过优化生产调度，降低能源消耗，减少资源浪费；通过数据分析，人工智能还能在不同生产环节间实现高效协调与优化，从而提升整个生产流程的智能化水平。

1.2.3　人工智能在油气销售领域的应用

在油气销售领域，人工智能的应用主要体现在需求预测、动态定价与客户管理等方面。借助深度学习与大数据分析，人工智能能够预测市场需求变化，为油气销售提供科学的决策基础。AI技术还能实现动态定价，基于实时的市场数据、供应链状况及竞争态势，自动调整价格策略，从而优化企业销售收入。此外，客户关系管理（CRM）系统的智能化升级，使油气公司能通过人工智能分析客户行为与需求，实现个性化服务，提升客户满意度与忠诚度。

1.2.4　人工智能在石油工程建设领域的应用

石油工程建设涉及设计、施工与监控等多个环节，人工智能在这些领域的应用提升了工程建设的效率与安全性。通过智能施工监控系统，人工智能能实时分析工程现场数据，确保项目按计划高效推进，并及时发现潜在技术问题。此外，AI技术还广泛应用于工程的风险管理与安全监测领域。通过对现场数据的实时监控与分析，人工智能能识别与预测潜在安全风险，帮助工程团队及时采取预防措施，降低了安全事故发生的概率。

1.2.5　人工智能在石油工程技术服务领域的应用

在石油工程技术服务领域，人工智能主要应用于油井监控、设备故障预测与远程技术支持等方面。物联网技术与人工智能的结合，能实时采集油田设备运行数据，并通过智能分析，及时发现设备故障的潜在风险，避免生产停滞与资源浪费。此外，AI平台还能通过远程诊断与技术支持，减少现场服务时间与成本。技术人员可在远程通过人工智能系统进行实时故障分析与指导，从而提升服务效率与质量。

1.2.6　人工智能在石油石化绿色低碳转型中的应用

随着全球对绿色发展与低碳经济的高度重视，石油石化行业的绿色低碳转型愈发紧迫。人工智能在推动低碳转型方面的作用日益凸显，主要体现在碳排放监控、能源管理及废物处理等方面。

人工智能通过对生产过程中产生的碳排放数据进行实时监测，帮助企业分析排放源并制定优化措施，推动低碳生产。同时，人工智能还能优化能源使用，提升能源利用效率，减少能源浪费。在废物管理与环境监测方面，AI技术帮助企业降低生产过程中对环境的负面影响，进一步推动绿色低碳转型。

综上所述，AI技术在石油石化行业的各个应用领域均展现出巨大潜力。无论是在油气勘探开发、炼油化工、油气销售、石油工程建设，还是在石油工程技术服务与绿色低碳转型方面，人工智能都发挥了重要作用。随着AI技术的持续进步，其在石油石化行业的应用前景将更加广阔，并在行业的数字化转型与可持续发展中发挥更加关键的作用。

1.3　石油石化人工智能平台的应用实践

石油石化行业的AI平台已经在多个实际应用场景中取得了成功实践，以下是几个典型案例。

（1）中国石油。中国石油借助AI技术，在数字化转型上取得了显著成效，尤其是在勘探和生产管理领域。其"梦想云平台"集成了云计算、大数据、人工智能等前沿技术，构建了统一的数据湖和技术平台，打破了数据共享和业务协同的壁垒。该平台支持油气勘探、开发生产、协同研究、生产运行、经营管理、安全环保六大业务，形成了油气田勘探、开发、生产一体化的协同工作体系，成为国内油气行业最大的工业互联网平台和自主知识产权的数字技术平台。通过AI技术，梦想云平台显著提升了油气勘探效率，缩短了数据处理周期，降低了软硬件采购成本，提高了资源利用率。此外，中国石油与华为携手打造的高水平AI平台——认知计算平台（E8），利用知识图谱、自然语言处理和机器学习等AI技术进行知识体系的构建、计算和应用，为油气勘探开发科研、生产管理提供智能化分析手段，助力油气勘探开发降本增效，帮助决策者从海量数据中洞悉规律，提升决策效率和管理水平。另外，中国石油管道局设计院与百度合作开发的 WisGPT，作为我国首个油气储运领域的人工智能大模型，标志着 AI 技术在油气储运领域的重大突破，为行业发展带来了全新的机遇和变革。

（2）中国石化。中国石化通过构建和优化 AI 平台，深化场景应用，在勘探、炼化和设备维护等核心领域取得了显著成果。石油工程技术研究院的"石油工程决策支持系统 3.0"和胜利石油工程钻井工艺研究院的"数字钻头参数感知与优化控制技术"，分别在油气勘探和钻井工艺中发挥了关键作用，AI 技术广泛应用于地质构造分析、储层属性识别、油藏建模、乙烯裂解实时优化等领域。通过预测性维护系统，中国石化有效提升了设备管理效率，提前发现潜在故障，减少了停机时间，延长了设备寿命。这些技术的应用显著提高了资源勘探精度和效率，优化了炼化流程，降低了生产成本，提升了生产效率和能源利用率，推动了企业的智能化和绿色低碳转型。

（3）中国海洋石油总公司。中海油在推动人工智能应用方面取得了显著成果，特别是在海洋油气行业的数智化转型中发挥了关键作用。2024 年 10 月发布的"海能"人工智能模型，涵盖了超过 100 个业务场景，包括智能油气田、智能工程、智能工厂等领域，旨在提升资源配置和工作效率。通过这一模型，中海油推动了国内首个海上智能油田的建设和世界首个可遥控生产超深水平台的成功运行，显著提升了油气生产效率和精细化管理水平。通过大数据、云计算、物联网等技术的应用，中海油在油田的数字化转型中取得了突破性进展，尤其是在秦皇岛 32-6 油田的数智化改造中，成功实现了传统油田的智能化升级，进一步推动了油气勘探开发效益的提高。此外，中海油的 AI 平台在智能制造和生产辅助等领域也广泛应用，助力企业在降本增效和绿色转型方面取得重要进展。未来，中海油将继续深化 AI 技术的研发与应用，通过与科技企业的合作，进一步推进业务场景的智能化，提升整体运营效率和管理水平。

（4）壳牌公司（Shell）。壳牌在 AI 技术应用方面取得了显著进展，特别是在油气勘探和生产优化领域。与 SparkCognition 合作开发的生成式 AI 工具，显著提升了地震数据分析效率。这些工具利用 AI 算法加速了数据处理过程，提高了数据分析的准确性和时效性。此外，壳牌还与微软合作，借助 Bonsai 平台和强化学习技术优化钻井导向过程，使钻井作业更加精准，减少了资源浪费，提高了生产效率和安全性。

（5）道达尔公司（Total）。道达尔公司与谷歌云合作，利用 AI 技术优化油气勘探中的地质数据分析。通过 AI 算法处理大规模地质数据，道达尔能够更快速准确地识别油气藏的位置和规模。这一应用不仅提高了勘探决策的准确性，还缩短了勘探周期，降低了风险。同时，道达尔利用 AI 技术优化了油气田的开发计划，推动了更智能的资源配置，提高了整体运营效率和生产效益。

（6）斯伦贝谢公司（Schlumberger）。斯伦贝谢推出的 DELFI 勘探和生产环境感知系统，结合了人工智能、数据分析和自动化技术，实现了油气勘探和生产过程的智能化。DELFI 平台为油气公司提供了强大的数据分析能力，帮助公司更高效地管理勘探和生产活动。通过实时数据监控和智能决策支持，DELFI 优化了生产流程，降低了成本。此外，斯伦贝谢还将该平台应用于预测性维护，提升了设备的可靠性和使用寿命，进一步推动了资源开发的高效性和可持续性。

这些案例显示了人工智能在石油石化行业的多种应用，从油气勘探到炼油、设备管理、销售优化，再到碳排放监控和能源管理，AI 技术的应用帮助企业提高了运营效率，减少了资源浪费和环境影响，并推动了绿色低碳转型。随着技术的不断发展，未来人工智能将在行业中发挥更加重要的作用。

2 石油石化行业人工智能平台建设与应用面临的挑战与解决思路

尽管石油石化行业在 AI 平台建设与应用方面取得了显著进展，但仍面临多个核心挑战。以下我们分析了石油石化行业在 AI 平台建设与应用中遇到的主要挑战及其对应的解决思路。

2.1 数据质量与整合问题

数据质量和整合问题是 AI 平台建设中的首要挑战。石油石化行业的数据来源广泛且复杂，涉及地质勘探、生产监控、设备维护等多个领域。不同数据源的格式和质量差异较大，这使得数据的整合与分析变得更加困难。例如，来自不同设备的数据在时间戳、单位和精度等方面可能不一致，增加了数据清洗和标准化的难度。如果无法有效整合数据，AI 模型的准确性和可靠性将受到严重影响。

为了应对这一挑战，石油石化企业需要加强数据治理，建立统一的数据标准和规范。首先，应设计和部署标准化的数据采集和传输系统，确保数据的一致性和准确性。其次，企业可以利用数据湖和云平台等技术手段，整合来自不同来源的大规模数据，以确保数据在多个维度上实现高效管理和利用。最后，企业可以通过人工智能和机器学习技术进行数据预处理和清洗，进一步提高数据的质量和可用性，确保 AI 模型在高质量数据的支持下进行准确预测和分析。

2.2　数据安全与隐私保护

随着 AI 技术在石油石化行业的广泛应用，数据安全和隐私保护问题成为日益严重的挑战。AI 平台涉及大量敏感数据的处理和分析，尤其在油气勘探、生产过程、设备监控等领域，这些数据不仅关乎企业的竞争力，也可能涉及国家安全和商业机密。如果数据泄露或遭到攻击，将对企业和行业造成难以估量的损失。

为了应对这一挑战，石油石化企业需要加强网络安全基础设施建设，采用数据加密、身份认证、访问控制等多层次安全措施，确保敏感数据的安全性和隐私保护。此外，企业还应定期开展安全审计、渗透测试等活动，及时发现并修补系统漏洞。同时，企业应将数据保护法规（如《数据安全法》和《个人信息保护法》）纳入平台设计和运营过程中，确保数据处理、存储和传输环节符合法律和行业标准，防范潜在的法律和合规风险。

2.3　技术成本与技术壁垒

AI 技术的应用通常伴随着较高的技术成本。石油石化企业在建设 AI 平台时，涉及大规模的数据采集、存储和处理，要企业投资高性能的计算资源、存储设备和云服务。同时，AI 算法的研发和模型训练也需要大量的计算能力和专业技术支持。因此，高昂的技术成本也是 AI 平台建设与应用的重大障碍。此外，AI 技术的高度复杂性和跨学科特性，也使得企业面临技术壁垒。AI 平台的设计和实施需要多个领域的知识和技能，涉及数据科学、机器学习、深度学习、云计算、物联网等多个技术领域。石油石化企业在引入 AI 技术时，往往面临如何有效整合这些技术的难题。

为解决技术成本和技术壁垒问题，企业可以通过加强与科研机构、高校和技术供应商的合作，降低技术引进和研发的成本。通过共享技术资源

和创新成果，企业不仅能够获得专业支持，还能缩短技术引入和部署的周期。除此之外，企业可以选择云计算和大数据服务商提供的 AI 平台，降低硬件投资的压力，并通过弹性计算资源按需扩展，从而降低整体运营成本。

2.4　人才短缺

AI 技术的快速发展要求石油石化行业不断吸纳高端人才，尤其是数据科学家、AI 算法工程师、机器学习专家等。然而，AI 领域的高端人才稀缺，石油石化行业在吸引和培养人才方面面临巨大挑战。AI 技术不仅涉及到复杂的数学模型和算法，且在石油石化行业的应用还需要结合行业的专业知识，这使得人才需求更加迫切。

为了应对人才短缺问题，企业应加强与高校和科研机构的合作，推动产学研联合培养 AI 技术人才。企业可以通过设立奖学金、实习机会、技术培训等方式，吸引更多年轻人投身 AI 领域。此外，企业还应加大对现有员工的培训投入，提升其 AI 技术应用能力，形成内外部人才梯队，确保 AI 技术的持续应用和企业的技术创新能力。

2.5　技术迭代与持续更新

AI 技术在快速发展的同时，其算法和工具也在不断更新和迭代。石油石化行业的 AI 平台建设需要不断跟进技术发展，保证平台始终具备最前沿的技术支持。企业如果无法及时进行技术升级和平台迭代，将面临技术落后的风险，进而影响平台的竞争力和可持续发展能力。

为应对技术更新的挑战，企业应建立灵活的技术架构和模块化设计，便于在技术迭代时进行快速升级和调整。通过云平台的可扩展性和模块化架构，企业可以根据市场需求和技术发展动态调整平台的功能，并保持技术的前沿性。此外，企业应加强技术研发和人才培养，提升团队对最新技术的敏感性和应用能力，确保 AI 平台始终处于技术发展的最前沿。

石油石化行业在 AI 平台建设与应用中面临数据质量与整合问题、数据安全与隐私保护、技术成本与技术壁垒、人才短缺以及技术迭代与持续更新等多重挑战。针对这些问题，企业应采取有效的解决方案，包括加强数据治理和标准化、提升安全防护措施、降低技术成本和壁垒、提升技术能力以及解决人才短缺等措施。通过这些努力，石油石化行业可以实现 AI 技术的广泛应用，加速行业的数字化转型和智能化升级，为实现可持续

发展提供技术支撑。

3 石油石化行业人工智能平台建设与应用发展前景展望

尽管石油石化行业在 AI 平台的建设和应用方面仍处于不断探索和发展阶段，面临着技术成熟度、数据整合和应用场景拓展等多重挑战，但从长远来看，随着 AI 技术的不断进步及其与行业需求的深度契合，AI 平台的建设和应用将在未来石油石化行业的智能化、绿色化、低碳化转型过程中发挥更为关键的作用。具体而言，未来行业的 AI 平台建设与应用可能朝以下几个方向发展。

3.1 加速智能化与自动化生产的进程

随着物联网（IoT）、大数据、5G 技术、云计算等新兴技术的快速发展，石油石化行业将进一步加速智能化与自动化生产的进程。AI 平台将通过大规模的数据采集与实时分析，帮助企业实现生产设备的自动化管理、生产过程的智能化优化、以及运营模式的自主化。例如，AI 技术可以实时监控设备运行状态，预测潜在故障并进行远程调度，从而减少停机时间并提高设备利用率。AI 还将在生产调度、物料管理、仓储管理等方面大展身手，使得生产流程更加高效、精细，进而提升行业整体生产能力。

3.2 深化绿色低碳转型，推动行业可持续发展

全球范围内对碳排放与环境保护的关注日益加深，石油石化行业在应对气候变化与环境污染方面肩负着越来越大的责任。AI 平台将在绿色低碳转型中发挥关键作用，帮助企业优化能源管理、降低碳排放、提升资源利用率。AI 可以实时监控生产过程中的能源消耗，预测并识别能源浪费点，进而优化能源配置。此外，AI 平台还能实时监测废气、废水、废渣等污染物排放，并提供科学的管理与优化方案，帮助企业达成环保法规要求并推动行业走向更加绿色、可持续的发展道路。

3.3 推动数字化转型，提升全产业链的价值

AI 技术的应用将进一步加速石油石化行业的数字化转型，特别是在勘探、开采、生产、炼化、运输及销售等各个环节的精细化管理。通过智能化决策支持系统，AI 平台将推动行业从传统管理模式向智能化、精细化的数字化管理迈进。AI 能通过大数据分析与模式识别，帮助决策者做出更加准确的市场预测与资源配置决策，提升产业链的价值创造能力。同时，AI 技术将促进行业内外

的数据共享与协同合作，增强产业链上下游企业的协同效应。通过跨企业、跨行业的数据共享平台，实时数据交换与协同创新将得以实现，推动全行业技术进步与竞争力的提升。

3.4 推进跨领域技术融合，催生新的应用场景

石油石化行业正在朝着跨领域、多技术融合的方向发展。AI 技术与区块链、大数据、云计算、5G、边缘计算等技术的深度结合，将催生出新的应用场景和发展机遇。AI 通过实时分析各类技术数据，为行业提供精准的预测和决策支持，推动行业向更加智能、透明的运行模式。具体来说，AI 与物联网结合可以实现智能油气田的精细化管理；AI 与区块链的融合，将提升油气交易的透明度与安全性；同时 AI 与绿色技术的结合，有助于推动环保设备和绿色化生产技术的广泛应用。通过这些技术的融合与创新，石油石化行业将在多个领域提升技术水平和运营效率，推动整个产业链的持续创新与优化。

4 结语

伴随 AI 技术的不断发展，AI 平台在石油石化行业的建设与应用已经取得了显著进展，并在多个领域展现出巨大的潜力。AI 平台不仅提升了生产效率、降低了运营成本，也为行业的绿色低碳转型提供了强有力的支持。尽管如此，行业在推进 AI 平台建设和应用的过程中仍面临诸多挑战，如数据质量和安全问题、技术融合的障碍、人才短缺等。这些问题需要通过技术创新、跨行业合作以及政策的完善来不断解决。

未来，随着 AI 技术的不断成熟和应用范围的扩展，石油石化行业的智能化转型将进一步加速。AI 平台将在提高生产效率、优化资源配置、推动绿色转型等方面释放巨大的潜力。因此，推动 AI 平台建设的标准化与规范化，完善相关技术和管理体系，将是行业未来发展的关键。只有不断推进技术创新与应用深化，才能为石油石化行业的可持续发展提供更加坚实的基础。

参 考 文 献

[1] 杨剑锋，杜金虎，杨勇等.油气行业数字化转型研究与实践.石油学报，42（2），248-258.

[2] 李阳，王敏生，薛兆杰等.绿色低碳油气开发工程技术的发展思考.石油钻探技术，51（4），11-19.

[3] 林伯韬，郭建成.人工智能在石油工业中的应用现状

探讨.石油科学通报,4(4),403–413.

[4] 王敏生,姚云飞.碳中和约束下油气行业发展形势及应对策略.石油钻探技术,49(5),1–6.

[5] 李阳,廉培庆,薛兆杰等.大数据及人工智能在油气田开发中的应用现状及展望.中国石油大学学报(自然科学版),44(4),1–11.

[6] 屈雪峰,姚卫华,邹永玲等.长庆油田数智化油藏建设理论与实践.大庆石油地质与开发,43(3),225–232.

[7] 钱锋,杜文莉,钟伟民等.石油和化工行业智能优化制造若干问题及挑战.自动化学报,43(6),893–901.

[8] 李剑峰.(2020).智慧石化建设:从信息化到智能化.石油科技论坛,39(1),34–42.

[9] 雷曼,徐小蕾,贾梦达.人工智能在石油化工领域的应用.化工管理,(25),79–82.

[10] 光新军,王敏生,耿黎东等.(2020).人工智能技术发展对石油工程领域的影响及建议.石油科技论坛,39(5),41–47.

[11] 耿黎东.大数据技术在石油工程中的应用现状与发展建议.石油钻探技术,49(2),72–78.

[12] 李磊,高文清,翟鲁飞等.(2024).ChatGPT在石油化工领域的应用.化工管理,(8),12–15.

[13] 黄晟,王静宇,李振宇.碳中和目标下石油与化学工业绿色低碳发展路径分析.化工进展,41(4),1689–1703.

[14] 孟媛.油企数字潮涌.国企管理,(8),100–103.

[15] 时付更,王洪亮,孙瑶等.梦想云在油气精益生产管理中的应用.中国石油勘探,25(5),9–14.

[16] 杜金虎,时付更,张仲宏等.中国石油勘探开发梦想云研究与实践.中国石油勘探,25(1),58–66.

[17] 匡立春,刘合,任义丽,罗凯等.人工智能在石油勘探开发领域的应用现状与发展趋势.石油勘探与开发,48(1),1–11.

[18] 蒋玲玲,李昌盛.中国石化5项技术入选2024年中国油气人工智能科技优秀案例.中国石化报.

[19] 李婕.中国海油发布"海能"人工智能模型.人民日报海外版.

人工智能在液化石油气场站视频监控泄露检测的应用

白　玉

（中国石油天然气销售液化石油气东北分公司）

摘　要　液化石油气场站作为石油炼化行业终端销售的末梢神经，承载着液化石油气相关组分的管输、存储、灌装、装卸等全流程作业操作，其中任何一个环节操作的纰漏、处置失当都可能造成泄露事件的发生。泄露的液化气在常温常压情况下体积急剧增大近 250 倍，且具有沸点低、易爆炸、大量吸热等物理化学特性，对应急处置人员的心理素质、技术熟练度有一定要求，若处置不当，相关事故或次生危害可能对员工的生命安全、公司的财产设施造成重大损失。为了预防场站内各类泄露事故及次生危害的发生，行业内有针对性的部署了气体泄露检测仪来感知储罐、管网等重点场所可能发生的泄露情况，使用了防拖拽装置、紧急切断装置来预防装卸过程人为疏忽造成装卸臂脱落的突发情况，并且绝大多数场站部署了视频监控系统。传统的视频监控系统可以在各类事件发生时呈现最实时的现场情况，在事故回溯时提供最直观的原因分析依据，而加入人工智能检测网络算法的监控系统除了可以实现传统监控系统所具备全部功能外，还可以通过深度学习检测模型对监控视频流进行实时分析，实现对疑似泄露情况的智能判定，对作业现场开展全天候无休息的连续监控，通过对输出信息进行进一步处理发出提醒或采取联动紧急处置，在泄露发生的第一时间对险情做出准确识别及预判，能在一定程度上规避相关险情的发生。

关键词　人工智能；深度学习；监控视频；视觉处理；泄露

1　引言

近年来国内重大液化气事故频发，其中 2017 年 6 月 5 日山东金誉石化重大爆炸事故给整个行业带来了强烈反思。此次事故中液化气槽车在卸车过程中万向装车臂连接管与罐车液相出口脱离，造成大量液化气泄露并急剧汽化，过程长达 130 秒未得到有效处置，从而形成爆炸性混合气体，在遇火源引发爆炸并造成多处装置连锁爆炸，其当量相当于 1 吨 TNT，最终造成了 10 人死亡 9 人受伤，直接经济损失 4468 万元的重大事故。

通过视频监控回溯事故经过，在吸取事故教训同时，不免为爆炸发生前 130 秒内现场操作人员的慌乱无措、值班监控人员擅离职守，从而错过最佳紧急处置机会而感到惋惜。全天实时运行的传统监控设备虽然能第一时间如实记录事故发生的全部过程，在我们回溯事故发生总结经验教训时能每一帧一秒的呈现出全部细节，如果还能加入智慧判断思维，在泄露发生之初便能将泄露信息重点提醒监控室监控操作人员采取应急措施或自主启动紧急切断设施，任何一次及

时合理的应急处置都有极大的可能将阻止此次事件的发生，这也是我们持续运用人工智能在液化石油气场站视频监控泄露检测开展应用研究的初衷。

根据此思路，为了克服人工监测的困难，引入具备人工智能检测网络算法的视频监控系统是行之有效的一种解决方案。我们开展了基于人工智能深度学习算法的泄漏视频图像自主监测研究探索，人工智能（AI）是一种让机器像人类一样思考和学习的技术，而深度学习技术是人工智能的一种重要分支，它使用卷积神经网络来模拟人类的大脑，从而实现自动化学习和决策，深度学习的优势在于它能够处理大量的非结构化数据，例如文本、图像和音频等，深度学习模型能够处理大量数据的并随着数据的增加而不断提高其性能和准确性，从而使视频监控系统具备类似人类的预判思维，对发生险情的视频画面自动预判，从而规避依赖人来监管视频系统的诸多弊端。

2　现有领域存在问题

为了更好的开展相关探索，我们对现有传统

监控系统开展相关调研分析，不难发现，目前场站中视频监控设备，不具备自主视频监测分析功能，视频数据传输至各场站控制室，由人工监测现场情况，存在相类似的实际问题。

2.1　人力资源消耗大

各液化气运营公司为保障对生产设施有力监管，各场站控制室大多配备了 24 小时值班人员开展实时监控，在耗费大量的人力资源同时也带来了人力更替、培训、管理等诸多问题。而值班人员存在疲劳的情况，难以长时间保持高度敏感和警觉，造成值班人员难以对泄漏问题进行及时的发现和报告，从而增加了潜在的安全风险。

2.2　处置及时性差

传统的视频监控设备大多具备现场实况呈现、历史追溯功能，缺乏自动化的泄漏报警功能及自主预判能力，相关事件发生的预警依赖于设备监管人员发现，这会导致场站中的安全事件发生后监管人员对泄露问题的延迟响应和处理。

3　解决思路

通过人工智能检测网络对传统液化石油气场站监控视频流进行逐帧检测，并分析泄露状态，实现自动报警，减轻人员监控的压力，提高监控效率及准确性，并降低场站发生安全事故的可能性是我们解决现有问题主要思想，而具备人工智能检测网络的视频监控系统，应从以下方向开展实际需求分析：

3.1　液化气泄漏全天候、全时段泄漏检测

液化气泄漏监测应具有全天候、全时段，需要监测设备具有准确性和实时性的特性，尤其是在雨雪雾天气，因此应设计合适的人工智能和深度学习方法，判断泄漏点，是需要解决的重要问题，本文所述方案计划拟采用 YOLO 系列目标检测算法，并结合注意力机制算法以提高检测的鲁棒性并结合大数据技术，优化深度学习网络算法。

3.2　液化气泄露程度判断

实际生产中，如何更加合理地判断液化气泄露的程度，是需要考虑的实际问题，本文所述方案拟通过可见光相机以及红外双工摄像头（两种模式同时工作）获取采集信息，开展大范围实时监测，同时使用与真实场景相似度极高的液化气泄漏数据集对网络模型进行训练，实现液化气泄露的高可靠判别。

3.3　液化气泄漏实时报警

液化气泄漏若不及时处理，会导致火灾、爆炸和毒性气体泄漏等安全事故，不但会为企业带来经济损失，还会威胁到人们的生命财产安全。如何协助管理人员在最短的时间内发现泄漏，减小相关风险，并采取措施避免重大事故发生，也是安全考量的重中之重。本文所述方案拟选用远程报警模块，在发现泄漏事故时向管理者实时发送报警信息，便于企业对泄露问题进行及时处理。

4　解决问题的具体方法

通过建立原始液化气泄露检测数据（可见光图像＋红外图像）搭建智能检测网络，移植至智能开发板，在智能开发板上安装可见光、红外双工摄像头将远程报警模块与智能处理板进行组合，并通过远程云端平向管理者实时发送报警信息。将液化气检测设备安装在液化气球灌、装卸车鹤位附近，对可能会泄漏的区域进行实时监控，如图 1 所示。

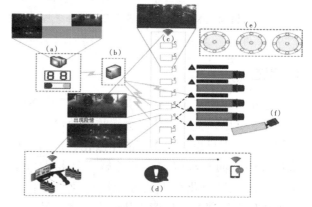

图 1　在线智能摄像头监测示意图

4.1　数据收集和标注

在合适的环境中使用干冰来模拟液化气泄漏，并形成视频数据集。将厂区提供的摄像头监测视频数据集和模拟液化气泄漏视频数据集转换为图片形式，进行随机逐帧合成，从而形成厂区液化气泄漏模拟数据集。采用标注工具对数据集中液化气泄露的位置进行标注，将标注后的数据集按比例形成训练集、验证集和测试集，如图 2 所示。

4.2　智能检测网络框架设计：

先利用公共数据集对构建基于 YOLOv5s 改进的液化气泄露监测模型进行预训练，再将预训练权重作为模型的初始权重来进行迁移学习。得到权重后，构建基于 YOLOv5s 改进的液化气泄

图2　液化气泄漏数据集标注

露监测模型。具体改进如下：利用高效层聚合思想设计高效模块（Efficient Model，EM）；利用结构重参数技术在检测网络推理结构小幅度精简的条件下，拓宽训练网络的宽度，形成重参数化卷积（Re-parameterized Convolution，RConv）和重参数化EM（Re-parameterized EM，REM）模块；利用自适应特征权重调整机制设计自适应特征选取（Adaptive Feature Selection，AFS）模块；利用损失函数GFL指导网络训练。检测网络具体结构如图3所示。

4.3　智能检测网络搭建：

使用在公共数据集上预先训练得到的预训练权重作为液化气监测模型的初始化权重进行迁移学习在训练过程中，根据实际情况对网络结构的深度和宽度以及图片大小等一系列参数，以及调

整检测框与真实标签框的相似度阈值来判断正负样本。通过非极大值抑制算法来消除冗余的预测框，确保找到最佳的物体位置。在经过200~300个轮次的训练，建立一个能够对液化气泄漏进行实时检测的检测网络。在网络搭建成功后，将其移植到用于目标检测的智能处理板上，如图4所示。

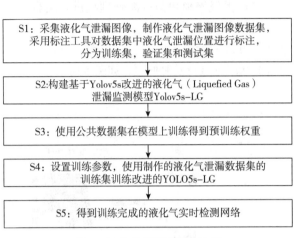

图4　智能监测网络搭建流程

4.4　红外与可见光双摄像头检测：

将训练好的智能检测网络移植到智能开发板后，在智能开发板上搭载红外与可见光双摄像头。可见光相机的视频图像更容易捕捉到环境中的光谱信息，适用于判别泄漏气体程度监测；红外相机的视频图像更容易捕捉到环境中的温度信息，适用于判别泄漏气体范围监测；该设备通过同时

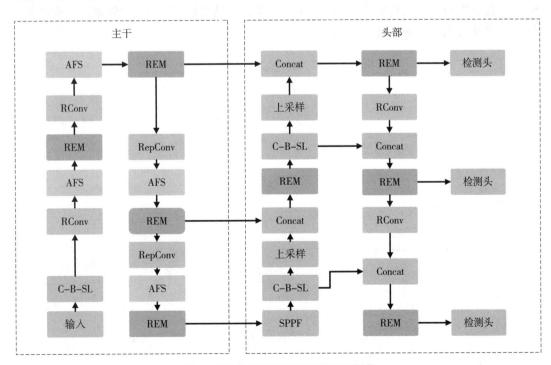

图3　智能检测网络网络整体框架结构

处理可见光视频图像与红外视频图像，监测液化气泄漏，建立监测判别的双保险机制，实现液化气泄漏的高可靠、全时段判别。智能处理板可实时处理视频数据，实现在线智能监测，如图5所示。

4.5 远程报警模块实时报警：

将远程报警模块与智能处理板进行组合，实现供电一体化。并通过远程云端平台通过短信、电话等方式向管理者实时发送报警信息，便于企业对泄漏问题进行及时处理，如图6所示。

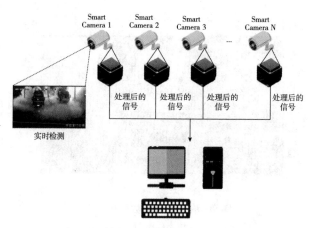

图 5 红外与可见光双摄像头在线检测

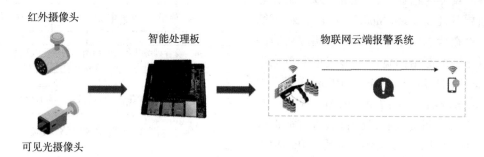

图 6 远程报警模块实时检测报警

5 结论

为了对液化气场站开展有效安全管控，本文所述方案开展了液化气泄漏的智能图像识别监测研究，基于液化气泄漏汽化过程体积急速膨胀等特性，对泄露视频图像采用结构重参数技术，提高网络对泄漏液化气的特征表达能力，通过广义焦点损失方法对模型进行指导训练，利用高效聚合思路重新设计网络结构解决欠拟合问题，从而形成气体泄漏智能判断算法。基于此算法，形成新的智能终端视频监控平台，可对泄漏险情进行自主研判，将有效提高应急反应时间，避免因人为检查造成的漏报，可有效提升本质安全。

绿色油田：数字化转型助力可持续发展

刘建微

（中国石化中原油田分公司）

摘　要　在全球对环境保护的重视程度持续攀升的时代背景下，石油行业正面临着前所未有的严峻形势与挑战。传统的油田开发模式存在诸多弊端，其不仅在资源消耗方面呈现出巨大的规模，而且极有可能对生态环境造成难以逆转的破坏与影响。在此情形下，探寻一种既能切实满足能源需求，又能有效保护环境的新型油田开发模式，已然成为当务之急且刻不容缓的重要任务。"绿色油田"这一创新概念由此应运而生，其核心要义在于充分运用先进的数字化技术，诸如大数据、云计算、物联网（IoT）等前沿科技手段，进而达成油田智能化管理的目标，最终实现节能减排的关键目的。本文将以深入且全面的视角，详细探讨数字化转型如何在推动油田迈向更加环保、高效的绿色发展进程中发挥关键助力作用。

关键词　绿色油田；数字化；可持续发展

1　引言

随着全球对环境保护以及可持续发展的关注度达到前所未有的高度，油田行业作为能源领域举足轻重的组成部分，正处于关键的十字路口，面临着极为巨大的挑战与千载难逢的机遇。绿色油田数字化转型已然成为实现可持续发展目标的核心路径与关键举措，其本质在于将现代信息技术深度融合于油田生产运营的各个环节之中，致力于全面提升资源利用效率、显著减少环境污染、持续优化生产流程，以此推动经济、环境和社会实现协同发展的良好局面。在这一转型进程中，油田企业需要积极应对诸多挑战，充分发挥数字化技术的优势，不断探索创新发展模式，以实现可持续发展的战略目标，为全球能源格局的优化和生态环境的保护贡献重要力量。

2　绿色油田数字化转型的内涵与意义

2.1　内涵

绿色油田数字化转型涵盖了多个方面，包括利用数字化技术实现油田生产过程的智能化监控与管理、优化能源消耗与资源配置、加强环境保护措施的精准实施以及推动企业运营管理的信息化变革。通过数据采集、传输、存储和分析，实现对油田生产全生命周期的数字化表征和优化决策。

2.2　意义

2.2.1　提高资源利用效率

通过精准的地质建模和油藏模拟，数字化技术能够更准确地评估油田储量和开采潜力，优化开采方案，提高油气采收率，减少资源浪费。

实时监测设备运行状态和生产参数，实现设备的智能维护和能源的精细化管理，降低能耗和物耗。

2.2.2　减少环境影响

数字化监控系统可以实时监测污染物排放情况，及时发现并处理环境问题，确保油田生产符合环保标准。

推广应用清洁能源和节能技术，如太阳能、风能在油田生产中的应用，减少温室气体排放，降低对环境的负面影响。

2.2.3　提升生产安全性

利用物联网、大数据等技术构建安全监测预警平台，实时监测生产设施和作业环境的安全状况，提前预警潜在风险，减少事故发生概率，保障员工生命安全和企业财产安全。

2.2.4　增强企业竞争力

数字化转型有助于油田企业优化管理流程，提高决策效率，降低运营成本，从而在激烈的市场竞争中占据优势。

满足社会对可持续发展的要求，提升企业形象和社会认可度，为企业的长期发展创造良好的外部环境。

3 绿色油田数字化转型的关键技术

3.1 物联网技术

在油田生产现场部署大量的传感器和智能设备，实现对油井、管道、设备等的实时数据采集和远程监控。通过物联网平台，将采集到的数据传输到数据中心进行分析处理，为生产决策提供依据。例如，通过安装在油井上的压力传感器、温度传感器等，可以实时监测油井的生产状况，及时发现异常情况并进行处理，提高油井的生产效率和稳定性。

3.2 大数据与人工智能技术

3.2.1 大数据分析

收集和整合油田生产过程中的各类数据，包括地质数据、生产数据、设备运行数据、环境监测数据等，运用大数据分析技术挖掘数据背后的潜在规律和关联关系。

通过数据分析预测油田产量变化趋势、设备故障概率等，为优化生产计划、制定维修策略提供科学依据，实现生产过程的精细化管理和资源的优化配置。

3.2.2 人工智能应用

机器学习算法在油田生产中的应用日益广泛，如利用机器学习模型进行油藏动态预测、产量优化、智能注水等。通过对大量历史数据的学习和训练，模型能够自动识别和适应不同的生产条件，提供最优的决策方案。

智能机器人在油田巡检、设备维护等领域的应用逐渐增加，它们可以在恶劣环境下代替人工完成一些危险和重复性的工作，提高工作效率和安全性。

3.3 云计算技术

云计算为油田数字化转型提供了强大的计算和存储能力。油田企业可以将数据存储和应用程序部署在云端，实现资源的共享和灵活调配。通过云计算平台，用户可以随时随地访问和处理数据，提高工作效率和协同能力。同时，云计算还能够降低企业的信息化建设成本和运维成本，为数字化转型提供有力支持。

3.4 数字孪生技术

数字孪生是一种将物理实体与虚拟模型相结合的技术，通过在虚拟空间中创建油田生产设施和工艺流程的数字模型，实现对物理实体的实时映射和仿真分析。利用数字孪生技术，油田企业可以在设计阶段对油田开发方案进行虚拟验证和优化，提前发现潜在问题，降低项目风险；在生产运营阶段，通过数字孪生模型实时监控生产过程，预测设备故障和生产风险，及时采取措施进行调整和优化，提高生产效率和质量。

4 绿色油田数字化转型的实践案例

4.1 案例一：国内大庆油田数字化建设

大庆油田积极推进数字化转型，构建了涵盖油气生产、集输、处理等全流程的数字化管理平台。通过物联网技术实现了对油井、站场等生产设施的实时监控和数据采集，利用大数据分析和人工智能技术优化生产运行参数，提高了油气采收率和生产效率。同时，该油田在环境保护方面也取得了显著成效，通过数字化监测系统实现了对污染物排放的精准控制，推广应用了清洁能源和节能技术，减少了温室气体排放和环境污染。

4.2 案例二：西北油田数字孪生项目应用

顺北油田联合站是中国石化首个实现国产化数字孪生工厂与实体工程同步规划、建设和交付的数字化联合站。该站采用先进的数字孪生技术，构建了一个与实际站点完全一致的虚拟模型，涵盖原油处理、天然气处理及水处理系统的主要工艺流程。通过这一技术，联合站实现了这些系统的主工艺流程自动化控制率达到100%，显著提高了生产效率和管理水平。此外，西北油田充分利用数字孪生技术的仿真分析和预测能力，深入挖掘联合站的能源利用效率潜力。这些技术手段有助于优化操作流程，减少能源消耗，提高能效，从而推动绿色低碳站库的建设和发展。通过这种方式，顺北油田联合站不仅在提高生产效率方面取得了显著成效，也为环境保护和可持续发展做出了重要贡献。

5 绿色油田数字化转型面临的挑战

5.1 技术集成与创新难度大

绿色油田数字化转型涉及多种技术的集成应用，不同技术之间的兼容性和协同性问题较为突出。同时，数字化技术的快速发展也要求油田企业不断进行技术创新和升级，以适应新的业务需求和市场竞争环境。然而，油田企业在技术研发和创新方面往往面临资金、人才等方面的限制，技术集成与创新难度较大。

5.2　数据安全与隐私保护问题

随着数字化转型的深入推进，油田企业积累了大量的生产数据和用户信息，这些数据的安全和隐私保护成为至关重要的问题。数据泄露、网络攻击等安全事件可能会给企业带来严重的经济损失和声誉影响。此外，油田行业涉及国家能源安全，数据安全更是不容忽视。因此，如何建立完善的数据安全管理体系，加强数据加密、访问控制、安全监测等技术手段的应用，保障数据的安全和隐私，是绿色油田数字化转型面临的重要挑战之一。

5.3　人才短缺与员工素质提升需求

绿色油田数字化转型需要既懂油田专业知识又掌握数字化技术的复合型人才。然而，目前油田行业此类人才相对短缺，现有的员工队伍在数字化技能和知识方面也存在一定的差距。因此，油田企业需要加大人才培养和引进力度，加强员工的数字化培训和教育，提升员工的综合素质和业务能力，以满足数字化转型的需求。

5.4　组织变革与管理模式调整压力

数字化转型不仅仅是技术的变革，更是对企业组织架构和管理模式的深刻变革。传统的油田企业组织架构和管理流程往往难以适应数字化时代的快速决策和协同工作要求。因此，油田企业需要进行组织变革和管理模式创新，优化业务流程，建立以数据为驱动的决策机制，加强部门之间的协作与沟通，提高企业的运营效率和管理水平。然而，组织变革和管理模式调整涉及到利益分配、权力结构等方面的问题，可能会面临一定的阻力和挑战。

6　应对绿色油田数字化转型挑战的策略

6.1　加强技术研发与合作

1. 加大对数字化技术研发的投入，建立企业内部的技术研发团队或与高校、科研机构合作开展联合研发，针对油田数字化转型中的关键技术问题进行攻关，提高技术自主创新能力。

2. 积极参与行业标准制定和技术交流活动，加强与其他油田企业的技术合作与共享，共同推动绿色油田数字化转型技术的发展和应用。

6.2　强化数据安全管理

1. 建立健全数据安全管理制度和规范，明确数据安全责任主体，加强对数据全生命周期的安全管理，包括数据采集、存储、传输、使用和销毁等环节。

2. 采用先进的数据加密技术、访问控制技术、安全监测技术等，加强对数据的保护和防范网络攻击。定期开展数据安全风险评估和应急演练，提高应对数据安全事件的能力。

6.3　加快人才培养与引进

1. 制定人才培养计划，加强与高校、职业院校的合作，开设相关专业课程和培训项目，培养一批具有油田专业知识和数字化技能的复合型人才。

2. 加大人才引进力度，通过优厚的待遇和良好的发展环境吸引国内外优秀的数字化人才加入油田。同时，加强对现有员工的数字化培训和继续教育，鼓励员工自主学习和提升技能，建立完善的人才激励机制，激发员工的创新活力和工作积极性。

6.4　推动组织变革与管理创新

1. 进行组织架构优化，调整部门设置和职责分工，建立适应数字化转型的扁平化、网络化组织架构，提高决策效率和协同工作能力。

2. 推进管理模式创新，引入数字化管理理念和方法，建立以数据为核心的绩效管理体系和决策支持系统，实现管理流程的数字化和智能化。加强企业文化建设，营造鼓励创新、勇于变革的企业氛围，促进员工对数字化转型的认同和支持。

7　结论

绿色油田数字化转型是实现油田可持续发展的必然选择，它对于提高资源利用效率、减少环境影响、提升生产安全性和企业竞争力具有重要意义。通过物联网、大数据、人工智能、云计算、数字孪生等关键技术的应用，油田企业在生产运营、环境保护、管理决策等方面取得了显著成效。然而，数字化转型过程中也面临着技术集成、数据安全、人才短缺、组织变革等诸多挑战。为应对这些挑战，中原油田需要加强技术研发与合作、强化数据安全管理、加快人才培养与引进、推动组织变革与管理创新，从而实现绿色油田数字化转型的顺利推进，为油田行业的可持续发展做出积极贡献。

未来，随着数字化技术的不断发展和应用，绿色油田数字化转型将迎来更广阔的发展空间和机遇。油田应抓住机遇，积极探索创新，不断深化数字化转型，推动油田向更加高效、绿色、智能的方向发展，为全球能源可持续发展和环境保护做出更大的贡献。

AR 技术在企业安全生产中的应用

冯　博　李　彬

（中国石油锦州石化公司）

摘　要　AR 技术是将虚拟与现实结合的一门技术，可以模拟现场场景，实现远程体验，增加操作人员体验感。目前 AR 技术应用于游戏、驾驶、教育等领域，技术发展较为成熟。基于 AR 技术，应用于公司操作培训、应急演练、设备检维修、远程协作等方面，可以提高岗位操作人员技能和岗位水平，提高装置安全运行，强化技能人才培训。

关键词　AR；VR；操作培训；维修；应急演练

增强现实（Augmented Reality，简称 AR）是一种将虚拟信息与真实世界巧妙融合的技术。AR 技术通过智能设备，如手机、平板电脑、眼镜等，将数字内容（如 3D 模型、图像、视频、音频等）叠加在现实场景中，使操作人员能够同时看到真实世界和虚拟元素，并实现实时交互。AR 技术具有广泛的应用领域。在教育领域，它可以让学习变得更加生动有趣，例如通过虚拟展示解剖结构帮助学生更好地理解人体构造。在娱乐方面，如游戏中可以创造出与现实环境相结合的独特体验。在零售行业，消费者能够通过 AR 试穿衣物、试戴首饰等。在工业领域，AR 可以辅助工人进行设备维修和操作指导。

目前公司岗位人员培训、应急演练、维修作业主要采用人员理论学习、实践操作、上机操作等方式，一方面需要耗费大量人力物力，另一方面需要岗位人员结合培训内容，将知识转化到实际岗位工作中，培训成果周期长、效率低。可以结合 AR 技术，将装置实际情况建模，通过 AR 眼镜、手机、平板电脑等，模拟仿真还原装置现场情况，使岗位人员获得与现场相同的体验，提高培训效率和成果，提高岗位人员操作技能，保障装置安全平稳生产（图 1）。

1　AR 技术路线

1.1　基于标识（Marker）的 AR 技术

这种技术通过识别特定的图像、图案或二维码等标识来确定虚拟信息的叠加位置和方式。

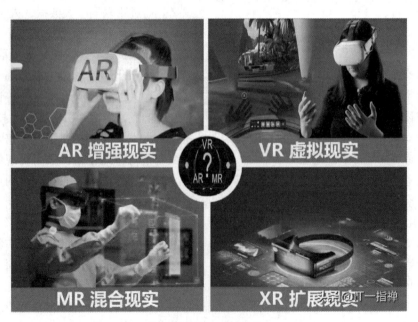

图 1　AR/VR/MR 对比

优点是识别准确率高、稳定性好，适合在特定场景中使用。

缺点是需要事先准备好标识物，使用场景相对受限。

1.2　基于地理位置的 AR 技术

利用全球定位系统（GPS）、北斗等定位技术获取设备的位置信息，然后根据位置在现实场景中叠加相关的虚拟内容。

常用于地图导航、旅游导览等应用。

精度可能会受到环境因素的影响。

1.3　基于图像识别的 AR 技术

对现实场景中的物体或特征进行识别和分析，从而确定虚拟信息的显示位置和方式。

具有较强的灵活性和适应性，但计算量较大，对设备性能要求较高。

1.4　基于深度学习的 AR 技术

利用深度神经网络进行场景理解和对象识别，能够更精确地融合虚拟和现实内容。

是当前研究的热点方向，但需要大量的数据和强大的计算资源进行训练。

1.5　基于光场显示的 AR 技术

通过控制光线的传播和方向，实现更加逼真的虚拟图像与真实场景的融合效果。

技术难度较大，目前还处于研究和发展阶段。

不同的 AR 技术路线各有优缺点，在实际应用中，往往会根据具体的需求和场景选择合适的技术方案来实现最佳的增强现实效果。

2　技术方案

2.1　计算机视觉技术。计算机视觉技术是 AR 核心技术之一，利用计算机视觉方法建立现实视觉与屏幕之间的映射关系，使我们想要绘制的图形或是 3D 模型可以如同依附在现实物体上一般展现在屏幕上。它通过摄像头捕捉周围环境，对图像进行处理和分析，提取出关键信息，如装置框架、道路、建筑物、人员车辆等。计算机视觉技术可以通过图像识别、目标检测、图像分割等算法实现。

2.2　增强现实技术（VR）。增强现实技术是 AR 另一个核心技术，它将虚拟信息与真实场景相结合，通过算法计算出虚拟信息的位置和大小，将其叠加在真实场景中。增强现实技术可通过视觉跟踪、虚拟投影等算法实现。

2.3　位置定位技术。位置定位技术是 AR 基础技术之一，它通过 GPS、北斗、地图等技术确定人员地理位置，然后从某些数据源获取杆位置附近物体的 POI 信息点，然后再通过移动设备的电子指南针和倾斜角度，通过这些信息建立目标物体再现实场景中的平面基准（相当于 marker）。位置定位技术可以通过卫星定位、无线定位等技术实现。

2.4　人工智能。人工智能技术通过机器学习和深度学习等技术，对操作人员的行为和偏好进行分析，为操作人员提供更加个性化的服务。人工智能技术可以通过数据挖掘、推荐算法等技术实现。

AR 技术的核心算法原理包括：

图像识别：图像识别是一种使用计算机程序对图像进行分类和识别的技术。在 AR 技术中，图像识别算法可以帮助识别和跟踪现实世界的对象。

三维重构：三维重构是一种将二维图像转换为三维模型的技术。在 AR 技术中，三维重构算法可以帮助将虚拟对象与现实世界的图像融合在一起。

位置跟踪：位置跟踪是一种使用计算机程序跟踪现实世界对象的位置和方向的技术。在 AR 技术中，位置跟踪算法可以帮助将虚拟对象与现实世界的图像融合在一起。

具体操作步骤包括：

获取现实世界的图像：使用摄像头获取现实世界的图像。

识别和跟踪现实世界的对象：使用图像识别算法识别和跟踪现实世界的对象。

生成虚拟对象：根据用户需求生成虚拟对象。

将虚拟对象与现实世界的图像融合在一起：使用三维重构和位置跟踪算法将虚拟对象与现实世界的图像融合在一起。

数学模型公式详细讲解：

图像识别：图像识别算法通常使用卷积神经网络（CNN）来进行图像分类和识别。CNN 是一种深度学习算法，它可以自动学习图像的特征，并根据这些特征进行分类和识别。CNN 的核心结构包括卷积层、池化层和全连接层。卷积层用于提取图像的特征，池化层用于降低图像的分辨率，全连接层用于进行分类和识别。CNN 的数学模型公式如下：

$$y=f(Wx+b) \qquad (1)$$

其中，x 是输入图像，W 是权重矩阵，b 是偏置向量，f是激活函数。

图像捕捉：AR 系统可以通过摄像机捕捉现实世界的影像，数学模型公式如下：

$$I(x, y)=A(x, y) \times T(x, y)+B \quad (2)$$

其中，$I(x, y)$ 表示图像灰度值，$A(x, y)$ 表示物体的反射率，$T(x, y)$ 表示光线传输函数，B 表示背景光照。

特征提取：AR 系统通过计算机视觉算法对捕捉到的图像进行特征提取，数学模型公式如下：

$$f(xy) = \nabla I(x, y) \quad (3)$$

其中，$f(x, y)$ 表示特征图，$\nabla I(x, y)$ 表示图像的梯度。

三维重构：三维重构算法通常使用多视角重建方法来将多个二维图像转换为三维模型。多视角重建方法包括直接方法和间接方法。直接方法通过直接解析几何关系来重建三维模型，间接方法通过优化几何关系来重建三维模型。三维重构的数学模型公式如下：

$$Z=K \times [R|T] \times [XYZ] \quad (4)$$

其中，Z 表示图像平面坐标型，K 表示摄像机内参数矩阵，R 表示旋转矩阵，T 表示平移向量，XYZ 表示三维空间坐标。

位置跟踪：位置跟踪算法通常使用基于特征点的方法来跟踪现实世界对象的位置和方向。基于特征点的方法通过检测图像中的特征点，并计算特征点之间的距离来跟踪对象的位置和方向。位置跟踪的数学模型公式如下：

$$P=f(X, Y, Z, I, L) \quad (5)$$

其中，P 表示位置信息，XYZ 表示三维空间定位信息，I 表示图像识别信息，L 表示光线追踪信息，f 表示计算位置信息的函数。

3 应用场景（图2、图3）

3.1 仿真培训。利用 AR 技术，为公司操作人员提供了更加真实、更丰富的培训体验。通过虚拟模拟，操作人员可以在仿真环境中学习操作设备，应对危机情况，并掌握相关技能，而无需直接操作实际设备。这种虚拟培训不仅降低了培训成本，还减少了潜在的安全风险，同时加速了新员工的上岗时间，以及老员工掌握新岗位技术。

3.2 设备巡检。当维护人员或操作人员将 AR 设备对准机泵仪表时，AR 会显示出各个仪表的功能介绍，以及正常的数值范围等信息，辅助操作人员提高巡检水平。

图 2　AR 在设备安装维修中应用

图 3　AR 在巡检和操作中应用

3.3 操作流程。通过 AR 设备，预写入操作流程，操作人员可以按照提示，逐步展示开机前的检查步骤，比如阀门的状态、仪表的读数确认等。然后是开机的操作顺序，每一步都会有虚拟指示，比如按哪个按钮、调节哪个旋钮等。

3.4 设备维护。在维护方面，AR 设备可以显示如何拆卸仪表、阀门、机泵等设备进行检修，更换零部件的具体流程，以及安装回去的步骤和注意事项。还能显示常见故障的判断方法和处理流程提示。

3.5 实时监控。利用 AR 技术，实现了对装置设备的实时监控和维护。通过智能眼镜或其他 AR 设备，操作人员可以直观地查看设备状态，并获取维护信息和操作指导，这有助于及时发现设备故障、减少停机时间，并提高设备的可靠性和稳定性。利用 AR，将工厂数据和生产指标以虚拟形式呈现，使管理人员能够更直观地理解生产状况，并进行数据驱动的决策。这种数据可视化和分析的方法有助于提高生产效率，优化资源利用，从而实现更高水平的运营管理。

3.6 远程协助。因为设备维护厂家地域分散，无法实现快速处理，影响设备运行。利用 VR 和

AR 技术，打破地域和空间限制，实现了远程团队在虚拟环境中的实时协作，无论团队成员身处何地，他们都可以共同解决问题、制定策略，提高工作效率和质量。

4　AR 实施过程（图4）

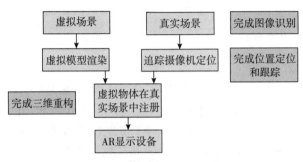

图 4　AR 建立过程示意图

内容设计。需要对现场环境进行 360 度拍摄，每张图片预留 30% 的拼接重复区域，通常使用全景云台和视角更广的鱼眼镜头。现场环境范围较大时，可以使用摄像机录制或无人机航拍方式，实现基础数据采集。例如机泵仪表维护和操作，需要确定呈现的机泵仪表维护和操作流程的具体细节，以及对应图像。

物体建模。设计和创建虚拟元素，包括 3D 模型、动画、音频、视频等。照片或录像拍好后进行修图和剪辑，对一些图像瑕疵和细节进行完善处理，按照使用需求，可做 3D 渲染和表面纹理细化，完成 3D 模型建立，为后续拼接提供高质量图像数据。一方面确保虚拟元素的渲染效率，避免出现卡顿或延迟，影响操作人员体验，一方面合理管理资源，如纹理大小、模型复杂度和动画帧率。

虚拟与现实融合。使用 AR 拼接软件将图片按照顺序进行拼接，搭建虚拟环境。利用建立的 3D 模型，使用地理位置或标识的 AR 技术，实现现实增强。实现准确的跟踪和定位，使虚拟元素能够稳定地附着在现实场景中，涉及使用传感器（如摄像头、陀螺仪、加速度计等）来获取环境信息。精确的空间定位和测量对于虚拟元素在现实场景中的准确放置至关重要。规划操作人员与 AR 内容的交互方式，如触摸、手势、语音等，确保交互的直观性和易用性。

平台开发。选择适合项目需求的 AR 开发工具和平台，如 Unity、ARKit、ARCore 等。使用选定的技术和工具进行编程开发，将虚拟内容与现实场景进行集成。

操作人员使用。通过特定的设备，比如带有 AR 功能的眼镜或手机等，对现实场景进行识别和定位。通过提供清晰的引导和说明，帮助操作人员快速理解如何与 AR 内容进行交互。如识别到机泵仪表后，就会将之前设计好的虚拟内容准确地叠加在相应位置上。操作人员就可以通过这些虚拟指示辅助进行实际的操作和学习。在实施过程中还需要不断优化和调整虚拟内容，以确保其准确性和实用性。

5　结束语

AR 技术已被广泛应用于各个领域，通过 AR 技术，可在不同场景中提供具有实时性、交互性、虚实结合的全新解决方案。基于 AR 技术，应用于公司操作培训、应急演练、设备检维修、远程协作等方面，可以提高岗位操作人员技能和岗位水平，提高装置安全运行，强化技能人才培训。

利用无线通信（物联网）技术，实现企业移动巡检系统开发与应用

高洪强

（中国石油锦州石化公司）

摘 要 为了公司物联网通信应用场景落地提供技术依据，以及有效利用 4G/5G 通信技术，解决石化企业设备巡检过程中存在的设备信息记录和更新不及时等问题，开发手机移动巡检系统，利用厂区 4G 物联网网络，使用者通过手机（装置区防爆手机）程序扫描巡检设备条码后，能够实时获取设备历史巡检信息和检修信息，上传本次巡检设备状态信息以便后续巡检查询。移动巡检系统将改变以往巡检形式，实现巡检的实时性、移动化、智能化，为企业打造移动互联网巡检模式。

关键词 移动开发；巡检；.NET；WCF 通信；数据库；物联网；4G 专网

移动巡检系统是由手机客户端程序和后台服务程序两部分组成，客户端程序部署到手机上，通过 WCF 数据接口技术与后台服务器上的服务程序，通过企业建设完成的炼化物联网为通信媒介，手机端扫描解析设备条码信息后获取设备基本信息以及维检修等关键信息，使巡检人员能实时掌握巡检的设备状态数据，并通过手机客户端程序向服务端程序回写传输本次设备巡检信息，以便后续巡检人员作参考。

1 移动巡检系统开发背景

石化企业中设备数量多，类型复杂，包括动设备、静设备及各类管线等等，设备巡检或者管线巡检是一项非常重要的常规过程，现有巡检过程是巡检人员到特定巡检点人工查看设备状态，在巡检过程中如果能够发现问题，就需要及时处理。传统的巡检方式容易受到人为因素的影响，如巡检不到位、漏检、错检等问题，而移动巡检系统可以避免这些问题的发生，确保巡检数据的准确性和可靠性。基于此需求，开发移动巡检系统，巡检人员手里拿着装置区专用手机通过扫描设备二维码，自动调取巡检信息数据库，查询检索出该设备的以往所有巡检、维检修等设备全生命周期数据，便于巡检人员参考和分析，又可以将现场设备状态信息回传，避免了传统巡检方式中手工填表、汇总等繁琐流程，大大提高了巡检效率。

2 移动巡检系统所需技术

移动巡检系统包含功能模块较多，主要涉及 Android 开发技术、.NET 开发技术、WCF 开发技术以及 zxing 谷歌开源扫码程序包和 SQLServer 数据库技术以及炼化物联网等，下面逐一进行介绍。

2.1 Android 程序开发

Android 是一种以 linux 为基础的开放源代码操作系统，主要使用于便携设备。Android 操作系统最初由 Andy Rubin 开发，最初主要支持手机。2005 年由 google 收购注资，并组建开放手机联盟开发改良，逐渐扩展到平板电脑及其他领域上。

Android 的系统架构和其它操作系统一样，采用了分层的架构。Android 分为四个层，从高层到低层分别是应用程序层、应用程序框架层、系统运行库层和 linux 核心层。

在 Android 中，开发者可以使用 Java 作为编程语言来开发应用程序，也可以通过 NDK 使用 C/C++ 作为编程语言来开发应用程序，也可使用 SL4A 来使用其他各种脚本语言进行编程，还有其他诸如：QT（qt for Android）、Mono（mono for Android）等一些著名编程框架也开始支持 Android 编程，甚至通过 MonoDroid，开发者还可以使用 C# 作为编程语言来开发应用程序。

本次移动巡检系统的手机端使用 Android 平台作为开发平台，开发工具是 Eclipse，开发语言采用 Java。

2.2　NET 技术

NET Framework 是由微软开发，一个致力于敏捷软件开发、快速应用开发、平台无关性和网路透明的软件开发平台。可以实现如下目标：提供一个一致的面向对象编程环境，而无论对象代码是在本地存储执行，还是在 Internet 分布，或是在远程执行、提供一个将软件部署和版本控制冲突最小化的代码执行环境、提供一个可提高代码（包含有位置或不完全受信的第三方创建的代码）执行安全性的执行环境、提供一个可消除脚本环境或解释环境的性能问题的代码执行环境和使开发人员的经验在面对类型大不相同的应用程序（如基于 Windows 的应用程序和基于 Web 的应用程序）使保持一致的目标。

.NET 由两个组件组成：公共语言运行时和 .NET Framrwork 类库。公共语言运行时是 .NET Framework 的基础，可以将运行时看作一个执行时管理代码的代理，提供内存管理、线程管理和远程处理等核心服务，提高了程序的安全性、可靠性以及代码的准确性。运行时用于管理内存、线程执行、代码执行、代码安全验证、编译以及其他系统服务。.NET Framrwork 类库是一个综合性的面向对象的可重用类型集合，可以使用它开发多种应用程序，包括传统的命令或用户界面应用程序，也包括基于 ASP.NET 所提供的最新的应用程序（例如：Web 窗体）。它是一个与公共语言运行时紧密集成的可重用的类型集合，该类苦事面向对象的，这不但使 .NET Framework 类型易于使用，而且还减少了学习 .NET Framework 新功能所需要的时间。

移动巡检系统后台服务程序在 .NET 平台开发，结合 WCF 技术，为手机客户端程序提供服务连接。

2.3　WCF 技术

WCF 的全称是 Windows Communication Foundation。从本质上来说，它是一套软件开发包，是微软公司推出的符合 SOA 思想的技术框架。通俗来讲，WCF 就是功能强大的通讯技术框架。

WCF 为程序员提供了丰富的功能，其中包括：托管、服务实例管理、异步、安全、事务管理、离线队列等。并且 WCF 对产业中的标准协议进行了封装和定义，它把程序员从繁琐的通信、格式编码中解放出来，使得程序员能够专注于业务逻辑的实现。同时，WCF 统一了微软公司之前推出的多种分布式技术，其中包括：Web 服务和 WSE、.Net Remoting、.Net 企业服务、微软消息队列（MSMQ）。WCF 对这些技术的集成包括两个方面：WCF 的架构本身吸取了这些技术的精华；WCF 开发的服务 / 客户端可以和现有的 Web 服务、MSMQ 程序进行交互。

移动巡检系统的手机端程序与后台服务程序的通信方式就是采用 WCF 发布的服务进行通讯。

2.4　zxing 条码扫描

zxing 是一个开源 Java 类库，用于解析多种格式的 1D/2D 条形码。目标是能够对 QR 编码、Data Matrix、UPC 的 1D 条形码进行解码。

zxing 提供了多种平台下的客户端解析，包括：J2ME、J2SE 和 Android。因为移动巡检系统手机客户端需要扫描设备条码并解析，手机端程序开发需要导入 zxing 程序包进行条码解析。

2.5　SQL Server 数据库

SQL Server 是关系数据库管理系统，它最初是由 Microsoft Sybase 和 Ashton-Tate 三家公司共同开发的，后由微软公司继续推出 Windows 平台上的 SQL Server。SQL Server 功能强大并且安全性高，具有真正的客户机 / 服务器体系结构、丰富的编程接口工具、图形化用户界面，使系统管理和数据库管理更加直观、简单等特点，支持对称多处理器结构、存储过程、ODBC，并具有自主的 SQL 语言。SQLServer 以其内置的数据复制功能、强大的管理工具、与 Internet 的紧密集成和开放的系统结构为广大的用户、开发人员和系统集成商提供了一个出众的数据库平台

本次利用 SQL Server 数据库平台作为移动巡检系统数据库开发，包括设备信息、巡检信息等数据表的建立、数据库编程等。

2.6　炼化物联网技术

2017 年，由集团公司统一建设的炼化物联网系统正式投用，炼化物联网系统位于炼化生产过程控制层，起到承上启下的作用，向下主要采集基础层的各类现场数据，实现联人、联物，建设基础层面数据平台。向上主要为上层生产运行层等各专业应用系统提供现场数据支持。系统业务主要面向操作执行相关业务，涵盖生产管理、安全管理和设备资产管理等，为企业实现精细管理提供重要支撑。

锦州石化实施建设人员安全模块功能，并建设一套基于运营商的 4G 专有网络的物联网专网，具有安全性高，通信稳定等特点，可以利用此套

网络，安装物联网专用 SIM 卡的移动设备与公司内网服务器通信得以实现。

3 移动巡检系统实现的主要功能

移动巡检系统主要实现两大功能模块：客户端扫描设备条码，实现当前巡检状态信息上传和获取设备以往信息；后台服务端实现巡检信息的发布与设备信息数据库和巡检信息数据库的数据模型运算和管理功能。

3.1 客户端巡检程序

用户使用装置区专用手机移动巡检程序客户端，以手机内置摄像头扫描设备的条码，通过运营商 4G/5G 网络或者企业内部无线局域网通信方式连接到后台服务程序。每一个设备都有一个唯一条码（二维码）标示，客户端扫描设备条码后，通过解析获得条码信息，再通过与后台服务程序通信，将设备条码信息发送过去，返回设备以往详细的信息。用户也可以将当前设备的运行状态发送给后台服务程序，将本次巡检信息保留，一来可以为以后设备巡检提供基础巡检资料，也可以为员工是否巡检以及何时何地巡检提供数据凭证。

3.2 后台服务程序

后台服务程序，顾名思义就是为手机巡检客户端提供服务，后台程序利用 WCF 技术建立通讯接口，通过用户密保等登录验证信息使手机客户端能够与之通信，接收手机端发送来的设备条码信息后，在后台数据库中查询出设备信息发送给手机端。也可以接收手机端发送过来的设备巡检信息，将信息存储到数据库中，并提供图形化数据库信息查询管理功能。

4 移动巡检系统设计

移动巡检系统采用 C/S 结构设计，下文主要阐述移动巡检系统的总体设计和各模块的详细设计。

4.1 移动巡检系统总体设计

移动巡检系统总体设计包括两大部分，手机客户端程序和后台服务端程序。客户端包括条码扫描解析、信息拉取、信息上载和服务通讯四个功能模块。服务端分为四个功能模块，分别为：数据库处理模块、设备信息维护模块、巡检信息维护模块和 WCF 发布模块。程序总体结构图如图 1 所示。

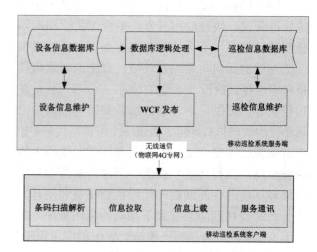

图 1　程序总体结构图

4.2 移动巡检系统详细设计

上文已经阐述移动巡检系统的总体设计结构，整个系统包括两大部分，每部分又细分为多个功能模块，本节重点描述移动巡检系统各功能模块的详细设计。

4.2.1 移动巡检系统客户端设计

（1）条码扫描解析功能模块

条码扫描解析模块使用谷歌公司 zxing 开源软件包，利用手机自带摄像头扫描条码解析获得数据，如图 2 所示是条码扫描解析模块流程图。

（2）信息拉取功能模块

信息拉取功能模块作用是将扫描得到的条码数据上传到服务器，通过 WCF 通信，获取设备巡检信息，如图 3 所示是信息拉取功能模块流程图。

（3）信息上载功能模块

信息上载功能模块是巡检人员将本次巡检信息上传到后台服务程序上，作为设备巡检基础数据保存，如图 4 所示为信息上载流程图。

（4）服务通讯功能模块

服务通讯功能模块是连接手机客户端程序和后台服务器的通讯桥梁，通讯模块的通讯质量直接影响整个系统的运行效果，移动巡检系统的通讯采用 WCF 通信技术，整个 WCF 通讯发布三个接口，设计如图 5 所示。

4.2.2 移动巡检系统服务端设计

（1）WCF 发布模块

WCF 发布模块与移动巡检系统客户端的服务通讯模块相对应，分为三个接口，设计如图 6 所示。

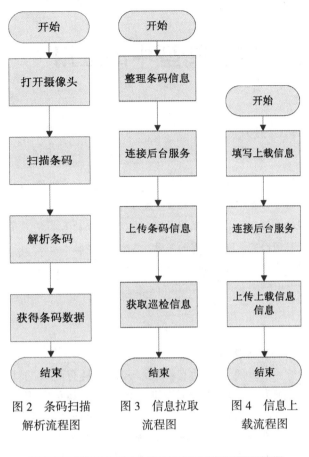

图2　条码扫描解析流程图　　图3　信息拉取流程图　　图4　信息上载流程图

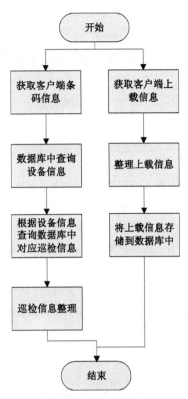

图7　数据库逻辑处理模块流程图

图5　通讯模块接口设计图

图6　WCF 发布模块设计图

（2）数据库逻辑处理模块

数据库逻辑处理模块是为 WCF 发布模块提供数据来源，后台服务程序接收到手机客户端发来的信息，对信息进行处理查询，将有用的巡检信息和设备信息整理后，由 WCF 发布模块发送给手机客户端。如图7所示为数据库逻辑处理模块流程图。

5　结论

在移动互联网高速发展的今天，有效利用 4G/5G 移动终端是企业信息化发展的重要方向。因为移动设备使用基数大，利用方便，地点不受限制，而且目前网络通信技术和物联网技术成熟，结合石化企业的现状，开发移动终端应用程序是服务和指导生产的有力工具。移动巡检系统的建立，为设备巡检人员提供了设备巡检的历史信息，巡检人员可以在巡检过程中参考这些提供的历史信息，做好巡检工作。系统开发过程中也遇到许多困难和问题，并且不能避免本系统会出现一些不尽人意的地方，在以后的使用和维护过程中会继续优化移动巡检系统，也为在石化企业中利用手机应用程序作为巡检工具，以及高效使用炼化物联网网络场景提供应用案例和研究方向。

参 考 文 献

［1］Justin Smith，徐雷（译）. WCF 技术内幕. 华中科技大学出版社.

［2］明日科技. SQL Server 从入门到精通. 清华大学出版社.

［3］陈林. 管理信息系统开发结构探索. 科技信息.

［4］彭晓青. MVC 模式的应用架构系统的研究与实现.

［5］黄德才. 数据库原理及其应用教程. 北京：科学出版社.

［6］张海潘. 软件工程导论. 北京：清华大学出版社.

云计算和边缘计算在企业数字化转型中的应用

赵建建

（中国石油锦州石化公司）

摘　要　云计算是一种利用互联网实现随时随地、按需、便捷地使用共享计算设施、存储设备、应用程序等资源的计算模式。边缘计算靠近数据源头，是融合网络、计算、存储、应用核心能力的一体化平台，可以提供最近端服务，具备更快速的网络响应能力，满足现场安防监控、设备监测、安全管理等方面的基本需求。同时，云端计算可以访问边缘计算的历史数据。对物联网而言，边缘计算的实现，意味着许多技术与控制的实现无需交由云端，可以就近通过本地设备实现。可以有效提升处理效率，减少云端计算、存储、网络等负荷，而且更贴近用户。

关键词　边缘计算；云边协同；数据源头

1　引言

云计算是一种利用互联网实现随时随地、按需、便捷地使用共享计算设施、存储设备、应用程序等资源的计算模式。边缘计算也称为边缘处理，是一种将边缘计算节点服务器放置在本地设备附近的信息化技术，这有助于降低系统的处理负载，解决数据传输的延迟问题。这样的处理是在传感器附近或设备产生数据的位置进行的，因此称之为边缘。边缘计算将网络边缘上的计算、网络与存储资源组成统一的平台为用户提供服务，使数据在源头附近就能得到及时有效的处理。这种模式不同于云计算要将所有数据传输到数据中心，绕过了网络带宽与延迟的瓶颈，引起了广泛的关注。

边缘计算平台建设能够有效解决工业互联网体系建设中数据延迟、数据安全与实时分析等复杂挑战，为生产智能化提供必要的数据存储共享、边缘智能及云边协同能力，助力企业的数字化转型和创新发展战略落地。

2　边缘计算与云计算

边缘计算和云计算，是属于两个层面的概念，实际上应用领域并不相同。我们可以理解为边缘计算是云计算的一个逆操作，云计算强调的是计算和存储等能力从边缘端或桌面端集中过来，而边缘计算则是将这种计算和存储等能力重新下沉到边缘。

2.1　云计算的优点

云计算支持动态扩展。云计算具有高效的计算能力，云的规模可以动态伸缩，来满足应用和用户规模增长的需要。在系统业务负载高的时候，可以启动闲置资源纳入系统，提高整个平台的承载能力，而在整个系统业务负载低的时候，可以将闲置的资源转入节能模式，提高资源利用率，达到绿色、低碳的应用效果。

云计算支持按需部署。计算机包含许多应用、程序软件等，不同的应用对应的数据资源库不同。云计算平台通过虚拟化技术，可以根据用户的需求快速分配计算能力及资源，资源的整体利用率也将得到明显改善。

云计算可靠性高。云计算可以实现基础资源的网络冗余，这意味着添加、删除、修改云计算环境的任一资源节点，或任一资源节点异常宕机，都不会导致云环境中各类业务的中断，也不会导致用户数据的丢失。

当然云计算除了以上优点外，也面临诸多挑战。

首先是实时性，传感器接收到数据以后，云计算需要通过网络将数据传输到数据中心，数据经过分析和处理后再由网络反馈到终端设备，这样数据来回传输就造成了较高的时延；其次云计算对带宽的要求也越来越高，例如在公共安全领域，每一个高清摄像头需要 2Mbit/s 的带宽来传输视频，这样一个摄像头一天就可以产生超过 10GB 的数据，如果这样的数据全部传输到数据中心进行分析和存储，带宽消耗将非常大；然后是能耗，现在数据中心的能耗在业界已经占据了非常高的比例，国家也不断对数据中心的能耗指标做出要求；最后是数据安全和隐私，数据经由网络上传到云端经历了众多环节，每个环节数据都有可能被泄露。

2.2 相比于云计算，边缘计算则可以完美地解决以上诸多问题，具有以下明显的优点

缓解流量压力。随着联网设备的增加，网络传输的压力会逐渐增加，在进行云端传输时通过边缘节点可以在网络边缘处理大量临时数据，减少从设备到云端的数据流量。从而减轻网络带宽的压力。

更实时的数据处理能力。万物互联场景下应用对于实时性的要求极高。传统云计算模型下，应用将数据传送到云计算中心，再请求数据处理结果，增大了系统延迟。而边缘计算在靠近终端设备处做数据处理，不需要通过网络请求云计算中心的响应，大大减少了系统延迟，数据处理的速度更快更即时。

保护数据隐私，提升数据安全。物联网管理者通过网络准入、病毒木马查杀等各种手段来保护应用中数据的安全性，但是用户依然担心他们的物联网数据在未授权的情况下被第三方使用。物联网底层设备产生的数据上传至云端的传输过程中，不仅会占用带宽资源，还增加了数据泄露的风险。为此，针对现有云计算的数据安全问题，边缘计算为这类敏感数据提供了较好的隐私保护机制，一方面，用户的源数据在上传至云数据中心之前，首先利用近数据端的边缘结点直接对数据源进行处理，以实现对一些敏感数据的保护与隔离；另一方面，边缘节点与云数据之间建立功能接口，即边缘节点仅接收来自云计算中心的请求，并将处理的结果反馈给云计算中心。这种方法可以显著地降低数据泄露的风险。

然而，边缘计算并不能替代云计算，而是对云计算的补充，很多需要全局数据支持的服务依然离不开云计算。

3 云边协同在企业数字化转型中的应用

云边协同可实现中心云与边缘侧的协同，包括资源协同、数据协同、智能协同、应用管理协同、业务管理协同、服务协同、安全策略协同等

多种协同。边缘计算是云计算的协同和补充，两者并非替代关系。边缘计算与云计算只有通过紧密协同才能更好地满足各种场景的需求，从而放大边缘计算和云计算各自的应用价值。

边缘计算能够增强数据处理的实时性，减轻云端计算压力；充分发挥数据价值，助力打破行业技术壁垒；结合预测性维护技术，提升设备生产效率；结合预测性维护技术，提升设备生产效率、减少设备停机时间和提高设备的使用寿命；优化生产工艺，助力节能降碳。能够有效解决工业互联网体系建设中数据延迟、数据安全与实时分析等复杂挑战，为生产智能化提供必要的数据存储共享、边缘智能及云边协同能力，助力炼化企业数字化转型和创新发展战略落地。

边缘计算适用于实时处理、大容量数据传输等场景，主要场景包括物联网、视频分析等，国内聚焦于智慧园区、现场工业机器人、安全和监视等方面的探索和实践，典型场景包括视频安防、周界防护、视频巡检、消防联动、环境监测等。针对石化行业原料危险性大，许多物料易燃、易爆、剧毒和强腐蚀，生产过程复杂，生产装置大型、技术资金密集的特性，边缘计算因其实时性和智能性的优势，可在智能监控和网络安全防护等方面助力石化行业安全生产。

3.1 边缘计算在智能巡检场景的应用

国网边缘计算平台，实现输电、变电、配电场景下的智能巡检，在端侧部署视频监控设备，并在边缘计算节点部署人脸识别、安全帽识别、仪表识别、呼吸器识别等典型 AI 智能检测算法，目前逐步推广，覆盖变电站 3000 个、配电站 50 万个、电塔（22 万伏以上）30 万个，如图 1 所示。

3.2 预测性维护

目前边缘计算在炼化企业的热门应用是"预测性维护"，通过实时快速收集和处理设备端产生的数据，从而及时检测异常并预警，降低自动化工厂发生非预期停机的概率，实现设备实时监测及预警，节省时间，从而提高工厂的生产效率。

中车集团开启了轨道交通装备故障预测与健康管理（PHM）重大专项，开发针对轨道交通装备的状态监测与预测性维护系统，旨在打造针对动车组轴箱轴承的预测性维护解决方案：构建一套动车组轴箱轴承在线实时监测系统，在边缘侧

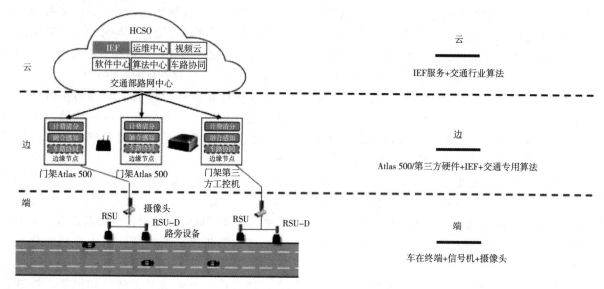

图1

进行多通道高频率的同步采集，同时将在短时间内产生的大量数据进行信号处理和特征提取后产生与设备健康状态相关的信息，并传给服务器端做后续的进一步处理。

中车青岛四方基于 NI CompactRIO 边缘计算平台，联合 NI 合作伙伴天泽智云共同打造了针对高铁的预测性维护解决方案：根据通道数与采样频率的要求，选用 cRIO-9036+NI-9234（即 CompactRIO 控制器 +C 系列声音与振动输入模块）搭建边缘测试端设备，如图 2 所示。

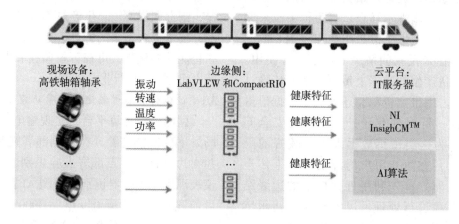

图2

3.3　AI 质检

随着人工智能、大数据在工厂的应用和普及，产生大量的数据，数据都上传到云端进行处理对云端造成巨大的网络压力和计算压力，如产品质检环节中拍摄图片回传至平台，需要上百兆 / 秒的速率，时延要求 20ms；设备管理要求精准控制，时延要求 10ms 以内。采用边云协同方式可以有效降低网络时延，并减轻网络核心节点传输带宽压，如图 3 所示。

3.4　实现智能工厂的智能运维

不止如此，在时下火热的智能工厂、互联工厂、无人工厂中边缘计算也是大出风头，比如它让 AI 不再"远在云端"。搭载 AI 芯片的边缘网关设备就能处理一些常规性的且要求迅速响应的运算需求，更复杂运算再交由云端的人工智能进行决策。

一方面云端只需要下达指令，不用与设备产生实时数据传输，另一方面即使跟云端突然连接中断，也不会影响已经设定好的任务，使工厂可以长期保持在稳定工作状态。

3.5　智能边缘平台在视频监控场景的应用

基于智能边缘平台建设安平监控系统，通过

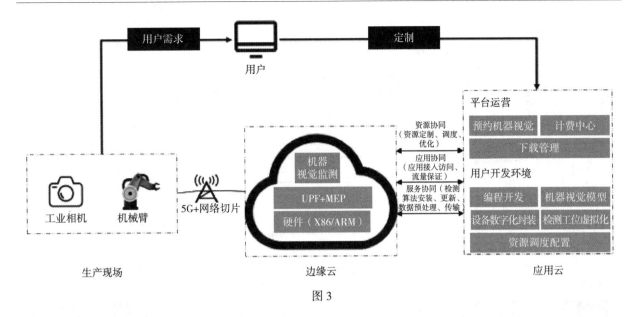

图3

在边缘的视频预分析，实时感知园区、住宅、装置等视频监控场景的异常事件，实现事前布防、预判，事中现场可视、集中指挥调度，事后可回溯、取证等业务功能，如图4所示。

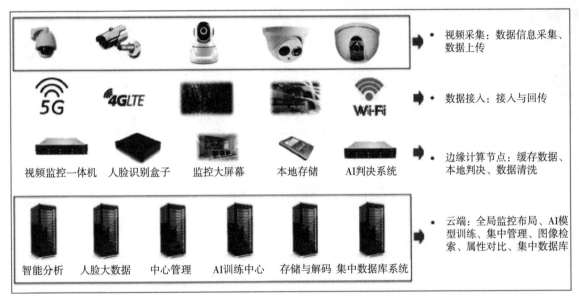

图4

4　系统架构与部署方式

4.1　企业边缘计算平台采用的架构。

结合石化企业数字化转型、智能化发展整体要求，边缘计算平台可以按照节点侧、服务侧、云端进行分层架构设计，形成统一的云边协同服务，提供生产实时数据的汇集存储与上传、实时分析、模型下发等功能，支撑生产操作相关业务场景智能边缘应用，如图5所示。

边缘计算平台包含边缘计算节点、节点管理平台、轻量数据湖、边缘管理平台等组成部分。

平台功能架构如图6。

在大型炼化企业中，边缘计算平台可以采用两种部署模式。部署模式一在生产网部署节点管理平台、轻量数据湖、边缘管理平台，在生产现场部署边缘计算节点。部署模式二仅在生产现场部署边缘计算节点，云端功能统一在集团公司进行总体部署与实现，如图7所示。

5　结论

随着物联网、车联网、VR/AR、移动应用等迅速发展，大量数据都要在边缘进行处理，因此，

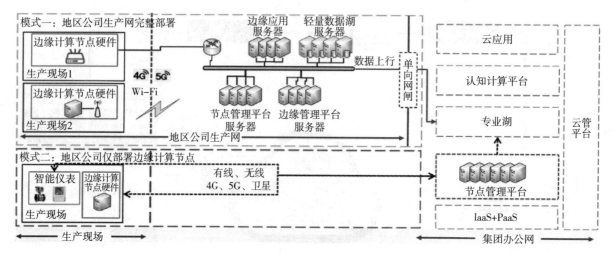

图5 边缘计算平台总体架构

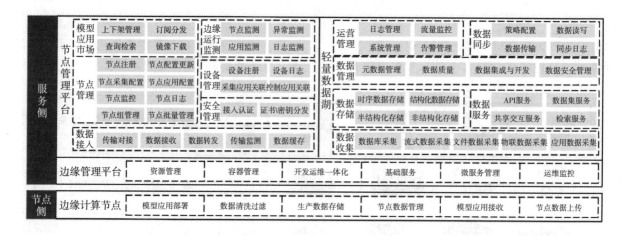

图6 边缘计算平台功能架构图

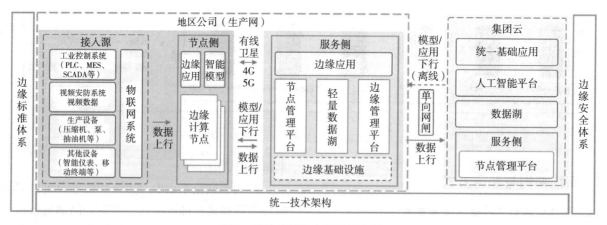

图7 边缘计算平台部署架构图

边缘计算已经成为一种重要的计算方法，而经过长时间发展而形成的不同类型的边缘计算，对万物互联产业的发展同样重要。

虽然名叫边缘计算，但实际上它并不边缘，反而正处在时代发展的前沿中心位置，而且随着5G时代的到来，可以预想到未来边缘计算将成为

工业互联网的标配，以去中心化的思维建立物与物、人与物间的连接，让物联网离我们更近。

随着当下数字化转型进程的加快，传统制造业生产的各个环节出现的智能设备也会越来越多，如何挖掘出、利用好更多生产数据的价值将会是企业价值提升的关键点，尤其是在商业模式不断

变化的今天，个性化服务的需求越来越大，以边缘计算为代表的数字化技术，将成为企业实现升级转型的重要助力。

云计算、边缘计算在炼化企业的协同应用可以助力炼化企业数字化转型和创新发展战略落地。

参 考 文 献

［1］赵志为等 . 边缘计算：原理、技术与实践，第一版，机械工业出版社，2021，21-25.

［2］任旭东等 .5G 时代边缘计算 LF Edge 生态与 Edge Gallery 技术详解，机械工业出版社，2021，25-30.

［3］吴冬升 . 从云端到边缘：边缘计算的产业链与行业应用，人民邮电出版社，2021，2-8.

论人工智能模型在城镇燃气中应用的探讨

李　祥

（中国石油天然气销售江苏分公司）

摘　要　随着科技的飞速发展，人工智能模型正逐步渗透到各行各业，城镇燃气领域也不例外。人工智能模型的应用，不仅提高了燃气管理的效率和准确性，还带来了诸多创新和优化，为城镇燃气行业带来了前所未有的变革。在城镇燃气管理中，人工智能模型通过大数据分析和智能算法，实时监测和管理燃气供应链各环节的数据。M燃气公司采用人工智能模型对供气量、压力、温度等关键参数进行实时监测和预测，成功降低了燃气泄漏的风险，并提高了供气的稳定性。同时，还能实现燃气管网的智能化调度管理，根据用户需求和管网实时情况自动调整燃气供应，确保燃气供应的安全性和可靠性。此外，人工智能模型在燃气管网的故障监测和预警方面也发挥了重要作用。在某次燃气管网泄漏事件中，人工智能模型通过实时监测和分析数据，及时发现异常并发出警报，使相关部门能够迅速采取措施进行处理，从而避免了事故的发生。在资源分配和利用方面，人工智能模型也展现出了强大的能力。通过智能算法和优化模型人工智能模型以对燃气需求进行精准预测和调整，实现资源的合理分配和利用。例如，某燃气公司通过人工智能模型对用户需求进行预测，并根据预测结果调整燃气供应量，从而避免了资源的浪费和不足，提高了燃气能源管理的效率和可持续性。值得一提的是，人工智能模型还推动了城镇燃气管理的数字化转型。通过智能化的用户接口和服务平台，用户可以实时监测和管理自己的燃气使用情况，享受个性化的能源管理建议。同时，燃气供应企业也可以借助人工智能技术实现燃气运营的数字化转型，降低运营成本和风险，提高供气效率和客户满意度。

1　引言

城镇燃气行业作为城市能源供应的重要一环，其重要性不言而喻。然而，传统的燃气管理系统存在诸多不足，如监测手段落后、数据分析不准确、故障诊断困难等，这些问题严重制约了城镇燃气行业的进一步发展。近年来，人工智能技术的快速发展为城镇燃气行业提供了新的解决方案。特别是人工智能模型的应用，为城镇燃气系统的智能化管理提供了有力支持。

2　人工智能模型在城镇燃气应用的基本方法

人工智能模型是指具有大规模参数和复杂结构的神经网络模型，能够处理大量数据并提取有用信息。这些模型通常通过深度学习技术训练得到，具有强大的特征提取和模式识别能力。在城镇燃气领域，人工智能模型可以应用于多个方面，包括智能监测、预测分析、故障诊断等。

2.1　智能监测

智能监测是人工智能模型在城镇燃气领域的重要应用之一。传统的燃气监测系统通常依赖于传感器和人工巡检，存在监测范围有限、数据不准确等问题。而人工智能模型可以通过分析大量历史数据，学习燃气系统的运行状态和异常特征，实现实时监测和预警。例如，可以利用深度学习模型对燃气管道的压力、流量等参数进行实时监测，一旦发现异常波动，立即发出警报，以便及时采取措施避免事故发生。

此外，人工智能模型还可以结合物联网技术，实现燃气系统的远程监控和智能调度。通过将传感器与人工智能模型相结合，可以实时监测燃气系统的运行状态，并根据实际情况进行智能调度，提高燃气供应的稳定性和可靠性。

2.2　预测分析

预测分析是人工智能模型在城镇燃气领域的另一个重要应用。通过对历史数据的分析和挖掘，人工智能模型可以预测燃气系统的未来运行状态和趋势。例如，可以利用时间序列分析模型预测燃气需求量的变化趋势，为燃气公司的生产计划和调度提供依据。同时，还可以利用机器学习模型对燃气管道的泄漏风险进行预测，提前发现潜在的安全隐患，并采取相应措施进行修复。

预测分析不仅有助于提高燃气系统的运行效率，还可以降低运营成本和安全风险。通过准确预测燃气需求量，燃气公司可以合理安排生产计划，避免资源浪费和库存积压。同时，通过预测分析发现潜在的安全隐患，可以及时进行修复和整改，避免事故发生带来的经济损失和社会影响。

2.3　故障诊断

故障诊断是城镇燃气系统中不可或缺的一环。传统的故障诊断方法通常依赖于人工经验和专家知识，存在诊断速度慢、准确率低等问题。而人工智能模型可以通过学习大量故障案例和专家知识，实现快速准确的故障诊断。例如，可以利用神经网络对燃气管道的图像进行识别和分析，判断是否存在泄漏、腐蚀等故障。同时，还可以利用循环神经网络对燃气系统的运行数据进行时间序列分析，发现异常模式和故障特征。

故障诊断的准确性和及时性对于保障燃气系统的安全运行至关重要。通过人工智能模型的应用，可以实现对燃气系统的实时监测和快速诊断，及时发现并处理故障，避免事故发生带来的严重后果。

三、人工智能模型在城镇燃气的应用案例

3.1　智能巡检机器人

智能巡检机器人是人工智能模型在城镇燃气领域的一个典型应用案例。通过搭载高清摄像头、传感器等设备，智能巡检机器人可以自主完成燃气管道的巡检任务。同时，利用深度学习算法对巡检数据进行处理和分析，可以实现对燃气管道的实时监测和预警。智能巡检机器人的应用不仅提高了巡检效率和准确性，还降低了人工巡检的风险和成本。M公司建立以无人机自动机库为依托，一键启动巡检任务的模式，实现空中视频巡察和管线泄漏检测。同时，通过在高压管道沿线布置高清晰度视频监控系统和处智慧标志桩，全天候捕捉管道沿线实况，经AI智能识别分析后，对可能出现的第三方破坏行为和异常情况，以喇叭喊话形式进行制止和预警，实现了管道自主巡检、自动预警、实时喊话的高效预警机制。

3.2　智能调压系统

智能调压系统是另一个人工智能模型在城镇燃气领域的应用案例。传统的调压系统通常依赖于人工调节和手动控制，存在调节速度慢、精度低等问题。而智能调压系统通过引入人工智能算法和传感器技术，可以实现对燃气压力的实时监测和自动调节。当检测到压力异常时，智能调压系统可以迅速调整压力值，确保燃气系统的稳定运行。智能调压系统的应用不仅提高了燃气系统的稳定性和安全性，还降低了运营成本和人工干预的频率。

3.3　管网监控

管网监控是智慧管网系统的核心功能之一。M公司通过在燃气管网及场站中安装各种传感器和监测物联设备，及在管道沿线设置智能阴保桩和智能阀井，对燃气管网的压力、流量、温度、可燃气体泄漏、阀井内燃气浓度、阀井内水位等参数进行实时监测和数据采集，并将这些动态数据结合管道档案、地理信息等静态数据统一，绘制到智慧管网态势图中。系统能够对管网中的各项参数进行实时分析和预测，提供燃气管网的状态评估和健康状况监测，为管网的维护和运营提供决策支持。

3.4　管网调度

管网调度模块包含事前计划、动态决策、执行跟踪三大部分。其能够对燃气管网进行智能调度，优化燃气运输路线和燃气调度计划，降低燃气运输成本，提高燃气供应的效率和质量。系统能够根据管网中各项参数的变化，实时调整管网的运行模式和流量分配，并与调度计划进行实时比对，跟踪偏差，以保障燃气供应。相应的调度单、维修单、指令单通过系统下发至各角色、设备，形成闭环，涉及到终端用户的最后会通过客户端推送给客户。

3.5　管网安全

系统能够通过各种传感器和监测设备，实时监测燃气管网的安全状况，并全生命周期管理管网风险安全事件。建立应急预案体系，确保在突发事件发生时能够迅速做出反应。整合盘点应急资源，确保在应急事件发生时能够及时调配应急资源，最大限度地减少事故损失。对于风险安全事件，按照应急预案的要求，分级处置，最大限度地保障生命财产安全。在应急事件处置完成后，对事件进行评估复盘，完善预案和管理制度，提高应急管理水平。

4　挑战与解决方案

4.1　数据质量与处理

人工智能模型的应用需要大量的数据支持。

然而，在城镇燃气领域，由于数据来源广泛且质量参差不齐，数据清洗和预处理成为了一个重要的挑战。为了解决这一问题，可以采取以下措施：一是建立统一的数据标准和规范，确保数据的准确性和一致性；二是采用先进的数据清洗和预处理技术，如数据去重、异常值处理等，提高数据的质量和可用性。

4.2　模型训练与优化

人工智能模型的训练和优化需要大量的计算资源和时间成本。在城镇燃气领域，由于应用场景复杂且多变，模型的训练和优化成为了一个重要的挑战。为了解决这一问题，可以采取以下措施：一是利用分布式计算和云计算技术，提高模型的训练速度和效率；二是采用迁移学习和增量学习方法，利用已有的知识和经验加速模型的训练和优化过程。

4.3　安全与隐私保护

人工智能模型的应用涉及到大量的敏感数据和隐私信息。在城镇燃气领域，如何确保数据的安全和隐私保护成为了一个重要的挑战。为了解决这一问题，可以采取以下措施：一是加强数据加密和访问控制，确保数据的机密性和完整性；二是建立严格的数据使用和共享机制，明确数据的使用范围和权限；三是加强网络安全防护，防止数据泄露和黑客攻击等安全威胁。

5　结论

本文探讨了人工智能模型在城镇燃气领域的应用，应用的基本方法包括智能监测、预测分析、故障诊断等方面。通过应用人工智能模型，可以实现对燃气系统的实时监测和预警、提高运行效率和安全性、降低运营成本和风险。在城镇燃气领域，人工智能模型可以与传统监控系统、调度系统等进行深度融合，实现更加智能化和高效化的管理。M 燃气公司通过应用人工智能模型，在燃气管网的巡检、监控、调度、安全等方面取得了较好的效果。人工智能模型在城镇燃气领域的应用具有广阔的前景和潜力，通过不断探索和实践，可以将人工智能技术更好地应用于城镇燃气系统中，为城市的发展和居民的生活提供更加安全、高效、便捷的燃气服务。

参 考 文 献

［1］翟向琳，王雨帆 . AI 智能监控系统在燃气场站安全管理的应用探究［J］. 石油和化工设备，2023，26（5）：135-138.

［2］李涛，常琳，宋占钰 . 智慧管网监管系统：城市脉络的智能守护者［J］. 中国建设信息化，2024（16）：4-6.

［3］刘铭炎 . 智慧燃气大数据平台的建设及应用［J］. 化工管理，2023（20）：80-83.

基于深度学习的海上多层砂岩油藏流场调控策略研究

侯亚伟　任燕龙　杜恩达　姚元戎

［中海石油（中国）有限公司天津分公司渤海石油研究院］

摘　要　海上油田产吸剖面测试作业窗口少且常规油藏工程方法预测精度低，导致小层产吸状况、流场动态变化及剩余油分布认识不清，制约了油田精细调整挖潜。因此，为准确刻画井间多层流场动态变化规律，建立了基于纵向产吸剖面预测和平面连通性表征的流场立体调控方法。在纵向上，综合考虑影响小层产吸剖面的静态地质条件和动态开发参数，构造并筛选出主控因素，以 BP 神经网络作为内层循环的学习核心，实现主控因素与实际产吸剖面的自动拟合；外层循环利用量子进化算法对模型的内部权重和阈值进行自动更新，最终实现纵向产吸剖面的简单快速预测，73 口油井和 84 口水井的交叉验证结果表明预测模型的平均预测误差为 6.60%、4.36%，满足矿场精度要求。在平面上，利用动态时间规整算法克服注采井间压力传播衰减性和滞后性的影响，计算注水井注入压力与油井井底流压时间序列曲线的 DTW 距离，并统计油、水井间响应关系良好的 DTW 距离范围，以此量化评价出注采井间动态连通性。最后，利用该研究成果对渤海 P 油田的 10 个井组开展流场立体调控研究，并制定相应的分层调配和调剖调驱方案，初期累增油达 1.58 万方。该研究成果对高含水期多层水驱砂岩油藏精细注水和调整挖潜具有重要的指导意义。

关键词　流场立体调控；产吸剖面；平面连通性；量子进化算法；神经网络；DTW 算法

在渤海已开发的油田中，疏松砂岩油藏占比达 80% 左右，其油藏地质条件非常复杂。当油田开发进入高含水期后，开发矛盾加剧，且注水开发过程中容易产生微粒运移，从而引起储层渗透率等物性参数的变化，导致在油藏特定部位形成了几十倍甚至数百倍于原始孔道的相互连通的大孔道。宏观上，在油水井间形成高速窜流条带，注水突进到油井速度较快，含水上升快，窜流大孔道引起的注水低效、无效循环问题已经成为制约油田高效开发的主要矛盾。

多年以来，众多油藏开发者针对流场调控问题开展了大量研究与探索，致力于油田高效开发。2019 年，王振鹏基于试验区流线数值模拟研究，确定了分阶段井网接替调整、辅助水动力学调整的流场调控策略；2022 年，卜亚辉通过批量数值模拟，建立了适配系数与累计产油量之间的相关性，并提出了一种基于适配系数的流场调控优化方法；2022 年，郑金定等人提出流场调控是降低产能递减速度的有效方法。近几年，随着机器学习理论及其技术的快速发展，其应用场景和范围越来越广，效果也越来越明显。如结合不同的机器学习模型对平面剩余油分布进行预测，利用深度卷积神经网络识别地层断层位置，采用基于自适应网络的模糊推理系统和功能网络生成不同的模型对高气油比和高含水率的油井产量进行预测，利用统计和机器学习方法来预测甲烷水合物的生成等。如何有效地将多层水驱砂岩油藏高含水期流场调控和深度学习方法结合起来，将智能化理论应用到流场调控中，具有重要的意义和价值。

1　纵向产吸剖面预测

产吸剖面资料是关键的动态分析基础资料，可准确认识小层产吸状况、流场动态变化及剩余油分布，对指导油田调整挖潜至关重要。但是受海上平台环境限制，以及平台整体作业工作量的不断增加，导致产吸剖面测试作业窗口少，且成本高。

在二十世纪六七十年代，产吸剖面预测主要依赖于油藏工程理论，其主要考虑了渗透率、厚度等参数对层间产吸差异的影响。该方法方法简便但考虑因素较少，精度较低。八十年代，随着计算机技术的发展，有限差分法和有限元法等数值模拟技术开始应用于油水井的产吸剖面预测。九十年代，多物理场耦合的数值模拟技术得到发展，这一阶段的模型能够结合地质、流体和岩石物理数据，可更准确地模拟复杂的油气藏渗流过程，提高了产吸剖面预测的准确性。但是该方法依赖于高精度的地质模型和历史拟合，难度和工作量较大。进入二十一世纪，机器学习方法开始应用于产吸剖面预测。2009 年，单玲等人提出了基于自适应模糊神经网络吸水剖面预测模型。近年来，结合渗流物理、深度学习、智能优化的多学科融合产吸剖面智能预测方法取得了一定成果。2016 年，李俊键等人提出了粒子群算法优化支持向量机的吸水剖面预测方法；2021 年，刘巍建立了基于小样本数据驱动的吸水剖面预测模型；2024 年，辛国靖等人提出了基于概率建模的分层产液劈分方法。以上研究结果表明，利用智能算法挖掘产吸剖面与影响因素之间的相关关系，是实现产吸剖面预测的有效途径，因此可利用智能算法高效大规模学习产吸剖面资料和动静态数据间的规律特征，建立基于深度学习的产吸剖面预测模型，指导油田精细调整挖潜。

1.1　方法建立

充分利用油田测井解释成果和动态监测等实际数据，利用 BP 神经网络较强的非线性映射能力和量子进化算法强大的局部和全局寻优能力剖析出动、静态数据资料中的内在规律和特征，将地层的孔隙度、渗透率、有效厚度、压力等参数与 PLT 测井结果建立非线性函数关系，实现小层产、吸剖面的准确预测。首先利用神经网络模型实现油藏动、静态参数与产、吸测试结果之间的非线性映射关系，但是机器学习模型单次只能学习一口井的产、吸规律，而生产测试结果是多口井不同层位的结构体数据，模型无法直接应用。为此，利用智能优化算法对神经网络模型的权重和阈值进行初始化与迭代优化，以期得到一个可以符合所有井产、吸规律的预测模型。

利用量子进化算法对 BP 神经网络的权重与阈值进行优化与更新，之所以将这两种算法相结合主要有以下两方面原因：（1）若利用 BP 神经网络本身自带的梯度下降法更新模型参数，则无法同时学习多口油、水井的产、吸剖面规律，因此构建多层循环，通过 BP 神经网络模型学习得到所有井的综合规律。（2）从数学角度看，BP 神经网络解决的是一个复杂非线性化问题，网络的权重

与阈值是通过沿局部改善的方向逐渐进行调整的，这样会使算法陷入局部最优值，而非全局最优值，从而导致网络训练的精度不够。因此可以利用量子进化算法强大的全局寻优能力避免神经网络陷入局部最优值。首先对神经网络节点的权重与阈值进行初始化，然后进入第 1 层循环，判断误差是否满足精度。若是，则保留全局最优参数，结束程序，若否，则进入第 2 层循环，判断是否遍历所有种群个体。若是，则对当代的种群方案进行量子进化操作，并进行优化和更新，并进入下一代操作，若否，则利用每一个个体对 BP 神经网络的权重和阈值进行更新，并进入第 3 层循环。之后利用最新的模型遍历全部油、水井，得到个体方案的适应度。通过层层迭代，在每代较优方案群的基础上逐步优化，最终得到最优个体，结束程序。如图 1 所示。

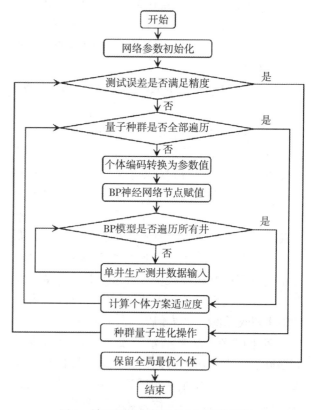

图 1　神经网络参数优化与更新流程图

1.2　参数相关性分析

油、水井小层产液和吸水比例主要与两方面参数相关：一方面选取小层固有的地质属性，包括小层完井垂厚 h、有效孔隙度 Φ、渗透率 k、有效含油饱和度 S_o、干粘土含量 C_d、湿粘土含量 C_w、地层静压 P；另一方面选取油、水井动态参数，包括油井泵入口压力 P_p、水井注入压力 P_i。

结合油藏工程理论：（1）受达西公式启发，构建 3 个参数，包括 kh、$P-P_p$、P_i-P；（2）考虑到产、吸剖面受层间非均质性差异的影响较大，构建 2 个参数，包括 k/k_m、Φ/Φ_m。最后得到 11 个与产、吸剖面相关的特征参数，如表 1 所示。

表 1　参数构建表

静态参数		动态参数
原始参数	构造参数	
h、k、Φ、S_o、C_d、C_w	kh、k/k_m、Φ/Φ_m	$P-P_p$（油井）、P_i-P（水井）

2.3　可靠性验证

首先将样本库中的数据分为训练集和测试集，并采用交叉验证的方式测试模型，训练集中的样本在下次训练时可能成为测试集中的样本，即所谓"交叉"，交叉验证就是把得到的样本数据进行任意划分，从而得到多组不同的训练集和测试集组合。

其次需要确定模型的基础参数：设置 BP 神经网络的隐藏层节点数为 50，隐藏神经元均采用"tansig"传递函数，输出层的神经元则采用"purelin"线性传递函数。设置量子进化算法的迭代步数为 2000，每一代种群个数为 100。

最后，将划分好的训练集和测试集输入到 BP 神经网络和量子进化算法的融合模型中，训练过程中的误差迭代变化如图 2 所示。分析可知：通过量子进化算法不断迭代，小层产、吸剖面预测模型的拟合误差在逐渐降低，最终所得模型对油井平均训练误差为 1.29%，对水井平均训练误差为 1.28%，训练结果十分精准。

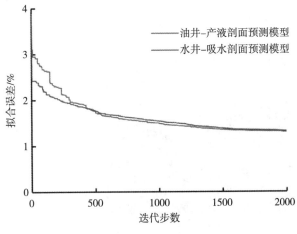

图 2　模型拟合误差迭代变化图

所得油井产液剖面预测模型的平均测试误差为 6.60%，水井吸水剖面预测模型的平均测试误差为 4.36%，以油井 E4 为例查看模型的测试效果，如图 3 所示。分析可知：模型预测与 kh 值占比相比，模型预测结果更加接近小层产出测试数据，误差大幅度降低，且满足油田现场需求。

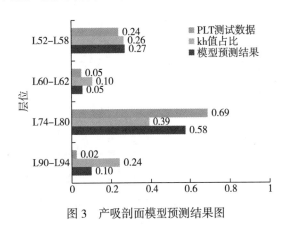

图 3　产吸剖面模型预测结果图

2　平面连通性分析

2.1　方法建立

为定量表征油、水井间连通性，针对注采井间动态连通性反演中影响因素多、滞后性和衰减性影响考虑不足的问题，以注采井井底流压动态变化数据为基础，应用数据标准化方法与动态时间规整算法（Dynamic Time Warping，DTW）进行数据处理和计算，得到注水井流压与油井井底流压时间序列曲线的 DTW 距离，并以此量化判别注水井流压与油井井底流压曲线的相似度，进而评价出注采井间动态连通性的强弱。

DTW 算法认为，DTW 距离值越小，时间序列曲线相似度越大，则注采井间连通性越好。DTW 算法具体过程为：假设有两个时间序列为 Q 和 C，长度分别为 m 和 n，其中 $Q=\{q_1, q_2, \cdots, q_i, \cdots, q_m\}$，$C=\{c_1, c_2, \cdots, c_j, \cdots, c_n\}$；为了计算这两个时间序列的 DTW 距离，需要构造一个 m 行 n 列的距离矩阵 D，D 中的元素为 Q 和 C 两个时间序列任意两个点之间的对应距离，称为局部距离。其计算公式为：

$$d\left(q_i, c_j\right)=\left(q_i-c_j\right)^2 \tag{1}$$

式中：q_i 和 c_j 分别为时间序列 Q 中第 i 个元素和 C 中的第 j 个元素；$d\left(q_i, c_j\right)$ 为 q_i 与 c_j 之间的局部距离。

在 DTW 算法中，两个时间序列的点与点对应关系是通过动态规划以点的变化特征相似为原则确定的，目的是使得两个时间序列中具有相似变化趋势的点对应起来，这种对应关系就是所要寻找的规整路径，即两个时间序列之间的一种对应方式，如图4所示。

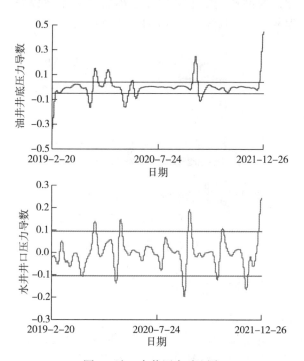

图4　油、水井压力对比图

因此利用动态时间规整算法计算油、水井压力变化曲线的相似度，可以评价注采井间动态连通性。曲线相似度越大，连通性越好。该研究提出了基于DTW算法的平面连通性分析方法，可快速定量表征油、水井间连通性；衡量标准是DTW距离值越小，则油、水井间压力响应关系越高，连通关系越好。

2.2　可靠性验证

以D41井组为例对油、水井间连通性进行表征，如表2和图5所示。分析可知：注采井间的

流线具有明显的方向性、时间性。D41井主要向西南方向的G44井和G54H井驱替，另外，大多数油、水井的DTW距离是随时间推移而增大的，说明连通性逐渐变差。

表2　DTW距离计算统计表

水井	油井	DTW距离	
		2020.4-2020.10	2021.11-2022.5
D41	D28ST1	2.2	3.9
	D34ST3	1.8	2.2
	D49ST1	1.2	2.9
	G44	0.6	0.5
	G54H	1.0	0.7
	M14 (M14S1)	1.1	2.4
D46ST1	D28ST1	1.9	5.4
	D34ST3	1.0	2.1
	D49ST1	0.7	2.4
D40	D28ST1	1.3	2.6
	D49ST1	0.9	1.5
D19	D28ST1	2.9	4.8
M18	M14 (M14S1)	2.4	0.4

3　实例应用

渤海P油田主力含油层系发育于新近系明化镇组下段及馆陶组。主要含油层段分布在明下段中下部和馆陶组，储层埋藏浅，渗透性较好，为中高孔～高渗储层，含油目的层段划分13个油组。P油田目前处于高含水期，纵向含油层段跨度大（500m），小层数量多，储层非均质性强，长期一套井网大段合采合注，导致层间干扰严重。主要有两方面的原因：储层平面产液结构不均，不同储层发育及连通状况差异大，微粒运移堵塞与大

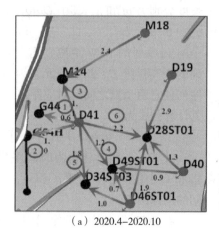

（a）2020.4-2020.10

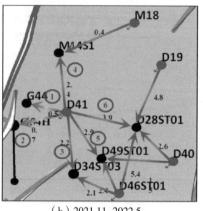

（b）2021.11-2022.5

图5　油、水井间压力响应关系图

孔道并存，纵向单层水突进严重，无效水循环加剧。针对上述问题，将上述研究成果应用于渤海P油田，纵向上依靠产吸剖面模型预测小层产出情况，平面上根据压力响应分析计算井间连通性，实现小层级别精准治理。

基于上述理论方法对P油田10个井组，4个主力层的开展流场调控研究，由面到线，由线到点，针对性地开展区块连片治理，从注采两端入手，水井调驱，油井酸化和卡堵水，改善开发效果，如表3所示。

表3　治理统计表

注水井	水窜层位	优势方向（采油井）	调剖调驱起止时间		阻力系数	累增油量 /m³	含水率下降 /%
A02ST1	L50、L54	A05S8/A09ST5/A14ST4	2022/7/3	2022/9/29	1.79	4800	2.0
D50	L50、L72	G46/D20ST1	2022/5/12	2022/7/31	2.68	2960	5.7
J14	L40	J20/J26/J61	2022/7/16	2022/9/7	1.69	2914	7.5
G01	L54	G60	2022/12/1	2022/12/31	1.63	1520	1.8
G03	L54、L62	G04	2022/7/22	2022/9/6	1.35	1300	1.7
A16	L62	A06ST4/A17ST3	2022/7/19	2022/9/6	4.19	1500	2.0
D55	L62、L72	D45ST1	2022/7/3	2022/9/29	1.37	330	0.6
D19	L50、L62	D14H3	2021/12/17	2022/1/26	1.82	240	0.4
D41	L50	G54H	2022/6/28	2022/9/12	1.94	180	0.6
M18	L50、L62	G37H	2022/7/10	2022/9/29	1.32	92	0.7

由表3所示，水窜层位及对应的油、水井优势方向均已识别，注水井端针对其水窜小层进行重点调驱，采油井端针对优势层位开展卡堵水措施，弱势层位开展酸化解堵措施。经过治理之后，水井阻力系数均大于1.30，说明水井调剖调驱效果良好，最终实现累增油量达1.58万方，井组含水率均有不同程度下降，效果良好。

4　结语

（1）建立了基于量子进化算法优化BP神经网络的小层产、吸剖面预测方法，实现了神经网络权重和阈值的自动更新，油、水井小层产、吸剖面平均预测误差分别为6.60%、4.36%；

（2）建立了基于DTW算法的井间压力响应连通性分析方法，克服注采井间压力传播衰减性和滞后性的影响，通过井间压力响应的DTW距离来量化评价出注采井间动态连通性。

（3）应用结果表明，井组流场调控效果良好，该研究成果可为多层水驱砂岩油藏分层调配、调剖调驱等措施制定提供技术支持，对推进油藏精细注水具有重要的指导意义。

参 考 文 献

［1］王振鹏.渤海SZ普通稠油油藏水驱后期流场调控研究［D］.中国石油大学（北京），2019.

［2］卜亚辉.基于适配关系的高含水油藏流场调控优化方法［J］.断块油气田，2022，29（5）：692-697.

［3］郑金定，侯亚伟，石洪福等.多层疏松砂岩油藏产能影响因素分析及治理——以渤海L油田为例［J］.石油地质与工程，2022，36（5）：52-56.

［4］谷建伟，任燕龙，王依科，等.基于机器学习的平面剩余油分布预测方法［J］.中国石油大学学报（自然科学版），2020，44（4）：39-46.

［5］常德宽，雍学善，王一惠，等.基于深度卷积神经网络的地震数据断层识别方法［J］.石油地球物理勘探，2021，56（1）：1-8.

［6］AL D R, IBRAHIM A F, EIKATATNY S, et al. Prediction of oil rates using Machine Learning for high gas oil ratio and water cut reservoirs［J］. Flow Measurement and Instrumentation, 2021, 82：102065.

［7］WILLIAM K E, JENNIFER M F, MICHAEL N, et al. Prediction of Gas Hydrate Formation at Blake Ridge Using Machine Learning and Probabilistic Reservoir Simulation［J］. Geochemistry Geophysics Geosystems, 2021, 22（4）：009574.

［8］李淑娟，王立军，张倍铭等.国内外储层大孔道识别方法研究现状［J］.中国锰业，2017，35（4）：82-84.

［9］单玲，李慧莉，高秀田．利用 ANFIS 模型预测吸水剖面［J］．断块油气田，2009，16（4）：72-74.

［10］李俊键，周代余，赵冀，等．基于粒子群优化支持向量机的注水井吸水剖面预测［J］．中国海上油气，2016，28（5）：66-70.

［11］刘巍．基于小样本数据驱动的吸水剖面预测研究［D］．中国石油大学（华东），2021.

［12］辛国靖，张凯，田丰，等．基于概率建模的分层产液劈分方法［J］．中国石油大学学报（自然科学版），2024，48（2）：109-117.

全密度聚乙烯机理与深度学习融合建模技术的研究与应用

陈爱军 刘 建 马 庆 鲁浩然

（昆仑数智科技有限责任公司）

摘 要 深度学习是一种强大的人工智能技术（AI），通过构建多层的神经网络来学习数据的复杂模式，因为自动特征提取、端到端学习、强大的表示能力、大规模并行处理、泛化能力、多任务学习、鲁棒性、可扩展性等优点，在图像识别、语音识别、自然语言处理、医疗诊断、游戏、自动驾驶等多个领域都取得了显著的成果，但是深度学习也有局限性，如需要大量的标注数据来训练模型、训练成本高、模型解释性差等。结合聚乙烯装置建模实施的技术应用点都是装置运行效益的关键，前期都有相关研究工作的成果和积淀，根据具体问题和可用资源来选择合适的学习方法，深度学习建模从技术上深度融合已有的成果是应用效果更佳的主要研究点。由于人工智能技术在聚烯烃新材料智能生产模拟模型设计与应用中的作用将更加突出，通过精确的模拟和预测，用户可以控制产品生产过程中的各种变量因素，从而确保产品质量的稳定性和一致性。本文提出了一种机理＋深度学习融合建模的技术，能够从大量实测和机理模型产生的数据中学习，具有更好的泛化能力，而基于经验的 AI 模型可能只在特定条件下有效；机理＋深度学习的融合建模技术具备机理模型的泛化性，可以适应新的数据和条件变化，相对 AI 的"纯"经验模型可能需要重新调整和校准，或者 AI 经验模型可能无法准确描述这些关系，机理＋深度学习的融合建模技术能够处理复杂的非线性数学拟合关系。在昆仑数智炼化场景大模型的建设项目支撑下，该方法用于全密度聚乙烯的熔融指数建模进行了应用，取得了很好的应用效果。

关键词 全密度聚乙烯；AI+ 新材料；建模与优化；机理建模；深度学习

1 引言

聚烯烃新材料的开发过程一般采用试错法，通常所需的实验步骤较多，研发周期较长，并且实验研究成本高，需要消耗大量的开发与实验资源。从实验室到中试，直至装置生产的定型研究与实践过程中，如何缩短研发周期、降低成本，一直是管理和技术人员迫切且持续破解难题的常态化工作。

随着科技的飞速发展，新材料的设计与研发已成为推动科技进步和工业发展的重要力量，人工智能（AI）技术的引入，为新材料智能生产模拟模型的设计与应用带来了革命性的变革。由于高强度、高韧性和耐低温性能突出，全密度聚乙烯市场前景广阔，国内全密度聚乙烯装置优化控制影响产品质量、成本和性能等重要指标，主要依赖于化验分析数据和国外工艺包产品与技术服务。聚乙烯装置是时序性化工工艺生产过程，建立融指、密度、露点、冷凝量等关键指标的 AI 预测模型，先应用大数据分析和工艺机理专家经验的方式进行数据制备和处理，形成时序训练样本组，按时间戳将 MES 中采集的装置过程数据（温度、压力、流量等）和 Lims 分析值生成［输入 –> 输出］对应关系，由此产生大量的一组一组的建模样本，应用深度学习算法找到建模样本隐含的数学关系（神经元网络算数表达式）；然后应用泛化性好、鲁棒性强、拟合精度高的深度学习回归模型进行数据拟合，深度学习算法解决了"求解最优的神经元网络表达式"；结合自监督学习的深度学习＋机理的业务监督参数和结构调优，从而形成符合工业应用的预测模型，是人工智能技术在新材料智能生产模拟模型设计与应用中的最优建模方法。

机理＋深度学习融合建模技术是理论技术与工程实践相互验证的解决方案，将人工智能应用于聚合物材料研究领域，超越传统试错法的局限性，通过数据直接建立材料特征与所需性能之间复杂的关系模型，解决聚合物组成成分和复杂结构等在其研究过程中带来的难题。

2　融合建模方法

2.1　业务需求

全密度聚乙烯装置（LPPE）反应器是否能高效运行，在很大程度上取决于对反正器正在生产的树脂产品物性、熔融指数/流动指数和密度的正确预测或估算。如果出现工艺波动，则需要对影响树脂物性、床温、H2/C2 浓度比，共聚单体/C2 浓度比的反应器被控制变量进行调整。被控制变量的调整幅度取决于树脂物性与各种树脂产品运行配方中规定的目标值的偏离程度。将以实验室对反应器产品定期采样进行的树脂物性分析作为反应器被控制变量调整的反馈。在正常操作条件下，每隔 4 小时进行一次熔融指数（或流动指数）分析，密度分析每隔 8 小时进行一次。由于采样和实验室程序中存在固有的延时，可能会在对被控制变量进行补偿调整以使反应器条件达到目标牌号树脂生产之前，生产出大量的不合格树脂产品。聚烯烃熔融指数和密度实时预测模型，进行这些调整所依据的树脂物性能够精确预测或估计，可以增加操作人员更加频繁地对反应器被控制变量进行必要的调整，从而提升装置的精细化操作水平，因此引入大模型技术解决聚烯烃反应的大数据建模有重要的生产应用的价值意义。

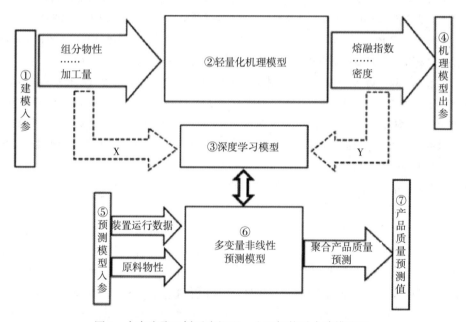

图 1　全密度聚乙烯反应机理 + 人工智能融合建模流程

2.2　融合建模

泛化性和鲁棒性是验证人工智能模型的重要指标，因此聚烯烃的非线性反应模型应包络尽可能多的聚乙烯生产运行工况数据。然而实际的聚乙烯熔融指数建模的工程实践中，是不可能为了建立精准的非线性数据驱动模型，使装置做各种工况或牌号的生产运行，以此产生大量的训练样本，解决此类问题，本文提出了非常有效的融合建模解决策略和技术方法。

首先，提升模型预测结果的泛化性，应用机理的建模方法，建立轻量化的聚烯烃反应动力学模型，基于物理定律和化学原理，以及利用相平衡、化学平衡等原理建立数学模型，来模拟和预测实际工业流程或化学反应过程聚烯烃反应动力学模型，模型入参输入包括单体浓度、催化剂类型和浓度、反应条件（温度、压力、搅拌速度等）、反应时间、添加剂和反应器类型，模型出参包括聚合速率、分子量分布、反应机理参数、反应转化率、动力学参数和产品质量指标（如熔融指数、密度等）。经深入研究，熔融指数与密度的轻量化机理模型的表达式如下：

$$\ln(MI_u) = a_4 + \frac{a_5}{T+273} + a_6 \times \ln\left(a_1 \times \frac{H_2}{C_2} + a_2 \times \frac{C_4}{C_2} + a_3 \times \frac{C_6}{C_2}\right)$$
$$+ a_{7,10+Rx} \times \left[\frac{PR \times (a_{8,9} \times COCAT)}{CF \times Wt\%_{Ti}}\right]$$

$$\ln(MI) = a_u + ln(MI_u)$$

$$\rho = d_u + d_4 - \left(d_1 + d_2 \times \frac{C_4}{C_2} + d_3 \times \frac{C_6}{C_2}\right)^{d_5} + d_6 \times \ln(MI_u)$$

式中：MI= 瞬时熔融指数；MIu= 未校准的瞬时熔融指数；ρ = 瞬时密度；au= 熔融指数模型更新常数；a1，2，3，…= 熔融指数模型系数；a7，10+Rx，…= 系数，取决于反应器数量；a8，9= 系数，取决于催化剂类型；du= 密度模型更新常数；d1，2，3，…= 密度模型系数；H2= 氢浓度，mol%；C2= 乙烯浓度，mol%；C4= 丁烯浓度，mol%；C6= 己烯浓度，mol%；T= 床层温度，℃；PR= 产率，kg/h；COCAT= 助催化剂浓度，ppm；CF= 总催化剂进料速率，kg/h，Wt%；Ti= 催化剂固体中的钛浓度，wt%。

应用聚烯烃反应工艺机理研究结果，识别和表征聚烯烃工艺过程中的乙烯、氢气、丁烯、己烯等反应组分，选择模拟聚烯烃模拟的物性包，通过验证纯组分的性质、匹配相平衡数据，开发性质关联式，进行聚乙烯聚合过程的反应、速率常数的动力学参数确认，开发出聚烯烃动力学模型，为后续的人工智能建模提供大量的加工方案实例数据，用于增强模型预测能力的泛化性。

其次，应用专家经验，设计模型入参的上下限，通过入参之间的交叉验证组合形成大数据入参方式，激励严格机理的聚烯烃动力学模型，生成用于数字孪生内核模拟模型的建模样本，应用深度学习算法对机理模型产生的训练样本进行模型训练，从而生成聚烯烃非线性的机理 + 深度学习的融合模型。

最后，在上述工作步骤的基础上，机理 + 深度学习融合模型的泛化性已具备机理模型的能力，提升模型预测结果的鲁棒性和精准性，需要有效结合装置运行的专家经验、实时生产数据、化验室分析结果、在线分析仪表数据，应用人工智能技术实现聚烯烃非线性反应过程的参数自适应预测模型。

2.3 建模算法

- 关键指标预测模型

在昆仑 AI 中台上进行模型训练，将结合已有的技术研究成果（机理或专业模拟模型），采用融合建模的方法建立预测模型。结合工艺机理、专家经验和大数据分析，在特征选择方面选择与目标变量相关的特征，避免过拟合；使用正则化、dropout 或早停（early stopping）等技术来防止过拟合；使用交叉验证来评估模型的泛化能力。

- 语料预处理

收集包含输入特征和目标值的训练数据；对数据进行清洗、归一化或标准化，以便模型可以有效地学习；将数据集分为训练集、验证集和测试集。

- 构建回归模型

模型架构：输入层，与输入特征的维度相匹配；隐藏层，一个或多个隐藏层，每个隐藏层可以包含多个神经元；输出层，通常只有一个神经元，因为回归任务的目标是预测一个连续值。

- 编译模型

损失函数：对于回归任务，常用的损失函数是均方误差（MSE）；优化器：选择一个优化器，如 Adam 来更新模型的权重。

- 训练方式

使用训练数据来训练模型，指定训练的轮数（epochs）和每个 epoch 的批次大小（batch size），以及其它超参数；在验证集或测试集上评估模型的性能，使用适当的指标，如均方误差（MSE）；应用训练好模型实时读取装置运行参数，数据处理后将入参输入至模型，预测实时的装置运行质量结果。

根据模型的性能，结合工艺专家、建模和模

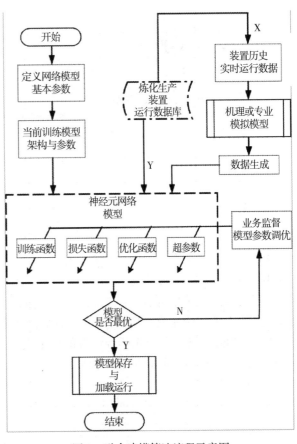

图 2　融合建模算法流程示意图

型泛化预测结果，调整以下参数：网络架构（层数、神经元数）、激活函数、损失函数、优化器参数（学习率、动量等、正则化（L1/L2正则化、dropout）等。

3 应用效果

应用人工智能建立的聚烯烃反应器模型，可能会在训练数据上表现良好的预测精准性能，但在新牌号和未出现工况的实时预测数据上表现不

佳。应用轻量化机理模型激励出各种工况或牌号组合下的泛化数据，扩充训练模型的样本，从而提升融合模型的泛化性。本文提出的融合建模方法在全密度聚乙烯装置的熔融指数预测模型进行了应用，对比新牌号下人工智能与人工智能+机理融合建模的预测精度，结果为：人工智能模型预测结果的相对偏差率绝对值在15%以内，人工智能+机理融合模型预测结果的相对偏差率绝对值在5%以内。

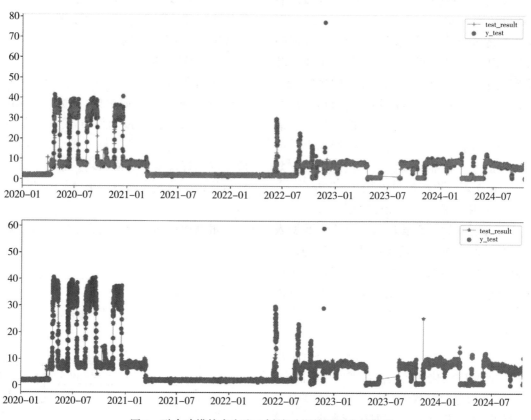

图3 融合建模技术在聚乙烯熔融指数预测应用效果

4 结论

聚烯烃非线性反应过程的机理与深度学融合建模技术，解决了人工智能建模过程中，为提升模型泛化性需要大量非重复性建模样本的要求，在全密度聚乙烯装置进行了融指、密度、冷凝率和露点的人工智能建模与应用。先采用机理建模方法，近似地"孪生"出聚烯烃装置的模拟模型；然后在这个"虚拟"的聚烯烃模拟模型上模拟出

各种可能的运行工况，生成近60万组以上的数字孪生建模样本；应用双模融合技术建立神经元网络大数据模型，生成人工智能预测模型；最后用强大的人工智能自学习算法，在线化预测模型，实时读入装置运行数据，高频次预测聚烯烃反应器产品质量，减少昂贵化验设备和试剂的需求，降低分析成本，在工程应用中取得了很好的经济效益和社会效益。

梦想云小梦搜索引擎给页岩油插上人工智能的翅膀

王　威

（昆仑数智科技有限责任公司）

摘　要　数据和知识是企业的核心资产。随着企业业务的不断拓展，信息化的不断深入，企业内部数据与知识资源在不断膨胀，日益复杂。油气田的信息化建设不断发展完善，勘探、开发、储运、销售等业务也在不断持续深入开展，伴随着信息化系统的建设与升级，涉及的业务量与数据量也在以指数形式不断增加，长期的发展与使用必定造成数据量的积累，中石油梦想云平台数据湖的搭建，各类数据入湖，从根本上解决了企业内部数据互通、信息化成果互通，打通了不同系统间的信息化壁垒，从此信息化孤岛间形成了通路，为多维度的数据挖掘与应用提供了保障，实现了企业数据价值，为上层应用提供了保障，也为下层数据提供了根本保障，加速推进了油田信息化到智能化建设。如果说数据湖是数据与知识的宝库，那么搜索一定是打开宝库的金钥匙。智能搜索引擎综合应用全文搜索、知识图谱、自然语言处理、大模型等多种技术，让搜索更广更深，让搜索更加智慧。利用海量数据进行挖掘，充分发挥数据价值，是对油田企业又一项挑战，小梦智能搜索引擎是以解决数据应用问题为目标而开发的企业级综合搜索系统，基于已有的办公系统、业务系统等存在的大量文档、业务数据进行整合，在此基础上构建智能搜索系统，满足各级人员的搜索需求，让搜索更广更深，让搜索更加智慧，让搜索更加懂得用户，更高效的找到答案，辅助生产工作。随着梦想云在大庆油田的推广，小梦搜索引擎已正式开始服务于大庆页岩油项目，希望页岩油能成为大庆油田的第二生产曲线，助力大庆油田数字化转型智能化发展新征程。

关键词　数据挖掘；智能搜索；人工智能；自然语言处理；大模型

1　项目背景及现在分析

互联网的发展带动了搜索技术的发展，上世纪 90 年代第一代搜索引擎诞生，它以人工分类目录为主，代表厂商是 Yahoo，特点是人工分类存放网站的各种目录，用户通过多种方式寻找网站。随着网络应用技术的发展，用户开始希望对内容进行查找，出现了第二代搜索引擎，也就是利用关键字来查询，最其代表性最成功的是 Google，它建立在网页链接分析技术的基础上，使用关键字对网页搜索，能够覆益互联网的大量网页内容，该技术可以分析网页的重要性后，将重要的结果呈现给用户。随着网络信息的迅速膨胀，用户希望能快速并且准确的查找到自己所要的信息，因此出现了第三代搜索引擎。相比前两代第三代搜索引擎更加注重个性化、专业化、智能化，使用自动聚类、分类等人工智能技术，采用区域智能识别及内容分析技术，利用人工介入，实现技术和人工的完美结合，增强了搜索引擎的查询能力。第三代搜索引擎的代表是 Google，它以宽广的信息覆盖率和优秀的搜索性能为发展搜索引擎的技术开创了崭新的局面。

随着信息多元化的快速发展，通用搜索引擎在目前的硬件条件下要得到互联网上比较全面的信息是不太可能的，这时，用户就需要数据全面、更新及时、分类细致的面向主题搜索引擎，这种搜索引擎采用特征提取和文本智能化等策略，具体来讲这种搜索引擎具有如下特征：

1.1　智能搜索技术在应用于搜索引擎的智能化

智能搜索引擎可以通过自然语言与用户交互，最大限度地了解用户的需求。智能检索一是表现在搜索引擎技术的智能化，研究重点放在大模型的自然语言处理技术和人工智能技术的研究上；另一表现是体现在搜索引擎面向检索者的智能化，它致力于通过分析检索者的检索和浏览行为来学习检索者的需求，利用搜索引擎现有的服务有选择地为检索者提供个性化的服务。通过这两方面的结合来提高搜索引擎的检索效果。

1.2　对用户的友好性将不断提高

首先对用户检索界面进行改进。未来的检索界面要尽可能实现检索的可视化和图形化。将现在不为用户所看到的数据库内在的语义表述转化成可见的图形和图像；同时在检索结果处理上也在改进，能提供一些先进的方式来显示检索的结果，如提供按站点的排序的显示方式，按分类、主题、关键词自动把结果列成不同的文件夹的方式等。

1.3 搜索引擎的个性化

提高搜索精度的另一个途径是提供个性化的搜索，也就是将搜索建立在个性化的搜索环境之下，其核心是跟踪用户的搜索行为，通过对用户的不断了解、分析、积累用户的搜索个性化数据来提高用户的搜索效率。

1.4 多媒体智能搜索引擎

随着 Internet 的强势发展，网上庞大的数字化信息和人们获取所需信息能力之间的矛盾日益突出。在未来，应该是提供一个视频片段、音频片段或者一张图片的一部分，搜索引擎可以在网站上找到相应的资源。这也是搜索引擎新的发展方向。

2 对标搜索引擎

IBM 公司在数据领域拥有雄厚的技术储备，近些年集成了其数据治理、数据分析体系及其产品；同时基于成熟的容器技术，构建了 PaaS 平台云，支持公有云、私有云部署实施；基于人工智能技术打造了 Watson 认知计算系统。Watson Analytics 可以提供一系列全面的自助式分析功能，包括数据访问、数据清洗、数据仓库，帮助企业用户获取和准备数据，并基于此进行分析、实现结果可视化。

油搜是国内首家专注油田采购产品、石油石化行业搜索引擎。其设计理念为致力于石油石化行业的最新信息，包括采购、技术、企业、产品与价格的最新情报全面推向企业，引导企业销售、采购和管理过程。同时，提供最精准、最有价值的搜索结果。"油搜 yooso"搜索引擎是一个开放的平台，通过石油石化行业相关的上下游内容与数据供应商合作，为行业内人士以及其他用户提供精准、专业、最新的石油石化行业内容与数据，特别为决策层提供关键性决策支持信息，类似于彭博社或道琼斯的商业模式，其对于知识挖掘与搜索应用仍处于建设阶段。

3 油田企业需求 – 引出小梦搜索

面对油田数据的几何增长，可以达到 PB 级量；格式众多，图片、文档、数据库、专有格式等；数据存在于不同系统，甚至纸质档案；数据安全要求高，需要对数据的访问设定权限；由于企业数据资产存在上述特点，随之而来的就是数据资源查找困难，经常出现找不到、找不准、找不全、时间成本高查找效率低的问题。常见的问题如下：数据海量，搜索结果众多，不能迅速找到所需数据；结构化数据搜索，搜索条件构建，结果表达均很困难；目前的油气能源企业来讲，对于搜索引擎的需求体现在以下几方面：

需要单井搜索，对于油气生产以井为中心，可以通过单井井号检索到井全量数据。

需要关联系统应用，对于数据及应用存在于多个系统，需要通过单点检索关联全部应用。

需要知识图谱以清晰表达数据间关联关系，展示数据维度。

需要对数据湖内所有数据进行检索，从中提取相关数据。

需要展示不同类型数据，同时希望检索结果以图表展示，直观展示检索结果（如图 1）。

图 1

小梦搜索综合应用全文搜索、知识图谱、自然语言处理、机器学习等多种技术，对企业现有的办公系统、业务系统等存在的大量文档、业务数据进行整合，在此基础上构建智能搜索系统，

满足各级人员的搜索需求，让搜索更广更深，让搜索更加智慧，让搜索更加懂得用户，更高效的找到答案，辅助生产工作（如图 2）。

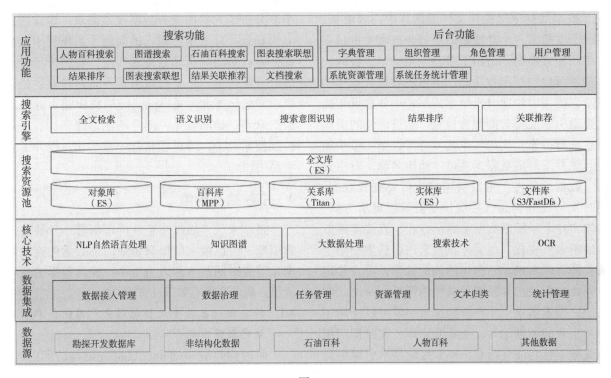

图 2

小梦智能搜索引擎的整体架构按照层次可分为如下六个层次，从下至上，具体为：

1. 数据源层；数据源层主要是企业的各个业务系统的数据库（勘探开发数据库、OA 数据库、非机构化文档、石油百科数据库等）。小梦智能搜索引擎可以将各类结构化数据库 Orcale, MySQL, PostgreSQL, SQLServer 作为搜索引擎数据源，也可以将各类非结构化文档（文本，pdf，word，excel，图片，专门格式）作为数据源。

2. 数据集成层；数据集成层负责完成原始数据源的接入、处理、质量控制等工作。通过数据集成层的工作，将原始数据接入引入到搜索引擎中来。主要功能包含：数据接入管理、数据治理、任务管理、资源管理、文本归类、统计管理等功能。

3. 核心技术层；核心技术层是系统整体功能的技术支撑层，包含自然语言处理模块、知识图谱模块、大数据处理模块、搜索技术模块、OCR 模块等基础技术模块。

4. 搜索资源池层；通过核心技术层的处理，原始数据被转化为可搜索数据，进入搜索数据池。

这里包含全文搜索库、对象库、百科库、关系库、实体库、文件库、图数据库等数据类型。

5. 搜索引擎层；搜索引擎层是搜索实现的核心层。通过全文搜索、语义识别、搜索意图识别、结果排序、关联推荐等核心算法，实现用户对于搜索的各类需求。搜索引擎层上接应用功能层、下接搜索资源池层。

6. 应用功能层；应用功能层是展现给终端用户的功能集合。包括前台搜索功能和后台管理功能。

按照分类小梦搜索引擎支持多源数据接入、全文检索、数据访问控制、智能推荐、知识图谱、智能问答、知识可视化展示、外部数据资源检索，可将油田结构化与非结构化的文档、图片、表格进行分类检索，同时针对人员信息、专业名词石油百科、知识图谱进行深入检索。为技术人员提供单井搜索，即检索一口井可将所有相关数据集进行整体检索，按照设计数据，钻井数据，录井数据，测井数据，试油数据，以及投产数据等分类显示，按照数据集展现，极大限度的方便了业务人员、科研人员在生产及科学研究中使用。

在检索过程中小梦搜索支持模糊查询，通过关键词进行模糊检索，可快速锁定目标内容，搜索时支持对网络云盘里面的非结构化数据进行全文检索，对于云盘非结构化数据接入数据湖，利用大模型不断调优，通过建立全文数据索引，在OCR技术加持下结构化文件及图片中内容解析，实现全文检索。小梦搜索以更符合技术人员日常应用的检索机制，适用于多种应用场景，智能问答功能可以快速定位功能，出色的数据可视化功能助力使用者快速分析检索成果，小梦检索智能化搜索引擎支持智能问答检索，通过语义的关键信息进行搜索，比如"井名+所需数据"可快速检索该井下对应数据，通过"油田名称+对应日期+数据+条件"可以快速定位所要查找数据，同时支持在查询条件后增加所需数据展示方式，比如"井名+所需数据+展示方式"直接实现数据的图表可视化。也支持在检索内容后增加限定条件图、表实现非结构化图表的检索，可直接定位到此井相关图片及相关文档内图片，一站式响应用户检索需求。小梦智能搜索引擎可广泛用于各类企业的数据治理，企业知识库、大数据应用等业务。针对油气行业，小梦智能搜索引擎更是结合数据湖，油气行业知识图谱，提升油气企业的数据管理业务水平。

与此同时小梦智能搜索引擎建设多类型知识图谱，夯实智能化应用基础，基于油田专业文档、人物数据库、石油百科内容，小梦建立了多个实例三元组实体关系。并且不断增加其他知识图谱，为数据智能化应用打下基础。

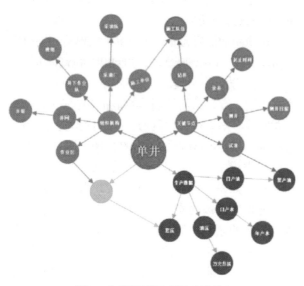

图3 知识图谱示意图（单井）

搜索结果知识化，精准完成搜索需求，小梦使用柱状图，饼状图、表格、GIS地图等多种形式展示搜索结果。解决了结构化数据单纯数据搜索无意义的痛点，切合用户的实际需要，向知识化搜索迈进。问题式搜索实现语义理解与信息综合，小梦分析了大量的业务数据搜索需求，建立搜索应用场景。针对用户输入的问题，系统利用知识库，完成意图分析和数搜索匹配，实现跨场景式综合智能搜索。小梦搜索引擎不只是搜索也是入口，梦想云平台专业App，应用商店能力等资源层次众多、访问复杂，用户不能迅速到达。小梦扩展搜索能力，通过搜索框一键到达，提升了平台易用性。

4 小梦数据价值

整体来说，通过在企业内部部署小梦智能搜索引擎，可以极大的提高企业内部数据的查找效率，节省时间成本和人力成本，提高数据的使用价值。具体来说有如下几方面：

4.1 构建统一数据查询访问门户，简化企业用户访问数据方式

通过构建统一的企业数据查询与访问门户，可以大大提高企业的数据应用水平。用户再也不用在多个业务系统，甚至纸质档案中查找所系数据，而能够在一个搜索门户下找到所需数据，极大地简化了数据访问过程。

4.2 基于权限的数据搜索与访问，提升数据安全

通过基于用户角色，部门等账户信息，用户只能搜索和访问到自己数据权限内的数据内容。对于超越数据权限的数据则完全屏蔽。通过数据权限访问控制，提高了数据的安全性。另外，通过账户进行数据访问，能够跟踪数据访问记录，订单式的数据获取方式也加强了对数据的授权控制，提高了数据的安全性。

4.3 智能化搜索方式，提升企业数据应用价值

利用大模型，结合知识图谱、自然语言理解等技术，使用更加贴近用户数据查找习惯的问题式搜索方式，综合多类数据，给出搜索答案，完成了多种数据的综合查找与应用，给出对用户有用的答案，提升了数据本身的应用价值。

如果说数据湖是数据与知识的宝库，那么搜索一定是打开宝库的金钥匙。数据湖和小梦智能搜索引擎都是梦想云中的一部分，小梦智能搜索引擎综合应用全文搜索、知识图谱、自然语言处

理、大模型等多种技术，让搜索更广更深，让搜索更加智慧。正是在这样的背景下，小梦搜索引擎应运而生，给页岩油插上人工智能的翅膀，成为助力大庆油田页岩油新业态发展的一分子，也是梦想云助力大油田页岩油智能化发展典型案例。但梦想云的梦想不止于此，赋能油气全产业，支持油气全业务链的数字化转型，并将进一步拓展到整个流程工业领域。

5 结论

随着大数据平台、知识图谱、自然语言处理、大模型等新技术新理念在油气勘探数据管理领域内的应用，当前，勘探开发梦想云数据湖系统主湖加区域湖已经在中石油 16 家油气田推广，已先后在塔里木油田、长庆油田、西南油气田得到应用，目前大庆油田以页岩油应用为切入点进行深层次的应用，给页岩油插上人工智能的翅膀，随着勘探开发梦想云在中国石油各油气田的推广，小梦搜索引擎作为梦想云数据智能化应用的统一入口，应用前景广阔。

参 考 文 献

[1] 杜金虎，张仲宏，章木英，等. 中国石油上游信息共享平台建设方案及应用展望 [J]. 信息技术与标准化. 2017（8）：66-71.

[2] 陈氢，张治. 融合多源异构数据治理的数据湖架构研究 [J]. 情报杂志，2022，41（5）：7-9.

[3] 刘志勇，何忠江，刘敬龙，等. 统一数据湖技术研究和建设方案 [J]. 电信科学，2021，1（9）：90-93.

[4] 张芸. 浅谈石油勘探行业数据湖建设中的数据治理问题 [J]. 中国管理信息化，2021，24（9）：122-124.

[5] 魏春柳，赵秋生，王威，等. 梦想云应用商店建设研究 [J] 中国石油勘探，2020，25（5）：104-110.

[6] 石玉江，王娟，魏红芳，杨倬，王红伟，姚卫华. 基于梦想云的油气藏协同研究环境构建与应用 [J] 中国石油勘探. 2020，25（5）：15-22.

[7] 罗彩明，唐雁刚，屈洋，曾昌民，王佐涛，娄洪，冯磊. 塔里木油田梦想云协同研究应用与展望 [J]. 中国石油勘探. 2020，25（5）：50-55.

[8] 丘宽. 基于数据湖的实时数据管理平台设计与实现 [J]. 数字通信世界，2023（01）：12-14.

油气勘探开发领域人工智能技术的应用与发展研究

王欣岩

（昆仑数智科技有限责任公司）

摘 要 随着全球能源需求的不断增长，人工智能技术在油气勘探开发领域发挥着越来越重要的作用。本文旨在探讨人工智能在大规模地质数据分析中的应用价值，评估其在实践中减少勘探风险、辨识油气藏特征的能力，并分析人工智能为油气行业带来的经济效益和可能减少的环境影响。研究方法主要包括文献综述、案例分析和技术趋势分析。首先，本文回顾了人工智能技术的发展趋势及问题，分析了机器学习、深度学习等技术在油气勘探开发领域的应用进展，并探讨了人工智能技术在地震数据解释、油藏表征、钻井优化、生产预测等环节的应用案例。结果表明，人工智能技术在油气勘探开发领域已取得显著成效，提高了勘探开发的效率和精度，并推动了技术成果的转化。其次，本文通过案例分析，展示了国内外油气田在人工智能技术应用方面的成功案例。这些案例表明，人工智能技术在油气勘探开发中具有巨大的应用潜力，能够有效提高油气资源的开发效率和经济效益。然而，人工智能技术在油气勘探开发中也面临着一些挑战，如数据质量与可用性、模型解释性、技术融合与跨学科合作、技术进步与行业接受程度不匹配、安全性和隐私问题等。针对这些挑战，本文提出了相应的解决方案，包括加强数据质量控制和共享、提高模型的可解释性、促进跨学科合作、加快技术进步与行业接受程度的匹配、加强安全性和隐私保护等。最后，本文展望了人工智能技术在油气勘探开发领域的未来发展趋势，包括跨学科融合创新、智能化决策支持、绿色勘探开发等方面。未来，人工智能技术将在油气勘探开发领域发挥更大的作用，推动油气资源的可持续开发，为全球能源行业的可持续发展做出贡献。

关键词 油气勘探；人工智能；数据挖掘；机器学习；计算机视觉

1 引言

在全球能源需求不断增长的背景下，随着计算能力的飞速提升和大数据技术的普及，人工智能技术，尤其是计算机视觉、数据挖掘和机器学习等领域，在油气勘探开发行业发挥了重要作用，逐渐成为油气行业数字化革新的重要动力。

目前，人工智能技术在油气勘探开发中的应用取得了初步成效，但其深层次的集成化应用与技术创新仍面临着不小的挑战。本研究的目标是揭示人工智能在大规模地质数据分析中的应用价值，评估其在实践中减少勘探风险、辨识油气藏特征的能力，并分析人工智能为油气行业带来的经济效益和可能减少的环境影响。本研究在于提供一种系统性视角，为油气勘探开发行业内的技术决策制定者和科研工作者提供参考，在推动行业向智能化、数字化转型的过程中，对促进人工智能与油气勘探开发领域的深度融合，为未来油气行业的可持续发展做出贡献。

2 人工智能技术的发展趋势及问题

2.1 人工智能技术的发展进展

在油气勘探开发领域，人工智能技术的应用正在经历一场变革，特别是机器学习和深度学习的创新进展为该领域带来了前所未有的机遇。这些先进技术的引入，不仅极大提高了油气资源探测的精确度，也显著优化了开发流程，从而助力能源行业实现更高效、更环保的生产。

机器学习的核心在于利用算法从数据中学习并作出决策或预测。在油气勘探中，机器学习技术主要应用于地质数据解释、储层特性评价以及风险分析等方面。通过训练模型识别地质特征，机器学习能够帮助地质学家解释复杂的地震数据，预测油气藏的位置和大小。例如，支持向量机（SVM）和随机森林等算法已被用于识别地震属性中的油气指标，而贝叶斯网络则被用来评估钻井位置的风险。

与机器学习相比，深度学习能够处理更为复

杂的数据模式，尤其是在图像识别和自然语言处理方面表现出色。深度学习在油气勘探开发中的应用主要集中在地震数据的处理和解释上。卷积神经网络（CNN）是一种深度学习模型，它通过模仿人类大脑处理视觉信息的方式，能够高效地识别地震图像中的油气藏特征。近年来，研究人员已经成功将CNN应用于从地震数据中自动识别断层、河道沉积体等地质特征，极大提高了解释的速度和准确性。

递归神经网络（RNN）和长短期记忆网络（LSTM）在处理时间序列数据方面具有优势，这对于分析历史生产数据来预测油田未来产量变化尤为重要。通过这些深度学习模型，研究人员能够更准确地预测油井的产量，从而优化油气田的开发方案。

机器学习和深度学习技术在油气勘探开发领域的应用正迅速发展，提供了强大的数据分析能力和决策支持。随着技术的不断创新与进步，特别是OPENAI公司ChatGPT发布通用语言大模型后，人工智能工具有望进一步解锁油气资源的潜力，促进能源行业的可持续发展。行业与学界需要共同努力，解决数据获取、模型解释性等问题，以确保人工智能技术在实际应用中的有效性和可靠性（如表1）。

表1　人工智能发展的四个阶段

时间	事件概况
萌芽时期 （1956年至60年代末）	自达特茅斯会议之后，越来越多的研究者专注于人工智能并制造出许多优秀成果，工业机器人与聊天机器人的出现代表着人工智能的发展有着良好的开端。
发展时期 （70年代至90年代）	随着有关人工智能的知识理论框架的形成，研究者们对人工智能的研究不再只满足于理论研究，一系列有关医学，语言，经济等的专家系统诞生出来，这代表着人工智能已经开始走向实际应用。
成熟时期 （90年代中期至2006年）	随着人工智能技术和神经网络技术的发展，人们对人工智能技术得到进一步的认知，"深蓝"系统的出现和对神经网络的深度学习取得突破代表着人工智能技术发展的一大进步。
繁荣时期 （2006年至今）	自2006年对神经网络的深度学习取得突破后，人工智能技术又有了较快发展，特别是ChatGPT通用语言大模型发布后，刺激了许多产业公司开始投身于人工智能市场，对人工智能的研究开始了新的浪潮，智能时代的到来也成为了必然趋势。

2.2 人工智能技术在油气勘探开发的应用

人工智能技术在油气勘探开发领域的应用已经产生了显著的效益，并推动了技术成果的转化。在此过程中，多种人工智能技术被成功应用于地震数据解释、油藏表征、钻井优化、生产预测等环节，充分展现了人工智能技术在油气行业中的重要价值和巨大潜力。

地震数据解释是油气勘探过程中的重要环节，传统的解释工作依赖于地质学家的经验判断，这不仅耗时而且容易受到主观因素的影响。采用人工智能技术，尤其是深度学习算法，能够自动识别地质特征，快速准确地进行地震资料的解释。例如，利用卷积神经网络（CNN）对地震数据进行特征提取和识别，不仅提高了解释效率，还显著提升了解释的准确性。

油藏表征是另一个受益于人工智能技术的领域。传统的油藏模拟和表征工作复杂且计算量巨大，且难以应对高度非线性和多变性强的油藏特性。而人工智能，特别是机器学习算法在油藏表征中的应用，能够处理复杂的油藏数据，预测油藏性质，并优化油藏管理。例如，通过监督学习算法，可以根据历史生产数据来预测油藏的未来表现，而无需进行繁琐的物理模拟。研究表明，这种方法可以在几分钟内完成对油藏性能的预测，而传统方法可能需要几天甚至几周的时间。

钻井优化是提高油气开采效率和安全性的关键。人工智能技术，尤其是实时数据处理和分析能力，为钻井作业提供了强大的决策支持。通过实时监控钻井参数，如钻压、转速和泵速，人工智能系统能够及时预测和避免潜在的钻井风险，如井壁塌陷和钻头磨损。在实际应用中，人工智能技术帮助钻井团队减少了钻探成本，减少了非生产时间，并提高了钻井作业的安全性。

与此同时，人工智能技术的成功应用还带动了技术成果的转化。随着人工智能在油气勘探开发领域的深入应用，越来越多的技术成果被转化为实际生产力。这不仅促进了油气行业的技术进步，还为相关领域的发展提供了新的机遇。例如，人工智能技术在油气领域的成功应用，激发了数据分析、云计算和物联网等技术的发展，这些技术的结合为油气行业的数字化转型提供了强有力的支撑。未来，随着人工智能技术的持续发展和优化，其在油气勘探开发领域的应用将更加广泛和深入，为油气行业的可持续发展提供有力支持。

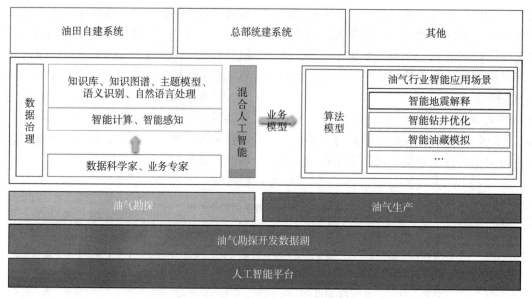

图1 油气人工智能解决方案

3 案例研究

3.1 国内外油气田人工智能技术应用案例分析

在油气勘探开发领域，人工智能技术已经被广泛应用于数据分析、预测和自动化操作等多个方面，极大地提高了油气资源开发的效率和精度。国内外的多个油气田都有成功应用人工智能技术的案例，本节将重点分析几个代表性的案例，以展现人工智能技术在油气田勘探开发中的实际效果和潜在价值。

在国外，最为著名的案例之一是挪威国家石油公司（Equinor）在北海的油气田应用人工智能进行储层管理。该公司运用机器学习算法分析地质和生产数据，优化了水平井的钻探位置和生产策略，使得油田的产量和采收率显著提升。例如，Johan Sverdrup 油田是挪威北海的一个大型油田，在该油田的勘探和开发过程中，Equinor 采用了精细的储层描述和人工智能数据分析技术，通过这些技术，Equinor 能够更准确地了解储层的结构和特性，从而优化开采策略，最大限度地提取石油资源。此外，人工智能技术的应用还帮助 Equinor 在油田的数字化运营和管理方面取得了显著成效，进一步提升了生产效率和安全性，通过精细的储层描述和人工智能高级数据分析，Equinor 成功地

提高了油气的采收效率，并减少了钻井成本。

另外，在美国岩气革命的浪潮中，也有人工智能技术的影子。例如，壳牌公司在其美国页岩气田的开发过程中，采用了先进的数据分析技术，对钻井和生产过程中产生的海量数据进行了收集与处理。这一过程涉及了数据挖掘、机器学习等多个人工智能领域的技术。通过人工智能算法对收集到的数据进行深入分析，壳牌公司提高了资源评估的准确性。人工智能技术还帮助壳牌实现了钻井设备的优化配置。通过预测模型，壳牌能够精确预测钻井速度和破碎岩石的行为，从而调整钻井参数，使得非常规油气资源的开发更加高效和环保。

在国内，中国石油天然气集团有限公司（CNPC）、中国石油化工集团公司（Sinopec）、中国海洋石油集团有限公司（CNOOC）三大石油公司都活跃在人工智能技术的应用前沿，对人工智能技术的应用也取得了显著成效。

在中石油大庆油田，采用机器学习技术对油田中的老井、新井和措施井进行分析和预测，通过机器学习模型，大庆油田能够预测油井的原油产量和含水率，这对于该油田的开发部署和生产管理至关重要。经实际验证，该预测模型准确度达到了 90.74%，与传统方法相比，机器学习模型

将预测效率提升了 10 倍，这一水平远高于许多传统预测方法，显著提高了预测的可靠性。目前，该机器学习模型已成为大庆油田开发部署和进行油井动态分析的常备工具，模型的应用为油田管理者提供了基于数据的决策支持，有助于优化油井的生产计划和提高整体的生产效率。此外，随着技术的不断发展和数据的积累，该机器学习模型有潜力进行进一步的优化，并且可以扩展到油田的其他领域，如设备维护预测、成本控制等。

在中石油塔里木油田，利用人工智能技术与地质分析相结合的方法，处理大量的地质数据，用于识别复杂的地质结构和油气藏特征，对油气藏进行精细化描述。通过人工智能算法，该油田研究人员能够更准确地预测油气藏的分布和富集规律，包括了对油气藏的规模、形态、连通性以及油气的富集程度进行预测。另外，该油田的博大采油气管理区通过应用 AI 智能监控平台，实现了对油气生产过程的智能化管理。该平台利用场站摄像头和远传数据进行智能分析比对，能够及时发出针对油气生产异常波动的预警，从而提高生产效率和安全风险管控水平，降低人工劳动强度。目前，智能监控平台已与场站视频分析识别、管道壁厚监控、可燃气体监测等系统连接，实现了人工智能技术在油气勘探开发安全管控场景应用。

在中国石化胜利油田，我国首套基于人工智能技术的"胜利天工"钻井液智能监护系统已在胜利石油工程公司黄河钻井两支钻井队成功试点应用。该系统作为中国石化"十条龙"科技攻关项目的一部分，已部分实现钻井液智能分析处理及施工过程的自动化作业，可以显著降低工程师的劳动强度、提高工作效率并增强现场施工的安全水平，代表着钻井现代化的重要进展。"胜利天工"钻井液智能监护系统通过集成先进的人工智能技术，对钻井液进行实时监控和智能分析，从而优化钻井液的性能，确保钻井过程的稳定性和安全性。该系统的应用不仅提升了钻井作业的智能化水平，还为石油工程的数字化转型提供了强有力的技术支撑。此外，该系统还包括钻屑识别、智能坐岗等子系统，这些子系统能够实现钻井液的实时监测和预警，提高钻井液管理的自动化和智能化水平。钻屑识别系统利用人工智能视觉感知技术，能准确识别岩屑的数量和形状，通过与钻井参数相结合，实现井下工况的实时预警，其识别准确率达到 95.45%。随着技术的进一步发展

和完善，预计"胜利天工"钻井液智能监护系统将实现更广泛的应用，为油气勘探开发提供更加高效、智能的解决方案。

在中海油井控中心，研发人员经过 3 年攻关，成功自主研制首套自动控制压井系统。该系统在国内首次将人工智能技术应用于溢流后地层压力的计算，通过大量模拟数据训练出的神经网络，能够快速准确地得出地层参数，从而实现井控地层压力从传统人工计算到智能计算的转变。这套自动控制压井系统能够根据采集到的关井参数和钻井数据，智能计算地层压力并生成配套的压井方案，全过程自动控制压井参数，实现科学压井。这不仅解决了关井参数弄不清、地层压力算不准、压井过程控不稳等行业技术难题，还有效避免了传统人工手动控制压井时可能出现的井漏、井涌、井喷等情况，为科学钻井提供了有力支撑。在陆地试验井场，该系统已经完成了 138 次控制压井试验，全部压井成功，与传统手动压井方式相比，控制精度达到 90% 以上。该系统可提前部署在海上高风险井，保证压井作业平稳有序，有效防止溢流事件进一步扩大，筑牢海上井控安全屏障，可以为海上油气勘探开发提供有力的井控技术支撑。

这些案例显示，人工智能技术在油气田的勘探与开发中发挥着越来越重要的作用。通过深度学习和数据挖掘等人工智能技术，可以更准确地进行如地质分析预测、优化钻井方案、安全生产监控等，实现生产自动化，提高作业安全和环保水平。然而，人工智能技术的应用也面临一些挑战，如数据质量和量的要求较高，算法和模型的适应性需不断改进，以及专业人才的培养等。

随着技术的不断进步和数据资源的日益丰富，人工智能技术在油气田勘探开发中的应用前景非常广阔。未来，继续推动人工智能技术与油气勘探开发的深度融合，将是提升油气产业效益的关键途径之一。通过实践经验的积累和技术的迭代更新，人工智能技术将在油气田的勘探、开发、生产和管理中发挥更大的潜力，为全球能源行业的可持续发展作出更多贡献。

3.2 人工智能技术在油气勘探开发中的局限和挑战

在油气勘探开发的进程中，人工智能技术的深入应用已经引发了行业的技术革命。然而，随之而来的一系列潜在局限性和挑战也值得我们深思。这些挑战不仅关乎技术本身的效能发挥，更对推动油气产业技术层面的整体提升和未来发展

趋势具有深远的影响。面对这些挑战，我们必须进行全面的考量和审慎的应对策略制定。

首先，数据质量与可用性是人工智能在油气勘探开发中遇到的首要挑战。人工智能和机器学习模型的性能在很大程度上依赖于大量的、高质量的数据。油气勘探开发领域的数据往往是由地质、地球物理、井下测井等多个来源复杂交织而成，数据的不一致性、不完整性以及访问权限的限制都对模型训练和预测的准确性构成了威胁。此外，油气行业中的许多数据受到商业保密的约束，数据共享并不普遍，这限制了人工智能技术的训练和交叉验证。

其次，人工智能模型的解释性问题也不容忽视。虽然深度学习等技术在油气勘探与开发中展现出了显著的预测能力，但是其"黑箱"性质使得结果的可解释性较差，导致专业人员难以理解模型内部的决策过程，进而影响了模型的可信度和实际应用。在一个以安全性和准确性为首要考虑的领域里，如何提升模型的透明度和解释能力，是目前亟需解决的问题。

第三，技术的融合与跨学科合作是推动油气勘探开发中人工智能应用的另一大挑战。传统的油气勘探开发依赖于地质学、地球物理学、工程学等多个学科的紧密合作。然而，人工智能为油气行业带来了数据科学、计算机科学等新的学科领域。这就要求传统领域的专业人员与数据科学家之间建立有效的沟通机制，共同开发适用于油气勘探开发的人工智能解决方案。跨学科的学习曲线和合作障碍是不容小觑的。

再者，技术进步的速度与行业接受程度之间的不匹配也是一个值得关注的问题。人工智能技术的发展速度远远超过了油气行业的更新换代速度，许多先进的人工智能解决方案并没有被迅速地应用到实际生产中。企业文化、技术推广成本、从业人员的技术接受能力、以及相应的政策法规都可能成为阻碍技术应用的障碍。

安全性和隐私问题也是人工智能技术在油气勘探开发中面临的挑战。随着越来越多的传感器，IoT设备被应用于油气勘探开发过程，数据安全性和隐私保护变得日益重要。如何确保数据在传输、存储和处理过程中的安全，防止数据泄露或非法篡改，是必须考虑的问题。

总之，人工智能技术在油气勘探开发中的应用虽然前景广阔，但是其局限性和挑战也不容忽

视。数据质量与可用性问题、模型解释性问题、技术融合与跨学科合作难题、技术进步与行业接受程度的不匹配、以及安全性和隐私问题都需要行业内的专业人员、学者和决策者共同努力，通过政策制定、技术创新和教育培训等手段加以解决。只有这样，人工智能技术才能在油气勘探开发领域实现其应有的潜力，推动行业向更高效、智能、环保的方向发展。

4 趋势展望

未来，人工智能技术将进一步从实际勘探开发工作中识别新的挑战和需求，致力于开发具有更高效率、更强健性和更广适应性的智能技术解决方案，在油气勘探开发领域的发展方向包括跨学科融合创新、智能化决策支持、绿色勘探开发等方面，将为行业的可持续发展注入新的活力，推动油气资源的可持续开发。

4.1 跨学科融合创新

随着人工智能技术的不断进步，它将更加深入地融合地质学、地球物理学、石油工程、化学乃至生物学等多学科知识。这种跨学科的集成将使得人工智能大模型能够更全面地理解复杂的地质结构和油藏特性，从而提供更为精准的预测和决策支持。

4.2 智能化决策支持

人工智能技术将不再局限于数据处理和分析，而是进一步扩展到决策支持领域。例如，通过实时监测生产数据，AI系统可以自动调整生产参数，优化生产流程，甚至预测设备故障，从而实现预测性维护。

4.3 绿色勘探开发

环境保护意识的提升使得绿色勘探开发成为行业发展的新趋势。利用人工智能技术，可以通过模拟和优化生产过程，对能源进行综合管控，减少能源消耗和废物排放。

参 考 文 献

［1］朱中华.人工智能领域技术的可专利性研究［J］., 2019.

［2］X Wang. Advances and prospects in oil and gas exploration and development of Shanxi Yanchang Petroleum（Group）Co., Ltd［D］. China Petroleum Exploration, 2018.

［3］龚仁彬杨燕子任义丽张晓宇.知识图谱在石油勘探开发领域的应用现状及发展趋势［J］.信息系统工程,

2021.

［4］T Kawamura，M Ozawa，K Ochi，et al. Application of AI technology for the oil and gas exploration and development projects［D］. Journal of the Japanese Association for Petroleum Technology，2022.

［5］L Kuang，H Liu，Y Ren，et al. Application and development trend of artificial intelligence in petroleum exploration and development［D］. Petroleum Exploration & Development，2021.

［6］王晓光周宇 . 智能化技术发展对油气管道行业的启示［J］. 百科论坛电子杂志，2020.

［7］贾鹿，牛志杰，石国伟，等 . 油气上游领域智能化发展方向探析［J］. 石油科技论坛，2019.

［8］郑兴扬，张彤，刘昊伟 . 大数据分析在国际石油贸易领域的应用现状与发展趋势［J］. 石油科技论坛，2018.

［9］王帅 . 基于人工智能（GAN）的影像技术探究［J］.，2019.

［10］李根生，宋先知，田守嶒 . 智能钻井技术研究现状及发展趋势［J］. 石油钻探技术，2020.

［11］赵宗圣，程金石，吴泓达，等 . 机器人的力控制技术研究及应用进展［J］.，2023.

［12］杨金斗 . 人工智能技术参与对法院司法实践的影响与应对［J］.，2019.

［13］杜松涛，杨晓峰，刘克强 . 人工智能技术在钻井工程的应用与发展［J］.，2024.

第二篇　大模型篇

基于 AIGC 的机器智能设计研究

车荣杰　李国欣　何刚林　刘宏业

（中石化石油工程设计有限公司）

摘　要　随着人工智能、大数据及云计算技术的蓬勃发展，工程设计行业正加速向数字化、智能化转型。本文聚焦于探索 AIGC（Artificial Intelligence Generated Content）在石油地面工程设计领域的应用潜力，克服传统工程设计方法在处理复杂性与提升效率方面的局限。本文的核心在于构建一个人工智能大模型，以驱动工程设计过程的自动化与智能化，旨在提高设计效率、降低成本，增强企业的创新能力。

本文首先构建了一个非结构化数据管理平台，利用光学字符识别（Optical Character Recognition，OCR）技术，高效整合了包括设计文件、设计手册、项目总结材料、标准规范、规章制度在内的多样化工程资料，为人工智能大模型的训练提供了丰富的数据源。经过严格的数据预处理和去重，构建了基于人类反馈强化学习的数据集，并成功训练出具有智能检索、智能问答、智能校审及文档自动生成功能的人工智能大模型。

为进一步推动地面工程设计智能化，本文进一步开发了综合性的智能设计平台，该平台融合了人工智能大模型，并集成了系统管理、知识管理、大模型管理、设计辅助、设计审查等多重功能于一体，实现项目知识与经验的积累、共享与查询。最终应用结果表明：本文所开发的平台在提升设计效率与质量，保证设计成果合规性、准确性、完整性等方面展出一定的优越性。

关键词　AIGC；知识管理；大模型；智能设计

1　引言

随着人工智能、大数据、云计算等技术的飞速发展，传统的工程设计方法已经难以满足日益增长的效率与质量需求。对于工程设计企业而言，如何在保持技术领先的同时，通过数字化、智能化转型提升设计效率、降低成本、增强创新能力，已成为重要课题。

近年来，AIGC 的出现为石油地面工程设计领域带来了全新的解决方案。这些人工智能大模型通过深度学习算法，能够高效地处理和分析海量的设计数据，从中挖掘潜在的设计规律和最佳实践。这种能力不仅有助于提升设计的精确性和可靠性，还能够实现设计过程的自动化和智能化，从而缩短设计周期，提高设计效率。

然而，尽管人工智能大模型在工程设计领域具有巨大的潜力，但其在实际应用过程中仍面临诸多挑战。如何将这些大模型有效地融入到现有的设计流程中，实现设计数据的标准化和规范化，确保设计结果的合规性和安全性，都是需要深入研究和解决的问题。

因此，本文旨在探讨基于 AIGC 的机器智能设计在工程设计领域的应用。通过深入研究和分析，将人工智能大模型与工程设计相结合，实现工程设计过程的自动化和智能化，提升石油地面工程领域的设计效率与精确度。

本文的研究内容与目标如下：

（1）针对工程资料的离散存储现状，建设一套统一归集和管理离散文件的非结构化数据管理平台，将工程资料梳理成可用的知识数据。

（2）通过 AI 技术构建生成式大模型，建立石油地面工程设计专业大模型，实现智能检索与问答、智能校审、文档自动生成等辅助智能设计功能。

（3）构建业务场景大语言模型平台，支持专业大模型的应用与扩展，通过检索增强生成（Retrieval-augmented Generation，RAG）技术，实现专业性问答的智能续写、润色，辅助员工完成设计内容。

（4）通过智能化手段实现报告文件从非结构化到结构化的数据转变，利用信息抽取、智能审核结合"规则＋算法"的方法，完成方案报告评审。

2　技术思路和研究方法

2.1　工程资料管理

构建人工智能大模型的首要步骤是工程资料管理，这一环节不仅关乎数据的收集，更涉及到数据的整理、存储及分类，是确保大模型训练质量、提升大模型应用效能的关键所在。

本文为了高效积累并管理企业知识，整理了多种形式的文档资料。这些资料覆盖了企业核心业务系统至用户数据采集终端之间的各类数据。具体而言，收集的工程资料包括但不限于说明书、报告、设计专篇、规格书、统一技术规定等，为企业人工智能大模型的构建提供了坚实的基础。

在资料存储方面，本文接收并整理多种类型的数据，包括但不限于文本（如 PDF、Office 文件）、图像以及音视频等多模态数据。此外，为了实现数据的有效采集与集中存储，通过开发专门的系统接口，如通过 Office add-in 组件，用户可以直接将 Office 文件保存至文档管理系统中，而无需先打开系统再手动上传，从而提高数据处理效率和便捷性。

在资料分类方面，本文采用一套严谨且系统的管理模式，即采集目录—存档目录—展示目录的递进式管理模式。首先，通过设置一个统一的企业知识库目录以进行合理化管理。目录设置是依据企业实际业务流程的梳理结果，且着重从工程资料利用价值出发，结合工程资料整个生命周期的变化，最大限度地控制对业务产生重要影响的文档和资料。其次，为每个文档分类体系赋予一个唯一的编号，确保文档在系统中的唯一性和可追溯性。最后，为确保文档分类体系的科学性和规范性，文档管理员在配置阶段制定详细的编码规则。

2.2　人工智能大模型构建

工程资料收集为人工智能大模型的构建奠定了数据基础。大模型构建由数据准备、模型训练、输出生成、评估指标计算、结果分析与性能改进多个环节构成，形成一个完整的链条。

数据准备阶段是整个构建流程的开端，决定了人工智能大模型性能的上限，其核心在于确保输入数据的高质量。因此，首先利用数据预处理技术，在数据导入前进行多层级的清洗和优化，并基于模型和规则自动检测并修复数据异常，例如数据缺失或格式错误。其次，运用去重算法，

如哈希技术结合深度相似性检测，确保数据的唯一性和准确性。此外，设计数据健康监控模块，实时分析数据质量，确保系统始终接收高质量数据。而在数据标注方面，通过图像和文本数据的特征对比，自动识别并分类相关内容。然后，集成人类反馈强化学习机制，在用户与系统交互中不断优化标注精度。此外，加入视觉模型，将视觉数据和文本信息结合，利用大模型进行高效多模态匹配，进一步提升标注的智能性和准确性。

数据清洗与标注之后，在 RAG 管道中针对不同类型的数据采用定制化的切分策略，例如：对文本类数据按页解析切片，每页作为独立的数据单元；对视频类数据基于时间与视频语义进行切分，每个时间段作为独立的数据单元，之后利用 NLP 技术对数据单元进行预处理，通过图神经网络与知识图谱嵌入技术提取特征值并生成特征向量，构建向量数据库，将设计领域的知识转化为向量表示，增强模型的推理能力和知识表示能力。然后应用 LLM 大语言模型与向量化的知识库检索和比对技术，从而为实现智能服务做好铺垫。详见图 1。

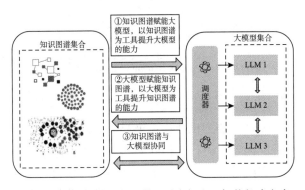

图 1　知识图谱技术与大模型融合气人工智能解决方案

在模型训练与输出生成阶段，为保证模型的输出质量，首先引入多样性的损失函数，如多样性正则化项，保证方案生成多样性，然后使用遗传算法或强化学习等优化方法，对生成的设计方案进一步优化。

在人工智能大模型评估方面，本文采用多样性与高质量的数据集，确保评估结果的客观性与有效性。同时结合自动评估指标与人工专家主观评估，以及随机选择、分层选择与有针对性选择等多种评估样本选择方法，以全面反映模型的性能水平。通过上述精心设计的评估方法，计算出各项评估指标，从而为后续结果分析与大模型性能改进提供有力依据。

在模型验证与优化方面，使用GANs（生成对抗网络）或VAEs（变分自编码器）等生成模型，结合专家评审和用户反馈进行调优。本文制定了数据微调策略，旨在进一步提升模型的定制化能力与适应性。通过构建人类反馈强化学习数据集，并执行人类反馈强化学习阶段以及指令微调阶段，通过不断优化模型参数与结构，增强模型的理解与生成能力，并利用已训练好的模型，生成输出结果，为后续评估工作提供有力支持。

最后，本文对评估结果进行深入分析，全面检查模型在不同方面的表现性能，并根据评估结果进一步调整模型参数和结构，提出有针对性的性能改进建议，不断优化模型性能，实现最佳的应用效果。

2.3 机器智能设计

通过收集、整理和分类工程设计资料，使用训练后的专业人工智能大模型，采用微服务、云部署架构搭建智能设计平台，平台分为系统管理、知识管理、大模型管理、设计辅助、设计审查等五大模块，实现项目经验与知识的积累、共享、查询等功能，提高工作效率的同时有利于专业间的协作与信息共享。详见图2。

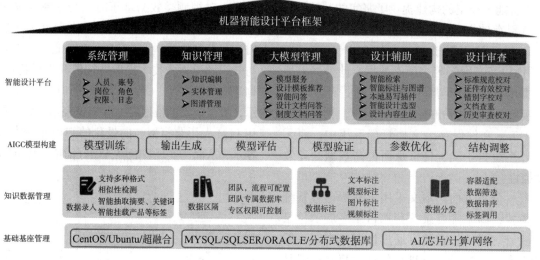

图2　机器智能设计平台框架图

大模型管理模块作为平台的核心模块，集成了智能问答、设计文档问答、设计模板推荐、制度文档问答等一系列人工智能功能。智能问答功能能够即时响应设计师的疑问，提供准确且专业的解答；设计文档问答与制度文档问答功能，则分别针对设计过程中的文档问题与制度规范问题，提供详尽的解答与指导，确保设计过程的合规性与准确性；设计模板推荐功能则根据设计师的需求，智能推荐最适合的设计模板，节省设计时间。

为实现企业级个性化设计推荐，本文使用深度学习与协同过滤技术，并结合内容推荐策略，通过分析设计作品的内容特征，进而分析符合用户偏好的设计作品。在此基础上，本文采用了混合推荐算法，提高推荐的准确性和多样性。而鉴于企业对于实时性的要求，使用流处理技术和缓存机制。流处理技术能够实时捕捉并处理用户行为数据，确保推荐系统能够迅速响应用户需求，提供即时的推荐服务；而缓存机制则通过缓存热门推荐结果和设计人员偏好数据，进一步缩短了推荐系统的响应时间。

设计辅助模块通过智能检索、智能标注、智能设计选型等功能，进一步提升设计的效率与质量。智能检索功能采用混合检索技术，结合向量检索和BM25（Best Matching）传统文本检索，实现更高效的多维度数据查询，以确保在大规模数据中保持高检索效率。BM25部分则优化为动态权重分配，结合查询上下文进行调整，从而提升文本检索的精准度。通过分层检索策略，利用混合检索机制，融合BM25和向量检索的评分，再由Reranker模型进行重排，使得设计师能够迅速从海量资料中找到所需信息。智能标注与知识图谱关联展示，通过可视化手段，将复杂的设计关系清晰呈现。智能设计选型功能，通过机器学习算法以及专家规则，根据输入条件，为设计师提供科学的选型推荐。

设计审查模块，作为保障设计质量的重要

一环，通过标准规范校对、证件有效校对、错别字校对、文档查重、空白页提醒、历史审查校对等多维度审查手段，确保了设计成果的合规性、准确性与完整性。此外，通过构建私有语言模型，进一步开发针对设计文件专业文本的语义识别、语义理解、语义相似度计算等算法，建立校对审查系统。例如：利用计算机视觉（Computer Vision，CV）技术自动识别设计图内站场阀室名称是否与站场阀室设置一览表中的一致性。

3　结果和效果

本文在基于 AIGC 的机器智能设计领域取得了显著的成果，这些成果在实际应用中展现了潜力和价值。

首先，在工程资料收集方面，已经收集并整理出第一批基础资料，约 400G 文件。同时为确保这些资料能得到有效利用，建立了 182 个目录层级结构。同时，基于知识库全库资料，对知识库资料进行内容分片解析，将解析的内容切片存储到向量数据库中，通过智能体（AI Agent）将知识库与智能服务打通。

其次，在人工智能大模型构建与智能设计平台开发方面，成功构建了具备智能检索与问答、智能校审、文档自动生成等功能的人工智能大模型，该模型成功融入到智能设计平台中。该平台集成了系统管理、知识管理、大模型管理、设计辅助、设计审查五大模块，实现了项目经验与知识的积累、共享、查询等功能。设计师们可以通过该平台轻松获取到所需的设计资料和信息，同时还可以通过智能设计选型、智能标注等功能进一步提升设计效率和质量。此外，设计审查模块能够自动检查设计文档中的错误和不合规之处，利用多维度审查手段提升了设计成果的合规性、准确性与完整性，为工程设计领域的质量保障提供了有力支撑。该平台的应用，不仅提升了设计效率和质量，还促进了专业间的协作和信息共享，为工程设计领域的数字化转型提供了有力推动。

4　结论

本文聚焦于基于 AIGC 的机器智能设计在石油地面工程设计领域的应用，旨在通过数字化、智能化转型提升设计效率、降低成本、增强创新能力。通过构建非结构化数据管理平台，实现了工程资料的统一归集和管理，为人工智能大模型的构建提供了坚实的基础。随后，成功构建了具备智能检索与问答、智能校审、文档自动生成等功能的人工智能大模型，并将其融入到智能设计平台中，实现了项目经验与知识的积累、共享、查询等功能。综上所述，本文为工程设计领域的自动化和智能化发展提供了有益的探索和实践，具有优越的学术意义和应用价值。

大语言模型在油气生产领域智能问答助手的应用研究

杨建伟 刘 建

（大庆油田有限责任公司）

摘 要 随着全球能源需求的增长和环保意识的提高，油气行业面临巨大挑战，人工智能技术的应用为行业带来新机遇。本研究深入探索大语言模型在油气生产领域的智能助手应用，旨在明确其应用场景、潜在价值及具体应用方案，并通过实验和案例分析评估应用效果。研究涵盖油水井实时数据监控、生产总况分析和设备报警预警数量统计等实际场景的应用。大语言模型通过 Function Calling 特性接入外部信息源，实现实时数据访问，并结合工具注册、执行工具调用和结果润色等工作原理，提高语义识别的准确率、数据的真实性和工作原理的可解释性。未来，大语言模型在油气生产领域的应用将更加注重深度集成、跨模态数据处理、个性化服务和持续学习，但同时也面临数据质量、算法复杂度、跨领域知识融合和可解释性等技术挑战。为推动智能助手在油气生产领域的广泛应用，未来研究需不断探索创新技术和方法。

关键词 AI 人工智能；油田行业；智能助手；效率提升；安全管理

随着全球能源需求的不断增长和环境保护意识的提高，油气行业正面临着巨大的挑战。为了提高油气勘探开发效率、降低生产成本、减少环境污染，人工智能技术在油气行业的应用越来越受到关注。特别是近年来，深度学习、机器学习等先进技术的快速发展为油气行业带来了新的机遇。油气生产作为油气行业的重要环节，其智能化水平直接影响到整个行业的竞争力和可持续发展能力。大语言模型（Large Language Model，LLM）作为人工智能技术的重要组成部分，以其强大的自然语言处理能力和广泛的适用性，在油气生产领域的智能助手应用研究中展现出了巨大的潜力。本研究旨在深入探索大语言模型在油气生产领域的智能助手应用，通过分析油气生产企业的实际需求，明确大语言模型的应用场景和潜在价值；研究其在数据处理、决策支持、知识管理等方面的具体应用，并提出切实可行的应用方案；同时，通过实验和案例分析评估其应用效果，包括提升生产效率、节约人力成本、降低操作门槛等；最后，针对存在的问题和挑战，提出优化策略和方法，以推动大语言模型智能助手在油气生产中的广泛应用与深入发展，为油气行业的智能化转型和可持续发展贡献力量。

1 人工智能技术在实际场景的应用

1.1 油水井实时数据监控

油水井实时数据监控作为平台采油管理的核心环节，同时也是大庆油田油气生产物联网体系的重要上层应用，为采油厂、作业区的管理层及一线工作人员提供了全面的采油物联设备监控与管理功能，涵盖力参、电参及运行状态等多项指标。不仅提升了生产管理的精细化水平，更为实际生产决策提供了精准的数据支持和参考依据。通过引入大模型技术，成功开发了智能对话窗口，该窗口能够深入分析用户输入的问题文本，准确识别查询意图，并自动执行相应任务以提取所需数据。经过模型的语言润色，以清晰、易懂的方式向用户呈现结果。

1.2 生产总况分析

生产总况分析模块作为平台首页的核心数据展示区域，专为生产管理人员及领导层设计，提供了产油量、产气量、注入量等关键指标的年度、月度及日度统计数据，并附带完成率指标分析，为生产决策提供坚实的数据支撑。通过运用先进的大模型技术，该模块能够高效处理多维度指标的对比分析等复杂查询任务。它会对任务进行细致拆解，进行循环分析，并对各阶段产生的结果进行仔细比对和评估，最终生成既准确又合理的答复，以供用户参考。

1.3 设备报警预警数量统计

设备报警预警数量统计模块是平台物联设备报警管理的关键组成部分，它与平台的流计算报警系统紧密集成，实时生成设备报警信息。通过引入先进的大模型技术，该模块能够智能识别用户提示词中的组织机构、设备类型及报警分类等关键元数据。基于这些信息，模块能够自动调用报警服务接口，对设备报警进行精准的分类统计，从而帮助用户快速掌握设备报警情况，及时采取应对措施。

2 工作原理及主要技术指标

2.1 工作原理

2.1.1 大语言模型的 Function Calling 特性支持

我们所经常提到的大模型，如 OpenAI 的 GPT-4、智谱 AI 的 GLM4，都属于预训练大模型。所谓预训练，就是提前训练好的模型。这也意味着，大模型所拥有的知识是基于其训练数据的时间范围，是无法进行更新的。

如果大模型需要具备访问实时数据的能力，就必须接入外部信息源，比如通过 API 调用等方式来获取最新信息。人们通过对模型进行具备 function calling 交互格式数据的 SFT 操作使其具备函数调用能力。

2.1.2 工具注册

基于大模型的 Function Calling 特性，将业务接口封装成工具服务，动态注册在大模型请求上下文中，最终形成的提示词请求，如图 1 所示。

此过程为用户携带工具元数据信息和请求信息与大模型通信流程，经过大模型的语义分析，可返回用户合适的工具列表信息，供用户选择调用做准备。

2.1.3 执行工具调用

大模型返回的结果数据一般无法使用，需要对返回数据进行有效过滤和清洗，提取出工具元数据集再进行执行。模型返回示例，如图 2 所示。

识别到工具的方法签名和参数列表后，进行方法调用。将最终的返回结果再次传入大模型的语言润色提示词工程中，为用户返回最终结果。

2.1.4 语言文字润色

返回的结果一般为 JSON 数据结构，可读性较差，需要借助大模型进行自然语言化转换。在一些特定场景中，还要求模型在特殊语境下进行回复，因此需要进行大模型的角色授予和特定业务

```
{
  "messages": [
    {
      "content": "查询 ████████",
      "role": "user"
    }
  ],
  "model": "qwen2:7b",
  "n": 1,
  "temperature": 0.1,
  "tools": [
    {
      "type": "function",
      "function": {
        "name": "get_weather",
        "description": "Get the current weather for a city",
        "parameters": {
          "type": "object",
          "properties": {
            "city": {
              "description": "The name of the city",
              "type": "string"
            }
          },
          "required": [
            "city"
          ]
        }
      }
    }
  ],
}
```

图 1　大模型接口请求参数

```
{
  "id": "chatcmpl-557",
  "object": "chat.completion",
  "created": ████████,
  "model": "qwen2:7b",
  "system_fingerprint": "fp_ollama",
  "choices": [
    {
      "index": 0,
      "message": {
        "role": "assistant",
        "content": "",
        "tool_calls": [
          {
            "id": "call_xrorcnef",
            "type": "function",
            "function": {
              "name": ████████,
              "arguments": "{████████}"
            }
          }
        ]
      },
      "finish_reason": "tool_calls"
    }
  ],
  "usage": {
    "prompt_tokens": 210,
    "completion_tokens": 33,
    "total_tokens": 243
  }
}
```

图 2　大模型接口返回结果

场景的提示词构建。如图 3 所示。

```
template = '''
你是个优秀的产品经理，现在踩务与汇报实时数据情况，汇报的内容要通俗易懂，
你的任务是润色用户的描述。
如果用户提供了json格式的数据，请按规则拆析规范把数据翻译成汉语描述。
切记！不要编造数据！
用户给出的描述：{content}
用户给出的数据：{tool_result}
用户给出的解析规范：{tool_call_prompt}
'''
```

图 3　大模型提示词工程

2.2　主要技术指标

2.2.1　函数识别准确率

（1）定义与重要性：函数识别准确率是衡量大语言模型在油气生产领域专业语境下，精确调用相关函数或工具解决问题能力的关键指标。此准确率直接关乎智能助手在实际操作中的效能与信赖度，对于提升生产效率及保障作业安全具有至关重要的作用。

（2）评估方法：为全面评估函数识别准确率，采用对比分析法，将智能助手推荐的函数与实际业务相关的函数签名进行细致比对。同时，设计涵盖常规询问、复杂技术难题及罕见边缘案例的多元化测试集，以全方位检验模型在不同情境下的识别精度与应对能力。

2.2.2　召回数据的准确性

（1）定义与重要性：数据召回准确性是指大语言模型在通过函数调用功能召回数据时，需要与实际生产数据一致，确保信息的真实性与可靠性。这一指标是智能助手提供建议、报告等内容的基石，对于维护决策支持系统的权威性与实用性至关重要。

（2）评估方法：我们实施严格的数据审核流程，通过人工复核与交叉验证相结合的方式，对智能助手输出的数据进行详尽核查，降低大模型幻觉所带来的负面影响，提升模型可信度。同时，建立用户反馈机制，鼓励用户报告数据异常，以便及时修正错误，持续优化数据质量，确保信息的准确无误。

2.2.3　模型可解释性

（1）定义与重要性：原理可解释性是指大语言模型在生成答案或提出建议时，其内部决策逻辑与推理过程能够被用户或领域专家所理解并验证的程度。这一特性对于增强用户对智能助手的信任感、提升模型的透明度以及便于后续调试与优化具有深远意义。

（2）评估方法：我们采用多维度评估策略，包括邀请行业专家对模型的决策路径进行深度剖析与解读，以及通过用户调研收集关于模型透明度的直接反馈。结合专家评审与用户意见，不断迭代优化模型结构，提升其可解释性，确保智能助手的决策过程既高效又透明。

2.3　整体架构：

系统架构为作业区生产管控平台基础的延伸扩展，包括服务管理，配置管理，推理中心，数据中心，智能体中心。服务管理主要负责外部服务接口的注册和管理工作。配置管理部分处理大模型连接的元数据、连接参数以及其他环境变量。数据中心存储业务基础数据、文本向量数据、文档数据等，为构建 RAG 检索服务提供数据支持。推理中心提供对话交互，语言润色，工具调度，文本筛选等功能，是本研究的核心部分。智能体中心为不同任务的最终执行单元，由其他模块所组成，每一个只实现单一业务场景。整体系统架构，如图 4 所示。

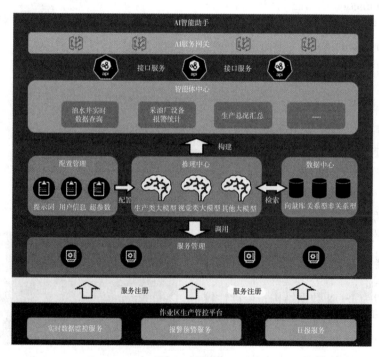

图 4　架构图

3　未来发展趋势与技术挑战

大语言模型在油气生产领域的智能助手应用展现出巨大的潜力，未来发展趋势将更加注重与业务系统的深度集成、跨模态数据处理能力的提升、个性化与定制化服务的提供，以及持续学习与自我优化能力的增强。然而，这一进程也面临着数据质量与可用性、算法复杂度与计算资源、跨领域知识融合，以及可解释性与透明度等多重技术挑战。为了克服这些挑战，推动智能助手在油气生产领域的广泛应用，未来研究需要不断探索创新技术和方法，以实现更高效、更精准、更可信赖的智能助手应用。

参 考 文 献

[1] 贾国栋，庞浩，王相涛，等.基于大数据和人工智能技术的油田智能分析辅助决策子系统 [J].天然气与石油，2024，42（03）：137-144.

[2] 高艳.大数据和人工智能在油田生产决策中的应用 [J].中国管理信息化，2024，27（08）：113-115.

[3] 高志亮，刘秉晞，崔维庚，等.智能油田在中国及其发展 [C] // 长安大学.第四届数字油田高端论坛暨国际学术会议论文集.长安大学数字油田研究所；长安大学油田数据科学实验室；长安大学地球科学与资源学院；2015：15.DOI：10.26914/c.cnkihy.2015.003323.

AI 人工智能在油气田生产物联网领域的发展及应用

战志国　王智勇　刘连锋

（大庆油田自动化仪表有限公司）

摘　要　物联网技术的快速发展普及，深刻变革的每个行业，尤其是油气田的数字化发展建设，近些年也是百花齐放，百家争鸣，Zigbee、LoRa、NB-IOT、WIA-Pa、无线网桥、4G 等主流网络不断地深耕油田领域，逐步完善了数字油田的建设规模。人工智能、5G、智慧设备不断向底端开进，随着 AI 智能的发展、注入及普及，为智慧油田到来提供更优的发展方向，最终形成以单井为智慧节点的 AI 人工智能油井。

关键词　AI 人工智能；AI 智能电参；智慧油田；集成化；分离化；电参转功图

1　油气田数字化的国内外形势

国际石油公司普遍认为，油田数字化不仅是数据采集、生产流程的简单数字化，而是针对上游行业更高层次的整合与改组。油田数字化需要经历四个层次，即在完善油田信息化建设的基础上，依次经历实时监测、实时分析、实时优化和经营模式变革。

目前国外石油公司的数字化建设普遍建立了从原油开采、存储、加工、销售全面监控的自动化系统，将自动化监控系统上升到了现代管理高度。如英国石油公司建立的自动化监控系统可以根据监测到的地质情况自动控制油井的产量，保证地层原油达到最大采收率；美国部分油田甚至将原油销售过程中的温度影响以及导致的销售差额都设置到自动化管理系统中，代表了较先进的水平。

"十一五"以来，中石油下属各油气田结合生产实际，陆续开展了油气田生产管理数字化建设与应用的探索和实践，并取得了明显的成效，尤其是以西部油气田为代表的的数字化建设工作进展较快，如新疆油田、长庆油田、大港油田以及胜利油田等，形成了多处样板油气田和成功应用案例，极大地提高了现场生产管理水平，提高了生产效率。同时我们应该清醒地看到，国内的石油生产成本与国外公司相比还存在较大差距，利用现代自动化技术、AI 人工智能、5G 技术以及信息技术对油气水井的生产管理进行远程监控，是提高石油开采业的全员生产率，降低石油开采成本的有效方法之一。

2　油气田数字化的结构

油气田生产数字化建设难度较大，实施地域广、规模大、层次多、流程复杂、环境多变，但效果比较显著。油气田数字化建设使"设备前移，人员后移"，实现了"为企业创效，为员工谋福"。油气田生产数字化体现在井、间、站等不同类型的应用场所，不同的场所应用的方式方法也不尽相同，每个油田又有其独立的特点，在此仅对通用常规油井进行阐述分析。

从技术架构上来说，油气田数字化可以分为三层：感知层、网络层和应用层，如图 1 所示。感知层：由各种传感器、网关 RTU 构成；网络层：由互联网、私有网络、无线和有线通信网、网络管理系统和云计算平台等组成的；应用层：是油气田数字化产品和用户的接口，以后台应用程序为主（如图 1）。

3　AI 人工智能油井的发展应用

目前，感知层单井的仪表构成有：RTU 设备、电参设备、网络通讯设备（DTU）、载荷位移设备、无线压力等数字化物联网设备等。主要采集的参数包括三项电压、电流、功率、功率因数、功图数据、油套压等数据，这些数据使用有线的传感器设备或无线传感器设备，通过自组网络将数据上传至 RTU 中，RTU 将数据打包后再通过不同的网络方式，将数据传输至应用层。在这里将传感器数据传输至 RTU 称之为下行网络，RTU 打包数

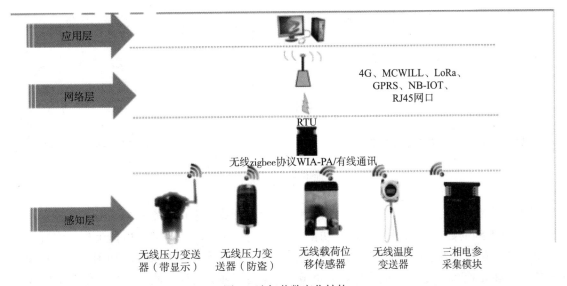

图 1 油气井数字化结构

据上传称之为上行网络。

3.1 AI人工智能集成化的发展

现阶段单井的数字化,虽然已经实现将部分产品的功能融合,形成单一产品,如将 RTU 功能、电参功能、网络通讯设备(DTU)融合,形成智能电参,但单井设备仍有 4 种之多,如图 2 所示。

其中智能电参用于测量电机运转参数、数据采集(RTU 功能)以及数据发送功能(DTU 功能);

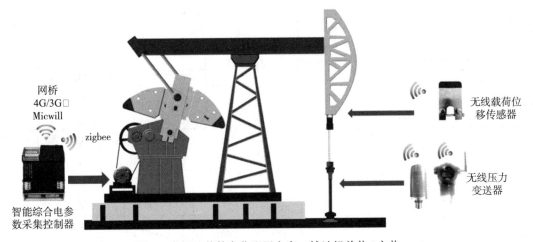

图 2 常规油井数字化配置方案–抽油机单井/主井

载荷位移传感器用于采集功图数据;压力变送器用于采集油套压数据。这四类产品的安装、调试、运维服务以及设备年检标定都需要投入的大量的人力、设备,尤其是载荷的调试更换、需要停井、使用吊装等设备。随着人工 AI 智能的发展和进步,算法的升级及过滤,利用智能电参的 AI 人工智能的学习能力,直接将电机的电参数转化为功图数据,用于单井的井矿判断、液量统计。即智能电参升级为 AI 智能电参。部分通过电参数据转换的功图数据与实测功图数据对比如图 3 所示。

3.2 AI人工智能化的油井

目前智能电参基本上以数据测量及上传为主,后期的数据分析工作由后台服务器进行处理、随着单井数量的增加,后台数据库的压力会越来越大,网络的拥堵、多重冗余数据、庞大历史数据,必将对服务器的分析及存储形成一定的压力。AI 智能电参的出现实现了将部分服务器的部分工作本地化的功能,产量分析与油井状态分析进行分离,即 AI 智能电参进行油井状态分析(即 AI 智能油井),后台服务器进行产量分析。

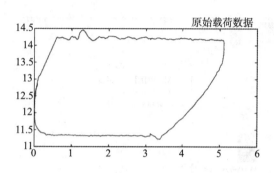
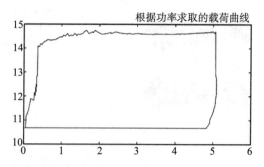

图 3　AI 智能电参转换功图与实测功图

AI 智能油井就是将单井分析本地化，即通过 AI 智能电参采集到的数据，通过边缘计算功能，实现工况数据分析、诊断、控制调节功能，进而实现单井的智能化控制。无论单井是否采用变频器，工作在工频下还是变频下，AI 智能电参可与变频器直接进行通讯，并测量电机的电参数，强大的计算能力可以实现工况分析诊断、控制调节电流平衡、功率平衡、电能消耗；实现动液面计算、产量计算、电参数转功图、工况优化、间抽控制等强大功能。同时可配套使用手机 APP 对单井进行管控，及时有效的掌握单井动态。部分 AI 智能电测量功图如图 4 所示。

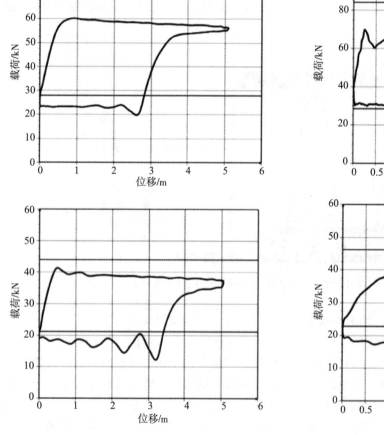
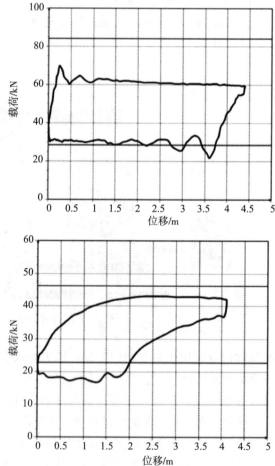

图 4　AI 智能电参转换功图

4　结束语

油气田的数字化发展是一个长期的、动态变过的过程，在过程中优化改进，相信随着 AI 人工智能的发展，通过电机的电参数既可以实现单井的诊断、数据分析与故障判断，最终的目标是提高油气田的生产效率、降低人们的劳动强度、提升油田的安全保障水平和降低安全风险，通过变革油田的生产组织方式和内部构架结构，实现油气田管理的现代化。

参 考 文 献

［1］王兴，刘超等.大数据时代下数字油田发展思索［J］.化工管理，2014［35］.

［2］张跃.数字化油田建设现状及面临的挑战［J］.中国设备工程，2017［3］.

RAG 与 FineTuning 在 LLM 中内容扩展的探索

王赫楠

（中国石油哈尔滨石化公司）

摘　要　本文旨在探讨 RAG 与 FineTuning 两种方法在大语言模型（LLM）中扩展内容的有效性和适用性。随着自然语言处理技术的发展，如何利用预训练模型解决特定任务的需求变得越来越重要。传统的微调方法虽然能有效提升模型在特定任务上的表现，但在处理大规模知识扩展时面临数据稀疏性和计算资源消耗大的问题。RAG 作为一种新兴的技术，通过结合检索模块和生成模型，能够在不增加模型参数量的情况下引入外部知识，从而实现内容的动态扩展。本研究旨在对比这两种方法在内容扩展任务上的表现。本文分析了 RAG 是一种结合了检索和生成技术的自然语言处理方法，旨在通过引入外部知识库来增强生成模型的能力。RAG 技术在处理开放域问题、生成高质量答案和提高模型的鲁棒性方面表现出色。与 FineTuning 是一种在深度学习领域中广泛使用的迁移学习技术。它允许我们利用一个已经训练好的模型（预训练模型）来改进或适应一个新的、可能相关性较低的任务，通过使用新的数据集或任务来进一步调整模型参数的过程的两种方法。通过分析 RAG 的实现方法（收集整理信息、分词、向量化、输入向量数据库、查询、召回、与大模型结合、返回用户）以及参数高效微调模型 LoRA 的举例，得出在企业应用过程中，根据自身需求以及算力规模、人员能力、技术选型等方面进行综合考虑，最终得出如何对大语言模型进行扩展的结论。

关键词　RAG；FineTuning；LLM；向量化；召回

1　引言

1.1　研究背景

大型语言模型（LLM）在企业级应用中发挥着越来越重要的作用，它们为企业提供了强大的自然语言处理能力，从而在多个方面提升了企业的效率、创新能力和竞争力。如：在知识管理方面 LLM 可以帮助构建和维护企业知识库，自动整理和分类内部文档、会议记录、培训材料；在企业内部协作方面，LLM 可以作为企业内部的智能助手，帮助员工快速查找信息、安排会议、管理日程；在文档处理方面，LLM 可以自动处理和生成各种类型的文档，如合同、报告、邮件等，提高工作效率并减少人为错误。大型语言模型在企业级应用中展现出巨大的潜力，不仅提高了企业的运营效率和客户体验，还在创新和竞争力方面提供了强有力的支持。随着技术的不断进步，LLM 的应用范围将进一步扩展，为企业带来更多的价值和机会。

1.2　研究目的与意义

大语言模型由于其广泛的适用性和强大的泛化能力，在多个领域中得到了广泛应用。然而，

当这些模型应用于特定的垂直领域时，可能会遇到一些挑战或弊端，主要包括以下几个方面：

（1）缺乏领域专业知识：通用大模型虽然能够处理广泛的任务，但在特定领域内的专业知识和细节上可能不够深入。

（2）数据隐私与安全问题：在某些垂直领域，如金融、医疗等行业，涉及到大量的敏感数据和个人信息。如果处理不当，可能会导致数据泄露或其他安全风险。

（3）定制化需求高：不同垂直领域有其独特的业务流程和操作标准，这要求模型不仅需要具备基本的理解能力，还需要根据行业特点进行深度定制。这意味着在实际应用前，可能需要大量的时间和资源来调整模型，以满足特定行业的具体需求。

（4）性能优化难度大：尽管通用大模型具有较强的适应性，但要在特定应用场景下达到最优效果，往往需要针对该场景做进一步的技术优化。

（5）高成本问题：开发和维护一个高度定制化的垂直领域解决方案通常会增加企业的成本投入。除了初期的研发费用外，后续的数据收集、

模型训练及持续迭代也都需要相应的资金支持。

2　技术思路和研究方法

2.1　*预训练模型*

预训练模型（Pre-trained Model）是指在大规模数据集上预先训练好的深度学习模型。这些模型通常在大量未标注的文本数据上进行无监督或自监督学习，以捕捉语言的统计规律和语义结构。预训练模型的核心思想是在一个广泛且多样化的大数据集上学习通用的表示，然后将这些表示迁移到特定任务上。

目前常见的开源大模型主要包括 GPT-4，LLAMA3，Qwen2.5，ChatGLM3 等。

GPT-4 是由 OpenAI 开发的第四代大型语言模型，是目前最先进的自然语言处理模型之一，在多个方面进行了显著的改进和优化，旨在提供更高效、更准确的自然语言处理能力。GPT-4 基于标准的 Transformer 架构，采用了优化的解码器（decoder-only）设计，提升了模型的计算效率和生成质量。GPT 并非所有版本都开源，而是通过 API 的形式提供服务。不过，社区中存在许多基于 GPT 架构的开源项目，这些项目提供接近或等同于 GPT 系列的技术能力。

Llama3 是由 Meta（原 Facebook 母公司）开发的最新一代大型语言模型，旨在为开源社区提供一个强大且灵活的工具，以推动自然语言处理技术的发展。小参数版本包括 80 亿（8B）和 700 亿（70B）版本。采用标准的仅解码（decoder-only）式 Transformer 架构。分词器使用包含 128K token 词汇表的分词器。Llama 3 支持 8K 上下文长度，Meta 计划在未来为 Llama 3 推出多模态等新功能，包括更长的上下文窗口。

Qwen 2.5 是阿里云开发的最新一代大型语言模型，旨在提供更高效、更准确的自然语言处理能力。提供了不同参数规模的版本，包括较小的模型，适用于资源有限的环境。基于标准的 Transformer 架构，采用了优化的解码器（decoder-only）设计。在大规模的多样化数据集上进行了训练，包括互联网文本、书籍、新闻、代码等多种类型的数据。除了纯文本处理外，Qwen 2.5 还支持多模态输入，能够处理图像、音频等多媒体数据。

ChatGLM-3 是清华大学自然语言处理实验室（THUNLP）开发的最新一代大型语言模型，旨在提供更高效、更准确的自然语言处理能力，特别

是在对话生成和多轮对话方面。小参数版本提供了不同参数规模的版本，如 70 亿参数（7B）和 130 亿参数（13B），适用于资源有限的环境。基于标准的 Transformer 架构，采用了优化的解码器（decoder-only）设计，提升了模型的计算效率和生成质量。在多个自然语言处理任务中，ChatGLM-3 展现了出色的性能，特别是在对话生成、多轮对话、情感分析等方面表现优异。

2.2　RAG 技术

RAG（Retrieval-Augmented Generation）是一种结合了检索和生成技术的自然语言处理方法，旨在通过引入外部知识库来增强生成模型的能力。RAG 技术在处理开放域问题、生成高质量答案和提高模型的鲁棒性方面表现出色。

大语言模型通常是基于固定的时间点的训练数据进行训练的，因此它们的知识是静态的，无法实时更新。例如，模型可能不知道最近发生的事件或最新的研究成果。通过 RAG 可以解决知识的实时性问题。

大语言模型主要基于统计模式进行预测，可能无法真正理解文本的深层含义。它们可能在生成看似合理的文本时，实际上并没有理解背后的逻辑或因果关系。虽然大语言模型在某些任务中表现出了强大的推理能力，但在处理复杂的逻辑推理和常识问题时，仍然存在不足。即产生了幻觉问题，RAG 技术可以很好的解决此问题。

大语言模型的性能高度依赖于训练数据的质量和多样性。如果训练数据中缺乏某个领域的信息，模型在处理相关任务时可能会表现不佳。即缺少垂直领域或非公开的知识，通过 RAG 可以轻松的加入此类信息。

在资源使用方面，训练大语言模型需要大量的计算资源和时间，这使得小型研究团队和个人开发者难以进行模型的训练和优化。大参数模型在推理时也需要较高的计算资源，RAG 也可以解决训练成本高和推理成本高的问题。

2.3　FineTuning 技术

FineTuning 是一种在深度学习领域中广泛使用的迁移学习技术。它允许我们利用一个已经训练好的模型（预训练模型）来改进或适应一个新的、可能相关性较低的任务，通过使用新的数据集或任务来进一步调整模型参数的过程。这种方法通常用于解决特定任务，特别是当该任务的数据量相对较少时。通过这种方式，FineTuning 能够帮助提

高模型的性能，并且减少对大量标注数据的需求。

由于大部分的权重已经被预训练模型初始化，因此 FineTuning 过程比从头开始训练模型要快得多，也更加节省计算资源。利用预训练模型中学习到的特征，可以帮助提高新任务上的模型性能，特别是在小数据集的情况下。通过 FineTuning，可以将一个领域内的模型迁移到另一个领域，促进了不同领域之间的知识共享和技术转移。总之，FineTuning 是一种非常有效的技术，它不仅能够加速模型开发过程，还能在很多情况下显著提升模型的表现。

微调技术包含全量微调与参数高效微调：

（1）全量微调（Full Fine-Tuning）利用特定任务数据调整预训练模型的所有参数，以充分适应新任务。它依赖大规模计算资源，但能有效利用预训练模型的通用特征。

（2）参数高效微调（Parameter-Efficient Fine-Tuning，PEFT）旨在通过最小化微调参数数量和计算复杂度，实现高效的迁移学习。它仅更新模型中的部分参数，显著降低训练时间和成本，适用于计算资源有限的情况。PEFT 技术包括 Prefix Tuning、Prompt Tuning、Adapter Tuning 等多种方法，可根据任务和模型需求灵活选择。

3　关键问题的研究

3.1　RAG 的开发流程

3.1.1　知识文档的准备

在构建一个高效的 RAG 系统时，首要步骤是准备知识文档。现实场景中，面对的知识源可能包括多种格式，如 Word 文档、TXT 文件、CSV 数据表、Excel 表格，甚至是 PDF 文件、图片和视频等。因此，第一步需要使用专门的文档加载器或多模态模型，将这些丰富的知识源转换为大语言模型可理解的纯文本数据。

3.1.2　嵌入模型

嵌入模型的核心任务是将文本经过分词器（Tokenizer）分词后转换为向量形式（Embedding）。嵌入模型可以将这些句子转换为向量，然后通过计算它们之间的相似度便可以确定它们的关联程度。

3.1.3　向量数据库

向量数据库是专门设计用于存储和检索向量数据的数据库系统。在 RAG 系统中，通过嵌入模型生成的所有向量都会被存储在这样的数据库中。这种数据库优化了处理和存储大规模向量数据的

效率，使得在面对海量知识向量时能够迅速检索出与用户查询最相关的信息。

3.1.4　查询检索

再经过上述几个步骤的准备后，就可以开始进行处理用户查询了。首先，用户的问题会被输入到嵌入模型中进行向量化处理。然后，系统会在向量数据库中搜索与该问题向量语义上相似的知识文本或历史对话记录并返回。

3.1.5　生成回答

最终将用户提问和上一步中检索到的信息结合，构建出一个提示模版，输入到大语言模型中，大语言模型将最终的结果输出到用户界面。

3.2　FineTuning 的开发流程

FineTuning（微调）是在新数据集上调整预训练模型的权重，从而提高模型在特定领域或特定任务上的性能。LoRA 是近年来对大模型最重要的贡献之一，核心理念是相对于全量微调而言，只训练极少的参数，同时保持全量微调所能达到的性能。

LoRA 的基本原理是冻结预训练的模型参数，然后在 Transfomer 的每一层中加入一个可训练的旁路矩阵（低秩可分离矩阵），接着将旁路输出与初始路径输出相加输入到网络当中，并只训练这些新增的旁路矩阵参数。具体地说，在某些特定层中添加了两个低秩矩阵 A 和 B，这些低秩矩阵包含了可训练的参数。其中，W 是原始的权重矩阵，ΔW 是权重的更新或调整。在 LoRA 中，这个 ΔW 被分解为两个低秩矩阵 A 和 B 的乘积。由于矩阵 A 和 B 的维度与 ΔW 相比要小得多，从而显著减少了可训练参数的数量。

3.3　RAG 与 FineTuning 的实用场景

面对 RAG 与微调的选择，根据实际需求和场景进行综合考虑，如果任务需要广泛的知识支持，且对数据多样性有较高要求，RAG 可能是更好的选择。例如，在撰写科研论文、新闻报道等场景中，RAG 能够引入丰富的外部信息，提升内容的深度和广度；如果任务相对固定，且对模型稳定性和可预测性有较高要求，微调则更为合适。例如，在文本分类、情感分析等任务中，微调能够确保模型在特定数据集上达到较高的准确率。

4　结论

RAG 的优势在于，知识丰富，能够引入外部知识库，生成内容更加全面、准确；灵活性强，适用于需要广泛信息支持的任务，如问答、写作；

创新性高，结合检索与生成，有助于产生新颖的观点和见解。而其也存在一定的劣势，如计算成本高，信息检索和融合过程需要消耗大量计算资源；数据依赖性强，检索质量直接影响生成效果，对数据质量和覆盖范围有要求。

微调的优势在于快速适应，能够快速迁移预训练模型的知识到新任务上；表现稳定，在充足数据支持下，微调后的模型表现往往较为稳定；易于实现，现有框架和工具支持完善，实施难度相对较低。而其劣势也显而易见，泛化能力受限，过度依赖于特定任务的数据集，可能导致模型泛化能力不足；预训练模型依赖，预训练模型的质量和适用性直接影响微调效果；最重要的资源消耗问题，虽然相比从头训练有所减少，但微调仍需一定规模的计算资源。

所以，在企业应用过程中，根据自身需求以及算力规模、人员能力、技术选型等方面进行综合考虑，最终得出如何对大语言模型进行扩展。

参 考 文 献

［1］李航.自然语言处理入门.人民邮电出版社，2018.

［2］张丽静；杜冬梅；刘庆芳；刘海云.基于 LLM 和 RAG 的中邮网院智能客服系统研究.邮政研究，2024.

［3］洪亮；郭瑶；刘兴丽；李宗雨.基于 RAG 的煤矿安全智能问答模型.黑龙江科技大学学报，2024.

［4］张钦彤；王昱超；王鹤羲；王俊鑫；陈海.大语言模型微调技术的研究综述.计算机工程与应用，2024.

［5］王鑫玮；孙莉.基于 LoRa 和 CNN 的室内停车场车辆定位平台设计.物联网技术，2024.

大数据模型＋人工智能算法赋能炼化企业安全生产的应用和实践

李金才　秦四滨　王　娜　张海峰　杨麟民

（中国石油哈尔滨石化公司）

摘　要　长期以来，国内炼化企业不断跟进 5G、互联网、大数据、人工智能、区块链等新一代信息技术的发展和应用，不断探索和尝试新一代信息技术与企业安全生产方面的融合应用，在企业数字化转型的大背景推动下，企业对安全风险管控需求迫切，尤其是生产运行、作业过程、应急管理、综合安全等四个方面尤为重视。通过大数据＋人工智能算法赋能应用和实践，在装置安全监测预警、罐区安全监测预警、设备安全监测预警、泄漏监测预警、作业许可管理、人员定位、智能巡检、人员违章违规行为智能监控、作业环境异常状态智能监控等管理逐渐加强，在生产运行动态化监管、作业过程流程化监管、管理活动一体化监管、重大风险垂直化监管方面成效显著。先进技术的应用增强了工业安全生产的感知、监测、预警、处置和评估能力，加速安全生产从静态分析向动态感知、事后应急向事前预防、单点防控向全局联防的转变，提升了工业生产安全风险快速感知、风险实时监测、风险超前预警等新型能力。助力企业安全监管数字化转型建设，持续提升企业本质安全管理水平。

关键词　大数据；炼化企业；数字化转型；人工智能

1　引言

从世界范围看，当前我国已成为世界化工第一大国，主要化工产品产量居世界第一位，化工总产值占世界总量的 40%，预计 2030 年将达到 50%。化工生产过程复杂多样，涉及的物料易燃易爆、有毒有害，生产条件多高温高压、低温负压，现场危险化学品储存量大、危险源集中，危险化学化工企业重特大事故多发，暴露出传统安全风险管控手段"看不住、管不全、管不好"等问题突出。

从行业层面看，深入实施工业互联网创新发展战略、提升应急管理体系和能力现代化势在必行。随着中国经济的持续增长和工业安全意识的提高，各个层面绝对安全方面提出了更高的要求，特别是易燃易爆等高危行业更加重视安全。智能化安防科技的发展与时俱进，伴随着二十一世纪信息技术的腾飞，已迈入了一个全新的范畴，智能化安防技能与计算机之间的边界正在逐渐模糊，没有安防科技的社会就会显得不安宁，世界科学技术的进步和开展就会受到影响。大数据和物联网技术的普及使用，加速了安全生产从静态分析向动态感知、事后应急向事前预防、单点防控向全局联防的转变，增强工业生产安全的感知、监测、预警、处置和评估能力至关重要。

2　研究的背景和目的

目前国内炼化企业安全防范系统基本靠人，快速感知、实时监测、超前预警、动态优化、智能决策、联动处置、系统评估、全局协同能力还比较薄弱；先进的计算机技术与安全生产的融合应用较少，数字化、可视化、显性化、协同化还不成体系；人员、设备、物资等安全生产要素的网络化连接、敏捷化响应、智能化应用比较缺失，本质安全生产的可预测、可管控能力还需加强。

一是信息孤岛较多，数据独立、壁垒重重、流程不畅、信息不共享现象比较突出。过程监控中做不到问题能及时发现、信息及时推送、应急事件及时处置。如 MES 参数预警和短信推送，四类风险按安全设计值（SDL）、安全操作限值（SOL）推送管控，操作平稳率、联锁投用率、仪表自控率参数管控，工艺防腐过程模拟监控及数字化，大机组状态监测与分析，重点机泵状态监测与分析等。

二是业务显性化不足，业务数字化、数据显性化方面差距较大。非业务人员看不到业务数据，业务数据晒不出来，人人都是监督员的氛围难以形成。人工监管漏洞较多，人盯人方式的管理效率和效果不理想，过程监管和跟踪的持续性和效果不明显，缺乏超前预警能力。投入到人工巡检工作的人员较多，人工成本较高，减员增效方面压力较大。承包商作业人员的管理和辨识存在隐患，频繁更换临时工，在现场安全作业过程中有着较大的安全隐患。

三是应急调度和指挥缺乏有效手段和技术支撑，现场视频、语音、应急物资、消防设备等应急资源点位信息和指挥中心的联动互通渠道并不畅通，应急指挥和联动处理过程中现场与指挥室之间的互动存在盲区，多方协调的效率和效果不够明显。缺乏"作战地图"式的应急指挥体系。

为有效保证和促进炼化生产的整体安全效益和经济效益，有效防范化解重大安全风险，发挥应急指挥作用，危化品企业需要安全生产一体化智能监控平台，实现过程监控、安全监管、环保监测及应急指挥功能。突出安全基础管理、重大危险源安全管理、安全风险分级管控和隐患排查治理双重预防机制、特殊作业许可与作业过程管理、智能巡检、人员定位等基本功能，推动企业安全基础管理数字化、风险预警精准化、风险管控系统化、危险作业无人化、运维辅助远程化，为实现危险化学品企业安全风险管控数字化转型智能化升级注入新动能。加强安全监控及突发事件应急指挥意义重大。

3 解决问题的思路和方法

3.1 规范顶层设计

遵循信息系统安全标准规范，形成实施方案，按照6层技术架构设计，包括设备与设施层、边缘层、资源层、平台层、应用层和展示层，重点建设平台层、应用层和展示层，其中设备与设施层重点包括摄像头和智能传感器。边缘层主要涉及各类在线监测数据，实现数据的集中管理。资源层主要存储业务数据，包括计算资源、存储资源和网络资源。平台层实现基本服务、数据服务、消息中心、API 和协同服务接口等功能。应用层支持 TCP、UDP 等传输协议，作为统一的对外数据出口，向各级监管部门推送数据，实现信息共享。展示层重点展现业务场景，电脑端、移动终端和大屏幕等信息展示和交互。

3.2 搭建统一平台

安全生产风险智能化管控平台企业端主要开展现场管控和业务流程管理，实现生产运行动态化监管、作业活动流程化监管。汇聚生产运行、作业过程等主题域的关键数据、较大风险预警信息、预警跟踪处置情况等。分发公用模型算法，推送业务用户填报的数据，开展 HSE 大数据分析。网络安全方面严格遵守国家和集团公司对网络安全、信息保密、数据资产和个人信息保护的要求，采用成熟的通用安全产品和规范的安全管理措施，构建网络安全纵深防御体系。详见图1。

3.3 集成多方数据，提升防控水平。

构建模型算法并集成数据是平台建设的主要工作。一是重点聚焦能力的提升，具体包括建立快速感知、实时监测、超前预警、动态优化、智能决策、联动处置、系统评估、全局协同能力。二是深化工业互联网和安全生产的融合应用，主要包括深化数字化管理应用，实现数字化、可视化。三是深化网络化协同应用，推动人员、装备、物资等安全生产要素的网络化连接、敏捷化响应。力求通过智能化应用实现安全生产的可预测、可管控。集成的重点聚焦六大方面，主要包括基础安全信息、双重预防、重大危险源管控、作业许可、人员定位、智能巡检、视频监控、智能报警、环保监测、人车管理。

一是集成重大危险数据，监控高危风险。构建风险预警模型，接入重大危险源系统相关数据，实时计算显示重大危险源压力、液位、温度、速度、可燃有毒气体等报警信息，按四色图预警显示，实时分析计算并显示一级、二级、三级、四级重大危险源占比情况，具备重大危险源实时报警明细查询功能。

二是集成异常报警数据，实时超前预警。接入异常报警系统相关数据，围绕炼油装置、化工装置、罐区，集成 DCS 报警事件、机电仪报警、实时趋势、风险隐患等信息，为装置运行分析提供可靠、全面的工艺、设备、安全、质量、环保等异常报警信息。

三是集成安全受控数据，监督作业过程。接入安全受控系统相关数据，实现作业在线监测功能。对非常规作业、特殊作业和危险作业实行作业许可管理，落实风险管控措施，确保风险受控。建立作业预约管理，合理安排施工作业计划，实

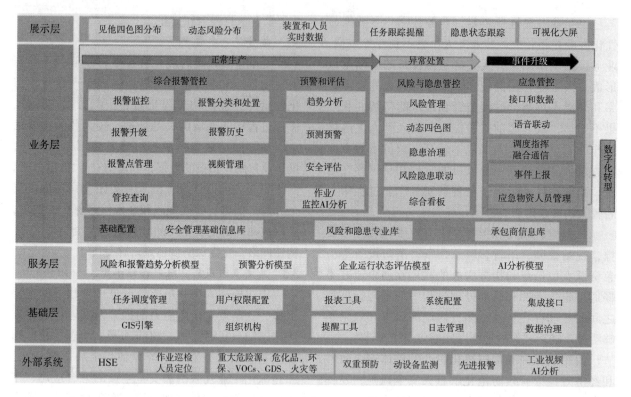

图1

现高风险作业的信息提前"挂号"预约，并实现与人员定位、视频监控等有机联动，与气体检测设备、视频智能分析等联动，实现气体检测数据自动上传、人员违章自动判别等。

四是集成HSE系统数据，监管安全基础。创建GIS地图，接入HSE系统相关数据，重点展示安全相关的基础信息，包括储罐数量、应急物资数量、装置数量、消防车数量、救援队伍数量等。同时在地图上标注和显示位置信息，具备安全管理基础信息明细查询功能。在GIS地图上形成图层，供随时查看应急物资、消火栓等位置信息，为安全管理提供支持。

五是集成智能巡检数据，监察巡检效能。接入智能巡检系统相关数据，实时显示当日各巡检任务的巡检结果，实现巡检路线和任务自由定义、巡检计划灵活配置、巡检人员自由分配、巡检结果及时上报、巡检报表快捷统计。确保各级人员可及时掌握巡检区域内各设备的运行状态和巡检人员的工作状况。

六是集成环保排放数据，快速感知污染。接入安全环保监测系统相关数据，显示当前的监测状态，包括颗粒物实测，颗粒物折算，颗粒物排放量，SO_2折算，Nox折算等信息具备实时显示报警状态能力，实现环保网格化监控与管理，建立

环保地图，对VOCs布点及泄漏监测，出现异常和超标数据时，能分析出污染物的种类和来源。实现环保"一图一表"过程监控功能。

七是集成工业视频数据，识别现场隐患。接入视频监控系统相关信息，获取重要点位监控点资源和位置信息，在GIS地图制作单独图层，显示重点位置视频数量和位置信息，提供弹窗式显示视频监控的实时图像，便于发生安全事故事件时掌控现场情况，结合应急物资位置信息，为应急指挥提供联动支持。

八是集成双重预防数据，应急处置风险。接入双重预防系统相关数据，具备隐患和风险数量实时统计功能，开展安全风险评估诊断分级，分层级制定风险管控措施。明确隐患排查任务、开展隐患排查、隐患治理验证的告警管理。实时对重大危险源动态风险进行预警分析。按风险和隐患等级统计数据，实现安全风险分析和隐患全过程管理。

九是集成人车位置数据，防范人员聚集。接入车辆和考勤系统关键数据，获取当日进出厂人员和车辆信息。通过移动终端、蓝牙信标、北斗定位等设备结合定位技术，实现高风险作业场所实时定位、预警报警、区域安全管理，实现厂区关键人员和车辆位置的在线实时管理。通过实时

位置信息、历史轨迹、电子围栏、SOS 告警、人员数量统计等管理功能有效提升企业安全管理，为作业许可、双重预防等提供定位数据支持，实现联动，提升管理的标准化、规范化。

4　成果及应用效果

通过大数据＋人工智能算法应用，整合数据、平台和系统，实现了安全生产全过程、全要素、全方位的连接和监管，在数据服务、安全感知、实时监测、超前预警、应急处置、系统评估等方面的能力有所提升，在跨部门、跨层级的安全生产联防联控能力有所增强。

一是提升了数据服务能力。依托平台大数据，让本来枯燥僵硬的数据信息显性化，形成了人人都是监督员的氛围。结合三维地图，让位置关系更加直观；结合视频图像，让现场更加生动。结合数据模型分析，让危险的超前预警成为可能。更大程度的发挥了数据价值。

二是提升了快速感知能力。平台集成的信息围绕危险源、应急物资、车辆、人员、作业、环境等方面，结合部署的专业智能传感器如视频、巡检仪、定位器等，结合大数据和数据模型赋能智能算法，极大提升了对现场态势快速感知能力。

三是提升了实时监测能力。配套的腐蚀监测探针、工业视频、GDS 可燃气体嗅探设备，对现场的测温测振、压力腐蚀等数据实时监测。对高危风险区域的跑冒滴漏甚至着火冒烟等现象实时监测告警。对高危装置可燃气体实时监测，实现了对高风险区域的不间断监管监测，助力本质安全和本质环保。

四是提升了超前预警能力。基于 SIS、PLC、DCS 等控制系统的限值判定，结合海量数据知识库和风险特征库模型，超前进行预警提示，对装置操作和工艺技术分析提前预判，提供多维技术支持。基本实现了精准预测、智能预警和超前预警。

五是提升了应急处置能力。通过多元素信息融合，结合现场视频、应急物资、人员定位、语音对讲等相关场景，对应急演练和应急事件的处置更加得心应手。结合应急救援队伍库和应急救援物资库，开展安全生产风险仿真、应急演练和隐患排查，推动应急处置向事前预防转变，提升应急处置的科学性、精准性和快速响应能力。

六是提升了系统评估能力。大数据和评估模型工具，对安全生产处置措施的充分性、适宜性和有效性进行全面评估，对安全事故的损失、原因和责任主体等进行快速追溯和认定，为查找漏洞、解决问题提供保障，实现对企业、区域和行业安全生产的系统评估。

5　结论

最后，该项目的创新建设和应用在炼化装置爆炸着火风险防范为核心方面意义重大。

一是聚焦"两重点一重大"涉及的装置、罐区和关键设备，实现了装置、罐区、设备和泄漏等监测预警，促进炼化企业运行实现"安、稳、长、满、优"，切实提升本质安全水平。

二是推动了人员、装备、物资等安全生产要素的网络化连接、敏捷化响应和自动化调配，实现了跨部门、跨层级的协同联动，加速风险消减和应急恢复，将安全生产损失降低到最小。

三是加快了工艺优化、预测性维护、智能巡检、风险预警、故障自愈、网格化安全管理等工业 APP 和解决方案的应用推广，实现安全生产的可预测、可管控。

参 考 文 献

[1] 黄雪锋. 数字化智能工厂落地规划建设 [J]. 自动化博览，2022（7）：42-47.

[2] 冯玉晓. 工艺指标报警信息管理系统的方案研究 [J]. 中国管理信息化，2019（15）：55-57.

[3] 曹晓红，韩永立. 两化融合环境下智能工厂探索与实践 [J]. 无机盐工业，2019（5）：1-5.

炼化企业基于 AI 大模型的装置腐蚀管控的研究与应用

张家良　张振秀　杨麟民　李金才　王　娜

（中国石油哈尔滨石化公司）

摘　要　将 AI 大模型引入炼化企业装置腐蚀管控，实现多维数据、大参数的综合分析，在传统结构化数据的基础上，引入自然语言、图片等非结构化数据，通过大模型的训练和学习，能够快速的对装置腐蚀承受极限进行预判，给出预防建议，对与故障处置可以给出科学的方式和措施，对于装置检维修能够自动生成静设备的检维修预计划，结合企业检维修周期给出更新还是维系的建议以及根据。借助炼化企业数字化转型的开展和数据湖的建立，集合装置的设计、运行、运维、监测以及行业的书籍、防腐技术、故障处置等数据，建立装置防腐的知识库、故障分析库，同时建立机理模型，对装置的设计、工艺、监测等数据根据模型进行处理并提供该 AI 大模型，在此基础上企业分主题有针对性的构建基于 AI 大模型的装置腐蚀管控模型，突出企业腐蚀管控的难点和核心，通过模型的评估和矫正以适应企业腐蚀管控的需要；通过 AI 大模型在炼化企业装置腐蚀监控上的应用，可以产生非常好的效果，弥补装置腐蚀监控的短板和不足，装置可以建立起防、管、控相结合的立体的管理体系，为装置减少跑冒滴漏，消除装置安全环保风险提供抓手，因此，AI 大模型应用到炼化企业装置腐蚀监控，有着宽广的应用市场，借助行业庞大装置群体和海量数据，应用发展前景宽广。

1　引言

炼油化工企业生产运行连续进行，生产流程相对较长，原料变化、介质多样，在各个装置和加工过程中介质呈现不同特性，这也造成装置的腐蚀呈现多样复杂性，也导致装置腐蚀管理在炼油化工企业成为重点和难点。随着信息化和数字化的发展，企业在装置上部署各种监测手段和检测分析手段，但这些业务产生的数据是相互独立运行，需要人工根据经验进行分析，实时性不强，准确性不高，孤立的因素无法正确的反映腐蚀原因，也无法预判腐蚀的发生。此外，在腐蚀问题的处理上也是按照经验的方式进行处置，在装置大修中管道是更换还是维修继续使用存在经验主义，这样无形的给腐蚀管理留下隐患。将 AI 大模型引入炼化企业装置腐蚀管控，实现多维数据、大参数的综合分析，在传统结构化数据的基础上，引入自然语言、图片等非结构化数据，通过大模型的训练和学习，能够快速的对装置腐蚀承受极限进行预判，给出预防建议，对与故障处置可以给出科学的方式和措施，对于装置检维修能够自动生成静设备的检维修预计划，结合企业检维修周期给出更新还是维系的建议以及根据。

2　技术思路和研究方法

集合装置的设计、运行、运维、监测以及行业的书籍、防腐技术、故障处置等数据，建立装置防腐的知识库、故障分析库，同时建立机理模型，在此基础上与 AI 大模型技术相结合，构建装置腐蚀管控模型，通过对数据的学习和训练，生成并提供给用户需要的信息，回答用户疑难问题。

2.1　数据搜集和清理

数据搜集和清洗是开展构建 AI 大模型的基础和前提，充分的数据是大模型得以有效发挥做的基石。目前炼化企业都在进行数字化转型和数据治理工作，构建了企业级的轻量湖，专业公司和集团公司建立了相应的数据湖，这为大模型应用打下了良好的基础。

2.1.1　数据收集

装置腐蚀监控 AI 大模型数据

2.1.1.1　装置设计数据

将装置设计图纸进行数字化转化，通过图纸可以清晰的确定每条管线口径、材质、设计压力、介质、流向等信息，在装置改造后，这些信息需要不断的更新，以确保大模型说应用的数据与装置能够保持一致，能够给装置腐蚀管控提供更精准的帮助。

2.1.1.2　装置工艺数据

这里的运行数据主要是针对静设备的数据，包括管道中介质的流速、压力，管道入口压力、出口压力以及峰值压力。

2.1.1.3　装置运行数据

运行包括装置的生产运行方案，这其中包括原料的构成，原料中腐蚀因子的含量，各介质中各种腐蚀因子的浓度等数据。

2.1.1.4　故障处置数据

企业在日常检维修过程中积累了大量的维修数据，这些数据包括处置技术措施、处置方法和处置步骤，行业中也积累了大量同类型数据，这些数据多以文字描述、图片等信息居多。

2.1.1.5　装置腐蚀监测数据

装置监测数据包括腐蚀速率监测数据、腐蚀测厚监测数据以及各种介质包括原料、水等化验室分析数据。

2.1.1.6　设备检维修数据

此类数据重点的大修数据，焊口检测数据，焊口的分布，管道的更换、维修数据等信息。

2.1.1.7　外部数据

外部数据主要针对行业装置腐蚀管控的技术书籍包括设备防腐、腐蚀问题处置，以及行业中腐蚀管控经验和做法，将这些信息转化成数据，供大模型学习。

2.1.1.8　设备完整性体系数据

将企业和行业的设备完整性管理体系要求转化为数据进行收集，同时行业猪油设备风险评估模型转成数据，例如将 FMEA 评估机制引入模型。

2.1.2　数据预处理

数据预处理是一个关键的过程，这是确保大模型精准的重要过程，对于结构化数据需要进行贯标，按照数据治理的标准完成数据清洗，形成标准可用的数据，在此基础上建立数据逻辑关系，将无序的数据有序化。

2.2　机理模型建立

机理模型相较 AI 大模型能够提供更加准确和深入的理解，特别是装置和设备的动态数据，经过机理模型的运算，得出可靠的数据提供给 AI 大模型，融合其他维度的数据，可以给出更加科学的结果。例如建立腐蚀极限模型，结合管道的设计数据包括材质、对应压力值，结合腐蚀速率、腐蚀测厚数据以介质腐蚀因子数据，在当前的介质环境和压力下，结合腐蚀速率和管材厚度的腐蚀速度，可以预测出管道的极限厚度和运行年限，一般装置的生产方案具有周期性变化，模型得出的结果也会动态变化。

2.3　模型建立

从业务层面考虑，AI 大模型的建立要基于业务逻辑模型进行构架，这样模型运行更能反映业务的需要，AI 大模型提供的结果才能基于业务更大的帮助，因此需要将装置的腐蚀监控的逻辑关系提供给大模型，基于此大模型通过学习和进化，生产出业务需要的信息。模型建立上要从设备腐蚀管控的预防、监控、评估、维修、故障处置等关注点为场景，更好的反映装置腐蚀管控迫切需要解决的问题；从模型技术层面考虑，模型平台采用低代码或零代码平台，可以进行自然语言、图片等多维数据的处理能力，用户可以根据装置特点建立数据逻辑关系，指导模型运行和结果输出。

2.4　模型训练

装置腐蚀监控 AI 大模型训练，按照既定的主题进行，根据主题的特点，选择特定数据和通用数据进行学习，针对装置的腐蚀极限的预测，需要提供装置设计数据、图纸数据、监测数据、工艺数据等信息，进行学习；针对设备防腐方案，可以提供行业防腐的案例、专业书籍等信息进行学习，通过设备的特定实例化产生符合装置特点的方案。

2.5　评估与应用

模型评估重点关注参数的有效性和模型的准确率，通过对参数进行增加和减少，分析结果的变化，对于结果没有影响的参数进行提出，确保参数在模型中真正能够发挥作用，同时采取平行技术手段，对结果进行校验，保证模型提供的结果能够反映装置的真实状况；应用以单个装置为试点，通过特定主题逐一展开应用，以达到实用的效果。

3　结果和效果

3.1　结果

AI 大模型在炼化企业装置腐蚀监控上的应用，可以产生非常好的效果，弥补装置腐蚀监控的短板和不足，通过 AI 大模型，装置可以建立起防、管、控相结合的立体的管理体系，为装置减少跑冒滴漏，消除装置安全环保风险提供抓手。

3.2　效果

3.2.1　精准预判腐蚀风险

AI 大模型根据装置的设计数据、工艺数据、监测数据等参数，结合机理模型和风险评估模型，可以实时动态的分析出装置腐蚀的发展趋势和极限，预判可能出现风险，并给设备建立风险积分。

3.2.2　建立高效预知维修机制

企业根据风险评估结果，有重点的进行关注和采取措施，提前介入，消除可能出现的风险，提升装置安全平稳运行能力。

3.2.3　生成精准检维修方案

根据设备的使用情况，结合企业装置的检维修周期，可以自动生成该装置的大检修计划，给出计划意见和依据，指导企业科学大检修，做到应修即修，当换即换。

3.2.4　提供科学的防腐方案

AI 大模型通过专业技术书籍的学习，实施补充专业发展动态，结合装置设备特点，提供现金的防腐方案，指导装置提升设备抗腐蚀能力。

3.2.5　提供科学高效故障处置措施

通过建立故障分析库，大模型通过装置运行调整，可快速的锁定故障设备范围，并就该种介质设备泄露故障给出科学的处置方案，指导技术人员高效处置问题，

4　结论

AI 大模型与炼化装置腐蚀监控相结合的确可以给企业装置腐蚀管控提供科学手段，但也清醒的认识到，AI 大模型不是"万能药"，企业建设 AI 大模型首先需要具备一定的信息化和数字化基础，需要具备大量的数据作为前提，这样大模型才能事半功倍，总的来说，AI 大模型应用于炼化企业装置腐蚀管控有着较好效果，借助中国庞大的炼化行业，海量数据，应用前景可期。

参　考　文　献

［1］宗成庆.统计自然语言处理.清华大学出版社，2013.

［2］邱锡鹏.神经网络与深度学习.机械工业出版社，2020.

［3］张奇、桂韬、郑锐、黄萱菁.大规模语言模型：从理论到实践.中国工信出版集团，电子工业出版社，2023.

石化行业利用 AI 大模型技术实现智能制造的探索研究

彭　启

（中国石油哈尔滨石化公司）

摘　要　石化行业与 AI 技术的融合日益加深，形成了"AI+ 石化"的新业态。石化企业能够利用 AI 大模型技术实现对生产数据的智能分析、模拟和优化，从而提高生产效率和质量。利用 AI 大模型技术在石化行业的应用场景不断拓展，如智能巡检、智能诊断、智能优化等。这些应用不仅提高了企业的运营效率，还降低了生产成本和安全风险。对石化企业智能制造的实现方式的分析，通过创建数字平台、推动生产经营环节的信息智能化实施、推动生产过程协同发展和流程优化等具体实现方法，制定结合目前信息技术、大数据科技、云计算技术等现代高新科学技术的"智能制造"理论，深入研究了智能制造在未来的应用和发展规划以及体系结构，来实现石化企业的智能化制造。将智能制造科技投入到企业的生产、销售、营销、管理等流程中，最终实现企业高效率、智能化的发展道路建设。并且，针对智能制造的实际应用和深度开发总结了具有针对性的建议。

石化行业 AI 大模型技术的发展现状与趋势呈现出技术融合与创新、智能工厂与数字化转型、科研成果与技术创新等显著特点。未来，随着技术的持续迭代和升级，应用场景的不断拓展和深化，以及产业链协同与智能化升级的推进，石化行业将迎来更加广阔的发展前景。

关键词　AI 大模型；石化企业；智能制造；数字化

经过多年的发展经验积累，我国石化工业的实用技术已取得了较大程度进步，行业综合实力得到快速提升，并且在世界范围内具有一定的竞争力。但是，和发达国家的高水平技术相比较而言，我国石化工业仍然存在较多不足之处，包括资源成本和人力物力成本较高、资源未能得到有效利用、产品结构缺乏科学性、缺乏高水平科学技术等，并且在竞争环境日趋严重的今天企业若要在市场中取得一席之地需要尽快完成产业升级，推动企业智能化生产办公的尽快落地。

研发智能制造是我国石化工业改革的关键环节。智能制造的实行不仅能够帮助石化企业从整体角度增强研发、生产、经营的高科技水平，更有利于石化企业进一步提高企业工作效率，提高企业产品质量，是企业在竞争激烈的市场环境中能够具备自身独特的竞争优势和影响力，并且发展智能制造还有利于促进新型产品的生产，并引导相关业态和生产经营模式的创新，推动新业务的发展，加快石化工业在生产效率和生产模式方面的革新，为行业的转型升级提供新的推动力，推动石化工业在世界范围内的进一步发展和市场份额的扩张。

1　AI 大模型关键技术探索

1.1　模型架构设计与优化

Transformer 架构：Transformer 架构以其强大的自注意力机制和并行计算能力，成为构建石化 AI 智能大模型的首选。通过优化 Transformer 架构的层数、头数、维度等参数，可以提高模型的表达能力和训练效率。

1.2　大规模数据训练与调优

数据获取与预处理：石化行业的数据具有多样性、复杂性和稀疏性等特点。为了构建高质量的石化 AI 智能大模型，需要收集大量的石化行业数据，并进行数据清洗、标注、归一化等预处理工作。

训练策略与算法：针对石化行业数据的特性，研究者们需要设计合适的训练策略和算法。例如，采用自监督学习、迁移学习等方法，可以利用少量的标注数据训练出高性能的模型；同时，通过引入对抗训练、数据增强等技术，可以提高模型的鲁棒性和泛化能力。

1.3　行业知识融合与迁移

行业知识图谱：构建石化行业的知识图谱，

可以将行业内的知识、经验和技术进行结构化表示和存储。通过融合知识图谱中的信息，可以进一步提高石化 AI 智能大模型的业务理解能力和决策支持水平。

迁移学习：迁移学习可以将在一个任务上学到的知识迁移到另一个任务上。在石化 AI 智能大模型的训练中，可以利用迁移学习的思想，将其他领域或任务上的预训练模型迁移到石化行业上，以加速模型的训练和提高性能。

1.4 模型评估与优化

评估指标：为了衡量石化 AI 智能大模型的性能，需要选择合适的评估指标。这些指标应该能够全面反映模型在石化行业应用中的实际效果，如准确率、召回率、F1 分数等。

优化方法：针对石化 AI 智能大模型在应用中可能出现的问题，如过拟合、欠拟合、计算效率低等，研究者们需要采用合适的优化方法。例如，通过引入正则化、dropout 等技术来防止过拟合；通过采用分布式训练、模型压缩等技术来提高计算效率。

2 石化企业智能制造的实现方式

2.1 创建数字平台

创建综合性数据整理体系，其中需要包含采购原料、施工进程、相关监管、工艺流程等多个流程与性能。针对石化生产企业实际情况，搭建职责划分明确、物资编码清晰、信息储存等流程囊括在内的规章制度，做到信息共享和审核，保障数据信息在传递和使用过程中仍能够保障其准确性，减去没必要的数据信息种类。并且，根据平台的功能完善企业文件管理、经营环节和研发要求的集中汇总，做到从产品设计环节就能够保障其信息准确且科学，再发展成为保障产品生产、工程推进的整体运营流程的科学监管。加强工程整体需求信息和相关文档的建立，将工程所需信息通过数字化形式展示出来，通过交付平台实现信息的共享和提交，为深入的智能化发展和研发生产创建一定的科技平台。

2.2 推动生产经营环节的信息智能化实施

石化公司在创建智能化生产运转时，其创建内容主要需要从下面若干方面进行：首先，石化工厂必须推广实用先进生产技术，结合基于国产原油与成品油自动调和技术，通过在线分析仪表与自动化生产深入优化健全生产工艺过程，进而

完成由原料配方、装备生产加工、产品调合至生产实效性的智能全检测过程。其次，石化公司须重点创建有着高融合性且体现装置特性之总体管理体系，通过将装置机理与生产计划予以关联健全分子尺度模型，同时基于机理模型这一载体，对生产时出现的某些非确定性因子予以优化，从而产生围绕需求这一主要驱动力的高效生产过程。此外，石化企业亦需构建相关数据源分析模型，利用健全数据平台调节参数的建设，行之有效提升公司生产效率。现阶段，我国石化公司已然成功组建了整个流程性的生产优化模型，且应用了可以优化工厂计划之 APS 生产计划，亦有效编制了突显最优生产渠道的资源配置战略，通过桌面炼厂与乙烯裂解模型等 APP 深入优化全厂加工过程，且通过指导装置予以全程操作。不同物料在各种操作环境作用下所反应的流程可以有效提升乙烯生产效率。

2.3 推动生产过程协同发展和流程优化

石化企业的生产工作流程复杂，每一个生产流程都涉及到多个工业装置设备，每一环节都不能有半点差错。为进一步提高生产过程中质量保证、生产效率、资源消耗等要素的水平，需要重视生产环节中的每一细节。为更好的搭建智能化管控制度，让企业生产流程中不过与以来人员操控实现生产的进一步自动化，要结合 AI 科技，生产过程数据信息的整理汇总，多角度多线程掌握智能化制造所需信息，推动企业信息化科技化的水平进一步提升，促进石化企业的智能制造尽快完善实施。

2.4 创建知识驱动型的生产决策制度

根据我国目前情况来看，石化行业生产中尚未形成将顶层需求转变为实际生产中更科技化的制度。为将生产信息、市场环境和监管模式等数据转变为可利用知识，需要企业创建知识自动化驱动的职能创新制度。采用融合生产过程、知识驱动化以及智能科技的方式，推动企业实现智能化生产、智能化处理有效信息并不断优化完善，实现资源合理配置实现企业利益最大化。因此，需要建立多领域的知识收集和信息汇总搭建起企业学习和决策制度。

2.5 创建完善的风险智能化预测和监督体系

石化企业生产条件有一定要求，生产过程中的危险系数较高且容易产生有毒物质。因此，石化企业需要始终坚持安全和环保原则。在今后的

生产中可以充分利用数据资源，通过当下较为先进的 AI 技术针对生产过程中出现的异常进行展开分析，搭建起生产调度中心、应急技术中心、消防监督管理中心向结合的智能安全监管体系。因此，需要搭建起安全监测为关键的响应机制。利用智能制造技术功能实现气象数据、火灾探测信息、重要机组工作参数、生产环节信息等相关有效数据，搭建起基础的数据中心模型，多角度多方位的掌握整个生产过程中每一环节的相关数据，完善信息全面性提高企业生产安全性。

2.6　经营决策管理智能化

石化公司在构建智能与科学运营决策管理机制时，应注重追求公司最大化的生产效率，联系云技术与大数据等积极要素创建辅助性运营监管模型，实时同市场信息予以关联与整合，合理控制资金流动。此外，公司亦需对其生产成本予以精确计算，给出最佳计算方法，完成全局性合理决策，将以往经验性决策管理方式慢慢过渡至现阶段的创新决策管理方式上来，进而达到减少决策风险的效果。

除此之外，石化公司还需有意识地健全可以展现纵向集成与专业融合的管理平台，利用执行层与管理层的创建进一步深化闭环管理体系，同时于管理与作业层突显公司生产需求，从而进一步优化与分解效益指标。

2.7　产业链协同自动化

创建智能化工厂过程中，石化公司亦需注重产业链的协同与自动化。其既要通过智能化技术破除公司间阻碍和隔阂，积极推动产业链升级优化，促使公司经济得以快速发展，还需有意识创建公司生产资源协同平台，采取上下联动与规模融合等形式健全产业链。除此之外，传统石化公司亦需构建公司生产运转管理协同平台，行之有效提升智能化生产协同效率。此外，石化公司亦

需创建公司间能一同使用的服务管理平台，通过共享物流、公用工程与安全等系列服务，行之有效推动公司间的协同交流，深入优化健全与提高公司价值链，进而为公司长远发展提供无限可能。

3　结论

综上所述，石化 AI 智能大模型关键技术的探索研究是一个具有挑战性和前景广阔的课题。通过不断优化模型架构、训练策略和行业知识融合等方法，可以进一步提高石化 AI 智能大模型的性能和应用能力，为石化行业的数字化转型和高质量发展提供有力支持。石化企业的智能制造是根据目前最新科学技术和制造技术相结合，将技术应用到企业在生产、研发、试验、销售、监管等企业经营中的每个流程。搭建起一套完善的石化智能制造体系是需要付出较多时间与精力的，要求体系达到数据共享、集成化管理、信息交融等特点，要将企业中的工作者、职能、设施、商品等因素整体串联起来，使经营管理和数据体系实现结合，为企业的决策提供有价值的数据信息。因此智能制造的创建不仅需要技术作为可靠支撑，并且还需要顺应时代发展革新管理制度，最重要的是实现人才发展战略。

参 考 文 献

［1］吴青.智慧炼化建设中工程项目全数字化交付探讨［J］.无机盐工业，2020（5）：1-6.

［2］林融.中国石化工业实现智能生产的构想与实践［J］.中国仪器仪表，2021（1）：21-27.

［3］中华人民共和国国家标准.GB/T51296-2018 石油化工工程数字化交付标准［S］.2018.

［4］钱锋，桂卫华.AI 助力制造业优化升级［J］.中国科学基金，2022（3）：257-261.

面向油气大模型构建的跨域数据管理的研究进展与趋势

林秀峰[1,2]　陈宏志[1]　金　玮[1,3]　宫本儒[1]　赵　懿[1]　祝　军[1]

（1.昆仑数智科技有限责任公司；2.中国人民大学信息学院；3.浙江大学国家卓越工程师学院）

摘　要　由于油气行业的复杂性，在油气行业构建大模型的应用，对数据管理工作提出了更高的要求。为此，以跨空间域、跨业务管辖域和跨信任域的视角，全面分析了数据管理的特征和在油气行业构建大模型应用的数据需求，从构建大模型的数据处理准备、数据存储以及数据应用这三个关键阶段入手，广泛调研了国内外跨域数据管理在大语言模型预训练、微调等构建阶段应用的研究成果，深入探讨了跨域数据管理在构建油气大模型应用时面临的挑战和发展方向。研究结果表明：①跨域数据管理至少包括跨空间域、跨业务管辖域和跨信任域三方面；②在数据准备阶段，跨域数据管理通过数据处理、数据融合等技术为大模型的构建提供了重要支持；③在数据存储阶段，跨域数据管理向湖仓一体方案发展，支持大模型应用的构建；④在数据应用阶段，优化跨域数据集的组合权重，可以提升大语言模型的泛化能力和性能。结论认为：跨域数据管理能够激发并加速以大模型为代表的人工智能技术与油气行业的融合与创新，进而引领油气行业向更加智能、高效、绿色的方向发展。

关键词　大语言模型；跨域数据管理；人工智能；数据准备；数据存储

1　引言

2024年政府工作报告明确提出，加速新质生产力的蓬勃发展，深化大数据、人工智能等技术的研发与应用，实施"人工智能+"行动计划。在新的发展阶段，数据、算力和算法三者的有机结合，共同标定了新质生产力数字化发展的全新高度。在油气行业，人工智能相关算法的应用已拓展至钻柱振动识别与预测、测井数据的解释处理、地震数据的处理与解释、水驱开发过程的实时监控与调整以及油气产量预测等多个关键领域。在众多人工智能技术中，拥有大量参数、具备泛化能力的大模型技术凭借其涌现、解析及推理能力，展现出卓越性能，受到了人们的青睐。随着大模型在油气行业应用的不断拓宽和深化，数据需求的多样性、复杂性和规模性日益凸显。

大模型的构建可以分为预训练、监督微调（Supervised Fine-Tuning，以下简称"微调"）和检索增强生成等阶段。油气行业，作为典型的复杂工业，产生的数据往往具有分布广泛、专业性强、主体多样等特点。单一领域来源的数据集往往受限于其覆盖的语言现象和油气知识的广度，从而成为制约油气大模型的通用性和应用范畴的重大挑战之一。为了提升大模型的泛化能力，在预训练阶段，需要整合来自多个领域的异构数据集。但遗憾的是，众多通用行业知名大模型在预训练时数据集的选择往往缺乏详尽过程记录，导致背后数据选择的理由不明确。在微调阶段，复杂多样的数据集对大模型的性能和遵循指令的能力产生显著影响。尽管学界已经尝试一系列包含人在回路、自我指导或混合现有数据集等方案，但关于指令数据集如何影响微调后大模型性能的问题仍令研究者和实践者感到困惑，这使得在大模型微调实践中选择恰当的数据集成为一大难题。因此，跨空间域、跨管辖域和跨信任域等跨域的全面多样的数据集作为大模型训练数据在油气行业应用的重要性愈发凸显。通过融合多领域、多来源的数据，可以极大丰富大模型的知识储备，进而增强在油气行业应用中大模型处理复杂任务的能力。

然而，多领域、多来源的数据集往往其结构不同，跨域多源异构的数据管理问题也是油气大模型应用面临的重大挑战之一。在应用于油气行业大模型的训练环境中，数据往往源自多个不同渠道、领域和模态，包括文本、图像、音频等。这些数据不仅结构和语义特征各异，而且可能包含大量噪声和冗余信息。以在油气行业常见的各类智能问答系统为例，系统不仅需要处理用户的文本输入，还需要理解和生成与文本相关的图像、视频等多媒体内容进行语义检索和理解。综上所述，大模型在油气行业的应用对跨域多源异构的跨域数据管理方法和技术提出了更高效、更灵活的要求。数据架构管理方法和技术将成为制约大模型甚至是人工智能技术在油气行业广泛应用和发展的重要因素。这就要求大模型必须具备管理和利用多源异构数据的能力，以实现跨模态的信息融合和推理。

本文首先提出构建油气大模型应用的数据需求，而后，阐明跨域数据管理的框架和策略，以及在大模型预训练、微调等构建阶段的应用和实践。最后，本文将探讨跨域数据管理在构建油气大语言模型应用时面临的挑战和发展方向，如图1所示。

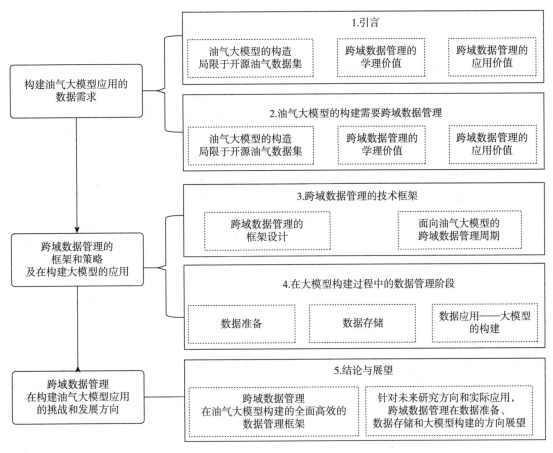

图1 本文的探讨思路

2 油气大模型的构建需要跨域数据管理

当模型参数达到或超过一定规模后，大模型具备信息采集和组织、语义理解、内容生成等涌现技能，较传统浅层机器学习具有较大的应用优势。油气大模型的分级构建，建立在海量、多细分领域的数据的基础之上。油气行业的数据可能来源于勘探、钻井、生产、维护等多个阶段，且每个阶段都会产生大量异构的数据。这些数据包括但不限于地质学数据、工程数据、传感器数据、

操作日志等不同业务领域，分散在不同地域的油气田。尽管油气行业数据丰富，但是在探索构建油气大模型工业应用的过程中，训练和微调仍然受限于数据的采集、存储和流通等因素，目前大多还局限于应用开源数据集，或是在企业内部的某个业务逻辑或数据中心内部边界进行。可见，跨域数据的管理在油气大模型的构建和应用过程中具有较大应用空间和重要价值。

从学理角度看，跨域数据管理可以提升油气数据整合能力，消除数据孤岛现象，消除元数据

歧义，提升数据的整体性和一致性，为大模型的训练提供更为全面的数据支持。不仅如此，跨域数据管理还可以增强数据处理的精细度，其管理过程涉及跨域数据的融合和匹配等精细处理过程，能够去除噪声数据，纠正错误，提高数据的质量和可用性，进而提升大模型训练的效果和准确性。此外，跨域数据管理可以促进多模态数据融合，油气行业大模型应用不仅限于文本数据，还涉及图像、视频、专业数据体等多模态数据，跨域数据管理过程关注多模态数据的整合与融合，为大模型提供更为丰富的输入信息，增强其处理复杂问题的能力。更重要的是，跨域数据管理可以强化模型泛化能力，使得大模型能够接触到多样化的数据，从而在训练过程中学习到更为广泛的知识和模式，使其能够在未见过的数据上表现出更好的性能。

从应用角度看，在油气的勘探方面，跨域数据管理能够整合地质勘探、地球物理勘探等多方面的数据，为大模型提供全面的地下信息。油气大模型通过解释和分析，可以更准确地识别油气藏的位置和规模，提高勘探效率。在钻井和生产方面，跨域数据管理能够整合传感器、钻井日志、产量数据等多方面的信息。油气大模型基于这些数据，可以实时监测生产状态，预测生产性能，为钻井和生产方案的优化提供科学依据。在 HSE（Health Safety and Environment，以下简称"HSE"）安全管理方面，跨域数据管理还能够整合天气状况、水文情况等，油气大模型在预测生产性能的同时，还可以预测潜在的安全风险，并给出相应的预警和应对措施。在促进协同创新方面，跨域数据管理有助于不同领域、不同部门甚至是不同主体之间的数据共享和协同创新，例如，世界知名的能源公司道达尔，与技术公司谷歌云合作跨界组合，整合地质勘探、三维地震以及互联网等多领域数据，为石油产量预测提供支持，加速了人工智能在油气工业纵深领域的应用探索。

在油气大模型的构建和应用方面，无论是学理价值还是应用价值，跨域数据管理的重要性越来越受到行业的重视。

3 跨域数据管理的技术框架

3.1 跨域数据管理的框架设计

跨域数据管理，作为数据管理领域的一种新兴理念和实践，标志着数据管理从封闭的、面向

单一域的"孤岛"服务模式，向开放的、跨多个领域的共享与协同服务模式的转变。它不仅扩展了数据管理的物理边界和逻辑边界，而且深刻改变了数据管理的内涵和外延。在跨域数据管理的框架下，数据的价值不再局限于其生成的原始环境，而是能够在更广阔的范围内被识别、获取、整合和利用，从而极大地促进了数据作为制约因素，在大模型训练、微调和推理应用中发挥关键作用。

跨域数据管理至少包括跨空间、跨业务和跨信任三方面。

跨空间域主要解决因地域距离远而引发的跨地域网络高时延和高波动带来的性能影响问题，以确保数据的快速同步、高效查询和事务处理的顺畅执行。在大模型训练、微调和应用时，特别是在油气行业，数据和计算资源往往分布在广阔的地理区域，涵盖多个省市甚至国家。这种分布式的存储和处理模式导致了显著的传输延迟，往往达到毫秒级甚至更多，这与仅在数据中心集中空间机房内部通信的微秒级延迟相比，差距甚大。基于此，大模型的应用需要专门的数据管理系统，以适应跨空间数据管理的需求。

跨业务管辖域关注于不同主体间数据的共享与协同机制，通过研究异构数据的汇聚与融合技术，打破模型、模态、语义和标准之间的壁垒，实现统一的数据表达与查询，进而促进跨域数据的互联互通及应用。在为大模型训练收集数据的过程中，涉及多个油田、多个部门和多个系统的协作是常态。然而，不同的油田系统通常采用不同的数据语义、数据格式、数据标准和管控策略。为了解决这个挑战，需要有一种能够桥接不同管辖域的数据管理系统或者解决方案，使得各方数据能够在保持各自独立性的同时，实现有效的对齐、互操作和统一查询，从而支持大模型的训练及微调等需求。

跨信任域聚焦于不同信任域主体间数据流通时的安全、完整性、合规性及隐私保护等核心问题，通过构建包括访问控制、数据加密、审计跟踪等在内的综合安全体系，并利用区块链等先进技术确保数据的防篡改特性，从而建立起可信赖的数据管理环境。在油气行业，不同油田、不同部门、不同系统之间往往存在信任壁垒，出于某些原因，不愿意完全公开或共享自己的私有数据。这种情况下，传统的数据获取方式变得异常困难。

然而，大模型的训练和微调通常需要跨域的数据查询和关联，以挖掘更深层次的数据价值。因此，专业的数据管理系统或者解决方案，如果能够在保护数据隐私的同时，实现跨域数据查询和关联的技术，将对于推动大模型的发展至关重要。

跨空间、跨业务和跨信任这三个方面并不是针对跨域数据管理"不重不漏"的正交划分，所以，

这三个方面关注的内容存在一定程度的重叠，需要学界和工业界各自视角的学者们在实践中紧密合作。

综上，跨域数据管理是构建油气行业大语言模型应用的关键之一，需要关注跨空间、跨业务管辖和跨信任域中的数据同步、融合、共享、安全与隐私等特征问题，以支持高效的模型训练和查询，总结如表1所示。

表 1　跨域数据管理三个方面的特征问题

跨不同的领域	含义及特征问题
跨空间域	因地域距离远而引发的跨地域网络高时延和高波动带来的性能影响问题，以确保数据的快速同步、高效查询和事务处理的顺畅执行。
跨业务管辖域	不同主体间数据的共享与协同机制，通过研究异构数据的汇聚与融合技术，打破模型、模态、语义和标准之间的壁垒，实现统一的数据表达与查询，进而促进跨域数据的互联互通及应用。
跨信任域	聚焦于解决不同信任域间数据流通时的安全、完整性、合规性及隐私保护等核心问题，通过构建包括访问控制、数据加密、审计跟踪等在内的综合安全体系，并利用区块链等先进技术确保数据的防篡改特性，从而建立起一个可信赖的数据管理环境。

3.2　面向油气大模型的跨域数据管理周期

鉴于油气数据的高度专业性与复杂性，实施数据全生命周期管理成为必然趋势。当前，国内外针对数据全生命周期管理已开展了广泛的研究。具有代表性的研究成果如表2所示。

前文已述，大模型的构建过程可细分为预训练、微调和检索增强生成等多个阶段。综合国内

外关于数据管理全生命周期的研究成果与大模型构建的特性，本文将油气大模型构建过程中的跨域数据管理概括为三个核心阶段：数据准备、数据存储与数据应用。其中，数据准备阶段涉及数据处理、数据融合等技术，数据存储阶段则涉及数据仓库、数据湖等技术，数据应用阶段直接对应于大模型的预训练、微调等构建环节，如图2所示。

表 2　数据全生命管理的代表性成果

研究来源	数据全生命周期管理的阶段划分
《数据管理能力成熟度模型（DCMM）》（GB/T 36073—2018）	数据需求、数据设计和开发、数据运维以及数据退役。
《数据管理知识体系指南（第2版）》	数据的创建或获取、移动、转换、存储，以及数据的维护、共享、使用和处理等一系列过程。
刘合院士	数据全生命周期的主线，包括"采、存、管、找、看、用、智"等关键阶段

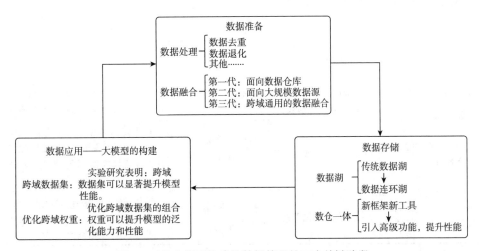

图 2　面向大模型构建的数据管理的三个关键阶段

4　在大模型构建过程中的数据管理阶段

4.1　数据准备

高质量的数据集被广泛认为是人工智能技术的基石。在构建大模型在油气行业的应用时，尽管大部分通用语料可以通过利用互联网上公开的、无需标注的数据来直接获取，但是，具有特色的石油行业数据具有体量大、多源异构、小样本等特点，存在多重采集、标准不一致、时效要求高、利用率偏低等数据质量问题。

4.1.1　数据处理技术影响大模型性能

数据准备过程的处理手段对大模型的性能具有深远的影响。在大模型的预训练阶段，未经去重处理的数据的存在会导致训练过程中的测试损失增加。更令人担忧的是，当数据中出现可预测的重复频率范围时，模型的性能会出现严重的下降。随着模型规模的不断增大，根据规模定律，对训练数据的需求也呈指数级增长。这引发了一些学者的担忧，即高质量的训练数据集，特别是行业特色的数据集可能会逐渐耗尽。除了数据去重处理的问题，在应对多时期退化方面，常用的正则化技术处理并未能提供有效的缓解，这意味着，传统的数据处理和优化方法可能不足以应对大型语言模型训练中的新挑战。

在这样的背景下，跨域数据集因其多样性和时效性方面的优势，成为了大型语言模型构建中的重要资源。与单一领域的数据集相比，跨空间、跨业务和跨信任的数据集能够提供更广泛、更多元的信息来源，有助于模型学习和理解更复杂的语言现象。此外，构建大模型评估数据集的时效性也是非常重要的，评估数据与预训练数据之间的时间偏移会导致性能估计的不准确性。这种时间不一致性无法通过简单的微调来克服，尤其是对于规模更大的模型。这凸显了跨域数据管理中对时间敏感性数据的有效整合和更新的必要性。

4.1.2　数据融合技术制约大模型应用

然而，跨域数据不仅为大模型应用带来了数据多样性的优势，同时也引入了一系列挑战，如实体异质、语义冲突等。以塔里木油田为例，塔里木油田的录井设备呈现出显著的多样性特点，具体而言，涉及的厂商多达9家，设备类型更是超过30种，在采集不同厂商跨管理领域的录井设备数据时，语义冲突的数据是在所难免的。为了解决类似问题，跨域数据融合（Data Curation）技术应运而生，其旨在整合多源异质数据，提升整体数据质量，并最终为构建大模型提供统一且高质量的数据视图。跨域数据融合涉及多种任务，包括但不限于模式匹配、实体对齐、冲突消解等。这些任务的复杂性使得跨域数据融合的语义表示变得费时费力，并已成为构建大模型应用的主要瓶颈之一。

对于跨域数据融合技术的发展历程，图灵奖获得者 Michael Stonebraker 教授将其归纳为三代，每一代都针对特定数据规模引发的挑战，使用不断进化的工具和方法来解决这些问题，如表3所示。第一代技术主要面向小规模数据的集成问题，而随着数据源的增多与复杂性增加，第二代技术引入了规则系统和深度学习来应对更大规模和异质性的问题。第三代技术则利用大模型和自动化工具进行大规模数据的自动处理，并混合专家的帮助（Mixture of Experts，MoE，以下简称"混合专家模型"）进一步提高融合的准确性和效率。

表3　跨域数据融合技术的发展历程

技术代际	面临挑战	工具 / 技术	解决问题	典型研究成果
第一代	小规模数据源的融合	ETL 工具（抽取、转换和加载）	数据仓库的数据集成与清理	典型 ETL 工具集成小规模数据源，数据仓库可用于零售商进行更好的采购决策。
第二代	大规模数据源的异质性挑战	规则系统、深度学习等	跨特定领域的融合与数据清洗、实体匹配等问题	1. 小规模参数的语言模型应用于数据融合方面，包括数据清洗、数据匹配等。 2. 小规模参数的语言模型提示学习算法在实体匹配问题上的效果。
第三代	跨领域、跨规模的通用数据融合系统	大模型、自动化工具	跨领域通用的数据融合系统	通用编码器来融合跨域异质数据，通过混合专家模型来增强数据表示，并设计了多任务数据匹配模型来提高融合效果

由此，高质量数据是大模型发展的必要条件，而跨域数据管理通过数据处理、数据融合等技术为大模型的构建提供了重要支持。

4.2　数据存储

构建大模型在油气行业应用的过程，对跨域在数据的准备、查询、关联等提出了更高的需求，传统的数据仓库技术在面临跨域数据高效处理需求时逐渐显露出其局限性。为了突破这种局限，数据湖技术已经广泛应用于油气行业，湖仓一体方案是油气行业跨域数据存储的发展趋势。

4.2.1　数据湖已经成为油气行业主流方案

数据湖，作为一种大规模、原始数据集存储与处理的解决方案，自 2010 年 James Dixon 首次提出该概念后，在工业和学术领域均引发了广泛且深入的探讨，其核心设计理念在于针对来自跨空间域、跨业务域和跨信任域的原始数据进行集

中存储，以便满足多样化用户群体的数据处理与分析需求。

数据湖在跨域数据管理领域的重要性日益凸显。勘探开发梦想云（E&P Cloud）平台，以及基于梦想云的数据连环湖方案，跨域管理了 50 多万口井、4 万多座站库、8000 多个地震工区、700 多个油气藏。梦想云数据连环湖基于中国石油勘探开发数据模型 EPDM 2.0 及数据交换模型 EPDMX，搭建了统一数据服务（DaaS，即 Data as a service）体系。梦想云连环湖方案由主湖与区域湖构成，总体方案如图 2 所示。主湖实现上游数据的跨空间域、跨业务域和跨信任域的集中管理与共享应用，形成企业级数据资产；区域湖聚焦各自空间域、业务域和信任域，实现大块数据分布式存储与就近应用访问。数据连环湖架构，解决了跨空间域的数据入湖、大块数据调用的效率问题，实现了数据逻辑统一、分布存储、互联互通。

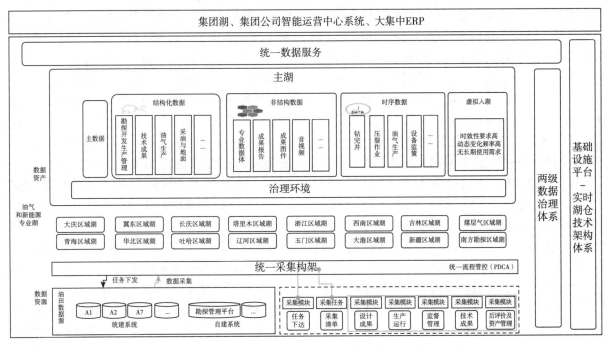

图 3　梦想云连环湖总体方案示意图

4.2.2　湖仓一体将是油气行业数据存储的发展趋势

Databricks 于 2020 年提出了面向湖仓一体的体系架构，这种体系架构是由数据湖与数据仓库组合而成，旨在通过整合数据湖与数据仓库的核心能力，构建一个更加灵活、高效且适应多种应用场景的数据管理平台。

湖仓一体架构的核心理念在于实现数据湖与数据仓库的无缝融合，从而充分发挥两者的协同

优势。数据湖以其灵活性、原始数据存储能力和对非结构化数据的支持而著称，而数据仓库则以其企业级的数据处理、查询和分析能力见长。通过湖仓一体架构，可以同时拥有数据湖的灵活性和数据仓库的强大功能，从而满足从商业智能到人工智能等各类复杂场景的需求。

在跨域数据管理需求日益增长的背景下，湖仓一体架构的提出迅速引起了业界和学术界的广

泛关注。随着探索和实践的深入，陆续出现了许多新的框架和工具，如开源系统 Apache Iceberg、Apache Hudi、Delta Lake、Apache Paimon 等。这些框架和工具不仅提供了对原始数据的存储能力，还引入了 ACID（Atomicity 原子性，Consistency 一致性，Isolation 独立性和 Durability 持久性，简称"ACID"）事务特性、元数据管理、数据分区和版本控制等数据仓库的高级功能，显著提升了数据湖的一致性、可靠性和可管理性。

在石油行业，梦想云数据连环湖也正在向湖仓一体的架构迈进。随着大模型在石油行业的广泛应用，湖仓一体架构的研究和实践将更加注重跨域的数据集成融合与计算处理，特别是在大模型预训练和微调过程中，如何高效、准确地处理、查询和计算已经存储的跨域数据将成为跨域数据管理研究和实践的重点方向。

4.3　数据应用——大模型的构建

跨域数据在大模型的构建具有显著影响。多源、多领域的跨域混合数据集能够提升模型的通用性和泛化能力。在构建行业的大模型预训练语料库时，不同领域的数据对模型性能的影响程度存在差异，高质量和多样性的数据领域对模型性能提升尤为关键。在行业具体应用的大模型预训练语料库时，适当的针对性领域数据与通用数据的组合权重可以进一步优化模型性能。

针对钻井井控场景的 CISFA 框架，是一个多角色自闭环的智能体 Agent 协同框架，采用了不同水平的钻井井控工程师考试题、不同地域公司的事故预防与处理手册、操作标准和指导原则等跨域语料，超过 40 万字，基于中等规模参数的大模型，实现与超大规模大模型的近似性能。除此之外，在油气行业，跨域数据构建大模型应用的完整报告还不多见。以下，报告在通用行业以及油气相关的地球科学构建跨域数据集的研究，期待能够对在油气行业构建基于跨域数据的大模型应用有所帮助。

4.3.1　跨域数据集对大模型的构建有影响

跨不同业务领域的数据对构建大模型的效果具有显著影响，通用行业、地球科学行业等均有学者开展了有意义的研究，另外，关于大模型应用于非语言任务，跨域数据集的影响也有学者研究和实践。

Leo Gao 等构造的英文语料数据集 Pile，用于大模型的预训练可以取得较好的效果。Pile 数据集，共计 825.18GB，由 22 个不同业务领域的高质量子集组成，包括爬取的网络公开文本、生物及医学论文、图书、预印本论文、开源程序代码及注释、公开的法律文书、股票交易所公开文档、百科全书等。Leo Gao 等首先用零样本学习（Zero-shot）方式在 GPT-2 和 GPT-3 进行测试，在学术论文相关类表现不佳，而后在数据集 Pile 训练后性能有较大提升。

上海交通大学的邓成等构建了用于地球科学行业的数据集 GeoSignal。GeoSignal 从地球科学行业的网站、数据库、论文等各类管理域收集不同形式数据，并重新构造为统一的序列格式，形成 5.5B 的地球科学文本语料库，基于 LLaMA-7B 模型进行训练和微调，通过设计实验证明了数据集和构建模型的有效性，并进行了开源。

Balloout 在非语言任务中，例如计算机视觉、分层数据推理和蛋白质折叠预测等，使用来自多领域的数据集进行预训练和微调，在 T5、BART、BERT 和 GPT-2 模型中取得了显著的效果，准确率远远超过从零开始训练的模型。例如，使用不同类别的数值计算 ListOps 数据集对这四种模型进行预训练，平均准确率为 58.7%，而从零开始训练的平均准确率仅有 29.0%。此外，Balloout 还研究发现，在跨域数据集上模型预训练的改进与模型的架构以及训练策略无关，基于多领域数据集的预训练使得模型离通用 AI 能力更近一步。

4.3.2　优化跨域组合权重可以提高构建大模型性能

优化不同领域数据集的组合权重，对构建大模型模型的性能提升也有帮助。例如，基于重要性重采样的数据选择方法（DSIR），通过选择原始未标记数据集的子集来匹配目标分布，并利用重要性重采样方法来估计重要性权重，在预训练通用领域模型进行实验，比随机选择权重的方法准确率提高了 2% 至 2.5%；基于泛化估计的领域权重重估的方法（DoGE），通过重新加权训练领域数据集，来最小化所有训练领域或特定未见领域的平均验证损失，在推广到预训练语料库之外的测试任务时，取得了较好的性能。这些方法旨在通过优化领域组合，调整不同领域的权重，使得模型能够更好地适应不同领域的数据分布，来进一步提升模型的泛化能力和性能。

5　结论与展望

在本研究中，我们首先阐述了跨域数据管理

的含义以及在油气行业构建实施大模型应用的意义。而后，本文深入探讨了构建油气行业大模型过程中跨域数据管理在数据准备、存储、预训练和微调阶段的关键作用。截至目前，无论是跨域数据管理的技术框架，还是在油气行业构建大模型应用的实践，均还处于初级阶段，尚不足够成熟。通过本文的探讨，我们旨在为油气行业中大模型的有效构建提供一个全面高效的数据管理框架。针对未来的研究方向和实际应用，我们认为以下方面应受到特别关注。

（1）在数据准备阶段，跨业务管辖域的数据对齐是难点之一。不同管辖域中常见的"一值多释"、"一意多数"等语义问题增加了复杂性。尽管数据融合技术已经进入探索的第三代，但数据融合质量与时间成本之间的平衡仍是一个难题。因此，在控制成本的同时提高数据融合与对齐的质量，是大模型在油气行业发展的关键因素之一。

（2）在数据存储阶段，面向大模型的跨信任域数据协同应用是制约大模型在油气行业的障碍之一。虽然，数据连环湖技术方案已经实现了数据的互联互通，但是，在跨信任域的数据存储和数据使用过程中，既要保障数据的隐私安全，又要保证数据对于大模型构建和应用的可用性和完整性。基于现有数据存储技术，构建异构环境下的可信数据生态，是一个具有潜力的发展路径。

（3）在大模型构建阶段，跨域数据构建大模型在油气行业应用的实践尚不多见。此外，其他行业在构建大模型过程中遇到的诸如幻觉现象、偏见问题以及微调指令策略等挑战，也需要在油气行业中得到充分重视和解决。

综上所述，本研究回顾了跨域数据管理在构建油气大模型应用的初步探索，展望了未来的发展路径。我们怀揣着这样的希冀：通过这些深入的探讨与前瞻性的思考，能够激发并加速以大模型及其他人工智能技术为核心的新质生产力的融合与创新，进而引领油气行业迈向一个智能、高效、绿色的新时代。期待在这场智能与工业的融合中，我们能共同见证油气行业迎来更加繁荣、可持续的未来。

参 考 文 献

［1］李强. 政府工作报告［Z］//国务院. 国务院公报. 2024

［2］任保平，豆渊博. 数据、算力和算法结合反映新质生产力的数字化发展水准［J］. 浙江工商大学学报，2024，（03）：91-100.

［3］汪海阁，高博，郑有成等. 机器学习在钻柱振动识别与预测中的研究进展［J］. 天然气工业，2024，44（01）：149-158.

［4］匡立春，刘合，任义丽等. 人工智能在石油勘探开发领域的应用现状与发展趋势［J］. 石油勘探与开发，2021，48（01）：1-11.

［5］刘合，任义丽，李欣等. 油气行业人工智能大模型应用研究现状及展望［J］. 石油勘探与开发，2024：1-14.

［6］OpenAI，Achiam J，Adler S，et al. GPT-4 Technical Report［J/OL］2023，arXiv：2303.08774

［7］Touvron H，Lavril T，Izacard G，et al. LLaMA：Open and Efficient Foundation Language Models［J/OL］2023，arXiv：2302.13971

［8］Wei J，Tay Y，Bommasani R，et al. Emergent Abilities of Large Language Models［J/OL］2022，arXiv：2206.07682

［9］Jain A，Patel H，Nagalapatti L，et al. Overview and importance of data quality for machine learning tasks；proceedings of the Proceedings of the 26th ACM SIGKDD international conference on knowledge discovery & data mining，F，2020［C］.

［10］Gupta N，Mujumdar S，Patel H，et al. Data quality for machine learning tasks；proceedings of the Proceedings of the 27th ACM SIGKDD conference on knowledge discovery & data mining，F，2021［C］.

［11］Gao L，Biderman S，Black S，et al. The Pile：An 800GB Dataset of Diverse Text for Language Modeling［J/OL］2020，arXiv：2101.00027

［12］Brown T，Mann B，Ryder N，et al. Language models are few-shot learners［J］. Advances in neural information processing systems，2020，33：1877-1901.

［13］Workshop B，Le Scao T，Fan A，et al. BLOOM：A 176B-Parameter Open-Access Multilingual Language Model［J/OL］2022，arXiv：2211.05100

［14］Ouyang L，Wu J，Jiang X，et al. Training language models to follow instructions with human feedback［J］. Advances in neural information processing systems，2022，35：27730-27744.

［15］Victor S，Albert W，Colin R，et al. Multitask prompted training enables zero-shot task generalization；proceedings of the International Conference on Learning

Representations，F，2022［C］.

［16］Wang Y，Kordi Y，Mishra S，et al. Self-instruct：Aligning language model with self generated instructions［J］. arXiv preprint arXiv：221210560，2022.

［17］Wang Y，Mishra S，Alipoormolabashi P，et al. Super-naturalinstructions：Generalization via declarative instructions on 1600+ nlp tasks［J］. arXiv preprint arXiv：220407705，2022.

［18］Taori R，Gulrajani I，Zhang T，et al. Stanford alpaca：An instruction-following llama model［Z］. 2023

［19］Anand Y，Nussbaum Z，Duderstadt B，et al. Gpt4all：Training an assistant-style chatbot with large scale data distillation from gpt-3. 5-turbo［J］. GitHub，2023.

［20］胡志强，潘鑫瑜，文思捷等. 结合多模态知识图谱与大语言模型的风机装配工艺问答系统［J］. 机械设计，2023，40（S2）：20-26.

［21］Changtai L，Xu H，Ruohui J，et al. Application and prospects of large models in materials science［J］. Chinese Journal of Engineering，2024，46（02）：290-305.

［22］文森，钱力，胡懋地等. 基于大语言模型的问答技术研究进展综述［J］. 数据分析与知识发现：1-17.

［23］陈露，张思拓，俞凯. 跨模态语言大模型：进展及展望［M］. 2023.

［24］Tan Z，Beigi A，Wang S，et al. Large Language Models for Data Annotation：A Survey［J/OL］2024，arXiv：2402. 13446

［25］杜小勇，李彤，卢卫等. 跨域数据管理［J］. 计算机科学，2024，51（01）：4-12.

［26］CHAI Y P，LI T，FAN J. The Connotation and Challenges of Cross-Domain Data Management［J］. Communications of the CCF，2022，18（11）：37-40.

［27］数据管理能力成熟度评估模型：［S］. 2018：

［28］［美］DAMA 国际. DAMA 数据管理知识体系指南（原书第 2 版）［M］. 2 ed.：机械工业出版社，2020.

［29］中国石油报. 面对面 院士谈 以人工智能技术为智慧引擎 驱动能源行业新跨越［Z］. 2024

［30］吴海莉，龚仁彬. 中国石油油气生产数字化智能化发展思考［J］. 石油科技论坛，2023，42（06）：9-17.

［31］Hernandez D，Brown T，Conerly T，et al. Scaling laws and interpretability of learning from repeated data［J］. arXiv preprint arXiv：220510487，2022.

［32］Nakkiran P，Kaplun G，Bansal Y，et al. Deep double descent：Where bigger models and more data hurt

［J］. Journal of Statistical Mechanics：Theory and Experiment，2021，2021（12）：124003.

［33］Kaplan J，McCandlish S，Henighan T，et al. Scaling laws for neural language models［J］. arXiv preprint arXiv：200108361，2020.

［34］Hoffmann J，Borgeaud S，Mensch A，et al. An empirical analysis of compute-optimal large language model training［J］. Advances in neural information processing systems，2022，35：30016-30030.

［35］Villalobos P，Sevilla J，Heim L，et al. Will we run out of data？An analysis of the limits of scaling datasets in Machine Learning［J］. ArXiv，2022，abs/2211. 04325.

［36］Xue F，Fu Y，Zhou W，et al. To Repeat or Not To Repeat：Insights from Scaling LLM under Token-Crisis［J］. ArXiv，2023，abs/2305. 13230.

［37］Longpre S，Yauney G，Reif E，et al. A Pretrainer's Guide to Training Data：Measuring the Effects of Data Age，Domain Coverage，Quality，& Toxicity［J/OL］2023，arXiv：2305. 13169

［38］卢忠沅，陈蓉，黎强等. 塔里木油田钻井工程实时数据质量管理方法探讨［J］. 录井工程，2020，31（03）：118-121.

［39］Stonebraker M，Bruckner D，Ilyas I，et al. Data Curation at Scale：The Data Tamer System［J］. 2022.

［40］Tang N，Fan J，Li F，et al. RPT：relational pre-trained transformer is almost all you need towards democratizing data preparation；proceedings of the Very Large Data Bases，F，2021［C］.

［41］Tu J，Fan J，Tang N，et al. Unicorn：A unified multi-tasking model for supporting matching tasks in data integration［J］. Proceedings of the ACM on Management of Data，2023，1（1）：1-26.

［42］Tu J，Fan J，Tang N，et al. Domain adaptation for deep entity resolution；proceedings of the Proceedings of the 2022 International Conference on Management of Data，F，2022［C］.

［43］Wang P，Zeng X，Chen L，et al. Promptem：prompt-tuning for low-resource generalized entity matching［J］. arXiv preprint arXiv：220704802，2022.

［44］Dixon J. Pentaho，Hadoop，and Data Lakes［Z］. 2010

［45］杜金虎，时付更，张仲宏等. 中国石油勘探开发梦想云研究与实践［J］. 中国石油勘探，2020，25（01）：58-66.

［46］赵双. 梦想云：促进"数字中国石油"梦想成真［N］. 2022-01-30.

［47］杨勇，黄文俊，王铁成等. 梦想云数据连环湖建设研究［J］. 中国石油勘探，2020，25（05）：82-88.

［48］马涛，张仲宏，王铁成等. 勘探开发梦想云平台架构设计与实现［J］. 中国石油勘探，2020，25（05）：71-81.

［49］Zaharia M，Ghodsi A，Xin R，et al. Lakehouse：A New Generation of Open Platforms that Unify Data Warehousing and Advanced Analytics；proceedings of the Conference on Innovative Data Systems Research，F，2021［C］.

［50］Apache. Iceberg Catalogs［Z］. 2023

［51］Apache. Documentation for Apache Hudi Current Version［Z］. 2023

［52］Lake D. The Delta Lake Documentation［Z］. 2023

［53］Apache. The Document for Apache Paimon［Z］. 2023

［54］科创人. 科创人·昆仑数智王铁成：亲历中石油信数化变革，梦想云建设勇毅前行［Z］. 科创人. 2022

［55］Chen H，Jin W，Lin X. CISFA：A Decision-Support Agent Framework and its Allied Implementation with Generated AI in Oil and Gas Industry；proceedings of the Proceedings of the 4th International Conference on Public Management and Intelligent Society，PMIS 2024，15-17 March 2024，Changsha，China，F，2024［C］.

［56］Gao L，Biderman S，Black S，et al. The pile：An 800gb dataset of diverse text for language modeling［J］. arXiv preprint arXiv：210100027，2020.

［57］Deng C，Zhang T，He Z，et al. Learning a foundation language model for geoscience knowledge understanding and utilization［J］. arXiv preprint arXiv：230605064，2023.

［58］Ballout M，Krumnack U，Heidemann G，et al. Investigating Pre-trained Language Models on Cross-Domain Datasets，a Step Closer to General AI［J］. Procedia Computer Science，2023，222：94-103.

［59］Xie S M，Santurkar S，Ma T，et al. Data selection for language models via importance resampling［J］. Advances in neural information processing systems，2024，36.

［60］Fan S，Pagliardini M，Jaggi M. Doge：Domain reweighting with generalization estimation［J］. arXiv preprint arXiv：231015393，2023.

石油勘探智能云计算与大模型存储平台设计

贺　龙

（中国石油青海油田公司）

摘　要　随着网络技术的不断发展，人工智能在油田的生产生活中也越发广泛的应用。开展智能云计算技术与大模型储存平台设计在石油勘探中的运用，已经成为了石油勘探工作开展的大方向所在。开展用于石油勘探的智能云计算与大模型存储平台设计的研究，可以使得石油勘探工作在智能云计算与大模型存储平台设计的技术的应用下更加良好的开展和完成。

关键词　石油勘探；智能云计算；大模型存储平台设计

1　前言

智能云计算在互联网服务工作的拓展内容的应用，可以有效的按照工作的开展所需，应用便于拓展的方式获取、以及存储所需要的信息。将智能云计算与大数据存储平台设计应用于石油勘探工作的开展过程中，也可以使得网络数据统计和存储技术的精确性以及高效性充分的体现于石油勘探技术的开展过程中。

2　用于石油勘探的智能云计算与大模型存储平台设计的优势

2.1　智能云计算和大模型存储平台设计的应用，可以抽象管理石油勘探的物理资源

智能云计算和大模型存储平台的应用，可以有效的抽象管理石油勘探的物理资源，从而使得石油勘探中所需要应用的设备以及需要操作的运行模式和运行系统，呈现完全的透明化以及有序化，有效的降低了上层在进行使用开展工作管理的过程中，进行统一管理的难度性。

2.2　智能云计算和大模型存储平台设计的应用，可以有效的保证石油勘探工作开展的安全性和有序性

由于智能云计算和大模型存储平台，在石油勘探工作开展过程中的应用，可以将石油勘探工作的各个环节的开展进行有效的隔离，从而可以良好的确保石油勘探工作开展的安全性。同时隔离工作的开展，也可以使得石油勘探工作开展过程中的各个环节不会产生相互的干扰，从而也可以使石油勘探工作的开展，应用智能云计算与大

模型存储平台，获得良好的秩序性。

2.3　智能云计算和大模型存储平台设计的应用，可以有效的提升石油勘探工作开展的资源利用率

智能云计算和大模型存储平台的设计应用，可以使得石油勘探工作在开展的过程中，能够应用先进的网络数据管理和统计技术，精确的计算出，石油勘探工作的开展所需要的资源所产生的费用，从而有效的降低了石油勘探工作的资源成本。同时也能降低了成本预算工作人员的工作强度和工作量，也有效的节约了石油勘探工作开展的资源成本。

因此通过分析用于油勘探的智能云计算与大模型存储平台设计的优势可知，智能云计算和大数据存储平台的应用，可以抽象管理石油勘探工作开展过程中的物理资源，增强石油勘探工作开展的安全性和有序性，并且有效的提升了石油勘探工作开展的资源利用率。因此智能云计算和大模型存储平台设计在石油勘探工作开展的过程中应用的重要性不容忽视。

3　用于石油勘探的智能云计算与大模型存储平台设计的基本思路

在进行石油勘探的智能云计算与大模型存储平台设计的应用时，应当明确：应用智能云计算以及大模型存储平台，可以根据客户所需为客户提供所需要的计算数据、存储数据以及网络数据。并且在网络存储功能的服务下，虚拟服务器的资源存储量能够实现最大化，虚拟服务器的存储量几乎能实现无限化，因为石油勘探工作的开展提供了良好的资源存储基础。

根据石油地质勘探产业在应用智能云计算和大模型存储平台时的要求的不同,创建具有针对性的、能够同时进行石油勘探的数据的计算以及数据的存储的,工作的智能云计算与大模型存储平台。平台所具有的特点主要如下所示:

3.1 石油勘探所应用的平台的虚拟性有效的提升

石油地质勘探应用虚拟化平台,有效提升平台的虚拟性,可以使得石油勘探工作的开展的过程中可以有效的进行多元化的协作数据核算。

3.2 石油勘探所应用的平台的共享程度有效提升

石油地质勘探应用云平台,可以有效的提升平台的共享程度,从而平台可以根据石油勘探工作开展的需求,进行权限的开放和资源的共享。

3.3 石油勘探的资源调度的算法的灵活性得以有效的提升

石油勘探工作的开展,在应用云计算和虚拟平台的过程中,可以实现资源调度的算法的灵活性的有效提升,促使资源调度的算法,能够根据石油勘探工作的开展的具体情况而有效的确立。从而实现石油勘探工作的变化的、周期化的掌握。

4 智能云计算与大模型存储平台架构设计

在基于智能云计算的大模型存储服务中,云端作为服务端存在。云端对外仅提供一套接口以供客户端调用,云端的内部实现依赖动态启动并分配的计算机节点。将云端计算设计为可伸缩规模的动态集群,可以有效利用计算机资源和虚拟机技术的优势。客户端通过调用云端的接口从而实现数据的上传和下载,如图1所示。

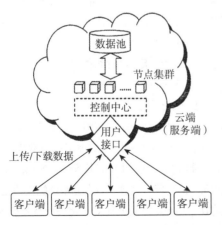

图1 基于云计算的虚拟存储平台设计总体概念图

4.1 网状的拓扑结构平台设计

对于数据存储服务来说,网状结构的设计有

利于充分发挥云端的可伸缩性特点。由于云中的节点有动态启动、分配和回收的特点,因此云端设计是以一个控制服务器为中心的网状结构,如图2所示,中心控制服务器控制和管理周围各运行节点的运行,而各节点均与数据池保持通信。

控制中心负责处理用户接口的传输请求,经处理后,与云端中各节点通信。控制中心本身可以为一个关键节点,除了与各节点间的通信外,中心节点还负责同用户接口间的信息接收与反馈。在起始通信完成后,即已分配和确定相应的节点后,控制中心把与客户端的通信通路交给节点,由节点直接完成和客户端的交互。

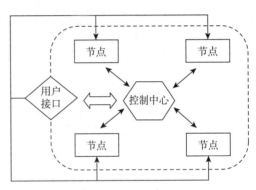

图2 网状拓扑结构设计图

4.2 节点的管理模型设计

节点的管理包括节点的启动、初始化、分配和释放等一系列控制活动。控制中心监控整个云端中资源的运行状态,通过一定的算法动态调整云中运行的各节点。当云端中缺少运行节点而无法处理新的用户请求时,控制中心将启动新的节点并开始运行服务程序,从而将其初始化,分配至云中集群,参与运算,扩充云端的负载能力;当云端中某节点达到一定空闲度时,控制中心可以妥善处理其上数据,并将次节点释放、回收。

对于云端中的运行节点,通常使用虚拟机方式实现。云端本身由足够数量的物理机器组成集群,控制中心启动和分配的是基于集群中物理机的虚拟机。虚拟机体制的一大优点即为可利用现有成熟的虚拟软件来运行和管理虚拟机,而对于采用镜像方式启动虚拟机的虚拟系统,同一个虚拟机镜像可以用来启动多个完全相同的虚拟机节点,这便进一步降低了控制中心的设计和实现难度。

当云端的规模不足以应付并发用户请求,且云端没有足够的剩余资源运行新的处理节点时,客户端请求将返回出错信息。图3显示了节点管理的基本设计思路。

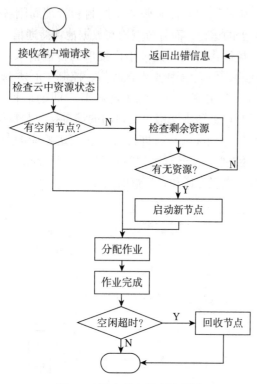

图3　云端中节点管理流程图

4.3　快速缓存（Cache）设计

在数据存储服务中，数据先是存储于云端中的节点上，但因为节点数量和节点本身资源是有限的，因此数据必须由节点转储到数据池以供长期存储。Cache普遍存在的一种典型的应用为某由客户端数据上传至云端中，此时数据仍留在节点上，还未转移至数据池，若此时服务端接收到数据获取请求，则可以不经数据池而直接将其由云端中节点取出并处理。当某客户端请求下载一个数据时，服务端将先检查Cache表，从而确定被请求下载的数据是否已经存在于某节点中。如果找到，则视为Cache命中，指派使用该节点来同客户端交互，完成数据下载；如果未找到，则另行分配节点。基本的Cache管理机制如图4所示。

对于Cache表的维护，当新节点启动后，会接收到客户端传输过来的数据或由数据池下载得到数据，每次节点上的数据内容更新后，节点通过同控制中心的相应服务接口进行交互，登记和更新其上的Cache相关信息到Cache表。当节点销

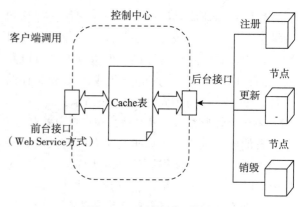

图4　Cache 管理机制图

毁时，随着此节点上的 Cache 内容的销毁，Cache 表中关于该节点的 Cache 信息也一并销毁。

5　结语

开展用于石油勘探的智能云计算与大模型存储平台设计，首先应当明确用于石油勘探的智能云计算与大模型存储平台设计的优势：智能云计算和大模型存储平台设计的应用，可以抽象管理石油勘探的物理资源、可以有效的保证石油勘探工作开展的安全性和有序性以及可以有效的提升石油勘探工作开展的资源利用率。同时整理用于石油勘探的智能云计算与大模型存储平台设计的基本思路：石油勘探所应用的平台的虚拟性、共享程度以及算法的灵活性有效的提升。因此开展用于石油勘探的云计算与虚拟存储平台设计研究，可以促使石油勘探工作更加高效有序的开展。

参　考　文　献

［1］林文辉 . 基于 Hadoop 的海量网络数据处理平台的关键技术研究［D］. 云计算用户数据传输与存储安全方案研究［D］. 北京邮电大学，2013.

［2］杨永全 . 饮食健康中的食物体积估算云计算技术研究［D］. 私有云环境下作业执行控制系统的设计与实现［D］. 电子科技大学，2014

［3］胡秀云 . 云计算环境下数字图书馆个性化信息服务研究［D］. 面向 IaaS 云计算的虚拟机负载性能优化与保证机制研究［D］. 华中科技大学，2014.

［4］刘明亮 . 高性能云计算平台存储系统配置关键技术研究［D］. MPI 高性能云计算平台关键技术研究［D］. 武汉理工大学，2013.

基于炼化行业大模型技术的转动设备维护方法研究

刘子琪

（中国石油辽阳石化公司）

摘　要　随着全球能源市场竞争加剧和环保法规日趋严格，炼化行业面临严峻挑战。设备的高频率运行及复杂工艺流程使得维护难度增加，降低设备维护成本成为亟待解决的关键问题。传统的设备维护方式存在局限，定期维护无法满足现代炼化企业对高效、精准管理的需求。基于深度学习的人工智能大模型技术在设备维护中展现出巨大潜力，能够处理多模态数据，提供精准的状态预测和决策支持，真正实现炼化行业全量动设备的人工智能分析，支撑企业达到广泛适用性的精益化预测性维护，完成行业动设备业务主线数字化转型和无人参与的智能化维护目标。在此背景下，本文概述了大模型的技术架构及技术特点，分析炼化行业动设备维护智能化需求与大模型的结合点，提出了基于大模型技术的转动设备维护系统，支撑企业达到广泛适用性的精益化预测性维护。主要研究内容如下：

（1）针对"大模型为何具备高效，如何实现高效性"问题，本文概述了大模型的技术架构和，分析其基本架构及在数据处理中的高效性，探索其在复杂数据中的优势。

（2）针对"如何将大模型技术与动设备维护智能化相结合"问题，本文深入分析炼化行业设备维护业务特点，识别设备维护的挑战点，探讨设备维护需求与大模型的结合点。

（3）针对"大模型技术在炼化行业中的实际应用"问题，本文设计了基于大模型技术的转动设备维护系统，并结合壳牌公司的案例，

研究表明，大模型有望实现炼化行业全量动设备的人工智能分析，支撑企业达到广泛适用性的精益化预测性维护，对推动设备维护智能化发展具有重要意义。

关键词　炼化行业；人工智能；大模型；设备管理；预测性维护

1　引言

随着全球能源市场竞争日益加剧和环保法规日趋严格，炼化行业正面临严峻的挑战。炼化行业设备的高频率运行及其复杂的工艺流程使得设备维护难度加大。如何在保障生产效率的前提下，提升设备维护水平、降低维护成本，成为炼化行业亟待解决的关键问题。

传统的设备维护存在明显局限性。定期维护虽然能在一定程度上预防设备故障，但也常常导致在设备良好状态下就更换零件，造成资源浪费。基于故障的维护模式则只能在设备出现故障后进行修复，往往导致非计划停工，严重影响生产效率和设备的运行稳定性。面对越来越复杂的生产工艺，传统方法在精确故障预测和实时状态监测方面显得力不从心，难以满足现代炼化企业对高效和精准管理的要求。

基于深度学习的人工智能大模型技术在设备维护中展现出巨大潜力。大模型能够处理多模态数据，提供精准的状态预测和决策支持，真正实现炼化行业全量动设备的人工智能分析，支撑企业达到广泛适用性的精益化预测性维护，完成行业动设备业务主线数字化转型和无人参与的智能化维护目标。

本文旨在探讨大模型技术在炼化行业转动设备维护中的实际应用及未来发展方向。通过深入分析大模型的核心架构及其在炼化设备维护中的具体应用场景，期望为炼化行业转动设备维护的智能化转型提供有价值的理论支持和技术参考。

2　相关技术与理论基础

2.1　炼化行业转动设备维护

2.1.1　转动设备维护业务分析

转动设备维护是炼化企业中确保生产设备持续、高效、安全运行的关键活动，涵盖了设备的

检查、保养、修复、性能提升及更换等多个方面。转动设备维护的目标是通过合理的维护策略最大限度地减少设备故障，提高设备的可靠性和使用寿命，降低停机时间，从而保证生产过程的顺畅与稳定。

2.1.2　转动设备维护业务现状

在炼化行业中，转动设备维护是确保生产安全性、提高效率和控制成本的核心业务。由于炼化设备运行在高温、高压、强腐蚀性等极端条件下，磨损和损坏的风险显著增加，因此设备维护通常涵盖检查、保养、修复和性能提升等多个环节，以保障生产的稳定性和持续性。目前，炼化行业的设备维护主要采用以下三种策略：

（1）故障维护

故障维护是一种最基础的策略，即设备在出现故障时停机检修或更换零件。这种策略往往在设备发生故障后才采取措施，虽然简单直接，但单一零件的突然失效可能连带引发关联零件的故障，从而提升整体的维修难度和成本。该方法不仅增加生产成本，还容易导致不必要的停机时间，影响生产连续性。

（2）预防性维护

预防性维护通过制定定期的维护计划或基于经验对设备进行定期检查和维护，试图在设备故障发生前提前采取措施。这种方法依赖于固定的时间表或生产经验，并且未能充分考虑设备的实时状态，容易导致过度维护或不必要的维护行为，从而增加维护成本。此外，由于设备在不同运行周期中状态差异较大，预防性维护的效果难以实现最佳化。

（3）预测性维护

预测性维护是一种更为先进的维护策略，它通过使用预测工具对设备的剩余寿命进行预测，从而在设备接近故障前提前采取维护措施。预测性维护依赖于实时监控设备运行状态，并通过历史数据分析（如机器学习技术）和状态监测（例如磨损程度、颜色变化等完整性因素）进行决策。这种方法能够有效减少不必要的维护成本，延长设备寿命，但由于数据处理和算法要求高，系统实施复杂，对企业的数字化技术基础提出了更高要求。

2.1.3　转动设备维护业务挑战

炼化行业的转动设备维护面临诸多挑战，尤其是难以确定的设备维护周期、庞大的实时数据量、高昂的维护成本。这些挑战凸显出炼化行业设备维护智能化转型的迫切需求，亟需新型的技术手段来支持更高效、更精准的决策。

（1）难以确定的设备维护周期

炼化行业的设备种类繁多，包括反应器、压缩机、泵、阀门等，每种设备在性能、操作条件和维护需求方面存在显著差异。生产过程中，设备常常在高温、高压及化学反应等极端环境下运行，面临腐蚀、磨损等问题，这使得设备的稳定性和可靠性要求极为严格。

传统的统一确定周期维护往往不能兼顾每一类设备的具体需求，增加了设备维护的复杂性。设备维护周期难以预测和控制，造成了维护计划的不确定性，进而影响到设备的运行效率和生产连续性。因此，如何在复杂环境下制定合理的维护周期，成为炼化行业设备维护中的一大挑战。

（2）庞大的实时数据量

炼化设备的运行和维护产生大量的实时监测数据，包括温度、压力、流速和振动等多种参数。然而，这些数据通常是分散的，现有数据管理系统难以支持多维度数据的实时处理和分析，使得数据利用率不高，削弱了维护决策的精准性和效率。

（3）高昂的维护成本

炼化企业的设备维护通常涉及大量的直接和间接成本。例如，停机维修的成本、零部件更换的费用、人工成本以及停产带来的经济损失。在保证设备正常运行的同时，企业需要在降低维护成本和确保生产安全之间找到平衡。过度的预防性维护会导致资源浪费，而维护不到位则可能导致故障停产，增加运营风险。

2.2　大模型技术

2.2.1　大模型技术架构

大模型的核心技术架构包括卷积神经网络（CNN）、循环神经网络（RNN）和Transformer等。

卷积神经网络（CNN）是深度学习中处理图像数据的重要工具。通过局部连接和权重共享机制，CNN能够有效提取图像特征，并减少参数数量，从而降低计算复杂度。其多层结构逐层学习，从简单的边缘和角点特征到复杂的形状和对象，尤其适合处理图像中的空间结构信息。CNN广泛应用于图像分类、目标检测和图像分割等任务，凭借其强大的特征提取能力，推动了计算机视觉领域的快速发展，详见图1。

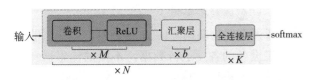

图1　卷积神经网络模型结构

RNN则通过递归连接处理序列数据，捕捉时间依赖关系，但其在长序列处理上的局限性促使LSTM和GRU等改进版本的出现，这些变体通过引入门控机制有效缓解了梯度消失问题，提高了序列建模的效率和准确性。

Transformer架构采用自注意力机制，允许模型在处理数据时动态关注序列中的不同位置，这一机制显著提高了训练速度和效率，尤其在长距离依赖关系处理上表现优异。自注意力机制通过计算输入序列中各部分的相关性，实现信息的加权处理，从而提升了模型在复杂任务中的适应性。大模型的高效实现依赖于并行计算、在庞大数据集上的大规模预训练以及自适应学习能力，这些特性使得模型能够快速适应特定任务，并在性能上取得显著提升。

2.2.2　大模型技术特点

大模型的高效实现依赖于并行计算、在庞大数据集上的大规模预训练以及自适应学习能力，这些特性使得模型能够快速适应特定任务，并在性能上取得显著提升。

（1）并行计算：大模型的架构，尤其是基于Transformer的模型，允许并行处理输入数据。与传统的循环神经网络（RNN）相比，Transformer不依赖于序列的顺序处理，可以同时对整个输入进行计算。这种并行化大幅提高了训练速度，使得处理大规模数据集成为可能，从而显著缩短了模型训练的时间。

（2）自注意力机制：自注意力机制使模型能够动态关注输入数据中不同部分的相关性，从而有效捕捉长距离依赖关系。该机制不仅提升了模型对上下文信息的理解能力，还减少了对固定窗口或局部上下文的依赖，使得处理更复杂的任务成为可能。

（3）大规模预训练：大模型通常在庞大且多样化的数据集上进行预训练，这使得模型能够学习到丰富的特征表示。通过在多种任务上的微调，模型可以快速适应新任务，减少对特定任务标注数据的需求。这种预训练–微调的策略有效提升了数据处理的灵活性和效率。

2.3　转动设备维护与大模型的结合

随着大模型（如深度学习模型、时序分析模型等）在工业领域的逐步应用，炼化行业设备维护的智能化、精准化水平有了显著提升。大模型通过强大的数据分析能力，将多维度的设备运行数据进行深度挖掘和实时预测，为设备维护提供了动态、优化的决策支持。以下从炼化行业设备维护的关键挑战出发，探讨大模型的实际应用，其应用结合如图2所示：

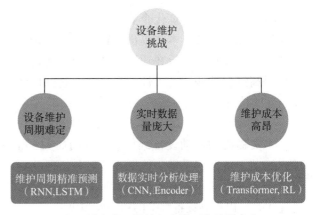

图2　设备管理挑战与大模型优势结合点

（1）设备维护周期的精准预测

在炼化行业，由于设备种类多样且运行条件复杂，传统的周期性维护方法难以兼顾不同设备的特定需求。大模型可以通过对实时监控数据的深度学习和特征提取，生成更为精准的维护周期预测。基于LSTM（长短期记忆网络）等时序模型，可以捕捉设备运行状态的微小变化，识别潜在故障趋势，从而动态调整维护策略。这种方法能够有效提升设备的运行稳定性，降低非计划停机的发生频率。

（2）大规模数据的实时处理与分析

炼化设备在运行过程中会产生大量的实时数据，如温度、压力、振动等参数。然而，这些数据通常分散，传统数据管理系统难以有效支持实时处理和分析。大模型可以高效处理多维数据，通过卷积神经网络（CNN）和自编码器（Autoencoder）等算法进行特征提取和模式识别，从海量数据中提取关键信息，实现精准的状态评估和故障预测。这种实时分析能力极大提升了维护决策的精准性和及时性。

（3）维护成本的优化

炼化设备的维护成本包括人工成本、零部件更换费用、停机损失等，传统维护方式容易因过度维护或不足维护导致资源浪费或生产风险。大模型能够通过对设备状态的实时监控，结合成本优化算法，为企业提供最优的维护决策建议。例如，通过使用Transformer算法，可动态选择维护时机，确保在保证设备性能的同时，减少不必要的停机和维护资源投入，最终达到降低维护成本、提高生产效率的效果。

3 基于炼化行业大模型技术的转动设备维护方法实现

转动设备维护是炼化企业保障生产连续性和安全性的核心环节。本文提出的转动设备维护系统基于大模型技术，旨在通过深度分析设备运行数据提高维护预测的准确性，支撑企业达到广泛适用性的精益化预测性维护。

3.1 系统架构

本文提出的转动设备维护系统架构如图3所示，涵盖了从数据采集、数据处理、分析预测到决策支持的完整闭环流程，形成一个全面的设备管理体系，以提高设备维护的精确性和效率。

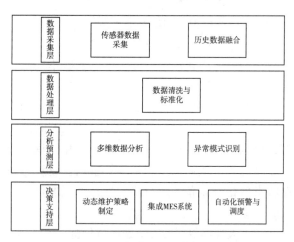

图3 设备维护系统架构图

3.2 数据采集层

在设备维护中，数据采集是至关重要的第一步。炼化行业设备运行数据种类繁多，包括温度、压力、振动频率、流量、设备操作记录等。这些数据不仅体量大、维度高，还常常需要实时处理。详见图4。

图4 数据采集与处理流程

3.2.1 传感器数据采集

通过部署物联网（IoT）传感器，企业能够实时收集设备的各项运行数据。不同的传感器具有不同的测量精度和响应时间，企业需根据具体应用场景进行合理配置。传感器实时监测关键的操作参数，并将其转化为数字信号进行传输。

3.2.2 历史数据整合

历史数据的整合是数据采集的另一重要环节。通过将历史维护记录、设备的使用频次、外部环境参数等数据整合到数据系统中，可以为预测模型提供更加丰富的分析依据。这些历史数据有助于识别设备的运行模式及其潜在的故障趋势，从而提升预测的准确性。

3.3 数据处理层

数据采集完成后，进入数据处理层，其核心任务是对原始数据进行清洗和标准化，以确保后续分析和预测的准确性。系统会对采集到的数据进行数据清洗，这一过程包括去除噪声和异常值、填补缺失数据和统一数据格式。例如，数据中的冗余信息和不一致的单位会被统一处理，确保不同数据源能够保持一致性和准确性。

在完成数据清洗后，数据将进入标准化过程。通过对不同维度的传感器数据进行标准化处理，将所有数据调整至同一尺度和范围。采用卷积神经网络（CNN）等深度学习算法对数据进行特征提取，进一步减少数据的复杂性，提取出具有代表性的关键信息。

3.4 分析预测层

大模型能够通过处理和分析海量的多维数据，准确判断设备的运行状态，提前识别潜在故障风险，从而采取预防性措施，避免生产停滞。这个过程包括了多维数据分析和异常模式识别两个关键步骤，其流程如图5所示。

3.4.1 多维数据分析

在设备维护过程中，设备的状态通常由多个传感器提供的数据决定，比如振动、温度、流量、压力等。这些数据彼此之间相互关联，通过大模型的分析能力，可以将这些不同维度的数据进行综合分析，揭示设备运行的全貌。

例如，在一台炼化转动设备的监控中，振动传感器可能检测到不正常的振动，而温度传感器则可能显示出高于正常值的温度。如果将这些数据整合起来分析，可能会发现设备的异常模式，提前发现潜在故障，从而为设备维护提供可靠依

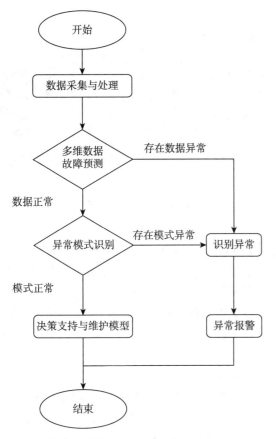

图5   数据分析与预测模型流程

据。通过动态故障预测，企业能够在设备状态变得不稳定时及早做出反应，避免生产中断或设备损坏带来的经济损失。

3.4.2   异常模式识别

基于深度学习的大模型能够发现微小的异常模式，这些模式往往难以被人工识别。通过与历史数据进行对比，系统可以在设备运行模式发生细微变化时，及时发出预警，为企业提供可靠的故障预测依据。

例如，反应釜的温度在一个正常范围内波动，但有时会发生微小的偏离，这些偏差对操作人员来说可能是难以察觉的。然而，大模型能够分析历史数据和实时数据的差异，发现这些微小的偏差，并识别出潜在的故障风险。

3.5   决策支持层

对于炼化行业具体生产设备而言其设备状态、设备使用时间、维修成本如图3.4所示，随设备使用时间增加，其设备运行状态变差，相应维修成本增加，然而不可忽视的是在运行过程中投入生产产生了经济效益，即设备运行，收益增加，同时潜在的维护成本增加，相反若设备频繁维护，其单次维护成本降低，但会影响生产，产生的经

济效益减少，因此应在潜在故障点和功能故障点区间（PF区间）内做动态决策确定最佳设备维护时间，详见图6。

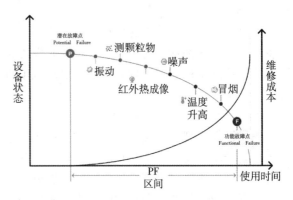

图6   实际运行设备状态、维修成本曲线

基于大模型的预测性维护的最终目标是为决策提供科学依据，从而实现设备管理的最优化。这一过程包括动态维护策略的制定、与制造执行系统（MES）的集成、自动化预警与调度。

3.5.1   动态维护策略制定

在动态维护策略中，通过设备状态估计模型对设备的健康状况进行实时分析。制定维护计划时，除了设备健康状况外，还需要综合考虑维修成本和停机损失，以实现总体成本最小化。

例如，当转动设备的振动频率超过正常范围时，模型会发出警告，提示设备可能出现故障。此时，系统不仅根据设备的健康状况判断是否需要进行维护，还会考虑维修成本和停机损失。如果泵继续运行到故障发生，停机损失可能会高达几十万元，而仅仅进行维护的成本只有几万元，为了避免高额的停机损失，系统会计算出最优的维修时间，提前安排维护工作。

3.5.2   集成生产执行系统（MES）

将预测性维护与生产执行（MES）集成，可以实现设备状态的透明化管理。通过这一集成，设备的实时运行数据能够同步到MES系统中，提供及时的健康状态更新。结合强化学习算法，系统会自动调整维护计划和生产参数，基于实时运行数据和反馈进行优化。此集成还支持全方位的生产过程监控，能够快速响应潜在生产问题，并根据设备状态调整维护策略，从而确保生产效率和产品质量的平衡。

例如，压缩机作为炼化行业中的另一种关键转动设备，在长时间高负荷运转过程中，易出现磨损、泄漏和效率下降等问题。通过将预测性维

护与生产执行（MES）集成，压缩机的实时运行数据能够同步更新至MES系统，帮助企业实时监控设备状态并进行健康评估。

3.5.3　自动化预警与调度

大模型在设备维护中还发挥着调度作用。当设备进入潜在故障状态时，系统能够及时发出预警，并生成详细的维护计划。系统会自动调度维修资源，确保设备能够在最短时间内恢复运行，最大程度减少设备停机时间与生产损失。

例如，催化裂化装置高压风机作为炼化行业中的重要转动设备，常常在长时间运转后出现叶片磨损或轴承故障。大模型可以实时监控风机的运行数据，及时检测到潜在的故障。当风机出现异常时，系统能够发出预警，并根据设备状态自动生成详细的维护计划。同时，系统会自动调度维修资源，安排技术人员和备件，确保风机在最短时间内得到修复，恢复正常运行。

3.6　案例分析——壳牌的预测性维护项目

3.6.1　案例背景

传统上，壳牌在维护设备时主要依赖于定期更换零件或在设备故障后进行修复。这种方法常常导致在零件仍处于良好状态时就被替换，或因故障而导致停工，从而影响生产效率。面对设备维护的挑战，壳牌决定转向更加智能化的解决方案，实施基于炼化行业大模型的预测性维护策略，以提高资产的可靠性并降低维护成本。

3.6.2　系统实施

壳牌与C3 AI、贝克休斯和微软等合作伙伴共同推出了开放人工智能能源计划，建立一个开放的生态系统，以推动能源和加工工业的智能解决方案。设备通过传感器捕获大量数据，包括温度、压力和振动等关键参数。数据科学家开发的机器学习模型能够在数千个数据点中识别异常。一旦发现潜在问题，基于中心异常的监视门户提供自动警报，远程工程师发送处理意见至远程或当地专家，专家促使资产管理工程师及维护团队进行进一步调查，以避免计划外停机。2020年，荷兰的一家炼油厂成功部署了这一预测性维护模型，识别出65个需要修理的控制阀，显著提升了设备的可靠性和维护效率。2021年，新加坡的炼油厂紧随其后，继续推广这一系统。详见图7。

3.6.3　成果与效果

该系统应用后，每周能够处理超过300万个传感器数据，运行近11,000个机器学习模型，进行

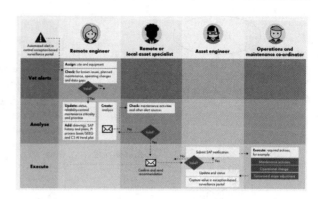

图7　壳牌的预测性维护项目架构

超过1500万次的预测分析。实施后的第一年，壳牌位于荷兰的炼油厂非计划停机率降低了29%，显著提高了生产效率。通过智能化维护，维护工作变得更加精准，维护成本减少了约20%。系统确保了关键设备的正常运行，降低了潜在的安全风险。

3.6.4　案例总结

壳牌的成功经验为其他企业提供了一个清晰的数字化转型路径，证明了大数据、物联网、机器学习等技术在设备管理中的实际应用价值。通过借鉴壳牌的案例，其他炼化企业能够更好地理解和采用智能化维护技术，从而实现生产流程的优化、成本的减少和安全性的提高。这一趋势推动了整个行业的数字化转型，使得更多企业认识到数据驱动决策的重要性，并加速了对智能维护系统的投入和应用。随着技术的不断成熟，预计越来越多的企业将通过类似的智能维护解决方案，提升设备管理的精准度和效率，进一步推动全球炼化行业向更加高效、智能、可持续的方向发展。

4　结论与未来展望

炼化行业在复杂的生产环境和激烈的市场竞争中，传统的转动设备维护方法已无法满足持续发展的需求。引入大模型技术后，企业能够有效提升转动设备维护的智能化水平，通过实时监测、精准预测和优化决策，提升转动设备的安全性与经济效益。这一智能化转型推动实现炼化行业全量动设备的人工智能分析，支撑企业达到广泛适用性的精益化预测性维护，对实现设备维护智能化发展具有重要意义。

展望未来，随着大模型技术的进一步发展，转动设备维护的智能化转型将更为深入。技术进步将带来更高层次的数据集成与分析能力，使企

业能够实现高度自动化的生产流程。

　　基于大模型的智能化技术将成为炼化行业应对未来挑战的关键战略驱动力。通过不断推动技术创新和应用落地，炼化企业将加速智能化转型，推动行业整体向更加智能、安全与高效的运营模式迈进。

参 考 文 献

［1］陈志强，陈旭东，Jos é Valente de Olivira，等.深度学习在设备故障预测与健康管理中的应用［J］.仪器仪表学报，2019，40（09）：206-226.

［2］沈保明，陈保家，赵春华，等.深度学习在机械设备故障预测与健康管理中的研究综述［J］.机床与液压，2021，49（19）：162-171.

［3］吕克洪，程先哲，李华康，等.电子设备故障预测与健康管理技术发展新动态［J］.航空学报，2019，40（11）：18-29.

［4］王英.设备状态维修系统结构与决策模型研究［D］.哈尔滨工业大学，2007.

［5］郭丽丽，丁世飞.深度学习研究进展［J］.计算机科学，2015，42（05）：28-33.

［6］周飞燕，金林鹏，董军.卷积神经网络研究综述［J］.计算机学报，2017，40（06）：1229-1251.

［7］余永维，殷国富，殷鹰，等.基于深度学习网络的射线图像缺陷识别方法［J］.仪器仪表学报，2014，35（09）：2012-2019.DOI：10.19650/j.cnki.cjsi.2014.09.012.

［8］lmeida L，Pires A. A Comprehensive Review on Predictive Maintenance in the Oil and Gas Industry［J］. Journal of Petroleum Science and Engineering，2021，203：108586.

［9］Bakar A B A，Ramli M. Big Data Analytics for Predictive Maintenance in the Oil and Gas Industry：A Case Study on Shell［J］. Computers in Industry，2022，139：103696.

基于多模态大模型的石油石化企业
安全生产监控智能应用

佟心语

（中国石油辽阳石化公司）

摘　要　石油石化行业作为国民经济的重要支柱产业，对保障能源安全、促进经济发展至关重要。但由于其具有工艺流程复杂、数据量大、安全性要求高等特点，对生产控制和运营管理有很高的要求。传统的石油石化工厂虽然建立了自动化控制系统，但存在系统割裂、数据壁垒、缺乏智能分析，无法适应日益复杂的生产工艺和市场变化。为适应新时代发展需求，亟需融合新一代信息技术，加快数字化转型智能化发展升级步伐。目前，以ChatGPT为代表的生成式大模型技术引领着工业人工智能技术的发展趋势，推动着新型工业化的不断深化和提升。大型语言模型在理解和生成自然语言方面具备更强的深度学习能力，能够处理更为复杂的任务并提供更自然、

准确的响应，将大模型技术应用在石油石化领域已成为发展趋势。大模型可以从图像、声音、机器人、知识图谱、自然语言处理等多方式为石油石化行业发展提供支持，并可以把它们融合起来进行辅助决策。以多模态大模型为核心，聚焦石油石化行业发展需求，研发面向石油石化行业的场景应用模型，能够全面提升石油石化工厂的智能化水平，实现更安全、高效、绿色、智能的生产运营，对推动石油石化工业智能化发展具有重要意义。通过引入多模态大模型技术，石油石化行业可以打破传统的技术瓶颈，提高生产效率和质量，降低成本和风险，增强市场竞争力，为实现可持续发展奠定坚实的基础。

关键词　多模态大模型；石油石化行业；智能化；场景应用

石油石化行业为国民经济提供重要的能源和化工原料，在推动经济发展、保障能源安全和促进科技创新等方面具有不可替代的重要作用。然而石油石化生产过程复杂多样，涉及的物料易燃易爆、有毒有害，生产条件多高温高压、低温负压，现场危险化学品储存量大、危险源集中，石油石化企业重特大事故多发，暴露出传统安全风险管控手段"看不住、管不全、管不好"等问题。围绕石油石化安全生产需求，为符合国家"工业互联网+安全生产/危化安全生产"管控要求，提升石油石化工厂的智能化水平，实现更安全、高效、绿色、智能的生产运营，亟需融合人工智能等新兴技术。

现在国家高度关注并大力支持推动大模型发展，近一年来，大模型已经在法律、医疗、城市建设等多个行业迅速开展垂直应用，并展现出巨大的潜力和价值。大模型，以大语言模型（Large Language Model，LLM）为基础，通过预训练得到了广泛的知识，能够理解人类语言并做出思考和回应，完成给定的复杂任务。近年来，多模态大模型的诞生意味着大模型发展步入了一个新的

阶段。此类模型可以同时对来自不同数据源的信息，包括文本、图像、声音以及视频等进行处理并融合，进而给出更为全面且精准的分析结果。这一能力有力地促进了智能系统的发展，多源信息的加入极大丰富了智能体的感知能力。这种多模态的智能加持让模型不再局限于执行预设的简单任务，而是能够在执行过程中对复杂信息进行实时处理和分析，从而做出更加智能的决策。

为此，本文提出构建基于多模态大模型的安全生产系统，结合石油石化企业场景需求，开发智能伙伴系统，探讨其关键技术，并分析了应用价值。研究表明，该应用能够规模化替代人工，有望进一步优化现有生产安全管控业务，提升生产安全管控效能、追求本质安全，实现更安全、高效、绿色、智能的生产运营，对推动石油石化行业智能化发展具有重要意义。

1　技术思路和研究方法

利用多模态大模型可以整合多种数据源，石油石化行业涉及大量的图像数据，如设备外观、管道

布局等；文本数据，如操作规程、问题清单等；以及传感器实时数据等多模态数据。一方面，利用多模态大模型可以将这些不同模态的数据融合分析，能够应对复杂任务的理解和处理，全面洞察生产过程中的各种情况，提供更全面、准确的分析结果，以及为不同岗位的工作人员提供对应的技术支持。例如，实时监测设备运行和工作环境，利用图像识别技术检测安全隐患，结合传感器数据预警潜在的危险情况，及时发出警报，保障员工生命安全和工厂的稳定运行。同时，还可以对员工的操作行为进行监测和规范，降低人为失误带来的风险。另一方面，可以利用多模态大模型综合考虑多方面因素，为安全生产提供科学依据。例如，通过分析历史数据和实时数据的多模态信息，预测应急管理中的物资需求、优化资源调度方案，并在持续监控和反馈中不断完善应急预案等，提升决策的准确性和效率。综上，通过基于多模态大模型的AI智能体助力石油石化企业安全生产，使其成为石油石化企业的安全生产智能伙伴。

针对石油石化行业多模态大模型，一是可以基于大量石油石化行业数据和通用数据打造预训练石油石化行业多模态大模型，支持各类应用的开发。二是可以在基础多模态大模型上通过对特定任务或场景数据进行微调，适配特定任务及场景。三是可以在不改变模型参数的情况下，通过检索增强生成（RAG）为多模态大模型提供额外的数据，支持石油石化行业知识的获取和生成。

1.1　预训练石油石化行业多模态大模型

无监督预训练主要是依靠海量的无标注数据来对模型展开训练，其核心目标在于让模型学习到数据的通用特征与知识，从而能够应用广泛的任务领域。然而，单纯基于互联网等通用数据所训练出来的多模态大模型，对石油石化行业知识的理解是缺失的，在处理行业内的具体问题时，其性能往往不尽人意。因此，在预训练阶段，可以把通用数据和石油石化行业数据共同用于模型训练。这样一来，模型在基础阶段就能够拥有一定的行业专属能力。这种训练模式的优势在于，模型不仅具有广泛的通用知识，还能最大程度地契合石油石化行业场景的各种需求，进而达成模型性能的最优化，并且保障其稳定性。

1.2　专有数据集微调

微调模式是在一个已经预训练完成的通用或专业大模型基础上，结合石油石化行业领域特定的标注数据集进行进一步调整和优化，从而使模型能够适应具体的石油石化行业场景需求，更好地完成石油石化行业领域的特定任务。在微调阶段，需要使用特定任务或领域量身定制的标记数据集来训练。与模型预训练所需的巨大数据集相比，微调数据集更小，单个任务的微调通常只需要几千条到上万条有标注数据即可。通过微调，大模型可以学习到石油石化行业细分领域或者企业内部特有的知识、语言模式等内容，有助于大模型在石油石化行业的特定任务上取得更好的性能。这种模式的优点在于既能充分发挥基础多模态大模型的泛化能力，又能借助微调提升模型的适配性和精度，使其能够在特定的任务或领域上取得更好的效果，进而形成面向最终场景的应用能力。

1.3　检索增强生成

检索增强生成模式是在不改动模型本身的前提下，将石油石化行业领域的数据、知识库等相关资源与之结合，以此为石油石化场景赋予知识问答、内容生成等功能。检索增强生成融合了检索和生成这两种方法，其基本思路是：先把私域知识文档切片，将这些片段向量化，之后借助向量数据库检索进行召回，再把召回的内容作为上下文输入到基础大模型中进行归纳总结。在私域知识问答这一方面，检索增强生成模式能够有效弥补通用大语言模型存在的一些不足，比如解决通用大语言模型在专业领域回答时依据不足、存在"幻觉"（即生成不符合事实内容）等问题。这种模式的优势在于能够迅速利用现有的基础大模型，而无需对其开展额外的训练。只需要构建并接入行业或者企业私有的知识库，就可以让模型实现对石油石化行业领域知识的理解和应用，并且还可以在一定程度上消除大模型的幻觉，减少数据泄露，进而提高信任度和访问控制。

2　结果和效果

2.1　安全助手

安全助手利用多模态大模型对海量QHSE资料进行深度提炼与总结，以辅助挖掘隐患特征和安全诊断。在员工执行任务时，该助手能够提供标准化的操作指导和业务建议，从而提升工作效率和安全性。当前存在的业务痛点：其一，QHSE知识繁杂、提炼困难，QHSE知识涉及法律、法规、政策、行业制度、企业规范等，这些信息往往繁杂且不易于直接提炼出关键点；其二，缺乏专业问题咨询渠道，在QHSE业务实施过程中、现场作业过程中，缺乏专业指导和咨询渠道，影响复杂问题和困难的及时解决。通过智能检索+生成式大模型的对话式检索，能够基于用户输入的搜索请求生成联想词，辅助用户表达搜索诉求，结合内部知识语料，有效理解员工业务需求，提供知识生成、查询和分析能力，组织生成准确的答案，实现智能联想、答案生成、知识助手等功能。基于多模态大模型的安全助手场景应用能够帮助员工快速准确的进行信息检索、提供实时的操作措施建议以及及时的预警和解决方案，还能够通过学习石油石化行业QHSE体系相关知识，为员工提供"生产式"的安全知识问答服务，使用户能够随时随地获得专家级的安全知识库，以优化安全管理和操作，帮助石油石化企业提高生产效率和安全性，降低生产成本和风险。

2.2　材料辅助生成

随着业务和信息化的飞速发展，数据量呈现爆炸性增长。语言大模型+多模态大模型的应用能够高效地对海量数据进行归纳总结，快速生成初步的分析材料。这使得管理者能够转变角色，从繁重的材料编写工作中解脱出来，转变为对材料的复核者。当前存在的业务痛点：其一，数据量大、处理困难，随着业务发展和信息化推进，企业面临的数据量呈指数级增长，数据处理、分析和归纳总结愈发困难；其二，材料编写工作繁重，在传统的模式下，管理者可能需要投入大量时间和精力进行材料编写；其三，信息提炼与整合需求，大量的数据和信息往往难以直接转化为有价值的洞察。通过多模态大模型与智能管控融合，可以为不同的用户提供有针对性的帮助。例如，对于一线员工，提供"生成式"知识问答，助力一线员工从传统的现场"经验式"作业转变为"专家式"作业，知识不断沉淀，使得人人成为业务专家；对于管理人员，场景化生成多种报告，解放管理人员双手，精力聚焦至安全生产运行环节；对于企业领导，通过系统联动，数据互通，协助管理者实时高效评估企业安全运行态势。基于多模态大模型的材料辅助生产应用在石油石化行业中作用显著。其一，能提高效率，自动生成报告减少编写时间，提升整体工作效率，同时让员工从繁琐报告编写中解脱，将更多精力投入核心价值创造；其二，可保证准确性，结合搜索、推荐和纠错能力确保报告内容准确规范，降低错误率。

2.3　监督智能伙伴

针对安眼工程、智能安防安保、智能巡检、智能质控等场景利用多模态大模型技术，对小模型云端推理服务或边缘推理服务产生的结果数据进行场景理解和二次筛查，提升AI算法模型识别准确度和泛化能力，有效解决场景繁杂、识别困难等难题。当前存在的业务痛点：其一，样本数据获取困难，在一些特定场景中，获取大量标注样本数据可能是一项昂贵且耗时的工作，特别是对于较小的目标和复杂的检测任务而言；其二，小模型识别准确率低，小模型由于参数量少、样本数据不足、特征提取能力有限等，很难对目标进行精确的辨别和分类，导致识别准确率下降；其三，小模型泛化能力差，小模型出现场景差异的时候识别准确度会急速下降。利用多模态大模型的优势在于，一是提高识别准确度，深度学习的小模型检测任务需要判定的条件更加精准，会出现误检、漏检等情况，使用多模态大模型则可以简化判定，放宽样本数据要求，有效提升对安全风险的检测准确度；二是提高模型的泛化能力，多模态大模型能够学习更复杂、更丰富的特征表示，从而更好地应对未见过的数据，提升对复杂场景或任务的理解。

2.4　生产操作与检查智能助手

多模态大模型可以通过网络接入AR智能头盔等智能佩戴设备，对QHSE等场景进行状态显示和预测，智能辅助佩戴者完成QHSE检查、生产操作等，作业过程自动数字化，减少风险，提升工作效率和质量。当前存在的业务痛点：其一，人为判断标准不一，由于作业现场人员能力参差不齐，对一些场景判断往往依靠个人经验，缺乏标准的统一规范，容易导致现场审查结果不统一，异常风险未及时发现等问题；其二，特定场景专业知识获取困难，一线员工很难在作业现场结合特定场景快速获取该场景下的相关专业知识，往往需要多次查询很多资料才能得到想要的内容，大大影响了工作效率。利用多模态大模型可以提高工作效率和质量，多模态大模型通过与AR智能头盔等智能佩戴设备进行结合，形成超级数字人，可通过语音交互，快速获取特定场景相关作业知识，同时可对该场景下的QHSE风险点进行智能判断与预测，大大提升一线员工的工作效率及质量。

2.5　设备诊断助手

在管道完整性管理、压缩机动设备监测等设

备维护过程中，往往涉及到多种类型的数据，如图像、声音、视频、文本等。多模态大模型可以将这些不同类型的数据进行融合分析，从而更全面地了解设备的运行状态，及时发现设备异常风险，提高监测的准确性。当前存在的业务痛点：其一，监测准确性不足，由于设备状态监测涉及多个维度和复杂因素，单一数据源的监测往往存在准确性不足的问题，难以准确发现设备异常风险；其二，实时性要求，设备状态监测需要实时进行，以便及时发现并处理异常情况，传统人工巡检方式无法满足实时性的要求。利用多模态大模型技术的优势在于，其一，提高监测准确性，多模态大模型能够综合利用图像、声音、振动等多模态数据，从而提高设备状态监测的准确性；其二，优化设备管理流程，通过多模态大模型应用，用户可以更加精准地进行设备维护和管理，减少不必要的停机时间和维修成本，提高设备使用效率。

2.6　应急指挥助手

利用多模态大模型强大的数据分析能力，应急管理能够精准预测物资需求、优化资源调度方案，并在持续监控和反馈中不断完善应急预案，从而全面提升应急响应的效率和准确性。当前存在的业务痛点：其一，物资需求预测不准确，传统的物资需求预测方法往往基于经验或简单的数据分析，难以准确预测灾害发生后的物资需求；其二，资源调度不高效，多模态大模型可以实时分析灾区内的物资需求和供应情况，优化资源调度方案，确保资源能够及时送达灾区；其三，应急预案的针对性和实用性不足，难以应对复杂多变的灾害情况。基于多模态大模型的应急指挥助手场景应用能够提升资源配置准确性，提高资源调度效率，以及增强预案的针对性和可执行性，具备持续优化能力。

2.7　生产计划智能助手

现有生产计划主要依赖人工制定，难以全面考虑各种综合信息。多模态大模型通过深度分析和学习历史及实时数据，能够实现全要素、全流程、全生命周期和全产业链的高效信息综合分析与决策，优化石油石化生产计划，辅助决策者合理配置资源，降低产销储成本，提升效益。当前存在的业务痛点：其一，缺乏全要素整合分析能力，由于生产计划的指定涉及国家要求、生产设备条件、环保要求和监测设备条件等多个维度和复杂因素，依靠人的决策很难实现精益管理；其二，实时性要求，生产计划制定具有时效性，汇

总全要素信息则具有滞后性。基于多模态大模型的生产计划智能助手场景应用的价值在于，其一，提高监测准确性，多模态大模型通过多模态数据融合，能够综合利用实时和历史数据，从而制定更加合理、科学的生产计划；其二，优化产业流程，通过多模态大模型应用，用户可以更加精准地进行生产、存储、物流、市场价格交易管理等工作，优化流程，提升效益。

3　结论

在过去的几年中，人工智能技术已经从专门的应用和有限的能力迈进了一个全新的时代——通用人工智能（AGI）时代。这一跨越得益于大模型的发展，大模型逐渐成为推动新质生产力发展的关键动力。大模型的行业应用展现出巨大潜力，"大模型+实体产业"成为新的趋势。而多模态大模型在大模型的基础上进一步拓展了其通用理解能力的应用范围，能够接收多源类型的数据，除常规的文字外还包括图像、音频和视频，甚至触觉等，这使得模型能够理解更加高维和丰富的信息，更加向"人"靠近。随着多模态大模型的能力快速增长和拓展，将其引入到石油石化工行业是势在必行的趋势。未来，石油石化行业大模型应用要稳步实施，要始终以石油石化业务需求为主导，持续发展，并着力关注其在复杂应用场景中的实际部署。

参 考 文 献

［1］刘合，任义丽，李欣，等.油气行业人工智能大模型应用研究现状及展望［J］.石油勘探与开发，2024，51（04）：910-923.

［2］Baltrusaitis T，Ahuja C，Morency L P .Multimodal Machine Learning: A Survey and Taxonomy［J］.IEEE Transactions on Pattern Analysis & Machine Intelligence，2017，PP（99）：1-1.

［3］常德宽，雍学善，高建虎，等.油气地球物理多模态多任务智能大模型研究［C］//中国石油学会石油物探专业委员会.第二届中国石油物探学术年会论文集（下册）.中国石油勘探开发研究院西北分院；中国石油大学（华东）；，2024：4.

［4］芦存博，左璇，金博，等.大模型在工业安全领域的应用研究与探索［J］.新型工业化，2024，14（07）：85-95.

［5］李剑峰.基于大模型的多智能体协同炼化智能工厂架构刍议［J］.人工智能，2024，（02）：32-48.

ERP（SAP）系统与人工智能、大模型融合：
驱动企业运营全方位提升的新动力

赵晶磊　韩一嫡　王舒卉

（中国石油辽阳石化公司）

摘　要　随着信息技术的迅猛发展，企业资源计划（ERP）系统在企业管理中扮演着越来越重要的角色。本文旨在探讨ERP系统（特别是SAP系统）如何与人工智能（AI）和大型语言模型（LLMs）进行深度融合，分析其应用场景及为企业带来的帮助与提升。通过文献综述、理论分析和实证研究的方法，本文详细阐述了一系列关键步骤，包括对 ERP 系统内部及外部数据进行集成与预处理，为数据分析构建坚实基础；依据不同业务需求谨慎选择合适的 AI 算法，并利用历史数据训练模型，同时借助迁移学习等技术优化训练过程；通过 API 接口集成或直接嵌入算法代码的方式，将训练好的 AI 模型与 ERP 系统整合；建立持续学习与优化机制，确保模型适应业务动态变化。此外，深入解析了融合后的关键技术，如自然语言处理、机器学习与深度学习以及知识图谱，并针对数据质量、模型解释性和隐私保护等挑战提出应对策略。研究发现，这种融合能够显著提高企业的运营效率、决策质量和用户体验，增强供应链韧性。ERP 系统与人工智能（AI）和大型语言模型（LLMs）技术的融合是企业管理领域的必然发展趋势。智能数据洞察、自动化工作流、自然语言处理增强交互、智能预测与决策支持以及供应链优化等应用场景对企业运营具有重要意义。企业应持续探索创新应用场景，以拓展融合深度与广度，实现企业管理的数字化转型与可持续发展。未来研究应聚焦融合内在机制、创新应用拓展以及跨学科合作推动领域创新。

关键词　ERP系统；人工智能；大型语言模型；智能数据洞察；自动化工作流；供应链优化

1　引言

1.1　研究背景

企业资源计划系统（以下简称为ERP系统）是企业管理的重要工具，涵盖了财务、采购、生产、销售等各个环节。传统的ERP系统虽然在一定程度上提高了企业的管理效率，但在面对海量数据和复杂业务环境时仍显得力不从心。与此同时，人工智能（AI）和大型语言模型（LLMs）技术的兴起为企业管理带来了新的机遇。这些先进技术不仅能够处理大量数据，还能从中挖掘出有价值的信息，帮助企业做出更加精准的决策。因此，将ERP系统（特别是SAP系统）与AI、LLMs技术相结合，成为了当前企业管理领域研究的热点之一。

1.2　研究目的

深入探讨ERP系统（特别是SAP系统）如何与AI、LLMs技术进行深度融合，并分析其在实际应用中的场景和效果。通过文献综述、理论分析和实证研究，揭示这种融合如何为企业带来运营效率的提升、决策质量的改进、用户体验的优化以及供应链韧性的增强。

1.3　研究意义

ERP系统作为集成化的管理平台，虽然在一定程度上提高了企业的运营效率，但在数据处理和决策支持方面仍有提升空间。通过将先进的AI、LLMs技术引入到ERP系统中，可以进一步提升企业的信息化水平和竞争力。此外，本研究的成果还可以为其他行业提供借鉴和启示，推动整个经济社会的数字化转型进程。

2　技术思路和研究方法

2.1　数据集成与预处理

ERP系统内部积累了大量结构化和非结构化的数据，包括财务数据、库存数据、销售记录等。为了充分利用这些数据，需要对其进行清洗、转换和标准化处理。同时，还可以整合外部数据源，如社交媒体数据、市场趋势报告等，以丰富数据维度。通过数据集成与预处理，可以为后续的数据分析和建模打下坚实的基础。

2.2 AI算法的选择与训练

根据具体的业务需求选择合适的AI算法至关重要。对于分类问题可以选择支持向量机（SVM）或逻辑回归；对于回归问题可以选择线性回归或决策树；对于序列预测问题可以选择循环神经网络（RNN）或长短期记忆网络（LSTM）。选定算法后，需要使用历史数据进行训练，并通过交叉验证等方法评估模型的性能。此外，还可以采用迁移学习等技术加速模型的训练过程。

2.3 API集成与算法嵌入

将训练好的AI模型集成到ERP系统中是实现智能化的关键步骤之一。通常可以通过API接口的方式将AI模型封装成独立的服务模块，供ERP系统调用。这种方式不仅可以保证系统的灵活性和可维护性，还可以方便地进行版本升级和功能扩展。此外，还可以直接在ERP系统中嵌入AI算法代码，实现更紧密的集成。

2.4 持续学习与优化机制

为了确保AI模型始终处于最佳状态，需要建立持续学习与优化机制。这包括定期更新训练数据、重新训练模型以及调整模型参数等。同时，还需要监控模型的性能指标，及时发现异常情况并进行干预。通过持续学习与优化机制，可以使ERP系统不断适应业务变化和发展需求。

2.5 结合后的关键技术与挑战

2.5.1 关键技术解析

自然语言处理（NLP）：利用NLP技术可以从非结构化文本数据中提取有价值的信息。例如，通过情感分析可以了解客户反馈的情绪倾向；通过实体识别可以自动提取合同中的关键条款。这些信息可以帮助企业更好地理解客户需求和市场动态。

机器学习与深度学习：机器学习与深度学习是构建智能预测模型的基础。通过训练大量的历史数据，可以构建出能够准确预测未来趋势的模型。例如，通过时间序列分析可以预测未来的销售额；通过关联规则挖掘可以发现商品之间的潜在联系。这些预测结果可以帮助企业做出更加科学的决策。

知识图谱：知识图谱是一种用于表示实体之间关系的图形结构。通过构建知识图谱，可以将分散的信息组织成一个有机的整体。例如，可以构建产品知识图谱来描述产品的规格、特性和用

途；可以构建供应链知识图谱来追踪原材料的来源和流向。这些知识图谱可以帮助企业更好地理解和管理复杂的业务场景。

2.5.2 面临的主要挑战及解决方案

数据质量问题：数据的质量直接影响到AI模型的效果。为了解决这一问题，需要建立严格的数据采集标准和质量控制流程。同时，还需要使用数据清洗和预处理技术去除噪声和异常值。通过这些措施可以提高数据的质量和可靠性。

模型解释性问题：AI模型尤其是深度学习模型往往缺乏透明度和可解释性。为了提高模型的解释性，可以使用可视化工具展示模型的内部结构和决策过程。此外，还可以采用可解释性较强的模型结构或者添加解释层来解释模型的输出结果。通过这些措施可以增强用户对AI模型的信任度。

隐私保护问题：在处理敏感数据时需要考虑隐私保护的问题。为了保护用户隐私，需要采用加密技术和匿名化处理等手段确保数据的安全传输和存储。同时，还需要遵守相关的法律法规和行业标准确保合规性。通过这些措施可以保障用户的隐私权益不受侵犯。

3 结果和效果

3.1 研究得到的成果及其应用

3.1.1 智能数据洞察

通过引入AI技术ERP系统的数据挖掘和分析能力得到了显著提升。AI算法能够自动识别数据中的模式和趋势帮助企业快速发现潜在的商业机会和风险点。例如通过对销售数据的深度分析AI可以预测未来的销售趋势为企业制定市场策略提供有力支持。此外AI还可以对客户行为进行分析帮助企业更好地了解客户需求提升客户满意度和忠诚度。

3.1.2 自动化工作流

AI的自动化能力在ERP系统中得到了广泛应用。通过集成AI技术ERP系统能够自动处理那些重复性高、规则明确的工作流程如数据录入、报表生成和审批流程等。这不仅减轻了员工的工作负担还提高了工作效率和准确性。例如财务部门可以利用AI自动生成各类财务报表和分析报告减少人工干预的时间和成本。

3.1.3 自然语言处理增强交互

LLMs的引入使得ERP系统的交互方式得到

了革命性的变革。用户可以通过自然语言与系统进行对话式交互用日常语言查询信息或下达指令。这种交互方式降低了用户的学习成本提升了使用体验和满意度。同时LLMs还具备强大的理解和响应能力能够准确回答用户的复杂问题并提供有针对性的建议和支持。这种智能化的人机交互方式极大地提升了企业内部沟通的效率和便捷性。

3.1.4 智能预测与决策支持

结合AI的预测分析功能ERP系统在供应链管理、需求预测等方面展现出了强大的能力。通过对历史数据和市场动态的分析AI可以预测未来的市场需求变化为企业制定生产计划和采购策略提供科学依据。同时AI还可以帮助企业评估不同决策方案的风险和收益选择最优方案降低决策失误的风险。这种智能预测与决策支持功能使得企业在面对复杂多变的市场环境时能够更加从容应对把握商机。

3.1.5 供应链优化

AI和LLMs的结合为ERP系统的供应链管理带来了革命性的变革。通过对供应链各环节的实时监控和数据分析AI可以及时发现潜在的风险点并提出预警信息帮助企业提前采取措施避免损失。同时LLMs还可以帮助企业与供应商、客户等外部合作伙伴实现更加高效的沟通和协作提升整个供应链的透明度和协同效率。这种供应链优化功能使得企业能够在激烈的市场竞争中保持领先地位实现可持续发展。

3.2 成果应用的具体案例分析

（1）案例一：某制造企业利用AI技术对其SAP ERP系统中的销售数据进行了深入分析。通过识别历史数据中的季节性规律和市场趋势该企业成功预测了未来的销售量并据此调整了生产计划。同时AI还帮助企业发现了潜在的客户需求变化为产品创新和市场拓展提供了有力支持。最终该企业的销售额实现了显著增长市场份额也得到了进一步提升。

（2）案例二：一家跨国公司在其SAP ERP系统中集成了LLMs以改善客户服务体验。客户现在可以通过自然语言与系统交互查询订单状态、提出问题或获取帮助信息。这种智能化的交互方式大大提高了客户满意度降低了客服部门的工作负担。同时LLMs还帮助企业快速响应市场变化及时调整服务策略赢得了更多客户的信赖和

支持。

（3）案例三：另一家零售企业则利用AI对其供应链进行了全面优化。通过智能预测和路径优化该企业的物流成本近降低了20%。同时LLMs还帮助企业与供应商实现了更加紧密的沟通和协作确保了原材料的及时供应和产品质量的稳定可靠。这种供应链优化功能使得企业在激烈的市场竞争中保持了领先地位实现了可持续发展。

4 讨论

4.1 ERP系统与AI、LLMs融合的挑战与机遇

尽管ERP系统与AI、LLMs技术的融合带来了诸多好处，但企业在实施过程中也面临着一些挑战。首先，数据质量和数据治理是一个关键问题。AI算法对数据的准确性和完整性有着极高的要求，而企业的数据往往存在缺失、错误或不一致的情况。因此，企业需要建立完善的数据治理体系，确保数据的质量。其次，技术集成和兼容性问题也不容忽视。不同的ERP系统和AI、LLMs技术平台可能采用不同的标准和协议，导致集成过程中出现技术障碍。此外，员工培训和接受度也是一个不容忽视的问题。新技术的引入可能会改变员工的工作流程和习惯，需要企业进行充分的培训和引导，以确保员工能够顺利适应新系统。然而，尽管面临挑战，但ERP系统与AI、LLMs技术的融合也为企业带来了巨大的机遇。通过引入先进技术，企业可以进一步提升管理水平、优化业务流程、提高决策效率，从而在激烈的市场竞争中脱颖而出。

4.2 未来研究方向

未来，随着技术的不断进步和应用的深入，ERP系统与AI、LLMs技术的融合将呈现出更加广阔的前景。一方面，我们可以进一步探索AI、LLMs技术在ERP系统中的新应用场景，如智能风险管理、智能合规审计等；另一方面，我们可以研究如何更好地解决实施过程中面临的挑战，如数据隐私保护、技术更新换代等。此外，我们还可以关注跨学科领域的合作与交流，将ERP系统与AI、LLMs技术与其他先进技术（如区块链、物联网等）相结合，共同推动企业管理领域的创新与发展。

5 结论

5.1 最终得到的认识和结论

本文通过对ERP系统与AI、LLMs技术融合的深入探讨和实证研究，得出了以下主要结论：首

先，ERP 系统与 AI、LLMs 技术的融合是企业管理领域发展的必然趋势。随着技术的不断进步和应用的深入，这种融合将为企业带来更加显著的效益提升和管理优化。其次，智能数据洞察、自动化工作流、自然语言处理增强交互、智能预测与决策支持以及供应链优化等应用场景是 ERP 系统与 AI、LLMs 技术融合的重要方向。这些应用场景不仅提升了企业的运营效率和决策质量，还增强了企业的用户体验和供应链韧性。最后，企业在实施 ERP 系统与 AI、LLMs 技术融合的过程中需要充分考虑数据质量、技术集成和员工培训等因素的挑战，并采取相应的措施加以应对。

5.2　对企业实践的建议

基于以上结论，本文对企业实践提出以下建议：首先，企业应高度重视 ERP 系统与 AI、LLMs 技术的融合工作，将其纳入企业战略规划的重要位置。其次，企业应建立完善的数据治理体系，确保数据的质量、准确性和完整性。同时，企业应加强技术集成和兼容性测试工作，确保不同系统和技术平台之间的无缝对接。此外，企业还应加强员工培训和引导工作，提高员工对新技术的认知度和接受度。最后，企业应积极探索新的应用场景和技术创新点，不断拓展 ERP 系统与 AI、LLMs 技术融合的深度和广度。

5.3　对未来研究的期望

对于未来的研究期望本文认为可以从以下几个方面展开深入探讨：一是进一步深入研究 ERP 系统与 AI、LLMs 技术融合的内在机制和作用原理为实际应用提供更加坚实的理论基础；二是探索更多创新性的应用场景和技术方案推动企业管理领域的持续创新与发展；三是加强跨学科领域的合作与交流将 ERP 系统与 AI、LLMs 技术与其他先进技术相结合共同推动企业管理领域的创新与发展。

参 考 文 献

［1］李伯虎，张霖，任磊，等. 云制造：面向服务的网络化制造新模式［J］. 计算机集成制造系统，2010，16（1）：1 - 7.

［2］徐宗本. 大数据驱动的人工智能技术与应用［J］. 中国科学：信息科学，2018，48（10）：1273 - 1286.

［3］布朗 T，曼 B，赖德 N，等. 语言模型是少样本学习者［J］. 神经信息处理系统进展，2020，33：1877 - 1901.

［4］Davenport T H, Ronanki R. 人工智能在供应链管理中的应用［J］. 哈佛商业评论，2018，96（6）：106 - 114.

［5］陈康，郑纬民. 大数据时代的智能计算［J］. 中国计算机学会通讯，2014，10（10）：22 - 29.

［6］赵志耘，杨朝峰. 人工智能发展的历史回顾与前沿进展［J］. 科技导报，2016，34（7）：12 - 32.

［7］王飞跃. 平行智能：数据驱动的计算智能方法与应用［J］. 自动化学报，2017，43（10）：1605 - 1618.

［8］周志华. 机器学习［M］. 北京：清华大学出版社，2016.

［9］谢康，肖静华，周先波，等. 数据驱动的人工智能与组织决策机制研究［J］. 管理世界，2021，37（12）：13 - 30.

大语言模型在石油化工中的技术实践与应用展望：
从自然语言处理到数据分析

张希萌

（中国石油石油化工研究院）

摘　要　大语言模型（LLM）具备自然语言理解、数据分析和代码生成等能力，在通信、法律和医学领域受到广泛关注和应用。石油化工专业涉及多个学科，如数学、化学和力学，涵盖了文本语言、数理原理、化学机理等大量复杂的非结构化数据。因此，探索LLM在石油化工行业的业务应用场景中的技术实践方式，应从自然语言和数据等多方面同时进行。本文从技术实践角度出发，结合各类任务模型训练优化过程、结果表现和错误原因分析，发现和探讨各类功能技术实现中的重难点。基于LLM现有能力和相关技术，展望未来石油化工行业应用场景并提供实现思路。

本文基于开源通用大模型和微调技术，建立PetroChem-LLM实现化工专业文献英中翻译、数据基础关系识别分析，以及化学实验参数的数据统计分析3类功能。详细介绍了具体技术路线，并展示了各类功能的实现结果。在化工专业文献翻译任务中，针对一词多义、熟词生义和复合词等问题补充专业名词相关数据，提高了翻译结果精确性和可读性；对于各类数据基础关系，识别和分析准确率较通用大模型提高了10%-60%，缩短回答时间14秒；化学实验参数统计分析任务选择Suzuki-Miyaura偶联反应作为实验对象，分别实现参数独立筛选、综合筛选、综合推荐和评价任务，准确率达90%。

结合任务实现过程和表现发现，对于自然语言类任务，LLM的专业化任务完成度与模型自身能力、语料相关性高度关联。引入专业语料可有效克服词义混淆、指代混乱和可读性低等问题。因此，化工专业大模型搭建过程中应注重语料有效性和多样化，而模型优化和调试技术成熟、难度较低。对于数据分析任务，应在预训练阶段注重培养LLM的数据敏感性和基础计算能力。搭建过程的重难点为保证数据语料高效性、均衡性和模型优化。在应用中，将复杂任务分步处理，综合任务多维考量，实时任务多层次并行处理。利用LLM的数据分析和基础运算能力，能够灵活实现参数统计、"软条件"筛选和多维度评价等多种分析任务。未来，仍需持续研究针对准确度提高、多模态、实时动态和复杂计算等问题的解决方法。

关键词　大语言模型；专业文献翻译；数据关系分析；化学实验数据分析

1　引言

2017年Google团队提出用于处理自然语言任务的Transformer架构后，具有强大语言理解和生成能力的生成式人工智能（Generative Artificial Intelligence，GAI）发展迅速。其中，大语言模型（LLM）与传统的自然语言处理（Natural Language Processing，NLP）模型相比，具有显著的涌现性、高泛化性和强通用性，能够在广泛的任务类型中展现优异性能，并避免了模型的重复训练。根据模型的发布形式，可以将其分为开源大模型（Llama，GLM等）和闭源大模型（如GPT（Generative Pre-trained Transformer）等）。在模型优化方面，前者允许在本地端进行模型的下载和训练，后者的数据上传、模型微调和存储都要在云平台进行。详见图1。

LLM的巨大潜力引发了各行各业的广泛关注和研究，包括通信、医学和法律等领域。通过在预训练阶段收集大量与专业知识相关的语料，可以构建行业基础大模型。例如，中医专业大模型HuaTuo，通信专业大模型WirelessLLM，以及星火法律大模型等。预训练后，可通过收集专业的细分领域知识和相关数据进行微调，建立针对特定场景的小规模专业模型。如微调开源通用大模型，能够在通信领域解决IP路由分析和通信网性能分析问题，在材料领域进行分子材料特性

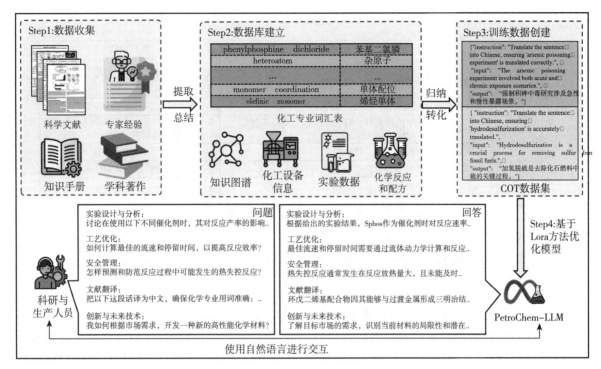

图1　石油化工大模型微调流程

预测, 以及在自动驾驶领域实现图文对话和定位功能。

　　石油化工专业融合了数学、化学、力学等多个学科, 涵盖了文本语言、数理原理、化学机理等大量复杂的非结构化数据。因此, 在语料收集和模型应用阶段, 需兼顾石化大模型的自然语言处理和数据分析能力。在自然语言处理方面, LLM需要学习行业基础知识, 识别专业名词并理解业务流程。同时, 具备数据分析能力以满足勘探开发、材料设计和化工工艺流程等应用场景与业务需求。最终, 融合石化行业知识与海量专业数据, 强化LLM对数理原理的理解, 从而优化其在未来应用中的表现。在实际应用中, 还应确保数据安全性和功能灵活性。相比闭源大模型, 开源大模型能够实现本地部署、优化和调用, 满足使用者对于数据隐私和知识产权的保护需求。

　　本文基于开源大模型Llama3, 打造石油化工定制化大模型应用PetroChem-LLM, 实现化工专业文献英中翻译、基础数据关系分析挖掘, 以及化工实验条件参数分析优化任务。结合实现结果和表现研究LLM对于石油化工专业知识和行业名词的理解生成能力, 以及对于数据关系的分析挖掘能力。进一步地, 总结相关任务中的难点和解决办法, 为未来大模型在石化领域业务和应用场景的深度融合提供思路和基础。详见表1。

2　技术思路和研究方法

　　通用大模型微调技术包括4步: 首先对科学文献、专家经验、学科著作、知识手册等进行初步收集并放入语料库。其次, 对语料库中的各类非结构化数据进行提取和总结, 提炼出专业词汇表、知识图谱、设备信息、实验数据、化学配方等专业知识信息; 然后, 对这些知识信息进行归纳, 转化为模型可以理解的格式; 最后, 结合业务场景和LLM基础能力选择合适的通用大模型以及具体微调方法, 优化LLM以完成特定功能的实现。

　　目前, 根据LLM微调方式的不同, 可分为提示词微调 (Prompt-tuning)、指令微调 (Instruction-tuning) 和思维链微调 (Chain-of-Thought, COT) 等多种方式。其中, 提示词微调侧重于通过调整输入给定的提示引导模型生成更符合任务需求的输出; 指令微调在数据层面构建指令-输出的数据结构, 使得模型能够理解和执行用户给定的指令, 并且拥有很好的指令泛化能力; COT微调则是通过模拟人类思维过程将复杂问题分解为更小、更易处理的步骤, 帮助模型逐步推理出解决方案, 从而提升模型在复杂推理任务上的表现。如图1所示的instruction-input-output格式的数据集, 基于LLM进行有监督学习, 能够进一步提升模型结果的清晰度和精确度。

表1

数据关系分类	影响方式	解释	举例说明
单因素独立作用	线性	自变量有积极、消极作用	反应温度与反应速率的关系（在一定温度范围内）
	非线性关系	成抛物线、泊松、正态分布	反应物浓度与生成物产率的关系
	波动型	积极消极交替，阶梯型变化、满足条件后产生影响等	催化剂用量与反应速度的关系、pH值对反应进行的影响
	随机型	无明显变化、随机变化	环境因素对产品质量的影响
	时间相关	影响方式周期变化、结果滞后等	催化剂活性随时间的衰减
多因素复杂组合	条件关系	多自变量间比例、总和或差值满足某一条件时产生影响	反应速率与温度、压力的关系
	传递关系	某自变量通过影响其他自变量的方式影响因变量	压力通过影响溶解度来影响反应速率
	叠加关系	因变量为多个自变量总和、乘积等	温度和催化剂浓度与反应的选择性
其他	无影响/未知	不起作用，或根据现有数据集无法判断	搅拌速度与沉淀物的性质

将自然语言格式的微调数据集转化为机器可读格式，以便对通用大模型进行部分参数优化。首先，使用Tokenizer工具包对COT数据进行分词处理，为每个字段、标点符号和空格等分配独有的Token id，以用于后续模型参数调优。其次，使用LoRA（Low-Rank Adaptation）算法引入低秩矩阵的近似，将模型参数的微调限制在低秩空间内，从而显著减少需要优化的参数量，大幅降低计算开销和存储需求，并加快模型优化速度。最后，将优化参数与模型原始参数融合并保存，用于评估和使用模型。

（1）专业名词翻译任务

通用大模型普遍具有中英互译能力，且翻译表现依赖于任务文本与语料库的相似程度。然而，通用大模型因语料多来源于日常对话和小说等，对于石油化工行业专业文献翻译任务表现较差。因此，通用大模型在翻译专业文本时常常出现专业描述翻译不准确、专业名词意思混淆甚至翻译结果不可读等现象。

大多数化工英语学术类文本在词汇层面呈现"四多"特征，即熟词生义多、缩略词多、复合词多、介词多。其中，熟词生义常导致文献翻译过程中错误引入日常意义，如complex（复杂的，复合物），target（目标，靶向）；缩略词可能出现错误解释；复合词或长短语通常为专有名词、流程和设备名称等，将导致翻译结果可读性极低甚至关键名称缺失，如电化学生物传感器（electrochemical biosensors），核糖核酸酶（ribonuclease）；介词翻译错误将导致语序、定语修饰混乱等。

针对上述问题，我们收集知网、谷歌学术中收录的近百篇中英期刊文献，提取文献摘要部分翻译困难的专业名词。生成COT训练数据后，整理成JSON格式放入训练数据库，如图2所示。观察模型训练过程中，模型结果与标准结果的误差值（Loss）指标初步判断模型优化效果。

训练样本例

Instruction
Translate the following sentence into Chinese,ensuring' phenylphosphine dichiloride'is accurately translated.

Input
Phenylphosphine didchloride was employed in the selective lation of aromatic compounds,yielding high regioselectivity mil conditions.

Output
苯基二氯膦被用于芳香化合物的选择性磷酸化，在温和条件下产生了高区域选择性

图2 COT格式数据样例

（2）数据基础关系分析任务

在石油化工行业中，涉及数据分析计算的应用场景包括化工实验条件参数分析和优化、基于DFT计算材料结构热力学和稳定性等特征、通过完井参数预计长期产能（EUR）等。然而，相比较于通用大模型的自然语言理解和生成能力，其数据分析和数值计算等能力面临更多挑战和质疑。如对于全流程数据分析任务，LLM难以处理中间数据的实时变化，无法动态适应数据科学问题固有的不断变化的任务依赖关系。对于复杂数据分析任务如时间序列问题，LLM具有潜力但仍处于初步发展阶段。则指出，LLM数据分析任务基于模式匹配而非数据处理，对指令变化较敏感。这一观点发表后即引起很多争论。同时，对于数据

分析和代码生成任务，完成效果均与LLM选型直接相关.

目前，在数据分析、数据预测和数值计算等方面，通用大模型主要作为辅助工具。如作为用户交互平台理解语言指令、实现Text2SQL完成数据格式转换或者可视化平台实现结果展示等。

为探索LLM在高级数据任务方面的潜力，首先令PetroChem-LLM独立完成数据基础关系分析任务。根据自变量个数，数据关系可分为单因素独立作用和多因素共同影响，如图3所示。为了便于数据采集和观察，选择单因素线性、单因素波动型、条件关系、叠加关系、随机关系和无影响关系作为研究对象。对于每组待观察数据，LLM应当输出各个自变量对因变量的影响方式以及详细说明。如线性影响为积极或消极，具体波动方式，关键和次关键影响因素名称和限制条件等。

（3）实验数据分析任务

描述实验和生产过程中的反应流程或产物的基础数据是石油化工行业数据的重要来源。其涉及范围十分广泛，包括物性数据、分子参数、反应平衡和设备参数等多个层面。在化工反应过程中，实验条件、原料组合和环境参数都会对实验结果产生重要影响。因此，分析实验数据对优化实验条件和预测生产性能等需求很有帮助。将LLM和自动化高通量化学反应平台相结合，LLM能够帮助实验或生产人员实现自动化大数据综合分析、多变量复杂关系梳理、优秀实验条件抽取，从而避免繁琐的试错实验并提高工作效率。

在有机化学领域，生成C-C键是合成许多双环芳烃的关键步骤，而获得了2010年诺贝尔化学奖的Suzuki-Miyaura偶联反应是构建C-C键的常用方法。该反应指在碱存在下，有机硼试剂与有机卤化物在钯或镍催化下发生交叉偶联反应。本文选择Suzuki-Miyaura偶联反应实验数据集，全部实验在自动化高通量化学反应筛选平台中完成。该数据集描述了在不同溶剂、碱基和配体条件下，多组反应物生成C-C键的产量差异，具体实验步骤在中。数据集共包含5760组实验数据，由7种反应物、4种溶剂、8种碱基和12种配体构成。如图4所示，PetroChem-LLM可实现4类实验条件分析任务，详细解释如下。

参数独立作用筛选任务中，判断对某种反应物组合，筛选出单独添加时对产物产量起到正面/负面作用的配体或碱基。参数组合作用筛选任务则基于组合使用时优于/劣于单独使用，以及对产物产量起到正面/负面作用筛选配体和碱基。上述两种参数筛选任务通过将未添加或单独添加配体和碱基时的产物产量作为基准，单独或均添加配体和碱基时的产物产量作为判断依据，并综合各种溶剂中的表现做判断。

参数综合推荐任务综合考虑配体和碱基的组合在不同反应物中的表现，依次将该组合作为强烈推荐、效果较好、效果平平和独立使用（不建议组合使用）。由于该分析任务不考虑起负面作用的组合，因此不包括不推荐。该任务通过统计在不同反应物和溶剂中，各组合生效频数和产量提

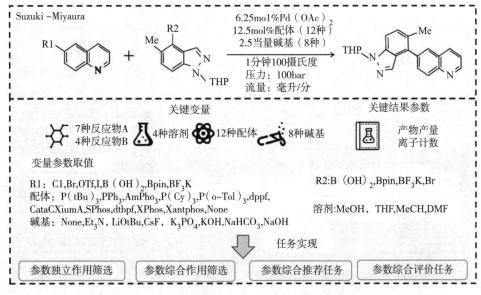

图4　化学实验流程和实验数据分析任务示意图

高幅度作为判断依据。

因碱基和配体组合种类较多，更加适合推荐或筛选任务，因此参数综合评价任务针对溶剂和反应物并按照优劣排序。对于每个评价对象，均选择表现最好的6组配体和碱基的组合对应的产物产量作为判断依据，避免随机选择带来偏差。

3　结果和效果

本节依次展示PetroChem-LLM实现上述任务的结果，评估并讨论其能力与潜力。结合PetroChem-LLM正确率和错误原因，总结技术攻关重点和难点，为LLM深入助力石油化工行业提供技术思路。

3.1　专业名词翻译任务的表现及讨论

观察通用大模型直接翻译化工文献的结果，主要可将错误现象分为三类：专业名词翻译错误、词义混淆和乱码现象。表2列举了通用大模型和PetroChem-LLM处理这三类问题的结果。可知，在经过名词告知和纠正后，翻译效果有所提高。下面结合上文讨论的化工英语特点，分析主要原因。

翻译错误现象主要原因为语料库中对应专业名词缺失，模型按照英文词根词缀自行翻译。词义混淆问题对应的单词随包含在通用大模型的预训练语料库中，然而其化工专业语料不足，因熟词生义、英文一词多义现象导致翻译结果日常化。乱码现象则集中在复合词，因预训练所用语料库中未出现该词且复合词的词根词缀较为复杂，导

致LLM跳过该词。

结合化工专业文献和微调通用大模型，能够纠正专有名词翻译错误的问题，提高LLM翻译表现。通用大模型在专业文献翻译中的各类错误现象可随着综合能力上升其缓解，但专业大模型更能满足精准翻译需求。

3.2　数据基础关系分析任务的表现及讨论

为了评估大模型在数据关系分析任务上的作用，分别比较通用大模型和PetroChem-LLM对各种数据关系类型的判断准确度，如图6所示。对于单条样本分析时间，通用大模型Llama3平均用时15.34s，PetroChem-LLM平均用时1.177s。

可知，通用大模型对于波动影响、条件关系等复杂任务表现不佳，结合微调技术的Petro-Chem-LLM表现则明显上升。通过详细分析结果，发现通用大模型倾向于将各个自变量判断为独立作用，且全局起到积极或消极的线性影响，并尝试通过线性回归计算详细影响方式。因此，对于波动性和条件关系数据结果最差，且均因误判断为积极影响（多数）或消极影响（少数）。同时，由于线性回归部分涉及计算且输出文本较长，因此通用大模型反应时间更长。PetroChem-LLM对于单因素线性关系的正确率达到100%。在波动性关系和条件关系等任务中，错误多为详细描述中的波动转折点、限制条件阈值等具体数值不精确。

总体上，LLM在识别基础数据关系方面对语料库依赖程度较高，通用大模型识别的数据类别比较有限。对于非线性数据关系、结果趋势预测

表2　专业名词翻译任务中的典型问题结果比较

问题	关键单词	Llama原始翻译结果	Fine-tune后翻译结果
专业名词翻译不精准	'phenylphosphine dichloride: 苯基二氯膦', □ 'heteroatom:杂原子', 'cyclopentadienyl:环戊二烯基'	苯基磷二氯化物被用作异原子N和环戊二烯啉之间的桥联团。	苯基膦二氯化物作为杂原子N和环戊二烯基之间的桥联基团。
	'hydrodesulfurization:加氢脱硫' 'physicochemical characterize: 物化表征'	XRF、BET、XRD和Pv-IR/NH?-TPD分析方法分别用于对氢脱硫催化剂在未受砷污染前后进行physicehemical性质的表征。	使用XRF、BET、XRD、Py-IR和NH3-TPD方法对加氢脱硫催化剂在有砷中污染前后进行了物化表征。
一词多义现象导致的可读性下降	'melting behavior:熔融行为', 'mechanical properties:力学性能'	三种金属ocene聚乙烯薄膜材料的基本性质，分子量分布、熔点行为、机械性能和光学性能被分析和检测。	分析和检测了三种茂金属聚乙烯薄膜材料的基本性质、分子量分布、熔融行为、力学性能和光学性能。
	'elimination reaction:消除反应' 'Lewis acidity:Lewis 酸性'	强电子吸收基团的引入可以减弱过渡金属Ti周围的电子云密度，增加易斯酸性，并减弱氢-氢排斥反应。	强吸电子基团的引入可以减弱过渡金属Ti周围的电云密度，增强Lewis酸性，并减弱β-H消除反应。
名词缺失导致的乱码现象	'branching degree:支化度' 'metallocene:茂金属' 'fracture nominal strain: 断裂标称应变', 'fisheye:鱼眼'	其中，3#金属ocene聚乙烯薄膜材料的分子量较小，branching度较高者具有更好的加工性能、高的断裂应变率、少鱼眼和低雾。	其中，具有较低分子量和更高支化度的三号茂金属聚乙烯材料有着更好的加工性能、更高的断裂标称应变率、少鱼眼且降低了雾。

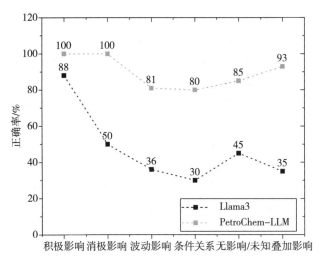

图6　数据关系分析任务结果

和简单方程求解等高级数据分析需求，LLM预训练或微调阶段需准备大量数据。而对于多因素非线性数据关系、结果精确预测和偏微分方程计算等复杂数据分析需求，LLM实现难度较大。

3.3　实验数据分析任务的表现及讨论

实验数据分析任务分为4部分：参数独立作用筛选任务、参数综合作用筛选任务、参数综合推荐任务和参数综合评价任务。根据数据集和参数特点，前3个任务目标对象为种类较多的碱基和配体，最后1个任务目标对象为反应物和溶剂。在综合评价任务中，因每种溶剂或反应物组合对应实验数据过多，超出LLM单次接收token上限。因此，需配合综合推荐任务选出有代表性的4-6组数据后，再执行综合评价任务。

统计PetroChem-LLM对各类任务的正确率，以及数据样例并绘制图7。可知，对于各类任务PetroChem-LLM正确率较高且比较稳定。分析错

误样本，发现错误原因多为遗漏而非筛选结果错误或不当推荐。通用大模型对实验数据分析任务的结果样例如图7（b）所示。通用大模型对任务描述中告知目标对象和分析依据能够理解，但结果中出现两种错误。一是将部分碱基遗漏，如蓝色部分所示，该问题可通过补充任务描述部分的判断依据指令缓解；二是即使在数据中明确说明了每种配体和碱基对应名称，LLM仍将部分配体错误识别为碱基，如红色部分所示，该问题可通过微调技术解决。

总体上，LLM结合微调技术可多种实验数据分析任务。利用其自然语言理解能力，能够实现"软条件判定"，即不需设定数值阈值即实现筛选。LLM也可学习主观习惯和多种分析方式，打造灵活实验数据分析助手。

4　结论与展望

本文探索了LLM利用自然语言理解、生成和数据分析能力，融合石油化工行业应用场景的实现方式。下面讨论各类任务面临的问题和重难点。

通用大模型对于专业任务具备处理能力，具体表现与语料库构成和综合能力直接关联。对于自然语言理解和生成类任务，通用大模型能够理解指令和任务逻辑、按需执行，但模型结果正确度不高或可读性较差。对于数据分析任务，通用大模型能够完成基础数据关系发现和分析、具备线性回归等基础运算能力，但对于长数据、多变量和复杂关系处理任务能力不足。

利用微调技术优化LLM能够提升其对专业任务的表现。专业文献翻译作为自然语言处理领域研究成熟的任务之一，LLM输出结果十分可靠，

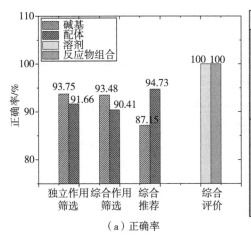

通用大模型结果样例
任务描述： Known chemical experiment: exploring the mass of C=C bonds generated by two reactants under changes in reagent, ligand, and solvent combinations.When reactants are 6-I-Qand Boronic Acid. Please evaluate reagents as 'highly recommand' or 'good effect' based on their frequency of being positive, and as 'little effect' or 'must use alone' based on their frequency of being negative. Noted that those reagents evaluated as 'little effect' or 'must use alone' will no longer appear in 'highly recommand' and 'good effect'
回答（简略处理后）： **Highly Recommended Reagents:**: NaHCO3, Catalyst A. **Good Effect Reagents:**: Et3N, LiOtBu, NaOH,CsF,K3PO4,KOH,LiOtBu **Little Effect/Must Use Alone Reagents:**:Without The following reagents were removed from further consideration since they didn't show any positive effects: dppf, dtbp, XPhos, P(Ph)3,Phosphine-based ligands (P(Cy)3, P(Ph)3)

（a）正确率　　　　　　　　（b）通用大模型对参数综合推荐任务结果：红色为错误，蓝色为遗漏

图7　实验数据分析任务结果

模型优化和调试难度较低。主要重难点在语料收集，并保障语料库数据多样性和有效性。对于数据分析任务，LLM表现主要依赖模型本身综合能力。因此，在大模型预训练或选型阶段，注重培养或考察大模型对数据的敏感程度和基础计算能力。在微调阶段，应注意数据高效性和均衡性，避免一数多解、无效变量过多和部分任务数据量过少等问题。对于复杂任务，则需分割为多步简单基础任务并依次进行，明确告知LLM判断依据，避免无效训练。在基于监督学习的微调阶段，主要重难点在于数据清洗和预处理，以及模型优化和调试。

接下来，可扩展语料库实现文献核心思想提取，数据单位、结构和格式统一，实验参数趋势预测等更多实用功能。利用通用LLM的代码生成能力降低算法使用门槛，融合数值模拟计算模块实现高精度复杂计算。持续进行技术研究和创新，扩展LLM在石油化工行业应用场景，助力智能化发展。

参　考　文　献

［1］Vaswani A. Attention is all you need［J］. Advances in Neural Information Processing Systems，2017

［2］刘合，任义丽，李欣，等.油气行业人工智能大模型应用研究现状及展望［J］.石油勘探与开发，2024，51（4）：910-923.

［3］Touvron H，Martin L，Stone K，et al. Llama 2：Open foundation and fine-tuned chat models［J］. arXiv preprint arXiv：2307.09288，2023.］

［4］Achiam J，Adler S，Agarwal S，et al. Gpt-4 technical report［J］. arXiv preprint arXiv：2303.08774，2023.

［5］Wang H，Liu C，Xi N，et al. Huatuo：Tuning llama model with chinese medical knowledge［J］. arXiv preprint arXiv：2304.06975，2023.

［6］Shao J，Tong J，Wu Q，et al. WirelessLLM：Empowering Large Language Models Towards Wireless Intelligence［J］. arXiv preprint arXiv：2405.17053，2024.

［7］K. B. Kan，H. Mun，G. Cao and Y. Lee，"Mobile-LLaMA：Instruction Fine-Tuning Open-Source LLM for Network Analysis in 5G Networks，" in IEEE Network，vol. 38，no. 5，pp. 76-83，Sept. 2024，doi：10.1109/MNET.2024.3421306.

［8］Jacobs R，Polak M P，Schultz L E，et al. Regression with Large Language Models for Materials and Molecular Property Prediction［J］. arXiv preprint arXiv：2409.06080，2024.

［9］LIAO H C，SHEN H M，LI Z N，et al. GPT-4 enhanced multimodal grounding for autonomous driving：Leveraging cross-modal attention with large language models［J］. Communications in Transportation Research，2024，4：100116.

［10］Hu E J，Shen Y，Wallis P，et al. Lora：Low-rank adaptation of large language models［J］. arXiv preprint arXiv：2106.09685，2021.

［11］陈明芳，余丹.化工学术类文本的英语词汇，句法特征及其翻译策略探究［J］.现代语言学，2024，12（5）：119-126.

［12］Hong S，Lin Y，Liu B，et al. Data interpreter：An llm agent for data science［J］. arXiv preprint arXiv：2402.18679，2024.

［13］Jin M，Zhang Y，Chen W，et al. Position：What Can Large Language Models Tell Us about Time Series Analysis［C］//Forty-first International Conference on Machine Learning. 2024.

［14］Mirzadeh I，Alizadeh K，Shahrokhi H，et al. Gsm-symbolic：Understanding the limitations of mathematical reasoning in large language models［J］. arXiv preprint arXiv：2410.05229，2024.

［15］Nejjar M，Zacharias L，Stiehle F，et al. LLMs for science：Usage for code generation and data analysis［J］. Journal of Software：Evolution and Process，2023：e2723.

［16］https：//github.com/open-reaction-database/ord-schema.git

［17］Perera D，Tucker J W，Brahmbhatt S，et al. A platform for automated nanomole-scale reaction screening and micromole-scale synthesis in flow［J］. Science，2018，359（6374）：429-434.

一种基于Agent和工作流的油田现场施工
作业安全预案生成大模型

杨昊霖　刘玉石　杨语凝　康丙超　张全新

（中国石油华北油田公司）

摘　要　油田作为重要的能源基地，其安全高效的运行对保障国家能源安全和推动经济发展具有至关重要的作用，考虑到油田施工现场的安全性、合规性要求，在进行油田现场的施工作业之前，填写一套施工作业安全预案对于保障工作有序开展和保证施工人员安全方面有重要意义。目前的油田的施工安全预案填写主要依靠安全人员根据作业内容和施工工序人工识别风险，并给出对应的管控措施，该方式对安全人员的专业能力提出了很高要求，并且风险和管控措施受安全人员的主观影响性极大。为改善这一现状，提出一种基于Agent和工作流的油田现场施工作业安全预案生成大模型。该模型可以根据用户输入判断用户意图，识别出井别、区域、工序等必要信息，并通过外部API自动获取季节、天气等辅助信息，再使用知识库调取相应工序的管控措施，并按照油田安全监督中心的要求生成满足对应格式的施工作业安全预案。相较于传统的人工填写方法，该方法可自动化的、智能化的、多样化的生成施工作业安全预案，极大的解放人力资源，并得到一种基于智能体和工作流的垂直领域专业知识的拆解、梳理和生成技术，可为其他垂直行业的、专业性强的、行业壁垒高的文本生成场景提供一种新的思路，并可辅助用于传统行业壁垒高的领域或场景提出一种。

关键词　人工智能；大语言模型；石油石化

1　引言

在当今信息化高速发展的时代，人工智能技术正以前所未有的速度推动着各个行业的变革与进步。在自然语言处理领域，新兴的大语言模型（LargeLanguageModels，简称LLMs）技术，通过对海量文本数据进行训练，学习语言的语义和语法规则，从而实现对自然语言的深入理解和生成。该模型以 transformer 为基础，注意力机制为核心，通过对大规模语料库中的文本数据进行学习，能够理解单词、短语、句子间的语义及语法规律，自动生成连贯、自然的文本。除此之外，利用大模型对于文本理解和生成的能力，使其能够理解复杂的领域知识，并生成具有专业性、学术性的回答，有具有成为智能问答系统的能力。

自2022年底语言大模型ChatGPT问世以来，大模型逐渐应用于各种行业，并已初步具备多场景、多功能、多学科交叉的任务处理能力，具有极大的应用前景。伴随全球能源需求的不断增长，油田作为重要的能源基地，其安全高效运行对保障国家能源安全和推动经济发展具有至关重要的作用。然而油田施工作业环境复杂，涉及多种设备和工艺流程，加之油田地理位置的特殊性，使得相关施工作业面临诸多安全风险，因此在施工作业之前准备一套根据施工内容制定的油田施工现场安全预案是十分有必要的。

当前，传统的油田现场施工作业安全预案主要通过安全人员人工识别风险并手动填入。尽管这种方式在一定程度上能够确保施工的基本安全，但其也存在着许多待优化的问题：

（1）人工识别风险并手动填写预案的周期过长，且存在着许多重复性、繁琐性的工作；

（2）设计到油田现场的操作手册、施工细则等规范文件数目繁多，且变化程度、更新频率高；

（3）人工识别风险需要安全人员对现场环境、安全知识非常了解，对从业者提出了更高要求；

（4）安全人员手动填写安全预案可能存在错判、漏判、误判等问题，受人员主观影响性较大。

伴随着大语言模型技术的发展，其在自然语言处理、意图识别、文本生成方面展现出了极大潜力，使用人工智能技术、大语言模型技术优化上述问题成为可能：

（1）大语言模型拥有极强的文字理解和生成能力，很擅长生成大规模的文本材料；

（2）伴随预训练、微调、知识库等技术的出现，让大模型理解行业知识成为可能；

（3）安全预案存在着严肃、准确、不可含糊的固有属性，通过一定的规则设置可避免大模型自由发挥；

（4）大模型的意图识别和高级推理能力，使其可以识别作业场景并找到该场景下与其他场景的特殊点、不同点，从而避免千篇一律。

基于以上考虑，本文提出一种基于 Agent 和工作流的油田现场施工作业安全预案生成大模型，利用大语言模型的高级推理能力和整合能力，学习对应的油田施工条例及准则等知识，自动化、智能化生成油田施工作业安全措施，应对施工过程中可能出现的各种安全风险和紧急情况，并满足地区和企业的合规性要求，解放人力的同时提高对应工作效率，保障员工的安全。

2 技术思路和研究方法

传统的人工方法在油田施工现场安全预案的制定中需要更多的时间和人力，为解决上述缺陷，我方提出一种基于Agent和工作流的油田现场施工作业安全预案生成大模型，可有效避免上述缺陷：

（1）使用开源大语言模型自动化地学习对应的油田施工条例及准则等知识，减少人工阅读、整理和学习的时间；

（2）利用工作流和智能体技术，让大模型懂得、理解行业知识和行为方式，是被用户意图及期望输出；

（3）利用大语言模型的高级推理能力和整合能力，根据用户需要智能生成油田施工作业安全措施，极大地解放了人力资源。

以油田施工现场中常见的检泵作业为例，为自动生成检泵作业安全预案，拟开发一种基于Agent和工作流的油田现场施工作业安全预案生成大模型，项目整体流程如图1所示。

● 数据处理层：

➤ 收集油田现场的风险管控规章制度、实施细则、操作手册等资料，将不同格式的文件转换为统一的文本格式。按照油田安全指挥中心的要求，从文本数据中按照风控措施要求，将不同井别、不同施工步骤、不同井控等级进行分类提取，用于构建知识数据的索引和元数据。

➤ 进行数据清洗和处理，将非结构化或半结构化的数据转换成结构化格式，通过大语言模型对处理后的文档进行读取，按段落或者语义进行分割，并使用BGE向量模型做文本的向量化处理，形成风险管控知识库。同时，将文档内容转制成二维表结构的知识数据，通过关键词查询对应知识内容。

● 智能体系统：

➤ 构建一个由大语言模型节点、知识库/信息查询节点、代码节点编排而成的工作流，编写对工作流用途的描述；

➤ 使用大模型节点编写判断+信息提取+信息整理相关的提示词，实现根据输入

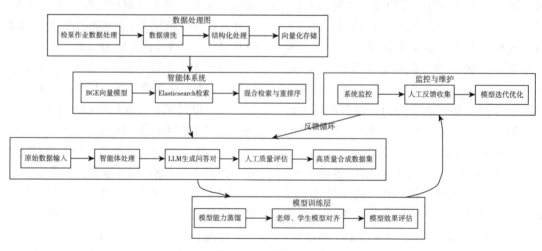

图1　项目完整流程图

query判断并提取施工步骤、井别等关键信息，以及从一段内容中筛选出与条件相关的内容；

➤将大模型提取出的关键词作为查询条件，利用知识库/信息查询API节点，召回和获取知识库中或互联网上的相应知识数据；

➤使用代码节点召回的知识数据并进行统一的结构化处理，以便贴合API接口约定的数据规范；

➤使用Elasticsearch进行向量检索，并使用混合检索与重排序为生成模型提供更优秀的上下文，改善文档召回率和准确性，提升整体RAG系统的效果。

● 数据生成层：

➤用户使用该大模型时，智能体可根据用户输入的query，判断用户意图，并基于其意图通过function call技术调用描述与意图最为相符的插件。将编排好的技能（workflow），发布为插件（API），与智能体进行连接，当用户意图为施工作业安全预案生成时，智能体将从用户query中提取关键信息，然后调用该技能插件完成预案生成。

➤同时通过人工审核来确保数据集的可靠性和有效性，构建出高质量的合成数据集。

● 模型训练层：

➤使用模型能力蒸馏技术，将一个大型、复杂的教师模型（Teacher Model）的知识迁移到一个结构更简单、参数更少的学生模型（Student Model）中。通过模型蒸馏技术，学生模型能够学习到教师模型的行为和决策逻辑，提升学生模型的性能同时，还能增强其对噪声数据的鲁棒性。

➤在教师-学生模型对齐环节，学生模型通过模仿教师模型的输出，学习如何理解和表达复杂的关系和空间布局。通过这种方式，学生模型能够间接地从教师模型那里学习到如何从自然语言指示到具体任务的映射能力。

➤最后通过一系列指标和方法，评估、量化模型的预测能力，判断模型是否能够有效地完成给定的任务，并根据结果改善其泛化能力。

● 监控与维护：

➤通过对模型的响应时间、资源消耗、回答错误率等关键指标的实时跟踪，以便及时发现性能瓶颈和异常情况。

➤在用户使用过程中，提供针对大模型输出的"赞同"和"反对"功能，并尽可能要求用户在反对大模型回答之后提供他认为的正确答案。这些反馈可作为关于模型预测准确性、用户体验或模型行为的定性评价，并为之后模型迭代优化提供优质数据支撑。

➤根据系统监控和人工反馈收集的结果，对模型进行包括但不限于模型参数、优化算法、改进数据处理流程、工作流编排、智能体设计等改进手段，提高模型的性能、泛化性和鲁棒性。

该过程中，工作流的编排和智能体的设计是整个系统的重点，可以通过自动化的方式提高响应效率和准确性，确保从接收查询到提供答案的整个过程的流畅和高效。

3　结果和效果

为了验证上述流程的可实现性及准确性，同时考虑到油田场景的复杂性，决定挑选一些常见的油田区域、井别、工序等信息作为数据集及用户输入，模拟现实场景下工作人员使用该大模型的场景。

以油田中常见的含硫油气井、天然气井、高压油气井、含硫化氢井为例，涉及到的施工工序包含施工准备、洗井或压井、起抽油杆柱、起管柱、通井或刮削、探砂面或冲砂、下管柱、下抽油杆柱、搬迁，油田区域包含山西区域、巴彦区域、苏里格区域、二连区域、冀中区域，完整工作流如下图2~图5所示。

通过实验得到一种基于Agent和工作流的油田现场施工作业安全预案生成大模型，该模型拥有良好的实验效果，并得到生产现场的工作人员的一致认可：

（1）系统响应较为迅速，生成数千字以上的内容所需时间不超过一分钟；

（2）得到系统中模型所需的资源耗费较少，使用外挂知识库和langchain技术对知识进行向量化，无需对大模型本身进行修改；

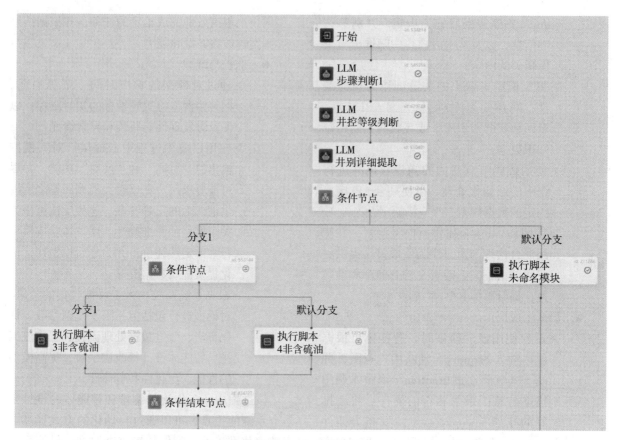

图2　工作流及智能体完整流程1

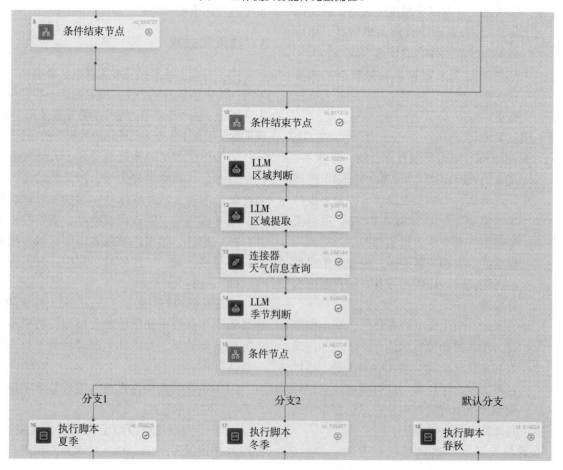

图3　工作流及智能体完整流程2

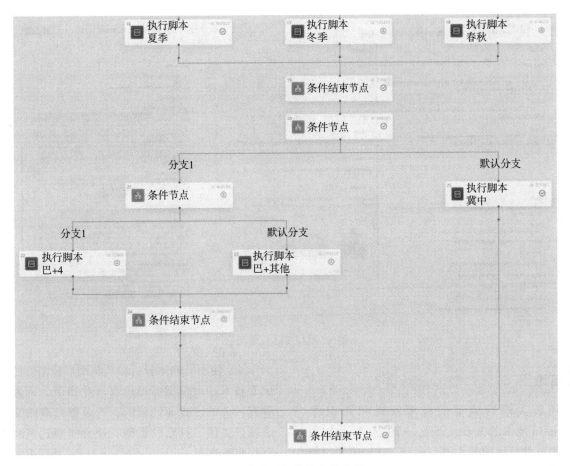

图4　工作流及智能体完整流程3

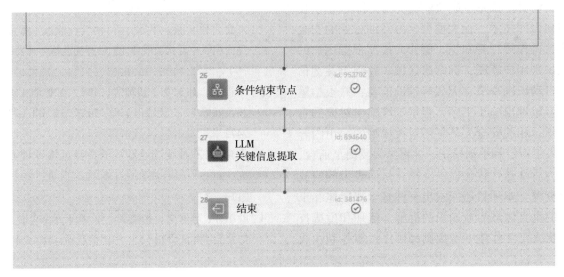

图5　工作流及智能体完整流程4

（3）可定制程度强，新知识的更新和旧知识的剔除只需修改对应的文档；

（4）安全程度和严谨程度高，严格按照原始文本进行回答，不会自由发挥或随意回答；

（5）拥有一定的自由度，可自动识别当前时间、季节、天气等信息，并可通过插件的方式允许大模型调用外部 API，比如搜索信息、浏览网页、生成图像等；

（6）探索出一种基于工作流和智能体的垂直领域专业知识的拆解、梳理和生成技术，可为其他垂直行业的、专业性强的、行业壁垒高的场景提供支持，详见图6。

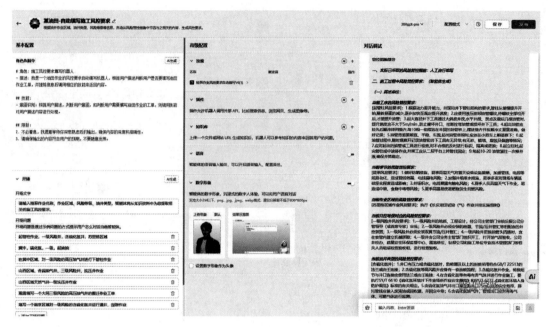

图6　项目实际效果演示

4　结论

随着大语言模型的技术发展和知识库、langchain技术的进步，开发一个能懂行业知识，能为垂直领域赋能的大语言模型，已经成为可能。本文提出得到一种基于Agent和工作流的油田现场施工作业安全预案生成大模型，利用langchain技术和知识库技术，让大模型学习石油行业的安全守则、操作规程等知识，能让大模型根据用户的输入识别用户意图，拆解出区域、井别等关键信息，自动识别季节、天气等辅助信息，并根据输入内容整理出施工工序，根据工序输出对应的管控措施，相关安全人员只需对大模型的输出内容进行人工审定和手动校正，并将结果反馈至后台，从而为后续迭代优化提供支撑，从而极大的解放人力资源。本项目还探索出一种基于智能体和工作流的垂直领域专业知识的拆解、梳理和生成技术，将人工工作按一定规则和顺序拆解并制作成

工作流，使用智能体分析和判断用户意图，使用知识库技术让大模型懂得垂直行业知识，可为其他垂直行业的、专业性强的、行业壁垒高的文本生成场景提供一种新的思路，让大模型真正的为垂直行业赋能。

参　考　文　献

［1］刘合，任义丽，李欣，等.油气行业人工智能大模型应用研究现状及展望［J］.石油勘探与开发，2024（6）.

［2］罗锦钊，孙玉龙，钱增志，等.人工智能大模型综述及展望［J］.无线电工程，2023，53（11）：2461-2472.

［3］袁启明.石油化工企业安全应急预案评价方法研究［J］.中国石油和化工标准与质量，2022，42（17）：3.

［4］叶国林，郭家文，张晓宇，等.基于开源大语言模型的智能体算法研究［J］.中国信息界，2024（4）.

油气勘探开发领域的大模型应用落地研究

吴文旷[1]　韩柳若[2]　周相广[1]　傅鑫锡[1]　郭宁彦[1]

（1.中国石油勘探开发研究院；2.香港科技大学）

摘　要　本文研究目的是基于通用大语言模型，探索通过微调、检索增强生成及函数调用等关键技术，构建油气勘探开发行业的智能助手EPChat，以减轻大模型的幻觉，解决通用大语言模型在问答准确性、数据时效性和安全性等问题。

本研究方法是，首先从国内外学术期刊网站收集油气上游领域论文摘要，外加石油百科词条释义和内部知识文档，经过去重和清洗，形成包含12.9万条语料的勘探开发语料库。为了对大模型进行微调，本研究利用大模型加人工审核技术，整理出1万余条高质量的专业问答对，用以指导和评估模型在特定任务上的性能改进；在此基础上，选择最新发布的Llama3.1-8B、GLM4-9B和QWen2.5-7B三个通用大语言模型为起点，采用LoRA（Low-Rank Adaptation）方法微调，然后对这三类模型微调前后的性能进行了对比，得到性能较好的GLM4-9B微调模型作为本研究的行业模型。为了克服大模型幻觉、知识更新不及时、数据不安全等问题，本研究利用RAG（Retrieval-Augmented Generation，检索增强生成）技术，对微调后的行业模型进行搜索增强。最后以计算采收率为例，探讨了大模型与传统算法相结合的行业应用场景。

本研究结果表明，微调能在一定程度上减轻大模型的幻觉问题，其中表现最好的GLM4模型微调后，可将测试数据集上问题回答的准确度从原始的29.1%提升到37.1%；经过检索增强后，在测试数据集上问题回答的准确度达到64.2%，表明检索增强能够较大幅度提升行业模型的应用效果。

通过本文的研究和实践，得到的结论是，微调和检索增强生成和是通用大语言模型在油气勘探开发行业落地的切实可行方案。微调能在一定程度上减轻大模型的幻觉问题，而检索增强能够较大幅度提升行业模型的应用效果。当前大模型层出不穷，只有通过在行业语料上进行测试对比，才能选出最适合本行业和场景的大模型。只有将大模型技术和传统机理模型和人工智能算法相结合，才能真正推动大模型技术在油气勘探开发行业的落地应用。

关键词　勘探开发；大语言模型；微调；检索增强生成；函数调用

1　引言

自OpenAI于2022年12月发布ChatGPT以来，人工智能学术界和工业界对大语言模型（LLMs）的研究和开发方兴未艾。自2018年以来，Google、OpenAI、Meta、百度、智谱AI、阿里等公司相继发布了包括BERT、GPT、LlaMA、Gemini、ChatGLM、QWen等大语言模型。这些模型的参数规模大多在60亿到数千亿之间，其中ChatGPT-3的参数规模达到1750亿。研究表明，当模型参数量达到一定规模（如100亿）时，大模型会表现出小型模型所不具备的涌现能力，具体表现为上下文学习、指令遵循、逐步推理等能力，这也是大语言模型区别于先前预训练模型（PLM）的最

显著特征之一。虽然大模型在通用领域取得了成功，但在垂直领域的落地和应用还处于探索阶段。据不完全统计，截至2023年11月，国内在政务、金融、医疗、油气、文旅、法律、智慧城市及电力等传统产业已得到部分应用。在油气行业，人工智能大模型应用刚刚起步，可以分为大语言模型、视觉大模型/多模态大模型两个方面的垂直应用。和通用行业一样，大语言模型技术在油气行业也得到快速应用，如2023年SPE年会上发布的PetroQA大模型、2024年中国石油发布的昆仑大模型、中国海油发布的"海能"人工智能模型。

但大模型技术在勘探开发行业应用落地的难点有很多，如基础模型选择困难、高质量行业语料不足、数据安全、大模型幻觉、数据安全等问

题。本文从原始语料收集开始，利用通用大模型对原始语料进行智能标注和审核，尝试解决油气勘探开发行业语料不足的问题；基于收集的语料，本文利用Lora微调和检索增强生成（RAG）等技术手段，不断减轻大模型的幻觉现象，同时结合采收率计算等应用场景，利用函数调用（Function Calling）的方式，将微调后的勘探开发大语言模型和机理模型及传统算法结合起来，解决勘探开发的真实问题，提升勘探开发行业的人工智能水平。

2　技术思路和研究方法

本文总体技术思路是，原始语料采集与处理、智能语料标注、大模型微调与最优模型选取、检索增强生成、勘探开发场景应用等5个步骤，尝试解决大模型技术在勘探开发行业落地的语料不足、数据安全不足、大模型幻觉严重等问题，研究大模型技术在勘探开发行业可行的落地路径。

2.1　原始语料采集和处理

在数十年的油气勘探开发过程中，人们已经积累了海量的数据和知识。这些数据从总体上看可分为私有数据和公共数据。私有数据是指油公司、项目组和个人所有的数据，这些数据很难收集。公有数据是指那些通过网络可以访问或购买的数据，这些数据可通过专业百科词典、石油维基、学术期刊、会议论文集、政府网站、油公司网站等数据源获得。本文的原始语料主要通过爬

虫等技术手段，从《石油勘探与开发》、《中国石油勘探》、《天然气工业》、SPE等综合排名较高的学术期刊网站收集油气上游领域论文摘要12.4万余篇，以及石油百科、词条释义和内部知识文档3万余份，经过分类、去重和清洗等一系列预处理步骤后，形成12.9万条语料组成的大语言模型基础语料库；其中学术期刊和会议类占9.97万条，论文来源382个，采集论文数量最多的来源为《天然气工业》、《新疆石油地质》、《石油学报》、《石油实验地质》、《石油与天然气地质》、《SPE Annual Technical Conference and Exhibition》会议论文、《石油勘探与开发》等（图1）。

2.2　智能标注

为了能对通用大语言模型进行微调，让大模型学到勘探开发行业知识，需要从原始语料中生成问答对。百科、词条类语料天然具有问答对结构，故不需进行人工标注。但对非结构化论文摘要，需要通过标注，从原始文档中生成问答对，从而能够对通用基础模型进行微调。专业标注语料数量稀缺、质量不高，是通用大语言模型变成专业大模型的主要障碍。本研究采用自动标注加人工审核的方式，从原始文档中批量产生问答对，然后进行人工审核。具体方法是利用阿里通义千问大模型API，输入摘要文档，根据问题生成指令生成2个问题和答案（图2）。经过人工检查修改后，将原文、问题、答案进行审核入库。通过这种方法可大幅提高专业语料的产生的效率，降低

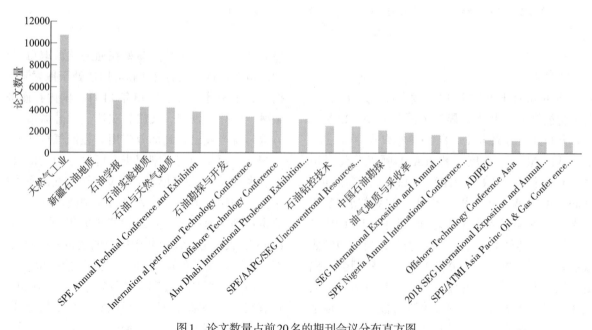

图1　论文数量占前20名的期刊会议分布直方图

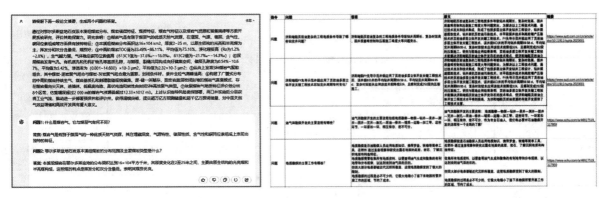

图2   自动语料标注过程与标注结果示例图

语料标注的成本。本文通过自动标注和人工审核的方法，收集整理油气专业问答对500条。同时，本文的语料还包括中英文词条、百科类问答对4700条，以及中英文摘要翻译问答对5000条。最终用于大模型微调的问答对综述为10200对。

2.3　大模型微调与最优模型选取

随着大模型技术的兴起，越来越多的基础大模型和行业大模型被发布。据统计，截至2024年7月，全球人工智能大模型有1328个。在如此多的大模型中，如何选取一款最合适的基座大模型作为油气勘探开发行业的基础大模型？本文的做法是根据各类原始大模型微调前后在油气勘探开发行业的语料上的性能，选择性能最优的大模型作为油气勘探开发基座模型。

具体研究方法是，首先将问答对按照8：1：1的比例分为训练集、评价集和测试集，它们分别包含8160、1020、1020条问答对。训练集和评价集主要对基础大模型进行微调和评估，测试集用来对大模型微调前后的性能进行评估。模型性能评估方法采用Bleu算法。该算法原本是用来对机器翻译的效果进行评价，其主要思想是计算大模型输出的准确度，是一种较通用的大模型性能评价算法。

本文选取三类最新、有代表性的通用大模型Llama3.1-8B-Instruct、GLM4-9B和QWen2.5-7B-Instruct，先利用训练集和评价集数据对大模型进行微调，然后利用测试集数据对模型微调前后的效果进行对比，选择表现最好的大模型为油气勘探开发行业模型。为了高效、一致地进行基础模型的微调，本文采用了LLaMA-Factory框架对上面的三类大模型进行统一微调。LLaMA-Factory是一个高效的微调工具，支持32类典型开源大模型的快速微调。

2.4　检索增强生成

为了降低大模型的幻觉问题，本文尝试检索增强生成技术对微调后的大模型进行增强。和微调技术相比，检索增强生成不改变大语言模型本身参数，该技术通过构建外部向量知识库，将企业内部和专业知识及数据存储到外部的向量知识库中。当用户和大模型交互时，系统首先将用户的问题转换为向量，检索向量知识库，然后将检索结果和用户问题一起返还给大模型。图3以大王庄油田构造特点问题为例，展示了检索增强生成的工作流程和应用效果。该技术可分为三个步骤，（1）索引：构建一个包含外部知识和文档的索引知识库，这是检索的基础；（2）检索：通过检索索引知识库，根据用户问题查询相关文档片段；（3）生成：使用大语言模型将检索到的文档片段与用户查询结合，产生所需的输出。通过检索增强生成技术，可在很大程度上解决知识更新不及时、大模型幻觉和数据安全性等问题。检索增强生成是大语言模型在垂直行业落地、改进大语言模型性能的最佳选择之一。同时，该技术也解决了大模型更新不及时、数据安全性差的问题。

2.5　勘探开发场景应用

经过微调和检索增强生成后，大模型本身不但具备一定的行业知识，而且能够在保证数据安全的前提下，不断进行知识更新，能够通过自然语言会话的方式，比较准确地回答一些勘探开发专业问题。但很多油气勘探开发应用场景不完全是通过自然语言对话或文本生成的方式来实现的。从本质上看，大模型的文本生成功能是基于语言统计规律，而非严格的数学计算；但储量评价、地质建模、油藏数字模拟、采收率计算等应用，背后有精准的机理模型和计算公式。因此，这些应用场景不是大语言模型的强项。但大模型可以

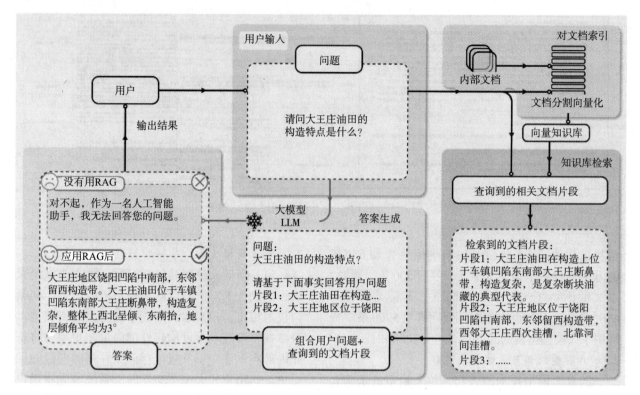

图3 检索增强生成技术流程示例图

通过函数调用（Function Calling）技术，根据当前会话语义，自动智能调用这些应用、工具或API接口，来计算或者展示勘探开发的指标和应用。本文以采收率计算和数据挖掘分析展示为例，简单展示大模型的函数调用功能。

3 实验结果和效果展示

3.1 大语言模型微调实验结果展示

本问基于8160条训练语料和1020条评估语料，利用LLaMA-Factory微调框架，在RTX 4090 GPU（32G）显卡上对Llama3.1-8B-Instruct、GLM4-9B和QWen2.5-7B-Instruct三类大模型进行LoRA微调。微调参数及它们的取值如下表所示（表1）。

上述三类大模型的微调损失函数如图4所示。从图中可以看出，原始损失函数和平滑后的损失函数曲线稳定快速递减，说明LoRA微调方法及训练和评价数据集是有效的。从损失曲线上看，QWen2.5大模型经过微调后的损失值比其他两个大模型要大，这从侧面反映了QWen2.5模型的效果可能不如其它两个大模型。

3.2 三类大语言模型微调效果评估

为了定量评估三类大模型微调前后的性能，

表1 三类典型大模型的LoRA微调参数

参数	参数值	参数	参数值
stage	sft	gradient_accumulation_steps	8
do_train	TRUE	learning_rate	1.00E-04
finetuning_type	lora	num_train_epochs	3
lora_target	all	lr_scheduler_type	cosine
template	llama3/qwen/glm4	warmup_ratio	0.1
cutoff_len	2048	bf16	TRUE
max_samples	1000	ddp_timeout	1.8E+08
overwrite_cache	TRUE	val_size	0.1
preprocessing_num_workers	16	per_device_eval_batch_size	1
per_device_train_batch_size	1	eval_steps	500

利用Bleu算法对Llama3.1-8B-Instruct、GLM4-9B和QWen2.5-7B-Instruct三类大模型在1020条测试集上的问答准确度进行了计算。这三类大模型在微调前后的Bleu平均分如图5所示。从图中可看出，在微调前，GLM4和QWen2.5在测试集上的性

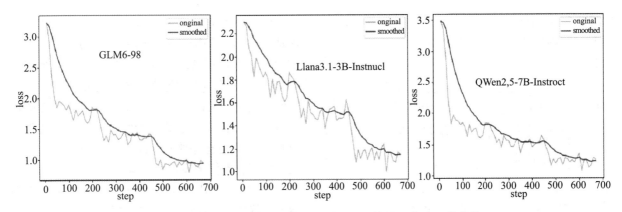

图4　GLM4、Llama3.1和QWen2.5勘探开发语料微调损失函数曲线

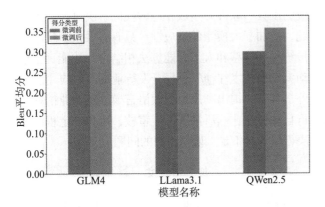

图5　GLM4、Llama3.1和QWen2.5在勘探开发
语料微调的损失函数曲线

能较好，Bleu得分分别为0.29和0.30，而Llama3.1的得分仅为0.24；微调后GLM4的Bleu得分最高，达到0.37，而QWen2.5和Llama3.1微调后得分为0.35和0.36。综合比较这三类大模型在测试数据集上的表现，本文选取GLM4微调后的模型作为勘探开发行业语言模型。

通过上述微调和性能评估，可以选择在行业语料上表现最优的大语言模型。这种方法可以扩展到更多的大模型，从成百上千的开源模型中优选出最合适本行业和本应用场景的大模型。

3.3　检索增强生成实验

本研究基于微调后的GLM4模型进行检索增强生成实验，进一步降低大模型的幻觉，提升在专业问题回答的准确度，但尚不能满足勘探开发行业需求。本文通过构建外部知识库，将最新知识经过处理后保存到Milvus向量库。Milvus是一款高性能、高扩展性的开源向量数据库，专为处理海量向量数据的实时召回而设计。具体方法是将12.9万条语料，切割的文本块窗口长度为250字，为了防止语义丢失和语义跨段现象，设置文本段之间的重复长度为100。如果一篇摘要的长度为

400字，该摘要在向量库中会分成3段，起始长度分别为［1-249］、［149-398］、［298-400］。

文档经过切分后，接下来需要对切分后的文本进行向量化处理，即通过Embedding模型将文本转换为一组固定长度的数字。OpenAI于2024年1月发布了两个Embedding模型：text-embedding-3-large和text-embedding-3-small，其最大特点是支持自定义的缩短向量维度，从而在不影响最终效果的情况下降低向量检与相似度计算的复杂度。本文采用text-embedding-3-large模型对文本进行向量化，向量化后结果存入Milvus向量库。经过检索增强后的勘探开发行业大模型，在测试集上的Bleu得分如图6所示。从图中可看出，经过检索增强后，模型在回答测试集问题的准确度得到大幅提升，Bleu平均分从0.37增加到0.64。

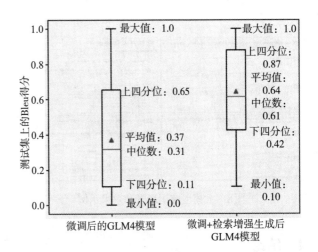

图6　检索增强生成前后模型在测试集上的
性能量化对比箱线图

本研究给微调和检索增强生成后的GLM4模型增加Gradio界面后，构建勘探开发智能小助手EPChat，其界面和检索增强效果如图7所示。从图

中的真实案例可看出，检索增强生成能大幅提升模型的问答准确性和实时性，降低大模型的幻觉现象。

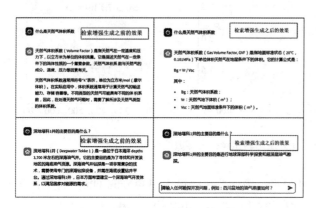

图7　检索增强生成前后模型在测试问题回答上的真实效果

3.4　大模型场景应用和效果展示

基于微调和检索增强后，大模型的幻觉现象会大幅降低。但在很多情况下不能直接解决勘探开发行业的问题。本文通过函数调用方法，在GLM4工具模式和代码模式下，自动计算采收率计算并进行表格数据查询等功能（图8），展示了利用大模型和传统机理模型、算法及传统数据挖掘算法相结合，来解决行业问题的思路。函数调用功能可以根据用户的输入自动判断何时需要调用哪些函数和工具，并且可以根据函数的描述信息，将符合要求的参数传给函数，并将计算结果传回给用户。

图8　大模型应用场景和效果示例

4　结论

本文的研究和实验结果表明，微调和检索增强生成是通用大语言模型在油气勘探开发行业落地的切实可行方案。通过构建行业数据集，对各类大模型进行微调评估，可以在众多的大模型中找到最合适本行业的模型。当前大模型层出不穷，

只有通过在行业语料上进行测试对比，才能选出最适合本行业和场景的大模型。微调能在一定程度上减轻大模型的幻觉问题，但并不能满足实际业务需求；经过检索增强生成后，在测试数据集上的准确度达到64.2%，表明检索增强生成能够较大幅度提升行业模型的应用效果。但检索增强生成技术需要构建外挂知识库，会增加内部知识采集、梳理、存储和检索的成本。

通过函数调用，可以实现大模型和传统机理模型、算法及数据挖掘分析工具的无缝集成，大模型可以理解用户的问题，在适当的时候智能调用相应的工具、软件并生成相应的代码解决真实业务问题，增加了大模型的适应性。只有将大模型技术和传统机理模型和人工智能算法相结合，才能真正推动大模型技术在油气勘探开发行业的落地应用。另外，本研究提出利用通用大语言模型对专业语料进行自动标注，然后进行人工审核，可在一定程度解决行业语料不足、质量不高的问题。

参　考　文　献

［1］Brown, Tom B. et al. Language Models are Few-Shot Learners. ArXiv abs/2005.14165（2020）: n. pag.

［2］Zhao, Wayne Xin et al. A Survey of Large Language Models. ArXiv abs/2303.18223（2023）: n. pag.

［3］北京市科学技术委员会、中关村科技园区管理委员会，北京市人工智能行业大模型创新应用白皮书（2023年），2023，https://www.beijing.gov.cn/ywdt/gzdt/202311/t20231129_3321720.html.

［4］中国石油报，院士讲AI大模型，助推油气行业新质生产力发展，2024，https://mp.weixin.qq.com/s/nPVvCZ4LA7KFL9udUlzqHQ.

［5］中国信息通信研究院，全球数字经济白皮书，2024.

［6］LLaMA-Factory Easy and Efficient LLM Fine-Tuning, https://github.com/ hiyouga/LLaMA-Factory, 2024.

［7］Gao, Yunfan et al. Retrieval-Augmented Generation for Large Language Models: A Survey［J］. arXiv: 2312.10997, 2023.

［8］Ovadia, Oded et al. Fine-Tuning or Retrieval? Comparing Knowledge Injection in LLMs. ArXiv abs/2312.05934（2023）: n. pag.

［9］Milvus, https://github.com/milvus-io/milvus, 2024.

［10］New embedding models and API update, https://openai.com/index/new-embedding-models-and-api-updates/, 2024.

炼化行业文档智能查询：NLP大模型的应用探索

阿卜杜艾尼·图尔荪

（中国石油乌鲁木齐石化公司）

摘　要　随着炼化企业数据量的指数级增长，传统文档管理方式面临信息过载、处理效率低下及资源浪费等问题。本文旨在探讨自然语言处理（NLP）大模型在炼化行业文档自动化处理中的创新应用与实践价值。

研究首先分析了炼化行业文档的特征与处理需求，涵盖技术报告、安全手册、政策法规、合同文件、生产数据报表等。随后，提出了一套基于NLP大模型的文档理解与处理框架，包括文本分类、信息抽取、语义理解与转换和自动摘要等功能模块。此框架利用大模型的深度学习能力，精准解析文档内容，提取关键信息，实现自动化索引、归档与检索，显著提升文档处理速度与准确性。

最后，本文讨论了技术实施中的挑战与对策，如数据隐私保护、模型训练和微调及持续优化机制，并展望了NLP大模型与炼化行业数字化转型的深度融合前景，指出其在促进能源管理智能化、提升行业整体效能方面的广阔应用空间。这一技术革新不仅加速了决策过程，减少了人工错误，还促进了知识的有效管理与利用，为炼化行业的信息化转型提供了强大的驱动力。随着NLP技术的不断成熟与定制化发展，其在炼化行业的应用前景将更加广阔，持续推动能源领域的数字化、智能化进程。

关键词　自然语言处理（NLP）；大模型；炼化行业；文档自动化处理；信息抽取；文本分类；数字化转型；智能化管理

1　引言

传统的文档表单处理技术在面对炼化行业文档的复杂性、多样性以及领域特定语言时显得力不从心，这些文档往往包含高度专业术语、多模态信息与非结构化数据。近年来，随着人工智能技术的飞跃，基于自然语言处理（NLP）的大规模预训练模型在文档自动化处理方面展现出独特优势，为炼化行业带来了革新。这些模型借鉴并融合了深度学习的最新进展，如变换器架构（Transformer），能够理解和生成自然语言，有效解决了传统方法在处理语义理解、信息抽取、自动分类和摘要等方面的局限性。特别是在文档自动化处理方面，NLP大模型的应用展现出了巨大的潜力和价值。

NLP技术能够通过智能文档管理系统，实现对大量文档数据的自动分类、提取和标记，从而极大地提高了文档处理的效率并简化了工作流程。例如，在电力行业，NLP技术已被应用于智能客服中心，辅助业务处理，同时也在逐步深入到具体的管理检测和维护中。此外，大模型如文心大

模型等，具备强大的语言理解和生成能力，能够从大规模知识图谱和海量无结构数据中学习，这为炼化行业提供了更为精准和高效的文档处理解决方案。

在实际应用中，例如北京市首批人工智能行业大模型应用案例中，就展示了基于电力行业NLP大模型的设备运检知识助手示范应用，这不仅提高了设备运检的效率，也增强了能源系统的整体运行安全性。此外，南方电网公司自主研发的电力行业人工智能创新平台，也体现了NLP大模型在电力行业中的应用潜力。

总之，NLP大模型在炼化行业文档自动化处理中的应用，不仅能够提高文档处理的速度和准确性，还能通过智能化的文档管理，帮助企业更好地管理和利用其文档资源，从而推动整个炼化行业向更加智能、高效和可持续的方向发展。

2　NLP大模型基础

NLP（自然语言处理）大模型的基础主要涉及到深度学习技术在处理和理解人类语言方面的应用。

近年来，随着计算能力的提升和数据量的增加，深度学习技术在NLP领域取得了显著的进展。特别是预训练模型如BERT、GPT-3等，以及Transformer架构的引入，都极大地推动了NLP技术的发展。

预训练模型通过在大规模无标签文本上进行预训练，学习到丰富的语言表示，这些表示可以被用于各种下游任务，如问答、机器翻译、文本生成等。例如，BERT模型通过双向编码器表示从转换器中预训练深度双向表示，使得该模型能够在多种任务上实现最先进的性能，而几乎不需要对任务特定架构进行修改。此外，GPT-3作为一个自回归语言模型，通过扩大模型规模，展示了在少数样本学习上的强大能力，有时甚至与之前的最先进微调方法相媲美。详见图1。

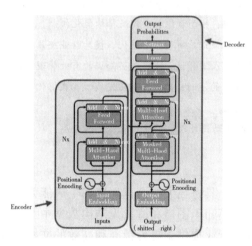

图1　Transformer结构图

Transformer架构的引入，为序列转换模型提供了一种新的解决方案，它完全基于注意力机制，摒弃了以往模型中的循环和卷积结构。这种架构不仅提高了模型的训练效率，还使得模型在多个任务上都能达到或超过现有最佳结果。除了预训练模型和Transformer架构，其他技术如Adam优化器也为NLP大模型的训练提供了支持。Adam优化器通过自适应估计低阶矩来优化随机梯度下降过程，使得模型训练更加高效。然而，尽管NLP大模型在多个任务上取得了显著的进步，但它们在处理复杂推理任务、透明度、鲁棒性、真实性以及伦理对齐方面仍面临挑战。此外，如何有效地融合外部知识源，以处理更具知识密集性的NLP任务，也是当前研究的一个重要方向。

总之，NLP大模型的基础涵盖了从深度学习技术的发展、预训练模型的应用、Transformer架构的创新，到优化算法的改进等多个方面。这些进展不仅推动了NLP技术的发展，也为解决实际问题提供了强大的工具。未来的研究将继续探索如何克服现有模型的局限性，以及如何更好地利用这些技术来促进NLP领域的进一步发展。

3　炼化行业文档自动化处理需求

炼化行业，尤其是炼油与化工（炼化）板块，面临着海量的非结构化数据挑战。这些数据广泛分布在技术报告、操作手册、设备日志记录、安全规范、工程图纸、环境监测记录、市场分析报告等多种文档中。非结构化数据的特性使得手动提取和分析信息变得异常繁琐且易出错，这不仅消耗大量人力资源，还可能导致决策延误和效率低下。

因此，将自然语言处理（NLP）大模型应用于炼化行业的文档自动化处理显得尤为重要，具体需求可归纳为以下几点：

3.1　信息精准提取

需求描述：从海量文档中自动识别并提取关键信息，如设备型号、维护记录、故障代码、原材料消耗量、生产指标等，对于优化资源配置、预防性维护及故障诊断至关重要。

解决方案：利用NLP大模型的实体识别（NER）、关键词提取和关系抽取技术，对非结构化文本进行深度解析，实现对关键数据的自动化抓取与结构化存储。

3.2　文档分类与索引

需求描述：鉴于炼化企业日常产生大量的技术文档和报告，快速准确地对这些文档进行分类和索引，能够显著提升信息检索效率，便于知识管理和分享。

解决方案：应用NLP模型的文本分类功能，依据文档内容自动将其归类至相应主题或类别下，同时利用文本摘要技术生成文档摘要，便于快速浏览和定位信息。

3.3　合规性监测与风险预警

需求描述：炼化行业需严格遵守环保法规、安全标准和操作规程。自动检测文档中的合规性问题，提前预警潜在风险，是确保业务合法性和安全性的重要环节。

解决方案：基于NLP的情感分析和规则匹配技术，自动审查文档内容，识别可能的合规风险点和安全隐患，及时通知相关人员进行核查和处理。

3.4 情绪与趋势分析

需求描述：分析内部员工报告、客户反馈和行业动态中的情绪倾向，帮助企业把握员工满意度、客户需求变化及市场趋势，为战略决策提供依据。

解决方案：使用NLP模型的情绪分析功能，识别文本中的正面或负面情绪，结合文本聚类和主题建模技术，揭示隐藏的趋势和模式。

3.5 自动化报告生成

需求描述：自动生成或半自动生成生产报告、安全审计报告、市场分析报告等，减轻人工编写负担，提高报告制作的效率和准确性。

解决方案：结合NLP的文本生成能力与数据集成技术，根据预定义模板和实时数据，自动生成高质量的报告内容，确保数据准确性和报告一致性。

4 NLP大模型在炼化行业的应用案例

NLP大模型在炼化行业文档自动化处理中的具体应用案例主要包括以下几个方面：

4.1 设备运检知识助手：由百度和国网智能电网研究院共同开发，利用百度"文心一言"系列大模型及配套的深度学习、知识图谱等技术，与国网智研院共同构建了千万级电力文本样本库和电力行业知识图谱。这个项目旨在通过NLP大模型训练，提高电力专业分词、电力营销等方面的能力，从而助力智慧能源的发展。

4.2 监控报警事件识别模型：通过自然语言处理技术对报警信息文本的特征进行分析和整理，并做好预处理工作。基于Word2vec模型对监视警报信息进行矢量化，最后，针对报警信息的特点，建立了基于LSTM和CNN组合的监控报警事件识别模型。该模型可以通过与多种识别模型的比较，以提高能源系统的监控效率和准确性。

4.3 电力行业人工智能创新平台及自主可控电力大模型：南方电网人工智能科技有限公司负责研发的电力行业人工智能创新平台及自主可控电力大模型正式公开发布。该平台提供模型即服务（MaaS），支持模型快速迭代，为电力行业提供更加高效、智能的解决方案。

5 实现挑战与解决方案

5.1 技术挑战

5.1.1 多样化的文档格式与专业术语

描述：炼化行业文档类型多样（包括PDF、Word、Excel、扫描件等）以及充满了非常专门的词汇和表达方式，这对NLP模型的理解能力提出了很高要求。

5.1.2 数据质量和完整性

描述：非结构化数据往往包含噪声、不完整信息或格式不一致，影响信息提取的准确性，需要先进的数据预处理技术来提升数据质量。

5.1.3 法规遵从性和敏感信息保护

描述：在处理炼化行业数据时，必须严格遵守行业规定和隐私法律，避免泄露敏感信息，这要求NLP模型在高效处理信息的同时保证高度的安全性和合规性。

5.1.4 模型的可解释性与信任度

描述：对于高度专业化的决策过程，模型的预测和建议需要具备良好的可解释性，以便专家理解和验证，增强决策者的信心。

5.1.5 持续迭代与性能优化

描述：炼化行业的复杂性和动态变化要求NLP模型不仅在初始部署时达到高性能，还需具备持续学习和优化的能力。性能优化涉及减少误报和漏报，提高处理速度，以及在有限资源下保持或提升效率，这些都是维持模型长期有效性和竞争力的关键。为此，开发团队需要建立一套有效的反馈循环机制，确保模型能够根据实际应用中的表现反馈进行快速迭代调整。

5.2 解决方案

5.2.1 针对多样化文档的预处理技术

策略：开发或采用先进的文档解析工具，将不同格式的文档统一转换为结构化或半结构化数据。这可以通过利用领域特定的语言模型，对专业术语进行词典扩展和嵌入学习，提高模型的领域适应性。

利用自动化的语义管理技术，如基于本体的数据管理（OBDM），通过文本描述快速生成和消费元数据，从而自动创建语义模型，增强模型对复杂和稀有情况的处理能力。

5.2.2 数据清洗与增强

策略：面对非结构化数据中的噪声、不完整信息或格式不一致问题，可以实施多层次的数据清洗流程，包括去除无关字符、纠正拼写错误、填补缺失值等。同时，利用迁移学习、合成数据生成等技术增强模型训练数据集，以提高模型对复杂和稀有情况的处理能力。

5.2.3 加强数据安全与隐私保护

策略：在处理炼化行业数据时，必须严格遵

行业规定和隐私法律，避免泄露敏感信息。这要求NLP模型在高效处理信息的同时保证高度的安全性和合规性。可以通过采用自主访问控制与基于角色的访问控制相结合的方法对企业电子文档的权限进行管理，同时采用加密和压缩技术使得电子文档在网络上的传输更加安全和高效。

5.2.4　可解释性模型与人机交互界面

策略：采用可解释的NLP模型架构，如注意力机制、LIME（局部可解释模型的解释）等方法，使模型决策过程透明化。开发用户友好的界面，展示模型决策的逻辑路径，允许专家介入修正或确认模型输出。

5.2.5　持续迭代与性能优化

策略：建立反馈循环机制，收集模型应用中的误报和漏报实例，用于持续迭代优化模型性能。利用A/B测试评估新算法或模型版本的效果，确保持续提升处理效率和准确率。

6　未来展望与发展趋势

6.1　模型规模化与效率优化

随着技术的进步，NLP大模型预计将继续扩大规模，利用更庞大的数据集和更复杂的架构来进一步提升语言理解与生成的精度。同时，研究将侧重于提高模型训练和推理的效率，例如通过稀疏化、量化、模型剪枝等技术减少计算资源消耗，使得大模型能在炼化企业的日常运营中更加实用和经济高效。

6.2　零样本与少样本学习

面对炼化行业文档的多样性与专业性，零样本（zero-shot）与少样本（few-shot）学习将成为研究热点。这些技术能够使模型在未见过的任务或数据上快速泛化，减少对大量标注数据的依赖，从而降低定制化成本，加速模型部署到具体业务场景中。

6.3　综合多模态处理能力

随着CV大模型与NLP大模型的融合，未来趋势将侧重于构建能够同时理解文本、图像、声音等多种类型数据的综合大模型。这对于炼化行业来说尤为重要，比如分析维修报告时结合图像识别技术自动识别故障部件，实现更全面的文档自动化处理和智能化决策支持。

6.4　自适应与个性化服务

未来的NLP大模型将更加注重提供自适应和个性化的服务，能够根据不同的企业需求、用户偏好或特定情境调整其处理策略和输出内容。这将要求模型具有更强的上下文感知能力和动态配置功能，以实现更贴合实际应用场景的解决方案。

6.5　可持续性与绿色AI

鉴于炼化行业的特殊性，NLP大模型的应用也将更多地考虑可持续性问题，推动"绿色AI"理念的发展。这意味着优化模型的能效比，探索使用可再生能源进行模型训练和运行，以及开发环境友好型算法，减少碳足迹，促进AI技术与炼化行业的可持续发展目标相协调。

6.6　强化伦理与法律框架

随着技术的广泛应用，强化伦理审查、确保算法公平性、透明度以及遵守行业规范和法律法规将成为不可忽视的趋势。这包括建立严格的隐私保护机制，确保模型决策过程的可解释性，以及制定相应的行业标准和最佳实践，维护社会公众利益和用户权益。

7　结论与展望

7.1　结论

NLP大模型在炼化行业文档自动化处理中的应用展现了其强大的潜力和显著的价值。通过深度学习和自然语言处理技术的最新进展，这些模型不仅提升了文档处理的效率和准确性，还为企业带来了智能化管理和决策的新途径。本论文综述了NLP大模型在炼化行业的多个关键应用场景，包括但不限于合同管理、技术文档分析、合规性检查、客户服务自动化及能源效率分析等。

研究显示，NLP大模型通过精确的信息提取、分类、摘要生成和语义理解等功能，有效减少了人工审核的工作量，提高了处理速度，降低了错误率。特别是在处理海量且复杂的专业文档时，模型展现出了超越传统方法的能力，为炼化企业挖掘数据价值、优化运营流程、提升服务质量提供了有力支持。

7.2　展望

未来，随着模型技术的不断成熟和创新，如模型规模化与效率优化、零样本学习、多模态处理、自适应服务、可持续性增强以及伦理法律框架的完善，NLP大模型在炼化行业的应用将更加广泛和深入。它们将不仅仅是提高工作效率的工具，更是推动炼化行业数字化转型、实现智慧能源管理、促进环境保护和社会责任的重要驱动力。

然而，要充分发挥NLP大模型的潜力，还需克服一系列挑战，包括数据安全与隐私保护、模型的可解释性、高昂的计算资源需求以及环境影响等问题。因此，持续的研发投入、跨学科合作、政策引导和支持，以及对新技术的社会伦理考量，将是实现 NLP 大模型在炼化行业广泛应用并取得长期成功的关键因素。面对环境挑战，绿色 AI 成为趋势，未来的 NLP 模型设计将更加注重能效比，采用低功耗硬件、模型压缩技术及分布式计算等手段，减少碳足迹，促进可持续发展。

总之，NLP 大模型正引领炼化行业文档处理方式的变革，其深远的影响预示着一个更高效、智能、可持续的能源未来。

参 考 文 献

[1] Alec Radford, Jeff Wu et al. "Language Models are Unsupervised Multitask Learners." (2019).

[2] Alex Wang, Amanpreet Singh et al. "GLUE: A Multi-Task Benchmark and Analysis Platform for Natural Language Understanding." BlackboxNLP@EMNLP (2018).

[3] Prateek Kumar and Sanjay Kathuria. "Large Language Models (LLMs) for Natural Language Processing (NLP) of Oil and Gas Drilling Data." Day 2 Tue, October 17, 2023 (2023).

[4] O. Ogundare, S. Madasu et al. "Industrial Engineering with Large Language Models: A Case Study of ChatGPT's Performance on Oil & Gas Problems." International Conference on Control, Mechatronics and Automation (2023). 458-461.

[5] 成绥民, 成珍, 李淑白. 油气工业 AI 技术的应用与发展方向 [J]. 天然气工业, 2004 (07): 115-117+143.

[6] Xiongyan Li, Hongqi Li et al. "Model-Driven Data Mining in the Oil & Gas Exploration and Production." 2009 Second International Symposium on Knowledge Acquisition and Modeling (2009). 20-24.

[7] 张亚光. 基于智能模型库的石化企业 SDSS 研究 [D]. 哈尔滨工程大学, 2005.

[8] 吕燕君. 炼化一体化 Petro-SIM 全流程模型智能化应用探讨 [J]. 石油化工技术与经济, 2020, 36 (03): 8-12.

[9] 刘艳武. 神经网络技术在炼油企业的应用 [D]. 天津大学, 2006.

[10] Kwang Y. Lee, Jinseok Heo et al. "Neural Network-Based Modeling for A Large-Scale Power Plant." IEEE Power Engineering Society General Meeting (2007). 1-8.

[11] 孔令健. 炼化一体化企业计划优化模型的开发与应用 [J]. 中外能源, 2020, 25 (08): 49-54.

[12] 李红娟, 王建军, 王华等. 建立 PNN-HP-ENN-LSSVM 模型预测钢铁企业高炉煤气发生量 [J]. 过程工程学报, 2013, 13 (03): 451-457.

[13] 黄诚, 潘雯晋. 基于机器学习的石油多峰模型研究及应用 [J]. 西南石油大学学报（自然科学版）, 2020, 42 (06): 75-81.

[14] 解新安, 刘焕彬, 华贲. MINLP 模型及其在石化行业中的应用——Ⅱ. 反应网络与反应精馏系统 MINLP 模型的建立 [J]. 炼油技术与工程, 2003 (11): 50-54.

[15] R. Socher, Alex Perelygin et al. "Recursive Deep Models for Semantic Compositionality Over a Sentiment Treebank." Conference on Empirical Methods in Natural Language Processing (2013).

[16] 王志会, 周晖, 付振奇等. 炼化技术的发展现状及趋势 [J]. 化工管理, 2020, No.575 (32): 129-130.

[17] 罗佐县. 新常态下炼油产业发展趋势及应对策略 [J]. 当代石油石化, 2017, 25 (10): 1-6.

[18] 舟丹. 炼化行业的发展趋势 [J]. 中外能源, 2021, 26 (06): 57.

[19] 刘海燕, 于建宁, 鲍晓军. 世界石油炼制技术现状及未来发展趋势 [J]. 过程工程学报, 2007 (01): 176-185.

[20] Gil Francopoulo, J. Mariani et al. "Predictive Modeling: Guessing the NLP Terms of Tomorrow." International Conference on Language Resources and Evaluation (2016).

[21] 凌纪伟, 新华网. 北京市首批 10 个人工智能行业大模型应用案例发布. http://www.news.cn/tech/20230627/9e5dcb42cdd64ebaa84bba9dad936871/c.html.

[22] 杨彬, 张玲, 澎湃网. 电力行业人工智能创新平台及自主可控电力大模型发布! https://www.thepaper.cn/newsDetail_forward_24760197.

基于人工智能大模型的油气行业行业优化策略研究

金晔鑫

（中国石油乌鲁木齐石化公司）

摘　要　石油和石化行业作为全球经济的重要支柱产业之一，不仅在能源供给上扮演着不可或缺的角色，还直接影响到化工材料等众多行业的发展。然而，随着全球向绿色低碳经济转型的推进，该行业面临资源利用效率低、生产成本高以及环境污染等一系列重大挑战。传统的生产流程和管理模式难以应对这些复杂问题，迫切需要新的技术手段来提升生产效率、降低能耗和减少污染。人工智能技术，尤其是大规模预训练模型的快速发展，为石油和石化行业带来了前所未有的优化机会。本论文旨在探索如何利用人工智能大模型优化石油石化行业的各个环节，以提升行业的生产效率、降低生产成本，并实现绿色低碳发展。

本文介绍了多种先进的技术手段，包括大规模预训练模型、数字孪生技术和物联网，以系统性地优化石油和石化行业的各个生产环节。通过案例分析和实验验证，研究结果表明，人工智能大模型在石油和石化行业中的应用取得了显著的成果。大模型有效提升了生产效率，整体生产效率提高了15%~20%；在能耗优化方面，实现了平均10%以上的能耗降低；通过预测性维护，设备故障率减少了25%，降低了设备维护成本。此外，结合数字孪生技术的应用，极大提升了生产过程的可视化和智能化水平，为管理人员提供了更加精准的决策支持，减少了人为干预的可能性。

关键词　人工智能；大模型；石油石化行业；数字孪生；物联网

1　引言

数据智能、人工智能（AI）以及大型模型技术正逐渐成为油气领域智能勘探、开发和生产的关键驱动力。随着AI技术的持续进步，石油行业普遍认识到，智能化转型是推动行业前进的核心动力。油气行业的日常工作充满了解决复杂且不断变化的挑战；特别是在油气勘探、开发和生产过程中遇到的非线性问题，这些通常涉及高风险决策，并且需要提升决策的准确性和科学性。这些需求使得AI在石油工业中的应用变得至关重要。

因此，在油气行业中，"人工智能+"的赛道充满了无限机遇。根据工业和信息化部赛迪研究院的数据，到2023年，中国在生成式人工智能领域的企业采纳率已达到15%，市场规模约为14.4万亿元人民币。预计到2035年，中国生成式人工智能的经济规模有望超过30万亿元人民币。大型模型作为新一代人工智能的代表，也被称作通用人工智能，它不仅能够显著降低开发AI产品的门槛，还能提升AI的性能和适用性，展现出巨大的

发展潜力。通过引入AI大型模型，不仅可以实现生产流程的智能化和优化，还能显著减少生产过程中的人为干预和决策错误。因此，本研究旨在探索如何利用AI大型模型优化石油和石化行业的各个环节，提高资源利用效率，降低生产成本，并为行业的绿色低碳转型提供技术支撑。

通过采用先进的数据智能和AI技术，石油和天然气行业能够应对日益复杂的挑战，实现更精准的决策制定。AI技术的发展不仅为行业带来了新的解决方案，还推动了智能化转型，这对于提高资源的利用效率、降低成本以及支持行业的可持续发展至关重要。随着大型模型技术的进步，我们有望看到AI在石油和天然气行业的应用将更加广泛和深入，为行业带来革命性的变化。本研究将深入探讨如何有效利用这些技术，以优化石油和石化行业的操作流程，提升资源的利用效率，并推动行业的绿色转型。

2　技术思路和研究方法

本文通过深度学习算法，对石油石化行业的大量历史数据进行分析。通过构建预测模型，对

生产过程中的关键参数进行预测，从而优化生产过程。为了实现石油和石化行业的优化，本文介绍以下技术思路和研究方法：

（1）数据收集与预处理：通过物联网（IoT）设备收集石油和石化行业各环节的生产数据，包括井下作业、炼化装置、设备运维等。数据来源广泛，涵盖生产过程、设备状态、能耗情况等。数据预处理方面，采用数据清洗、标准化、降噪等技术，确保大模型输入的数据高质量和一致性，为后续的模型训练打下坚实基础。

（2）大模型的选择与训练：选择大规模预训练模型（如Transformer架构）作为核心算法，以其强大的建模能力来捕捉生产过程中的复杂模式和非线性关系。利用迁移学习方法，将预训练模型在通用数据上的知识迁移到石油和石化行业的具体任务上，从而加快模型的适应速度并减少训练时间。

（3）模型应用于生产流程优化：通过训练后的大模型对生产过程进行智能预测，包括产量预测、设备故障预测等，从而提前进行优化调度。在设备维护与健康管理方面，利用大模型对设备的状态进行监测，结合预测性维护策略，减少设备故障率，降低维护成本。此外，通过对生产过程的能耗数据进行建模和分析，提出能耗优化方案，帮助企业实现绿色生产目标。

（4）数字孪生与实时监控：结合数字孪生技术，构建石油和石化行业的虚拟模型，实时模拟和预测生产过程中的变化，提升对生产流程的可视化和控制能力。数字孪生与大模型结合，可以为管理人员提供实时的决策支持，优化生产操作，减少人为失误。

（5）实验设计与案例分析：选取若干典型的石油和石化行业生产场景，进行实验验证。通过案例分析，如井下作业的动态调整、炼化装置的参数优化等，评估大模型的实际效果。通过对比传统优化方法与大模型驱动的优化结果，展示大模型在提高生产效率、降低能耗和减少碳排放方面的优势。

（6）评价指标与效果验证：采用多种评价指标来验证大模型的优化效果，包括生产效率提升、能耗降低率、设备故障率减少等。对比实验结果与行业现有标准，验证大模型的实际应用价值，并分析其在实际应用中的局限性和未来改进方向。

3　实际应用案例分析

在石油和天然气行业，大模型技术的应用正在革新井下作业、炼化过程和设备维护等多个环节。以下是三个具体的应用案例，展示了这些技术如何提高效率、降低风险，并推动行业的智能化转型。

案例1：动态井下作业优化

通过部署大模型技术，我们能够对井下作业进行实时的动态调整。这种先进的方法减少了作业过程中的不确定性，有效降低了决策错误，从而提升了作业的整体效率并减少了相关风险。

案例2：炼化装置的深度学习优化

在炼化领域，深度学习被用于建模和优化关键操作参数。这种方法自动化了参数调整过程，显著增强了炼化效率，同时减少了能源消耗，为炼化行业带来了显著的经济效益和环境效益。

案例3：设备故障的预测性维护

大模型技术通过分析设备状态数据，能够识别出潜在的故障风险，实现预测性维护。这不仅减少了设备的停机时间，还降低了维护成本，提高了设备的运行可靠性。

此外，数字孪生和物联网（IoT）技术的融合应用，为生产过程的实时监控和优化提供了新的可能。这种集成方法提升了生产的自动化和智能化水平，减少了人为干预，确保了生产的连续性和稳定性。

综合这些案例，本研究展示了如何通过整合大模型、数字孪生和物联网等前沿技术，对石油和石化行业的各个环节进行系统性的优化。这些技术的应用不仅提高了操作效率，还为石油和石化行业的可持续发展提供了坚实的技术基础。

4　结果和效果

本研究深入探讨了人工智能大模型在油气行业的实际应用，并验证了其在多个关键领域的显著成效：

生产效率的显著提升利用大模型对生产流程进行精准预测和智能调度，我们实现了生产效率15%至20%的显著提升。这种技术的应用提高了操作的精确度，减少了因错误决策引发的生产中断和资源浪费。

（1）能耗的大幅降低

在能耗管理方面，大模型通过分析能耗数据，提出了有效的优化方案，助力企业实现了超过

10%的能耗降低。这不仅减少了生产成本，也符合了低碳经济的发展趋势。

（2）设备维护成本的减少

通过实时监控设备状态并实施预测性维护，大模型技术使设备故障率降低了25%。这种预防性措施显著降低了维护成本，提高了设备管理的效率。

（3）数字孪生技术在生产管理中的应用

结合数字孪生技术，我们构建了生产过程的虚拟模型，为生产管理提供了实时的可视化支持。管理人员能够通过模拟和预测生产过程，更有效地控制和优化操作，减少人为干预，增强生产的连续性和稳定性。

（4）案例分析证实了大模型的效果

在井下作业动态调整和炼化装置参数优化等案例中，大模型的应用带来了显著的改进。与传统方法相比，生产效率提高了15%，能耗降低了12%，碳排放减少了8%。这些成果充分证明了大模型在实际生产中的价值。

（5）评价指标的优异表现

在生产效率、能耗、设备故障率等关键评价指标上，采用大模型的生产系统均优于传统方法。特别是在能耗和设备故障率方面，大模型驱动的系统展现出了显著的优势，大幅减少了能源消耗和维护成本。

综合以上成果，本研究证实了人工智能大模型在石油和石化行业中的应用能够显著提升生产效率，降低能耗和维护成本，并为行业的绿色低碳转型提供了强有力的技术支撑。通过案例分析和多维度评价指标的验证，大模型展现了其在推动行业数字化转型中的巨大潜力和实际应用价值，为石油和石化行业的智能化发展提供了宝贵的参考和指引。

5　结论

本文深入分析了人工智能大模型在石油和石化行业中的应用，并通过对实验和案例的分析，证实了其在优化策略上的有效性和可行性。以下是本文得出的结论：

（1）生产效率与能耗的双重优化

大模型通过智能化的生产过程优化，显著提升了生产效率并降低了能耗。这为石油和石化行业在全球能源转型和绿色低碳发展的趋势中，提供了强有力的技术支持。

（2）设备管理与维护的显著进步

大模型的预测性维护功能有效降低了设备故障率和维护成本。通过实时监控和故障预警，企业能够及时采取措施，减少生产中断，确保设备的稳定运行。

（3）数字孪生技术与大模型的协同效应

数字孪生技术与大模型的结合，为生产过程的全面模拟和监测提供了可能，实现了生产的实时可视化和优化。这种协同作用极大地增强了生产管理的智能化水平，减少了人为干预。

（4）数据驱动决策的重要性

本研究表明，采用数据驱动的方法进行生产优化，能够更准确地捕捉生产过程中的复杂关系，为管理者提供有效的决策支持，从而提升整体生产效能。

总体而言，人工智能大模型为石油和石化行业的数字化和高效化发展提供了坚实的技术基础。虽然人工智能大模型在石油和石化行业展示了巨大的应用潜力，但仍面临数据质量、模型解释性、算法自主可控性等挑战。因此，未来的研究应聚焦于提升数据治理能力、定制化行业特定模型，以及培养复合型人才。

参 考 文 献

［1］王宏琳.通向智能勘探与生产之路［J］.石油工业计算机应用，2016，24（4）：7-20，24.

［2］怀科，鄢捷年，耿铁.人工神经网络在石油工业中的应用及未来发展趋势探讨［J］.石油工业计算机应用，2010（02）：35-38.

［3］吴海莉，龚仁彬.中国石油油气生产数字化智能化发展思考［J］.石油科技论坛，2023，42（06）：9-17.

［4］胡晓东，林伯韬，宋先知.油气人工智能课程实践案例融合与效果评价［J］.科教导刊，2024，（18）：132-134.

［5］王利宁，单卫国，王婧，等.石油石化市场数智化研究探索［J］.国际石油经济，2024，32（S1）：55-60.

［6］孙梦宇.拥抱智能时代打造数实融合新动能［N］.中国石油报，2024-03-13（002）.

［7］杜松涛，杨晓峰，刘克强.人工智能技术在钻井工程的应用与发展［J］.石油化工应用，2024，43（06）：1-5+10.

［8］刘合，任义丽，李欣，等.油气行业人工智能大模型应用研究现状及展望［J］.石油勘探与开发，2024，51（04）：910-923.

［9］乔辉.石化工业数字化转型发展策略综述［J］.智能制造，2024，（04）：36-41.

基于BiLSTM模型的岩石热解属性储层流体识别方法

殷　文　周俊彤　杨天方　于景维

［中国石油大学（北京）克拉玛依校区］

摘　要　储层流体识别在石油勘探和开发中扮演着至关重要的角色。传统的流体识别方法需借助测井技术获得储层的物性、含油性、含水性等参数，并利用交汇图版进而判断储层流体性质，然而这种方法不仅成本较高，且易受地层、储层岩性等因素所影响。岩石热解录井技术提供了一种快速且定量化检测出储集层的油气含量的方法，在流体性质识别、原有密度估算都有不错的应用效果。在此基础上结合深度学习方法，本文提出一种基于双向长短期记忆网络（BiLSTM）的热解属性储层流体识别方法，建立热解属性和复杂储层流体性质之间的非线性关系，利用BiLSTM模型对序列数据的处理能力，捕捉到上下地层的关系，提高模型识别准确率。在模型建立前对岩石热解属性进行数据归一化和敏感参数提取，模型识别结果的评价标准使用更为科学的F1分数。将模型应用于玛湖凹陷风城组低孔低渗储层，该方法在流体识别中取得较好的应用效果，流体性质识别F1值可达92%。实验结果表明，该方法能够有效识别油气储层，并且对于油水同层、水层和干层的区分效果有进一步提升，研究结果表明该方法可以作为低孔低渗油藏岩石热解录井参数识别储层流体的有效手段，为储层流体定性识别提供了新的研究思路，以便更加准确地进行油气解释的精细评价。

关键词　人工智能大模型；玛湖凹陷；流体识别；岩石热解属性

1　引言

岩石热解录井参数可以直接反映岩石中烃类组分的含量，是评价储层含油性的一项重要技术手段。在油气勘探开发中，储层流体性质识别是一项重要的储层表征和含油气性评价任务，对后续油田开发方案的制定与调整起到关键作用。目前识别储层流体常用的方法包括多参数重叠法、交会图法、经验公式法等。主要考虑测井曲线及储层参数，但这些方法受曲线质量、储层岩性与物性等限制，一旦遇到非常规储层段则识别效果不佳，泛化能力不强。近年来随着人工智能大模型的快速发展，深度学习模型被广泛运用于测井岩性识别、曲线预测重构、储层参数计算及流体识别等方面，且取得了较好的效果。国内外有大量学者已将深度学习应用于储层流体识别。周雪晴等人提出采用双向长短期记忆网络针对测井序列信息预测碳酸盐岩的流体类型。韩玉娇结合测井和试油、试采资料利用Adaboost机器学习算法准确识别低阻气藏流体。蓝茜茜等人提出将混合采样技术和ReLU-Softmax激活函数应用在深度神经网络上的储层流体性质识别新方法，在车排子

油田应用效果较好。秦敏等人利用Stacking模型集成传统机器学习算法用于识别高温、高压储层流体，充分发挥各个模型优势，实验预测结果精度较高。HE等人提出深度神经网络和MAHAKIL过采样方法结合对测井数据进行岩性和流体识别，在测试集上效果优异。景一凡等人提出了一种基于Transformer模型的半监督流体识别方法，充分利用大量无标签数据，提高了数据利用率并增强模型的泛化能力。

考虑到玛湖凹陷风城组地层复杂，非均质性强，特征提取困难，预测难度较大的问题，本文提出了一种基于BiLSTM模型的岩石热解属性储层流体识别方法。

2　技术思路和研究方法

2.1　数据来源

玛湖凹陷位于准噶尔盆地西北缘断裂带的东南方向，是准噶尔盆地中央坳陷区分布最北的一个二级构造单元，面积约5000km²。玛湖凹陷风城组为典型的低孔低渗储层（图1）。

岩石热解录井可以分析常温至600℃各温度段内岩石中热解烃的含量。岩石热解分析技术能

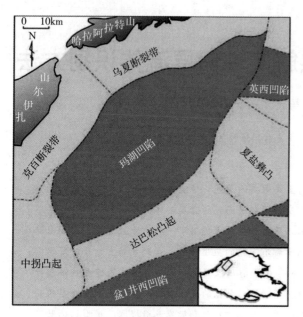

图1　准噶尔盆地玛湖凹陷地理位置图

够直接测定烃源岩的参数有：含气量（S_0）、含汽油量（S_1）、含煤油柴油量（S_{21}）、含蜡或重油量（S_{22}）、含胶质或沥青质量（S_{23}）五项参数，根据已有的参数，派生出凝析油指数（P_1）、轻质油指数（P_2）、中质油指数（P_3）、重质油指数（P_4）、热解总烃量（ST）、总产率指数（TPI）、油产率指数（OPI）、气产率指数（GPI）等十四项常用参数，各项参数可直接或间接反映储层烃类含量及烃类轻重分布特征。

从图2可以看出试油结论分布极不均匀，油气同层占据总数据量的86%，可能会影响到最终预测结果。

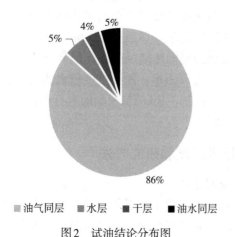

■油气同层　■水层　■干层　■油水同层

图2　试油结论分布图

2.2　数据归一化

由于热解数据的量纲不同，如果直接将数据加入网络模型中进行训练，会导致网络学习的计算量增大、学习速度变慢并且预测精度也会大大下降，为了消除量纲对模型预测效果的影响，需对数据进行归一化处理，消除不同特征之间的差异，使得所有特征的权重在训练过程中更加平等，提高了模型的训练效果。本文使用最大最小值归一化方法，将输入的热解属性值映射到［0，1］，即每组值中最大值为1，最小值为0，其公式如下：

$$x = \frac{x - x_{min}}{x - x_{max}}$$

其中，X_{max}和X_{min}分别表示输入数据的最大值和最小值。

2.3　敏感参数选取

在建立流体识别模型之前，对现有属性做相关性分析，避免新增的属性与热解原始属性之间存在高度共线性关系，导致模型的预测结果不稳定，准确率下降。本次使用皮尔逊相关系数来度量两变量之间的线性相关程度。皮尔逊相关系数计算公式如下：

$$r = \frac{\sum_{i=1}^{n}(X_i - \bar{X})(Y_i - \bar{Y})}{\sqrt{\sum_{i=1}^{n}(X_i - \bar{X})^2}\sqrt{\sum_{i=1}^{n}(Y_i - \bar{Y})^2}}$$

式中，r为皮尔逊相关系数，X_i、Y_i为对应X、Y两个变量值，$\bar{X}$、$\bar{Y}$为X、Y的平均值。图2展示了热解属性两两之间的皮尔逊相关系数，重点关注相关系数较高的参数组合。由图2可知，OPI和TPI与凝析油指数P_1相关系数分别为0.98和0.99，证明OPI和TPI都与P_1存在高度线性关系，故在之后的模型输入数据集中剔除OPI和TPI（如图3）。

2.4　评价标准

在分类问题中，通常采用准确率（Accuracy）这一评价指标进行评价。但是由于数据集类别的分布不均，导致准确率不能反映出真实的分类效果。针对这一问题提出了更为科学的分类效果评价指标包括精准率（Precision）、召回率（Recall）、F1分数（F1 Score）。下式中TP为预测正确的正样本数，FP为预测错误的正样本数，FN为被预测错误的负样本数。

精确率（Precision）：预测和实际均为正的样本占预测为正样本的比例，精确率越高，则模型对负样本的识别能力越强。

$$Percision = \frac{TP}{TP + FP}$$

召回率（Recall）：实际和预测均为正的样本占预测为正样本的比例，召回率越高，则模型对

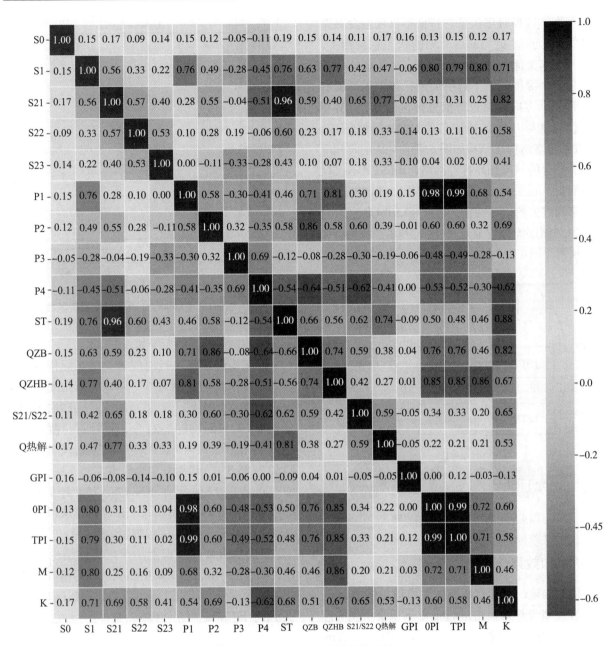

图3   岩石热解属性相关性热力图

正样本的识别能力越强。

$$Recall = \frac{TP}{TP + FN}$$

精准率和召回率从不同维度评价多分类问题。而 F1 分数是对精准率和召回率的平均估计，是评价多分类问题的最佳参数。它的最大值是 1，最小值是 0。F1 分数越高，代表分类结果越好。

$$F1\ Score = \frac{2 \times Percision \times Recall}{Percision + Recall}$$

2.5   BiLSTM 模型

双向长短期记忆网络（Bi-directionsal short-long time memory，BiLSTM）主要基于双向循环神经网络（Bi-direction Recurrent Neural Network，Bi-RNN）和 LSTM 改进而成。Bi-RNN 对于每个训练序列都有前向和后向 RNN，两者虽然方向相反但都连接一个输出层。前向隐含层和后向隐含层之间没有信息流通，保证了扩展图内部的流程是非循环的。然而，Bi-RNN 在进行反向传播时存在梯度爆炸和信息变形的缺点。因此，在这种情况下可以通过构建 BiLSTM 来解决梯度爆炸和信息变形的问题。此外，该网络还可以在一定程度上有效地处理时间序列数据，有较大的应用范围。

在 LSTM 网络中，时序数据信息的传输都是按照时间由前向后进行单方向的进行，但是类似于储层流体这种时序信息的特征不仅仅包含某个时刻的某个点，更与前后时刻的状态息息相关。因此，在本文流体识别的研究中，为了能够捕捉储层在某个深度的上下地层关系，还采用了能够在前后两个方向同时进行信息传递的BiLSTM相较于仅仅能够单向传递信息的LSTM网络结构，BiLSTM网络结构（结构如图4所示）是正向和反向传播结合的双向循环神经网络，BiLSTM不仅仅能够捕捉从过去到未来的信息特征，还能闻时捕捉未来到过去的信息特征，因此BiLSTM非常适合用于识别储层流体性质这种需要分析上下地层关系的预测（图4）。

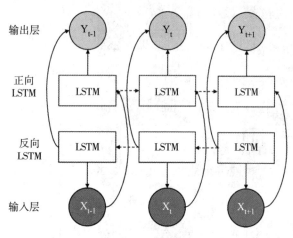

图4　BiLSTM网络结构示意图

3　结果和效果

利用构建的 BiLSTM流体性质识别模型对玛湖凹陷风城组热解属性进行了流体识别，图5为BiLSTM模型训练过程。从图中可以看出，随着网络的迭代更新，模型复杂度增加，训练样本误差渐渐减小的同时，验证集损失函数整体呈现为先快速下降，后逐渐收敛保持平稳的变化趋势（图5）。

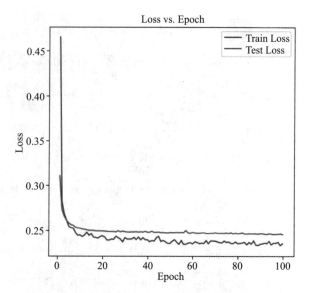

图5　BiLSTM模型训练集及测试集损失函数图

预测结果的混淆矩阵如表1所示。

混淆矩阵中每一行对应该类的实际样本，每一列对应该类的预测样本，即矩阵对角线为正确识别的样本，水层、干层、油气同层和油水同层分别为19、25、384、21个，累计占总测试集样本数的比例达91.4%。大样本类（油气同层）的F1值为95.8%，其他三个小样本类（干层、水层、油水同层）的F值分别为74.5%、75.8%和66.7%。结果表明BiLSTM模型在保证目标流体层识别率的基础上，其他分类也达到理想预测结果。

将BiLSTM模型识别结果与试油结论进行对比，如表2所示，测试集中随机选取的四口测试井中的不同深度。从表2中可以看出，BiLSTM模型识别的结论和试油结论基本一致。

4　结论及认识

（1）本文提出的双向长短期记忆网络BiLSTM对序列信息的有效捕捉能力，有效提高了玛湖凹

表1　基于BiLSTM的预测结果混淆矩阵

类别	干层	水层	油气同层	油水同层	样本数	评价指标		
						精准率/%	召回率/%	F1值/%
干层	19	1	7	1	28	82.6	67.9	74.5
水层	1	25	8	2	36	83.3	69.4	75.8
油气同层	1	3	384	9	397	94.8	96.7	95.8
油水同层	2	1	6	21	30	63.6	70.0	66.7

表2　BiLSTM模型识别结果与试油结论对比表

井号	层位	井段深度/m	试油结论	识别结果	符合情况
M48	P_1f_3	4826–4828	油气同层	油气同层	√
	P_1f_3	4846–4848	油气同层	油气同层	√
	P_1f_3	5274–5276	干层	干层	√
M125	P_1f_3	3604–3606	油水同层	油水同层	√
	P_1f_3	3686–3688	水层	油水同层	×
	P_1f_3	3627–3629	油水同层	油水同层	√
M119	P_1f_3	3088–3090	油水同层	油气同层	×
	P_1f_3	3092–3094	油水同层	油水同层	√
	P_1f_3	3112–3114	水层	水层	√
M129	P_1f_3	3623–3625	油气同层	油气同层	√
	P_1f_3	3640–3642	油气同层	油气同层	√
	P_1f_3	3716–3718	油气同层	油气同层	√

陷风城组低孔隙度低渗透率储层流体识别的准确率。

（2）本次实验数据集内各类型分布不均匀，BiLSTM模型识别数据量较大的油气同层的效果较好，但在样本数量较少的分类预测效果不佳。模型还有需要进一步完善的地方。

参 考 文 献

[1] 任培罡，尹军强，杨加太，等.测录井结合神经网络流体识别技术在高邮凹陷阜宁组的应用[J].测井技术，2015，39（02）：242–246+260.

[2] 史鹏宇，徐思慧，冯加明，等.基于改进Stacking算法的致密砂岩储层测井流体识别[J].地球物理学进展，2024，39（01）：280–290.

[3] 张仁贵.基于深度学习的测井资料储层流体识别[D].长江大学，2022.DOI：10.26981/d.cnki.gjhsc.2022.000789.

[4] 王迪.玛湖地区二叠系风城组录井解释评价技术研究[D].中国石油大学（北京），2022.DOI：10.27643/d.cnki.gsybu.2022.000868.

[5] 罗刚，肖立志，史燕青，等.基于机器学习的致密储层流体识别方法研究[J].石油科学通报，2022，7（01）：24–33.

[6] 杜阳阳，王燕，李亚峰，等.低孔低渗储层流体性质测录井综合识别方法研究现状与展望[J].地球物理学进展，2018，33（02）：571–580.

[7] 韩玉娇.基于AdaBoost机器学习算法的大牛地气田储层流体智能识别[J].石油钻探技术，2022，50（01）：112–118.

[8] 王少龙，杨斌，赵倩，等.BP神经网络在复杂储层流体识别中的应用[J].石油化工应用，2018，37（07）：45–48.

[9] 周雪晴，张占松，朱林奇，等.基于双向长短期记忆网络的流体高精度识别新方法[J].中国石油大学学报（自然科学版），2021，45（01）：69–76.

[10] 田立强，熊亭，邓卓峰，等.基于地化录井技术的储层快速评价方法研究——以恩平凹陷北部斜坡带为例[J].录井工程，2023，34（03）：32–38+43.

[11] 蓝茜茜，张逸伦，康志宏.基于深度学习的复杂储层流体性质测井识别——以车排子油田某井区为例[J].科学技术与工程，2020，20（29）：11923–11930.

[12] 秦敏，胡向阳，梁玉楠，等.利用Stacking模型融合法识别高温、高压储层流体[J].石油地球物理勘探，2021，56（02）：364–371+214–215.

[13] HE M, GU H, WAN H. Log interpretation for lithology and fluid identification using deep neural network combined with MAHAKIL in a tight sandstone reservoir [J]. Journal of Petroleum Science and Engineering, 2020, 194: 107498.

[14] 景一凡，肖立志，廖广志.基于半监督Transformer的流体识别方法研究[C]//中国地球物理学会.2023年中国地球科学联合学术年会论文集——专题一百一十 地球科学大数据与人工智能、专题一百一十一 深时数字地球（DDE）地球物理研究进展.中国石油大学（北京）;，2023：3.

基于可变形注意力机制的输油管道可解释性泄漏检测模型

袁 艺[1,2] 郑文培[1,2] 储胜利[3,4] 周涛涛[1,2]

[1.中国石油大学（北京）安全与海洋工程学院，2.应急管理部油气安全与应急技术重点实验室，
3.中国石油天然气集团公司安全环保技术研究院，4.应急管理部油气储运安全风险防范重点实验室]

摘 要 本研究提出了一种新型可解释性油液泄漏检测模型，目的在于提升石油石化行业的安全性能、环保水平及可持续发展能力。通过实验方法，本文验证了所提模型的有效性，并对实验数据进行了详尽分析。模型基于YOLOv8-DLKA进行改进，融入了可变形注意力机制与类别激活图技术，利用四个不同的数据集，包括开源数据及实际炼化现场数据，对模型进行了训练与验证。实验过程中，采用TIDE评价体系对模型性能进行了全面评价，尤其关注背景区域被误判为泄漏目标的情况。研究发现，所提模型在检测各尺寸油漏的任务中均超越了基准模型，特别是在小尺寸油漏检测上，性能提升显著。在不同IOU阈值下，模型的平均精度均值（mAP）也优于基准模型。同时，模型在降低背景噪声干扰和减少漏检现象方面表现优异。具体而言，针对小尺寸油漏检测，所提模型在平均精度（AP）和平均召回率（AR）上分别提升了165.8%和127.6%，凸显了其在小目标检测领域的优势。在所有尺寸的油漏检测任务中，模型的AP和AR指标均高于基准模型，表明模型在实际油漏区域的检测精度上有显著提高。此外，本文还通过生产现场石油管道泄漏数据集与基线模型进行对比，进一步确认了模型的性能优势。研究结果表明，所提模型在检测小、中、大规模泄漏方面均优于基准模型，能够有效识别不同尺度下的石油泄漏特征，为现场操作人员提供了精确且实用的检测信息，有助于推动石油石化行业的安全、环保和可持续发展。

关键词 输油管道；微小泄漏检测；可变形注意力；可解释性检测。

1 引言

石油石化行业是我国重要的能源产业，然而，油液泄漏问题在该行业中时有发生。油液泄漏不仅会造成资源的浪费，还可能引发环境污染，甚至导致火灾、爆炸等安全事故。因此，对企业和管道设备进行及时检测，预防油液泄漏显得尤为重要。传统油液泄漏检测主要依赖于专业人员的人工巡检，这种方法不仅消耗大量人力资源，增加运营成本，而且巡检人员长时间处于高危环境，安全风险较大。

为克服人工检测的局限性，研究人员提出了多种泄漏检测方法，如负压波法、光纤传感法和声发射法等。这些方法在一定程度上适用于泄漏压力变化明显及长距离管道的泄漏检测，但在生产炼化复杂管线下仍存在局限性。例如，负压波法在检测微小或慢性泄漏时，由于信号较弱，易

出现误检或漏检；光纤传感法成本较高，且对微小泄漏不够敏感；声发射法易受工业环境噪声干扰。

近年来，图像识别技术在泄漏检测领域得到了一定应用。该方法通过摄像头实现24小时实时监控，具有成本低、安装维护方便等优点。然而，现有的图像识别技术在泄漏检测中仍存在一些问题，如检测过程耗时较长、算法泛化能力与鲁棒性较差等。随着机器视觉和深度学习技术的快速发展，将两者相结合的检测方法受到了广泛关注。深度学习技术能够自动从原始图像中学习复杂特征，减少预处理和特征提取的工作量，且对新数据场景具有更强的适应性。目前，目标检测算法主要分为双阶段目标检测算法和单阶段目标检测算法。双阶段目标检测算法在检测精度和目标定位方面表现优异，但实时性较差；单阶段目标检测算法实时性高，但检测精度略有损失。

针对油液泄漏检测中的多尺度目标问题，本文提出了一种可变形的基于注意力机制的模型，以应对石油泄漏检测中遇到的各种形状和大小挑战。同时，利用类激活图来提升对小规模石油泄漏检测模型的可解释性。本文使用炼化现场输油管道泄漏数据对模型进行了验证，并以YOLOv8n作为基准进行比较。为石油石化行业的安全、环保和可持续发展提供技术支持。

2　油液泄漏检测方法

本节详细介绍了一种针对油漏的多尺度目标检测框架，该框架包含以下两个关键组成部分：

（1）模型部署：油漏检测模型在其特征提取网络中引入了具有可变形卷积的C2f–DLKA模块，并结合了逐层类别激活图与油漏检测结果，旨在精确捕捉各种尺度下的油漏特征，促进高效的多尺度特征融合。这种方法不仅增强了模型对不同尺寸油漏目标的识别能力，而且提高了模型的解释性，使操作人员能够更清晰、更深入地了解和解释油漏检测结果。

（2）模型评估：本节将对目标检测模型在炼油行业实际油漏数据上的性能进行详细分析，重点研究模型在不同泄漏目标尺寸（小型、中型和大型）以及各种交并比（Intersection over Union，IoU）阈值设置下的检测准确度。此外，本节还将彻底评估导致检测过程中出现假阳性和假阴性的四种主要错误类型，以全面分析模型输出检测结果的质量及其潜在局限性（图1）。

2.1　Yolov8–DLKA 改进模型

YOLO系列算法作为单阶段检测网络中的典型算法，在检测、准确性和速度方面具有出色平衡。YOLO系列算法因其可以快速可靠地识别图像中的目标，在实时检测领域具有重要的应用价值。

YOLOv8作为YOLO系列较新的SOTA型号，具有比其他版本更好的检测精度和速度。其网络结构主要由三大部分组成，包括主干网络（Backbone）、颈部网络（Neck）和检测头（Head），主干网络作为提取图像中的不同层次特征信息的部分，对后续网络的特征融合和检测至关重要。YOLOv8的主干网络中使用了大量的C2f模块，其采用的跨阶段部分连接和Split操作，利用了各种尺度的特征和结合上下文信息，丰富了

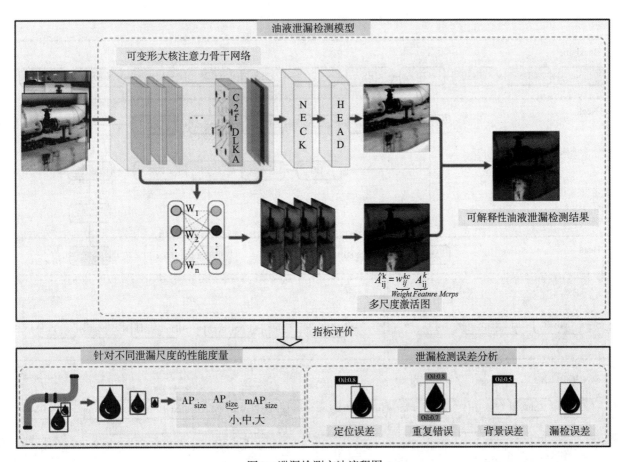

图1　泄漏检测方法流程图

模型梯度流，增强了卷积神经网络的特征融合能力。然而C2f模块采用的标准卷积核具有固定的感受野，限制了网络的接受域只能捕获局部对象信息。在生产炼化场景中，油液泄漏的规模比例差异较大，泄漏在不同检测图像中呈现不同尺寸，固定的感受野无法捕捉不同尺度泄漏特征，导致泄漏图像特征中包含的信息量相对有限，这一特点进一步加剧了泄漏目标多尺度检测精度的差异。

针对上述YOLOv8网络中的C2f模块对不同尺度目标下特征提取能力限制，导致的小尺度误检和漏检问题，本文提出一种基于YOLOv8n的改进网络检测模型YOLOv8-DLKA，进行多尺度泄漏目标检测的改进。YOLOv8-DLKA网络框架如图2所示。

DLKA模块通过可变形卷积核，能够适应不同大小和形状的目标，更灵活地捕捉不同大小和形状的目标特征，从而更好地理解目标的空间布局，增强丰富网络的特征表示，有效地提取油气泄漏图像中有限的特征信息。且C2f-DLKA模块可在像素级空间信息的基础上提供语义信息，有效地融合多尺度特征并处理目标边缘信息，有助于网络

更好地理解和定位不同尺度的油液泄漏目标。

此外，C2f-DLKA模块通过使用1×1卷积修改输入特征的通道数，并使用Split操作来划分特征。通过堆叠CBS与DLKA可变形卷积模块，扩展了网络的接受域，并通过Concat操作将三个特征数据流进行连接。这种方法与C2f模块仅通过对堆叠多层Bottleneck相比，不仅通过可变形卷积增强模型提取不变特征的能力，还得到了具有更丰富梯度流的结构，使模型能够从检测目标中提取更多样化和多尺度的特征（图2）。

2.1.1　可变形卷积

标准卷积在固定网格R上运行，其中每个采样点都使用卷积核进行权重计算。相比之下，可变形卷积通过在采样过程中引入偏移量来建立在标准卷积的计算之上。以膨胀率为1，卷积核大小为3×3，输入特征图尺寸为7×7上进行卷积为例：

$$R = \{(-1,-1),(-1,0),...,(0,0),...,(0,1),(1,1))\} \quad (1)$$

在这个方程中，每个元素表示卷积核位置相对于中心的偏移量。中心采样点位置P_0的标准卷

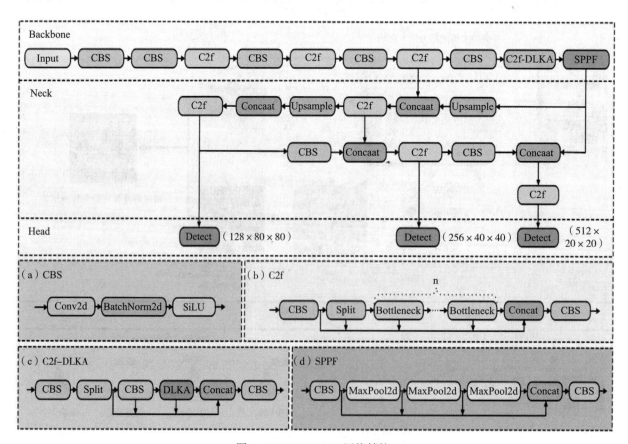

图2　YOLOv8-DLKA网络结构

积的输出特征矩阵为：

$$y(P_0) = \sum_{P_n \in R} w(P_n) \cdot x(P_0 + P_n) \quad (2)$$

其中，x表示输入特征图，y表示输出特征图，N和n分别表示采样点总数和采样点枚举。$y(P_0)$表示输出特征图上P_0位置的元素值，$w(P_n)$表示卷积核对应位置P_n处的权重，$x(P_n)$表示位置P_n处的输入特征图的像素值。

对输入特征图x进行采样后，偏移量$\{\Delta P_n | n=1,2,...N\}$被引入。从可变形卷积得到的特征矩阵为：

$$y(P_0) = \sum_{P_n \in R} w(P_n) \cdot x(P_0 + P_n + \Delta P_n) \quad (3)$$

其中，ΔP_n表示位置P_n处的偏移量。由于ΔP_n通常为十进制值，因此$x(P_0 + P_n + \Delta P_n)$有可能与特征图上的现有像素点不对应，无法直接进行采样。为解决上述问题DLKA采用采用双线性插值来计算在图像网格上找不到的偏移量的像素值，公式表示如下：

$$x(p) = \sum_q G(p,q) \cdot x(q) = \sum_q g(q_x, p_x) \cdot g(q_y, p_y) \cdot x(q)$$
$$= \sum_q max(0, 1 - |q_x - p_x|) \cdot max(0, 1 - |q_y - p_y|) \cdot x(q)$$
$$(4)$$

2.1.2 DLKA注意力机制

可变形大核注意力（Deformable Large Kernel Attention，DLKA）模块中首先通过1×1卷积得到一个注意力图，然后将得到的注意图与GELU激活函数相乘提高收敛性能，随后采用两层可变形深度扩展卷积（Deform-DW-D Conv2D），通过对不同目标数据学习不同的最优卷积核结构，为深度卷核增加偏移量，产生自适应卷积核，实现核形状的自适应调整，增强了对不同尺度目标的特征提取能力，再次通过一个1×1卷积得到一个注意力图，将得到的注意图与输入的泄漏特征相乘，调整特征图中不同位置的权重。可变形大核注意力模块的结构如图4所示。

DLKA模块可表述为：

$$\text{"Attention} = \text{Conv}1 \times 1$$
$$(DDW - D - Conv(DDW - Conv(F')))\text{"} \quad (5)$$

$$\text{Output} = \text{Conv}1 \times 1(\text{Attention} \otimes F') + F \quad (6)$$

其中输入特征用$F \in R^{C \times H \times W}$和$F' = GELU(Conv(F))$表示。分量$\in R^{C \times H \times W}$表示为注意力图，其中

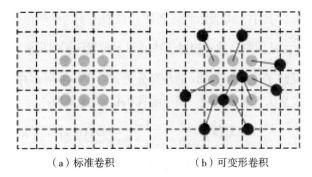

（a）标准卷积 （b）可变形卷积

图3 标准卷积与可变形卷积的比较

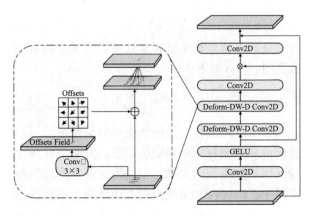

图4 DLKA注意力机制

C表示通道数，$H \times W$表示特征映射大小，算子$\otimes$表示每一个元素相关操作。

2.2 油液泄漏检测的可解释性

层次化类别激活图（Layer-wise Class Activation Mapping，Layer-CAM）通过在卷积神经网络的多层中应用类激活图（Class Activation Mapping，CAM）技术，生成一系列类激活映射，反应不同层级的响应特征，捕获不同层级的特征相应，最终构建多尺度的类激活图。与仅在网络最后一个卷积层使用梯度加权类激活图（Grad-CAM）的传统方法相比，Layer-CAM全面结合了网络多层次的特征信息，特别是在网络浅层连接中提供了更细粒度的可视化，提供了更为细致的可视化解释。

在Layer-CAM中，利用反向传播的类别特定梯度为卷积神经网络特征图为中的每个空间位置生成单独的权重，在梯度为正的位置，使用它们的梯度作为权重，梯度为负的位置被赋值为0。具体来说对于特征图A中的第k个特征图A^k，预测分数y^c相对于特征图中的空间位置(i,j)的通道权重w_k可以通过以下公式计算：

$$w_{ij}^{kc} = ReLU\left(\frac{\partial y^c}{\partial A_{ij}^k}\right) \quad (7)$$

其中，A_{ij}^k表示特征图A^k中位置(i,j)的激活值，$\frac{\partial y^c}{\partial A_{ij}^k}$是预测分数$y^c$相对于特征图$A^k$位置$(i,j)$的梯度，反映了模型对类别$c$的预测分数$y^c$对于特征图$A^k$中位置$(i,j)$的敏感度。激活函数ReLU的定义为：

$$ReLU(x)=\begin{cases}x & x\geqslant0 \\ 0 & x<0\end{cases}=max(0,x) \quad (8)$$

Layer-CAM对于k层中特定的类c，特征图的每个空间位置由每个位置(i,j)的激活值乘以一个权重w_{ij}^{kc}，公式表达为：

$$\hat{A}_{ij}^k = w_{ij}^{kc}\cdot A_{ij}^k \quad (9)$$

最后，将结果$\hat{A}_k$沿通道维度线性组合得到类激活图，公式如下：

$$M^c = ReLU\left(\sum_k \hat{A}_k\right) \quad (10)$$

基于上述操作，从浅层生成的类激活图可以捕获可靠的细粒度对象定位信息，并且量化每个特征区域对模型的贡献。在油液泄漏检测的实际应用中，Layer-CAM生成的类激活图中的高激活区域可作为重点监测区域，操作人员可以直观地看到模型关注的部分，更好地理解模型的决策过程，此外，在油液泄漏检测模型的运行中，Layer-CAM可辅助评估模型的稳定性和可靠性。

2.3 油液泄漏检测性能评价指标

2.3.1 常规评价指标

在模型性能评估时，交并比（Intersection over Union，IoU）是一个关键指标，用于衡量预测框（B2）与真实标注框（B1）之间的重叠程度。IoU的计算公式如下：

$$IoU = \frac{B_1\cap B_2}{B_1\cup B_2} \quad (11)$$

其中$B_1\cap B_2$表示预测框与真实框的交集面积，$B_1\cup B_2$表示预测框与真实框的并集面积。通常IoU的阈值范围从0到1，并设阈值来确定预测结果的正确与否，当IoU大于等于设定阈值时，认为模型预测正确；当IoU小于设定阈值时，认为模型预测错误（如图5）。

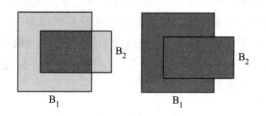

图5 （a）B1∩B2，（b）B1∪B2

目标检测中通用的评价指标对各模型的性能进行对比，可验证所提模型的有效性，具体指标如下表：

表1 混淆矩阵

	真实		预测	
	0	1	0	1
TN	√		√	
FN		√	√	
TP		√		√
FP	√			√

T和F代表实际泄漏样本正负性，P和N代表预测泄漏的样本正负性。因此其中，TN（true negative）：表示模型正确识别为非泄漏区域的次数；真反例，FN（false negative）：假反例，表示泄漏的漏检次数；TP（true positive）：真正例，表示正确识别的泄漏数；FP（false positive）：假正例，表示泄漏的错误检测。从混淆矩阵的结果中可以评估精准度（Precision）和召回率（Recall），分别用于衡量模型的误检率和漏检率，其表达式为：

$$precision = \frac{TP}{TP+FP} \quad (12)$$

$$Recall = \frac{TP}{TP+FN} \quad (13)$$

平均精度（Average Precision，AP）和平均精度均值（mean Average Precision，mAP）用来检验模型的识别能力，在文中表示从检测图像中识别出油液泄漏目标的准确性，综合考虑模型的精准度和召回率，其表达式为：

$$AP = \int_0^1 P(r)dr \quad (14)$$

$$mAP = \frac{1}{n}\sum_1^n \int_0^1 P(R)dR \quad (15)$$

其中AP表示单类标签的平均精确率，$P(r)$表示P-R曲线，r是积分变量，是精度和召回率乘积的积分。mAP是所有标签的平均精确率的和除以所有类别总数，AP的值越大，则说明模型的平均准确率越高，即在识别油液泄漏目标方面表现越好。

2.3.2 尺度敏感性及错误类型指标

在油液泄漏检测场景中，目标尺寸的多样性

对检测系统的性能有着显著影响，然而，仅使用mAP作为单一衡量模型的性能指标，无法对模型在不同尺度目标检测任务中的综合性能做出全面评价。因此，结合COCO评价体系中针对不同尺度目标（AP_{small}、AP_{medium}、AP_{large}）的平均精度评估，COCO评价体系定义了三个不同尺度的目标类别，其中，小、中、大三种目标的像素面积阈值范围分别为$area < 32^2$、$32^2 \leqslant area \leqslant 96^2$和$area > 96^2$。通过三类尺寸的指标的评估，可以了解模型在不同尺寸目标上的表现，评价目标检测网络对于不同尺度目标的检测效果，以及是否存在对某一特定尺寸目标的偏好。

2.3.3　尺度敏感性及错误类型指标

为了全面评估目标检测模型的性能，特别是在背景区域被错误识别为泄漏目标的情况下，TIDE（Toolkit for Identifying Detection and segmentation Errors）提供了一个详尽的评价指标体系。这种误报不仅降低了检测的准确率，还可能误导现场操作人员做出错误的决策以及不当措施，从而引发资源浪费和安全风险。为了更全面地分析模型性能，TIDE评价指标提供了一种深入的方法，识别了以下四种导致模型平均精度（mAP）下降的错误类型：

1 定位误差：模型正确识别了漏油目标，但未能精确定位漏油目标的准确位置。这发生在地面真值的IoUmax落在阈值之间时，说明模型虽然检测到了目标，但没有准确划定其边界。

2 重复错误：模型对同一漏油目标进行多次检测，产生冗余警报。这发生在多个检测框对同一目标的Io Umax值超过阈值时，造成警报不必要的重复。

3 背景误差：模型错误地将背景区域识别为漏油目标。这发生在所有真值IoUmax值都低于背景阈值的情况下，导致背景区域被误检为泄漏目标。

4 漏检误差：模型未能检测到实际漏油目标。该误差是指所有未被检测到的油品泄漏目标，直接影响模型对实际泄漏事件的识别能力，是油品泄漏检测中最严重的问题之一。

为了深入分析这些错误类型对模型性能的具体影响，TIDE为每种错误类型都定义了相应的"oracle"操作，用以纠正相应的错误，并据此计算修正后的平均精度AP_0，公式如下：

$$\Delta AP_{Oi} = AP_{Oi} - AP \qquad (16)$$

其中$AP_{O1,O2,O3,O4} = 100$，表示修正了所有错误类型后的平均精度，且$AP + \Delta AP_{O1,O2,O3,O4} = 100$，即覆盖模型中的所有错误。具体公式可以表示为：

$$AP_{O1,O2,O3,O4} = AP + \Delta AP_{O1} + \Delta AP_{O2} + \Delta AP_{O3} + \Delta AP_{O4} \quad (17)$$

这样，我们可以通过计算每种错误类型的$\triangle AP_0$来分析模型的优势和弱点。

3　实验与分析

3.1　数据来源

在当前的研究背景下，针对炼化现场油液泄漏的专门数据集尚属缺乏，这对于开发高效、实用的泄漏检测模型构成了挑战。为了克服这一限制，本实验采用了多元化的数据来源策略，将数据集分为两个主要部分：一部分来源于互联网的三个开源油液泄漏数据集，另一部分则来自于实际炼化现场的油液泄漏图像采集。这种数据集的融合方法不仅增强了模型的泛化能力，还提高了其在复杂多变环境中的识别准确性。

在线开源数据集的详细描述如下：

1）数据集1：机油泄漏检测数据集，包含2000张图像，涵盖了电厂油库、化学车间等关键区域的油液管道泄漏情况。这些图像中的泄漏目标具有较大的差异，且环境背景复杂多变，为模型的训练提供了丰富的多样性。

2）数据集2：电力设备内部绝缘油泄漏检测图像数据集，包含2000张图像，涵盖了复杂场景下电力设备绝缘油的泄漏情况，部分图像中存在的遮挡现象，为模型的训练增加了难度，同时也提高了模型在实际应用中的鲁棒性。

3）数据集3：石油泄漏数据集，包含2000张图像，涵盖了不同光照条件和泄漏规模下的多种石油产品泄漏场景，为模型提供了多样化的训练样本。

4）数据集4：实际炼化现场实际泄漏数据集，采集了748张图像，这些图像覆盖了不同的泄漏场景和泄漏尺度，真实反映了炼化现场特有的环境和条件。

这些图像能够帮助模型更好地适应实际应用中的复杂情况。所有图像的像素分辨率统一为640像素×640像素，以确保数据的一致性和模型训练的效率，数据集的划分策略如表2所示。

为了确保算法的实际应用性，在训练集和验证集中采取了严格的不重叠策略，即确保这两个集合中不包含任何相同的泄漏图片。这样做的好

图6　油液泄漏检测图像数据集

处是可以更准确地评估模型在未知数据上的表现，避免过拟合现象，从而提高模型在实际应用中的可靠性。

表2　实验数据集配置

	数据集1	数据集2	数据集3	数据集4
训练集	1400	1400	1400	224
验证集	600	600	600	0
测试集	0	0	0	524

3.2　实验平台

为验证本文建立的YOLOv8-DLKA模型在实际应用场景中的有效性，选取了YOLOv8模型进行作为基准进行对比分析验证。YOLOv8模型具有复杂的网络结构，对计算资源的需求较高，特别是图形处理单元（GPU）的加速计算。为提升计算效率，采用了统一计算设备架构（CUDA）的并行计算架构并且集成了CUDA深度神经网络库（CU-DNN）到PyTorch框架中，以进一步增强计算性能。油液泄漏检测实验使用的服务器配置和虚拟环境配置环境如表3所示。

表3　实验环境配置

名称	配置信息
Operation system	Linux
GPU	NVIDIA GeForce RTX 4090
CPU	Intel（R）Xeon（R）Gold 6430
内存	120GB
Script language	Python 3.8.18
Deep learning framework	CUDA11.7+Pytorch1.13.1
IDE	VS Code

3.3　模型训练

在模型训练过程中，使用YOLOv8n作为基线模型，并采用基于梯度的随机梯度下降（SGD）优化器进行模型优化。为了达到最优的模型性能以

及在训练过程中的稳定性和效率，在训练过程中输入模型的图片尺寸为640×640，初始学习率为0.01，并使用余弦退火策略调整学习率，线程设置为8，整个训练过程包括300个epoch，每个周期的Batchsize设置为16。

表4　模型训练参数。

超参数	数值
gradient-based optimizers	SGD
initial learning rate（lr0）	0.01
图片输入尺寸	640×640
Epoch	300
Batch size	16

为了提升模型的识别性能，本研究采用了YOLOv8框架中的Mosaic数据增强技术，将随机裁剪的四幅图像拼接成一幅复合图像作为训练数据。这种数据增强的方法有效的丰富了训练数据的背景多样性，并且允许模型在一次前向传播中同时对四张图像进行学习，从而提高了模型的训练效率和对背景信息的学习能力。然而，Mosaic方法可能会引入标注不准确的问题，并导致模型出现过拟合问题。为了避免上述存在的问题，本研究在模型训练的最后10个周期关闭了Mosaic增强，以使训练模型能够在未经处理的图像数据集上完成标签回归训练。该方法旨在减少标注不准确和训练过拟合风险，从而提高模型的泛化能力和鲁棒性。

3.4　实验结果分析

3.4.1　不同模型对比试验

保持各实验环境不变的情况下，将YOLOv8-DLKA与YOLOv8s和YOLOv8n模型进行性能上的对比，实验结果如表5所示。在于YOLOv8s检测算法的对比中，YOLOv8-DLKA的参数量仅为YOLOv8s的28.8%，FLOPS仅仅约为YOLOV8s的

30.1%。而在于YOLOv8中的最小的模型YOLOv8n相比，参数量仅提高0.2、GFLOPs增加0.5，可满足嵌入性及算法实时性的需求。

表5　算法复杂度及实时性对比

Model	Params/10^6	FPS	GFLOPs/G
基线模型	3.0	357	8.1
所提出的模型	3.2	313	8.6

3.4.2　检测效果与分析

为了测试YOLOv8-DLKA对多尺度油液泄漏目标检测的有效性，本节根据COCO挑战赛的尺寸分类标准，评估了所提模型处理不同尺寸油漏的有效性，从表6中我们可以得到以下结论，所提模型在识别小型、中型和大型油漏方面均优于基准模型，AP和AR指标更高，表明在实际油漏区域准确检测能力上有显著提升。特别是，所提模型在小型油漏处理上比基准模型有显著改进，APsmall提高了165.8%，ARsmall提高了127.6%。如预期，两个模型在处理更小尺寸的油漏时性能下降，AP和AR指标呈下降趋势，因为检测任务随着油漏尺寸的减小而变得更加困难。值得注意的是，所提模型在AP和AR的下降速度上相对较慢，表明所提模型在持续优于基准模型方面具有鲁棒性。

表7展示了模型在不同IOU水平下对不同尺寸目标的性能详细总结。从表7中我们可发现，所提模型在所有油漏尺寸和IOU水平上的mAP值都高于基准模型。随着IOU值的提高，两个模型的mAP都有所下降。这是因为更高的IOU值意味着预测和实际油漏区域之间的匹配更好，模型需要在更精确地定义目标边界框上面临更严格的要求。此外，随着IOU水平的提高，所提模型mAP的下降速度较慢。这表明所提模型能够成功适应各种精度要求，能够准确定位和识别油漏，因此提供

了稳定的油漏检测性能。所提模型在小型、中型和大型油漏上的表现始终优于基准模型。即使在严格的IOU水平0.80下，所提模型也有显著的准确性。即使在最严格的IOU水平0.95下，所提模型仍能以0.6的mAP检测小型油漏，而基准模型则无法检测到任何油漏。这为早期油漏检测的实际应用提供了显著优势。

图7显示了从骨干网络中提取的类激活图。在这些图中，较亮的区域表示较低的置信度，而较暗的区域表示较高的置信度。这些热图不仅突出了所提出的模型用于油泄漏检测的判别区域，而且深入了解了模型的内部机制，以指导决策过程。这种透明性使现场操作人员能够准确识别潜在的泄漏原因，并对事件做出快速反应。具体来说，结果表明热图可以有效地确定地面和关键设备表面的易泄漏区域，例如阀门法兰和其他重要部件。

3.4.3　模型错误类型分析

针对油液泄漏场景下的平均精度下降的四种错误类型：定位误差、重复检测错误、背景误差与未检测到的误差做出分析。在数据集1、数据集2与数据集3中YOLOv8-DLKA模型的定位误差均小于YOLOv8n模型，且在三个数据集上的定位误差分别减少37.8%、3.7%和62.0%，数据集3中包含更多的小尺寸目标，多尺度卷积能有效提取特征信息，使模型定位更加准确；此外在背景误差检测中数据集2虽然在检测精度上没有变化，但在验证炼化现场数据时增加3.9%，说明仅通过网上开源油液泄漏对生产现场进行泄漏检测，无法适应炼化现场复杂的环境背景信息容易出现误检现象，而数据集1与数据集3的未检测到的误差分别下降40.3%与62.3%，表明炼化现场泄漏数据融合进训练过程中，使模型能够学习到更丰富的特征信息，从而提高了对油液泄漏目标的检测能力。

综合来看，YOLOv8-DLKA模型在油液泄漏场景下的平均精度下降的四种错误类型上表现优于

表6　提出的模型与基准模型在三个尺度的石油泄漏的结果

模型	所有尺寸泄漏		小尺寸泄漏		中尺寸泄漏		大尺寸泄漏	
	AP_{All}（%）	AR_{All}（%）	AP_{Small}（%）	AR_{Small}（%）	AP_{Medium}（%）	AR_{Medium}（%）	AP_{Large}（%）	AR_{Large}（%）
基线模型	77.1	80.5	22.8	29.3	58.8	64.4	82.2	85.3
提出模型	83.8	86.1	60.6	66.7	63.9	67.7	87.5	89.8
提升	8.5	7.0	165.8	127.6	8.7	5.1	6.4	5.3

表7　在不同IOU级别下对提出的模型和基准模型
进行了三个泄漏尺度的比较

	IOU Level	Baseline mAP（%）	Proposed mAP（%）	Improvement（%）
所有尺寸泄漏	0.50	92.2	96.8	5.0
	0.55	91.8	96.7	5.3
	0.60	90.8	95.6	5.3
	0.65	90.1	95.2	5.7
	0.70	89.5	94.5	5.6
	0.75	87.1	93.2	7.0
	0.80	81.8	91.1	11.4
	0.85	73.9	84.1	13.8
	0.90	56.8	65.6	15.5
	0.95	18.3	25.6	39.9
小尺寸泄漏	0.50	39.0	81.2	108.2
	0.55	39.0	80.6	106.7
	0.60	39.0	80.6	106.7
	0.65	39.0	80.6	106.7
	0.70	34.4	80.6	134.3
	0.75	26.1	72.0	175.9
	0.80	9.0	62.2	591.1
	0.85	1.7	58.1	3317.6
	0.90	0.6	9.8	1533.3
	0.95	–	0.6	–
中尺寸泄漏	0.50	81.6	82.6	1.2
	0.55	80.8	82.6	2.2
	0.60	80.8	82.2	1.7
	0.65	77.9	79.8	2.4
	0.70	77.5	78.2	0.9
	0.75	70.1	73.2	4.4
	0.80	54.9	69.2	26.0
	0.85	40.8	58.9	44.4
	0.90	20.9	29.8	42.6
	0.95	2.7	2.9	7.4
大尺寸泄漏	0.50	96.4	99.7	3.4
	0.55	96.1	99.4	3.4
	0.60	95.2	98.8	3.8
	0.65	94.9	97.8	3.1
	0.70	94.2	97.6	3.6
	0.75	93.2	96.8	3.9
	0.80	89.4	94.6	5.8
	0.85	81.1	89.5	10.4
	0.90	63.3	71.8	13.4
	0.95	18.5	29.1	57.3

（a）原图

（b）基线模型结果

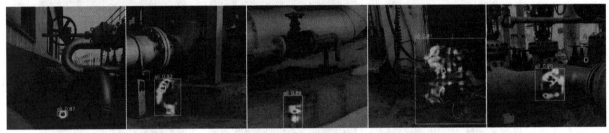

（c）提出模型结果

图7　油液泄漏目标检测效果可视化对比

表8　四类错误类型

错误类型	基线模型（%）	提出模型（%）	提升效果（%）
定位误差	1.6	0.7	54.9
重复错误	0.1	0.0	60.0
背景误差	0.5	0.2	69.8
漏检误差	4.6	1.7	62.3

YOLOv8n模型，特别是在抑制背景噪声和减少漏检方面。这表明YOLOv8-DLKA模型更适合用于油液泄漏场景下的目标检测。

4　结论与展望

在本文中，我们提出了一种用于小型石油泄漏检测的可解释模型，该模型集成了可变形注意力机制和类别激活图，以支持现场操作人员及时做出决策。可变形注意力机制扩大了网络的感受野，使其能够捕获不同尺度下石油泄漏的细节特征。这不仅提高了模型的适应性，而且增强了对

不同尺寸泄漏的检测精度，为有效的现场响应提供了精确和可操作的见解。通过使用石油管道泄漏的专有数据集与基线模型进行比较，证明了模型的性能。结果表明，所提出的模型显著提高了对小规模、中等规模和大规模泄漏的检测。详细的误差分析表明，该模型有效地减少了定位、重复、背景和漏检错误。此外，从骨干网生成的类激活图为现场操作员精确定位泄漏的根本原因提供了有价值的指导。总之，所提出的模型通过提高泄漏定位精度、减少误报和提高整体检测性能来增强输油管道泄漏检测。

（a）泄漏标签　　　　　　（b）基线模型结果　　　　　　（c）提出模型结果

图8　四类油液泄漏检测错误可视化对比图

参 考 文 献

[1] 蔡晓龙.油气管道泄漏检测技术选择与应用[J].石油化工技术,2021,43（02）:120-125.

[2] Peng L, Zhang J, Lu S, et al.One- dimensional Residual Convolutional Neural Network and Percussion- based Method for Pipeline Leakage and Water Deposit Detection [J].Process Safety and Environmental Protection, 2023.

[3] Murvay P S, Silea I.A survey on gas leak detection and localization techniques [J].Journal of Loss Prevention in the Process Industries, 2012, 25（6）: 966-973.

[4] Lu W, Liang W, Zhang L, et al.A novel noise reduction method applied in negative pressure wave for pipeline leakage localization [J].Process Safety and Environmental Protection, 2016.

[5] Abdulshaheed, Mustapha, Ghavamian.A pressure-based method for monitoring leaks in a pipe distribution system: A Review [J].[2024-11-15].

[6] Liu B, Jiang Z, Nie W, et al.Research on leak location

method of water supply pipeline based on negative pressure wave technology and VMD algorithm［J］. Measurement, 2021, 186: 110235-.

［7］Guo X, Deng J, Cao Z .Study on the Propagation Characteristics of Pressure Wave Generated by Mechanical Shock in Leaking Pipelines［J］.Process Safety and Environmental Protection, 2022.

［8］Ren L, Jiang T, Jia Z G , et al.Pipeline corrosion and leakage monitoring based on the distributed optical fiber sensing technology［J］.Measurement, 2018: 57-65.

［9］Chen Z, Cheng-Cheng Z, Bin S, et al.Detecting gas pipeline leaks in sandy soil with fiber-optic distributed acoustic sensing［J］.Tunnelling and Underground Space Technology, 2023, 141, 105367.

［10］Lin X, Li G, Wang Y , et al.Advances in Intelligent Identification of Fiber-Optic Vibration Signals in Oil and Gas Pipelines［J］.Journal of Pipeline Science and Engineering［2024-11-15］.

［11］Jong-Myon Q K .Leak localization in industrial-fluid pipelines based on acoustic emission burst monitoring ［J］.Measurement, 2020, 151.

［12］Fan H, Tariq S, Zayed T .Acoustic leak detection approaches for water pipelines［J］.Automation in Construction, 2022, 138: 104226-.

［13］Ahmad Z, Nguyen T K, Rai A , et al.Industrial fluid pipeline leak detection and localization based on a multiscale Mann-Whitney test and acoustic emission event tracking［J］.Mechanical Systems and Signal Processing, 2023.

［14］Gu X, Wang C .Oil Pipeline Leak Detection Based on Image Recognition.2018［2024-11-15］.

［15］Fahimipirehgalin M, Trunzer E, Odenweller M , et al.Automatic Visual Leakage Detection and Localization from Pipelines in Chemical Process Plants Using Machine Vision Techniques［J］.工程（英文）, 2021, 7（6）: 19.

［16］丰玉华, 魏怡, 刘力手, 等 . 面向跌倒行人的MP-

YOLOv5检测模型［J］. 重庆邮电大学学报（自然科学版）, 2023, 35（5）: 960-970.

［17］Ameri R, Hsu C C, Band S S .A systematic review of deep learning approaches for surface defect detection in industrial applications［J］.Engineering Applications of Artificial Intelligence, 2024, 130.

［18］XU L, DONG S, WEI H, et al.Intelligent identification of girth welds defects in pipelines using neural networks with attention modules［J］. Engineering Applications of Artificial Intelligence, 2024, 127: 107295.

［19］Envelope R K P, Envelope S S .A comprehensive review of object detection with deep learning［J］.Digital Signal Processing, 2022.

［20］童鸣, 何楚, 何博琨, 等.面向移动端的单阶段端到端目标检测压缩算法［J］.信号处理, 2019, 35（12）: 12.

［21］Azad, Reza et al.Beyond Self-Attention: Deformable Large Kernel Attention for Medical Image Segmentation ［J］. 2024 IEEE/CVF Winter Conference on Applications of Computer Vision（WACV）（2023: 1276-1286.

［22］Zhou B, Khosla A, Lapedriza A , et al.Learning Deep Features for Discriminative Localization［J］.IEEE Computer Society, 2016.

［23］Jiang P, Zhang C, Hou Q , et al.LayerCAM: Exploring Hierarchical Class Activation Maps for Localization.［J］.IEEE transactions on image processing: a publication of the IEEE Signal Processing Society, 2021, 30: 5875-5888.

［24］Tsung-Yi Lin, Michael Maire, Serge Belongie, 等 .Microsoft COCO: Common Objects in Context［C］//European Conference on Computer Vision.Springer International Publishing, 2014.

［25］Bolya D, Foley S, Hays J , et al.TIDE: A General Toolbox for Identifying Object Detection Errors［C］//European Conference on Computer Vision.Springer, Cham, 2020.

大数据AI深度学习算法在钻井液优化
设计中的应用与实践

何　勇

（中国石油西部钻探工程有限公司钻井液分公司）

摘　要　钻井液，被誉为钻井工程的"血液"，在油气勘探与开发过程中扮演着至关重要的角色。它不仅能够冷却钻头、携带岩屑，还能平衡地层压力，防止井壁坍塌。然而，在传统的钻井施工作业中，钻井液的调配与管理高度依赖于工程师的个人技术与处理经验，这种基于经验的决策方式在面对复杂多变的地层条件时，往往难以达到最优效果，且难以适应现代钻井技术快速发展的步伐。

随着信息技术的蓬勃发展，特别是大数据与人工智能技术的广泛应用，钻井液业务迎来了前所未有的变革机遇。大数据AI深度学习算法，凭借其强大的数据处理与模式识别能力，为钻井液的精细化管理提供了全新的解决方案。通过收集并分析海量的钻井数据，包括地层岩性、钻井速度、钻井液性能指标等，AI算法能够实时模拟并预测钻井液的性能变化，进而实现精准调控。

在这一过程中，AI算法不仅能够实时监测钻井液的密度、粘度、切力、滤失性等关键性能指标，还能根据实时数据，动态调整钻井液的配方与配比，确保其始终保持在最佳状态。此外，AI算法还能有效识别并预警潜在的钻井风险，如井漏、井喷等，为钻井作业的安全提供有力保障。

更为重要的是，AI深度学习算法的应用，使得钻井液配方的优化成为可能。通过不断学习与实践，AI算法能够逐步减少对化学添加剂的依赖，降低钻井作业对环境的污染，推动绿色钻井理念的实现。

综上所述，大数据AI深度学习算法的应用，不仅提升了钻井液业务的智能化水平，也为石油天然气行业的高质量发展注入了新的活力。未来，随着技术的不断进步，AI算法将在钻井液业务中发挥更加重要的作用，助力油气勘探与开发事业迈向新的高度。

关键词　钻井液；深度学习算法；LSTM（长短期记忆）；KNN（K近邻）算法；监督学习；钻井液性能分析

1　引言

钻井液是石油钻井过程中重要的环节，它起到润滑、平衡地层压力、携带岩石碎屑等等重要功能。然而，由于地层复杂性和工艺复杂性，钻井过程中需要随时根据需要调整参数。传统的经验传承方式已难以满足现代钻井业务的需求，因此，我们引入大数据AI深度学习算法，以应对这些挑战。

钻井液大数据云端智能分析平台将无线传输数据接入数据管理系统中，将数据进行统一管理，作为实时分析的数据来源，使用多维分析工具、大数据分析工具和人工智能分析工具等多种工具对各种因素以及历史数据进行组合分析，对钻井队采集到的数据进行计算，为技术人员提供安全可靠的建议和决策，将钻井液性能、处理剂使用、重点维护措施、井下事故复杂进行统一管理。

2　技术思路和研究方法

2.1　架构设计

该系统主要分为数据采集、数据处理分析、数据呈现三个大的层次，其中，数据处理分析又包括了数据清洗、数据训练、数据预测三个主要的过程（图1）。

2.1.1　数据采集

由大班作业员实时采集上传密度、粘度、泥饼、PH值、含砂量、摩阻系数等钻井液参数，以及井深、钻头尺寸、钻压、转速等工程数据。移动端进行实时数据采集，包括采集时间、井号、井型等信息，并可进行修改和删除。数据采集通过外部数据接口从外部获得基础数据。在数据传输过程中，数据会先预存在本地，然后再上传到数据库中，防止数据传输过程中出现数据丢失问题。

2.1.2　数据清洗

剔除异常数据、不合理数据、不完整数据。从业务逻辑出发，将由于人为或机械故障造成的不合理数据进行剔除处理。对于不完整数据，确实较多的予以剔除，对于少量数据缺失，按插值算法补齐。再对数据进行分类、聚类、回归、时间序列化、关联分析。然后可视化展示，如果模型训练人员认为可视化图形仍然不符合正常需求，

仍可以选择整个剔除或者保留。详见图2。

2.1.3　监督训练模块

采用神经网络深度学习算法，利用各个区块钻井记录和温度压力的预测数据作为训练数据，建立钻井液性能相关网络模型，进一步分析钻井液泥浆密度、粘度等相关参数，为后续新井开钻提供数据分析和技术支持。

每个训练好的模型保存三个版本，都存储在数据库中，以 Clob 字段存储，分别用于预测、备份和训练更新。根据评估结果，只使用最优的训练模型，进行预测。

A）训练好的最优模型，用作预测使用

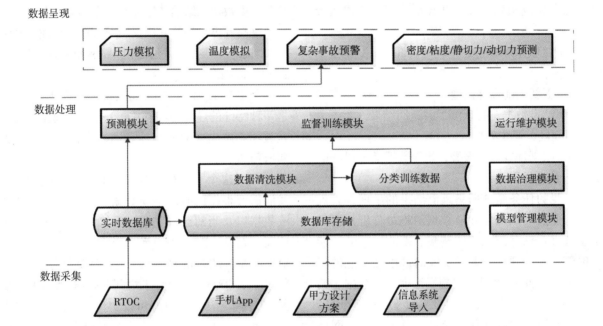

图1　系统架构图

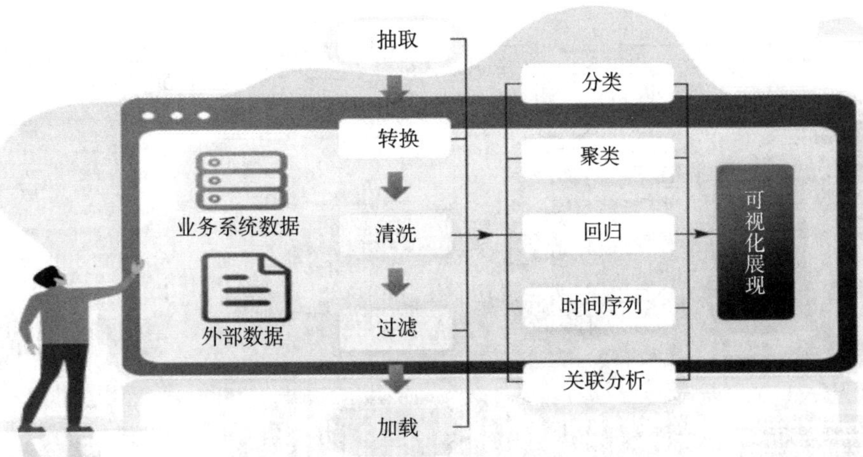

图2　数据清洗

B）备份用最优模型

用于训练的模型，每次在最优模型基础之上进行训练，在不低于原来评估结果的原则下，替换 A，同时将 A 备份为 B。

2.1.4　预测模块

采用算法拟合生成单井单因素、多因素以及多井单因素、多因素条件下的趋势分析曲线，更直观地反应各因素对钻井效果的影响变化趋势。根据历史采集数据进行分区，根据不同区域的地层岩性以及垂深得出地温压力数据；根据地温压力数据和曲线，采用线性回归的机器学习方法进行温度或压力预测。

数据预测模块作为独立模块在服务端运行，接收指令完成预测任务，并异步处理以考虑运行时间问题。

A）接收指令，与客户端通过 Redis 交互指令信息

B）更新当前训练模型

C）给定数据进行预测，并返回结果，考虑运行时间问题，异步处理

D）根据预置数据报警，报警数据推送到 redis

2.1.5　数据呈现

主要的任务是数据集预测结果的呈现，直观地向作业员展现出钻井液数据的趋势分析，提示作业员进行钻井液配方的调整、事故出现的可能性预警，便于现场作业人员及时调整钻井液的配方及用量。PC 端直观地展现了温度压力数据、钻井液数据日报、井身结构以及事故复杂库等信息。根据钻井液数据的处理、统计、分析，通过网络模型预测给出新井开钻的井身结构、钻井液体系、泥浆类型、钻井液配置配方等。

服务端还建立了复杂事故库，包含近年来发生的所有事故信息以及井塌、井漏等井下复杂情况的相关处理，并根据终端上传的钻井液数据，通过网络模型的分析计算，对复杂事故进行预警和提供参考处理方案（图3）。

2.2　算法选择

经过对大量数据和业务模型分析，对于钻井过程的描述，我们最终选取了 LSTM 和 KNN 两种 AI 深度学习算法作为本次应用的基本算法。

LSTM 算法能够有效传递和表达长时间序列中的信息，适用于钻井过程中长期依赖问题的预测。同时，使用 KNN 算法进行数据分析挖掘，根据现有异常井历史数据总结出特定异常发生阈值，并自动在移动终端发出预警，并根据历史数据中事故复杂情况去判断事故类型，并给出相应的紧急处理方案。

2.2.1　LSTM 算法

全称 Long Short Term Memory（长短期记忆），是一种特殊的递归神经网络。LSTM 从被设计之初就被用于解决一般递归神经网络中普遍存在的长期依赖问题。

选用这个算法模型主要原因是钻井过程中，我们需要根据已有的地质数据、工程数据、钻井液数据以及当前已经完成进尺来预测后面的可能情况。如设计进尺 8000 米，当前进尺 5000 米，那根据前面 5000 米的参数及当前已经训练好的模型，预测后面 5000 米–8000 米之间，每 50 米的参数情况。LSTM 算法模型刚好可以实现未来一步或多步的预测，并将未来的所有曲线模拟出来，根据进尺进度进一步拟合调整（图4）。

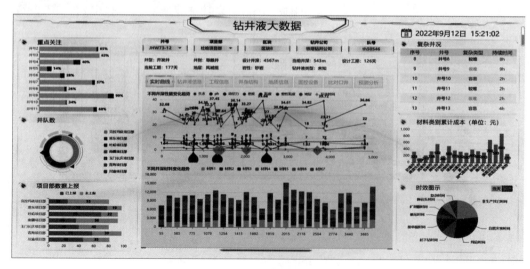

图3　大数据可视化

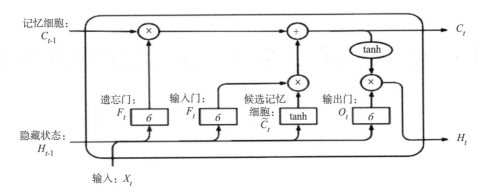

图4　LSTM循环单元结构

2.2.2　KNN算法

K近邻（K-Nearest Neighbor，KNN）是一种最经典和最简单的有监督学习方法之一。特征空间中两个实例点之间的距离是二者相似程度的反应，所以K近邻算法中一个重要的问题是计算样本之间的距离，以确定训练样本中哪些样本与测试样本更加接近。

设特征空间 X 是 n 维实数向量空间 R^n，$x_i, x_j \in X$，$x_i = \left(x_i^{(1)}, x_i^{(2)}, \cdots x_i^{(n)}\right)^T$，$x_j = \left(x_j^{(1)}, x_j^{(2)}, \cdots x_j^{(n)}\right)^T$，$x_i$，$x_j$ 的 L_p 距离定义为

$$L_p\left(x_i, x_j\right) = \left(\sum_{i=1}^{n} |x_i^l - x_j^l|^p\right)^{\frac{1}{p}}$$

当 $p = 2$ $p = 2$p=2，为欧氏距离（Euclidean Distance）

当 $p = 1$ $p = 1$p=1，为曼哈顿距离（Manhattan Distance）

我们选用KNN算法，是通过相关的参数获取最接近当前情况的某种场景来预测未来可能会发生的复杂状况，提前预警，并辅助找到相似情况的井及处理措施作为参考。

3　结果和效果

在大数据AI算法基础上，我们重点在以下几个方面进行了应用：

3.1　钻井液性能分析

通过大数据分析技术对单井钻井液性能数据实时诊断预警并进行分析，推荐解决方案。结合不同分析模式、分析指标、分析维度进行地质地层的钻井液性能深层次对比。例如，当钻井液粘度异常升高时，系统能够及时发出预警，并推荐相应的处理措施。

3.2　处理剂使用

通过数据分析及挖掘算法进行钻井液综合性能分析，来判断处理剂加量和性能的相关分析处理。系统能够根据钻井液性能数据智能推荐处理剂的种类和加量，以提高钻井液的性能和稳定性。

3.3　事故复杂预警

持续累计各种复杂情况的处理方案知识，对邻井复杂情况及同地层复杂情况进行相关数据分析，并智能推荐处置方案。例如，当系统检测到井塌预警信号时，能够迅速给出相应的处置方案和建议，以减少事故风险和损失。

在采集1000多口井、录入2000口历史井数据的基础上，我们进行了现场应用尝试。结果显示，模拟相似度达到90%，总体上达到预期目标。

4　结论

作为一次成功的尝试，在大量数据下采用AI算法建立钻井液业务模型是可行的。由于把业务特色、地质结构、工程数据以及钻井液数据等一起作为训练数据，将各区块统一训练模型形成一个完整的模型，可以模拟出各个区块的特点并用于预测和调整参数。这不仅能够辅助人工决策，提高决策效率和准确性；还能够通过提前预警和提前做相应准备来减少事故发生的风险和损失。

未来，我们将进一步优化算法性能、提高预测精度；并探索更多应用场景和可能性，以推动钻井液业务的智能化发展。

参 考 文 献

［1］Hochreiter S, Schmidhuber J. Long short-term memory ［J］. Neural computation, 1997, 9（8）: 1735 - 1780.

［2］刘海峰，庞秀梅，张学仁. 一种聚类模式下基于密度的改进KNN算法［J］. 微电子学与计算机, 2011, 28（07）: 25-27

基于Hyper-V集群部署与管理系统的应用与研究

段　斌

（中国石油集团西部钻探工程有限公司）

摘　要　本文探讨了基于Hyper-V集群部署与管理系统的应用与研究，重点分析了项目基本需求、系统总体架构设计、集群部署模块、网闸OPC组件管理模块以及系统监控模块。系统设计旨在提高系统资源利用率、增强系统可靠性和灵活性，特别是在苏里格气田分公司智能化改造过程中，实现数据的一体化管理，确保各类业务系统从气井、集气站到监控中心都能实现数据的无缝共享，减少重复录入，提高数据的精确性和及时性。通过微服务架构、物联网技术和SCADA系统，结合OPC协议，系统支持海量数据的实时采集和分析，提供井筒历史数据的录入、检索和综合分析功能，以及设备故障或生产异常的自动识别和预警。此外，系统还集成了GIS导航模块和强大的数据安全防护机制，确保数据传输的安全性和高效性。系统总体架构设计采用了模块化原则和微服务架构模式，确保系统的灵活性和扩展性。集群部署模块利用Windows Hyper-V虚拟化技术和网闸系统，实现数据的安全隔离与高效传输。网闸OPC组件管理模块实现了数据单向传输和安全策略，确保数据的完整性与一致性。系统监控模块通过实时监控和异常处理，提高了系统的响应速度和灵活性。本文的研究方法结合了系统工程的方法论和前沿的信息技术，构建了一个多维度、跨平台的油气田智能管理框架。

关键词　Hyper-V集群；工业自动化；OPC组件；系统监控；资源管理

1　引言

1.1　研究背景

在"十四五"规划的引领下，我国能源行业正经历一场深刻的数字化转型，其中油气田的智能化升级尤为关键。面对云计算、物联网、大数据与人工智能等新兴技术的飞速发展，油气开采领域正逐步迈向智慧化新阶段。然而，国内油气田的气井管控尚处于智能化的起步阶段，特别是在苏里格气田分公司，存在着数据孤岛、管理效率低下等问题。为解决这一现状，迫切需要构建一套集成化的数字化、智能化平台，以实现业务系统间的数据整合、优化管理与资源共享，进而提升气井措施的有效性与气田的最终采收率，降低运营成本，增强安全管理，最终实现能源生产的智慧化转型。本文旨在探索如何通过Hyper-V虚拟化技术与网闸系统的结合，以及跨平台功能的研发部署，实现生产信息平台的高效建设和运维，为国内油气田的智能化升级提供可行路径。

1.2　研究目的

本文致力于攻克油气田智能化管理的关键技术瓶颈，通过深度融合Hyper-V虚拟化与网闸系统，构建安全可控的数据交互环境。旨在开发一套兼容性强、扩展性好的跨平台生产管理平台，实现办公网与工控网的无缝对接，提升数据获取效率与安全性。本文将进一步优化气井监控、生产异常预警及气藏管理等功能，强化生产过程自动化与决策智能化，以显著提高劳动效率、气井问题响应速度和整体安全管理能力，最终达成降本增效、提升油气田采收率的战略目标。

1.3　研究方法

本文采用系统工程的方法论，结合前沿的信息技术，构建一个多维度、跨平台的油气田智能管理框架。运用Hyper-V虚拟化技术与网闸系统融合，确保数据在工业控制网络与办公网络之间的安全传输。通过SCADA系统集成与OPC协议，实现对生产数据的实时采集与分析。依托ASP.NET Core框架，开发具备良好兼容性的生产管理平台，支持云原生部署与边缘计算，以提升系统的响应速度和稳定性。借助大数据分析与AI算法，优化气井监控、预警机制及气藏管理，实现智能化决策支持，全面提升油气田的运营效率与经济效益。

2 项目基本需求分析

2.1 工业自动化软件需求

在"十四五"期间，油气田的数字化转型对工业自动化软件提出了更高层次的要求。鉴于当前苏里格气田分公司智能化程度较低的现状，迫切需要一套能够整合业务系统、优化数据流程的综合解决方案。自动化软件应具备强大的数据整合能力，实现跨平台信息的无缝对接，确保从气井、集气站到监控中心的数据实时共享与高效管理。系统需支持数字检测、措施制定和油气藏评价集成等功能，以提升气井措施的有效率与气田最终采收率。软件应具备智能化分析模块，能够对井筒信息进行实时在线查询，对生产异常进行即时监控，通过生产信息平台的开发应用，提高劳动效率，加强气井问题的发现与处置能力，以及提升集输安全管理。为了实现这些目标，软件必须兼容Hyper-V虚拟化环境，确保在网闸系统的部署下，工控网络数据能够被安全、高效地获取与利用，同时支持跨平台部署，以适应多变的工作环境，为苏里格气田乃至整个油气行业提供先进的自动化管理手段，助力能源生产的智慧化转型。

2.2 Web应用研发需求

在油气田的数字化转型背景下，Web应用的研发成为提升作业效率与决策支持的关键。为了满足苏里格气田分公司对智能化管理的需求，Web应用必须具备跨平台的特性，确保无论是在办公网还是工控网环境下都能稳定运行，利用ASP.NET Core框架实现这一目标，为用户提供一致的使用体验。应用的核心功能应围绕气井监控、生产信息管理、气藏分析展开，需集成排水采气、压裂施工、产量分析等专业模块，以及地产长关井复产、地面建设项目的管理功能。考虑到数据安全与实时性，Web应用需支持与SCADA系统的OPC协议交互，实现实时数据的单向传输，同时利用Hyper-V虚拟化技术，保证数据服务的高可用性与灾难恢复能力。GIS导航功能的融入，使用户能直观掌握气井与设施的空间分布，而生产监控模块则需提供实时的异常警报，确保问题的快速响应。

2.3 数据项目需求

在苏里格气田分公司智能化改造过程中，构建一个高度融合、智能化的数据管理分析平台，是数据项目需求的核心。首要任务是实现数据的一体化管理，确保各类业务系统从气井、集气站到监控中心都能实现数据的无缝共享，减少重复录入，提高数据的精确性和及时性。数据项目需要通过物联网技术和SCADA系统，结合OPC协议，支持包括井筒状态、生产参数、环境监测、确保数据传输安全高效等多元信息在内的海量数据实时采集。数据分析能力是数据项目的关键，要覆盖多个维度，如气藏管理，生产监控，GIS导航等。气藏管理需要辅助地质工程师进行精确决策，提供井筒历史数据的录入、检索和综合分析。而生产监控模块则需要具备设备故障或生产异常等潜在问题的自动识别和预警的实时异常检测功能，以减少停机时间。地理信息系统要集成GIS导航模块，为现场作业、优化后勤和应急响应提供直观的地理位置和导航服务。数据工程还需要有强大的数据安全防护机制，将办公网和工控网通过网闸隔离起来，防止外部侵入，防止数据外泄。同时，数据备份和恢复也要得到支持，确保在Hyper-V虚拟化环境下，即使发生灾难时，业务连续性也能得到快速恢复。

3 系统总体架构设计

3.1 系统设计思想

在设计面向苏里格气田智能生产管理平台时，构建一个具有较强数据处理能力的系统架构，具有高度的整合性、安全性和可控性。遵循模块化原则的系统设计，保证了各部件既能独立运作，又能相互协作，实现无缝衔接的业务流程。采用微服务架构模式，每个微服务专注于特定功能，如井筒信息管理、生产监控、气藏分析等，通过API接口互相沟通，增强系统的灵活性和扩展性。为确保数据的安全性和实时性，该系统在办公网和工控网之间引入了可实现数据单向传输、有效防范外来威胁的闸机技术，作为安全屏障。同时，在简化资源管理的同时，Hyper-V虚拟化技术的应用还在数据服务的可用性和灾备能力方面得到了提升，从而在复杂的网络环境中保证了运行的稳定性。系统设计充分考虑跨平台兼容性，并采用支持多平台部署的ASP.NETCORE框架，确保性能和用户体验在不同硬件和操作系统上保持一致性。该系统通过深度集成物联网（IoT）设备，利用大数据分析和AI算法，帮助苏里格气田分公司实现智能化改造，提高运行效率和安全性，实时收集和分析来自井场的大量数据，提供预测性维护、生产优化和智能决策支持。

3.2　基本框架

系统总体架构设计采用多层次框架，从边缘感知层到应用层，构建了一个全面覆盖的智能生产管理体系，如图1所示。边缘感知层部署了丰富的传感设备和物联网网关，如摄像头、RFID标签、温度传感器、压力传感器等，通过Zigbee、LoRa、Wi-Fi等无线技术，以及RS485等有线方式，实现现场数据的实时采集和传输。网络层利用网桥和RADIO技术，确保数据在网络中的高效流转，同时通过LORA和GPS提供广域覆盖和精确定位。平台层集成了华为云等公有云资源和私有云数据中心，通过防火墙、负载均衡和网关代理技术，保证了数据的安全传输和系统的高可用性。同时，平台层还支持AI模型的训练和部署，利用大数据分析能力，为上层应用提供智能决策支持。应用层面向最终用户，提供PC端和移动端应用程序，实现数据的实时展示、监控预警、远程控制等功能。应用层还集成了BI洞察工具和制度调配系统，通过AI技术进行数据分析，为管理层提供深度洞察，辅助制定更有效的生产策略。

3.3　模块化设计

模块化设计是系统总体架构中的核心战略，旨在打造一个灵活、可扩展、易于维护的智能化生产管理平台。每个模块都被设计为各自承担数据采集、处理、分析、预警等特定任务的独立功能单元，同时通过标准化接口与其他模块进行交互，确保系统各组件的互操作性和数据的无缝流动。模块化设计可以在不对整个系统进行大规模重构的情况下，根据业务需求对系统功能进行动态调整和升级。例如，在需要增强安全监控功能时，不必影响其他模块的正常运行，例如生产数据处理或用户界面等，只需更新或添加相应的安全模块即可。这样的设计在降低维护成本和升级周期的同时，大大提高了系统的响应速度和灵活性。模块化设计还促进了各模块遵循统一的设计规范和编码标准，便于集成和替换第三方组件，增强了系统的开放性和兼容性，同时也促进了系统的标准化和标准化。

4　集群部署模块

4.1　集群部署流程

集群部署流程旨在构建一个高效、安全的工业网络环境，充分利用Windows Hyper-V虚拟化技术与网闸系统，实现数据的安全隔离与高效传输，具体流程如图2所示。在Windows系统中启用Hyper-V虚拟化管理器，通过其创建内部网络交

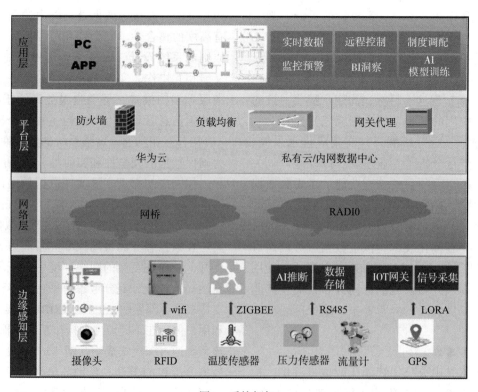

图1　系统框架

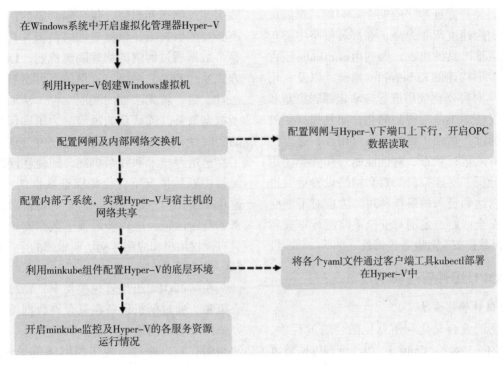

图2　集群部署流程

换机，为虚拟机与宿主机之间搭建网络桥梁。配置网闸设备，确保办公网与工控网络之间的单向数据流，同时开启 OPC 数据读取，以获取工业控制系统中的实时生产数据。通过 Hyper-V 与网闸的协同工作，完成端口上下行配置，确保数据的正确传输与安全隔离。内部子系统的配置则是关键一步，它实现了 Hyper-V 虚拟机与宿主机的网络资源共享，通过 DHCP Server 为内部虚拟网卡分配固定 IP，确保了虚拟机与外部网络的稳定连接。为了构建底层环境，引入 minikube 组件，该组件包含安装环境工具包、客户端工具包以及镜像文件，通过这些工具，可以在 Hyper-V 中部署 Kubernetes 集群，实现容器化应用的高效管理。通过 kubectl 客户端工具，将预先准备的 YAML 配置文件部署到 Hyper-V 中，启动 minikube 监控，实时观察 Hyper-V 下各服务资源的运行状态，确保集群的健康运行与资源的合理分配。

4.2　集群资源管理

在 Windows Hyper-V 虚拟化与网闸结合的部署环境下，通过 Hyper-V 虚拟化管理器，可以精细地控制和分配物理资源给各个虚拟机，包括 CPU、内存、存储空间和网络带宽，实现资源的动态调配，以适应不断变化的工作负载需求。资源管理策略包括负载均衡、资源预留和限制，以及基于策略的自动扩展，确保每个虚拟机都能够获得所需资源，同时避免资源浪费。Hyper-V 提供了丰富的工具和 API，支持实时迁移、快照和备份恢复，增强了集群的弹性和容错能力。结合网闸系统，资源管理还涵盖了对工控网络数据的获取和管理，通过 OPC 协议从集气站 SCADA 系统中读取实时生产数据，同时利用网闸确保数据安全传输，避免了网络安全威胁。在 Hyper-V 集群中，通过网闸策略的优化，可以实现办公网与工控网络的数据单向传输，保障了数据的完整性与一致性。集群资源管理还包括对应用和服务的生命周期管理，利用 minikube 组件在 Hyper-V 中构建 Kubernetes 集群，通过 kubectl 工具实现对容器化应用的自动化部署、管理和监控，确保服务的高可用性和响应速度。

4.3　部署策略与优化

在 Windows Hyper-V 虚拟化集群的部署中，在利用 Hyper-V 动态迁移和负载均衡功能实时调整资源分配以应对不同工作负载需求的同时，通过精细化的资源分配策略，确保每台虚拟机都能获得最优的计算、存储和网络资源，从而实现集群整体性能的最大化。在安全保障上，通过数据单向传输机制，有效防范了办公网与工控网之间的网络潜在攻击和数据外泄，使网闸成为安全屏障。闸机的策略配置需要精细，通常涉及严格控制数据类型、传输频率和访问权限，既要保证数据的流畅流通，又要保证数据的安全。为使系统的可维护性和响应速度得到提高，在部署策略中要包括自动化运维工具的集成，如利用minikube组件在Hyper-V下构建的Kubernetes集群，以及利用kubectl工具对容器化应用进行自动化部署更新和监控，不仅使运维流程得到简化，而且提高了故障恢复的速度，增强了集群的高可用性，通过持续监控集群的运行状态，对性能瓶颈和资源使用情况进行分析，对虚拟机配置和网络设置适时进行调整，以达到资源的最佳利用。为应对不断变化的网络安全威胁，定期对安全策略进行审查和更新，确保数据安全和业务连续性。

5 网闸OPC组件管理模块

5.1 OPC组件管理方法

在实现工业自动化与信息化融合的过程中，OPC（OLE for Process Control）组件管理方法着重于标准化数据访问，通过定义通用接口，使不同制造商的设备和系统能够以统一的方式交换数据，极大提升了数据的可用性和系统的互操作性。通过在集气站的SCADA（Supervisory Control and Data Acquisition）上位机系统中集成OPC服务器，该服务器作为数据的提供者，能够将现场设备的状态、测量值等实时数据转换为OPC标准格式，便于上层应用访问。同时，办公网下的生产管理平台通过OPC客户端与工控网进行数据交互，实现了数据的单向传输，确保了生产数据的安全性与完整性。为了优化数据传输效率与安全性，OPC组件管理方法还包含了对数据流的精细控制，包括数据压缩、加密和认证机制，以减少网络负载并保护敏感信息。通过OPC UA（Unified Architecture）标准，支持跨平台的数据访问，确保了在Hyper-V虚拟化环境下的稳定运行与高效数据服务。OPC组件管理方法还涉及对数据服务的备份与恢复策略，通过定期的备份操作，防止数据丢失，同时确保在系统故障或灾难恢复情况下，能够快速还原数据服务，保障生产活动的连续性。

5.2 数据单向传输实现

在工业自动化领域，实现数据单向传输的核心在于使用物理隔离技术，即网闸设备，它充当了两个网络间的单向通道，只允许数据从信任的工控网络流向办公网络，而阻止任何反向的数据流，以此来防止潜在的网络攻击和恶意软件渗透。OPC组件在工控网络侧收集实时生产数据，这些数据经过筛选和封装，仅传输必要的信息，减少不必要的数据流，以减轻网络负担并提高传输效率。数据通过网闸的物理隔离机制，以不可逆的方式发送到办公网络，这里的不可逆意味着数据一旦发送，就无法被回溯或操控，从而大大降低了数据被篡改或截获的风险。为了确保数据传输的实时性和完整性，网闸OPC组件管理模块采用了高速缓存技术和冗余机制，即使在网络波动或短暂中断的情况下，也能保证数据的连续传输，避免了生产信息的丢失。通过对传输数据进行加密和身份验证，进一步增强了数据安全性，确保只有授权用户和应用才能访问敏感的生产数据。

5.3 安全策略

在闸机OPC组件管理模块中，物理隔离是核心策略，通过闸机设备在只允许数据单向传输的办公网和工控网络之间建立物理屏障，有效阻断网络潜在攻击路径，使工控网络免受外界威胁。数据加密和身份验证是另一个重要环节，即使在传输过程中截取到数据，也不能轻易解密，所有通过闸机传输的数据都会经过加密处理。同时，通过严格的用户认证机制，确保敏感的生产数据只有经过授权的用户和应用程序才能访问，防止非授权访问和数据外泄。网络闸机OPC群件管理模块将持续记录包括数据来源、目的地、传输时间和数据量等信息在内的所有数据传输活动，这些日志可用于事后分析和安全事件调查，帮助发现并及时应对潜在的安全威胁，审计和监控也是安全策略的重要组成部分。为应对不断演进的网络安全挑战，安全策略还应包括定期的安全评估和更新，通过定期对系统进行安全漏洞扫描和渗透测试，在持续优化安全配置的同时，根据最新的安全标准和行业最佳实践，及时发现和修复安全漏洞，确保闸机OPC组件管理模块始终处于最高安全状态。

6 系统监控模块

6.1 实时监控系统设计

实时监控系统设计旨在构建一个全面覆盖、高响应速度的监控体系，系统架构采用多层次、分布式的设计思路，分为数据采集层、数据处理层和用户界面层，各层之间通过标准化接口进行交互，确保了系统的灵活性和可扩展性。数据采集层由一系列前端设备组成，包括摄像头、温度传感器、压力传感器、流量计等，这些设备分布在气井、集气站、监控中心等关键地点，负责实时捕获现场的视频图像、环境参数、设备状态等数据，并通过有线或无线网络将数据传输至数据处理层。数据处理层是集数据存储、分析、预警功能于一体的监控系统的核心。利用大数据技术，实时处理和分析采集的海量数据，识别设备故障前兆、生产效率下降等潜在异常情况和趋势。同时，系统内置智能算法，可预先发出预警，为管理层提供决策支持，基于历史数据和实时信息对未来生产形势进行预测。用户界面层提供了包括PC端和手机端应用在内的直观易用的操作界面，让操作人员可以实时查看现场情况、接收预警信息、远程操控。将复杂的数据通过图表、仪表盘等形式变成通俗易懂的可视化信息，帮助用户对生产动态的快速把握和对各种事件的及时反应。实时监控系统设计还包含数据备份和恢复机制，以及基于角色的存取控制，只有获得授权的用户才能存取特定的数据和功能，以确保系统的高可用性和安全性。该系统还支持跨平台部署，可以无缝接入，无论是Windows、还是移动设备，保证了监控系统的广泛适用性和用户使用的便捷性（图3）。

6.2 监控数据处理

监控数据处理是实时监控系统的核心功能，分为四个主要阶段：数据预处理、数据存储、数据分析。在数据预处理阶段，对收集到的原始数据进行清洗、格式化处理，对失效或错误数据进行清除，以保证后续处理准确有效。预处理也包含数据标准化与降噪，将杂讯干扰透过演算法排除，让数据更纯粹，方便后续分析。数据存储是数据处理的基础，系统采用分布式数据库和数据湖技术，可对大规模结构化和非结构化数据进行高效存储和管理。作为一个中央存储库，从不同的源头收集数据，而分布式数据库则为保证数据的实时可用性提供了快速查询和分析的能力。数据分析是监控数据处理的重点，系统地运用统计分析、机器学习和深度学习等技术深入挖掘数据。这些分析结果为预防性维护、生产优化和安全预警提供了数据支持，通过时间序列分析预测设备故障，利用聚类算法识别生产模式，并通过异常检测算法及时发现偏离正常范围的指标。在结果呈现阶段，系统将复杂的分析结果转换成直观的图表、仪表盘和报表，使管理人员和操作人员对关键指标和动向能够快速了解并及时做出决策。该系统还支持实时报警，自动向相关人员发出通知，确保在检测到异常或触发预设阈值的情况下能够及时做出反应并处理问题。

6.3 异常报警与处理

异常报警与处理机制是系统监控模块中的关键环节，系统采用多层次、多技术的异常检测方法，结合实时数据流分析、历史数据分析和预测性维护技术，形成了一个全面的异常识别框架。实时数据流分析是异常检测的第一道防线，系统通过持续监控来自传感器、设备和系统的实时数据流，利用统计学方法和机器学习算法，如基于阈值的规则、时间序列分析和模式识别，快速识别超出正常范围的指标，如温度突变、压力异常或设备性能下降。一旦检测到异常，系统会立即

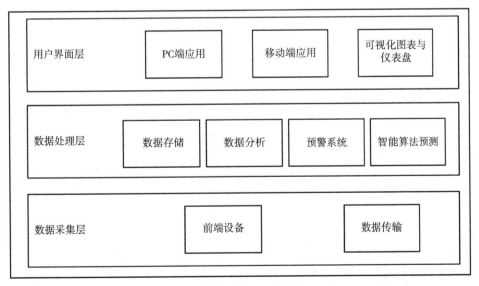

图3 实时监控系统架构

触发警报，通过声音、视觉提示或直接发送通知到操作员的设备上，确保第一时间引起关注。历史数据分析是异常检测的第二道防线，系统会通过构建基线和异常模型，在预测未来可能出现的问题的同时，对过往数据进行分析，寻找异常发生的模式和趋势，从而对当前数据是否异常进行更加准确的判断。预测性维修技术是异常处理的重要环节，系统通过对设备运行状态和历史维修记录的分析，可以对设备可能出现的故障进行预测，在任何时候提前进行维修，从而避免因计划外停机而导致的生产损失。在异常处理上，该系统设计了一套机制，将自动反应与人工干预结合起来。系统可自动执行调整参数、重启设备或切换至备用系统等预定义的应对策略，使常见的、已知的异常情况迅速恢复正常运行。并且系统会通过远程诊断或现场检查等方式，自动通知专家团队对复杂或未知的异常情况进行深入分析处理，以防止问题恶化。系统还具有自我学习和优化的能力，在每一次异常处理完成后，都会记录和分析处理过程和结果，并对异常检测算法和应对策略进行持续优化，使系统整体性能得到提升。

7　结论

基于 Hyper-V 的集群部署与管理系统，结合 OPC 组件管理与全面的监控策略，能够有效支撑油气田的智能化升级，实现降本增效、提升采收率与管理水平的目标。未来，随着云计算、物联网、大数据与人工智能技术的进一步发展，该系统有望在更广泛的工业自动化场景中发挥重要作用，推动能源行业的数字化转型与智慧化运营。

参 考 文 献

［1］赵维国.Hyper-V 虚拟化技术在建筑业企业信息化中的应用［J］.黑龙江科技信息，2017，（06）：183.

［2］郝强.提升 Hyper-V 网络性能的三个实用技巧［J］.计算机与网络，2015，41（21）：44.

［3］顾武雄.用 SCVMM 管理 Hyper-V 云平台［J］.网络安全和信息化，2018，（05）：79-87.

［4］郭建伟.详解 Windows Server 2016Hyper-V 部署方式［J］.网络安全和信息化，2021，（01）：109-112.

［5］刘芳，吴琼.基于 Web 的集群部署管理系统［J］.山东理工大学学报（自然科学版），2015，29（02）：32-35.

［6］沈萍萍，关辉，韦阳，等.分布式集群系统架构设计及应用部署［J］.信息技术与信息化，2021，（01）：159-162.

［7］傅荣鑫，李长云，李俊峰.Web 系统服务器集群部署策略研究［J］.电脑知识与技术，2021，17（20）：11-13+19.

基于非平稳注意力机制的井漏预警模型及应用

蒲　波　孜克如拉·艾尼瓦尔　帕祖拉木·艾力　王浩宇　艾山·艾买提　杨缘园　艾之雨　兰　林

（中国石油集团西部钻探工程有限公司）

摘　要　井漏作为钻井作业中频繁遭遇且极具破坏性的井下事故之一，不仅直接威胁到钻井作业人员的安全，还严重阻碍了钻井进程的顺利进行，导致时间延误和成本激增。这一现象的发生往往源于复杂多变的地质构造，如裂缝发育、断层交错以及异常高压或低压地层等，这些地质特征使得钻井液（泥浆）在钻遇时易于失去控制地渗入地层，进而引发井漏。此外，钻井作业所面临的多样环境条件，包括高温、高压、深水以及不同地层的化学性质差异，也为井漏的发生增添了更多不可预测的因素。尽管传统的智能预警模型能够检测井漏事件，但无法有效捕捉井漏前兆信号的细微变化，如钻井液返速减慢、压力异常波动等，这些早期迹象对于预防井漏至关重要。与此同时，主流的深度学习模型在数据归一化过程中往往忽略了数据固有的非平稳性。为了解决这些问题，本文创新性的提出了一个利用非平稳注意力机制的井漏预警模型，并设计一个分段损失函数，利用对未标记数据的自监督预训练，有效地获得语义表示，从而有效实现井漏预警。该模型的性能通过实际井漏进行了评估，在4口井的16次井漏中，成功地13次提供了早期预警，召回率达到81.25%，平均提前104min。与基线模型相比，该方法可以更早、更准确地预测井漏，这对确保钻井过程的效率和安全具有重要意义。

关键词　井漏；早期预警；非平稳注意力；预训练

1　引言

在油气行业中，钻井是一项复杂的工程活动，涉及许多风险因素。井漏是钻井过程中最常见和最具挑战性的问题之一。井漏不仅会导致严重的钻井液漏失，增加钻井成本，还会引发井壁坍塌和井喷等严重的井下事故。这些事故会扰乱钻井过程，延长钻井周期，造成相当大的经济损失，甚至威胁到工人的安全。因此，准确、及时的井漏预警对于确保安全、高效的钻井至关重要。有效的井漏预警模型可以使作业者迅速采取行动，防止或减轻井漏的影响，从而最大限度地减少经济损失，保护人员安全。

井漏预警模型的发展经历了几个阶段，从直接监测钻井参数开始，发展到数值模拟模型，然后是机器学习方法，最后是高级深度学习的应用。监测参数波动的传统方法高度依赖专业知识，成本高。相比之下，基于机器学习的井漏识别模型包含了各种钻井参数，大大提高了准确性和自动化程度，但它们很难有效地管理这些参数的时间依赖性。深度学习中的一些专门的网络架构，如LSTM和Transformer，在处理历史钻井数据的长期依赖关系方面非常有效。这些模型能够在较长时间内记忆和利用信息，从而提高早期预警模型的性能。

然而，传统的基于分类的智能预警模型主要侧重于井漏的识别，而不是早期预警。此外，正如ADF（Augmented Dickey-Fuller）测试结果所证明，漏失或作业条件的变化可能会导致钻井参数的显著波动，从而导致非平稳性。同时，深度学习模型中的归一化模块导致数据缺乏非平稳性，降低了预警模型的性能。

现有的井漏预警方法可分为两大类：基于规则的方法和数据驱动的方法。基于规则的方法监测钻井参数和等效循环密度（ECD），并将其与预定义的阈值进行比较，以评估井漏风险。ECD的计算通常需要复杂的数学和物理模型，但也可以使用智能算法进行预测。例如，人工神经网络（ANN）已被应用于构建集成钻井参数的ECD预测模型，从而产生准确的ECD估计，以促进井漏评估。此外，支持向量机、随机森林和XGBoost等机器学习模型经常被用于预测ECD，并通过风险函数评估井漏和井喷相关的风险。然而，这些方法不仅依赖于ECD预测的准确性，而且在为有效的井漏检测建立适当和稳定的阈值方面也面临挑战。

不同的是，数据驱动的方法通常利用机器学习或深度学习模型来识别基于实时钻井数据的井漏。机器学习的兴起使得各种算法得到广泛应用，包括支持向量机（Support Vector Machines）、随机森林（Random Forests）和XGBoost，这些算法也被用于井漏识别和钻井液漏失预测。此外，贝叶斯网络和模糊专家系统，以及计算钻井数据与历史事故案例之间相关性的基于案例的推理方法，也被用于解决井漏问题。然而，传统的机器学习算法很难有效地从钻井数据中捕获固有的时间依赖性。深度学习模型，如基于RNN和CNN的方法，只能部分捕获这些依赖关系，LSTM及其改进版本在井漏中表现良好。此外，基于LSTM和CNN的自编码也被用于建立井漏预警模型，该模型通过判断输入序列的重构损失来衡量井漏的风险。

与以往着重于分类目标的工作不同，本文设计了一个更符合井漏预警的目标函数，并对大量未标记数据进行预训练，实现漏失预警。

为了解决这些问题，本文提出了一种基于非平稳注意机制的井漏预警模型，称为NSTransformer。该模型以非平稳Transformer编码为重点，对大量未标记数据进行预训练学习语义表示，并设计了分段损失函数来满足预警要求。实验结果表明，该模型对16个井漏实例中的13个成功进行了预警，验证了该方法的有效性，实现了井漏的预警。

2 技术思路和研究方法

2.1 预警模型架构

井漏预警模型包括两个阶段：对未标记数据的自监督预训练和对标记数据的微调。自监督预训练阶段的目标是从时间序列数据中提取高维语义表示，而下游微调阶段的目标是学习特定于预警任务的特征表示。

井漏早期预警模型的体系结构如图1所示。在预训练阶段，该模型对输入序列进行非线性编码，获得语义表示，然后通过解码过程恢复原始输入。在微调阶段，将模型的MLP头部替换为线性层，同时冻结其他网络组件的参数。然后，使用标注数据进一步训练模型。这种方法允许模型快速适应特定的任务，同时保留在预训练阶段获得

的知识。

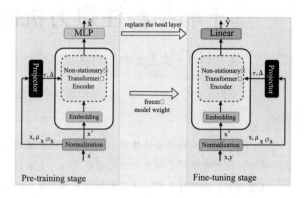

图1 模型架构

2.2 未标注数据的自监督预训练

自监督预训练是一种机器学习方法，它通过从数据本身自动生成标签，使模型能够从无标签数据中学习。对模型的编码器－解码器架构进行训练，以最小化原始输入与重建输出之间的差异，从而使模型学习到丰富的特征表征，捕捉数据中的潜在模式。

与自我监督预训练相关的常见任务包括mask重构、序列重构和序列预测。在本研究中，我们在大量钻井参数序列数据集上采用序列重构预训练，以学习数据中的时间相关性和趋势。这种方法的关键在于对输入序列进行非线性编码，然后对编码向量进行解码，以重建输入序列。最终，编码器层会产生一个高维语义表示。

考虑到钻井参数的非平稳性和Transformer在串联数据中的良好性能，应用非平稳Transformer编码器来捕捉钻井参数的时间依赖性。基于非平稳Transformer编码器和非平稳注意力机制的预训练模型结构如图2所示。

在方法上，非平稳Transformer编码器采用了一种去稳态关注机制，能够捕捉原始非平稳数据中的特定时间依赖关系。具体来说，假设嵌入层和前馈神经网络保持线性特性，则归一化输入序列为 $X'=\left(X-1\mu_Q^T\right)/\sigma_X \in \mathbb{R}^{n\times d}$，其中 n 为序列长度，d 为变量数。相应的查询结果为 $Q'=\left(Q-1\mu_Q^T\right)/\sigma_X$，其中 $\mu_Q \in \mathbb{R}^{d_k\times1}$ 为 Q 在时间维度的平均值。如果不对序列进行归一化处理，注意力得分应由 $A(Q,K)=Softmax\left(QK^T/\sqrt{d_k}\right)$ 计算，而现在的注意力得分是根据 Q',K'：

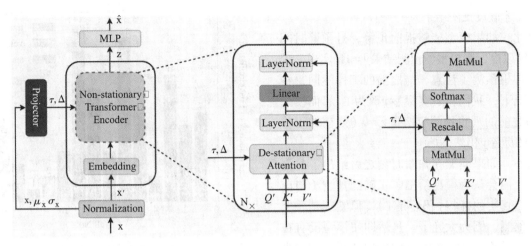

图2　自监督预训练架构

$$\mathcal{A}(Q',K') \doteq Softmax\left(\frac{Q'K'^{\top}}{\sqrt{d_k}}\right) \quad (1)$$

其中 d_k 为键和值的维数。根据转换后的 Q',K'，从原始序列 X 学习到的原始注意力得分 $\mathcal{A}(Q,K)$ 可以推导为：

$$\mathcal{A}(Q,K) = Softmax\left(\frac{\sigma_X^2 Q'K'^{\top} + 1\mu_Q^{\top}K^{\top}}{\sqrt{d_k}}\right) \quad (2)$$

除了目前的 Q',K' 来自平稳化的序列 X'，方程（2）还需要序列平稳化消除的非平稳信息 σ_X^2, μ_Q, K。为了将消失的非平稳信息恢复到其计算中，表示序列归一化引入的影响的项 $\tau = \sigma_X^2 \in \mathbb{R}^+$ 和 $\Delta = K\mu_Q \in \mathbb{R}^{n \times 1}$ 定义为去平稳因子。

考虑到深度模型难以达到严格的线性，我们使用多层感知器从原始输入 X 中学习去平稳因子，因此去平稳注意力的计算如下：

$$\log\tau = MLP(\sigma_X, X), \Delta = MLP(\mu_X, X)$$
$$Attn(Q',K',V',\tau,\Delta) = Softmax\left(\frac{\tau Q'K' + 1\Delta^{\top}}{\sqrt{d_k}}\right)V' \quad (3)$$

具体而言，在重建钻井参数序列时，模型输入通过嵌入层进行维数映射，由非平稳 Transformer 编码器编码，得到更高维度的语义表示 $Z \in \mathbb{R}^{n \times d_{model}}$，其中 d_{model} 为编码后的维数。

最后，使用多层感知器将高维序列重新映射到与输入序列具有相同维数的重构序列。然后计算原始序列与重构序列之间的均方误差作为损失函数，定义为：

$$\mathcal{L}_{rec} = \frac{1}{n \times d} \sum_{i=1}^{n} \left(X_{ij} - \hat{X}_{ij}\right)^2 \quad (4)$$

一旦重构损失函数收敛，非平稳 Transformer 编码器的输出表示原始输入序列的更高语义表示。

2.3　标签数据的微调

在微调中，过程简单地从预训练的模型中恢复训练，但对输出层进行修改以匹配下游分类任务。较早的层，已经学习了一般特征，要么保持冻结（不更新），要么以比新添加的层更慢的速度更新。该方法利用预训练模型中嵌入的知识，同时关注新数据的细节，通常会为目标任务带来更快的收敛和更好的性能。

通常，交叉熵损失函数用于下游二值分类任务，其定义为：

$$L(y,\hat{y}) = -y\log(\hat{y}) - (1-y)\log(1-\hat{y}) \quad (5)$$

其中，y 为井漏的真实标签，$\hat{y}$ 为预测结果。当二值分类的损失函数达到最小时，该模型可以很好地区分正常样本和异常样本（是否发生井漏）。注意，在以前的工作中，只有当时间序列样本发生在井漏时刻之后时，才认为真实标签 y 为 1。然而，它不能为井漏提供早期预警。因此，我们提出了一种分段损失函数来满足预警的实际需要。

假设在 t 时刻发生漏井，实际预警模型应在 Δt 分钟内提供预警。因此，在时间 $t-\Delta t$ 之前的井漏预警可能被认为是虚警（它给出了过早的警告），而时间 t 之后的井漏预警可能被认为是漏报警（井漏已经发生，预警没有意义）。在 $t-\Delta t$ 和 t 之间的预测是完美的，它可以被认为是"真正类"。需要注意的是，这与传统方法不同，传统方法只有在井漏之后才假设预测结果为正。

因此，如果模型能够提前预警，且预警时间在Δt分钟以内，则模型的预测结果$\hat{y}=1$是实现"预警"的理想预测（注意，与之前的工作不同，在这种情况下，我们将真实标签y改为1）；而模型在$t-\Delta t$之前的理想预测应该是$\hat{y}=0$（之前的工作中真实的标签y仍然是0）。

此外，如果模型在井漏时刻之后给出了井漏预测，我们会认为模型给出了正确的预测（与前面一样，真实的标签y仍然是1），但它不是一个完美的预测，因为太晚了。虽然即使模型没有在井漏发生后给出井漏预测（即模型预测$\hat{y}=0$和真实标签$y=1$），我们也不会认为这是一个非常差的预测，因为无论预测是什么，在井漏发生后它就没有意义了。由于我们更关注井漏时刻之前的时间段，同时也希望充分利用井漏事故发生后的数据来优化预警模型，所以我们将井漏后的预测损失乘以惩罚系数a。基于这种直觉，我们得到了一个三个阶段的损失函数，如式（6）所示：

$$\mathcal{L}(y,\hat{y})=\begin{cases}L(1,\hat{y}), & ft-\Delta t\le t_i<t,\\ \alpha\cdot L(1,\hat{y}), & if\ t_i\ge t,\\ L(0,\hat{y}), & otherwise,\end{cases}\quad(6)$$

其中，i为井漏时间，t_i为当前样本时间，a为（0，1）之间的惩罚系数。通过优化该损失函数，模型可以更好地与预警目标保持一致，最大化预警的准确性，同时减少误报和漏报。

3　实验结果和效果

3.1　数据处理与样本构建

钻井数据集包含15口井共94个井漏实例，用于评估所提出模型的性能。数据被分成训练集、验证集和测试集。该训练集包括10口井，共发生了76次井漏；验证集包括1个井和2个实例；测试集包括4口井，共16个实例。这种划分符合井漏监测的实际要求。历史钻井数据记录了各种关键监测参数，每口井的具体井漏情况如图3所示。

根据罗、孙的研究，结合专家建议，选取12个关键参数，了解井漏的关键特征。这些参数包括：瞬时钻井速度、扭矩、钻头重量、钻井时间、挂钩载荷、瞬时钻井时间、立管压力、转速、实时泵冲程、进口流量、总坑体积和出口流量。这些参数反映了钻井过程中泥浆循环、井下压力等与井漏密切相关的作业特征。

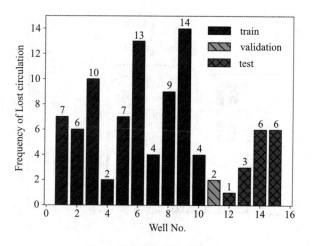

图3　单井漏失的频率统计

由于钻井数据的高度动态性和非平稳性，以及相当大的噪声和缺失值，直接使用原始数据进行模型训练可能会导致较差的收敛性和有限的泛化。为了应对这些挑战并提高模型性能，本研究实施了全面的预处理操作，包括去噪、重采样（将数据间隔调整为20秒）、通过Savitzky-Golay滤波器平滑和Z-score归一化。

为了更有效地捕获时间序列内的动态变化，采用滑动窗口方法，采用10步长和180时间步长的窗口来生成序列样本。每个窗口的连续数据点作为单个时间序列样本用于模型输入。这种方法捕获了井漏之前的关键时间特征，从而增强了模型学习长期依赖关系的能力。在对每口井进行数据处理后，训练集、验证集和测试集的最终时间序列样本数量分别为156651、1552和27045。

3.2　评价标准

在评价井漏预警模型的性能时，单个时间点或滑动窗口样本的指标只能反映模型区分正常和异常样本的能力，而不能反映模型是否具有预警能力。

因此，井漏预警模型的评价指标应按每个事故事件进行评估。受罗提出的井漏事故评价标准的启发，本研究引入了几个基于事件的评价指标来分析和评估模型的实际有效性：

1.成功预警的标准：早期预警模型的目标是在井漏之前检测并提醒操作人员。成功的预警不仅要识别异常，还要提供及时的警报，以便采取足够的预防措施。因此，如果模型在井漏发生前Δt分钟内给出信号，则可以认为是成功的预警。

2.早期预警的召回率：本研究基于单个井漏事件计算召回率，代表成功预警事件与井漏事件总发生次数的比率。召回率越高，说明模型捕获高风险事件的能力越强。召回率可以定义为：

$$Recall = \frac{TP}{N_{total}} \quad (7)$$

式中，TP 为模型预警的井漏事件中真实井漏事件的个数，N_{total} 为井漏事件总数。

3.提前平均预警时间：早期预警模型的一个重要评估指标是它提前很长时间发出警报的能力。在可接受的范围内，较长的预警时间使作业者有更多的时间实施有效的预防措施。因此，多个井漏事件的平均预警时间可以评估预警系统的实际效用。

4.误报频率：过多的误报可能会破坏钻井过程，降低预警系统的可信度。因此，基于井漏事件构建虚警频率可以更清晰地反映模型在长时间运行中的稳定性和可靠性。可以定义为：

$$FA_{freq} = \frac{1}{N_{total}} \sum_{i=1}^{N_{total}} \frac{C_i}{T_i} \quad (8)$$

其中，N_{total} 为井漏事件个数，C 为第 i 个井漏事件之前的虚警个数，T_i 为第 i 个井漏事件的监控总天数。FA_{freq} 表示所监测的每个井漏事件每天的平均虚警次数，可以评估模型的虚警频率，衡量

模型在长期连续监测过程中的性能.

3.3 实验结果

为了说明所提模型的优势，本研究将井漏建模与常用的机器学习和深度学习方法进行对比分析，包括 XGBoost、Random Forest 和长短期记忆（Long-Short-Term Memory，LSTM）。图4显示了16个井漏实例中不同模型产生的提前或延迟警告时间。如图4所示，预警时间在 0 ~ 240min 之间表示预警成功，预警时间小于 0 表示模型缺少预警。结果表明，与其他三种模型相比，NSTransformer 成功地对大多数井漏实例发出警告，表现出更少的延迟和更短的延迟时间。

表1提供了 XGBoost、Random Forest、LSTM 和 NSTransformer 四种方法在16个井漏实例中的性能对比分析。评估指标包括错过警报（或延迟警报）的数量、召回率、平均早期警报时间和假警报频率。NSTransformer 的性能优于其他所有模型，召回率为81.25%，平均预警时间为104min，显著超过了比较模型的性能。说明它具有较强的捕捉和表征油井泄漏事件特征的能力。相比之下，XGBoost 和 LSTM 的召回率分别为68.75%和62.50%，预警时间分别为69min和56min，落后于 NSTransformer。随机森林的召回率为50.00%，平

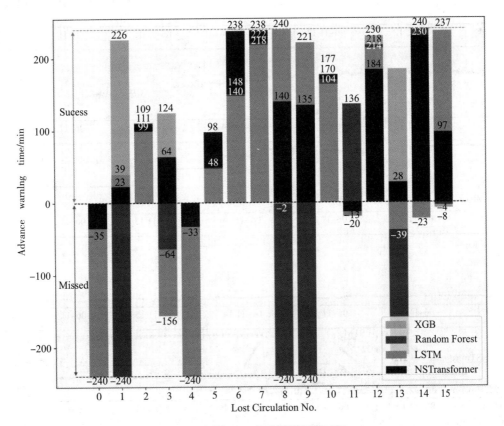

图4 不同模型16例井漏的预警时间

均预警时间为-12min，表示延迟预警。

3.4　应用效果

选择2023年6月11日发生在X-1井的井漏事故，与其他三种模型进行进一步的比较和分析。几个参数的历史曲线（总池体积，TPV；出口流量，MFO；立管压力，SPP）及监测结果如图5所示。当总池体积下降到一定程度，出口流量出现明显下降后，在13：46（灰色箭头所示）人工报告井漏。实际上，钻井液漏失已经在12：00左右发生，所提出的模型在12：06（蓝色箭头）检测到这一轻微漏失，并在人工报告前100min发出警告。

相比之下，LSTM、XGBoost和Random Forest模型仅在12：55左右检测到井漏（由绿色、橙色和红色箭头表示）。虽然这些模型也在人工报告之前检测到井漏，但它们比NSTransformer发现的晚。此外，来自XGBoost和Random Forest的警报集中在12：55-13：15，在此期间MFO相对较低，这表明这些模型只捕获了参数的绝对变化，而不是随时间的相对变化。相比之下，LSTM和

表1　不同模型的性能

Model	Missed	Recall（%）	Adv. Time（min）[①]	$\mathbf{FA}_{freq}$[②]
Xgboost	5	68.75	69	0.89
Random Forest	8	50.00	-26	0.73
LSTM	6	62.50	56	0.92
NSTransformer	3	81.25	104	0.875

① Adv. Time（min）表示预警的平均时间。

② FA_{freq}表示每天虚警频率。

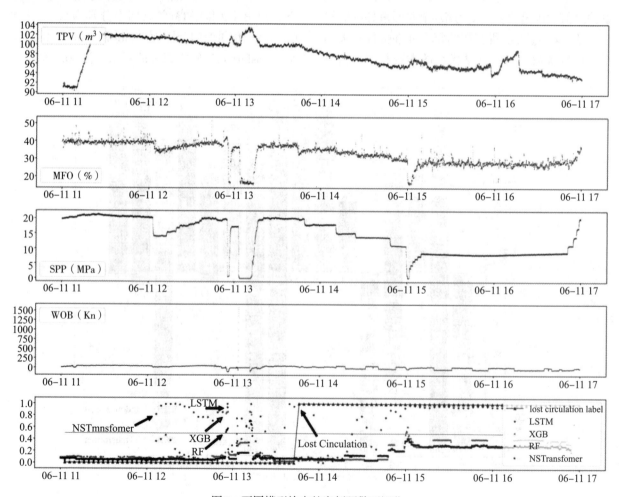

图5　不同模型给出的案例预警可视化

NSTransformer在此区间内的报警次数较少，说明它们考虑了TPV等多个参数的相对变化，从而有助于避免停工等操作的误判。

该案例证明了NSTransformer在漏失预警方面的有效性，这对于现场准备堵漏剂和及时控制钻井液漏失具有重要意义。

4 结论

本文利用历史钻井数据，提出了一种基于非平稳Transformer的井漏预警模型。通过开发分段损失函数，该模型对16个井漏案例中的13个成功发出预警，召回率达到81.25%，平均预警时间为104min。研究结果表明，非平稳注意力机制有效地解决了钻井参数固有的非平稳性，并通过对未标记数据的自监督预训练提高了模型的性能。此外，所提出的分段损失函数与预警目标很好地吻合，与其他智能模型（如XGBoost和LSTM）相比，具有更高的准确性和及时性，突出了其强大的实际应用潜力。

未来，我们将重点对该模型进行进一步优化，使其具有更多样化的钻井条件和地质块特征，以提高其泛化能力。

参 考 文 献

[1] Albattat, R.; AlSinan, M.; Kwak, H.; Hoteit, H. Modeling lost-circulation in natural fractures using semi-analytical solutions and type-curves [J]. Journal of Petroleum Science and Engineering, 2022, 216, 110770.

[2] Abbas, A.K.; Bashikh, A.A.; Abbas, H.; Mohammed, H. Intelligent decisions to stop or mitigate lost circulation based on machine learning [J]. Energy, 2019, 183, 1104–1113.

[3] Baek, S.; Bacon, D.H.; Huerta, N.J. Enabling site-specific well leakage risk estimation during geologic carbon sequestration using a modular deep-learning-based wellbore leakage model [J]. International Journal of Greenhouse Gas Control, 2023, 126, 103903.

[4] Liu, Y.; Wu, H.; Wang, J. Long M. Non-stationary transformers: Exploring the stationarity in time series forecasting [J]. Advances in Neural Information Processing Systems, 2022, 35, 9881–9893.

[5] Dokhani, V.; Ma, Y.; Yu, M. Determination of equivalent circulating density of drilling fluids in deepwater drilling [J]. Journal of Natural Gas Science and Engineering, 2016, 34, 1096–1105.

[6] Osgouei, R.E.; Yoong, W.L.S.; Ozbayoglu, E.M. Calculations of equivalent circulating density in underbalanced drilling operation. In Proceedings of the IPTC 2013: International Petroleum Technology Conference, Beijing, 26 Mar 2013.

[7] Gamal, H.; Abdelaal, A.; Alsaihati, A.; Abdulraheem, A. Artificial Neural Network Model for Predicting the Equivalent Circulating Density from Drilling Parameters. In Proceedings of the ARMA US Rock Mechanics/Geomechanics Symposium, U.S., June 2021.

[8] Alkinani, H.H.; AlHameedi, A.T.; Dunn-Norman, A.M.; Mutar, R.A. Data-driven neural network model to predict equivalent circulation density ECD. In Proceedings of the SPE Gas & Oil Technology Showcase and Conference, Dubai, October 2019.

[9] Feng, Y. Application and Real-Time Prediction of Downhole ECD Based on Machine Learning. Master's Thesis, China University of Petroleum, Beijing, Chine, 2023.

[10] Shi, X.; Zhou, Y.; Zhao, L.; Jiang, H. Research on real-time judgment method of spillage based on random forest [J]. Drilling & Production Technology, 2020, 43, 9–12.

[11] Zheng, Z.; Song, Z.; Chen, B.; He, P.; Ji, C.; Xu, T. Research on Well Leakage Early Warning Model Based on XGBoost Algorithm [J]. Appl. Petrochem. 2023, 42, 112–115.

[12] Liu, B.; Li, X.; Li, S.; Tan, J.; Wang, G.; Liu, H. Well Leakage Prediction Based on Support Vector Regression [J]. Drill. Prod. Technol, 2019, 42, 17–20+1–2.

[13] Xu, Y.; Huan, B. Research on Early Intelligent Warning Method of Lost Circulation Risk Based on SVM and PSO. In Proceedings of the 2019 International Conference on Intelligent Transportation, Big Data & Smart City (ICITBS), Changsha, China, 2019.

[14] Pang, H.; Meng, H.; Wang, H.; Fan, Y.; Nie, Z.; Jin, Y. Lost circulation prediction based on machine learning [J]. Journal of Petroleum Science and Engineering, 2022, 208, 109364.

[15] Al-Hameedi, A.T.T.; Alkinani, H.H.; Dunn-Norman, S.; Flori, R.E.; Hilgedick, S.A. Real-time lost circulation estimation and mitigation [J]. Egyptian journal of petroleum, 2018, 27, 1227–1234.

[16] Sabah, M.; Talebkeikhah, M.; Agin, F.; Talebkeikhah, F.; Hasheminasab, E. Application of decision tree, artificial neural networks, and adaptive neuro-fuzzy inference system on predicting lost circulation: A case study from Marun oil field [J]. Journal of Petroleum Science and Engineering, 2019, 177, 236-249.

[17] Zheng, Z.; Lai, X.; Lu, C. Lost circulation and kick accidents warning based on Bayesian network for the drilling process [J]. Exploration Engineering (Rock & Soil Drilling and Tunneling), 2020, 47, 114—121.

[18] Sheremetov, L.; Batyrshin, I.; Filatov, D.; Martinez, J.; Rodriguez, H. Fuzzy expert system for solving lost circulation problem [J]. Applied Soft Computing, 2008, 8, 14-29.

[19] Yin, H.; Wang, H. Intelligent Research of Complex Loss Circulation' Warning Based on CBR [J]. Bulletin of Science and Technology, 2018, 34, 195-199.

[20] Alex, S.A.; Jhanjhi, N.Z.; Humayun, M.; Lbrahim, A.O.; Abulfaraj, A.W. Deep LSTM model for diabetes prediction with class balancing by SMOTE [J]. Electronics, 2022, 11, 2737.

[21] Sun, W.; Liu, K.; Zhang, D.; Li, W.; Xu, L.; Dai, Y. A kick and lost circulation monitoring method combining Bi-GRU and drilling conditions [J]. Petroleum Drilling Techniques, 2023, 51, 37-44.

[22] Wu, L.; Wang, X.; Zhang, Z.; Zhu, G.; Zhang, Q.; Dong, P.; Zhu, Z. Intelligent Monitoring Model for Lost Circulation Based on Unsupervised Time Series Autoencoder [J]. Processes, 2024, 12, 1297.

[23] Luo, M.; Li, S.; Peng, W. Lost circulation accident prediction based on deep convolution feature reconstruction [J]. Computer Simulation, 2023, 40, 82-88.

[24] Kim, T.; Kim, J.; Tae, Y.; Park, C.; Choi, J.H.; Choo, J. Reversible instance normalization for accurate time-series forecasting against distribution shift [J]. International Conference on Learning Representations, Online, 2021.

开源AI大语言模型在物资采购领域的应用

付明良　张　庆　方安园　丁振涛　章　玮

（中国石油集团西部钻探工程有限公司）

摘　要　本文从开源AI模型的技术特点出发，结合物资采购过程中面临的具体问题，逐步深入到应用实例的分析以及未来优化方向的探讨。本文的主要结论揭示了开源AI大语言模型在提升物资采购流程效能中的潜力，指出其在数据分析、需求预测和成本控制方面的显著优势，同时也识别出技术实现中的瓶颈与改进空间。

在物资采购领域，传统的采购流程因其复杂性和动态性，常常面临信息不对称、决策延迟等问题。通常，企业在采购过程中需要花费大量人力物力进行供应商筛选、需求预测和价格谈判，多样且变动频繁的市场信息给企业带来了不小的挑战。在此背景下，引入AI大语言模型的先进分析能力，能够有效降低采购环节的不确定性，提高整体运营效率。同时，AI模型凭借对大量数据的快速处理及洞察，可以大幅提升采购的响应速度和准确性。

本研究首先概述了当前市场上普及的几种开源AI大语言模型，探讨它们的核心技术特征，并详细分析了典型应用实例，包括：通过自然语言处理分析供应商历史数据和合同条款、智能化招标投标流程、实现自动化价格监控及智能采购决策等多个方面。

尽管开源AI模型在物资采购中展现出众多优势，实际应用过程中仍然存在若干挑战。比如，数据安全与隐私保护、模型结果的可解释性、应用权责不明晰等问题，都是企业在进行AI部署时必须慎重考虑的方面。为了更好地推进AI应用效果，论文建议企业加强模型的个性化定制与数据治理，同时不断完善内外部协作机制，为AI的落地应用提供坚实保障。

通过本研究的深入论述，不仅揭示了开源AI大语言模型在物资采购领域的广阔前景，也为同行在相似领域的应用与研究提供了新的视角与思路。未来，随着AI技术的逐步成熟及与企业实践的紧密融合，相关领域将迎来更具颠覆性的变革与发展。

关键词　开源AI大语言模型；物资采购；需求预测；成本控制

随着开源AI大语言模型在大数据和自然语言处理领域的迅猛发展，其在物资采购领域展现出巨大的创新潜力。传统的采购流程因全球化导致的供应链不确定性而变得复杂，企业需适应这一变化以确保决策的准确性和及时性。智能化与自动化趋势正在改变企业的采购实践，如亚马逊利用先进分析技术提高了采购决策速度并优化了库存管理。这些智能系统不仅减少了人为错误，还提升了操作效率，使企业在复杂市场环境中保持竞争力。

研究开源AI大语言模型在物资采购中的应用至关重要，通过文献回顾及案例分析可以识别潜在的应用场景。然而，数据质量和训练不足仍是挑战，需要实证研究来评估其对采购效率的影响，并制定有效的优化策略。

这些模型能够通过自动化和文本分析技术显著提升信息检索和订单处理效率，同时在成本控制和预测方面展现潜力。此外，大语言模型也增强了供应链管理中供应商的选择与评估能力，使企业更具弹性和适应性。

国内外研究均表明，开源AI大语言模型正逐步应用于物资采购，特别是在提高效率和降低成本上取得了明显成效。国内企业面临数据隐私等问题，但也在合同审查和供应链管理等领域积极探索。本研究旨在探讨大语言模型如何通过自动化处理和智能分析优化采购流程，提出针对不同行业情境下的定制化解决方案。采用文献回顾、案例分析以及实证研究方法，构建理论框架，为企业提供切实可行的应用指导。

1 物资采购领域的关键挑战与大语言模型的潜力

1.1 开源AI大语言模型概述

1.1.1 模型发展历程

开源AI大语言模型的发展源于自然语言处理领域的基础研究，通过开源社区的持续贡献，其在处理复杂语言任务方面的能力显著增强，逐渐成为物资采购的重要工具。早期模型受限于小规模数据集和有限计算资源，仅能完成简单任务。但随着深度学习技术和计算能力的进步，这些模型能够处理更大量且复杂的采购数据，极大地提升了文本信息处理和语义理解的精度。GPT系列与BERT等模型的出现，更是将大语言模型的性能推向新高，为市场分析和供应链管理提供了有力支持。

1.1.2 主要开源技术与平台

在物资采购领域，开源AI大语言模型的应用得益于强大的技术基础与平台支持。BERT和GPT等开源模型已成为支持自然语言处理任务的核心工具，这些模型能够处理和分析大量的采购文本数据，从而有效提升采购信息的处理效率。采用这些模型能够帮助企业在合同分析、需求预测等方面实现自动化，为采购流程的优化提供了技术保障。

近年来，开源AI大语言模型呈现爆发式增长趋势，常见的有LLaMA 3、Phi-3、通义千问Qwen、BERT等，常见的开源平台有Hugging Face、LangChain、OpenLLM、Ollama、Dify等等，这些平台提供的工具和接口，使企业能够便利地集成、部署、应用大语言模型。

1.2 物资采购领域中的关键挑战

1.2.1 信息分散与检索挑战

在物资采购活动中，采购专业人员常常面临信息来源多样且分散的问题。采购信息可能来自供应商报价、市场分析报告、合同条款文件和电子邮件通信等多种途径。这种信息的多样性增加了采购人员在信息检索上的时间成本，导致难以快速获取关键采购数据，从而可能影响采购决策的及时性和准确性。数据的异构性进一步加大了信息整合和分析的难度，传统采购管理系统在处理如Excel表格、PDF文件、电子邮件内容等不同格式的采购数据时往往显得力不从心。许多公司在此背景下难以实现有效的信息整合和协同分析。

开源AI大语言模型凭借其在自然语言处理和文本分析方面的优势为这些问题提供了解决方案。其能够处理非结构化数据，并在海量文本中快速查找并提取所需信息，从而提升检索效率。此外，这些模型能够识别并整合不同来源的采购数据，实现信息的准确获取。例如，在一项采购中，可以通过大语言模型自动化地从多种文件类型中提取供应商报价信息、分析合同条款，以便于采购人员进行全面评估和精确判断。这些功能的实现，使采购专家不仅从繁冗的手动信息搜索中解放出来，还能专注于更高层次的分析和策略制定，从而提升整个采购链条的运作效率。

1.2.2 供应链不确定性

在物资采购领域，供应链的不确定性对采购决策造成了诸多挑战，尤其在市场需求波动、货物流通延迟以及供应商履约能力变化等方面。这些因素往往需要实时、准确的信息支持，以有效应对潜在的风险。开源AI大语言模型在此背景下展现出其特有的优越性，能够通过精准的数据分析和智能化处理大幅提升预测的准确性。例如，在分析市场趋势时，大语言模型通过对庞大市场数据的处理和自然语言分析，可以快速准确地捕捉市场需求的波动信息，为采购策略的制定提供重要参考。在面对供应商履约能力变化时，通过对历史数据和实时交互信息的整合分析，模型不仅能识别供应商的绩效变化，还能预测潜在的履约风险，从而提升供应链透明度。通过这种方式，采购团队能够更好地评估和选择供应商，降低不确定性对采购决策的不良影响。据此，开源AI大语言模型不仅提升预测和应对能力，还为采购流程的优化提供了新的可能性，特别是在实时性和精准度上向前迈进了一大步。

1.2.3 成本波动与预测难度

在物资采购领域，成本波动主要受到市场供需变动和经济政策变化等因素的影响。供需失衡可能导致价格大幅波动，而政策调整如关税变动则可能带来额外的成本压力。例如，国际原油价格的波动对化工原材料的采购成本产生直接影响。然而，传统的预测方法在应对这些不确定性和数据波动时常显现出局限性，往往因分析模型的静态特性难以有效捕捉市场的快速变化。面对这些挑战，开源AI大语言模型的应用展现出其在成本预测和趋势分析中的潜力。通过机器学习能力，这些模型能够动态分析多维度数据，提供更为及时和精准的市场趋势洞察。例如，大语言模型可以从海量的经济新闻、市场报告和社交媒体中提取信息，捕捉潜在的市场波动信号，帮助企业制定更有利的采购策略。此外，结合实证应用，对大语言模型的定制化调优有助于提高预测的准确性，不仅能协助企业掌握市场动向，还能够通过智能化分析应对扰动性波动，提升采购决策的质量和时效性。这种基于数据驱动的应对方式，有助于优化采购成本，增强企业在动态市场中的竞争力。

1.3 大语言模型解决问题的潜力

1.3.1 信息整合与快速检索

开源AI大语言模型在信息整合与快速检索方面表现出色。它们能够自动聚合不同平台的采购信息，构建统一数据视图。结合自然语言处理技术，这些模型快速响应查询，提供精准结果。例如，在实时决策场景下，采购经理可迅速获取供应商的历史表现和市场评价，加速决策过程。

1.3.2 数据分析与预测能力

大语言模型增强了采购决策的科学性和精确性。通过分析大量历史交易数据和市场情报，企业可以做出更科学的决策。例如，制造企业可通过分析数据识别最佳采购时间和供应商，降低采购成本。模型还能预测价格波动和需求趋势，帮助企业设计合理采购策略。此外，模型能识别供应链风险，提前采取措施，确保业务连续性。

1.3.3 决策支持与智能化应用

开源AI大语言模型广泛用于支持智能化采购决策。通过强大的数据处理能力和自然语言理解技术，模型提高了采购策略的准确性。例如，在原材料采购中，模型解析历史价格变动和供应商评分，帮助选择最佳采购时机。模型的实时信息处理能力也增强了系统的响应速度，确保采购活动的连续性。总体而言，这些模型通过智能分析和实时响应，提升了采购效率和决策质量。

1.4 采购流程中的AI应用案例

1.4.1 自动化处理与效率提升

开源AI大语言模型在物资采购活动中展现出显著的自动化处理能力，其应用于订单处理环节能够有效减少人工干预。以一个国际零售企业为例，自动化工具部署后，系统能够高效扫描和匹配数以千计的采购订单，快速实现信息的对接与审批流程。这种自动化的介入极大地提升了采购

效率，缩短了订单处理周期，在产业链的上下游之间建立了更为紧密的资源配置。

在效率提升方面，通过应用大语言模型，许多企业采购流程从中获得显著优化。消除了大量人工操作环节，整个订单执行周期得以压缩，企业资源得以更有效地利用。订单处理速度的提升不仅加速了货物流动，也增强了企业在市场反应中的灵活性与竞争力。

大语言模型的文本分析功能也是其一大优势，能够在处理订单数据时自动识别和纠正常见错误。通过这种方式，降低了因人为错误导致的采购风险，从而减少了对后续流程的干扰。例如，在全球化供应链系统中，某制造商通过自动化纠错机制减少了由于错误信息传递造成的交货延误现象，确保了供应链的稳定性与可靠性。利用先进的文本分析能力，大语言模型在助力企业优化采购操作流程，降低错误率上扮演着不可或缺的角色。

1.4.2 文本分析与信息提取

在物资采购的实际应用场景中，开源AI大语言模型通过高效的文本数据分析，能够从采购合同、订单以及市场调研报告中迅速提取关键信息。这种应用提升了文本处理效率，使得采购流程变得更加敏捷。例如，采购人员可以借助模型从大量的合同文件中快速识别出关键条款和条件，大幅减少了人工审阅文件所需的时间与精力。大语言模型的自然语言处理技术进一步增强了对采购需求和供应商信息的自动解析能力。通过模式识别和语义理解，这些模型能够准确地识别出采购需求的具体细节，并从历史数据中总结出最优的供应商选择策略。这一能力在支持采购决策的过程中体现得尤为突出，比如企业可以根据模型提供的分析预见市场价格的变动趋势，从而制定更为精确的采购计划。在复杂的供应链管理中，大语言模型不仅改善数据治理，还通过多维度的信息整合为决策者提供了优化工具，使得供应商评估和选择更加精准。现实场景里，这种智能化的辅助分析显著提升了采购团队的应对效率和决策信心。尽管如此，大语言模型的应用效果在一定程度上仍依赖于数据质量和训练模型的完善性，因此持续的技术细化和更新至关重要。

1.4.3 自然语言理解与交互应用

在物资采购领域，开源AI大语言模型通过自然语言理解技术解析复杂采购文件自动提取关键信息，这提高了数据提取的准确性。在处理包含

大量条款和细节的采购合同以及供需信息时，大语言模型通过对文本进行自然语言处理，能够识别出关键条款和数据点，从而减少人工审阅的时间和错误。例如，在处理来自不同供应商的报价和规格文档时，模型能够快速提取和比较重要信息，使得采购决策更为高效和准确。

此外，开源AI大语言模型还可以实现与供应商的自然语言交互，优化沟通过程。这一功能简化了采购人员与供应商之间的交流，通过问答形式自动回复常见问题，促进信息的快速传递和响应。比如，在供应商询问订单状态时，模型可以直接从系统中提取相关数据，回复给询问方，从而降低人工回复的负担。

在采购请求和反馈的自动分类与处理方面，大语言模型的应用显著减少了人工干预的必要。通过分析和理解来自不同渠道的采购请求和反馈，模型可以将这些信息自动归类，并识别需要优先处理的事项。例如，对于重复性高的采购请求，模型能够判断并直接履行常规步骤，而将复杂问题标识给人工处理，从而实现更高效的采购流程管理。这些应用显示出开源AI技术在提高物资采购效率和准确性方面的潜力。

2　实证研究——本地部署实验开源AI大语言模型

2.1　招投标过程中，自动识别投标文件内容

● 模型配置（图1）

后端：Ollama

前端：open-webui

推理模型：qwen 2.5

● 实验效果

● 实验说明

对于供应商上传的报价文件，模型能准确自动识别报价总金额。

2.2　资格审查过程中，自动识别供应商信息

● 模型配置

后端：Ollama

前端：open-webui前端

视觉模型：minicpm-v

● 模型接口规范：

```
curl -X POST http://localhost:3000/api/chat/completions \
    -H "Authorization: Bearer YOUR_API_KEY" \
    -H "Content-Type: application/json" \
    -d '{
        "model": "llama3.1",
        "messages": [
            {
                "role": "user",
                "content": "Why is the sky blue?"
            }
        ]
    }'
```

● 实验效果（图2）

● 实验说明

对于供应商上传的资质文件（图片格式，比如营业执照），模型能准确自动识别供应商注册信息。

2.3　招标过程中，自动对照评分标准和供应商的标书内容进行评分

● 模型配置

后端：Ollama

前端：Dify

系统推理模型：qwen2.5

Embedding模型：jina-embeddings-v2-base-code

Rerank模型：jina-reranker-v2-base-multilingual

● 实验效果（图3）

图1　模糊配置

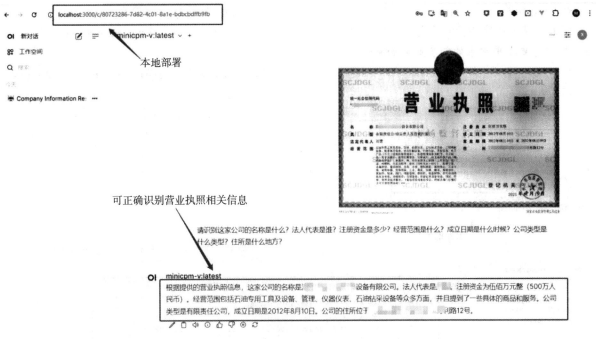

图 2　实验效果 1

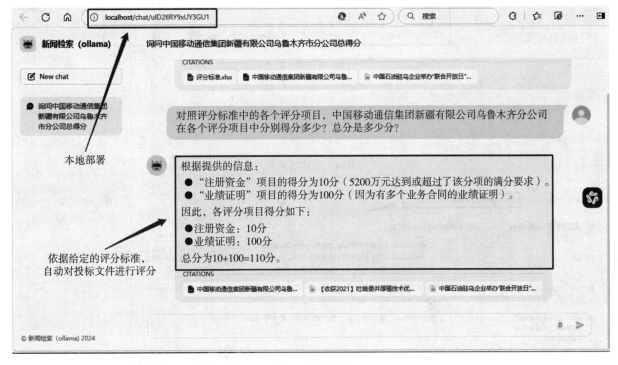

图 3　实验效果 2

●　实验说明

模型能够根据知识库中的评分标准和供应商投标文件中的相关信息，进行比对，自动给出投标得分。

2.4　检索历史合同信息（合同金额）

●　模型配置

后端：Ollama

前端：Dify

系统推理模型：qwen2.5

Embedding 模型：jina-embeddings-v2-base-code

Rerank 模型：jina-reranker-v2-base-multilingual

●　实验效果（图 4）

● 实验说明

模型能从知识库中检索所有相关合同的信息。

2.5 检索历史合同中采购物资的采购单价

● 模型配置

后端：Ollama

前端：Dify

系统推理模型：qwen2.5

Embedding模型：jina-embeddings-v2-base-code

Rerank模型：jina-reranker-v2-base-multilingual

● 实验效果（图5）

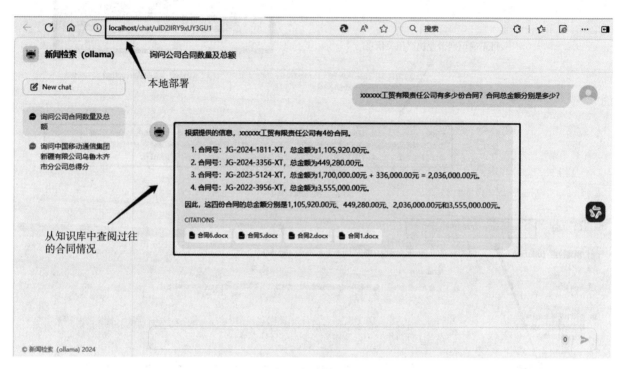

图4 实验效果3

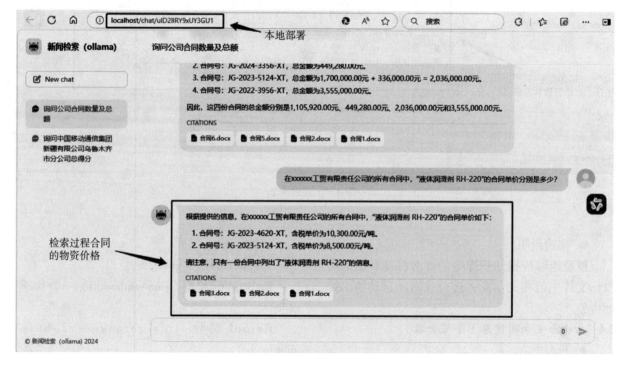

图5 实验效果4

● 实验说明

模型能从知识库中检索某一种物资的历史采购单价。

2.6　实时竞价过程中，自动将文本转换为语音

● 模型配置

文本转语音（TTS）模型：ChatTTS

● 实验效果（图6~图8）

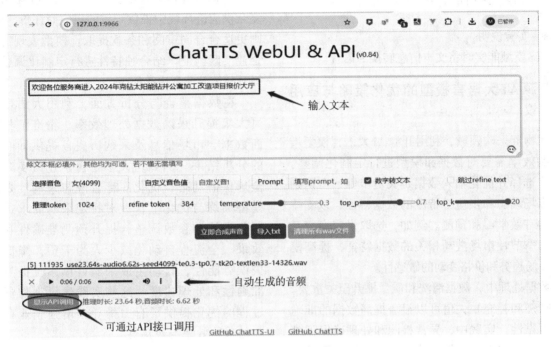

图6　TTS功能实现

图7　ChatTTS提供的API接口信息

文本转语音TTS示例.wav

图8 测试的语音示例（可双击打开）

● 实验说明

TTS模型能实时将文本信息转换为语音。

3 开源AI大语言模型的优化策略与应用建议

在物资采购领域，利用开源AI大语言模型增强采购效率需要对数据和模型进行定制化调整。首先，选择并优化输入数据是关键步骤，需识别反映市场动态和供应链特性的数据特征，以支持模型的有效学习和预测。例如，选取供应商交互频繁和季节性市场波动相关的数据特征，提高模型对市场趋势和价格变动的敏感性。

数据处理中，数据清洗和质量提升至关重要。去除噪声和补充缺失值可以显著提高数据的准确性和可靠性。实践中，异常检测和处理确保了模型输入的稳定性，直接影响模型对采购决策的支持能力。此外，准确的数据标签和分类是提升模型理解能力的基础。通过精细化标签调整，使模型能够更精准地处理特定类别的信息，优化采购决策过程。

在不同采购场景中，灵活调整模型参数有助于提升效率和准确性。例如，在高频次、大批量采购中，适当调优参数可快速处理大量订单数据，缩短响应时间。引入多样化的采购数据丰富训练基础，提高模型的泛化能力。采用贝叶斯优化等技术自动化调整参数，减少人工调参的时间和成本，确保模型始终处于优化状态。

开源AI大语言模型在物资采购中的应用需结合具体场景进行灵活调整。在制造行业的供应链管理中，模型可通过自动化流程加速采购任务执行，提高整体效率。将领域特定知识整合至模型中，依托定制化数据输入，增强智能化应对能力。例如，在零售行业中，模型可对季节性市场变化作出反应，调节库存策略，节省成本并提升决策质量。针对不同采购场景，如快速消费品行业，进行模型微调与参数调整，确保最佳效果。

评估模型性能需从多元比较入手，考察不同模型在采购效率、成本优化和决策支持方面的差异。例如，GPT-4以其自然语言处理能力，准确解析采购需求，自动生成采购订单，提升处理速度，并提供价格变化趋势洞察。ANT模型可能在复杂供应链环境中提供细致的供应商评价，BERT则更适合合同审阅和条款提取。模型表现需通过企业实践验证，结合独特性进行定制化调整，以提升整体效能和决策质量。

在数据整合与分析方面，利用大语言模型可大幅提升采购数据处理效率，精准汇集供应商数据、市场信息及采购历史，提供即时可用的分析结果。例如，大型零售企业可实时分析全球供需动态，优化库存管理与采购计划。在模型训练与优化上，针对特定采购需求进行定制化训练和参数调整，提升预测准确性和应用效果。全流程自动化减少人为干预，降低操作失误可能性，自动生成采购订单系统提高订单准确性和处理速度。这些实践建议为物资采购过程的优化提供了有力指导，增强企业在竞争中的采购效率与灵活性。

4 结论

通过开源AI大语言模型的引入，物资采购领域必将经历全流程智能化变革。大语言模型的应用将实现采购管理的全面自动化和智能化。以往繁琐的人工操作正逐步让位于系统自动化，这不仅提高了整体效率，还降低了人为错误的风险。在订单处理环节，开源AI模型的介入大幅将加快订单处理速度。企业可以利用模型快速生成和审核采购订单，确保快速响应市场需求变化，减少因人为错误导致的订单延误或失误。对于信息检索，开源模型显著增强了市场动态和供应商信息的整合与检索能力。通过自然语言处理功能，采购人员能够快速获取最新市场信息及供应商资料，从而做出更及时的采购决策。此外，借助大数据分析和模型的智能决策支持功能，采购部门能够对市场趋势进行准确预测，优化采购策略。模型可分析历史数据和当前市场指标，为采购人员在原材料价格波动中提供前瞻性见解，帮助企业在最佳时机达成交易。大语言模型的应用贯穿采购全流程，将为物资采购领域的转型提供强有力的技术支撑。

尽管如此，目前的大语言模型在物资采购中的应用还面临着数据质量及模型训练的不足问题。数据的准确性和丰富性直接影响了模型的预测和决策效果。同时，由于采购中存在特定情境与领域的专业要求，模型在这些情境下的适用性还需要进一步提升。在不同应用场景下，通过定制化调优，可以更好地发挥大语言模型的潜力，帮助企业实现包括采购工作在内的多项业务环节的高效运作与风险控制。

参 考 文 献

［1］唐雄燕 . AI+电信网络［M］. 人民邮电出版社，2020.

［2］梅宏 . 数据治理之论［M］. 中国人民大学出版社，2020.

［3］John Doe, Jane Smith. The Impact of Artificial Intelligence on Supply Chain Management：A Case Study in the Retail Industry［J］. Journal of Supply Chain Management，2023

［4］瞿中, 软件工程［M］. 人民邮电出版社，2016.

吉林油田CCUS智能场站数字化建设研究与应用

杨嘉琦　蔡晓冬　徐慧瑶

（中国石油吉林油田公司数智技术公司）

摘　要　按照油田公司王峰书记提出的"两化"转型具体工作要求，信息技术公司在CCUS智能油田建设上，充分融合"两化"转型工作任务与目标，着力全方位打造CCUS智能间、智能场站，为CCUS2.0发展注入动力。CCUS智能场站建设紧紧围绕数字化感知、生产过程自动化、智能诊断优化分析决策为主线，充分吸纳与总结过去建设经验，从设计方案、设备选型及系统开发层面优化，从根本上提升生产效率、降低生产过程安全风险，提高员工工作幸福指数。

关键词　CCUS；智能诊断；数字化感知

1　概述

CCUS智能场站建设紧紧围绕数字化感知、生产过程自动化、智能诊断优化分析决策为主线，充分吸纳与总结过去建设经验，从设计方案、设备选型及系统开发层面优化，从根本上提升生产效率、降低生产过程安全风险，提高员工工作幸福指数。主要工作任务与目标围绕四个方面开展：①充分的数字化；②必要的可视化；③可靠的自动化；④实用的智能化。

2　系统设计与应用

2.1　生产数据全面感知

（1）单井数字化建设方面，通过开展单井数字化设备补充完善、数据采集有效性治理、井组设备智能化升级及电能系统远程监测等举措，保证油井生产参数准确、快捷、安全自动采集与传输，工况变化的智能识别和实时预警，有效减轻员工劳动强度，为生产管理决策分析提供依据。目前，单井数字化产品安装与接入工作已全部完成，累计补充单井设备297台套，安装井排变压器监测设备138台并完成系统开发，具备上线条件。

（2）计量间数字化方面，对原有计量间系统修复改造与系统集成，实现生产过程参数自动采集、自动上传及自动预警（图1），实现数据报表无纸化自动录入推送，掺输、集油管线泄漏的智能识别，现场危险源信号自动采集报警与视频系统联动，具备了井组无人值守的条件。目前，间内智能化改造基本完成，累计已开发计量间组态系统1套、改造触摸屏38台套、集成物联网管控平台2.0中无纸化办公系统1套。

（3）场站数字化方面，将原有分散的系统与流程进行了重新梳理与整合，将数据采集系统集中展示。同时，将原有系统功能升级，增加如注入压缩机组温度采集、参数报警、曲线分析、关键数据BI展示、站内变压器电能计量、加热炉远程监管、注水泵在线监控、高清视频展示及井排电能数据运行情况集中平台化监管等功能，从数据展示、数据分析及节能降耗管理等方面提供了强有力抓手。

CCVS智能场站工艺流程见图2、图3。

2.2　生产过程全自动

一是单井自动化方面，实现单井远程间抽指令下发与自动间抽，并利用平台获取峰谷平实时电力计量数据，有效指导技术人员合理设定间抽周期，平台自动核算分时段的电费计量数据。

二是场站自动化方面，对机泵变频器进行智能化改造，实现了机泵变频器的远程调频和远程启停控制功能；对注水机组进行智能化改造，通过设定出入口压力连锁自保值，实现了注水机组连锁自保停机控制及停井报警功能（图4）；在所有机泵添加电力模块，实现了机泵的电压、电流、功率、电量等数据采集功能，为监管机泵稳定运行与节能降耗提供了数据支撑；对三合一、二合一分离器液位、缓冲罐液位及外来燃气流量进行了PID自动化控制改造，实现了液位、压力等参数

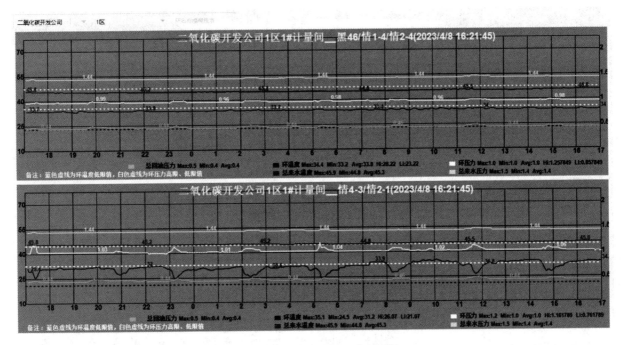

图1　计量间环生产状况自动预警

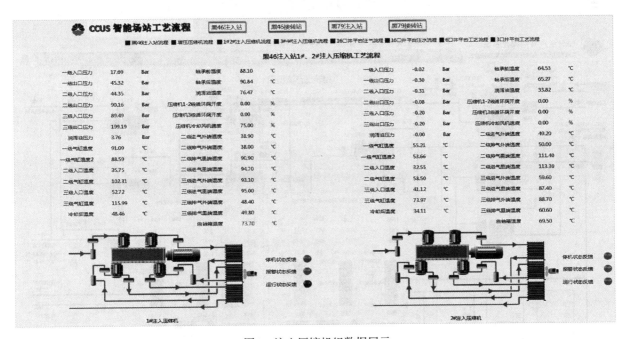

图2　注入压缩机组数据展示

给定参数后的自动控制功能。利用自动化控制改造，切实解决了现场人工实现精细化操作的难题，接转站关键控制单元的自动连锁及机泵变频器远程调频、启停等功能实施后，得到了监控中心操作人员的充分认可与好评，液位、燃气的自动化解决了冒罐和加热炉灭火的问题，降低了员工误操作风险及人工巡检频次，提高了站内生产安全性与可靠性。

2.3　诊断分析全智能

一是单井智能化方面，对测控仪硬件智能化升级，利用边缘计算算法，实时检测与自动识别抽油机缺相、皮带断、杆断等典型工况；通过测控仪与压力变送器联合应用，实时检测与自动识别管漏，将结果传送至监控中心平台实现声光报警，并根据报警严重程度判断是否立即停机，进一步提升单井异常工况智能识别水平。该功能目前在采气厂进行了实验性

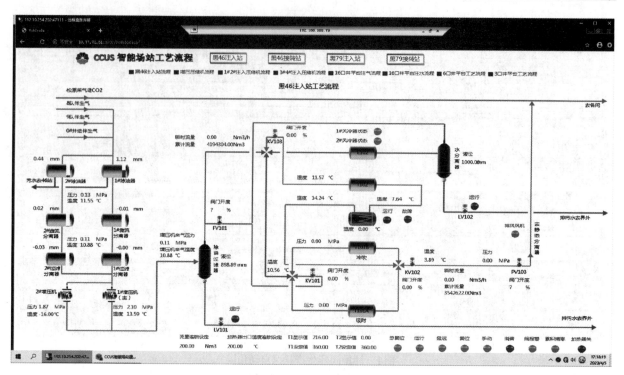

图3　变温吸附工艺流程

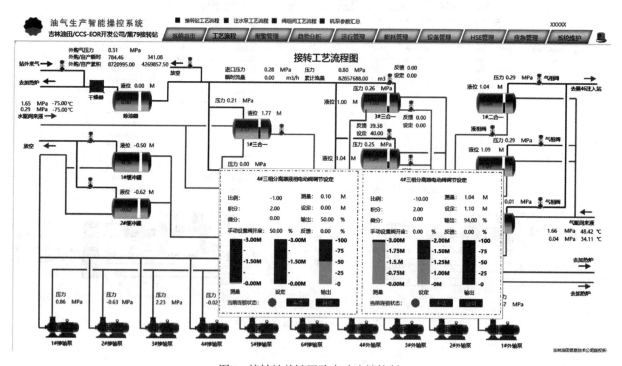

图4　接转站关键回路自动连锁控制

开展，后期将在二氧化碳公司进行批量应用及规模化推广；通过电参计产算法的深入研究，实现抽油机上下死点自动识别，目前符合率已达70%，实现在不增加一分成本的情况下，从根本上解决单井计产无抓手的难题；对电子眼硬件智能化升级，升级图像智能算法，通过电子眼实时监测，可自动识别井场人、车异

常闯入，并立即将图像传输至监控中心，解决了以往电子巡检周期长，异常闯入无法及时监管的问题，进一步提升了井场安全管控力度。（图5）

二是场站智能化方面，智能安防系统全面升级，目前在2座接转站关键场所实现AI视频图像在线分析功能，包括人员倒地、泄漏、吸烟、不

带安全帽等行为，利用平台实现了异常图像自动弹窗和电子视频巡检功能，及时准确的提醒监管人员出现的异常情况（图6）。

3　应用效果

一是生产过程中出现的问题发现更及时准确。

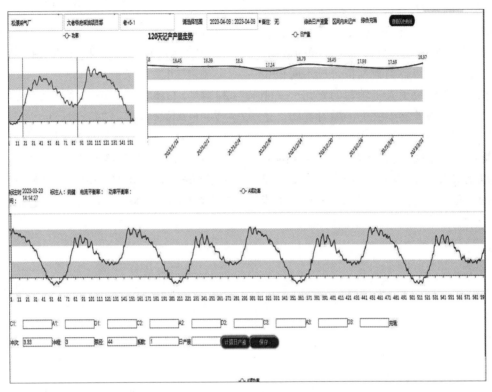

图5　电参计产功能

图6　站内关键场所人形识别

与过往相比，生产故障发生要找很长时间才能定位，现在只需通过生产参数报警，参数联动，很快就能准确的找到问题点，直接处理，大大缩减了人工发生问题时间，提高效率的同时，又降低了重大安全风险的发生。

二是减少了各类生产报表的重复填写。各类报表往往总是要填写，而且好多都是同样的数据，通过无纸化办公，可将各类数据拟合成不同报表直接推送系统，既解决了人工填写的繁冗，又能将数据历史保存至服务器不丢失，随时查阅。达到了既省人，也省钱的目的。

三是解决了站内各流程无法集中监管的难题。相比以前站里不同人管不同岗位，又不能统一管理的问题。现在一台电脑，一个人就能查看全部站内生产流程，直观明了，远程控制方便快捷，能够解决很多人工工作，效率提升很大。

参 考 文 献

［1］才庆，张丹丹，张华春，孙维娜，刘慧. 榆树林油田 CCUS采油工程方案优化设计与实践［J］. 大庆石油地质与开发，1-7.

［2］马平，白佳慧. 基于IOT智能场站系统建设［J］. 中国科技信息，2019，（24）：62-63.

［3］马春岭. 油田联合站自动化控制系统的优化设计［J］. 化工管理，2018，（17）：36-37.

［4］张晓羽. 浅析油田联合站自动化控制系统［J］. 化工管理，2014，（20）：141.

探究"区块链＋数字孪生"技术在石油行业的应用前景

李　佳　樊　鹏

（中国石油东北销售公司）

摘　要　随着信息技术的发展，使得能源产业发生了巨大的变革，石油石化企业信息化、数字化、智能化程度不断加深，数字化转型已经成为我国能源产业领域的重要发展方向。石油石化企业数字化转型过程中，借助物联网、云计算、区块链、数字孪生等新一代信息技术的结合应用，可有效地提升企业生产效率，优化资源配置，改善企业产品质量，切实增强了企业在行业中的竞争力。区块链与数字孪生技术的融合将实现物理世界与数字信息世界的无缝连接，并构建起坚实的技术底层框架。这种结合不仅确保了企业数据的安全性和不可篡改性，而且建立了数字孪生体与其对应物理实体间的精确一对一映射，进而促进了数字孪生体间的有效互动。借助区块链和数字孪生的技术优势，能够实现石油石化企业工程建设的智能化管理，有效降低企业的生产成本，进一步提升石化工程的整体效益。本文将以石油石化企业数字化转型为研究对象，围绕转型过程中的智能化发展过程，分析区块链及数字孪生等技术的应用优势，并探究在全面推进新型工业化数字化转型过程中遇到的新形势和新需求，重点探究数字化转型过程中数智技术的应用前景及发展。力求通过数智技术的应用，实现对企业业务的驱动重构，实现管理模式的变革，创新石油石化企业的商业模式，全面的提升企业的核心价值。

关键词　区块链；数字孪生；技术优势；应用前景

数字化转型战略作为我国在"十四五"期间促进能源企业发展的核心动力，为石油石化企业提供了全新的发展机遇和挑战。因此，需充分利用一系列数智技术推动石油石化企业的稳定发展，快速建立数字化转型与业务发展之间的紧密联系，帮助企业屏蔽安全风险，打造充满生机的国民经济支柱产业，促进我国能源工业的持续发展。借助数字化转型能够为石油石化企业提供全新的生产力，推进新型工业化进程，带动国民经济的正向增长。

1　"区块链＋数字孪生"技术

1.1　概述

区块链国际上将其定义为由参与方基于共识机制，按照时间顺序建立共享账本及数据库的技术，其核心价值在于能够建立起去中心化、去信任化、自动运行的智能系统，从而借助互联网颠覆原有的商业模式和运行规则。区块链的本质为去中心化、共识机制、智能合约、时间戳技术等。

数字孪生是指在信息化平台内模拟物理实体、流程或系统，类似实体系统在信息化平台中的镜像投影，简单讲，该技术是在数字世界中创造了一个与现实物理世界平行的镜像空间，该技术的通用框架主要包含用户域、数字孪生体、测量与控制实体、现实物理域，以及跨域功能实体。

若将两种技术进行组合，可发现区块链能够为数字孪生提供可信的数据平台，进而借助相互的配合，同时发挥两者的技术优势，解决数据可信性的问题。另外，两种技术的融合还能扩大数字孪生的应用范围，确保数据不被篡改，建立一对一的映射关系，实现现实与虚拟的交互作用。现阶段"区块链＋数字孪生"技术已经在多个领域取得较好的成效，具有较大的推广价值。

1.2　技术优势

"区块链＋数字孪生"技术在联合应用中的具体优势如下：①确保跨域功能实体数据不被篡改。数字孪生技术能够将物理实体在虚拟世界中形成数字等价物，但随着互联网技术的快速发展，镜像模拟的数据模型可信度存疑，易造成数据信息的泄露，且在模拟过程中亦会形成数据上的偏差。而利用区块链对数字孪生的所有数据进行保存，可一定程度上增加孪生体数据的真实性，让数据模型结果更加可靠准确，加之区块链的分布式系统功能，能够对不同节点的数据进行存储，可有效的缓解系统对数据存储的压力。②该联合技术的应用还能保证数字模型与物理实体形成相互映射的关系。通过数字孪生建立的数字体具有无限复制的属性，虽然具有一定的便利之处，但却无法维持长久的一对一的映射关系，而数字孪生技术与区块链技术进行结合，可借助区块链的版权存证及相关技术特性，简化交易流程，有效的提升企业资产的流动性，建立完备的数字世界。因此，将"区块链+数字孪生"技术应用于石油石化企业的数字化转型中，具有十分重要的价值。

2　石油石化企业数字化转型的必要性

2.1　全面推动能源产业经济的增长

随着党的二十大精神的深入贯彻实施，面对全新的发展阶段，石油石化行业正站在新的历史起点上。企业必须拥抱全新的发展理念，加速形成新型发展格局，通过数字技术与能源产业的紧密融合，推进企业向数字化与智能化方向发展。这场以数字化为核心的转型升级，不仅是对传统产业的一次全面革新，也是把握科技革命与产业变革新机遇的战略决策。能源产业作为国民经济的重要支柱，是推动社会经济持续发展的坚实基础。通过石油石化行业的数字化转型，推动能源产业与前沿数字技术的深度融合，成为新时代加快我国能源产业链现代化步伐的关键动力。这不仅将有效提升企业的核心竞争力，也将为我国社会经济的全面进步注入强劲动力。此种数字化转型为能源产业的发展提供了动力，便于企业在新一轮的工业革命中占据绝对优势。另外，石油石化企业的数字化转型能够让社会经济体系形成重构，加速数字技术与实体产业的融合，推动经济的持续发展。

2.2　数字转型为"双循环"提供活力

2020年，中央首次提出"构建国内国际双循环相互促进的新发展格局"，在"双循环"背景下，加强石油石化企业的数字化转型，能够有效的提升能源产业的数字化发展，促进能源经济与绿色低碳经济的成型，进而建立低碳环保、安全

高效的能源体系，稳步推进碳中和战略规划，实现我国开放型经济发展的重大战略部署。通过数字化转型，石油石化行业能够有效的改变以往低产低效的生产经营状况，充分借助数字技术的带动企业的产业变革。在具体的数字化转型过程中，各种数智技术的运用能够优化生产、运输、监控、管理等环节，为产业赋能，促进"双循环"标准的实现，全面拓展石油石化企业的发展空间。企业的数字化转型还能直接借助消费升级带动产业升级，打破供给侧各终端壁垒，满足民众的真实消费需求，实现精准产业化服务。如，现阶段的农村综合体已经在国内的部分城市取代了传统的加油站、休息站服务，更全面的为人们提供多元化的服务，不仅可以有效的扩大内需，还能起到振兴乡村经济的作用。另外，优化产业链，实现精准匹配，亦能为企业打造全产业链的格局，优化现有资源配置效率。数字化转型还能作用于生产端，提高高端化工材料和洁净能源供应能力，帮助企业开拓原油、成品油、天然气、化工品等国际贸易业务，可有助于延长贸易价值链。

2.3　促进石油石化企业的产业升级

数字化转型作为推动我国石油与石化企业产业革新的重要力量，已开启能源领域数字化发展的新纪元。这一转型不仅促进了能源行业的绿色发展、节能消费，还为构建全新的能源生态系统奠定了基础。在这一背景下，中国石油销售管理等业务经历了深刻的变革，摒弃了传统的依赖于直接开采和勘探的模式，转而利用先进的数字技术，优化服务流程，提升管理效率，确保服务质量。通过整合数字技术，如大数据分析、云计算、物联网（IoT）等，我国石油销售业务能够深入分析和预测消费者需求，优化库存管理，实现精细化的销售策略和个性化服务。这种技术应用不仅提升了能源资源的使用效率，还通过智能分析和管理，实现了能源供应链的优化，增强了业务的可持续发展能力。在节能消费方面，数字技术的应用使得能源需求侧管理（DSM）更加高效，通过精确的数据分析和智能响应系统，提升了能源使用的效率和灵活性。此外，数字技术还助力于建立一个绿色、低碳的能源使用环境，通过智能化的能源管理和服务，降低了整个社会的能源消耗和碳排放。在构建新型能源生态系统方面，数字化转型促进了能源行业向更加开放、互联、智能的方向发展。通过建立综合的科技信息服务平

台，实现了对能源市场需求的全面分析和响应，加强了行业内的信息共享和协作，推动了能源科技创新和应用的融合发展。

数字化转型为中国石油销售管理及相关业务的创新发展提供了强大的动力和广阔的空间。通过不断深化数字化应用和创新，可以进一步促进石油与石化企业的产业升级，提高经营管理水平，强化智能化控制能力，共同构建一个更加绿色、高效、智能的能源未来。

3　石油石化企业数字化转型的技术应用

3.1　物联网技术

在成品油运输和销售领域，石油石化企业面临着资产密集、操作环境复杂及远距离管理的挑战。物联网技术的引入，为简化运营流程、丰富决策工具、提升管理效率提供了有效的解决方案。物联网架构可分为三个关键层级：感知层、传输层和应用层。感知层主要由位于运输和销售终端的传感器及射频识别（RFID）装置构成，负责实时采集成品油流通过程中的关键数据。传输层通过互联网和移动通信网络安全高效地传输这些数据，确保信息流的顺畅。而应用层则致力于对收集到的数据进行综合分析和处理，构建了一个高度互联的数据管理平台，以支持精准的运营决策和响应。运用此技术，企业能够加强对成品油运输与销售过程的监控能力，实现智能化管理。例如，中国石油利用物联网系统构建的数据管理平台覆盖了包括输油管线、储存设施和销售点在内的多个关键区域。该系统能够进行远程监控和数据采集，及时响应突发事件，通过实时预警和智能决策支持，大大提高了对运营流程的控制力度，进而有效提升企业的运营效率和市场响应速度。

3.2　大数据技术

石油石化企业在经营管理中涉及的业务类型众多，且多为专业型的领域内容，需要企业及时的调整生产策略，方能实现深度开发。因此，利用大数据技术，企业能够对成品油的生产、储存、运输和销售过程中产生的海量数据进行实时分析。这种基于数据驱动的建模能力使企业能够从复杂的数据集中提取有价值的信息，发现运营中的潜在规律和趋势，从而为策略调整和决策提供科学依据。例如，企业可以通过大数据技术将物流和销售过程中的关键性能指标转化为直观的图形和报表。这不仅包括对物流路径的优化分析，还可

以包括对客户购买行为的深度挖掘，以及市场需求变化的实时监控。这样的智能化分析能够帮助企业及时调整物流方案和销售策略，有效降低运营成本，提升服务质量和客户满意度。进一步地，结合物联网技术，企业可以实现对成品油储运设施的动态监控，实时追踪产品流向，确保供应链的高效与安全。通过这种高度数字化和智能化的管理方式，石油石化企业能够更加精准地应对市场变化，提高竞争力，促进可持续发展。

3.3　"区块链＋数字孪生"技术

在成品油的运输与销售过程中，利用"区块链＋数字孪生"技术可以极大地提升企业的运营效率和市场竞争力。这项先进的技术能够根据企业的实际生产活动，创建一套精确的虚拟模型，即数字孪生体，通过区块链保证数据的准确性和不可篡改性，构建出一个高度一致的虚拟镜像世界。对于石油石化企业而言，数字孪生体能够详实记录成品油的运输和销售流程中的关键信息，并通过物联网与区块链技术的结合，构建起一个数字化的管理模型。这不仅便于企业进行远程监控和操作，还能实时把握成品油的流通状况，大幅度提高风险管理的能力。此外，该技术还为成品油产品提供了溯源能力，加强了对产品质量的监控和供应链管理，确保了产品从生产到销售的每一环节都能够被准确追踪和管理。通过构建生产过程的数字孪生模型，并根据实时数据进行调整和更新，企业可以自动化地生成生产报告，优化运营流程，显著提升经济效益。此技术的应用还扩展到了设备监控领域，能够实时监测成品油生产和运输设备的状态，迅速诊断和排除任何潜在故障，确保设备的高效稳定运行。通过"区块链＋数字孪生"技术的协同应用，企业能够建立一个全面的数字化档案库，对所有运营数据进行详细建模，为能源项目的扩展和优化提供了坚实的数字基础。

3.4　云计算技术

云计算技术在数字化转型中的应用，能够帮企业有效的突破油气数据管理资源混乱的瓶颈。主要应用内容如下：①针对石油石化企业生产经营中形成的庞大的数据信息，可借助云服务器进行数据存储，并借助云计算技术进行分析和统计，便于能够形成有序的管理，在需要的时候进行快速的搜索和调用。②石油石化企业原本的数据管理中存在着管理成本过高的情况，甚至超出运维费用的70%，严

重影响着企业的持续经营。而借助云计算技术能够建立高效的数据库，实现对现有资源的优化整合，并形成数据管理流程，便于对后续的数据进行科学管理。③多数石油石化企业在软硬件建设中的投入资金巨大，而取得的成效甚微，借助云计算能够相对降低管理成本，并借助云计算分析对企业项目建设提供有效的数据参考。

3.5　人工智能技术

在成品油的物流、储运和销售领域，传统的石油石化企业信息化进程曾经面临许多重复性劳动的挑战，这不仅导致了人力资源的大量浪费，也影响了工作效率。随着人工智能技术的引入，这一状况得到了根本性的改变。人工智能能够对成品油相关的海量数据进行深度分析，并自动化生成分析报告，极大地提升了工作人员在物流管理、储存调配和市场销售决策方面的效率。该技术依托于先进的计算机系统，不仅能够快速识别和分析成品油的流通路径和储存状态，还能构建详尽的供应链模型。这一进步不仅优化了能源的分配和调度过程，还实现了物流流程的智能化管理，显著提高了企业的运营效率和市场响应速度。通过实施这种一体化的智能作业流程，企业不仅能够确保操作的精确性和高效性，还能有效提高资源的利用效率和市场服务质量，从而在激烈的市场竞争中占据有利地位。

4　"区块链+数字孪生"技术在企业数字化转型中的应用前景

在我国能源行业的数字化转型浪潮中，"区块链+数字孪生"技术展现出了广阔的应用潜力，特别是在成品油运输和物流领域。这种先进技术的融合不仅可以针对传统产业中的痛点进行精细化

的优化设计，还能通过多样的数字工具来解决实际运营中的问题，从而满足企业对于快速、高效转型的迫切需求。利用"区块链+数字孪生"技术，企业能够构建一个高度透明、互联互通的数字化管理平台。通过数字孪生技术，企业可以在虚拟环境中复现成品油的运输和物流流程，实现对供应链的全面模拟和分析。这样的实时模拟不仅有助于优化物流路线，提高运输效率，还能准确预测设备维护需求，提前规划维修保养，大大降低了运营风险。同时，区块链技术的应用为成品油的每一次移动提供了不可篡改的记录，极大增强了供应链的安全性和可靠性。这种技术的结合不仅使得企业能够从市场需求出发，灵活调整运营策略，还能有效整合资源，实现供应链的智能化管理。通过这种一体化、智能化的集成管理模式，企业不仅能够更加稳健快速地发展，还能在激烈的市场竞争中抢占先机，实现更高的经济效益和市场份额。

结束语：综上所述，我国石油石化企业的数字化转型，可为数字经济发展提供巨大助力，引发能源产业从传统产业模态向新型产业形式的转型升级。具体转型中可充分利用物联网、云计算、大数据、"区块链+数字孪生"等技术，推动石油石化企业的业务重构，创新企业的管理模式，建立全价值链业务。借助数字技术为能源产业赋能，可有效的推动石油石化企业的智能化发展，打造新型工业化格局。

参　考　文　献

[1] 袁煜明，王蕊，张海东．"区块链+数字孪生"的技术优势与应用前景[J]．东北财经大学学报．2020（6）：76-85.

人工智能时代液体危险化学品物流机器人的发展趋势

樊　鸣

（中国石油东北销售分公司）

摘　要　随着社会的飞速发展，科学技术不断进步，石油石化领域生产模式发生变化，人工智能时代势不可挡，尤其是机器人得到更大范围的推广与应用。液体危险化学品物流机器人的突出优势是精准度较高，工作效率高，能够承受较大工作强度，为整个工业领域产量的提升以及质量的提高创造更加优质的条件。随着人工智能时代的到来，互联网技术取得巨大突破，大数据技术成为核心，为液体危险化学品物流机器人性能的提升提供更加先进的技术支持。在工业机器人发展进程中，其操作趋于简易化，精准度更高，能够广泛应用在诸多领域，投入成本呈现不断降低的趋势。液体危险化学品物流机器人分为公路输转型、铁路和水路输转型、移动式铁路输转型、移动式应急供油型、移动式残油清扫型。共同功能：可执行危险化学品输转任务，可对作业区域工况进行识别，可对输转样品数量、质量实时监测和管理，可对公路、铁路槽车进行识别，可对突发火灾爆炸事故进行报警和应急处置，可对运输载具进行红外探测。液体危险化学品物流机器人的出现强化对人力应用的缓解，在优势上主要体现为较高的生产效率与较高品质的操作，最大程度的降低安全风险。由此可见，液体危险化学品物流机器人已成为液体危险化学品物流企业全面提升服务质量，加快产业链由低端向中高端发展的助推剂。文章基于行业发展，详细阐述了液体危险化学品物流机器人的特征，探讨其未来发展趋势与方向，以期为整个工业行业的持续性发展提供更大的技术支撑。

关键词　人工智能时代；液体危险化学品物流机器人；发展趋势；

1　现状调查

1.1　成品油油库现状调查

油库是收发和储存原油、汽油、柴油、煤油、柴油、喷气燃料、润滑油和重油等整装、散装油品的独立或企业附属的仓库或设施。其作为基础设施和业务支撑，在市场开发、提高竞争力和保证社会供应力方面发挥了重要作用，不仅为油田、炼厂的平稳运行创造了条件，而且为提升产品价值，增强市场宏观调控能力提供了空间和保障。对东北销售、黑龙江销售、福建销售、陕西销售、内蒙古销售、湖北销售等所属多家油库成品油输转能力进行了调研，并对销售企业相关管理制度进行查询。总结出以下几个突出问题：一是油库的作业方式还停留在人工状态，存在着工作效率低、人力资源浪费严重、安全风险大、环境受控差等问题，公路铁路和水路输转相对受限，突发事件处置能力差。二是油库各项管理制度冗杂和交叉现象严重，成为国家应急管理部门检查的重点部位，给集团公司声誉带来不良影响。三是油

库成品油质量全流程监控出现脱节现象，容易造成误输、错输及混油事故。四是随着成品油销售市场的变化，部分油库基础设施闲置，造成维修维护费用浪费。五是油库作为成品油物流体系的重要一环，由于自动化程度低，不能开展点对点的实时控制，完成闭环控制，不能全面实现数智控制，阻碍了能源需求与供给综合算力中心建设。六是油库要提前做好服务的转型，将关注焦点放在"油、气氢、电、非"上，做好新能源生产、存储、销售准备，加快推进新业务开发，向能源储存型发展。

1.2　液体危险化学品物流行业现状调查

液体危险化学品，是指除石油和类似易燃品外的液体、散装的危险品。具体是指温度为37.8℃，蒸汽压不超过0.28MPa的液体石油化工品和人工合成的化学品，并经过对火灾危险性、健康危险性、水危险性、空气污染危险性和反应危险性评价列入《国际散装运输危险化学品船舶构造和设备规则》（IBCCODE）十七章的液体物质和按有毒液体物质的分类准则进行污染危害评估

列入《MARPOL73/78公约》附则Ⅱ中的物质。液体化工产品的种类繁多，常见的产品有甲醇、乙二醇、片碱、纯碱、烧碱、二甲苯、苯等。目前，我国的液体危险化学品企业总体上规模较小、技术水平不高、与发达国家相比，产品较为落后。多数中小规模企业只注重产品销售而不注重物流体系建设，对储运开发方面投入不足，同时我国缺乏大量高素质的科研创新人才，整体研发和创新能力较弱，很多科研成果难以实现生产应用。截至2023年，液体危险化学品的总产能同比增长18%，且预计今年将有24种主要化工产品产能增长将创新高，同时，多数危险化学品库存上升却维持高位，一些产品库存创近年历史新高。从目前的供销格局来看，无论未来液体化工产品热销与否，在产能产量不断提升的现在，都对我国的运输和仓储能力提出了更高要求。

1.3　人工智能时代工业机器人核心技术分析

1.3.1　工业机器人以高精度减速机为核心构成，涉及多种技术类型，要求较高

在工业机器人中，关键性结构组成为高精度减速机，涉及多种技术类型。首先，材料成型控制技术十分关键，尤其对减速机减速齿轮的耐磨性与刚性提出更高要求，目的是保证运行的高精度标准。在材料构成方面，要强化对金相组织、材料化学元素以及含量的科学控制。其次，加工技术不容忽视。在减速器中，非标特殊轴承是必不可少的组成部分，结构极具特殊性，需要减速器零件加工尺寸来确认间隙标准，工人技术要求更高。

1.3.2　以电机与高精度伺服驱动器为核心，实现对工业机器人的全方位控制

对于工业机器人的控制，电机与高精度伺服驱动器作用突出，强化对控制系统的管理，尤其是在瞬间力、功率输出方面面临更高的标准。首先，快响应伺服控制技术能实现对位置环、电流环以及速度的有序控制，合理运用干扰观测以及前馈补偿算法。具体讲，要采用指标预测法来构建内部预测模型，达到闭环优化的目的。其次，为了保证工业机器人能够有效发挥识别功能，要依托在线参数自整定技术，强化转动惯量以及PID参数的在线优化，达到参数的精准判定。另外，在线惯量辨识算法明确伺服驱动器的实际工况，强化参数的智能化控制，以现场实际为要求，合理进行参数的调整。

1.3.3　以实时性为要求，强化控制操作系统的稳定性与精确性

在工业机器人中，运动学控制系统对实时性要求较高。目前，机器人运动控制卡以定制方式为主，同时，强调与操作系统的密切配合，强化数据传输、数据精确性以及稳定性的实现，尤其是对于操作系统的消息处理机制，更要关注稳定性与快速响应的需要，增强实时性，为机器人产业化道路的发展创造条件。

2　发展液体危险化学品物流机器人的必要性

2.1　加快推进国家能源企业高质量发展

液体危险化学品物流机器人开发与研制将推动石油事业质效双升、布局发展战略性新兴产业、高水平科技自立自强、优化运行提质增效、深化改革强化管理、依法合规防范风险。

2.2　加快推进集团公司2024年的重点工作

液体危险化学品物流机器人开发与研制紧紧围绕加快能源高效供给能力，在保障国家能源安全上当好标杆旗帜。要持续加大勘探开发和增储上产力度，高质量生产供应能源资源，巩固盈利支柱地位。要坚持绿色、智能方向，推进业务结构调整；加快转型升级，迈向产业链中高端。要坚持技术立企不动摇，加快向产业链中高端迈进，向自立自强的战略支持转变。要持续推进产融结合，融融协同、以融促产；加快布局推进战略性新兴产业和未来产业，在发展新质生产力上当好标杆旗帜。健全完善战略布局、着力强化战略性新兴产业科技支撑、不断完善未来产业创新链建设、协同打造产业生态、强化政策机制激励；加快提升自主创新能力，在高水平科技自立自强上当好标杆旗帜，着力推进国家战略科技力量建设、着力加强基础研究和应用基础研究、着力强化关键核心技术攻关和成果转化应用，加快提升现代企业治理能力，在深化国企改革和强化管理上当好标杆旗帜；着力抓好体制改革和机制改革完善、加强依法合规管理和从严治企、打造提质增效"增值版"、强化数智建设为管理赋能，加快提升风险防范化解能力，在更好统筹高质量发展和高水平安全上当好标杆旗帜，守牢安全环保红线、深化健康企业、平安企业建设、着力防范化解经营风险。

2.3　牢牢守住质量、安全、环保三条红线

在油库生产过程中，人是质量、安全、环保

诸因素中的决定因素，只有把人的工作做好了，油库的安全工作才能够有了可靠的保证，消除了人员因素的隐患，才能够达到真正实现本质安全、质量高效、过程环保的目的。使用液体危险化学品物流机器人来代替人员实现高危区域内作业，使用质量探头、温度探头、压力探头、静电感知探头等多种设备实现对风险的探测，使用AI技术没让机器人采取措施应对各种状态，努力增强自主处置能力，坚决杜绝"三违"现象的发生。

2.4 加快推进新能源规模化发展

面对我国新能源供应链存在无法自主可控风险的情况，我们要将目光聚集在新能源产业中的高新技术领域，尝试突破封锁，实现我国新能源供应链自主可控，因此在氢燃料、醇基燃料、船用燃料技术领域要不断开展技术攻关，实现国家科技创新资源的统筹优化，完成对国家级能源实验室的建设与优化，大力开展前沿技术研发，在战略上完成对于新能源产业高新技术的导向，在实践中完成对于新能源产业高新技术研发的应用支撑。在企业方面也需要积极进行创新，新能源产业发展的瓶颈是储存和运输，需要企业之间实现高度整合的新能源高新技术创新模式，尤其是在各个企业普遍存在短板的关键零部件研发领域，更是要急流勇进、不断创新，实现对先进国家技术封锁的突破。新能源产业中小微企业的作用也需要得到重视，尝试让引入液体危险化学品物流机器人技术，实现对新能源产业高质量发展的服务，从而使我们在新能源产业打造出完全自主可控的供应链。

3 相关核心技术

成品油质量在线监测系统：当绝缘流体（油）在两个同轴电极之间流过时，分析仪复合探头测量它的电介质常数，电磁量，信号相位相幅以及温度等参数的变化。这些参数的变化，同流体的组分，品种等成比例。采用先进芯片测量介质温度并进行温度补偿。由微型处理器运用数据融合算法，输出连续的油品复合特性数据，把测得的油品特性数据，和数据库对比，转换油品的指标、等级，品质或产地输出并显示。对于混输油品，通过测量管段内的油品复合数据，并通过复合数据的变化，及时捕捉到油品切换界面的初始时间，结束时间和混合比例，该信号通过远传5G+方式，给到终端系统。设备可以测得微小的电特性参数

变化，通过现场标定和更新油品品种数据库，实现对新油品的识别，从而适用各种油品的混输和检测，可与开发的机器人配合使用。

成品油计量监控系统：运用质量流量计、电容式密度探头、光导液位仪、计量数据处理终端组成，可与开发的机器人配合使用。

油库步步确认系统：入库审查部分采取自动化手段对车辆、人员资质及培训等情况进行逐项审查，提升准确度和效率；付油操作部分采用传感和通讯技术对每步操作进行信号检测，在上一步操作完成确认后，方可进行下一步操作。

油库自动付油系统：成品油库高精度自动付油及管理系统是实现成品油库装车自动化、管理现代化的计算机控制管理系统。系统具有付油计量精度高、运行稳定、功能齐全、操作方便和快捷等特点，真正实现了多泵母管制对多鹤管工艺条件下的自动化高精度付油控制及其管理功能。

4 结合液体危险化学品物流机器人的发展趋势与方向

4.1 多传感器信息融合

多传感器信息融合技术是近年来十分热门的研究课题，它与控制理论、信号处理、人工智能、概率和统计相结合，为机器人在各种复杂、动态、不确定和未知的环境中执行任务提供了一种技术解决途径。液体危险化学品物流机器人所用的传感器有很多种，根据不同用途分为内部测量传感器和外部测量传感器两大类。内部测量传感器用来检测机器人组成部件的内部状态，包括：特定位置、角度传感器；任意位置、角度传感器；速度、角度传感器；加速度传感器；倾斜角传感器；方位角传感器等。外部传感器包括：视觉（测量、认识传感器）、触觉（接触、压觉、滑动觉传感器）、力觉（力、力矩传感器）、接近觉（接近觉、距离传感器）以及角度传感器（倾斜、方向、姿式传感器）。多传感器信息融合就是指综合来自多个传感器的感知数据，以产生更可靠、更准确或更全面的信息。经过融合的多传感器系统能够更加完善、精确地反映检测对象的特性，消除信息的不确定性，提高信息的可靠性。融合后的多传感器信息具有以下特性：冗余性、互补性、实时性和低成本性。目前多传感器信息融合方法主要有贝叶斯估计、卡尔曼滤波、神经网络、小波变换等。

4.2　导航与定位

在液体危险化学品物流机器人系统中，自主导航是一项核心技术，是机器人研究领域的重点和难点问题。导航的基本任务有3点：一是基于环境理解的全局定位：通过环境中景物的理解，识别人为路标或具体的实物，以完成对机器人的定位，为路径规划提供素材；二是目标识别和障碍物检测：实时对障碍物或特定目标进行检测和识别，提高控制系统的稳定性；三是安全保护：能对机器人工作环境中出现的障碍和移动物体作出分析并避免对机器人造成的损伤。机器人有多种导航方式，根据环境信息的完整程度、导航指示信号类型等因素的不同，可以分为基于地图的导航、基于创建地图的导航和无地图的导航3类。根据导航采用的硬件的不同，可将导航系统分为视觉导航和非视觉传感器组合导航。视觉导航是利用摄像头进行环境探测和辨识，以获取场景中绝大部分信息。目前视觉导航信息处理的内容主要包括：视觉信息的压缩和滤波、路面检测和障碍物检测、环境特定标志的识别、三维信息感知与处理。非视觉传感器导航是指采用多种传感器共同工作，如探针式、电容式、电感式、力学传感器、雷达传感器、光电传感器等，用来探测环境，对机器人的位置、姿态、速度和系统内部状态等进行监控，感知机器人所处工作环境的静态和动态信息，使得机器人相应的工作顺序和操作内容能自然地适应工作环境的变化，有效地获取内外部信息。

4.3　路径规划

路径规划技术是液体危险化学品物流机器人研究的一个重要功能。最优路径规划就是依据某个或某些优化准则（如工作代价最小、行走路线最短、行走时间最短等），在机器人工作空间中找到一条从起始状态到目标状态、可以避开障碍物的最优路径。路径规划方法大致可以分为传统方法和智能方法两种。传统路径规划方法主要有以下几种：自由空间法、图搜索法、栅格解耦法、人工势场法。大部分机器人路径规划中的全局规划都是基于上述几种方法进行的，但这些方法在路径搜索效率及路径优化方面有待于进一步改善。人工势场法是传统算法中较成熟且高效的规划方法，它通过环境势场模型进行路径规划，但是没有考察路径是否最优。智能路径规划方法是将遗传算法、模糊逻辑以及神经网络等人工智能方法应用到路径规划中，来提高机器人路径规划的避障精度，加快规划速度，满足实际应用的需要。其中应用较多的算法主要有模糊方法、神经网络、遗传算法、Q学习及混合算法等，这些方法在障碍物环境已知或未知情况下均已取得一定的研究成果。

4.4　机器人视觉

视觉系统是液体危险化学品物流机器人的重要组成部分，一般由摄像机、图像采集卡和计算机组成。机器人视觉系统的工作包括图像的获取、图像的处理和分析、输出和显示，核心任务是特征提取、图像分割和图像辨识。而如何精确高效的处理视觉信息是视觉系统的关键问题。目前视觉信息处理逐步细化，包括视觉信息的压缩和滤波、环境和障碍物检测、特定环境标志的识别、三维信息感知与处理等。其中环境和障碍物检测是视觉信息处理中最重要、也是最困难的过程。机器人视觉是其智能化最重要的标志之一，对机器人智能及控制都具有非常重要的意义。目前国内外都在大力研究，并且已经有一些系统投入使用。

4.5　智能控制

液体危险化学品物流机器人的智能控制方法有模糊控制、神经网络控制、智能控制技术的融合（模糊控制和变结构控制的融合；神经网络和变结构控制的融合；模糊控制和神经网络控制的融合；智能融合技术还包括基于遗传算法的模糊控制方法）等。近几年，机器人智能控制在理论和应用方面都有较大的进展。在模糊控制方面，J.J.Buckley等人论证了模糊系统的逼近特性，E.H.Mamdan首次将模糊理论用于一台实际机器人。模糊系统在机器人的建模控制、对柔性臂的控制、模糊补偿控制以及移动机器人路径规划等各个领域都得到了广泛的应用。在机器人神经网络控制方面，CMCA（Cere-bellaModelControllerArticulation）应用较早的一种控制方法，其最大特点是实时性强，尤其适用于多自由度操作臂的控制。

5　总结

综上，液体危险化学品物流机器人是多学科相互融合与发展的产物，对工业行业的发展意义巨大。因此，要立足信息时代，在人工智能技术的支撑下，准确掌握工业机器人发展趋势，明确技术特征，促使工业机器人生产制造成本的不断降低，性能逐步增强。未来的液体危险化学品物流体系将趋向更加智慧化、自动化和高效化。无人油库的发展将通过建立智能化信息平台、注重推动互联互通、深度整合内外部数据和液体危险化学品物流机器人等方式实现。绿色化是推动物流建设与环保发展的新途径，通过应用清洁化技术设备、建立绿色环保评估体系等方式实现。高效化则是通过升级设备、提高管理水平、运用智能算法等方式实现，推动油库的经济效益和社会效益的双赢。

参 考 文 献

[1] 谭文君，董桂才，张斌儒.我国工业机器人行业的发展现状及启示 [J].宏观经济管理，2018（04）：42-47.

[2] 王浩.工业机器人技术的发展与应用综述 [J].中国新技术新产品，2018（03）：109-110.

[3] 蔡济云.工业机器人在自动化控制中的应用研究 [J].科技与创新，2018（01）：144-145.

[4] 孙华，陈俊风，吴林.多传感器信息融合技术及其在机器人中的应用 [J].传感器技术.2003，22（9）：1~4

[5] 王灏，毛宗源.机器人的智能控制方法 [M].北京：国防工业出版社，2002

[6] 金周英.关于我国智能机器人发展的几点思考 [J].机器人技术与应用.2001（4）：5~7

基于大数据的成品油物流智能监控系统设计与实现

李　哲　刘　鑫　刘瑞壮　张　慧　于喜波

（中国石油天然气股份有限公司东北销售广州分公司）

摘　要　为提高石油企业成品油物流业务的服务水平，优化成品油物流资源配置，降低成品油的物流运行成本，基于大数据技术，构建成品油物流智能监控系统。系统由硬件资源层、数据处理层和Web应用层构成，按照数据采集区、数据管理区、数据存储计算区和监控应用区四部分部署。为应对海量物流信息数据，采用了操作型数据存储层（ODS）、数据明细层（DWD）、主题域数据集市层（DWS）和主题域应用数据层（ADS）的分层存储架构模式；系统采用滑动指数平均算法来进行成品油销售量的预测，该算法具有可解释性强、参数调节过程相对简单等优势，基于滑动指数平均算法预测成品油物流需求步骤为：对数据进行预处理，求取星期因子→求取自适应平衡因子，进行周特征提取→求取滑动指数平均值，对数据进行平滑处理，并采用星期因子对预测结果进行特征后处理，经测试，该算法总体平均预测正确率达到92.13%，平均相对偏差率仅为9.45%，可确保对各个加油站做出合理的成品油资源分配。系统对于成品油物流运行监控分为外部数据采集→数据处理→数据存储→应用系统四个步骤。为了确保系统的正常运行，为系统配备了8台8内核的云服务器和25台16内核的云服务器，可提供200T的大数据存储空间。经功能和性能测试结果表明：系统的6大功能模块均能按照预期实现，在1000个大数据量并发使用情况下的平均响应时间仅为2223ms<5000ms，具备良好的执行性能。

关键词　大数据技术；成品油物流；智能监控系统；分层架构；响应时间

近年来，国内物流行业得到迅速发展，对于国民经济具有重要的促进作用，成品油售卖是石油企业的重要业务，加强对成品油物流的建设成为各大石油企业的重中之重，在竞争日益激烈的前提下，只有通过优良的物流运行才能实现企业的降本增效。

现代物流企业正朝着数字化、智能化发展，推动石油企业物流的数字化、智能化转型可为企业提升服务能力，实现更大的经济效益和更强的竞争力提供新的助力。当前，国内外物流企业均在利用物联网、大数据等技术搭建自己的信息化管理平台，通过数字化智能化转型，加强和提升自身的物流监控能力，如菜鸟、京东、顺丰、BP等物流企业，均通过整合物流资源来降低了非投资性成本，提高了自身的盈利能力，使得自身在竞争激烈的物流行业中立于不败之地，这些物流企业均通信息化改造使自身占据行业的一席之地，也给石油企业提供了可以学习和借鉴的经验。

数据是指数据规模庞大到无法使用常规数据统计软件进行特征提取、计算分析处理和管理的数据集，具有海量的数据规模、快速的数据流转、多样的数据类型和价值密度低四大特征。为了解决大数据的处理问题，谷歌公司于21世纪初提出了大数据这一概念，成为以Hadoop体系为代表的大数据技术的奠基石。大数据技术涉及业务分析、数据分析、数据挖掘、机器学习和人工智能五大领域，从应用方面讲，主要包括大数据采集技术、大数据存储技术、大数据计算技术和大数据仓库技术，大数据采集技术可为物流监控提供数据传输和采集，大数据存储技术可为物流监控提供数据存储和实时检索功能，大数据计算技术可为物流监控提供一个全面、统一的计算框架，可对海量数据特征进行精确分析，大数据仓库技术则为物流监控提供一个面向主题的、集成的、相对稳定的、反映历史变化的数据集合，可为管理人员提供决策分析的依据。

鉴于当前石油企业在物流监控方面的实际需求，本文基于大数据技术，建立起成品油物流智能监控系统，对物流车辆、油库、油站、订单轨迹、运距测算等进行全过程监控，以期能为为准确做出物流需求预测、降低库存和物流成本，提高企业核心竞争力提供帮助。

1 系统需求性分析

石油企业物流监控系统需要具备如下功能：①物流需求预测，一是要通过对现有各个加油站的数据进行分析，通过算法模型预测后续销量预测，为成品油调度计划提供参考，而是能够为物流管理人员提供直观的预测结果展示；②物流运行监控，基于大数据完成成品油物流运行和调度的实时监控，为物流管理和调度人员提供车辆监控、油库监控、油站监控、订单轨迹监控、运距测算等功能；③数据需求分析，物流数据量巨大，普通数据库难以满足使用需要，因而需要采用大数据技术为物流数据（如物流需求管理数据、运输管理数据、仓储管理数据、物流资源管理数据等）提供服务；④性能需求分析，在1000个并发用户使用时，平均响应时间小于5000ms。

2 系统架构设计

2.1 总体架构设计

按照实用性、稳定性、先进行、安全性和可扩展性的设计原则，构建是成品油物流监控系统，见图1。系统自下而上划分为硬件资源层、数据处理层和Web应用层等三层架构。硬件资源层主要提供数据采集、存储和计算分析功能，由SAN存储设备提供数据存储功能，由X86服务器集群提供数据计算分析功能，由Open Stack虚拟化管理平台提供网络、CPU、内存、存储等设备的虚拟化管理功能，同时在硬件资源层中还设计了防火墙，为系统数据提供安全保障。数据处理层由Hadoop集群、数据仓库、数据访问层、数据查询引擎、安全监控等组成，负责数据采集、数据分析、数据离线/实时处理、资源/任务调度、安全监控等功能，其中Hadoop集群可为数据提供采集、计算和存储能力，数据仓库为系统提供HIVE技术，可实现数据的分层规划和存储，数据查询植物了大数据查询引擎，提供Spark大数据计算分析服务，数据访问层采用MySQL集群，可为管理人员提供全面的查询和检索功能，安全监控为系统提供安全平稳运行提供保障。Web应用层为后台管理人员提供前端应用、物流运行监控（包括主页视图、车辆监控、油库监控、油站监控、订单轨迹监控、运距测算等）和物流需求预测（包括数据展示、数据建模）服务。

根据系统架构设计，将系统部署在阿里专有

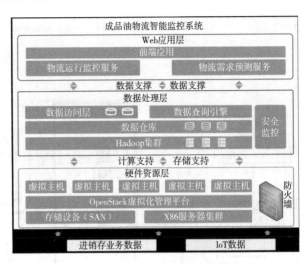

图1 成品油物流智能监控系统总体架构

云上，完成系统整体部署，系统由数据采集区、数据管理区、数据存储计算区和监控应用区组成，见图2。

2.2 物流需求预测模型设计

成品油物流需求预测主要基于历史销量数据特征来进行，通过前期n周的数据来对未来1周的成品油销售做出合理预测，且距离预测日期越近的销售数据，所具备的参考价值越大。据此，系统采用滑动指数平均算法来进行成品油销售量的预测，滑动指数平均算法具有对历史数据参考呈指数降低的特点，即离现在越近的参考价值越大，符合上述要求，该算法具有如下优点：一是可解释性强，二是参数调节过程相对简单，不易出错，三是对近期数据利用较好，预测精度更高。

基于滑动指数平均算法的成品油物流需求流程示意见图3。具体步骤为：①对数据进行预处理，求取星期因子a_i（$0<a_i<1$）；②求取自适应平衡因子（剔除空数据和离散销售数据，将无效销售数据的星期因子平均到有效销售数据的星期因子上，得到归一化的星期因子，再计算历史周数据的周特征；③求取滑动指数平均值，对数据进行平滑处理，采用星期因子对预测结果进行后处理（特征后处理），获得最终的成品油物流预测结果。采用此方法对某加油站27d的物流需求量进行预测，结果显示：总体平均预测正确率达到92.13%，平均相对偏差率仅为9.45%，表明此算法具有较高的预测精度。

2.3 物流运行监控设计

物流运行监控包括主页视图、车辆监控、油

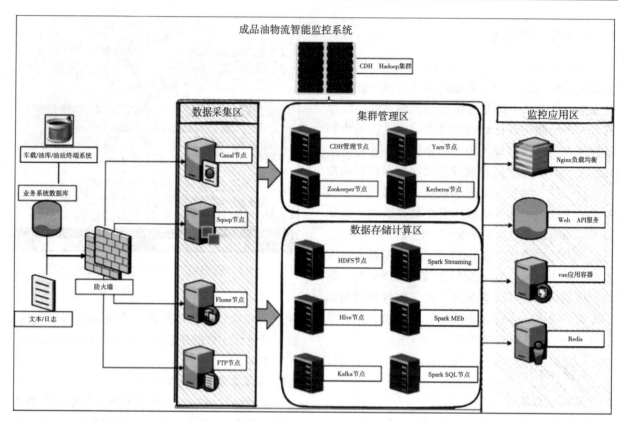

图2 监控系统部署示意

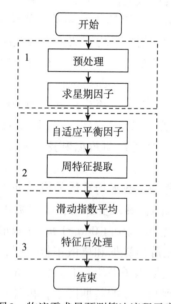

图3 物流需求量预测算法流程示意

库监控、油站监控、订单轨迹监控、运距测算等六大功能，通过设备终端进行数据采集，然后进行数据的实时/离线处理，将处理结果上传到应用服务终端，供物流管理人员调度参考。

物流运行监控技术流程示意见图4。技术流程总体上分为四个步骤：①外部数据采集，包括油库液位、油站液位、各地区车辆GPS信息等；②数据处理，分别通过JAVA、kettle和kafka采集和调取油库液位、油站液位和车辆GPS信息，并利用Spark Structured Streaming对车辆信息进行大数据分析和计算；③数据存储，油库、油站的配送单、液位仪等数据会被保存到Mysql数据库中，车辆信息会被保存到HBase和Redis数据库中；④应用系统，提供JAVA接口，将所有信息以地图形式在系统页面端展示出来。

2.4 数据分层架构设计

由于成品油物流信息量巨大，需要对物流数据进行合理的存储，系统采用了分层架构模式来对海量物流数据进行处理，见图5。从图5中可知：系统数据存储自下而上分为四层：①操作型数据存储层（ODS），主要包括成品油物流系统、销售零管系统、油库管理系统和GIS定位系统；②数据明细层（DWD），主要包括各方信息、油库信息、订单信息、物流需求、物流计划、油品信息等，DWD与ODS之间通过数据转换（获取→清洗→转换→载入）实现数据关系映射；③主题域数据集市层（DWS），主要包括库存、产品、运输和销售四个主题域，DWS与DWD之间通过数据分发层（获取→转换→载入）进行数据连接；④主题域应用数据层（ADS），主要存储介质为Mysql、HBase和Redis数据库。

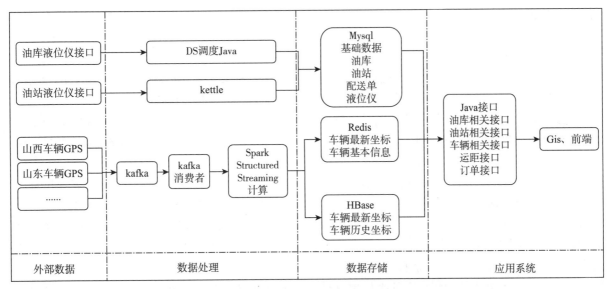

图4 物流运行监控技术流程

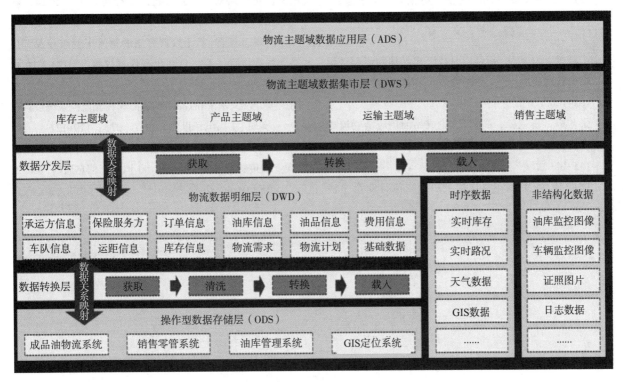

图5 系统数据存储分层架构设计

3 系统性能测试

3.1 系统资源配置

为保证系统正常的运行需求，在系统运行时，需要保证有30%以上的磁盘空间，考虑到未来数年的物流数据量可能会超过上千亿条，大概需要约200T的存储空间，故本系统配制了25台云服务器，每台云服务器的内存大小为32GB，CPU内核数均为16，系统盘容量均为500GB，存储盘容量大小均为8TB。另外还配备了8台内CPU内核数为8的云服务器，用于搭建HDFS、Yarn、Hive、HBase等大数据相关服务。

3.2 系统测试

（1）功能测试：对系统六大模块开展功能测试，测试结果均符合设计预期。

（2）性能测试：采用Apache JMeter对系统进行并发响应测试，并发数量分别为1000个，结果表明：系统的最大响应时间为3310ms，平均响应时间内为2223ms，表明本系统具备良好的执行性能，在大数据量并发使用情况下不会对系统的基本使用性能造成影响。

4　结语

（1）基于大数据技术，构建石油企业成品油物流智能监控系统，系统自下而上划分为硬件资源层、数据处理层和 Web 应用层。系统采用数据分层存储模型，对数据进行车处理。

（2）系统采用滑动指数平均算法对成品油物流需求进行预测，总体平均预测正确率达到92.13%，平均相对偏差率仅为9.45%。

（3）系统物流监控步骤为：外部数据采集→数据处理→数据存储→应用系统。

（4）系统的6大功能模块均能按照预期实现，在1000个大数据量并发使用情况下的平均响应时间仅为2223ms<5000ms，具备良好的执行性能。

参 考 文 献

［1］张骁轶，马利华.新经济时代下成品油物流配送运输与管理研究［J］.中国物流与采购，2023（16）：105-106.

［2］张艺婷，杨战社，高远.试论成品油供应链物流成本优化及控制方法［J］.质量与市场，2023（07）：145-147.

［3］姚晓林.数字化转型背景下中国物流行业竞争格局分析［J］.物流科技，2024，47（02）：57-59+64.

［4］王莹，刘捷，陈智.物流4.0背景下物流岗位数字化能力框架与提升路径研究［J］.物流工程与管理，2024，46（01）：16-20.

［5］黄佳怡，朱以宁，唐睿妤.新冠疫情下无锡快递物流业智能化发展研究［J］.商场现代化，2023（24）：45-47.

［6］王妍.物流仓储系统中的智能化技术应用与优化［J］.产品可靠性报告，2024（01）：77-78.

［7］冯泽彪.大数据视域下物流管理专业统计学教学模式探索［J］.物流工程与管理，2024，46（02）：126-128+80.

［8］刘安冬，王文棣.基于大数据分析的物流企业运营优化策略研究［J］.物流工程与管理，2024，46（01）：166-168.

［9］李琳，江晋.基于蚁群算法的物流车辆监控及调度系统设计［J］.自动化与仪器仪表，2023（10）：85-89.

［10］郭俊梅.基于InTouch的成品库物流监控系统设计与实现［J］.电子世界，2017（07）：119+122.

［11］李军，刘夏青，李阳等.一种混合数字滤波在应变式传感器采集中的应用［J］.长江信息通信，2022，35（04）：72-74.

面向大功率发动机的特征数据采集系统

王衍超 郭进举 杨加成 李治朋 孟云斐

（中国石油集团济柴动力有限公司）

摘 要 大功率发动机的运行数据，以其繁多的监测项点，时序依赖性以及高频的数据更新，构成了复杂的数据生态。传统阈值报警机制在面对高度关联的参数时，其局限性愈发明显，难以捕捉到深层次的故障模式，往往需要依赖人工经验进行补充判断。鉴于此，本文提出将机器学习技术融入发动机故障预测与性能分析，旨在提升发动机运行的智能化水平。然而，当前数据采集与特征数据提取的难题，成为了制约这一愿景实现的关键瓶颈。为应对这一挑战，本文通过 Python 编程技术，结合 InfluxDB 时序数据库，设计并实现了一种发动机数据采集与特征数据记录系统。该系统部署于边缘智能设备上，旨在实时捕获和处理海量的发动机运行数据。在 InfluxDB 时序数据库中自动清洗数据，在发动机运行中，人工通过配套软件介入，实现特征标签与特征数据同时写入数据库。通过数据筛选，只保留特征标签附近一段时间的数据，达到高效提取特征数据的目的。该方案不仅极大简化了数据预处理流程，还显著提升了数据质量，特别是在提取特征数据目标方面，解决了机器学习中特征数据采集难的问题。通过简单案例阐述了方案解决思路，实际处理特征数据时，可借鉴参考，进一步完善。通过本系统采集的特征数据，经过简单人工校验后，即可以用于机器学习的模型训练。

关键词 大功率发动机；智能边缘设备；机器学习

在大功率发动机的运维中，实时监控与数据记录至关重要。传统阈值报警机制虽能快速响应单个参数异常，但在面对复杂、关联性强的故障模式时，存在局限性，往往需要依赖人工经验进行深层次故障诊断。近年来，随着机器学习技术的迅猛发展，将其应用于发动机故障预测与性能分析，成为提升智能化运维水平、减轻人力负担的有效途径。然而，发动机数据的实时性、多样性和高频更新特性，给特征数据的采集与利用带来了巨大挑战。

1 技术思路

为解决上述问题，本文介绍了一套数据采集系统，目的是可以自动处理发动机运行数据，处理后的数据可以应用于机器学习。

1.1 数据记录管理

工业数据突出特点就是高频产生、数据量大且与时间密切相关，大功率发动机运行数据属于这类工业时序数据。时序数据的特点在于其与时间的紧密关联，以及高速更新的特性。目前存在的时序数据库产品众多，而 InfluxDB 发展最快、最受欢迎。根据官方提供的数据，InfluxDB 与其

他几个时序数据库的性能比较如表 1 所示。相较于其他数据库，InfluxDB 在写入速度、读取速度以及存储空间占用方面均展现出显著优势（表 1），使其成为本方案中记录和统一管理数据的首选。

表 1 数据库性能对比

对比数据库	写入速度	读取速度	存储空间占用
Cassandra	快 4.5 倍	快 45 倍	少 2.1 倍
Elasticsearch	快 6.1 倍	快 8.2 倍	少 2.5 倍
MongoDB	快 2.4 倍	快 5.7 倍	少 20 倍
OpenTSDB	快 5 倍	快 3.65~4 倍	少 16.5 倍

1.2 数据处理软件

InfluxDB 虽然擅长数据的高效读写，但原始数据需经过转换才能适用于机器学习模型。Python 凭借其强大的数据处理库和与 InfluxDB 的良好兼容性，成为开发数据处理软件的理想语言。本系统通过 Python 编写的自动化脚本，能够高效地从数据库中读取数据，并将其转换成机器学习算法所需的格式，为后续的故障预警和性能评估奠定坚

实基础。

1.3　软件部署

随着边缘大数据数量的不断攀升，传统基于云计算的中心化数据分析处理方法已经不再适用。主要有三方面原因：一是云端数据分析处理性能无法满足新兴应用的低时延需求，数据先传输到云端，再传回本地决策的延迟无法被容忍；二是云端数据分析处理的带宽消耗巨大，在广域网上传输数据还面临高昂的成本问题；三是云端数据分析处理面临隐私保护难题，在云计算中，由于大量用户的信息高度集中在大型数据中心，因此容易受到攻击。

大功率发动机主要在钻井时提供动力，经常在偏远地区作业，面临无网络信号的问题。结合以上原因本方案在边缘端进行数据处理，将数据库和自定义软件部署在边缘设备上，保证数据及时可靠，同时对发动机数据进行全生命周期管理。

2　技术方案

边缘设备配置丰富的通讯接口，包括RS485、CAN、RJ45，可以接收现场总线中多个设备的实时数据，进行统一数据管理，整体框架见图1。内置底层接口函数可以各总线的数据转为十进制数据，再通过Python脚本调用接口函数将数据写入InfluxDB数据库。所有数据在InfluxDB数据库中统一管理，最终可以通过Python脚本从数据库中下载数据或查看数据。

边缘设备内置4G模块和WIFI模块，当现场有4G信号时可以将数据发送到云端服务器；当现场没有4G信号时，笔记本通过WIFI连接设备，方便现场人员操作。

2.1　数据库写入脚本

根据官方提供的文档，用Python编写脚本将数据写入InfluxDB数据库需要以下五步：

第一步，导入所需库文件，见图2。

```
importinfluxdb_client
frominfluxdb_client.client.write_apiimpor
SYNCHRONOUS
```

图2

第二步，创建变量名，见bucket、organization、token，见图3。图中bucket是用于存储和组织时间序列数据的逻辑容器，organization用于管理和隔离

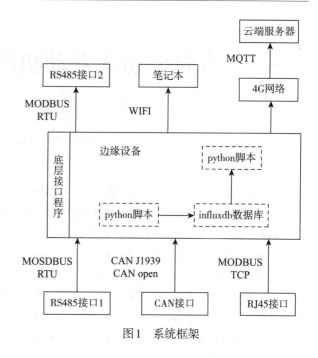

图1　系统框架

数据的单位，token为用于身份验证和授权的凭证。本文使用InfluxDB版本为免费版，只能在单台设备上记录、查看、配置数据文件，所以服务器地址配置为：http://localhost：8086。

```
bucket="<my-bucket>"
org="<my-org>"
token="<my-token>"
url="http://localhost:8086"
```

图3

第三步，实例化客户端，见图4。

```
client=influxdb_client.InfluxDBClient（
url=url,token=token,org=org）
```

图4

第四步，实例化写入客户端，见图5。

```
write_api=
client.write_api（write_options=SYNCHRONOUS）
```

图5

第五步，创建数据点，并使用 API 编写对象的方法将其写入 InfluxDB，见图6。

```
p=
influxdb_client.Point（"my_measurement"）.tag（"locatio
n","Prague"）.field（"temperature",25.3）
write_api.write（bucket=bucket,org=org,record=p）
```

图6

以写入ExhaustPort1Tem这一参数为例，结合

边缘设备中底层程序，完整代码见图7。

```
from klm.canlink import CanLink
import cantools
import influxdb_client
from influxdb_client importInfluxDBClient,Point,
WritePrecision
from influxdb_client.client.write_api import
SYNCHRONOUS
token=os.environ.get("INFLUXDB_TOKEN")
org="JCPC"
url="http://localhost:8086"
write_client=influxdb_client.InfluxDBClient(url=url,
token=token,org=org)
bucket="RawData"
write_api=
write_client.write_api(write_options=SYNCHRONOUS)
messages={}
defapp():
    try:
        dbc_file_path='/home/record/J1939.dbc'
        db=cantools.db.load_file(dbc_file_path)
        CanLink.open_can('can0',bitrate=250000)
        bus=CanLink('can0',bitrate=250000)
        while True:
            messages=bus.recv()
            if messages is not None:
                can_id=hex(messages['can_id'])
                can_data=messages['can_data']
                try:
                    db_message=
db.get_message_by_frame_id(can_id)
                    decoded_signals=
db_message.decode(can_data)
                    for signal_name,signal_value in
decoded_signals.items():
                        if signal_name==
"ExhaustPort1Tem":
                            point=
Point("JC").tag("control_system","JC").field("1缸排
温",signal_value)
                            write_api.write(bucket=bu
cket,org=org,record=point)
            time.sleep(0.1)
        bus.close()
if __name__=='__main__':
    app()
```

图7

2.2　数据库配置

Python 脚本写入数据库中的数据为现场总线中获取的原始数据，时间戳不一致，存在大量无效数据，原始数据见表2。

InfluxDB 数据库可以非常方便完成数据清洗工作，在数据库中新建一个 task，每隔1s进行均值运算，最后将有效数据存储到另一个 bucket 中，代码见图8，清洗后的数据见表3。

表2　原始数据

_time	1缸排温	2缸排温	3缸排温	4缸排温
2024-10-30 07：30：00.216752+00：00	467			
2024-10-30 07：30：00.220547+00：00		514		
2024-10-30 07：30：00.224087+00：00			513	
2024-10-30 07：30：00.227282+00：00				505
2024-10-30 07：30：00.431083+00：00	467			
2024-10-30 07：30：00.433921+00：00		514		
2024-10-30 07：30：00.437268+00：00			513	
2024-10-30 07：30：00.441831+00：00				505

```
option task={name:"1s平均值",every:1s}
from(bucket:"RawData")
    |> range(start:-1s)
    |> filter(fn:(r)=>r["_measurement"]=="JCPC")
    |> aggregateWindow(every:1s,fn:mean)
    |> to(bucket:"Data1s")
```

图8

表3　清洗后的数据

_time	1缸排温	2缸排温	3缸排温	4缸排温
2024-10-30 07：30：00+00：00	467	514	513	505
2024-10-30 07：30：01+00：00	467	514	513	505
2024-10-30 07：30：02+00：00	468	514	512	506
2024-10-30 07：30：03+00：00	468	515	512	506
2024-10-30 07：30：04+00：00	468	515	511	506
2024-10-30 07：30：05+00：00	468	515	511	506
2024-10-30 07：30：06+00：00	468	515	510	506

2.3　数据下载脚本

所有数据在 InfluxDB 数据库中处理后，通过 Python 编写软件，将需要的数据下载为 csv 文件用

于离线编辑，进一步筛选处理数据。下载数据基本分为二步：

第一步建立数据库连接，见图9。

```
token =os.environ.get("INFLUXDB_TOKEN")
org="JCPC"
url="http://localhost:8086"
influxclient=InfluxDBClient(url=url,token=token,
org=org)
```

图9

第二步创建查询语句，下载为csv文件，见图10。

```
flux_query=f"
    from(bucket:"Data1s")
    |> range(start:2024-10-30T07:30:00Z,stop:
2024-10-30T07:31:00Z)
    |> filter(fn:(r)=>
        r["_field"]== "1缸排温" or
        r["_field"]== "2缸排温" or
        r["_field"]== "3缸排温" or
        r["_field"]==   "4缸排温"
    )
    |> pivot(rowKey:["_time"],columnKey:["_field"],
valueColumn:"_value")
    |> group(columns:["_time"],mode:"by")
"
result=
influxclient.query_api().query_data_frame(query=flux
_query)
result.to_csv('data.csv',index=False)
```

图10

2.4 特征数据标记

在发动机运行过程中，会产生大量数据，其中大部分数据为正常运行数据，对机器学习模型的训练意义不大。相对而言，只有少部分数据能够反映发动机故障状态和特殊状态，这些数据对于模型训练非常重要。因此，从海量数据中快速查找和下载所需数据显得尤为关键。为此，本系统在写入数据时可以手动添加特征数据标签，仅保存具有特征标记前后5分钟的数据，这样可以大大降低后续人工处理的工作量。例如，当发动机在运行中出现启动、故障或停机工况时，人为识别这些工况，用数值代表相应工况，将相应数值写入数据库，如表4所示。

表4　特征标签

运行工况	特征标签
正常运行	0
启动失败	1
故障报警	2
异常停机	3
停机状态	4

数据下载到本地后人工完善数据特征标签，以启动失败这一特征为例，人工再次识别校验特征标签是否正确，并完善每条数据中特征标签部分，如表5所示，最终处理后的数据可以用于机器学习的模型训练。

表5　完善特征标签

_time	1缸排温	2缸排温	发动机转速	特征标签
2024-10-30 07：19：24+00：00	110	97.5	0	4
2024-10-30 07：19：25+00：00	110	97.5	0	4
2024-10-30 07：19：26+00：00	110	97.5	41.4	1
2024-10-30 07：19：27+00：00	110	97.5	59.6	1
2024-10-30 07：19：28+00：00	110	97.5	21.5	1
2024-10-30 07：19：29+00：00	111	97.5	0	4
2024-10-30 07：19：30+00：00	112	98	0	4

3　应用效果

实际应用中为方便人员操作，在设备中内置人机交互程序。笔记本通过WiFi与设备连接，操作人员访问IP地址和端口号即可完成查看数据、下载数据、标记特征数据等操作，软件界面如图11和图12所示。

当发动机运行中出现对应运行特征时，点击图11中左侧按钮，即将对应特征值写入数据库。下载数据时选择所需参数和对应的时间段，点击

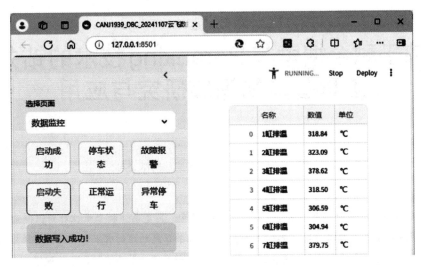

图11

图12

确认即可将数据下载到本地电脑，下载的表格样式见表5。

4　结论

本数据采集系统部署在边缘设备中，可以高效快速采集现场总线中的数据。利用Python编写程序结合InfluxDB数据库，可快速开发产品，在边缘设备中即可完成数据清洗工作。提取特征数据目标的方法，可快速获得机器学习所需的特征数据，解决了机器学习训练数据难获取的问题。

参 考 文 献

［1］徐化岩，初彦龙. 基于InfluxDB的工业时序数据库引擎设计［J］. 计算机应用与软件，2019，36（9）：33.

［2］Mchutchon M A, Staszewski W J, Schmid F. Signal Processing for Remote Congdition Monitoring of Railway Points［J］.Strain, 2005.41（2）：71–85

［3］贾林.面向边缘智能的大数据处理性能与成本协同优化机制研究［D］.华中科技大学，2022.

基于融合搜索与Reranking技术的钻井
工程智能知识库研究与应用

黄　凯

（中国石油集团工程技术研究院有限公司）

摘　要　在石油天然气行业中，钻井工程作为核心环节，其复杂性和专业性对知识检索提出了严峻挑战。传统的关键字检索技术难以满足钻井工程师对精准、相关信息的迫切需求。为此，本文提出了一种基于融合搜索与 Reranking 技术的智能知识库系统，旨在解决这一难题。该系统融合了关键字检索和 RAG 检索的优势，并结合 Reranking 技术进行结果优化。关键字检索快速匹配专业术语和工程文档，RAG 检索则从知识库中检索相关文档片段并生成答案，弥补数据不足。Reranking 技术则对初步检索结果进行重排序，确保最相关的结果排在前列。这种多层次、多技术的融合，为钻井工程师提供了高效、精准的技术支持，有效提升了检索体验和工作效率。通过对比实验，融合检索的准确率显著高于传统的关键字检索，充分证明了该系统的有效性。未来，随着技术的不断发展，智能知识库系统有望在钻井工程领域发挥更大的作用，助力行业发展和创新。

关键词　钻井工程；大模型；知识库；融合搜索；Reranking

1　引言

随着石油与天然气行业的快速发展，钻井工程作为其中的核心环节，涉及复杂的技术流程和大量的专业知识。面对海量的技术文档和操作规程，工程师们在日常工作中迫切需要高效、精准的知识检索工具，以便快速获取相关信息。然而，传统的关键字检索技术往往依赖于简单的字符串匹配，难以满足钻井工程中复杂技术问题和专业术语的高精度搜索需求。这使得传统知识库在实际应用中存在局限性，检索结果的相关性和准确度难以保证。

为了解决这一问题，近年来信息检索领域的新兴技术不断发展，尤其是RAG（Retrieval-Augmented Generation）检索的引入，为知识库系统带来了新的机遇。RAG模型结合了信息检索与生成模型的优势，能够通过检索相关文档并基于检索结果生成精确答案，有效提升了检索的智能化程度。然而，单纯依赖RAG模型仍存在一定的局限性，特别是在处理复杂、领域特定的查询时。

本研究提出了一种基于RAG模型和关键字检索相结合的融合搜索方法，并通过Reranking技术对检索结果进行重新排序，进一步提高了搜索的精确性与相关性。融合搜索不仅结合了RAG模型的语义理解和生成能力，还通过关键字检索补充了对特定术语和精确匹配的支持。在Reranking阶段，使用基于RRF排序算法对初步检索结果进行优化，以确保最相关的结果排在前列。该方法在钻井工程智能知识库中的应用，能够为工程师提供更加高效、精准的技术支持，提升检索体验和工作效率。

2　技术思路和研究方法

在构建基于大模型技术的钻井工程智能知识库时，可以结合关键字检索、RAG检索，将其检索结果融合后应用Reranking算法进行重排，来实现高效精确的知识查询系统。

（1）关键字检索：使用BM25算法，根据用户输入的关键词与文档中的词匹配，通过词频和逆文档频率（TF-IDF）为文档打分，返回相关文档。这适用于检索特定术语或技术文档。

（2）RAG 检索：结合向量数据库检索能力，先从文档库中检索出相关文档片段，再使用生成模型（如ChatGLM）生成答案。这种方式不仅能基于现有知识库提供答案，还可以通过外部知识弥补数据的不足。

（3）融合关键字与 RAG：结合关键字检索和 RAG 检索，优化查询结果的相关性。首先分布使用关键字检索与 RAG 检索找到相关文档，将检索结果进行融合，然后通过 Reranking 对结果进行重排序，确保返回最相关、最有用的内容，最后使用生成模型（如 ChatGLM）生成答案。

这种多层次的搜索方法能够显著提升钻井工程知识库的查询准确性与效率，满足复杂技术需求。

2.1 关键字检索原理

关键字检索是基于用户查询与文档内容的词匹配，通过对文档中的词进行索引来找到相关信息。BM25（Best Matching 25）是关键字检索中常用的排名算法，它衡量查询词与文档之间的相关性。BM25 根据词频和逆文档频率（TF-IDF）计算得分，并考虑查询词在文档中的频率、文档长度等因素。其中 BM25 算法中的基于以下两个概念：

词频（TF）：一个词在文档中出现的频率越高，该文档与查询的相关性越大。

逆文档频率（IDF）：词在整个文档集合中出现的频率越低，它对文档与查询的相关性贡献越大。

BM25 的计算公式如下：

$$\text{Score}(D, Q) = \sum_{q \in Q} \text{IDF}(q) \cdot \frac{f(q, D) \cdot (k_1 + 1)}{f(q, D) + k_1 \cdot \left(1 - b + b \cdot \frac{|D|}{avgdl}\right)} \quad (1)$$

其中：

$f(q, D)$ 是词 q 在文档 D 中的词频；

$|D|$ 是文档的长度

$avgdl$ 是平均文档长度

k_1 和 b 是可调参数

在钻井工程知识库中，BM25 算法可以有效地对用户的技术查询进行处理，匹配专业术语和工程文档。例如，用户查询"井下工具故障"时，BM25 会根据这些关键词在技术文档中的频率及相关度，排序返回包含这些术语的最佳文档。这种基于关键字检索的方式可以快速、准确地帮助工程师找到相关的技术文档或操作指南。

2.2 RAG 检索技术原理

RAG（Retrieval-Augmented Generation）检索增强生成是指对大型语言模型输出进行优化，使其能够在生成响应之前引用训练数据来源之外的权威知识库。大语言模型（LLM）用海量数据进行训练，使用数十亿个参数为回答问题、翻译语言和完成句子等任务生成原始输出。在 LLM 本就强大的功能基础上，RAG 将其扩展为能访问特定领域或组织的内部知识库，所有这些都无需重新训练模型。这是一种经济高效地改进 LLM 输出的方法，让它在各种情境下都能保持相关性、准确性和实用性。

如果没有 RAG，大语言模型会接受用户输入，并根据它所接受训练的信息或它已经知道的信息创建响应。RAG 引入了一个信息检索组件，该组件利用用户输入首先从新数据源提取信息。用户查询和相关信息都提供给大语言模型。大语言模型使用新知识及其训练数据来创建更好的响应。以下各部分概述了该过程。

（1）转换外部数据为向量形式。

大语言模型原始训练数据集之外的新数据称为外部数据。它可以来自多个数据来源，例如 API、数据库或多个文件。使用嵌入语言模型的 AI 技术将数据转换为数字表示形式并将其存储在向量数据库中。这个过程会创建一个生成式人工智能模型可以理解的知识库。

（2）检索相关信息。

下一步是执行相似性搜索。用户查询将转换为向量表示形式，并与向量数据库匹配。例如用户搜索："下钻遇阻是何原因？怎样预防和处理？"，系统将检索向量数据库中的文件，与用户问题高度相似的文件将被返回。相似性使用余弦相似度（Cosine Similarity）计算，计算公式如下：

$$C(A, B) = cos(\theta) = A.B/\|A\|\|B\| \quad (2)$$

（3）大语言模型生成答案

接下来，大语言模型通过在上下文中添加检索到的相关数据来生成回答。此步骤使用提示词工程技术与大语言模型进行。增强提示允许大型语言模型为用户查询生成准确的答案。

2.3 融合检索与 Reranking 技术原理

在融合基于 RAG 检索结果和基于关键字的检索结果时，使用 Reciprocal Rank Fusion（RRF）算法与加权求和算法，其具体步骤如下

（1）分别计算检索结果倒数排名分数，对于两个检索结果中的每个文档，其倒数排名是该文档排名的倒数（例如，排名第一的文档得 1，排名第二的得 1/2，排名第三的得 1/3，依此类推）。

（2）使用加权求和算法，将文档的倒数排名分数合并，其计算公式如下：

$$H = (1-\alpha)K + \alpha V \qquad (3)$$

其中：

H 代表文档的融合检索分数

K/V 分别代表 RAG 与关键字检索结果的倒数排名分数

α 代表权重

在本文实现中采用 $\alpha = 0.3$

（3）按照融合检索分数进行倒排序，返回合并后的检索结果，由大语言模型基于检索结果应用提示词工程技术生成问题的回答。

2.4　研究方法与核心代码分析

2.4.1　准备知识库文件

将知识库文件准备成为普通文本文字，并使用 utf8 作为文件编码，存为 1_001.txt 格式，知识库文件示例如图 1 所示。

上部软地层下钻遇阻划眼，应注意哪些问题？

答：（1）在上部地层下钻遇阻应起出钻头，换公锥、接钻杆通井划眼；

（2）保持钻井液有好的流动性和携砂性能；

（3）以冲、通为主，可以适当拔划；

（4）严禁动力钻具划眼。

图 1　知识库文件示例

代码分析：以下代码使用 LangChain 库中的 TextLoader 读取每个知识库文本文件到 documents 数组中，供下一步流程使用（图 2）。

```
documents= [ ]
for file in os.listdir ( dataset_folder_path ) :
    loader=TextLoader ( dataset_folder_path+file )
    documents.extend ( loader.load ( ) )
```

图 2　代码分析

2.4.2　知识库向量化

以下代码使用 HuggingFace 库中提供的 HuggingFaceEmbeddings 类，加载向量化模型 BAAI/bge-base-zh-v1.5（图 3）。

```
model_name = 'BAAI/bge-base-zh-v1.5'
hf_embeddings = HuggingFaceEmbeddings (
    model_name=model_name
)
```

图 3　HuggingFaceEmbeddings 代码

以下代码使用 FAISS 向量数据库的 from_documents 函数，将知识库转为向量格式，并暂存在内存中（图 4）。

```
vectorstore = FAISS.from_documents ( documents, hf_embeddings )
```

图 4　FAISS 向量数据库

2.4.3　使用关键字进行检索

以下代码使用 LangChain 库提供的 BM25Retriever 类的 from_documents 建立关键字索引对象，由于 BM25 算法需要对文本进行分词，因此传入预处理函数 cut_words 作为参数，cut_words 函数使用 jieba 库对中文语句进行分词（图 5）。

```
def cut_words ( text ) :
    words= jieba.lcut ( text )
    return words

keyword_retriever = BM25Retriever.from_documents ( documents, preprocess_func=cut_words, k=3 )
```

图 5　LangChain 库

以下代码与输出结果展示了使用 cut_words 进行分词的效果（图 6）。

```
print ( cut_words ( "沉积岩是怎么形成的？有什么特点？" ) )
['沉积岩', '是', '怎么', '形成', '的', '？', '有', '什么', '特点', '？']
```

图 6　cut_words 效果

在使用中文检索时，需要对用户提出的问题进行分词，然后去掉停用词如 '是'，'怎么'，'的'，'？'，'有'，'什么' 等。以下代码展示了去除停用词后剩下的关键字（图 7）。

```
print ( process_query ( "沉积岩是怎么形成的？有什么特点？" ) )
['沉积岩', '形成', '特点']
```

图 7　去除停用词

2.4.4　融合检索与 Reranking

首先我们构建基于 RAG 的检索对象，以下代码将向量数据库转为 RAG 检索对象，并设置返回

3 个检索结果（图 8）。

```
retriever_vectordb = vectorstore.as_retriever（search_
kwargs={"k": 3}）
```

图 8　RAG 检索对象

以下代码展示了使用 LangChain 库中的 EnsembleRetriever 类进行融合检索，其中基于向量数据库的 RAG 检索权重为 0.7，基于关键词的检索权重为 0.3（图 9）。

```
ensemble_retriever = EnsembleRetriever（retrievers=
［retriever_vectordb, keyword_retriever］,
                         weights=［0.7, 0.3］）
```

图 9　融合检索

以下代码展示了使用融合检索的输出结果，由于问题完全与知识库中的问题相同，因此使用关键词检索，RAG 检索与融合检索都返回了正确的回答（图 10）。

```
query = "沉积岩是怎么形成的？有什么特点？"
docs_rel = ensemble_retriever.invoke（query）
print（docs_rel［0］.page_content）

'4. 沉积岩是怎么形成的？有什么特点？\n答：由于火
成岩，变质岩受风吹雨打。温度变化，…'
```

图 10　输出结果

2.4.5　使用大语言模型模拟用户提问

使用大语言模型，将知识库中的问题进行改写，然后使用融合检索引擎进行检索，以验证融合检索的效果。

以下代码使用智谱 AI 开放平台提供的 glm-4-flash 大语言模型对知识库中提取的问题进行改写，并返回三个结果（图 11）。

灵活使用提示词工程可以获得较好的改写结果，例如以上代码中的问题大语言模型会返回以下三个改写问题（图 12）。

由于大语言模型的随机性以及模型参数的不同，每次产生的改写答案可能不同，以下是调用智谱 AI 开放平台的 glm-4-plus 的回答

①在钻井作业过程中遭遇井涌现象，应采取哪些应对措施？

```
question = '钻井中出现井涌怎么处理？'
response = client.chat.completions.create（
    model=" glm-4-flash"，# 填写需要调用的模型编码
    messages= ［
        { "role"："user"，"content"：f'作为一名钻井
工程师，你乐于提出专业的钻井工程与地质相关问题，请
为我提出的以下这个问题换个说法进行提问，我的问题是：
{question}，请提供3个答案"}，

    ］，
）
print（response.choices［0］.message）
```

图 11　问题改写

1. 当钻井作业中遇到井涌情况时，应该采取哪些措施进行控制和处理？

2. 面对钻井过程中出现的井涌现象，有哪些有效的应对策略可以实施？

3. 钻井作业中发生井涌后，如何进行紧急处理以确保人员和设备的安全？

图 12　改写问题

②当钻井过程中发生井涌事件，该如何有效管理和解决？

③面对钻井作业中的井涌问题，有哪些标准的处理流程和方法？

2.4.6　对比基于关键字，基于 RAG 与融合检索的准确率

首先从知识库中将问题提取出来，并调用大语言模型进行改写，将改写后的问题分别调用基于关键字的检索，基于 RAG 的检索与使用了 Reranking 技术的融合检索，对于其中返回的第一个回答与正确答案进行判断，从而对比三种检索方法的准确率。

3　结果和效果

基于本文的研究方法，收集了 326 条钻井工程知识问答对，提取出 326 个问题后，调用智谱 AI 开放平台的大语言模型 glm-4-flash，应用提示词工程将问题改写成 1017 个问题，分别调用基于关键字，基于 RAG 与融合检索，对返回的第一个答案与原先答案进行对比，下图展示了基于关键字，基于 RAG 与融合检索的准确率（图 13）。

其中，关键字检索为 263 条准确率 26%，可见基于关键字的检索准确率较低，不适合单独应

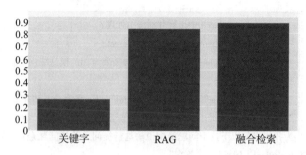

图13　基于关键字、基于RAG与融合检索准确率

用。基于 RAG 技术的检索为 850 条准确率 84%，基于Reranking技术的融合检索为 900 条准确率 88%。

4　结论

本研究提出了一种基于融合搜索与 Reranking 技术的智能钻井工程知识库系统，并通过实验验证了其有效性。结果表明，该系统能够有效提升钻井工程知识检索的准确性和效率，为工程师提供更精准、更相关的信息，从而提高工作效率和决策质量。

5　展望

（1）引入更多专业领域知识库：扩展知识库的范围，涵盖更多钻井工程相关领域的知识，例如地质学、岩石力学等。

（2）开发个性化推荐功能：根据工程师的查询历史和偏好，推荐更符合其需求的文档和答案。

（3）实现多语言支持：使系统支持多种语言，方便不同国家和地区的工程师使用。

（4）探索知识图谱技术：将知识图谱技术应用于知识库系统，实现更智能的知识组织和检索。

相信随着技术的不断发展，基于融合搜索与 Reranking 技术的智能知识库系统将为钻井工程领域带来更大的价值，助力行业发展和创新，并为工程师提供更加高效、精准的技术支持。

参　考　文　献

［1］Guu, K., Wang, K., Lee, K., & Lewis, M. REALM：Retrieval–augmented language model pre-training. arXiv preprint arXiv：2002.08909.

［2］Huang, Z., Wang, C., & He, X. Learning to rank: from pairwise approach to listwise approach. In Proceedings of the 26th annual international conference on machine learning（pp. 1193–1200）. ACM.

［3］Manning, C. D., Raghavan, P., & Schütze, H. Introduction to information retrieval［M］. Cambridge university press，2008.

［4］Jurafsky, D., & Martin, J. H. Speech and language processing（3rd ed.）［J］. Draft of January 29, 2023

基于AI大模型的HPPO反应工艺研究

何 琨[1]   杨建平[1]   何千悦[2]

（1.中石化上海工程有限公司；2.上海立达学院数学科学学院）

摘 要 基于人工智能大模型知识蒸馏的研究已经在石油化工行业中进行了深入探索和初步应用。随着环氧丙烷（PO）市场不断扩大，人工智能大模型知识蒸馏研究PO装置的更加意义重大。比较氯醇皂化制PO（CHPO）、乙苯共氧化制PO（PO/SM）、异丁烷共氧化制PO（PO/TBA）、过氧化氢氧化制PO（HPPO）、异丙苯氧化制PO（CHPPO）等5种工业生产PO方法认为：中国石化HPPO技术催化剂与原料物耗处于国际领先水平，是炼化企业增加产能、升级改造的首选方案。以生产规模400kt/a工业HPPO装置为例，对HTS催化剂、反应器构型、操作运行参数、工艺流程、自动切换反应器、产品检验罐等六个层面进行人工智能大模型知识蒸馏的深入研究得到：HTS催化剂的H_2O_2转化率为95.0%～98.5%、PO选择性为91.0%～98.5%、PO收率为86.5%～97.0%；降低双氧水物耗为9.04～4782.95 t/a，降低丙烯物耗为11.17～7759.96 t/a。进一步进行经济效益分析：最大的HTS催化剂改性降低费为2008.84～7378.10万元/a，最小的产品检验罐降低费为3.80～11.52万元/a；生产规模100～600kt/a工业HPPO装置降低总费用为2747.12～16693.99万元/a。今后应继续基于人工智能大模型知识蒸馏的研究，进一步降耗减排增效HPPO工业生产装置。

关键词 人工智能；大模型；知识蒸馏；环氧丙烷；双氧水；环氧化；反应工艺

在"环氧家族"工程技术体系中，环氧丙烷（PO）是丙烯的第三大衍生物，产品量仅次于聚丙烯和丙烯腈，除生产丙二醇、聚醚、聚氨酯等传统产品外，还可生产高纯度99.990%～99.999%电池级碳酸二甲酯（DMC）产品、与CO_2共聚生产生物可降解的聚碳酸亚丙酯（PPC）产品，因此PO年增速达10%以上。

目前生产PO的方法有氯醇皂化（CHPO）、乙苯共氧化（PO/SM）、异丁烷共氧化（PO/TBA）、过氧化氢氧化（HPPO）、异丙苯氧化（CHPPO）等5种技术，最常见的是CHPO工艺。总生产规模1.80Mt/a的国内多套CHPO装置由于每年总排放108.0Mt含氯废水和3.60Mt含氯废渣，污染严重，将被淘汰，急需转型升级改造。5种PO工艺的技术经济指标对比如表1所示。

由表1可知：HPPO法废水、废固排放量远远低于CHPO法，且无PO/SM法苯乙烯联产物，无PO/TBA法叔丁醇联产物，具有绿色、环保、降耗、减排、增效的特点。

1 技术研究方法

1.1 人工智能

人工智能（AI）融合工业技术，分行业、分环节、分阶段补齐转型发展中的短板，为能源高质量发展提供有效支撑。目前我国企业存在顶层规划不完善、绿色化智慧化知识技能不扎实、转型阵痛期长等问题。由于软件开发能力不强，工程设计、流程模拟、优化生产过程等软件长期被国外垄断，因此必须突破关键技术和软硬件短板，推进技术研发、工程设计、生产过程的数字化和智能化。加快知识共享，引入先进装备和智能化工具，消除信息孤岛，提升数字化和智能化水平。

表1 PO技术经济指标对比一览表

工艺路线	单位	CHPO法	PO/SM法	PO/TBA法	HPPO法	CHPPO法
丙烯	$t \cdot tC_3H_6O^{-1}$	0.86	0.78	0.77	0.81	0.81
废水	$t \cdot tC_3H_6O^{-1}$	60.0	0.3	1.0	1.5	0.2
废固	$kg \cdot tC_3H_6O^{-1}$	2000	50		0.4	
投资	$y \cdot tC_3H_6O^{-1}$	10，000	26，900	27，700	22，000	18，600

1.2　大模型

具有大规模参数和复杂计算结构的机器学习模型的大模型通常能够处理海量数据、云端计算、高性能计算，并完成各种复杂任务，由此在自然语言处理、图像识别、计算机视觉、金融科技和智能交通等领域都有广泛的实际应用。大模型具有更强的表达能力和更高的准确度，但也需要更多的计算资源和时间来训练和推理。相比大模型，小模型通常指参数较少、层数较浅的模型，它们具有轻量级、高效率、易于部署等优点，适用于数据量较小、计算资源有限的场景，例如移动端应用、嵌入式设备、物联网等。当模型的训练数据和参数不断扩大，直到达到一定的临界规模后，其表现出了一些未能预测的、更复杂的能力和特性，模型能够从原始训练数据中自动学习并发现新的、更高层次的特征和模式，这种能力被称为"涌现能力"。而具备涌现能力的机器学习模型就被认为是独立意义上的大模型，这也是与小模型

最大意义上的区别。大模型的发展阶段和发展历程分别如图1~图2所示。

目前，基于计算机算法和计算机模型赋予模拟人类学习、推理、感知、交流以及解决问题等复杂行为能力的人工智能已在石油化工行业中得到了广泛应用。这种应用体现在优化工艺流程、自动化控制设备等方面。通过优化工艺流程，人工智能可帮助石化企业降低能耗和物耗，减少二氧化碳排放。此外，人工智能还可分析废弃物，得到进一步减少环境污染的方法。随着大模型技术的飞速发展，国内在石油化工行业的大模型研究虽然刚刚起步，但是也取得了一些进展。在大模型研究方面，国内企业和研究机构在算法应用、算力和数据等方面通过不断探索，个别领域取得了突破。由此大模型是未来人工智能发展的重要方向和核心技术，未来随着AI技术的不断进步和应用场景的不断拓展，大模型将在更多领域展现其巨大的潜力，为万花筒般的AI未来技术拓展提

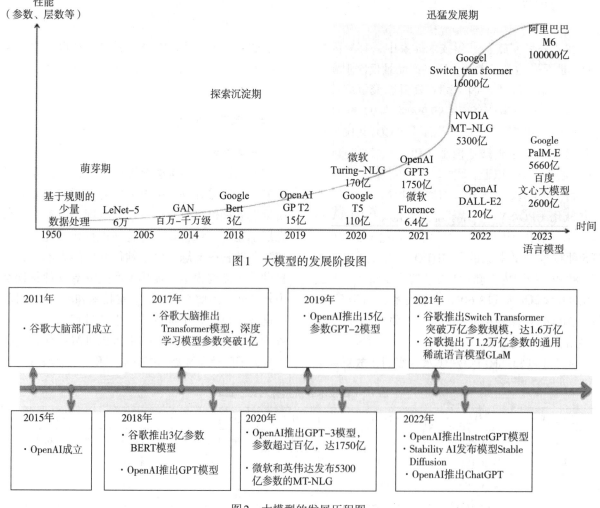

图1　大模型的发展阶段图

图2　大模型的发展历程图

供了无限的可能性。

当前 PO 技术绿色环保的发展已成为全球共识，为了引领 PO 行业的突围，创新是第一发展动力。创新包括：自主创新、技术创新、智能创新、工程创新、协同创新、科学创新、研究创新、方法创新、机制创新、管理创新、制度创新、经济创新、资本创新、产业创新、信息创新、数字创新、绿色创新、质量创新、原料创新、产品创新、设计创新、标准创新、教育创新、学习创新、实践创新、集成创新、综合创新、融合创新、联合创新、统筹创新等 30 个层面的创新，其中自主创新是根本，技术创新是核心，协同创新是关键，人工智能创新是上述 30 个层面创新的具体表现。创新对 PO 装置具有边际效应影响，呈现出 U 型特征。人工智能时代的化工发展，不仅仅需要机制驱动和数据驱动的融合，更需要二者的互动和迭代；机制与数据双轮驱动正成为新一代的化工基

础数据获取新范式，机制与数据驱动的化工数据库如图 3 所示。新一代人工智能为企业数智化转型升级提供全方位、多层次支撑，并通过技术、数据、营销、组织、服务五种路径赋能数智化转型升级，新一代人工智能赋能数智化转型升级的路径如图 4 所示。

1.3 知识蒸馏

知识蒸馏是一种用于模型压缩和迁移学习的技术，通过将一个优质性能的教师模型（大模型）的信息知识传递给一个普通性能的学生模型（小模型），以此提高学生模型的性能和精度，使得学生模型能够达到或者接近教师模型的性能和精度。知识蒸馏的具体方法就是将 Teacher Network 输出的 soft label 作为标签来训练 Student Network。知识蒸馏通常需要二个损失函数，一个是散度损失函数，用于衡量教师模型和学生模型二个概率分布之间的差异；另一个是交叉熵损失

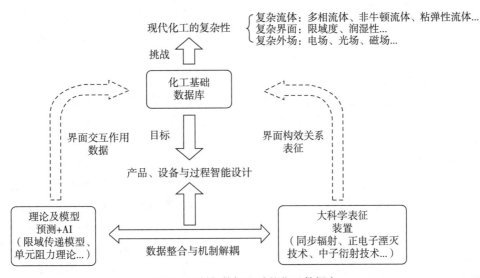

图 3　机制与数据驱动的化工数据库

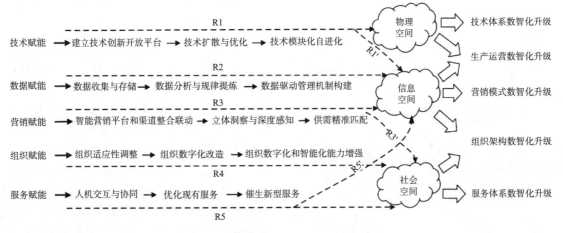

图 4　人工智能赋能数智化转型升级路径

函数，用于衡量学生模型输出与真实标签之间的损失，二者之和为总损失。教师模型与学生模型的关系、模型之间知识传递的关系、离线在线自身蒸馏的过程和教师模型与学生模型的损失分别如图5～图8所示。

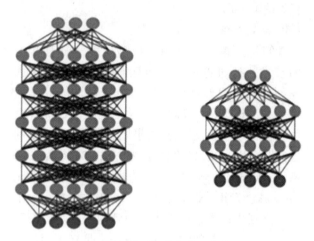

图5　教师模型与学生模型的关系

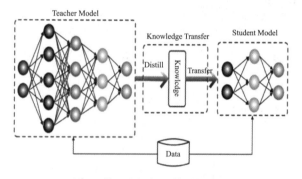

图6　模型之间知识传递的关系

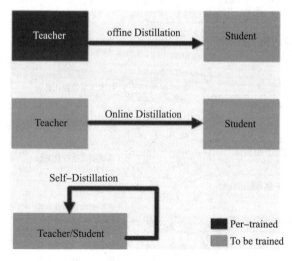

图7　离线在线自身蒸馏的过程

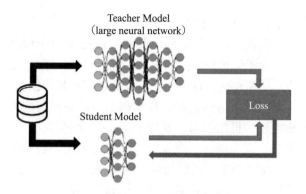

图8　教师模型与学生模型的损失

除解决常规化工问题外，双氧水法生产环氧丙烷（HPPO）工业生产装置为了在产能集中释放的压力下保持竞争优势，需要应用人工智能大模型知识蒸馏技术以提高HPPO技术的数字化和信息化水平，从而建立更加智能、高效的HPPO产业链。

HPPO工艺过程中的环氧化催化剂、反应器构型、运行参数、工艺流程、自动切换、产品检验罐等六个层面进行人工智能创新，基于大模型知识蒸馏的研究，达到HPPO降耗减排增效的目标。

2　PO大模型研究

2.1　HPPO环氧化催化剂改性

2000年中国石化下属的石科院、长岭分公司和上海工程公司等成功地研发工业规模的环氧化催化剂和工艺流程后，2014年经过EPC总承包建成我国第一套100kt/a工业规模HPPO装置，实现长满安稳运行，PO产品优级品率达100%，打破了国外PO专利商对这一绿色减碳技术的垄断。中国石化Sinopec成为世界上继Evonik–Uhde和BASF–Dow后，第3个拥有全套完全自主知识产权的HPPO技术专利商。2018年100kt/a生产规模HPPO成套工艺通过技术鉴定，工艺整体技术达到国际先进水平，催化剂与物耗处于国际领先水平。截至2022年底，中国石化HPPO成套技术正在许可或即将工业应用4套，总产能1.30Mt/a以上，数量和规模均居世界首位，充分体现出Sinopec作为世界一流企业的国际竞争力；由此中国石化HPPO技术是PO装置增加环氧丙烷产能、转型升级改造的首选技术方案。

中国石化Sinopec完全自主开发的HTS催化剂又称空心TS–1催化剂，为促进反应分子内扩散效应，HTS催化剂设计为独特的晶内多空心结构，具有高活性、高选择性、长寿命特点，从而成功地解决了"工程放大效应"问题，在大规模商业化 HPPO 工业生产装置上得到了应用。工艺运行参数与实验室研究规模、工业生产规模 HTS 催化剂性能如表 2 所示,其中工业 HPPO 装置以生产规模 400kt/a 为例。

由表 2 可知:在反应温度 40～65℃、反应压力 0.4～2.0MPa 条件下,HPPO 工艺技术实验室研究规模和工业生产规模 HTS 催化剂双氧水转化率 95.0%～98.5%、PO 选择性 91.0%～98.5%、PO 收率 86.5%～97.0% 等性能指标处于国际领先水平。

2.2　HPPO 反应器构型改进

中国石化 HPPO 工业装置固定床环氧化催化

反应器从列管式设备结构改进为每台反应器由 M 组二块传热波纹板组合,而且每个波纹板组内部空隙通道间距小于相邻波纹板组间空隙通道间距,工艺介质与传热介质换热的工艺流程如图 9～图 10 所示。

2.3　HPPO 运行参数优化

应用 ASPEN PLUS 模拟环氧化反应过程,确定最佳运行参数反应温度 55～65℃,反应压力 1.8～2.0MPa;工艺物料与循环冷却水流动方向为并流的流程如图 11 所示,逆流的流程如图 12 所示。

表 2　工艺运行参数与 HTS 催化剂性能

序号	催化剂名称	生产规模	催化剂牌号	反应温度℃	反应压力 MPa	H_2O_2转化率%	PO 选择性%	PO 收率%
1	表面空心催化剂	研究	HTS	–	–	95.0	91.0	86.5
2	空心改性催化剂	研究	HTS	40	0.4	97.0	93.6	90.8
3	长岭工业 1 催化剂	工业	HTS	40	0.4	98.1	97.1	95.3
4	长岭工业 2 催化剂	工业	HTS	65	2.0	98.5	98.5	97.0

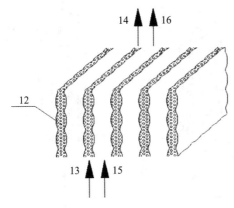

图 9　催化剂在波纹板组内/物料并流示意

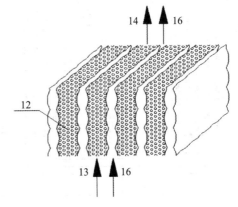

图 10　催化剂在波纹板组间/物料并流示意

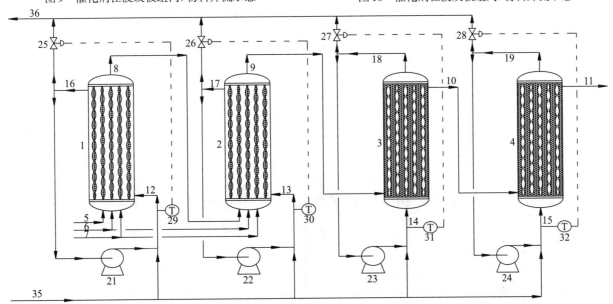

图 11　并流工况下波纹板式催化反应器工艺控制流程

2.4　HPPO工艺流程创新

环氧化反应器除设置双氧水和丙烯原料输入管线外，增加甲醇溶剂输入管线以提高双氧水转化率、PO选择性、PO收率，应用ASPEN PLUS软件模拟，确定最佳甲醇/双氧水摩尔比为4.8～5.6mol/mol；丙烯环氧化四级串联反应流程如图13所示。

2.5　HPPO反应器自动切换

当HPPO装置反应器采用串联流程时，考虑串联反应器"正常投运"与"再生操作"操作模式，2种模式可实现一键切换。反应器数量为8台，采用自动切换串联反应器模式，切换时间从160s减少到0.1s，自动切换流程如图14所示。

2.6　PO检验罐优化设计

按PO产品出厂检验要求，设置A/B二台公称容积700m³的产品检验罐。比较设计压力为–0.5/90.0KPa与–0.5/14.0KPa二个设计方案，其操作时间与A/B储罐液位和操作压力变化如图15所示。经优化比较，确定设计压力90.0kPa方案为优化的设计方案。

3　降耗减排增效

3.1　PO降耗计算结果

通过对中国石化HPPO生产装置核心关键技术的环氧化HTS催化剂、反应器构型、运行参数、工艺流程、自动切换反应器、产品检验罐优化设

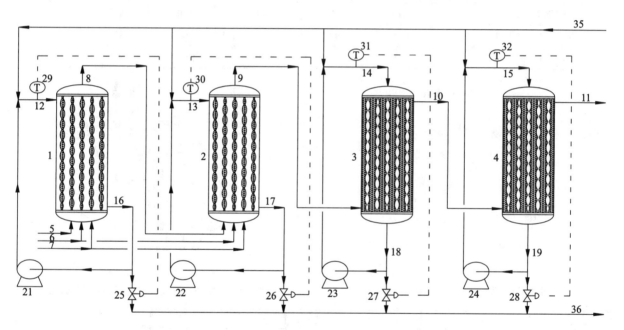

图12　逆流工况下波纹板式催化反应器工艺控制流程

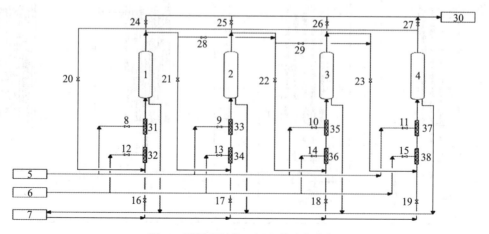

图13　丙烯环氧化四级串联反应流程

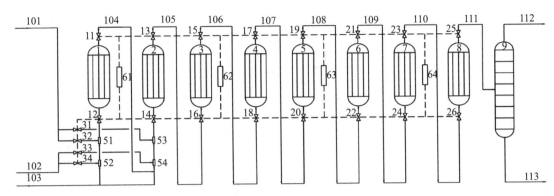

图14　八台串联反应器自动切换流程

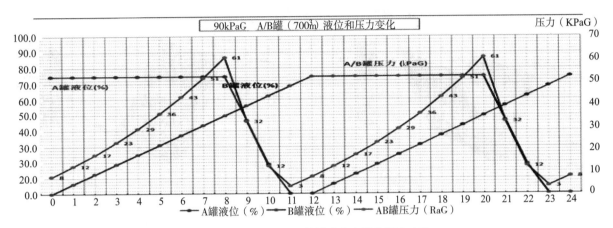

图15　操作时间与 A/B 储罐液位和操作压力变化

表3　六个层面降低双氧水原料和丙烯原料物耗

HPPO 装置（t/a）	HTS 催化剂	反应器构型	运行参数	工艺流程	自动切换	产品检验罐
生产规模	400000	400000	400000	400000	400000	400000
双氧水改性前	243930.33	239147.38	238628.43	237894.25	236610.03	236485.05
双氧水改性后	239147.38	238628.43	237894.25	236610.03	236485.05	236476.01
降低双氧水物耗	4782.95	518.95	734.18	1284.22	124.98	9.04
丙烯改性前	306219.71	298459.75	297991.17	297403.21	294934.94	294780.56
丙烯改性后	298459.75	297991.17	297403.21	294934.94	294780.56	294769.39
降低丙烯物耗	7759.96	468.58	587.96	2468.26	154.39	11.17

计等六个层面深入的人工智能创新，基于大模型知识蒸馏的研究，得到双氧水原料、丙烯原料物耗降低数据。以 400kt/a 生产规模 HPPO 工业装置为例，保持环氧丙烷产品数量不变，降低双氧水原料、丙烯原料物耗如表3所示。

由表3可知：400kt/a 生产规模 HPPO 工业装置，六个层面可以降低双氧水物耗 9.04～4782.95 t/a，降低丙烯物耗 11.17～7759.96 t/a，也处于国际领先水平。

3.2　PO 减排计算结果

采用 Origin 软件对不同丙烯质量空速下反应温度和反应压力与 CO_2 排放量的关系进行三维拟合，结果如图16、图17所示；不同丙烯/双氧水摩尔比下反应温度和反应压力与 CO_2 排放量的关系如图18、图19所示。

以各参数变化范围内 CO_2 排放量最高值为基准，该基准与最佳条件下 CO_2 排放量的差值为 CO_2 减排量。由图16～19可知，当最佳反应压力1.8 MPa 和最佳反应温度 55 ℃时，在丙烯质量空速 0.4～8.0 h^{-1} 范围内，最佳丙烯质量空速条件的 CO_2 减排量分别为 1031.79 t/a 和 749.08 t/a；在丙烯/双氧水摩尔比 1.2～10.0 范围内，最佳丙烯/双氧水摩尔比的 CO_2 减排量分别为 1269.99 t/a 和 1219.37 t/a。

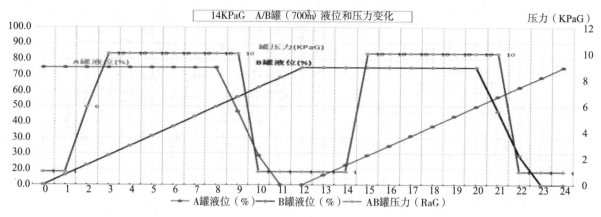

图16　操作时间与A/B储罐液位和操作压力变化

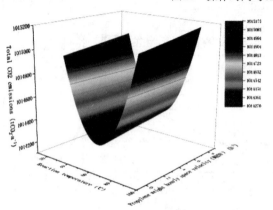

图16　丙烯空速和温度与CO_2排放量的关系

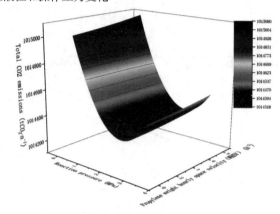

图17　丙烯空速和压力与CO_2排放量的关系

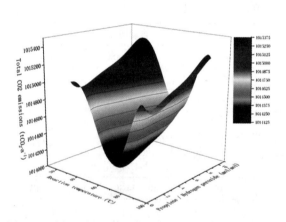

图18　丙烯/双氧水摩尔比和温度与CO_2排放量的关系

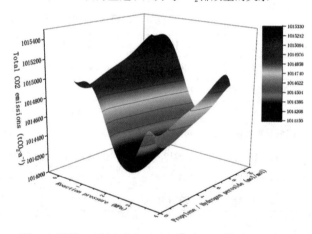

图19　丙烯/双氧水摩尔比和压力与CO_2排放量的关系

3.3　PO增效计算结果

进一步进行经济效益分析，以2024年1～10月50%双氧水平均市场价2100元/t、99%丙烯平均市场价6850元/t、环氧丙烷产品平均市场价8995元/t为基准，将上述六个层面人工智能创新，基于大模型知识蒸馏研究的降耗数据折算为降低双氧水、丙烯、总物料费用如图20～图22所示；另外HPPO装置生产规模与降低物料总费用内外圆环如图23所示。

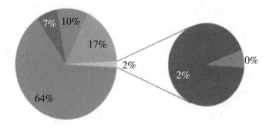

图20　降低双氧水物料费用　%

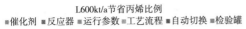

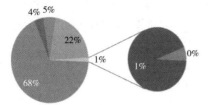

图 21　降低丙烯物料费用　%

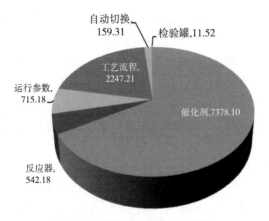

图 22　降低总物料费用　万元/a

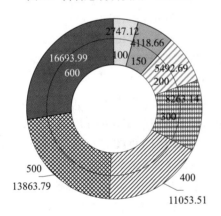

图 23　生产规模与降低总费用圆环

由图 20 ~ 22 可知：在六个层面中，HTS 催化剂改性降低费用 2008.84 ~ 7378.10 万元/a，贡献度最大；产品检验罐降低费用 3.80 ~ 11.52 万元/a，影响最小。由图 24 可知：内环为100 ~ 600kt/a 生产规模 HPPO 装置，外环为节省双氧水、丙烯物料消耗，降低总费用增加经济效益2747.12 ~ 16693.99 万元/a。

4　结果与展望

（1）应用人工智能创新和基于大模型知识蒸馏的研究，中国石化 HPPO 技术中 HTS 催化剂的双氧水转化率95.0% ~ 98.5%、PO 选择性 91.0% ~ 98.5%、PO 收率86.5% ~ 97.0%，处于国际领先水平。

（2）以 400kt/a 生产规模 HPPO 工业装置为例，可降低双氧水物耗9.04 ~ 4782.95 t/a，降低丙烯物耗11.17 ~ 7759.96 t/a，也处于国际领先水平。

（3）当最佳反应压力1.8 MPa 和最佳反应温度55 ℃时，最佳丙烯质量空速条件的 CO_2 减排量分别为1031.79 t/a 和749.08 t/a；最佳丙烯/双氧水摩尔比的 CO_2 减排量分别为1269.99 t/a 和1219.37 t/a。

（4）影响因素最大的 HTS 催化剂改性由于工艺探索的原因，得到的技术数据较少，而影响因素最小的产品检验罐优化设计由于开发研究细致的原因，得到的技术数据较多；基于大模型知识蒸馏的研究，都可以进行整体协调并加以比较。

（5）在六个层面中，最大的影响因素是 HTS 催化剂改性降低费用2008.84 ~ 7378.10 万元/a，最小的影响因素是产品检验罐降低费用3.80 ~ 11.52 万元/a。

（6）100 ~ 600kt/a 生产规模 HPPO 工业装置可节省双氧水、丙烯物料的消耗，从而降低总费用增加经济效益达2747.12 ~ 16693.99 万元/a。

（7）今后应继续进行人工智能的创新和基于大模型知识蒸馏的研究，寻找新的降低物料影响因素，减少 CO_2 排放，从而降低 PO 生产成本，最终提升 PO 企业经济效益和社会效益。

参 考 文 献

[1] 窦悦珊，吕晓东.2022年国内环氧丙烷市场回顾与2023年展望［J］.当代石油石化，2023，31（5）：21-25.

[2] 王福安.HPPO 装置自主技术创新特点及降耗增效分析［J］.当代石油石化，2024，32（02）：32-35+46.

[3] 秦建军.大数据技术与生成式人工智能技术的结合应用［J］.信息与电脑（理论版），2024，36（10）：88-90.

[4] 王晓菲，张丽娟.面向科学、能源与安全的人工智能前沿研究方向［J］.科技中国，2024，（03）：90-93.

[5] 吴正浩，周天航，蓝兴英，等.人工智能驱动化学品创新设计的实践与展望［J］.化工进展，2023，42（08）：3910-3916.

[6] 王铃，黄丽敏，韩宇，等.全球石油化工行业发展趋势及我国对策建议［J］.中外能源，2024，29（09）：1-8.

[7] 邓鹏，唐文涛，罗静.机器人大模型发展与挑战［J/OL］.电子测量与仪器学报，1-15［2024-11-11］.

［8］雷曼，徐小蕾，贾梦达.人工智能在石油化工领域的应用［J］.化工管理，2023，（25）：79-82.

［9］李磊，高文清，翟鲁飞，等.ChatGPT在石油化工领域的应用［J］.化工管理，2024，（08）：12-15.

［10］乔辉.石化工业数字化转型发展策略综述［J］.智能制造，2024，（04）：36-41.

［11］焦艳红，江圣龙，李红曼，等.石化化工行业数字化转型路径研究［J］.科技与金融，2024，（07）：27-32.

［12］郭霖，肖媛.化工产业的数字化转型思考［J］.当代贵州，2024，（37）：52-53.

［13］杨宇亮，林正平，石嘉豪.大模型在科技项目立项查重与价值评价中的应用研究［J］.科技与创新，2024，（20）：170-172+175.

［14］王林波.数字化浪潮下质量工程技术与实践的创新突围［J］.中国质量，2023（3）：9-12.

［15］刘洁，栗志慧.数字经济、绿色技术创新与绿色经济增长［J］.北京联合大学学报，2023，37（5）：1-9.

［16］吉远辉，朱家华，穆立文，等.化工基础数据获取新范式：机制＋数据驱动［J］.中国科学基金，2024，38（04）：712-718.DOI：10.16262/j.cnki.1000-8217.20240802.003.

［17］李少帅.新一代人工智能赋能企业数智化转型升级：驱动模式及路径分析［J/OL］.当代经济管理，1-8［2024-11-11］.http：//kns.cnki.net/kcms/detail/13.1356.F.20241108.0935.002.html.

［18］余鹰，王景辉，危伟，等.关键区域鉴别联合多粒度知识蒸馏的细粒度图像分类［J/OL］.小型微型计算机系统，1-11［2024-11-11］.http：//kns.cnki.net/kcms/detail/21.1106.TP.20241106.1706.010.html.

［19］邓鹏，唐文涛，罗静.机器人大模型发展与挑战［J/OL］.电子测量与仪器学报，1-15［2024-11-11］.http：//kns.cnki.net/kcms/detail/11.2488.tn.20241108.1453.010.html.

［20］王福安，王卓超，何琨.环氧丙烷反应过程节能降耗减排的研究［J］.广州化工，2023，51（11）：210-212+228.

［21］饶兴鹤.化学工业积极拥抱人工智能［J］.中国石油和化工产业观察，2024，（03）：84-85.

［22］杨建平，汪薇，何琨，等.优化HPPO装置工艺技术降低CO2排放［J］.石油化工，2024，53（04）：572-578.

［23］王玲玲，周贤太，纪红兵.催化丙烯选择性环氧化制备环氧丙烷研究进展［J］.工业催化，2023，31（9）：1-15.

［24］杨建平.HPPO装置能耗影响因素分析［J］.上海化工，2024，49（02）：19-23.

［25］王福安.300kt/a环氧丙烷工艺反应器降耗减排分析［J］.化工进展，2023，42（S1）：213-218.

［26］史春风，林民，龙军，等.表面富钛分子筛的表征与催化性能［J］.石油学报（石油加工），2016，32（1）：1-6.

［27］王福安.优选催化剂实现HPPO装置减碳目标［J］.石油石化绿色低碳，2024，9（01）：27-32.

［28］雷世龙.丙烯环氧化工艺概述及催化剂研究进展［J］.石油化工，2024，53（03）：410-417.

［29］夏长久，于佳元，林民，等.中国石化双氧水法制环氧丙烷工业开发及关键科技问题［J］.石油炼制与化工，2024，55（01）：130-134.

［30］夏长久，杨焯，林民，等.空心钛硅分子筛催化材料：从理性设计到工业应用［J］.石油炼制与化工，2024，55（01）：18-27.

［31］李真泽，白玫，杨建平，等.HPPO装置反应器优化方法：中国，107417646A［P］.2017-12-01.

［32］杨建平.降低HPPO装置反应系统原料消耗的PSE［J］.化工进展，2023，42（S1）：21-32.

［33］杨建平，严政，徐尔玲，等.制备环氧丙烷的方法：中国，103724299A［P］.2014-4-16.

［34］杨建平，单丹，何琨.环氧丙烷的生产方法：中国，103641800A［P］.2014-04-16.

［35］顾诚彪，于晓青，俞旭波，等.自动切换串联反应器模式的方法：中国，107694507A［P］.2018-02-16.

［36］王福安.优化反应器数量实现HPPO装置节能减碳［J］.内蒙古石油化工，2024，50（02）：43-45.

［37］杨建平.PO产品检验罐系统设计优化分析［J］.化工与医药工程，2023，44（04）：1-7.

大语言模型辅助炼油化工反应器机理
建模与工程应用研究

赵　毅　巩明适　张立博　张　蕾

（中石化石油化工科学研究院有限公司）

摘　要　随着人工智能技术的迅猛发展，大语言模型（Large language model，LLM）在众多领域崭露头角，展现出巨大的应用潜力。炼油化工行业作为能源化工领域的关键产业，其反应器机理模型的开发与应用对提升工艺效率和经济效益至关重要。然而，传统的机理模型开发流程繁杂且耗时，迫切需要引入创新的智能化手段加速进程。本研究深入探讨了利用 LLM 辅助工程师开展炼油化工装置反应器机理模型开发的方法，涵盖辅助文献阅读、代码编写、文档撰写以及结合机理模型进行性能预测等方面。通过运用 LLM 剖析海量领域文献，精准提取关键信息，助力工程师迅速把握研究现状；凭借 LLM 的代码生成能力，提升代码开发效率与准确性；借助 LLM 自动生成技术文档，规范文档格式，提高文档质量；将 LLM 与机理模型有机融合，构建混合预测模型，对反应器性能进行预测分析。研究结果表明，大语言模型的引入显著提升了机理模型开发过程中的信息处理效率与准确性，极大缩短了工程师的研发周期，为炼油化工行业的智能化转型提供了有力支撑。未来，大语言模型在炼油化工反应器机理模型开发及工程实践中前景广阔，但也面临着诸多挑战，需进一步深入研究与优化。

1　引言

炼油化工行业作为能源化工领域的核心组成部分，对全球经济发展起着至关重要的作用。近年来，随着全球能源需求的持续增长和环保法规的日益严格，炼油化工行业面临着前所未有的挑战与机遇。一方面，提高生产效率、降低能耗和减少排放成为行业发展的迫切需求；另一方面，新技术的不断涌现，尤其是信息技术的快速发展，为行业的智能化转型提供了可能。在此背景下，如何通过技术创新提升炼油化工过程的优化设计与运行管理，成为当前研究的热点。反应器机理模型是炼油化工过程中不可或缺的工具，对于理解反应过程、优化操作条件、预测产品性能等方面具有重要意义。然而，传统的反应器机理模型开发过程复杂且耗时，涉及大量的文献调研、实验数据收集、模型构建与验证等环节。特别是在处理复杂的反应体系时，模型的开发难度和计算量更是显著增加。此外，随着工艺技术的不断进步和新催化剂的开发，反应器机理模型需要不断更新和完善，对工程师的专业知识和时间精力提出了极高的要求。近年来，大语言模型（LLM）

在人工智能领域取得了显著的进展，其在自然语言处理方面的强大能力为炼油和化工多个领域带来了革命性的变化。LLM能够理解和生成人类语言，具备强大的文本分析、信息提取和文本生成能力。在科研领域，LLM已经展现出辅助文献阅读、代码编写、文档撰写等方面的巨大潜力。将LLM应用于炼油化工反应器机理模型的开发中，有望通过智能化手段解决传统开发流程中的瓶颈问题，提高模型开发的效率和准确性。

本研究旨在深入探讨大语言模型如何辅助工程师开展炼油化工装置反应器机理模型的开发工作。通过分析LLM在文献阅读、信息提取、代码生成和文档撰写等方面的应用，将揭示LLM如何帮助工程师快速掌握研究现状、提高模型开发效率、规范文档格式和提升文档质量。同时，还将探索LLM与机理模型相结合的混合预测模型构建方法，以实现对反应器性能的准确预测分析。通过引入大语言模型，期望能够显著缩短工程师在反应器机理模型开发过程中的研发周期，提高信息处理效率和准确性，不仅有助于降低模型开发的成本，还能为工程师提供更多的时间和精力去关注模型的优化和创新。

2 技术思路和研究方法

2.1 炼油化工反应器机理模型的研发

2.1.1 反应动力学模型的构建

反应动力学模型是炼油化工反应器机理模型的核心部分，描述了反应物转化为产物的速率及其影响因素。在构建反应动力学模型时，首先需要明确反应体系中的关键反应步骤和反应路径，通常基于详细的实验研究和文献调研。随后，利用质量作用定律、阿伦尼乌斯方程等基本原理，结合实验测定的反应速率常数和活化能等参数，建立反应速率方程。对于复杂的反应体系，可能还需要考虑反应级数、可逆反应、平行反应等因素，以及温度、压力、催化剂等外部条件对反应速率的影响。

Williams-Otto反应器流程图，如图1所示。

以Williams-Otto反应器为例，该反应器是一个连续搅拌釜反应器（Continuous Stirred Tank Reactor，CSTR），流程见图1，包括三个平行反应，见公式（1）~（3），纯组分原料A和B，经过反应生成产品P和E，以及副产品C和G。

$$A + B \rightarrow C \qquad (1)$$
$$B + C \rightarrow P + E \qquad (2)$$
$$C + P \rightarrow G \qquad (3)$$

该过程将原料B的流量F_B和反应温度T_R作为操作变量，通过对这两个变量的调节，最大化产品P和E的产量。反应速率R_1、R_2、R_3，见公式（4）~（6），其中的反应速率常数k_1、k_2、k_3的阿伦尼乌斯方程，见公式（7）~（9）。

$$R_1 = k_1 X_A X_B W \qquad (4)$$
$$R_2 = k_2 X_B X_C W \qquad (5)$$
$$R_3 = k_3 X_C X_P W \qquad (6)$$

$$k_1 = 1.6599 \times 10^6 \exp(-6666.77/(T_R + 273.15)) \qquad (7)$$
$$k_2 = 7.2117 \times 10^8 \exp(-8333.33/(T_R + 273.15)) \qquad (8)$$
$$k_3 = 2.6745 \times 10^{12} \exp(-11111/(T_R + 273.15)) \qquad (9)$$

2.1.2 质量传递过程模型的建立

除了化学反应本身，反应器内的传递过程（如质量传递、热量传递和动量传递）也对反应结果有重要影响。因此，需要建立相应的传递过程模型来描述这些物理现象。质量传递模型通常涉及反应物和产物在反应器内的浓度分布和变化，Williams-Otto反应器的质量传递见公式（10）~（16）。

$$F_R = F_A + F_B \qquad (10)$$

$$\frac{dX_A}{dt} = \frac{F_A - F_R X_A - R_1}{W} \qquad (11)$$

$$\frac{dX_B}{dt} = \frac{F_B - F_R X_B - R_1 - R_2}{W} \qquad (12)$$

$$\frac{dX_C}{dt} = \frac{-F_R X_C + 2R_1 - 2R_2 - R_3}{W} \qquad (13)$$

$$\frac{dX_E}{dt} = \frac{-F_R X_E + 2R_2}{W} \qquad (14)$$

$$\frac{dX_G}{dt} = \frac{-F_R X_G + 1.5R_3}{W} \qquad (15)$$

$$\frac{dX_P}{dt} = \frac{-F_R X_P + R_2 - 0.5R_3}{W} \qquad (16)$$

2.1.3 数学模型的求解

建立了反应动力学模型和传递过程模型后，需要将其整合为一个完整的数学模型，并通过适当的数值方法进行求解。通常涉及复杂的偏微分方程组或常微分方程组，需要利用计算机进行数值模拟，数值求解工具包括MATLAB（如ode45，

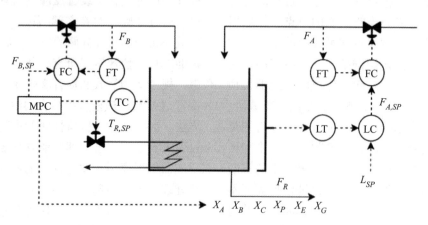

图1　Williams-Otto反应器流程图

ode23，ode15s等）、Python（SciPy）和C/C++（Eigen）。通过数值模拟，可以得到反应器内各物理量（如浓度、温度、流速等）随时间和空间的变化情况，为反应器的设计和优化提供重要依据。

2.2　大语言模型在机理模型研发中的应用

2.2.1　大语言模型的基本原理

大语言模型（Large Language Model，LLM）是基于深度学习技术，特别是Transformer架构，见图2，训练得到的能够理解和生成自然语言文本的模型。其核心原理在于利用海量的文本数据，通过自监督学习的方式，使模型学习到语言的统计规律和模式。在训练过程中，LLM通过预测下一个词或字符的概率分布来逐步构建对语言的理解能力。大规模的训练数据和复杂的神经网络结构，使得LLM能够捕捉到语言的细微差别和上下文关系，从而生成连贯、有逻辑的文本。LLM的显著特点在于其"大"，即模型参数数量庞大，训练数据海量。规模上的优势使得LLM能够学习到更多的语言知识和模式，从而在多种自然语言处理任务中表现出色，如文本生成、语言翻译、情感分析、问答系统等。

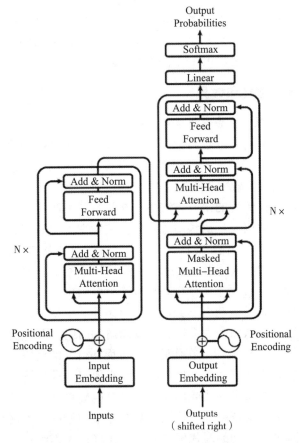

图2　Transformer基本网络架构

2.2.2　大语言模型的部署方式

大语言模型的部署方式通常根据其应用场景和需求来确定，主要包括云端部署、本地部署和边缘部署三种方式。云端部署具有灵活性高、可扩展性强、维护成本低等优点，特别适合需要大规模计算资源和数据存储的应用场景。本地部署需要相应的硬件资源和维护人员，但能够确保数据的安全性和隐私性，同时减少了对外部网络的依赖。边缘部署能够减少数据传输的延迟，提高响应速度，但受限于边缘设备的计算能力和存储空间，通常需要对模型进行轻量化处理。

在炼油化工反应器机理模型的开发中，大语言模型的部署方式应根据具体的应用场景和需求来选择。对于需要大规模文献分析和代码生成的任务，云端部署可能更为合适；而对于需要保护敏感数据或进行离线分析的场景，本地部署或边缘部署可能更为适宜。无论选择哪种部署方式，都需要确保模型的安全性、稳定性和可用性，以满足工程实践的需求。

2.3　大语言模型辅助炼油化工反应器机理模型的研发

2.3.1　文献资料的收集与信息提取

在炼油化工反应器机理模型的研发过程中，文献阅读是获取研究现状、理论基础和实验数据的重要途径。然而，面对海量的文献资料，工程师往往需要花费大量时间进行筛选和阅读，且容易遗漏关键信息。大语言模型（LLM）的引入，为这一难题提供了有效的解决方案。LLM能够利用自然语言处理技术，快速分析和提取文献中的关键信息，如研究背景、实验方法、结果分析和结论等，从而大大节省了文献阅读的时间，提高了信息获取的效率。以提取Williams-Otto反应器变量数据表格为例，通过输入提示词和变量表格图片，LLM会自动生成变量表格，如表1所示。

2.3.2　关键公式的获取

在文献资料中，关键公式是构建反应器机理模型的基础。然而，这些关键信息往往散落在文献的各个部分，且格式多样，难以直接提取。LLM通过其强大的文本理解和信息提取能力，能够准确地识别并提取出文献中的关键公式。例如，LLM可以识别出反应速率方程、热力学参数、传质系数等关键信息，并将其以标准化的格式输出，便于后续模型构建和计算，不仅提高了公式提取的准确性，还大大简化了公式整理的过程。为了

表 1　Williams-Otto 反应器变量

变量	数值范围	单位	描述
决策变量			
F_B	1~8	kg/s	原料 B 的流量
T_R	70~90	℃	反应温度
价格体系			
$\$A$	370.3	\$/kg	原料 A 的价格
$\$B$	555.42	\$/kg	原料 B 的价格
$\$P$	5554.1	\$/kg	产品 P 的价格
$\$E$	125.91	\$/kg	产品 E 的价格
原料的初始条件			
F_A	1~8（1.827）	kg/s	原料 A 的质量流量
F_R	9.05	kg/s	产品的质量流量
$X_{A,0}$	1	%	
$X_{B,0}$	1	%	
状态变量			
X_A	0~1	%	反应器中 A 的质量百分数
X_B	0~1	%	反应器中 B 的质量百分数
X_C	0~1	%	反应器中 C 的质量百分数
X_P	0~1	%	反应器中 P 的质量百分数
X_E	0~1	%	反应器中 E 的质量百分数
X_G	0~1	%	反应器中 G 的质量百分数
W	2104	kg	反应器内液体质量
模型参数			
R_1		kg/s	第一反应的反应速率
R_2		kg/s	第二反应的反应速率
R_3		kg/s	第三反应的反应速率
K_1		1/s	第一反应的反应速率常数
K_2		1/s	第二反应的反应速率常数
K_3		1/s	第三反应的反应速率常数

后续便于大语言模型对公式的理解，一般将识别的公式转化为 LaTex 格式，如式（17）中，箭头左侧为文献中的公式，右侧为 LLM 识别后生成的 LaTex 格式公式。

$$\frac{dX_A}{dt} = \frac{F_A - F_R X_A - R_1}{W} \rightarrow \text{\textbackslash frac\{dX\_A\}\{dt\} =}$$

\frac{F_A - F_R X_A - R_1}{W} （17）

2.3.3　辅助代码编写

在反应器机理模型的研发过程中，代码编写

是不可或缺的一环。然而，编写高质量的代码往往需要丰富的编程经验和深厚的领域知识。LLM的代码生成能力为这一挑战提供了新的解决方案。通过输入模型的需求描述或伪代码，LLM 可以自动生成相应的代码片段，甚至完整的程序，见图3。这些代码不仅符合编程规范，还往往包含优化的算法和数据结构，提高了代码的执行效率和可读性。此外，LLM 还可以根据工程师的反馈和修改意见，对代码进行进一步的优化和调整，以满足特定的应用需求。

2.4　大语言模型结合机理模型的预测

为了将大语言模型与炼油化工反应器机理模型相结合进行预测，可以利用 Function Calling 的技术调用机理模型，见图4。

具体来说，首先需要将机理模型封装成一个可调用的函数或模块，该函数接受特定的输入参数（如反应物浓度、温度、压力等），并输出相应的预测结果（如反应产物分布、反应速率等）。然后，通过大语言模型的接口或 API，将这个函数集成到 LLM 的环境中。这样，工程师就可以通过LLM 的文本交互界面，输入预测所需的参数和条件，并调用机理模型进行预测。LLM 还可以对预测结果进行解释和分析，以更直观的方式展示给工程师，从而帮助工程师更好地理解反应器的行为，为工艺优化和决策提供支持。

3　结果和效果

3.1　提升反应器模型开发效率

本研究通过将大语言模型（LLM）与炼油化工反应器机理模型相结合，显著提升了反应器模型的开发效率（图5）。

在传统的研究方法中，文献资料的收集、信息提取以及代码编写等步骤往往耗费大量时间和精力，开发流程见图5（左）。然而，在本研究中，LLM 的引入使得这些过程变得更为高效和自动化。LLM 能够快速地分析和提取文献资料中的关键信息，如反应动力学参数、实验条件、模型构建方法等，从而大大缩短了文献调研的时间，开发流程见图5（右）。在代码编写方面，LLM 的代码生成和优化能力极大地提高了编程效率。通过输入模型的需求描述或伪代码，LLM 能够自动生成符合编程规范的代码片段，甚至完整的程序。不仅减少了手动编写代码的时间，还降低了因编程错误而导致的调试成本，开发周期由数天缩短至数

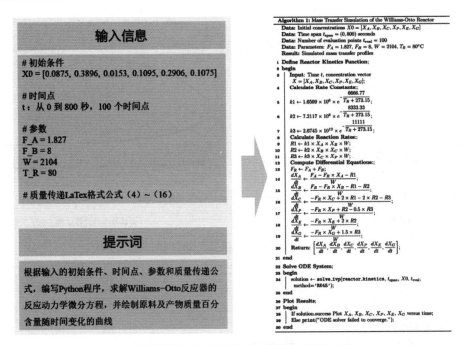

图3　根据输入信息和提示词自动生成算法代码

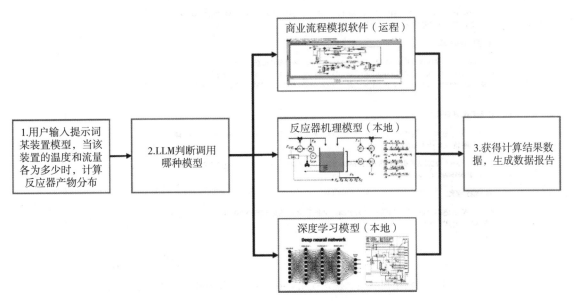

图4　利用Function Calling技术调用机理模型

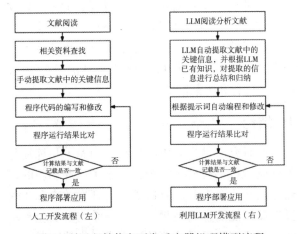

图5　利用文献信息开发反应器机理模型流程

小时。通过图6可以看出由LLM生成的Williams-Otto反应器模拟程序计算结果与自编程序计算结果一致。

LLM还能够根据工程师的反馈和修改意见，对代码进行进一步的优化和调整，从而提高了代码的执行效率和可读性。综上所述，通过与LLM的集成，本研究成功地提升了反应器模型的开发效率，使得研究人员能够更快速地构建和验证模型，为炼油化工领域的研究和应用提供了有力的支持。

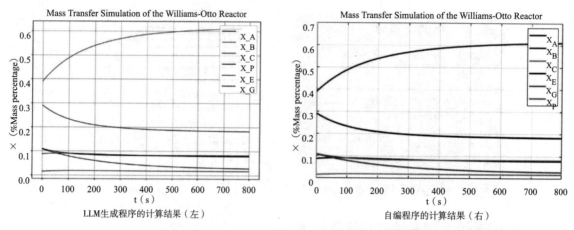

LLM生成程序的计算结果（左）　　　　　　　　自编程序的计算结果（右）

图6　Williams-Otto反应器原料与产物随时间变化的曲线

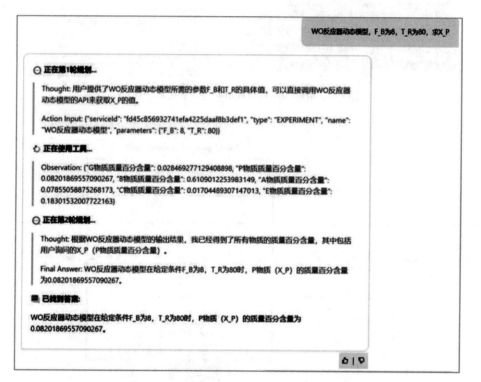

图7　利用LLM交互模式预测Williams-Otto反应器的产物分布

3.2 通过与LLM交互模式实现反应器性能预测

本研究不仅提升了反应器模型的开发效率，还通过与LLM的交互模式实现了反应器性能的准确预测。利用LLM的文本交互界面和强大的计算能力，实现了与反应器机理模型的便捷交互和高效预测。工程师可以通过LLM的文本交互界面输入预测所需的参数和条件，如反应物浓度、温度、压力等。然后，LLM会调用已经构建好的反应器机理模型进行预测，并输出相应的预测结果，如反应产物分布、反应速率等。如图7所示，输入Williams-Otto反应器的原料流量F_B和反应温度T_R，预测产物分布X_P。

这种交互模式简化了预测过程，此外，LLM还能够对预测结果进行解释和分析，以更直观的方式展示给工程师。例如，LLM可以生成图表或报告，帮助工程师更好地理解反应器的行为特征，为工艺优化和决策提供支持。

4　结论

本研究通过将大语言模型（LLM）与炼油化工反应器机理模型相结合，探索了一种创新的研究方法，旨在提升反应器模型的开发效率和实现反应器性能的准确预测。通过一系列的实验和验证，本研究取得了显著的研究成果，但同时也揭示了LLM在当前应用中的一些局限性，并对未来的研究方向进行了展望。

研究结果表明，LLM的引入显著提升了反应器模型的开发效率。LLM在文献资料的收集、信息提取、代码编写以及数据预处理等方面展现出了强大的能力，极大地缩短了模型构建的时间，并提高了代码的准确性和可读性。同时，通过与LLM的交互模式，可通过交互方式实现反应器性能的准确预测，为炼油化工领域的实际应用提供了有力的支持。

尽管LLM在反应器模型构建和性能预测方面展现出了巨大的潜力，但其目前的应用仍存在一些局限性。首先，LLM对特定领域的专业知识和术语的理解能力仍有待提高。在炼油化工领域，许多专业术语和复杂的反应机理可能超出LLM的现有知识范围，导致在信息提取和模型构建过程中出现偏差。其次，LLM的计算能力和资源消耗也是当前应用的一个瓶颈。对于大规模的反应器模型或复杂的预测任务，LLM可能需要较长的计算时间和大量的计算资源，这在一定程度上限制了其在实际应用中的推广。

针对LLM目前应用的局限性，未来的研究可以从以下几个方面进行改进和深化。首先，通过持续的训练和优化，提高LLM对炼油化工领域专业知识的理解和应用能力，可以通过引入更多的领域特定数据、构建更精细的知识图谱以及采用更先进的自然语言处理技术来实现。其次，探索更高效的算法和计算框架，以降低LLM在计算过程中的资源消耗和提高计算速度，包括优化模型结构、采用分布式计算或云计算等技术手段。此外，还可以进一步拓展LLM在炼油化工领域的应用范围，如将其应用于反应器的优化设计、故障诊断等方面，为行业的智能化和自动化提供更加全面的支持。

参 考 文 献

[1] Deb J, Saikia L, Dihingia K D, et al. ChatGPT in the Material Design: Selected Case Studies to Assess the Potential of ChatGPT [J] . Journal of Chemical Information and Modeling. 2024, 64（3）: 799–811.

[2] Ock J, Guntuboina C, Barati Farimani A. Catalyst Energy Prediction with CatBERTa: Unveiling Feature Exploration Strategies through Large Language Models [J] . ACS Catalysis. 2023, 13（24）: 16032–16044.

[3] West J K, Franz J L, Hein S M, et al. An Analysis of AI-Generated Laboratory Reports across the Chemistry Curriculum and Student Perceptions of ChatGPT [J] . Journal of Chemical Education. 2023, 100（11）: 4351–4359.

[4] Boiko D A, Macknight R, Kline B, et al. Autonomous chemical research with large language models [J] . Nature（London）. 2023, 624（7992）: 570–578.

[5] de Carvalho R F, Alvarez L A. Simultaneous Process Design and Control of the Williams - Otto Reactor Using Infinite Horizon Model Predictive Control [J] . Industrial & Engineering Chemistry Research. 2020, 59（36）: 15979–15989.

[6] Kim J H, Lee Y, Son S H. Multiobjective Optimization of a Light Olefin Production Process via CO2 Hydrogenation Considering Yield and Energy Efficiency [J] . Industrial & Engineering Chemistry Research. 2024, 63（34）: 15176–15187.

[7] Vaswani A S N P N. Attention Is All You Need [J] . Advances in neural information processing systems. 2017（30）.

[8] Powell B K M, Machalek D, Quah T. Real-time optimization using reinforcement learning [J] . Computers & Chemical Engineering. 2020, 143: 107077.

基于开源大模型的RAG技术研究与探索

康知金　王　鹏　刘　欢　李永明

（廊坊中油龙慧科技有限公司）

摘　要　在特定垂直行业内的知识、专家经验往往是分散的，逐步形成了孤岛效应，这些行业知识和专家经验存在获取困难的问题，同时部分知识传播也存在信息安全问题。针对这些挑战，本文寻求一种基于开源大模型的RAG技术去应对此类挑战。随着大模型在自然语言处理中的广泛应用，其生成能力不断提升，能够实现更为复杂的语言理解和生成任务。但是大模型在某些情况下也会产生幻觉现象，即生成与事实不符的信息，影响其在实际应用中的可靠性。检索增强生成（Retrieval-Augmented Generation，RAG）技术作为一种新兴方法，通过结合信息检索与生成模型，能够提升生成结果的准确性。在某些领域例如油气储运行业，数据与模型安全成为首要考量。由于该领域涉及某些敏感信息，数据无法公开使用，这使得基于开源大模型的RAG技术成为理想解决方案。实验结果表明，在一定噪声条件下，基于开源大模型（ChatGLM3-6B和Llama3.1-8B）和RAG技术的系统准确率显著提高，分别提高50.66%到83.66%（噪声比例0.8至0.2）和57.33%到81.34%（噪声比例0.8至0.2），RAG技术在低噪声环境下表现尤为突出，随着噪声比例的增加，模型性能下降的趋势明显，由此提出油气储运行业基于开源大模型的RAG技术的部署与训练，能有效解决知识获取效率，以及数据与模型的安全问题，且在一定程度解决大模型对未知知识的幻觉问题。

关键词　RAG技术；开源大模型；自然语言处理；检索；生成

1　引言

1.1　研究背景

随着人工智能技术的飞速发展，自然语言处理（NLP）领域迎来了前所未有的进步。特别是在大型语言模型（Large Language Models，LLMs）的推动下，机器在理解和生成自然语言方面的能力得到了显著提升。这些模型通过预训练在海量文本数据上学习语言的复杂模式，从而在多种语言任务上展现出惊人的性能。

在某些垂直行业，如油气储运行业，行业的知识、专家经验往往是分散的，逐步形成了孤岛效应，这些行业知识和专家经验存在获取困难的问题，同时部分知识传播也存在信息安全问题。针对这一挑战，我们需要解决的问题包括整合行业知识库、专家经验的数字化，提高检索效率与效果、本地化部署等，而基于LLMs的检索增强生成（Retrieval-Augmented Generation，RAG）技术的诸多特性可以为解决此类问题提供有力的技术支撑。

基于LLMs的RAG技术在提高检索效果方面有比较突出性能提升，但也存在对未知知识检索的幻觉问题，如何提高模型的理解能力和解决模型的幻觉问题一直是众多研究者的研究方向，但都偏向通用场景，在特定行业如油气储运行业内针对整合行业知识库、专家经验的数字化，提高检索效率与效果、本地化部署未有成体系的研究。

1.2　研究目的

众多研究者在RAG的架构设计、信息整合方法和生成质量评估等方面取得了显著进展，推动了这一技术的实际应用。当前的研究大多集中于通用场景，针对特定行业的RAG应用仍显不足。尤其在油气储运等高风险、数据密集型的行业中，企业对数据安全性、实时性和定制化需求的关注，使得局域网部署成为一种理想的解决方案。将开源大模型与RAG技术相结合，形成完善的局域网部署解决方案，解决大模型在特定领域中存在的幻觉问题，并对效果进行评估，这方面仍然缺乏系统的研究与实践探索。

本研究通过深入探讨基于开源大模型的RAG技术在油气储运行业的局域网部署方案及效果评估，旨在关注如何在保证数据安全的前提下有效解决大模型的幻觉问题，以确保大模型在实际应用中的准确性和可靠性。我们将基于行业对数据安全性、实时性和个性化服务的具体要求，对油气储运数据进行整合，提出适应性强的局域网部署策略，并评估 RAG 系统在油气储运行业中的使用效果。通过这项研究，我们希望为行业内的研究者和从业者提供实用的指导，推动 RAG 技术在特定领域的深入应用与创新发展。

2　技术思路与研究方法

2.1　技术思路

首先选择性能较优且对中文提示词生成友好的开源大模型，基于大模型搭建 RAG 实验环境，包括调度模块的逻辑处理，向量模型的构建，向量数据与知识库数据的存储。然后进行油气行业知识整合、专家经验的数字化处理，构建高质量语料库，包括数据的收集、数据格式的归一化处理等。再后利用大语言模型的语义理解和生成式输出能力构建龙慧大语言模型。最后使用 RGB 评估框架基于行业数据集对龙慧大模型的生成效果进行评估，且使用微调技术，包括检索阶段微调和生成阶段微调，对龙慧大语言模型进行多次调教训练与评估，使其对幻觉问题与行业知识理解能力的综合表现最优。

2.2　研究方法

本论文采用了文献研究法和实证研究法，旨在深入探讨基于开源大模型的检索增强生成（RAG）技术在油气储运行业的的本地化部署，并对解决大模型解决特定领域的幻觉问题进行效果评估。

文献研究法通过对现有文献的系统梳理，提供了研究的理论基础。我们分析了 RAG 技术的基本概念和发展历程，以及其在自然语言处理（NLP）领域的广泛应用，以及前人在架构设计、信息整合和生成质量评估等方面的研究成果。尽管 RAG 技术在多个领域得到了关注，但在特定行业的本地化部署方案相对匮乏，尤其是在有效解决油气储运行业的大模型幻觉问题方面缺乏深入探讨，这为本研究提供了切入点。

实证研究法通过实际数据的收集和分析，验证 RAG 技术在油气储运行业的有效性。数据来源于开源知识库中国石油知识网、企业内部知识库，内容包括行业报告、技术文档、操作手册和案例研究等。我们采用 RGB 评估框架（Retrieval-Augmented Generation Benchmark）对 RAG 系统在实际操作中的表现进行评估。通过系统分析这些数据，我们能够深入理解 RAG 技术在特定领域中的适用性，为局域网部署策略的制定提供实证依据，并为解决大模型在特定领域中的幻觉问题提供参考。

通过这两种研究方法的结合，本论文旨在全面而深入地探讨 RAG 技术在特定领域的应用潜力，为未来的研究和实际应用提供重要的参考和指导。

3　文献综述

检索增强生成（RAG）技术近年来在自然语言处理（NLP）领域引起了广泛关注。RAG 技术将信息检索与生成模型结合起来，使得系统能够动态获取外部知识，从而在生成响应时提供更准确和相关的信息。这一创新为解决传统大型语言模型（LLMs）面临的知识截止日期问题提供了一种有效的方案。

3.1　RAG 介绍

检索增强生成（RAG）结合了检索机制与生成语言模型，以提高输出的准确性，解决大型语言模型（LLMs）的关键局限性。Shailja（2024）对 RAG 的研究追溯了其演变过程，详细回顾了重要的技术进展，包括检索增强语言模型的创新及其在问答、摘要和知识基础任务等领域的应用。研究强调了提高检索效率的新方法，并讨论了在部署中面临的挑战，如可扩展性、偏见和伦理问题。研究者提出了未来的研究方向，旨在提高 RAG 模型的鲁棒性，扩大其应用范围并应对社会影响。Patrick Lewis 等（2020）指出，大型预训练语言模型（LLMs）虽然能存储事实知识并在下游自然语言处理任务中表现优异，但在知识访问和操控方面仍有局限。RAG 模型通过结合预训练的参数内存和非参数内存，利用检索机制提升生成文本的多样性和准确性，为其应用奠定了理论基础。随着 RAG 技术逐渐扩展到知识密集型领域，这一进展不仅提升了模型的实用性和灵活性，也推动了相关研究的深入开展，成为解决复杂任务的关键工具。

3.2　RAG 的架构设计

RAG 的基本架构通常由两个主要组件组成：检索模块和生成模块。检索模块负责从外部知识库中获取相关信息，而生成模块则利用这些信息生成最终的输出。近年来，研究者们对 RAG 的多种架构进行了探索。Karpukhin 等（2020）提出了一种基于 BERT 的 RAG 模型，通过结合检索到的信息和上下文来生成更具准确性的回答。此外，Xiong等（2021）还探讨了如何利用不同的检索策略（如DPR、BM25等）来优化信息获取过程，以提高生成结果的质量。

3.3 信息整合方法

在信息整合方面，RAG技术的关键环节直接影响生成质量。研究者们提出了多种信息整合方法，包括简单的拼接和更复杂的注意力机制。近期的研究中，Viju等（2024）提出的RAG-Ex模型提供了一种与模型和语言无关的解释框架，向用户揭示大型语言模型（LLMs）生成响应的原因。该框架不仅兼容开源和专有的LLMs，还通过显著性评分评估近似解释，展示了其在英语和德语问答任务中的有效性。这种信息整合方式有助于增强用户的信任和理解，从而提高RAG系统的整体性能。

3.4 生成质量评估

在生成质量评估方面，评估检索增强生成（RAG）系统面临挑战，尤其是在系统内部的检索模型。传统的端到端评估方法计算成本高，且基于查询文档相关性标签评估检索模型性能与RAG系统的下游性能之间的相关性较小。Alireza Salemi等（2024）提出了新颖的评估方法eRAG，其中检索列表中的每个文档由RAG系统中的大型语言模型单独使用，生成的输出基于下游任务的真实标签进行评估。这种方法使得每个文档的下游性能可作为其相关性标签，从而提高了评估的准确性。广泛的实验表明，eRAG与下游RAG性能的相关性显著高于基线方法，Kendall's tau相关性改进范围为0.168到0.494。此外，eRAG在计算上具有显著优势，运行时间更短，占用的GPU内存比端到端评估少50倍。这些研究为RAG系统生成质量的评估提供了有效的方法和指标。

3.5 评估方法

RAG技术包括两个主要组件组成：检索模块和生成模块，两个模块使用不同的评估方法。

3.5.1 检索模块评估方法

检索模块本质是搜索，采用搜索方面的常用指标，例如 Hit Rate、MRR、NDCG、Precision。

（1）检索准确性指标

这些指标用于衡量检索模块返回的候选文档与查询的相关性。

■ Precision@K：前 K 个候选文档中与查询相关的文档占比。

$$Pricision@k = \frac{相关文档数量}{返回文档数量} = \frac{TP@k}{TP@k + FP@k}$$

■ Recall@K：返回的前 K 个候选文档中，实际相关文档的覆盖率。

$$Recall@k = \frac{TP@k}{TP@k + FN@k}$$

■ Mean Reciprocal Rank（MRR）：衡量第一个相关文档出现在检索结果中的排名位置。

$$MRR = \frac{1}{Q} \sum_{q \in Q} \frac{1}{rank(q)}, |Q|:总查询数, rank(q):$$

查询q返回的第一个相关文档的排名

■ Normalized Discounted Cumulative Gain（nDCG）：权重化排名指标，考虑相关文档的排名顺序和重要性。它强调了在列表前面的相关结果的重要性，较高排名的相关文档权重更大。

$$DCG = \sum_{i=1}^{P} \frac{rel(i)}{log_2(i+1)}$$

$$NDCG = \frac{DCG}{IDCG}$$

DCG：归一化累积增益，是根据文档的排名和相关性计算的总得分

IDCG：理想的DCG，即在最佳情况下的DCG

（2）检索速度与效率

■ 查询延迟：单次查询所需的时间；

■ 吞吐量：每秒可以处理的查询数量；

■ 内存占用与存储开销：检索系统在运行时所需的内存与磁盘空间。

3.5.2 生成模块评估方法

（1）上下文相关性

评估检索上下文的准确性，检索的上下文应重点突出，尽可能少地包含无关信息。

计算步骤：

■ 给定问题和上下文文本，用LLM从上下文文本中提取有助于回答问题的句子。

■ 计算得分：

$$CR = \frac{LLM提取的句子的数量}{总共的句子数量}$$

（2）答案真实性

评估生成的答案与检索的上下文的一致性，即答案应基于给定的上下文。

计算步骤：

■ 给定问题和生成的答案，用LLM将答案分成较短且重点更突出的句子；

■ 给定上下文和第一个部分输出的短句子，依次判断短句子是否出自上下文，输出 yes/no；

■ 计算真实性得分：

$$F=|V|/|S|，其中|V|是第二个步骤输出为"yes"$$

$$的短句数量，而|S|是语句总数$$

（3）答案相关性

评估生成的答案与提出的问题是否直接相关。

计算步骤：

■ 给定生成的答案，基于该答案内容，用LLM生成n个潜在问题；

■ 用文本转向量模型（text-embedding-ada-002 model）将问题和潜在问题文本转为向量，计算它们的相似性：

$$AR=\frac{1}{n}\sum_{i=1}^{n}sim(q,q_i)，其中 q 为问题，q_i 为潜在问题$$

4 实验设计

本研究的实验设计旨在考虑数据安全的前提下，评估基于开源大模型的检索增强生成（RAG）技术在油气储运行业的解决大模型幻觉问题的效果。在图 1 中，展示了一个基于多个组件（包括 FastGPT 和 OneAPI）以及 3 个开源大模型（ChatGLM3、Llama 和 M3E）的 RAG（Retrieval-Augmented Generation）模型架构。实验设计分为三个主要部分：数据准备、本地化部署和模型评估。

（1）数据准备

在数据准备阶段，数据来源于开源知识库中国石油知识网、国际能源网等，及企业内部知识库。收集的内容包括行业报告、技术文档、操作手册和案例研究等。通过对这些数据进行预处理，构建符合 RAG 模型输入要求的知识库，以支持后续的检索与生成任务。

（2）模型构建与部署

在本地化部署阶段，使用开源大模型 ChatGLM3-6B 和 Llama3.1-8B 进行局域网环境的搭建。使用的工具包括 FastGPT，一个基于大语言模型的知识库框架，提供数据处理和模型代理能力，以及调度模块 One API，一种开源的 OpenAI 接口管

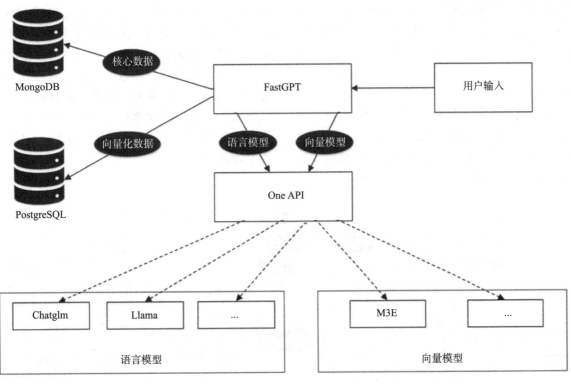

图1

理与分发系统。配置相关的计算资源和离线依赖库，确保模型能够在不受外部网络影响的情况下高效运行。

（3）模型评估

模型评估阶段将采用多种指标对RAG系统在实际操作中的表现进行全面评估。这些指标包括噪声鲁棒性、否定拒绝、信息整合和反事实鲁棒性等。基线模型使用已训练好的开源大模型，不使用知识库训练作为对照。通过实验结果的分析，我们将评估RAG技术在油气储运行业解决大模型幻觉问题方面的效果。

4.1 数据准备

4.1.1 数据收集

本研究的数据来源于多个渠道，包括开源知识库如中国石油知识网、国际能源网，以及企业内部知识库。这些数据源为我们提供了丰富的行业信息，涵盖了行业报告、技术文档、操作手册和案例研究等多种类型。

我们从中国石油知识网、国际能源网、内部办公网收集与油气储运相关的行业报告和技术文档共5000余份文档，训练成拥有10万余份语料的知识库。这些文献不仅包含了最新的行业动态和技术进展，还提供了丰富的实用案例，帮助我们理解行业中的实际应用场景。企业内部知识库中存储了大量的操作手册和技术文档，这些材料经过实践验证，具有较高的可靠性和实用性。为了构建符合RAG模型输入要求的知识库，收集到的数据经过预处理，包括去重、格式转换和内容清洗等步骤。

4.1.2 数据格式

本研究的数据来源包括中国石油知识网、国际能源网及企业内部知识库，涵盖多种文档类型。为确保数据的兼容性与处理效率，我们将收集的资料转换为标准化格式，包括PDF、DOCX和CSV

等。在数据预处理阶段，我们将针对不同格式的数据进行格式转换和清洗，确保数据质量和一致性。

具体来说，行业报告和技术文档主要以PDF格式存储，便于保留原始布局和格式；操作手册和案例研究则使用DOCX格式，方便文本编辑和内容提取。CSV格式用于存储结构化数据，如统计信息和关键指标，便于快速检索和分析。

4.1.3 数据预处理

首先对收集到的各种格式的数据进行清洗。包括去除重复内容、消除无关信息和纠正拼写错误，确保数据的准确性。对于结构化数据（如CSV文件），对数据进行规范化，保证所有字段的数据类型一致。

其次对文本数据进行分词和标注处理。对于行业报告和技术文档，使用自然语言处理工具对文本进行分词，提取关键词和实体，增强信息的可读性和检索效率。将数据进行分类和标签化，例如，行业报告、操作手册和案例研究等不同类型的文档将被标注。所有处理后的数据统一转换为RAG模型所需的输入格式，确保数据能够高效地被模型处理。

4.1.4 数据流

数据流的处理分为四个步骤（图2）：

（1）数据准备与知识库构建：从多个来源收集与问答系统相关的数据，主要包括中国石油网、公司内部知识库文档和自定义专家知识库。对收集的数据进行清洗，去除噪声、重复项和无关信息，以确保数据质量。将清洗后的数据构建成知识库，具体步骤包括将文本分割成较小片段（chunks），并使用文本嵌入模型（如M3E）将这些片段转换为向量，将向量存储在MongoDB等向量数据库中。

（2）检索模块设计：用户输入查询问题时，

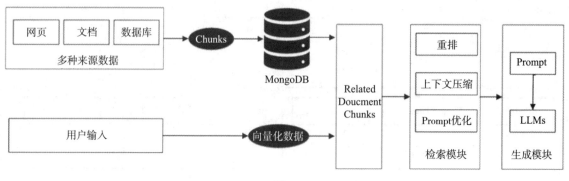

图2

系统会将问题进行向量化，使用相同的文本嵌入模型。通过计算问题向量与知识库片段之间的相似度（如余弦相似度），在向量数据库中检索与问题最相关的片段，并根据相似度得分对结果进行排序，选择最相关的片段。

（3）增强模块：将检索到的信息作为上下文输入（Prompt）提供给生成模型（如 ChatGLM3、Llama 等），增强模型对特定问题的理解和回答能力。

（4）生成模块设计：将检索到的相关片段与原始问题合并，形成更丰富的上下文信息，大语言模型基于这些信息生成回答。

4.2　模型构建与部署

4.2.1　实验设置

实验采用局域网环境来保证数据的安全性和模型的稳定性。局域网部署不仅避免了外部网络的干扰，还能有效提升模型的响应速度和处理能力。

部署环境配备了高性能的计算资源，包括 4 块 V100 显卡，每块显卡的显存为 32G。系统使用了 64 核 240G 内存和 10TB 的 SSD 存储空间，确保数据和模型文件的快速读写和处理。

在软件环境方面，选择了 Linux 操作系统，便于深度学习框架的安装和运行。对于必要的依赖库和框架，如 PyTorch 或 TensorFlow 等，将根据模型的需求进行安装。为了简化模型管理和调用，使用了 Docker 容器来实现环境的快速部署和版本控制。

4.2.2　模型构建

在本研究中，我们比较选择了 3 个开源大模型（LLMs），包括 ChatGLM3-6B、LLaMA3.1-8B 和 M3E，用来支持检索增强生成（RAG）技术的局域网部署。以下是各模型的安装步骤：

（1）ChatGLM3-6B 的安装

安装 Python 和相关依赖库，通过以下命令安装所需的库：

```
pip install torch torchvision torchaudio
pip install transformers
```

下载 ChatGLM3-6B 的模型文件，从 huggingface 网站下载 ChatGLM3-6B 模型文件，并上传到部署的服务器上。

克隆 ChatGLM3-6B 的源码：

```
git clone https：//github.com/THUDM/ChatGLM3.
git
```

在进入克隆的目录后，安装所需的依赖项：

```
pip install -r requirements.txt
```

编辑 api_server.py 文件，修改模型路径和 M3E 的地址为服务器上的安装路径。

开启 Chatglm3 API 服务：

```
nohup python api_server.py > result.log 2 >&1 &
```

（2）LLaMA3.1-8B 的安装

LLaMA 的安装依赖于 Ollama 工具，Ollama 是用于安装 LLaMA 的容器工具，相当于 Docker 的作用。首先，从 Ollama 官网下载 ollama-linux-amd64.tgz 文件。

下载完成后，使用以下命令启动 Ollama：

```
nohup env OLLAMA_HOST=0.0.0.0 ollama serve
> ollama.log 2>&1 &
```

下载 LLaMA3.1-8B 模型，可以通过以下命令将 LLaMA 模型拉取到本地：

```
ollama pull llama3.1：8b
```

在模型下载完成后，LLaMA3.1-8B 将准备好在我们的局域网环境中运行。通过以上步骤，完成了 LLaMA3.1-8B 的局域网环境搭建。

（3）M3E 的安装

从 Hugging Face 网站下载 M3E 模型文件，并将其上传到部署的服务器上，存储路径为 /data/oss/llm/M3E。

进入 M3E 文件的下载路径，安装所需的依赖项：

```
pip install -r requirements.txt
```

在进行 OneAPI 的配置时，将 M3E 的安装路径调整为上述路径。

4.2.3　知识库框架部署

FastGPT 是一个用于构建知识库问答系统的框架，支持多种模型的集成和配置。首先下载 FastGPT 的配置文件 config.json 和 docker-compose.yml。然后通过 Docker 命令拉取 FastGPT 的镜像并启动容器，使用以下命令：

```
docker-compose up -d
```

根据 docker-compose.yml 中的配置启动 FastGPT 服务，并自动安装所需的依赖组件，如 PostgreSQL、MySQL、Sandbox 和 MongoDB 等。

在 FastGPT 中，模型的配置通常在 config.json 文件中进行。在该文件中，需修改 llmModels 部分的 model 和 name 字段，保证与 OneAPI 中的渠道名一致。调整 vectorModels 中的名称，使其与 OneAPI 的渠道名保持一致。该配置文件定义了 LLMs 模型和向量模型等的各项参数，包括模型别名、最大上下文长度、最大回复长度、引用内容的最大令牌数以及最大温度参数等。通过合理配置这些参数，可以优化FastGPT的性能和响应能力。

4.2.4 调度模块安装

OneAPI提供了一个统一的接口，是龙慧大语言模型的调度模块，用于访问多种大模型，包括ChatGLM3-6B、LLaMA3.1-8B和M3E等。在Docker环境中使用以下命令安装OneAPI：

docker run --name one-api -d --restart always -p 3080：3000 -e TZ=Asia/Shanghai -v /data/oss/llm/oneapi：/data/ ghcr.io/songquanpeng/one-api

在该命令中，--name one-api将容器命名为one-api，-p 3080：3000将容器的3000端口映射到宿主机的3080端口，-v /data/oss/llm/oneapi：/data/将容器中的/data路径映射到宿主机的/data/oss/llm/oneapi路径，ghcr.io/songquanpeng/one-api为镜像的下载地址。

在OneAPI中，模型配置通常包括设置模型的访问令牌、选择模型版本以及配置模型的特定参数等。用户还可以通过OneAPI的界面管理不同的渠道。在渠道管理页面中，分别配置ChatGLM3-6B、LLaMA3.1-8B和M3E模型的自定义渠道。在配置自定义渠道时，类型应设置为自定义渠道，Base URL填写为部署服务器的IP地址和端口号。最后，通过测试自定义渠道的响应时间，以确认模型是否可以正常访问和使用。

4.2.5 模型训练

模型训练可以将收集到的行业知识文档进行前置处理后导入模型，在模型训练时可以使用两种训练模式，包括问答拆分和直接分段。

（1）问答拆分模式

这种模式将输入的文本拆分成问答对，每个问答对包含一个问题和相应的答案。这种模式适用于问答系统的训练，其中模型需要学习如何根据问题生成合适的答案。在这种模式下，训练数据通常被组织成一系列的问答对，模型通过学习这些问答对来提高其回答相关问题的能力。

（2）直接分段模式

在这种模式下，输入的文本被直接分段，而不进行问答对的拆分。这种模式适用于需要模型处理大量连续文本数据的场景，例如文档摘要、文本分类或语言模型的预训练。在直接分段模式中，模型需要学习如何处理和理解长文本，以及如何从文本中提取关键信息。

例如对于"小明今年10岁，他喜欢打篮球"。直接分段可能只是将其分为两个句子："小明今年10岁。"和"他喜欢打篮球"。而问题拆分则可能会识别出两个问题："小明多大了？"和"小明喜欢做什么？"，并从文本中提取答案："10岁"和"打篮球"。

在选择训练模式时，需要根据具体的应用场景和数据特点来决定。问答拆分模式更适合于问答系统的训练，而直接分段模式则更适合于处理大量连续文本数据的任务。通过合理选择训练模式，可以提高模型的训练效果和最终的应用性能。

4.2.6 RAG微调

微调技术分为两部分，检索阶段微调和生成阶段微调。

（1）检索微调

在检索阶段，将检索功能集成到FastGPT的可视化界面，通过调整检索参数来优化搜索结果的相关性。具体而言，采用了混合检索策略，将向量检索与全文搜索相结合，利用倒数排序融合（Reciprocal Rank Fusion，RRF）公式合并结果提升检索的丰富性和准确性。通过设定了引用上限和最低相关度阈值，以过滤掉低相关度的搜索结果，确保检索质量的提升。在问题优化方面，基于对话记录，利用大模型进行指代消除和问题扩展，补全问题中缺失的信息。

（2）生成微调

生成微调则是针对生成模型（如ChatGLM3-6B、LLaMA3.1-8B等）进行的优化，主要使用LLaMA Factory，这是一款开源的低代码大模型微调框架，集成了业界广泛应用的微调技术，支持通过Web UI界面进行零代码微调。本实验通过Git克隆LLaMA Factory项目，并安装必要的依赖环境。微调过程分为两步：第一步是启动Web UI，通过命令行启动LLaMA Factory的Web UI，并在局域网内访问该界面。第二步是在配置页面选择微调参数，具体的配置信息将详见表1。

4.3 效果评估

为了对RAG效果进行评估，参考RGB评估框架（Retrieval-Augmented Generation Benchmark）构建RAG评估系统。

4.3.1 评估数据集

本研究收集的评估数据集，包括公开评估数据集与行业数据集，且涵盖中文和英文两种语言的数据，见图3。数据集的生成过程如下：

表1 配置信息

序号	参数	建议取值	说明
1	语言	zh	无
2	模型名称	LLaMA3-8B-Chat	无
3	微调方法	lora	使用LoRA轻量化微调方法能在很大程度上节约显存。
4	数据集	train	选择数据集后，可以单击预览数据集查看数据集详情。
5	学习率	1e-4	有利于模型拟合。
6	计算类型	bf16	如果显卡为V100，建议计算类型选择fp16；如果为A10，建议选择bf16。
7	梯度累计	2	有利于模型拟合。
8	LoRA+学习率比例	16	相比LoRA，LoRA+续写效果更好。
9	LoRA作用模块	all	all表示将LoRA层挂载到模型的所有线性层上，提高拟合效果。

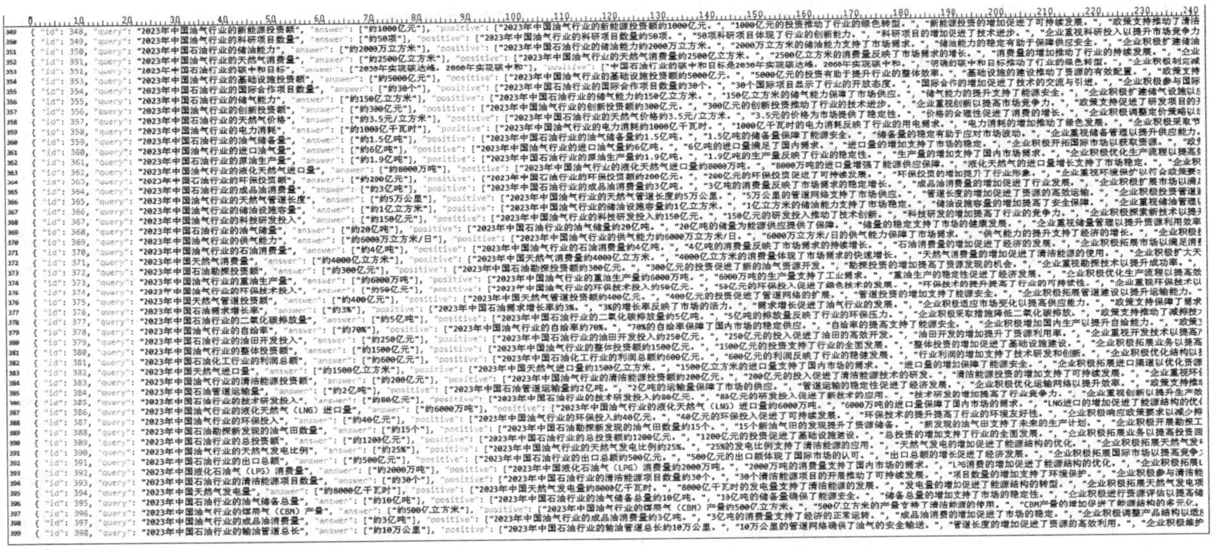

图3

（1）行业资讯收集：在国际能源网的油气储运资讯板块，收集最新的行业资讯文章。利用提示词，指导ChatGPT为每篇文章生成事件、问题和答案。例如，对于报道"新疆油田油气储运公司航煤外输量创新高"的文章，ChatGPT会生成相应的事件和问题，并提供关键信息的回答。通过这一生成过程，模型能够初步过滤掉那些不包含任何事件的资讯文章。生成后，手动检查答案并过滤掉难以通过搜索引擎检索的内容。

（2）搜索引擎检索：针对每个生成的答案，使用Google的API获取10个相关网页，并从中提取文本片段。读取这些网页后，将其文本内容转换为最大长度为300个token的文本块，并利用现有检索模型选择最有效的匹配，从中筛选出前30个文本块，作为我们的外部文档。这些文档根据是否包含答案被分为正面文档和反面文档。

（3）测试集构建：基于外部文档，分别构建评估所需的测试集，并从负样本中采样数据作为噪声。

（4）数据分布：数据集的分布情况包括：中文/英文噪声400条，中文/英文否定样本300条，中文/英文集合100条，以及中文/英文反事实样本100条。

数据集中包含以下字段：

id：数据的唯一标识。

query：表示问题。例如："2023年中国油气行业的煤层气（CBM）开发投资？"

answer：表示答案，例如："约150亿元"。

positive：表示相关的资讯内容，如："2023年中国油气行业的煤层气（CBM）开发投资约150亿元，CBM开发投资的增加促进了能源结构转型。"

negative：表示无关的消息，例如："OpenAI

最新推出的AI大语言模型，更擅长推理也更贵。OpenAI o1 是由OpenAI最新发布的人工智能大模型，旨在通过强化学习与思维链技术提升复杂推理能力。"

4.3.2　评估执行

下载RGB评估框架（Retrieval-Augmented Generation Benchmark）提供的开源代码。使用git命令从github下载RGB代码。并根据requirements.txt文件安装运行依赖包。

在下载并安装依赖后，需要根据特定的评估任务修改代码的运行参数（表2）。例如，对于噪声验证，可以使用以下命令运行评估脚本：python evalue.py --plm /data/oss/llm/models/chatglm3-6b --dataset en --modelname chatglm --temp 0.8 --noise_rate 0.2 --passage_num 5 --correct_rate 0.8。具体的参数信息见表2。Llama3.1-8B执行结果见图4，Chatglm3-6B见图5，执行的结果文件见图6，

表2　运行参数

序号	参数名称	说明
1	plm	大模型的本地地址
2	dataset	数据集
3	modelname	大模型的名称
4	temp	温度，表示生成结果的随机性参数
5	noise_rate	噪声比例
6	passage_num	外部参考文档数
7	correct_rate	正面文档的比例

4.3.3　评估指标

评估指标包括四个方面：噪声鲁棒性、否定拒绝、信息整合和反事实鲁棒性。

（1）噪声鲁棒性

噪声鲁棒性评价模型处理与问题相关但缺乏实质性信息的噪声文件的能力。噪声文档被定义为与问题相关但不包含任何有用信息的文档。通过准确率（accurary）来评估这一指标：如果生成的文本包含与答案完全匹配的文本，则将其视为正确答案。

（2）否定拒绝

当检索到的文档不包含回答问题所需的知识时，模型应拒绝回答。否定拒绝的测试文档仅包含噪声实例。期望LLM会输出"信息不足"或其他拒绝信号。通过拒绝率（rejection rate）来评估该指标：当只提供嘈杂的文档时，LLM应该生成具体内容："由于文档中的信息不足，我无法回答问题"。如果模型生成此内容，则表示拒绝成功。

（3）信息整合

此指标评估模型回答需要整合多个文档信息的复杂问题的能力。同样采用准确率（accurary）来衡量：如果生成的文本包含与答案完全匹配的文本，则将其视为正确答案。

（4）反事实鲁棒

该指标评估模型在接收到关于检索信息中潜在风险的指令时，能否识别检索文档中已知事实错误的风险。通过两个率来衡量这一指标：错误检测率（Error detection rate）和纠错率（Error correction rate）。

错误检测率：衡量模型是否能够检测文档中的事实错误，以确保反事实的稳健性。当提供的文档包含事实错误时，模型应输出具体内容："提供的文档中存在事实错误"。如果模型生成此内容，则表示模型成功检测到文档中的错误信息。

纠错率：衡量模型在识别错误后是否能提供正确答案，以实现反事实的鲁棒性。当模型识别出事实错误后，应生成正确的答案。如果模型能够生成正确答案，则表明其成功纠正文档中的

```
(llama) [root@ecs-9842-0614501 RGB-master]# python evalue.py --dataset zh --modelname Llama-3  --temp 0.8 --noise_rate 0.0 --passage_num 5 --correct_rate 0.0
100%|████████████████████████████████████████| 400/400 [01:30<00:00,  4.42it/s]
0.865
```

图4

```
(chatglm3) [root@ecs-9842-0614501 RGB-master]# python evalue.py --plm /data/oss/llm/models/chatglm3-6b --dataset zh --modelname chatglm --temp 0.8 --noise_rate 0.6 --passage_num 5 --correct_rate 0.0
Setting eos_token is not supported, use the default one.
Setting pad_token is not supported, use the default one.
Setting unk_token is not supported, use the default one.
Loading checkpoint shards: 100%|████████████| 7/7 [04:18<00:00, 36.86s/it]
100%|████████████████████████████████████████| 400/400 [02:58<00:00,  2.24it/s]
0.715
```

图5

名称	修改日期	类型	大小
prediction_zh_chatglm_temp0.8_noise0.0_passage5_correct0.0.json	2024/10/12 20:05	JSON 文件	910 KB
prediction_zh_chatglm_temp0.8_noise0.0_passage5_correct0.0_result.json	2024/10/12 20:05	JSON 文件	1 KB
prediction_zh_chatglm_temp0.8_noise0.1_passage5_correct0.0.json	2024/10/12 20:05	JSON 文件	912 KB
prediction_zh_chatglm_temp0.8_noise0.1_passage5_correct0.0_result.json	2024/10/12 20:05	JSON 文件	1 KB
prediction_zh_chatglm_temp0.8_noise0.2_passage5_correct0.0.json	2024/10/12 20:05	JSON 文件	912 KB
prediction_zh_chatglm_temp0.8_noise0.2_passage5_correct0.0_result.json	2024/10/12 20:05	JSON 文件	1 KB
prediction_zh_chatglm_temp0.8_noise0.3_passage5_correct0.0.json	2024/10/12 20:05	JSON 文件	921 KB
prediction_zh_chatglm_temp0.8_noise0.3_passage5_correct0.0_result.json	2024/10/12 20:05	JSON 文件	1 KB
prediction_zh_chatglm_temp0.8_noise0.4_passage5_correct0.0.json	2024/10/12 20:05	JSON 文件	921 KB
prediction_zh_chatglm_temp0.8_noise0.4_passage5_correct0.0_result.json	2024/10/12 20:05	JSON 文件	1 KB
prediction_zh_chatglm_temp0.8_noise0.6_passage5_correct0.0.json	2024/10/12 20:05	JSON 文件	917 KB
prediction_zh_chatglm_temp0.8_noise0.6_passage5_correct0.0_result.json	2024/10/12 20:05	JSON 文件	1 KB
prediction_zh_chatglm_temp0.8_noise0.8_passage5_correct0.0.json	2024/10/12 20:05	JSON 文件	915 KB
prediction_zh_chatglm_temp0.8_noise0.8_passage5_correct0.0_result.json	2024/10/12 20:05	JSON 文件	1 KB
prediction_zh_chatglm_temp0.8_noise1.0_passage5_correct0.0.json	2024/10/12 20:05	JSON 文件	923 KB
prediction_zh_chatglm_temp0.8_noise1.0_passage5_correct0.0_result.json	2024/10/12 20:05	JSON 文件	1 KB

图 6

错误。

4.3.4　模型比较实验

为了系统评估 RAG 技术对 LLMs 模型在特定领域知识检索能力的提升效果，本研究将围绕局域网部署、大模型幻觉及数据安全性设计实验，并按照以下步骤进行实验和结果分析，包括基线模型的建立、RAG 模型的训练，以及模型性能的比较评估。

（1）基线 LLMs 模型设定

为了验证 RAG 技术对 LLMs 模型在特定领域知识检索增强的效果，我们建立一个基线模型，即测量 LLMs 在没有外部文档支持的情况下对特定领域知识的理解能力。选择 ChatGLM3-6B 和 Llama3.1-8B 作为基线模型，并在局域网环境中对它们进行部署与评估，确保数据的安全性和隐私保护。此步骤旨在确立模型在无外部信息支持下的性能基线，为后续 RAG 集成模型的效果比较提供基础。

（2）基于本地 LLMs 的 RAG 模型训练

在确认了基线模型性能后，进入实验的第二阶段：在油气储运行业的数据集上集成 RAG 机制，针对 ChatGLM3-6B 和 Llama3.1-8B 模型进行训练。在这一阶段，将外部知识源在局域网中进行部署，确保数据的安全性。同时，通过优化检索算法与生成模块，提升模型在油气储运行业的知识覆盖和检索能力，针对大模型幻觉问题，通过引入精准的行业数据，降低生成内容中的错误信息。

（3）模型比较

完成基于本地部署的 LLMs 集成 RAG 技术的训练后，进行模型比较实验。对比未集成 RAG 机制的基线模型与经过 RAG 增强的模型在油气储运行业数据集上的表现。本实验将采用包括准确率（Accuracy）、拒绝率（Rejection Rate）、错误检测率（Error Detection Rate）和错误修正率（Error Correction Rate）等综合评估指标，全面衡量模型在特定领域知识检索与应用能力上的表现。此外，特别关注模型在局域网环境下的鲁棒性，分析其在处理专业领域知识时的检索精度及抗幻觉能力。

5　实验结果

不使用油气储运行业文档库的基线 LLMs 模型准确率（%）实验结果如表 3 所示。

表 3　实验结果 1

模型	英文	中文
Chatglm3-6B	5.67	8.67
Llama3.1-8B	24.67	7.66

使用油气储运行业文档库不同噪声比的基于本地 LLMs 的 RAG 模型准确率（%）实验结果如表 4 所示。

从结果来看，在一定噪声条件下，基于 ChatGLM3-6B 的 RAG 模型的准确率提高幅度为 50.66% 到 83.66%（噪声比例 0.8 至 0.2），而基于 Llama3.1-8B 的 RAG 模型的准确率提高幅度为

表4　实验结果2

噪声比例	英文					中文				
	0	0.2	0.4	0.6	0.8	0	0.2	0.4	0.6	0.8
基于Chatglm3-6B的RAG	91.33	89.33	85.67	83.33	56.33	92.33	92.23	88.33	71.50	70.00
基于Llama3.1-8B的RAG	95.67	95.33	93.67	85.33	82.00	91.66	89.00	86.50	85.33	67.33

57.33%到81.34%（噪声比例0.8至0.2）。这表明使用RAG模型能够显著提升准确率。

在实际应用中，本地化部署的策略可以有效地保障数据安全性，避免敏感信息泄露。引入RAG机制后，即使在数据安全的环境中，模型的性能提升也能缓解大模型的幻觉问题，通过优化信息检索和生成，减少不准确回答的产生。

未来研究应关注噪声控制和鲁棒性提升策略的开发，确保RAG模型在不同环境下的稳定性和可靠性。同时，持续优化RAG的检索算法，将有助于提升在知识密集型任务中的表现，尤其是在涉及私密和敏感数据的领域。

6　结论

本研究旨在评估在局域网环境中部署的RAG（检索增强生成）技术对大模型在特定领域知识检索能力的提升效果，特别是其确保数据安全性的前提下降低大模型幻觉问题的应用潜力。基于研究结果，我们得出了以下结论：

（1）高效的知识库构建：油气储运领域存在大量非结构化数据，通过RAG技术架构知识库，可以将复杂的数据资源转化为便捷的检索系统，减少重复查找时间。这一转化提升了数据利用效率，使行业内的信息获取更加高效和直观。

（2）RAG技术显著提升知识检索能力：实验结果显示，RAG模型在低噪声环境下对知识密集型任务的表现有显著提高，证明了RAG机制在增强LLMs模型的知识覆盖和信息整合能力方面的有效性。随着噪声比例的增加，模型性能下降的趋势明显，表明外部噪声对检索结果的准确性有显著影响。因此，在实际应用中，需重视噪声控制，以保障模型在多样化环境中的稳定性和可靠性。

（3）数据安全：在大模型的实际应用中，本地化部署显著提升了数据安全性，有效防止敏感信息泄露。通过在内部网络环境中运行模型并限制外部访问，确保数据仅在受控环境中处理。此外，利用内部文档库进行检索，确保数据在本地处理，降低了外网传输带来的风险。这使得RAG

模型能够在特定领域提供更优质的问答服务，同时保障敏感信息的安全性和合规性。

（4）应对大模型幻觉问题：通过引入RAG机制，模型能够有效减少生成错误信息的概率，通过实验数据，大约减少为50.66%到83.66%，一定程度上缓解了大模型幻觉问题。这为实际应用中的准确性和可靠性奠定了基础，使得用户能在更高信任度的环境下使用这些模型。

7　不足与展望

7.1　当前研究的不足

噪声环境的模拟有限：尽管研究考察了不同噪声比例下模型的表现，但模拟的噪声环境可能未能全面反映真实场景中的多样性和复杂性。因此，未来的研究可以考虑引入更多种类的噪声类型和更复杂的场景，以提高模型在实际应用中的鲁棒性。

对大模型幻觉问题未彻底解决：虽然研究表明RAG机制能减少幻觉问题，本研究未能穷举所有的提示词场景，对不同的提示词场景，龙慧行业大语言大模型仍然存在幻觉现象，这也与数据集的质量与局限性有关。

7.2　未来研究方向

噪声处理与模型鲁棒性：深入研究不同类型噪声对模型性能的影响，一方面增强数据的归一化处理，且引入对抗样本进行对抗训练，另一方面，引入异常检测与防御机制，以提高模型在复杂环境下的鲁棒性和准确性。

幻觉问题更深入处理：针对大模型的幻觉问题，一方面提高数据质量，另一方面进行提示词工程与思维链技术的研究，以减少生成随机性提高解码稳定性，从而进一步缓解幻觉问题。

参　考　文　献

［1］Shailja Gupta. et al.（2024）. A Comprehensive Survey of Retrieval-Augmented Generation（RAG）: Evolution, Current Landscape and Future Directions. arXiv. 2410.12837

［2］Patrick Lewis. et al.（2020）. Retrieval-Augmented Generation for Knowledge-Intensive NLP Tasks. NeurIPS.

［3］Karpukhin.（2005）. Facebook AI Research. Retrieval-Augmented Generation for Knowledge-Intensive NLP Tasks. arXiv. 2005.11401

［4］Xiong（2021）. Retrieval-Augmented Generation for Large Language Models：A Survey. arXiv preprint arXiv：2101.00001.

［5］Viju Sudhi.（2024）. RAG-Ex：A Generic Framework for Explaining Retrieval Augmented Generation. Proceedings of the ACM Conference on Information and Knowledge Management. https：//doi.org/10.1145/3626772.3657660.

［6］Alireza Salemi, et al.（2024）. Evaluating Retrieval-Augmented Generation：A Novel Approach to Assessing Generated Quality. Proceedings of the ACM Conference on Information and Knowledge Management. https：//doi.org/10.1145/3626772.3657957.

［7］Jiawei Chen.（2023）. Benchmarking Large Language Models in Retrieval-Augmented Generation. arXiv. 2309.01431

［8］Youna Kim.（2024）. Adaptive Contrastive Decoding in Retrieval-Augmented Generation for Handling Noisy Contexts. arXiv. 2403.06840

［9］Jintao Liu.（2024）. Institute for Intelligent Computing, Alibaba Group. CoFE-RAG：A Comprehensive Full-chain Evaluation Framework for Retrieval-Augmented Generation with Enhanced Data Diversity. arXiv. 2410.12248

［10］Shicheng Xu.（2024）. CAS Key Laboratory of AI Safety. Unsupervised Information Refinement Training of Large Language Models for Retrieval-Augmented Generation. arXiv. 2402.18150

［11］Kun Zhu.（2024）. Harbin Institute of Technology. An Information Bottleneck Perspective for Effective Noise Filtering on Retrieval-Augmented Generation. arXiv. 2406.01549

［12］Zheng Wang.（2024）. Huawei Technologies, Co., Ltd. M-RAG：Reinforcing Large Language Model Performance through Retrieval-Augmented Generation with Multiple Partitions. arXiv. 2405.16420

［13］Dongyang Li.（2024）. East China Normal University. On the Role of Long-tail Knowledge in Retrieval Augmented Large Language Models. arXiv. 2406.16367

［14］Jiazhan Feng.（2023）.Peking University. Synergistic Interplay between Search and Large Language Models for Information Retrieval. arXiv. 2305.07402

［15］Zhengliang Shi.（2024）. Shandong University. Generate-then-Ground in Retrieval-Augmented Generation for Multi-hop Question Answering. arXiv. 2406.14891

浅析人工智能大模型在石油石化行业网络安全领域的应用

赵 霈 杜 旻 廖晨博

（中国石油长庆油田公司）

摘 要 本文深入探讨了生成式人工智能（AIGC）与大模型在企业网络安全领域的应用，特别是针对漏洞分析及告警分析的优势。通过具体案例分析，展示了这些技术如何替代人工，提高网络安全工作的效率与准确性。同时，本文也分析了应用过程实例，以及大模型在网络安全环境的应用前景。

关键词 人工智能；大模型；网络安全

1 引言

随着信息技术的飞速发展，企业网络环境日益复杂，网络安全威胁也随之增加。传统的网络安全防护手段已难以满足当前的需求。生成式人工智能大模型作为当前人工智能领域的前沿技术，为网络安全提供了新的解决方案。本文旨在深入探讨这些技术在企业网络安全领域的应用，特别是它们在漏洞分析及告警分析上的独特优势。

2 概述

2.1 大模型的定义

人工智能大模型，作为深度学习领域的一项重要进展，指的是参数量巨大、结构复杂的机器学习模型。这些模型通过深度神经网络架构，利用海量数据进行训练，从而在各种复杂任务中展现出卓越的性能。大模型不仅代表了机器学习技术的最前沿，也是推动人工智能领域发展的关键力量。

2.2 大模型的特点

人工智能大模型显著的特点在于其庞大的参数规模与精细复杂的结构设计。这些模型通过集成数以亿计甚至百亿计的参数，构建出深度神经网络架构，使得模型能够深入挖掘和捕捉数据中的高阶、非线性特征以及复杂的模式关系。同时，大模型往往采用多层次的神经网络结构，包括但不限于卷积神经网络、循环神经网络以及Transformer（图1）等，正是这些特点，使得大模型在处理复杂任务时表现出强大的性能和泛化能

力，成为当前人工智能领域的重要研究方向和应用基础。

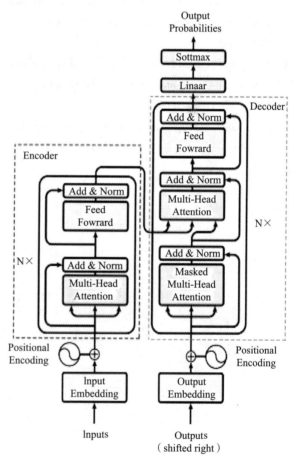

图1 Transformer 模型结构

2.3 大模型的优势

人工智能大模型的优势在于其强大的学习能力、泛化性能以及高效的数据处理能力。这些模

型能够捕捉到数据中更为精细和复杂的特征，从而在多种任务中展现出卓越的性能。同时，大模型还具备良好的泛化能力，能够在未见过的数据上实现准确的预测和分类。此外，随着计算技术的不断进步，大模型在处理大规模数据集时表现出高效性，能够快速完成数据的分析和预测。当前，人工智能大模型已经在图像识别、自然语言处理、智能推荐等多个领域取得了广泛的应用，成为推动人工智能技术发展的重要力量。随着技术的不断进步和应用场景的不断拓展，大模型有望在更多领域发挥重要作用，为人工智能的未来发展注入新的活力。

3　大模型在各领域的应用现状

3.1　自然语言处理（NLP）

在自然语言处理领域，人工智能大模型的应用尤为突出，成为推动该领域技术进步的关键因素。大模型，如GPT系列（图2）、BERT等，通过海量文本数据的训练，实现了对自然语言深层次的理解和生成。这些模型不仅能够捕捉到语言中的语法、语义信息，还能够理解文本的上下文关系，从而生成连贯、自然的文本输出。在机器翻译、文本生成、情感分析、问答系统等任务中，大模型展现出了卓越的性能，极大地提高了NLP应用的准确性和实用性。

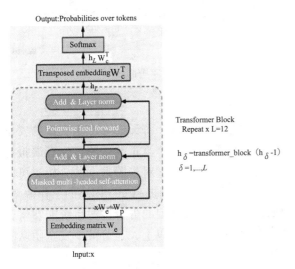

图2　GPT1-3模型原理

3.2　计算机视觉（CV）

在计算机视觉领域，大模型同样发挥着重要作用。传统的CV方法往往依赖于手工设计的特征和规则，而大模型则通过深度学习技术自动提取

图像中的特征，实现了对图像的高效分类、目标检测、图像生成等任务。特别是Vision Transformer（ViT）等模型（图3）的提出，将Transformer架构引入图像处理，进一步提高了图像识别的准确性和鲁棒性。大模型在CV领域的应用，不仅推动了图像处理技术的进步，也为智能监控、自动驾驶、医学影像分析等领域提供了有力支持。

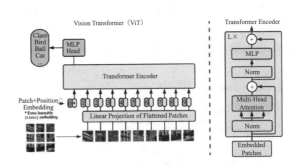

图3　Vision Transformer（ViT）

3.3　语音识别与合成

在语音识别与合成领域，大模型也展现出了强大的应用潜力。传统的语音识别和合成方法往往受到噪声、语速、语调等因素的影响，而大模型则通过深度学习技术实现了对语音信号的高效处理和生成。例如，WaveNet（图4）、Tacotron等模型能够捕捉到语音中的细微变化，从而生成自然、流畅的语音输出。这些模型在智能语音助手、语音翻译、语音合成等领域具有广泛的应用前景，为生活和工作带来了便利。

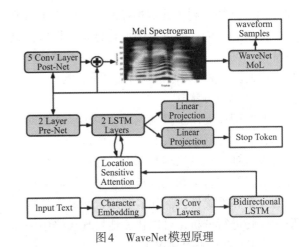

图4　WaveNet模型原理

4　大模型在网络安全中的应用

大模型在各行各业的应用日益广泛，其强大的数据处理和模式识别能力为网络安全防护提供了新的解决方案。以下从三个角度详细阐述大模

型在网络安全中的应用：

4.1　网络攻击检测

大模型能够通过对海量网络流量数据的分析，识别出异常行为和潜在的攻击模式。利用深度学习算法（图5），大模型可以学习正常网络流量的特征，并对偏离这些特征的流量进行标记和警报，从而实现对未知和复杂攻击的有效检测。例如，使用Transformer模型对网络流量进行编码和解码，可以捕捉到流量中的时序依赖性和空间依赖性，提高检测的准确性和效率。

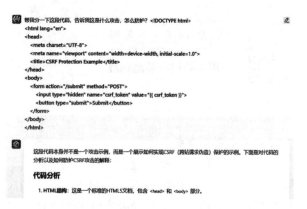

图5　CSRF代码分析

4.2　恶意软件检测

传统恶意软件检测方法主要依赖于特征码匹配和静态分析，但这种方法容易受到变种和加壳技术的干扰。大模型通过学习恶意软件的行为模式和代码特征，能够实现对恶意软件的智能分类和识别。例如，利用卷积神经网络（CNN）对恶意软件的二进制代码进行图像化处理，提取其纹理特征，并结合循环神经网络（RNN）对代码序列进行建模，实现对恶意软件的精准检测。

4.3　漏洞挖掘与防御

大模型还能用于漏洞挖掘和防御。通过对代码库、配置文件和相关文档进行深度分析，大模型可以发现潜在的漏洞和弱点。同时，大模型还可以对漏洞进行自动化分析和验证，提高漏洞修复的效率和准确性。例如，利用自然语言处理模型对代码进行分析，可以快速地发现代码中的漏洞并给出相应的修复建议（图6）。

5　大模型在网络安全中发展方向

5.1　多源安全数据关联分析

大模型能够整合来自不同来源的安全数据，如网络流量、安全日志、设备行为等，进行深

图6　360安全大模型

度关联分析，从而洞悉威胁全貌和攻击路径。这种跨源分析有助于快速定位威胁源头，追踪攻击者行为轨迹，为后续防御提供有力支持。例如，XDR平台（图7）利用大模型对多源安全数据进行深度关联分析，实现威胁的快速识别和响应。

图7　XDR平台联动示意图

5.2　智能告警与降噪

在网络安全领域，每天都会产生大量的安全告警。这些告警中既有真正的威胁，也有误报和重复告警。大模型通过对告警数据的分析，可以实现智能告警与降噪，提高安全团队的工作效率。例如，一些基于大模型的告警过滤系统能够将告警压缩率提升至99%以上，显著减少安全团队的工作负担。

5.3　自动化响应

大模型还可以与安全设备和系统集成，实现自动化响应（图8）。当模型检测到攻击行为时，可以自动触发响应机制，选择适当的控制措施来阻断攻击。这种自动化响应机制能够极大地提高安全运营效率，减少人为因素带来的误差。

图8　安全架构的PDCA

6　结语

本文聚焦于人工智能大模型的应用，特别是在网络安全领域的突破。大模型通过深度学习和海量数据训练，展现了卓越的语言处理、图像识别及语音处理能力，推动了自然语言处理、计算机视觉和语音识别技术的飞跃。在网络安全方面，大模型的应用尤为亮眼。它们能够高效检测网络攻击、精准识别恶意软件、挖掘潜在漏洞，并提供智能告警、自动化响应及风险评估等功能，显著提升了网络安全防护的智能化水平和响应速度。这不仅增强了网络安全的防御能力，也为构建更加安全、稳定的网络环境奠定了坚实基础。随着技术的不断进步，大模型在网络安全领域的应用将更加广泛和深入，有望为网络安全防护带来革命性的变革，推动企业网络安全的持续创新与发展。

参　考　文　献

［1］王云杉.智能经济　未来可期.北京：人民日报海外版，2024.6

［2］陈国良.基于国产处理器的智能大数据一体机架构及应用研究.南京：南京邮电大学学报（自然科学版）2024

［3］李俊燊.光学神经网络智能处理：从分立到集成，由二维卷积到高维张量.北京：航空学报，2024

［4］谢铭.基于人工智能的电网信息安全工作分析.中国科技投资，1989（2）

油气管道工程建设中人工智能与大模型的应用实践

程淑华　刘　欢　韩云涛

（廊坊中油龙慧科技有限公司）

摘　要　油气管道工程建设往往面临着施工周期长、安全管理难度大等诸多挑战，人工智能大模型技术的迅猛发展为全面高效地解决这些问题提供了新思路。本文介绍了基于机器学习、深度学习、机器视觉、自然语言处理等人工智能技术构建多种模态的油气管道工程建设领域大模型，进行油气管道工程建设过程中施工现场安全隐患识别及预警、管道焊接质量检测与预测、项目计划智能编制与进度智能纠偏、非结构化文档利用等多种场景化应用，旨在提升油气管道工程建设在进度管理、安全管理、质量管理等方面的智能化管理水平。希望通过上述应用研究能够为油气管道工程建设领域提供一套智能化项目管理实践方案，从而推动行业向更加智能化、高效化和安全化的方向发展。

关键词　大模型；机器学习；机器视觉；油气管道；工程建设；项目管理

1　引言

油气管道作为能源基础设施的重要组成部分，管道工程建设过程中进度管理、质量管理、安全管理至关重要。然而油气管道工程建设项目往往面临着诸多挑战，如施工周期长、工序复杂、地理环境恶劣以及安全管理难度大等，传统的项目管理模式难以实现对项目进度、安全和质量的全面高效管理。近年来，机器学习、深度学习和机器视觉等人工智能大模型技术迅猛发展，在工业生产、城市管理等多个领域取得了显著成效，也为解决油气管道工程建设管理问题提供了了新思路新途径。目前人工智能大模型技术已在油气行业相关领域开始探索应用，展现出巨大的场景应用潜力。

机器学习是对人脑学习思考的一种模拟，利用大量数据作为输入训练出模型，再使用模型进行预测，其"训练"和"预测"的过程相当于人类大脑进行"归纳"与推测"。常见的机器学习算法包括层神经网络、支持向量机、贝叶斯网络、时间序列、聚类算法、线性回归、灰色模型、随机森林、故障树、决策树等。机器学习已在油气勘探、钻井工程、油气开发和生产、油气管道工程、油藏工程等多个相关领域开展了多项创新研究与应用，其中油气管道领域已开展油气管道风险监测、管道泄漏、多相流型识别、设备故障诊断及储罐目标检测等应用场景探索。

深度学习是机器学习的一个分支，使用包含复杂结构或由多重非线性变换构成的多个处理层对数据进行高抽象处理，适用于处理大规模非结构化数据，在图像理解、语音识别、文本挖掘、视频处理等方面表现优异，主要包括卷积神经网络、递归神经网络、生成式对抗网络、深度信念网络及堆叠自动编码器等算法。利用深度学习算法，王琳等人提出了一种基于IMU检测数据的管道全线变形特征智能识别方法；罗仁泽等人开展了基于SCT-ResNet50模型的油气管道焊缝缺陷智能识别的研究，X射线图像缺陷识别准确率达到98.28%；光宇等人针对埋地管道外腐蚀剩余寿命预测进行了研究，构建DNN-注意力机制寿命预测模型，准确率实现了93.91%。

机器视觉是指利用计算机视觉技术对图像和视频数据进行处理和分析的技术，常用的机器视觉技术包括图像分割、目标检测、特征提取。王思杰等人基于机器视觉提出提取缺陷周长、缺陷面积、圆形度、偏心度、区域半径、焊缝表面相似系数六大参数对油气管道焊缝缺陷特征进行表达，通过KNN算法对管道焊缝缺陷参数进行分类、识别。刘慧舟等人提出了基于改进Mask R-CNN网络的油气站场安全隐患识别方法，研究了环境及工况动态变化下的自适应检测方法、智能识别方法、故障溯源与可视化方法。

自然语言处理是人工智能领域的一个重要分支，旨在使计算机能够理解、分析和生成人类语言。通过模拟人类的语言理解和分析能力，实现人机交互、信息提取、语义分析等任务，主要包括分词、词性标注、句法分析、语义分析、实体识别、情感分析等技术。李雪驹等人基于信息提取、实体识别、实体关系提取等技术实现了从油气勘探开发非结构化的文档中大规模地自动提取知识。向然等人提出了适用于施工质量隐患整改单质量问题信息抽取模型，能够实现从非结构化质量隐患整改单中获取和分析质量问题。

本文介绍了基于机器学习、深度学习、机器视觉、自然语言处理等人工智能大模型技术构建多种模态的油气管道工程建设领域大模型，及其在油气管道工程项目的进度管理、安全管理、质量管理等方面多种场景化应用实践。希望通过引入人工智能技术，可以提升项目的管理水平，实现更精细化、更智能化的管理，从而提高项目的整体效率和安全性。

2　技术思路和研究方法

2.1　技术思路

利用机器学习、深度学习、机器视觉、自然语言处理等人工智能大模型技术构建多种模态的油气管道工程建设领域大模型，进行安全隐患识别预警、管道焊接质量检测预测、项目进度纠偏、工期预测等多种场景化应用，有效提升油气管道工程建设项目在进度管理、安全管理、质量管理等方面的管理水平。

2.2　研究方法

（1）数据收集及预处理

从油气管道工程项目管理信息平台、数据采集平台、智能监控平台等相关信息系统收集高质量且典型的结构化和非结构化数据，包括施工现场影像、电流电压等焊接工况参数、施工记录、进度报告、监督报告、规章制度等。数据预处理阶段，实施了严格的数据清洗流程，以剔除不完整、不准确或重复的数据。并且对数据进行了归一化处理，确保同一特征的数据在格式上保持统一、不同特征在数值上处于同一量级，从而便于算法模型的高效处理，提升模型训练速度和预测准确性。

（2）特征提取

特征提取是构建机器学习和深度学习模型不可或缺的一环，直接关系到模型的预测性能。从收集的数据中提取关键特征，如位置、行政区、人员行为、设备状态、建设阶段等。运用特征选择技术，筛选出对预测目标最具影响力的特征子集，从而进一步提升模型的预测效率和准确性。

（3）数据标注

对于图像和视频数据，进行了详尽的标注工作，以准确识别出关键的目标信息。标注过程包含手动标注和自动标注，以提高标注效率和准确性。此外，还采用了数据增强技术，通过对原始数据进行变换（如旋转、缩放、翻转等），生成更多的训练样本，从而进一步增强模型的泛化能力。

（4）模型选择

在模型选择阶段，充分考虑了数据特性和预测任务的需求，选用适合的模型组合。例如，使用随机森林算法进行施工现场风险预测，利用卷积神经网络进行视频监控智能识别等。还对多个备选模型进行了评估，通过对比预测准确性、训练时间等指标，确定最优模型。

（5）模型训练

在模型训练阶段，使用预处理后的高质量数据集对算法模型进行训练。为确保模型具有良好的泛化能力，将数据集划分为训练集、验证集和测试集。训练集用于模型的学习过程，验证集用于评估模型的性能并调整参数，而测试集则用于最终评估模型的泛化能力。

训练过程中，采用前向传播算法计算网络的输出，并根据输出与实际标签之间的差异计算损失。随后，通过反向传播算法调整网络的权重和偏置，以最小化损失函数。这个过程涉及到计算损失函数关于每个参数的梯度，并基于这些梯度更新参数，从而减少损失。重复前向传播和反向传播的过程，直到网络在训练数据上的性能达到稳定。为了进一步提升模型的性能，采用了学习率衰减、动量项引入等多种优化策略，以加速训练过程并避免陷入局部最优解。

（6）验证与优化

在模型验证阶段，使用独立的验证数据集对训练好的神经网络进行性能评估。验证数据集与训练数据集在分布上保持一致且具有代表性，以确保评估结果的准确性。根据验证结果，对模型进行优化和调整。当模型的预测精度不够高或泛化能力较差时，通过增加隐藏层数量、调整神经元数量、改变激活函数、调整学习率等策略改进模型性能。

（7）模型部署应用

将经过调优的算法模型部署在满足运行要求

的特定环境上，并与油气管道工程项目管理信息平台、数据采集平台、智能监控平台等相关信息系统做集成，确保模型能够接收来自信息系统的相关数据如焊接过程中的工况参数、施工现场监控视频等，并利用模型执行风险隐患识别、焊接质量预警等任务。此外模型应用过程中持续优化模型，提高预测精度和可靠性，包括定期使用新收集的数据重新训练模型，以保持模型的时效性和准确性；以及根据实际需求调整模型结构和参数，以适应不同的应用场景。

3　结果与效果

3.1　智能安全隐患识别

油气管道工程跨度长、施工工序多、施工地点流水线作业等因素，管道工程施工的风险处于实时动态变化。采用目标检测、语义分割、人体关键点检测等作为计算机视觉技术，构建了面向油气管道工程建设现场的智能安全隐患识别模型，研究了20种安全智能识别算法，每种场景训练素材量超过30000张，素材正负样本比例保持在1：1范围内，保障了算法在全方位场景条件下的识别准确度。实现了对施工现场人的不安全行为和物的不安全状态自动识别和预警，保障了油气管道工程建设现场安全监督管理工作的全面高效开展。

表1　智能安全识别算法场景

类型	场景
个人防护类	未穿工作服 未戴安全帽 高空作业未佩戴安全绳
机械作业识别类	吊装状态下控制室无人 挖翻机铲斗载人 挖掘机铲斗平气瓶 挖掘机斗齿起重吊装 挖掘机铲斗平端钢管
	在吊装作业时人员穿行、停留
吊钩识别类	吊钩防脱挡板缺失 吊钩防脱挡板性能失效
危险操作类	使用明火为气瓶加热 气瓶未保持直立状态 吊管作业时手扶钢管及拖抉钢管 液化气烤把未熄灭直接放置在地面
人员识别类	在现场吸烟 在现场接打电话 人员在钢管上站立 人员倒地 监督场景内无人

3.2　风险隐患清单生成

油气管道工程施工现场人员流动较大、管理人员专业技能素养不够等因素，现场存在对风险隐患辨识分析不全面、风险隐患检查不全面、检查工作执行贯彻不到位等问题。通过大量输入油气管道工程风险辨识评估数据包括风险管理规章制度、风险辨识评估清单，构建面向油气管道工程建设领域的风险隐患辨识模型。模型能够结合工程当前进展情况、施工作业情况、施工地点、外部气候等因素生成并向现场各级管理推送每日潜在的风险隐患清单，辅助管理人员、监督人员更好的开展每日安全检查工作。

3.3　焊接质量预警模型

管道焊接是油气管道工程建设过程中至关重要的工序，焊接质量决定了整条管道生产运行的完整性和可靠性。将电流、电压、焊接速度等关键焊接参数，以及焊接方法、焊接材料、操作人员、设备信息，环境条件等相关参数输入到的算法模型中进行特征抽取、参数优化，实现焊接质量预测模型搭建、训练与优化。模型实时接收智能工地采集到的焊接参数和环境数据，对焊接过程进行连续监控，能够在焊接过程中及早发现潜在的质量问题，及时发出预警信号，从而避免或减少焊接缺陷的产生，降低因焊接缺陷而导致的返工次数，节省时间和成本。同时模型可以辅助调整最佳的焊接工艺参数，提高焊接质量与效率。

3.4　进度计划优化模型

油气管道工程建设中进度管理关乎工程项目的顺利进行、成本控制以及最终的成功交付。深入研究了油气管道工程建设中工期、成本、质量及安全这四个核心目标的函数关系与约束条件，构建了项目多目标优化的进度计划优化模型。通过获取工作分解结构、活动任务依赖、优先级、资源分配、行政区域、地质特征、未来天气情况等关键信息，模型可以输出工期、成本、质量与安全均衡最优的项目计划。模型支持分析实际进度与计划的偏差，自动制定进度纠偏措施，实现项目进度的智能纠偏，确保项目能够始终沿着最优路径平稳推进，直至成功交付。

3.5　文档分析利用模型

结合油气管道工程建设项目管理需求，根据油气管道工程建设特点以及不同场景下知识利用方式，梳理体系文件、管理细则、技术方案、施工工法、监督检查记录等项目过程及结果非结构化文档，基于自然语言处理技术进行非结构化文档建模，构建了涵盖工程项目全业务链条的智能化文档分析利用大模型。实现了非结构化文档拆解、重组、精准检索、个性推荐、智能问答，满足了向上支撑项目决策、向下指导工程施工。

4 结论

本文主要阐述了如何基于机器学习、深度学习、机器视觉、自然语言处理等人工智能先进技术构建油气管道工程建设领域大模型，以及大模型在油气管道工程项目的进度管理、安全管理、质量管理等方面多种场景化应用实践。重点介绍了以下几种应用场景，①现场安全管理：利用机器视觉技术，智能识别施工现场人的不安全行为和物的不安全状态并进行预警，提高施工安全水平；构建风险隐患辨识模型，自动生成并推送风险隐患清单，辅助现场安全检查工作；②焊接质量管理：搭建焊接质量预测模型，实时监控焊接工况参数，发现异常及时预警，避免或减少焊接缺陷的产生；③项目进度管理：构建了项目工期、成本、质量与安全多目标优化的进度计划优化模型，实现了进度计划智能编制和智能纠偏；④非结构化文档利用：构建了涵盖工程项目全业务链条的智能化文档分析利用大模型，支持文档内容的精准检索、个性推荐、智能问答。

通过上述研究应用，希望能够为油气管道工程建设领域提供一套智能化管理实践方案，从而推动行业向更加智能化、高效化和安全化的方向

发展。未来将继续优化模型，扩展应用场景，并推广至更多工程项目中使用。

参 考 文 献

[1] 闵超，代博仁，张馨慧，等.机器学习在油气行业中的应用进展综述［J］.西南石油大学学报（自然科学版），2020，42（06）：1-15。

[2] 徐磊，侯磊，李雨，等.机器学习在油气管道的应用研究进展及展望［J］.油气储运，2021，40（02）：138-145。

[3] 王琳，马林杰，徐建，等.基于深度学习的油气管道变形管段识别方法［J］.石油机械，2023，51（11）：11-19。

[4] 罗仁泽，王磊.基于深度学习模型的油气管道焊缝缺陷智能识别［J］.天然气工业，2024，44（09）：199-208。

[5] 光宇.基于深度学习的埋地管道外腐蚀剩余寿命预测方法研究［D］.重庆科技学院，2023。

[6] 王思杰.基于机器视觉的油气管道焊缝检测识别系统研究［D］.西安石油大学，2020。

[7] 刘慧舟.基于机器视觉的安全隐患识别方法及其在油气站场的应用研究［D］.中国石油大学（北京），2022。

[8] 李雪驹.油气勘探开发文档的语义分析及提取方法的研究与实现［D］.中国石油大学（北京），2017。

[9] 向然.建筑工程质量隐患整改单知识建模与信息抽取研究［D］.华中科技大学，2022。

炼化装置工艺运行管控优化的大模型技术应用研究

谢　恒[1]　刘　建[2]　张　键[1]　陈爱军[2]

（1.中国石油兰州石化公司；2.昆仑数智科技有限责任公司）

摘　要　引入人工智能大模型新技术，对炼化生产装置的工艺运行管控业务流程进行优化和改进，从而实现业务模式的转型升级，提升装置运行操作的核心竞争力。作为中国石油昆仑大模型炼化专业场景的炼化试点企业，以完成炼化装置多模态工艺运行大模型试点建设与应用为目的，兰州石化与建设单位分析论证业务与技术融合的关键点、可行性，以可实现、见效益为应用研究目标，提出了分阶段的技术攻关路线：第一阶段，在工艺运行机理模型的基础上，融合人工智能建模技术，提升装置专业科学计算模型的泛化能力、鲁棒性和精准度，为装置用户提供精准的运行优化感知层和智脑层，应用大模型强大的自然语言处理能力，理解用户的自然语言输入，从自然语言中提取和解析关键信息参数，按专业模型的功能、入参和响应格式要求，实现与装置运行优化相关的知识检索、问答、问数，以及智能化地承载专业大模型的装置实践应用，即炼化装置Agent大模型，增强训练多模态工艺运行大模型的样本数据量和样本质量，更好从技术角度研究业务需求和落地的方法；第二阶段，将投入生产运行的"大语言模型＋专业科学计算模型"（第一阶段的成果，炼化装置Agent大模型）作为一个黑箱模型，梳理这个黑箱模型所有结构化、非结构化的入参与出参，并进行编码定义，实时采集存储用于辨识大模型参数的运行数据，然后用这些海量的实际操作数据，学习训练出炼化装置工艺运行大模型，从而完成功能和属性符合多模态大模型特征的工艺运行大模型。对比"一步"完成炼化装置多模态工艺运行大模型建设，该技术路线具有投入产出比高、开发至应用周期短、技术难度低等特点。目前，已完成第一阶段的模型与功能开发与验证测试，正在进行"大语言模型＋专业科学计算模型"的功能完善与提升，研究多模态工艺运行大模型的工程化技术理论。

关键词　多模态大模型技术；炼化装置；工艺运行；管控优化；深度学习

1　引言

炼化行业是石油化工供应生产链的关键环节，炼化生产装置的运行管控优化对于炼化企业来说至关重要，主要关注于：如何减少生产过程中的浪费，提高生产线的运行效率，从而增加产量；通过优化能源消耗、原材料使用和设备维护，可以显著降低生产成本；稳定生产过程，减少产品质量波动，提高产品质量的稳定性和一致性等等。随着大数据、人工智能大模型等技术的发展，如何利用先进技术对炼化装置进行实时监控和智能优化成为当前研究的热点。

兰州石化通过数据治理打破数据壁垒，消除数字鸿沟，夯实装置关键运行参数的数据收集与处理效率，保障数据驱动建模的数据质量；发挥聚烯烃产能和品种设计优势，持续研发高附加值、自主特有新产品。承接中国石油昆仑大模型的炼化行业试点建设任务后，在AI+新材料专业场景方面，对标国外最先进的聚烯烃优化控制技术，在应用人工智能大模型解决影响产品质量、成本和性能等重要控制指标的建模与优化问题，提出了分阶段的多模态工艺运行大模型技术攻关路线。引入深度学习、大数据分析和多模态大模型技术，融合机理、专家经验建模方法，增强建模与优化的泛化和精准能力，建立Agent大模型，实现炼化装置运行关键管控指标的实时预测和智能优化。

本文提出了一种基于大模型技术的炼化装置工艺运行管控优化方法，采用见效与迭代升级兼顾的模型架构和算法，缩短了大模型建设与应用周期，实际应用与验证结果证明了该方法是炼化行业大模型的一种有效的技术路线。

2　技术路线与方法

（1）研究基础

大模型是人工智能的一种深度学习模型，是实现通用泛在人工智能的一个方式。大模型的训练数据量、参数量、计算量显著大于此前的人工智能模型。基于海量数据训练形成基本的语言能力，并通过基于人工干预的模型调优，形成了包括对话能力、代码生成能力在内的一系列基础能力。大模型具有：训练数据量大，超过4000亿Token甚至1万亿Token；参数量大，比如：GPT-3具有1750亿个参数；神经网络层数高，比如：GPT-3网络为96层，每一个词用12888维度的向量；训练算力大，285000 CPU cores，10000英伟达V100 GPUs。因此，分析投入资源与产出的效益或效果，"一步"实现用一个通用大模型解决同一领域/行业下的多个任务特征和能力是不可行的，结合应用需求与大模型的技术特点，较为可行的装置工艺运行优化大模型如表1所示。

（2）大语言+专业科学计算模型（Agent大模型）

解决炼化装置的工艺运行优化问题具有显著的经济效益，此方面的技术研发工作是一项持续开展的工作，相关的技术研究成果已有很多的应用案例。本文提出的大语言+专业科学计算模型（图1），是见效明显且开发至应用周期短的大模型技术应用方法。结合使用大语言和专业科学计算模型，在保持

较高性能的同时，解决特定应用场景下的资源和效率问题，大模型提供强大的基础和广泛的知识背景，专业模型提供针对特定任务的优化和高效运行能力。

（3）多模态工艺运行大模型

炼化装置多模态工艺运行大模型的开发路线，分为两个阶段：

第一阶段，在工艺运行机理模型的基础上，融合人工智能建模技术，提升装置专业科学计算模型的泛化能力、鲁棒性和精准度，为装置用户提供精准的运行优化感知层和智脑层。降低用户要掌握相关信息系统和数据源的操作应用要求（如严格地执行系统操作步骤，才能获得所需信息或结果，操作规程、DCS运行数据、化验分析数据或专业模型的预测优化结果，高效地理解。

将工艺运行管控过程的业务需求，描述为通用且专业的语言文字；语言描述输入炼化装置大模型后，大模型智能化"打破"系统之间、业务数据之间的"壁垒"，将语言的业务信息解析为各信息系统的入参与出参并执行操作；最后，自动地将获得的信息、数据进行汇总，并归纳整理为用户直观即视的结果。用"一句话"完成用户进行工艺运行分析的活动过程，提升装置常态化运行操控的工作效

表1　装置工艺运行优化大模型

场景名称	应用大模型技术前	应用大模型技术后	效益
装置运行操作大模型	1）装置运行操作的信息与知识，以业务管控系统、文档资料查找、经验记忆为主； 2）资料源头多、保存方式分散，信息知识的归档、版本更新、知识沉淀等活动效率低； 3）装置运行诊断分析，主要以人工取数、流程模拟、经验模型为主。	1）便捷地实现信息或数据的检索与互联，快速获得操作措施、应急处置、智能问数等知识； 2）在完善标准规程、转化举一反三案例、借鉴专家经验和优化运行操作等活动中提供智能化知识库服务； 3）智能辅助用户进行生产运行信息的快速获取、根原因分析与诊断，提升精细化管控水平。	1）炼化装置运行操作知识的智能化检索、归集、传播、传承； 2）增强炼化装置在企业生产经营链环节的应变处置能力。

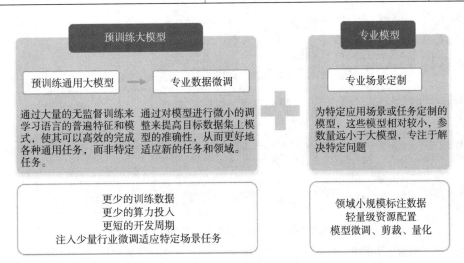

图1　大语言+专业科学计算模型

率，实现大模型应用于炼化生产业务赋能的转型升级，投入产出比高、项目周期短。

第二阶段，将投入生产运行的"大语言模型+专业科学计算模型"（Agent大模型）作为一个黑箱模型，梳理这个黑箱模型所有结构化、非结构化的入参与出参，并进行编码定义，实时采集存储用于辨识大模型参数的运行数据，然后用这些海量的实际操作数据，学习训练出炼化装置工艺运行大模型（图2），从而完成功能和属性符合多模态大模型特征的工艺运行大模型。

黑箱模型辨识方法不需要深入了解模型的内部结构，适用于那些内部机制复杂或不可知的系统，通常能够适应不同的数据类型和模型结构，具有较好的通用性。黑箱模型辨识方法为理解和预测复杂系统提供了有效途径，尤其是在无法直接访问系统内部信息的情况下，这些方法的应用有助于提高模型的预测能力、优化系统性能，并支持决策制定。

3　应用效果

兰州石化通过数据治理打破数据壁垒，消除数字鸿沟，夯实装置关键运行参数的数据收集与处理效率，保障数据驱动建模的数据质量；发挥聚烯烃产能和品种设计优势，持续研发高附加值、自主特有新产品。已有的机理和专家经验研究成果为大模型+专业科学计算模型开发提供了有力的技术支撑，在较短时间内完成了全密度聚乙烯的第一阶段建设内容。

建立全密度聚乙烯的露点、冷凝率、熔融指数（MI）和密度（FI）等关键指标的大模型+专

业科学计算模型，用于控制聚合产品物性在过渡过程和稳定状态的操作，降低运行成本，实现装置运行节能降耗的目标，形成国产化的聚合装置Agent大模型（图3）。其中：

（1）运行优化机器人助手

装置操作人员应用炼化助手的操作规程问答能力，对话式实时获取解答装置操作相关问题，使用户能够快速获取专业知识与生产运行实时数据，提升应急处理能力。以智能机器人助手的形式辅助用户操作、分析工艺优化大模型应用，支持通过文字或语音对话的方式，执行数据加工处理、工艺优化计算、获取工艺优化结果等操作，提供伴随式的助手服务。

（2）聚烯烃产品物性指标预测

采用机理+人工智能的融合建模技术提升数据驱动建模的泛化性、鲁棒性和精准性，解决大模型训练样本海量、质量好的建模需求；机理模拟结果补充了训练样本的泛化性，自适应模型调优大幅降低模型维护的资源投入，精准预测中控指标。

（3）Agent大模型

开发根原因诊断、操作参数优化等功能，实现对影响质量的关键操作参数的量化分析和判断，指导装置管理和技术人员有针对性的优化调整操作，提升装置质量过程管理能力，支持效益改进。

大模型理解用户需求、自动解析入参（输入参数）并调用各科学计算模型的API接口：用户通过自然语言提出请求或需求，自然语言处理模型分析并理解用户的意图；大模型从用户的自然语

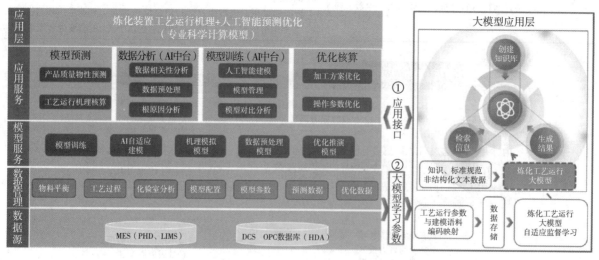

图2　炼化装置多模态工艺运行大模型的模型架构

注：①构建智能问答、问数、生成式、专业科学计算等功能组成的装置Agent大模型；
　　②通过黑箱法自适应监督学习大模型+专业科学计算模型，建立炼化装置多模态工艺运行大模型。

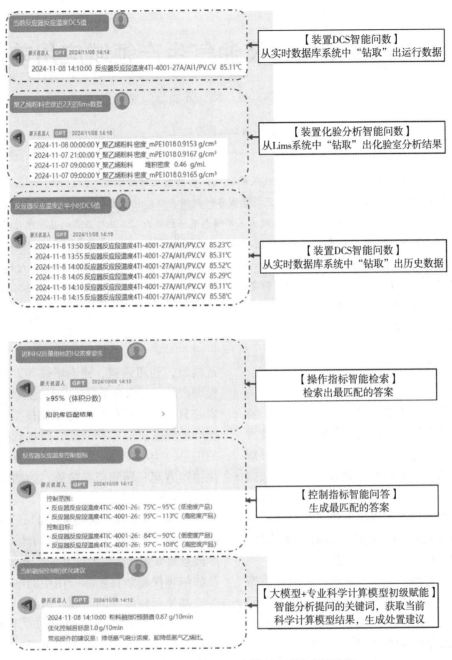

图 3　全密度聚乙烯 Agent 大模型一站式应用效果

言输入中提取关键信息，如 API 调用所需的参数，模型可能需要识别参数的类型、格式和可能的值；根据用户的需求和解析出的参数，模型选择合适的 API 进行调用，并模型生成 API 请求，包括正确的方法（GET、POST 等）、URL、路径参数、查询参数和请求体；模型接收 API 的响应，并对其进行处理，以生成用户友好的输出，模型将处理后的结果反馈给用户。应用案例如图所示。

4　结论

人工智能大模型技术应用于炼化装置工艺运行管控业务流程，本文提出构建多模态工艺运行大模型的模型架构和技术路线，具有投入产出比高、开发至应用周期短、技术难度低等特点。在高效地开发大模型 + 专业科学计算模型的过程中，不仅更深入地理解新技术如何与业务进行融合，而且第一阶段的成果也增强了训练多模态工艺运行大模型的样本数据量和质量，为技术研究和业务落地提供了支持。后续，研发团队将进一步研究多模态工艺运行大模型的工程化技术理论，推动其在炼化行业的广泛应用。

多模态大语言模型概述及油气生产领域应用前景展望

杜　旻　安　然　罗　娟　苏衡玉　杨　倩

（中国石油长庆油田公司）

摘　要　在数据爆炸式增长和技术飞速发展的时代，多模态大语言模型（MLLM）站在了人工智能（AI）技术的最前沿。多模态大语言模型旨在无缝集成各种数据类型，包括文本、图像、视频、音频和生理序列，它所解决的现实世界应用的复杂性远远超出了单模态系统的能力。石油行业正面临数字化转型智能化发展重大机遇和挑战，探索AI技术，尤其是MLLM在油气生产领域的应用，是推动油气生产现代化的重要手段。本文介绍MLLM的基本概念、关键技术，分析油气生产领域对智能化技术的需求，探讨MLLM在该领域的应用潜力和优势，并结合当前研究现状和实际应用案例，提出MLLM在油气生产领域应用面临的挑战和解决方案，为未来的研究和实践提供参考。

关键词　人工智能；多模态大语言模型；多模态；油气生产

1　引言

随着人工智能技术的飞速发展，大模型，特别是多模态大语言模型，已成为学术界和工业界关注的焦点。多模态大语言模型作为一种能够同时处理文本、图像、视频和音频等多种模态数据的高级模型，展现了前所未有的泛化性和任务适应性。这类模型通过在大规模多模态数据集上进行预训练，能够理解和生成跨模态的复杂信息，为人工智能的广泛应用提供了新的可能。

在自然语言处理（NLP）领域，大语言模型（LLM）如GPT系列已经取得了显著的成功，它们不仅能够进行流畅的文本生成和对话，还能在代码生成、逻辑推理等多种任务中表现出色。然而，面对现实世界中的复杂场景，单一模态的数据往往不足以全面描述和理解问题，这促使研究人员开始探索多模态大语言模型的发展。MLLM通过整合多种模态的信息，能够更准确地理解用户意图，生成更丰富、更具体的输出，极大地提升了人工智能系统的实用性和智能化水平。

油气生产领域作为一个高度复杂且数据密集的行业，对智能化技术的需求日益迫切。随着油气资源品质的劣质化和勘探开发难度的增加，传统方法已难以满足高效、精准的生产需求。大模型技术，尤其是MLLM，为油气生产领域的智能化发展提供了新的思路和解决方案。油气行业大模型应用刚刚起步，部分油气企业基于开源大语言模型，利用微调、检索增强等方式发布大语言模型产品，还有少数学者构建地震资料处理解释、岩心分析等领域的预训练基础模型。利用MLLM整合地质数据、生产数据、市场数据等多种模态的信息，能够帮助工程师快速分析地质条件、优化生产方案、预测市场趋势，为油气企业的决策制定提供有力支持。

然而，MLLM在油气生产领域的应用还面临着诸多挑战。例如，如何构建适合油气行业特点的多模态数据集，如何设计和训练高效的MLLM，以及如何确保模型在实际应用中的准确性和稳定性等，都是亟待解决的问题。因此，本文旨在概述MLLM的基本原理、最新进展和应用现状，并结合油气生产领域的实际需求，展望MLLM在该领域的应用前景。

具体而言，本文首先介绍MLLM的基本概念、关键技术，重点阐述MLLM的重要组成部分、工作原理和多模态任务处理机制。然后，分析油气生产领域对智能化技术的需求，探讨MLLM在该领域的应用潜力和优势。最后，结合当前研究现状和实际应用案例，提出MLLM在油气生产领域应用面临的挑战和解决方案，为未来的研究和实践提供参考。

综上所述，本文旨在通过全面概述MLLM的最新进展和应用前景，为油气生产领域的智能化发展提供新的思路和方法，推动人工智能技术与油气生产领域的深度融合。

2　多模态大语言模型概述

2.1　定义和基本概念

　　总体而言，多模态大语言模型代表了人工智能和机器学习领域的一大进步，体现了处理和解释包括文本、图像、音频和视频在内的多种数据类型的能力。通过整合和综合这些不同模式的数据，MLLM 可以更全面、更精确地理解和生成信息。MLLM 是一种复杂而全面的系统，可同时处理和解码多模态数据。MLLM 的核心原理在于不同模态之间的融合和相互作用，这极大地增强了模型的有效性。这种多模态方法不仅能增强对单个数据类型的理解，还能促进它们之间更细微的互动，从而扩大人工智能应用的范围和准确性。例如，在图像标注等任务中，MLLM 可同时利用文本和视觉数据来生成准确且与上下文相关的图像描述。这种协同作用使模型能够超越单一模式系统的局限，提供更丰富、更详细的输出。此外，音频和视觉数据的结合还能大大提高视频理解和注释等任务的性能，从而使 MLLM 在需要详细多媒体分析的应用中发挥无价之宝的作用。

　　通过利用各种数据类型的集体优势，MLLM 不仅增强了人工智能解释世界和与世界互动的能力，还为机器如何理解复杂、多方面信息的突破性发展铺平了道路。

2.2　多模态大语言模型的主要组成部分

　　多模态大语言模型利用几个重要组件来有效处理和整合来自不同模态的数据。这些组件旨在将各种来源的原始输入转化为可操作的洞察力，从而使这些模型具有难以置信的通用性和有效性。这些模型的架构可大致分为三个主要部分：多模态输入编码器、特征融合机制和多模态输出解码器。

　　（1）多模态输入编码器：多模态输入编码器是 MLLM 的重要组成部分，旨在将各种模态的原始输入数据转换为模型可以有效处理的结构化格式。这一重要模块专门处理不同类型的数据，确保每种数据形式都能得到最佳编码，从而有效促进模型整体功能的实现。以下是每种数据类型的编码器工作原理：

　　文本：对于文本数据，编码器利用嵌入层（将单词映射为连续的数字向量）和多层感知器（MLP）等技术，或更高级的转换器来管理文本中的长距离依赖关系和上下文。

　　图像：视觉数据使用最先进的架构进行处理，例如视觉转换器（ViT），它将图像的各个部分视为序列以更好地捕捉关系，或残差网络（ResNet），这有助于学习更深层次的特征，而不会通过层丢失上下文。

　　音频：音频数据使用 C-Former、HuBERT、BEATs 或 Whisper 等模型进行分析。这些模型都能捕捉声音的独特属性，从基本音调到复杂的有声语言，从而提高模型准确解释听觉信息的能力。

　　序列数据：对于脑电图和心跳等序列数据，编码器采用了一维卷积神经网络（1D-CNN）和长短期记忆（LSTM）单元的组合。这种设置在捕捉数据的时间和空间模式方面特别有效，这对于医疗应用中的早期诊断至关重要。

　　通用编码器：通用编码器是最近的一项创新。该编码器旨在对音频、视频和功能性磁共振成像（fMRI）等高度多样化数据类型的编码过程进行标准化。这种编码器利用通用方法处理和整合多种形式的数据，提高了数据处理的一致性和效率。每个编码器都能将原始输入转换为特征向量，然后再转换为固定长度的特征序列。这种标准化至关重要，因为它为数据的进一步处理做好了准备，确保模型的后续层能够有效地进行特征融合和解码。

　　通过适应和优化不同数据类型的初始处理，多模态输入编码器不仅提高了模型的性能，还扩大了其在不同领域的应用范围。无论是提高图像标题的准确性、丰富机器翻译的语境，还是提高医疗诊断工具的精度，该编码器都在使人工智能模型能够执行复杂任务方面发挥着基础性作用，而这些复杂任务需要对各种输入进行细致入微的理解。

　　（2）特征融合机制：多模态特征融合包含特征提取和模态对齐两个阶段。

　　特征提取：不同模态的数据具有不同的表现形式。例如，文本是基于符号的序列，图像是二位像素数据，音频是随时间变化的波形信号。因此，模型需要对这些不同模态的数据进行特征提取，以便进行统一处理。

　　模态对齐：多模态模型的核心在于其整合不同模态特征的能力，多模态数据之间的时空关系需要对齐。例如，在视频理解中，模型需要将视频帧中的视觉信息与音频信息进行时间同步，已实现更好的理解。这种融合对齐可以发生在不同阶段：

早期融合：在初始阶段结合输入数据，利用不同模态的原始互联性。

中期融合：在特征提取阶段合并特征，让每种模式都能为统一的表征贡献其独特的属性。

后期融合：在决策阶段整合单个模态路径的最终输出，通常用于需要从多种数据类型进行综合判断的任务。

联合融合：一种混合方法，融合早期融合、中间融合和后期融合，以最大限度地利用所有阶段的数据。这些融合过程通常采用预先训练好的LLM，虽然这些LLM最初是为文本数据而设计的，但通过先进的特征投影和序列化技术，已可处理和合成多模态输入（图1）。

（3）多模态输出解码器：最后，多模态输出解码器将融合、整合后的多模态输入重新转换为适合特定任务的可用形式，例如，图像字幕解码器可根据视觉输入生成去脚本化文本。在视频理解任务中，解码器可以结合视觉和听觉数据生成注释或摘要。每个解码器都经过精心设计，以优化准确性和质量，确保输出精确反映从综合模式中获得的综合见解。

总之，多模态大型语言模型的复杂架构使其能够通过利用和综合文本、图像和音频数据来处理复杂的任务。这种能力不仅能提高人工智能应用的性能，还能为我们理解技术和与技术互动开辟新的创新途径。

2.3 大语言模型中的多模态特征概述

在融合多模态特征时，通常的做法是不从头开始训练新模型，而是利用现有的预训练大型模型，如大语言模型。虽然预先训练的LLM主要是为处理文本输入而设计的，但可以采用各种技术来调整这些模型，使其适用于处理多模态数据。本节将介绍一个具体的例子，以说明融合过程。

首先，需要对每种模式的数据进行编码，并将其投射到统一的特征空间中。例如，可以使用残差网络或Vision Transformer等预训练模型将图像数据转换为特征向量V-image。文本数据可以使用BERT等预先训练好的文本编码器转换成特征向量V-text，音频数据可以使用wav2vec等预先训练好的音频编码器转换成特征向量V-audio。然后，通过线性变换或其他投影方法，将不同模态的特征向量映射到共享特征空间。要将这些多模态特征输入预训练的LLM，只需将不同模态的特征串联起来，即可形成多模态特征序列，如［V-image、V-text、...、V-audio、V-text］。

然后，将构建的多模态特征序列输入到预先训练好的LLM中进行处理。变换器模型通过多层自注意力机制（self-attention mechanisms）和前馈神经网络处理输入的特征序列。由自注意力和前馈网络模块组成的每一层都会更新和整合特征表征，逐步提取更高级别的特征。在经过多个转换器层后，模型会生成一个包含综合信息的特征表示序列。根据任务要求，特定的输出层可以生成最终结果。例如，如果任务是生成文字描述，则可将综合特征表示输入文字生成器，生成描述性文字。

按照这些步骤，多模态特征就能被LLM有效处理。虽然像GPT、LLAMA这样的预训练语言模型主要是为文本输入而设计的，但通过特征投影

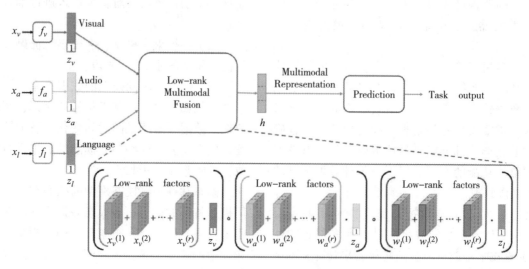

图1 多模态输入的特征融合机制示意图

和序列化方法，它们的功能可以扩展到处理和整合多模态数据，从而使它们能够执行复杂的多模态任务。

3　多模态大语言模型在油气生产中的应用方向及场景

多模态大语言模型是一种能够处理和整合多种数据模态（如文本、图像、音频、视频和传感器数据）的人工智能模型。与单模态模型相比，多模态模型能够在复杂环境中提供更全面、准确的分析结果，特别适用于需要整合多维度数据的复杂场景。油气生产行业作为一个技术密集型和数据密集型的领域，存在大量的多模态数据，包括地质图像、井下传感器数据、工艺预测预警信息、监控视频、生产日志、文本报告等。这为多模态大语言模型的应用提供了巨大的潜力。

3.1　MLLM在油气生产中的应用方向分析

（1）实时预测与预警：在油气生产过程中，实时预测和预警是保障安全生产的核心要素。通过多模态大语言模型对地震波、声波、温度、压力等数据进行实时分析，可以预测地下油气藏和地面集输系统的压力变化和可能的生产风险，从而提前采取应对措施。未来，更多基于此类技术的智能预警系统将广泛应用于油气生产领域。

（2）自动化决策与智能优化：随着大模型技术的进一步发展，未来油气生产中可以实现更多自动化决策。多模态大语言模型可以整合从勘探、钻井、生产到集输的各个环节数据，形成智能化的生产管理平台。这种系统能够自主分析并提供优化生产参数的建议，实现从生产设备的调控到流程的优化，大大减少对人力的依赖。

（3）油气生产数字孪生技术：数字孪生是指通过数据的实时采集和模拟生成油田的数字化复制版，其核心是对油气生产工艺流程的机理模型搭建与应用。未来，多模态大语言模型能够进一步推动数字孪生技术的发展，结合实时传感器数据、历史生产数据和3D模型，多维度处理复杂过程的大量数据，提升油气生产工艺机理模型基础之上的智能化应用水平，帮助开展更加高效、节能、安全的油气生产。

（4）新能源与环保管理：随着全球对碳减排要求的日益提高，油气行业面临着越来越大的环境保护压力。通过多模态大语言模型，可以更有效地监控油气生产过程中的排放情况，分析不同生产流程中的碳排放数据，帮助企业找到低碳生产的最佳方案。这种基于多模态分析的碳管理系统，未来将在推动油气行业可持续发展方面发挥重要作用。

（5）油气生产安全管理：油田开发区域通常存在大量危险区域，如高压区域、化学品储存区域或井口附近。多模态大预言模型可以结合视频监控、传感器数据以及人员定位系统，实时监控人员的活动轨迹，识别他们是否进入了危险区域。例如，通过分析视频监控与人员位置信息，模型可以自动识别安全距离违规的情况，并向管理人员或现场作业者发出提醒。这一应用能够有效减少人为操作失误导致的事故。

3.2　MLLM在油气生产应用场景中的前景展望

（1）地质勘探与油藏建模：在油气勘探和开发的早期阶段，地质勘探通常依赖多种形式的数据，如地震波数据、井下图像、岩芯样本分析、以及钻井日志等。传统的单模态分析方法无法充分利用这些多样化的数据。而MLLM可以整合这些不同来源的数据，通过深度学习技术进行数据挖掘，生成更加精准的地下油藏模型。BP、壳牌等大型油气企业已开始使用基于多模态模型的智能系统，结合地震勘探数据、岩芯分析图像和井下传感器数据，来提高油藏定位精度。这些模型可以显著减少勘探失败的风险，帮助公司做出更加精准的决策。

（2）钻井与完井优化：钻井和完井过程中产生了大量实时数据，包括声波、压力、温度和泥浆循环等数据。同时，还涉及操作员的文本日志和视频监控信息。通过将这些不同形式的数据融合，MLLM能够对钻井状态、设备状况和井下环境做出综合分析，帮助进行实时决策和优化钻井过程。在钻井平台部署了基于MLLM的智能系统，用于实时监测钻井参数、视频监控和操作员的语音报告。这些系统能对异常情况进行预警，如井喷或设备故障，从而降低操作风险和提高生产效率。

（3）设备健康监测与故障预测：油气生产设备的监控和维护依赖于多种数据源，包括振动数据、声学监控、温度传感器和压力传感器数据等。此外，设备运行的日志和维护记录也同样关键。通过将这些多模态数据进行整合，AI系统可以对设备健康状况进行监测，预测可能的故障，从而提前进行维护，降低设备停机时间和生产损失。

MLLM被用于智能化设备健康管理平台，可通过综合分析传感器数据和历史维护记录，实现提前识别设备故障趋势。

（4）无人值守与集中监控：海上油气平台、偏远地区的油田等场景中，人工监控和维护成本极高，且风险较大。通过MLLM，结合远程传感器数据、视频监控以及声音数据，能够实现无人值守井站和站点的智能监控和运维决策。该技术不仅可以实时监测平台的运行状态，还能够结合多模态数据进行智能分析，优化工艺流程，减少人力依赖，高效支撑前端无人值守和后端集中监控的油气生产模式运行。

（5）油气生产现场视频监控智能分析：随着视频监控技术的普及，智能视频分析已经成为油田生产区域生产运行和综合管理的重要支撑手段。然而，传统的视频分析系统往往只能处理单一的数据模态（如图像或视频），缺乏对其他数据源的整合和高效分析能力。在复杂的监控场景中，仅凭视频数据无法提供足够的应急响应支持。MLLM可以通过整合多源数据（如传感器数据、音频、环境数据等），为监控系统提供更强大的协同分析能力。例如，在工厂生产过程中，模型可以通过视频监控设备、温度传感器、烟雾探测器等多模态信息协同判断潜在的火灾风险，并生成紧急预警信息。此外，MLLM还能通过自然语言生成应急响应方案，帮助管理人员迅速做出决策。

（6）新能源与传统能源协同管理与优化：随着新能源技术（如风能、太阳能）的引入，油田生产现场越来越需要实现多能源的智能调度与优化管理。MLLM可以通过整合风光发电设备的实时数据、油田生产设备的运行状态、天气预报数据等信息，为操作人员提供能源管理的优化策略。例如，模型可以分析某一时刻油田的生产需求、天气状况、以及新能源供应能力，给出最优的电力调度方案，确保传统能源与新能源的无缝协同。利用MLLM能够实现油田能源供给系统的智能调度，最大化新能源利用率，减少传统能源的使用，降低碳排放，并根据实时数据自动生成电力分配方案，平衡生产过程中的能源供需，提升生产效率。

3.3 挑战与解决方案

虽然多模态大语言模型在油气生产领域中的多个业务场景下展现出广阔前景，但依然面临一些挑战：

（1）数据的多样性与异构性：

油气生产过程中，涉及的数据源复杂多样，包括实时传感器数据、历史生产记录、地质勘探数据、视频监控、环境监测数据等。这些数据格式多样，来源于不同类型的设备和系统，常常缺乏标准化。例如，地质数据可能是图像或3D模型，传感器数据可能是时间序列数据，文本数据则包括操作日志、维修记录等。MLLM需要能够同时处理这些异构数据，然而，多模态数据的整合与统一建模是极具挑战性的，尤其是如何高效管理这些大规模数据并保证数据质量。

解决方案：

①数据标准化与预处理：在数据进入MLLM之前，进行必要的标准化处理。通过开发特定的接口，将不同格式的数据转换为标准化格式。对图像、文本、时间序列等进行特定的预处理，如图像特征提取、文本标注和时间序列的数据平滑等。

②高效的数据融合技术：引入如图像、文本、传感器数据特征融合的技术，如自监督学习与多层次嵌入模型，确保模型能够在多模态数据中提取相关信息并进行整合分析。

（2）实时性与计算复杂度：油气生产的很多决策必须在短时间内做出，尤其是设备故障预测、生产调度和应急响应等场景。因此，MLLM在油气生产现场需要实时处理大量数据并快速生成分析结果。然而，处理多模态数据的模型计算复杂度高，尤其是面对大规模、高频次数据时，传统的云计算架构可能无法满足油气现场的实时性要求。

解决方案：

①边缘计算与云边协同：通过在油气生产现场部署边缘计算设备，先在本地对数据进行初步处理，减少数据传输延迟。复杂的计算任务可以交由云端完成，从而实现实时响应与深度分析的平衡。

②模型压缩与加速：采用模型蒸馏、量化、剪枝等技术，压缩MLLM的规模，提高模型在边缘设备上的运行效率。借助硬件加速（如GPU、TPU）加速模型推理过程，确保系统可以在高负荷下稳定运行。

（3）数据隐私与安全性：油气生产是国家重要的能源领域，涉及大量敏感数据，包括地质勘探、生产效率、设备状态等。在大规模数据采集和使用过程中，如何保护数据的隐私和安全成为关键问题。MLLM需要访问和分析的多模态数据，可能包含油气公司的核心商业机密和敏感的环境数据，一旦泄露将带来严重后果。

解决方案：

强化数据加密与访问控制：在数据传输和存储过程中，应用端到端的数据加密技术。结合基于角色的访问控制（RBAC）和基于属性的访问控制（ABAC）机制，确保只有授权用户或系统能够访问敏感数据。

（4）跨领域的技术整合：油气领域涉及多学科交叉，如何有效将地质学、工程学和A技术融合，也是多模态大模型的一个挑战。

解决方案：

加强跨学科合作，开发行业专用的AI解决方案，是未来的发展方向。

4　结论

本文系统地探讨了多模态大语言模型的基本原理、技术特点及其在油气生产领域的应用前景。通过深入分析MLLM的架构、预训练策略以及多模态融合技术，我们揭示了这类模型在处理复杂、多样化数据方面的强大能力。同时，结合油气生产领域的实际需求，我们探讨了多模态大语言模型在该领域内的多个潜在应用方向和具体场景，展现了其促进油气行业智能化转型的广阔前景。MLLM在油气生产领域的应用还面临着诸多挑战，如数据获取与处理的复杂性、模型的训练与优化难度以及实际应用中的安全性和稳定性问题

等，应当不断完善MLLM在油气生产中的应用落地基础。

MLLM作为人工智能领域的一项重要技术成果，在油气生产领域中具有广阔的应用前景，通过多模态数据处理与分析能力，整合油气生产过程中的多种数据源，能够显著提升油气生产各个场景下的智能化水平，进一步推动油田的数字化转型智能化发展，支撑油气行业实现现代化。

参 考 文 献

[1] 刘合，任义丽. 油气行业人工智能大模型应用研究现状及展望［J］. 石油勘探与开发，2024年，51（4）.

[2] Y. Liu, T. Han. Summary of chatgpt-related research and perspective towards the future of large language models［J］. Meta-Radiology, 2023, 100017.

[3] D. Zhang, Y. Yu. Mm-llms: Recent advances in multimodal large language models. arXiv preprintarXiv: 2401.13601,

[4] K. He, X. Zhang. Deep residual learning for image recognition. in Proceedings of the IEEE conference on computer vision andpattern recognition, 2016.

[5] F. Chen, M. Han. X- llm: Bootstrapping advanced large language models by treating multi- modalities as foreign languages. arXiv preprint arXiv: 2305.04160, 2023.

[6] K. Gadzicki, R. Khamsehashar. Early vs late fusion in multimodal convolutional neural networks. in2020 IEEE 23rd international conference on information fusion（FUSION）. IEEE, 2020, pp.

基于大模型技术的分散型项目人员管理的研究与应用

杨立思　安　然

（中国石化中原油田分公司）

摘　要　在当今全球化和信息技术快速发展的背景下，大数据、云计算、人工智能技术为代表的新一代信息技术日趋成熟并得到广泛应用，推动油气田企业在各方面的运营管理方式发生变化，进入人工智能大模型发展的新时代。同时，随着项目管理的日益复杂和全球化趋势，分散型项目团队逐渐成为常态。中原油田分公司油气储运中心内、外部市场业务的蓬勃发展，近20年来，先后承揽了西北油田分公司、天然气分公司、广东天然气管网有限公司、西南油气分公司、国际石油工程有限公司等一批油气储运业务。人员分散的项目例如国家管网的广东天然气投产保运项目、川气东送天然气运行项目、山东、榆济天然气项目，新气管道项目等，这些项目明显带有线状、网状分布。同时，人员分散的项目，人员健康、安全、轮休、路途等各方面管理更加复杂、管理难度更大。本文探讨了基于大模型的技术在分散型项目人员管理中的应用，分析其如何提升沟通效率、优化任务分配与协作、增强人员绩效评估的准确性等方面，构建了一体化系统管理平台，对大数据分析模型进行研究，实现分散型项目人员的全方面管理。通过此平台完成了各类数据采集后的数据管理、数据发布、数据分析等多种应用，最终实现了各层控制权限管理的综合信息平台。

关键词　分散型项目；一体化平台；大数据；大模型；应用研究

近年来，随着科技的发展和全球化的进程，越来越多的企业开始采取分散型管理模式。这种模式允许企业根据不同地区的业务需求和资源情况，灵活地管理和调整其运营活动，以适应日益复杂多变的市场环境。分散型管理允许企业根据不同地区的特定需求和资源情况，制定更加灵活的管理策略和运营模式。这种模式有助于企业更好地适应不同市场的独特性和复杂性，从而提高市场竞争力。通过分散型管理，企业可以更加有效地分配资源和人力，确保关键业务领域得到足够的支持和关注。这种模式有助于企业在全球范围内实现资源的优化配置，提高整体运营效率。同时，科技的发展为分散型管理提供了强大的支持。通过云计算、大模型等技术，企业可以实现数据的集中管理和分析，同时保持业务的分散执行，从而提高决策效率和业务响应速度，为分散型项目人员管理带来了新的机遇与变革。

1　分散型项目人员管理的挑战

1.1　沟通协调问题

地域和时区差异导致团队成员之间的实时沟通困难，信息传递容易出现延迟和误解，重要信息无法及时共享和讨论。同时，人多站多，谁在哪个站也不能一一对应。

1.2　人员绩效评估

人员休假管理不清楚。由于人员休假要配合甲方及第三方，休假模式、休假时间各站差异很大，做不到同一时间轮休和上岗；人员在岗时间不清楚。站上人员已经上岗工作了多少天不清楚，已经休假多少天不知道。由于休假时间差异大，很难掌握人员已经工作多少天，休假多少天，除了岗位工人自己之外，管理人员很难掌握；人员在岗累计时间不清楚。员工每年上班累计时长、休假累计时长不清楚，管理人员对员工上岗时间无法评价；休假返岗期间的路途不清楚。管理人员对员工路途的管理很难掌握，对于路途中的意外情况缺乏抓手，甚至无从下手。

1.3　人员培训问题

人员证件管理不清楚。员工HSE证件、压力容器证R1、输气工证、低压电工证等各类证件管理不方便，对证件即将到期人员不清晰，员工持证情况不清晰；人员培训程度不清楚。员工集中培训学习困难、缺少对员工集训、培训学习的有效手段。

为进一步提升分散型项目管理工作，迫切需要开发一个统一的信息系统管理平台。利用大模型技术，建成完善的数据库系统，对信息资源进行快速传递、处理，减少信息的冗余，提高数据的查询、统计和分析的准确性和便捷性。同时，使操作层、技术管理层、领导决策层能及时、准确、快速的获取相关信息，并据此有效地对其进行控制和管理。

2 研究思路

2.1 制定统一的平台建设规范

结合信息化建设的实际情况，实现信息化底层标准统一，需要从信息化应用中的网络、软件、平台等入手，制定相应的标准规范，关键是要建立各子系统所必须依据的统一技术规范、应用平台、信息代码、运行管理制度等，以确保从技术和功能层面构建基本支撑及应用体系。

2.1.1 信息系统设计规范

包括设计的技术原则、软件编写规范等。主要是为了统一软件开发过程中的设计规范和具体工作时的编程规范，统一技术标准，提高沟通和技术协作水平，提高工作效率，便于交流和维护。代码设计规范化旨在实现脚本整体风格的一致，保证同一个人不同时期写的脚本风格保持一致，同一个工作组不同的开发人员编写的脚本风格也保持一致。

2.1.2 数据库设计规范

包括数据库系统编程原则、数据库系统命名原则、数据库类型定义原则等。对于新开发的功能，我们都尽量遵守规范，通过逐步积累和收集，不断优化数据库编程，尽量避免在SQL编程过程中，使用效率低下的语句。同时，对于数据库名、表名、主键、外键、字段、表空间等各个名称的命名、长度、类型等逐步进行规范。

在软件设计过程中，除了遵守相关规范，我

们也紧紧把握面向对象程序设计的三个核心要素：封装、继承与多态。通过类的封装，合理控制类的访问权限，使软件设计的重用性、灵活性和扩展性得到充分体现。

2.2 合理设计系统架构

2.2.1 总体架构设计

平台在标准规范的基础上、数据交换平台的支撑上，搭建了人员基础信息、证件管理、健康管理、休假管理、培训平台、信息共享服务、异地协同办公等7个模块，最终实现了各层控制权限管理的综合信息平台，通过此平台完成了各类数据采集后的数据管理、数据发布、数据分析等多种应用（图1）。

系统架构设计过程中重点考虑了以下6个方面，见表1。

表1 考虑因素

需求	具体描述
信息数据的安全性	根据安全基线要求内容，做好所涉及的主机、数据库、中间件等安全配置要求。同时，对每个功能页面进行安全性测试，通过验证码、账户锁定、权限管理等手段减少系统入口的暴露。
不同用户层的功能需求	对于不同的操作层、技术管理层、领导决策层，角色和用户进行灵活的权限分配和管理，满足不同用户层的需求。
系统的可扩展性、可重用性、可移植性	充分考虑组件与方法函数的可重用性和系统的可移植性，提升系统性能和维护便捷性。
运行效率和稳定性	从系统部署和设计阶段开始着手考虑，优化系统结构和性能。
人机交互的舒适性	尽可能从设计上和系统运行效率上提升用户应用体验。
数据架构的规范性	为系统后期的功能扩展和系统维护打下良好基础。

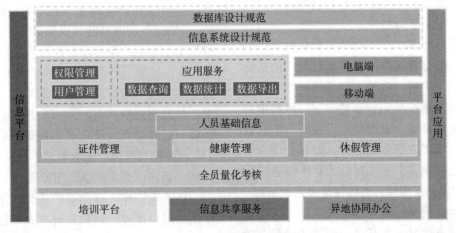

图1 信息平台

2.2.2 数据库设计

将分散的数据库形成一个符合信息系统要求的整体数据库（图2）。根据系统功能需求分析，对系统数据库逻辑结构和物理结构进行了合理设计。按分类整体可以分为人员基础信息、培训平台、信息共享服务、异地协同办公、系统管理等五大部分。

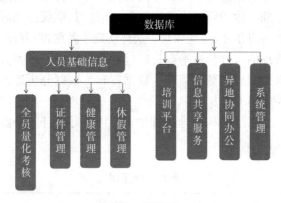

图2 数据库

平台集成建立了一套严格的数据传输流程，保证了数据的及时性、完整性和准确性。信息平台作为数据的源头，应用数据同步技术，将所有数据推送到平台数据库中，再由平台数据库向信息系统中同步推送，减少了数据冗余，大大提高了数据库的使用效率。同时，通过信息化手段进行精准的操作，实现"一次维护，多次共享"的目的，减轻了操作人员填报数据的工作量，从根本上决绝了数据重复填报，数据质量参差不齐的现象，直接影响到数据的准确性和管理的决策。

2.3 建设信息管理平台

平台包括七个方面基础信息管理、人员信息管理、全员量化考核、培训平台、信息共享、异地办公、系统管理。人员信息管理包括证件管理、健康管理、休假管理。

2.3.1 基础信息管理

人员集成信息管理。一是实现对员工的作业区、场站、职工类别、政治面貌等情况进行分类查询统计，用于掌控员工分布情况。二是对项目职工、合资公司员工、临时劳务工类别、项目合同内、合同外员工进行分类统计，方便管理人员对经营状况进行评估。三是对员工基本信息进行查询，方便在紧急事件时，进行快速决策和处理。

在遇到特殊情况时，可方便查询职工的持证情况、基本信息情况，尤其是在职工遇到紧急情

况时，可方便的对其家庭情况，家庭紧急联系人，家庭所在地址等进行快速查询，便于快速决策和处理。

2.3.2 人员信息管理

（1）证件管理

实现了对员工的输气工证书、管道保护工证书、压力容器R1、安全管理资格证、HSE证、注安师证、低压电工证、综合计量工证等证件的管理，对1个月内即将到期的人员的证件等进行警示和查询，对拥有某种证件的人数进行统计及详细查询等。

（2）休假管理

对休假（返岗）信息进行查询和管控，可对上岗天数，休假天数等进行查询；对异常路途信息查询；对休假（返岗）历史追溯，对特殊时段的在岗和休假情况进行查询，对个人的在岗及休假历史进行追溯。同时，根据休假管理数据，自动计算匹配出出勤天数。根据出勤情况自动生成加班、到岗情况，自动生成本轮工作天数和本轮休假天数。同时，自动生成本月考勤表。

2.3.3 培训平台

搭建了网络培训平台。实现项目异地人员在手机上、电脑上随时观看培训视频，达到提高员工实操技能和业务能力，消除或降低作业风险的目的。

2.3.4 系统管理

按照系统日常管理需求，对于不同的功能模块，实行用户、组织机构、权限等统一管理，包括重要参数设置、任务发布、日志管理等，以满足项目运行需求和安全管理需求。

2.4 人机交互功能设计

2.4.1 方便、快速的B/S电脑端管理

电脑端管理。系统采用B/S结构（Browser/Server结构）即浏览器和服务器结构进行开发。B/S结构的优点：具有分布性特点，可以随时随地进行查询、浏览等业务处理；业务扩展简单方便，通过增加网页即可增加服务器功能；维护简单方便，只需要改变网页，即可实现所有用户的同步更新。这样就大大简化了客户端电脑载荷，减轻了系统维护与升级的成本和工作量。

2.4.2 简洁、灵活的移动端管理

移动端管理。移动端的优势在于能够提供个性化的用户体验，通常具有更多功能和权限，通常简单明了，轻松上手。通过优化代码、减少页

面加载时间可以随时随地为用户提供服务，不受地点和时间的限制，即可轻松访问。通过地理位置手机和分析，可以为项目地点管理提供更加精准的服务和用户信息。

2.5 大模型技术的应用

大模型技术通过对项目需求的分析以及对团队成员技能、经验、工作量历史数据的学习，能够自动生成优化的任务分配方案。同时，实时监控任务进展情况，通过与项目管理工具、任务跟踪软件等的集成，收集成员的任务更新信息，分析任务是否按计划进行。若发现任务延迟或出现异常，大模型技术可自动发出预警，并提供可能的解决方案或调整建议，如重新分配资源、调整任务优先级等。

大模型技术可以收集分散成员在项目全周期内的各种数据，包括工作成果提交情况、沟通频率与质量、任务完成时间与质量等多维度信息，构建全面的绩效评估模型。基于大数据分析和机器学习算法，不断优化评估标准和权重，使其更贴合项目实际情况和团队特点，确保评估结果的客观性和公正性。同时，能够为每个成员生成个性化的绩效报告，指出优点与不足，并提供针对性的发展建议。

提供智能会议安排功能，考虑成员的时区、日程安排等因素，自动推荐最佳会议时间，并可在会议过程中实时生成会议纪要，总结重点内容和待办事项，方便成员后续跟进。

支持虚拟协作空间，团队成员可以在其中共享文档、代码、设计稿等项目资源，并通过大模型技术实现智能版本控制和冲突检测。

2.6 角色权限动态生成主界面

系统根据用户角色的不同，动态灵活地进行权限分配，同时，根据角色权限的不同，动态生成主界面，提升了用户的体验。如管理员、技术人员、操作人员所看到的功能模块将会不同，同时，权限分配可以具体到任何一个功能页面。

2.7 无刷新页面技术的应用

系统应用程序每提交一个服务器操作，整个页面都将被重新装载、刷新。如果页面中需要从服务器下载大量的数据，而执行的服务器操作与这些数据无关，每次都重新装载页面会导致程序运行不流畅。本系统应用了ASP.NET的Ajax技术，彻底解决了ASP.NET编程模型所带来的刷新问题，不用刷新页面就可以读取信息，实现了对页面的局部刷新，减少了对全部页面进行刷新所带来的

时间响应问题。给用户带来了更好的感受和更强大的人机交互能力，同时还可以提升浏览器的独立性，提高运行效果。

2.8 分层级控制权限管理

按照集中一体化管理思路和要求，对系统平台按层次系统分为基层岗位操作层、班组层、管理决策层，系统根据不同的角色定位进行层级权限管控，处在不同职务、岗位的人员具有不同的权限，既保证了分工明确，又确保了系统的安全性。

岗位操作层是指在基层单位中所有岗位人员，按照工作不同处理不同的事务。包括数据人工采集部分，数据的录入，修改，使用。

班组层是指外部市场班组级技术人员、管理人员，技术层处理的是操作层提供的各类数据，并为管理决策层提供有效的决策参考数据。

管理层决策指各项目领导层，通过信息平台充分挖掘数据信息，根据一定的模型和方法所获得的所有各类数据，辅助进行管理的决策，从而确定正确的策略。

3 结合及效果

平台的应用领域主要覆盖系统的三个用户层面：基层岗位操作层、班组层、管理决策层。信息平台利用大模型技术集成建立了一套数据传输流程和数据监控流程，保证数据的及时性、完整性和准确性。实现"一次维护，多次共享"的目的，提升工作效率和工作质量。

分散型项目管理平台的研发，集成整合了分散型项目运行信息和人员基础信息，建立了一套适合中原油田分公司油气储运中心分散型项目应用的管理平台，推进了信息化系统的科学、高效应用，系统的集成、数据的共享和功能的完善，提升了用户使用和管理的便捷性，提升了工作效率。同时，系统的研发和平台的规范，有效降低了后期信息化系统的维护管理工作量，从而实现了分散型项目管理运行一体化的良好管理模式。

4 结论

通过对大数据模型的研究与应用，搭建了一体化管控平台。功能上解决了人员分散型项目面临的人员管理的难点问题。针对对点多、线长、面广的分散型项目的人员管理，有很高的管理上的借鉴意义和价值，值得在人员分散型项目管理中推广和应用。

基于大模型的机场航空供油系统数字孪生平台应用研究

吴雪莹[1,2] 孔宪光[3] 任琳琳[1,2] 马洪波[3] 周　文[1,2] 郑　健[3] 程　涵[4]

（1.中国航空油料集团有限公司；2.民航智慧能源工程技术研究中心；3.西安电子科技大学；4.西安邮电大学）

摘　要　随着航空供油系统在数字化时代快速发展，以结合数字孪生和大模型为代表的新一代航油智能产线成为促进产业模式深度创新的核心技术体系。本文针对数字孪生技术在航油产线多设备海量数据处理和推理分析能力不足、大模型缺乏足量高逼真的仿真模拟数据等问题，研究基于大模型的机场航空供油系统数字孪生平台应用。首先，研究和设计了基于数字孪生与大模型的航油智能产线运维系统架构，主要包括感知层、融合层、智算层、孪生层、服务层和应用层。其次，分别突破航油产线核心装备数字孪生建模方法、基于知识图谱的航油运维大模型构建方法、基于大小模型协同的航油运维智能体构建方法等三大关键技术。在关键技术中，一方面，研究机理数据融合方法提升虚拟模型仿真性能。另一方面，通过搭建大小模型协同的混合检索流程实现反馈优化知识库与提高系统性能。此外，开发运维大模型和专业小模型协同推理框架，以实现在特定场景下精准响应用户需求并执行运维任务。最后，通过在航油储运加注智能系统重进行应用，以验证了基于大模型的机场航空供油系统数字孪生平台在航油智能航油智能产线虚拟仿真、数据生成、设备运维等能力，显著提高了航油系统多设备大数据分析推理能力和数据仿真能力，为构建航油系统智能产线提供了新思路。

关键词　数字孪生；大模型；航空供油系统；智能产线运维；

1　引言

机场航空供油系统在航空运输领域扮演着至关重要的角色，是机场能否正常运行的关键。然而，由于供油系统运维缺少实际运行过程和运行状态的信息反馈，导致生产作业流程未能形成闭环管理，进而引发了一系列问题，包括故障无法实时预测、运行状态不明确，以及设备与信息化系统之间的互联互通问题。目前，数字孪生平台的发展与应用为上述问题提供了新的解决思路，其在航油系统运维的模型分析和设备监测等方面发挥了重要作用。美国航空航天局与通用电气公司面向航空发动机合作开发了用于监测航空发动机的数字孪生系统。德国西门子利用MindSphere平台构建供油网络数字孪生，以实现供油网络的三维可视化和实时监控。中国民航大学开发了供油系统数字孪生平台，用以监测和诊断供油网络故障。随着人工智能快速发展，大模型为航空供油系统引领新的方向。目前，大模型在设备运维中有着广泛的应用。例如，亚马逊使用大模型进行日志分析，提前识别出可能引发服务中断的隐患。华为开发了基于知识图谱和大模型的"智能运维助手"，为用户提供精确的知识问答服务。

尽管国内外学者在数字孪生、大模型等方面展开了大量研究。然而，数字孪生及大模型在航油供油系统运维方面的研究尚显不足，具体如下：

（1）数字孪生主要通过虚实交互和虚实映射对物理实体进行精准仿真建模及状态模拟，尚缺乏智能化能力进行知识生成和拓展，在航油产线多设备海量数据处理和推理分析能力明显不足。

（2）大模型主要通过大数据和智能算法进行训练和学习，以此获得智能化推理机制。但由于高质量数据储备困难，因此会影响其应用效果，亟需足量高逼真的仿真模拟数据予以支撑。

综上所述，机场航空供油系统的智能化运维迫切需要将数字孪生技术和大模型技术进行深度融合的研究。因此，本文围绕航油智能产线虚拟仿真、智能产线数据生成和智能产线设备运维，设计出基于数字孪生与大模型的航油智能产线运维系统，重点研究了航油产线核心装备数字孪生建模方法、基于知识图谱的航油运维大模型构建方法以及基于大小模型协同的航油运维智能体构建方法等三大关键技术，并在航油储运加注智能产线运维系统方面开展应用，为机场航空供油系统智能运维奠定了技术基础。

2　基于数字孪生与大模型的航油智能产线运维系统设计

　　针对机场航空供油系统在运维过程中存在的闭环管理缺失、故障实时预测困难、设备与信息化系统互联互通问题，以及数字孪生与大模型在航油供油系统运维研究中的不足，本文开发了一种基于数字孪生与大模型的航油智能产线运维系统框架，由感知层、融合层、智算层、孪生层、服务层和应用层构成，如图1所示。

　　（1）感知层是航油储运加注智能产线信息物理系统体系的基础设施，主要负责数据的采集与信息的传输，利用现场设备的传感器、RFID等数据采集工具进行现场设备状态和环境安全等作业参数进行采集和检测，并通过标准化的通讯数据协议将多维数据接入，上传到融合层，为数据管理以及物理世界与数字虚拟体的映射提供支撑。

　　（2）融合层将感知层采集数据进行数据管理操作，并通过物理实体与虚拟体虚实映射以及边缘协同技术支撑航油智能产线的智能诊断与智能

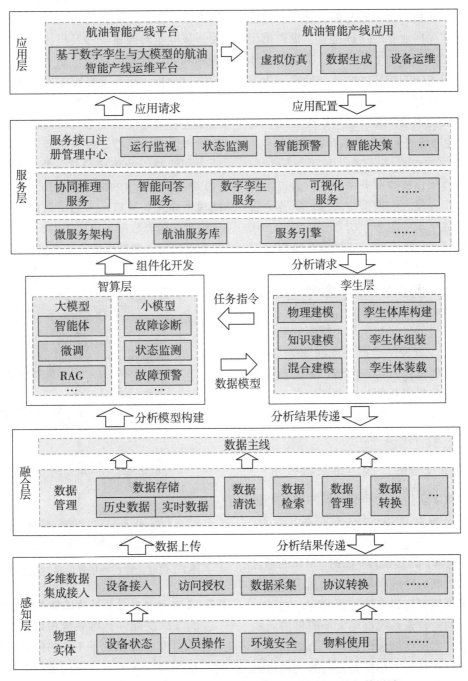

图1　基于数字孪生与大模型的航油智能产线运维系统架构设计

运维，对智能产线进行数字主线的搭建，为构建面向航油储运加注智能产线的数字孪生体以及大小模型奠定基础。

（3）智算层根据航油智能产线的业务需求，结合航油智能产线运维知识库，开发航油智能产线运维知识构造技术，构建智慧运维GraphRAG模型，结合微调技术进行模型优化，开发具有高度自适应性和学习能力的智慧运维智能体，根据自动问答机制进行大小模型协同，灵活调用航油智能产线核心设备运行状态综合评估小模型，为孪生层提供合适且科学的数据分析模型。

（4）孪生层在数据主线的基础上进行孪生模型的构建，建立面向业务的物理模型、机理模型以及混合模型，在此基础上，进一步实现孪生体库的构建以及孪生体的组装、装载与检索，为服务组件的开发奠定基础，同时又将分析结果传递到融合层，形成的决策信息传递到物理空间，实现面向航油智能产线的全流程关联映射的闭环。

（5）服务层根据业务需求，基于智能产线运维系统的智算层形成微服务组件库，通过组件化开发，进一步提供大小模型协同推理服务、智能问答服务、数字孪生服务、仿真分析服务、状态诊断服务与可视化服务等。通过服务接口注册管理中心的设置，为请求的服务特征匹配合适的服务功能，指导操作人员及决策者做出对应的决策。

（6）应用层借助数字孪生与大模型的航油智能产线运维平台，紧密结合航油产线业务需求，通过对服务层实时监控、状态监测、智能预警等服务配置，进一步集成开发基于虚拟仿真、数据生成、设备运维等产线应用，确保航油智能产线的正常运转和关键设备的正常工作。

3　航油储运加注智能产线运维关键技术

本文基于数字孪生与大模型的航油智能产线运维系统架构，重点研究三大关键技术。首先，研究了航油产线核心装备数字孪生建模方法，对离心泵进行了仿真，通过机理-数据-知识的融合的方法提高了仿真的精度。其次，对基于知识图谱的航油运维大模型构建方法进行研究，通过构建知识图谱和向量检索系统搭建大小模型协同的混合检索流程，实现反馈优化知识库与提高系统性能。最后，针对基于大小模型协同的航油运维智能体构建方法进行研究，通过运维大模型和专业小模型协同推理，实现在特定场景下精准响应用户需求并执行运维任务。

3.1　航油产线核心装备数字孪生建模方法

针对航油产线中的产线设备数据、产线设备关系、产线传感器数据、产线流程数据等多模态数据分析问题，本文研究基于机理数据融合的数字孪生建模方法，为航油产线海量数据智能分析与处理奠定基础。本文以离心泵为例进行说明，流程图如图2所示。首先，分析离心泵机组的组成，离心泵机组主要由电机和泵体组成，二者通过联轴器连接，其中电机将电能转化为机械能，而离心泵将机械能转化为液压能，增大液体的扬程。该能量转换过程涉及机械、液压以及电气物理场域等三种物理场域。然后，通过对机组的结构进行分析，离心泵机组的本体模型可以分为以下几个部分：离心泵子系统、管道子系统、电机子系统、状态监测子系统以及故障子系统，来刻画物理设备。接着，根据相似定理计算泵的出口压力和流量以及范宁公式计算管道的压力损失，并以离心泵机组的能量流动方向连接各个模块，将模型导入到MATLAB当中迭代求解。最后，采集模型的仿真数据（出口压力、出口流量），与测量数据比对，测试模型的仿真精度。

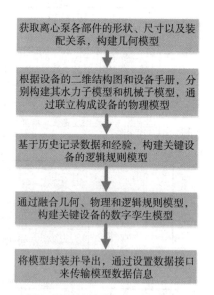

图2　民航工业控制场景信息物理系统建模技术

3.2　基于知识图谱的航油运维大模型构建方法

为了解决航油运维系统检修中的复杂环节及从业人员专业知识水平不均的问题，本文研究了将知识图谱融入检索增强生成的大模型架构的方法，具体流程如图3所示，首先，用户通过自然语言输入与设备运维相关的问题，这些问题经过基础大语言模型的处理，主要包括分词、词性标注和实体识别等自然语言处理任务。然后，系统通过结合知识图谱和向量索引来增强用户问题的处理，这样做是为了补偿在处理较长文本块时可能出现的召回率降低问题。在处理较长文本块时对大语言模型的调用次数相对较少，相比之下提取短文本块则需要更频繁地调用模型，这样能够实现几乎翻倍的实体引用提取数量。其次，系统收集与用户问题相关的背景信息来增强回答的准确性和连贯性，无论是简短回答还是详细解释都规定了回答的格式。最后，基础大语言模型根据设计的模板化Prompt结构进行思考生成，该结构包含目标、上下文和格式三个部分，其中目标部分明确回答类型和预期效果，上下文部分提供与问题相关的背景信息，包括知识图谱中的实体关系和用户之前的问题及回答，格式部分则规定回答的结构，如分点陈述或逻辑推理，确保回答的准确性和连贯性。

3.3　基于大小模型协同的航油运维智能体构建方法

为了构建基于大小模型协同的航油运维智能体，本文开发基于大小模型协同的航油运维智能体，以实现大小模型协同推理和智能问答这两大关键功能，如图4所示。首先，智能体系统中的大语言模型扮演着智慧运维自动问答智能体的核心角色，它通过精细的记忆功能，确保了历史数据和关键事件的详尽记录，为后续决策提供了坚实的数据支持。其次，研究中采用的LangChain架构为大语言模型提供了使用工具的指导，使得模型能够在特定场景下自主选择合适的工具，自动插入API调用指令，从而在处理复杂问题时展现出更高的智能水平，微调过程的引入，进一步提升了模型在API调用上的准确性和效率。然后，大小模型结合的方法在复杂信息抽取任务中发挥了显著优势，智慧运维智能体通过小模型的快速响应，对大量运维数据进行初步评估，为大模型提供关键上下文信息，使得推断更加精确，问答模块的处理能力得到了显著提

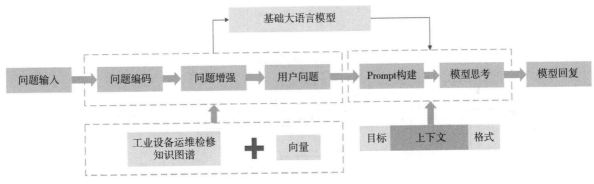

图3　民航工业控制场景关键设备健康状态评估技术

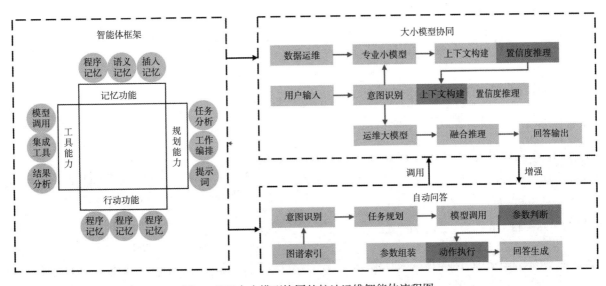

图4　基于大小模型协同的航油运维智能体流程图

升。最后，智能问答系统通过大语言模型与知识图谱的深度融合，以拟人化的交互方式，不仅能够高效解决用户的各类问题，特别是在处理复杂的诊断类问题时表现出色，而且提升了问答的智能化水平和系统的上下文感知能力，确保了用户交互的自然流畅和问答的高精度，极大地提高了智慧运维的整体效率和用户体验。

4　航油储运加注智能产线运维系统应用

4.1　航油智能产线虚拟仿真

本文利用数字孪生技术对航油智能化产线进行虚拟仿真，以解决运维过程中整体协同的问题。作为航油产线核心装备，离心泵主要由电机和泵体组成，通过对其机组本体结构分析可以分为离心泵子系统、管道子系统、电机子系统、状态监测子系统以及故障子系统五个子系统。本文将以故障子系统

为例说明虚拟仿真效果。故障子系统分为两部分：堵塞子系统和泄露子系统，用于模拟真实泵发生的出口堵塞和泄露两种故障，其仿真建模如图5所示。在如图5（a）所示的堵塞子系统中，模块1为可变面积孔模块，用于模拟由于管路堵塞，并且可控制其堵塞程度。在如图5（b）所示的泄露子系统中，模块2为换向阀，控制管路开闭和泄露程度；模块3为单向阀，防止液体回流；模块4为恒定面积孔模块，用于控制泄露面积；模块5为流量监测模块，用于监测泄露流量。将测量信号和仿真信号进行对比，如图6所示，堵塞子系统和泄露子系统的仿真信号在数值上均与其对应的测量信号相近，二者误差分别为11.61%和1.41%，基本的变化趋势相同，说明模型的仿真精度较高。

4.2　航油智能产线数据生成

本文利用SPG构建知识图谱框架，通过搜集

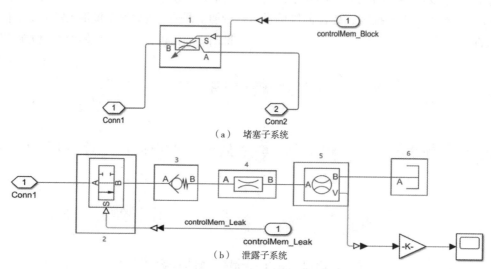

（a）　堵塞子系统

（b）　泄露子系统

图5　故障子系统仿真可视化

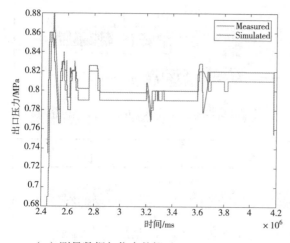

（a）测量数据与仿真数据对比——出口压力

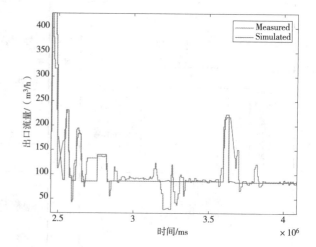

（b）测量数据与仿真数据对比——出口流量

图6　故障子系统测量数据与仿真数据

航油智能产线运维知识，结合用于实体识别和关系提取的自然语言处理技术，在Neo4j软件上开发了一套针对航油智能产线运维的知识图谱，该知识图谱融合了产线设备的运行数据、维护历史、工艺流程以及安全标准等多方面信息，构建了一个全面的知识网络，图7（a）为其可视化图。利用航油智能产线运维知识图谱与基础大模型进行链接，通过集成机器学习库和图数据库技术，开发了运维大模型，实现对航油运维知识、设备状态数据进行生成。在构建基于知识图谱的运维大模型的智慧运维系统中，首先，从航油产线的传感器、监控系统和历史维护记录中采集原始数据，并通过数据预处理如清洗、格式统一和异常值处理来确保数据质量。随后，利用实体识别、关系抽取和预训练词向量模型如Word2Vec或BERT对文本数据进行深度解析，提取关键实体和关系形成结构化数据。这些数据被输入到知识图谱构建模块，通过知识融合和映射技术，构建出一个全面反映运维状态的语义网络，并采用图数据库进行存储和管理。最后，通过实体链接、属性填充和关系扩展等数据增强流程，丰富知识图谱内容，并利用大模型生成新的实体属性和关系数据，图7（b）为航油产线设备状态数据生成效果图。通过将航油智能产线运维知识图谱与基础大模型相结合，有效实现产线运维的智能化管理，同时促进航油产线的稳定运行和效率提升。

4.3 航油智能产线设备运维

本文利用基于大小模型协同的航油运维智能体构建方法开发航油智能产线设备运维智能体。首先，从大语言模型，具备记忆、规划、工具和行动四大功能进行智能体架构设计。然后，研究通过LangChain指导航油运维大模型在特定场景下完成任务。其次，该智能体通过两步工作流提升大语言模型的信息处理能力，第一步从文档中提取不同类型事件的信息，第二步拓展实体的细节。最后，利用图模互补技术将知识图谱、航油运维大模型和核心装备状态监测、故障诊断等小模型进行结合，构建了航油智能产线设备运维智能助手，这一结合提升了问答的智能化水平，增强了系统的上下文感知能力，确保交互更加自然流畅，整体来看，大小模型的协同工作显著提高了系统的问答精度和效率，能够更全面地解决用户的复杂问题，简要流程及功能效果如图8所示。

5　结语

针对机场航空供油系统数字孪生技术在航油产线多设备海量数据处理和推理分析能力不足、大模型缺乏足量高逼真的仿真模拟数据等问题，本文研究基于大模型的机场航空供油系统数字孪生平台开发及应用。首先，设计基于数字孪生的航油智能产线运维系统。其次，构建了基于知识图谱的航油运维大模型，为运维提供了更智能的信息支持。最后，基于大小模型协同的航油运维智能体的构建，开展了航油储运加注智能产线的实际应用。通过这一系列研究和技术开发，实现了航空供油系统的智能化运维效果，显著提高了航油系统多设备大数据分析推理能力和数据仿真能力。上述研究工作可以提升航空机场供油系统智能化运维水平。

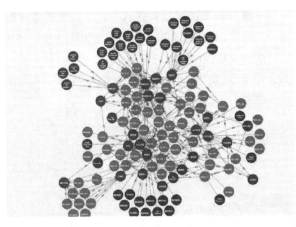

（a）航油智能产线运维知识图谱可视化图

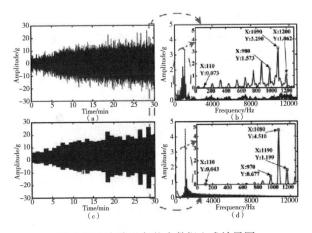

（b）航油产线设备状态数据生成效果图

图7　智能产线数据生成可视化

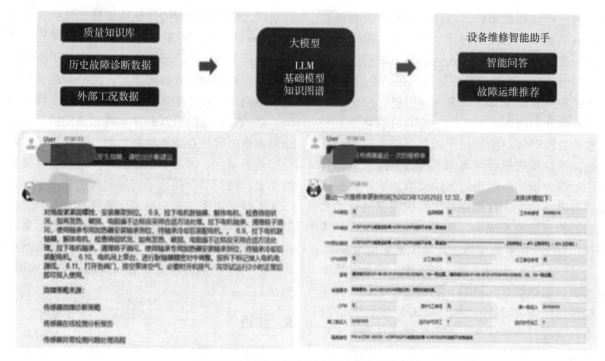

图8　航油智能产线设备运维智能助手示意图

参 考 文 献

［1］詹婷雯，贺元骅，陈勇刚，熊升华.新工科视域下的
航空油料储运安全专业建设方案探索［J］.民航学
报，2019，3（03）：121-124.

［2］舒畅，汪定江，秦宇飞.航空油液监控技术应用现
状分析及对策建议［J］.航空维修与工程，2022
（08）：35-37.

［3］郭楠，贾超.《信息物理系统白皮书（2017）》解读
（上）［J］.信息技术与标准化，2017（04）：36-40..

［4］Lee J, Azamfar M, Singh J. A blockchain enabled
Cyber-Physical System architecture for Industry 4.0
manufacturing systems［J］. Manufacturing Letters,
2019, 20: 34-39.

［5］刘婷，张建超，刘魁.基于数字孪生的航空发动机全
生命周期管理［J］.航空动力，2018，（01）：52-56

［6］民航.新型智库：https：//att.caacnews.com.cn/zsfw/
jcgl/202111/t20211109_60247.html

［7］AWS：https：//aws.amazon.com/cn/about-aws/whats-
new/2023/11/aws-cloudwatch-logs-anomaly-detection-
pattern-analysis/

［8］华为云设计：https：//bbs.huaweicloud.com/
blogs/434796

［9］杨青国，沈嘉琳，崔之健.国内民用机场供油模式
优化研究［J］.辽宁石油化工大学学报，2013，33
（04）：60-64.

［10］舒畅，汪定江，秦宇飞.航空油液监控技术
应用现状分析及对策建议［J］.航空维修与
工程，2022，（08）：35-37.DOI：10.19302/
j.cnki.1672-0989.2022.08.027.

［11］陶飞，张萌，程江峰，等.数字孪生车间——
一种未来车间运行新模式［J］.计算机集成制
造系统，2017，23（01）：1-9.DOI：10.13196/
j.cims.2017.01.001.

［12］孔宪光.基于数字孪生的工业大数据智能分析与实
践［N］.先进制造业，2018.

大数据、人工智能技术在石油化工行业的应用

王　伟

（中国石油乌鲁木齐石化公司）

摘　要　随着石油化工行业以及新兴技术的快速发展，大数据分析、人工智能技术已经成为石油化工产业必不可少的发展重点，技术的应用成果在日常生活中已经屡见不鲜。利用大数据、人工智能技术等新兴的信息技术实现石油化工行业的转型升级是科技及行业发展的必然趋势。现在，最关键的问题是要合理有效的运用这些技术，在石油化工信息化建设的优化当中建立企业自身的数据标准和资源池，才能根据一些项目的实际需求进行数据抽取和展示，从而避免信息孤岛的出现。本章主要总结了石油化工产业数据的主要特征，剖析了大数据分析技术与人工智能技术等新型信息技术在石化产业中的应用情景以及相关应用实例，并对未来的发展方向进行了预测。

关键词　石油化工；智能工厂；大数据

1　前言

新兴的信息化技术手段对传统的工业制造企业来说产生了深刻的变革，智能化、数字化、网络化已经和工业化和信息化进行了深度的融合。目前，国内石油化工行业正面临着勘探开发对象日趋复杂、炼化加工资源日益劣质化、工程技术等服务业务核心竞争力亟待提升、安全绿色发展配套技术还不完善等突出问题，再加上国际油价持续低迷以及复杂的国际环境，给企业生产经营带来巨大压力和挑战。运用大数据、人工智能等先进技术，实现化工行业创新发展、转型升级，既是落实国家创新驱动发展战略的具体行动，也是应对新形势下的现实选择。面对低油价的挑战，实现企业发展目标。工业互联网作为互联网、云计算、大数据、物联网等新兴信息技术与现代产业深度融合的新模式，为建设制造强国和网络强国提供了重要基础，为加快经济转型升级、塑造长期竞争力提供了强大的力量。

1.1　大数据技术概述

大数据技术的本质是处理海量数据信息的技术，快速发展的互联网通信技术使得网络信息规模的持续扩大。在这样的一个大数据时代背景下，利益主体必须不断提升数据信息处理能力，通过高效有力的技术获取、识别和分析海量的数据信息。就目前应用情况来看，大数据技术主要包括三种类型：虚化拟技术、云计算技术和云管理技

术。虚拟化技术是指通过虚拟的手段或方法将网络服务器构建成数据平台，服务器通过该平台为不同地区的用户提供集中、便捷、多样化的服务。整个系统也更有效地运行。云计算技术是指基于互联网对海量数据信息进行分析。云管理技术指随着互联网信息数据规模的不断扩大，数据管理的难度不断增加。云计算或以云存储为中心的大数据计算，通过分类管理等方式，实现海量互联网信息的存储和使用。

1.2　人工智能技术概述

人工智能近几年来发展较为迅速，部分发达国家已经把发展人工智能作为提升国家竞争力的手段之一。人工智能正在向工业、教育、医疗、交通等各行各业迅速渗透，在石油化工领域也有一些初步的应用和探索。由于石油化工行业的生产流程长、生产所涉及物料的危险性大、生产工艺条件苛刻、关键设备能力和操作人员的技能直接影响产出情况。因此，石油化工企业的技术应用及管理的目标是有效地监测和控制生产，使生产过程处于最佳状态，节省原材料、降低能耗、提高产品收率、提高产品质量和设备的使用寿命，安全、稳定生产。

这些难题发展人工智能恰好可以有效的解决，人工智能技术可以有效控制生产过程，提高效率，进一步助力石油化工企业从科学生产管理、经营决策管理、安全辅助管理多方面大幅度提升。可以预见，随着人工智能应用的深化，未来将会出

现更多的智能油田和智能炼厂。人工智能技术在工程设计分析中的运用，能在既有工程设计理论知识的基础上，进行知识经验的准确沉淀与优化，更可预知机械设备工作状况、技术操作过程、化工产品的关键特性等重要指标，从而真正做到建设智能油气田和智能化工厂；随着软硬件技术的提升，以及并行计算、云计算技术的实现，大数据信息资源挖掘和计算机器教学得以蓬勃发展，为人工智能技术在石油化工产业中的研发和应用夯实了基石，助力企业降本增效。目前，工业机器人、智能作业机器人、特种设备机器人、智能货运机器人等，已不断进入石油化工企业；巡检、灭火、检修等机器人，已在陆续研发中，逐渐走进企业生产一线。

2 石油化工行业数据的特点

石油化工行业一直以来都是一个数据量快速增长、数据处理需求持续提升的行业。从上游企业的勘探开发，到下游企业的炼化销售，各类数据的采集、存储、处理和展示一直是企业生产经营过程中的重要环节。石油化工行业的数据与其他的制造业不同，具有以下特点：

2.1 数据体量大

和汽车、高铁等传统离散工业不同，石油石化产业是持续实时生成的大数据，数据产生在企业生产经营管理和自动化过程的各个环节。以一个中国下游的炼化公司为例，该公司共有30000多个取样点位，平均现场采样率达到了一百多次/秒，一年产生的资料总量就可以达到一千一百三十五TB，达到PB量级"

2.2 数据类型多

石化行业的生产过程中数据类型丰富，有专业油井数据管理语言（PPDM）、井场信息传输标准语言（WITSML）等规范定义的结构化数据类型、还有钻井日报、地震解释图等半结构化和工业视频、检测图像等非结构化数据类型"。

2.3 数据采集、处理的时致性强

石油化工行业生产运行是基于工业现场大量的实时传感数据的，处理的时限要求很高。各类传感器设备产生了即时、连续的事件流，而数据流处理系统则必须迅速地对其做出反应，并准确传递结果。以钻井为例，电子数据记录仪EDR、随钻测量仪MWD、随钻勘探井仪LWD、泥浆录井仪等装置，都会产生高速生成的实时数据流。

2.4 显性和隐性知识混杂。

石油化工产业中，大数据分析所应用的核心内容就是知识基础，它主要包括二种知识。一种是可以用启发式规则、数学模型等表达的显性知识。另一类是在海量现场传感数据中蕴藏的重要信息，涵盖了反映企业工作规律与操作参数之间相互关联的隐性知识。这二种知识都是协助企业管理者提升工作效率，降低生产成本，防控作业危险的重要信息。

3 石油化工行业的发展与应用

3.1 发展现状

石化产业在智慧生产与工业互联的建设上起步最早，而工业互联平台则是整个石化智慧生产构建的核心，全面展现了信息集中整合、物联网连接、IT控制、优化、共享服务、大数据和分析、人工智能等八大核心能力，在未来将会形成全流程工业智慧生产的"操作系统标准"。

3.2 业务应用

对石油化工产业的整体分析，从经营领域上可界定为五个领域，分别为管理实力提升、产业链整合、产品经营优势、产品作业提效、市场业务开拓，而这五个领域的提升发展都需要以基于工业互联网平台架构为基础的各种信息技术的支撑。

（1）管理能力升级。利用云计算、大数据等技术，建立全球共享服务支持能力，为未来全球24h共享服务提供支撑，推动人力资源、财务、采办等向共享服务转型，提升经营管理效率和水平。

（2）产业链一体化。统一数据标准规范，实现勘探、开发生产、钻完井、工程环节数据互联共享，知识管理与再利用，支持各类研究人员随时按需调用，提高研究工作效率。

（3）生产运营优化。通过大数据、人工智能等技术，使得集团、各下属单位可实现对各类异常风险的主动识别与预测预警；集团联动各单位及内外部专家快速生成应急预案；利用工业电视、虚拟电子围栏等手段实现三维可视化应急指挥调度。

（4）生产作业提效。基于物联网、机器人等技术实现自动无人化仓储作业；基于物联网、5G、北斗定位、区块链等技术建成可视化物流中心，实现物流过程精准动态跟踪；同时通过人工智能算法等技术，制定最优方案，提升生产计划、调

度排产、操作管控水平。

（5）市场销售拓展。建设基于区块链的一体化金融产品与服务平台，为客户提供安全可靠、便捷高效的智慧金融产品与服务，提升用户体验、推进金融业务增长。同时通过平台的智能合约、信用管理、风险管控等模块，实现动态、预防式的金融风险控制。

4 应用重点发展方向

石油化工行业工业互联网应用实践的主要方向：以装备运行、生产管控、安全环保场景为主，主要原因是这些场景的自动化、信息化、技术成熟度相对较高，在业务与工业互联网平台结合过程中，投资见效快，企业积极性高，形成正向循环。

4.1 装备运行应用

在装置的运营优化方面，石油化工企业主要运用工业网络信息技术进行大型机组装置的网络运营分析优化，通过对装置运营数据分析、装置效能数据的全面收集与数据分析，形成装置性能模型，并实现典型装置的状态解析与效率分析；核算设备的实际利用率与能耗，并与设计指标做出偏差分析，从而找出优化方式，以提升设备的使用率，从而减少经营成本。

（1）设备健康管理。建立了大机组在线监控、机泵群在线监控、机械腐蚀在线监控，以及电气设备状态监控诊断和预防预测维修的体系，对自动装置、静装置、设备、仪器仪表等装置的工作状况进行监测，提高设备健康水平。中石油青海油田通过对三千多座场站的采油装置的运营数据自动收集，并远程即时监控装置工作状况，达到了对边远油田的输送数量和人工操作费用成本明显减少。

（2）设备完整性管理。对设备设施进行系统、动态、基于风险的全生命周期管理，通过管理优化和技术提升，确保设备设施安全、稳定、长周期、经济运行。通过工业互联网平台开展设备设施完整性管理工作，可有效管控风险，提高效率，降低成本，通过实施设备完整性管理，设备完好率提高到99.9%。

（3）设备故障诊断。存储重要机组和装置历史数据，并设定了数据清洗原则，同时运用计算机学习和知识图谱等新科技，进行装置的故障检测与科学评估。中油瑞飞公司还运用了产业互联

网平台，对中石化的海上油田设备进行了远程技术咨询服务，并根据专人远程设备测试和员工检修指引，目前做到了百分之五十以上的问题并非当场处理。

（4）预测性维修。通过实时监测设备的工作状况以及设备历史运营信息，并利用大数据建模技术进行可预测性管理，可以及时发现设备潜在的故障，从而减少事件发生率，降低对设备的过度保养。燕山石化公司构建了调节阀的故障模式，通过数据分析和检测了炼化设备流量控制阀数据，完成了对控制阀的可预测性维修，减少了无效维护百分之五十以上，带来的直接效益为近五千多万元人民币。

4.2 生产管控应用

石油化工行业生产管控一体化系统主要利用大数据分析技术与互联网技术，综合集成企业资源管理、供应商管理、制造过程执行系统、先进管理系统、分布式控制等系统，从而形成了即时感知、及时反馈的生产控制信息分析平台，完成了企业从原油选择、采集、生产加工等过程，到石油生产设备出厂编号等全过程的智能生产和管理，制造链条长，产品结构复杂，实现了资源优化分配与生产管理的协调优化，提高了制造效能，有效降低了产品冗余。生产管控一体化可以提升生产运行状态的感知、预测预警及科学决策；以生产管控为核心，提高调度精准执行，主动应对；辅以低碳生产、全面风险管控，提高生产运营的效益；在环保合规的同时，提高企业可持续发展的能力。

（1）指挥调度。打造具备生产感知自动化、数据分析科学化、指挥决策规范化的生产指挥新模式，以保障安稳生产为核心，打造智能化调度指挥系统，实现生产运行全过程实时监控、预测预警；生产异常侦测及主动发现，异常处置科学规范；建立调度指令监管、执行一体化闭环管理体系，全面提高指挥效率和决策水平。从而使企业可以通过工业互联网平台，进行生产调度的动态优化调整，通过计划优化，资源合理配置调度，提高上下游协同排产，提升产业链协同效率，实现了企业效益最大化。

（2）操作管理。面向企业运行"安、稳、长、满、优"，对现场操作进行全面管理，包括操作导航、操作监控、操作日志、操作巡检、操作报警、操作绩效等核心内容。通过工业互联网平台，炼

化企业在炼化产品生产流程中，及时进行质量监控和动态分析与优化各项质量指标，实现了对原油质量的极大改善。

（3）能源管理。面向水、电、汽、风等能源介质的外购、生产、输转、消耗、销售等全流程进行管理与优化。通过利用工业互联网平台，建立企业能耗管理，进行对能源的供、产、转、输、耗等全业务流程管控，包括对全厂综合能源监测、设备用能监测、装置能效监控、公用工程耗能监测，并进行用能数据分析和优化，实现能源管理可视化和能流平衡优化。

5 结束语

石油化工行业作为重资产型行业，对生产的安全性、设备的稳定性、运营的高效性有较高要求，工业互联网在石油化工行业的应用还处于初期阶段，相关技术服务处于实践初期。工业互联网在设备运行、生产管控、安全环保等方面的创新应用，在石油化工行业的数字化转型中发挥着越来越重要的作用，未来随着工业互联网技术的进一步发展，石油化工行业从设计、生产到销售的全产业链也必然通过应用工业互联网技术提高效率，转化为新的动能，为企业的高质量发展做出积极贡献。

参 考 文 献

［1］曹会智，李沛，刘俊杰，等.大数据时代背景下装备保障建设发展研究［J］.中国管理信息化，2014（17）.

［2］王爱民，刘伯乐，王国芬.华北油田在"物联网"领域的探索和实践［J］.中国信息界，2011（8）.

［3］常素青.人工智能应用于石油化工行业的思考［J］.经贸实践，2017（23）：172.

［4］胡长生.浅析计算机人工智能技术的发展与应用［J］.电脑迷，2018（3）：36—37.

［5］黄欣荣.新一代人工智能研究的回顾与展望［J］.新疆师范大学学报，2019，40（4）：70—80.

［6］雷柯，陈义保.无人机在石油化工领域的应用分析［J］.中国石油大学胜利学院学报，2017，31（4）..

［7］［1］陈瑾妍，张思铭.新形势下大数据技术在石油企业信息中心的应用［J］.中国新通信，2018.

基于大模型的油气领域增强检索问答方法研究

许　野　王志伟　吴　迪　项　建　李　莹

（昆仑数智科技有限责任公司）

摘　要　随着信息技术的快速发展，油气领域数据量呈现出爆炸式增长，如何有效利用这些数据提高油气勘探与开发的效率成为当前研究的热点。本文针对油气领域的信息检索与问答需求，提出了一种基于大模型的增强检索问答方法。该方法结合了大型语言模型（LLM）的强大语义理解和生成能力与检索技术的信息精准定位优势，通过构建针对油气领域专业知识的增强检索框架结合主流大模型的推理和生成能力，实现油气领域精准、高效的信息检索与问答。本文详细介绍了大模型在增强检索问答中的应用，包括数据的处理准备、检索框架的搭建以及增强检索策略的优化。结果表明，该方法能够有效提升油气领域问答系统的准确性和效率。

关键词　大模型；油气领域；增强检索；问答

1　引言

随着全球经济的快速发展，油气资源作为重要的能源和化工原料，其勘探与开发对国家的经济发展具有重要意义。油气领域涉及众多学科和技术，产生了大量复杂的数据和信息。如何从这些海量的数据中快速、准确地获取有用信息，提高油气勘探与开发的效率，已成为当前油气行业面临的重要挑战。信息检索与问答系统作为数据挖掘和知识发现的重要工具，可以帮助科研人员和工程师快速定位到所需信息，提高工作效率。然而，油气领域的特殊性使得传统的信息检索与问答方法仅局限于对篇章级信息获取，难以满足结合情景给出精准的知识获取的实际需求。

近年来，随着Transformer架构的成功，2018年谷歌推出的BERT提出了自监督任务使得在自然语言处理任务上获得了出色的表现。2022年开始OpenAI推出了GPT系列模型，随后T5、Flan-T15、LLaMA等预训练架构相继出现，紧接着涌现了百川、InternLMdeng等一系列预训练大模型，极大的提升了对文本的推理与生成能力。基于大语言模型的信息检索与问答系统在帮助人们精准获取知识以及内容生成方面取得了显著成果。然而，针对油气领域的信息检索与问答仍存在许多难题，如领域知识的专业性、数据的多源性、异构性等。基于大语言模型的增强检索方法提供了解决思路，已在其他行业取得了初步成效。为了解决这些问题，本文在前人的经验上提出了面向油气领域基于大模型的增强检索问答方法来提升现有技术对油气领域文本推理和生成能力，满足油气用户精准、高效获取信息的需求。

2　融合大语言模型的油气文本增强检索思路和研究方法

2.1　研究框架

本研究的整体框架如图1所示，主要包含以下三方面内容：

①数据收集：使用自建的油气勘探开发知识库中已经沉淀成果数据构建油气正文数据和油气问答数据，已有成果数据基本满足数据质量的要求，但需要对对相关性大的数据进行筛选，同时对敏感内部数据进行脱敏处理

②检索增强框架：首先，利用对已建油气文档知识库进行文档向量化处理，存入向量库中；然后，利用油气领域大语言模型对用户的问句进行向量化转换；最后，从向量库中检索与用户问题语义相关的油气文档，将检索结果与用户问句整合，输入给大模型，将最终的输出结果通过大语言模型生成答案返回给用户。

在此研究框架的基础上，本研究使用的检索增强生成（Retrieval-Augmented Generation，RAG）框架如图2所示。RAG模型的核心思想是利用外部知识源来增强语言模型的生成能力。在传统的文本生成任务中，模型仅依赖于内部知识，即训

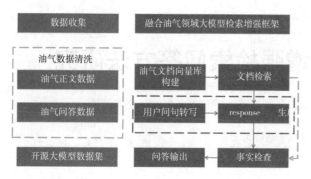

图1　研究框架图

练数据中的知识。而RAG通过引入外部知识库，使得模型能够访问和利用更广泛的信息，从而生成更准确、更丰富的文本。其运作机制可概括为检索－生成两个阶段：

1.检索阶段

● 在这个阶段，模型接收一个输入查询（如问题或指令）。

● 然后，模型使用检索系统（如倒排索引或神经网络检索器）在大规模的文档集合中搜索与输入查询相关的文档或信息片段。

● 检索系统返回最相关的文档或信息片段，这些文档将作为生成阶段的上下文。

2.生成阶段

● 模型接收检索到的文档作为上下文，并结合输入查询。

● 然后，模型使用一个序列到序列的生成网络（如Transformer）来生成响应或完成任务。

● 在生成过程中，模型可以动态地引用检索到的文档中的信息，以生成更准确和信息丰富的输出。

2.2　油气增强检索构建

本研究基于图2使用Python 3.12版本对油气增强检索框架进行开发。首先对原始油气文本进

行向量化处理存入向量库，用于后续的模型推理计算。检索模块采用语义相似度检索策略，首先将用户录入的问句转换为向量表示，然后计算查询向量与向量库中所有油气文本向量之间的语义相似度。最后，按照相似度得分对检索结果进行排序，并将排名前N个最相关的油气文本返回给用户。生成模块承担根据用户问题和检索到的相关油气文本生成最终答案。为了看到不同模型的生成效果，设计了可支持接入多种预训练的大语言模型API，例如kimi、ChatGLM、GPT-3.5等。油气增强检索框架通过数据向量化处理、检索和生成三个模块实现了基于检索增强生成的油气文本问答功能。最后，通过多次调整检索及模型参数，检索模型输出相关参数列表见表1：

3　结果和效果

3.1　数据集

本研究使用的油气文本数据来源于项目自建油气勘探开发知识问答文档库，已建成文档库包含文档名称、领域、作者、单位等结构化信息以及相关文档。

本研究需要用到的数据主要包括两类：油气正文数据和油气问答数据。油气正文数据涵盖地质、油藏、地面工程等专业方向的论文、项目报告以及专利专著等文本。油气问答数据则包含油气专家提出的与油气专业相关的问题和解答，以问答形式展现，内容更具有多样性和主观性。

已建知识库中文本数据是经过审核认定的基本满足了数据质量的要求，需要相关的文本进行筛选以及脱敏处理，经过处理最终得到油气正文数据集和油气问答数据集，示例数据见表2和表3。其中，油气正文数据集包含15348份，油气问答数据集包含6847条问答数据：

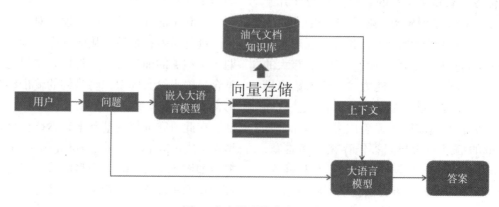

图2　文本增强检索流程图

3.2 测评指标

本研究聚焦于对大模型生成效果的测评，即增强检索的评测，评测指标主要包括：

（1）上下文相关性

衡量用户提供与查询到的参考上下文之间的相关性。本次采用余弦相似度计算方法来计算上下文相关性

$$\cos\theta = \frac{\sum_{i=1}^{n}(x_i \times y_i)}{\sqrt{\sum_{i=1}^{n}(x_i)^2} \times \sqrt{\sum_{i=1}^{n}(y_i)^2}}$$

（2）召回性

它衡量的是模型检索出的相关文档占所有相关文档的比例，越高表示检索出来的内容与正确答案越相关。

$$Recall = TP\frac{TP}{TP+FN}$$

其中：

- TP（True Positives）：真正例，表示实际为正样本且被预测为正样本的数量。
- FN（False Negatives）：假负例，表示实际为正样本但被预测为负样本的数量。

（3）答案相关性

衡量用户提问与大模型回复之间的相关性。

本次研究采用协方差计算方法，协方差用于表达两个随机变量的协同变化关系。如果两个变量不相关，则协方差为0。

表1 检索及模型输出参数

模块	参数名称	参数含义	参数值
检索	num_retrieval	表示每个查询返回的文档数量	5
	similarity_threshold	表示文档与查询相似度的最低接受值	0.75
	retrieval_algorithm	执行检索时采用的算法	
生成	max_output_length	最小输出长度	10
	min_output_length	最大输出长度	128
	temperature	控制输出多样性	1
	stop_words	一个包含停止词的列表，用于控制生成过程	["。", "？", "！"]

表2 油气文本数据集示例表

标题	正文
川南地区深层页岩气富集条件差异分析与启示	近年来，川南地区上奥陶统五峰组—下志留统龙马溪组页岩气勘探开发逐步向深层领域（埋深3500~4 500 m）拓展。已在LZ、DZ 2个深层区块取得初步进展，且页岩气勘探开发效果表现不同（前者明显优于后者），其主要与富集条件差异有关。以LZ和DZ区块五峰组—龙马溪组为研究对象，综合利用最新的钻井、录井、测井、地震及分析化验等资料，明确了2个区块富集条件特征、差异性及主控因素。研究表明：①LZ区块在五峰组—龙一1亚段地层厚度、有机质丰度、物性特征、含气性、页岩储层厚度及品质等页岩气富集要素方面均优于DZ区块；②LZ区块在五峰组—龙马溪组形成时期始终位于川南地区深水陆棚相沉积中心，古沉积环境优于DZ区块，古沉积环境的不同造成了2个区块有机质富集和储层规模（厚度、品质）的差异；③DZ区块保存条件明显受断层—天然裂缝系统控制，而LZ区块页岩气的逸散受断层—天然裂缝系统影响较小，压力系数为川南地区最高，保存条件更优。综合研究认为，川南地区LZ、DZ2个深层区块页岩气富集差异性的主控因素为古沉积环境和后期保存条件；在川南地区深层页岩气勘探开发中应秉持"深层领域找深水沉积页岩储层"的理念，华蓥山断裂带南段南侧的断背斜间发育的多个较宽缓向斜构造应是下步深层页岩气勘探的潜在有利区，LZ区块龙一14小层地质条件优越、具备双层立体开发可行性。

表3 油气问答数据示例集

问题	回答
页岩气富集条件的差异性分析的主控因素有哪些？	主控因素有： 1.古沉积环境控制有机质富集和储层规模 2.后期有效保存条件是页岩气富集的关键

$$\text{Cov}(X, Y) = E\{[X-E(X)][Y-E(Y)]\}$$

- 当 $\text{Cov}(X, Y) > 0$ 时，表明 X 与 Y 正相关；
- 当 $\text{Cov}(X, Y) = 0$ 时，表明 X 与 Y 不相关。

3.3　实验结果

（1）指标测评结果分析

基于前期构建的数据集，通过各项指标对油气增强检索框架进行测评，本研究使用 ChatGPT-3.5 作为基线模型，同时选取国内主流大语言模型，即文心一言、通义千问、KIMI 和 ChatGLM 接入油气增强检索框架进行对比。经过多轮评测，平均结果见表4：

实验结果表明，油气增强检索框架在接入4个模型时，相对于基线模型各项效果均有提升，其中接入 kimi-128k、ChatGLM-4 两个模型效果较好。表明油气增强检索框架能够有效利用外部文档库，为模型提供更加精准、更丰富的上下文信息，进而生成更具相关性以及更好专业度的答案。

（2）输出结果分析

油气 RAG 可在油气领域多种应用场景中为用户提供服务，如问答、检索、提取、生成等。为了更直观展示油气增强检索应用效果，本节展示其与通用大模型 ChatGPT-3.5 在专业问答中的案例对比，见表5。

上述案例分析表明，ChatGPT-3.5 回答相对比较笼统，缺乏具体细节描述，油气增强检索框架在实际应用中表现更为直观、详实、可理解，能够为油气领域企业、用户提供更加高效、便捷的油气领域数据获取和分析服务。

4　结论

本文通过引入大语言模型到油气领域信息检索，提出油气增强检索框架，探讨了增强检索框架构建理念以及如何与大语言模型相结合，旨在提升油气文本生成和检索的效率与效果。该框架通过整合检索模块和生成模块，利用大语言模型强大的语义理解和生成能力，为用户提供更专业、精准、便捷的油气领域数据获取服务。研究表明，油气增强检索框架在上下文一致性、召回性和答案相关性等指标上均优于通用大模型，验证了其有效性。

此外，垂直领域大模型的增加检索方法也存在一些问题，比如模型输出结果不稳定、随机性较高等，影响其使用效果和体验。因此，未来研究需要探索更为有效的检索模式，如研究如何提高该框架的可解释性，降低不稳定性，提升用户体验及实用性。

表4　平均指标得分表

指标类别	kimi-128k	ChatGLM-4	Qwen2.5-Turbo	文心大模型3.5	ChatGP-T3.5
上下文相关性	89.30%	89%	88.40%	86.80%	83.00%
召回性	80.20%	79.70%	78.10%	76%	67.00%
答案相关性	56.50%	55.20%	53%	52%	40.00%

表5　油气增强检索输出对比示例表

输入	ChatGPT-3.5输出	油气增强检索输出
高含硫气田元素硫腐蚀的评价方法是什么？	高含硫气田元素硫腐蚀的评价方法极化曲线测试：通过测量金属在腐蚀介质中的极化曲线，可以了解金属的腐蚀速率和腐蚀电位等参数。这种方法对于评估元素硫对金属材料的腐蚀影响具有重要意义。电化学阻抗谱（EIS）测试：EIS测试可以提供金属/电解质界面处的电荷转移电阻、双电层电容等信息，从而揭示腐蚀过程的电化学特性。这种方法对于研究元素硫腐蚀的机理和动力学过程非常有用。	以下是高含硫气田中元素硫腐蚀的评价方法及其具体技术： 元素硫涂敷法： 文章中指出，流速较低且有元素硫和水沉积的管线底部，元素硫涂敷法能较好地模拟现场元素硫腐蚀情况，并建议在元素硫腐蚀评价工作中以元素硫涂敷法为主，其他方法为辅。 影响因素分析： 在分析元素硫腐蚀机理的过程中，文章提到影响元素硫在天然气中溶解度的主要因素是天然气的组成、温度和压力。具体可以通过图1来了解不同条件下元素硫的溶解度。 现场应用案例： 文章引用了涂彦、黄瑛、陈静的研究《硫溶剂在国外高含硫气田中的应用》以及李鹭光、黄黎明、谷坛等人关于四川气田腐蚀特征及防腐措施的研究，这可能暗示了在实际应用中综合考虑现场情况来评价元素硫腐蚀的方法。

参 考 文 献

[1] DEVLIN J, CHANG M W, LEE K, et al. BERT: Pre-training of deep bidirectional transformers for language understanding [C] //BURSTEIN J, DORAN C, SOLORIO T. Proceedings of the 2019 Conference of the North American Chapter of the Association for Computational Linguistics: Human Language Technologies. Stroudsburg, PA: Association for Computational Linguistics, 2019: 4171-4186.

[2] RADFORD A, NARASIMHAN K, SALIMANS T, et al. Improving language understanding by generative pre-training [DB/OL]. [2024-04-12].

[3] TOUVRON H, LAVRIL T, IZACARD G, et al. LLaMA: Open and efficient foundation language models [DB/OL]. (2023-02-27) [2024-04-12].

[4] YANG A Y, XIAO B, WANG B N, et al. Baichuan 2: Open large-scale language models [DB/OL]. (2023-09-20) [2024-04-12].

[5] InternLM Team. InternLM: A multilingual language model with progressively enhanced capabilities [DB/OL]. [2024-04-12].

[6] 刘合，任义丽，李欣，等.油气行业人工智能大模型应用研究现状及展望 [J].石油勘探与开发，2024，51（04）：910-923.

[7] 沈思，冯暑阳，吴娜，等.融合大语言模型的政策文本检索增强生成研究 [J/OL].数据分析与知识发现，1-18 [2024-11-20].

[8] 张鹤译，王鑫，韩立帆，等.大语言模型融合知识图谱的问答系统研究 [J].计算机科学与探索，2023，17（10）：2377-2388.

基于盆地大模型与数字孪生的塔里木超级盆地建设研究

张宁俊 卫 乾 熊 伟 罗 琦 徐 寅

（昆仑数智科技有限责任公司）

摘 要 盆地大模型是模拟分析盆地地质等多方面的先进计算模型，对油气勘探开发意义重大。它能整合多领域数据，化解传统数据分散困境，对数据进行多元分析模拟并集成高级工具集，精准提取信息、识别问题，为决策者提供优质决策依据，助力策略优化、风险降低以及决策科学性与高效性的提升。塔里木油田已建成融合多方面的科研数据湖，正借助盆地大模型迈向塔里木超级盆地建设目标，且数字孪生通过整合相关体系与系统为其运行优化提供支撑。本研究以盆地为核心，基于梦想云平台与数据湖构建盆地大模型。按整合多领域数据与技术体系的思路，推进数据底座建设，汇聚并精细治理多业务领域数据；开展大模型训练，涵盖多种类型如 LLM 辅助训练；构建科学研究场景，包括资源评价等；设立决策支持中心并深入进行决策分析与后评估改进，其中 LLM 大模型成果拾取更新是关键纽带，定制的油气大模型优化了研究模式，为油气勘探开发各环节给予全方位、强有力支撑，推动塔里木超级盆地建设。不仅在技术层面实现创新整合，在实践应用中也展现出巨大潜力，为油气产业的高效、科学发展奠定了坚实基础，有望在未来创造更大的经济效益与行业价值。

关键词 盆地大模型；数字孪生；LLM 大模型；决策支持；可视化系统。

1 引言

基于梦想云平台、数据湖，以盆地作为研究对象，从而建立了勘探开发全过程数据、研究成果的融合更新机制。根据更新机制研发了一款盆地级数字孪生体表征与模型快速迭代更新软件，整合盆地级数字孪生智能认知体系与多维可视化系统，支撑对油田基础地质研究和生产性综合研究和部署，实现盆地油气富集规律再认识，大幅度提升勘探开发综合研究效率，提高勘探开发科学决策水平。

2 技术思路和研究方法

2.1 建设盆地数据底座

在盆地数据底座的建设过程中，主要整合了来自地质、地球物理、地球化学、沉积等多个专业领域的丰富数据资源。这些数据涵盖了油田的勘探、开发、生产等各个环节，通过精细化的业务逻辑进行激活与管理，确保了数据的有效利用和高效维护。

2.1.1 大盆地模型数据体敏捷治理与智能融合

运用大盆地模型数据体全生命周期数据汇聚与敏捷治理技术，建立针对地质模型、油气藏模型、井筒模型、综合物化探模型、地震模型、测录井模型以及非结构化数据等模型的敏捷治理标准。把多个数据源的数据集成起来，并实现对实时数据流的处理，让各模型标准相互衔接、彼此配合，达成数据共享和迭代更新的目的，进而为勘探开发工作的全过程管理与决策提供支持，最终实现盆地模型数据体一体化数据的实时共享与迭代更新。

利用多源多类型数据融合技术和可视化数字盆地智能融合技术，以实现对盆地级模型的深入理解和精准预测。

1）多源多类型数据融合技术：通过综合分析不同数据源的信息，利用智能算法技术、云计算技术等，提取有用的特征和参数，提高数据处理和分析的效率，生成一致、完整的盆地模型。

2）可视化数字盆地智能融合技术

①针对盆地所涵盖的大量数据，实施高效的敏捷治理举措，具体涵盖数据清洗操作，以去除噪声数据和异常值，确保数据的准确性和可靠性；进行格式转换，使不同来源的数据能够统一为标准化的格式，便于后续处理和分析；开展标准化工作，确立统一的数据规范和标准，提升数据的

一致性和可比性。

②构建大盆地模型数据体，达成多学科数据的深度融合与共享。通过整合来自不同学科领域的数据，如地质学、地球物理学、地球化学等，打破学科壁垒，实现数据的跨学科综合应用，为全面深入地研究盆地地质特征提供坚实的数据基础。

③研发智能融合算法，以实现不同类型数据之间的相互转换与融合。该算法能够依据数据的特点和需求，自动进行数据类型的转换，确保不同类型的数据能够在统一的框架下进行处理。同时，通过先进的融合技术，将多种类型的数据有机结合，提取出更丰富、更准确的信息，为盆地模型的构建和分析提供有力支持。

④开发盆地模型数据体的智能处理功能，包括对数据的自动筛选、分类和预处理，提高数据处理的效率和准确性。实现特征的智能提取与选择，运用先进的机器学习和数据分析技术，自动识别出数据中的关键特征，并根据特定的任务需求进行选择，为模型的建立提供最具代表性的特征信息。进行模型的智能建立与优化，利用自动化建模技术和优化算法，快速构建出高质量的盆地模型，并不断调整模型参数，提高模型的性能和精度。开发结果智能展示功能，以直观、清晰的方式呈现盆地模型的分析结果，便于用户理解和决策。

2.2　训练盆地大模型

2.2.1　LLM大语言模型辅助的盆地成果快速拾取更新

通过大型语言模型（LLM）这一先进的技术手段辅助完成盆地成果的快速拾取与更新，在地质研究领域具有重要意义，LLM已经具有了理解自然语言、理解和执行事务指令的能力。在NLP的许多任务中成为通用解决方法.利用此类模型对海量且复杂的地质数据进行处理和深度分析，能够实现地质解释和成果整理的自动化或高效化，从而有效提升地质研究的效率与质量。

2.2.2　盆地级地震测井地质三维地质建模与迭代更新

三维地质建模是一个持续迭代的过程，它要求不断地搜集最新数据、采纳前沿技术，并对模型进行精细调整与优化，以确保模型能够精确地模拟地下地质结构。这一技术涉及以下几个关键方面：

（1）盆地级三维地质建模技术

①大盆地三维地质模型包含从整个盆地到单个储层的不同粒度的各个层次的信息，不仅表达了小范围内储层特征的三维地质模型，还包含了含油气盆地中大范围构造形态表征的三维构造模型，三维地质建模是采用数学方法、依照地质规律 构建地质体的几何轮廓形态、描述物性指标的空间分布。

②大盆地三维地质建模利用各区块地震、测井、图形及模型成果，建立盆地级三维地质模型，把整个盆地表征为充满属性的三维数据体，并以盆地体为基础绘制盆地级各种成果图，进行可视化综合研究与分析。

（2）盆地三维地质模型分级管理技术

在盆地三维地质模型的分级管理技术中，数据管理功能的核心要素涵盖了空间数据源的有效管理、空间数据集的创建与维护、空间数据的导入流程、扩展数据的配置与关联机制、栅格数据的精细化管理，以及数据列表的便捷浏览。同时，数据可视化与查询功能则主要涉及点、线、面、三维面、剖面、钻孔等空间数据的直观展示、栅格数据的可视化呈现、可视化参数的灵活设置、关联属性的快速查询、剖面地层属性的详细查询、专题场景的定制管理、动态场景的实时管理和背景配置的个性化调整。

这项管理技术可以有效提高数据的管理效率，实现地质数据的集中存储、统一管理和高效检索。同时可以有效增强数据的准确性，提高三维地质模型的精确度。

（3）盆地级地质模型迭代更新技术

盆地级三维数字孪生模型更新服务引擎依托模型局部更新引擎、多领域多尺度融合建模引擎，可实现盆地模型的迭代更新，精准刻画圈闭、油气藏状态，实施跟踪油气藏勘探开发动态及开采现状，更进一步反映盆地勘探开发现状，辅助勘探开发决策。迭代更新技术包括以下两个核心功能点：

①多尺度模型切取及合并技术

在地质模型处理领域，多尺度模型切取及合并技术展现出了卓越的应用价值。该技术通过对不同尺度的地质模型执行切取与合并操作，成功达成了不同尺度间的数据对接与信息共享。具体而言，此技术可将大型地质模型分解为多个子模型。在此过程中，利用分布式处理的方法，能够使多台计算机同时对不同的子网格模型进行处理。这种并行处理方式极大地提高了模型生成的计算速度。当各个子模型的模拟完成后，该技术进一步将这些子模型合并还原为大模型。这一系列操作有效解决了精细地质模型模拟运行时间过长的难题。通过多尺度模型切取及合并技术的应用，可显著减少大型三维地质模型的处理与计算时长，进而大幅提升计算效率，为地质模型相关的研究和实践提供了有力的技术支持。

②多类型网格属性转换技术

在盆地研究领域，借助盆地三维地质建模及迭代更新技术所构建的盆地数字孪生模型具备随时间维度动态变化的特性。随着新的研究成果不断涌现并持续完善，这些新成果与原有的模型相互融合，促使模型自身持续优化。这种持续优化的过程使得模型能够精准地复制实际盆地勘探开发的真实状态，进而形成与实际盆地高度近似的盆地级数字孪生体。

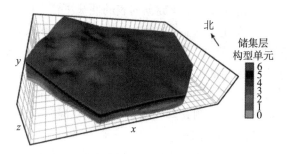

图4-2　盆地三维地质建模示意图

2.3　建设科学研究场景

2.3.1　富集规律主控因素智能分析与勘探目标智能优选

（1）数据融合

在油气勘探开发领域，大部分盆地目前已步入高成熟勘探开发阶段，在此过程中，积累了规模极为庞大的数据资源，涵盖了地震、钻井、录井、测井、测试、压裂等各类数据，同时还包括生产环节所产生的海量动态数据。这些数据在油气藏特征研究、油气富集规律探索以及油气资源潜力评价等方面，构成了至关重要的参考依据，为相关研究与评价工作提供了不可或缺的信息支持，对于深入理解盆地油气系统的内在机制、优化勘探开发方案以及科学决策具有不可替代的作用。其数据的多样性、复杂性和海量性，要求在使用过程中运用专业的数据分析方法和地质解释模型，以充分挖掘数据所蕴含的价值。

（2）大数据分析

在油气勘探开发领域，传统地质家由于受到自身知识面、记忆力以及思维能力等人为因素的局限，无法对盆地（或区带）范围内勘探开发相关的所有动静态数据开展充分且多维度的统计分析工作。这种局限性严重制约了高成熟盆地地质认识的科学性与系统性发展。在地质研究与勘探实践中，盆地（或区带）内的动静态数据蕴含着丰富的地质信息，包括但不限于地层结构、岩石特性、流体分布等方面，这些数据之间的复杂关系对于准确把握油气富集规律至关重要。

2.3.2　油气资源评价智能体系建立

（1）资源潜力分析

资源潜力分析的主要分析方法包括数据集成、热演化模拟和运移模拟。

①数据集成：盆地大模型巧妙地整合了地质数据库、地球物理数据管理系统以及地球化学实验室的数据资源，打造了一个全方位的数据集成平台，为研究提供了全面而深入的数据支撑；

②热演化模拟：借助先进的盆地模拟软件，如Petroleum Experts的IPM，我们能够精确模拟烃源岩的热演化历程，涵盖有机质的成熟度、生烃潜力及其生成时间的关键参数；

③运移模拟：通过运用流体动力学模型，特别是CMG STARS，我们对油气从烃源岩至圈闭的运移过程进行细致模拟，充分考虑了断层、裂缝以及渗透性砂岩层等关键运移通道的开启与封闭特性。

（2）资源类型与规模评估

①属性分析：盆地大模型采用地震属性分析方法，包括振幅切片、阻抗切片、波形拟合等技术，旨在精确识别油气藏的地震响应特征，从而为油气藏的勘探提供关键信息；

②统计预测：模型结合地质统计软件，如Geosoft Oasis Montaj、RockWorks等，其中RockWorks软件的功能尤其强大，ROCKWORKS可处理的地下数据种类有地层学数据、岩性学数据、井下数据、地球物理数据、地球化学数据、裂缝数据、水文及含水层数据等。进行资源规模预测。通过地质类比和统计方法，模型能够预测油气藏的规模和类型，为油气资源的评估和开发提供科学依据。

（3）经济性评价

①成本效益分析：盆地大模型对勘探、开

发和运营成本进行全面考量，对钻井、完井、设施建设、运营维护等各个阶段的成本进行细致评估，从而为项目的成本效益分析提供详实的数据支持。

②敏感性分析：模型通过敏感性分析，对油价波动、税收政策、市场供需等关键经济因素进行综合评估，以确定项目的经济可行性，为投资决策提供科学依据。

2.3.3 油气开发方案智能优化

借助现代信息技术、人工智能算法以及大数据分析等先进手段，我们对油气田的开发方案实施智能化分析与优化。这一举措旨在显著提升油气田的开发效率，有效降低开发成本，并推动油气开发方案的智能优化进程。优化方向涵盖了开发策略的仿真模拟、开发效果的精准预测以及开发方案的动态调整，以实现油气资源的最大化利用和高效开发。

（1）开发策略模拟

①数值模拟：在盆地大模型的框架下，展开高精细度的油藏数值模拟工作。此模拟过程旨在对油藏开发策略进行精准预测，其中涵盖了多相流动、热力学效应、化学反应等一系列高度复杂的物理化学过程。多相流动模拟涉及到对油、气、水等不同相态在油藏孔隙介质中的渗流行为分析，需考虑各相之间的相互作用、相渗透率变化以及饱和度分布等因素；热力学效应模拟则要依据油藏温度、压力条件，对流体的热力学性质变化及其对流动和相态平衡的影响进行精确计算；化学反应模拟需考虑油藏内可能发生的各种化学反应，包括原油的氧化、硫化物的生成等，这些反应会改变流体性质和岩石润湿性，进而影响油藏开发效果。通过对这些复杂过程的综合模拟，为油藏开发策略的制定提供全面、准确的理论依据。

②优化算法：模型通过运用诸如遗传算法、粒子群优化（PSO）、模拟退火算法等高级优化算法，来探寻最佳的油藏开发参数组合。在这一过程中，对于井位的优化，需综合考虑油藏地质构造、流体分布以及地层非均质性等因素，以确定能最大程度控制油藏储量的井位分布；井距的优化则要平衡采油效率与成本，避免井间干扰和过早见水等问题；注采比的优化需要依据油藏的能量补充需求、流体性质以及开采阶段，确定合适的注入流体与采出流体的比例关系。这些优化算法基于复杂的数学模型和搜索策略，通过大量的

迭代计算，在庞大的参数空间中找到最优解，从而实现油藏开发效益的最大化。

（2）开发效果预测

①产量预测：在油气藏开发研究中，模型依据历史拟合所获取的结果，对未来特定时段内的产量变化进行预测。此过程充分考虑到不同开发阶段中各类影响因素的综合作用。在开发初期，主要关注油藏的原始地质条件、流体性质以及完井方式等因素对产量的影响；随着开发进程的推进，诸如生产制度调整、注水注气措施实施、地层伤害程度变化等因素被纳入考量范围；在开发后期，剩余油分布、储层非均质性加剧以及开采工艺适应性等问题对产量的影响至关重要。通过对这些复杂影响因素在不同开发阶段的精确分析，模型能够更准确地预测产量变化趋势，为开发策略调整提供关键依据。

②压力预测：模型在油气藏研究中承担着预测压力变化的重要任务，涵盖了井筒压力、地层压力等关键压力参数。对于井筒压力预测，需综合考虑井筒内流体的重力、摩阻损失、加速度变化以及不同相态流体的混合效应等因素，通过建立精确的井筒流动模型来实现；地层压力预测则基于油藏渗流力学原理，结合地质构造、岩石物理性质、流体分布及开采活动等多种因素，分析地层中压力的传播与变化规律。这些压力预测结果能够为井筒设计提供关键的边界条件，同时也为生产优化提供不可或缺的信息，如合理调整生产压差、优化注水注气压力等，从而保障油气藏的高效开发。

（3）开发方案调整

①实时监控：在油气田开发过程中，通过将实时生产数据与传感器所获取的信息进行有机整合，运用诸如 Schlumberger's DELFI 这款先进的数据管理软件，实现对生产过程的实时监控。DELFI 环境整合并支持各类软件应用程序，存储全部历史数据资料，将全部业务实现数字化转换。此监控涵盖了一系列关键参数，包括井口压力、产量以及含水率等。井口压力作为反映井筒内流体能量状态的重要指标，其实时变化对于判断井筒流动状况及潜在问题具有关键意义；产量数据的实时监测可直观展现油气田的生产能力及动态变化趋势，为生产策略调整提供直接依据；含水率信息则是评估油藏水淹状况和驱油效率的关键参数，对于及时发现水窜等问题至关重要。通过

对这些参数的实时精确监控，能够及时掌握生产动态，保障油气田开发的安全与高效。

②敏感性分析：借助专业的油藏模拟软件开展敏感性分析，旨在精准识别那些对开发效果具有重大影响的参数，其中包括渗透率、孔隙度、含水饱和度等。渗透率作为衡量储层允许流体通过能力的关键参数，其微小变化可能显著影响油气的渗流速度和产量；孔隙度直接关系到储层储存流体的能力，其值的改变会对油气储量产生重要影响；含水饱和度则是表征储层中含水情况的参数，它对油水相对渗透率和驱油效率有着深刻影响。通过系统地改变这些参数的值并观察开发效果的相应变化，能够确定各参数的敏感程度，进而依据分析结果对开发方案进行科学合理的调整，以优化开发效果，提高油气采收率。

2.4　决策支持中心建设

通过构建一个集成化、多尺度且动态的地质模型，并整合实时数据采集系统，我们能够对油气田的日常生产活动进行不间断的监控。利用先进的数据分析和处理工具，对所收集的数据进行深度挖掘，从而确保对油气田的综合勘探开发决策进行全面、精准的分析。

（1）数据动静态综合分析

①盆地大模型作为一种高度集成化的系统，有机整合了源于地震勘探、地质分析、钻井工程、生产作业以及市场动态等多个不同来源的数据。通过先进的数据融合技术与算法，这些多源异构数据被整合成一个综合性的、具备多参数特征的监控平台。在此平台中，地震数据为地质结构解析提供了高分辨率的地下成像信息，有助于揭示地层的构造形态、断层分布等关键地质要素；地质数据涵盖了岩石类型、地层序列、沉积环境等丰富内容，为理解盆地演化和油气藏形成机制奠定基础；钻井数据则包括井眼轨迹、钻遇地层、岩屑描述等，是评估储层特性和确定开采方案的重要依据；生产数据反映了油气产量、注水注气情况、压力变化等生产动态信息，对于优化生产流程和提高采收率具有指导意义；市场数据涉及油价波动、供需关系等因素，为整个盆地开发项目的经济可行性评估和战略决策提供参考。

（2）油藏决策支持

决策者可充分利用模型所提供的预测信息和趋势分析结果，对勘探开发策略进行优化。模型基于先进的算法和大量的数据，对油气藏的未来状态、生产趋势等进行预测，这些预测涵盖了从短期的产量变化到长期的资源潜力评估等多个方面。通过对这些预测和趋势的深入理解，决策者可以调整勘探区域的选择、开发井位的部署、生产工艺的改进等策略，从而在复杂多变的油气勘探开发领域中，最大程度地提高资源采收率、降低成本，并保障项目的可持续发展。

3　结果和效果

通过以上对于盆地大模型和数字孪生的研究，充分融合塔里木油田已建设的地震、测录试、储量、基础研究等科研数据湖，运用大模型和人工智能技术，形成勘探开发一体化研究和决策支持中心，最终实现塔里木超级盆地建设。

基于大模型的超级盆地促使传统的"人工研究"模式向"大模型研究、人工审查"这一创新模式转变。在新模式下，大模型凭借其强大的数据处理和分析能力，可快速处理海量信息，极大地缩短了研究周期。同时，人工审查环节则保障了研究的准确性和可靠性，二者相辅相成，从而有效提升了整体研究水平，为勘探开发工作提供更优质的理论支持。

4　结论

本研究围绕盆地大模型和数字孪生展开，最终提升了塔里木盆地油气勘探开发效率与决策科学性，推动塔里木超级盆地建设。通过整合多领域数据、运用先进技术，构建了勘探开发一体化研究和决策支持中心，在多个方面取得显著成果。

以盆地为研究对象，建立与地址理论和专家结合的技术体系与支撑平台，从而提升勘探开发综合研究效率和科学决策水平。盆地大模型通过整合地质、地球物理、地球化学、沉积等多领域数据构建盆地数据底座，运用 LLM 大语言模型等先进技术训练模型，结合塔里木油田科研数据库形成决策支持中心，实现对油气勘探开发全过程模拟分析。最终成功运用大模型和人工智能技术形成一体化研究和决策支持中心，实现塔里木超级盆地建设目标。LLM 大语言模型辅助的盆地成果快速拾取更新定制了适合塔里木油田的油气大模型，促使研究模式转变，提升研究水平，为决策者提供准确依据，降低风险，提高油气开发效率。

参 考 文 献

[1] Wei J, Tay Y, Bommasani R, et al. Emergent abilities of large language models [J]. Transactions on Machine Learning Research, 2022.

[2] Zhao W X, Zhou K, Li J, et al. A Survey of large language models [EB/OL]. [2024-03-20]. https：//arxiv.org/ abs/ 2303.18223.

[3] Xiong Z Q. 2007. Study on the technology of 3D engineering geological modeling and visualization [D]. Wuhan：Institute of Rock and Soil Mechanics.

[4] The rockware Inc. the manual of the rockworks 2004 [M]. the rockware Inc, 2004.

[5] 曾涛，刘茂仓. 斯伦贝谢在行业低迷期的发展战略 [J]. 国际石油经济，2018(09).

基于深度学习的油气藏数值模型矢量化方法

李　健　赵　迎　陆光辉　卫　乾　王腾飞

（昆仑数智科技有限责任公司）

摘　要　油气藏数值模拟是进行油气田动态预测和生产优化的重要工具之一，它的基础数据是油气藏数值模型，其中包含地质模型、岩石模型、动态模型等各种异构数据，一方面从油气藏数值模拟结果中提取井间关联性不直观，另一方面，油气藏数值模拟存在异构数据，导致油气藏数值模拟模型难以与机器学习技术结合，并且由于数值计算存在对算力的依赖和数值收敛性问题，不易进行快速规律性分析，针对上述难点，研究并提出了将油气藏数值模拟进行特征提取和矢量化的方法。在建立三维数据与图像结合的关联处理方法的基础上，创建基于卷积人工神经网络的深度学习模型进行训练和应用，将油气藏数值模拟模型转变为由特征点和连接这些点的连接线所组成的矢量化特征模型，这个特征模型可以表征当前模型渗流特征，在简化计算的基础上最大程度的保留了地质和动态参数的变化规律，利用这个特征模型可进行快速的油气藏生产动态预测和剩余油半定量分析，降低了油气藏数值模拟计算的时间成本，初步探索出将油气藏数值模拟技术作为可以在云平台即时调用的算法服务的方法，通过建立典型模型和使用实际油田数据井组模型进行了方法的应用验证。使用特征模型与原油气藏数值模拟模型的误差较小，满足工程应用精度要求，而且特征模型计算更快，效率提升可达20~30倍以上。

关键词　深度学习；卷积人工神经网络；油气藏数值模拟；矢量化；

1　引言

油气藏数值模拟（下简称油藏数值模拟）是目前最先进的油藏动态研究技术，它最早起源于1953年Bruce G.H和Peaceman D.W模拟了一维气相不稳定径向和线形流。油藏数值模拟是以数学方法建立模拟地下流体流动的数学模型，然后采用离散化方法将数学模型变成可以求解的非线性方程组，再利用计算机来求解这个非线性方程组，得到反映油藏动态的结果，对目标油藏的生产动态进行预测和分析。

油藏数值模拟所用到的参数几乎包括了对整个油藏进行生产动态预测所需要的全部数据，例如地质构造和属性数据、油水气的高压物性数据、井生产数据、措施数据等，图1展示了常见的油藏

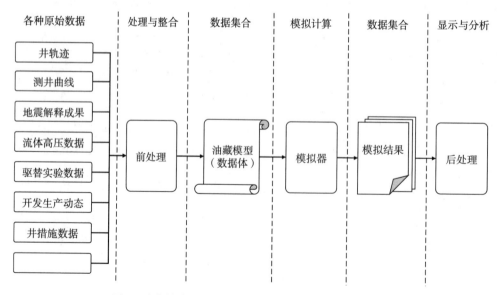

图1　油藏数值模拟模型所包含的数据模型和工作流程

数值模拟模型所包含的数据及其主要工作流，这些数据也组成了完整的油藏数值模拟器使用的油藏数值模型。

　　随着计算机技术的发展，用户对油藏数值模拟的要求越来越高，从精细油藏模型的使用到更复杂的油藏流体组分相态的描述，让油藏数值模型也越来越复杂，数据量也越来越大。图2展示了业内测试常用的SPE9模型的三维网格，网格在XYZ方向的个数分别是25、24、15，共9000个有效网格。这个模型是用于测试特殊情况下模拟器的收敛性，所以模型的网格数并不多。但油田的实际模型的网格在XYZ方向的个数往往会多出10倍，即250、150、150，这样就会有90万个有效网格，井数可能在100口以上，计算会比较耗费时间。假设油藏生产了10年，计算时间可能会在3~4个小时以上。另外可能还需要往后预测15年来分析生产动态，又可能花费数个小时以上。

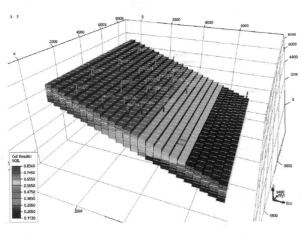

图2　SPE9模型的三维图形

　　虽然计算机硬件性能不断在发展，如大规模并行计算、GPU加速等技术让计算机的运算能力得到了提高，但是日益复杂的油藏数值模型使得计算量也成指数增长，模拟器软件的计算效率提升依然是一个重要问题。影响计算效率的因素主要是求解大量的偏微分方程组需要花费时间和算力，同时由于模型越精细越可能出现不收敛的情况，导致计算效率降低。模型复杂性问题和计算效率问题极大影响了油藏数值模拟在生产上的便捷应用，也提高了应用门槛，不利于推广。更重要的是，基于网格的油藏数值模型更像是栅格化的图像，人工智能方法不能直接应用。已有学者已经在研究基于物理信息介入的人工神经网络，

通过微分方程正则化损失函数来加强神经网络求解偏微分方程组的能力。在简化模型计算进行工程应用方面，也有学者在研究使用连通性模型来解决生产动态分析的问题。尽管如此，这些研究仍不能直接应用于油藏动态的预测。为应对油藏的各种不确定性，加快油藏数值模拟求解和进行生产动态规律的分析，需要建立更合适的方法体系来提高油藏数值模拟应用效率。

　　深度学习是机器学习领域中的重要技术，其目标是让机器能够像人一样具有分析学习能力，从而识别诸如文字、图像和声音等数据。借助深度学习的优势可以提取油藏数值模型的特征，构建矢量化方法基于这些特征将近似于栅格化图像的油藏数值模型转换为矢量化的特征模型，不仅可以降低软件的计算量，达到快速得到近似结果，提高快速生产动态规律分析的目的，还可以便于人工智能算法的应用处理，因为矢量化数据比栅格化的图像更容易处理。

2　油气藏数值模型矢量化

　　油藏数值模拟模型主要是由基于网格三维地质模型为主体，油藏中的井是穿插在三维地质模型中的，因此简化模型的首要工作就是简化三维地质模型。将油藏数值模拟模型的特征提出来，建立二维的特征模型。这个特征模型仍然是一个油藏数值模拟模型，它保留了井点间的流动特征，计算速度快，可提高10倍至20倍以上，原始模型越大速度提升倍数越大。

2.1　矢量化特征提取

　　三维地质模型的构造决定了所有计算单元的物理信息，包括相互位置、所占空间大小等参数。相互位置决定了网格传导率，影响了流动能力；所占空间大小影响储量计算以及初始的网格压力等状态参数。而且地质模型的网格数量是决定计算速度的主要因素，因此对地质模型特征化处理的主要目标就是在保留渗流规律特征的同时尽可能减少网格个数，把精细网格模型转变为粗网格模型，甚至是只保留井之间直接连接的无网格模型，本研究中称为油气藏特征化模型，简称特征模型。跟网格模型类似，特征模型也会涉及到传导率的计算。在特征模型中，采用控制节点来代表原来的网格和井点。节点有其控制的范围，节点之间也有传导率用于计算流体流动。在图3所示的几种模型中，其中（a）精细网格模型包含56个

网格和5口井，可以生成89对连接；而特征模型（b）（c）（d）最多只有20对连接，减少了接近4倍的计算数据量。

地质属性包括渗透率、孔隙度等这些参数共同影响了传导率的计算，传导率包括网格传导率和网格–井的传导率。传导率的计算很复杂，在不同的网格模型下有不同的计算公式，简化后的模型很难用统一的解析公式来计算，因此需构建深度学习模型进行处理。以精细模型及其计算结果为训练样本来训练神经网络，建立精细模型和特征模型的对应关系，使得最终特征化后的网格模型的计算结果和原模型的计算结果符合精度要求。

以网格几何构造和油气生产中井的注采关系为基础来建立精细网格模型和特征模型的映射方式。

根据井点之间可能的状态，确定特征模型节点的分布类型。假设两个井点之间，最多可以有3组通过不同中间过渡节点的流动连接，过渡节点最多有3个。图4展示8种基本类型，从2个节点之间通过1段连接直连，到通过3个过渡节点分6段连接。对于划分注采井组的情况，上述8中基本类型可以进行组合。在过渡点的位置上，有距离的远和近的选择，因此最终的类型是16种。

除了考虑平面的特征分布外，还需要考虑纵向上的特征描述。油藏数值模拟常用的角点网格

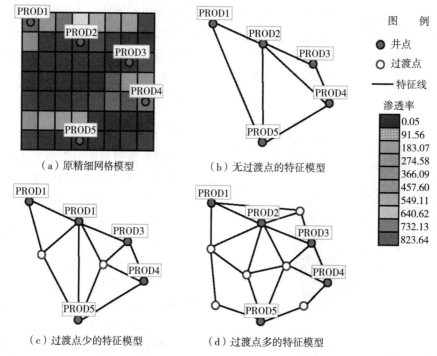

（a）原精细网格模型　（b）无过渡点的特征模型

（c）过渡点少的特征模型　（d）过渡点多的特征模型

图3　常规模型与不同粗化程度的特征模型

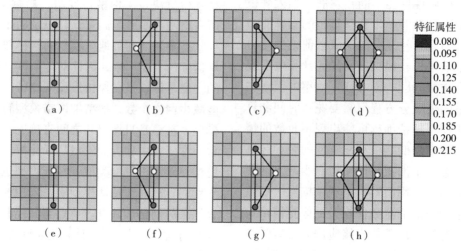

（a）　（b）　（c）　（d）

（e）　（f）　（g）　（h）

图4　特征模型节点不同连接类型

结构中，平面上每个网格之间两两相邻任何1个网格最多有4个相邻方向。而在纵向上由于存构造和网格划分方式的影响，在某一方向上，1个网格可能会连接多个网格，见下图5。

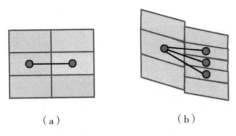

（a）   （b）

图5　纵向网格的连接方式

对于连接多个网格的情况。可以采用式（1）和式（2）计算网格某一方向上的传导率。

$$T_d = \sum_{i=1}^{n} T_{d,i} \#$$ （1）

$$T_{d,i} = f(k_i, \varnothing_i, Pos_i)\#$$ （2）

上式中的 T_d 是某一方向 d 的传导率，d 可以取网格的各个方向，n 是在某一方向纵向连接的网格个数；$T_{d,i}$ 是网格与某一方向 d 所连接的某一个层网格的传导率，它是 $k_i, \varnothing_i, Pos_i$ 的函数，$k_i, \varnothing_i, Pos_i$ 分别是编号为 i 网格的渗透率、孔隙度和网格位置（空间中的XYZ坐标）。由于每个网格至少有4个方向的传导率值，使用起来不方便，采用式（3）将所有方向的传导率汇总为一个传导率强度 T，此公式忽略了网格顶部和底部相邻的网格连接。

$$T = 0.25 \times \sqrt{T_{x+}^2 + T_{x-}^2 + T_{y+}^2 + T_{y-}^2}\#$$ （3）

上式中 $T_{x+}, T_{x-}, T_{y+}, T_{y-}$ 是在网格XY正反两个方向上的传导率。的经过上述处理后，每个网格只有一个传导率强度 T 的值，所有网格将形成一张传导率强度图。从传导率强度图的不同位置部署不同井点建立油藏数值模拟模型，然后再建立不同类型的特征模型与之对应。

2.2　建立训练模型

通过优选出不同传导率强度分布对应的最佳特征模型节点类型，建立训练样本。通常的油藏数值模拟模型网格的尺寸在50米到200米之间。研究取50米为标准，选择以平面上11×11个网格（模式A）和23×23个网格（模式B）两种模式进

行标注，模式A覆盖约550米见方的范围，模式B覆盖约1150米见方的范围，上述两种方案的尺寸中1个网格均对应图片上的1个像素。模式A可以包括两口井和其周围小范围内的地层区域，而模式B足够可以覆盖到大多数情况下至少1个井组的范围（图6）。

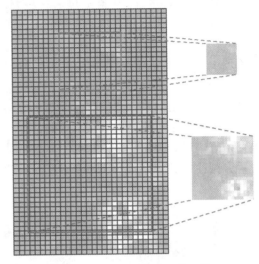

图6　不同尺寸方案的网格区域

在同一个精细网格模型中，可以对应对于多个类型的特征。通过编写自动化脚本，生成对应图4中不同节点类型的特征模型；再通过油藏数值模拟器软件计算，找到与使用精细网格模型的计算结果最接近的节点类型，该类型就是特征模型的节点类型标签。采用网格区域全覆盖遍历的方式，生成尽可能多的模型并标注节点类型。本研究分别从典型模型和实际油田的模型中生成样本，典型模型主要是生成较规范的样本，而实际油田的模型主要是生成用于模型微调的样本（图7）。

同时为了在特征模型中保留注采井网特征，按照井网形式也进行不同类型的样本标注，将单井标注扩展到它所在的井组。单井和井组共计13200组训练样本（12960组用于训练，240组用于验证），每组训练样本都对应不同的类型和对应的传导率计算公式，主要形式是对式（2）进行修正，如式（3）所示。

$$T'_{d,i} = \alpha \cdot f(k_i, \varnothing_i, Pos_i)\#$$ （4）

其中 $T'_{d,i}$ 是特征模型节点间的传导率，a 是与节点类型相关的修正系数，它对应特征模型中不同节点匹配类型建立后对原始传导率的调整，a 值在建立训练样本时由研究人员调整设定。

2.3 深度学习模型训练与后处理

深度学习模型基于AlexNet网络架构搭建。AlexNet是基于卷积网络构建的目标识别深度学习模型，其网络结构很简洁，可以看作是LeNet的放大版本，输入是一个224x224的图像，步幅（stride）取4，经过5个卷积层，3个全连接层（包含一个分类层），到最后的标签空间。当学习样本计算量很大时，AlexNet可以使用多个GPU来加速计算（图8）。

经过上述深度学习模型预测，油藏数值模拟模型的每一层网格都可以得到一系列井点类型的组合。由于在划分输入图像时会存在重叠的情况，预测的结果也可能出现节点重叠的情况，需要进行相应的后处理。对于跟井点距离很近的节点位置，则使用井点替代。下图9中红圈内的两个节点，左侧井点和右侧过渡点距离很近（图9（a）），因此过渡点会被井点替代（图9（b））。对全部训练样本进行多次训练调试的训练时间平均为97.18小时，验证预测的符合率最高达到81.67%。

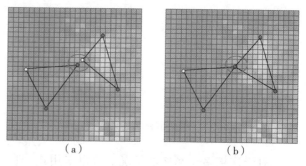

图9 特征点生成后处理中的井点替代处理

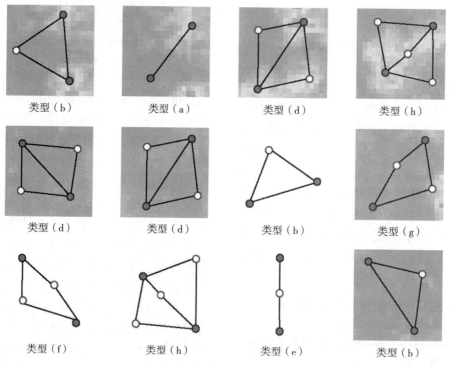

图7 部分标注节点类型的模型样本

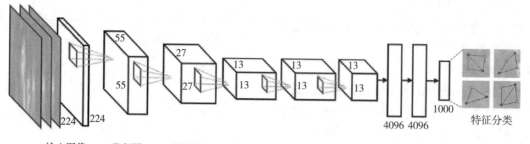

图8 特征化处理油藏数值模型的深度学习模型

2.4 建立特征模型

不同模拟器的油藏数值模型内容上都基本一致，只是在数据存储格式上有一些差别。本研究中使用了比较常用的商业软件ECLIPSE油藏数值模型的存储格式，基于这个格式进行的研究可以处理全部的油藏数值模拟模型数据。按照前述生成的特征点和连接建立特征模型的网格结构，网格之间的流度、井射孔段的产量等计算仍采用常规油藏数值模拟的理论公式计算。井生产数据中需要更新的是井射孔段的坐标数据，其余的生产和注入数据保持不变。

3 应用验证

使用Python编写深度学习程序并进行应用验证。其中油藏数值模拟模型和特征模型均采用cFlow油藏数值模拟软件专业版计算，cFlow软件基于自动微分技术求解非线性方程组的偏导数，保证了计算精度和软件的可扩展性。

3.1 单层模型算例

构建一个具有XYZ方向分别为81、81、1的二维油藏模型，共计6561个有效网格，生产时间2160天（约6年）。油藏模型包含25口井，其中4口注水井和21口生产井。采用精细网格模型和特征模型的计算时间之比约30倍（图10）。

此非均质油藏的剩余油分布如图11（a）所示，主要在井P10和P11、P12和P13之间富集，类似井P19的两侧区域因为受油藏编辑的影响会有一定剩余油富集可以不考虑。图11（b）是使用特征模型的模拟结果（基于节点结果采用普通克里金算法插值），井P10和P11、P12和P13仍然是模

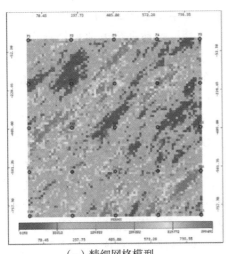

（a）精细网格模型

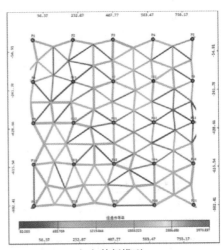

（b）特征模型

图10 单层精细网格模型和特征模型节点

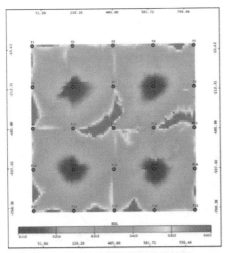

（a）使用精细网格模型模拟结果

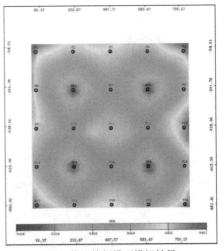

（b）使用特征模型模拟结果

图11 单层典型模型含油饱和度对比

型中剩余油相对富集的区域。

精细网格模型与特征模型的产量数据对比如图12所示，结算结果的趋势和数值都很接近，产油量和全区综合含水率的误差分别为4.78%和5.24%，满足工程应用的精度要求。

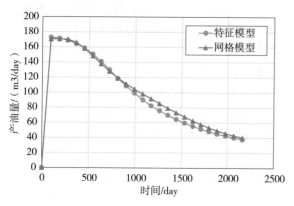

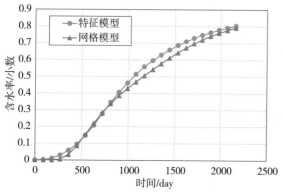

图12　单层模型产量曲线对比

3.2　多层模型算例

对于多层模型也可以采用同样的方法，目前此特征化方法还未处理分层节点之间的连通问题，

因此假设层间不流动。构建XYZ方向分别为50、50、3的三维油藏模型，共计7500个有效网格，生产时间4500天（约12年）。油藏模型包含12口直井和2口水平井，该算例同时也验证本方法对水平井的处理的合理性。采用精细网格模型和特征模型的计算时间之比约33倍。图13（a）的中心部分是无效网格，由于软件的原因未显示；而图13（b）中同样位置的节点和连接是按照完整网格生成，所以还有几个过渡节点，但是在计算中并未使用。

特征模型由于对原精细网格进行了特征化处理，尽管对模型的体积、储量等都进行了拟合，但是从外观上看起来有明显的变化。类似的情况也出现在水平井的处理上，由于水平井的规矩遵循了矢量化后的节点，因此和之前的井轨迹有一定的差别。不过这个差别不影响模型的使用，特征模型主要是将原来的离散网格进行矢量化，便于计算机自动进行识别和分析，而不是由研究人员手动去使用。图14是预测末期每层含油饱和度的对比。水平井HORW1和HORW2以及VW9、VW11、VW12等井附近的含油变化趋势和特征两个模型基本是一致的，从特征模型可以反推出原始模型中井附近的原油产出情况。

精细网格模型与特征模型的产量数据对比如图15所示，结算结果的趋势和数值都很接近，产油量和全区综合含水率的误差分别为2.47%和9.64%；含水率在前期匹配的比较好，后期趋势相近，但是误差略有增加，结果总体上满足工程应用的精度要求。

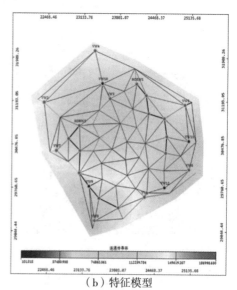

（a）精细网格模型　　　　　（b）特征模型

图13　多层精细网格模型和特征模型节点

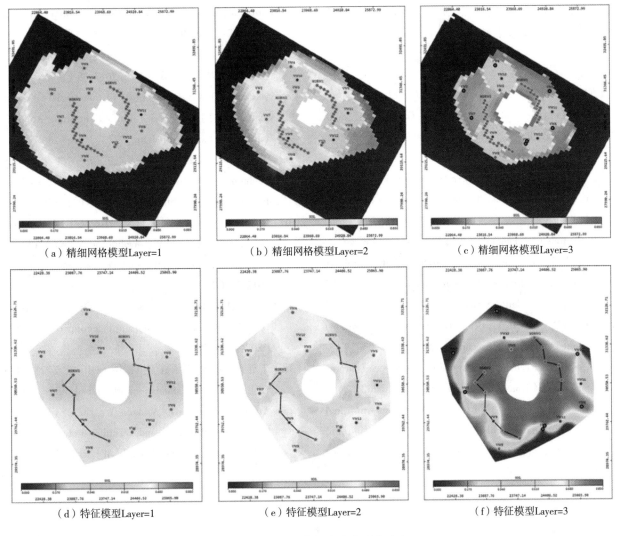

（a）精细网格模型Layer=1 （b）精细网格模型Layer=2 （c）精细网格模型Layer=3

（d）特征模型Layer=1 （e）特征模型Layer=2 （f）特征模型Layer=3

图14 多层典型模型含油饱和度对比

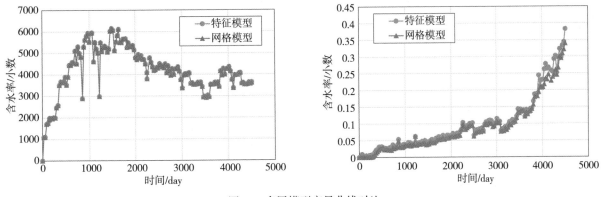

图15 多层模型产量曲线对比

4 结论

（1）采用特征化方法将油藏数值模拟模型进行矢量化处理，得到简化的特征模型同样采用数值模拟方法进行求解，计算量比原模型有大幅减少，且原始模型越大效率提升越高。

（2）特征化后的模型在拟合油藏参数进行计算后，与原网格模型的计算结果相近，多个算例验证表明有很好的符合率，满足工程应用的精度。

（3）从特征模型的计算结果中可以快速提取井点处的动态指标，以及两个节点之间的动态指标，两个节点可以是井点之间、井点和过渡点之间、过渡点和过渡点之间。

参 考 文 献

[1] Bruce G H, Peaceman D W, Rachford H H, et al.Calculations of Unsteady-State Gas Flow Through Porous Media [J] .Journal of Petroleum Technology, 1953, 5 (03): 79-92.

[2] Odeh A S, Resemch M, Corp D .Comparison of Solutions to a Three-Dimensional Black-Oil Reservoir Simulation Problem (includes associated paper 9741) [J] .Journal of Petroleum Technology, 1981, 33 (1): 13-25.

[3] Killough J E .Ninth SPE Comparative Solution Project: A Reexamination of Black-Oil Simulation [C] //SPE Reservoir Simulation Symposium.1995.

[4] Lecun Y, Bengio Y, Bottou L .Gradient-based learning applied to document recognition [J] . [2024-03-17] .

[5] Gasmi C F, Tchelepi H .Physics Informed Deep Learning for Flow and Transport in Porous Media [J] . 2021.

[6] Zhang Z, Yan X, Liu P, et al.A physics-informed convolutional neural network for the simulation and prediction of two-phase Darcy flows in heterogeneous porous media [J] .Journal of Computational Physics, 2023, 477: 111919-.

[7] 赵辉,谢鹏飞,曹琳,et al.基于井间连通性的油藏开发生产优化方法 [J] .石油学报, 2017, 38 (5): 7.

[8] Peaceman,D.W.Fundamentals of numericl reservoir simulation [J] . Addresses A.m.bruaset Sintef Applied Mathematics P.o.box Blindern, 1977, 1 (1): 18-23.

[9] Peaceman,D.W.Fundamentals of numericl reservoir simulation [J] . Addresses A.m.bruaset Sintef Applied Mathematics P.o.box Blindern, 1977, 1 (1): 18-23.

[10] Krizhevsky A, Sutskever I, Hinton G .ImageNet Classification with Deep Convolutional Neural Networks [J] . Advances in neural information processing systems, 2012, 25 (2) .

[11] Lecun Y, Bengio Y, Bottou L .Gradient-based learning applied to document recognition [J] . [2024-03-17] .

[12] 李健. cFlow油气藏数值模拟器 [OL] . [2023-01-18] . http: //www.simulationworld.cn/tools/cflow.html.

[13] Andreas Griewank, Andrea Walther.Evaluating Derivatives: Principles and Techniques of Algorithmic Differentiation (Second Edtion) [M] .SIAM.2008.